Statistik für Anwender

Ulrich Kockelkorn

Statistik für Anwender

Springer Spektrum

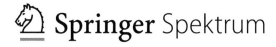

Autor
Ulrich Kockelkorn
Technische Universität Berlin
kockelko@cs.tu-berlin.de

ISBN 978-3-8274-2294-1

Die Deutsche Nationalbibliothek verzeichnet diese Publikation in der Deutschen Nationalbibliografie; detaillierte bibliografische Daten sind im Internet über http://dnb.d-nb.de abrufbar.

Springer Spektrum

Planung und Lektorat: Dr. Andreas Rüdinger, Bianca Alton
Redaktion: Bernhard Gerl
Fotos/Zeichnungen: Thomas Epp
Satz: EDV-Beratung Frank Herweg, Leutershausen
Einbandabbildung: Wellen © iStockphoto / dan_prat, Leuchtturm © gandolf – Fotolia.com
Einbandentwurf: SpieszDesign, Neu-Ulm

Gedruckt auf säurefreiem und chlorfrei gebleichtem Papier

Springer Spektrum ist eine Marke von Springer DE. Springer DE ist Teil der Fachverlagsgruppe Springer Science+Business Media.
www.springer-spektrum.de

Vorwort

Früher als das Wünschen noch geholfen hatte, erschien, wenn es schwierig wurde, die gute Fee und half, oder es kamen – wie bei Aschenputtel – die Turteltauben und haben die Linsen aus der Asche gelesen.

Heute sind gute Feen sehr selten geworden, aber dafür haben wir die Statistik. Sie glauben, ich mache Witze, weil ich mit Märchen anfange. Aber im Ernst, im Märchen mussten bei den meisten Aufgaben Objekte sortiert, das Echte in einem Berg von Unechtem gefunden, das Wahre vom Falschen getrennt und schließlich die richtige Entscheidung getroffen werden.

Dies alles sind zentrale Aufgaben der Statistik, nämlich Daten zu präsentieren und zu gliedern, Relevantes aus Datenmüll herauszusuchen, Unbekanntes abzuschätzen, als kluger Richter zwischen widerstreitenden Hypothesen zu entscheiden und in Anbetracht von Nutzen und Risiken optimale Handlungen zu wählen. Statistik hilft uns, in der Datenflut die Orientierung zu behalten.

Wir werden uns nicht ins Märchen verlieren, sondern bleiben auf dem Boden der Realität, da wir stets mit dem Zufall und der Fehlerhaftigkeit der Menschen rechnen. Wir brauchen auch keine Fee, das macht bei uns die Mathematik, aber auch nur soweit, als sie uns hilft, uns in der Welt zurecht zu finden. Und außerdem soll das Ganze ja auch noch Spaß machen.

Vielleicht gelingt es. Kürzlich haben sechs Autoren dies mit der Mathematik versucht und ein Buch mit dem anspruchsvollen Titel „Mathematik“[1] geschrieben, das sich an den Anwender richtet, ihn an die Hand nimmt und vom Beispiel anfangend, ihn schrittweise und behutsam immer tiefer in die unbekannte Welt mathematischer Gesetze und Strukturen führt. Dieses Buch wurde ein so großer Erfolg, dass der letzte Teil dieses Buches, der sich mit Statistik und Wahrscheinlichkeitstheorie befasst, herausgegriffen wurde und erweitert hier nun als eigenes Buch erscheint. Dabei wurden die didaktischen Prinzipien und die äußere Form des Mathematikbuchs wie z. B. Zweispaltigkeit, Farbigkeit, Aufgliederung mit Beispiel-, Frage- und Vertiefungsboxen, Übersichten und Zusammenfassungen sowie nach Schwierigkeitsgrad gestaffelten Aufgaben mit Lösungen beibehalten.

Mit diesem Buch sollen vor allem diejenigen erreicht werden, die sich nicht in die Mathematik vertiefen, aber Statistik verstehen und sinnvoll anwenden wollen. So wie man in der Fahrstunde lernen will, ein Fahrzeug zu lenken und sich fehlerfrei im Verkehr zu verhalten, ohne dazu Thermodynamik oder Jura zu studieren, so soll auch hier der Leser nur so viel Mathematik mit einer ganz kleinen Prise Erkenntnistheorie vermittelt bekommen, um die Werkzeuge der Statistik richtig einzusetzen.

Aus dem Mathematikbuch sind alle fünf Kapitel über deskriptive Statistik, Wahrscheinlichkeitstheorie, zufällige Variable und ihre Verteilungen, über das Schätzen und Testen und die Regressionsrechnung übernommen und erheblich erweitert worden. Neu sind die Kapitel über Varianz-, Diskriminanz- und Clusteranalyse und bayesianische Statistik und ein mathematischer Anhang hinzu gekommen. Damit geht das Buch deutlich über eine bloße Einführung hinaus, aber es will nicht die vertiefende Spezialliteratur, vor allem über multivariate Statistik, ersetzen. Auch konnte das gesamte Gebiet der stochastischen Prozesse und der Zeitreihenanalyse nicht behandelt werden. Auf statistische Tabellenwerke wird hier verzichtet, Wahrscheinlichkeitstabellen findet man heute im Internet. Aber auch der Umgang mit statistischer Software wird nicht eingeübt. Software veraltet so schnell, dass es besser ist, sich auf die bleibenden Prinzipien zu beschränken. Wir beschränken uns auf Seite 126 auf einige Hinweise zu Statistik-Software.

Abschließend übernehme ich gerne wörtlich den letzten Satz aus dem Vorwort des oben genannten Mathematikbuchs und bedanke mich für die von beeindruckender Sachkenntnis getragene, konstruktive und ideenreiche Zusammenarbeit mit Herrn Dr. Andreas Rüdinger und seiner Kollegin Frau Bianca Alton vom Verlag Springer Spektrum. Vor allem aber gilt mein Dank Herrn Thomas Epp, der meine Textvorlage in die geforderte LaTeX-Form goss und meine Zeichnungsvorlagen mit großem Verständnis umsetzte. Und last but not least danke ich meiner Frau für ihre unerschütterliche Geduld und Unterstützung.

Berlin im Mai 2012
Ulrich Kockelkorn

[1] T. Arens, F. Hettlich, Ch. Karpfinger, U. Kockelkorn, K. Lichtenegger, H. Stachel: „Mathematik“. Spektrum Akademischer Verlag, 2. Auflage, 2011

Inhaltsverzeichnis

Deskriptive Statistik – wie man Daten beschreibt

1

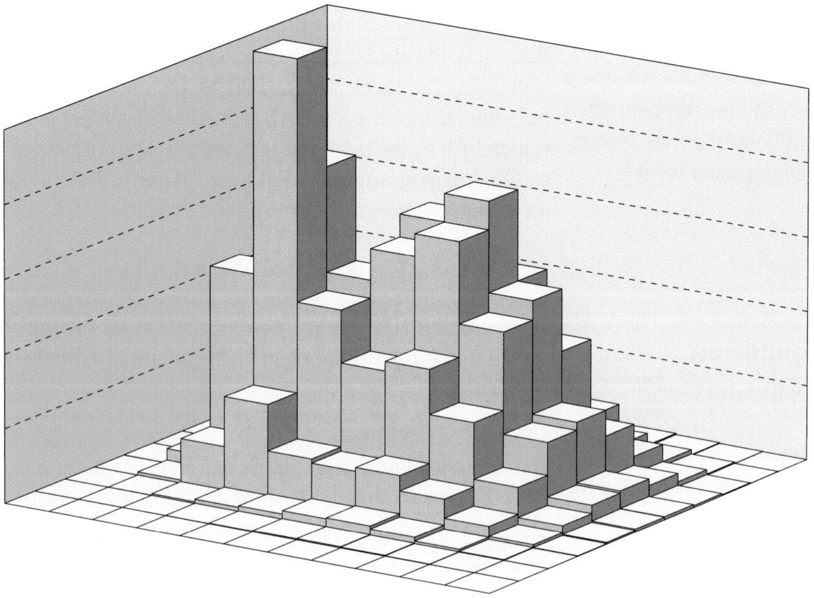

Was sind Daten?

Wie beschreiben wir Häufigkeitsverteilungen?

Wie beschreiben wir Zusammenhänge?

Deskriptive Statistik ordnet Daten und beschreibt sie in konzentrierter Form. Dagegen schließen wir in der induktiven Statistik aus beobachteten Daten auf latente Strukturen und bewerten unsere Schlüsse innerhalb vorgegebener Modelle der Wahrscheinlichkeitstheorie. In der deskriptiven Statistik lässt man nur die Daten selbst reden und kommt zumindest bei den ersten Schritten ohne wahrscheinlichkeitstheoretischen Überbau aus. Gegenstand der deskriptiven Statistik sind die Elemente einer Grundgesamtheit, die Eigenschaften der Elemente, die Arten der Merkmale, die Häufigkeiten der einzelnen Ausprägungen und die Abhängigkeiten zwischen den Merkmalen. All dieses soll durch geeignete Parameter charakterisiert und durch geeignete Grafiken anschaulich gemacht werden. Die dann vertraut gewordenen Begriffe werden wir später im Rahmen der schließenden Statistik übernehmen und vertiefen.

1.1 Grundbegriffe

Statistik beginnt mit der Festlegung von Untersuchungseinheit und Grundgesamtheit

„An einem kalten Sonntag am 10. Dezember 2006 stürzte der schwer bepackte Radfahrer Hans Meier mit seinem Fahrrad auf der regennassen Goethestraße in Berlin Mitte. Nach kurzer Behandlung in einem Krankenwagen konnte er seine Fahrt fortsetzen." So könnte eine Erzählung beginnen. Nehmen wir die Beschreibung als korrekt an und fragen nach ihrem statistischen Gehalt. Versuchen wir, das Wesentliche herauszuholen. Doch was wichtig ist, hängt von uns und unseren Interessen ab: Wollen wir etwas aussagen über das Wetter im Dezember, über Hans Meier, über Unfälle in der Goethestraße oder über Unfälle mit Fahrrädern?

Je nach unserem Blickwinkel halten wir anderes für wichtig oder irrelevant. Zuerst müssen wir klären, worüber wir eine Aussage machen wollen. Dann auf welche Einzelbeobachtung wir uns stützen. Das erste ist die Frage nach der **Grundgesamtheit $\boldsymbol{\Omega}$**, das zweite die Frage nach den **Untersuchungseinheiten $\boldsymbol{\omega}$**. Die Statistik macht Aussagen über Grundgesamtheiten, gestützt auf Beobachtungen an Einzelnen.

Statt von Untersuchungseinheiten sprechen wir – je nach Kontext – auch von Elementen, Objekten, Individuen und bezeichnen sie mit ω. Die Grundgesamtheit $\boldsymbol{\Omega}$ ist die Menge ihrer Elemente $\boldsymbol{\omega}$. Wir verwenden einen naiven Mengenbegriff und fordern allein, dass für jedes ω eindeutig geklärt ist, ob

$$\boldsymbol{\omega} \in \boldsymbol{\Omega} \qquad \text{oder} \qquad \boldsymbol{\omega} \notin \boldsymbol{\Omega}$$

gilt. Was wir hier als selbstverständlich voraussetzen, ist in der Praxis oft nur sehr schwer zu erfüllen. Viele Grundgesamtheiten, von denen wir täglich sprechen, sind in der Regel nicht eindeutig bestimmt. Nehmen wir z. B. an, in unserem obigen Beispiel sei $\boldsymbol{\Omega}$ die Gesamtheit der schweren Unfälle in Berlin. Gehört unser Fall dazu?

Achtung: Unterschiede in den Definitionen sind oft Ursache von Fehlschlüssen, sie verzerren und verhindern Vergleiche.

An Objekten werden Merkmale und deren Ausprägungen erhoben

Angenommen, der Arzt, der Hans Meier untersucht hat, füllt abschließend noch einen Fragebogen aus und fragt: „Wie alt sind Sie?" Meier antwortet: „23 Jahre." Für die Dienststelle des Arztes, die den Fragebogen erhält, ist Hans Meier in seiner ganzen menschlichen Komplexität im Augenblick völlig uninteressant. Er ist nur ein spezielles Element ω der Grundgesamtheit Ω der Patienten, die am 10.12.06 im Einsatzwagen untersucht wurden. Von diesem ω, nämlich von Hans Meier, interessiert im Moment nur eine einzige Eigenschaft, sein Alter. Das Alter ist ein **Merkmal** der Elemente der Grundgesamtheit. Die Antwort „23 Jahre" ist die **Ausprägung** des Merkmals „Alter in Jahren" beim Element Hans Meier,

$$\text{Alter (Hans Meier)} = 23\,.$$

Wir werden im Folgenden für Merkmale große lateinische Buchstaben und für Ausprägungen kleine lateinische Buchstaben verwenden,

$$X(\omega) = x\,.$$

Das Untersuchungsmerkmal X ist eine Frage an ω, die Antwort $X(\omega) = x$ ist die Ausprägung. Das Merkmal ist abstrakt, die Antwort ist konkret. Was uns interessiert, ist das abstrakte Merkmal $X =$ „Alter in Jahren", was wir erfahren, sind nur die Realisationen: $X(\text{Hans Meier}) = 23$, $X(\text{Anne Müller}) = 22$ und so fort. Allgemein erhalten wir bei n Elementen die Werte $X(\omega_1) = x_1, X(\omega_2) = x_2, \ldots, X(\omega_n) = x_n$.

Wir haben hier eine Fülle unterschiedlichster Daten x_1, x_2, $\ldots$, x_n, vorliegen. Was uns interessiert, sind nicht die x_i, sondern X. Aber was ist nun eigentlich unter $X =$ „Alter einer verunglückten Person" zu verstehen? Existiert das Abstraktum X neben den *zufällig* oder *beliebig* variierenden x_i überhaupt? Wir werden später dafür das Modell der „zufälligen Variablen" einführen, um den Merkmalen einen formalen, mathematisch fassbaren Sinn zu geben.

Der Arzt stellt mehrere Fragen, zum Beispiel: $X_1 =$ „Alter in Jahren", $X_2 =$ „Krankenversicherung", $X_3 =$ „subjektives Befinden", die in einem Fragebogen

$$\boldsymbol{X}(\boldsymbol{\omega}) = \left(X_1(\boldsymbol{\omega}), X_2(\boldsymbol{\omega}), X_3(\boldsymbol{\omega})\right)$$

zusammengefasst sind. Hans Meier könnte antworten

$$\boldsymbol{X}\,(\text{Hans Meier}) = (23, \text{Studentenkasse, gut})\,.$$

X_1 ist ein eindimensionales Merkmal, $\boldsymbol{X} = (X_1, X_2, X_3)$ ist ein dreidimensionales Merkmal. Ein k-dimensionales Merkmal ist ein Fragebogen mit k Fragen, der jeweils von einem Individuum beantwortet wird.

Achtung: Eine bloße Aneinanderreihung von Antworten auf k verschiedene Fragen ergibt kein k-dimensionales Merkmal:

$$(X_1\,(\text{Anne}), X_2\,(\text{Bernd}), X_3\,(\text{Ulli}))$$

ist keine Ausprägung des Merkmals $X = (X_1, X_2, X_3)$. In der Praxis entstehen hier oft große Probleme. Zum Beispiel existieren umfangreiche Daten über das Einkaufsverhalten von Konsumenten, die sich freiwillig bereit erklärt haben, alle ihre Einkäufe an der Kasse automatisch registrieren zu lassen. Ebenso gibt es Daten über den Fernsehkonsum. Für Marktforscher wäre es außerordentlich interessant, beide Datenmengen zusammenzuführen. Bloß sind die Merkmale der ersten und der zweiten Kategorie bei unterschiedlichen Individuen erhoben und lassen sich nicht zu einem höherdimensionalen Merkmal zusammenfassen.

Kann man Antworten untereinander vergleichen?

Betrachten wir eine Kindergruppe und die Merkmale Geschlecht und Körpergröße. Zuerst teilen wir die Kinder in zwei Klassen auf: „Mädchen" und „Jungen". Hier ist das Merkmal Geschlecht **nominal skaliert**: Seine Ausprägungen sind Namen.

Anschließend stellen sich die Kinder paarweise Rücken an Rücken und entscheiden, ob beide gleich groß oder ob das eine größer oder kleiner als das andere ist. Daraufhin können sich die Kinder wie die Orgelpfeifen der Größe nach in eine Reihe stellen. Jetzt ist das Merkmal Körpergröße **ordinal skaliert**: Seine Ausprägungen sind Namen einer Reihenfolge: der Kleinste, der Zweitkleinste, bis zum Zweitgrößten und dem Größten.

Schließlich wird eine Waage geholt und die Kinder werden gewogen: 18 kg, 25 kg, usw. Jetzt ist das Merkmal Körpergewicht **kardinal skaliert**: Seine Ausprägungen sind Maße.

Merkmale sind unterschiedlich informativ, je nachdem welche Skala verwendet wird. Bei einem nominalen Merkmal wird nur ein Name angegeben. Man kann nur feststellen, ob zwei Ausprägungen gleich oder ungleich sind. Bei einem ordinalen Merkmal wird eine Position auf einer Rangskala angegeben. Wir nennen ein nominales oder ordinales Merkmal auch ein **qualitatives Merkmal**. Bei einem **kardinalen** oder **quantitativem Merkmal** wird ein metrisches Maß angegeben.

Bei einer Nominalskala können wir nur feststellen, ob eine Ausprägung vorhanden ist oder nicht, bei einer Ordinalskala können wir Ausprägungen im Sinne von kleiner oder größer vergleichen, bei einer Kardinalskala sind auch die Differenzen von Ausprägungen sinnvoll.

Skalierung	Vergleichsmöglichkeiten
Nominal	$X(\omega_1) = X(\omega_2)$ oder $X(\omega_1) \neq X(\omega_2)$
Ordinal	$X(\omega_1) \preceq X(\omega_2)$ oder $X(\omega_1) \simeq X(\omega_2)$
Kardinal	$X(\omega_1) - X(\omega_2)$

Beispiel Beim Fahrradunfall von Hans Meier ist X_1 = „Alter in Jahren" ein kardinales Merkmal, X_2 = „Name der Krankenversicherung" ein nominales und X_3 =„subjektives Befinden des Patienten" ein ordinales Merkmal. ◄

Wir fassen im Folgenden zusammen und verallgemeinern.

Definition Merkmal

Ein **Merkmal** X ist eine Abbildung von Ω in eine Menge $\mathcal{M}$:

$$X : \Omega \to \mathcal{M} \quad \text{mit} \quad X(\omega) = x \in X(\Omega)$$

Wenn die Wertemenge $X(\Omega) = \{X(\omega) \mid \omega \in \Omega\}$ eine Menge ohne weitere Struktur ist, so ist X ein **nominales Merkmal**. Ist $X(\Omega)$ eine geordnete Menge, so ist X ein **ordinales Merkmal**. Ist $X(\Omega) \subset \mathbb{R}^k$ und übernimmt $X(\Omega)$ die euklidische Metrik, so ist X ein k-dimensionales quantitatives oder **kardinales Merkmal**.

Zum Beispiel ist die Steuerklasse ein nominales Merkmal, auch wenn die Ausprägungen die Zahlen von 1 bis 6 sind: $X(\Omega) = \{1, 2, 3, 4, 5, 6\}$. Auf $X(\Omega)$ wird aber nicht die euklidische Metrik übernommen, die Differenz zweier Steuerklassen ist sinnlos.

Quantitative Skalen lassen sich noch weiter in **Intervallskalen** und **Proportionalskalen** unterteilen: Ist ein Metallstab 10 cm lang und ein zweiter 20 cm, so ist der zweite nicht nur 10 cm länger als der erste, er ist auch doppelt so lang. Hat aber der erste die Temperatur von 10°C und der zweite von 20°C, so ist der zweite zwar 10 Grad wärmer, aber nicht doppelt so warm wie der erste. Bei einer Intervallskala sind nur Differenzen sinnvoll, bei einer Proportionalskala auch die Quotienten.

Achtung: Grundsätzlich gilt: Ein statistisches Merkmal ist nur dann definiert, wenn für dieses Merkmal eine eindeutige Messvorschrift vorliegt. Die Auswahl und Definition der Merkmale ist eine der wichtigsten und schwierigsten Aufgaben vor jeder statistischen Erhebung. Was hier versäumt wurde, lässt sich während der statistischen Auswertung meist nicht mehr korrigieren.

Beispiel Wie schwierig diese Festlegung ist, erkennt man, wenn man Begriffe wie Wohlstand, Armut, Reichtum, Arbeitslosigkeit, Intelligenz, Gesundheit, Tod und Leben definieren und daraus messbare Merkmale ableiten will. ◄

Ein diskretes Merkmal hat nur abzählbar viele mögliche Ausprägungen, bei einem stetigen Merkmal existiert ein Kontinuum von Ausprägungen

Betrachten wir eine Wägung. Lesen wir das Gewicht X auf einer Digitalwaage ab, so ist X ein endliches **diskretes Merkmal**. Nehmen wir eine Federwaage und nehmen als X die Ausdehnung der Feder, so ist X ein **stetiges Merkmal**. Messen wir die Federlänge auf einer Millimeterskala ab, so ist X wieder diskret.

Achtung: Ob ein Merkmal stetig oder diskret ist, ist nicht naturgegeben, sondern hängt vom Modell und der Messung ab.

Wir betrachten stetige und diskrete Merkmale als Modelle zur Beschreibung von Messvorgängen. Bei der Auswahl der Modelle ist stets zwischen der angemessenen Beschreibung der Realität und der mathematisch statistischen Berechenbarkeit abzuwägen. Numerisch sind diskrete Merkmal oft einfacher zu behandeln, theoretisch einfacher sind oft stetige Merkmale.

Bei einem endlichen diskreten Merkmal könnte man eine Liste der möglichen Antworten aufstellen und die Ausprägung $X(\omega)$ dann durch Ankreuzen auf dieser Liste notieren. Bei einem stetigen Merkmal ist die Angabe einer Liste aller möglichen Antworten unmöglich. Man wird daher das Antwortfeld freihalten und nach der Messung die gemessene Ausprägung individuell eintragen.Wir wollen es vorerst bei dieser vagen Beschreibung und dem umgangssprachlichen Verständnis von Stetigkeit belassen. Später werden wir im Rahmen der Wahrscheinlichkeitstheorie den Begriff des stetigen Merkmals sauber definieren.

Beispiel Wir können uns eine Zeitdauer gut als ein stetiges Merkmal vorstellen. Wenn wir sie in Sekunden, Stunden oder Jahren messen, wird das Merkmal abzählbar und diskret. Umgekehrt ist das Einkommen einer Person eine diskrete Größe, die aber in theoretischen Modellen gern als stetige Größe behandelt wird. Im Übrigen gibt es auch Merkmale, die weder stetig noch diskret sind. Modellieren wir zum Beispiel das Einkommen als stetiges Merkmal und definieren ein neues Merkmal „angegebenes Einkommen" mit den Ausprägungen „Einkommen" und „Aussage verweigert", so ist dieses Merkmal weder stetig, noch diskret. ◀

?

Suchen Sie Beispiele: a) für ein diskretes Merkmal X mit abzählbar unendlich vielen Ausprägungen und b) für ein qualitatives Merkmal mit einem Kontinuum von Ausprägungen.

1.2 Darstellungsformen

Daten lassen sich in Tabellen zusammenfassen

Die bei einer Beobachtung, einer Befragung, einem Experiment gewonnenen ursprünglichen Daten nennen wir die Rohdaten. In der Regel werden die Rohdaten anschließend noch bearbeitet, sie werden auf ihre Plausibilität überprüft, Ausreißer werden identifiziert, die Daten werden sortiert, gruppiert, standardisiert. Die Ergebnisse werden meist in Tabellen präsentiert. Tabellen gliedern sich in Zellen, Zeilen und Spalten. Die Bezeichnungen der Zeilen und Spalten und Zusammenfassungen der Zellen stehen in den Randspalten sowie Kopf und Fußzeilen. Jede Tabelle – sowie jede statistische Aussage – braucht eine Quellenangabe.

Tabellen enthalten eine Fülle von Informationen, die in ihrer Gesamtheit meist nicht überschaubar ist und oft den Leser überfordert. Er sieht den Wald vor Bäumen nicht. Daher werden die Inhalte von Tabellen gern grafisch dargestellt. Ein Bild sagt mehr – und anderes – als eine Tabelle. Die wichtigsten grafischen Darstellungen sind Zeitreihen und Häufigkeitsverteilungen.

Chronologisch geordnete Merkmalswerte lassen sich als Zeitreihe darstellen

Sind die Realisationen x_t zeitlich geordnet, so nennt man die Folge der Wertepaare (t, x_t) mit $t = 1 \ldots T$ eine diskrete **Zeitreihe**. Abbildung 1.1 zeigt die Zeitreihe der Anzahl x_t (in 10 000) der Beschäftigten des Landes Berlin von 1997 bis 2005.

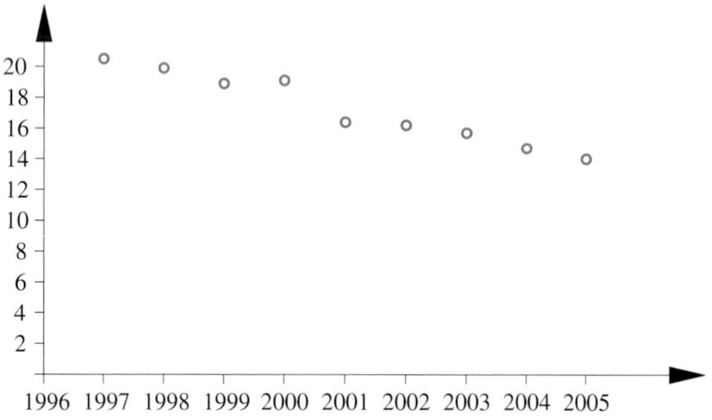

Abbildung 1.1 Anzahl (in 10 000) der Beschäftigten des Landes Berlin von 1997 bis 2005.

Häufig werden die Werte x_t auch durch Interpolation verbunden.

Die Zeitreihe x_t wird dann als Funktion von t dargestellt. Die bekanntesten Beispiele sind Fieberkurven oder die Darstellung von Aktienkursen. Abbildung 1.2 zeigt die gleiche Zeitreihe wie in Abbildung 1.1, nun linear interpoliert.

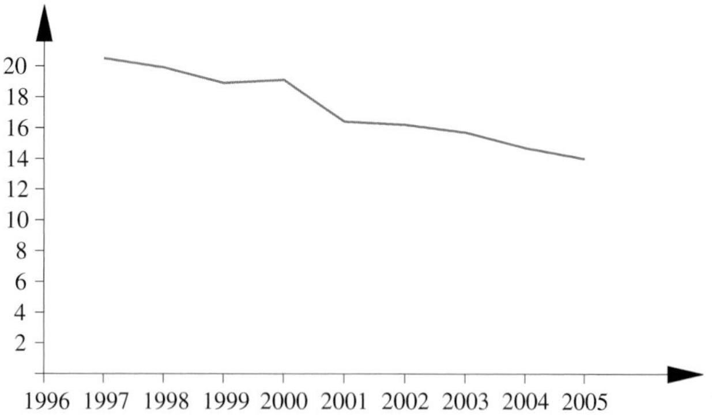

Abbildung 1.2 Anzahl (in 10 000) der Beschäftigten des Landes Berlin von 1997 bis 2005, linear interpoliert.

Bei der grafischen Darstellung von Zeitreihen kann der optische Eindruck durch Wahl der Maßstäbe auf der Achse und durch einseitig beschnittene Achsen stark verzerrt werden. Als Beispiel zeigt Abbildung 1.3 die Sparbemühungen von Berlin besonders deutlich.

In einer korrekten Grafik muss der Nullpunkt der Ordinate angegeben werden. Falls dies nicht möglich oder nicht sinnvoll ist, muss die Ordinate deutlich unterbrochen gezeichnet werden.

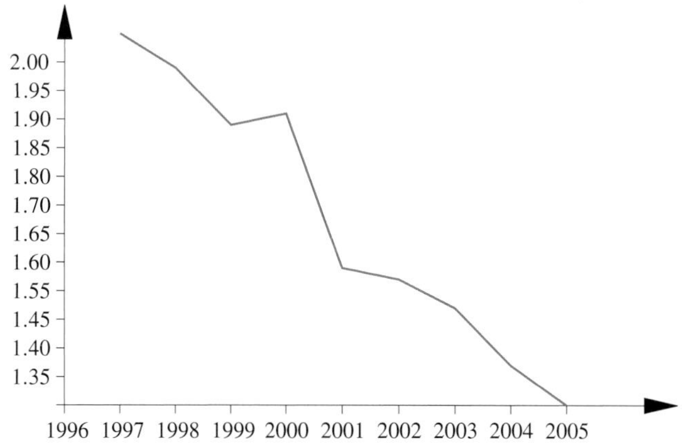

Abbildung 1.3 Anzahl (in 100 000) der Beschäftigten des Landes Berlin von 1997 bis 2005.

Häufigkeitsverteilung qualitativer Merkmale lassen sich in Stab- oder Kreisdiagrammen darstellen

Bei einem Strich- Stab- oder Balkendiagramm sind die Häufigkeiten der einzelnen Merkmalsausprägungen als Striche oder, der besseren Lesbarkeit wegen, als breite Stäbe angegeben. Die bekanntesten Beispiele sind die Darstellungen der Ergebnisse von Bundes- und Landtagswahlen. Dort werden parallel zu den Balkendiagrammen auch Kreissektoren- oder Tortendiagramme verwendet. Bei diesen wird jeder Ausprägung oder Klasse ein Kreissegment zugeordnet. Dabei ist der Winkel des Kreissegmentes einer Klasse proportional zu der Besetzungszahl dieser Klasse. Vergleicht man verschiedene Grundgesamtheiten, wählt man die Fläche der Kreises proportional zu der Gesamthäufigkeit n, das heißt, den Radius proportional zu $\sqrt{n}$.

Beispiel Bei der Landtagswahl Berlin 2006 wurden 1 377 355 gültige Zweitstimmen abgegeben, die sich wie folgt verteilten (Angaben in Prozent):

SPD	CDU	Linke	Grüne	FDP	Sonst.
30.8	21.3	13.4	13.1	7.6	13.7

Diese Verteilung können wir als Strichdiagramm oder als Stab- oder Balkendiagramm darstellen.

Sie unterscheiden sich nur in der Strichstärke. Im Bezirk Friedrichshain-Kreuzberg wurden 90 619 gültige Zweitstimmen abgegeben, die sich wie folgt verteilten:

SPD	CDU	Linke	Grüne	FDP	Sonst.
30.1	8.7	16.8	26.6	4.1	13.7

Im Torten- oder Kreissektorendiagramm erhalten wir folgende Darstellung für den Bezirk Friedrichshain und ganz Berlin, siehe Abbildung 1.6

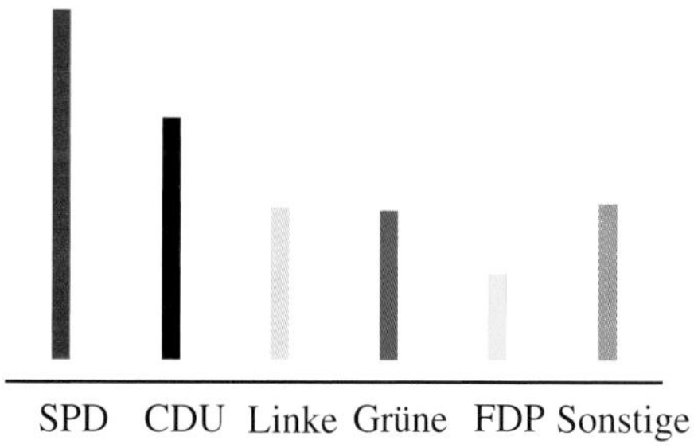

Abbildung 1.4 Prozentuale Verteilung der Zweitstimmen bei der Landtagswahl 2006 in Berlin. Darstellung mit Strichen.

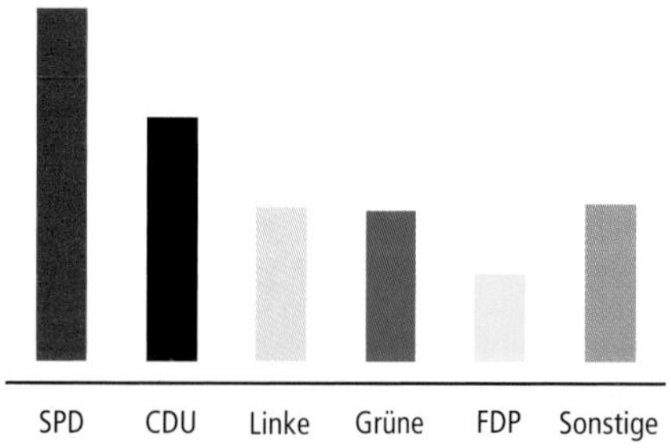

Abbildung 1.5 Prozentuale Verteilung der Zweitstimmen bei der Landtagswahl 2006 in Berlin. Darstellung mit Balken.

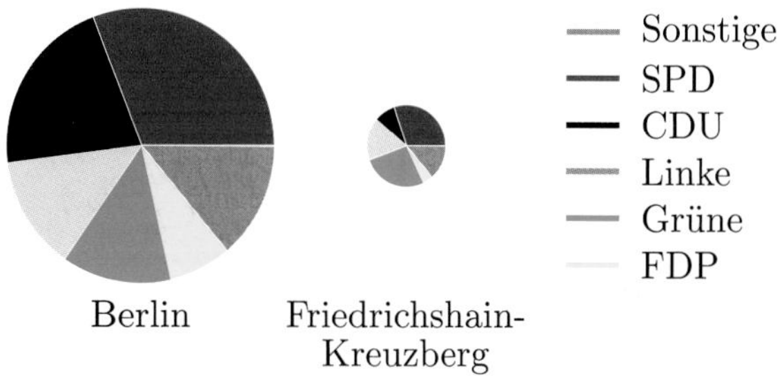

Abbildung 1.6 Kreissektorendiagramme der Stimmverteilung bei der Wahl zum Abgeordnetenhaus in Berlin 2006 von ganz Berlin und Friedrichshain. ◀

?

Begründen Sie, warum in Abbildung 1.6 die Radien im Verhältnis 1 : 0.27 gewählt wurden.

Achtung: Die Reihenfolge und die Breite der Balken sind irrelevant. Unterschiedlich breite Balken können aber optisch einen falschen Eindruck hinterlassen und sollten daher vermieden werden. Mitunter werden die Balken grafisch ausgeschmückt und belebt. Dies kann die Grafik ansprechender und interessanter machen, sie kann aber auch den Inhalt der Grafik völlig verzerren. Abbildung 1.7 zeigt eine Grafik aus der Wochenzeitschrift Focus, Heft 21 aus dem Jahr 1994 zum Thema Subventionen in der EU, sinngemäß rekonstruiert.

Der Betrag, den Luxemburg pro Kopf erhält, ist riesig im Vergleich zum winzigen Betrag, den Portugal erhält. Wenn wir aber die Menschen in der Abbildung durch gleich hohe Stäbe ersetzen, vermittelt Abbildung 1.8 einen ganz anderen Eindruck.

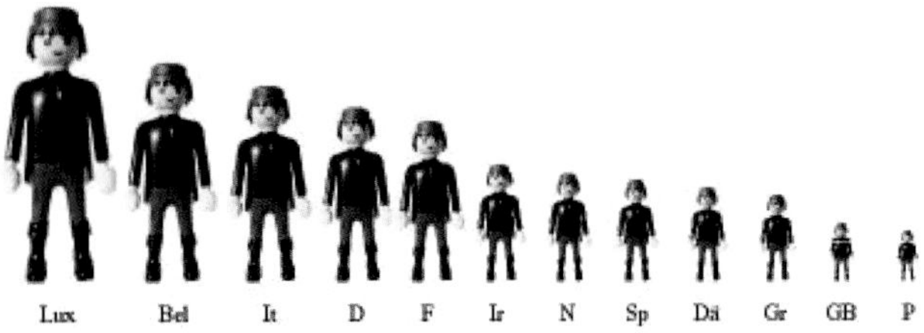

Abbildung 1.7 Subventionen der EU pro Beschäftigten im Jahr 1994.

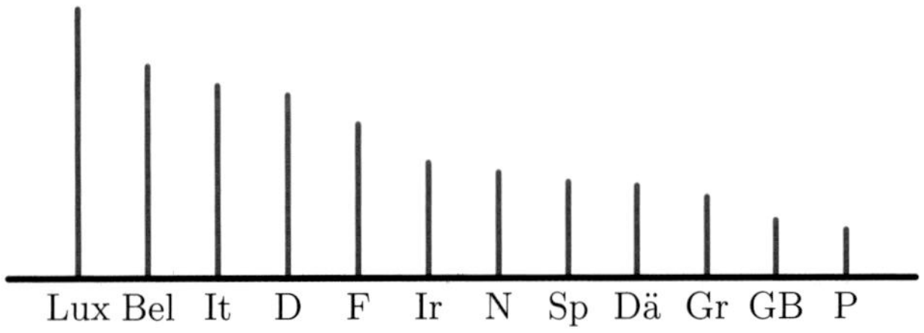

Abbildung 1.8 Strichdiagramm der Subventionen der EU.

Der Grund der bewussten oder fahrlässigen optischen Täuschung: Im ersten Bild sehen wir Menschen und damit Volumen. Größenunterschiede wirken sich aber im Volumen annähernd in der dritten Potenz aus. Wir können aber auch den umgekehrten Effekt erzielen. Betrachten wir Abbildung 1.9.

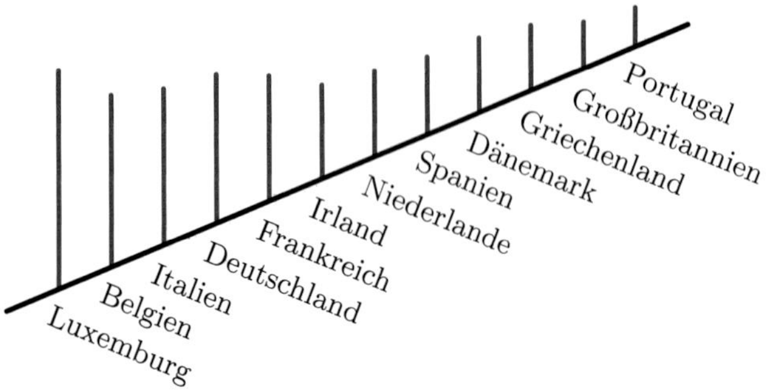

Abbildung 1.9 Subventionen der EU pro Beschäftigten im Jahr 1994.

Bei dieser schrägen Anordnung können wir die Ländernamen vollständig schreiben. Aber das Auge interpretiert die Diagonale als Perspektive und vergrößert die hinteren Vertikalen.

Achtung: Häufig werden Grafiken bewusst oder fahrlässig verfälscht, indem man den Nullpunkt unterschlägt. Schauen wir beispielsweise in den Berliner *Tagesspiegel* vom 14.11.02. Unter der Überschrift: *Triumph der Struwwelpeter. Die Reformschulen haben bei PISA Traumergebnisse erzielt.* zeigt der *Tagesspiegel* unter einem Bild mit fröhlichen Schulkindern die folgende Grafik über die beim Pisa-Test erzielten Punkte in der Kategorie *Lesen.*

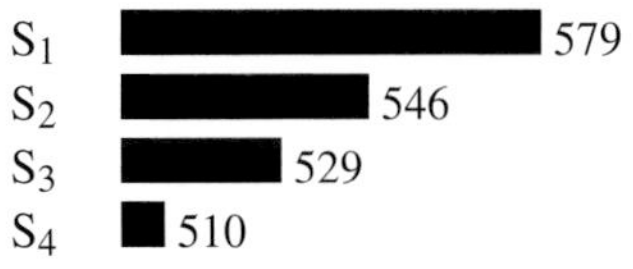

Dabei steht S_1 für die Helene Lange Schule, S_2 für den PISA-Sieger Finnland, S_3 ist die Laborschule und S_4 ist der deutscher PISA-Sieger Bayern. Es sticht sofort ins Auge, um wie viel „Klassen" die Helene Lange Reformschule besser ist als der beste deutsche PISA-Sieger. Schamhaft werden aber die wirklich erzielten Punkte neben die schwarzen Punktebalken geschrieben. Zeichnet man aber die Balkenlänge proportional zu den erzielten Punkten, erhält man die folgende Grafik:

Was ist hier geschehen: Man hat links die Balken abgeschnitten und den Rest vergrößert. Damit werden optisch alle Verhältnisse grob verfälscht. Vorsicht daher vor abgeschnittenen Balken.

Die empirische Verteilungsfunktion beschreibt die Häufigkeitsverteilung eines quantitativen Merkmals

Bei stetigen Merkmalen finden wir ein Kontinuum von möglichen Ausprägungen. Deshalb versagen Strich- und Balkendiagramme. Dies wird an einem einfachen Beispiel deutlich.

Beispiel An 15 verschiedenen Messstationen $\omega_1, \ldots, \omega_{15}$ zur Kontrolle des Stickstoff-Monoxid-Gehaltes X der Berliner Luft wurden am 18.1.1997 die folgenden Werte ermittelt (in $\frac{\text{mg}}{\text{m}^3}$):

35, 36, 37, 27, 43, 23, 33, 31, 21, 35, 26, 38, 34, 33, 28

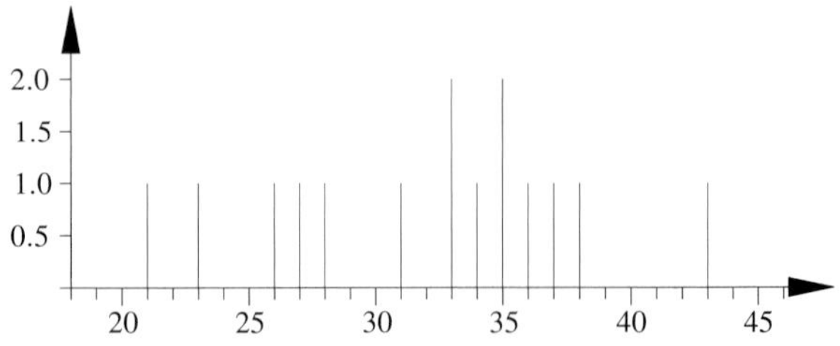

Abbildung 1.10 15 gemessene Stickstoff-Monoxid-Werte in Berlin.

Diese Daten zeigt Abbildung 1.10 als Strichdiagramm. Die Grafik erweist sich leider als wenig aussagekräftig. Nicht besser wird es, wenn wir nicht nur 15 sondern doppelt so viel Messwerte hätten, die darüber hinaus bis auf 4 Stellen nach dem Komma genau angegeben werden. Es ist also höchst unwahrscheinlich, dass zufällig gleiche Messwerte x_i auftreten. Das Bild könnte nun wie in Abbildung 1.11 aussehen. Für die Daten eines Messnetzes mit Hunderten von Werten würden wir schließlich nur einen wenig gegliederten schwarzen Streifen erhalten, der an den Strichcode an der Ladenkasse erinnert.

Die Idee mit dem Strichdiagramm versagt. ◀

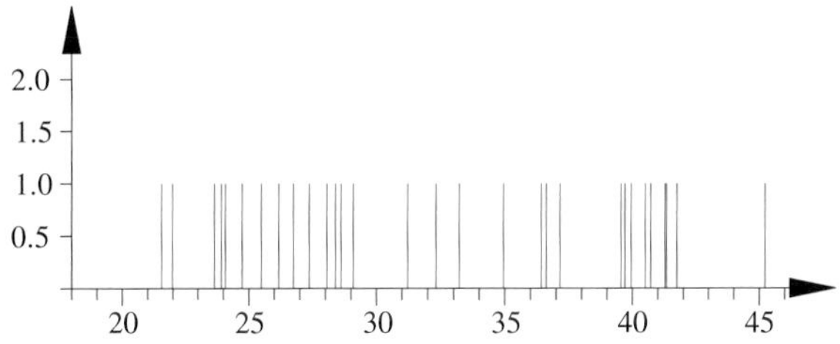

Abbildung 1.11 30 gemessene Stickstoff-Monoxid-Werte in Berlin.

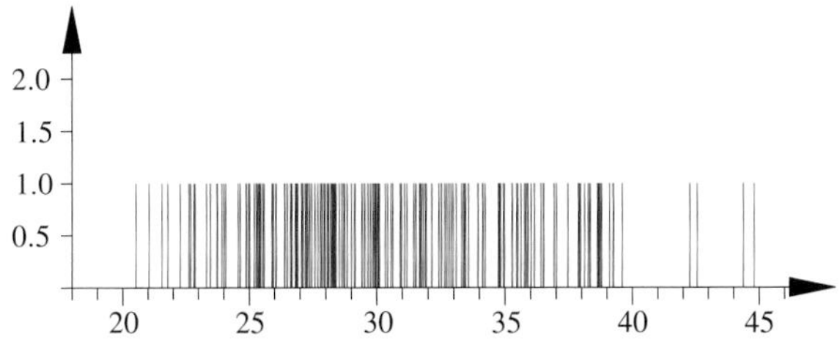

Abbildung 1.12 300 gemessene Stickstoff-Monoxid-Werte in Berlin.

Strichdiagramme versagen, denn wir beschreiben hier kein diskretes Merkmal mit endlich vielen Ausprägungen, sondern ein stetiges Merkmal mit einem potenziellen Kontinuum von Ausprägungen. Wir werden daher unser Strichdiagramm modifizieren. Dazu ordnen wir zuerst die Messdaten der Größe nach

$$21, 23, 26, 27, 28, 31, 33, 33, 34, 35, 35, 36, 37, 38, 43.$$

Wir setzen die Striche nicht nur nebeneinander, sondern wir verschieben die Striche, von links nach rechts fortschreitend, zusätzlich nach oben. Wählen wir als Strichlänge nicht 1, sondern $\frac{1}{n} = \frac{1}{15}$, so erhalten wir Abbildung 1.13.

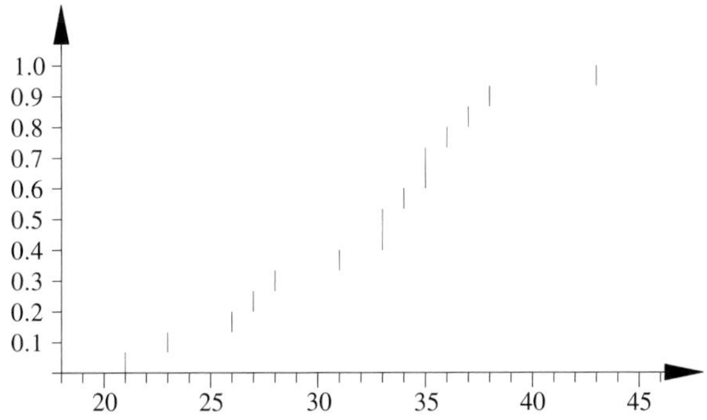

Abbildung 1.13 Vertikal verschobenes Strichdiagramm.

Verbinden wir nun Endpunkt mit Fußpunkt aufeinander folgender Striche, erhalten wir die in Abbildung 1.14 dargestellte **empirische Verteilungsfunktion** $\widehat{F}$.

Bei einer Strichlänge 1, bzw. einer Sprunghöhe von 1, spricht man von der **Summenkurve**.

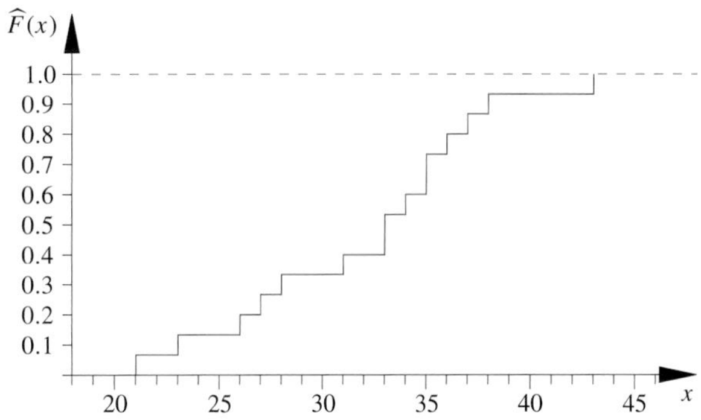

Abbildung 1.14 Die empirische Verteilungsfunktion $\widehat{F}$ der 15 gemessenen Stickstoff-Monoxid-Werte.

Definition der empirischen Verteilungsfunktion

Der Wert $\widehat{F}(x)$ der empirischen Verteilungsfunktion ist die relative Häufigkeit der Elemente, deren Ausprägungen kleiner oder gleich x sind:

$$\widehat{F}(x) = \frac{1}{n}\sum_{i=1}^{n} I_{(-\infty,x]}(x_i) = \frac{1}{n}\operatorname{card}\{x_i : x_i \leq x\}\,.$$

Dabei ist card$\{M\}$ die Anzahl der Elemente der Menge M und $I_{(-\infty,x]}$ die **Indikatorfunktion** des Intervalls $(-\infty, x]$,

$$I_{(-\infty,x]}(a) = \begin{cases} 1, & \text{falls } a \leq x\,, \\ 0, & \text{falls } a > x\,. \end{cases}$$

In der Übersicht auf Seite 8 sind Eigenschaften der empirischen Verteilungsfunktion zusammengestellt.

Nun stellen wir uns vor, wir hätten nicht 15, sondern 30 Beobachtungswerte erhoben. Was würde sich nun an der empirischen Verteilungsfunktion ändern? Wir erhielten wieder eine Treppe mit 30 Stufen, nur dass die Stufenhöhe auf $\frac{1}{30}$ gesunken ist. Die Treppe könnte z. B. aussehen wie in Abbildung 1.15

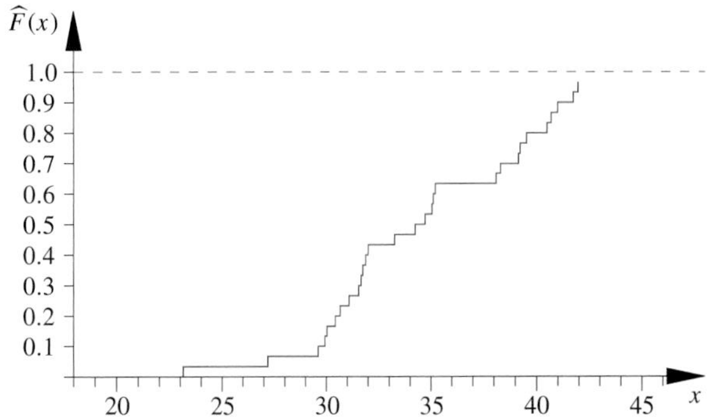

Abbildung 1.15 Empirische Verteilungsfunktion aus 30 Beobachtungen.

Nun gehen wir gleich einen Schritt weiter und denken uns 3 000 Messwerte und könnten z. B. eine Kurve wie in Abbildung 1.16 erhalten.

Die Treppenstufen sind kaum mehr zu erkennen. Wir extrapolieren kühn weiter. Bei unendlich vielen Messwerten wäre es

Übersicht: Eigenschaften der empirischen Verteilungsfunktion

Ist $\widehat{F}$ die auf der Basis der n Beobachtungswerte $x_1, \ldots, x_n$ erstellte empirische Verteilungsfunktion, dann gilt:

- $\widehat{F}$ ist für alle x mit $-\infty < x < +\infty$ definiert, nicht nur an den Stellen x_i, an denen Beobachtungswerte vorliegen.
- $\widehat{F}$ ist eine monoton wachsende Treppenkurve mit $0 \leq \widehat{F}(x) \leq 1$.
- $\widehat{F}$ ist von rechts stetig. Es ist $\lim_{\substack{\varepsilon \to 0 \\ \varepsilon > 0}} \widehat{F}(x+\varepsilon) = \widehat{F}(x)$.
- $1 - \widehat{F}(x) = \frac{1}{n}\text{card}\{x_i : x_i > x\}$ ist die relative Häufigkeit der Merkmalswerte, die den Wert x überschreiten.
- An jeder Sprungstelle x ist die Höhe der „Treppenstufe" die relative Häufigkeit, mit der die Ausprägung x auftritt:

$$\widehat{F}(x) - \lim_{\substack{\varepsilon \to 0 \\ \varepsilon > 0}} \widehat{F}(x-\varepsilon) = \frac{1}{n}\text{card}\{x_i : x_i = x\}\,.$$

- Die relative Häufigkeit der Werte, die größer als a und kleiner-gleich b sind, ist

$$\widehat{F}(b) - \widehat{F}(a) = \frac{1}{n}\text{card}\{x_i : a < x_i \leq b\}\,.$$

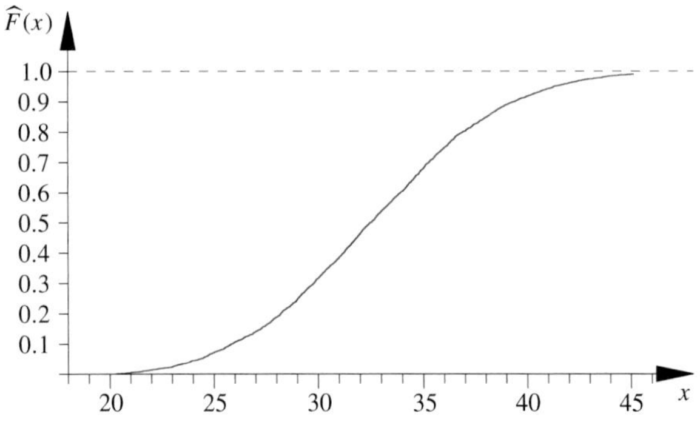

Abbildung 1.16 Empirische Verteilungsfunktion aus 3 000 Beobachtungen.

denkbar, dass im Grenzfall die folgende glatte Kurve F wie in Abbildung 1.17 erscheint.

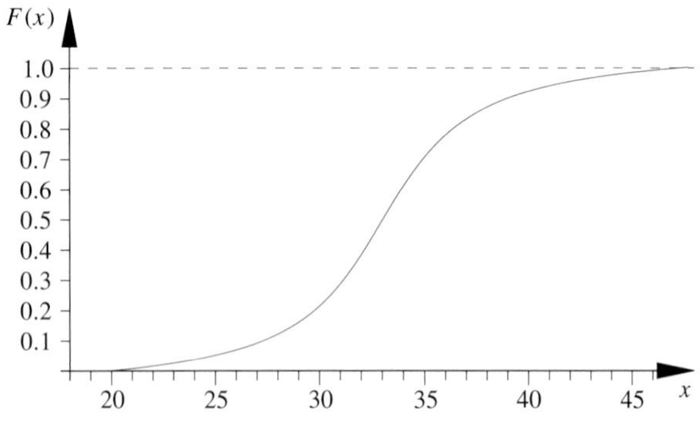

Abbildung 1.17 Modellvorstellung: Denkbare Grenzverteilung aus „unendlich" vielen Beobachtungen.

Wäre es nicht vorstellbar, dass diese Kurve die wahre Belastung mit Stickstoff-Monoxid beschreiben würde, frei von den Zufälligkeiten der empirischen Verteilungsfunktion $\widehat{F}$?

Nun drehen wir den Gedanken herum und postulieren die Existenz einer solchen Kurve F als Modell der Realität. F nennen wir die **theoretische Verteilungsfunktion**. Was wir beobachtet haben, ist dagegen die datengestützte **empirische Verteilungsfunktion** $\widehat{F}$. Viele statistische Konzepte werden leichter verständlich, wenn man sie vor dem Hintergrund einer theoretischen Verteilungsfunktion betrachtet. Wir könnten $\widehat{F}$ als Schätzung des unbekannten, hypothetischen F ansehen. Diesen Ansatz werden wir später im Rahmen der Wahrscheinlichkeits- und Schätztheorie aufgreifen und präzisieren.

Kehren wir nun zu unseren 15 Werten zurück. Häufig sind die Originalwerte nicht mehr verfügbar, sondern die Daten liegen tabellarisch gruppiert vor, zum Beispiel wie in Tabelle 1.2.

Tabelle 1.1 Die gruppierten Daten des Beispiels von Seite 6.

von g_{j-1} bis unter g_j	n_j	$\sum n_j$	$\widehat{F}(x) = \frac{1}{15}\sum n_j$
19.5. . . 29.5	5	5	0.333
29.5. . . 34.5	4	9	0.600
34.5. . . 39.5	5	14	0.933
39.5. . . 44.5	1	15	1.000

Dabei ist n_j die Anzahl oder Besetzungszahl der j-ten Gruppe $(g_{j-1}, g_j]$. Jetzt ist eine exakte Angabe der Werte $\widehat{F}(x)$ nur an den rechten Gruppengrenzen g_j möglich (siehe Abbildung 1.18).

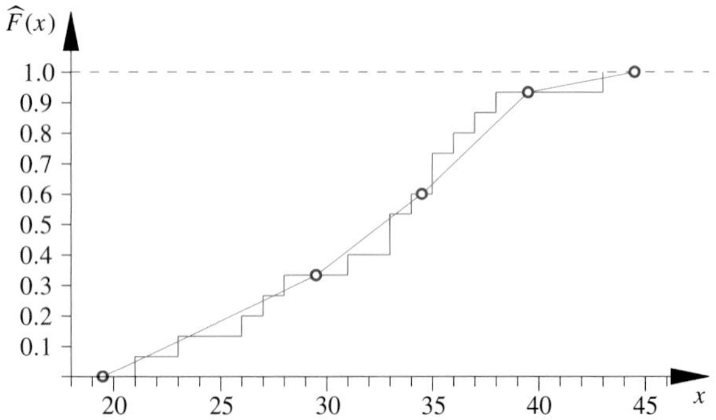

Abbildung 1.18 Empirische Verteilungsfunktion $\widetilde{F}$ mit Zwischenwerten.

Zwischen diesen fünf Zwischenwerten interpolieren wir linear und erhalten die geglättete Kurve $\widetilde{F}$ als Approximation sowohl von $\widehat{F}$ als auch von F (siehe Abbildung 1.19).

Wir bezeichnen alle drei Funktionen $\widehat{F}$, $\widetilde{F}$ und F als Verteilungsfunktionen. Gilt eine Aussage für alle drei Verteilungsfunktionen, so werden wir nur von F sprechen.

Anwendung: Arbeiten mit Quantilen

Quartile teilen die Grundgesamtheit in vier gleich große Teile, Quantile erlauben eine feinere Unterteilung. An Verteilungsfunktionen lassen sich die Quantile leicht ablesen.

Ist α eine Zahl zwischen 0 und 1, so ist ein „unteres“ α-**Quantil** x_α jede Zahl mit der Eigenschaft $F(x_\alpha) = \alpha$. Das „obere“ α-Quantil ist dann $x_{1-\alpha}$. Quantile sind nicht eindeutig bestimmt. Durch die Festlegung

$$x_\alpha = \min\{x \text{ mit } F(x) \geq \alpha\}$$

können wir die Eindeutigkeit erzwingen. Spezielle Quantile sind: Das **untere Quartil** $x_{0.25}$, das **obere Quartil** $x_{0.75}$ und der **Median** $x_{0.5} = x_{\text{med}}$.

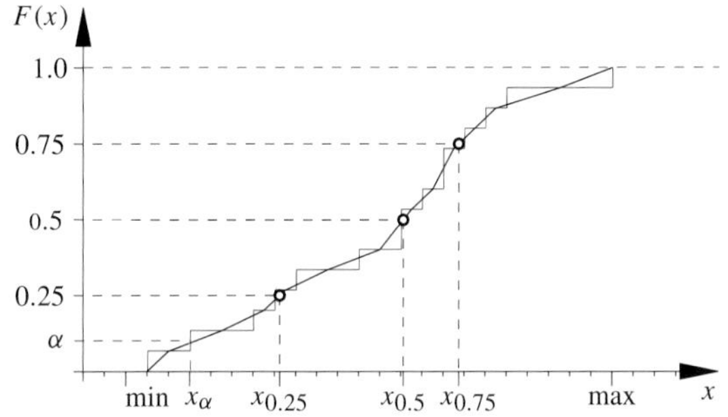

Mit dem Median werden wir uns auf Seite 17 noch ausführlicher beschäftigen. Werden die Beobachtungswerte $x_1, x_2, \cdots, x_n$ der Größe nach geordnet, bezeichnen wir sie mit:

$$x_{(1)}, x_{(2)}, \cdots, x_{(n)}\,.$$

Zur Unterscheidung haben wir nun die Indizes geklammert: x_1 ist die erste und x_n die letzte Beobachtung, aber $x_{(1)}$ ist die kleinste und $x_{(n)}$ die größte Beobachtung. Ist

$$\frac{i-1}{n} < \alpha \leq \frac{i}{n}\,,$$

dann erhalten wir das α–Quantil als

$$x_\alpha = x_{(i)}\,.$$

Mit der Abkürzung $\lceil \alpha n \rceil$ für die kleinste ganze Zahl größergleich αn gilt.

$$x_\alpha = x_{(\lceil \alpha n \rceil)}\,.$$

Mitunter werden die Sprünge der empirischen Verteilungsfunktion durch Interpolation geglättet. Von dieser geglätteten Verteilungsfunktion werden dann die Quantile genommen. Ob und wie man glättet, ist meist unwesentlich, sofern man nicht innerhalb eines Modells die Definitionen wechselt. Dies ist zu beachten, wenn man Ergebnisse vergleicht, die von unterschiedlichen statistischen Softwarepaketen errechnet wurden. Aus empirischen Daten wird SAS ein anderes Quantil berechnen als Excel, SPSS oder SPLUS.

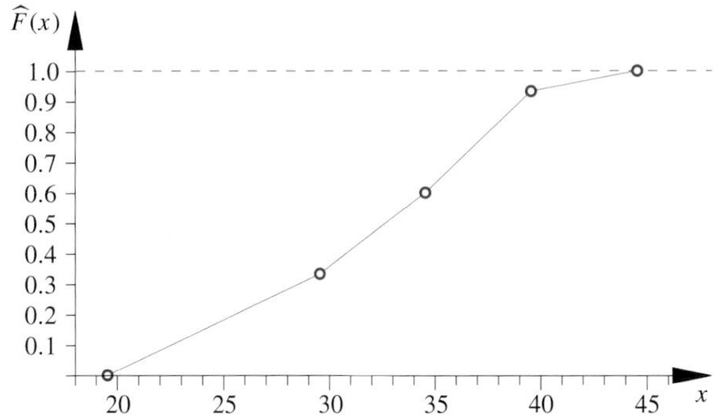

Abbildung 1.19 Die empirische Verteilungsfunktion $\widetilde{F}$ aus gruppierten Daten.

Das Histogramm ist eine approximative Darstellung der Häufigkeitsdichten eines quantitativen, stetigen Merkmals

Stellen Sie sich vor, es fängt an zu regnen und Sie wollten feststellen, wo es am Dachfirst durchregnet. Sie sind sehr genau und markieren daher jeden einzelnen Tropfen auf dem Dachboden. Die ersten paar Tropfen können Sie noch einzeln feststellen. Doch nach einer Stunde ist alles nass und Sie können nicht mehr erkennen, wo es stärker oder schwächer hereingeregnet hat. Anstelle einer besonders detaillierten Information über die Verteilung der Tropfen haben Sie das Gegenteil erreicht. Natürlich werden Sie so nicht vorgehen, sondern Eimer auf dem Dachboden aufstellen. Nach dem Regen könnte sich – bei gläsernen Eimern – eine Situation wie in Abbildung 1.20 ergeben.

Abbildung 1.20 Der Regen wird in Eimern aufgefangen.

Ersetzen wir die Eimer durch parallele „Aquariumscheiben“, so hätte sich eine Situation wie in Abbildung 1.21 ergeben können.

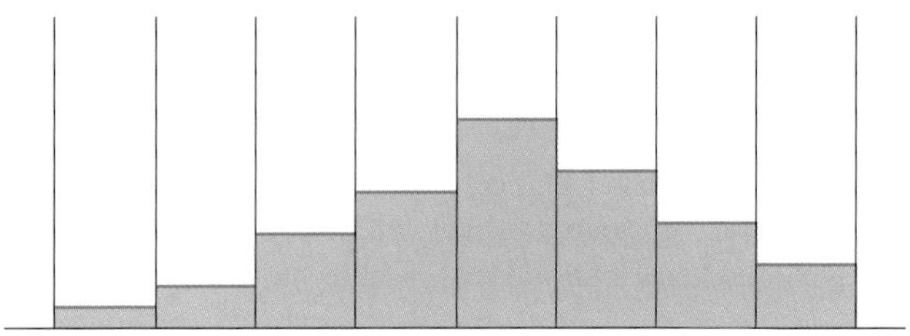

Abbildung 1.21 Der Regen wird zwischen Trennscheiben aufgefangen.

Anwendung: Boxplots

Aus den fünf Werten Minimum $x_{(1)}$, unteres Quartil $x_{0.25}$, Median $x_{0.5}$, oberes Quartil $x_{0.75}$ und dem Maximum $x_{(n)}$ wird eine der am meisten verwendeten Grafiken der Statistik konstruiert, der Box-and-Whiskers-Plot oder kurz Boxplot.

Wir betrachten die gruppierten Daten von Tabelle 1.2. Die folgende Abbildung zeigt die geglättete Verteilungsfunktion aus den gruppierten Daten mit den Quartilen $x_{0.25} = 27$, $x_{0.5} = 32.625$ und $x_{0.75} = 36.75$.

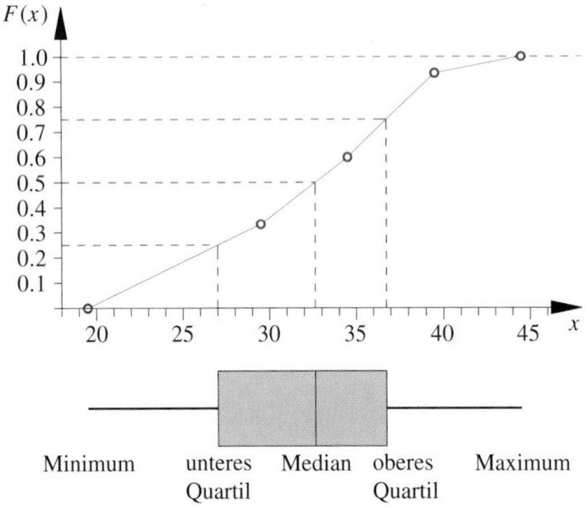

Die Box wird dabei mit willkürlich gewählter Höhe vom unteren bis zum oberen Quartil gezeichnet, der Median wird als Querstrich in die Box eingezeichnet. Die Breite der Box ist der **Quartilsabstand** $QA := x_{0.75} - x_{0.25}$. Die „Whiskers" laufen vom Minimum bis $x_{0.25}$ bzw. von $x_{0.75}$ bis zum Maximum, umfassen also die Spannweite der Daten. Boxplots können sowohl horizontal als auch vertikal gezeichnet werden.

Wir betrachten ein reales Beispiel: In einer deutschen Großstadt wurden als Grundlage einer Diskussion über Gebührenerhöhung und Konzessionsvergabe an Taxenbetriebe die monatlichen Umsätze für jedes einzelne Fahrzeug erhoben und getrennt für Betriebe mit nur einer Taxe und Betriebe mit mehreren Taxen ausgewertet. Die Abbildung zeigt als Zusammenfassung der Erhebungsdaten die Boxplots der Umsatzverteilungen für die Jahre 2010 und 2011. Diese vier Boxplots lassen sich leichter auf einen Blick überschauen als vier Verteilungsfunktionen.

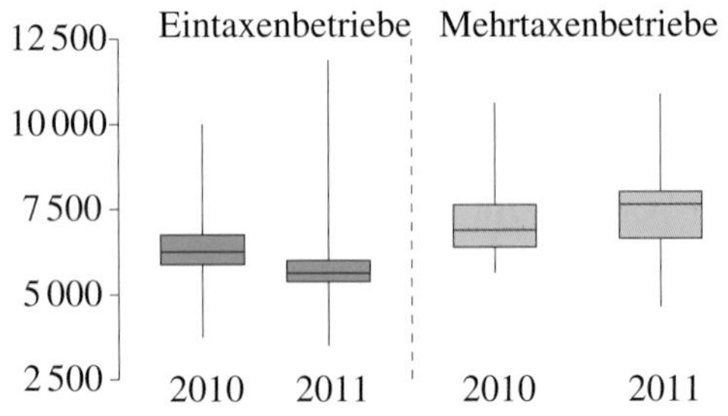

Man erkennt, dass bei Eintaxenbetrieben die Umsätze von 2010 zum Jahr 2011 gefallen sind. Bei den Mehrtaxenbetrieben ist dies nicht zu erkennen ist. Man sieht weiter, dass für die mittleren 50 % der Taxen die Spannweite der Umsätze bei den Eintaxenbetrieben deutlich geringer ist als bei den Mehrtaxenbetrieben. Die Boxen sind deutlich schmaler. Bei den Eintaxenbetrieben ist die Verteilung der Umsätze im Jahr 2010 relativ symmetrisch, während sie im Jahr 2011 deutlich asymmetrisch ist. Auffällig ist die große Streuung der Werte im Jahr 2011, mit Monatsumsätzen bis über 12 000 €. Vielleicht liegt hier ein Schreibfehler vor, oder ein Fahrer hatte einen Kunden mit dem Taxi in den Urlaub gefahren und daher extrem hohe Umsätze erzielt. Für die Gesamtheit aller anderen Taxen ist dieser Wert aber nicht repräsentativ. Statistiker sprechen von „**Ausreißern**". Eine Faustregel verwendet den Quartilsabstand $QA = x_{0.75} - x_{0.25}$ zur Identifizierung von Ausreißern. Der QA ist ein Streuungsmaß, das angibt, wie stark die mittleren 50 % der Daten streuen. Die Faustregel lautet nun so: Alle Daten, die kleiner als $x_{0.25} - 1.5 \cdot QA$ oder größer als $x_{0.75} + 1.5 \cdot QA$ sind, gelten als ausreißerverdächtig und werden in Boxplotvarianten gesondert mit einem Sternchen gekennzeichnet; die Whiskers gehen nur bis zur „nächstinneren" Beobachtung, die nicht mehr als Ausreißer gilt.

Innerhalb eines jeden „Eimers" ist die Lageposition der einzelnen Tropfen verloren. Dafür erfahren wir die Wassermenge pro Eimer. Wir erhalten ein Bild der Regendichte pro Fläche.

Genauso werden wir nun mit unseren Daten vorgehen. Diese werden gruppiert. Über den Gruppen wird nicht die absolute Häufigkeit, sondern die Häufigkeit pro Gruppenbreite als Säule abgetragen. Wir erläutern dies an einem Beispiel.

Beispiel Wir schreiben noch einmal die der Größe nach geordneten Daten aus dem Beispiel von Seite 6 auf und zeichnen die symbolischen Trennwände als senkrechte Striche ein:

| 21, 23, 26, 27, 28 | 31, 33, 33, 34 | 35, 35, 36, 37, 38 | 43 |

Wir bestimmen in jeder Gruppe $(g_{j-1}, g_j]$ die Besetzungszahl n_j, die Breite b_j und die Höhe h_j des zur Gruppe gehörenden Balkens:

von g_{j-1} bis unter g_j	n_j	b_j	$h_j = \frac{n_j}{b_j}$
19.5 . . . 29.5	5	10	0.5
29.5 . . . 34.5	4	5	0.8
34.5 . . . 39.5	5	5	1.0
39.5 . . . 44.5	1	5	0.2

Damit erhalten wir Abbildung 1.22.

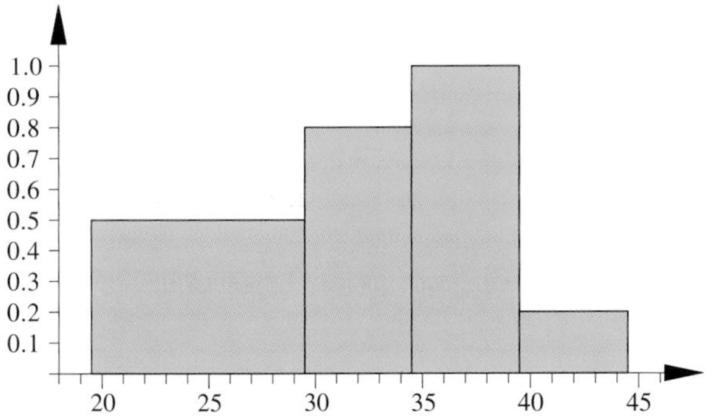

Abbildung 1.22 Das Histogramm der Stickstoff-Monoxidwerte. ◄

Definition Histogramm

Ein Histogramm ist die flächentreue Darstellung der Häufigkeitsverteilung eines gruppierten stetigen Merkmals. Die Fläche der Säule über einer Gruppe entspricht der Gruppenbesetzung: $b_j \cdot h_j = n_j$.

Ein Histogramm gibt eine Häufigkeitsdichte an, nämlich Häufigkeit pro Gruppenbreite. Die Fläche über jedem anderen Abszissen-Intervall ist ein Schätzwert der Häufigkeit der Ausprägungen in diesem Intervall.

Die Gestalt eines Histogramms hängt von der Wahl folgender Parameter ab: Anzahl der Gruppen und Gruppenbreite sowie untere Grenze der ersten Gruppe und obere Grenze der letzten Gruppe. Aufgrund der Vielzahl der verschiedenen möglichen Intentionen, die man bei der Aufstellung eines Histogramms verfolgen kann, ist eine Angabe von allgemein gültigen Kriterien nur schwer möglich, mit Ausnahme der folgenden Leitlinie:

Wähle die Parameter so, dass ein Maximum an relevanter und ein Minimum an irrelevanter Information vermittelt wird.

Histogramme lassen sich weiter verfeinern

Histogramme sind einfache, mitunter aber noch etwas rohe Werkzeuge zur Darstellung von Häufigkeitsverteilungen. Dabei hilft es oft nur wenig, die Gruppen zu verfeinern, da dann das Gesamterscheinungsbild zu unruhig und zufallsabhängig wird. Diese Histogramme lassen sich anschließend aber wieder glätten und liefern so neue Informationen.

Beispiel Wir wollen einen berühmten Datensatz betrachten, der schon von mehreren Autoren bearbeitet wurde, z. B. von G. Härdle in seinem Buch Smoothing techniques (1991). Es handelt sich um die in Inches gemessenen Schneehöhen aus 63 aufeinanderfolgenden Wintern von 1910/11 bis 1972/73 aus Buffalo im Staate New York. Tabelle 1.2 zeigt die bereits der Größe nach geordneten Daten.

Die Schneehöhen liegen zwischen 25 und 126.4 Inches. Wir wollen diese Daten in einem Histogramm der Gruppenbreite 10 darstellen. Doch wo lassen wir das Histogramm beginnen? Bei 0, bei 10, bei 20 oder sonst wo? Schauen wir doch einfach einmal, welchen Effekt die Wahl des unteren Randpunktes haben kann. Aus den Daten der Tabelle 1.2 konstruieren wir $m = 5$ Histogramme, bei denen allein der untere Randpunkt jeweils um zwei Inches nach rechts verschoben ist: Das erste Histogramm hat die Gruppeneinteilung (16, 26], (26, 36], ..., (126, 136]. Das zweite Histogramm beginnt bei 18 und endet bei 128, usw., das fünfte und letzte Histogramm hat die Gruppeneinteilung (24, 34], (34, 42], ..., (124, 134]. Abbildung 1.23 zeigt die fünf Histogramme.

Tabelle 1.2 Schneefallhöhen in Buffalo von 1910 bis 1972

25.0	39.8	39.9	40.1	46.7	49.1	49.6	51.1	51.6
53.5	54.7	55.5	55.9	58.0	60.3	63.6	65.4	66.1
69.3	70.9	71.4	71.5	71.8	72.9	74.4	76.2	77.8
78.1	78.4	79.0	79.3	79.6	80.7	82.4	82.4	83.0
83.6	83.6	84.8	85.5	87.4	88.7	89.6	89.8	89.9
90.9	97.0	98.3	101.4	102.4	103.9	104.5	105.2	110.0
110.5	110.5	113.7	114.5	115.6	120.5	120.7	124.7	126.4

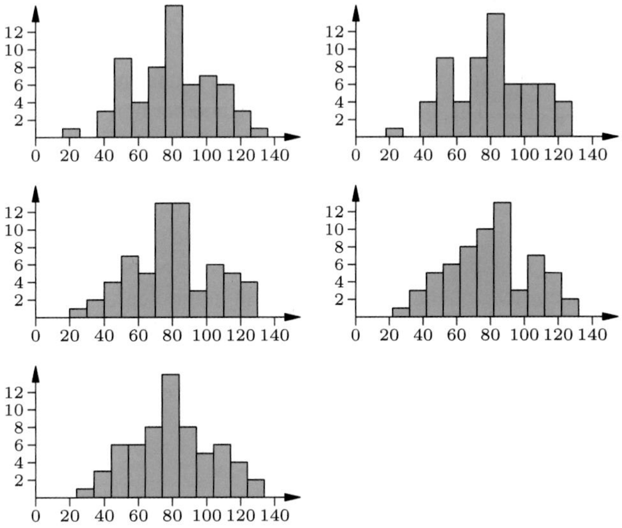

Abbildung 1.23 Histogramme der Schneehöhen mit unterschiedlichen Randpunkten.

Wir sehen fast symmetrische, schiefe, stark asymmetrische, ein-, zwei- und dreigipflige Histogramme. Es erscheint kaum glaublich, dass sie alle auf denselben Daten basieren. Was ist nun die „wahre" Häufigkeitsverteilung der Daten? Zum besseren Vergleich sind in Abbildung 1.24 alle Histogramme übereinandergelegt:

Die Grafik ist in feine gleich breite parallele Streifen unterteilt. Was liegt näher, als in jedem der schmalen Streifen den Mittelwert der jeweiligen Höhen zu nehmen. So erhalten wir Abbildung 1.25.

Diese zeigt nun eine klare, in den fünf einzelnen Histogrammen nicht erkennbare Struktur, die sich auch ohne meteorologische Kenntnisse leicht interpretieren lässt: Wir erkennen die Schneehöhenverteilungen von milden, mittleren und strengen Wintern. Wir wollen diesen Vorgang der Gruppenverschiebung und nachträglichen Mittelwertberechnungen genauer untersuchen.

Beispiel: Altersverteilung der im Jahr 1985 (in der BRD) im Verkehr tödlich verletzten Personen

Histogramme zeigen Strukturen, die in Tabellen verborgen bleiben.

Problemanalyse und Strategie: Die Gruppenbreite ist dort gering, wo es auf Details ankommt. Randgruppen ohne explizit vorgegebene Begrenzung, sogenannte offene Gruppen, müssen adäquat geschlossen werden.

Lösung:

Aus der Tabelle „13.30" des Statistischen Jahrbuchs 1985 greifen wir eine Spalte mit der Altersverteilung der Todesopfer heraus. In der folgenden Tabelle haben wir die Daten und die Nebenrechnungen für das Histogramm aufgeführt.

Alter von ... bis unter	Besetzungszahl n_j	Breite b_j	Höhe h_j
unter 6	138	6	23.00
6 ... 10	118	4	29.50
10 ... 15	103	5	20.60
15 ... 18	310	3	103.33
18 ... 25	779	7	111.29
25 ... 65	1 334	40	33.35
65 ... 85*	1 492	20	74.6

Die Abbildung zeigt das sich aus diesen Daten ergebende Histogramm. Die Daten in der letzten Zeile der obigen Tabelle haben wir gegenüber den Originaldaten aus dem Statistischen Jahrbuch ändern müssen. In der Originaltabelle lautet der Zeilenkopf: „65 und mehr". Damit ist die letzte Gruppe nicht mehr nach oben, bzw. nach rechts abgeschlossen. Ihre Gruppenbreite ist unbegrenzt. Man spricht von einer **offenen Gruppe**. Eine solche offene Gruppe entspricht in unserem „Aquarienmodell" einem Aquarium, dessen rechte Wand fehlt, das Wasser würde vollständig auslaufen. Die Säulenhöhe wäre null. In einem Histogramm kann eine offene Gruppe nur berücksichtigt werden, wenn sie durch eine inhaltlich begründete Grenze abgeschlossen wird. Dieser willkürliche Abschluss einer offenen Randgruppe muss im Kommentar zum Histogramm angegeben werden. Hätten wir die letzte Gruppe z. B. erst bei 105 abgeschlossen, wäre der letzte Balken halb so hoch aber doppelt so breit geworden. Hätten wir die erste Gruppe der Unter-6-jährigen als offene Gruppe aufgefasst und bei 3 Jahren geschlossen, wäre diese Gruppe doppelt so hoch und halb so breit erschienen. Die Gefährdung der Kleinkinder wäre dann noch deutlicher geworden. Generell muss bei Extremwerten am Rande eines Histogramms überprüft werden, ob es sich nicht um Artefakte handelt, die durch willkürlichen Abschluss einer offenen Gruppe entstanden sind.

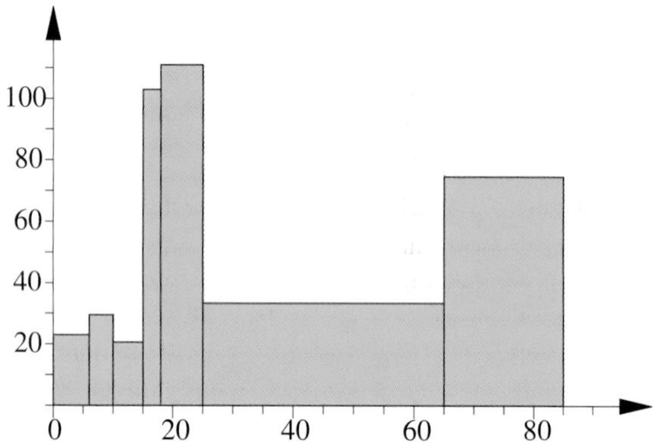

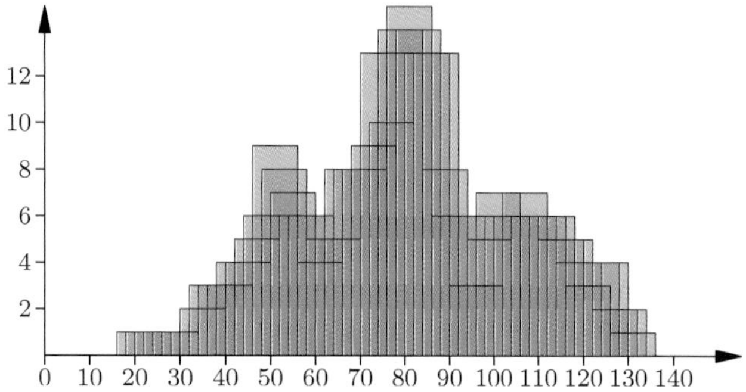

Abbildung 1.24 Die fünf Histogramme werden überlagert.

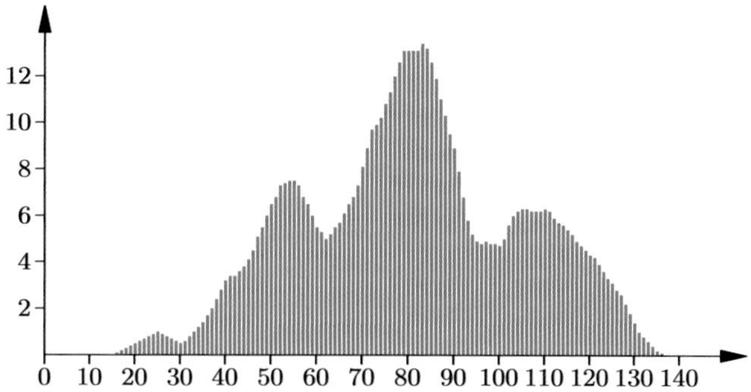

Abbildung 1.25 Der Mittelwert aus fünf Einzelhistogrammen.

Dazu betrachten wir die Histogramme an der Stelle $x = 51$. (Wir haben den Wert 51 herausgegriffen, weil dort alle Balken unterschiedlich hoch sind, und sie sich so am besten unterscheiden lassen.) Von allen fünf Histogrammen überdeckt jeweils genau ein Balken der Breite $b = 10$ den Wert $x = 51$. Der erste Balken geht von 42 bis 52, der letzte von 50 bis 60. Diese fünf Balken sind in Abbildung 1.26 noch einmal herausgezeichnet, dabei sind die sich überlappenden Basisintervalle zur Verdeutlichung durch Unterstreichung zusätzlich hervorgehoben.

Die fünf Balken unterteilen das Intervall von (42, 60] in 9 gleich breite Teilintervalle der Breite $\frac{b}{5} = \delta = 2$ auf. Die Besetzungszahlen dieser 9 Intervalle seien:

$$n_{-4} \quad n_{-3} \quad n_{-2} \quad n_{-1} \quad n_0 \quad n_1 \quad n_2 \quad n_3 \quad n_4 .$$

Die Besetzungszahl $n_{(42,52]}$ des Intervalls (42, 52] ist demnach:

$$n_{(42,52]} = n_{-4} + n_{-3} + n_{-2} + n_{-1} + n_0 .$$

Vertiefung: Zusammenhang von Histogramm und Verteilungsfunktion bei stetigen gruppierten Merkmalen

Histogramm und Verteilungsfunktion enthalten die gleiche Information in unterschiedlicher Darstellung. Sie gehen durch Differenziation bzw. Integration ineinander über.

In der folgenden Abbildung stellen wir das Histogramm der relativen Häufigkeiten und die empirische Verteilungsfunktion der gruppierten Daten aus dem Beispiel auf Seite 6 einander gegenüber. Achten wir auf den Anstieg $\tan \alpha_j$ der empirische Verteilungsfunktion in der j-ten Gruppe und die Balkenhöhe des Histogramms der relativen Häufigkeiten:

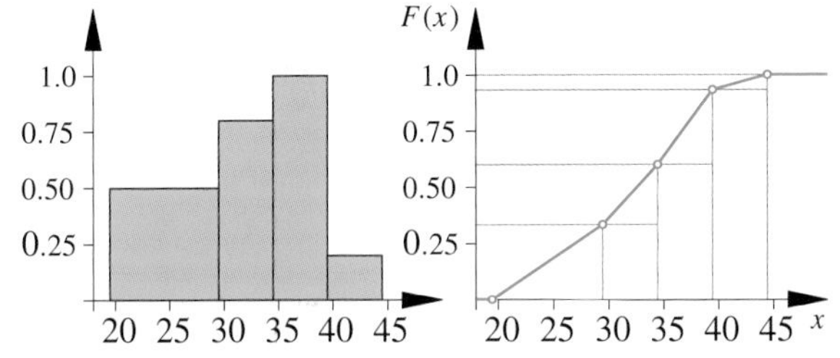

n_j ist die absolute Besetzungszahl der j-ten Gruppe $(a_{j-1}, a_j]$ und $b_j = a_j - a_{j-1}$ ist die Breite der j-ten Gruppe. Für das Histogramm der absoluten Häufigkeiten ist $\frac{n_j}{b_j}$ die Höhe des Histogrammbalkens über der j-ten Gruppe. Gleichzeitig ist n_j der Zuwachs, den die j-te Gruppe zur Summenkurve liefert. $\frac{n_j}{b_j}$ ist daher gerade der Anstieg der Summenkurve über der j-ten Gruppe.

Betrachten wir statt der absoluten Häufigkeiten n_j die relativen Häufigkeiten $\frac{n_j}{n}$, erhalten wir analog:

$$\frac{n_j/n}{b_j} = \frac{\text{Zuwachs in der } j\text{-ten Gruppe}}{\text{Breite der } j\text{-ten Gruppe}} = \tan \alpha_j .$$

Wir spinnen aber den Gedanken weiter: Da der Anstieg die Ableitung der Verteilungsfunktion $\widetilde{F}$ ist, gilt im Inneren des j-ten Intervalls I_j:

$$f_j = \frac{\mathrm{d}}{\mathrm{d}x} \widetilde{F}(x) , \quad \text{falls } x \in I_j .$$

Betrachten wir die obere Berandung des Histogramms als Graph einer Funktion f, könnten wir auch schreiben:

$$\widetilde{F}(x) = \int_{-\infty}^{x} f(u)\, du .$$

Histogramm und Verteilungsfunktion gehen durch Integrieren bzw. Differenzieren ineinander über. Gehen wir noch einen Schritt weiter: Denken wir uns eine theoretische Verteilungsfunktion mit einem differenzierbaren Verlauf wie in der folgenden Abbildung:

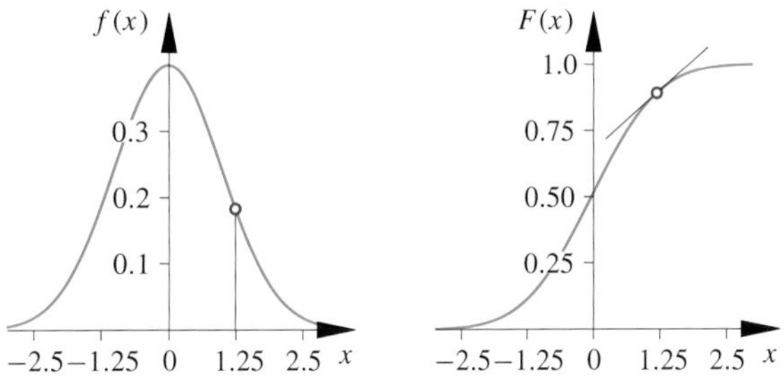

Bestimmen wir in jedem Punkt x den Anstieg der theoretischen Verteilungsfunktion F, so erhalten wir als Bild die **theoretische Verteilungsdichte** f als Ableitung der **theoretischen Verteilungsfunktion**. Beide sind durch $f(x) = \frac{\mathrm{d}}{\mathrm{d}x} F(x)$ bzw. $F(x) = \int f(x)\, \mathrm{d}x$ aufeinander bezogen. So ist z. B. im Punkt $x = 1.25$ der Anstieg der Tangente 0.1826. Dies ist genau der Wert der Dichtefunktion an der Stelle $x = 1.25$. Wir werden diesen Zusammenhang bei der Behandlung der stetigen zufälligen Variablen in Kapitel 4 noch ausführlich erläutern und vertiefen.

Ist $h_{(42,52]}$ die Höhe des Histogrammbalkens über diesem Intervall, so ist bei einer Intervallbreite von $b = 10$

$$h_{(42,52]} = \frac{n_{(42,52]}}{b}$$

oder $bh_{(42,52]} = n_{(42,52]}$. Analog erhalten wir für die vier anderen Balken:

$$\begin{aligned}
bh_{(42,52]} &= n_{-4} + n_{-3} + n_{-2} + n_{-1} + n_0 \\
bh_{(44,54]} &= n_{-3} + n_{-2} + n_{-1} + n_0 + n_1 \\
bh_{(46,56]} &= n_{-2} + n_{-1} + n_0 + n_1 + n_2 \\
bh_{(48,58]} &= n_{-1} + n_0 + n_1 + n_2 + n_3 \\
bh_{(50,60]} &= n_0 + n_1 + n_2 + n_3 + n_4
\end{aligned}$$

Der aus allen 5 Balkenhöhen gemittelte Streifen hat demnach die Höhe

$$\widehat{h} = \frac{1}{5 \cdot b} (1n_{-4} + 2n_{-3} + 3n_{-2} + 4n_{-1} + 5n_0 + 4n_1 + 3n_2 + 2n_3 + 1n_4) .$$

Die Zahl b im Nenner ist die Breite der Ausgangsintervalle. In unserem Fall ist $b = 10 = 5 \cdot \delta$, dabei ist $\delta = 2$ die Breite der Teilintervalle.

$$\widehat{h} = \frac{1}{25 \cdot \delta} (1n_{-4} + 2n_{-3} + 3n_{-2} + 4n_{-1} + 5n_0 + 4n_1 + 3n_2 + 2n_3 + 1n_4) .$$

Hätten wir von vornherein nur mit einem Histogramm, aber diesmal mit der feineren, einheitlichen Intervallbreite δ gearbeitet, so

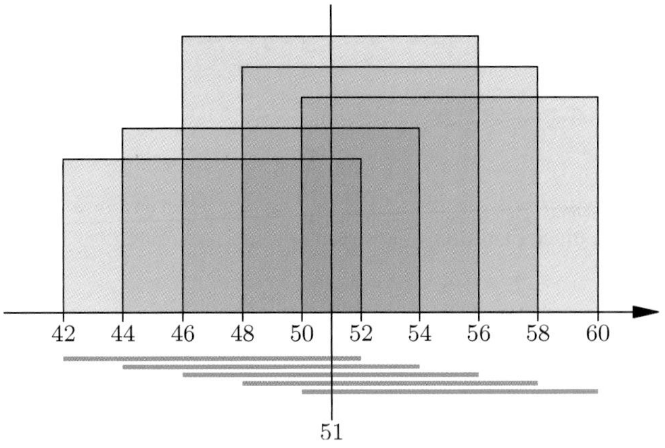

Abbildung 1.26 Die 5 Balken der 5 einzelnen Histogramme an der Stelle $x = 51$.

wäre z. B. $\frac{n_{-4}}{\delta} = h_{-4}$ gerade die Höhe des Histogrammbalkens über dem ersten Teilintervall. In analogen Bezeichnungen für die anderen Teilintervalle erhalten wir schließlich:

$$\widehat{h} = \frac{1}{25}h_{-4} + \frac{2}{25}h_{-3} + \frac{3}{25}h_{-2} + \frac{4}{25}h_{-1} + \frac{5}{25}h_0 + \frac{4}{25}h_1 + \frac{3}{25}h_2 + \frac{2}{25}h_3 + \frac{1}{25}h_4 .$$

So erhält unser Vorgehen einen neuen Sinn. Wir denken uns aus den Daten ein Histogramm mit der einheitlichen Intervallbreite von δ konstruiert. Danach wird dieses überfeine Histogramm mit dem in Abbildung 1.27 gezeigten Gewichtungsschema wie mit einem Hobel von links nach rechts fortschreitend geglättet.

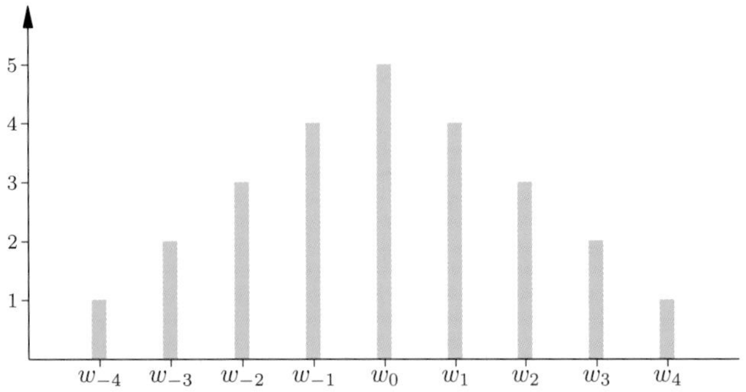

Abbildung 1.27 Das Gewichtungsschema für benachbarte Intervalle.

Bezeichnen wir die Gewichte als

$$w_i = \frac{5 - |i|}{25}; \quad i = -4; -3, \ldots, 3, 4$$

mit $\sum_{i=-4}^{4} w_i = 1$, so ist

$$\widehat{h} = \sum_{i=-4}^{4} w_i h_i .$$

Diese Formel lässt sich jetzt leicht verallgemeinern. Als erstes lösen wir uns von der anfangs willkürlich herausgegriffenen Stelle $x = 51$ aus dem Intervall $(50, 52]$. Wir hatten diesem Intervall den Index 0 und seiner Besetzungszahl den Namen n_0 gegeben. Denken wir uns die kleinen Teilintervalle der Breite δ von links nach rechts fortschreitend mit $k = 1, 2, \ldots$ durchnummeriert, so ist mit einer analogen Umbenennung für alle x des k-ten Intervalls I_k:

$$\widehat{h}(x) = \sum_{i=-4}^{4} w_i h_{k+i}, \qquad x \in I_k$$

$$h_k = \frac{n_k}{\delta}.$$

Die ursprüngliche Breite $b = 10$ der fünf ursprünglichen, nur grob gegliederten Histogramme taucht nicht mehr auf, sie wird ersetzt durch die Intervallbreite δ des fein strukturierten Histogramms. Das Gewichtungsschema wird bestimmt durch die Zahl m der Histogramme, über die wir gemittelt haben, bei uns ist $m = 5$ und $b = m\delta$. Mit diesen Zahlen erhalten wird schließlich:

$$\widehat{h}(x) = \sum_{i=-m+1}^{m-1} w_i h_{k+i}, \qquad x \in I_k$$

$$w_i = \frac{m - |i|}{m^2}.$$ ◄

Fassen wir zusammen: Wir haben mit einer willkürlichen, offenbar zu grob gewählten Intervallbreite b begonnen und wussten nicht, wo wir mit dem Histogramm beginnen sollten. Diese letzte Frage ist nun genauso irrelevant geworden wie die Frage nach der Intervallbreite b, stattdessen haben wir uns zwei neue Parameter m und δ eingehandelt.

δ ist die Breite des sehr fein strukturierten, im Endergebnis aber gar nicht mehr präsentierten Histogramms. Dieses feine „latente" Histogramm wird nun geglättet, indem jeweils über $2m + 1$ Teilintervalle mit einem vorgegebenen Gewichtungsschema gemittelt wird.

Die hier angerissene Ausgleichstechnik ist in der englischen Literatur als: „averaged shifted histogramms" bekannt. Variiert man als weitere Freiheit zusätzlich noch die Form der Gewichte w_i kommt man zur, der „weighted average of rounded points". Die Wahl des optimalen m und δ wird dort behandelt, wir können hier nicht weiter darauf eingehen.

Kerndichteschätzer geben ein stetiges Bild einer Häufigkeitsverteilung

Die Idee der Glättung durch Mittelung lässt sich noch weiter ausbauen. Wir lassen in Gedanken die Intervallbreite δ der Teilintervalle gegen null gehen und ersetzen das diskrete Gewichtungsschema von Abbildung 1.27 durch eine stetige Gewichtsfunktion. Darüber hinaus verzichten wir darauf, die Daten zu gruppieren und arbeiten mit den Originaldaten selbst.

Dazu gehen wir noch einmal zurück zu den Überlegungen bei der Einführung des Histogramms. In Gedanken ließen wir Regentropfen auf eine Fläche fallen und wollten anschließend feststellen, wo und wie hoch das Wasser steht. Da die Tropfen sofort auseinanderliefen, haben wir dann vertikale Trennwände gezogen und kamen zu den Histogrammen.

Jetzt verzögern wir das Auseinanderfließen und lassen in Gedanken zähflüssigen Honig auf die Fläche tropfen. Wir wählen zwei- statt dreidimensionale Tropfen und geben jedem Tropfen die Fläche eins als Masse. Mit einiger Fantasie könnten wir uns vorstellen, dass Abbildung 1.28 einen Tropfens zeigt, der gerade an der Stelle $x = 3$ gefallen ist und nun auseinanderfließt.

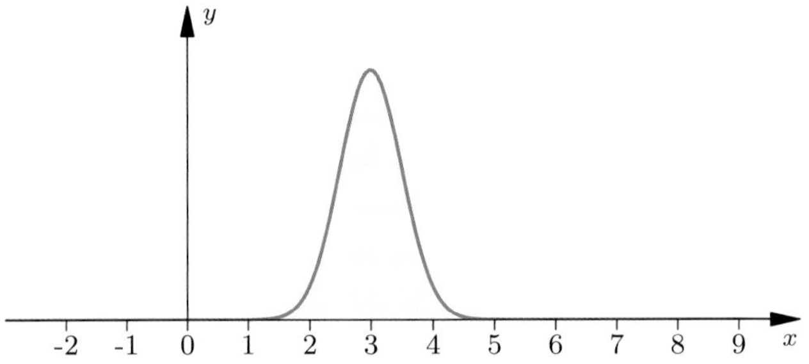

Abbildung 1.28 Das Bild eines auseinanderfließenden Tropfens.

Als Nächstes lassen wir 5 Tropfen an den Stellen 0, 1, 1.5, 3 und 6 fallen. Das folgende Bild zeigt die Lage der Tropfen, wenn sie sich körperlos durchdringen könnten.

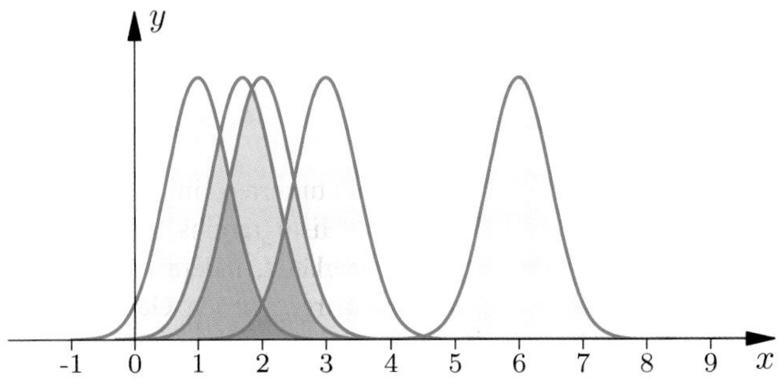

Abbildung 1.29 Fünf Tropfen, die sich gegenseitig nicht behindern sollen, an den Stellen 1, 1.5, 2, 3 und 6.

Aber wir haben den Tropfen ja eine Masse zugewiesen und daher überlagern sie sich, wie die nächste Abbildung zeigt:

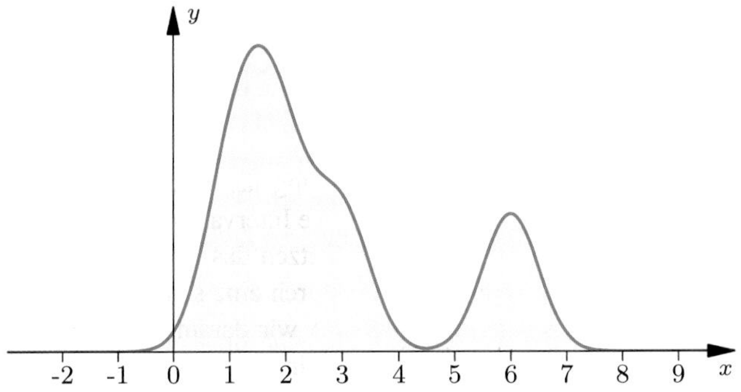

Abbildung 1.30 Fünf Tropfen, die sich additiv überlagern, an den Stellen 1, 1.5, 2, 3 und 6.

Nun lassen wir etwas Zeit verstreichen und schauen, wie die Tropfen allmählich verschmelzen und aus- und ineinander fließen:

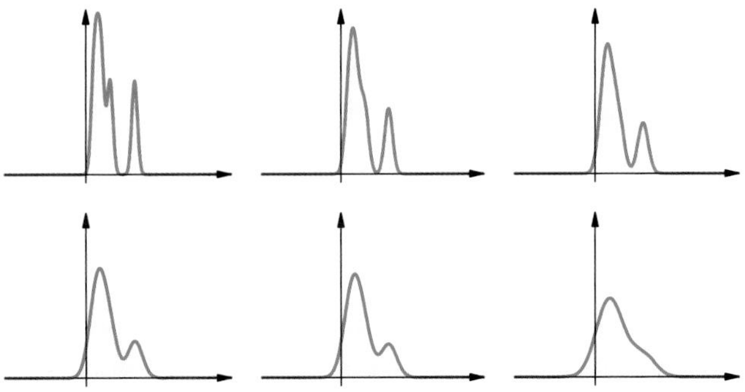

Abbildung 1.31 Die Tropfen zerfließen im Laufe der Zeit und verschmelzen miteinander.

Jede Phase dieses Verschmelzungsprozesses lässt sich als Illustration einer Häufigkeitsverteilung dieser 5 Datenpunkte 0, 1, 1.5, 3 und 6 ansehen.

Wir wollen diese Idee nun aufgreifen und formalisieren.

Während wir beim Histogramm Individuen anhand ihrer Ausprägungen in Intervallgruppen zusammengefasst haben und diesen Gruppen dann Flächen als Maßzahlen ihrer Häufigkeit zugewiesen haben, repräsentieren wir nun die Individuen unmittelbar durch Flächen und überspringen den Prozess der Gruppenbildung. Wir können dies auch dadurch rechtfertigen, dass bei stetigen Merkmalen die beobachtete Ausprägung x_i nur eine zufällige Realisation aus einem Kontinuum von Möglichkeiten ist. Statt x_i hätte genauso gut ein Wert in der Umgebung von x_i gemessen werden können.

Zur Kennzeichnung von Flächen wie von Individuen verwenden wir die sogenannten Kernfunktionen.

Definition Kernfunktion

Die Kernfunktion $K(x)$ ist eine symmetrische, nicht negative Funktion mit $\int_{-\infty}^{+\infty} K(x)\,\mathrm{d}x = 1$.

In unserem Honigtropfenbeispiel haben wir die Funktion

$$K(x) = \frac{1}{\sqrt{2\pi}} \mathrm{e}^{-\frac{x^2}{2}},$$

die Gauß'sche Glockenkurve, verwendet. (Wie wir später sehen werden, sind Kernfunktionen Dichtefunktionen stetiger zufälliger Variabler, aber dies spielt hier keine Rolle.) Andere Kernfunktionen sind zum Beispiel:

Der Rechteckskern	$K(x) = \frac{1}{2} I_{\lvert x\rvert \le 1}$.
Der Dreieckskern	$K(x) = (1 - \lvert x\rvert)\, I_{\lvert x\rvert \le 1}$.
Der Epanechnikowkern	$K(x) = \frac{3}{4}\left(1 - x^2\right) I_{\lvert x\rvert \le 1}$.
Der Quartkern	$K(x) = \frac{15}{16}\left(1 - x^2\right)^2 I_{\lvert x\rvert \le 1}$.

Dabei ist $I_{\lvert x\rvert \le 1}$ die Indikatorfunktion des Intervalls $[-1, +1]$. Die Abbildungen 1.32 und 1.33 zeigen die vier Kernfunktionen.

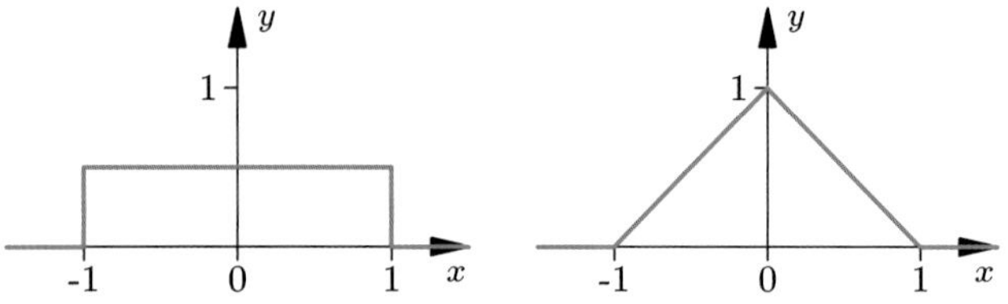

Abbildung 1.32 Der Rechtecks- und der Dreieckskern.

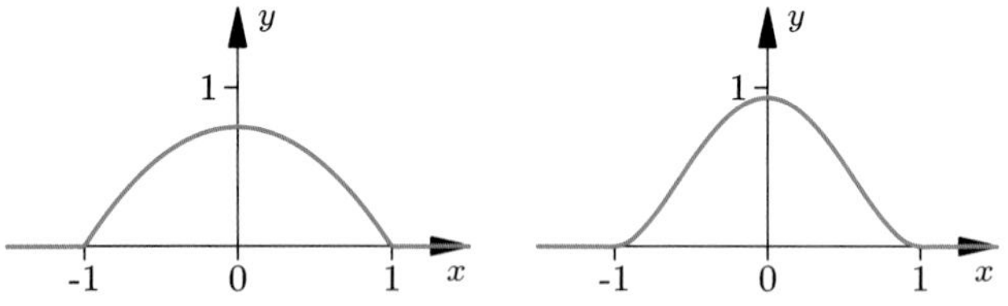

Abbildung 1.33 Der Epanechnikow- und der Quartkern.

Den Prozess des „Auseinanderfließens" beschreiben wir durch eine Skalenänderung:

$$\frac{1}{\sigma} K\left(\frac{x}{\sigma}\right).$$

Dabei heißt σ die „Fensterbreite" der Kernfunktion. Je kleiner σ, umso schärfer markiert der Kern jede einzelne Beobachtung, je größer σ, umso stärker verschmelzen die Beobachtungen miteinander. Zur Kennzeichnung einer Häufigkeitsverteilung wird eine Kernfunktion $K(x)$ und eine Fensterbreite σ fest gewählt. Dann wird jeder Punkt x_i durch die Funktion

$$x_i \to \frac{1}{\sigma} K\left(\frac{x - x_i}{\sigma}\right)$$

gekennzeichnet, hierbei wird die Kernfunktion $K(x)$ parallel so verschoben, dass ihr Symmetriezentrum über dem Punkt x_i liegt. Die gesamte Häufigkeitsverteilung $\widehat{h}(x)$ der Punktmenge $x_1, \ldots, x_n$ wird schließlich durch die additive Überlagerung aller dieser Funktionen beschrieben:

$$\widehat{h}(x) = \frac{1}{\sigma} \sum_{i=1}^{n} K\left(\frac{x - x_i}{\sigma}\right).$$

Sollen statt der absoluten Häufigkeiten die relativen Häufigkeiten dargestellt werden, dividiert man $\widehat{h}(x)$ durch die Anzahl aller Beobachtungen. Die so gewonnene Verteilung nennt man eine Kerndichteschätzung.

Definition Kerndichteschätzung

Sind $x_1, \ldots, x_n$ die Beobachtungswerte eines eindimensionalen stetigen Merkmals, dann ist

$$\widehat{f}(x) = \frac{1}{n\sigma} \sum_{i=1}^{n} K\left(\frac{x - x_i}{\sigma}\right)$$

eine Kerndichteschätzung der relativen Häufigkeitsverteilung dieses Merkmals.

Wir sprechen von „einer" Kerndichteschätzung, denn wir erhalten zu jeder Wahl von K und jedem σ eine andere Schätzung.

Beispiel Als Beispiel betrachten wir die Buffalo-Schneehöhe-Daten aus Beispiel 1.2. Unter Verwendung der Gauß'schen Kernfunktion erhalten wir als Schätzung der Häufigkeitsdichte für $n = 63$:

$$\widehat{f}(x) = \frac{1}{63\sigma\sqrt{2\pi}} \sum_{i=1}^{63} e^{-\frac{1}{2}\left(\frac{x-x_i}{\sigma}\right)^2}.$$

Die folgenden Abbildungen zeigen die Gestalten von $\widehat{f}$, wenn wir σ schrittweise von 1 bis 5 vergrößern.

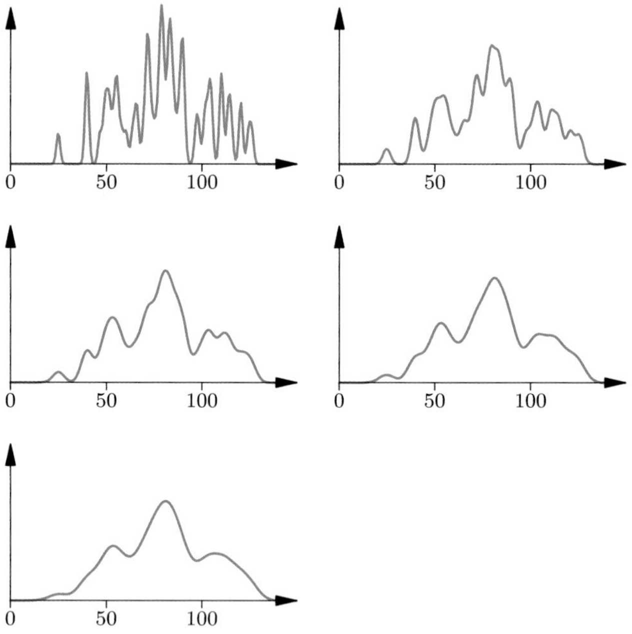

◀

Wir sehen: Je kleiner die Fensterbreite σ ist, umso unruhiger ist die Darstellung der Verteilung. Mit wachsendem σ verschwinden die Rauhigkeiten, die Darstellung wird glatter, die wesentlichen Züge treten deutlicher hervor. In jedem Fall wird die relative Häufigkeit der Ausprägungen in einem Intervall durch die Fläche über diesem Intervall geschätzt.

Zwei große Fragen bleiben: Welcher Kern und welches σ ist zu nehmen? Dazu lässt sich prinzipiell sagen, dass die Wahl des Kerns nicht entfernt den Einfluss hat, wie die Wahl der Fensterbreite. Bei zwei verschiedenen Kernen K_1 und K_2 lassen sich in der Regel Fensterbreiten σ_1 und σ_2 angeben, sodass die daraus gewonnenen Verteilungen einander im Wesentlichen entsprechen. Die Wahl von σ ist schwieriger. Es gibt Kriterien für eine optimale Wahl von σ, aber dazu müssen sowohl konkretere Vorstellungen über die Gestalt der „wahren" Dichte f vorliegen, die durch $\widehat{f}$ geschätzt werden soll, als auch präzise Gütekriterien aufgestellt werden. Beides und eine tiefere Fundierung gehen über den Rahmen des Buches weit hinaus und können hier nicht geleistet werden.

1.3 Lageparameter

Fragen Sie einen Nachbarn „Wie geht's?“, so erwarten Sie keinen stundenlangen Gesundheitsbericht, der bei den Kinderkrankheiten anfängt und beim letzten Schnupfen aufhört, sondern z. B. nur die knappe Antwort „Gut“.

Die Verteilungsfunktionen und Histogramme liefern ebenfalls eine Fülle von Informationen, aber auf kurze Fragen wie „Wo liegen die Daten? Wie liegen die Daten? Wie weit streuen sie? Ist die Verteilung symmetrisch? Wie schief ist die Verteilung? Wie schnell klingt die Verteilung an den Rändern ab?“ geben sie keine knappen Antworten. Diese Antworten liefern **Verteilungsparameter**. Dies sind Kennzahlen, die charakteristische Eigenschaften der Verteilung herausgreifen und numerisch quantifizieren. Sie sind anschaulich, leicht zu berechnen, aber beschreiben nie das Ganze der Verteilung, sondern jeweils nur bestimmte Aspekte.

Wir werden zuerst Lageparameter, anschließend Streuungs- und Strukturparameter behandeln.

Ein Lageparameter beschreibt das Zentrum der Daten

Was aber ist das „Zentrum“? Je nach Fragestellung gibt es unterschiedliche Antworten. Wir werden drei kennenlernen: den Modus, den Median und das arithmetische Mittel.

Definition Modus

Der **Modus** x_{mod} ist die am häufigsten vorkommende Ausprägung.

Der Modus ist vor allem bei qualitativen Merkmalen sinnvoll. Zum Beispiel: Die am häufigsten nachgefragte Schuhgröße, die häufigste Unfallursache, die Partei mit den meisten Stimmen. Bei einem Histogramm spricht man vom Modusintervall oder der Modusklasse, dies ist das Intervall mit dem höchsten Balken. Bei einer multimodalen Verteilung weist das Histogramm mehrere lokale Maxima auf.

Bei der Bestimmung des Medians ist die Reihenfolge der Daten wichtig: Die Daten werden der Größe nach sortiert und dann am Median in zwei gleich große Hälften geteilt. Er gibt so eine unmittelbar einleuchtende Antwort auf die Frage nach der Mitte einer Verteilung.

Der Median der 5 Daten $3,\ 7,\ 8,\ 9,\ 12$ ist die 8. Zwei Beobachtungen sind kleiner, zwei sind größer als 8.

Bei einer geraden Anzahl von Daten ist der Median nur eindeutig, wenn man den Median als Quantil $x_{0.5}$ definiert und sich auf die eindeutige Festlegung des Quantils $x_{0.5}$ als kleinster Wert x mit $F(x) \geq 0.5$ beruft. In diesem Sinne ist der Median $x_{0.5}$ der 6 Daten $3,\ 7,\ 8,\ 9,\ 12,\ 13$ ebenfalls die 8. Häufig wird jedoch nur von der Medianklasse $[8, 9]$ gesprochen oder der Mittelpunkt 8.5 der Medianklasse gewählt. Im Sinne dieser Konvention ist es üblich, den Median wie folgt zu bestimmen.

Definition Median

Der **Median** $\text{Med}\{x_i \mid i = 1, \ldots, n\}$ der geordneten Daten $x_{(1)}, x_{(2)}, \ldots, x_{(n)}$ ist

$$x_{\text{med}} = \begin{cases} x_{\left(\frac{n+1}{2}\right)}, & \text{falls } n \text{ ungerade ist,} \\ \frac{1}{2}\left(x_{\left(\frac{n}{2}\right)} + x_{\left(\frac{n}{2}+1\right)}\right), & \text{falls } n \text{ gerade ist.} \end{cases}$$

Beispiel Der Median der 5 Daten $3,\ 7,\ 8,\ 9,\ 12$ ist die 8. Logarithmieren wir die Daten, erhalten wir $\ln 3$, $\ln 7$, $\ln 8$, $\ln 9$, $\ln 12$, mit dem Median $\ln 8$. Der logarithmierte Median ist der Median der logarithmierten Daten:

$$\text{Med}\{\ln(x_i) \mid i = 1, \ldots, n\} = \ln(\text{Med}\{x_i \mid i = 1, \ldots, n\})$$

Diese Eigenschaft gilt für alle streng monoton wachsenden Transformationen $t(x)$, denn dabei bleibt die Reihenfolge erhalten: Wird jedes x_i auf einem dehnbaren Gummiband als Punkt markiert und wird dann das Gummiband beliebig verzerrt und gestaucht, so bleibt die Reihenfolge der Markierungspunkte erhalten,

$$t\left(x_{(i)}\right) = t(x)_{(i)}\ .$$

Speziell gilt dies für den Median. Etwas salopp formuliert: Der Median macht alle streng monoton wachsenden Transformationen mit,

$$\text{Med}\{t(x)\} = t(\text{Med}\{x\})\ .$$

◄

Angenommen durch einen Fleck auf dem Papier würden die Daten irrtümlich als $3,\ 7,\ 8,\ 9,\ 1.2$ gelesen. Dann würde der Median von 8 auf 7 fallen. Würde der Punkt bei 1.2 dagegen als optischer Trennpunkt für Tausender gelesen und die Zahl 1.2 als 1 200 interpretiert, würde sich der Median überhaupt nicht ändern: Der Statistiker spricht von **Robustheit des Medians**. Diese Eigenschaft lässt sich auf unterschiedlichste Weise quantifizieren. Wir belassen es hier bei der qualitativen Bemerkung: Ein robuster Parameter toleriert grobe Fehler und bleibt dann immer noch in vernünftigem Rahmen.

?

Wie viel Prozent der Daten $x_{(1)}, x_{(2)}, \ldots, x_{(n)}$ könnten durch $-\infty$ oder $+\infty$ ersetzt werden, ohne dass der Median das Intervall $\left[x_{(1)}, x_{(n)}\right]$ verlässt?

Das arithmetische Mittel $\overline{x}$, der Durchschnitt aus allen Beobachtungen, ist der bekannteste, am häufigsten gebrauchte und bei theoretischen statistischen Betrachtungen wichtigste Lageparameter.

Definition des arithmetischen Mittels

Das **arithmetische Mittel**

$$\overline{x} = \frac{1}{n}\sum_{i=1}^{n} x_i$$

ist der Schwerpunkt der Daten.

Die Bezeichnung $\overline{x}$ ist die in der Statistik übliche Bezeichnung für den Mittelwert. Der Querstrich über dem x darf nicht mit der Bildung des Konjugiertkomplexen verwechselt werden.

Aus der Definition des arithmetischen Mittels folgen drei offensichtliche, dennoch aber wichtige Eigenschaften:

- $\overline{x}$ liegt zwischen kleinstem und größtem Wert: $x_{(1)} \leq \overline{x} \leq x_{(n)}$.
- Aus $\sum_{i=1}^{n}(x_i - \overline{x}) = \sum_{i=1}^{n} x_i - \sum_{i=1}^{n} \overline{x} = n\overline{x} - n\overline{x} = 0$ folgt: Die Summe der Abweichungen vom Mittelwert ist null:
$$\sum_{i=1}^{n}(x_i - \overline{x}) = 0\,.$$
- Werden die Daten geordnet, dann kann jede Ausprägung mehrfach auftreten: $x_i \in \{a_1, \ldots, a_k\}$. Dabei sind die a_j, $j = 1, \ldots, k$, die voneinander verschiedenen Werte der beobachteten Ausprägung. Ist n_j die absolute und $f_j = \frac{n_j}{n}$ die relative Häufigkeit der Ausprägung a_j, so ist
$$\overline{x} = \frac{1}{n}\sum_{j=1}^{k} n_j a_j = \sum_{j=1}^{k} a_j f_j\,.$$
Dabei ist $n = \sum_{j=1}^{k} n_j$ und $\sum_{j=1}^{k} f_j = 1$.

Beispiel Die Daten seien

$$\{2, 3, 4, 1, 3, 5, 1, 3, 5, 2, 1, 3\}\,.$$

Dann ist

$$\overline{x} = \frac{1}{12}(2 + 3 + \ldots + 2 + 1 + 3) = \frac{33}{12} = 2.75\,.$$

Ordnen wir die Daten in einer Tabelle, erhalten wir:

Ausprägung a_i	Häufigkeit n_i	$a_i \cdot n_i$
1	3	3
2	2	4
3	4	12
4	1	4
5	2	10
Summe	12	33

Hier ergibt sich ebenfalls $\overline{x} = \frac{33}{12} = 2.75$. ◀

Häufig zerfällt die Grundgesamtheit in kleinere voneinander unterschiedene, disjunkte Teilgesamtheiten: $\Omega = \bigcup_{j=1}^{k} \Omega_j$. Ist von jeder Teilgesamtheit Ω_j die Besetzungszahl n_j und der Mittelwert $\overline{x}_j$ bekannt, $j = 1, \ldots, k$, so ist der Gesamtmittelwert gegeben durch

$$\overline{x} = \frac{1}{n}\sum_{j=1}^{k} n_j \overline{x}_j\,. \tag{1.1}$$

Beispiel Wir teilen die Zahlen des letzten Beispiels in zwei Klassen, nämlich $\Omega_1 :=$ „Klein“ $:= \{x \leq 2\}$ und $\Omega_2 :=$ „Groß“ $:= \{x > 2\}$ ein. Dann gilt:

	n_j	$\overline{x}_j$	$n_j \cdot x_j$
$\Omega_1 = \{2, 1, 1, 2, 1\}$	5	7/5	7
$\Omega_2 = \{3, 4, 3, 5, 3, 5, 3\}$	7	26/7	26
Summe	12		33

Also ist $\overline{x} = \frac{1}{12}\left(5 \cdot \frac{7}{5} + 7 \cdot \frac{26}{7}\right) = \frac{33}{12} = 2.75$. ◀

?

Bei einer Firma arbeiten 200 Frauen und 300 Männer. Der Durchschnittsstundenlohn beträgt 8 € für Frauen und 10 € für Männer. Wie groß ist der Durchschnittsstundenlohn der Belegschaft?

Bei gruppierten Daten können wir das arithmetische Mittel nicht nach der Definition ausrechnen, da die Einzelwerte x_i unbekannt sind. In diesem Fall fassen wir die j-ten Gruppe als j-te Teilgesamtheit Ω_j auf und schätzen den Mittelwert $\overline{x}_j$ durch die Mitte m_j der Gruppe. Ist n_j die Besetzungszahl der Gruppe, so schätzen wir danach $\overline{x}$ nach Formel (1.1) als

$$\overline{x} = \frac{1}{n}\sum_{j=1}^{k} n_j m_j\,.$$

Beispiel Im Beispiel auf Seite 6 berechnen wir zuerst den Mittelwert aus den Roh- oder Urdaten:

$$\overline{x} = \frac{1}{15}(21 + 23 + 26 + 27 + 28 + 31 + 33 + 33 + 34 + 35 + 35 + 36 + 37 + 38 + 43) = 32\,.$$

Aus den gruppierten Daten schätzen wir den Mittelwert mit der folgenden Tabelle:

von g_{j-1} bis unter g_j	n_j	Gruppenmitte m_j	$n_j \cdot m_j$
19.5 . . . 29.5	5	24.5	122.5
29.5 . . . 34.5	4	32	128.0
34.5 . . . 39.5	5	37	185.0
39.5 . . . 44.5	1	42	42.0
Summe	15		477.5

Jetzt erhalten wir ein $\overline{x} = \frac{477.5}{15} = 31.833$. Das so bestimmte $\overline{x}$ ist der Schwerpunkt der durch das Histogramm bestimmten „Häufigkeitsmasse“.

Stellen wir uns die Fläche des Histogramms als eine massive homogene Holzplatte vor und unterstützen sie im Schwerpunkt $\overline{x} = 31.833$, dann bleibt die Platte im Gleichgewicht (siehe Abbildung 1.34). ◀

$\overline{x}$ ist der Schwerpunkt der Daten, bzw. der Schwerpunkt des Histogramms. Daher ist das arithmetische Mittel gegenüber Ausreißern sehr empfindlich: Eine einzige grob falsche Zahl genügt,

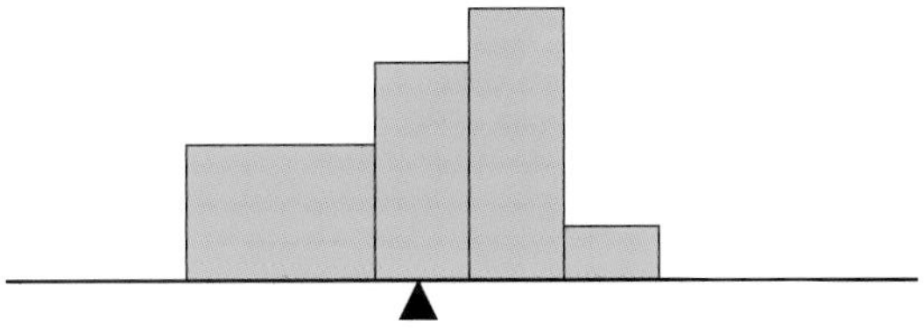

Abbildung 1.34 Der Mittelwert als Schwerpunkt des Histogramms.

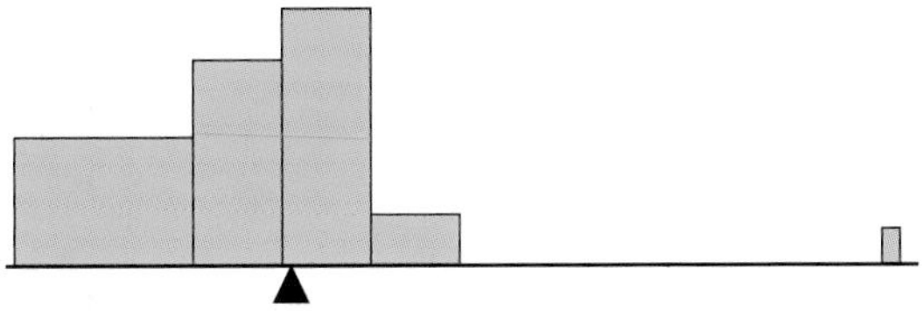

Abbildung 1.35 Beim arithmetischen Mittel haben Ausreißer einen Hebeleffekt.

um das arithmetische Mittel vollständig zu verzerren. Denken wir an eine Balkenwaage: Ein kleines Gewicht an einem langen Hebelarm kann ein großes Gewicht am kurzen Hebelarm im Gleichgewicht halten, siehe Abbildung 1.35.

Achtung: Das arithmetische Mittel beschreibt den Schwerpunkt einer Verteilung, aber kennzeichnet nicht notwendig irgendein einzelnes Element in der Gesamtheit. Mit den Wörtern „Im Schnitt" oder „Im Mittel" wird mitunter das arithmetische Mittel irrigerweise auf ein Element der Grundgesamtheit bezogen und missverstanden. Zwei Beispiele: Die meisten Menschen haben zwei Augen, es gibt aber auch Einäugige und Blinde. Daher ist der Mittelwert des Merkmals „Anzahl der Augen eines Menschen" kleiner als 2. Eine Aussage aber: „Im Schnitt hat ein Mensch weniger als zwei Augen." oder „die meisten Menschen haben überdurchschnittlich viele Augen" wirkt grotesk. Analog belegen Aussagen wie: „Jede Frau in A-Land hat im Schnitt 0.7 Ehemänner, 1.3 Kinder und 250 € Schulden" nicht den Unsinn der Statistik, sondern nur, dass hier Mittelwerte fälschlich auf Elemente der Grundgesamtheit bezogen werden.

Beispiel Wir betrachten die gedämpfte Schwingung $f(x) = e^{-0.2x}\cos(\pi x)$ an den 41 äquidistanten Stellen $x_i \in \{-20, -19, \ldots, 19, 20\}$. Die Schwingung oszilliert um den Nullpunkt (siehe Abbildung 1.36). Der Median der Werte $\{f(x_i) : i = 1, \ldots, 41\}$ ist erwartungsgemäß nahezu null, nämlich 0.0183. Der Median zählt ab. Zu einem Wert größer als null gehört auch ein Wert kleiner als null. Der Mittelwert ist jedoch $\overline{f(x)} = 0.75$. Der Mittelwert gewichtet die extremen Ausschläge zu Anfang mit. ◀

Bei linearen Transformationen $y_i = \alpha + \beta x_i$ stimmen das arithmetische Mittel der transformierten Daten und das transformierte arithmetische Mittel der Originaldaten überein,

$$\overline{y} = \overline{\alpha + \beta x} = \alpha + \beta\overline{x},$$

denn es gilt $\sum_{i=1}^{n} y_i = \sum_{i=1}^{n}(\alpha + \beta x_i) = \sum_{i=1}^{n}\alpha + \beta\sum_{i=1}^{n} x_i = n\alpha + \beta n\overline{x}$.

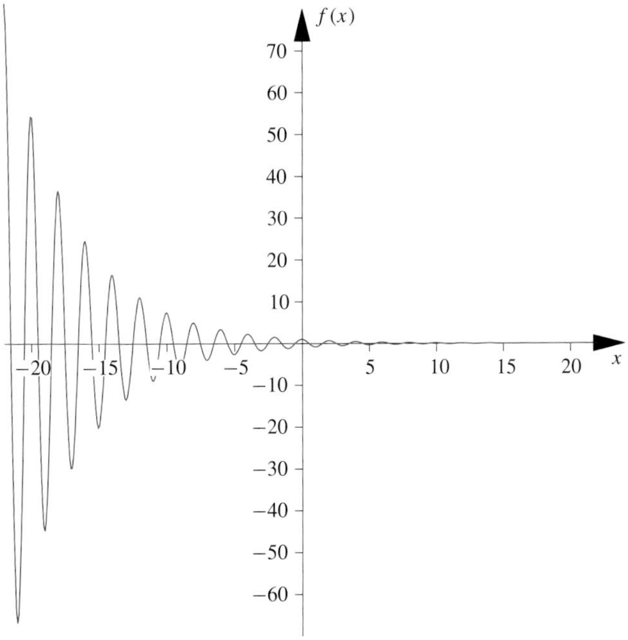

Abbildung 1.36 Eine gedämpfte Schwingung.

Beispiel Wir messen die gleichen Temperaturen in Grad Celsius als x_i und in Grad Fahrenheit als y_i. Dann ist

$$y_i = 32 + 1.8x_i\,.$$

Nun ist es gleich, ob wir zuerst die Durchschnittstemperatur $\overline{x}$ in Celsius berechnen und dann in Fahrenheit umrechnen oder zuerst die Celsiusgrade in Fahrenheit umrechnen und dann den Mittelwert bestimmen,

$$\overline{y} = 32 + 1.8\overline{x}\,.$$ ◀

Das Mittel der Transformierten ist nicht die Transformierte des Mittels

Bei einer nichtlinearen Transformation $y = g(x)$ ist in der Regel

$$\overline{g(x)} \neq g(\overline{x})\,.$$

Beispiel

- Ein Objekt mit der Masse m und der Geschwindigkeit v hat die kinetische Energie $\frac{1}{2}mv^2$. Denken wir uns der Einfachheit halber Objekte mit der Masse $m = 2\,[\text{kg}]$, dann ist die kinetische Energie gerade $v^2\left[\text{kg}\frac{\text{m}^2}{\text{s}^2}\right]$. Für zwei Objekte mit den Geschwindigkeiten $v_1 = 1\left[\frac{\text{m}}{\text{s}}\right]$ und $v_2 = 3\left[\frac{\text{m}}{\text{s}}\right]$ erhalten wir:

i	$v_i\left[\frac{\text{m}}{\text{s}}\right]$	$v_i^2\left[\frac{\text{m}^2}{\text{s}^2}\right]$
1	1	1
2	3	9
Summe	4	10

Die mittlere Geschwindigkeit ist $\overline{v} = \frac{4}{2} = 2$, die mittlere Energie ist $\overline{v^2} = \frac{10}{2} = 5$. Es ist also

$$2^2 = \overline{v}^2 < \overline{v^2} = 5 .$$

- Bei einer Welle werden Wellenlänge λ und Frequenz $\nu = \frac{c}{\lambda}$ gemessen. Dann ist die durchschnittliche Wellenlänge $\overline{\lambda}$ größer als Geschwindigkeit geteilt durch durchschnittliche Frequenz $\overline{\nu}$. Es gilt:

$$\overline{\lambda} = \overline{\left(\frac{c}{\nu}\right)} > \frac{c}{\overline{\nu}} .$$

Im folgenden Zahlenbeispiel (ohne Einheiten, $c = 1$)

i	λ_i	$\nu_i = \frac{1}{\lambda_i}$
1	1	1
2	5	0.2
Summe	6	1.2

ist $\overline{\lambda} = \frac{6}{2} = 3$ und $\overline{\nu} = \frac{1.2}{2} = 0.6 > \frac{1}{3}$. ◀

In beiden Beispielen hängen die Ungleichungen $\overline{v}^2 < \overline{v^2}$ und $\frac{c}{\overline{\lambda}} < \overline{\nu}$ nicht von den willkürlich gewählten Zahlen ab. Sie folgen aus der Konvexität der Funktionen $g(x) = x^2$ und $g(x) = \frac{1}{x}$ und der sogenannten Jensen-Ungleichung für konvexe Funktionen. Diese wird ausführlich in der Vertiefung auf Seite 21 behandelt.

Anwendungsbeispiel Die Verteilungsdichte $f(v)$ der Geschwindigkeit v der Moleküle eines idealen Gases gehorcht der Maxwell-Boltzmann-Verteilung. Wir werden diese Verteilung auf Seite 159 noch genauer betrachten und die Dichte ableiten. Es ist

$$f(v) = \frac{2}{\sigma^3\sqrt{2\pi}} v^2 \, \mathrm{e}^{-\frac{v^2}{2\sigma^2}}$$

Dabei ist $\sigma = \sqrt{\frac{kT}{\mu}}$ eine Konstante, hier ist $k = 1.380 \cdot 10^{-23} \frac{\text{J}}{\text{K}}$ die Boltzmann-Konstante, T die Temperatur in Kelvin und μ die Masse eines Gasmoleküles in kg. Betrachten wir zum Beispiel ein Wasserstoffgas bei einer Zimmertemperatur von 300 K. Ein H_2–Molekül hat die Masse $\mu = 3.346 \cdot 10^{-27}$ kg. Dann ist

$$\sigma = \sqrt{\frac{kT}{\mu}} = \sqrt{\frac{1.380 \cdot 10^{-23} \cdot 300}{3.346 \cdot 10^{-27}}} \left[\frac{\text{m}}{\text{s}}\right] = 1\,112.3 \left[\frac{\text{m}}{\text{s}}\right] .$$

Die Geschwindigkeitsdichte $f(v)$ hat dann die in Abbildung 1.37 angegebene Gestalt.

Die Verteilung ist offensichtlich linkssteil. Der Modus der Verteilung liegt bei $\sigma\sqrt{2} \approx 1.414\,2\sigma$, der Median bei $1.538\,2\sigma$ und der Mittelwert bei $\sigma\sqrt{\frac{8}{\pi}} \approx 1.595\,8\sigma$. Die häufigste Geschwindigkeit liegt bei $1573 \left[\frac{\text{m}}{\text{s}}\right]$, die Hälfte der Moleküle sind langsamer als $1\,710.9 \left[\frac{\text{m}}{\text{s}}\right]$ und die mittlere Geschwindigkeit liegt bei $1\,775.0 \left[\frac{\text{m}}{\text{s}}\right]$. ◀

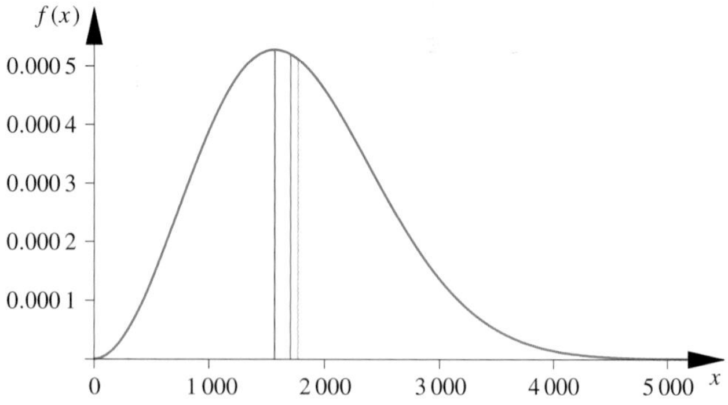

Abbildung 1.37 Verteilungsdichte der Geschwindigkeit von Wasserstoffmolekülen bei einer Temperatur von 300 Kelvin mit Modus (rot), Median (grün) und Mittelwert (orange).

?

Im obigen Beispiel ist mehr als die Hälfte der Moleküle langsamer als der Mittelwert. Nach Umfragen glauben mehr als die Hälfte der deutschen Autofahrer, sie führen besser als der Durchschnitt. Angenommen, die Autofahrer verwechseln „besser fahren" mit „schneller fahren". Bei welcher Verteilung der Geschwindigkeiten würde die Aussage stimmen?

Verallgemeinerte Mittelwerte

Neben dem arithmetischen Mittelwert gibt es noch verschiedene andere Mittelwerte. Der Grundgedanke dabei ist: Angenommen n verschiedene Ursachen, Faktoren oder Stufen führen zu einem Endergebnis E. Dabei sei x_i der Beitrag der i-ten Stufe zu E. Angenommen jede Stufe erbrächte stattdessen den gleichen Beitrag x_{mittel}. Wie groß muss x_{mittel} sein, damit dasselbe Endergebnis S erzeugt wird. Dieses x_{mittel} ließe sich als ein „Mittelwert" aus den x_i interpretieren. Zum Beispiel lässt sich beim arithmetischen Mittel die Summe $\sum_{i=1}^{n} x_i$ auch als $n \cdot \overline{x}$ erzeugen.

Je nachdem welches Problem behandelt wird und ob die Beiträge x_i noch gewichtet werden, ergeben sich die unterschiedlichsten „Mittelwerte", die dann in der Regel keine Lageparameter mehr sind.

Das harmonische Mittel ist der Kehrwert aus dem arithmetischen Mittel der Kehrwerte

Sind $x_1, \ldots, x_n$ positive Zahlen und $\gamma_1, \ldots, \gamma_n$ positive Gewichte mit $\sum_{i=1}^{n} \gamma_i = 1$, so ist das gewichtete **harmonische Mittel** der x_i

$$\overline{x}_{\text{harmonisch}} = \left(\sum_{i=1}^{n} \gamma_i x_i^{-1}\right)^{-1} .$$

Speziell bei konstanten Gewichten $\gamma_i = \frac{1}{n}$ ist

$$\overline{x}_{\text{harmonisch}} = n \left(\sum_{i=1}^{n} x_i^{-1}\right)^{-1} .$$

Vertiefung: Die Jensen-Ungleichung

Nur bei linearen Funktionen $g(x) = a + bx$ gilt $g(\overline{x}) = \overline{g(x)}$. Ist g eine konvexe oder konkave Funktion, so lässt sich das Gleichheitszeichen durch ein Ungleichheitszeichen ersetzen. Ist g eine beliebige nichtlineare Funktion, lässt sich über die Beziehung zwischen $g(\overline{x})$ und $\overline{g(x)}$ nichts aussagen.

Eine reelle Funktion $g : \boldsymbol{I} \to \mathbb{R}$ heißt im Intervall I konvex, wenn für alle $a, b \in \boldsymbol{I}$ und jedes $0 \leq \lambda \leq 1$ stets gilt:

$$g(\lambda a + (1-\lambda) b) \leq \lambda g(a) + (1-\lambda) g(b) .$$

Eine reelle Funktion g heißt im Intervall I konkav, wenn $-g$ konvex ist. Ist g im Intervall I konvex, so besitzt g in jedem Punkt $a \in \boldsymbol{I}$ eine Stützgerade k, die den Graph von unten berührt, $k(x) = g(a) + \beta(x-a)$, mit der Eigenschaft, $g(x) \geq k(x)$ für alle $x \in \boldsymbol{I}$ und $g(a) = k(a)$.

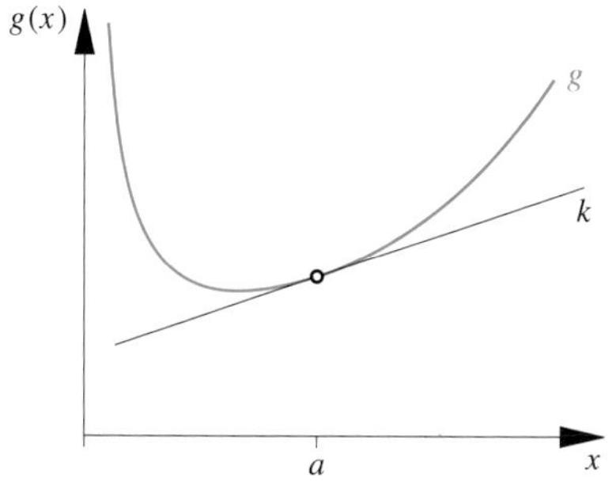

Dann gilt die Ungleichung von Jensen:

Ist g eine konvexe Funktion, so ist $\overline{g(x)} \geq g(\overline{x})$.

Ist g eine konkave Funktion, so ist $\overline{g(x)} \leq g(\overline{x})$.

Beweis: Es sei $g: \boldsymbol{I} \to \mathbb{R}$ eine im Intervall $\boldsymbol{I}$ konvexe Funktion. $x_1, \ldots, x_n$ seien n Punkte aus $\boldsymbol{I}$. Dann liegt auch $\overline{x}$ in $\boldsymbol{I}$. Sei $k(x) = g(\overline{x}) + \beta(x - \overline{x})$ die Stützgerade an $g(x)$ im Punkte $\overline{x}$. Dann gilt $g(x_i) \geq k(x_i)$ für alle i. Also

$$g(x_i) \geq g(\overline{x}) + \beta(x_i - \overline{x}) .$$

Summation über i liefert:

$$\frac{1}{n}\sum_{i=1}^{n} g(x_i) \geq \frac{1}{n}\sum_{i=1}^{n}[g(\overline{x}) + \beta(x_i - \overline{x})]$$

$$= g(\overline{x}) + \frac{\beta}{n}\underbrace{\sum_{i=1}^{n}(x_i - \overline{x})}_{=0} = g(\overline{x}) .$$

Also ist $\overline{g(x)} \geq g(\overline{x})$. Bei einer konkaven Funktion g ist $-g$ konvex. Daher gilt in diesem Fall $-\overline{g(x)} \geq -g(\overline{x})$ oder $\overline{g(x)} \leq g(\overline{x})$. ■

Der Name „harmonisches Mittel" kommt aus der pythagoräischen Musik- und Harmonielehre. Wird eine schwingende Saite so unterteilt, dass die Teilpunkte harmonische Mittelwerte der angrenzenden Teilpunkte sind, ergeben sich harmonische Akkorde. In der harmonischen Reihe

$$\sum_{j=1}^{\infty}\frac{1}{j} = 1 + \frac{1}{2} + \frac{1}{3} + \cdots + \frac{1}{n} + \frac{1}{n+1} + \frac{1}{n+2} \cdots$$

ist bis auf das Anfangsglied 1 jede Zahl das harmonische Mittel der beiden Nachbarzahlen, d. h.:

$$2\left(\left(\frac{1}{n}\right)^{-1} + \left(\frac{1}{n+2}\right)^{-1}\right)^{-1} = \frac{1}{n+1} .$$

Beispiel In der Physik stößt man häufig auf das harmonische Mittel: Verzeigt sich ein elektrischer Strom zwischen zwei Punkten A und B in n Einzelleiter, die jeweils den gleichen Widerstand r haben, so ist der Gesamtwiderstand R der Verzweigung gerade $R = \frac{1}{n}r$. Hat dagegen jeder Einzelleiter den Widerstand r_i, so ist nach den Kirchhoff'schen Regeln der Gesamtwiderstand $R = \frac{1}{n}\overline{r}_{\text{harmonisch}}$.

Ein anderes Beispiel: Sie fahren mit dem Fahrrad einen Berg langsam hinauf. Ihre Geschwindigkeit ist $v_1 = 4$ km/h. Dann fahren Sie den gleichen Berg mit der Geschwindigkeit $v_2 = 40$ km/h wieder hinunter. Wie groß ist Ihre Durchschnittsgeschwindigkeit v? Ist s die Länge der Bergstrecke und sind t_1 und t_2 die für beide Strecken benötigten Zeiten, so ist

$$v = \frac{s+s}{t_1+t_2} = \frac{2}{\frac{t_1}{s}+\frac{t_2}{s}} = \frac{1}{\frac{1}{2}\left(\frac{1}{v_1}+\frac{1}{v_2}\right)} = 7.27 \text{ km/h} .$$

Die Durchschnittsgeschwindigkeit ist das harmonische Mittel der Geschwindigkeiten v_i! Siehe auch Aufgabe 1.18. ◀

Der Logarithmus des geometrischen Mittels ist das arithmetische Mittel aus den logarithmierten Daten

Sind $x_1, \ldots, x_n$ positiven Zahlen und $\gamma_1, \ldots, \gamma_n$ positive Gewichte mit $\sum_{i=1}^{n}\gamma_i = 1$, so ist das **gewogene geometrische Mittel** der x_i

$$\overline{x}_{\text{geometrisch}} = x_1^{\gamma_1} \cdot x_2^{\gamma_2} \cdot \cdots \cdot x_n^{\gamma_n} .$$

Speziell bei konstanten Gewichten $\gamma_i = \frac{1}{n}$ ist

$$\overline{x}_{\text{geometrisch}} = \sqrt[n]{x_1 \cdot x_2 \cdot \cdots \cdot x_n} .$$

Dieser Name erklärt sich aus der Geometrie: Die Seitenlänge q eines Quadrats, das denselben Flächeninhalt hat wie ein Rechteck mit den Seiten a und b, ist das geometrische Mittel aus a und

Vertiefung: Die Modus-Median-Mittelwert-Ungleichung

Viele Häufigkeitsverteilung sind unsymmetrisch. Wenn sie einen eindeutigen Modalwert haben, haben sie oft eine typische schiefe Gestalt, die sich häufig an der Größenrelation von Modus, Median und Mittelwert erkennen lässt.

Wir wollen der Einfachheit halber keine Histogramme, sondern Häufigkeitsdichten, ansehen. Die folgende Abbildung zeigt eine asymmetrische Dichte.

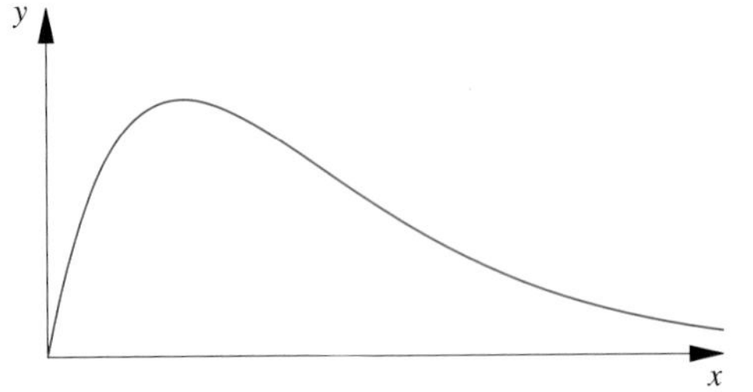

Der Graph steigt links steil an und flacht rechts langsam ab. Man sagt: Die Verteilung ist linkssteil. (Ein Schifahrer würde sagen: Links ist die steile schwarze Piste und rechts der sanfte Übungshang.) Einkommensverteilungen sind typischerweise linkssteile Verteilungen, da hier meist viele niedrige Einkommen wenigen sehr hohen Einkommen gegenüberstehen. Die nächste Abbildung zeigt eine rechtssteile Verteilung.

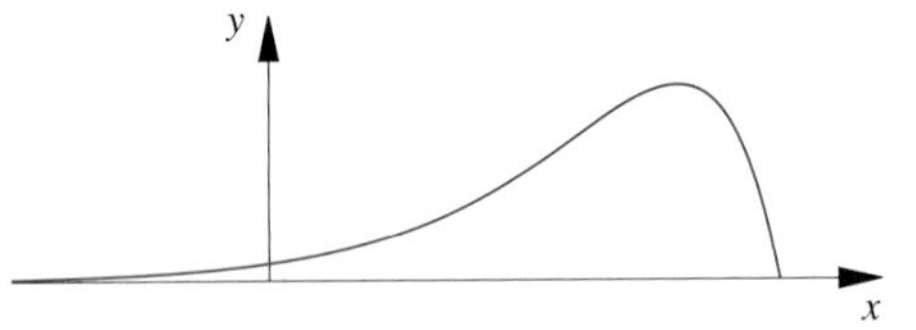

Dabei wollen wir es bei den anschaulichen Vorstellungen „linkssteil" und „rechtssteil" belassen und auf den Versuch einer Definition verzichten. Für linkssteile Verteilungen gilt meistens die folgende Aussage:

$$\text{Modus} < \text{Median} < \text{Schwerpunkt}$$

Für rechtssteile Verteilungen gilt analog meistens die umgekehrte Reihenfolge:

$$\text{Schwerpunkt} < \text{Median} < \text{Modus}$$

Wir formulieren diese Aussage nicht als zu beweisenden Satz, sondern als eine brauchbare Heuristik, denn wir haben gar nicht präzise definiert, was rechtssteil bzw. linkssteil ist. Außerdem genügte ein einziger Ausreißer, der in der Grafik überhaupt nicht in Erscheinung träte und weder Modus noch Median änderte, um den Schwerpunkt auf jeden beliebigen Platz zu schieben. Wir wollen aber eine plausible Erklärung für diese heuristische Aussage geben. Dazu betrachten wir noch einmal die erste Abbildung mit der Dichte. Hier liegt der Modus bei 0.44. Nun spiegeln wir den linken Teil der Dichte an einer vertikalen Achse durch den Modus und erhalten die folgende Abbildung.

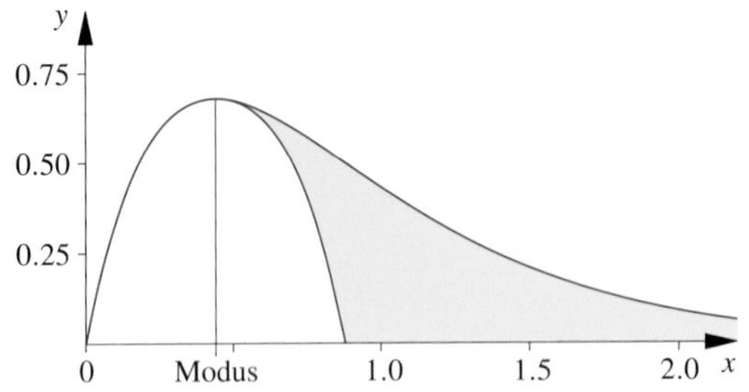

Da es sich um eine Verteilung der relativen Häufigkeiten handelt, ist die Fläche unter der Dichtekurve genau 1. Die Fläche unter der spiegelsymmetrischen, annähernd parabolischen Kurve ist kleiner als 1, denn im rechten Bereich ist der gelb markierte Teil der Fläche nicht erfasst. Also muss die Fläche links vom Modus kleiner als 0.5 sein. Also liegt der Median weiter rechts. Daher gilt Modus $\leq$ Median. In unserem Beispiel liegt der Median übrigens bei 0.88. Nun wiederholen wir das Spiel, spiegeln am Median und erhalten wieder eine spiegelsymmetrische Kurve (siehe die folgende Abbildung).

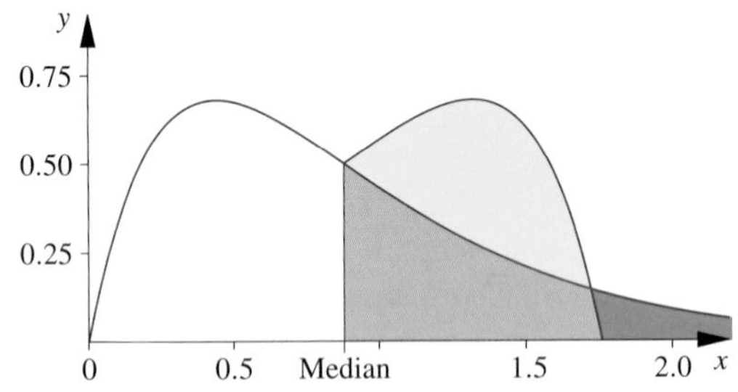

Die Größe der Fläche links vom Median ist 0.5, daher ist die Größe der gespiegelten Fläche rechts vom Median ebenfalls 0.5. Das heißt, die Größe der Fläche unter der Doppelkurve ist 1. Damit beschreibt sie ebenfalls eine Häufigkeitsdichte. Aufgrund der Symmetrie der Doppelkurve fallen Median und Schwerpunkt im Punkt 0.88 zusammen. Unter beiden Kurven rechts vom Median liegen Flächen der Größe 0.5. Gemeinsam ist beiden Flächen die annähernd trapezförmige blau markierte Schnittfläche. Daher muss der gelbe „Buckel" darüber und der grüne „Abhang" rechts daneben gleich groß sein. Nun stellen wir uns vor, der Buckel besteht aus Schnee, rutscht an der geneigten Hangkante ab und kommt als Lawinenkegel rechts zur Ruhe. Vor dem „Lawinenabgang" lag der Schwerpunkt der Doppelkurve bei 0.88. Nach dem Lawinenabgang ist der Schwerpunkt nach rechts gewandert. Das heißt, der Schwerpunkt der Ausgangskurve liegt rechts von 0.88.

b. Geometrische Mittel bieten sich z. B. an, wenn Wachstumsraten gemittelt werden. Dazu ein einfaches Beispiel. Die folgende Tabelle zeigt Preis und Preissteigerung für ein Gut in drei aufeinander folgenden Jahren.

Jahr	Preis	Steigerungsfaktor
2004	A	–
2005	$1.08 \cdot A$	1.08
2006	$1.03 \cdot 1.08 \cdot A$	1.03
2007	$1.07 \cdot 1.03 \cdot 1.08 \cdot A$	1.07

Wie groß müsste der (fiktive) konstante Steigerungsfaktor p sein, damit das Gut im Jahr 2007 den gleichen Endpreis erhält? Es muss gelten

$$p^3 A = 1.07 \cdot 1.03 \cdot 1.08 \cdot A$$
$$p = \sqrt[3]{1.08 \cdot 1.03 \cdot 1.07} = 1.0597 = \overline{p}_{\text{geometrisch}} \,.$$

Wären die Preise in jedem Jahr konstant um 5.97% gestiegen, so hätten die Preise im Endjahr dasselbe Niveau erreicht. p ist das geometrische Mittel aus den drei Steigerungsfaktoren.

Der verallgemeinerte p-Mittelwert umfasst geometrisches, harmonisches und arithmetisches Mittel

Sind $x_1, \ldots, x_n$ positive Zahlen und $\gamma_1, \ldots, \gamma_n$ positive Gewichte mit $\sum_{i=1}^n \gamma_i = 1$ und $-\infty < p < +\infty$ eine feste reelle Zahl, so ist der verallgemeinerte p-Mittelwert definiert durch:

$$\overline{x}(p) = \left(\sum_{i=1}^{n} x_i^p \gamma_i\right)^{\frac{1}{p}} .$$

Für $p = -1$ erhält man das harmonische Mittel, für $p = +1$ erhält man das arithmetische Mittel. Für $p = 0$ lässt sich die obige Formel nicht verwenden. Aber der Grenzwert $\lim_{p\to 0} \overline{x}(p)$ existiert und wird als $\overline{x}(0)$ definiert:

$$\lim_{p\to 0} \overline{x}(p) = \overline{x}(0) = x_1^{\gamma_1} \cdot x_2^{\gamma_2} \cdots x_n^{\gamma_n} .$$

$\overline{x}(0)$ ist gerade das geometrische Mittel.

Betrachtet man $\overline{x}(p)$ bei festen γ_j und x_j als Funktion von p, so lässt sich beweisen: $\overline{x}(p)$ ist für $-\infty < p < +\infty$ eine streng monoton wachsende, differenzierbare Funktion mit

$$\lim_{p\to -\infty} \overline{x}(p) = \min\{x_1, \ldots, x_n\} ,$$
$$\lim_{p\to +\infty} \overline{x}(p) = \max\{x_1, \ldots, x_n\} .$$

Abbildung 1.38 zeigt den Verlauf der Funktion $\overline{x}(p)$ für das Beispiel (Würfelwurf mit fairem Würfel) $x_1 = 1, x_2 = 2, \ldots, x_6 = 6$ und $\gamma_j = \frac{1}{6}$. Hier ist das Minimum $\min\{x_j\} = 1$, das harmonische Mittel $\overline{x}(-1) = 2.449$, das geometrische Mittel $\overline{x}(0) = 2.993\,7$, das arithmetische Mittel $\overline{x}(1) = 3.5$ und schließlich das Maximum $\max\{x_j\} = 6$.

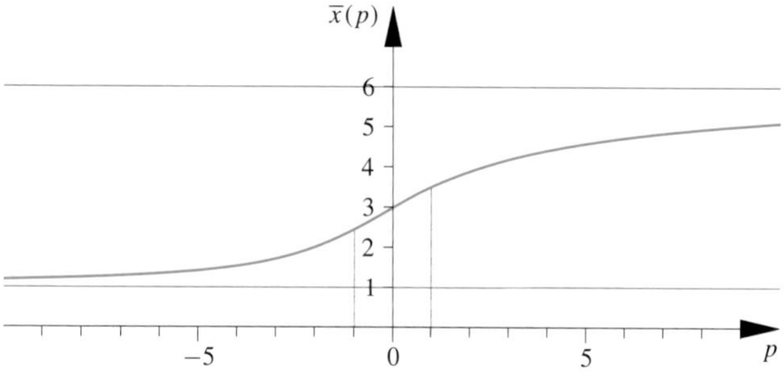

Abbildung 1.38 Die Potenz-Mittelfunktion $\overline{x}(p) = \left(\frac{1}{6}\sum_{j=1}^{6} j^p\right)^{\frac{1}{p}}$ beim Würfel.

1.4 Streuungsparameter

Streuungsparameter geben an, wie die Ausprägungen um das „Zentrum" streuen

Wenn der monatliche Durchschnittslohn in einer Firma 100 000 € beträgt, heißt dies noch lange nicht, dass sich eine Anstellung in dieser Firma lohnt. Es könnte ja sein, dass die 1 000 Angestellten jeweils nur 1 000 € erhalten und die 10 Vorstände jeweils 10 Millionen. Der Mittelwert ist hier nicht so interessant wie die Streuung. Wir betrachten die wichtigsten vier Streuungsmaße.

Die Spannweite ist die Differenz zwischen größtem und kleinstem Wert

Die **Spannweite** ist gegeben durch:

$$\max_i \{x_i\} - \min_i \{x_i\} .$$

Bei Kies oder Sand ist die Spannweite der Korngröße leicht durch Sieben zu ermitteln: Bestimme die kleinste Maschenweite des gröbsten Siebes, durch das noch jedes Korn hindurchpasst und die größte Maschenweite des feinsten Siebes durch das kein Korn mehr passt. Die Differenz der Maschenweiten ist die Spannweite.

Die Spannweite ist anschaulich und leicht zu bestimmen. Sie hängt aber vom Stichprobenumfang ab und ist sehr empfindlich gegen Ausreißer: In einer Gruppe von 10 Studenten kann die Spannweite des verfügbaren Monatseinkommens vielleicht 50 € betragen. Bei 500 Studenten beträgt die Spannweite vielleicht 1 000 €. Ist zufällig der Sohn eines Ölscheichs dabei, dann könnte die Spannweite 1 000 000 € betragen.

Der Quartilsabstand ist die Differenz zwischen oberem und unterem Quartil

Der **Quartilsabstand** ist gegeben durch:

$$x_{0.75} - x_{0.25} .$$

Der Quartilsabstand gibt an, wie „die mittleren 50%" streuen. Er bestimmt die Länge der Box in einem Boxplot. Im Gegensatz zur Spannweite ist er ein sehr robustes Streuungsmaß: Im Extremfall können bis zu 25% der Daten grob falsch sein, ohne dass der Quartilsabstand wesentlich verfälscht wird.

Die mittlere absolute Abweichung ist der Mittelwert der Abweichungen vom Median

Die **mittlere absolute Abweichung** ist gegeben durch:

$$\frac{1}{n}\sum_{i=1}^{n} |x_i - x_{\text{med}}| \; .$$

Betrachten wir zuerst die Summe der Abweichungen von einem beliebigen festen Bezugspunkt a, also $\sum_{i=1}^{n} |x_i - a|$. Je nachdem, wie man a wählt, kann $\sum_{i=1}^{n} |x_i - a|$ beliebig groß gemacht werden. Kann aber $\sum_{i=1}^{n} |x_i - a|$ durch geschickte Wahl von a auch beliebig klein gemacht werden? Betrachten wir zum Beispiel fünf Büros $x_{(1)}$, $x_{(2)}$, $x_{(3)}$, $x_{(4)}$ und $x_{(5)}$, die an einem langen Korridor liegen. Irgendwo in diesem Korridor soll an einem Ort a ein zentraler Drucker aufgestellt werden. Dann ist $s = \sum_{i=1}^{n} |x_i - a|$ die Gesamtlänge der Kabel von den Büros zum Drucker. Wo muss a liegen, damit s minimal wird?

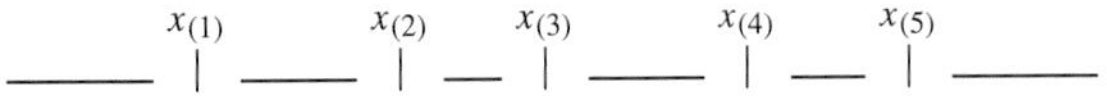

Betrachten wir zuerst nur $x_{(1)}$ und $x_{(5)}$.

Liegt a irgendwo zwischen $x_{(1)}$ und $x_{(5)}$, so ist $|x_{(1)} - a| + |x_{(5)} - a|$ in jedem Fall gleich $|x_{(1)} - x_{(5)}|$. Liegt aber a außerhalb des Intervalls $[x_{(1)}, x_{(5)}]$, z. B. rechts von $x_{(5)}$, so ist

$$|x_{(1)} - a| + |x_{(5)} - a| = |x_{(1)} - x_{(5)}| + 2|x_{(5)} - a| \; .$$

größer als $|x_{(1)} - x_{(5)}|$. Also ist es für die beiden Büros $x_{(1)}$ und $x_{(5)}$ belanglos, wo a liegt, sofern es nur zwischen $x_{(1)}$ und $x_{(5)}$ liegt. Nun betrachten wir die nächsten beiden Büros $x_{(2)}$ und $x_{(4)}$. Für sie gilt analog: Die Lage von a ist belanglos, wenn a nur zwischen $x_{(2)}$ und $x_{(4)}$ liegt. Also ist nur noch $x_{(3)}$ zu versorgen. Hier ist aber die Entscheidung klar: a wird auf $x_{(3)}$ gelegt. $x_{(3)}$ ist der Median der fünf Werte. Diese Beweisidee lässt sich leicht verallgemeinern und liefert:

Optimalität des Medians

Für jeden Bezugspunkt a gilt:

$$\sum_{i=1}^{n} |x_i - x_{\text{med}}| \leq \sum_{i=1}^{n} |x_i - a| \; .$$

Zwar ist der Median ein robuster Lageparameter, der grobe Messfehler toleriert. Aber es genügt eine einzige grob falsche Messung, um die mittlere absolute Abweichung unbrauchbar zu machen. Ersetzen wir daher den Mittelwert der Abweichungen $|x_i - x_{\text{med}}|$ durch den Median, so ist diese Schwäche behoben.

Der Median der absoluten Abweichungen vom Median ist ein robustes Streuungsmaß

Der Median der absoluten Abweichungen vom Median, MAD, ist gegeben durch:

$$\text{MAD} = \text{Median}\,\{|x_i - \text{Median}\,\{x_i\}|\} \; .$$

Selbst wenn fast 50% der Daten willkürlich durch $+\infty$ oder $-\infty$ ersetzt werden, gibt der Streuungsparameter MAD noch eine sinnvolle Antwort über die Streuung der Mehrheit der nichtverfälschten Daten.

Die Varianz ist der Mittelwert der quadrierten Abweichungen vom Mittelwert

Das wichtigste und theoretisch am besten erforschte Streuungsmaß ist die **Varianz**:

$$\text{var}\,(\boldsymbol{x}) = \frac{1}{n}\sum_{i=1}^{n} (x_i - \overline{x})^2 \; . \tag{1.2}$$

Andere gleichwertige Schreibweisen für die Varianz sind

$$\text{var}(\boldsymbol{x}) = \text{var}\,\{x_i : \; i = 1, \cdots, n\} = \text{var}\,\{x_i\} = s^2 \; .$$

Wir wählen dabei jeweils die einfachste unmissverständliche Schreibweise. Dabei steht der Datenvektor $\boldsymbol{x}$ für die Gesamtheit der Ausprägungen $\{x_1, x_2, \ldots, x_n\}$. Den Anfangsbuchstaben v bei var schreiben wir klein, um daran zu erinnern, dass es sich um die aus Beobachtungen berechnete **empirische** Varianz handelt. Später werden wir die **theoretische** Varianz $\text{Var}(X) = \sigma^2$ einer zufälligen Variablen definieren.

Die Wurzel aus der Varianz ist die **Standardabweichung**

$$s = \sqrt{\text{var}(\boldsymbol{x})} = \sqrt{\frac{1}{n}\sum_{i=1}^{n} (x_i - \overline{x})^2} \; .$$

Wird zum Beispiel das Merkmal X in Zentimetern gemessen, so haben Mittelwert $\overline{x}$ und Standardabweichung s ebenfalls die Dimension Zentimeter, dagegen ist (Zentimeter)^2 die Dimension der Varianz s^2.

Die Bedeutung von Varianz und Standardabweichung zur Beschreibung der Genauigkeit einer Messung wird später deutlich, wenn wir Parameterschätzungen mit Modellen der Wahrscheinlichkeitstheorie bewerten. Dann werden wir auch begründen können, warum in manchen Lehrbüchern die empirische Varianz mit dem Faktor $\frac{1}{n-1}$ anstelle des Faktors $\frac{1}{n}$ definiert wird,

$$\text{var}\,(\boldsymbol{x}) = \frac{1}{n-1}\sum_{i=1}^{n} (x_i - \overline{x})^2 \; .$$

Wir werden aber weiterhin mit dem Faktor $\frac{1}{n}$ arbeiten. Als Faustregel sollte man sich merken: Sollte eine statistisch fundierte Entscheidung wirklich einmal davon abhängen, ob bei der Varianz im Nenner n oder $n-1$ steht, so ist schlicht zu befürchten, dass der Stichprobenumfang zu klein gewählt ist.

Analog zu den Berechnungsweisen des arithmetischen Mittels kann die Varianz auf unterschiedliche Weise berechnet, bei gruppierten Daten geschätzt werden. Sind die Daten sortiert und ist n_j die Häufigkeit der Ausprägung a_j, so ist

$$\operatorname{var}(\boldsymbol{x}) = \frac{1}{n}\sum_{j=1}^{k}(a_j - \overline{x})^2 \cdot n_j \,.$$

Beispiel In der Schulklasse A_1 wurden 10 Schüler, in den Klassen A_2 und A_3 wurden jeweils nur 5 Schüler nach ihrem Taschengeld x befragt. Dabei erhielt man folgendes Ergebnis:

Klasse	Taschengeld x_i					Summe
A_1	6	8	4	5	5	
	6	7	5	6	2	54
A_2	5	2	5	6	6	24
A_3	3	2	5	6	6	22
						100

Das arithmetische Mittel ist $\overline{x} = \frac{100}{20} = 5$. Ignoriert man die Klassenstruktur und sortiert die Daten, so liefert die nächste Tabelle die Berechnung der Varianz:

a_j	n_j	$a_j - \overline{x}$	$(a_j - \overline{x})^2$	$(a_j - \overline{x})^2 \cdot n_j$
2	3	−3	9	27
3	1	−2	4	4
4	1	−1	1	1
5	6	0	0	0
6	7	1	1	7
7	1	2	4	4
8	1	3	9	9
Summe	20			52

Demnach ist $\operatorname{var}(\boldsymbol{x}) = \frac{52}{20} = 2.6$. ◄

Die Varianz ist ein quadratisches Streuungsmaß: Werden Daten linear transformiert: $y_i = a + bx_i$, so ist

$$\operatorname{var}(\{a + bx_i\}) = b^2 \operatorname{var}(\{x_i\}) \,.$$

Die Verschiebung der Daten um den Wert a spielt für die Varianz keine Rolle. Die Verschiebung ändert die Lage, aber nicht die Streuung.

Beweis: Sei $y_i = a + bx_i$. Dann ist $\overline{y} = a + b\overline{x}$ und $y_i - \overline{y} = b(x_i - \overline{x})$. Also $\sum_{i=1}^n (y_i - \overline{y})^2 = b^2 \sum_{i=1}^n (x_i - \overline{x})$. ■

Es ist oft bequemer $\sum_{i=1}^n (x_i - a)^2$ mit einem geeigneten a als $\sum_{i=1}^n (x_i - \overline{x})^2$ zu berechnen. Beide Summen lassen sich mit dem binomischen Lehrsatz $(a+b)^2 = a^2 + 2ab + b^2$ leicht ineinander umrechnen:

$$\begin{aligned}(x_i - a)^2 &= [(x_i - \overline{x}) + (\overline{x} - a)]^2 \\ &= (x_i - \overline{x})^2 + 2(x_i - \overline{x})(\overline{x} - a) + (\overline{x} - a)^2 \,.\end{aligned}$$

Summation über i liefert:

$$\begin{aligned}\sum_{i=1}^n (x_i - a)^2 &= \sum_{i=1}^n (x_i - \overline{x})^2 \\ &\quad + 2(\overline{x} - a)\underbrace{\sum_{i=1}^n (x_i - \overline{x})}_{=0} + n(\overline{x} - a)^2 \,.\end{aligned}$$

Es gilt also:

$$\sum_{i=1}^n (x_i - a)^2 = \sum_{i=1}^n (x_i - \overline{x})^2 + n(\overline{x} - a)^2 \,.$$

Sind die Daten nach ihren Häufigkeiten sortiert und ist n_j die Häufigkeit von a_j, erhalten wir

$$\sum_{j=1}^k n_j (a_j - a)^2 = \sum_{j=1}^k n_j (a_j - \overline{x})^2 + n(\overline{x} - a)^2 \,.$$

Division durch $\frac{1}{n}$ liefert:

Der Verschiebungssatz

$$\frac{1}{n}\sum_{j=1}^k n_j (a_j - a)^2 = \operatorname{var}(\boldsymbol{x}) + (\overline{x} - a)^2 \,.$$

Für den Spezialfall $a = 0$ erhalten wir:

$$\frac{1}{n}\sum_{j=1}^k n_j {a_j}^2 = \operatorname{var}(\boldsymbol{x}) + \overline{x}^2 \,. \tag{1.3}$$

Beispiel Wir setzen das Beispiel von Seite 25 fort und berechnen zur Kontrolle die Varianz mit dem Verschiebungssatz. Dazu wählen wir $a = 0$:

a_j	n_j	${a_j}^2$	${a_j}^2 \cdot n_j$
2	3	4	12
3	1	9	9
4	1	16	16
5	6	25	150
6	7	36	252
7	1	49	49
8	1	64	64
Summe	20		552

Dann gilt

$$\operatorname{var}(\boldsymbol{x}) = \frac{1}{n}\sum {a_j}^2 \cdot n_j - \overline{x}^2 = \frac{552}{20} - 5^2 = 2.6 \,. \quad ◄$$

In der Physik ist der Verschiebungssatz als Satz von Steiner bekannt:

Das Trägheitsmoment eines Körpers in Bezug auf eine Achse A ist gleich dem Trägheitsmoment der ganzen im Schwerpunkt vereinigten Masse in Bezug auf A, vermehrt um das Trägheitsmoment des Körpers in Bezug auf eine durch den Schwerpunkt gelegte zu A parallele Achse.

Aus dem Verschiebungssatz folgt: Die Summe der quadrierten Abweichungen von einem Zentrum a ist genau dann minimal, wenn $a = \overline{x}$ ist:

$$\sum_{i=1}^{n}(x_i - a)^2 \geq \sum_{i=1}^{n}(x_i - \overline{x})^2 .$$

Vergleichen wir dieses Ergebnis mit der Aussage über die Optimalität des Medians (siehe Seite 24), sehen wir: Der Median minimiert die Summe der absoluten Abstände, das arithmetische Mittel die quadrierten Abstände von einem Bezugspunkt a.

Setzt sich eine Grundgesamtheit Ω aus k disjunkten Teilgesamtheiten $\Omega_1, \ldots, \Omega_k$ zusammen, $\Omega = \bigcup_{j=1}^{k} \Omega_j$, und ist von jeder Teilgesamtheit Ω_j der Mittelwert $\overline{x_j}$, die Varianz $\operatorname{var}(\boldsymbol{x}_j)$ und der Umfang der $|\Omega_j| = n_j$ bekannt, so gilt:

Die Varianz einer Mischverteilung

$$\operatorname{var}(\boldsymbol{x}) = \frac{1}{n}\sum_{j=1}^{k} n_j \cdot \operatorname{var}(\boldsymbol{x}_j) + \frac{1}{n}\sum_{j=1}^{k}(\overline{x_j} - \overline{x})^2 \cdot n_j .$$

Die Varianz einer Mischverteilung ist der Mittelwert der Varianzen plus die Varianz der Mittelwerte.

Beweis: Wir wenden den Verschiebungssatz auf die Varianz der j-ten Teilgesamtheit an. Dabei ersetzen wir a durch den Gesamtmittelwert $\overline{x}$:

$$\sum_{x\in\Omega_j}(x_i - \overline{x})^2 = \sum_{x\in\Omega_j}(x_i - \overline{x_j})^2 + n_j(\overline{x}_j - \overline{x})^2 .$$

Summation über die Teilgesamtheiten Ω_j liefert:

$$\sum_{j=1}^{k}\sum_{x\in\Omega_j}(x_i - \overline{x})^2 = \sum_{j=1}^{k}\sum_{x\in\Omega_j}(x_i - \overline{x_j})^2 + \sum_{j=1}^{k} n_j(\overline{x}_j - \overline{x})^2$$

$$= \sum_{j=1}^{k} n_j \operatorname{var}(\boldsymbol{x}_j) + \sum_{j=1}^{k} n_j(\overline{x}_j - \overline{x})^2 .$$

Division durch $n = \sum_{j=1}^{k} n_j$ liefert die angegebene Formel. ■

?

Suchen Sie ein Beispiel einer Mischverteilung mit positiver Varianz, in der alle Teilvarianzen $\operatorname{var}(\boldsymbol{x}_j)$ null sind.

Beispiel Wir setzen das Beispiel mit den Schulklassen fort, betrachten jede Klasse für sich und berechnen in jeder Klasse den Mittelwert $\overline{x}_j$ und $\operatorname{var}(\boldsymbol{x}_j)$. Wir erhalten einerseits mit dem Gesamtmittelwert $\overline{x} = 5$

Klasse	n_j	$\operatorname{var}(\boldsymbol{x}_j)$	$n_j \operatorname{var}(\boldsymbol{x}_j)$
A_1	10	2.44	24.4
A_2	5	2.16	10.8
A_3	5	2.64	13.2
Summe	20		48.4

Andererseits folgt mit dem Gesamtmittel $\overline{x} = 5$

Klasse	n_j	$\overline{x}_j$	$n_j(\overline{x}_j - \overline{x})^2$
A_1	10	5.4	1.6
A_2	5	4.8	0.2
A_3	5	4.4	1.8
Summe	20		3.6

Demnach ist:

$$\operatorname{var}(\boldsymbol{x}) = \frac{1}{n}\sum_{j=1}^{k} n_j \cdot \operatorname{var}(\boldsymbol{x}_j) + \frac{1}{n}\sum_{j=1}^{k}(\overline{x_j} - \overline{x})^2 \cdot n_j$$

$$= \frac{48.4}{20} + \frac{3.6}{20} = \frac{52}{20} = 2.6 .$$ ◀

Häufig liegen die Daten in Tabellenform gruppiert vor. Da die Einzelwerte nicht vorliegen, lässt sich die Varianz nur noch schätzen. Dazu betrachten wir jedes Intervall als eigene Klasse und stellen uns vor, alle Daten einer Klasse j seien in der Intervallmitte m_j konzentriert. Dann ist $m_j = \overline{x_j}$ und $\operatorname{var}(\boldsymbol{x}_j) = 0$. In diesem Fall liefert die Formel für die Varianz einer Mischverteilung das Ergebnis

$$\operatorname{var}(\boldsymbol{x}) = \frac{1}{n}\sum_{j=1}^{k}(m_j - \overline{x})^2 \cdot n_j = \frac{1}{n}\sum_{j=1}^{k} m_j^2 \cdot n_j - \overline{x}^2 .$$

Wir verwenden diese Formel als Schätzung für die Varianz von gruppierten Daten. Die Schätzformel lässt sich auch so interpretieren: Wir ersetzen das stetige gruppierte Merkmal durch ein diskretes Merkmal mit den Ausprägungen m_j und den Häufigkeiten n_j und bestimmen dann die Varianz dieses diskreten Merkmals.

Beispiel Wir setzen das Beispiel mit den Taschengeldern fort. Angenommen die Daten lägen wie in der folgenden Tabelle gruppiert vor. Dort sind auch die einzelnen Rechenschritte ersichtlich.

von . . . bis unter	n_j	m_j	$n_j m_j$	m_j^2	$n_j m_j^2$
2 bis unter 4	4	3	12	9	36
4 bis unter 6	7	5	35	25	175
6 bis unter 8	8	7	56	49	392
8 bis unter 10	1	9	9	81	81
Summe	20		112		684

Wir haben den Verschiebungssatz mit $a = 0$ verwendet. Aus dieser Tabelle entnehmen wir $\overline{x} = \frac{1}{n}\sum_{j=1}^{k} m_j \cdot n_j = \frac{112}{20}$ sowie $\frac{1}{n}\sum_{j=1}^{k} n_j m_j^2 = \frac{684}{20}$. Dann schätzen wir die Varianz mit

$$\operatorname{var}(\boldsymbol{x}) = \frac{1}{n}\sum_{j=1}^{k} m_j^2 \cdot n_j - \overline{x}^2 = \frac{684}{20} - \left(\frac{112}{20}\right)^2 = 2.84 .$$

Der Wert von var $(\boldsymbol{x})$ hängt von der Gruppierung ab. In der nächsten Tabelle

von ... bis unter	n_j	m_j	$n_j m_j$	m_j^2	$n_j \cdot m_j^2$
0 bis unter 3	3	1.5	4.5	2.25	6.75
3 bis unter 6	8	4.5	36	20.20	162.00
6 bis unter 9	9	7.5	67.50	56.25	506.25
Summe	20		108		675

wird nur geringfügig anders gruppiert. Aber wir erhalten eine fast doppelt so große Varianzschätzung:

$$\operatorname{var}(\boldsymbol{x}) = \frac{1}{n}\sum_{j=1}^{k} {m_j}^2 \cdot n_j - \overline{x}^2 = \frac{675}{20} - \left(\frac{108}{20}\right)^2 = 4.59\,. \blacktriangleleft$$

Die Ungleichung von Tschebyschev ist ein Universalwerkzeug für Prognosen

Es seien $\overline{x}$ und s^2 Mittelwert und Varianz einer Stichprobe $\{x_i : 1, \ldots, n\}$ und k eine beliebige feste positive Zahl. Dann sagt die

Ungleichung von Tschebyschev

Der Anteil der Daten x_i, die vom Mittelwert $\overline{x}$ einen Abstand von mindestens k Standardabweichungen haben, ist höchstens $\frac{1}{k^2}$:

$$\frac{\operatorname{card}\{x_i \mid |x_i - \overline{x}| \geq k \cdot s\}}{n} \leq \frac{1}{k^2} \tag{1.4}$$

Eine gleichwertige Formulierung ist: Der Anteil der Daten x_i, die vom Mittelwert $\overline{x}$ einen kleineren Abstand haben als k Standardabweichungen, ist mindestens $1 - \frac{1}{k^2}$:

$$\frac{\operatorname{card}\{x_i \mid |x_i - \overline{x}| < k \cdot s\}}{n} \geq 1 - \frac{1}{k^2}$$

Die Ungleichung von Tschebyschev gilt universell. Wenn man nichts weiter über die Daten weiß als $\overline{x}$ und s, so gibt es keine genaueren Abschätzungen. Wenn wir jedoch mehr wissen, z. B., dass die Verteilung unimodal oder glockenförmig oder die x_i selber Summen sind, so gibt es genauere Ungleichungen, die wir später kennenlernen werden.

Beweis: Nach Definition ist $s^2 = \frac{1}{n}\sum_{i=1}^{n}(x_i - \overline{x})^2$. Nun spalten wir die Summe auf in Summanden die größer gleich und die kleiner als $k \cdot s$ sind. Letztere schätzen wir nach unten durch 0 ab:

$$\begin{aligned} ns^2 &= \sum_{i=1}^{n}(x_i - \overline{x})^2 . \\ &= \sum_{|x_i - \overline{x}| \geq k \cdot s}(x_i - \overline{x})^2 + \sum_{|x_i - \overline{x}| < k \cdot s}(x_i - \overline{x})^2 \\ &\geq \sum_{|x_i - \overline{x}| \geq k \cdot s}(x_i - \overline{x})^2 \\ &\geq k^2 \cdot s^2 \cdot \operatorname{card}\{x_i \mid |x_i - \overline{x}| \geq k \cdot s\} . \end{aligned}$$ ■

Anwendungsbeispiel Die Ungleichung von Tschebyschev ist ein Universalwerkzeug, um Prognosen über unbekannte Daten zu machen, sofern wir von den Daten nur Mittelwert $\overline{x}$ und Varianz s^2 kennen. Die Ungleichung von Tschebyschev sagt zum Beispiel für $k = 2$: Geht man vom Mittelwert zwei Standardabweichungen nach links und zwei Standardabweichungen nach rechts, so liegen in diesem Intervall $[\overline{x} - 2s, \overline{x} + 2s]$ mindestens 75% $\left(= 1 - \frac{1}{2^2}\right)$ der Daten. Außerhalb dieses Intervalls liegen höchstens 25 % der Daten.

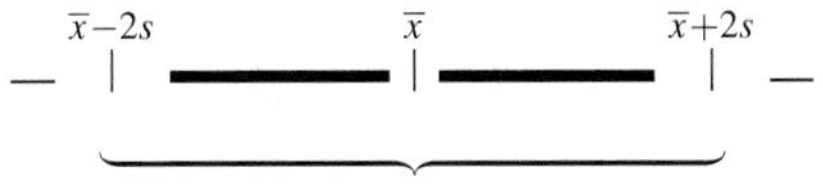

In diesem Intervall liegen mindestens 75% der Daten

Für $k = 3$ ergibt sich: Innerhalb des Intervalls $[\overline{x} - 3s, \overline{x} + 3s]$ liegen mindestens 8/9 der Daten, also rund 90 %. Höchstens 10 % der Daten liegen außerhalb des Intervalls.

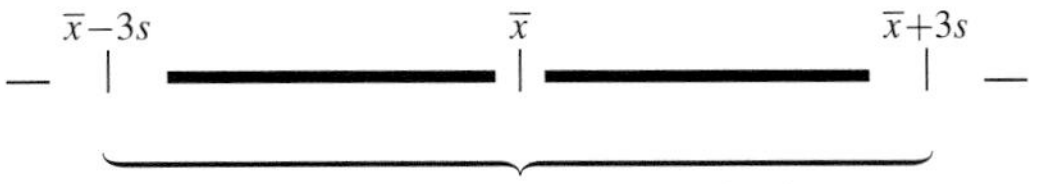

In diesem Intervall liegen mindestens 90% der Daten

Häufig werden bei technischen Maßangaben Messwerte mit Toleranzbereichen in der Form „Mittelwert ±1 Standardabweichung" angegeben, zum Beispiel: Das Maß ist 10 cm ± 1 mm. Wir können dann sicher sein, dass mindestens 90 % der Werte im Intervall 10 cm ± 3 mm liegen. ◀

?

Sind die Aussagen der Ungleichung von Tschebyschev für $0 \leq k \leq 1$ falsch oder richtig, aber wertlos?

Der Variations-Koeffizient $\gamma = s/\overline{x}$ ist ein dimensionsloses Maß für die relative Streuung

Wenn eine Briefwaage auf ein Gramm genau wiegt und eine Brückenwaage, mit der beladene Eisenbahnwaggons gewogen werden, auf ein kg genau wiegt, so ist es nicht leicht, die Genauigkeit beider Waagen zu vergleichen. Bei der Briefwaage haben wir es mit Gewichten zwischen 1 und 100 Gramm zu tun, bei der Brückenwaage mit Gewichten zwischen 0 und 100 Tonnen.

Messen wir die Genauigkeit der Messungen an der Standardabweichung s, so bezieht der Variationskoeffizient $\gamma = \frac{s}{\overline{x}}$ die Standardabweichung s auf die Größe des Mittelwerts. γ ist ein in technischen Anwendungen häufig verwendetes Maß der relativen Genauigkeit. Dabei versteht es sich von selbst, dass der Variationskoeffizient nur bei positiven Merkmalen $x_i > 0$ sinnvoll ist. γ ist darüber hinaus dimensionslos, da s und $\overline{x}$ die gleiche Dimension haben.

1.5 Strukturparameter

Skalierung hilft, Daten besser zu vergleichen

Sollen Häufigkeitsverteilungen oder auch nur einzelne Daten miteinander verglichen werden, ist es oft sinnvoll, störende Nebeneffekte auszuschalten. Dies geschieht durch Quotientenbildung und geeignete Skalierung.

Beispiel In einem Bericht des Bundesministeriums für Familie, Senioren, Frauen und Jugend vom Juli 2006 heißt es: „Am 31.12.2002 gab es für Kinder unter 3 Jahren in Hessen etwas mehr Betreuungsplätze als in Hamburg, nämlich 6 079 in Hamburg und 6 301 in Hessen“. Im Vergleich der Länder sagt diese Zahl wenig. In der Platz pro Kind Relation (PKR) erkennt man erst die wahre Geschichte: Auf 100 Kinder in Hamburg kommen 13.1 und in Hessen 3.7 Plätze. ◀

- Wir arbeiten mit **Gliederungszahlen**, wenn eine Teilmasse in Beziehung zu einer Gesamtmasse gesetzt wird. Dies sind vor allem Anteilswerte und relative Häufigkeiten, zum Beispiel Gewichtsanteile von Spurenelementen in Trinkwasser, Krankheitsfälle in einer Bevölkerung usw.

  Bei **Beziehungszahlen** werden verschiedenartige, aber sachlich zusammengehörige Daten in Beziehung gesetzt. Dies sind zum Beispiel der Variationskoeffizient oder die meisten physikalischen und technischen Größen wie Kraft pro Fläche oder Strecke pro Zeit.

  Bei **Messzahlen** werden Zeitreihenwerte mit einem analogen Werte eines Basiszeitpunktes verglichen, zum Beispiel Preissteigerung im Bezug auf ein Basisjahr.
- Wir arbeiten mit **zentrierten Daten** $\widetilde{x}_i$, wenn unterschiedliche Nullpunkte der Verteilungen stören. Bei der **Zentrierung** wird der Nullpunkt in den Schwerpunkt $\overline{x}$ gelegt,

  $$\widetilde{x}_i = x_i - \overline{x}\,.$$

  Der Schwerpunkt der zentrierten Daten ist null,

  $$\sum_{i=1}^{n} \widetilde{x}_i = 0\,.$$

  Zentrierung ist immer dann wichtig, wenn es auf die Abweichung von einem Bezugspunkt ankommt. Zum Beispiel arbeiten wir bei der Berechnung der Streuung mit zentrierten Daten.
- Wir arbeiten mit **normierten Daten**, wenn die unterschiedliche Länge der Datenvektoren stört. Bei der **Normierung** wird x_i durch $\|\boldsymbol{x}\| = \sqrt{\sum_{i=1}^{n} x_i^2}$ geteilt. Normierte Datenvektoren haben alle die Länge 1. Zum Beispiel werden technische oder physikalische Einflussgrößen durch Vektoren mit unterschiedlicher Länge und Richtung beschrieben. Bei der Analyse der Richtungen ist es oft sinnvoller mit normierten Vektoren zu arbeiten.
- Wir arbeiten mit **standardisierten Daten** x_i^*, wenn unterschiedliche Nullpunkte und Maßeinheiten stören. Die Daten legen den eigenen Nullpunkt fest, nämlich $\overline{x}$, und die eigene Maßeinheit, nämlich die Standardabweichung $\sqrt{\operatorname{var}(\boldsymbol{x})}$,

  $$x_i^* := \frac{x_i - \overline{x}}{\sqrt{\operatorname{var}(\boldsymbol{x})}}\,.$$

  Standardisierte Daten sind dimensionslos, der Schwerpunkt ist null, die Varianz ist eins,

  $$\overline{x^*} = 0\,, \qquad \operatorname{var}\left(\boldsymbol{x}^*\right) = 1\,.$$

Beim Vergleich von zwei Häufigkeitsverteilungen können wir zuerst fragen: Unterscheiden sie sich in der Lage? Dies beantworten wir mit einem geeigneten Lageparameter. Dann eliminieren wir den Lageunterschied durch Zentrierung und fragen: Unterscheiden sie sich in der Streuung? Dies beantworten wir mit einem geeigneten Streuungsparameter. Dann eliminieren wir den Streuungsunterschied durch Standardisierung und fragen: Welche Strukturunterschiede sind nun noch erkenntlich?

Beispiel Da sich Dichten leichter zeichnen lassen als Histogramme, betrachten wir als Beispiel die zwei Häufigkeitsdichten aus Abbildung 1.39. Auf den ersten Blick fällt der Unterschied

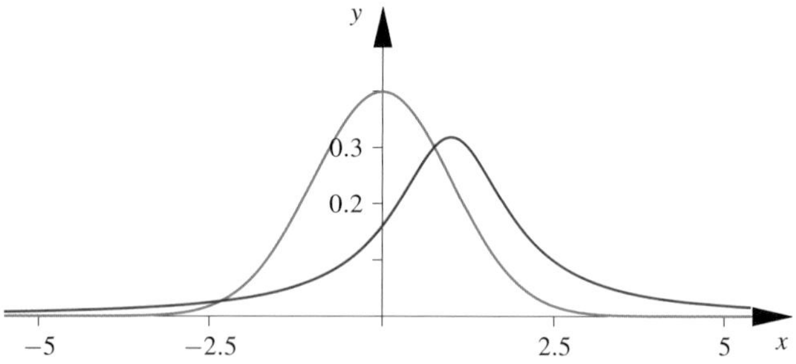

Abbildung 1.39 Zwei Dichten mit unterschiedlicher Lage und Streuung.

in der Lage auf. Die Hauptmasse der roten Verteilung liegt rechts von der blauen Verteilung. Nun zentrieren wir die Verteilungen und erhalten das Bild 1.40.

Die rote Verteilung besitzt eine etwas größere Streuung als die blaue Verteilung. Standardisieren wir die Verteilungen, erhalten wir Abbildung 1.41.

Beide Verteilungen haben den gleichen Schwerpunkt, nämlich die Null und die Varianz 1. Aber die Verteilung mit der roten Dichte hat offensichtlich wesentlich mehr Masse im Zentrum konzentriert und klingt dafür an den Rändern langsamer ab. ◀

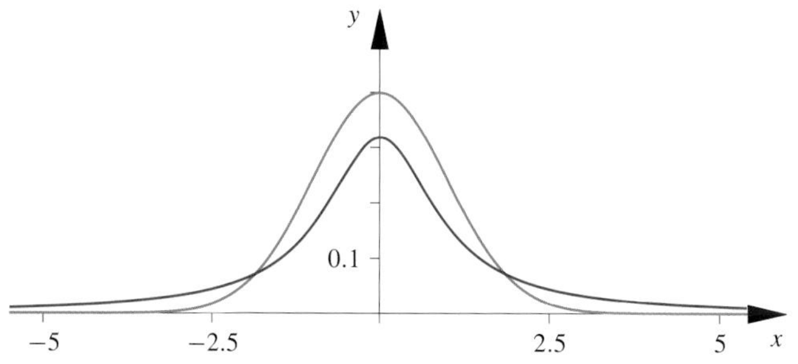

Abbildung 1.40 Die beiden Verteilungen sind zentriert.

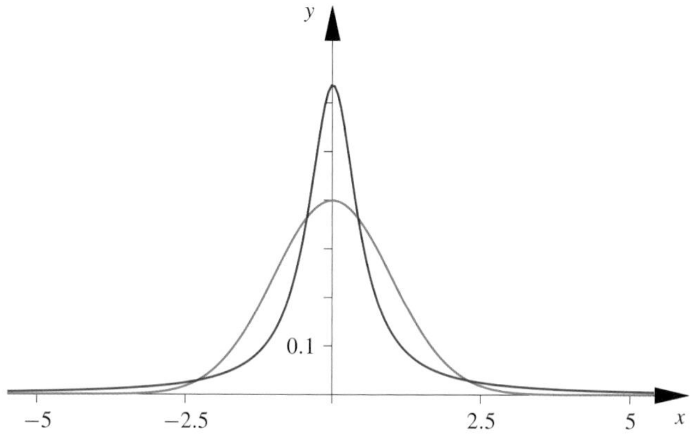

Abbildung 1.41 Die beiden Verteilungen sind standardisiert.

An standardisierten Daten sind weitere Strukturmerkmale erkenn- und messbar

Bis jetzt haben wir nur Lage und Streuung einer Verteilung mit Parametern quantifiziert. Damit haben wir aber noch nicht die gesamte Gestalt einer Häufigkeitsverteilung erfasst. In einer Grafik steckt erheblich mehr Information als in ein paar Parametern. Dies erfährt man spätestens, wenn man den Speicherbedarf auf einem PC für ein Bild und für eine Textdatei vergleicht. Man kann beliebig viele neue Parameter definieren, die jeweils einen anderen Aspekt einer Verteilung erfassen. Trotzdem ist eine Verteilung allein durch ihre Parameter nicht notwendig eindeutig charakterisiert. Wir haben im Zusammenhang mit der Mittelwert-Median-Modus-Ungleichung von schiefen Verteilungen gesprochen. Eine Möglichkeit, Schiefe zu quantifizieren, ist der **Schiefeparameter**:

$$\frac{1}{n}\sum_{i=1}^{n}(x_i^*)^3 = \frac{1}{n}\sum_{i=1}^{n}\left(\frac{x_i - \overline{x}}{\sqrt{\operatorname{var}(\boldsymbol{x})}}\right)^3$$

Dabei sind die x_i^* die standardisierten Daten. Die dritte Potenz $(x_i^*)^3$ erhält das Vorzeichen von x_i^*. Nach der Summation über $(x_i^*)^3$ wird erkennbar, ob die Masse der Verteilung links oder rechts vom Schwerpunkt liegt, wie asymmetrisch also die Verteilung ist. Abbildung (1.42) zeigt drei Verteilungen mit abnehmendem Schiefemaß.

Der Parameter kann nur Aspekte des Phänomens Schiefe erfassen. Zwar ist für jede symmetrische Verteilung das Schiefemaß

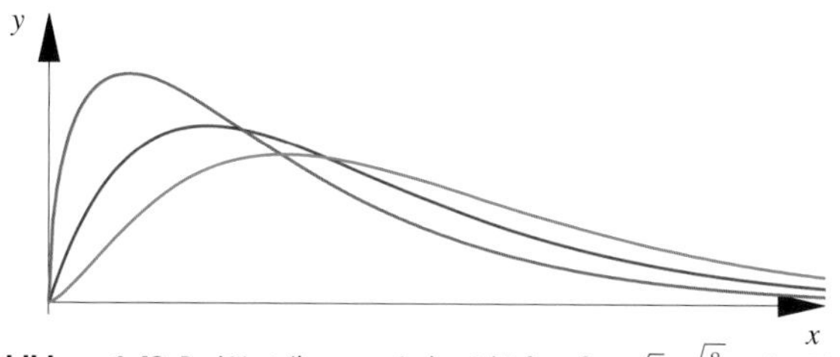

Abbildung 1.42 Drei Verteilungen mit den Schiefemaßen $\sqrt{2}$, $\sqrt{\frac{8}{3}}$ und 1. Die grün markierte Dichte hat die Schiefe $\sqrt{2}$, die rote die Schiefe $\sqrt{\frac{8}{3}}$, die blaue hat die Schiefe 1.

null, aber die Umkehrung der Aussage gilt nicht, wie das folgende Beispiel zeigt.

Beispiel Die folgende Tabelle zeigt die Verteilung der relativen Häufigkeiten f_i eines Merkmals X mit nur drei Ausprägungen.

x_i	f_i	$x_i \cdot f_i$	$x_i^3 \cdot f_i$
−1.5	0.1	−0.15	−0.3375
−0.5	0.5	−0.25	−0.0625
1	0.4	+0.4	+0.4
$\sum$	1	0	0

Bei dieser Verteilung ist $\overline{x} = \sum_{i=1}^{3} x_i \cdot f_i = 0$ und $\sum_{i=1}^{3}(x - \overline{x})^3 f_i = \sum_{i=1}^{3} x_i^3 \cdot f_i = 0$. Also ist das Schiefemaß 0. Trotzdem ist die Verteilung, wie Abbildung 1.43 zeigt, asymmetrisch.

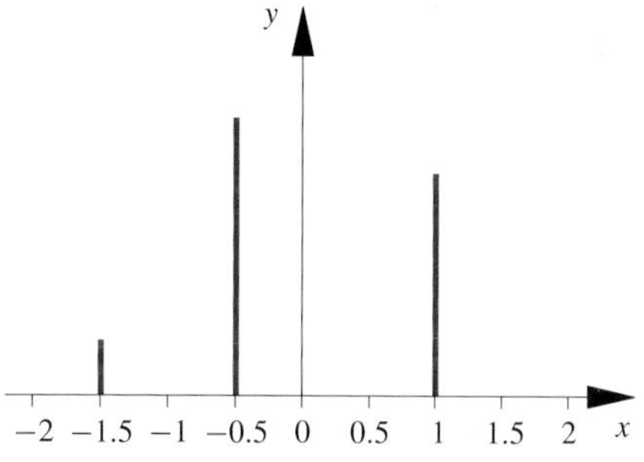

Abbildung 1.43 Asymmetrische Verteilung mit Schiefemaß null. ◂

Im Beispiel auf Seite 28 haben beide Verteilungen die gleiche Streuung, aber die rote Verteilung hat eine charakteristische andere Gestalt: Sie hat mehr „Masse" in der Umgebung des Schwerpunktes und in den Rändern, dafür ist die „Mittellage" ausgedünnt. Diese Eigenschaft wird vom folgenden **Wölbungsparameter** quantifiziert,

$$\frac{1}{n}\sum_{i=1}^{n}(x_i^*)^4 = \frac{1}{n}\sum_{i=1}^{n}\left(\frac{x_i - \overline{x}}{\sqrt{\operatorname{var}(\boldsymbol{x})}}\right)^4 .$$

Verteilungen mit hoher Wölbung erinnern etwas an eine Reißzwecke. Eine Spitze in der Mitte mit einem weiten flachen Rand. Auf eine Reißzwecke zu treten, ist äußerst unangenehm und genau so unangenehm ist es, wenn Verteilungen eine Reißzwecken-Gestalt haben, d. h. eine hohe Wölbung. Diese Verteilungen sind ausreißerverdächtig: Man muss damit rechnen, dass Realisationen auftreten, die fernab von der Masse der anderen Werte liegen, Mittelwert und Varianz extrem verzerren und statistische Schlüsse verfälschen.

1.6 Mehrdimensionale Verteilungen

Beginnen wir mit einem einfachen Beispiel: Auf einem Bio-Bauernhof mit freilaufenden Hühner wurden 1 000 Eier aus den Nestern der Hühner eingesammelt. Von jedem Ei ω sei die Länge $X(\omega)$ und die Breite $Y(\omega)$ gemessen worden. Fassen wir die beiden Einzelmessungen zu einer Gesamtmessung (Länge, Breite) zusammen, so bildet (X, Y) ein zweidimensionales Merkmal. Die separaten Verteilungen von X und Y heißen (eindimensionale) **Randverteilungen**, im Gegensatz zur ursprünglichen (zweidimensionalen) **gemeinsamen Verteilung** von (X, Y). Die Häufigkeitsverteilung von (X, Y) lässt sich mit zweidimensionalen Histogrammen darstellen. Das Prinzip der Flächentreue bleibt auch dort gültig (siehe Abbilduung 1.44).

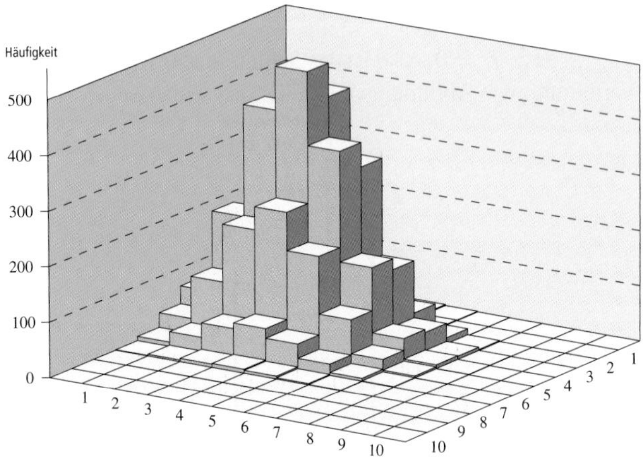

Abbildung 1.44 Histogramm eines zweidimensionalen Merkmals.

Diese Grafiken können sehr hilfreich sein, wenn sich die Struktur „auf einen Blick“ erfassen lässt. Oft sind aber Teile der Struktur wegen verdeckter Kanten nicht erkennbar. Moderne Grafikpakete erlauben es daher, Histogramme auf dem Bildschirm zu drehen, um sie so von allen Seiten zu betrachten. Eine andere nützliche Darstellung zweidimensionaler quantitativer Merkmale ist der zweidimensionale Plot. Hier wird jedes Objekt ω durch seinen Merkmalsvektor $(x(\omega), y(\omega))$ als Punkt der zweidimensionalen xy-Ebene dargestellt (siehe Abbildung 1.45).

Wird jedes gemessene Objekt so dargestellt, entsteht der zweidimensionale Plot, anschaulich gesagt: eine Punktwolke. Bild 1.46 zeigt die Punktwolke der Messwerte der anfangs erwähnten 1 000 Eier.

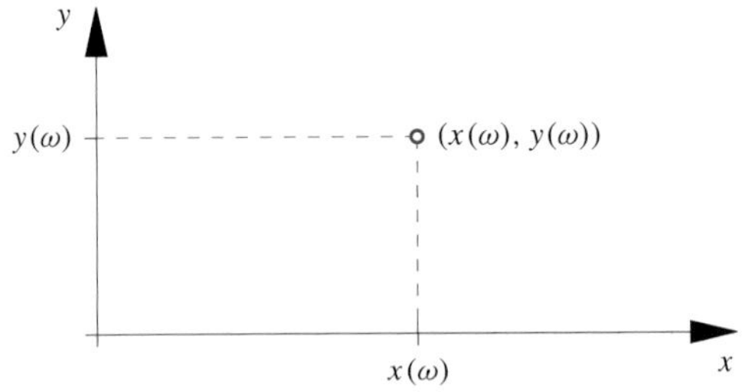

Abbildung 1.45 Koordinatendarstellung des Objektes ω.

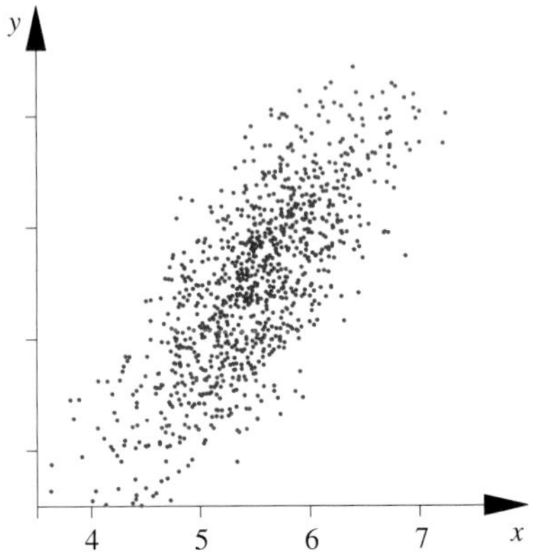

Abbildung 1.46 Punktwolke mit Länge und Breite von Hühnereiern.

Kovarianz und Korrelation sind Indikatoren eines Zusammenhangs

Auffällig an der Punktwolke aus Abbildung 1.46 ist ihre deutlich ausgeprägte Tendenz: Mit wachsendem x wachsen im Schnitt auch die y. Oder anders gesagt: Zu einem großem x gehört im Schnitt auch ein großes y. Analog gehört zu einem kleinem x im Schnitt auch ein kleines y. Dabei ist es durchaus möglich, dass zu einem größeren x auch einmal ein kleineres y kommt. Wie lässt sich diese Tendenz formal fassen?

Zuerst präzisieren wir: x_i heiße *groß*, wenn x_i größer als der Mittelwert ist, also genau dann falls $x_i - \overline{x} > 0$ ist. x_i heiße *klein*, falls $x_i - \overline{x} < 0$ ist. Analog definieren wir *groß* und *klein* bei y.

Nun können wir die xy-Ebene nach zwei Kriterien in zwei Halbebenen zerlegen, einmal nach großen und kleine x und dann nach großen und kleine y (siehe Abbildung 1.47). Insgesamt zerfällt die xy-Ebene in vier Quadranten.

Achten wir nur auf die Vorzeichen von $y - \overline{y}$ bzw. $x - \overline{x}$, so finden wir in den vier Quadranten die folgenden Vorzeichen.

$-$ $+$	$+$ $+$
$-$ $-$	$+$ $-$

Übersicht: Lage- und Streuungsparameter

Wir stellen die wichtigsten Aussagen über Lage-, Streuungs- und Strukturparameter zusammen.

Der **Modus** x_{mod} ist die am häufigsten vorkommende Ausprägung.

Der **Median** x_{med} ist die Ausprägung in der Mitte:

$$x_{\text{med}} = \begin{cases} x_{\left(\frac{n+1}{2}\right)}, & \text{für ungerade } n \\ \frac{1}{2}\left(x_{\left(\frac{n}{2}\right)} + x_{\left(\frac{n}{2}+1\right)}\right), & \text{für gerade } n \end{cases}$$

Der Median ist robust und macht alle streng monoton wachsenden Transformationen mit.

Das **arithmetische Mittel** $\overline{x}$ ist der Schwerpunkt der Daten.

- Berechnung:

$$\overline{x} = \frac{1}{n}\sum_{i=1}^{n} x_i = \frac{1}{n}\sum_{j=1}^{m} n_j a_j = \sum_{i=1}^{m} n_j f_j$$

  Hierbei sind n_j die absolute und f_j die relative Häufigkeit der Ausprägung a_j.
- Linearität: $\overline{x}$ macht alle linearen Transformationen mit:

$$\overline{a + bx} = a + b\overline{x}$$

- Bei zentrierten Daten, $\widetilde{x}_i = x_i - \overline{x}$, liegt der Schwerpunkt im Nullpunkt:

$$\sum_{i=1}^{n} \widetilde{x}_i = \sum_{i=1}^{n} (x_i - \overline{x}) = 0$$

- Die Jensen-Ungleichung:

$$\overline{g(x)} \geq g(\overline{x}) \quad \text{falls } g \text{ konvex ist,}$$
$$\overline{g(x)} \leq g(\overline{x}) \quad \text{falls } g \text{ konkav ist.}$$

- Die Markov-Ungleichung: Für $x_i \geq 0$ und alle $k > 0$ gilt

$$\overline{x} \geq \frac{k}{n} \cdot \text{card}\{x_i \geq k\}$$

Die **Spannweite**

$$\max_i \{x_i\} - \min_i \{x_i\}$$

Der **Quartilsabstand**

$$x_{0.75} - x_{0.25}$$

Die **mittlere absolute Abweichung**

$$\frac{1}{n}\sum_{i=1}^{n} |x_i - x_{\text{med}}|$$

Der **Median der Abweichungen vom Median**

$$\text{MAD} = \text{Median}\,\{|x_i - \text{Median}\,\{x_i\}|\}$$

Die **Varianz und Standardabweichung**

$$\text{var}\,(\boldsymbol{x}) = \frac{1}{n}\sum_{i=1}^{n} (x_i - \overline{x})^2 = \frac{1}{n}\sum_{j=1}^{k} (a_j - \overline{x})^2 \cdot n_j$$

$$s = \sqrt{\text{var}\,(\boldsymbol{x})}$$

- Die Varianz einer Mischverteilung ist die Varianz der Mitten plus dem Mittel der Varianzen. Ist $\text{var}\,(\boldsymbol{x}_j)$ die Varianz und $\overline{x_j}$ der Mittelwert der j-ten Teilgesamtheit, so ist:

$$\text{var}\,(\boldsymbol{x}) = \frac{1}{n}\sum_{j=1}^{k} n_j \text{var}\,(\boldsymbol{x}_j) + \frac{1}{n}\sum_{j=1}^{k} n_j (\overline{x_j} - \overline{x})^2$$

- Der Verschiebungssatz:

$$\frac{1}{n}\sum_{i=1}^{n} (x_i - a)^2 = \text{var}\,(\boldsymbol{x}) + (\overline{x} - a)^2$$

- Die Ungleichung von Tschebyschev:

$$\frac{\text{card}\{x_i : |x_i - \overline{x}| < k \cdot s\}}{n} \geq 1 - \frac{1}{k^2}$$

Der **Variationskoeffizient** $\gamma = \frac{s}{\overline{x}}$ ist ein dimensionsloses Maß für die relative Streuung.

Standardisierte Daten besitzen den Mittelwert null und die Varianz eins:

$$x_i^* = \frac{x_i - \overline{x}}{\sqrt{\text{var}\,(\boldsymbol{x})}}, \qquad \sum_{i=1}^{n} x_i^* = 0, \ \text{var}\,(\boldsymbol{x}^*) = 1$$

Schiefeparameter

$$\frac{1}{n}\sum_{i=1}^{n} (x_i^*)^3 = \frac{1}{n}\sum_{i=1}^{n} \left(\frac{x_i - \overline{x}}{\sqrt{\text{var}\,(\boldsymbol{x})}}\right)^3$$

Wölbungsparameter

$$\frac{1}{n}\sum_{i=1}^{n} (x_i^*)^4 = \frac{1}{n}\sum_{i=1}^{n} \left(\frac{x_i - \overline{x}}{\sqrt{\text{var}\,(\boldsymbol{x})}}\right)^4$$

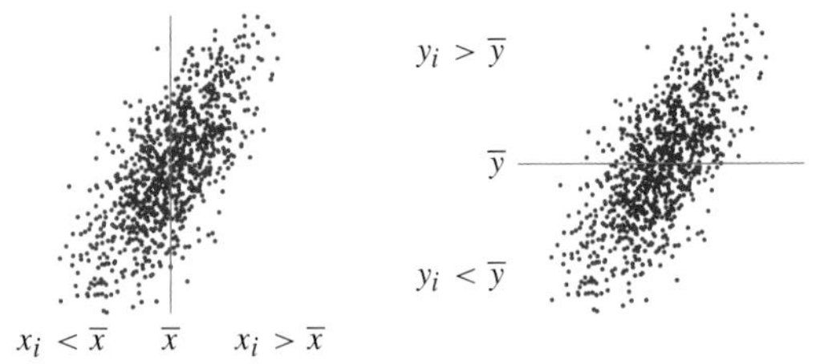

Abbildung 1.47 Links: Aufteilung in große und kleine x. Rechts: Aufteilung in große und kleine y.

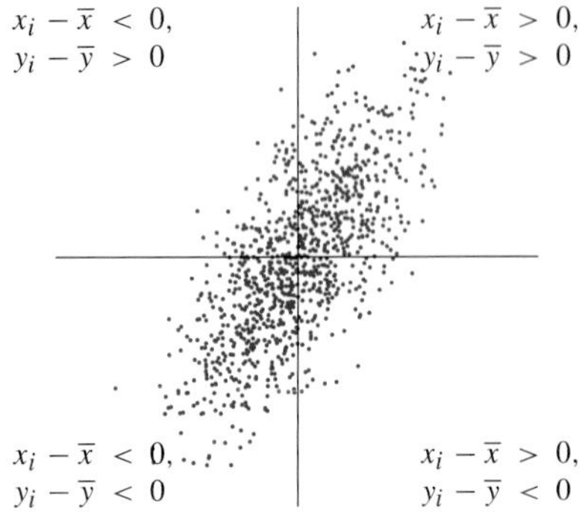

Abbildung 1.48 Zerlegung des Streubereichs in vier Quadranten.

Abbildung 1.49 zeigt die Vorzeichen des Produktes $(x_i - \overline{x})(y_i - \overline{y})$ in den vier Quadranten.

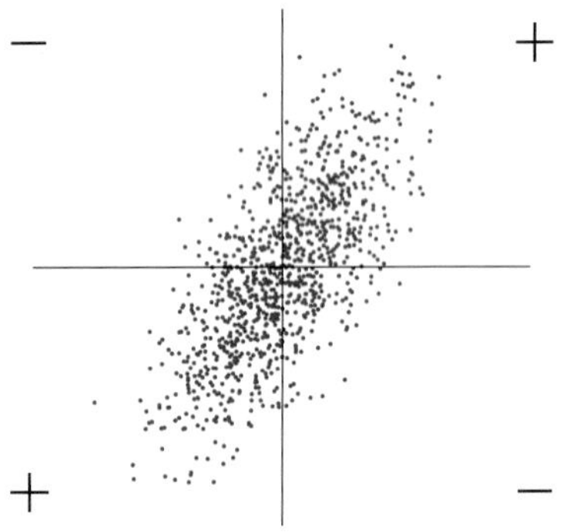

Abbildung 1.49 Vorzeichen des Produktes $(x_i - \overline{x})(y_i - \overline{y})$ in den vier Quadranten.

Nun bilden wir den Mittelwert über alle Wertepaare und berechnen

$$\frac{1}{n}\sum_{i=1}^{n}(x_i - \overline{x})(y_i - \overline{y}) .$$

Das Vorzeichen dieser Summe gibt an, ob die Punkte eher in den beiden „+" Quadranten oder eher in den beiden „–" Quadranten liegen.

Definition der empirischen Kovarianz

Die empirische Kovarianz der Punktwolke $\{(x_i, y_i) \mid i = 1, \ldots, n\}$ oder kurz die Kovarianz von $(\boldsymbol{x}, \boldsymbol{y})$ ist definiert als

$$\operatorname{cov}(\{x_i, y_i\}) = \operatorname{cov}(\boldsymbol{x}, \boldsymbol{y}) = \frac{1}{n}\sum_{i=1}^{n}(x_i - \overline{x})(y_i - \overline{y}) .$$

Das Vorzeichen von $\operatorname{cov}(\boldsymbol{x}, \boldsymbol{y})$ sagt aus, ob die Punktwolke eher steigt oder eher fällt.

Bevor wir im folgenden Beispiel eine Kovarianz explizit ausrechnen, notieren wir elementare Umformungen der Kovarianz, die bei der Berechnung mitunter sehr nützlich sind. Sie ergeben sich, wenn man in der Definition die Klammern ausmultipliziert und beim Aufsummieren $\sum(x_i - \overline{x}) = \sum(y_i - \overline{y}) = 0$ beachtet:

$$\begin{aligned}\operatorname{cov}(\boldsymbol{x}, \boldsymbol{y}) &= \frac{1}{n}\sum_{i=1}^{n} x_i(y_i - \overline{y}) \\ &= \frac{1}{n}\sum_{i=1}^{n}(x_i - \overline{x})y_i \\ &= \frac{1}{n}\sum_{i=1}^{n} x_i \cdot y_i - \overline{x}\,\overline{y}\end{aligned}$$

Beispiel Bei 10 Objekten seien jeweils die Länge X (in cm) und das Gewicht Y (in kg) gemessen worden. Die Messwerte und die Berechnung der Kovarianz zeigt die folgende Tabelle.

y_i	x_i	$x_i - \overline{x}$	$y_i - \overline{y}$	$(x_i - \overline{x})(y_i - \overline{y})$
14.07	1.0	−5.0	−13.70	68.49
15.60	2.0	−4.0	−12.17	48.68
21.92	2.0	−4.0	−5.85	23.39
27.90	4.0	−2.0	0.13	−0.25
30.40	5.0	−1.0	2.62	−2.62
22.25	6.0	0.0	−5.52	0.00
37.43	9.0	3.0	9.66	28.97
38.40	9.0	3.0	10.63	31.90
27.95	9.0	3.0	0.18	0.53
41.79	13.0	7.0	14.02	98.13
277. 71	60. 0	0. 0	0. 0	297. 21

Aus dieser Tabelle lesen wir ab: $\overline{x} = \frac{60.0}{10} = 6$ und $\overline{y} = \frac{277.71}{10} = 27.771$. Es ist

$$\operatorname{cov}(\boldsymbol{x}, \boldsymbol{y}) = \frac{1}{10}297.21 = 29.72 .$$

Abbildung 1.50 zeigt den Plot von y gegen x.

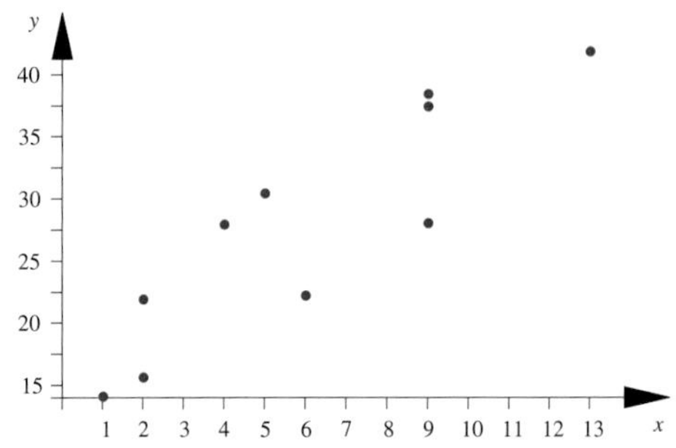

Abbildung 1.50 Plot von y gegen x. ◀

Angenommen, in diesem Beispiel wären die Merkmale X in Millimeter statt Zentimeter und Y in Gramm statt Kilogramm gemessen worden. Damit wäre jeder x-Wert 10-mal und jeder

y-Wert 1 000-mal größer. Die Kovarianz der neuen Werte wäre nun 297 200.

Die Kovarianz $\operatorname{cov}(\boldsymbol{x}, \boldsymbol{y})$ ist abhängig von den Dimensionen, in denen die Merkmale gemessen werden. Daher ist der numerische Wert der Kovarianz – abgesehen vom Vorzeichen – für sich allein schwer interpretierbar. Um zu dimensionslosen, skaleninvarianten Parametern zu kommen, standardisieren wir die Merkmale. Dabei sind die standardisierten Merkmalswerte definiert durch:

$$x_i^* = \frac{x_i - \overline{x}}{\sqrt{\operatorname{var}(\boldsymbol{x})}}, \qquad y_i^* = \frac{y_i - \overline{y}}{\sqrt{\operatorname{var}(\boldsymbol{y})}}.$$

Definition Korrelationskoeffizient

Der **empirische Korrelationskoeffizient** $r(x, y)$ der Punktwolke der $\{(x_i, y_i) : i = 1, \cdots, n\}$, oder kurz der Korrelationskoeffizient, ist die Kovarianz der standardisierten Merkmale

$$r(\boldsymbol{x}, \boldsymbol{y}) = \operatorname{cov}(\boldsymbol{x}^*, \boldsymbol{y}^*).$$

Eine andere Bezeichnung ist Korrelationskoeffizient nach **Bravais** und **Pearson**.

Der Korrelationskoeffizient lässt sich leicht veranschaulichen. Dazu umschreiben wir die Punktwolke mit einer freihändig gezeichneten Ellipse, die nur die Struktur der Punktwolke näherungsweise erfassen soll, siehe Abbildung 1.51. Die Ellipse begrenzen wir von oben und unten mit zwei zur x-Achse parallelen Geraden. Der Abstand der beiden Parallelen sei D. Der vertikal gemessene Innendurchmesser der Ellipse an ihrer dicksten Stelle im Zentrum $(\overline{x}, \overline{y})$ sei d. Dann gilt mit überraschend guter Näherung

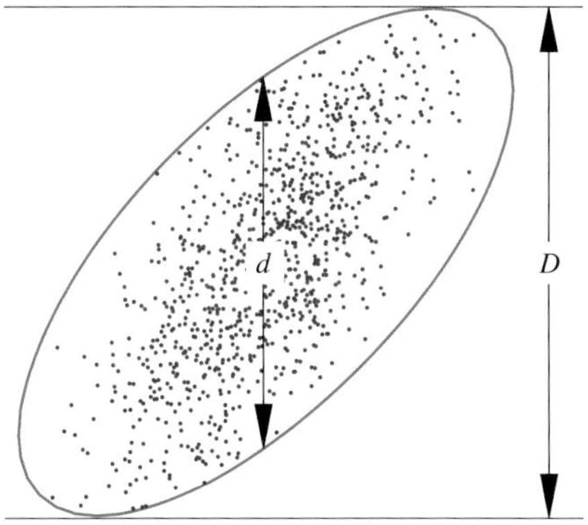

Abbildung 1.51 Die Punktwolke wird mit einer Ellipse umschrieben.

Die Ellipsenregel

$$r(\boldsymbol{x}, \boldsymbol{y})^2 \approx 1 - \left(\frac{d}{D}\right)^2$$

Im Eier-Beispiel lesen wir an der grob mit der Hand gezeichneten Ellipse $d \approx 9$ und $D \approx 14.8$ ab. Damit ist

$$r(\boldsymbol{x}, \boldsymbol{y}) \approx \sqrt{1 - \left(\frac{9}{14.8}\right)^2} = 0.79\,.$$

Der aus den Originaldaten vom Computer ermittelte Wert beträgt $r(\boldsymbol{x}, \boldsymbol{y}) = 0.84$.

Kommentar: 1. Die Ellipsenregel stimmt exakt, wenn wir eine sogenannte Konzentrationsellipse zeichnen. Wir werden Konzentrationsellipsen in der Vertiefung auf Seite 38 behandeln und dann diese Aussage beweisen. Vorläufig wollen wir die Ellipsenregel ohne Beweis akzeptieren. Sie erlaubt uns, einen unmittelbaren Zugang zu den Eigenschaften des Korrelationskoeffizienten.
2. Mit der Ellipsenregel können wir nur $r(\boldsymbol{x}, \boldsymbol{y})^2$ bestimmen. Das Vorzeichen von $r(\boldsymbol{x}, \boldsymbol{y})$ ist das Vorzeichen der Kovarianz. Es ist positiv, falls die Ellipse steigt, und negativ, wenn die Ellipse fällt.

Halten wir zwei wichtige Eigenschaften des Korrelationskoeffizienten fest:

- Der Korrelationskoeffizient ist auf das Intervall $[-1, +1]$ beschränkt,
$$-1 \leq r(\boldsymbol{x}, \boldsymbol{y}) \leq 1\,.$$
- Werden Nullpunkt und Maßstabsfaktor bei X und Y geändert, ändert sich der Korrelationskoeffizient nicht: $r(\boldsymbol{x}, \boldsymbol{y})$ ist invariant gegen lineare Transformationen der Daten:
$$r(\boldsymbol{x}, \boldsymbol{y}) = r(\alpha + \beta\boldsymbol{x}, \gamma + \delta\boldsymbol{y})\,.$$

Die erste Aussage ist wegen der Ellipsenregel plausibel. Wir werden später auf Seite 35 $|r(\boldsymbol{x}, \boldsymbol{y})| \leq 1$ mit geometrischen Überlegungen beweisen.

Die zweite Aussage folgt sofort, da wir $r(\boldsymbol{x}, \boldsymbol{y})$ aus den standardisierten Daten berechnen. Diese sind invariant gegenüber linearen Transformationen. Wir sehen dies auch an der Ellipsenregel: Wenn wir die Punktwolke nach links oder rechts verschieben, in der x-Achse oder y-Achse stauchen oder dehnen, ändert sich das Verhältnis $d : D$ nicht. Dagegen ändert sich die Korrelation bei nichtlinearen Transformationen wie die beiden folgenden Beispiele zeigen.

Beispiel

- Die Korrelation zwischen zwei Merkmalen hängt von deren präziser Definition ab. Denken wir uns einen Versuch, bei dem ein zu reinigendes Medium eine Filterschicht aus kleinen porösen Tonkugeln passieren muss. Gefragt wird nach dem Zusammenhang zwischen der Filterwirkung Y und der *Größe* der Kugeln. Lassen wir die Frage nach der genauen Definition und Messung von Y beiseite und betrachten die *Größe*. Ist mit *Größe* der Radius d, die Oberfläche $o \simeq d^2$ oder das Volumen $v \simeq d^3$ gemeint? Bei 10 Messwerten wurden die folgenden Korrelationen berechnet (siehe Aufgabe 1.19):

$$\begin{aligned} r(\boldsymbol{y}, \boldsymbol{d}) &&= 0.273\\ r(\boldsymbol{y}, \boldsymbol{o}) &= r(\boldsymbol{y}, \boldsymbol{d}^2) &= 0.331\\ r(\boldsymbol{y}, \boldsymbol{v}) &= r(\boldsymbol{y}, \boldsymbol{d}^3) &= 0.402 \end{aligned}$$

Jede Präzisierung des Wortes *Größe* führt zu einer anderen Antwort auf die Frage nach der Korrelation zwischen Filterwirkung $\boldsymbol{y}$ und *Kugelgröße*. Die Korrelation zwischen

Variablen bleibt nur bei linearen Transformationen invariant. o und v sind jedoch nichtlineare Funktionen von d. Daher ändert sich die Korrelation.

- Es ist möglich, dass zwei Merkmale X und Y exakt linear voneinander abhängen, ihre Kehrwerte aber unkorreliert sind. In Aufgabe 1.15 wird ein entsprechender Datensatz angegeben. ◄

Kehren wir zu Abbildung 1.51 und der Ellipsenregel zurück. Wir sehen: $r(\boldsymbol{x}, \boldsymbol{y})^2$ strebt genau dann gegen 1, wenn $\frac{d}{D}$ gegen null strebt. Dann degeneriert aber die Ellipse zu einer Geraden.

Maximale Korrelation

$r(\boldsymbol{x}, \boldsymbol{y})^2 = 1$ ergibt sich genau dann, wenn $\boldsymbol{x}$ und $\boldsymbol{y}$ voneinander linear abhängen, und zwar gilt:

$$r(\boldsymbol{x}, \boldsymbol{y}) = 1 \Leftrightarrow \quad y_i = \alpha + \beta x_i \quad \text{mit} \quad \beta > 0 .$$
$$r(\boldsymbol{x}, \boldsymbol{y}) = -1 \Leftrightarrow \quad y_i = \alpha + \beta x_i \quad \text{mit} \quad \beta < 0 .$$

An den Bildern erkennen wir: Genau dann, wenn die Ellipse horizontal liegt, ist $d = D$. Genau dann ist die Korrelation null. Dies kann in zwei grundverschiedenen Situationen auftreten: Abbildung 1.52 zeigt eine völlig regellose Punktwolke ohne auffällige innere Struktur. In Abbildung 1.53 besteht links zwischen y und x ein ganz deutlicher quadratischer Zusammenhang und rechts ein sinusförmiger Zusammenhang. Trotzdem ist in allen drei Fällen die Korrelation null. Gemeinsam ist den drei Bildern: Es besteht kein **linearer Zusammenhang.**

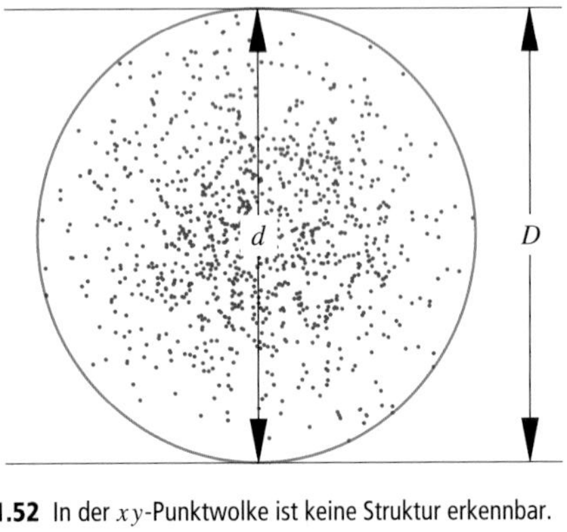

Abbildung 1.52 In der xy-Punktwolke ist keine Struktur erkennbar.

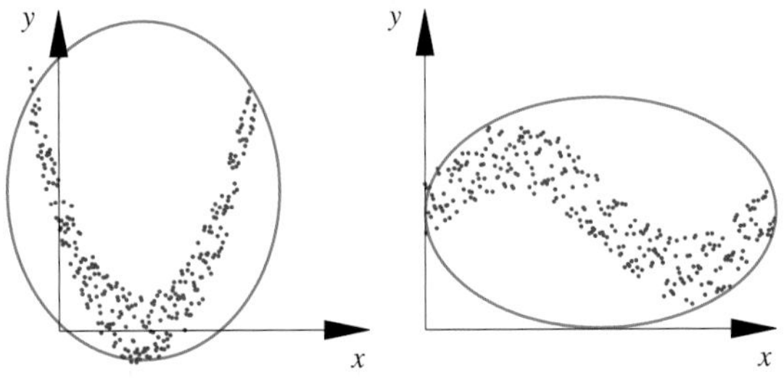

Abbildung 1.53 Die Punktwolken deuten jeweils auf einen ausgeprägten nichtlinearen Zusammenhang zwischen x und y hin. Trotzdem ist $r \approx 0$.

Definition Unkorreliertheit

Ist $r(\boldsymbol{x}, \boldsymbol{y}) = 0$, so heißen $\boldsymbol{x}$ und $\boldsymbol{y}$ **unkorreliert.**

Anschaulich heißt dies, dass die Ellipse horizontal liegt. Im Ganzen gesehen zeigt die Punktwolke weder eine steigende noch eine fallende Tendenz, selbst wenn die Punktwolke steigende oder fallende Partien aufweisen sollte.

Der Korrelationskoeffizient ist ein Maß des linearen Zusammenhangs. Ist $r(\boldsymbol{x}, \boldsymbol{y}) = 1$ oder $r(\boldsymbol{x}, \boldsymbol{y}) = -1$, so besteht zwischen $\boldsymbol{x}$ und $\boldsymbol{y}$ ein exakter linearer Zusammenhang. Je weiter $|r(\boldsymbol{x}, \boldsymbol{y})|$ von 1 abweicht, umso stärker ist der Zusammenhang gestört. Ist $r(\boldsymbol{x}, \boldsymbol{y}) \approx 0$, so ist kein linearer Zusammenhang erkennbar.

Achtung: Unkorreliertheit bedeutet nicht Fehlen eines Zusammenhangs. Es kann sehr wohl zwischen $\boldsymbol{x}$ und $\boldsymbol{y}$ ein mehr oder weniger stark gestörter Zusammenhang bestehen, obwohl $r(\boldsymbol{x}, \boldsymbol{y}) \approx 0$ ist. Es ist bloß kein linearer Zusammenhang.

Der Korrelationskoeffizient ist die Kovarianz der standardisierten Daten. Um weitere Eigenschaften des Korrelationskoeffizienten kennenzulernen, wollen wir uns nun wieder der Kovarianz zuwenden. Wir notieren Eigenschaften, die sich unmittelbar aus der Definition ergeben.

Eigenschaften der Kovarianz

Ersetzen wir in der Definition der Kovarianz den Buchstaben $\boldsymbol{y}$ durch $\boldsymbol{x}$, ergibt sich die Formel der Varianz von x. Es gilt also: Die Kovarianz eines Merkmals mit sich selbst ist die Varianz,

$$\operatorname{cov}(\boldsymbol{x}, \boldsymbol{x}) = \operatorname{var}(\boldsymbol{x}) .$$

Da wir für $\operatorname{var}(\boldsymbol{x})$ auch $s^2(\boldsymbol{x})$ oder s_x^2 schreiben, werden wir für die Kovarianz auch diese Bezeichnungen verwenden,

$$\operatorname{cov}(\boldsymbol{x}, \boldsymbol{y}) = s(\boldsymbol{x}, \boldsymbol{y}) = s_{xy} .$$

Mit dieser Bezeichnung kann man den Korrelationskoeffizienten schreiben als:

$$r(\boldsymbol{x}, \boldsymbol{y}) = \frac{s_{xy}}{s_x s_y} .$$

In der Definition der Kovarianz ist es gleich, ob wir $\sum_{i=1}^{n}(x_i - \overline{x})(y_i - \overline{y})$ oder $\sum_{i=1}^{n}(y_i - \overline{y})(x_i - \overline{x})$ schreiben. Die Kovarianz ist also symmetrisch,

$$\operatorname{cov}(\boldsymbol{x}, \boldsymbol{y}) = \operatorname{cov}(\boldsymbol{y}, \boldsymbol{x}) .$$

Eine Verschiebung des Nullpunktes lässt die Kovarianz invariant. Ein multiplikativer Faktor lässt sich ausklammern: Ist $u_i = \alpha + \beta x_i$ und $v_i = \gamma + \delta y_i$ mit konstanten Koeffizienten $\alpha, \beta, \gamma, \delta$, so ist $u_i - \overline{u} = \beta(x_i - \overline{x})$ und $v_i - \overline{v} = \delta(y_i - \overline{y})$. Daher ist:

$$\sum_{i=1}^{n}(u_i - \overline{u})(v_i - \overline{v}) = \beta\delta \sum_{i=1}^{n}(x_i - \overline{x})(y_i - \overline{y}) .$$

Daher gilt $\operatorname{cov}(\{\alpha + \beta x_i, \gamma + \delta y_i\}) = \beta\delta \operatorname{cov}(\{x_i, y_i\})$.

Invarianz und Linearität der Kovarianz

$$\operatorname{cov}(\alpha\mathbf{1} + \beta\boldsymbol{x}, \gamma\mathbf{1} + \delta\boldsymbol{y}) = \beta\delta \operatorname{cov}(\boldsymbol{x}, \boldsymbol{y})$$

Bei der Berechnung der Kovarianz $\operatorname{cov}(\boldsymbol{x}, \boldsymbol{y})$ können wir demnach ohne Einschränkung der Allgemeinheit stets annehmen, dass die Daten zentriert sind, $\overline{x} = \overline{y} = 0$, andernfalls könnten wir die Mittelwerte abziehen, ohne die Kovarianz zu ändern.

Angenommen eine Klausur, sagen wir in Mathematik, wird in zwei Teilen geschrieben, Mathe 1 und Mathe 2. Sei X die Punktzahl in Mathe 1, Y die aus Mathe 2 und Z die Punktzahl aus der Physikklausur. $X + Y$ ist die Gesamtpunktzahl aus den Mathe-Klausuren. Dann lässt sich $\operatorname{cov}(\boldsymbol{z}, \boldsymbol{x} + \boldsymbol{y})$ aus der Summe von $\operatorname{cov}(\boldsymbol{z}, \boldsymbol{x})$ und $\operatorname{cov}(\boldsymbol{z}, \boldsymbol{y})$ zusammensetzen:

Distributivgesetz der Kovarianz

$$\operatorname{cov}(\boldsymbol{z}, \boldsymbol{x} + \boldsymbol{y}) = \operatorname{cov}(\boldsymbol{z}, \boldsymbol{x}) + \operatorname{cov}(\boldsymbol{z}, \boldsymbol{y})$$

Zum Beweis setzen wir voraus, dass die Merkmale zentriert sind. Stets gilt:

$$\sum_{i=1}^{n} z_i (x_i + y_i) = \sum_{i=1}^{n} z_i x_i + \sum_{i=1}^{n} z_i y_i .$$

Dann liefert Division durch n das Distributivgesetz. Die Kovarianz $\operatorname{cov}(\boldsymbol{x}, \boldsymbol{y})$ hat alle Eigenschaften eines Skalarproduktes. Wir können uns im Distributivgesetz das Wort cov wegdenken, die Klammern als Skalarprodukt lesen und wie ein Skalarprodukt ausmultiplizieren: $\boldsymbol{z} \cdot (\boldsymbol{x} + \boldsymbol{y}) = \boldsymbol{z} \cdot \boldsymbol{x} + \boldsymbol{z} \cdot \boldsymbol{y}$. Speziell folgt in dieser vereinfachten Schreibweise,

$$(\boldsymbol{x} + \boldsymbol{y}) \cdot (\boldsymbol{x} + \boldsymbol{y}) = \boldsymbol{x} \cdot \boldsymbol{x} + \boldsymbol{x} \cdot \boldsymbol{y} + \boldsymbol{y} \cdot \boldsymbol{x} + \boldsymbol{y} \cdot \boldsymbol{y} .$$

Übersetzen wir wieder $\boldsymbol{x} \cdot \boldsymbol{x}$ in $\operatorname{var}(\boldsymbol{x})$ und nutzen die Symmetrie $\boldsymbol{x} \cdot \boldsymbol{y} = \boldsymbol{y} \cdot \boldsymbol{x}$, so erhalten wir die nützliche Formel für die Varianz einer Summe,

$$\operatorname{var}(\boldsymbol{x} + \boldsymbol{y}) = \operatorname{var}(\boldsymbol{x}) + \operatorname{var}(\boldsymbol{y}) + 2 \cdot \operatorname{cov}(\boldsymbol{x}, \boldsymbol{y}) .$$

Durch vollständige Induktion nach n folgt für n Merkmale:

Summenformel für die Varianz

$$\operatorname{var}\left(\sum_{i=1}^{n} \boldsymbol{x}_i\right) = \sum_{i=1}^{n} \operatorname{var}(\boldsymbol{x}_i) + 2 \cdot \sum_{i<j} \operatorname{cov}(\boldsymbol{x}_i, \boldsymbol{x}_j)$$

Beispiel In einem Versandhaus werden große und kleine Gegenstände verpackt. Es sei x_i das Gewicht des i-ten Gegenstands und y_i das Gewicht seiner Verpackung. $x_i + y_i$ ist das Gesamtgewicht. Nehmen wir an, dass besonders schwere Objekte eine besonders schwere Verpackung erhalten, leichte Objekte aber eine leichte Verpackung, so sind X und Y positiv korreliert. Dadurch, dass Schweres auf Schweres und Leichtes auf Leichtes trifft, wird die Streuung der Summe vergrößert: $\operatorname{cov}(\boldsymbol{x}; \boldsymbol{y})$ ist positiv und

$$\operatorname{var}(\boldsymbol{x} + \boldsymbol{y}) > \operatorname{var}(\boldsymbol{x}) + \operatorname{var}(\boldsymbol{y}) .$$

Nehmen wir dagegen an, dass die Pakete möglichst gleichartig 500 Gramm wiegen sollen. Ist dann x_i zu klein, wird man bei der Verpackung y_i etwas mehr dazu tun. Ist dagegen x_i zu groß, muss man bei y_i sparen. Jetzt sind X und Y negativ korreliert. Dadurch, dass Schweres mit Leichtem und Leichtes mit Schwerem kombiniert wird, wird die Streuung der Summe verkleinert: $\operatorname{cov}(\boldsymbol{x}, \boldsymbol{y})$ ist negativ und

$$\operatorname{var}(\boldsymbol{x} + \boldsymbol{y}) < \operatorname{var}(\boldsymbol{x}) + \operatorname{var}(\boldsymbol{y}) .$$ ◀

Wir wollen noch eine Rechenformeln für den Korrelationskoeffizienten ableiten: Aus $x_i^* = \frac{x_i - \overline{x}}{\sqrt{\operatorname{var} x}}$ und der Linearität erhalten wir folgende Formel.

Rechenformeln für den Korrelationskoeffizienten

$$\begin{aligned} r(\boldsymbol{x}, \boldsymbol{y}) &= \operatorname{cov}(\boldsymbol{x}^*, \boldsymbol{y}^*) \\ &= \frac{\operatorname{cov}(\boldsymbol{x}, \boldsymbol{y})}{\sqrt{\operatorname{var} \boldsymbol{x}}\sqrt{\operatorname{var} \boldsymbol{y}}} \\ &= \frac{\sum_{i=1}^{n} (x_i - \overline{x})(y_i - \overline{y})}{\sqrt{\sum_{i=1}^{n} (x_i - \overline{x})^2 \cdot \sum_{i=1}^{n} (y_i - \overline{y})^2}} \end{aligned}$$

Im Beispiel auf Seite 32 haben wir $\operatorname{cov}(\boldsymbol{x}, \boldsymbol{y}) = 29.72$ berechnet. Weiter berechnet man $\sqrt{\operatorname{var} \boldsymbol{x}} = 3.71$ sowie $\sqrt{\operatorname{var} \boldsymbol{y}} = 9$. Damit erhalten wir:

$$r(\boldsymbol{x}, \boldsymbol{y}) = \frac{29.72}{3.71 \cdot 9} = 0.89 .$$

Kreisen Sie die Punktwolke in Abbildung 1.50 mit einer freihändig gezeichneten Ellipse ein und schätzen Sie den Korrelationskoeffizienten nach der Ellipsenregel.

?

Warum ist diese Schätzung unabhängig davon, wie stark Sie das Bild vergrößern und wie Sie dabei die Proportionen von Breite und Höhe der Abbildung verändern?

Der Korrelations-Koeffizient misst den Winkel zwischen zwei Merkmalsvektoren

Bislang betrachteten wir n Punkte im $\mathbb{R}^2$, die eine Punktwolke $\{(x_i, y_i) : i = 1, \cdots, n\}$ im $\mathbb{R}^2$ bilden. Wir können stattdessen auch zwei Vektoren im $\mathbb{R}^n$ betrachten. Dazu fassen wir x-Werte und die y-Werte zu zwei Datenvektoren im $\mathbb{R}^n$ zusammen:

$$\boldsymbol{x} = \begin{pmatrix} x_1 \\ \vdots \\ x_n \end{pmatrix} \text{ und } \boldsymbol{y} = \begin{pmatrix} y_1 \\ \vdots \\ y_n \end{pmatrix} .$$

Im $\mathbb{R}^n$ ist

$$\|\boldsymbol{x}\| = \sqrt{\sum_{i=1}^{n} x_i^2}$$

die euklidische Länge des Vektors $\boldsymbol{x}$ und

$$\boldsymbol{x}^\top \boldsymbol{y} = \sum_{i=1}^{n} x_i y_i$$

das Skalarprodukt von $\boldsymbol{x}$ und $\boldsymbol{y}$. Es gilt

$$\boldsymbol{x} \cdot \boldsymbol{y} = \|\boldsymbol{x}\| \, \|\boldsymbol{y}\| \cdot \cos(\alpha) .$$

Dabei ist α der Winkel zwischen $\boldsymbol{x}$ und $\boldsymbol{y}$. Da der Korrelationskoeffizient invariant gegen Verschiebungen ist, können wir ohne Beschränkung der Allgemeinheit voraussetzen, dass die Vektoren $\boldsymbol{x}$ und $\boldsymbol{y}$ zentriert sind, also: $\overline{x} = \overline{y} = 0$. Dann folgt:

$$\operatorname{var}(\boldsymbol{x}) = \frac{1}{n}\sum_{i=1}^{n} x_i^2 = \frac{1}{n}||\boldsymbol{x}||^2$$

$$\operatorname{var}(\boldsymbol{y}) = \frac{1}{n}\sum_{i=1}^{n} y_i^2 = \frac{1}{n}||\boldsymbol{y}||^2$$

$$\operatorname{cov}(\boldsymbol{x}, \boldsymbol{y}) = \frac{1}{n}\sum_{i=1}^{n} x_i y_i = \frac{1}{n}\boldsymbol{x}^T\boldsymbol{y}$$

$$r(\boldsymbol{x}, \boldsymbol{y}) = \frac{\operatorname{cov}(\boldsymbol{x}, \boldsymbol{y})}{\sqrt{\operatorname{var}(\boldsymbol{x}) \cdot \operatorname{var}(\boldsymbol{y})}} = \frac{\boldsymbol{x}^T\boldsymbol{y}}{||\boldsymbol{x}|| \cdot ||\boldsymbol{y}||} = \cos(\alpha) .$$

Die Korrelation $r(\boldsymbol{x}, \boldsymbol{y})$ ist also gerade der Kosinus des Winkels zwischen den zentrierten Merkmalsvektoren, siehe die folgende Abbildung.

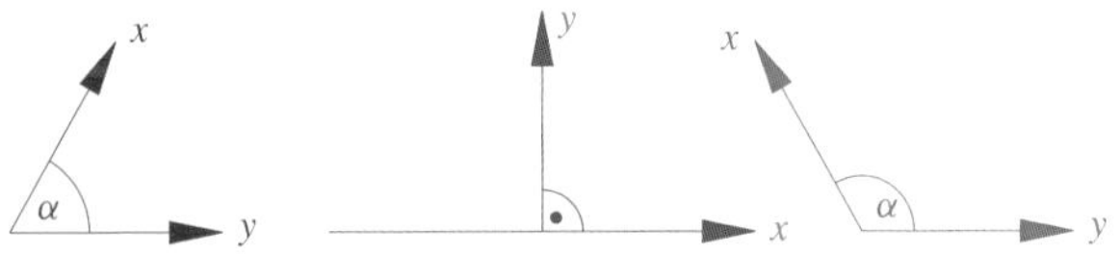

positive Korrelation   unkorreliert   negative Korrelation

Aus $r(\boldsymbol{x}, \boldsymbol{y}) = \cos(\alpha)$ folgt unmittelbar,

- $-1 \leq r(\boldsymbol{x}, \boldsymbol{y}) \leq +1$.
- $\boldsymbol{x}$ und $\boldsymbol{y}$ sind unkorreliert, wenn die zentrierten Vektoren orthogonal sind.
- $|r(\boldsymbol{x}, \boldsymbol{y})| = 1$, genau dann, wenn $\boldsymbol{x}$ und $\boldsymbol{y}$ linear voneinander abhängen.

In der Vertiefung auf S. 37 betrachten wir Interpretationsprobleme der Korrelation und Erweiterungen des Korrelationsbegriffs.

Ein einfaches Überlagerungsmodell für den Korrelationskoeffizienten

Überlagern Störungen $\boldsymbol{\varepsilon}$ zu messende Werte $\boldsymbol{x}$, so sind wahre und gemessene Werte korreliert. Die Korrelation ist um so größer, je kleiner das Verhältnis der Varianzen $\operatorname{var}(\boldsymbol{\varepsilon})$ zu $\operatorname{var}(\boldsymbol{x})$ ist. Zum besseren Verständnis des Korrelationskoeffizienten betrachten wir ein einfaches Messmodell.

$$y_i = x_i + \varepsilon_i \qquad i = 1, \cdots, n .$$

Dabei ist x_i der wahre Wert, ε_i ein Messfehler, der additiv den wahren Wert überlagert. Allein y_i kann beobachtet werden. Gesucht wird $r(\boldsymbol{y}, \boldsymbol{x})$, die Korrelation zwischen wahrem Wert und Messwert. Der Einfachheit halber setzen wir voraus, dass Messfehler und wahrer Wert unkorreliert sind,

$$\operatorname{cov}(\boldsymbol{x}, \boldsymbol{\varepsilon}) = 0 .$$

Dann folgt hieraus und aus dem Distributivgesetz der Kovarianz:

$$\operatorname{cov}(\boldsymbol{y}, \boldsymbol{x}) = \operatorname{cov}(\boldsymbol{x} + \boldsymbol{\varepsilon}, \boldsymbol{x}) = \operatorname{cov}(\boldsymbol{x}, \boldsymbol{x}) + \operatorname{cov}(\boldsymbol{\varepsilon}, \boldsymbol{x}) = \operatorname{var}(\boldsymbol{x}) .$$

Damit ist die Korrelation zwischen y und x:

$$r(\boldsymbol{y}, \boldsymbol{x}) = \frac{\operatorname{cov}(\boldsymbol{y}, \boldsymbol{x})}{\sqrt{\operatorname{var}(\boldsymbol{y}) \cdot \operatorname{var}(\boldsymbol{x})}} = \frac{\operatorname{var}(\boldsymbol{x})}{\sqrt{\operatorname{var}(\boldsymbol{y}) \cdot \operatorname{var}(\boldsymbol{x})}} = \frac{\sqrt{\operatorname{var}(\boldsymbol{x})}}{\sqrt{\operatorname{var}(\boldsymbol{y})}}$$

Den letzten Ausdruck können wir noch etwas vereinfachen. Aus $y_i = x_i + \varepsilon_i$, der Unkorreliertheit von x und $\boldsymbol{\varepsilon}$ und der Summenformel folgt:

$$\operatorname{var}(\boldsymbol{y}) = \operatorname{var}(\boldsymbol{x}) + \operatorname{var}(\boldsymbol{\varepsilon}) .$$

Also:

$$r(\boldsymbol{y}, \boldsymbol{x}) = \frac{\sqrt{\operatorname{var}(\boldsymbol{x})}}{\sqrt{\operatorname{var}(\boldsymbol{x}) + \operatorname{var}(\boldsymbol{\varepsilon})}} = \frac{1}{\sqrt{1 + \frac{\operatorname{var}(\boldsymbol{\varepsilon})}{\operatorname{var}(\boldsymbol{x})}}} .$$

Für die Korrelation kommt es also allein auf das Verhältnis der Varianzen $\operatorname{var}(\boldsymbol{\varepsilon}) : \operatorname{var}(\boldsymbol{x})$ an. Je kleiner die Varianz der Störgröße $\boldsymbol{\varepsilon}$ im Vergleich zur Varianz von x ist, um so größer ist die Korrelation, um so weniger wird die Messung gestört. In den Abbildungen

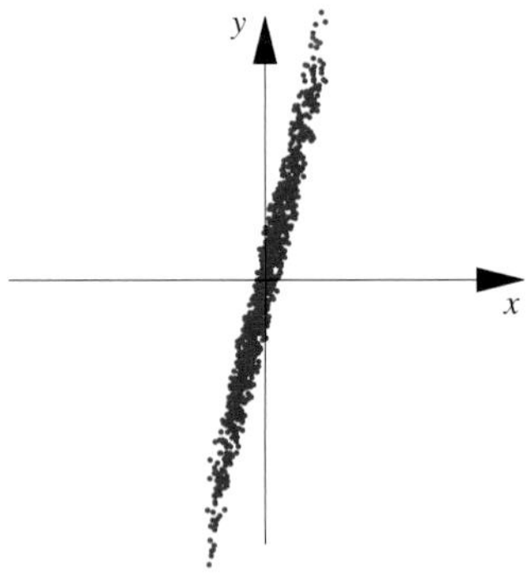

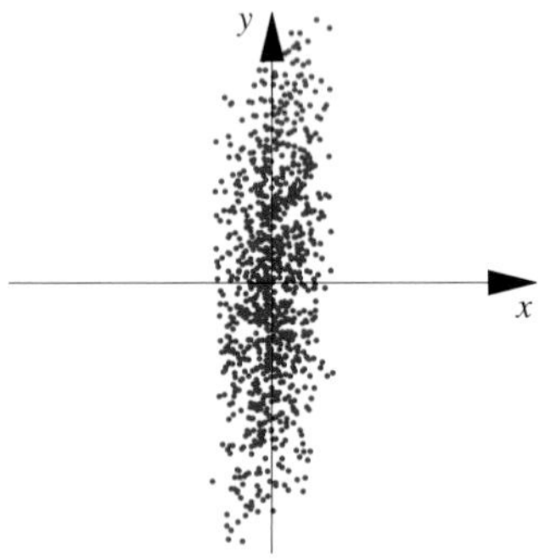

sind zwei (x, y)-Punktwolken geplottet, die durch Überlagerung der x-Werte und der $\boldsymbol{\varepsilon}$-Messfehler konstruiert wurden. Die Tabelle zeigt die gewählten Parameter der beiden Punktwolken, PW_1 und PW_2.

PW	var($\mathbf{x}$)	var($\boldsymbol{\varepsilon}$)	var($\mathbf{y}$)	$r^2(\mathbf{y}, \mathbf{x})$	$r(\mathbf{y}, \mathbf{x})$
1	16	1	17	$\frac{16}{17}$	0.97
2	1	16	17	$\frac{1}{17}$	0.24

In der ersten Punktwolke erkennt man noch den nur gering gestörten Zusammenhang zwischen x und y, der jedoch in der zweiten Punktwolke fast nicht mehr erkennbar ist.

Vertiefung: Interpretationsprobleme und Erweiterungen

Korrelation ist ein spezielles Maß für die linearen Beziehungen zwischen zwei Merkmalen. In der Praxis haben wir es nur selten mit zwei nicht eingeschränkten Merkmalen zu tun, meist sind Randbedingungen zu beachten oder es existieren im Hintergrund weitere Merkmale, die Einfluss auf die Korrelation nehmen. Ihre Vernachlässigung führt oft zu Fehlschlüssen oder im Extremfall zu den sogenannten Scheinkorrelationen. Ihre Berücksichtigung führt zu wichtigen Erweiterungen des Korrelationsbegriffs.

Betrachten wir die linke Punktwolke aus Abbildung 1.53, mit der annährend parabelförmigen Struktur. Hier war die Korrelation $\operatorname{cov}(\boldsymbol{x}, \boldsymbol{y}) = 0$. Betrachten wir nur den linken Parabelast, so finden wir eine starke negative Korrelation. Betrachten wir den rechten Parabelast, so finden wir eine starke positive Korrelation. Wir erkennen: Messen wir den Zusammenhang zwischen zwei Merkmalen mit dem Korrelationskoeffizienten, so hängt dieser ganz wesentlich davon ab, welcher Wertebereich für die Merkmale betrachtet wird.

Kehren wir zum Eingangsbeispiel mit den 1 000 Bio-Eiern und zu Abbildung 1.46 zurück. Zwischen Länge $X(\omega)$ und Breite $Y(\omega)$ besteht offensichtlich eine hohe positive Korrelation. Nun soll dieses Ergebnis experimentell überprüft werden. Dazu gehen Sie ins nächste Lebensmittelgeschäft, kaufen sich einen Pappkarton mit 12 Eiern, messen Länge und Breite der Eier nach und bestimmen die Korrelation. Zu Ihrer Überraschung werden Sie eine starke negative Korrelation finden.

Wieso ist die Korrelation bei den selbst aus den Nestern gesammelten Eiern positiv und bei den selbstgekauften Eiern negativ? Die gekauften Eier sind nach dem Gewicht sortiert. Die eingesammelten Eier dagegen nicht. Bei Eiern mit einem konstanten Gewicht ist auch das Volumen annähernd konstant. Ist ein Ei besonders lang, muss es besonders schmal sein, ist es besonders kurz, wird es besonders breit sein: Länge und Breite sind negativ korreliert. Wir haben es hier mit drei Variablen zu tun: Länge, Breite und Gewicht. Bei den gekauften Eiern wird das Gewicht *kontrolliert* und konstant gehalten, bei den gesammelten Eiern wird das Gewicht *ignoriert*. Die Korrelationsaussagen sind daher verschieden. Außerdem wird deutlich, dass Korrelation nur einen Zusammenhang beschreibt, aber keine Aussage über Kausalität oder die Richtung eine kausalen Beziehung macht. In der Aussage: „Bei Kindern sind Körpergewicht und Wortschatz positiv korreliert.“ liegt eine ähnliche Situation vor: Das ignorierte Merkmal ist das Alter. Bei konstantem Alter ist die Korrelation sicherlich null.

Generell haben wir es mit zwei Merkmalen X und Y zu tun, die von einem dritten latenten Merkmal Z oder einer Gruppe von Merkmalen $\boldsymbol{Z}$ beeinflusst werden. Im Gegensatz zur gewöhnlichen, paarweisen Korrelation $\mathrm{r}(x, y)$ sprechen wir von der **bedingten Korrelation** $r(\boldsymbol{x}, \boldsymbol{y} | \boldsymbol{Z} = z)$, wenn der Wert der latenten Merkmale festgehalten wird.

Wir sprechen von der **partiellen Korrelation**, wenn der lineare Einfluss von Z auf X und Y numerisch herausgerechnet wird und nur noch die Korrelation der bereinigten Komponenten $\boldsymbol{x} - \boldsymbol{P}_Z\boldsymbol{x}$ und $\boldsymbol{y} - \boldsymbol{P}_Z\boldsymbol{x}$ berechnet wird. Dabei ist $\boldsymbol{P}_Z\boldsymbol{x}$ die Orthogonalprojektion von $\boldsymbol{x}$ auf den von $\boldsymbol{Z}$ aufgespannten linearen Raum, $\boldsymbol{P}_Z\boldsymbol{x}$ ist die in der euklidischen Norm beste lineare Approximation von $\boldsymbol{x}$ durch ein Element aus dem Raum $\boldsymbol{Z}$ (siehe auch Seite 457 im Anhang).

Die partielle Korrelation zwischen X und Y bei Elimination des linearen Einflusses von Z ist eine Konstante. Die bedingte Korrelation zwischen X und Y bei festem $\boldsymbol{Z} = z$ ist eine Funktion von z. Nur falls X, Y, Z eine dreidimensionale Normalverteilung besitzen, fallen bedingte und partielle Korrelation zusammen.

Bei der **multiplen Korrelation** stehen sich ein Merkmal Y und eine Gruppe von Merkmalen $\boldsymbol{X}$ gegenüber. Hier bestimmt man zuerst einen optimalen Repräsentanten $\widehat{Y}$ von X. Dabei ist $\widehat{Y} = \boldsymbol{P}_X Y$ die Projektion von Y in den von $\boldsymbol{X}$ erzeugten linearen Raum. $\widehat{Y}$ ist diejenige Linearkombination der Vektoren aus $\boldsymbol{X}$, die maximal mit Y korreliert. Die multiple Korrelation zwischen Y und $\boldsymbol{X}$ ist dann die Korrelation $r(\boldsymbol{y}, \widehat{\boldsymbol{y}})$ zwischen Y und $\widehat{Y}$.

Bei der **kanonischen Korrelation** stehen sich zwei Merkmalblöcke $\boldsymbol{X}$ und $\boldsymbol{Y}$ gegenüber. Hier werden aus den von $\boldsymbol{X}$ und $\boldsymbol{Y}$ erzeugten linearen Räumen jeweils ein Repräsentant $\widehat{X}$ und $\widehat{Y}$ ausgewählt, die maximal miteinander korrelieren.

Handelt es sich jedoch um mehr als zwei Merkmalblöcke, ist weder die Erweiterung des Korrelationsbegriffs eindeutig noch gibt es numerisch befriedigende Antworten auf die Bestimmung der dann zu wählenden Repräsentanten. Theoretische Ansätze finden sich unter den Namen multiple kanonische Korrelation, Partial Least Squares (PLS) und Lisrel Modelle.

Bei der **Rangkorrelation** bestimmt man nicht die Stärke der linearen, sondern einer monotonen Abhängigkeit. Hierbei werden die Zahlenwerte durch ihre Rangzahlen ersetzt und die Korrelation der Ränge bestimmt. Diese Korrelation ist vor allem auch anwendbar, wenn die Merkmale nur ordinal skaliert sind.

Vertiefung: Kovarianzmatrix und Konzentrationsellipsen

Betrachtet man m Merkmale gemeinsam, fasst man alle Varianzen und paarweisen Kovarianzen in einer $m \times m$-Matrix $\boldsymbol{C}$, der Kovarianzmatrix, zusammen. Diese gibt einen ersten Eindruck von den gegenseitigen Abhängigkeiten der Merkmale.

Die durch $\boldsymbol{C}$ definierte **Konzentrationsellipse** gestattet eine mehrdimensionale Verallgemeinerung der Ungleichung von Tschebyschev. Wir betrachten hier zur Einführung jedoch nur ein zweidimensionales Merkmal.

Die empirischen Varianzen und Kovarianzen eines zweidimensionalen Merkmals (X, Y) lassen sich in der empirischen **Kovarianzmatrix**

$$\boldsymbol{C} = \begin{pmatrix} \operatorname{var}(\boldsymbol{x}) & \operatorname{cov}(\boldsymbol{x}, \boldsymbol{y}) \\ \operatorname{cov}(\boldsymbol{x}, \boldsymbol{y}) & \operatorname{var}(\boldsymbol{y}) \end{pmatrix}$$

zusammenfassen. Dabei können wir ohne Einschränkung der Allgemeinheit voraussetzen, dass die beiden Merkmale zentriert sind, d. h. $\overline{x} = \overline{y} = 0$. Bilden wir aus X und Y ein neues Merkmal $Z = aX + bY$, so ist nach der Summenformel von Seite 35:

$$0 \le \operatorname{var}(\boldsymbol{z}) = a^2 \operatorname{var}(\boldsymbol{x}) + 2ab \operatorname{cov}(\boldsymbol{x}, \boldsymbol{y}) + b^2 \operatorname{var}(\boldsymbol{y})$$
$$= (a, b)\, \boldsymbol{C} \begin{pmatrix} a \\ b \end{pmatrix}.$$

$\boldsymbol{C}$ ist daher eine nicht-negativ-definite symmetrische Matrix. Ist $(a, b)\boldsymbol{C}\begin{pmatrix} a \\ b \end{pmatrix} = 0$, so folgt $\operatorname{var}(\boldsymbol{z}) = 0$. Da wegen der Zentrierung auch $\overline{z} = 0$ ist, muss dann für alle i auch $z_i = 0 = ax_i + by_i$ sein. Das heißt, die Vektoren $\boldsymbol{x} = (x_1, \ldots, x_n)^T$ und $\boldsymbol{y} = (y_1, \ldots, y_n)^T$ sind linear abhängig. Sind also die Merkmale nicht voneinander linear abhängig, d. h. $r^2 \neq 1$, so ist $\boldsymbol{C}$ positiv-definit und daher invertierbar. Ist $r^2 \neq 1$, so ist die **Konzentrationsellipse** $\mathcal{E}_k$ der zentrierten Punktwolke $\{(x_1, y_1), \ldots, (x_n, y_n)\}$ zum Radius k definiert als:

$$\mathcal{E}_k = \left\{(x, y) \mid (x, y)\, \boldsymbol{C}^{-1} \begin{pmatrix} x \\ y \end{pmatrix} \le k^2 \right\}$$
$$= \left\{(x, y) \mid \frac{1}{1 - r^2} \left(\frac{x^2}{\operatorname{var}(x)} - \frac{2r\, xy}{\sqrt{\operatorname{var}(x) \operatorname{var}(y)}} + \frac{y^2}{\sqrt{\operatorname{var}(y)}} \right) \le k^2 \right\}$$

Mit variierendem k^2 erhält man die Schar der Konzentrationsellipsen. Diese Ellipsen haben denselben Mittelpunkt $(0, 0)$und gleiche Richtungen der Hauptachsen; die Proportionen der Achsenlängen untereinander sind konstant. Die Längen der Hauptachsen sind proportional zu k. Mit diesen Ellipsen lässt sich die Ungleichung von Tschebyschev auf zweidimensionale Punktwolken erweitern: Der Anteil der Punkte (x_i, y_i) innerhalb der Ellipse $\mathcal{E}_k$ ist mindestens $1 - \frac{2}{k^2}$, der Anteil der Punkte außerhalb von $\mathcal{E}_k$ ist höchstens $\frac{2}{k^2}$. Auf Seite 33 haben wir die Ellipsenregel zur Bestimmung des Korrelationskoeffizienten eine geometrische Heuristik vorgestellt. Ersetzen wir die freihändig gezeichnete Ellipse durch eine Konzentrationsellipse, wird aus der Approximation eine Gleichung: Zum Beweis können wir mit standardisierten Merkmalen arbeiten, da die Korrelation sich bei der Standardisierung nicht ändert und dann der Rand der Konzentrationsellipse $\mathcal{E}_k$ eine besonders einfache Gestalt hat, nämlich

$$x^2 - 2rxy + y^2 = k^2(1 - r^2). \tag{1.6}$$

Die Koordinaten des höchsten Punktes (x_1, D) der Ellipse erhält man aus der Ellipsengleichung durch implizite Ableitung von y nach x und Nullsetzen der Ableitung. Dies liefert $x_1 - rD = 0$. Setzen wir $x_1 = rD$ in die Ellipsengleichung ein, erhalten wir $D^2 = k^2$. Der Schnittpunkt der Ellipse mit der y-Achse hat die Koordinaten $(0, d)$. Aus der Ellipsengleichung (1.6) folgt:

$$d^2 = k^2 \left(1 - r^2\right).$$

Also ist

$$\frac{d^2}{D^2} = 1 - r^2.$$

Im Beispiel auf Seite 32 haben wir für eine Punktwolke aus 10 Punkten die Mittelwerte $\overline{x} = 6$ und $\overline{y} = 27.771$ und in der Fortsetzung auf Seite 35 Standardabweichungen $s_x = 3.71$ und $s_y = 9.01$ und die Korrelation $r(x, y) = 0.888$ berechnet. Zu dieser Punktwolke gehört die Schar der Konzentrationsellipsen

$$\left(\frac{x - 6}{3.71}\right)^2 - 2 \cdot 0.888 \cdot \left(\frac{x - 6}{3.71}\right) \cdot \left(\frac{y - 27.771}{9.01}\right) + \left(\frac{y - 27.771}{9.01}\right)^2 = k^2(1 - 0.888^2)$$

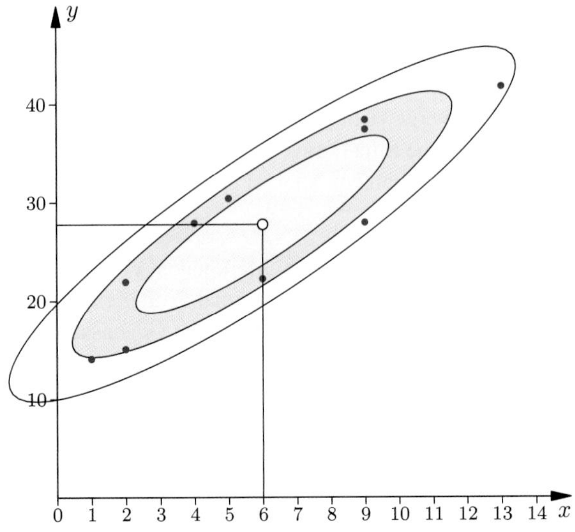

Übersicht: Kovarianz und Korrelation

Wir stellen die wichtigsten Aussagen über Kovarianz und Korrelationskoeffizienten zusammen.

- Die **empirische Kovarianz** der Punktwolke $\{(x_i, y_i) : i = 1, \ldots, n\}$ ist definiert als:

$$\begin{aligned} \operatorname{cov}(\{x_i, y_i\}) &= \frac{1}{n}\sum_{i=1}^{n}(x_i - \overline{x})(y_i - \overline{y}) \\ &= \frac{1}{n}\sum_{i=1}^{n} x_i \cdot y_i - \overline{x}\,\overline{y} \end{aligned}$$

- Schreibweisen:

$$\operatorname{cov}(\{x_i, y_i\}) = \operatorname{cov}(\boldsymbol{x}, \boldsymbol{y}) = s(\boldsymbol{x}, \boldsymbol{y}) = s_{\boldsymbol{xy}}$$

- Eigenschaften der Kovarianz:

$$\begin{aligned} \operatorname{cov}(\boldsymbol{x}, \boldsymbol{x}) &= \operatorname{var}(\boldsymbol{x}) \\ \operatorname{cov}(\boldsymbol{x}, \boldsymbol{y}) &= \operatorname{cov}(\boldsymbol{y}, \boldsymbol{x}) \\ \operatorname{cov}(\alpha\mathbf{1} + \beta\boldsymbol{x}, \gamma\mathbf{1} + \delta\boldsymbol{y}) &= \beta\delta \operatorname{cov}(\boldsymbol{x}, \boldsymbol{y}) \\ \operatorname{cov}(\boldsymbol{z}, \boldsymbol{x} + \boldsymbol{y}) &= \operatorname{cov}(\boldsymbol{z}, \boldsymbol{x}) + \operatorname{cov}(\boldsymbol{z}, \boldsymbol{y}) \\ \operatorname{var}(\boldsymbol{x} + \boldsymbol{y}) &= \operatorname{var}(\boldsymbol{x}) + \operatorname{var}(\boldsymbol{y}) \\ &\quad + 2 \cdot \operatorname{cov}(\boldsymbol{x}, \boldsymbol{y}) \\ \operatorname{var}\left(\sum_{i=1}^{n} \boldsymbol{x}_i\right) &= \sum_{i=1}^{n} \operatorname{var}(\boldsymbol{x}_i) \\ &\quad + 2 \cdot \sum_{i<j} \operatorname{cov}(\boldsymbol{x}_i, \boldsymbol{x}_j) \end{aligned}$$

- Der **Korrelationskoeffizient** ist die Kovarianz der standardisierten Daten:

$$\begin{aligned} r(\boldsymbol{x}, \boldsymbol{y}) &= \frac{\operatorname{cov}(\boldsymbol{x}, \boldsymbol{y})}{\sqrt{\operatorname{var}(\boldsymbol{x}) \cdot \operatorname{var}(\boldsymbol{y})}} = \frac{s_{xy}}{s_x s_y} \\ &= \frac{\sum_{i=1}^{n}(x_i - \overline{x})(y_i - \overline{y})}{\sqrt{\sum_{i=1}^{n}(x_i - \overline{x})^2 \cdot \sum_{i=1}^{n}(y_i - \overline{y})^2}} \end{aligned}$$

- Eigenschaften:
  Beschränktheit

$$-1 \leq r(\boldsymbol{x}, \boldsymbol{y}) \leq +1$$

Linearität im Grenzfall

$$\begin{aligned} r(x, y) &= 1 \iff y_i = \alpha + \beta x_i; \\ &\qquad\qquad \text{mit } \beta > 0. \\ r(x, y) &= -1 \iff y_i = \alpha + \beta x_i; \\ &\qquad\qquad \text{mit } \beta < 0. \end{aligned}$$

Invarianz gegen lineare Transformationen

$$r(\boldsymbol{x}, \boldsymbol{y}) = r(\alpha\mathbf{1} + \beta\boldsymbol{x}, \gamma\mathbf{1} + \delta\boldsymbol{y})$$

- Ellipsenformel für Konzentrationsellipsen

$$r(\boldsymbol{x}, \boldsymbol{y})^2 = 1 - \left(\frac{d}{D}\right)^2$$

- Die Korrelation ist der Kosinus des Winkels zwischen den zentrierten Merkmalsvektoren

$$r(\boldsymbol{x}, \boldsymbol{y}) = \cos(\alpha)$$

- Die **Rangkorrelation**: Besitzen n Objekte $\omega_1, \ldots, \omega_n$ ein zweidimensionales ordinales Merkmal, bei dem die Ausprägungen (x_i, y_i) durch die Rangzahlen $(\operatorname{Rang}(x_i), \operatorname{Rang}(y_i))$ ersetzt sind, so ist die Rangkorrelation zwischen X und Y die Korrelation der Rangzahlen. Treten keine Bindungen auf, so ist

$$r(\operatorname{Rang}(X), \operatorname{Rang}(Y)) = 1 - \frac{6\sum_{i=1}^{n}(\operatorname{Rang}(x_i) - \operatorname{Rang}(y_i))^2}{n(n^2 - 1)}.$$

- Bei drei Merkmalen X, Y und Z misst die **partielle Korrelation**

$$r(\boldsymbol{x}, \boldsymbol{y})_{\bullet z} = \frac{r(\boldsymbol{x}, \boldsymbol{y}) - r(\boldsymbol{x}, z) r(z, \boldsymbol{y})}{\sqrt{\left(1 - r(\boldsymbol{x}, z)^2\right)\left(1 - r(\boldsymbol{y}, z)^2\right)}}$$

die Korrelation zwischen den Anteilen von X und Y, die sich nicht durch einen linearen Einfluss von Z erklären lassen. Wir berechnen die Formel im Anhang auf Seite 457. Geometrisch lässt sich die partielle Korrelation $r(\boldsymbol{x}, \boldsymbol{y})_{\bullet z}$ veranschaulichen. Dazu betrachten wir drei zentrierte Vektoren $\boldsymbol{x}$, $\boldsymbol{y}$ und z. Wir falten ein Blatt Papier in der Mitte, legen den Vektor z in die Knicklinie, $\boldsymbol{x}$ in die eine Hälfte und $\boldsymbol{y}$ in die andere Hälfte des Blattes. Die Korrelation $r(\boldsymbol{x}, \boldsymbol{y})$ ist der Kosinus des Winkels α zwischen $\boldsymbol{x}$ und $\boldsymbol{y}$. Die partielle Korrelation ist der Kosinus des Winkels β zwischen den beiden Blatthälften.

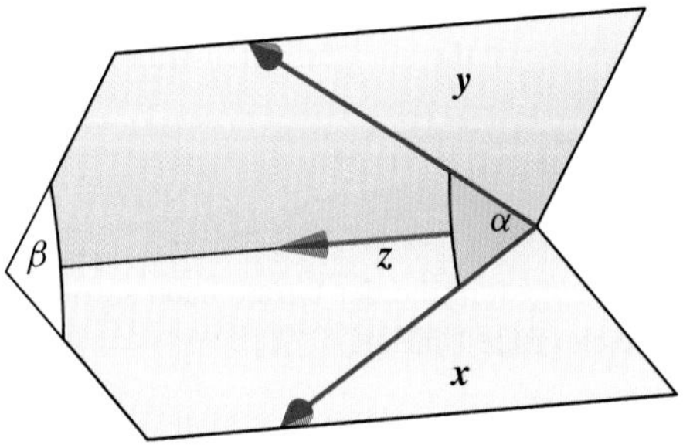

Zusammenfassung

Die Merkmale

Definition Merkmal

Ein **Merkmal** X ist eine Abbildung von Ω in eine Menge $\mathcal{M}$.

$$X : \Omega \to \mathcal{M}$$

Merkmale können nominal, ordinal oder kardinal skaliert sein.

Grafische Darstellungen

Häufigkeitsverteilung qualitativer Merkmale lassen sich in Stab- oder Kreisdiagrammen darstellen.

Empirische Verteilungsfunktion

Die empirische Verteilungsfunktion

$$\widehat{F}(x) = \frac{1}{n} \sum_{i=1}^{n} I_{(-\infty,x]}(x_i) = \frac{1}{n} \operatorname{card}\{x_i : x_i \leq x\}$$

beschreibt die Häufigkeitsverteilung eines quantitativen Merkmals.

Der Wert $\widehat{F}(x)$ ist die relative Häufigkeit der Elemente, deren Ausprägungen kleiner oder gleich x sind.

Histogramm

Ein Histogramm ist die flächentreue Darstellung der Häufigkeitsverteilung eines gruppierten stetigen Merkmals.

Die Fläche der Säule über einer Gruppe entspricht der Gruppenbesetzung: (Breite b_j mal Höhe h_j) $= n_j$.

Lageparameter beschreiben das Zentrum der Daten

Modus

Der Modus x_{mod} ist die am häufigsten vorkommende Ausprägung.

Median

Der Median x_{med} teilt die der Größe nach sortierten Daten in zwei gleich große Hälften

$$x_{\text{med}} = \begin{cases} x_{\left(\frac{n+1}{2}\right)}, & \text{falls } n \text{ ungerade ist,} \\ \frac{1}{2}\left(x_{\left(\frac{n}{2}\right)} + x_{\left(\frac{n}{2}+1\right)}\right), & \text{falls } n \text{ gerade ist.} \end{cases}$$

Der Median ist ein robuster Lageparameter, der alle streng monoton wachsenden Transformationen mitmacht.

Arithmetisches Mittel

Das arithmetische Mittel $\overline{x} = \frac{1}{n} \sum_{i=1}^{n} x_i$ ist der Schwerpunkt der Daten.

Bei linearen Transformationen $y_i = \alpha + \beta x_i$ stimmen das arithmetische Mittel der transformierten Daten und das transformierte arithmetische Mittel der Originaldaten überein,

$$\overline{y} = \overline{\alpha + \beta x} = \alpha + \beta \overline{x}\,.$$

Bei nichtlinearen Transformationen $y_i = g(x_i)$ erlaubt die Ungleichungen von Jensen eine Abschätzung.

Verallgemeinerter p-Mittelwert

Der verallgemeinerte p-Mittelwert

$$\overline{x}(p) = \left(\sum_{j=1}^{k} x_j^p \gamma_j \right)^{\frac{1}{p}},$$

umfasst geometrisches, harmonisches und arithmetisches Mittel. Dabei ist $x_j > 0$ und $0 < \gamma_j < 1$ mit $\sum_{j=1}^{k} \gamma_j = 1$. Dann ist $\overline{x}$ eine streng monoton wachsende, differenzierbare Funktion von p mit $\min_j\{x_j\} \leq \overline{x} \leq \max_j\{x_j\}$.

Streuungsparameter geben an, wie die Ausprägungen um das Zentrum streuen

Spannweite

Die Spannweite $\max_i\{x_i\} - \min_i\{x_i\}$ ist die Differenz zwischen größtem und kleinstem Wert.

Quartilsabstand

Der Quartilsabstand $x_{0.75} - x_{0.25}$ ist die Differenz zwischen oberem und unterem Quartil.

Mittlere absolute Abweichung

Die mittlere absolute Abweichung

$$\frac{1}{n} \sum_{i=1}^{n} |x_i - x_{\text{med}}|$$

ist der Mittelwert der Abweichungen vom Median.

Der Median der absoluten Abweichungen vom Median

$$\text{MAD} = \text{Med}\,\{|x_i - \text{Med}\,\{x_i\}|\}\,.$$

ist ein robustes Streuungsmaß.

Varianz

Die Varianz

$$\text{var}\,(\boldsymbol{x}) = \frac{1}{n}\sum_{i=1}^{n}(x_i - \overline{x})^2$$

ist der Mittelwert der quadrierten Abweichungen vom Mittelwert.

Die Varianz ist ein quadratisches Streuungsmaß,

$$\text{var}\,(\{a + bx_i\}) = b^2\text{var}\,(\{x_i\})\,.$$

Es gilt der Verschiebungssatz:

$$\frac{1}{n}\sum_{i=1}^{n}(x_i - a)^2 = \text{var}\,(\boldsymbol{x}) + (\overline{x} - a)^2\,.$$

Die Wurzel aus der Varianz ist die Standardabweichung $s = \sqrt{\text{var}(\boldsymbol{x})}$.

Ungleichung von Tschebyschev

$$\frac{\text{card}\{x_i : |x_i - \overline{x}| \geq k \cdot s\}}{n} \leq \frac{1}{k^2},$$

$$\frac{\text{card}\{x_i : |x_i - \overline{x}| < k \cdot s\}}{n} \geq 1 - \frac{1}{k^2}$$

Variations-Koeffizient

Der Variations-Koeffizient $\gamma = \frac{s}{\overline{x}}$ ist ein dimensionsloses Maß für die relative Streuung.

Standardisierte Daten x_i^* sind dimensionslos, der Schwerpunkt ist null, die Varianz ist eins,

$$x_i^* = \frac{x_i - \overline{x}}{\sqrt{\text{var}\,(\boldsymbol{x})}}.$$

Nach der Standardisierung sind weitere Strukturunterschiede wie Schiefe und Wölbung besser erkennbar.

Mehrdimensionale Verteilungen

Bei einem zweidimensionalen Merkmal (X, Y) bilden die separaten Verteilungen von X und Y die eindimensionalen Randverteilungen, im Gegensatz zur zweidimensionalen gemeinsamen Verteilung von (X, Y). Bei dem zweidimensionalen Plot wird jedes Objekt ω durch seinen Merkmalsvektor $(x\,(w)\,,\, y\,(w))$ als Punkt der zweidimensionalen xy-Ebene dargestellt. Die Gesamtheit der abgebildeten Objekte bildet eine Punktwolke.

Empirische Kovarianz

Die empirische Kovarianz der Punktwolke ist definiert als:

$$\text{cov}\,(\boldsymbol{x}, \boldsymbol{y}) = \frac{1}{n}\sum_{i=1}^{n}(x_i - \overline{x})\,(y_i - \overline{y})\,.$$

Bei einer positiven Kovarianz hat die Punktwolke eine steigende, bei einer negativen Kovarianz hat die Punktwolke eine fallende Tendenz. Eine Verschiebung des Nullpunktes lässt die Kovarianz invariant. Ein multiplikativer Faktor lässt sich ausklammern,

$$\text{cov}\,(\{\alpha + \beta x_i, \gamma + \delta y_i\}) = \beta\delta\,\text{cov}\,(\{x_i, y_i\})\,.$$

Die Kovarianz $\text{cov}\,(\boldsymbol{x}, \boldsymbol{y})$ hat alle Eigenschaften eines Skalarproduktes

$$\text{cov}\,(\boldsymbol{z}, \boldsymbol{x} + \boldsymbol{y}) = \text{cov}\,(\boldsymbol{z}, \boldsymbol{x}) + \text{cov}\,(\boldsymbol{z}, \boldsymbol{y})\,.$$

Speziell gilt die Summenformel

$$\text{var}(\boldsymbol{x} + \boldsymbol{y}) = \text{var}\,\boldsymbol{x} + \text{var}\,\boldsymbol{y} + 2 \cdot \text{cov}(\boldsymbol{x}, \boldsymbol{y})\,.$$

Empirischer Korrelationskoeffizient

Der empirische Korrelationskoeffizient $r\,(\boldsymbol{x}, \boldsymbol{y})$ der Punktwolke der $\{(x_i, y_i) : i = 1, \cdots, n\}$, ist die Kovarianz der standardisierten Merkmale,

$$r\,(\boldsymbol{x}, \boldsymbol{y}) = \text{cov}\left(\boldsymbol{x}^*, \boldsymbol{y}^*\right)\,.$$

Der Korrelationskoeffizient ist ein Maß des linearen Zusammenhangs. Er lässt sich an der Konzentrationsellipse ablesen mit

$$r\,(\boldsymbol{x}, \boldsymbol{y})^2 = 1 - \left(\frac{d}{D}\right)^2\,.$$

Bei einer freihändig gezeichneten Ellipse gilt dies nur noch als Näherung. Genau dann wenn x und y voneinander linear abhängen, ist $r(x, y)^2 = 1$. Ist $r(x, y) = 0$, so heißen $\boldsymbol{x}$ und $\boldsymbol{y}$ unkorreliert. Je weiter $|r(x, y)|$ von 1 abweicht, um so stärker ist der lineare Zusammenhang gestört. Ist $r(x, y) \approx 0$, so ist kein linearer Zusammenhang erkennbar.

Aufgaben

Die Aufgaben gliedern sich in drei Kategorien: Anhand der *Verständnisfragen* können Sie prüfen, ob Sie die Begriffe und zentralen Aussagen verstanden haben, mit den *Rechenaufgaben* üben Sie Ihre technischen Fertigkeiten und die *Anwendungsprobleme* geben Ihnen Gelegenheit, das Gelernte an praktischen Fragestellungen auszuprobieren.

Ein Punktesystem unterscheidet leichte Aufgaben •, mittelschwere •• und anspruchsvolle ••• Aufgaben. Lösungshinweise am Ende des Buches helfen Ihnen, falls Sie bei einer Aufgabe partout nicht weiterkommen. Ergebnisse, ausführliche Lösungswege, Beweise und Abbildungen finden Sie auf der Website zum Buch.

Viel Spaß und Erfolg bei den Aufgaben!

Verständnisfragen

1.1 • Entscheiden Sie, ob die folgenden Behauptungen zutreffen oder nicht.

1) „Gesundheit" eines Patienten ist ein statistisches Merkmal. 2) Ordinale Merkmale besitzen keinen Mittelwert, wohl aber eine Mitte. 3) Um ein Histogramm zu zeichnen, müssen die Daten gruppiert sein. 4) Um eine Verteilungsfunktion zeichnen zu können, müssen die Daten gruppiert sein.

1.2 •• Für das Jahr 1997 wurden in den deutschen Bundesländern (außer Berlin) folgende Zahlen für den Anteil (in %) von Bäumen mit deutlichen Umweltschäden ausgewiesen:

BL	HE	NS	NRW	SH	BB	MV	S
Anteil	16	15	20	20	10	10	19

BL	SA	TH	BW	B	HH	RP	SL
Anteil	14	38	19	19	33	24	19

Erläutern Sie die Begriffe Grundgesamtheit, Untersuchungseinheit, Merkmal und Ausprägung anhand dieses Beispiels.

Zeichnen Sie für die obigen Angaben einen Boxplot. Vergleichen Sie arithmetisches Mittel und Median der Angaben.

1.3 • Von einer Fußballmannschaft (11 Mann) sind 4 Spieler jünger als 25 Jahre, 3 sind 25, der Rest (4 Spieler) ist älter. Das Durchschnittsalter liegt bei 28 Jahren. Wo liegt der Median? Wie ändern sich Median und Mittelwert, wenn der 40-jährige Torwart gegen einen 18-jährigen ausgetauscht wird?

1.4 • Der Ernteertrag Y hängt unter anderem vom Wassergehalt X des Bodens ab. Dabei ist Y minimal, wenn der Boden zu trocken oder zu feucht ist. Optimal ist er bei mittleren Werten $X \approx x_{\text{opt}}$. Dann ist die Korrelation $\rho(X, Y)$ abhängig vom Wertebereich, in dem X gemessen wird. Gilt nun: a):

$$\rho(X, Y) > 0 \text{ falls } X \leq x_{\text{opt}}$$
$$\rho(X, Y) < 0 \text{ falls } X \geq x_{\text{opt}}$$

oder b):

$$\rho(X, Y) < 0 \text{ falls } X \leq x_{\text{opt}}$$
$$\rho(X, Y) > 0 \text{ falls } X \geq x_{\text{opt}}$$

oder weder a) noch b)?

1.5 • Bei einer Verpackungsmaschine seien das Nettogewicht N des Füllgutes und das Gewicht T der Verpackung voneinander unabhängig. Das Bruttogewicht B ist die Summe aus beiden:

$$B = N + T\,.$$

Sind B und N unkorreliert oder positiv- oder negativ-korreliert?

1.6 • Bei einer Abfüllmaschine werden Ölsardinen in Öl in Dosen verpackt. Es sei S das Gewicht der Sardinen und O das Gewicht des Öls in einer Dose. Sind dann S und O unkorreliert oder positiv- oder negativ-korreliert? Wie groß ist die Korrelation zwischen S und O, wenn das Gesamtgewicht $S + O$ genau 100 Gramm beträgt?

1.7 • Sei E_S die von der Sonne eingestrahlte und E_P die von Pflanzen genutzte Energie. Hängt dann die Korrelation zwischen E_S und E_P davon ab, ob E_S durch die Wellenlänge λ oder die Frequenz $\frac{c}{\lambda}$ des Lichtes gemessen wird?

1.8 • Unterstellt man feste Umrechnungskurse zwischen den nationalen Währungen und dem Euro, sind dann die Korrelationen zwischen Einfuhr- und Ausfuhrpreisen abhängig davon, ob die Preise in DM oder in Euro gemessen werden?

1.9 • „Wenn zwei Merkmale X und Y stark miteinander korrelieren, dann muss eine kausale Beziehung zwischen X und Y herrschen." Ist diese Aussage richtig?

1.10 • In einem Betrieb arbeiteten im Jahr 1990 etwa gleich viele Frauen wie Männer im Alter zwischen 40 und 50 Jahren. Ist dann die Korrelation zwischen der Schuhgröße der Beschäftigten und ihrem Einkommen positiv?

1.11 • Kann die Varianz der Summe zweier Merkmale kleiner als die kleinste Einzelvarianz sein?

$$\text{var}(X + Y) < \min(\text{var}\, X; \text{var} Y)?$$

1.12 • In der Abbildung 1.54 sind sechs verschiedene Punktwolken A, B, C... symbolisch durch Ellipsen angezeigt. In welchen Punktwolken ist die Korrelation positiv oder negativ? Wo ist die Korrelation gleich null? Ordnen Sie die Punktwolken nach der Größe ihrer Korrelation von -1 bis $+1$.

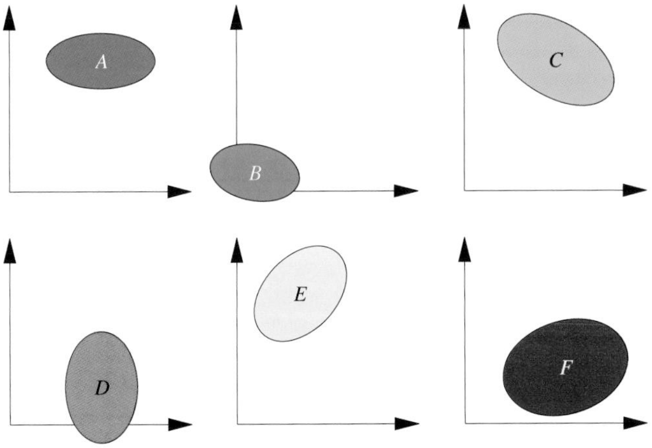

Abbildung 1.54 Sechs verschiedene Punktwolken.

Rechenaufgaben

1.13 •• Bei 20 Beobachtungen wurde ein Merkmal X erhoben. Die Verteilungsfunktion ist in der Abbildung dargestellt. Wie groß ist der Anteil der Beobachtungen zwischen 3 und 4? Wie viele Beobachtungen liegen bei $X = 7$? Wie viele Beobachtungen sind größer oder gleich 8?

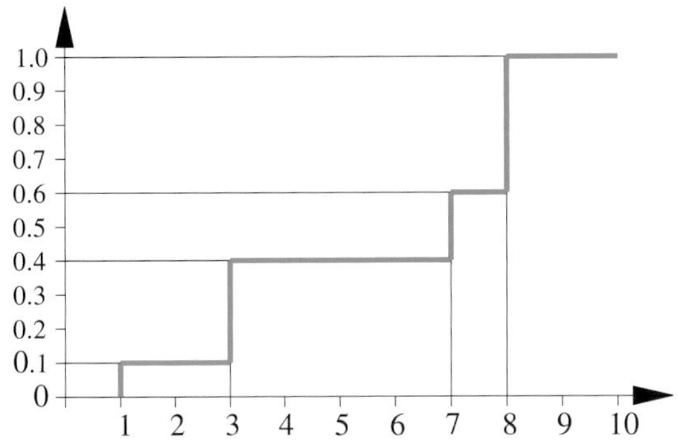

1.14 •• Sie erhalten die folgenden 8 Datenwerte: 34, 45, 11, 42, 49, 33, 27, 11.

1. Bestimmen Sie die empirische Verteilungsfunktion $\widehat{F}$. 2. Geben Sie arithmetisches Mittel, Median und Modus an. 3. Berechnen Sie die Varianz a) aus den ungruppierten Originalwerten, b) aus den geordneten Werten und c) mit dem Verschiebungssatz. 4. Berechnen Sie die Standardabweichung, die mittlere absolute Abweichung vom Median und die Spannweite.

1.15 • Es seien die folgenden 6 Werte x_i gegeben:

$$-1.188, -1.354, -1.854, 0.146, -0.354, -0.521$$

Die zugehörigen y_i Werte sind definiert durch $y_i = x_i + 0.85433$. Wie groß ist die Korrelation $\mathrm{r}(\boldsymbol{x}, \boldsymbol{y})$? Nun wird definiert: $u_i = \frac{1}{x_i}$ und $v_i = \frac{1}{y_i}$. Wie groß ist die Korrelation $\mathrm{r}(\boldsymbol{u}, \boldsymbol{v})$?

Anwendungsprobleme

1.16 • In einer Studie wurden 478 amerikanische Schüler in der 4. bis 6. Klassenstufe befragt, durch welche Eigenschaften Jugendliche beliebt werden. Die Schüler stammten sowohl aus städtischen, vorstädischen und ländlichen Schulbezirken und wurden zusätzlich nach einigen demografischen Informationen gefragt. Die erhobenden Merkmale in der Studie waren u. a.

1. Geschlecht: Mädchen oder Junge
2. Klassenstufe: 4, 5 oder 6
3. Alter (in Jahren)
4. Hautfarbe: Weiß, Andere
5. Region: ländlich, vorstädtisch, städtisch
6. Schule: Brentwood Elementary, Brentwood Middle, usw.
7. Ziele: die Antwortalternativen waren 1 = gute Noten, 2 = beliebt sein, 3 = gut im Sport
8. Noten: Wie wichtig sind Noten für die Beliebtheit (1 = am wichtigsten bis 4 = am unwichtigsten)

Geben Sie für die acht Merkmale jeweils den Typ und die Skalierung sowie geeignete Parameter und grafische Darstellungen an.

1.17 •• Der Umweltbeauftragte der bayrischen Staatsregierung lässt eine Untersuchung zur Schädigung der heimischen Wälder erstellen. Es werden in 70 unterschiedlichen Waldgebieten jeweils 100 Bäume ausgewählt, die auf eine mögliche Schädigung durch Umweltschadstoffe hin untersucht werden. Die Ergebnisse sind in nachfolgender Tabelle dargestellt:

Anzahl der geschädigten Bäume im Waldgebiet von ... bis unter	Anzahl der Waldgebiete
0–20	25
20–40	20
40–80	15
80–100	10

1. Stellen Sie die Verteilung der absoluten Häufigkeiten dieser gruppierten Daten in einem Histogramm dar. Was ändert sich, wenn Sie die relativen Häufigkeiten darstellen? 2. Zeichnen Sie die empirische Verteilungsfunktion. 3. Bestimmen Sie grafisch den Median und die Quantile $x_{0.25}$ und $x_{0.75}$ dieser Häufigkeitsverteilung. 4. Berechnen Sie diese Quantile aus den gruppierten Daten. 5. In welchem Intervall liegen die mittleren 50 % der Werte? 6. Berechnen Sie den Quartilsabstand, das arithmetische Mittel und die Varianz aus den gruppierten Daten. Aus den Urdaten wurde $\overline{x} = 39$ und $s^2 = 720$ ermittelt. Begründen Sie die Unterschiede!

1.18 •• a) Bei einer Autofahrt lösen Sie sich mit Ihrem Beifahrer am Lenker ab. Bei jedem Wechsel notieren Sie die gefahrene Strecke s_i und die dabei erzielte Durchschnittsgeschwindigkeit v_i. Wie groß ist Ihre Durchschnittsgeschwindigkeit v auf der Gesamtstrecke?

b) Bei einer Autofahrt lösen Sie sich mit Ihrem Beifahrer am Lenker ab. Bei jedem Wechsel notieren Sie die gefahrene Zeit t_i und die dabei erzielte Durchschnittsgeschwindigkeit v_i. Wie groß ist ihre Durchschnittsgeschwindigkeit v auf der Gesamtstrecke?

c) Auf einer Autobahnbrücke hat die Polizei eine Radar-Messstation eingerichtet und notiert die Geschwindigkeiten v_i der vorbeifahrenden Autos. Wie groß ist die Durchschnittsgeschwindigkeit v auf der Autobahn?

1.19 •• Bei einer Versuchsserie muss ein zu reinigendes Medium eine Filterschicht aus kleinen porösen Tonkugeln mit dem Durchmesser D passieren. Die Filterwirkung wird durch die quantitative Variable Y gemessen. Bei 10 Versuchen seien die folgenden Wertepaare gemessen worden.

Y	2.07	2.73	2.52	2.68	2.65
D	1	2	3	4	5

Y	2.30	2.52	1.78	2.37	3.68
D	6	7	8	9	10

Bestimmen Sie die Korrelation zwischen der Filterwirkung Y und der *Größe* der Kugeln. Definieren Sie dabei die *Größe* a) über den Durchmesser D, b) über die Oberfläche $O \simeq D^2$ und c) über das Volumen $V \simeq D^3$ der Kugeln. Wieso erhalten Sie drei verschiedene Ergebnisse?

1.20 ••• Angenommen, wir haben die in der folgenden Tabelle dargestellten Daten aus 10 Ländern: Dabei bedeuten F_i die Fläche des i-ten Landes in km^2, B_i die Anzahl (in Tausend) der im letzten Jahr dort geborenen Babys, S_i die Anzahl der Störche und W_i die Gesamtgröße der Wasserfläche in km^2 (die Zahlen sind fiktiv).

					Quoten mal 100		
Land	F_i	B_i	S_i	W_i	S_F	B_F	S_W
1	8624	370	213	157	2.47	4.3	135
2	9936	210	48	150	0.48	2.1	32
3	2093	323	100	190	4.78	15.4	53
4	3150	306	152	185	4.83	9.7	82
5	4584	373	146	177	3.18	8.1	82
6	4294	556	95	179	2.21	13.0	53
7	15570	520	85	122	0.55	3.3	69
8	9260	300	149	154	1.61	3.2	97
9	2377	580	149	288	6.27	24.4	52
10	12149	287	192	139	1.58	2.4	138

a) Bestimmen Sie die Korrelationen $r(F, B)$, $r(F, S)$ und $r(B, S)$. b) Beziehen Sie dann die jeweilige Anzahl der Babys und der Störche auf die zur Verfügung stehende Fläche. Es sei $(S_F)_i = S_i/F_i$ und $(B_F)_i = B_i/F_i$ die Anzahl der Störche pro km^2 bzw. die Anzahl der Babys pro km^2. Bestimmen Sie die Korrelation $r(S_F, B_F)$.

c) Nun beziehen Sie die Anzahl der Störche nicht auf die Größe des Landes, sondern auf die Größe der nahrungsspendenden Wasserfläche W. Jetzt ist $(S_W)_i = S_i/W_i$ die Anzahl der Störche pro km^2 Wasserfläche. Bestimmen Sie die Korrelation $r(S_W, B_F)$.

Was lässt sich aus diesen Korrelationen lernen?

Antworten der Selbstfragen

S. 4
a) Anzahl der Würfe mit einem Würfel, bis zum ersten Mal eine 6 erscheint. b) Klangfarben in einem Orchester, Duftnote eines Parfüms.

S. 5
Es wurden in Berlin 1 377 355 in Friedrichshain-Kreuzberg 90 619 gültige Zweitstimmen abgegeben. Daher verhalten sich die Radien wie $\sqrt{1\,377\,355} : \sqrt{90\,619}$

S. 17
Solange weniger als 50 % der Daten verändert werden, bleibt der Median in $[x_{(1)}, x_{(n)}]$.

S. 18
Es ist

$$\begin{aligned}\overline{x}_{\text{gesamt}} &= \frac{1}{n_{\text{gesamt}}}\left(\overline{x}_{\text{Männer}} n_{\text{Männer}} + \overline{x}_{\text{Frauen}} n_{\text{Frauen}}\right)\\ &= \frac{1}{500}(10 \cdot 300 + 8 \cdot 200) = 9.2\,.\end{aligned}$$

S. 20
Ist die Verteilung rechtssteil, so ist der Mittelwert kleiner als der Median: Die Hälfte der Autofahrer fährt schneller als der Durchschnitt.

S. 26
Legen Sie alle Daten mit der selben Ausprägung a_j in eine Klasse Ω_j. Dann ist in Ω_j die Varianz $\operatorname{var}(\boldsymbol{x}_j) = 0$, der Mittelwert $\overline{x}_j = a_j$. Dann ist $\operatorname{var}(\boldsymbol{x}) = \frac{1}{n}\sum_{j=1}^{k}(a_j - \overline{x})^2 \cdot n_j$.

S. 27
Ist $k \leq 1$, ist $\frac{1}{k^2} \geq 1$, und $1 - \frac{1}{k^2} \leq 0$. Daher sagt die Ungleichung

$$\frac{\operatorname{card}\{x_i : |x_i - \overline{x}| > k \cdot s\}}{n} \leq 1$$
$$\frac{\operatorname{card}\{x_i : |x_i - \overline{x}| < k \cdot s\}}{n} \geq 0\,.$$

Diese Aussagen sind zweifellos richtig, aber trivial.

S. 35
Die Änderung der Proportionen von Breite und Höhe sind lineare Transformationen, die den Korrelationskoeffizienten invariant lassen.

Wahrscheinlichkeit – die Gesetze des Zufalls

2

Existiert Wahrscheinlichkeit oder ist es nur ein Begriff?

Wie kann man mit Wahrscheinlichkeiten rechnen?

Wie wahrscheinlich ist ein *Sechser* im Lotto?

Der Begriff *Wahrscheinlichkeit* steht für ein Denkmodell, mit dem sich *zufällige Ereignisse* erfolgreich beschreiben lassen. Das Faszinierende an diesem Modell ist die offensichtliche Paradoxie, dass mathematische Gesetze für *regellose* Erscheinungen aufgestellt werden. Über die Frage, was *Wahrscheinlichkeit* eigentlich inhaltlich ist und ob *Wahrscheinlichkeit an sich* überhaupt existiert, sind die Meinungen gespalten.

Die *objektivistische Schule* betrachtet Wahrscheinlichkeit als eine quasi-physikalische Größe, die unabhängig vom Betrachter existiert, und die sich bei wiederholbaren Experimenten durch die relative Häufigkeit beliebig genau approximieren lässt.

Der *subjektivistischen Schule* erscheint diese Betrachtung suspekt, wenn sie nicht gar als Aberglaube verurteilt wird. Für die *Subjektivisten* oder *Bayesianer*, wie sie aus historischen Gründen auch heißen, ist Wahrscheinlichkeit nichts anderes als eine Gradzahl, die angibt, wie stark das jeweilige Individuum an das Eintreten eines bestimmten Ereignisses glaubt.

Fassen wir einmal die uns umgebenden mehr oder weniger zufälligen Phänomene der Realität mit dem Begriff „die Welt" zusammen, so können wir überspitzt sagen: Der Objektivist modelliert *die Welt*, der Subjektivist modelliert sein *Wissen über die Welt*.

Es ist nicht nötig, den Konflikt zwischen den Wahrscheinlichkeits-Schulen zu lösen. Was alle Schulen trennt, ist die Interpretation der Wahrscheinlichkeit und die Leitideen des statistischen Schließens; was alle Schulen verbindet, sind die für alle gültigen mathematischen Gesetze, nach denen mit Wahrscheinlichkeiten gerechnet wird. Dabei greifen alle auf den gleichen mathematischen Wahrscheinlichkeits-Begriff zurück, der aus den drei Kolmogorov-Axiomen entwickelt wird.

2.1 Wahrscheinlichkeits-Axiomatik

Der Siegeszug der Wahrscheinlichkeitstheorie beginnt, als man nicht mehr die inhaltliche Interpretation in den Vordergrund schiebt, sondern Wahrscheinlichkeit als einen rein axiomatisch fundierten Begriff behandelt. So werden wir auch vorgehen. Wir begreifen Wahrscheinlichkeit als ein mathematisches Denkmodell zur Beschreibung von Zufall, Unsicherheit, Nichtdeterminiertem. Erst wenn wir in unserer Realität konkrete Situationen mit Modellen der Wahrscheinlichkeitstheorie beschreiben wollen und wir entscheiden müssen, welches Modell angemessen ist, stellt sich die Frage, was Wahrscheinlichkeit inhaltlich bedeutet. Wir sind hier zum doppelten *Salto mortale* gezwungen:

In der Realität tritt ein konkretes Problem auf. Um es zu lösen, übersetzen wir einen relevanten Ausschnitt der Realität in ein mathematisches, genauer ein wahrscheinlichkeitstheoretisches Modell der Realität. Dies ist der erste Salto mortale. Innerhalb des Modells selbst sind wir in der mathematischen Axiomatik geborgen. Hier können wir Sätze formulieren und sie mathematisch streng beweisen.

Nun müssen wir aber die im Modell gewonnenen Antworten in die Realität zurückübersetzen. Dies ist der zweite Salto mortale. Nur bei diesen beiden Sprüngen müssen wir für uns eine Antwort auf die Frage nach der inhaltlichen Bedeutung von *Wahrscheinlichkeit* finden.

Innerhalb des Modells ist diese Frage belanglos, ja, sie ist unzulässig.

Ereignisse lassen sich als Teilmengen einer Obermenge beschreiben

Wenden wir uns daher zuerst der einfacheren Aufgabe zu, der axiomatischen Modellierung. Denken wir uns einen Teich, in dem eben eine Ente untergetaucht ist. Irgendwo wird sie wieder auftauchen, das ist sicher. Aber wo? Das ist mehr oder weniger wahrscheinlich. Wir wollen dafür Begriffe entwickeln.

Hier unterscheiden sich bereits Statistik und Wahrscheinlichkeitstheorie. Der Statistiker geht von der realen beobachteten Situation aus und fragt: Angenommen, das Verhalten der Ente lasse sich wirklich mit Wahrscheinlichkeiten beschreiben, was kann ich *aufgrund der Beobachtungen* über diese Wahrscheinlichkeiten aussagen?

Den Wahrscheinlichkeitstheoretiker interessiert der reale Teich und die reale Ente herzlich wenig. Er ersetzt den realen Teich durch ein Modell des Teichs und fragt: Welche Ereignisse lassen sich in diesem Modell definieren? Wie kann man diesen Ereignissen Wahrscheinlichkeiten zuordnen? Welche Konsequenzen lassen sich mathematisch daraus ableiten? (Ob die Ereignisse am realen Teich wirklich Wahrscheinlichkeiten besitzen, ist für ihn irrelevant.)

Wir folgen zunächst den Überlegungen des Wahrscheinlichkeitstheoretikers. Wahrscheinlichkeiten werden für Ereignisse erklärt. Aber was sind Ereignisse?

Kehren wir zu unserm Teich zurück. Probeweise bezeichnen wir jeden Teil A der Oberfläche Ω des Teiches als Ereignis A. Taucht die Ente in diesem Teil auf, sagen wir: Das Ereignis A ist eingetreten. Den Ereignissen sollen nun Wahrscheinlichkeiten $\mathcal{P}(A)$ zugeordnet werden. Als einfachste Lösung normieren wir die Gesamtfläche des Teiches zu eins und definieren:

$$\mathcal{P}(A) = \text{Flächeninhalt von } A\,.$$

Nun lässt sich beweisen, dass es Teilmengen von Ω gibt, die sogenannten *nichtmessbaren* Mengen, denen man keinen sinnvollen Flächeninhalt und damit auch keine Wahrscheinlichkeit zuordnen kann. Der anfangs gehegte Plan, jede Teilmenge $A \subseteq \Omega$ als Ereignis zuzulassen, ist zum Scheitern verurteilt. Wir müssen uns auf *„gutartige"* Teilmengen beschränken.

Lassen wir uns vom Beispiel der ebenen Flächen leiten und betrachten ein quadratisches Blatt Papier mit der Seitenlänge Eins. Diesem Blatt weisen wir den Flächeninhalt Eins zu. Ein achsenparalleles Rechteck in diesem Blatt ist dann auch eine *„gutartige"* Fläche, es erhält den Flächeninhalt Länge mal Breite. Komplement eines Rechtecks, Vereinigung und Schnitt zweier solchen Rechtecken liefern ebenfalls gutartige Flächen, denen wir leicht einen Flächeninhalt zuordnen können. Was bei zwei Rechtecken möglich ist, erweitern wir durch Induktion auf Flächen, die durch endlich viele Mengenoperationen aus unseren anfänglichen Rechtecken entstehen können. Auch diese sind gutartig und erhalten einen Flächeninhalt. Schließlich, da wir nicht an Ecken und Kanten hängenbleiben wollen, betrachten wir auch Flächen als gutartig, die durch abzählbar viele Mengenoperationen aus unseren bereits als gutartig akzeptierten Flächen entstehen können.

Obwohl wir nur für Rechtecke festgelegt haben, wie deren Flächeninhalt zu berechnen sei, haben wir bereits ein Universum von gutartigen Flächen erzeugt, denen wir einen eindeutig bestimmten Flächeninhalt zuordnen können, nämlich die Gesamtheit der Borel-Mengen, die alle Teilmengen auf diesem Blatt umfasst, die wir uns sinnlich vorstellen können. Sicher, es gibt noch Mengen, die keinen Flächeninhalt erhalten, aber da lässt sich nur deren Existenz beweisen, vorstellen können wir uns diese Mengen nicht.

Wir stoßen hier bei der Behandlung der Flächen auf drei Grundgedanken, die wir analog in die Wahrscheinlichkeitstheorie übertragen werden.

Erstens: Wir trennen die Begriffe Fläche und Flächeninhalt. Zweitens: Wenn gewisse Flächen A_λ Flächeninhalte besitzen, dann auch alle Flächen B_γ, die sich aus den A_λ durch abzählbare Mengenoperationen erzeugen lassen. Drittens: Die Flächeninhalte der so erzeugten B_γ sind durch die A_λ bereits eindeutig bestimmt. Diese Gedanken wollen wir nun übertragen. Zuerst müssen wir unser Vokabular präzisieren. Umgangssprachlich werden Worte wie Ergebnis, Ereignis, Resultat, Geschehen oft im gleichen Sinn verwendet: Das Resultat von 2+2 ist 4. Das Ergebnis eines Würfelwurfs ist die Vier. Die Überschwemmung im letzten Jahr war ein furchtbares Geschehen, ein unvorhersehbares Ereignis.

Wir werden Worte wie Ergebnis, Resultat, Geschehen weiterhin im gewohnten umgangssprachlichen Sinn verwenden. Nur das Wort „Ereignis" nehmen wir hierbei aus. Wir werden **Ereignis** nur für Geschehen verwenden, denen wir eine Wahrscheinlichkeit zuordnen. Häufig werden wir zur Verdeutlichung von einem „zufälligen Ereignis" sprechen. Dabei werden wir nicht versuchen, zu erklären, was Zufall ist. Im Englischen wird für „Ereignis" das Wort „event" benutzt, zur Verdeutlichung auch „random event".

Weiter brauchen wir Symbole, um zu beschreiben, dass ein Ereignis nicht eintritt, dass zwei Ereignisse gleichzeitig, dass mindestens eins von beiden oder dass gar keins eintritt. Wir verwenden dazu die Sprache und die Symbole der Mengenlehre und werden mit Ereignissen wie mit Mengen rechnen.

Wenn wir von Mengen reden, vermeiden wir logische Probleme, wenn wir Mengen als Teilmengen einer Obermenge Ω auffassen. Bei Ereignissen nennen wir diese Obermenge Ω das **sichere Ereignis.** Die leere Menge $\emptyset$, das Komplement von Ω, nennen wir das **unmögliche Ereignis** und verwenden dafür das Symbol der leeren Menge. Jedes Ereignis A ist Teilmenge von Ω:

$$A \subseteq \Omega .$$

Ereignisse sind dadurch ausgezeichnet, dass wir ihnen eine Wahrscheinlichkeit zuordnen können, wobei wir uns jetzt nicht darum kümmern wollen, wie dies geschehen soll. Wenn wir nun mit Ereignissen und ihren Wahrscheinlichkeiten rechnen wollen, müssen wir fordern:

Sind A und B zwei Ereignisse, dann sind A^C, $A \cap B$ und $A \cup B$ ebenfalls Ereignisse. Dabei ist das **Komplement** A^C von A das Ereignis, dass A eben nicht eingetreten ist bzw. eintreten wird. Der **Durchschnitt** $A \cap B$ ist das Ereignis, dass A und B gemeinsam eingetreten sind, bzw. eintreten werden und die **Vereinigung** $A \cup B$ das Ereignis, dass mindestens eines der beiden Ereignisse eingetreten ist, bzw. eintreten wird. Schließen sich zwei Ereignisse A und B gegenseitig aus, ist es also unmöglich, dass sie gemeinsam auftreten, so ist $A \cap B = \emptyset$, das unmögliche Ereignis.

Wir benutzen häufig zwei nützliche Identitäten, die als Regeln von Morgan bekannt sind.

Die Regeln von Morgan

$$(A \cup B)^C = A^C \cap B^C$$
$$(A \cap B)^C = A^C \cup B^C$$

Beide Regeln sagen auf zweierlei Weise, dass weder A noch B möglich sind, wenn A unmöglich ist und B unmöglich ist.

Beispiel Wir werfen einen Würfel, bei dem die Ereignisse $\{1\}$, $\{2\}$, $\{3\}$, $\{4\}$, $\{5\}$ und $\{6\}$ eintreten können. Dann ist $\Omega = \{1, 2, 3, 4, 5, 6\}$ das sichere Ereignis: Eine der sechs Zahlen wird fallen. Das Ereignis A, dass eine gerade Zahl fällt, ist $A = \{2, 4, 6\}$. Das Ereignis B, dass eine Zahl fällt, die größer als 3 ist, ist $B = \{4, 5, 6\}$. Das Ereignis $A \cap B$ ist $\{4, 6\}$, das Ereignis $A \cup B$ ist $\{2, 4, 5, 6\}$. Das Ereignis A^C ist $A^C = \{1, 3, 5\}$ und $A \cap \{3\} = \emptyset$. ◂

Die Forderung an die Ereignisse reicht noch nicht aus, um hinreichend komplexe Modelle zu entwickeln. Wir müssen zusätzlich fordern, dass die elementaren Operationen der Mengenlehre, nämlich Komplement, Vereinigung und Durchschnitt nicht nur endlich, sondern **abzählbar unendlich** oft auf Ereignisse angewendet werden können und im Endergebnis wieder ein „Ereignis" liefern. In der Sprache der Mengenlehre: Die Gesamtheit der Ereignisse muss eine σ-**Algebra** bilden.

Definition einer σ-Algebra

Ist $\mathcal{S}$ eine Menge von Teilmengen einer Obermenge Ω, dann heißt $\mathcal{S}$ eine σ-**Algebra** über Ω, falls für $\mathcal{S}$ gilt:

- $\Omega \in \mathcal{S}$.
- Ist $A \in \mathcal{S}$, dann ist auch $A^C \in \mathcal{S}$. Dabei ist A^C das Komplement von A bezüglich Ω.
- Sind $A_i \in \mathcal{S}$, $i \in \mathbb{N}$, so ist auch $\bigcup_{i=1}^{\infty} A_i \in \mathcal{S}$.

Die Durchschnittsbildung braucht in den Forderungen an $\mathcal{S}$ nicht gesondert aufgeführt zu werden, denn aufgrund der Morganregel lässt sich der Durchschnitt durch die beiden Operationen Komplement und Vereinigung erzeugen.

Sind $A_\lambda \subseteq \Omega$, $\lambda \in \Lambda$ Mengen aus Ω, dann heißt die kleinste σ-Algebra, die alle A_λ enthält, die von den A_λ **erzeugte σ-Algebra**. Sie besteht aus allen Mengen, die man aus den A_λ durch abzählbar viele Mengenoperationen erzeugen kann.

Beispiel Wir betrachten eine Reihe von Mengen und Mengensystemen.

1. Wir betrachten den Wurf einer Münze mit den Ereignissen K=„Kopf" und Z=„Zahl". Dann ist $\Omega = \{K, Z\}$. Die von K und Z erzeugte σ-Algebra $\mathcal{S}$ ist die Potenzmenge von Ω, nämlich $\mathcal{S} = \{\emptyset, K, Z, \{K, Z\}\}$.
2. Wir betrachten einen Würfel mit den 6 möglichen Ereignissen 1, 2, 3, 4, 5 und 6. Dann ist $\Omega = \{1, 2, 3, 4, 5, 6\}$. Die von den 6 Ereignissen erzeugte σ-Algebra $\mathcal{S}$ ist die Potenzmenge von Ω. Bezeichnen wir das Ereignis $\{1\} \cup \{2\}$ mit $\{1, 2\}$ und analog die anderen Vereinigungen, dann besteht $\mathcal{S}$ aus den folgenden 2^6 Ereignissen: $\mathcal{S} = \{\emptyset, \{1\}, \{2\}, \{3\}, \{4\}, \{5\}, \{6\}, \{1, 2\}, \{1, 3\}, \ldots, \{1, 6\}, \{2, 3\}, \ldots, \{1, 2, 3\}, \{1, 2, 4\}, \ldots, \{1, 2, 3, 4, 5, 6\}\}$
3. Generell lässt sich bei jeder endlichen Menge die Potenzmenge als σ-Algebra einsetzen. Dies ist aber nicht notwendig. Wie das folgende Beispiel zeigt, kann die σ-Algebra auch deutlich kleiner sein: Ω sei wieder die Menge der Ergebnisse beim Würfelwurf. Auf Ω betrachten wir nur die folgenden drei Ereignisse, $A = \{2, 4, 6\}$ = „Wurf einer gerade Zahl", $B = \{1, 3, 5\}$ = „Wurf einer ungerade Zahl" und $C = \{6\}$. Die von A, B und C erzeugte σ-Algebra $\mathcal{S}$ besteht aus den folgenden 2^3 Ereignissen: $\{\emptyset, \{6\}, \{2, 4\}, \{1, 3, 5\}, \{2, 4, 6\}, \{1, 3, 5, 6\}, \{1, 2, 3, 4, 5\}, \{1, 2, 3, 4, 5, 6\}\}$.
4. Ein Würfel wird mehrfach hintereinander geworfen. Sei $\mathcal{S}$ die von Ereignissen A_i =„der i-teWurf ist eine Sechs" erzeugte σ-Algebra. Ereignisse sind dann z.B. A_i^C = „der i-te Wurf ist keine Sechs", $\bigcap_{i=1}^4 A_i$ = „die ersten vier Würfe sind alles Sechser", $\bigcup_{i=1}^4 A_i$ = „mindestens eine Sechs unter den ersten vier Würfen", $\bigcap_{i=1}^4 A_i^C$ = „keine Sechs unter den ersten vier Würfen". Aber auch die folgenden Ausdrücke bezeichnen Ereignisse:

$$\bigcap_{n=1}^{\infty} \bigcup_{i=n}^{\infty} A_i = \text{„Die Sechs wird unendlich oft geworfen"}$$

$$\bigcup_{n=1}^{\infty} \bigcap_{i=n}^{\infty} A_i = \text{„Die Sechs wird fast immer geworfen"}$$

$$\bigcup_{n=1}^{\infty} \bigcap_{i=n}^{\infty} A_i^C = \text{„Die Sechs wird nur ein paarmal geworfen"}$$

5. Die Potenzmenge einer Menge Ω bildet die umfassendste σ-Algebra und $\{\emptyset, \Omega\}$ bildet die kleinste σ-Algebra auf Ω.
6. Die Menge der offenen Mengen $\subseteq \mathbb{R}$ bildet keine σ-Algebra, da das Komplement einer offenen Menge nicht offen ist.
7. Wir betrachten im $\mathbb{R}^n$ die Menge $\mathcal{Q}$ aller Quader mit achsenparallelen Kanten. Die kleinste σ-Algebra $\mathcal{B}^n$, die $\mathcal{Q}$ enthält, heißt die σ-Algebra der **Borelmengen** im $\mathbb{R}^n$. Jedes $B \in \mathcal{B}^n$ heißt eine Borelmenge. Hier lässt sich zeigen: Jede offene und jede abgeschlossene Mengen im $\mathbb{R}^n$ ist eine Borelmenge. Ordnen wir jedem Quader das Produkt seiner Kantenlängen als Maß zu, lässt sich dieses Maß auf eindeutige Weise auf alle Borelmengen im $\mathbb{R}^n$ erweitern. Dieses Maß heißt das **Lebesgue-Maß**. Bei der Theorie der **Lebesgue-Integrale** wird dieses Maß zugrunde gelegt. ◀

Achtung: In den ersten beiden σ-Algebren des obigen Beispiels ist $\mathcal{S}$ die Potenzmenge von Ω. Die dritte σ-Algebra ist echt in der Potenzmenge enthalten. Generell gilt: Aus $A \in \mathcal{S}$ folgt $A \subseteq \Omega$, aber nicht umgekehrt: Aus $A \subseteq \Omega$, folgt nicht $A \in \mathcal{S}$. Das wichtigste Beispiel hierfür ist die σ-Algebra der Borelmengen. Es gibt Teilmengen des $\mathbb{R}^n$, die keine Borelmengen sind.

Im $\mathbb{R}^n$ ist jeder einzelne Punkt eine Borelmenge. Aber auch dies gilt nicht allgemein: Aus $\omega \in \Omega$ folgt nicht notwendig $\{\omega\} \in \mathcal{S}$.

Trotzdem wird üblicherweise jedes $\omega \in \Omega$ ein **Elementarereignis** genannt, selbst wenn $\{\omega\}$ kein Ereignis ist. Diese mögliche Quelle von Missverständnissen braucht uns nicht zu besorgen. Im Rahmen dieses Buches werden nur Modelle betrachtet, bei denen jedes Elementarereignis auch Ereignis ist.

Die drei Axiome von Kolmogorov bilden das Fundament der Wahrscheinlichkeitstheorie

Fassen wir zusammen, was wir bei „gutartigen" Flächen gesehen haben: Sie bilden eine σ-Algebra. Der Flächeninhalt einer Fläche ist eine wohlbestimmte Zahl kleiner gleich dem Inhalt der Gesamtfläche. Der Flächeninhalt von zwei disjunkten Flächen ist die Summe der Flächeninhalte der einzelnen Flächen.

Diese Prinzipien übertragen wir nun wörtlich und sprechen statt von Flächen von Ereignissen und statt von Flächeninhalt von Wahrscheinlichkeiten. Wir werden mit Wahrscheinlichkeit von Ereignissen so rechnen wie mit Inhalten von Flächen. Der einzige Unterschied: Bei Flächen ist uns der Begriff des Flächeninhaltes eines Rechtecks vertraut und wir konnten, – darauf aufbauend –, eine Vorstellung entwickeln, was der „Flächeninhalt" einer beliebigen Fläche ist. Genau darauf müssen wir nun verzichten.

Es gibt keine „Rechtecke", auf denen eine Wahrscheinlichkeitstheorie aufbaut. Es werden nur axiomatisch die formalen Regeln gesetzt, nach denen wir rechnen und denen eine „Wahrscheinlichkeit" zu gehorchen hat. Der Begriff „Wahrscheinlichkeit" selbst bleibt inhaltlich offen. In dieser Beschränkung liegt die Stärke dieses axiomatischen Ansatzes: die Regeln werden gesetzt, aber die Interpretation bleibt uns frei. Wir können Wahrscheinlichkeit als relative Häufigkeit, als Grenzwert von Häufigkeiten, als Flächenanteil, als subjektive Bewertung, als Expertenurteil und was auch immer interpretieren, solange wir uns in der Berechnung an die folgenden drei Axiome von Kolmogorov halten, die dieser 1933 veröffentlicht hat und damit eine etwa 50-jährige Diskussion um die Grundlagen der Wahrscheinlichkeitstheorie vorläufig abschloss:

Beispiel: Eine σ-Algebra für unendliche Folgen

Folgen vom Münzwürfen werden in der Wahrscheinlichkeitstheorie gern als Beispiele verwendet. Wir konstruieren eine σ-Algebra $\mathcal{S}$, die alle abzähl-unendlichen Wurfsequenzen als Ereignisse enthält.

Problemanalyse und Strategie: Wir definieren endliche Folgen als unvollständig notierte unendliche Folgen und erzeugen mit ihnen eine σ-Algebra.

Lösung:

Wir werfen eine Münze n mal hintereinander und kodieren die Ergebnisse als $a_1, a_2, \ldots, a_n$. Dabei sei $a_i = 1$, falls beim i-ten Wurf „Kopf" fällt und $a_i = 0$, falls „Zahl" fällt. Die Codierung dieser Münzwurfsequenz $(a_i)_{i=1}^n$ bildet eine endliche binären Folge der Längen n. Jede unendliche binäre Folge $(a_i)_{i=1}^\infty$ stellen wir uns als die Codierung einer unendlichen Münzwurfsequenz vor. Nun nehmen wir die Menge aller unendlichen binären Folgen als Grundmenge:

$$\Omega = \left\{\omega : \omega = (a_i)_{i=1}^\infty \text{ mit } a_i \in \{0, 1\}\right\} .$$

In Ω betten wir die endlichen Folgen ein. Dazu identifizieren wir $(a_i)_{i=1}^n$ mit der Menge $\{a_i\}_{i=1}^n$ aller Folgen, bei denen die ersten n Glieder mit $(a_i)_{i=1}^n$ übereinstimmen:

$$\{a_i\}_{i=1}^n = \bigcup_{\substack{b_i=a_i \\ \text{falls } i\leq n}} (b_i)_{i=1}^\infty .$$

Wir können $\{a_i\}_{i=1}^n$ als eine unendliche Folge auffassen, bei der nur die Ergebnisse der ersten n Würfe notiert wurden:

$$\{a_i\}_{i=1}^n = a_1, a_2, \ldots, a_n, *, *, *, *, *, *, * \ldots$$

Wir nennen $\{a_i\}_{i=1}^n$ wiederum eine endliche Folge der Länge n in Ω. Sei $\mathcal{S}$ die von allen endlichen Folgen in Ω erzeugte σ-Algebra. $\mathcal{S}$ ist die kleinste Algebra, bei der alle endlichen Folgen Ereignisse darstellen. Dann ist auch jede unendlichen binäre Folge $\omega = (a_i)_{i=1}^\infty$ ein Ereignis. Denn wegen $\{a_i\}_{i=1}^n \in \mathcal{S}$ und

$$(a_i)_{i=1}^\infty = \bigcap_{n=1}^\infty \{a_i\}_{i=1}^n$$

ist auch $\omega \in \mathcal{S}$.

Die drei Axiome von Kolmogorov

Ist Ω eine Obermenge und $\mathcal{S}$ eine σ-Algebra von Teilmengen von Ω. Eine Abbildung $\mathcal{P}$ von $\mathcal{S}$ nach $\mathbb{R}$ heißt Wahrscheinlichkeit oder Wahrscheinlichkeitsmaß, wenn $\mathcal{P}$ die folgenden drei Eigenschaften besitzt:

1. Axiom: Für alle $A \in \mathcal{S}$ ist $0 \leq \mathcal{P}(A) \leq 1$.
2. Axiom: $\mathcal{P}(\Omega) = 1$.
3. Axiom: Für jede abzählbare Folge von disjunkten Mengen $A_i \in \mathcal{S}$ gilt:

$$\mathcal{P}\left(\bigcup_{i=1}^\infty A_i\right) = \sum_{i=1}^\infty \mathcal{P}(A_i) . \tag{2.1}$$

Man sagt auch: $\mathcal{P}$ ist eine σ-additive Mengenfunktion. Das Tripel $(\Omega; \mathcal{S}; \mathcal{P})$ heißt Wahrscheinlichkeitsraum. Wir werden uns jedoch mit der Festlegung von Ω und $\mathcal{S}$ im Weiteren nicht aufhalten, sondern sie in der Regel stets stillschweigend als vorgegeben betrachten und uns nur mit der Wahrscheinlichkeit $\mathcal{P}$ beschäftigen.

Das erste Axiom ist alles andere als trivial. Kolmogorov verzichtet auf jede Aussage darüber, was $\mathcal{P}(A)$ inhaltlich ist, sondern legt nur fest, dass $\mathcal{P}(A)$ eine reelle Zahl ist. Damit schließt er alle Ansätze aus, die $\mathcal{P}(A)$ als Intervall, als Relation oder sonst eine Struktur erklären wollen.

Das zweite Axiom ist nicht umkehrbar. Aus $\mathcal{P}(A) = 1$ folgt nicht $A = \Omega$.

Nehmen wir als Beispiel wieder Flächen. Dort erhält jeder Punkt den Flächeninhalt null, denn wir können uns jeden Punkt als Grenzfall einer Folge von Rechtecken vorstellen, die auf diesen Punkt zusammen schrumpfen. Nehmen wir aus der Gesamtfläche einen Punkt heraus, ist die Fläche nicht mehr vollständig, behält aber ihren Flächeninhalt 1.

Als heuristisches Anschauungsbeispiel betrachten wir unseren Ententeich Ω als eine rechteckige Fläche im $\mathbb{R}^2$ der Größe 1 mit den Borelmengen als Ereignissen. Als Wahrscheinlichkeit eines Ereignisses, d. h. einer Borelmenge $B \subseteq \Omega$, definieren wir die Fläche dieser Menge B. Nehmen wir nun aus Ω einen einzigen Punkt x_0 heraus, – der keine Fläche besitzt –, und definieren $\Omega' = \Omega \setminus \{x_0\}$, so ist Ω' ebenfalls ein Ereignis mit der Wahrscheinlichkeit $\mathcal{P}(\Omega') = 1$. Es ist zwar „*so gut wie sicher*", dass die Ente nicht genau an der Stelle x_0 auftaucht, aber keinesfalls ein sicheres Ereignis.

Definition „So gut wie sicher"

Wir bezeichnen ein Ereignis $A \in \mathcal{S}$ mit $\mathcal{P}(A) = 1$ als **so gut wie sicher** oder **fast sicher**, und ein Ereignis $B \in \mathcal{S}$ mit $\mathcal{P}(B) = 0$ als **so gut wie unmöglich** oder **fast unmöglich**.

Vorläufig soll dies nur eine Abkürzung für $\mathcal{P}(A) = 1$ bzw. für $\mathcal{P}(B) = 0$ sein. Aber

> „Gewöhnlich glaubt der Mensch, wenn er nur Worte hört, es müsse sich dabei doch auch was denken lassen."
>
> (Mephisto in der Hexenküche, Faust, Teil I Goethe)

Natürlich haben wir uns bei dieser Abkürzung etwas gedacht, und werden im nächsten Kapitel diesen Redeweisen einen Sinn geben und damit eine inhaltliche, praktisch anwendbare Interpretation des abstrakten Wahrscheinlichkeitsbegriffs gewinnen. In einer Vertiefungsbox auf Seite 54 bringen wir zusätzlich Beispiele für *fast unmögliche* Ereignisse. Später bei der Behandlung von stetigen zufälligen Variablen im Kapitel 3 werden wir stets auf *fast sichere* Ereignisse stoßen.

Aus dem dritten Axiom folgt speziell für zwei disjunkte Ereignisse A und B :

$$\mathcal{P}(A \cup B) = \mathcal{P}(A) + \mathcal{P}(B) \,. \tag{2.2}$$

Beispiel Angenommen, Sie bewerteten die Ereignisse: $A =$ „Morgen wird es regnen." und $B =$ „Morgen wird den ganzen Tag lang die Sonne scheinen." mit den subjektiven Wahrscheinlichkeiten $\mathcal{P}(A) = 0.2$ und $\mathcal{P}(B) = 0.5$, dann müssen Sie dem Ereignis $A \cup B =$ „Entweder wird es morgen regnen oder den ganzen Tag lang die Sonne scheinen" die Wahrscheinlichkeit $\mathcal{P}(A \cup B) = 0.7$ geben. ◀

Fordern wir nur die Gültigkeit von (2.2) für jeweils zwei disjunkte Ereignisse, so folgt daraus durch vollständige Induktion die Additivität von $\mathcal{P}$ für endlich viele, aber nicht die Additivität für abzählbar unendlich viele Ereignisse. Diese ist aber für den Aufbau der mathematischen Wahrscheinlichkeitstheorie, vor allem für asymptotische Aussagen unverzichtbar. Wichtig ist aber, dass die Additivität nur für abzählbar unendlich viele Ereignisse gelten muss. Denken wir an das Beispiel der Flächenberechnung: Obwohl jeder Punkt die Fläche null hat, hat jedes Rechteck, das sich aus **überabzählbar vielen** Punkten zusammensetzt, einen positiven Flächeninhalt!

Aus den drei Axiomen ziehen wir einige unmittelbare Folgerungen. Da A und das Komplement A^C disjunkt sind und außerdem $A \cup A^C = \Omega$ ist, folgt aus dem zweiten Axiom zusammen mit dem dritten:

$$1 = \mathcal{P}(\Omega) = \mathcal{P}\big(A \cup A^C\big) = \mathcal{P}(A) + \mathcal{P}\big(A^C\big) \,.$$

Also erhalten wir:

$$\mathcal{P}\big(A^C\big) = 1 - \mathcal{P}(A) \qquad \text{speziell } \mathcal{P}(\emptyset) = 0 \,.$$

Ist $A \subseteq B$, können wir B in zwei disjunkte Mengen zerlegen, nämlich $B = A \cup \big(A^C \cap B\big)$. Nach dem dritten Axiom ist $\mathcal{P}(B) = \mathcal{P}(A) + \mathcal{P}\big(A^C \cap B\big) \geq \mathcal{P}(A)$. Also gilt:

$$\mathcal{P}(A) \leq \mathcal{P}(B) \,.$$

Sind zwei Ereignisse A und B nicht disjunkt, so ist die Additionsformel (2.2) nicht anwendbar. Wir zerlegen $A \cup B$ in drei disjunkte Teile, siehe Abbildung 2.1. Dabei verwenden wir die anschauliche Abkürzung:

$$A \setminus B = A \cap B^C = \{a \in A : a \notin B\} \,.$$

Dann ist:

$$A \cup B = (A \cap B) \cup (A \setminus B) \cup (B \setminus A) \,.$$

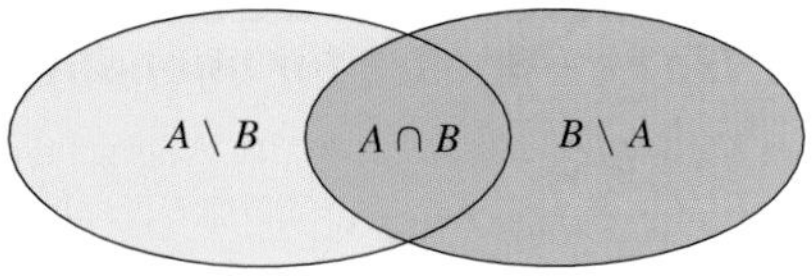

Abbildung 2.1 Zerlegung von $A \cup B$ in drei disjunkte Mengen $(A \cap B) \cup (A \setminus B) \cup (B \setminus A)$.

Das dritte Axiom liefert die Additionsformel:

$$\mathcal{P}(A \cup B) = \mathcal{P}(A \cap B) + \mathcal{P}(A \setminus B) + \mathcal{P}(B \setminus A) \,. \tag{2.3}$$

Nun ist ebenfalls nach dem dritten Axiom $\mathcal{P}(A) = \mathcal{P}(A \cap B) + \mathcal{P}(A \setminus B)$, siehe Abbildung 2.2.

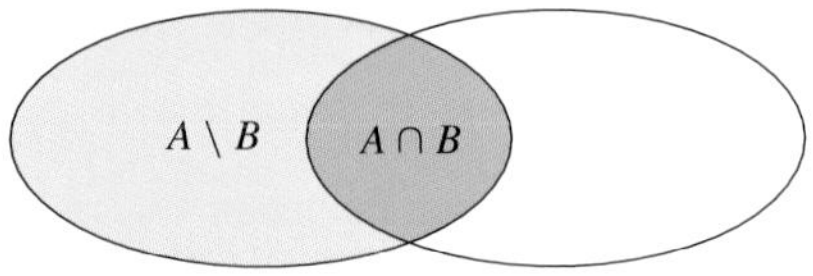

Abbildung 2.2 Zerlegung von A in zwei disjunkte Mengen $(A \cap B) \cup (A \setminus B)$.

und analog ist $\mathcal{P}(B) = \mathcal{P}(A \cap B) + \mathcal{P}(B \setminus A)$, siehe Abbildung 2.3.

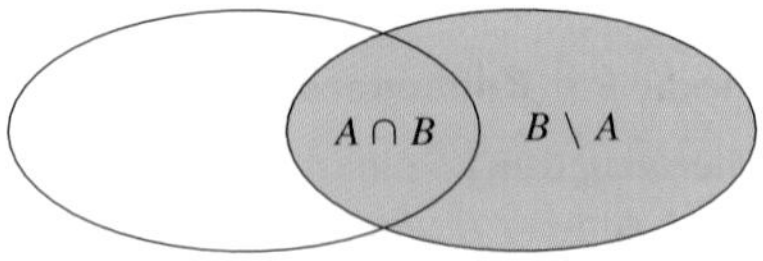

Abbildung 2.3 Zerlegung von B in zwei disjunkte Mengen $(A \cap B) \cup (B \setminus A)$.

Addieren und subtrahieren wir in Formel (2.3) den Term $\mathcal{P}(A \cap B)$ können wir diese Formel wie folgt schreiben:

$$\begin{aligned}\mathcal{P}(A \cup B) = {} & \underbrace{\mathcal{P}(A \cap B) + \mathcal{P}(A \setminus B)}_{\mathcal{P}(A)} \\ & + \underbrace{\mathcal{P}(A \cap B) + \mathcal{P}(B \setminus A)}_{\mathcal{P}(B)} - \mathcal{P}(A \cap B) \,.\end{aligned}$$

Wir erhalten somit den Additionssatz für nicht disjunkte Ereignisse:

$$\mathcal{P}(A \cup B) = \mathcal{P}(A) + \mathcal{P}(B) - \mathcal{P}(A \cap B) \,. \tag{2.4}$$

?

Es sei $\mathcal{P}(A) = 0.6$ und $\mathcal{P}(B) = 0.7$. Wie groß muss die Wahrscheinlichkeit $\mathcal{P}(A \cap B)$ mindestens sein?

Durch vollständige Induktion lässt sich diese Formel auf n Ereignisse erweitern:

Siebformel für beliebige Vereinigungen

$$\mathcal{P}\left(\bigcup_{i=1}^{n} A_i\right) = \sum_{k=1}^{n} \mathcal{P}(A_i) - \sum_{i<j} \mathcal{P}(A_i \cap A_j) + \sum_{i<j<k} \mathcal{P}(A_i \cap A_j \cap A_k) - \cdots$$
$$= \sum_{k=1}^{n} (-1)^{k+1} \sum_{1 \le i_1 < i_2 \cdots < i_k \le n} \mathcal{P}\left(A_{i_1} \cap A_{i_2} \cap \cdots \cap A_{i_k}\right)$$

In Aufgabe 3.43 werden wir einen einfachen Beweis der Siebformel führen. Aus (2.4) folgt sofort:

$$\mathcal{P}(A \cup B) \le \mathcal{P}(A) + \mathcal{P}(B) \,.$$

Auch diese Formel lässt sich leicht auf abzählbar viele Ereignisse erweitern. Es gilt die Summenabschätzung:

$$\mathcal{P}\left(\bigcup_{i=1}^{\infty} A_i\right) \le \sum_{i=1}^{\infty} \mathcal{P}(A_i) \,. \tag{2.5}$$

Dabei brauchen wir uns über die Konvergenz der Reihe auf der rechten Seite keine Gedanken zu machen: Ist $\sum \mathcal{P}(A_i) > 1$ oder gar divergent, ist die Ungleichung trivialerweise richtig.

Beweis: Wir beweisen die Ungleichung (2.5). Die Menge $B_i = A_i \backslash \bigcup_{k=1}^{i-1} A_k \subseteq A_i$ ist der reale Zuwachs, den A_i zur Vereinigungsmenge liefert. Also ist $\mathcal{P}(B_i) \le \mathcal{P}(A_i)$. Die Mengen B_i sind disjunkt. Darüber hinaus gilt $\bigcup_{i=1}^{\infty} A_i = \bigcup_{i=1}^{\infty} B_i$. Also ist $\mathcal{P}\left(\bigcup_{i=1}^{\infty} A_i\right) = \sum\limits_{i=1}^{\infty} \mathcal{P}(B_i) \le \sum\limits_{i=1}^{\infty} \mathcal{P}(A_i)$. ∎

In der Praxis tauchen häufig Fragen wie diese auf: Eine Maschine bestehe aus n Einzelteilen, die alle fehlerfrei arbeiten müssen, damit die Maschine selbst korrekt arbeitet. Ist A_i das Ereignis: *„Das i-te Teil arbeitet korrekt"*, so lässt sich die gesuchte Wahrscheinlichkeit $\mathcal{P}\left(\bigcap_{i=1}^{n} A_i\right)$, dass die Maschine korrekt läuft, mit der Ungleichung von Bonferroni nach unten abschätzen.

Die Ungleichung von Bonferroni

$$\mathcal{P}\left(\bigcap_{i=1}^{n} A_i\right) \ge 1 - \sum_{i=1}^{n} \mathcal{P}(A_i^C) \,.$$

Beweis: Um die Ungleichung von Bonferroni auf die Summenabschätzung (2.5) zurückzuführen, gehen wir zum Komplement über und verwenden die Morganregel. Dabei lassen wir im Beweis gleich abzählbar viele Ereignisse zu.

$$\mathcal{P}\left(\bigcap_{i=1}^{\infty} A_i\right) = 1 - \mathcal{P}\left(\left(\bigcap_{i=1}^{\infty} A_i\right)^C\right) = 1 - \mathcal{P}\left(\bigcup_{i=1}^{\infty} (A_i)^C\right)$$
$$\ge 1 - \sum_{i=1}^{\infty} \mathcal{P}(A_i^C) \,.$$ ∎

Beispiel Es sei $n = 10$ und $\mathcal{P}(A_i) = 0.99$ für alle i. Dann ist $\mathcal{P}\left(A_i^C\right) = 0.01$ und

$$\mathcal{P}\left(\bigcap_{i=1}^{10} A_i\right) \ge 1 - \sum_{i=1}^{10} \mathcal{P}\left(A_i^C\right) = 1 - \sum_{i=1}^{10} 0.01 = 0.9 \,.$$

Wir werden etwas später auf Seite 59 das gleiche Beispiel noch einmal betrachten, dann aber voraussetzen, dass die Ereignisse A_i voneinander stochastisch unabhängig sind. ◀

Die Wahrscheinlichkeit $\mathcal{P}$ besitzt eine Stetigkeitseigenschaft

Wie wir bereits gesehen haben, folgt $\mathcal{P}(B_1) \le \mathcal{P}(B_2)$ aus $B_1 \subseteq B_2$. Betrachten wir eine monoton wachsende Mengenfolge $B_i \subseteq B_{i+1}$, dann muss auch $\mathcal{P}(B_i)$ monoton wachsen. $\mathcal{P}(B_i)$ ist aber nach oben beschränkt. Folglich muss $\mathcal{P}(B_i)$ konvergieren. Ebenso müssen bei einer monoton fallenden Mengenfolge $A_i \supseteq A_{i+1}$ die monoton fallenden Wahrscheinlichkeiten $\mathcal{P}(A_i)$ konvergieren. Beide Grenzwerte lassen sich leicht bestimmen.

Stetigkeit der Wahrscheinlichkeit

Auf monotonen Mengenfolgen gilt:

$$\lim_{i\to\infty} \mathcal{P}(B_i) = \mathcal{P}\left(\bigcup_{i=1}^{\infty} B_i\right), \text{ falls } B_i \subseteq B_{i+1}\ \forall i$$
$$\lim_{i\to\infty} \mathcal{P}(A_i) = \mathcal{P}\left(\bigcap_{i=1}^{\infty} A_i\right), \text{ falls } A_i \supseteq A_{i+1}\ \forall i \,.$$

Beweis: Wir betrachten zunächst den Fall monoton wachsender B_i, also $B_i \subseteq B_{i+1}\ \forall i$. Mit $B_0 = \emptyset$ und $C_i = B_i \backslash B_{i-1}$ folgt $\bigcup_{i=1}^{\infty} B_i = \bigcup_{i=1}^{\infty} C_i$ mit disjunkten Mengen C_i. Aus dem dritten Axiom folgt daher:

$$\mathcal{P}\left(\bigcup_{i=1}^{\infty} B_i\right) = \mathcal{P}\left(\bigcup_{i=1}^{\infty} C_i\right) = \sum_{i=1}^{\infty} \mathcal{P}(C_i) = \lim_{n\to\infty} \sum_{i=1}^{n} \mathcal{P}(C_i)$$
$$= \lim_{n\to\infty} \sum_{i=1}^{n} \left[\mathcal{P}(B_i) - \mathcal{P}(B_{i-1})\right]$$
$$= \lim_{n\to\infty} [\mathcal{P}(B_1) - \mathcal{P}(B_0) + \mathcal{P}(B_2) - \mathcal{P}(B_1) + \ldots + \mathcal{P}(B_n) - \mathcal{P}(B_{n-1})]$$
$$= \lim_{n\to\infty} (\mathcal{P}(B_n) - \mathcal{P}(B_0)) = \lim_{n\to\infty} \mathcal{P}(B_n) \,,$$

denn $\mathcal{P}(B_0) = 0$. Sind die B_i monoton fallend, gehen wir zum Komplement über:

$$\mathcal{P}\left(\bigcap_{i=1}^{\infty} B_i\right) = 1 - \mathcal{P}\left(\bigcup_{i=1}^{\infty} B_i^C\right) = 1 - \lim_{i\to\infty} \mathcal{P}\left(B_i^C\right)$$
$$= 1 - \lim_{i\to\infty} \left(1 - \mathcal{P}(B_i)\right). \qquad \blacksquare$$

?

Auf den Borelmengen im Intervall $[0, 1]$ sei eine Wahrscheinlichkeit definiert. Dabei wird jedem offenen Intervall $(a, b) \subset [0, 1]$ die Länge $(b - a)$ als Wahrscheinlichkeit zugeordnet: $\mathcal{P}(\{(a, b)\}) = b - a$. Wie groß ist dann die Wahrscheinlichkeit des abgeschlossenen Intervalls $[a, b]$?

Ein vollständiges Ereignisfeld ist eine abzählbare Familie von disjunkten Ereignissen, von denen eines mit Sicherheit eintreten muss

Im Volkslied heißt es: *Morgen kommt Hansl, da freut sich die Lies. Ob er aber über Oberammergau oder aber über Unterammergau oder aber überhaupt nicht kommt, ist nicht gewiss.* Hier wird von drei Ereignissen erzählt, die sich gegenseitig ausschließen, von denen aber eines eintreten muss. Eine Situation, die im täglichen Leben oft eintritt. Wir wollen dies verallgemeinern und in eine Definition zusammenfassen:

Definition vollständiger Ereignisfelder

Es sei $(\Omega, \mathcal{S}, \mathcal{P})$ ein Wahrscheinlichkeitsraum, $A_i \in \mathcal{S}$ Ereignisse und $I \subseteq \mathbb{N}$ eine Indexmenge. Wir nennen $\{A_i : i \in I\}$ ein **vollständiges Ereignisfeld,** falls $A_i \cap A_j = \emptyset$ für alle $i \neq j$ und $\bigcup_{i\in I} A_i = \Omega$ ist.

Besonders übersichtlich sind endliche vollständige Ereignisfelder, bei denen I endlich ist. Zum Beispiel sind die ersten drei σ-Algebren aus dem Beispiel von Seite 48 von endlichen vollständigen Ereignisfeldern erzeugt.

Sind die Ereignisse des endlichen vollständigen Ereignisfeldes auch noch gleichwahrscheinlich, spricht man von einem **Laplace-Experiment**.

Im Laplace-Experiment zerfällt Ω in n disjunkte gleichwahrscheinlich Ereignisse $A_1, A_2, A_3, \ldots, A_n$, von denen genau eines eintreten muss. Zuerst zeigen wir, dass für alle A_i gilt:

$$\mathcal{P}(A_i) = \frac{1}{n}.$$

Nach Voraussetzung sind alle A_i gleichwahrscheinlich: $\mathcal{P}(A_1) = \mathcal{P}(A_2) = \cdots = \mathcal{P}(A_n) = p$. Dann folgt aus den Axiomen II und III:

$$1 = \mathcal{P}(\Omega) = \mathcal{P}\left(\bigcup_{i=1}^{n} A_i\right) = \sum_{1=1}^{n} \mathcal{P}(A_i) = np.$$

Also ist $p = \frac{1}{n}$. Sei nun B ein weiteres Ereignis, das sich als Vereinigung der A_i darstellen lässt:

$$B = A_{i_i} \cup A_{i_2} \cup \cdots \cup A_{i_k}.$$

Dann ist:

$$\mathcal{P}(B) = \sum_{j=1}^{k} \mathcal{P}\left(A_{i_j}\right) = k \cdot \frac{1}{n}$$
$$= \frac{\text{Anzahl der Ereignisse } A_i \text{, die } B \text{ bilden}}{n}.$$

Es kommt gar nicht darauf an, aus welchen der disjunkten, gleichwahrscheinlichen Ereignissen A_i sich das Ereignis B zusammensetzt. Es kommt allein auf die Anzahl k an. Häufig nennt man auch k die Anzahl der für B günstigen Ereignisse. Dann gilt:

Laplace-Regel

Im Laplace-Experiment über einem vollständigen Ereignisfeld aus n Ereignissen ist die Wahrscheinlichkeit eines Ereignisses B

$$\mathcal{P}(B) = \frac{\text{Anzahl der für } B \text{ günstigen Ereignisse}}{n}.$$

Diese Formel wurde bereits von J. Bernoulli verwendet, später von Laplace propagiert, sie heißt daher auch Laplace-Regel. Die Bezeichnung „Laplace'scher Wahrscheinlichkeits-Begriff" ist irreführend. Als Definition von Wahrscheinlichkeit ist die Formel nicht verwendbar, da die Formel bereits den Begriff der Gleichwahrscheinlichkeit voraussetzt. Denn die Zahl n im Nenner ist die Zahl der gleichwahrscheinlichen disjunkten Ereignisse, die die σ-Algebra des Laplace-Experiments erzeugen. Häufig wird n auch als Zahl der „*gleichmöglichen*" oder gar nur der „möglichen" Ereignisse bezeichnet.

Letzteren Sprachgebrauch sollte man möglichst vermeiden, denn „möglich" ist nicht gleichwahrscheinlich. Es soll Personen geben, die aus der Laplace-Regel schließen, dass die Wahrscheinlichkeit für einen Hauptgewinn im Lotto $\frac{1}{2}$ sei. Denn es gibt nur einen *günstigen* und zwei *mögliche* Fälle, nämlich „zu gewinnen" und „nicht zu gewinnen". Die Redeweise „*gleichmöglichen*" ist nur akzeptabel, wenn man sie nicht umgangssprachlich, sondern allein als Synonym für gleichwahrscheinlich verwendet.

Ansonsten könnte man z. B. so schließen: In der Dezimalbruchdarstellung der Zahl π treten die Ziffern $0, 1, 2, 3, 4, \ldots, 9$ auf. Alle sind offenbar *gleichmöglich.* Also tritt jede Ziffer mit der Wahrscheinlichkeit $\frac{1}{10}$ auf. Diese Argumentation ist natürlich Unfug. Mit der Kennzeichnung als *gleichmöglich* hat man sie implizit bereits als gleichwahrscheinlich definiert, um sie dann mit der Laplace-Regel explizit als gleichwahrscheinlich aus dem Hut zu ziehen: ein klassischer Zirkelschluss.

Es gibt viele Situationen, in denen das Modell des Laplace-Experiment sinnvoll und intuitiv akzeptabel ist, z. B. in der Stichproben-Theorie und bei kombinatorischen Problemen. Um hier die Laplace-Regel anzuwenden, müssen wir nicht erklären, was

Beispiel: Laplace-Experimente in der Praxis

Das Modell der gleichwahrscheinlicher Elementarereignisse ist vielen als quasi naturgesetzliche Tatsache verinnerlicht worden. Auf die Frage: „Wie groß sind die Wahrscheinlichkeiten, mit einem Würfel eine 6 bzw. mit einer Münze Kopf zu werfen?" kommt wie selbstverständlich die Antwort „$\frac{1}{6}$", bzw. „$\frac{1}{2}$".

Problemanalyse und Strategie: Wir wollen diese Intuition nicht verwerfen, aber sie als Folgerungen spezieller, explizit nicht genannter Modelle erkennen, diese Modelle sauber definieren und so nutzbar machen. Diese Modelle entsprechen ein wenig den Rechtecken in der Analogie von Flächeninhalt und Wahrscheinlichkeit, von der wir in der Einleitung zu diesem Kapitel gesprochen haben.

Lösung:

Die Aussage: „Dies ist ein **idealer Würfel**" bedeutet: Für diesen Würfel verwenden wir das Modell gleichwahrscheinlicher Seiten. Hier ist $\Omega = \{1, 2, 3, 4, 5, 6\}$ und die σ-Algebra wird von den Ereignissen $\{1\}, \{2\}, \{3\}, \{4\}, \{5\}, \{6\}$ erzeugt.

Die Aussage: „Dies ist ein **gut gemischtes** Kartenspiel" bedeutet: Wir verwenden das Modell, dass alle Kartenziehungen gleich wahrscheinlich sind. Nummerieren wir die Karten von 1 bis n durch, so ist $\Omega = \{1, \ldots, n\}$ und die σ-Algebra wird von den Ereignissen $\{1\}, \ldots, \{n\}$ erzeugt.

Die Aussage: „Aus einer Urne mit n Kugeln werden **zufällig** k Kugeln **gezogen**" bedeutet: Wir verwenden das Modell, dass alle Teilmengen vom Umfang k dieselbe Wahrscheinlichkeit besitzen, gezogen zu werden. Nummerieren wir die Kugeln von 1 bis n durch, so ist $\Omega = \{1, \ldots, n\}$ und die σ-Algebra wird von den Ereignissen $\{1\}, \ldots, \{n\}$ erzeugt.

In einem unverfälschten **Roulettespiel** fällt die Kugel mit gleicher Wahrscheinlichkeit $\frac{1}{37}$ in eines von 37, von 0 bis 36 durchnummerierten Feldern einer rotierenden Scheibe. Entsprechend sind 36 Felder des Roulettetisches nummeriert. 18 Felder sind rot, „rouge", und 18 sind schwarz, „noir", markiert. Die Wahrscheinlichkeit mit „rouge" oder mit „noir" zu gewinnen ist $\frac{18}{37}$. Bei einer „Transversale pleine" zum Beispiel setzt man auf drei Zahlen einer Querreihe des Tableaus. Die Wahrscheinlichkeit, hier zu gewinnen, ist $\frac{3}{37}$.

Ein Beispiel für Skatspieler: Die Wahrscheinlichkeit, dass in einem gut gemischten Skat-Kartenspiel 2 Buben im Stock liegen, ist

$$\frac{\binom{4}{2}\binom{28}{0}}{\binom{32}{2}} = 1.210 \times 10^{-2} .$$

Haben Sie dagegen keinen Buben auf der Hand, so ist diese Wahrscheinlichkeit

$$\frac{\binom{4}{2}\binom{18}{0}}{\binom{22}{2}} = 2.597 \times 10^{-2}$$

mehr als doppelt so hoch. Zur Berechnung dieser Zahlen siehe auch die Ausführungen über Kombinationen ab Seite 449.

wir unter Wahrscheinlichkeit verstehen, sofern nur das Grundmodell gleichwahrscheinlicher Ereignisse akzeptiert wird. Dieses Modell wird oft verbal umschrieben.

Zur Bestimmung der Anzahlen k und n sind häufig Kenntnisse der Kombinatorik nützlich. Wir verweisen dazu auf den Abschnitt A.1 im mathematischen Anhang auf Seite 449.

Beispiel Beim Lotto kreuzen Sie auf dem Tippzettel 6 aus einer Gesamtheit von 49 möglichen Zahlen an. Dann werden aus einer Urne zufällig 6 Zahlen gezogen. Wie groß ist die Wahrscheinlichkeit für „6 Richtige", das heißt, dass genau die von Ihnen angekreuzten Zahlen gezogen werden?

Unter der Voraussetzung, dass jede Auswahl von sechs Zahlen aus den 49 Zahlen dieselbe Wahrscheinlichkeit besitzt, lässt sich die Laplace-Regel von Seite 52 anwenden. Die Anzahl der günstigen Fälle ist 1, denn es gibt genau einen Fall, bei dem genau die 6 von Ihnen markierten Zahlen gezogen werden. Die Anzahl der gleichmöglichen Fälle ist $\binom{49}{6}$. Dies ist die Anzahl der verschiedenen Möglichkeiten 6 Zahlen aus 49 auszuwählen. (Es geht auch ohne den Binomialkoeffizient: Für die erste Kugel gibt es 49 Möglichkeiten, für die zweite Kugel nur noch 48, für die dritte noch 47 Möglichkeiten und so fort. Insgesamt $49 \cdot 48 \cdot \cdots 45 \cdot 44$ Möglichkeiten. Da aber hinterher die Zahlen der Größe nach geordnet werden, führen jeweils alle 6! Permutationen zum gleichen Ergebnis. Wir erhalten so $\binom{49}{6} = \frac{49 \cdot 48 \cdots 45 \cdot 44}{6!} = 13.983.816$. Daher ist

$$\mathcal{P}\,(6 \text{ Richtige}) = \frac{1}{\binom{49}{6}} = \frac{1}{13.983.816} = 0.000\,000\,071\,51 .$$

◀

?

Haben wir nun bewiesen, dass die Wahrscheinlichkeit für einen Sechser im Lotto rund 1 zu 14 Millionen ist?

2.2 Die bedingte Wahrscheinlichkeit

Betrachten wir eine Tafel Ω, auf die jemand aufs Geratewohl ein Stückchen Kreide wirft. (Treffer außerhalb von Ω werden ignoriert.) Nehmen wir weiter an, dass jedes Fleckchen der Tafel mit gleicher Wahrscheinlichkeit getroffen werden kann. Die letzte

Vertiefung: Ein Wahrscheinlichkeitsraum, in dem alle Elementarereignisse die Wahrscheinlichkeit Null besitzen

Im Beispiel auf Seite 49 hatten wir für Folgen von Münzwürfen eine σ-Algebra S konstruiert. Nun soll für jede endliche und darauf aufbauend für jede unendliche Folge eine Wahrscheinlichkeit konstruiert werden.

Um auf $\mathcal{S}$ eine Wahrscheinlichkeit zu definieren, gehen wir schrittweise vor: Für jede endliche Folge $A = \{a_i\}_{i=1}^n$ der Länge n definieren wir:

$$\mathcal{P}(A) = 2^{-n}.$$

Alle endlichen Wurfsequenzen der Länge n bilden so ein Laplace-Experiment. (Es gibt 2^n disjunkte Wurfsequenzen der Länge n.) Dies genügt bereits, die Wahrscheinlichkeit $\mathcal{P}$ für alle $A \in \mathcal{S}$ zu bestimmen. Da $\mathcal{S}$ von den endlichen Folgen erzeugt wird, sagt ein grundlegender Satz der Maßtheorie: Erfüllt $\mathcal{P}$ auf der Teilmenge der erzeugenden Ereignisse die Axiome von Kolmogorov, dann lässt sich die Definition von $\mathcal{P}$ auf alle Ereignisse von $\mathcal{S}$ übertragen und bildet dort eine Wahrscheinlichkeit. Damit haben wir einen Wahrscheinlichkeitsraum gefunden, der alle endlichen Folgen enthält und jeder endlichen Folge eine positive Wahrscheinlichkeit zuordnet. Wegen der Stetigkeit der Wahrscheinlichkeit gilt jedoch für jede Folge $\omega = (a_i)_{i=1}^{\infty}$ die Identität

$$\mathcal{P}\left((a_i)_{i=1}^{\infty}\right) = \lim_{n\to\infty} \mathcal{P}\left(\{a_i\}_{i=1}^n\right) = \lim_{n\to\infty} 2^{-n} = 0.$$

Jede Folge $(a_i)_{i=1}^{\infty}$, das heißt jedes $\omega \in \Omega$, besitzt also die Wahrscheinlichkeit Null. Dies überrascht auf den ersten Blick:

$$\mathcal{P}(\Omega) = 1, \text{ aber } \mathcal{P}(\omega) = 0 \text{ für alle } \omega \in \Omega$$

Hier liegt aber kein Widerspruch zum dritten Axiom vor, da es sich hier nicht um eine abzählbare Vereinigung handelt. Selbst wenn alle Elemente $\omega \in \Omega$ Ereignisse sind, genügt es demnach nicht, wenn man nur die Wahrscheinlichkeiten $\mathcal{P}(\omega)$ kennt.

Aussage präzisieren wir wie folgt: Die Wahrscheinlichkeit, mit der die Kreide in einem Flächenstück $A \subseteq \Omega$ landet, sei proportional zur Fläche von A:

$$\mathcal{P}(A) = \frac{\text{Fläche von } A}{\text{Fläche von } \Omega}.$$

Siehe Abbildung 2.4.

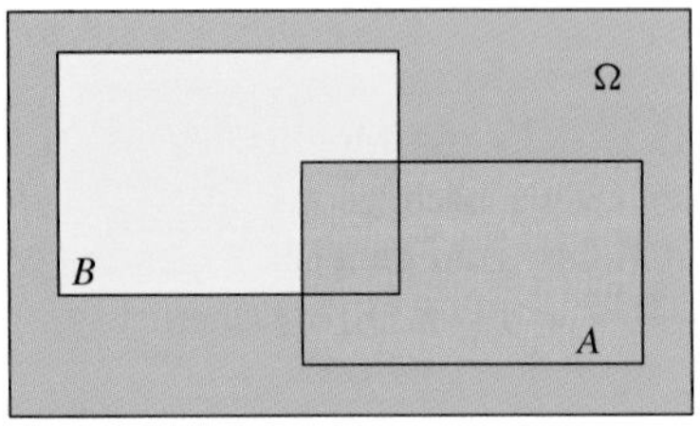

Abbildung 2.4 Die Wahrscheinlichkeit eines Treffers in A ist proportional zur Fläche von A.

Dabei soll es uns gleich sein, ob wir Wahrscheinlichkeit zum Beispiel als relative Häufigkeit oder als subjektive Einschätzung verstehen wollen. Nun beschränken wir uns auf die linke Hälfte der Tafel oder allgemeiner auf ein Teilstück B der Tafel Ω und betrachten nur noch Würfe, die in B landen. Unsere neue „Tafel", unser neues Ω, ist nun B (siehe Abbildung 2.5).

Die Wahrscheinlichkeit, dass die Kreide in A landet, ist weiterhin das Verhältnis der Flächen, aber von A kann nur der Teil $A \cap B$ berücksichtigt werden, der in B liegt. Die Trefferwahrscheinlichkeit in A bei Beschränkung auf B ist daher:

$$\frac{\text{Fläche von } A \cap B}{\text{Fläche von } B} = \frac{\frac{\text{Fläche von } A \cap B}{\text{Fläche von } \Omega}}{\frac{\text{Fläche von } B}{\text{Fläche von } \Omega}} = \frac{\mathcal{P}(A \cap B)}{\mathcal{P}(B)}$$

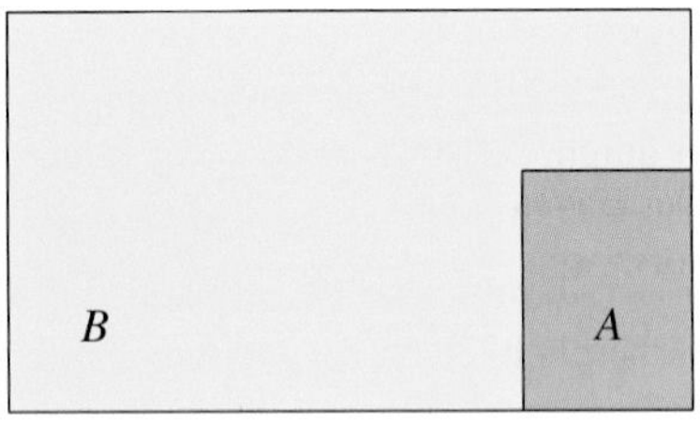

Abbildung 2.5 Nur noch Treffer in B werden betrachtet.

Definition der bedingten Wahrscheinlichkeit

Sind A und B zwei zufällige Ereignisse und ist $\mathcal{P}(B) \neq 0$, so wird die **bedingte Wahrscheinlichkeit** von A unter der Bedingung B definiert als

$$\mathcal{P}(A \mid B) = \frac{\mathcal{P}(A \cap B)}{\mathcal{P}(B)}.$$

Wir können $\mathcal{P}(A \mid B)$ objektivistisch interpretieren als relative Häufigkeit der Ereignisse A in der Gesamtheit der Ereignisse, in denen B eingetreten ist. Subjektiv können wir $\mathcal{P}(A \mid B)$ interpretieren als unsere Einschätzung, dass A eintritt, wenn wir wissen, dass B eingetreten ist.

Multipliziert man in der Formel der bedingten Wahrscheinlichkeit beide Seiten mit $\mathcal{P}(B)$ und vertauscht dann die Buchstaben A und B, erhält man die symmetrische Darstellung:

$$\mathcal{P}(A \mid B)\,\mathcal{P}(B) = \mathcal{P}(A \cap B) = \mathcal{P}(B \mid A)\,\mathcal{P}(A). \quad (2.6)$$

Eine scheinbar triviale Folgerung aus dieser Formel ist der Satz von Bayes, den wir hier in seiner elementarsten Form zitieren.

Die Bayes-Formel

Sind A und B zwei zufällige Ereignisse und ist $\mathcal{P}(B) \neq 0$, so ist

$$\mathcal{P}(A \mid B) = \frac{\mathcal{P}(B \mid A)}{\mathcal{P}(B)} \mathcal{P}(A) .$$

Die Bedeutung dieser Formel zeigt sich erst, wenn man die Buchstaben mit Inhalt füllt. Sagen wir, A ist eine unbekannte, potenzielle Ursache für eine Beobachtung oder ein Symptom B. Die Ursache A trete mit Wahrscheinlichkeit $\mathcal{P}(A)$ auf. Liegt A vor, tritt das Symptom B mit Wahrscheinlichkeit $\mathcal{P}(B \mid A)$ auf. Nun wird B beobachtet: Mit welcher Wahrscheinlichkeit liegt A vor? Nun können wir die Bayes-Formel subjektiv neu interpretieren:

$$\underbrace{\mathcal{P}(A \mid B)}_{a\ posteriori} = \frac{\mathcal{P}(B \mid A)}{\mathcal{P}(B)} \underbrace{\mathcal{P}(A)}_{A\text{-}priori} .$$

$\mathcal{P}(A)$ ist die *A-priori*-Wahrscheinlichkeit von A. Sie repräsentiert unser Wissen über A **vor** der Beobachtung. $\mathcal{P}(A \mid B)$ ist die *A-posteriori*-Wahrscheinlichkeit von A. Sie repräsentiert unser Wissen über A **nach** der Beobachtung. Auf diese Weise beschreibt der Satz von Bayes, wie wir aus Beobachtungen lernen können. Er ist das wichtigste Werkzeug der Schule der subjektiven Wahrscheinlichkeit. Diese heißt daher auch konsequent die bayesianische Schule und ihre Anhänger Subjektivisten oder Bayesianer. Der Bayesianer reichert mit der Bayes-Formel sein subjektives Vorwissen mit objektivem Tatsachenwissen an und objektiviert so seine Aussagen.

Ein Bayesianer lernt zeitlebens. Nach der Beobachtung B_i übernimmt $\mathcal{P}(A \mid B_i)$ die Rolle der *A-priori*-Wahrscheinlichkeit vor der nächsten Beobachtung B_{i+1}. So entsteht eine Folge von immer fester auf Beobachtung und Erfahrung gestützten Wahrscheinlichkeiten. Es lässt sich zeigen, dass – abgesehen von Sonderfällen – bei wachsender Anzahl von Beobachtungen die *A-priori*-Verteilung immer unwesentlicher wird und die *A-posteriori*-Verteilung gegen eine Grenzverteilung konvergiert. Diese stimmt mit der Verteilung überein, die auch ein Objektivist wählen würde.

Die Formel von Bayes wird bei lernenden Spam-Filtern verwendet, um Junk-Mail auszusortieren, sie steht im Zentrum der Diskussion um die Sinnhaftigkeit des Massenscreenings mit Mammografie bei Frauen zur Entdeckung des Mammakarzinoms bei Frauen oder des Prostata-spezifischen Antikörperspiegels (PSA) zur Entdeckung des Prostatakarzinoms bei Männern. Siehe auch die Anwendungsbeispiele auf Seite 57 und auf Seite 62.

Man vermutet, dass das menschliche Gehirn bayesianisch vorgeht, dabei werden optische oder akustische Reize auf der Basis von *A-priori*-Wahrscheinlichkeiten interpretiert. Viele bekannte optische Täuschungen lassen sich so erklären, dass zwar das Großhirn die wahre Ursache erkennt, sie aber verwirft, da die *A-priori*-Wahrscheinlichkeit zu klein ist.

Im letzten Kapitel werden wir Grundideen der subjektiven Wahrscheinlichkeitstheorie erläutern.

Häufig werden mehrere einander ausschließende Ursachen betrachtet. Mithilfe des folgenden Satzes lässt sich die Formel von Bayes leicht verallgemeinern.

Der Satz von der totalen Wahrscheinlichkeit

Es sei $\{A_i : i \in I \subseteq \mathbb{N}\}$ ein vollständiges Ereignisfeld, das heißt, die A_i sind disjunkt mit $\bigcup_{i \in I} A_i = \Omega$.
B sei ein beliebiges Ereignis mit den bedingten Wahrscheinlichkeiten $\mathcal{P}(B \mid A_i)$. Dann ist die Wahrscheinlichkeit von B gegeben durch:

$$\mathcal{P}(B) = \sum_{i \in I} \mathcal{P}(A_i)\, \mathcal{P}(B \mid A_i) .$$

Um $\mathcal{P}(B)$ sprachlich von den bedingten Wahrscheinlichkeiten $\mathcal{P}(B \mid A_i)$ abzuheben, nennt man $\mathcal{P}(B)$ auch die unbedingte oder totale Wahrscheinlichkeit.

Beweis: Es ist

$$B = B \cap \Omega = B \cap \left(\bigcup_{i \in I} A_i \right) = \bigcup_{i \in I} (B \cap A_i) .$$

Da die A_i disjunkt sind, sind auch die $B \cap A_i$ disjunkt. Also folgt aus dem 3. Axiom von Kolmogorov und Formel(2.6) :

$$\mathcal{P}(B) = \mathcal{P}\left(\bigcup_{i \in I} (B \cap A_i) \right) = \sum_{i \in I} \mathcal{P}(B \cap A_i)$$
$$= \sum_{i \in I} \mathcal{P}(A_i)\, \mathcal{P}(B \mid A_i) . \qquad \blacksquare$$

Der Satz von der totalen Wahrscheinlichkeit lässt sich leicht in einem gerichteten Graphen veranschaulichen (siehe Abbildung 2.6):

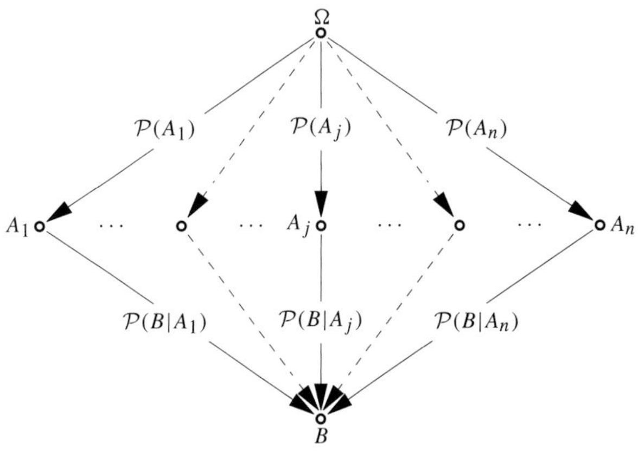

Abbildung 2.6 Die totale Wahrscheinlichkeit erhält man durch Summation über alle Pfade: $\mathcal{P}(B) = \sum_{j=1}^{n} \mathcal{P}(A_j)\, \mathcal{P}(B| A_j)$.

Die Knoten sind das sichere Ereignis Ω sowie die Ereignisse A_j und B. An den Pfeilen stehen die jeweiligen bedingten bzw. unbedingten Wahrscheinlichkeiten. Dann werden die Wahrscheinlichkeiten, die längs eines jeden Pfades von der Wurzel Ω nach B

angetroffen werden, miteinander multipliziert. Schließlich werden die so gebildeten Produkte über alle Pfade summiert.

In der Praxis wird nicht nur ein Ereignis B sondern werden viele Ereignis B_i betrachtet, die wieder Ausgangsknoten für weitere Ereignisse C_j sind. Die auf diese Weise entstehenden Abhängigkeitsgraphen heißen Bayes'sche Netze. Sie sind wesentliche Werkzeuge zur Beschreibung, Analyse und Inferenz in komplexen Strukturen, mit denen sich die Künstliche Intelligenz beschäftigt.

Bei mehreren Ursachen erhält die Bayes-Formel mithilfe des Satzes von der totalen Wahrscheinlichkeit die Gestalt:

Der Satz von Bayes

Ist $\{A_i : i \in I\}$ ein vollständiges Ereignisfeld, B ein weiteres zufälliges Ereignis mit $\mathcal{P}(B) \neq 0$, so ist

$$\mathcal{P}(A_j \mid B) = \frac{\mathcal{P}(B \mid A_j)}{\sum_{i \in I} \mathcal{P}(B \mid A_i)\,\mathcal{P}(A_i)} \mathcal{P}(A_j) .$$

Beispiel Eine Firma kauft 70 % ihrer Bauteile vom Lieferanten L_1 und 30 % vom Lieferanten L_2, die jedoch mit unterschiedlichen Qualitäten arbeiten. Ein Bauteil von L_1 führt mit Wahrscheinlichkeit von 5 % zu einer Beanstandung (B), dagegen werden 10 % der Teile von L_2 beanstandet. Bei einer Qualitätsprüfung versagt ein Teil. Mit welcher Wahrscheinlichkeit stammt dieses Teil vom Lieferanten L_1? Wie formalisieren alle Angaben wie folgt:

$$\begin{aligned}\mathcal{P}(L_1) &= 0.7\\ \mathcal{P}(L_2) &= 0.3\\ \mathcal{P}(B \mid L_1) &= 0.05\\ \mathcal{P}(B \mid L_2) &= 0.10\end{aligned}$$

Dann ist

$$\begin{aligned}\mathcal{P}(L_1 \mid B) &= \frac{\mathcal{P}(B \mid L_1)}{\mathcal{P}(B \mid L_1)\,\mathcal{P}(L_1) + \mathcal{P}(B \mid L_2)\,\mathcal{P}(L_2)} \mathcal{P}(L_1)\\ &= \frac{0.05}{0.05 \cdot 0.7 + 0.10 \cdot 0.3} \cdot 0.7\\ &= 0.538\,46\end{aligned}$$

◀

Bei bedingten Wahrscheinlichkeiten gilt die folgende Äquivalenz: Es ist

$$\mathcal{P}(B \mid A) > \mathcal{P}\big(B \mid A^C\big)$$

genau dann wenn

$$\mathcal{P}(B \mid A) > \mathcal{P}(B) .$$

Beweis: Es gelte $\mathcal{P}(B \mid A) > \mathcal{P}\big(B \mid A^C\big)$. Multiplikation dieser Ungleichung mit $(1 - \mathcal{P}(A))$ liefert:

$$\mathcal{P}(B \mid A)(1 - \mathcal{P}(A)) > \mathcal{P}\big(B \mid A^C\big)(1 - \mathcal{P}(A)) .$$

Addieren wir auf beiden Seiten $\mathcal{P}(B \mid A)\,\mathcal{P}(A)$ erhalten wir:

$$\begin{aligned}\mathcal{P}(B \mid A) &> \mathcal{P}\big(B \mid A^C\big)(1 - \mathcal{P}(A)) + \mathcal{P}(B \mid A)\,\mathcal{P}(A)\\ &= \mathcal{P}(B) .\end{aligned}$$

Diese Schlüsse sind umkehrbar. ■

Diese Äquivalenz legt es nahe, $\mathcal{P}(B \mid A)$ als Maß einer Wirkung von A auf B zu interpretieren, etwa in der Art: $\mathcal{P}(B \mid A) > \mathcal{P}\big(B \mid A^C\big)$ bedeutet: „Wenn A vorliegt, ist B wahrscheinlicher, als wenn A nicht vorliegt." Oder kurz: „A ist günstig für B". Diese Redeweise ist nicht ungefährlich, denn dieses „günstig" ist nicht transitiv. Aus „A günstig für B" und „B günstig für C", folgt nicht „A günstig für C", wie das folgende Beispiel zeigt.

Beispiel Auf einer Grundgesamtheit Ω bilden die folgenden 6 disjunkten Elemente $\omega_1, \ldots, \omega_6$ ein vollständiges Ereignisfeld.

Element ω_i	ω_1	ω_2	ω_3	ω_4	ω_5	ω_6
Wahrscheinlichkeit $P(\omega_i)$	0.1	0.2	0.1	0.2	0.1	0.3

Aus ihnen werden drei Ereignisse $A = \{\omega_1, \omega_2, \omega_3\}$, $B = \{\omega_2, \omega_3, \omega_4\}$, und $C = \{\omega_3, \omega_4, \omega_5\}$ und ihre Schnitt-Ereignisse gebildet.

$$\begin{aligned} A &= \{\omega_1, \omega_2, \omega_3\} & A \cap B &= \{\omega_2, \omega_3\}\\ B &= \{\omega_2, \omega_3, \omega_4\} & B \cap C &= \{\omega_3, \omega_4\}\\ C &= \{\omega_3, \omega_4, \omega_5\} & A \cap C &= \{\omega_3\}\end{aligned}$$

Dann ist zum Beispiel $\mathcal{P}(A) = \mathcal{P}(\omega_1) + \mathcal{P}(\omega_2) + \mathcal{P}(\omega_3) = 0.4$. Analog werden die Wahrscheinlichkeiten der anderen Ereignisse berechnet:

$$\begin{aligned}\mathcal{P}(A) &= 0.4 & \mathcal{P}(A \cap B) &= 0.3\\ \mathcal{P}(B) &= 0.5 & \mathcal{P}(B \cap C) &= 0.3\\ \mathcal{P}(C) &= 0.4 & \mathcal{P}(A \cap C) &= 0.1\end{aligned}$$

Daraus folgt:

$$\begin{aligned}0.3 &= \mathcal{P}(B \cap A) > \mathcal{P}(B)\,\mathcal{P}(A) = 0.2\\ 0.3 &= \mathcal{P}(B \cap C) > \mathcal{P}(B)\,\mathcal{P}(C) = 0.2\\ 0.1 &= \mathcal{P}(A \cap C) < \mathcal{P}(A)\,\mathcal{P}(C) = 0.16 .\end{aligned}$$

Also ist:

$$\begin{aligned}\mathcal{P}(B \mid A) &> \mathcal{P}(B)\\ \mathcal{P}(C \mid B) &> \mathcal{P}(C)\\ \mathcal{P}(C \mid A) &< \mathcal{P}(C) .\end{aligned}$$

Das heißt „A günstig für B" und „B ist günstig für C", aber „A ist ungünstig für C". ◀

2.3 Die stochastische Unabhängigkeit

Betrachten wir wieder das Beispiel mit der Tafel als Zielscheibe und der Fläche als Maß für die Wahrscheinlichkeit. Wir teilen die Tafel in eine obere Hälfte A, so wie eine linke Hälfte B (siehe Abbildung 2.7).

Anwendung: Die Diskussion um den *Eliza*-Aidstest.

Am 11. August 1989 kritisierte die Wochenzeitschrift „die ZEIT" in einem Artikel scharf die bayerische Regierung, welche für alle jungen Männer in der Obhut des Freistaats Bayern wie Rekruten, Angestellte oder Beamte, die Einführung des sogenannten Eliza-Aidstests obligatorisch vorschreiben wollte. Dieser Test zeichnet sich durch eine sehr hohe Sensitivität und Spezifität aus. Trotzdem sind die meisten Positiv-Aussagen des Tests falsch.

Der Befund des Eliza-Tests ist eine Aussage darüber, ob HIV-Antikörper im Blut vorhanden sind oder nicht. Dabei sind die Aussagen des Tests nicht notwendig richtig. Wir betrachten die folgenden vier Ereignisse:

A^+	Im Blut sind **A**ntikörper vorhanden
A^-	Im Blut sind keine **A**ntikörper vorhanden
B^+	Der **B**efund ist positiv: „Antikörper vorhanden"
B^-	Der **B**efund ist negativ: „keine Antikörper vorhanden"

Wir könnten auch statt B^+ und B^- in mengentheoretischer Schreibweise B und B^C schreiben. Mediziner sprechen aber von den Befunden „Antikörper positiv" bzw. „Antikörper negativ". Die Qualität eines diagnostischen Tests wird in der medizinischen Statistik durch die folgenden Maßzahlen bestimmt.

$$\mathcal{P}\left(B^+ \mid A^+\right) \quad \text{Die Sensitivität.}$$
$$\mathcal{P}\left(B^- \mid A^-\right) \quad \text{Die Spezifität.}$$

Im Artikel in der *ZEIT* waren für den Eliza Test die folgenden Werte angegeben: Sensitivität $\mathcal{P}\left(B^+ \mid A^+\right) = 0.999$, Spezifität $\mathcal{P}\left(B^- \mid A^-\right) = 0.995$, dazu die *A-priori*-Wahrscheinlichkeit $\mathcal{P}\left(A^+\right) = 0.001$. Mediziner bezeichnen $\mathcal{P}\left(A^+\right)$ als die Prävalenz. (Dabei wollen wir den Begriff Wahrscheinlichkeit, der sich hier ja auf eine reale Situation und nicht auf ein mathematisches Modell bezieht, intuitiv hinnehmen und nicht weiter hinterfragen. Es ist für die formalen Rechnungen in diesem Beispiel gleichgültig, was wir unter Wahrscheinlichkeit verstehen, eine relative Häufigkeit oder eine subjektive Bewertung oder was auch immer. Erst wenn aus den Zahlen konkrete Schlüsse gezogen werden, muss geklärt werden, was man unter Wahrscheinlichkeit verstehen will. Dieser Frage werden wir uns aber erst im nächsten Kapitel widmen.)

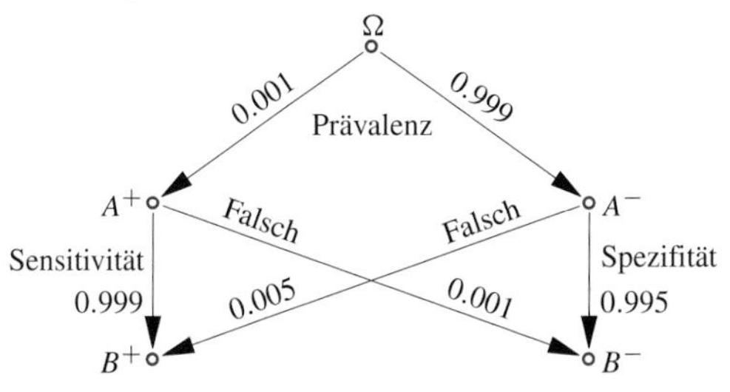

Die Abbildung zeigt den Graphen mit den möglichen Ereignissen und ihren Wahrscheinlichkeiten. Dann gilt:

$$\begin{aligned}\mathcal{P}\left(B^+\right) &= \mathcal{P}\left(B^+|A^+\right) \cdot \mathcal{P}\left(A^+\right) \\ &\quad +\mathcal{P}\left(B^+|A^-\right) \cdot \mathcal{P}\left(A^-\right) \\ &= 0.999 \cdot 0.001 + 0.005 \cdot 0.999 = 0.00599\end{aligned}$$

$$\begin{aligned}\mathcal{P}\left(A^+|B^+\right) &= \frac{\mathcal{P}\left(B^+|A^+\right)}{\mathcal{P}\left(B^+\right)}\mathcal{P}\left(A^+\right) \\ &= \frac{0.999 \cdot 0.001}{0.005\,99} = 0.1667\end{aligned}$$

Ist der Befund des Tests positiv, so ist die Wahrscheinlichkeit $\mathcal{P}\left(A^+|B^+\right)$, dass wirklich HIV-Antikörper im Blut vorhanden sind, nicht einmal 17%. Dies war der Grund, warum sich die *ZEIT* gegen die Massenanwendung diese Tests wandte. Rund 83% aller positiv getesteten Personen wären grundlos in Verzweiflung gestürzt worden.

Aber wozu ist dieser Test überhaupt gut? Wir berechnen $\mathcal{P}\left(A^-|B^-\right)$. Es ist

$$\mathcal{P}\left(B^-\right) = 1 - \mathcal{P}\left(B^+\right) = 0.994\,01\,,$$

$$\begin{aligned}\mathcal{P}\left(A^-|B^-\right) &= \frac{\mathcal{P}\left(B^-|A^-\right)}{\mathcal{P}\left(B^-\right)}\mathcal{P}\left(A^-\right) \\ &= \frac{0.995 \cdot 0.999}{0.994\,01} = 0.999\,999\,.\end{aligned}$$

Wenn der Test eine Blutprobe für HIV-Antikörper frei erklärt, so ist dies mit höchster Wahrscheinlichkeit auch richtig. Der Test ist zum Beispiel gut geeignet, um Blutkonserven zu testen. Ist der Befund positiv, wird die Konserve vernichtet, nur wenn der Befund negativ ist, kann die Konserve verwandt werden. Zwar werden rund 83% der vernichteten Konserven fälschlich vernichtet, aber dafür hat der Test die guten Konserven herausgefiltert.

Überprüfen wir noch einmal die Zahlen unserer Ausgangsbasis, wie weit sie glaubhaft sind. Interpretieren wir Wahrscheinlichkeiten als relative Häufigkeiten, so lässt sich $\mathcal{P}\left(B^+ \mid A^+\right)$ sehr gut überprüfen. Dazu brauchen wir nur Blutproben mit Antikörpern zu versetzen und zu sehen, wie oft der Test Alarm gibt. $\mathcal{P}\left(B^- \mid A^-\right)$ ist schon etwas schwieriger zu bestimmen, dazu brauchen wir Blutproben, die mit Sicherheit frei von Antikörpern sind.

Aber woher kommt die Prävalenz, die *A-priori*-Wahrscheinlichkeit, $\mathcal{P}\left(A^+\right) = 0.001$? Hier liegt der Schwachpunkt. Die Prävalenz ist unbekannt und kann nur grob geschätzt werden.

Die *A-priori*-Wahrscheinlichkeiten sind die Achillesferse der subjektiven Wahrscheinlichkeitstheorie. Sie sind nach „objektivistischen Kriterien" in den seltensten Fällen verlässlich. Daher spielt die Bayes-Formel in der objektivistischen Statistik nur eine untergeordnete Rolle.

Anwendung: Simpsons Paradox

Bedingte Wahrscheinlichkeiten sind mit größter Vorsicht zu interpretieren, wenn in der Bedingung mehrere Ereignisse zusammengefasst sind.

Wir zeigen ein berühmtes, politisch brisantes Beispiel. Die Daten der folgenden Tabelle wurden im *New York Times Magazine* am 11. März 1979 veröffentlicht. Sie betreffen die Häufigkeit, mit der im Bundesstaat Florida Angeklagte wegen Mordes zum Tode verurteilt wurden. (Dabei steht „s" als Abkürzung für „schwarz" und „w" als Abkürzung für „weiß".)

Hautfarbe d. Angeklagten	s	w	Σ
Todesurteil	59	72	131
kein Todesurteil	2 148	2 185	4 633
Summe	2 507	2 257	4 764
Anteil	2.4%	3.2%	2.7%

Diese Tabelle gibt keinerlei Anlass, eine Benachteiligung der Schwarzen zu vermuten, denn Weiße werden häufiger zum Tode verurteilt als Schwarze. In der ausführlicheren folgenden Tabelle jedoch werden die Daten zusätzlich nach der Hautfarbe des Opfers aufgeschlüsselt.

Hautfarbe des Opfers	schwarz		weiß	
Hautfarbe d. Angeklagten	s	w	s	w
Todesurteil	11	0	48	72
kein Todesurteil	2 209	111	239	2 074
Summe	2 220	111	287	2 146
Anteil	0.5	0.0	16.7%	3.4%

Für den hier vorliegenden Datensatz gilt also: Wie auch immer die Hautfarbe des Opfers sein mag, in jedem Fall ist – in dem vorliegenden Datensatz – das Risiko für schwarze Angeklagte, zum Tode verurteilt zu werden, größer als für weiße Angeklagte. Formalisieren wir diese Ereignisse. Es sei:

A	„Der **A**ngeklagte wird zum Tod verurteilt."
B	„Die Hautfarbe des Angeklagten ist **B**lack."
V	„Die Hautfarbe des **V**ictims ist Black."
V^C	„Die Hautfarbe des **V**ictims ist weiß."

Interpretieren wir relative Häufigkeiten als Wahrscheinlichkeiten, so sagt die zweite Tabelle:

$$0.005 = \mathcal{P}(A \mid B \cap V) > \mathcal{P}(A \mid V) = 0.0047\,,$$
$$0.2008 = \mathcal{P}\big(A \mid B \cap V^C\big) > \mathcal{P}\big(A \mid V^C\big) = 0.0518\,.$$

Was auch immer gilt: V oder V^C : stets finden wir „B ist günstig für A". Ignorieren wir aber die anscheinend überflüssige Bedingung V, so folgt aus der ersten Tabelle das Gegenteil:

$$0.024 = \mathcal{P}(A \mid B) < \mathcal{P}(A) = 0.028\,.$$

Dieser Fehlschluss heißt Simpson-Paradox. Er liegt immer dort nahe, wo ein Ereignis von zwei oder mehr Bedingungen abhängt. Je nachdem, ob man die zweite Bedingung ignoriert oder berücksichtigt, kann man zu unterschiedlichen Ergebnissen kommen.

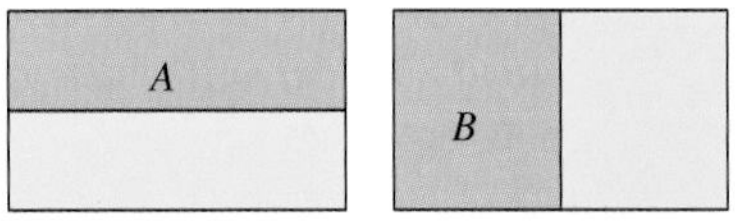

Abbildung 2.7 Die geteilte Tafel.

Dann gilt:

$$\mathcal{P}(A) = \frac{1}{2}, \qquad \mathcal{P}(B) = \frac{1}{2}, \qquad \mathcal{P}(A \cap B) = \frac{1}{4}\,.$$

Das folgende Angebot ist eine faire Wette: „Sie erhalten 10 €, falls die Kreide in der oberen Hälfte A landet und zahlen 10 €, wenn die Kreide in der unteren Hälfte A^C landet". Sie stehen in einem Nebenraum und überlegen, ob Sie die Wette annehmen sollen. In der Zwischenzeit wird die Kreide geworfen. Da Sie das Ergebnis nicht kennen, können Sie noch auf A oder A^C wetten. Da erscheint ein „Spion", der Ihnen erklärt: „Für eine hinreichende Summe bin ich bereit, Ihnen zu verraten, ob die Kreide in die linke oder die rechte Hälfte geflogen ist, ob also B oder B^C eingetreten ist." Welche Summe sind Sie bereit zu zahlen?

Das Angebot ist für Sie wertlos: Die durch B oder B^C gelieferte Information (links oder rechts) ändert nichts an Ihrem Wissen über das Eintreten von A (oben oder unten). Es gilt:

$$\mathcal{P}(A \mid B) = \frac{\mathcal{P}(A \cap B)}{\mathcal{P}(B)} = \frac{\frac{1}{4}}{\frac{1}{2}} = \frac{1}{2} = \mathcal{P}(A)\,.$$

Definition der Unabhängigkeit

Zwei Ereignisse A und B heißen stochastisch unabhängig, wenn gilt:

$$\mathcal{P}(A \cap B) = \mathcal{P}(A)\,\mathcal{P}(B)\,.$$

Soweit keine Verwechslung mit dem Begriff der linearen Unabhängigkeit zu befürchten ist, lassen wir den Zusatz „stochastisch" weg und sprechen nur kurz von Unabhängigkeit. A und B sind genau dann unabhängig, wenn $\mathcal{P}(A \mid B) = \mathcal{P}(A)$ ist. Da die Definition symmetrisch in A und B ist, können wir die Buchstaben A und B vertauschen. Daher sind A und B genau dann unabhängig, wenn $\mathcal{P}(B \mid A) = \mathcal{P}(B)$ ist.

A und B sind – bezogen auf das Wahrscheinlichkeitsmaß $\mathcal{P}$ – unabhängig, wenn die Information über das Eintreten des einen Ereignisses die Wahrscheinlichkeit des Eintretens des anderen Ereignisses nicht ändert. Unabhängigkeit ist eine Aussage über die Irrelevanz einer Information.

Der Unabhängigkeitsbegriff ist mehrdeutig. Einerseits ist *Unabhängigkeit* ein Begriff der Stochastik. Ob zwei Ereignisse unabhängig sind, hängt allein von dem verwendeten Wahrscheinlichkeitsmaß $\mathcal{P}$ ab und wird allein über $\mathcal{P}$ definiert (siehe auch Aufgabe 2.14). Andererseits ist *Unabhängigkeit* ein umgangssprachlicher Begriff. Wenn zwischen A und B keine physikalische Kausalitätsbeziehung besteht, sie sich also nicht beeinflussen, bezeichnen wir im täglichen Leben A und B ebenfalls als unabhängig. In diesem Fall fehlender erkennbarer Kausalitätsbeziehung spricht nichts gegen das Modell der stochastischen Unabhängigkeit.

Achtung: Unabhängigkeit darf nicht mit Disjunktheit verwechselt werden. Sind die Ereignisse A und B disjunkt, so ist $\mathcal{P}(A \cap B) = 0$. Sind dagegen A und B unabhängig, so ist $\mathcal{P}(A \cap B) = \mathcal{P}(A)\mathcal{P}(B) \neq 0$, es sei denn $\mathcal{P}(A) = 0$ oder $\mathcal{P}(B) = 0$. Disjunktheit ist eine extreme Form stochastischer Abhängigkeit! Tritt A ein, weiß ich, dass B nicht eingetreten ist.

?

Zu einer Zeit, da die ersten Flugzeuge entführt wurden und es noch keine Sicherheitskontrollen gab, lehnte Herr A es strikt ab, mit dem Flugzeug zu fliegen, da mit einer Wahrscheinlichkeit von $1/1\,000$ ein Mann mit einer Bombe an Bord säße. Einige Wochen später traf Herr B seinen Freund A zufällig im Flugzeug an und fragte, ob sich denn die Wahrscheinlichkeit gewandelt habe. „Nein", sagte Herr A, „aber ich habe gelernt, dass die Wahrscheinlichkeit, dass zwei Bomben unabhängig voneinander an Bord seien, $(1/1\,000)^2 = 1/10^6$ ist. Daher habe ich stets eine Bombe dabei." Hat A recht? Wie sieht die Sache aus der Sicht des Flugzeugkapitäns aus?

Bei drei Ereignissen A, B und C gibt es verschiedene Möglichkeiten den Begriff zu verallgemeinern: Bei der paarweisen Unabhängigkeit wird gefordert, dass A und B unabhängig sind, ebenso A und C sowie B und C. Aber aus der paarweisen Unabhängigkeit von A, B und C folgt nicht die Gültigkeit von

$$\mathcal{P}(A \cap B \cap C) = \mathcal{P}(A) \cdot \mathcal{P}(B) \cdot \mathcal{P}(C) .$$

Fordern wir aber nur die Gültigkeit dieser Faktorisierung, so folgt daraus nicht die Gültigkeit von $\mathcal{P}(A \cap B) = \mathcal{P}(A) \cdot \mathcal{P}(B)$. Beispiele dazu bietet z. B. die Aufgabe 2.7. Wir müssen beide Eigenschaften gemeinsam einfordern.

Definition der totalen Unabhängigkeit

Die n Ereignisse $A_1, A_2, \ldots, A_n$ heißen **total unabhängig**, falls für jede Auswahl $A_{i_1}, \ldots, A_{i_k}$ von k Ereignissen stets gilt:

$$\mathcal{P}(A_{i_1} \cap A_{i_2} \cap \cdots \cap A_{i_k}) = \mathcal{P}(A_{i_1}) \cdot \mathcal{P}(A_{i_2}) \cdot \cdots \cdot \mathcal{P}(A_{i_k}) .$$

Dabei ist $i_j \in \{1, \ldots, n\}$ und $k \in \{2, \ldots, n\}$. Dagegen sprechen wir von **paarweiser Unabhängigkeit**, wenn diese Faktorisierung nur für $k = 2$ gilt.

Beispiel Wir greifen das Beispiel von Seite 51 noch einmal auf. Wir betrachteten $n = 10$ Ereignisse A_i mit $\mathcal{P}(A_i) = 0.99$ für alle i. Mit der Ungleichung von Bonferroni schlossen wir, dass $\mathcal{P}\left(\bigcap_{i=1}^{10} A_i\right) \geq 0.9$ ist. Sind jedoch die A_i voneinander total unabhängig, so ist

$$\mathcal{P}\left(\bigcap_{i=1}^{10} A_i\right) = \left(\mathcal{P}(A_i)\right)^{10} = (0.99)^{10} = 0.9044 . \blacktriangleleft$$

Achtung: Die totale Unabhängigkeit ist in der Praxis wesentlich wichtiger als die bloße paarweise Unabhängigkeit. Daher wird in der Literatur oft der Zusatz „total" weggelassen. Unabhängigkeit heißt dann totale Unabhängigkeit. Nur die Ausnahme paarweise Unabhängigkeit wird dann extra hervorgehoben.

Beispiel Die Geburt der mathematischen Wahrscheinlichkeitstheorie lässt sich auf das Jahr 1654 datieren. In diesem Jahr treffen sich der französische Mathematiker Blaise Pascal und der Chevalier de Méré, ein hochgebildeter Hofmann und Erzieher. Méré schildert Pascal zwei schon seit mehr als 100 Jahren bekannte Probleme aus dem Bereich der Glücksspiele, an deren Lösung Méré aus prinzipiellen Gründen brennend interessiert ist. Diese beiden Probleme sind als die Fragen des Chevalier de Méré in die Geschichte der Wahrscheinlichkeitstheorie eingegangen. Das 1. Problem des Chevalier de Méré lautet in unserer heutigen Formulierung:

Welches der beiden Ereignisse A und B ist wahrscheinlicher?

A = „Bei 4 Würfen mit einem Würfel wird mindestens eine Sechs geworfen."

B = „Bei 24 Würfen mit 2 Würfeln wird mindestens eine Doppelsechs geworfen."

Méré kannte weder den Begriff der Wahrscheinlichkeit noch den der Unabhängigkeit. Wir setzen voraus, dass die Würfel ideal und die Würfe voneinander total unabhängig sind.

Pascal erkennt, dass auch der Zufall den Gesetzen der Mathematik unterworfen ist. In einem Schreiben an die französische Akademie der Wissenschaften kündet er 1654 triumphierend die Geburt einer neuen Wissenschaft an, der er den Namen Geometrie des Zufalls verleiht. Von da ab beginnt der Siegeszug der Wahrscheinlichkeitstheorie. Für uns ist die erste Frage des Chevalier leicht zu beantworten:

$$\mathcal{P}(\text{„Sechs"}) = \frac{1}{6}$$

$$\mathcal{P}(\text{„Keine Sechs"}) = \frac{5}{6}$$

$$\mathcal{P}(\text{„Keine Sechs bei den ersten 4 Würfen"}) = \left(\frac{5}{6}\right)^4$$

$$\mathcal{P}(A) = 1 - \left(\frac{5}{6}\right)^4 = 0.517\,75 .$$

$$\mathcal{P}(\text{„Doppel-Sechs"}) = \frac{1}{6^2}$$

$$\mathcal{P}(\text{„Keine Doppel-Sechs“}) = \frac{35}{36}$$

$$\mathcal{P}(\text{„Keine Doppel-Sechs bei den ersten 24 Würfen“}) = \left(\frac{35}{36}\right)^{24}$$

$$\mathcal{P}(B) = 1 - \left(\frac{35}{36}\right)^{24} = 0.4914\,.$$ ◀

Randbemerkung: Nobody is perfect. Jeder Mensch macht Fehler. Auch wenn wir glauben, dass etwas richtig ist, können wir es – außerhalb der Mathematik – nicht beweisen. Wir akzeptieren nur etwas als richtig, wenn wir es gründlichst geprüft und keine Fehler entdeckt haben. Daher bleibt immer noch eine minimale Wahrscheinlichkeit, dass wir uns geirrt haben. Sagen wir es formaler: Wir entscheiden uns, eine Aussage als „wahr“ anzusehen, wenn sie mit Wahrscheinlichkeit $1 - \varepsilon$ wahr ist. Was heißt dies konkret? Nehmen wir einmal $1 - \varepsilon = 0.99995$ an und nehmen wir weiter an, dass jedes Wort in diesem Buch „wahr“ ist. Angenommen, auf jeder Seite stehen mindestens 400 Wörter, so ergibt dies bei 500 Seiten insgesamt 2×10^5 Wörter. Nehmen wir weiter an, dass die Fehler in den Worten unabhängig voneinander auftreten, dann ist die Wahrscheinlichkeit, dass alle Wörter fehlerfrei sind, gerade $(0.99995)^{2\times10^5} = 4.5 \times 10^{-5}$. Wir müssen nach unserem Kriterium die Aussage: „Mindestens ein Wort ist falsch“ als „wahr“ akzeptieren. Konsequenterweise sind demnach die folgenden beiden Aussagen „wahr“: a) Jedes einzelne Wort in diesem Buch ist richtig. b) Mindestens ein Wort ist falsch. Menschliche und mathematische Logik unterscheiden sich eben.

2.4 Über den richtigen Umgang mit Wahrscheinlichkeiten

Mit Wahrscheinlichkeiten kann man gut rechnen, und am Ende kommt eine wohlbestimmte Zahl heraus. Das macht für viele den Reiz der Theorie aus. Aber die Interpretation dieser Zahl ist problematisch und vor allem der Modellrahmen, in dem diese Rechnungen eingebettet wurden.

So hatte zum Beispiel vor mehr als einem Vierteljahrhundert die zuständige amerikanische Raumfahrtbehörde die Wahrscheinlichkeit für einen Absturz eines Space Shuttle mit 1:1000 berechnet. Diese Zahl ergab sich aus dem Produkt der Ausfallwahrscheinlichkeiten der einzelnen Komponenten. Im Jahr 1986 aber stürzte das Space Shuttle *Challenger* ab. Man hatte zwar „alle“ Fehlerwahrscheinlichkeiten korrekt multipliziert, aber auf die Idee, dass ein Fehler auftreten könnte, an den man nicht gedacht hatte, kam niemand. Die Rechnung war richtig, aber das Modell falsch. Eine empirische Schätzung der Absturzwahrscheinlichkeit auf der Basis der realisierten Starts lag bei 2%.

Achtung: Korrekt berechnete Wahrscheinlichkeiten im falschen Modell können katastrophale Konsequenzen haben.

Eine andere oft gestellte Frage ist, ob wir über ein determiniertes Ereignis eine Wahrscheinlichkeitsaussage machen können. Dazu ein Beispiel.

Beispiel Ich werfe einen fairen Würfel, er wird mit Wahrscheinlichkeit 1/6 eine Sechs zeigen. Nun liegt der Würfel auf dem Tisch. Mein Mitspieler hat die Zahl gesehen, eine Drei liegt oben. Aber er hat den Würfel schnell wieder mit dem Würfelbecher bedeckt. Ich kenne die Zahl nicht. Kann ich jetzt noch sagen: „Mit Wahrscheinlichkeit 1/6 liegt eine Sechs oben“? Es gibt ja kein zufälliges Ereignis mehr, oder genauer gesagt, es hat schon stattgefunden. Hat sich in irgendeinem magischen Augenblick die Wahrscheinlichkeit verflüchtigt? Die Sorge ist unbegründet. Die Wahrscheinlichkeit liegt nicht im Würfel und nicht im Wurf, sondern in unserem Modell und in unserer Entscheidung, ob das Modell unserem Wissen angemessen sei. Wenn wir das Modell „Der Würfel zeigt jede Zahl mit der gleichen Wahrscheinlichkeit 1/6“ vor dem Wurf für adäquat halten, dann spricht nichts dagegen, auch dem verdeckten, aber unbekannten Ergebnis die Wahrscheinlichkeit 1/6 zuzuweisen. ◀

Unabhängige Ereignisse haben keine Erinnerung, Menschen dagegen schon. Viele „unglaublichen“ Ereignisse sind gar nicht so überraschend, da sie im Rückblick gesehen und nicht als Prognose geäußert wurden. Dazu ein Beispiel:

Beispiel Am 21.9.2010 und am 16.10 2010 wurden beim israelischen Lotto zweimal hintereinander dieselben Lottozahlen 13, 14, 26, 32, 33 und 36 gezogen. Dieses Ereignis wurde weltweit und auch in fast allen deutschen Tageszeitungen zitiert. Die Wahrscheinlichkeit für ein solches zufälliges Ereignis läge bei 1 zu $4 \cdot 10^{12}$ wurde ein israelischer Statistiker zitiert. Nehmen wir einmal an, beim israelischen Lotto würden ähnlich wie bei deutschen Lotto, diesmal aber nur 6 aus 37 Zahlen gezogen werden, dann ist die die Wahrscheinlichkeit für 6 Richtige gerade $1 : \binom{37}{6} = 1 : 2.3 \times 10^6$ und die Wahrscheinlichkeit, dass zweimal hintereinander dieselben Zahlen gezogen werden $1 : \binom{37}{6}^2 = 1 : 5.4 \times 10^{12}$. So weit ist alles richtig. Aber wieso diese Aufregung? Die Ziehungen an jedem Wochenende sind unabhängig voneinander. Infolgedessen ist am 16.10.2010 die Wahrscheinlichkeit, dass die Zahlen 13, 14, 26, 32, 33 und 36 gezogen werden, genauso groß, wie sie es am 21.9.2010 waren, nämlich $1 : 2.3 \times 10^6$. Es war daher am 16.10.2010 genauso rational bzw. irrational auf die Zahlen 13, 14, 26, 32, 33 und 36 zu setzen, wie es eine Woche vorher war. Wenn wir aber über das so maßlos unerwartete Zusammentreffen zweier identischen Ziehung erstaunen, zeigt es doch nur, dass wir uns über die minimale Wahrscheinlichkeit eines Sechsers im Lotto nicht bewusst sind. Nebenbei, die *A-priori*-Wahrscheinlichkeit von $1 : 5.4 \times 10^{12}$ für eine Doppelziehung dieser Zahlen ist nur für eine Prognose relevant. Sie ist im Rückblick, wenn wir die erste gezogene Zahlenserie kennen, für den Schluss auf die zweite Serie irrelevant, da beide Ziehungen voneinander unabhängig sind. ◀

Nicht nur der Umgang mit unabhängigen Ereignissen, sondern vor allem auch der mit bedingten Wahrscheinlichkeiten ist heikel. Vor allem sind Schlussfolgerungen, die sich auf bedingte

Anwendung: Hintereinander- und Parallelschaltung

Ein System wird umso fehleranfälliger, je größer die Zahl der Einzelteile ist, die unabhängig voneinander funktionieren müssen. Durch Redundanz kann dagegen auch bei anfälligen Einzelteilen die Gesamtsicherheit beliebig hoch gesetzt werden.

Wir betrachten zwei Lampen a_1 und a_2, die wie in der folgenden Abbildung

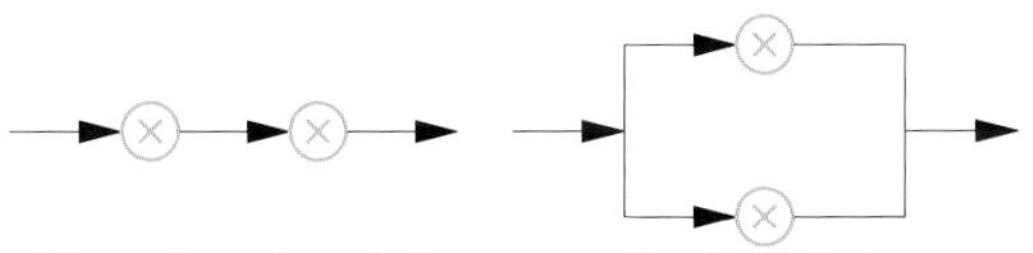

Hintereinanderschaltung   Parallelschaltung

hintereinander oder parallel geschaltet werden können. Wir betrachten die folgenden beiden Ereignisse A_1 und A_2:

$$A_i = \text{„Die Lampe } a_i \text{ ist intakt und brennt."}$$

Die Ausfallwahrscheinlichkeiten jeder Lampe a_i sei α. Es gilt also

$$\mathcal{P}(A_1) = \mathcal{P}(A_2) = 1 - \alpha.$$

Nehmen wir an, dass die beiden Lampen unabhängig voneinander ausfallen, das heißt, wir betrachten A_1 und A_2 als unabhängige Ereignisse. Wir sagen: „Das System funktioniert, wenn Strom fließt". Sind die Lampen hintereinander geschaltet, ist dies genau dann der Fall, wenn beide Lampen funktionieren. Die Wahrscheinlichkeit hierfür ist

$$\mathcal{P}(A_1 \cap A_2) = (1 - \alpha)^2.$$

Nun betrachten wir nicht nur zwei Lampen, sondern n hintereinander geschaltete Lampen mit derselben Ausfallwahrscheinlichkeit α, die total unabhängig voneinander funktionieren. Dann funktioniert das System mit der Wahrscheinlichkeit

$$\mathcal{P}\left(\bigcap_{i=1}^{n} A_i\right) = \mathcal{P}(A_1) \cdot \dots \cdot \mathcal{P}(A_n) = (1 - \alpha)^n.$$

Bei hinreichend großem n kann $(1-\alpha)^n$ beliebig klein werden; mit hoher Wahrscheinlichkeit wird das System nicht funktionieren.

Betrachten wir nun die Parallelschaltung der Lampen. Strom fließt und das System funktioniert, wenn mindestens eine der beiden Lampen brennt. Die Ausfallwahrscheinlichkeit des Systems ist nun

$$\mathcal{P}\left(A^C \cap B^C\right) = \mathcal{P}\left(A^C\right) \cdot \mathcal{P}\left(B^C\right) = \alpha^2.$$

Schalten wir nicht nur zwei sondern k Lampen parallel, so ist die Ausfallwahrscheinlichkeit des Systems α^k. Betrachten wir nun n hintereinander geschaltete „Lampensysteme", die aus jeweils k parallel geschalteten Lampen bestehen, so funktioniert dieses – mit k-facher Redundanz versehene – System mit der Wahrscheinlichkeit $\left(1 - \alpha^k\right)^n$. Die folgende Tabelle zeigt für $\alpha = 0,10$ die Werte der Funktion $(1 - \alpha^k)^n$ in Abhängigkeit von k und n.

	n			
k	1	2	4	8
1	0.900 0	0.810 0	0.656 1	0.430 5
2	0.990 0	0.980 1	0.960 6	0.922 7
3	0.999 0	0.998 0	0.996 0	0.992 0
4	0.999 9	0.999 8	0.999 6	0.999 2
5	1.000 0	1.000 0	1.000 0	0.999 9
6	1.000 0	1.000 0	1.000 0	1.000 0
7	1.000 0	1.000 0	1.000 0	1.000 0

	n			
k	10	20	50	100
1	0.348 7	0.121 6	0.005 15	0.000 02
2	0.904 4	0.817 9	0.605 00	0.366 03
3	0.990 0	0.980 2	0.951 20	0.904 79
4	0.999 0	0.998 0	0.995 01	0.990 04
5	0.999 9	0.999 8	0.999 49	0.998 99
6	1.000 0	1.000 0	0.999 94	0.999 89
7	1.000 0	1.000 0	0.999 99	0.999 98

Wahrscheinlichkeiten stützen, völlig verschieden, je nachdem, ob wir $\mathcal{P}(A \mid B)$ oder $\mathcal{P}(B \mid A)$ betrachten. Das soll an einigen Beispielen erläutert werden.

Beispiel Ein bayerischer Innenminister hat aus der Erkenntnis, dass fast jeder Heroinabhängige mit Marihuana angefangen hat, die Schlussfolgerung gezogen, dass Marihuana zu verbieten sei. Formalisieren wir diese Angaben. Es seien A und B die Ereignisse A : „Der Mann hat früher Marihuana geraucht" und B: „Der Mann ist heroinabhängig". Weiter ist $\mathcal{P}(A \mid B) \approx 1$. Was folgt daraus – rein statistisch formal – für $\mathcal{P}(B \mid A)$?

Zur Verdeutlichung verändern wir die Inhalte der Ereignisse und verwenden für A: „Der Mann war früher ein Kind" und B: „Der Mann ist ein Mörder". Dann ist $\mathcal{P}(A \mid B) = 1$. Das steht nicht im Widerspruch zur optimistischen Aussage $\mathcal{P}(B \mid A) \approx 0$.

Die Forderung des Innenministers mag zwar für sich sinnvoll sein, sollte aber nicht auf $\mathcal{P}(A \mid B) \approx 1$, sondern auf die hier nicht genannte Wahrscheinlichkeit $\mathcal{P}(B \mid A)$ stützen. ◄

Bei bedingten Wahrscheinlichkeiten kommt es darauf an, ob auch relevante Bedingungen genannt werden. Im Mordprozess gegen den amerikanischen Footballstar Simpson entkräfteten die Anwälte des Angeklagten den Vorwurf, Simpson habe seine Frau schon früher geschlagen mit einem stochastischen Argument und konnten so offenbar die Jury überzeugen.

Beispiel Es sei MSF das Ereignis: „Der Mann schlägt seine Frau" und MEF das Ereignis: „Der Mann ermordet seine Frau". Die Wahrscheinlichkeit $\mathcal{P}(\text{MEF} \mid \text{MSF})$, dass ein Mann, der seine Frau schlägt, diese auch ermordet, ist aus Statistiken

Beispiel: Bayesianische Spam-Filter

Fast jeder Empfänger von E-Mails leidet unter Spam-Mails, die seine Postbox überschwemmen. Abhilfe sollen Spam-Filter schaffen, die Spam, die schlechte Mail, von Ham, der guten Mail, trennen.

Problemanalyse und Strategie: Der Spam-Filter soll sich auf den individuellen Mailempfänger einstellen und die Unterscheidung zwischen Spam und Ham lernen. Dies leisten Filter mithilfe der Regel von Bayes.

Lösung:
Nachrichten können aus Texten, Bildern und akustischen Anteilen bestehen. Wir betrachten nur Filter, die Texte analysieren. Texte bestehen aus Worten oder Wortsegmenten. Gewisse Worte, wie zum Beispiel „Viagra", sind bei den meisten Empfängern eindeutige Indikatoren für Spam, könnten aber bei einem Urologen durchaus auch in der regulären Post auftauchen. Spam-Filter bauen einen Katalog von Schlüsselworten $\{w_i, i = 1, \ldots\}$ auf und klassifizieren Mails anhand der Schlüsselworte sowie der Mailstruktur des Empfängers nach Spam oder Ham.

Betrachten wir einen individuellen Empfänger A. Es sei $\mathcal{P}(S)$ die *A-priori*-Wahrscheinlichkeit, mit der Empfänger A Spam erhält. Weiter sei

$$\mathcal{P}(w_1, \ldots, w_n \mid S) \quad \text{bzw.} \quad \mathcal{P}(w_1, \ldots, w_n \mid H)$$

die Wahrscheinlichkeit, mit der in einer Spam-Mail bzw. einer Ham-Mail an A die Schlüsselworte $w_1, \ldots, w_n$ auftauchen. Für die Klassifikation entscheidend ist die Wahrscheinlichkeit $\mathcal{P}(S \mid w_1, \ldots, w_n)$, dass ein Text, in dem sich die Schlüsselworte finden, Spam ist. Nach Bayes gilt:

$$\mathcal{P}(S \mid w_1, \ldots, w_n) = \frac{\mathcal{P}(w_1, \ldots, w_n \mid S)}{\mathcal{P}(w_1, \ldots, w_n)} \mathcal{P}(S),$$

$$\mathcal{P}(H \mid w_1, \ldots, w_n) = \frac{\mathcal{P}(w_1, \ldots, w_n \mid H)}{\mathcal{P}(w_1, \ldots, w_n)} \mathcal{P}(H).$$

Bilden wir den Spam-Ham-Quotienten Q, kürzt sich $\mathcal{P}(w_1, \ldots, w_n)$ heraus:

$$Q = \frac{\mathcal{P}(S \mid w_1, \ldots, w_n)}{\mathcal{P}(H \mid w_1, \ldots, w_n)} = \frac{\mathcal{P}(w_1, \ldots, w_n \mid S)}{\mathcal{P}(w_1, \ldots, w_n \mid H)} \frac{\mathcal{P}(S)}{\mathcal{P}(H)}$$

Zur weiteren Vereinfachung wird der grammatische und inhaltliche Zusammenhang der Worte ignoriert und angenommen, dass die Schlüsselworte w_i unter der Bedingung *Spam* ebenso wie unter der Bedingung *Ham* unabhängig sind:

$$\mathcal{P}(w_1, \ldots, w_n \mid S) = \prod_{i=1}^{n} \mathcal{P}(w_i \mid S)$$

$$\mathcal{P}(w_1, \ldots, w_n \mid H) = \prod_{i=1}^{n} \mathcal{P}(w_i \mid H)$$

Dann ist der Spam-Ham-Quotienten gleich

$$\frac{\mathcal{P}(S \mid w_1, \ldots, w_n)}{\mathcal{P}(H \mid w_1, \ldots, w_n)} = \frac{\mathcal{P}(S)}{\mathcal{P}(H)} \prod_{i=1}^{n} \frac{\mathcal{P}(w_i \mid S)}{\mathcal{P}(w_i \mid H)}.$$

Worte, die mit gleicher Wahrscheinlichkeit in einer Spam- wie in einer Ham-Mail auftauchen, wie zum Beispiel *to, and, the,* brauchen nicht berücksichtigt zu werden, da sich ihre Wahrscheinlichkeit herauskürzt. Sie sind im Katalog der Schlüsselworte nicht enthalten.

Überschreitet der Quotient Q eine individuell festsetzbare Schranke, wird die Mail als Spam klassifiziert. Nun bleibt die Aufgabe, die Wahrscheinlichkeiten auf der rechten Seite der Gleichung zu schätzen. $\frac{\mathcal{P}(S)}{\mathcal{P}(H)}$ wird aus dem Verhältnis der Anzahl von Spam- zu Ham-Mail geschätzt. Erhielt der Empfänger A zum Beispiel n^S Spam- und n^H Ham-Mails, so wird $\frac{\mathcal{P}(S)}{\mathcal{P}(H)}$ durch $\frac{n^S}{n^H}$ geschätzt. Taucht in den n^S Spam-Mails das Wort w_i insgesamt n_i^S auf, so wird $\mathcal{P}(w_i \mid S)$ durch $\frac{n_i^S}{n_S}$ geschätzt. Taucht das Wort in den Ham-Mails n_i^H mal auf, wird $\mathcal{P}(w_i \mid S)$ durch $\frac{n_i^H}{n^H}$ geschätzt. Damit wird der Spam-Ham-Quotient geschätzt durch

$$\widehat{Q} = \frac{n^S}{n^H} \prod_{i=1}^{n} \frac{\frac{n_i^S}{n_S}}{\frac{n_i^H}{n_H}}.$$

Nach jedem Empfang einer Mail wird die Entscheidung Spam oder Ham getroffen. Wird sie von Empfänger bestätigt bzw. widerrufen, werden die Zahlen n^S, n^H, n_i^S und n_i^H sowie gegebenenfalls das Wörterbuch aktualisiert. Wir haben hier nur einen einzigen Aspekt betrachtet. Gute Spamfilter nutzen weitere Informationsquellen, wie zum Beispiel Adressbücher und berücksichtigen, dass Schlüsselworte oft durch Sonderzeichen zerlegt erscheinen.

der Gerichte bekannt. Sie ist glücklicherweise relativ klein $\mathcal{P}(\text{MEF} \mid \text{MSF}) \approx 1 : 2500$.

Demnach, folgerten die Anwälte, ist die Tatsache, dass Simpson seine Frau schlug, für den Mordvorwurf unerheblich.

Aber auf diese Wahrscheinlichkeit $\mathcal{P}(\text{MEF} \mid \text{MSF})$ kommt es hier nicht an. Die wichtigste Bedingung wurde hier ausgelassen, nämlich das Ereignis FE: „Die Frau wurde ermordet". Hier gilt leider $\mathcal{P}(\text{MEF} \mid \text{MSF} \cap FE) = 8/9$. In 8/9 aller Fälle, in denen die Ehefrau ermordet wurde und der Ehemann seine Frau geschlagen hatte, war dieser auch der Täter. ◀

Ein geradezu klassisches Beispiel für die Verwirrungen, die durch die Verwechslung von zufälligen Ereignissen und deterministischen Modelleinschränkungen entstehen, ist das sogenannte Ziegenproblem. Wir betrachten eine Reihe von Varianten.

Beispiel Wir betrachten drei Karten, die sich nur in einer einzigen Beziehung unterscheiden: Die erste Karte ist auf der Vorder- und der Rückseite rot (RR), die zweite auf beiden Seiten schwarz (SS), und die dritte auf einer Seite rot und der anderen Seite schwarz gefärbt (RS).

Eine der drei Karten wird zufällig gezogen und auf den Tisch gelegt. Die Oberseite ist rot. Welche Farbe hat die Unterseite? Was halten Sie von folgender Argumentation?

Da Rot oben liegt, kann es sich nicht um die Karte (SS)*, es muss sich allein um die Karten* (SR) *oder* (RR) *handeln. Beide Fälle sind gleichwahrscheinlich. Ich biete Ihnen daher eine offensichtlich faire Wette an: Sie kriegen einen Euro, wenn Schwarz unten liegt, und ich, wenn Rot unten liegt.*

Bei dieser Wette werden Sie verlieren, denn die Wahrscheinlichkeit, dass Rot unten liegt, ist doppelt so groß wie die Wahrscheinlichkeit für Schwarz. Ohne großen Formalismus können Sie sich dies so erklären: Mit Wahrscheinlichkeit $2/3$ wird eine homogene Karte, also RR oder SS gezogen. Nur mit Wahrscheinlichkeit $1/3$ wird die einzige inhomogene Karte nämlich RS gezogen. Wenn aber eine homogene Karte gezogen wird und R oben liegt, kann es sich nur um die Karte RR handeln. Formal geht es so:

$$\begin{aligned}\mathcal{P}(\mathrm{RR} \mid \mathrm{R_{oben}}) &= \frac{\mathcal{P}(\mathrm{RR} \cap \mathrm{R_{oben}})}{\mathcal{P}(\mathrm{R_{oben}})}\\ &= \frac{\mathcal{P}(\mathrm{RR})}{\mathcal{P}(\mathrm{R_{oben}} \mid \mathrm{RR})\,\mathcal{P}(\mathrm{RR}) + \mathcal{P}(\mathrm{R_{oben}} \mid \mathrm{SR})\,\mathcal{P}(\mathrm{SR})}\\ &= \frac{1}{\mathcal{P}(\mathrm{R_{oben}} \mid \mathrm{RR}) + \mathcal{P}(\mathrm{R_{oben}} \mid \mathrm{SR})},\end{aligned}$$

denn $\mathcal{P}(\mathrm{RR}) = \mathcal{P}(\mathrm{SR})$. Weiter sind $\mathcal{P}(\mathrm{R_{oben}} \mid \mathrm{RR}) = 1$ und $\mathcal{P}(\mathrm{R_{oben}} \mid \mathrm{SR}) = 0.5$. Also:

$$\mathcal{P}(\mathrm{RR} \mid \mathrm{R_{oben}}) = \frac{1}{1.5} = \frac{2}{3}.$$

Siehe auch Abbildung 2.8.

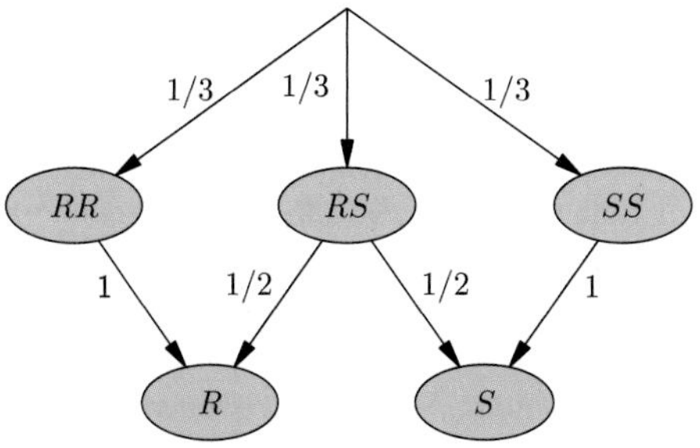

Abbildung 2.8 Liegt R oben, so ist es doppelt so wahrscheinlich, dass auch R unten liegt, wie dass S unten liegt. ◀

Beispiel Wir ändern die Bedingungen aus Beispiel 2.4 geringfügig. Nun zieht ein neutraler Schiedsrichter die Karte, verbirgt sie vor uns und erklärt bloß: Die gezogenen Karte hat mindestens eine rote Seite. Wie groß ist die Wahrscheinlichkeit, dass die andere Seite rot ist?

Jetzt haben wir nur die Information erhalten, dass entweder die Karte (RR) oder (SR) gezogen wurde. Die relevante Wahrscheinlichkeit ist

$$\begin{aligned}\mathcal{P}(RR \mid RR \cup SR) &= \frac{\mathcal{P}(RR \cap (RR \cup SR))}{\mathcal{P}(RR \cup SR)}\\ &= \frac{\mathcal{P}(RR)}{\mathcal{P}(RR \cup SR)} = \frac{\mathcal{P}(RR)}{\mathcal{P}(RR) + \mathcal{P}(SR)}\\ &= \frac{1}{2}.\end{aligned}$$

Was unterscheidet beide Modelle: Im ersten Fall haben wir zwei zufällige Ereignisse, nämlich die Ziehung der Karten und dann Ablage auf den Tisch. Im zweiten Fall ist das zweite Zufallsereignis entfallen und durch die Information „Ich sehe rot" ersetzt. Den zu diesem Beispiel passenden Graphen zeigt Abbildung 2.9.

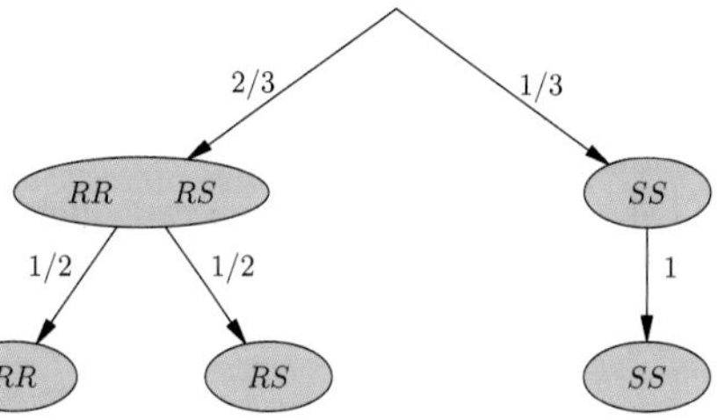

Abbildung 2.9 Wird nur die Information „R" gegeben, so ist RR genauso wahrscheinlich wie RS. ◀

Beispiel Nun ändern wir das Kartenspiel und betrachten vier Karten mit gleicher Rückseite. Zwei Vorderseiten sind rot, zwei sind schwarz. Sie ziehen zufällig zwei Karten. In der Hand haben Sie genau eine der vier gleichwahrscheinlichen Kombinationen (R, R), (S, R), (R, S) und (S, S). Achten wir nicht auf die Reihenfolge der Karten, so ist $\mathcal{P}(RR) = \mathcal{P}(SS) = \frac{1}{4}$ und $\mathcal{P}(SR) = \frac{1}{2}$.

Wir betrachten wieder zwei ähnliche Situationen

1. Ihr Mitspieler zieht zufällig eine Ihrer Karten oder sie fällt Ihnen zufällig aus der Hand. Sie ist rot.
2. Sie blicken in Ihre Karten, ziehen bewusst eine rote Karte heraus und legen sie offen auf den Tisch.

Wie groß ist die Wahrscheinlichkeit, dass die andere Karte, die Sie noch auf der Hand haben, rot ist?

Im ersten Fall haben wir wie in Beispiel 2.4:

$$\begin{aligned}\mathcal{P}(RR \mid R_{\mathrm{oben}}) &= \frac{\mathcal{P}(RR)}{\mathcal{P}(R_{\mathrm{oben}})}\\ &= \frac{\mathcal{P}(RR)}{\mathcal{P}(R_{\mathrm{oben}} \mid RR)\,\mathcal{P}(RR) + \mathcal{P}(R_{\mathrm{oben}} \mid SR)\,\mathcal{P}(SR)}.\end{aligned}$$

Nur sind jetzt $\mathcal{P}(RR) = 1/4$ und $\mathcal{P}(SR) = 1/2$. Also:

$$\mathcal{P}(RR \mid R_{\mathrm{oben}}) = \frac{\frac{1}{4}}{1 \cdot \frac{1}{4} + \frac{1}{2}\frac{1}{2}} = \frac{1}{2}.$$

Im zweiten Fall ist die Ziehung nicht zufällig geschehen. Wir finden daher:

$$\mathcal{P}(RR \mid RR \cup SR) = \frac{\mathcal{P}(RR)}{\mathcal{P}(RR) + \mathcal{P}(SR)} = \frac{1/4}{1/4 + 1/2} = \frac{1}{3}.$$

◀

Beispiel Nehmen wir mal an, Sie träfen mich zufällig auf dem Flughafen, und ich erzählte Ihnen, dass ich nach Zürich fliege, um meine Tochter zu besuchen. Im Laufe des Gesprächs erwähne ich noch, dass ich insgesamt zwei Kinder habe. Wie groß ist die Wahrscheinlichkeit, dass das andere Kind ein Junge ist?

Der Einfachheit halber nehmen wir an, dass ein neugeborenes Kind mit Wahrscheinlichkeit 1/2 ein Junge ist und das Geschlecht eines Kindes unabhängig vom Geschlecht seiner Geschwister ist.

Wir haben hier die gleiche Situation wie im Beispiel 2.4, nur ist das Merkmal Geschlecht gegen das Merkmal Farbe getauscht: Kürzen wir Junge mit J und Mädchen mit M ab und nennen das Geschlecht des erstgeborenen Kindes zuerst, dann sind die vier möglichen Fälle (JJ), (JM), (MJ) und (MM) gleichwahrscheinlich. Die Information, dass ich zu meiner Tochter reise, bedeutet nur, dass die Kombination (JJ) ausscheidet. Daher ist

$$\mathcal{P}(MM \mid MJ \cup JM \cup MM) = \frac{\mathcal{P}(MM)}{\mathcal{P}(MJ \cup JM \cup MM)} = \frac{1}{3}.$$

Die Wahrscheinlichkeit, das das andere Kind ein Junge ist, ist also $\frac{2}{3}$. Hätte ich Ihnen jedoch noch gesagt, dass ich zu meiner Jüngsten fliege, wäre die Wahrscheinlichkeit, dass das andere, also das ältere Kind, ein Junge ist, wie zu erwarten $\frac{1}{2}$. ◀

Beispiel Das folgende Beispiel sorgt immer mal wieder für Aufregung in der Öffentlichkeit, obwohl es seit Jahrzehnten in vielen Lehrbüchern steht. Bei einem Spiel im Fernsehen darf der Gewinner am Ende des Spiels sich eine von drei verschlossenen Dosen A, B oder C wählen. und ihr einen Schlüssel entnehmen. Der Schlüssel passt zu einer von drei Türen a, b oder c. Hat er die richtige Tür bzw. Dose mit Schlüssel gewählt, öffnet sich die Tür. Dahinter steht ein Mercedes, und dieser gehört ihm. Hat er eine falsche Tür erwischt, so erwartet ihn hinter der Tür nur eine Ziege, die ihn spöttisch anmeckert.

Die Wahrscheinlichkeit, den Mercedes zu gewinnen, ist offenbar $1/3$.

Ein Spieler hat gerade eine Dose gewählt, sagen wir die Dose A, da nimmt der Spielleiter eine der beiden am Tisch verbliebenen Dosen, sagen wir Dose B, entnimmt ihr den Schlüssel b, öffnet die dazugehörende Tür. Es erscheint eine Ziege. Nun fragt der Spieler, ob er seine Dose A gegen die letzte Dose C austauschen könne. Ihm gefalle jetzt Dose C besser als Dose A.

Ist dieses Verhalten rational?

Ja, der Tausch ist dann vorteilhaft, wenn wir davon ausgehen, dass der Spielleiter weiß, wo der richtige Schlüssel steckt und er nur eine „Ziegendose" öffnet. In diesem Fall verdoppelt der Spieler seine Gewinnchancen. Wir können dies ohne große Rechnung leicht sehen: Mit Wahrscheinlichkeit $1/3$ hat der Spieler die richtige Dose ergriffen. Mit Wahrscheinlichkeit $2/3$ liegt der richtige Schlüssel auf dem Tisch. Durch die Wegnahme einer falschen Dose, hat sich die Lage des richtigen Schlüssels nicht geändert. Weiterhin gilt: Mit Wahrscheinlichkeit $2/3$ liegt der richtige Schlüssel auf dem Tisch.

Durch den Tausch der Dosen A und C steckt der Spieler alles ein, was auf dem Tisch liegt und hat so mit der Wahrscheinlichkeit $2/3$ den richtigen Schlüssel in seinem Besitz.

Wir können es auch formalisieren. Es sei A das Ereignis, dass in Dose A der richtige Schlüssel steckt, und $\overline{A}$ das komplementäre Ereignis, dass der Schlüssel eben nicht in Dose A steckt. Analog für B und C. Zu Beginn ist $\mathcal{P}(A) = \mathcal{P}(B) = \mathcal{P}(C) = 1/3$. Dann ist

$$\begin{aligned}
&\mathcal{P}(A \mid \text{Spielleiter ergreift Ziegendose}) \\
&\quad = \frac{\mathcal{P}(A \cap (\text{Spielleiter ergreift Ziegendose}))}{\mathcal{P}(\text{Spielleiter ergreift Ziegendose})} \\
&\quad = \frac{\mathcal{P}(A)}{\mathcal{P}(\text{Spielleiter ergreift Ziegendose})} \\
&\quad = \mathcal{P}(A),
\end{aligned}$$

denn der Spielleiter ergreift mit Sicherheit eine Ziegendose. Also muss mit Wahrscheinlichkeit $2/3$ der Schlüssel in der verbleibenden Dose liegen.

Nun ändern wir die Situation: Jetzt treten zwei Spieler auf. Beide wählen sich eine Dose. Sagen wir, unser Spieler wählt A, der Mitspieler wählt B. Er darf als erster seinen Schlüssel probieren und wird dann von der Ziege ausgelacht. Lohnt es sich nun die Dose A gegen Dose C auszutauschen?

Nun ist $\overline{B} = A \cup C$ ein zufälliges Ereignis, daher ist

$$\begin{aligned}
\mathcal{P}\left(A \mid \overline{B}\right) &= \frac{\mathcal{P}\left(A \cap \overline{B}\right)}{\mathcal{P}\left(\overline{B}\right)} = \frac{\mathcal{P}(A)}{\mathcal{P}\left(\overline{B}\right)} \\
&= \frac{\mathcal{P}(A)}{\mathcal{P}(A) + \mathcal{P}(C)} = \frac{1/3}{1/3 + 1/3} = \frac{1}{2}.
\end{aligned}$$

Da Dose B ausgeschieden ist, ist der richtige Schlüssel mit gleicher Wahrscheinlichkeit in A oder in C. Der Dosentausch verbessert die Chancen nicht. ◀

Beispiel Das folgende Beispiel ist in der Literatur als Gefangenenparadox bekannt. Drei Gefangene, nennen wir sie A, B und C, sind zum Tode verurteilt, alle haben ein Gnadengesuch eingereicht. Sie erfahren: Einer ist begnadigt worden, aber nicht wer von Ihnen. Dies weiß jedoch der Gefangenenwärter. Alle drei warten in Einzelhaft. Nun nimmt der Gefangene A den Wärter beiseite und sagt zu ihm: „Wir beide wissen, dass von den beiden anderen, B und C, mindestens einer nicht begnadigt wurde. Wenn Du mir den Namen dessen nennst, der nicht begnadigt wurde, so verrätst Du mir nichts, was für mich relevant wäre. Dabei kann ich mein Wissen auch nicht weitergeben." Der Wärter lässt sich überzeugen und sagt: „B ist nicht begnadigt worden." Darauf freut sich A und sagt: „Vor dem Gespräch mit Dir war meine Überlebenschance $1/3$, nun aber bleiben nur mein Mitgefangener C und ich übrig. Daher ist meine Überlebenschance auf $1/2$ gestiegen." Freut er sich zu Recht?

Leider nicht. Es handelt sich um die gleiche Situation wie beim Ziegenproblem aus dem Beispiel von Seite 64. Wir haben drei Gnadengesuche, drei Antwortbriefe, einer enthält die Begnadigung. A nimmt einen, die beiden anderen gehören zur Nachbarzelle. Mit der Wahrscheinlichkeit 2/3 liegt das Begnadigungsschreiben in der Nachbarzelle. Eine negative Antwort wird aus der Nachbarzelle entfernt. Also ist die Wahrscheinlichkeit einer Begnadigung von A bei 1/3 geblieben, dagegen ist die von C auf 2/3 gestiegen. ◀

Ein weiteres lehrreiches Beispiel steht auf Seite 110. Es verwendet aber die Hypergeometrische Verteilung, die wir jetzt noch nicht kennen. Zum Abschluss betrachten wir noch den Einsatz der Wahrscheinlichkeitstheorie in der Genetik:

Das Hardy-Weinberg-Gesetz

Der englische Mathematiker G. H. Hardy und der deutsche Arzt W. Weinberg entdeckten unabhängig voneinander im Jahr 1908 die Konstanz der Häufigkeitsverteilungen der Gene und Genotypen während der Vererbung. Sie beantworteten damit die nach Bekanntwerden der Mendel'schen Vererbungsgesetze aufgetretene Frage, wie bei der Vererbung genetisch stabile Nachfolgegenerationen entstehen könnten. Ihre Entdeckung ist als Hardy-Weinberg-Gesetz bekannt.

Unserer Erbanlagen werden in den Genen vererbt, jedes Gen tritt in zwei nicht notwendig verschiedenen Varianten, den Allelen, auf. Vater und Mutter liefern zu jedem Gen jeweils ein Allel und bestimmen so den Genotyp des Kindes. Betrachten wir im Folgenden ein einziges Gen, das nur in den Allelen A und a auftrete. Im Normalfall vererben Vater und Mutter unabhängig voneinander mit Wahrscheinlichkeit 0.5 jeweils eines ihrer beiden Allele. Wir betrachten nun eine feste Elternpopulation, in der die drei Genotypen AA, Aa bzw. aa mit den Wahrscheinlichkeiten

$$\begin{aligned} p &= \mathcal{P}(AA) \\ q &= \mathcal{P}(Aa) \\ r &= \mathcal{P}(aa) \end{aligned}$$

auftreten. Abbildung 2.10 zeigt, wie und mit welchen Wahrscheinlichkeiten die beiden Allele vom Vater vererbt werden können.

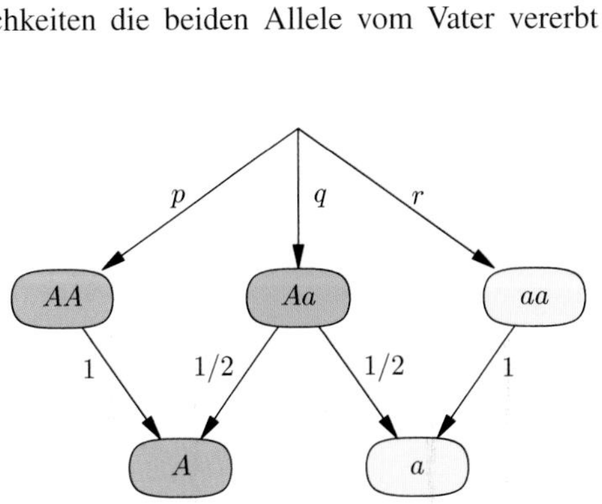

Abbildung 2.10 Mit Wahrscheinlichkeit $p + \frac{q}{2}$ wird das Allel A, mit der Wahrscheinlichkeit $r + \frac{q}{2}$ wird das Allel a vererbt.

Demnach wird das Allel A mit der Wahrscheinlichkeit

$$\mathcal{P}(A) = p + \frac{q}{2} = \alpha$$

und das Allel a mit der Wahrscheinlichkeit

$$\mathcal{P}(a) = r + \frac{q}{2} = \beta$$

vererbt. Dabei ist $\alpha + \beta = 1$. Die Größen α und β haben eine einfache genetische Interpretation. Besteht die Population aus N Individuen, so sind in ihr $2Np + Nq$ Allele des Typs A und $2Nr + Nq$ Allele des Typs a enthalten. Die Häufigkeitsanteile der beiden Allele im Genpool dieser Population sind dann

$$\frac{2Np + Nq}{2N} = p + \frac{q}{2} \quad \text{und} \quad \frac{2Nr + Nq}{2N} = r + \frac{q}{2}.$$

Damit können wir α und β als die totalen Wahrscheinlichkeiten der Allele A und a in der Generation der Eltern interpretieren. Vater und Mutter vererben ihre Allele unabhängig voneinander. Dann können im Kind die Gentypen AA, Aa bzw. aa aus folgenden Kombinationen und mit folgenden Wahrscheinlichkeiten stammen:

		vom Vater vererbtes Gen	
		$\mathcal{P}(A) = \alpha$	$\mathcal{P}(a) = \beta$
von der Mutter vererbtes Gen	$\mathcal{P}(A) = \alpha$	α^2	$\alpha\beta$
	$\mathcal{P}(a) = \beta$	$\alpha\beta$	β^2

Um die Wahrscheinlichkeiten der drei Genotypen in der Kindergeneration von derjenigen der Eltern zu unterscheiden, kennzeichnen wir sie zusätzlich mit dem Index 1. Dann erhalten wir:

$$p_1 = \mathcal{P}_1(AA) = \alpha^2, \tag{2.7}$$

$$r_1 = \mathcal{P}_1(aa) = \beta^2, \tag{2.8}$$

$$q_1 = 2\alpha\beta. \tag{2.9}$$

Die Verteilung der Allele in der Kindergeneration ist nun

$$\begin{aligned} \alpha_1 = \mathcal{P}_1(A) &= p_1 + \frac{q_1}{2} \\ &= \alpha^2 + \alpha\beta \\ &= \alpha(\alpha + \beta) = \alpha. \end{aligned}$$

und analog $\beta_1 = \beta$. Die Verteilung der Allele hat sich nicht geändert: $\mathcal{P}_1(A) = \mathcal{P}(A)$ und $\mathcal{P}_1(a) = \mathcal{P}(a)$. Dagegen kann sich die Verteilung der Genotypen geändert haben, z. B. von p zu p_1. Betrachten wir nun die Generation der Enkel. Da die Verteilung der Allele sich nicht geändert hat, folgt wegen $\alpha_1 = \alpha$ und $\beta_1 = \beta$ aus Formel (2.7) bis (2.9):

$$\begin{aligned} \mathcal{P}_2(AA) &= \alpha_1^2 = \alpha^2 = \mathcal{P}_1(AA), \\ \mathcal{P}_2(Aa) &= \alpha_1\beta_1 = \alpha\beta = \mathcal{P}_1(Aa), \\ \mathcal{P}_2(aa) &= \beta_1^2 = \beta^2 = \mathcal{P}_1(aa). \end{aligned}$$

Daher bleibt auch die Verteilung der Genotypen invariant.

Eine Population befindet sich im Hardy-Weinberg-Gleichgewicht, wenn bei der Vererbung die Verteilung der Genotypen im Wechsel der Generationen sich nicht ändert. Wenn die Allele unabhängig voneinander gekreuzt werden, ist demnach bereits die Generation der Kinder im Hardy-Weinberg-Gleichgewicht.

Betrachten wir eine beliebige Population mit der Genotypverteilung $\mathcal{P}(AA) = p$, $\mathcal{P}(Aa) = q$ und $\mathcal{P}(aa) = r$, die sich im Hardy-Weinberg-Gleichgewicht befindet. Es gilt also:

$$p_1 = \left(p + \frac{q}{2}\right)^2 = p\,, \tag{2.10}$$

$$r_1 = \left(r + \frac{q}{2}\right)^2 = r\,, \tag{2.11}$$

$$q_1 = 2\left(p + \frac{q}{2}\right)\left(r + \frac{q}{2}\right) = q\,. \tag{2.12}$$

Wir setzen nun zur Abkürzung $p = \alpha^2$ und $r = \beta^2$ mit $0 \leq \alpha$, $\beta \leq 1$. Dann folgt aus den ersten beiden Gleichungen (2.10) und (2.11), wenn wir auf beiden Seiten die Wurzel ziehen:

$$\alpha^2 + \frac{q}{2} = \alpha \quad \text{und} \quad \beta^2 + \frac{q}{2} = \beta\,.$$

Addieren, bzw. subtrahieren wir beide Gleichungen, folgt:

$$\alpha^2 + \beta^2 + q = \alpha + \beta\,, \tag{2.13}$$

$$\alpha^2 - \beta^2 = (\alpha - \beta)(\alpha + \beta) = \alpha - \beta\,. \tag{2.14}$$

Aus (2.14) folgt $\alpha + \beta = 1$ oder $\alpha - \beta = 0$. Im ersten Fall folgt aus $1 = (\alpha + \beta)^2 = \alpha^2 + \beta^2 + 2\alpha\beta = 1$ und (2.13), dass $q = 2\alpha\beta$ ist. Im zweiten Fall ist $\alpha = \beta$ und damit auch $p = r$. Aus $p+q+r = 1$ folgt $2p+q = 2r+q = 1$. Dann liefert (2.12) sofort $q = \frac{1}{2}$ und folglich $p = r = \frac{1}{4}$. Der zweite Fall stellt also nur einen Spezialfall des ersten Falls mit $\alpha = \beta = \frac{1}{2}$. Eine Population ist also genau dann im Hardy-Weinberg-Gleichgewicht, wenn die Genotypen mit den Wahrscheinlichkeiten

$$\mathcal{P}(AA) = \alpha^2, \mathcal{P}(Aa) = 2\alpha\beta \quad \text{und} \quad \mathcal{P}(aa) = \beta^2$$

auftreten, dabei sind $0 \leq \alpha \leq 1$ und $0 \leq \beta \leq 1$ mit $\alpha + \beta = 1$. Das Gesetz von Hardy-Weinberg sagt demnach:

Bei der Vererbung bleibt die Verteilung der Allele im Genpool invariant. Im genetischen Gleichgewicht, das sich bereits in der ersten Kindergeneration einstellt, erscheint die Wahrscheinlichkeitsverteilung der Genotypen als Ergebnis einer reinen Zufallsauswahl, bei der in zwei voneinander unabhängigen Zügen die Allele A bzw. a mit den Wahrscheinlichkeiten $\mathcal{P}(A) = \alpha$ und $\mathcal{P}(a) = 1 - \alpha$ gezogen werden.

Beispiel Die Erbkrankheit Phenylketonurie tritt in der Bevölkerung mit der relativen Häufigkeit von 0.000125 auf. Dabei ist die Krankheit an das Auftreten eines rezessiven Allels a gebunden. Nur Menschen mit dem Genotyp aa erkranken, Menschen mit den Genotypen Aa und AA haben den gleichen Phenotyp: Sie erscheinen in Bezug auf diese Krankheit als gesund und sind von daher nicht zu unterscheiden. Befindet sich die Bevölkerung in Bezug auf dieses Gen im Hardy-Weinberg-Gleichgewicht, so ist $r = \mathcal{P}(aa) = 0.000\,125$. Daher ist $\mathcal{P}(a) = \sqrt{0.000\,125} = 0.011\,18\,0$. Wir müssen davon ausgehen, dass rund ein Prozent der Bevölkerung das defekte Allel a besitzt. ◀

Beispiel Während alle Chromosomen beim Menschen doppelt auftreten, treten die Geschlechtschromosome X und Y bei Männern nur in der Kombination XY, bei Frauen in der Kombination XX auf. Frauen vererben daher nur das X Chromosom und Männer mit gleicher Wahrscheinlichkeit das X wie das Y-Chromosom. Die Rot-Grün-Sehschwäche wird über ein defektes, rezessives x-Chromosom vererbt, sie tritt bei Männern bei der Kombinationen xY und bei Frauen bei der Kombinationen xx auf. Alle anderen Kombinationen führen nicht zu dieser Krankheit. Wenn 9 % der Männer an der Rot-Grün-Sehschwäche leiden, wie groß ist dann der Anteil der betroffenen Frauen?

Die folgende Tabelle zeigt die möglichen Genkombinationen, dabei ist γ die Wahrscheinlichkeit mit der das defekte x-Chromosom auftritt, $\gamma = 0.09$. Dies ist auch die bedingte Wahrscheinlichkeit, dass ein Mann an der Rot-Grün-Sehschwäche leidet. Tabelle 2.1 und 2.2 zeigen die Wahrscheinlichkeiten der einzelnen Genotypen.

Tabelle 2.1 Die Wahrscheinlichkeiten der möglichen Genotypen des Kindes in Abhängigkeit von den Eltern.

Eizelle	Samenzelle		
	$\mathcal{P}(Y)$	$\mathcal{P}(X)$	$\mathcal{P}(x)$
$\mathcal{P}(X)$	$\mathcal{P}(XY)$	$\mathcal{P}(XX)$	$\mathcal{P}(xX)$
$\mathcal{P}(x)$	$\mathcal{P}(xY)$	$\mathcal{P}(xX)$	$\mathcal{P}(xx)$

Tabelle 2.2 Die parametrischen Werte der Wahrscheinlichkeiten.

Eizelle	Samenzelle		
	0.5	$0.5(1-\gamma)$	0.5γ
$1-\gamma$	$0.5(1-\gamma)$	$0.5\gamma(1-\gamma)^2$	$0.5\gamma(1-\gamma)$
γ	0.5γ	$0.5\gamma(1-\gamma)$	$0.5\gamma^2$

In der Bevölkerung ist die Wahrscheinlichkeit eine farbenblinde Frau zu treffen $\frac{\gamma^2}{2}$. Betrachtet man nur die Teilgesamtheit der Frauen, so ist die bedingte Wahrscheinlichkeit, eine farbenblinde Frau zu treffen, dagegen $\gamma^2 = 0.0081$. ◀

Übersicht: Formeln zur Wahrscheinlichkeitstheorie

Zwar lassen sich alle Formeln leicht auf die Axiome von Kolmogorov zurückführen, aber für den täglichen Gebrauch ist die folgende Zusammenstellung nützlich.

Die drei **Axiome von Kolmogorov**

- $0 \leq \mathcal{P}(A) \leq 1$
- $\mathcal{P}(\Omega) = 1$
- $\mathcal{P}\left(\bigcup_{i=1}^{\infty} A_i\right) = \sum_{i=1}^{\infty} \mathcal{P}(A_i)$, falls $A_i \cap A_j = \emptyset$ für $i \neq j$.

Summenformel

$$\mathcal{P}(A \cup B) = \mathcal{P}(A) + \mathcal{P}(B) - \mathcal{P}(A \cap B) .$$

Siebformel

$$\begin{aligned}\mathcal{P}\left(\bigcup_{i=1}^{n} A_i\right) &= \sum_{k=1}^{n} \mathcal{P}(A_i) - \sum_{i<j} \mathcal{P}\left(A_i \cap A_j\right) \\ &\quad + \sum_{i<j<k} \mathcal{P}\left(A_i \cap A_j \cap A_k\right) - \cdots \\ &= \sum_{k=1}^{n} (-1)^{k+1} \sum_{1 \leq i_1 < i_2 \cdots < i_k \leq n} \mathcal{P}\left(A_{i_1} \cap A_{i_2} \cap \cdots \cap A_{i_k}\right)\end{aligned}$$

Abschätzung von Vereinigung und Durchschnitt

$$\mathcal{P}\left(\bigcup_{i=1}^{\infty} A_i\right) \leq \sum_{i=1}^{\infty} \mathcal{P}(A_i)$$

$$\mathcal{P}\left(\bigcap_{i=1}^{\infty} A_i\right) \geq 1 - \sum_{i=1}^{\infty} \mathcal{P}\left(A_i^C\right) .$$

Monotonie

$$\mathcal{P}(A) \leq \mathcal{P}(B) , \quad \text{falls } A \subseteq B$$

Stetigkeit

$$\mathcal{P}\left(\bigcup_{i=1}^{\infty} A_i\right) = \lim_{i \to \infty} \mathcal{P}(A_i) , \quad \text{falls } A_i \subseteq A_{i+1}$$

$$\mathcal{P}\left(\bigcap_{i=1}^{\infty} B_i\right) = \lim_{i \to \infty} \mathcal{P}(B_i) , \quad \text{falls } B_i \supseteq B_{i+1}$$

Laplace-Experiment in einem vollständigen Ereignissystem aus n gleichwahrscheinlichen Ereignissen

$$\mathcal{P}(B) = \frac{\text{Anzahl der für } B \text{ günstigen Ereignisse}}{n}$$

Bedingte Wahrscheinlichkeit von A unter der Bedingung B

$$\mathcal{P}(A \mid B) = \frac{\mathcal{P}(A \cap B)}{\mathcal{P}(B)}$$

$$\mathcal{P}(A \mid B)\mathcal{P}(B) = \mathcal{P}(A \cap B) = \mathcal{P}(B \mid A)\mathcal{P}(A) .$$

Satz von der totalen Wahrscheinlichkeit, falls $A_i \cap A_j = \emptyset$ für $i \neq j$ und $\bigcup_{i \in I \subseteq \mathbb{N}} A_i = \Omega$

$$\mathcal{P}(B) = \sum_{i \in I} \mathcal{P}(A_i)\mathcal{P}(B \mid A_i)$$

Satz von Bayes, falls $A_i \cap A_j = \emptyset$ für $i \neq j$ und $\bigcup_{i \in I} A_i = \Omega$

$$\mathcal{P}\left(A_j \mid B\right) = \frac{\mathcal{P}\left(B \mid A_j\right)}{\sum_{i \in I} \mathcal{P}(B \mid A_i)\mathcal{P}(A_i)} \mathcal{P}\left(A_j\right) .$$

Unabhängige Ereignisse A und B

$$\mathcal{P}(A \cap B) = \mathcal{P}(A)\mathcal{P}(B)$$

$$\mathcal{P}(A \mid B) = \mathcal{P}(A) \text{ und } \mathcal{P}(B \mid A) = \mathcal{P}(B)$$

Total unabhängige Ereignisse $A_1, A_2, \ldots, A_n$

$$\begin{aligned}&\mathcal{P}\left(A_{i_1} \cap A_{i_2} \cap \cdots \cap A_{i_k}\right) \\ &\quad = \mathcal{P}\left(A_{i_1}\right) \cdot \mathcal{P}\left(A_{i_2}\right) \cdot \cdots \cdot \mathcal{P}\left(A_{i_k}\right) .\end{aligned}$$

Dabei ist $i_j \in \{1, \ldots, n\}$ und $k \in \{2, \ldots, n\}$.

Zusammenfassung

In diesem Kapitel wird der Begriff der Wahrscheinlichkeit eingeführt.

Ereignisse lassen sich als Teilmengen einer Obermenge beschreiben

In Analogie zu Flächenberechnungen werden Ereignisse als Elemente einer σ-Ereignisalgebra eingeführt. Damit können alle elementaren Operationen der Mengenlehre abzählbar unendlich oft auf Ereignisse angewandt werden und liefern im Endergebnis wieder Ereignisse. So wie man Flächen einen Inhalt zuordnet, werden Ereignissen Wahrscheinlichkeiten zugeordnet.

Die drei Axiome von Kolmogorov bilden das Fundament der Wahrscheinlichkeitstheorie

Die Axiome von Kolmogorov legen die Regeln fest, denen eine „Wahrscheinlichkeit" zu gehorchen hat. Dabei bleibt der Begriff „Wahrscheinlichkeit" selbst inhaltlich offen.

Die drei Axiome von Kolmogorov

Ist Ω eine Obermenge und $\mathcal{S}$ eine σ-Algebra von Teilmengen von Ω. Eine Abbildung $\mathcal{P}$ von $\mathcal{S}$ nach $\mathbb{R}$ heißt Wahrscheinlichkeit oder Wahrscheinlichkeitsmaß, wenn $\mathcal{P}$ die folgenden drei Eigenschaften besitzt:

1. Axiom: Für alle $A \in \mathcal{S}$ ist $0 \leq \mathcal{P}(A) \leq 1$.
2. Axiom: $\mathcal{P}(\Omega) = 1$.
3. Axiom: Für jede abzählbare Folge von disjunkten Mengen $A_i \in \mathcal{S}$ gilt

$$\mathcal{P}\left(\bigcup_{i=1}^{\infty} A_i\right) = \sum_{i=1}^{\infty} \mathcal{P}(A_i) .$$

Ein vollständiges Ereignisfeld ist eine abzählbare Familie von disjunkten Ereignissen, von denen eines mit Sicherheit eintreten muss

Einen intuitiven Zugang zum Verständnis von Wahrscheinlichkeit bieten Laplace-Experimente, bei denen nur endlich viele gleichwahrscheinliche, sich paarweise ausschließende Ereignisse betrachtet werden, von denen aber genau eines eintreten muss. Umgangssprachliche Begriffe wie der „faire Würfel", das „gut gemischte" Kartenspiel, das „ideale" Roulette lassen sich so im Rahmen der Kolmogorov-Axiomatik einbetten und neu definieren.

Die Laplace-Regel

Im Laplace-Experiment über einem vollständigen Ereignisfeld aus n Ereignissen ist die Wahrscheinlichkeit eines Ereignisses B:

$$\mathcal{P}(B) = \frac{\text{Anzahl der für } B \text{ günstigen Ereignisse}}{n} .$$

Bedingtheit und Unabhängigkeit

Die Wahrscheinlichkeitstheorie unterscheidet sich von der mathematischen Maßtheorie durch zwei zentrale Begriffe, nämlich Bedingtheit und Unabhängigkeit.

Definition der bedingten Wahrscheinlichkeit

Sind A und B zwei zufällige Ereignisse und ist $\mathcal{P}(B) \neq 0$, so wird die **bedingte Wahrscheinlichkeit** von A unter der Bedingung B definiert als:

$$\mathcal{P}(A \mid B) = \frac{\mathcal{P}(A \cap B)}{\mathcal{P}(B)} .$$

Dabei lässt sich die bedingte Wahrscheinlichkeit $\mathcal{P}(A \mid B)$ objektivistisch interpretieren als relative Häufigkeit der Ereignisse A in der Gesamtheit der Ereignisse, in denen B eingetreten ist. Subjektiv kann ich $\mathcal{P}(A \mid B)$ interpretieren als meine Einschätzung, dass A eintritt, wenn ich weiß, dass B eingetreten ist.

Der Satz der totalen Wahrscheinlichkeit erlaubt es, aus der Gesamtheit der bedingten Wahrscheinlichkeiten die unbedingte Wahrscheinlichkeit zu bestimmen.

Der Satz von der totalen Wahrscheinlichkeit

Es sei $\{A_i : i \in I \subseteq \mathbb{N}\}$ ein vollständiges Ereignisfeld, das heißt, die A_i sind disjunkt mit $\bigcup_{i \in I} A_i = \Omega$.

B sei ein beliebiges Ereignis mit den bedingten Wahrscheinlichkeiten $\mathcal{P}(B \mid A_i)$. Dann ist die Wahrscheinlichkeit von B gegeben durch:

$$\mathcal{P}(B) = \sum_{i \in I} \mathcal{P}(A_i)\mathcal{P}(B \mid A_i) .$$

Aus diesem Satz und der Definition der bedingten Wahrscheinlichkeit wird der Satz von Bayes abgeleitet. Er beschreibt, wie wir aus Beobachtungen lernen können.

Der Satz von Bayes

Ist $\{A_i : i \in I \subseteq \mathbb{N}\}$ ein vollständiges Ereignisfeld, B ein weiteres zufälliges Ereignis mit $\mathcal{P}(B) \neq 0$, so ist

$$\mathcal{P}(A_j \mid B) = \frac{\mathcal{P}(B \mid A_j)}{\sum_{i \in I} \mathcal{P}(B \mid A_i)\mathcal{P}(A_i)} \mathcal{P}(A_j) .$$

Er ist das wichtigste Werkzeug der Schule der subjektiven Wahrscheinlichkeitslehre. Beide Sätze sind grundlegend für die Schule der subjektiven, bzw. bayesianischen Wahrscheinlichkeitstheorie und wesentliche Werkzeuge zur Beschreibung, Analyse und Inferenz in komplexen Strukturen, mit denen sich die Künstliche Intelligenz beschäftigt.

Unabhängigkeit ist eine Aussage über die Irrelevanz einer Information. A und B sind – bezogen auf das Wahrscheinlichkeitsmaß $\mathcal{P}$ – unabhängig, wenn die Information über das Eintreten des einen Ereignisses die Wahrscheinlichkeit des Eintreten des anderen Ereignisses nicht ändert.

Definition der Unabhängigkeit

Zwei Ereignisse A und B heißen stochastisch unabhängig, wenn gilt:

$$\mathcal{P}(A \cap B) = \mathcal{P}(A)\,\mathcal{P}(B) .$$

Aufgaben

Die Aufgaben gliedern sich in drei Kategorien: Anhand der *Verständnisfragen* können Sie prüfen, ob Sie die Begriffe und zentralen Aussagen verstanden haben, mit den *Rechenaufgaben* üben Sie Ihre technischen Fertigkeiten und die *Anwendungsprobleme* geben Ihnen Gelegenheit, das Gelernte an praktischen Fragestellungen auszuprobieren.

Ein Punktesystem unterscheidet leichte Aufgaben •, mittelschwere •• und anspruchsvolle ••• Aufgaben. Lösungshinweise am Ende des Buches helfen Ihnen, falls Sie bei einer Aufgabe partout nicht weiterkommen. Ergebnisse, ausführliche Lösungswege, Beweise und Abbildungen finden Sie auf der Website zum Buch.

Viel Spaß und Erfolg bei den Aufgaben!

Verständnisfragen

2.1 • Zeigen Sie:

$$\bigcup_{i=1}^{\infty} A_i = \{\text{alle } x, \text{ die in mindestens einem } A_i \text{ liegen}\}$$

$$\bigcap_{i=1}^{\infty} A_i = \{\text{alle } x, \text{ die in allen } A_i \text{ liegen}\}$$

$$\bigcap_{i=1}^{\infty}\bigcup_{k=i}^{\infty} A_i = \{\text{alle } x, \text{ die in unendlich vielen } A_i \text{ liegen}\}$$

$$\bigcup_{i=1}^{\infty}\bigcap_{k=i}^{\infty} A_i = \{\text{alle } x, \text{ die in fast allen } A_i \text{ liegen}\}$$

2.2 • Eine Münze wird zweimal hintereinander geworfen. Dabei kann jeweils Kopf oder Zahl geworfen werden.
a) Aus wie viel Elementen besteht die von allen möglichen Elementarereignissen erzeugte σ-Ereignisalgebra $\mathcal{S}_0$?
b) Aus welchen Ereignissen besteht die von den Ereignissen A =„Der erste Wurf ist Kopf“ und B =„Es wurde mindestens einmal Kopf geworfen“ erzeugte σ-Ereignisalgebra $\mathcal{S}_1$? Enthält $\mathcal{S}_1$ auch: C = „Der zweite Wurf ist Kopf“?

2.3 • Sind bei einem idealen Kartenspiel mit jeweils 8 Karten in den vier Farben: „Herz“, „Karo“, „Pik“ und „Kreuz“ (insgesamt 32 Karten) die Ereignisse: „Herz“ und „10“ voneinander stochastisch unabhängig?

2.4 •• Zeigen Sie: Sind A und B unabhängig, dann sind auch A und B^C unabhängig, ebenso B und A^C, A^C und B^C

2.5 ••• Scheich Abdul hat einen zauberhaften Ring, der die Gabe besitzt, in der Schlacht unverwundbar zu machen. Er hat aber auch drei Söhne, Mechmed, Hassan und Suleiman, die er alle drei gleich liebt. Da er nicht einen vor dem anderen vorziehen will, überlässt er Allah die Entscheidung, wer von den dreien den Schutzring erben soll. Er lässt vom besten Goldschmied des Landes zwei Kopien des Rings herstellen, sodass am Ende alle drei Ringe äußerlich nicht zu unterscheiden sind. Nun verlost er die drei Ringe an seine drei Söhne, die auch sofort die Ringe aufsetzen und nie wieder abnehmen.

Nach seinem Tod überfällt der böse Feind mit seinen Truppen das Land und alle Brüder wollen in den Krieg ziehen. Leider hat Hassan Schnupfen, liegt im Bett und kann nicht mitkommen. Die Schlacht wird auch ohne ihn gewonnen. Leider aber ist Suleiman in der Schlacht gefallen. Mechmed besucht Hassan im Krankenzimmer und erzählt. Da äußert Hassan eine Bitte: Er will seinen Ring mit dem von Mechmed tauschen. Nach langem Zögern und Verhandeln willigt Mechmed ein, aber nur unter einer Bedingung: Er möchte Hassans Lieblingssklavin Suleika dazu haben. Hassan willigt ein, die Ringe werden getauscht. Da fragt Hassan: Sag mal, warum wolltest Du ausgerechnet Suleika haben? Da gesteht Mechmed: Weißt Du, ich war gar nicht in der Schlacht, ich war die ganze Zeit bei Suleika.

Frage: Wie bewerten Sie den Tausch vor und nach dem Geständnis?

2.6 ••• Vater Martin, Mutter Silke, die Kinder Anja und Dirk sowie Opa Arnold gehen gemeinsam zum Picknick im Wald spazieren. Auf dem Nachhauseweg bemerken die Kinder plötzlich, dass der Opa nicht mehr da ist. Es gibt drei Möglichkeiten

(H) : Opa ist schon zuhause und sitzt gemütlich in seinem Sessel.

(M) : Opa ist noch auf dem Picknick-Platz und flirtet mit jungen Mädchen.

(W) : Opa ist in den nahegelegenen Wald gegangen und sucht Pilze.

Aufgrund der Gewohnheiten des Opas kennt man die Wahrscheinlichkeiten für das Eintreten der Ereignisse H, M und W:

$$\mathcal{P}(H) = 15\,\%; \quad \mathcal{P}(M) = 80\,\%; \quad \mathcal{P}(W) = 5\,\%$$

Anja wird zurück zum Picknick-Platz und Dirk zum Waldrand geschickt, um den Opa zu suchen. Wenn Opa auf dem Picknick-Platz ist, findet ihn Anja mit 90 %-iger Wahrscheinlichkeit, läuft er aber im Wald herum, wird ihn Dirk mit einer Wahrscheinlichkeit von nur 50 % finden.

1. Wie groß ist die Wahrscheinlichkeit, dass Anja den Opa findet?

2. Wie groß ist die Wahrscheinlichkeit, dass eines der Kinder den Opa finden wird?

3. Wie groß ist die Wahrscheinlichkeit dafür, den Opa bei Rückkehr zuhause in seinem Sessel sitzend anzutreffen, falls die Kinder ihn nicht finden sollten?

2.7 ••• Es seien α, β und γ drei Krankheitssymptome, die gemeinsam auftreten können. Dabei bedeute α^C, dass das Symptom α nicht aufgetreten ist; Analoges gilt für β^C und γ^C. Die Wahrscheinlichkeiten der einzelnen Kombinationen seien:

$$\begin{array}{ll} \mathcal{P}(\alpha\beta\gamma) = \frac{1}{8} & \mathcal{P}(\alpha\beta\gamma^C) = 0 \\ \mathcal{P}(\alpha\beta^C\gamma) = \frac{1}{8} & \mathcal{P}(\alpha\beta^C\gamma^C) = \frac{1}{4} \\ \mathcal{P}(\alpha^C\beta\gamma) = \frac{1}{8} & \mathcal{P}(\alpha^C\beta\gamma^C) = \frac{1}{4} \\ \mathcal{P}(\alpha^C\beta^C\gamma) = \frac{1}{8} & \mathcal{P}(\alpha^C\beta^C\gamma^C) = 0 \end{array}$$

Dabei haben wir abkürzend $\alpha\beta\gamma$ für $\alpha \cap \beta \cap \gamma$ geschrieben. Analog in den übrigen Formeln.

Zeigen Sie: a) $\mathcal{P}(\alpha\beta\gamma) = \mathcal{P}(\alpha)\mathcal{P}(\beta)\mathcal{P}(\gamma)$. b) $\mathcal{P}(\alpha\beta) \neq \mathcal{P}(\alpha)\mathcal{P}(\beta)$.

2.8 ••• Es seien die n Ereignisse $A_i, i = 1, \ldots, n$ disjunkt und $V = \bigcup_{i=1}^{n} A_i$. Weiter sei jedes A_i unabhängig vom Ereignis B.

a) Zeigen Sie, dass dann auch V und B unabhängig sind.

b) Zeigen Sie an einem Beispiel, dass dies nicht mehr gilt, wenn die A_i nicht disjunkt sind.

2.9 • Zeigen Sie: Sind A und B zwei Ereignisse mit $\mathrm{P}(A) = \mathrm{P}(B) = 1$, so ist $\mathrm{P}(A \cap B) = 1$.

2.10 • Angenommen, wir kennzeichnen Menschen durch die Angabe von Länge L in cm und Gewicht G in kg. Zeichen Sie in einem zweidimensionalen Koordinatensystem die Mengen, die folgenden Angaben entsprechen:

$$\begin{aligned} A &= \{L \geq 190;\; G \geq 80\} \\ B &= \{L \geq 150;\; G \leq 60\} \\ C &= \{L \leq 180\} \end{aligned}$$

Was sind die Mengen A^C sowie $A \cap B$ und $B \cap C$?

2.11 •• A und B heißen *bedingt unabhängig gegeben* D, wenn gilt:

$$\mathcal{P}(A \mid D) \cdot \mathcal{P}(B \mid D) = \mathcal{P}(A \cap B \mid D)$$

Es seien nun A und B bedingt unabhängig gegeben D. Ebenso seien A und B bedingt unabhängig gegeben das Komplement D^C. Sind dann auch A und B unabhängig?

Rechenaufgaben

2.12 • 1. An der Frankfurter Börse wurde eine Gruppe von 70 Wertpapierbesitzern befragt. Es stellte sich heraus, dass 50 von ihnen Aktien und 40 Pfandbriefe besitzen. Wie viele der Befragten besitzen sowohl Aktien als auch Pfandbriefe?

2. Aus einer zweiten Umfrage unter allen Rechtsanwälten in Frankfurt wurde bekannt, dass 60 % der Anwälte ein Haus und 80 % ein Auto besitzen. 20 % der Anwälte sind Mitglied einer Partei.
Von allen Befragten sind 40 % Auto- und Hausbesitzer, 10 % Autobesitzer und Mitglied einer Partei und 15 % Hausbesitzer und Mitglied einer Partei. Wie viel Prozent besitzen sowohl eine Auto als auch ein Haus und sind Mitglied einer Partei?

2.13 ••• Wir betrachten vier Spielkarten $B \triangleq$ *Bube*, $D \triangleq$ *Dame*, $K \triangleq$ *König* und den *Joker* $\triangleq J$. Jede dieser vier Karten werde mit gleicher Wahrscheinlichkeit $\frac{1}{4}$ gezogen. Der Joker kann als *Bube*, *Dame* oder *König* gewertet werden. Wir ziehen eine Karte und definieren die drei Ereignisse:

$$\begin{aligned} b &:= \{B \cup J\} \quad \Longrightarrow \quad \mathcal{P}(b) = \tfrac{1}{2} \\ d &:= \{D \cup J\} \quad \Longrightarrow \quad \mathcal{P}(d) = \tfrac{1}{2} \\ k &:= \{K \cup J\} \quad \Longrightarrow \quad \mathcal{P}(k) = \tfrac{1}{2} \end{aligned}$$

Zeigen Sie: Die Ereignisse b, d, k sind paarweise, aber nicht total unabhängig.

2.14 ••• Gegeben sei eine Münze, die mit Wahrscheinlichkeit α Kopf und mit Wahrscheinlichkeit $1 - \alpha$ Zahl wirft: $\mathcal{P}(K) = \alpha$ und $\mathcal{P}(Z) = 1 - \alpha$. Die Münze wird dreimal total unabhängig voneinander geworfen. Wir betrachten die beiden Ereignisse A := „Es fällt höchstens einmal Zahl" und B := „Es fällt jedesmal dasselbe Ereignis". Für welche Werte von α sind A und B unabhängig?

2.15 ••• Bei einem Münz-Wurf-Spiel wird eine Münze hintereinander mehrmals geworfen, die mit Wahrscheinlichkeit γ

„Kopf" wirft. Dabei seien die Würfe total unabhängig voneinander. Wird „Kopf" geworfen, erhalten Sie einen Euro, wird „Zahl" geworfen, zahlen Sie einen Euro. Sie starten mit 0 €. Das Spiel bricht ab, wenn Ihr Spielkonto entweder ein Guthaben von 2 € oder Schulden von 2 € aufweist. Wie groß ist die Wahrscheinlichkeit α, dass Sie mit einem Guthaben von 2 € das Spiel beenden?

2.16 •• Bei einer Klausur sind bei jeder Frage m Antwortmöglichkeiten angegeben. Mit Wahrscheinlichkeit α weiß jeder Prüfling die richtige Antwort. Nehmen Sie an, dass ein Prüfling, der die korrekte Antwort nicht weiß, würfelt und eine der m Antworten mit gleicher Wahrscheinlichkeit ankreuzt. Weiß er dagegen die Antwort, so kreuzt er mit Sicherheit die richtige Antwort an. Angenommen, eine Frage sei richtig beantwortet. Wie groß ist die Wahrscheinlichkeit γ, dass der Prüfling die Antwort wusste?

2.17 ••• n Ehepaare feiern gemeinsam Silvester. Um 24:00 Uhr wird getanzt. Dazu werden alle Tanzpaare ausgelost.

a) Wie groß ist die Wahrscheinlichkeit, dass niemand dabei mit seinem eigenen Ehepartner tanzt?

b) Gegen welche Zahl konvergiert diese Wahrscheinlichkeit, falls $n \to \infty$ geht?

2.18 •• Auf eine Schublade mit N Fächern werden r Kugeln zufällig mit gleicher Wahrscheinlichkeit verteilt. Wie groß ist die Wahrscheinlichkeit π_r, dass in jeder Schublade höchstens eine Kugel liegt? Wenden Sie dieses Ergebnis auf die folgende Situation an (Geburtstagsparadox): In einem Raum haben sich N Personen versammelt. Wie groß ist die Wahrscheinlichkeit, dass mindestens zwei von ihnen am gleichen Tag Geburtstag haben? Rechnen Sie das Jahr mit 365 Tagen und unterstellen Sie, dass die Geburtswahrscheinichkeit für jeden Tag gleich groß ist und die Geburtsgtae voneinander unabhängig sind. Wie groß muss N sei, damit $1 - \pi_r > 0.5$ bzw. $1 - \pi_r > 0.94$ ist?

2.19 ••• Eine Urne enthält N verschiedenfarbige Kugeln. Es wird n-mal mit Zurücklegen gezogen. Wie groß ist die Wahrscheinlichkeit des Ereignisses $B^{(n)}$: „Beim n-ten Zug sind zum ersten Mal alle Farben N gezogen worden"?

Anwendungsprobleme

2.20 •• Der zerstreute Professor verliert mitunter seine Schlüssel. Nun kommt er einmal abends nach Hause und sucht wieder einmal den Schlüssel. Er weiß, dass er mit gleicher Wahrscheinlichkeit in jeder seiner 10 Taschen stecken kann. Neun Taschen hat er bereits erfolglos durchsucht. Er fragt sich, wie groß die Wahrscheinlichkeit ist, dass der Schlüssel in der letzten Tasche steckt, wenn er weiß, dass er auf dem Heimweg mit 5 % Wahrscheinlichkeit seine Schlüssel verliert.

2.21 ••• Die Fußballmannschaften der Länder A, B, C, D stehen im Halbfinale. Hier wird A gegen B und C gegen D kämpfen. Die Sieger der Spiele $(A : B)$ und $(C : D)$ kämpfen im Finale um den Sieg. Nehmen wir weiter an, dass im Spiel der Sieg unabhängig davon ist, wie die Mannschaften früher gespielt haben und wie die anderen spielen. Aus langjähriger Erfahrung kennt man die Wahrscheinlichkeit, mit der eine Mannschaft gegen eine andere gewinnt. Diese Wahrscheinlichkeiten mit der Zeilenmannschaft gegen Spaltenmannschaft siegt, sind in der folgenden Tabelle wiedergegeben:

	A	B	C	D
A	–	0.7	0.2	0.4
B		–	0.8	0.6
C			–	0.1

Zum Beispiel gewinnt A gegen B, mit Wahrscheinlichkeit 0,7, im Symbol $\mathcal{P}(A \succ B) = 0.7$

a) Mit welcher Wahrscheinlichkeit siegt D im Finale?

b) Mit welcher Wahrscheinlichkeit spielt D im Finale gegen A?

2.22 ••• Ein Labor hat einen Alkoholtest entworfen. Aus den bisherigen Erfahrungen weiß man, dass 60 % der von der Polizei kontrollierten Personen tatsächlich betrunken sind. Bezüglich der Funktionsweise des Tests wurde ermittelt, dass in 95 % der Fälle der Test positiv reagiert, wenn die Person tatsächlich betrunken ist, in 97 % der Fälle der Test negativ reagiert, wenn die Person nicht betrunken ist.

1. Wie wahrscheinlich ist es, dass eine Person ein negatives Testergebnis hat und trotzdem betrunken ist?

2.Wie wahrscheinlich ist es, dass ein Test positiv ausfällt?

3. Wie groß ist die Wahrscheinlichkeit, dass eine Person betrunken ist, wenn der Test positiv reagiert?

Verwenden Sie die Symbole A für „Person ist betrunken" und T für „der Test ist positiv".

2.23 ••• Im Nachlass des in der Forschung tätigen Arztes S. Impson wurde ein Karteikasten mit den Daten über den Zusammenhang zwischen einem im Blut nachweisbaren Antikörper und dem Auftreten einer Krankheit gefunden. Auf den Karteikarten sind die folgenden Merkmale notiert:

Geschlecht	$M :=$ Mann	$F :=$ Frau
Antikörper	$A :=$ vorhanden	$A^C :=$ nicht vorhanden
Krankheit	$K :=$ krank	$G :=$ gesund

Die Auswertung der Karten erbrachte die in der folgenden Tabelle notierte Häufigkeitsverteilung:

	Antikörper					
	Männer			Frauen		
	A	A^c	Summe	A	A^c	Summe
krank K	1	20	21	36	9	45
gesund G	4	20	24	9	1	10
Summe	5	40	45	45	10	55

1. Interpretieren Sie relative Häufigkeiten als *(bedingte)* Wahrscheinlichkeiten. Wie groß sind dann $\mathcal{P}(G|AM)$; $\mathcal{P}(G|A^CM)$;

$\mathcal{P}(G \mid AF)$; $\mathcal{P}(G \mid A^C F)$? Spricht aufgrund dieser Tabelle das Vorliegen des Antikörpers eher für oder eher gegen die Krankheit.

2. Ignorieren Sie jeweils ein Merkmal und stellen Sie die zweidimensionale Häufigkeitstabelle für die beiden anderen Merkmale zusammen. Deuten Sie mithilfe der bedingten Wahrscheinlichkeiten deren Zusammenhang.
3. Die sichere Diagnose, ob die Krankheit wirklich bei einem Patienten vorliegt, sei sehr zeitaufwändig (14 Tage). Die Feststellung, ob der Antikörper im Blut vorhanden ist, gehe sehr schnell (10 Minuten). Sie sind Leiter einer Unfallklinik. Bei Unfallpatienten, die in die Erste-Hilfe-Station eingeliefert werden, hängt die richtige Behandlung davon ab, ob die Krankheit K. vorliegt oder nicht. (Es können sonst gefährliche Allergie-Reaktionen auftreten.) Wie würden Sie als behandelnder Arzt entscheiden, wenn die Antikörperwerte des Patienten vorliegen?
4. In Ihrer Klinik wird eine Person Toni P. eingeliefert, die zu den Patienten von Dr. S. Impson gehörte. Bei P. liegen Antikörper vor. Aus dem Krankenblatt geht nicht hervor, ob Toni P. männlich oder weiblich ist. Wie würden Sie entscheiden (Krankheit K ja oder nein)?
5. Sie erfahren, dass Toni P. ein Mann ist. Ändert dies Ihre Entscheidung?
6. Aus einer anderen Untersuchung weiß man, dass in der Gesamtbevölkerung 15 % der Männer und 70 % der Frauen den Antikörper in sich tragen. Weiter seien 52 % der Bevölkerung männlich. Wie groß schätzen Sie den Anteil der Kranken in der Bevölkerung?
7. Welche Daten können Sie dazu aus den Unterlagen von Dr. Impson verwenden, wenn Sie wissen, dass er seine Auswertung auf eine Zufallsstichprobe stützte, bei der 50 Personen mit und 50 Personen ohne Antikörper ausgewählt wurden.

2.24 •• Wir betrachten drei Würfel A, B und C, die folgendermaßen mit Augenzahlen beschrieben sind: Würfel A: $\{2, 2, 2, 6, 6, 2\}$, Würfel B: $\{1, 1, 5, 5, 5, 5\}$, Würfel C: $\{3, 3, 3, 4, 4, 4\}$. Bis auf die Beschriftung handele es sich um ideale Würfel, jede Seite liegt mit Wahrscheinlichkeit $\frac{1}{6}$ oben. Es werden zwei Würfel unabhängig voneinander geworfen. Der Würfel mit der höheren Augenzahl gewinnt. Welchen Würfel wählen Sie, wenn Sie als Erster werfen. Welchen Würfel wählen Sie, wenn sie als Zweiter werfen? Zeigen Sie: Wer als Zweiter seinen Würfel nehmen kann, hat stets die besseren Chancen.

2.25 ••• Wir betrachten einen idealen 8-seitigen Würfel, dessen Seiten die Zahlen 1 bis 8 tragen. $\mathcal{P}(i) = \frac{1}{8}$ für $i = 1, \ldots, 8$. Wir definieren die folgenden drei Ereignisse

$$A = \{1, 2, 3, 4\}$$
$$B = \{1, 3, 5, 7\}$$
$$C = \{1, 3, 6, 8\}\,.$$

Zeigen Sie: a). A, B, C sind paarweise unabhängig. b) $\mathcal{P}(ABC) \neq \mathcal{P}(A)\mathcal{P}(B)\mathcal{P}(C)$. c) Die Ereignisse A und BC sind abhängig.

2.26 •• Wir betrachten einen idealen 4-seitigen Würfel, dessen Seiten die Zeichen

110 101 011 000

tragen. Wir definieren die folgenden drei Ereignisse

$$A_1 = \{110, 101\} \triangleq \text{Die Eins an erster Stelle}$$
$$A_2 = \{110, 011\} \triangleq \text{Die Eins an zweiter Stelle}$$
$$A_3 = \{101, 011\} \triangleq \text{Die Eins an dritter Stelle}$$

Zeigen Sie, dass die A_i paarweise aber nicht total unabhängig sind.

2.27 •• Zeigen Sie: $\mathcal{P}(A \mid B) > \mathcal{P}(A)$ genau dann, wenn $\mathcal{P}(A \mid B) > \mathcal{P}(A \mid B^C)$.

Antworten der Selbstfragen

S. 50
Aus Formel 2.4 mit $\mathcal{P}(A \cup B) \leq 1$ folgt $\mathcal{P}(A \cap B) \geq \mathcal{P}(A) + \mathcal{P}(B) - 1$. In unserem Fall also $\mathcal{P}(A \cap B) \geq 0.3$.

S. 52
Es ist ebenfalls $\mathcal{P}(\{[a, b]\}) = b - a$. Denn

$$[a, b] = \bigcap_{i=1}^{\infty} \left(a - \frac{1}{n}, b + \frac{1}{n}\right).$$

Daher ist

$$\mathcal{P}(\{[a, b]\}) = \lim_{n\to\infty} \left(b + \frac{1}{n} - \left(a - \frac{1}{n}\right)\right) = \lim_{n\to\infty} \left(b - a + \frac{2}{n}\right) = b - a\,.$$

S. 53
Nein, haben wir nicht. Die Formel gilt nur unter der Prämisse, dass die Ziehung der 6 Zahlen ein Laplaceexperiment ist. Dies ist eine nicht beweisbare, wenn auch recht plausible Modellannahme. Wenn jemand dieses Modell verwirft, weil 13 seine Glückszahl ist, oder er an eine Glücksfee glaubt, ist die oben berechnete Wahrscheinlichkeit für ihn irrelevant.

S. 59
A hat unrecht. Für ihn zählt nur die bedingte Wahrscheinlichkeit, dass ein zweiter Mensch mit einer Bombe an Bord sitzt. Diese ist aber bei 1/1 000 geblieben. Für den Pilot, der von all dem nichts weiÿ, ist die Wahrscheinlichkeit für zwei Bomben an Bord gleich $1/10^6$.

Zufällige Variable – der Zufall betritt den $\mathbb{R}^1$

3

Was sind Daten?

Was ist eine Wahrscheinlichkeitsverteilung?

Kann man den Erwartungswert erwarten?

Was sagt das Gesetz der großen Zahlen?

In den kombinatorischen Beispielen konnten wir Wahrscheinlichkeit explizit ausrechnen. Aber das Modell des Wahrscheinlichkeitsraums $(\Omega; \mathcal{S}; \mathcal{P})$ ist noch sehr abstrakt geblieben. Wie können wir von hier aus die Brücke zu praktischen Problemen schlagen und vor allem, wie können wir Wahrscheinlichkeiten für ganz reale, nicht triviale Probleme berechnen?

Dazu werden wir den abstrakten Raum Ω in den uns vertrauten $\mathbb{R}^1$ abbilden, und zwar so, dass wir auch dort Ereignisse und Wahrscheinlichkeiten definieren können, die aber die Struktur aus $(\Omega; \mathcal{S}; \mathcal{P})$ im Wesentlichen bewahren. Wir hatten in Kapitel 1 Merkmale definiert als Abbildung der Objekte in einen Merkmalsraum, nun definieren wir Zufallsvariable als Abbildung der Ereignisse in die reellen Zahlen. Einfachstes Beispiel für Zufallsvariable sind absolute und relative Häufigkeiten, Längen, Gewichte und ähnliches. Mithilfe von Zufallsvariablen können wir Wahrscheinlichkeiten für alle Borel-Mengen definieren und so den $\mathbb{R}^1$ zu einem Wahrscheinlichkeitsraum erweitern. Durch diesen Kunstgriff steht uns das ganze Werkzeug der reellen Analysis zur Verfügung. Damit gelingt es, den wichtigsten Satz der Wahrscheinlichkeitstheorie zu beweisen, das Gesetz der großen Zahlen. Mit diesem Gesetz können wir endlich anschaulich erklären, was Wahrscheinlichkeit inhaltlich bedeutet. Nun fängt die Wahrscheinlichkeitstheorie erst richtig an.

Analog zur Behandlung von Merkmalen in der deskriptiven Statistik werden wir Häufigkeitsverteilungen, Mittelwerte und Streuungsparameter einführen und lernen, wie man mit Zufallsvariablen rechnet. Dabei werden nur die Namen, nicht aber die wesentlichen Eigenschaften neu für uns sein.

3.1 Der Begriff der Zufallsvariablen

In einer Studentengruppe spielt der Dozent mit Studenten folgendes Spiel: Jeder Student zahlt dem Dozenten 20 Cent Einsatz und wirft dann 3 Münzen. Bei den Münzen wird „Kopf $\triangleq K$" oder „Zahl $\triangleq Z$" registriert. Je nach der Zahl der geworfenen „Köpfe" zahlt der Dozent anschließend die folgenden Beträge an den Studenten aus.

Anzahl der Köpfe	Auszahlung in Cent
0	0
1	0
2	20
3	100

Wie wahrscheinlich sind die einzelnen Auszahlungen? Was muss der Dozent im Schnitt zahlen? Ist das Spiel fair? Zur Klärung führen wir die folgenden Namen ein:

X_i Anzahl der vom i-ten Studenten bei drei Versuchen geworfenen „Köpfe".

Y_i Auszahlung an den i-ten Studenten.

Wir betrachten den ersten Studenten. Der Student wirft 2 „Köpfe". Also ist $X_1 = 2$. Was heißt das? Wie unterscheiden sich „X_1" von „$X_1 = 2$"?

X_1 ist eine symbolische Kurzbeschreibung des Münzspiels mit seinen potenziellen zufälligen Ergebnissen. Wir nennen X_1 eine **zufällige Variable** und 2 die Realisation von X_1. Die Aussage „$X_1 = 2$" ist eine Abkürzung für „Die Realisation 2 von X_1 ist eingetreten oder wird eintreten."

Dabei werden wir die Worte **zufällige Variable** und **Zufallsvariable** synonym verwenden.

Bei dem Münzspiel hätte das Ergebnis aber genauso gut $X_1 = 0$, $X_1 = 1$ oder $X_1 = 3$ sein können. Genauso gut – oder genauso wahrscheinlich? Berechnen wir die Wahrscheinlichkeiten, mit der $X_1 = 2$ eintritt: Dazu bezeichnen wir mit

$$\Omega = \{ ZZZ,\ KZZ,\ ZKZ,\ ZZK,\ KKZ,\ KZK,\ ZKK,\ KKK \}$$

die Grundgesamtheit der 8 möglichen, voneinander verschiedenen Ergebnissequenzen, die beim Wurf der drei Münzen auftreten können. Weiter wollen wir annehmen, dass die Münzen fair sind, $\mathcal{P}(Z) = \mathcal{P}(K) = \frac{1}{2}$ und alle Ereignisse total unabhängig voneinander sind. Daher ist z. B. $\mathcal{P}(ZKZ) = \mathcal{P}(Z)\mathcal{P}(K)\mathcal{P}(Z) = \left(\frac{1}{2}\right)^3 = \frac{1}{8}$. Analog zeigt man, dass die Wahrscheinlichkeit für jede der 7 anderen Sequenzen ebenfalls gerade $\frac{1}{8}$ ist. Damit wird Ω zu einem endlichen Wahrscheinlichkeitsraum mit einem vollständigen, gleichwahrscheinlichen Ereignissystem. Durch die Zuordnung $X_1(ZZZ) = 0$, $X_1(KZZ) = 1, \ldots, X_1(ZKK) = 2, \ldots, X_1(KKK) = 3$ ist X_1 eine Abbildung von Ω nach $\mathbb{R}$,

$$X_1 : \Omega \to \mathbb{R}\,.$$

Die Abbildung ist nicht bijektiv: Zum Beispiel ist $X_1 = 2$ genau dann, wenn eine der drei Sequenzen KKZ, KZK oder ZKK eintritt. Daher ist das vollständige Urbild der 2:

$$(X_1)^{-1}(2) = \{KKZ,\ KZK,\ ZKK\}\,.$$

Damit können wir der 2 eine von X_1 abhängende Wahrscheinlichkeit zuordnen, nämlich die seines Urbildes:

$$\mathcal{P}_{X_1}(2) = \mathcal{P}\big((X_1)^{-1}(2)\big) = \mathcal{P}(\{KKZ,\ KZK,\ ZKK\})\,.$$

Hierfür schreiben wir vereinfacht:

$$\mathcal{P}(X_1 = 2) = \mathcal{P}(\{KKZ,\ KZK,\ ZKK\})\,.$$

$\mathcal{P}(X_1 = 2)$ lässt sich einfach berechnen, denn die drei Sequenzen KKZ, KZK und ZKK schließen sich paarweise aus. Bei KKZ war der erste Wurf ein K, während bei ZKK der erste Wurf ein Z ist. Also ist:

$$\begin{aligned}\mathcal{P}(X_1 = 2) &= \mathcal{P}(KKZ) + \mathcal{P}(KZK) + \mathcal{P}(ZKK)\\ &= \frac{1}{8} + \frac{1}{8} + \frac{1}{8} = \frac{3}{8}\,.\end{aligned}$$

Tabelle 3.1 Ereignisse, Realisationen und Wahrscheinlichkeiten beim Münzwurf.

Ereignisse	Realisationen von X_1	Wahrscheinlichkeit $\mathcal{P}_{X_1}$
$\{ZZZ\}$	0	$\mathcal{P}(X_1 = 0) = \frac{1}{8}$
$\{KZZ, ZKZ, ZZK\}$	1	$\mathcal{P}(X_1 = 1) = \frac{3}{8}$
$\{KKZ, KZK, ZKK\}$	2	$\mathcal{P}(X_1 = 2) = \frac{3}{8}$
$\{KKK\}$	3	$\mathcal{P}(X_1 = 3) = \frac{1}{8}$

Wir können auch sagen: Der Zahl 2 wird durch X_1 die Wahrscheinlichkeit

$$\mathcal{P}_{X_1}(2) = \mathcal{P}(X_1 = 2) = \frac{3}{8}$$

zugeordnet. Analog berechnen wir die Wahrscheinlichkeiten der anderen Realisationen. Die Gesamtheit der Realisationen von X_1 mit ihren Wahrscheinlichkeiten bildet die Wahrscheinlichkeitsverteilung von X_1. In Tabelle 3.1 ist diese Verteilung tabellarisch angegeben.

Die Abbildung $X\colon \Omega \to \mathbb{R}$ heißt Zufallsvariable X, wenn sie eine Verteilungsfunktion $F_X(x) = \mathcal{P}(X \leq x)$ besitzt

Wir wollen den Begriff Zufallsvariable noch etwas genauer fassen, denn die Forderung, dass $X : \Omega \to \mathbb{R}$ eine Abbildung ist, reicht noch nicht aus. X soll ja auch die auf dem Wahrscheinlichkeitsraum $(\Omega, \mathcal{S}, \mathcal{P})$ erklärte Wahrscheinlichkeit auf $(\mathbb{R}, \mathcal{B}, \mathcal{P}_X)$ übertragen. Dabei haben wir als einfachste σ-Algebra auf $\mathbb{R}$ die Borel-Mengen genommen. $\mathcal{P}_X$ soll nun jedem Ereignis B, das heißt, jeder Borel-Menge B, eine Wahrscheinlichkeit $\mathcal{P}_X(B)$ zuordnen. Die „Verursacher" für das Ereignis $B \in \mathcal{B}$ sind alle $\omega \in \Omega$ mit $X(\omega) \in B$, sie bilden die Menge $X^{-1}(B)$. Dem Ereignis $B \in \mathcal{B}$ ordnen wir nun die Wahrscheinlichkeit seiner „Verursacher" zu (siehe Abbildung 3.1):

$$\underbrace{\mathcal{P}_X(B)}_{\substack{\text{Wahrscheinlichkeit} \\ \text{für ein Ereignis in } \mathbb{R}}} = \mathcal{P}(X \in B) = \underbrace{\mathcal{P}\left(X^{-1}(B)\right)}_{\substack{\text{Wahrscheinlichkeit} \\ \text{für ein Ereignis in } \Omega}}$$

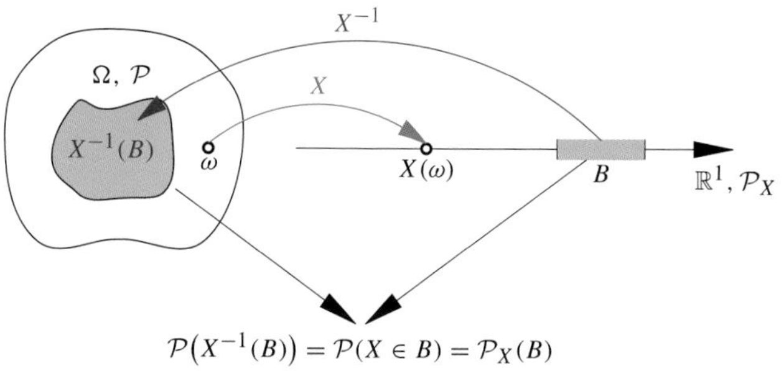

Abbildung 3.1 Die Zufallsvariable X bildet Ω in $\mathbb{R}$ ab und überträgt die Wahrscheinlichkeiten der Ereignisse.

Damit aber $X^{-1}(B)$ eine Wahrscheinlichkeit besitzt, muss $X^{-1}(B)$ ein Ereignis sein, das heißt Element der auf Ω erklärten σ-Algebra $\mathcal{S}$. Wir präzisieren daher wie folgt:

Definition der Zufallsvariablen

Eine Zufallsvariable X ist eine Abbildung $X\colon \Omega \to \mathbb{R}$, bei der das vollständige Urbild $X^{-1}(B)$ jeder Borel-Menge $B \in \mathcal{B}$ ein Element der σ-Algebra $\mathcal{S}$ ist.

Borel-Mengen im $\mathbb{R}^1$ werden von den Intervallen $(-\infty, x]$ erzeugt. Es genügt daher, die Existenz von $\mathcal{P}\left(X^{-1}(B)\right)$ nur für diese Intervalle $(-\infty, x]$ zu fordern. Dies führt uns zum Begriff der Verteilungsfunktion.

Definition der Verteilungsfunktion einer Zufallsvariablen

Für jedes $x \in \mathbb{R}$ ist die Verteilungsfunktion $F_X : \mathbb{R} \to [0, 1]$ der Zufallsvariablen X definiert durch:

$$F_X(x) = \mathcal{P}(X \leq x)$$

Wir können daher zusammenfassend sagen: Die Abbildung $X\colon \Omega \to \mathbb{R}$ heißt genau dann eine Zufallsvariable, wenn X eine Verteilungsfunktion F_X besitzt.

Für Zufallsvariable verwenden wir meist Großbuchstaben vom Ende des Alphabets, für ihre Realisationen verwenden wir kleine Buchstaben. Wenn klar ist, welche Zufallsvariable X gemeint ist, oder wenn eine Aussage für alle Zufallsvariablen gilt, lassen wir den Index X bei F_X weg und schreiben nur F.

Die zufällige Variable X_1, die wir oben eingeführt haben, hat eine besonders einfache Gestalt, denn sie nimmt nur die vier Werte $0,\ 1,\ 2$ und 3 an. X_1 ist eine **diskrete** zufällige Variable.

Definition der Wahrscheinlichkeitsverteilung einer diskreten zufälligen Variablen

Eine diskrete zufällige Variable X besitzt endlich oder abzählbar unendlich viele Realisationen x_i, die mit Wahrscheinlichkeit $p_i = \mathcal{P}(X = x_i) > 0$ angenommen werden. Für diese x_i gilt:

$$\sum_{i=1}^{\infty} \mathcal{P}(X = x_i) = 1.$$

Die Angabe aller p_i, $i = 1, \ldots, \infty$ heißt die **Wahrscheinlichkeitsverteilung** von X.

Achtung: Die Wahrscheinlichkeitsverteilung oder kurz die **Verteilung** von X gibt die Werte $\mathcal{P}(X = x_i)$ an. Die Verteilungsfunktion $F_X(x)$ gibt die Werte $\mathcal{P}(X \leq x)$ an.

In der folgenden Tabelle

x	$\mathcal{P}(X_1 = x)$	$F_X(x) = \mathcal{P}(X_1 \leq x)$
0	1/8	1/8
1	3/8	4/8
2	3/8	7/8
3	1/8	8/8

werden Verteilung und Verteilungsfunktion von X_1, der Zufallsvariablen aus unserem Beispiel mit dem Wurf der drei Münzen numerisch angegeben. In Abbildung 3.2 wird die Wahrscheinlichkeitsverteilung und in Abbildung 3.3 die Verteilungsfunktion grafisch angegeben.

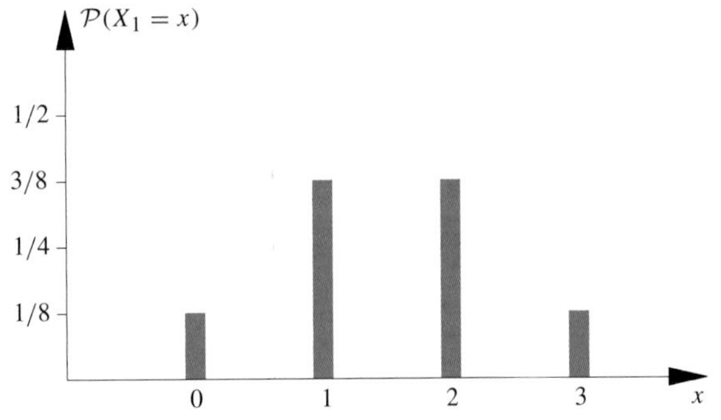

Abbildung 3.2 Die Verteilung von X_1.

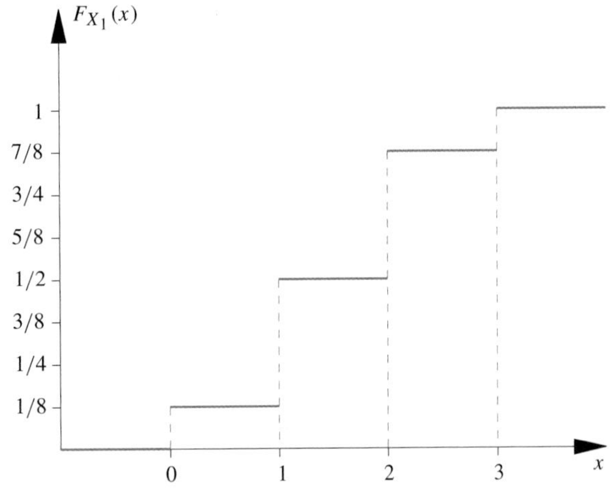

Abbildung 3.3 Die Verteilungsfunktion von X_1.

Im nächsten Kapitel werden wir als weiteren Spezialfall stetige Zufallsvariable kennenlernen. Es gibt aber Zufallsvariable, die weder stetig noch diskret sind. Wir werden in diesem Kapitel, in Beweisen, Beispielen und Aufgaben nur diskrete zufällige Variable behandeln. Die Aussagen über Zufallsvariable sind aber auch ohne diese Einschränkung richtig.

Den erklärenden Zusatz „theoretisch" beim Wort Verteilungsfunktion, den wir im Kapitel über die deskriptive Statistik zur besseren Abgrenzung verwendet haben, lassen wir künftig weg. Die Begriffe Zufallsvariable und Merkmal entsprechen sich:

Merkmal X	zufällige Variable X
$X : \Omega \to M$	$X : \Omega \to \mathbb{R}^1$
Ω ist die Grundgesamtheit.	Ω ist ein Wahrscheinlichkeitsraum.
M ist der Merkmalsraum.	$\mathbb{R}^1$ ist die Menge der reellen Zahlen.
$X(\omega)$ ist die Ausprägung.	$X(\omega)$ ist die Realisation.
X besitzt eine Häufigkeitsverteilung.	X besitzt eine Wahrscheinlichkeitsverteilung.
X besitzt eine empirische Verteilungsfunktion.	X besitzt eine theoretische Verteilungsfunktion.
$\widehat{F}(x) = \frac{1}{n}\sharp\{x_i; x_i \leq x\}$	$F(x) = \mathcal{P}(X \leq x)$

Alle in Abschnitt 1.2 aufgezählten Eigenschaften von empirischen Verteilungsfunktionen $\widehat{F}$ gelten auch für Verteilungsfunktionen F.

Eigenschaften der Verteilungsfunktion

- Die Verteilungsfunktion $F : \mathbb{R} \to [0, 1]$ einer Zufallsvariablen ist eine monoton wachsende, von rechts stetige Funktion von x mit

$$\lim_{x\to-\infty} F(x) = 0 \leq F(x) \leq 1 = \lim_{x\to\infty} F(x).$$

- $1 - F(x) = \mathcal{P}(X > x)$ ist die Wahrscheinlichkeit, dass X den Wert x überschreitet.
- Die Wahrscheinlichkeit, dass X im Intervall $(a, b]$ liegt, ist

$$\mathcal{P}(a < X \leq b) = F(b) - F(a).$$

- Ist $F(b) - F(a) = 0$ so ist $\mathcal{P}(a < X \leq b) = 0$.

Beweis:

1. Wir zeigen die Rechtsstetigkeit von F:
Sei (x_n) eine monoton fallende Folge mit $\lim_{n\to\infty} x_n = x$. Die Intervalle $(-\infty, x_n]$ und ebenso die Urbilder $X^{-1}\{(-\infty, x_n]\}$ bilden eine monoton fallende Mengenfolge mit

$$\bigcap_{n=1}^{\infty} X^{-1}\{(-\infty, x_n]\} = X^{-1}\{(-\infty, x]\}.$$

Wegen der Stetigkeit von $\mathcal{P}$ (siehe Seite 51) folgt:

$$\begin{aligned}\lim_{n\to\infty} F(x_n) &= \lim_{n\to\infty} \mathcal{P}\left(X^{-1}\{(-\infty, x_n]\}\right) \\ &= \mathcal{P}\left(\bigcap_{n=1}^{\infty} X^{-1}\{(-\infty, x_n]\}\right) \\ &= \mathcal{P}\left(X^{-1}\{(-\infty, x]\}\right) \\ &= F(x).\end{aligned}$$

2. Wir zeigen $\mathcal{P}(a < X \leq b) = F(b) - F(a)$:
Es sei $a < b$. Wir zerlegen das Intervall $(-\infty, b]$ in zwei disjunkte Teile

$$(-\infty, b] = (-\infty, a] \cup (a, b] \; .$$

Dann sind auch die Urbilder

$$X^{-1}\{(-\infty, b]\} = X^{-1}\{(-\infty, a]\} \cup X^{-1}\{(a, b]\}$$

disjunkt. Daher gilt nach dem 3. Axiom von Kolmogorov:

$$\mathcal{P}\big(X^{-1}\{(-\infty, b]\}\big) = \mathcal{P}\big(X^{-1}\{(-\infty, a]\}\big) + \mathcal{P}\big(X^{-1}\{(a, b]\}\big) \; .$$

Das heißt aber gerade:

$$F_X(b) = F_X(a) + \mathcal{P}(a < X \leq b) \; .$$

Die anderen Aussagen sind evident. ■

Was gewinnen wir durch die Einführung von zufälligen Variablen?

Erstens bewegen wir uns nicht mehr in irgendeinem abstrakten Wahrscheinlichkeitsraum $(\Omega; \mathcal{S}; \mathcal{P})$, sondern im vertrauten $\mathbb{R}^1$.

Zweitens werden hier die Wahrscheinlichkeiten von $(\Omega; \mathcal{S}; \mathcal{P})$ auf die reellen Zahlen, genauer gesagt, auf $(\mathbb{R}^1; \mathcal{B}; \mathcal{P}_X)$ übertragen. Um $\mathcal{P}$ auf $\mathcal{S}$ zu bestimmen, muss für jedes Ereignis $A \in \mathcal{S}$ die Wahrscheinlichkeit $\mathcal{P}(A)$ einzeln angegeben werden. Wenn Ω nicht nur aus endlich vielen Elementen besteht, enthält $\mathcal{S}$ überabzählbar viele Elemente. Da macht die Bestimmung von $\mathcal{P}(A)$ für alle $A \in \mathcal{S}$ schon Mühe, wenn es nicht ganz hoffnungslos ist. Bei dem durch X definierten Wahrscheinlichkeitsraum $\big(\mathbb{R}^1; \mathcal{B}; \mathcal{P}_X\big)$ genügt dagegen allein die Angabe einer einzigen Funktion, nämlich der Verteilungsfunktion $F_X(x)$. Kennen wir F_X, so kennen wir die Wahrscheinlichkeit eines jeden Intervalls und von Intervallen ausgehend, die Wahrscheinlichkeit einer jeden Borel-Menge.

Wir haben oben die Eigenschaften der Verteilungsfunktion einer Zufallsvariablen notiert. Darauf aufbauend wollen wir die Definition erweitern.

Allgemeine Definition der Verteilungsfunktion

Jede monoton wachsende, von rechts stetige Funktion $F: \mathbb{R} \to [0, 1]$ mit

$$\lim_{x \to -\infty} F(x) = 0 \leq F(x) \leq 1 = \lim_{x \to \infty} F(x)$$

heißt **Verteilungsfunktion**.

Die Verteilungsfunktion F_X einer Zufallsvariablen ist also in diesem Sinne eine Verteilungsfunktion. Umgekehrt ist aber auch jede Verteilungsfunktion F die Verteilungsfunktion F_X einer Zufallsvariablen X. Wir brauchen dazu nur den $\mathbb{R}^1$ als Ω und die Borel-Mengen $\mathcal{B}$ als $\mathcal{S}$ zu wählen. Das Wahrscheinlichkeitsmaß $\mathcal{P}$ definieren wir für die erzeugenden Intervalle $(a, b]$ durch $\mathcal{P}((a, b]) = F(b) - F(a)$. Dadurch ist $\mathcal{P}$ auf ganz $\mathcal{B}$ festgelegt. Als Zufallsvariable X, die Ω nach $\mathbb{R}$ abbildet, wählen wir die Identität. Dann hat X gerade die Verteilungsfunktion $F = F_X$.

Übrigens haben wir dabei weder gefordert noch benutzt, dass F eine Treppenfunktion ist. Dies werden wir später benutzen, um Zufallsvariable nach der Gestalt ihrer Verteilungsfunktionen in drei Klassen {diskrete, stetige oder sonstige} aufzugliedern. Mit stetigen Zufallsvariablen werden wir uns im nächsten Kapitel ausführlich beschäftigen.

Achtung: In der Literatur wird die Verteilungsfunktion $F_X(x)$ manchmal als

$$F_X(x) = \mathcal{P}(X < x)$$

definiert. Prinzipiell ist diese Variante gleichwertig, da auch die Intervalle $(-\infty, x)$ die Borel-Mengen erzeugen. Nur sind bei dieser Definition die Verteilungsfunktionen von links stetig.

Durch arithmetische Operationen und stückweise stetige Abbildungen lassen sich aus Zufallsvariablen neue Zufallsvariable erstellen

In unserem Münzbeispiel haben wir bislang nur die Zufallsvariable X, die Anzahl der „Köpfe“ betrachtet. Abhängig von X war die Auszahlung Y. Die Wahrscheinlichkeitsverteilung von Y wird in Tabelle 3.2 zurückgeführt auf die Verteilung von X.

Tabelle 3.2 Die Auszahlungswahrscheinlichkeiten.

Anzahl x der Köpfe	Auszahlung y in Cent		$\mathcal{P}(X=x)$	$\mathcal{P}(Y=y)$
0	0	0	1/8	4/8
1	0		3/8	
2		20	3/8	3/8
3		100	1/8	1/8

Y hat nur drei Realisationen, nämlich 0, 20 und 100. Zum Beispiel tritt $Y = 0$ genau dann auf, wenn $X = 0$ oder $X = 1$ ist. Abbildung 3.4 zeigt die Wahrscheinlichkeitsverteilung und Abbildung 3.5 die Verteilungsfunktion von Y. Daher ist Y wieder eine Zufallsvariable.

Allgemein gilt: Sei g eine reelle Funktion, X eine Zufallsvariable und $Y = g(X)$. Damit Y eine Zufallsvariable ist, muss für jede Borel-Menge B die Wahrscheinlichkeit $\mathcal{P}(Y \in B)$ erklärt sein. Dabei gilt:

$$\mathcal{P}(Y \in B) = \mathcal{P}(g(X) \in B) = \mathcal{P}\big(X \in g^{-1}(B)\big) \; .$$

Folglich muss $g^{-1}(B)$ selbst eine Borel-Menge sein, andernfalls wäre $\mathcal{P}\left(X \in g^{-1}(B)\right)$ nicht definiert. Eine notwendige und hinreichende Bedingung dafür, dass $g(X)$ eine Zufallsvariable ist, ist folglich: Das vollständige Urbild $g^{-1}(B)$ einer Borel-Menge B muss selbst eine Borel-Menge sein.

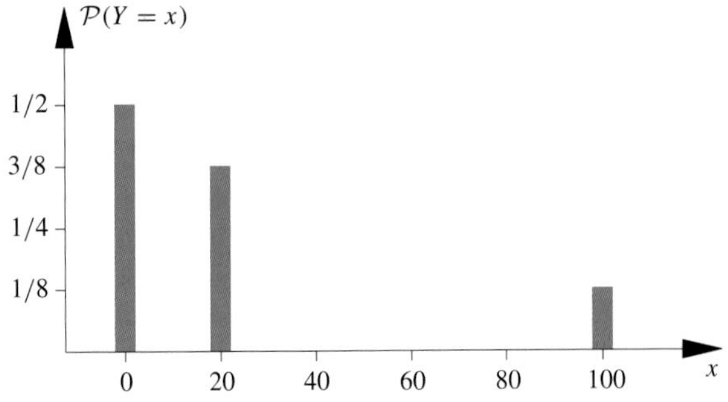

Abbildung 3.4 Die Verteilung von Y.

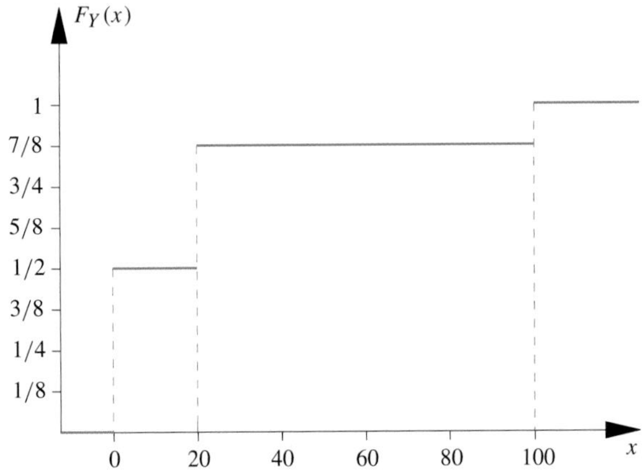

Abbildung 3.5 Die Verteilungsfunktion von Y.

Funktionen mit dieser Eigenschaft heißen Baire'sche Funktionen. Stückweise stetige Funktionen sind Baire'sche Funktionen. Ist also g stückweise stetig, so ist $g(X)$ wieder eine Zufallsvariable (siehe Abbildung 3.6).

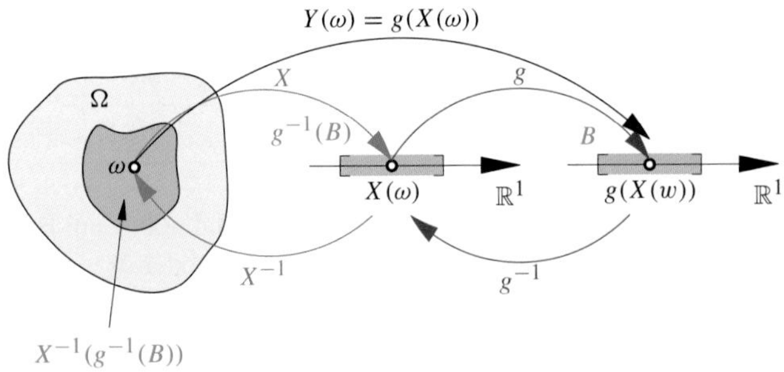

Abbildung 3.6 Die Folge der Abbildungen $X : \Omega \to \mathbb{R}$ und $g : \mathbb{R} \to \mathbb{R}$ definiert die Zufallsvariable $g(X)$.

Beispiel Es sei X eine Zufallsvariable. Wir betrachten zwei Funktionen $a + bx$ und $a + bx + cx^2$ und leiten aus ihnen neue Zufallsvariable ab.

- $Y = g(X) = a + bX$ ist eine Zufallsvariable mit

$$\mathcal{P}(Y = y) = \mathcal{P}(a + bX = y) = \mathcal{P}\left(X = \frac{y-a}{b}\right)$$

(siehe Abbildung 3.7).

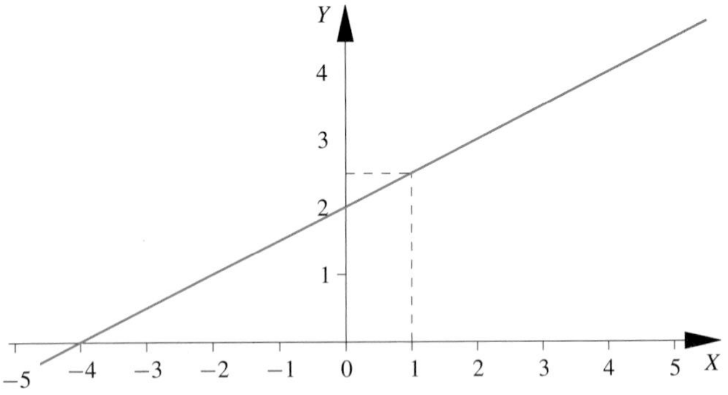

Abbildung 3.7 Ist $Y = 2 + \frac{1}{2}X$, so ist $\mathcal{P}(Y = 2.5) = \mathcal{P}(X = 1)$.

- Ist $c \neq 0$, so ist $Z = a + bX + cX^2$ eine zufällige Variable mit

$$\begin{aligned}\mathcal{P}(Z = z) &= \mathcal{P}\left(a + bX + cX^2 = z\right)\\ &= \mathcal{P}\left(X = -\frac{1}{2}\frac{b}{c} - \sqrt{\frac{z-a}{c} + \frac{b^2}{4c^2}}\right)\\ &\quad + \mathcal{P}\left(X = -\frac{1}{2}\frac{b}{c} + \sqrt{\frac{z-a}{c} + \frac{b^2}{4c^2}}\right),\end{aligned}$$

speziell ist $\mathcal{P}(Z = z) = 0$, falls $z \leq \frac{4ac-b^2}{4c}$ ist (siehe Abbildung 3.8). ◀

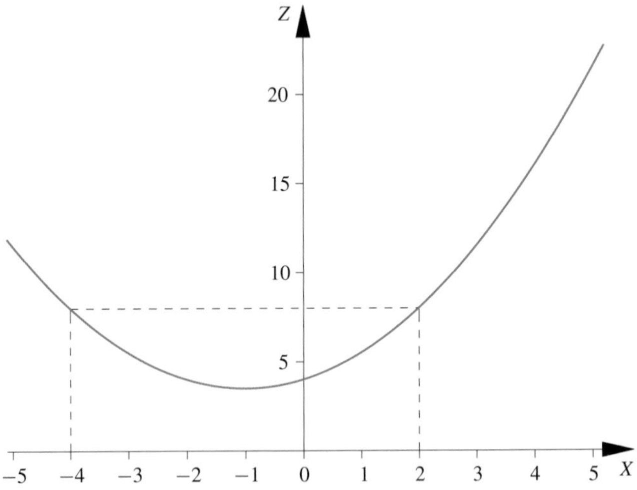

Abbildung 3.8 Ist $Z = 4 + X + \frac{1}{2}X^2$, so ist $\mathcal{P}(Z = 8) = \mathcal{P}(X = -4) + \mathcal{P}(X = 2)$.

Unabhängige Zufallsvariablen liefern keine Informationen übereinander

Kehren wir zu unserem Anfangsbeispiel zurück und spielen das Münzspiel mit dem zweiten Studenten. Bei ihm werfen wir die Sequenz ZZK, also ist $X_2 = 1$.

Was ist bei $X_1 = 2$ und $X_2 = 1$ unterschiedlich und was ist bei X_1 und X_2 gleich geblieben?

Beim ersten Spiel war die Realisation $X_1 = 2$, beim zweiten Spiel war die Realisation $X_2 = 1$. Das erste und das zweite Spiel sind zwei verschiedene Vorgänge oder Experimente. Es ist $X_1 \neq X_2$. Gleich geblieben bei X_1 und X_2 sind die Wahrscheinlichkeitsverteilungen,

$$\mathcal{P}(X_1 = i) = \mathcal{P}(X_2 = i) \quad \text{für } i = 0, 1, 2, 3$$

und damit auch die Verteilungsfunktionen

$$F_{X_1}(x) = F_{X_2}(x) .$$

Achtung: X_1 und X_2 sowie alle X_i in unserem Beispiel besitzen die gleiche Verteilung. Sie sind identisch verteilt, aber nicht *gleichverteilt*. Mit dem Begriff *gleichverteilt* bezeichnen wir eine spezielle Verteilungsform, die wir im nächsten Kapitel kennenlernen werden.

Spielen wir nun mit dem dritten Studenten weiter. Wir hatten bereits $X_1 = 2$ und $X_2 = 1$ gesehen. Was können wir daraus zusätzlich über X_3 lernen? Natürlich nichts! Natürlich? Es ist eine Eigenschaft eines Modells, mit dem wir die Münzwürfe beschreiben. Es ist das Modell der Unabhängigkeit!

Die zufälligen Variablen X und Y heißen stochastisch unabhängig, falls unser Wissen über die Realisationen der einen Variablen keinen Einfluss hat auf die Wahrscheinlichkeitsverteilung der anderen Variablen. Um es genauer zu sagen, übertragen wir den Begriff der Unabhängigkeit von Ereignissen auf Zufallsvariablen. Erinnern wir uns: zwei Ereignisse A und B sind unabhängig, falls $\mathcal{P}(A|B) = \mathcal{P}(A)$ oder gleichwertig $\mathcal{P}(A \cap B) = \mathcal{P}(A)\mathcal{P}(B)$. Ersetzen wir die Ereignisse A und B durch die Ereignisse $X \leq x$ und $Y \leq y$, so erhalten wir folgende Definition.

Definition der Unabhängigkeit

X und Y heißen unabhängig, wenn für alle $x \in \mathbb{R}$ und $y \in \mathbb{R}$ die Ereignisse $X \leq x$ und $Y \leq y$ unabhängig sind. Das heißt, es muss gelten:

$$\mathcal{P}(X \leq x | Y \leq y) = \mathcal{P}(X \leq x) \tag{3.1}$$

oder gleichwertig:

$$\mathcal{P}(X \leq x \cap Y \leq y) = \mathcal{P}(X \leq x) \cdot \mathcal{P}(Y \leq y) . \tag{3.2}$$

Eigentlich müssten wir genauer $\mathcal{P}(\{X \leq x\} \cap \{Y \leq y\})$ schreiben. Wir vermeiden die unschönen Doppelklammern und ersetzen stattdessen das $\cap$-Symbol durch ein Komma und schreiben $\mathcal{P}(X \leq x,\ Y \leq y)$. In dieser Notation gilt: X und Y sind genau dann unabhängig, wenn

$$\mathcal{P}(X \in A, Y \in B) = \mathcal{P}(X \in A) \cdot \mathcal{P}(Y \in B) \tag{3.3}$$

für alle Borel-Mengen A und $B \in \mathbb{B}$ gilt. Speziell sind diskrete Zufallsvariable genau dann unabhängig, wenn

$$\mathcal{P}\left(X = x_i, Y = y_j\right) = \mathcal{P}(X = x_i) \cdot \mathcal{P}\left(Y = y_j\right) \tag{3.4}$$

für alle x_i und y_j gilt. Wie bei unabhängigen Ereignissen müssen wir bei mehr als zwei Zufallsvariablen paarweise und totale Unabhängigkeit unterscheiden (siehe dazu die Definition in Abschnitt 2.3).

Definition der Unabhängigkeit für mehr als zwei Variablen

Die n zufälligen Variablen $X_1, \ldots, X_n$ heißen unabhängig, wenn für alle Realisationen x_i von X_i die Ereignisse $\{X_1 \leq x_1\}, \{X_2 \leq x_2\}, \ldots, \{X_n \leq x_n\}$ total unabhängig sind.

Wenn wir von Unabhängigkeit von Zufallsvariablen sprechen, meinen wir stets die totale Unabhängigkeit der Ereignisse. Paarweise Unabhängigkeit ist der Sonderfall, der extra genannt wird. Sehr häufig werden wir Situationen beschreiben, bei denen Versuche unter identischen Start- und Randbedingungen n-mal unabhängig voneinander wiederholt werden. Bezeichnen wir mit X_1 bis X_n die Ergebnisse dieser Versuchsserie, so wird meist das Modell verwendet, nach dem die X_i unabhängig und identisch verteilt sind. Für diese Modellannahme hat sich, ausgehend von der englischen Literatur, eine Abkürzung eingebürgert.

Definition von i.i.d

Die Aussage: „Die Zufallsvariablen $X_1 \ldots, X_n$ sind **i**ndependent and **i**dentically **d**istributed“ wird abgekürzt mit: „Die Zufallsvariablen $X_1 \ldots, X_n$ sind i.i.d.“

Sind X und Y unabhängig, dann sind auch die Funktionen $g(X)$ und $k(Y)$ unabhängig. Wenn X nichts über die Verteilung von Y aussagen kann, dann kann auch $g(X)$ nichts über die Verteilung von $k(Y)$ aussagen. Diese Eigenschaft gilt auch für mehr als zwei Zufallsvariable.

Unabhängigkeit überträgt sich

Sind die Zufallsvariablen $X_1, \ldots, X_n$ unabhängig und sind $U = g(X_1, \ldots, X_k)$ sowie $V = k(X_{k+1}, \ldots, X_n)$ ebenfalls Zufallsvariable, so sind auch U und V unabhängig.

Wir setzen unser Münzbeispiel von Seite 77 fort. Der Dozent in unserem Münzbeispiel fragt sich weniger, wie viel er bei jedem einzelnen Studenten, sondern wie viel er insgesamt zahlen muss. Ihn interessiert die Verteilung von

$$S_n = \sum_{i=1}^{n} Y_i .$$

Zur Bestimmung von S_n gehen wir schrittweise vor. Die Wahrscheinlichkeitsverteilung von $S_2 = Y_1 + Y_2$ geht nicht etwa aus der Addition der Verteilungen von Y_1 und Y_2 hervor, sondern muss individuell bestimmt werden. Dazu fragen wir: Welche verschiedenen Y-Wertkombinationen sind die Verursacher für einen bestimmten Wert von S_2? Tabelle 3.3 zeigt die Entstehungen der möglichen Werte von S_2.

Tabelle 3.3 Die möglichen Endsummen bei der Auszahlung an zwei Spieler.

S_2	$Y_1 = 0$	$Y_1 = 20$	$Y_1 = 100$
$Y_2 = 0$	0	20	100
$Y_2 = 20$	20	40	120
$Y_2 = 100$	100	120	200

In dieser Tabelle stehen an den Rändern die Realisationen von Y_1 und Y_2. Die Zellen im Inneren der Tabelle zeigen die Realisationen von S_2 als Summe der jeweiligen Realisationen von Y_1 und Y_2. Zum Beispiel tritt $S_2 = 20$ genau dann auf, wenn entweder die Kombination $\{Y_1 = 0\} \cap \{Y_2 = 20\}$ oder $\{Y_1 = 20\} \cap \{Y_2 = 0\}$ eintritt. Da die beiden Kombinationen sich gegenseitig ausschließen, folgt nach dem dritten Axiom von Kolmogorov:

$$\begin{aligned}\mathcal{P}(S_2 = 20) &= \mathcal{P}(Y_1 = 0, Y_2 = 20) + \mathcal{P}(Y_1 = 20, Y_2 = 0)\\ &= \mathcal{P}(Y_1 = 0)\,\mathcal{P}(Y_2 = 20)\\ &\quad + \mathcal{P}(Y_1 = 20)\,\mathcal{P}(Y_2 = 0)\ ,\end{aligned}$$

denn die Ereignisse sind unabhängig voneinander. Allgemein gilt:

$$\begin{aligned}\mathcal{P}(S_2 = 20) &= \sum_{y_1+y_2=20} \mathcal{P}(Y_1 = y_1, Y_2 = y_2)\\ &= \sum_{y_1} \mathcal{P}(Y_1 = y_1, Y_2 = 20 - y_1)\ .\end{aligned}$$

Dabei laufen y_1 und y_2 über den Wertebereich der Zufallsvariablen Y_1 und Y_2. Tabelle 3.4 zeigt die Berechnung der Zellenwahrscheinlichkeiten.

Tabelle 3.4 Berechnung der Zellenwahrscheinlichkeiten: Es ist $\mathcal{P}(Y_1 = y_i, Y_2 = y_j) = \mathcal{P}(Y_1 = y_i)\mathcal{P}(Y_2 = y_j)$.

$\mathcal{P}(Y_1 = y_i, Y_2 = y_j)$	$\mathcal{P}(Y_1 = 0)$	$\mathcal{P}(Y_1 = 20)$	$\mathcal{P}(Y_1 = 100)$
$\mathcal{P}(Y_2 = 0) = \frac{4}{8}$	16/64	12/64	4/64
$\mathcal{P}(Y_2 = 20) = \frac{3}{8}$	12/64	9/64	3/64
$\mathcal{P}(Y_2 = 100) = \frac{1}{8}$	4/64	3/64	1/64

Zum Beispiel ist

$$\begin{aligned}\mathcal{P}(Y_1 = 0, Y_2 = 20) &= \mathcal{P}(Y_1 = 0)\,\mathcal{P}(Y_2 = 20)\\ &= \frac{4}{8} \cdot \frac{3}{8} = \frac{12}{64}\ .\end{aligned}$$

Addieren wir die Wahrscheinlichkeiten aller Realisationen von S_2, die in der Tabelle 3.3 mehrfach auftreten, so erhalten wir die Verteilung von $S_2 = Y_1 + Y_2$.

s	0	20	40	100	120	200	Σ
$\mathcal{P}(S_2 = s)$	$\frac{16}{64}$	$\frac{24}{64}$	$\frac{9}{64}$	$\frac{8}{64}$	$\frac{6}{64}$	$\frac{1}{64}$	1

Die Abbildungen 3.9 und 3.10 zeigen die Wahrscheinlichkeitsverteilung und die Verteilungsfunktion von S_2.

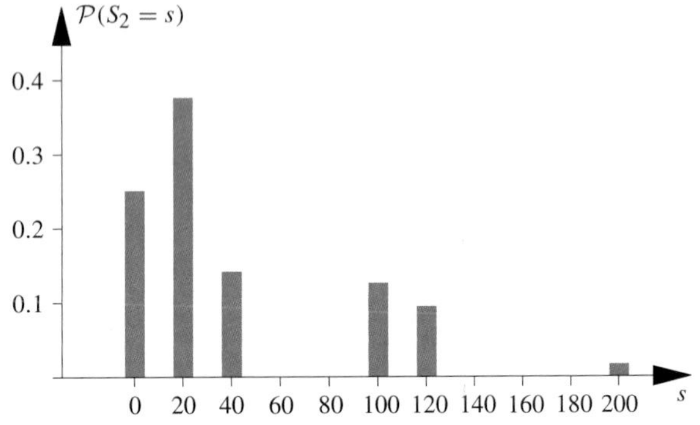

Abbildung 3.9 Wahrscheinlichkeitsverteilung von S_2.

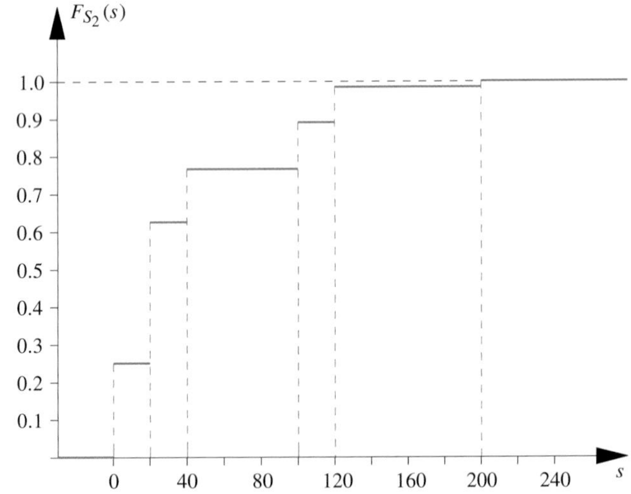

Abbildung 3.10 Die Verteilungsfunktion der Summe S_2.

Auf die gleiche Weise wird die Verteilung von

$$S_3 = Y_1 + Y_2 + Y_3 = S_2 + Y_3$$

bestimmt. Wir bilden die Tafel mit den Realisationen von S_3 als Summe aller Kombinationen der Realisationen von S_2 und Y_3. Dabei benutzen wir die Unabhängigkeit von S_2 und Y_3. Dann berechnen wir die Wahrscheinlichkeiten der Zellen durch Multiplikation der Wahrscheinlichkeiten der Ränder; z. B. ist

$$\begin{aligned}\mathcal{P}(S_3 = 300) &= \mathcal{P}(Y_3 = 100, S_2 = 200)\\ &= \mathcal{P}(Y_3 = 100) \cdot \mathcal{P}(S_2 = 200)\\ &= \frac{1}{8} \cdot \frac{1}{64} = \frac{1}{512}\ .\end{aligned}$$

Addieren wir die Wahrscheinlichkeiten aller Auszahlungen, die in der Tafel mehrfach auftreten, so erhalten wir die in Tabelle 3.5 angegebene Verteilung von S_3.

Tabelle 3.5 Verteilung von S_3.

s	0	20	40	60	100
$\mathcal{P}(S_3 = s) \cdot 512$	64	144	108	27	48

s	120	140	200	220	300
$\mathcal{P}(S_3 = s) \cdot 512$	72	27	12	9	1

Das Verfahren lässt sich beliebig fortsetzen zur Bestimmung von $\sum_{i=1}^{n} Y_i =: S_n$. Tabelle 3.6 zeigt im Ausschnitt die so berechneten Wahrscheinlichkeit von $S_1 = Y_1$ bis S_5.

Für den Dozenten, der mit 5 Studenten spielt, ist $\mathcal{P}(S_5 = 420) = 0.000\,457\,8$ irrelevant, wichtiger ist für ihn die Wahrscheinlichkeit, dass er höchstens 420 Cent oder irgend einen anderen Betrag s zahlen muss. Das heißt, die Verteilungsfunktion ist wichtig. Tabelle 3.7 zeigt die Werte der Verteilungsfunktionen F_{S_1} bis F_{S_5}.

Aus der Verteilungsfunktion $\mathrm{F}_{S_5}(x)$ liest man z. B. ab:

$$\mathcal{P}(S_5 \leq 20) = 0.1484$$
$$\mathcal{P}(S_5 \leq 80) = 0.5055$$
$$\mathcal{P}(S_5 \leq 400) = 0.9995$$
$$\mathcal{P}(20 < S_5 \leq 400) = 0.9995 - 0.1484 = 0.8511$$

Mit Wahrscheinlichkeit von rund 50 % werden höchstens 80 Cent ausgezahlt. Mit einer Wahrscheinlichkeit von rund 85 % werden mehr als 20 aber höchstens 400 Cent gezahlt.

Die Berechnung der Wahrscheinlichkeitsverteilung S_n mit dem eben beschriebenen Verfahren wird für großes n immer aufwändiger. Die Verteilung der Summe S_n lässt sich formal eleganter durch geeignete Transformationen der zufälligen Variablen bestimmen. Wir können aber hier nicht darauf eingehen. Mit diesen Verfahren wurden dann die Verteilungen von S_n für $n = 10, 20, 40$ und 80 berechnet. Mithilfe des Zentralen Grenzwertsatzes werden wir später gute Approximationen für die Verteilungen bestimmen.

Tabelle 3.6 Die Verteilungen der Summen.

s	$\mathcal{P}_{S_1}(s)$	$\mathcal{P}_{S_2}(s)$	$\mathcal{P}_{S_3}(s)$	$\mathcal{P}_{S_4}(s)$	$\mathcal{P}_{S_5}(s)$
0	0.500	0.250	0.125	0.062 5	0.031 25
20	0.375	0.375	0.281	0.187 5	0.117 19
40	0.000	0.141	0.211	0.210 9	0.175 78
60	0.000	0.000	0.053	0.105 5	0.131 84
80	0.000	0.000	0.000	0.019 8	0.049 44
100	0.125	0.125	0.094	0.062 5	0.046 48
120	0.000	0.094	0.141	0.140 6	0.117 19
			⋮		
380	0.000	0.000	0.000	0.000 0	0.000 00
400	0.000	0.000	0.000	0.000 2	0.000 61
420	0.000	0.000	0.000	0.000 0	0.000 46
440	0.000	0.000	0.000	0.000 0	0.000 00
460	0.000	0.000	0.000	0.000 0	0.000 00
480	0.000	0.000	0.000	0.000 0	0.000 00
500	0.000	0.000	0.000	0.000 0	0.000 03

Tabelle 3.7 Die Verteilungsfunktionen der Summen.

s	$\mathrm{F}_{S_1}(s)$	$\mathrm{F}_{S_2}(s)$	$\mathrm{F}_{S_3}(s)$	$\mathrm{F}_{S_4}(s)$	$\mathrm{F}_{S_5}(s)$
0	0.500	0.250	0.125	0.062 5	0.031 3
20	0.875	0.625	0.406	0.250 0	0.148 4
40	0.875	0.766	0.617	0.460 9	0.324 2
60	0.875	0.766	0.670	0.566 4	0.456 1
80	0.875	0.766	0.670	0.586 2	0.505 5
100	1.000	0.891	0.764	0.648 7	0.552 0
120	1.000	0.984	0.904	0.789 3	0.669 2
			⋮		
380	1.000	1.000	1.000	0.999 8	0.998 9
400	1.000	1.000	1.000	1.000 0	0.999 5
420	1.000	1.000	1.000	1.000 0	1.000 0
440	1.000	1.000	1.000	1.000 0	1.000 0
460	1.000	1.000	1.000	1.000 0	1.000 0
480	1.000	1.000	1.000	1.000 0	1.000 0
500	1.000	1.000	1.000	1.000 0	1.000 0

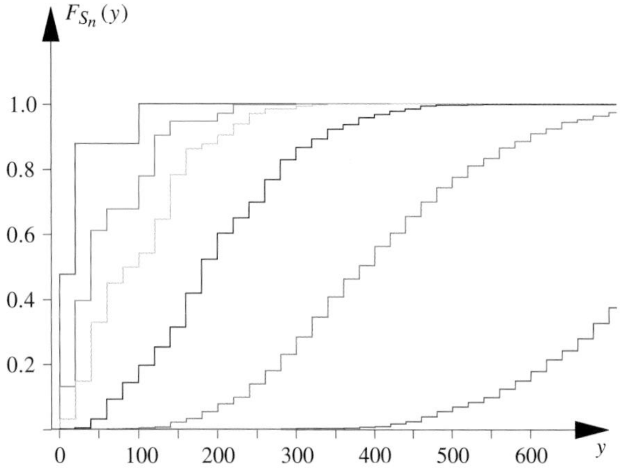

Abbildung 3.11 Die Verteilungsfunktionen F_{S_n} für $n = 1, 3, 5, 10, 20$ und 40.

In Abbildung 3.11 sind die Verteilungsfunktionen F_{S_n} für $n = 1, 3, 5, 10, 20$ und 40 dargestellt. Dabei erkennt man:

1. Mit wachsendem n werden die Sprunghöhen der Verteilungsfunktionen immer geringer.
2. Mit wachsendem n fließen die Verteilungen immer weiter auseinander.

Überraschendes entdeckt man aber, wenn man alle Verteilungen durch Umskalierung der x-Achse über dem gleichen Intervall $[0; 100]$ betrachtet. Dazu stauchen wir in der Darstellung von S_n die Abszisse um den Faktor n. Anders gesagt, wir betrachten nicht die Verteilungsfunktion der Variablen S_n, sondern die von

$$\overline{Y}^{(n)} = \frac{S_n}{n} = \frac{1}{n}\sum_{i=1}^{n} Y_i\,.$$

$\overline{Y}^{(n)} = \frac{S_n}{n}$ ist die mittlere Auszahlung pro Student, wenn mit n Studenten gespielt wird. $\overline{Y}^{(n)}$ ist genau so eine Zufallsvariable wie es S_n ist. Die Verteilung von $\overline{Y}^{(n)}$ erhält man sofort aus der Verteilung von S_n:

$$\begin{aligned} F_{\overline{Y}^{(n)}}(y) &= \mathcal{P}\left(\overline{Y}^{(n)} \le y\right) = \mathcal{P}\left(\frac{S_n}{n} \le y\right) \\ &= \mathcal{P}\left(S_n \le yn\right) = F_{S_n}(yn)\,. \end{aligned}$$

Bei den Verteilungsfunktionen $F_{\overline{Y}^{(n)}}$ in Abbildung 3.12 wird durch die Stauchung eine ganz verblüffende Eigenschaft deutlich.

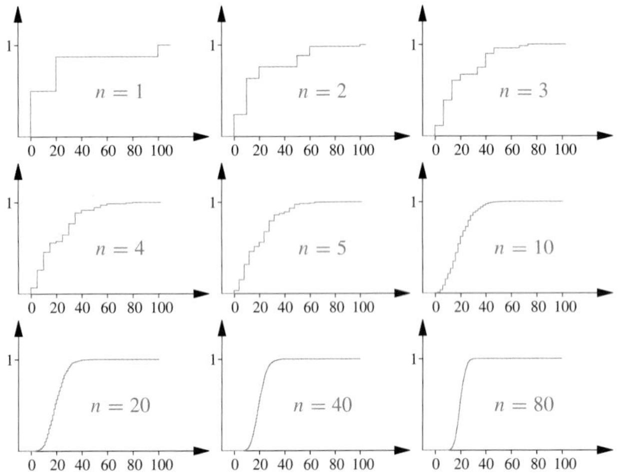

Abbildung 3.12 Verteilungsfunktionen $F_{\overline{Y}^{(n)}}$ für $n = 1$ bis $n = 80$.

Mit wachsendem n werden die Sprünge der Verteilungsfunktionen kleiner, sie erscheinen glatter und gleichzeitig steiler. Die Verteilungsfunktion für $n = 800$ zeigt Abbildung 3.13.

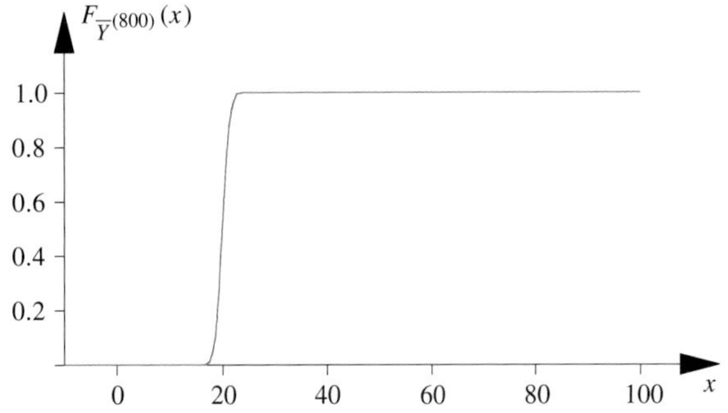

Abbildung 3.13 Die Verteilungsfunktion des Mittelwertes $\overline{Y}^{(800)}$.

Anscheinend konvergieren die Verteilungsfunktionen gegen eine Sprungfunktion. In Abbildung 3.14 ist die Sprungfunktion

$$I_{[k,\infty)}(z) = \begin{cases} 0 & \text{falls } z < k \\ 1 & \text{falls } z \ge k \end{cases}$$

dargestellt, die an der Stelle $z = k$ von 0 auf 1 springt.

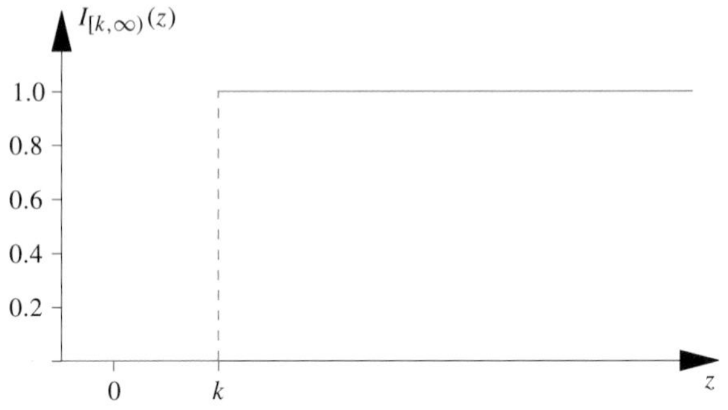

Abbildung 3.14 Sprungfunktion mit Sprung an der Stelle $z = k$.

Besitzt eine Zufallsvariable Z die Sprungfunktion $I_{[k,\infty)}(z)$ als Verteilungsfunktion, so muss für Z gelten:

$$\mathcal{P}(Z < k) = 0;\ \mathcal{P}(Z = k) = 1;\ \mathcal{P}(Z > k) = 0\,.$$

Der Definitionsbereich von Z zerfällt in zwei disjunkte Bereiche $\{\omega : Z(\omega) = k\}$ und $\{\omega : Z(\omega) \neq k\}$. Der erste Bereich hat die Wahrscheinlichkeit eins, der zweite die Wahrscheinlichkeit null. Z ist nicht identisch k, nur mit Wahrscheinlichkeit 1. Wir sagen „Z ist fast sicher gleich k."

Definition: Eine fast sicher konstante Zufallsvariable

Existiert für die Zufallsvariable Z ein Wert k mit $\mathcal{P}(Z{=}k) = 1$, so heißt Z fast sicher konstant gleich k. Eine fast sicher konstante Zufallsvariable Z heißt auch entartete Zufallsvariable.

Anscheinend verhält sich $\overline{Y}^{(n)}$ für große n immer stärker wie eine Konstante und verliert seinen zufälligen Charakter. Zwei Fragen drängen sich auf:

1. Was ist das für eine Zahl k, an der sich der Sprung vollzieht?
2. Ist dies eine allgemeingültige Eigenschaft oder gilt dies nur für die Verteilungsfunktion unseres Münzspiels?

Die Antwort auf die letzten beiden Fragen ist grundlegend für die Wahrscheinlichkeitstheorie und unser Verständnis von Statistik. Wir werden uns damit in den nächsten Abschnitten befassen.

?

Es seien X und Y zwei entartete Zufallsvariable und zwar sei $\mathcal{P}(X = 5) = 1$ und $\mathcal{P}(Y = 3) = 1$. Ist dann auch $X + Y$ eine entartete Zufallsvariable? Wie groß ist $\mathcal{P}(X + Y = 8)$?

3.2 Erwartungswert und Varianz einer zufälligen Variablen

Betrachten wir die Wahrscheinlichkeitsverteilung der Variablen Y in Abbildung 3.4 auf Seite 78. Sie sieht aus wie die Verteilung der relativen Häufigkeiten eines Merkmals mit den drei Ausprägungen 0, 20 und 100 und den relativen Häufigkeiten 0.5, 0.375 und 0.125.

So wie wir für empirische Häufigkeitsverteilungen Lage- und Streuungsparameter definiert haben, werden wir es nun ganz analog für Wahrscheinlichkeitsverteilungen tun.

Der Erwartungswert einer Zufallsvariablen ist der Schwerpunkt ihrer Verteilung

Im Abschnitt über Lageparameter haben wir das arithmetische Mittel als Schwerpunkt der Verteilung bestimmt, indem wir Ausprägungen mit den relativen Häufigkeiten multipliziert und dann darüber summiert haben. Genauso gehen wir nun vor, bloß multiplizieren wir nun Realisationen mit ihren Wahrscheinlichkeiten.

Definition des Erwartungswertes

Ist Y eine diskrete Zufallsvariable mit der Wahrscheinlichkeitsverteilung $\mathcal{P}(Y = y_j)$, $j = 1, 2, \ldots, \infty$. Dann ist der **Erwartungswert** $\mathrm{E}(Y)$ von Y definiert als:

$$\mathrm{E}(Y) = \sum_{j=1}^{\infty} y_j \cdot \mathcal{P}\left(Y = y_j\right),$$

sofern die unendliche Reihe $\left(\sum_{j=1}^{n} y_j \mathcal{P}(Y = y_j)\right)_{n=1}^{\infty}$ absolut konvergiert. Andernfalls existiert der Erwartungswert nicht.

Das übliche Symbol für den Erwartungswert ist μ. Mitunter setzen wir den Namen der jeweiligen Zufallsvariablen als Index an μ, um Erwartungswerte mehrerer Variabler zu unterscheiden, also $\mathrm{E}(Y) = \mu_Y$ und $\mathrm{E}(X) = \mu_X$.

Wenn wir im Folgenden von Erwartungswerten und ihren Eigenschaften sprechen, setzen wir stillschweigend voraus, dass diese Erwartungswerte existieren.

Beispiel Wir bestimmen den Erwartungswert der Zufallsvariablen Y aus dem Münzwurfbeispiel.

y	$\mathcal{P}(Y = y)$	$y \cdot \mathcal{P}(Y = y)$
0	4/8	0
20	3/8	60/8
100	1/8	100/8
$\sum$	1	160/8

Also ist $\mathrm{E}(Y) = 20$.

Wenn wir im Folgenden von Erwartungswerten und ihren Eigenschaften sprechen, setzen wir stillschweigend voraus, dass diese Erwartungswerte existieren.

Mit $S_2 = Y_1 + Y_2$. hatten wir die Summe der Auszahlungen aus zwei unabhängigen Spielen bezeichnet. Für S_2 hatten wir die Verteilung bestimmt. Nun berechnen wir den Erwartungswert von S_2

s	$\mathcal{P}(S_2 = s)$	$s \cdot \mathcal{P}(S_2 = s)$
0	$\frac{16}{64}$	0
20	$\frac{24}{64}$	$\frac{480}{64}$
40	$\frac{9}{64}$	$\frac{360}{64}$
100	$\frac{8}{64}$	$\frac{800}{64}$
120	$\frac{6}{64}$	$\frac{720}{64}$
200	$\frac{1}{64}$	$\frac{200}{64}$
	1	$\frac{2560}{64}$

Es ist $E(S_2) = \frac{2560}{64} = 40$. Dies Ergebnis hätten wir auch einfacher, ohne explizite und mühsame Bestimmung der Verteilung von S_2 haben können. Es ist $E(Y_1 + Y_2) = E(Y_1) + E(Y_2) = 20 + 20 = 40$. Diese Eigenschaft gilt allgemein. ◄

Additivität des Erwartungswertes

Sind X und Y zwei Zufallsvariablen, die auch voneinander abhängig sein können, mit den Erwartungswerten $E(X)$ und $E(Y)$, dann gilt:

$$E(X + Y) = E(X) + E(Y).$$

Betrachten wir die Wahrscheinlichkeitsverteilung einer diskreten Zufallsvariablen und vergessen dabei, dass es sich um eine Zufallsvariable handelt, sondern lesen die Zahlen $p_i = \mathcal{P}(Y = y_i)$ als wären sie relative Häufigkeiten, so sehen wir, dass die Berechnung des Erwartungswertes genau so erfolgt wie die Berechnung des arithmetischen Mittels. Daher hat der Erwartungswert dieselben Eigenschaften wie das arithmetische Mittel. So wie das arithmetische Mittel der Schwerpunkt der empirischen Häufigkeitsverteilung ist, ist analog der Erwartungswert der Schwerpunkt der Wahrscheinlichkeitsverteilung. Eigenschaften des Erwartungswerts sind in der Übersicht auf Seite 90 zusammengestellt.

Beispiel Im Münzspiel sollte jeder Student vor dem Spiel einen Einsatz von 20 Cent zahlen. Wir definieren den Gewinn $Z = Y - 20$ als eine neue Zufallsvariable. Der Erwartungswert des Gewinns ist $\mathrm{E}(Z) = \mathrm{E}(Y - 20) = \mathrm{E}(Y) - 20 = 20 - 20 = 0$. Wenn der Dozent mit n Studenten spielt, so ist sein Verlust $V = \sum_{I=1}^{n}(Y_i - 20)$. Der Erwartungswert des Verlusts ist

$$\mathrm{E}(V) = \mathrm{E}\left(\sum_{I=1}^{n}(Y_i - 20)\right) = \sum_{I=1}^{n}\mathrm{E}(Y_i - 20) = 0. \quad ◄$$

Achtung: Der Erwartungswert ist trotz seines Namens nicht der Wert, den wir erwarten. Er ist der Schwerpunkt der Verteilung. Dass der Erwartungswert trotzdem etwas mit einer Erwartung zu tun hat, wird uns das Gesetz der großen Zahlen zeigen.

Beispiel Wir betrachten einen idealen Würfel. Die Zufallsvariable W sei die geworfene Augenzahl: $\mathcal{P}(W = i) = \frac{1}{6}$ für $i = 1, \ldots, 6$. Abbildung 3.15 zeigt die Wahrscheinlichkeitsverteilung von W.

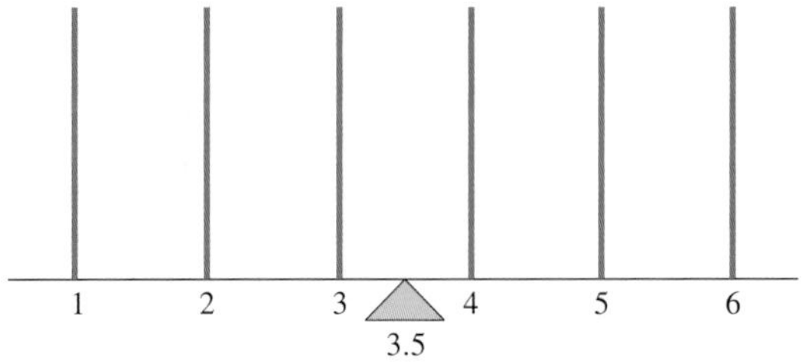

Abbildung 3.15 Die Wahrscheinlichkeitsverteilung der Augenzahl W beim idealen Würfel. Hier ist $\mathrm{E}(W) = 3.5$.

Die Verteilung hat die Gestalt eine Harke mit 6 gleich langen Zinken. Wenn wir sie in der Mitte, bei 3.5, unterstützen, bleibt sie im Gleichgewicht. Also ist der Erwartungswert $\mathrm{E}(W) = 3.5$. Wir können es numerisch verifizieren:

$$\mathrm{E}(W) = 1 \cdot \frac{1}{6} + 2 \cdot \frac{1}{6} + 3 \cdot \frac{1}{6} + 4 \cdot \frac{1}{6} + 5 \cdot \frac{1}{6} + 6 \cdot \frac{1}{6} = 21 \cdot \frac{1}{6} = 3.5 .$$

Kein Mensch wird beim Würfeln erwarten, eine 3.5 zu werfen! ◄

Häufig haben wir es mit Zufallsvariablen $Y = g(X)$ zu tun, die selbst Funktionen einer Zufallsvariablen X sind. Dann lässt sich $\mathrm{E}(Y)$ auf zweierlei Art berechnen.

Zwei Wege zum Erwartungswert von $Y = g(X)$

1. Wir bleiben in der „X-Welt" und berechnen $\mathrm{E}(Y)$ als gewichteten Mittelwert der Ausprägungen $g(x_i)$,

$$\mathrm{E}(Y) = \mathrm{E}(g(X)) = \sum_{i=1}^{\infty} g(x_i) \cdot \mathcal{P}(X = x_i) .$$

2. Wir bestimmen die Verteilung von Y und berechnen Sie $\mathrm{E}(Y)$ in der „Y-Welt" definitionsgemäß als

$$\mathrm{E}(Y) = \sum_{j=1}^{\infty} y_j \cdot \mathcal{P}(Y = y_j) .$$

Wir verzichten auf einen formalen Beweis und veranschaulichen die Äquivalenz der beiden Berechnungswege an einem Beispiel.

Beispiel Es sei $Y = g(X) = (X-2)^2$. Dabei nehme X die drei Werte 1, 2, 3 mit den Wahrscheinlichkeiten $\mathcal{P}(X = 1) = 0.2$, $\mathcal{P}(X = 2) = 0.6$, $\mathcal{P}(X = 3) = 0.2$ an.

1. Wir wählen den ersten Weg und berechnen $\mathrm{E}(g(X))$ mithilfe der Wahrscheinlichkeitsverteilung von X

x	$\mathcal{P}(X = x)$	$g(x) = (x-2)^2$	$g(x) \cdot \mathcal{P}(X = x)$
1	0.2	1	0.2
2	0.6	0	0
3	0.2	1	0.2
$\sum$	1		0.4

Also $\mathrm{E}(g(X)) = 0.4$.

2. Wir wählen den zweiten Weg und berechnen $\mathrm{E}(Y)$ mithilfe der Wahrscheinlichkeitsverteilung von Y. Aus der obigen Tabelle folgt, dass $Y = (X-2)^2$ nur die beiden Werte $Y = 0$ und $Y = 1$ annimmt. Dabei ist

$$\begin{aligned}\mathcal{P}(Y = 1) &= \mathcal{P}\big((X-2)^2 = 1\big) = \mathcal{P}(\{X = 1\} \cup \{X = 3\}) \\ &= \mathcal{P}(X = 1) + \mathcal{P}(X = 3) = 0.2 + 0.2\end{aligned}$$

Die Berechnung des Erwartungswertes von Y liefert nun:

y	$\mathcal{P}(Y = y)$	$y \cdot \mathcal{P}(Y = y)$
0	0.6	0
1	0.4	0.4
		0.4

Also ebenfalls $\mathrm{E}(Y) = 0.4$.

Warum beide Berechnungswege zum gleichen Ergebnis führen, wird im Vergleich deutlich: Wenn mehrere x-Werte zum gleichen y-Wert führen, werden ihre Wahrscheinlichkeiten bei der Bestimmung der Wahrscheinlichkeit des y-Werts addiert: Die Summe $\sum_{j=1}^{\infty} y_j \cdot \mathcal{P}(Y = y_j)$ ist nur eine Umordnung und Zusammenfassung der Summe $\sum_{i=1}^{\infty} g(x_i) \cdot \mathcal{P}(X = x_i)$. ◄

Die Aussage über die Gleichheit der beiden Berechnungswege von $\mathrm{E}(g(X))$ darf nicht zur Annahme $\mathrm{E}(g(X)) = g(\mathrm{E}(X))$ verleiten. Diese Gleichheit gilt nur, falls $g(x) = a + bx$ eine lineare Funktion ist.

Beispiel Die Zufallsvariable X nehme die Werte -1 und $+1$ jeweils mit Wahrscheinlichkeit 0.5 an. Dann ist $\mathrm{E}(X) = 0.5 \cdot (-1) + 0.5 \cdot (+1) = 0$. Andererseits ist X^2 identisch 1, also auch $\mathrm{E}(X^2) = 1$. Also ist $0 = (\mathrm{E}(X))^2 < \mathrm{E}(X^2) = 1$. ◄

Ist dagegen $g(x)$ eine konvexe oder konkave Funktion, so können wir $\mathrm{E}(g(X))$ mit der Jensen-Ungleichung abschätzen.

Die Jensen-Ungleichung

Ist $g(x)$ eine reelle Funktion, dann ist

$$\begin{aligned}\mathrm{E}(g(X)) &\geq g(\mathrm{E}(X)) \quad \text{falls } g(x) \text{ konvex ist,} \\ \mathrm{E}(g(X)) &\leq g(\mathrm{E}(X)) \quad \text{falls } g(x) \text{ konkav ist.}\end{aligned}$$

Der Beweis der beiden Ungleichungen ist völlig analog zu dem auf Seite 21 geführten Beweis für empirische Merkmale, dabei haben wir nur Mittelwert durch Erwartungswert und Häufigkeit durch Wahrscheinlichkeit zu ersetzen.

Beispiel Wir betrachten ein vereinfachtes Modell eines idealen Gases, dessen Moleküle sich nur in einer Dimension bewegen sollen. Die Geschwindigkeit eines Moleküls lässt sich als eine Zufallsvariable X mit dem Erwartungswert $\mathrm{E}(X)$ modellieren. Ist m die Masse des Gasmoleküls, so ist $Y = \frac{1}{2}mX^2$ seine kinetische Energie. Enthält das Gas N Moleküle, so ist die mittlere Energie des Gases:

$$E\left(\sum_{i=1}^{N} Y_i\right) = N \cdot \mathrm{E}(Y) = \frac{1}{2}mN\mathrm{E}(X^2) > \frac{1}{2}mN\,(\mathrm{E}(X))^2 .$$

Die mittlere Energie ist also größer als die Energie eines Gases, in dem alle Moleküle die konstante mittlere Geschwindigkeit $\mathrm{E}(X)$ besitzen. ◀

Während der Mittelwert als gewichtete endliche Summe stets existiert, ist dies beim Erwartungswert von Zufallsvariablen mit unendlich vielen Ausprägungen nicht notwendig der Fall. Wir zeigen dies an einem berühmten historischen Beispiel, dem „Petersburger Paradoxon", das vor 200 Jahren Kopfzerbrechen bereitete.

Beispiel Der Dozent bietet seinen Studenten das folgende Glücksspiel mit einer fairen Münze an: Der Student zahlt einen Einsatz von M €. Dann wird die Münze so oft hintereinander und unabhängig voneinander geworfen, bis zum ersten Mal „Kopf" erscheint. Nun ist das Spiel beendet und der Student erhält seinen Gewinn Y nach folgender Regel: Erscheint „Kopf" beim n-ten Wurf zum ersten Mal, werden $Y = 2^n$ € ausgezahlt.

Ist X_i die Indikatorvariable des i-ten Wurfs, mit $X_i = 1$, falls „Kopf" fällt, dann ist

$$\mathcal{P}\left(Y = 2^n\right) = \mathcal{P}\left(X_1 = 0, X_2 = 0, \ldots, X_{n-1} = 0, X_n = 1\right) .$$

Wegen der Unabhängigkeit der Würfe ist

$$\mathcal{P}\left(Y = 2^n\right) = \mathcal{P}\left(X_1 = 0\right) \cdot \mathcal{P}\left(X_2 = 0\right) \cdot \ldots \cdot \mathcal{P}\left(X_n = 1\right) .$$

Da die Münze mit gleicher Wahrscheinlichkeit „Kopf" und „Zahl" wirft, ist $\mathcal{P}(X_i = 0) = \mathcal{P}(X_i = 1) = \frac{1}{2}$. Daher ist $\mathcal{P}(Y = 2^n) = 2^{-n}$. Zur Bestimmung des Erwartungswertes berechnen wir zuerst die Partialsumme:

$$\sum_{j=1}^{N} y_j \cdot \mathcal{P}\left(Y = y_j\right) = \sum_{j=1}^{N} 2^n \cdot \mathcal{P}\left(Y = 2^n\right) = \sum_{j=1}^{N} 2^n \cdot 2^{-n} = N .$$

Die Reihe konvergiert nicht. Der Erwartungswert existiert nicht. Müsste man ihn beziffern, könnte man sagen, der Erwartungswert sei unendlich groß. Trotzdem wird kein vernünftiger Mensch für dieses Spiel einen Einsatz von mehr als etwa $M = 10$ € riskieren.

Wir werden uns in Kapitel 10 über subjektive Wahrscheinlichkeit und bayesianische Statistik auf Seite 417 noch eingehender damit beschäftigen. ◀

Achtung: Der Erwartungswert verhält sich beim Multiplizieren von Zufallsvariablen völlig anders als beim Addieren.

- Immer gilt $\mathrm{E}(X + Y) = \mathrm{E}(X) + \mathrm{E}(Y)$.
- Mitunter gilt $\mathrm{E}(X \cdot Y) = \mathrm{E}(X) \cdot \mathrm{E}(Y)$.
- Nie gilt $\mathrm{E}(X \cdot X) = \mathrm{E}(X) \cdot \mathrm{E}(X)$, es sei denn, X ist fast sicher eine Konstante.

Der Spezialfall erhält einen eigenen Namen.

Definition Unkorreliertheit

Zwei Zufallsvariable X und Y heißen genau dann **unkorreliert**, falls gilt:

$$\mathrm{E}(X \cdot Y) = \mathrm{E}(X) \cdot \mathrm{E}(Y) . \qquad (3.5)$$

Mit dem Thema Unkorreliertheit und damit zusammenhängend Korrelation und Kovarianz werden wir uns in Abschnitt 3.4 noch ausführlich befassen. Dort werden wir auch beweisen, dass Unkorreliertheit eine schwächere Aussage als Unabhängigkeit ist.

Die Varianz ist ein quadratisches Streuungsmaß

Bei empirischen Häufigkeitsverteilungen definierten wir die empirische Varianz als Mittelwert der quadrierten Abweichungen der einzelnen Ausprägungen vom Schwerpunkt der Verteilung. Ersetzen wir Ausprägung durch Realisation und gewichten statt mit den relativen Häufigkeiten mit den Wahrscheinlichkeiten, erhalten wir analog dazu die Varianz.

Definition der Varianz

Ist X eine Zufallsvariable mit dem Erwartungswert μ, dann ist die Varianz von X definiert als

$$\mathrm{Var}(X) = \mathrm{E}(X - \mu)^2 = \sigma^2 ,$$

sofern der Erwartungswert $\mathrm{E}(X - \mu)^2$ existiert. Andernfalls existiert die Varianz nicht. Das übliche Symbol für die Varianz ist σ^2. Die Wurzel aus der Varianz ist die Standardabweichung σ.

$(X - \mu)^2$ ist eine Funktion von X. Ist X eine diskrete Zufallsvariable mit dem Erwartungswert μ und der Wahrscheinlichkeitsverteilung $\mathcal{P}(X = x_j)$, $j = 1, 2, \ldots, \infty$, dann liefert der *erste Weg* zur Berechnung von $\mathrm{E}(X - \mu)^2$ (siehe Seite 84):

$$\mathrm{Var}(X) = \sum_{j=1}^{\infty} (x_j - \mu)^2 \cdot \mathcal{P}\left(X = x_j\right) ,$$

sofern die unendlichen Reihe $\left(\sum_{j=1}^{n} (x_j - \mu)^2 \mathcal{P}\left(X = x_j\right)\right)_{n=1}^{\infty}$ konvergiert. Andernfalls existiert die Varianz nicht.

Wie beim Erwartungswert fügen wir an σ^2 noch den Namen der jeweiligen Variablen als Index an, wenn dies der Verständlichkeit hilft, und schreiben z. B. σ_X^2 bzw. σ_X. Wenn wir im Folgenden von der Varianz und ihren Eigenschaften sprechen, setzten wir

Vertiefung: Allgemeine Definition des Erwartungswertes

Wir haben bisher den Erwartungswert nur für diskrete Zufallsvariable definiert. Um die Definition zu erweitern, brauchen wir einen erweiterten Integrationsbegriff, den des Lebesgue-Stieltjes-Integrals.

Ist X eine Zufallsvariable mit der Verteilungsfunktion F, so ist der Erwartungswert von X definiert als

$$\mathrm{E}(X) = \int x \, \mathrm{d}F(x) ,$$

sofern das Intergral auf der rechten Seite existiert. Dieses Integral ist wie folgt zu verstehen: Während beim Lebesgue-Integral jedem Intervall $[a, b]$ als Maß seine Länge $(b - a)$ zugeordnet wird, wird nun dem Intervall $[a, b]$ das Maß $F(b) - F(a)$ zugeordnet.

Ist z. B. $F(x)$ eine monoton wachsende Treppenfunktion mit abzählbar vielen Sprüngen der Höhe p_i an den Stellen x_i so ist

$$\mathrm{E}(X) = \int x \, \mathrm{d}F(x) = \sum_{i=1}^{\infty} x_i p_i ,$$

sofern die Reihe absolut konvergiert. Falls F die Verteilungsfunktion der diskreten Zufallsvariablen X ist, stimmt also die vertraute spezielle Definition des Erwartungswertes auf Seite 83 mit der allgemeinen Definition überein.

Ist F dagegen differenzierbar mit der Ableitung F', so ist

$$\mathrm{E}(X) = \int x \, \mathrm{d}F(x) = \int x F'(x) \, \mathrm{d}x .$$

Zufällige Variable mit differenzierbarer Verteilungsfunktion heißen stetige Zufallsvariable. Mit ihnen werden wir uns von Seite 114 an noch ausführlich beschäftigen.

Alle Eigenschaften des Erwartungswertes lassen sich nun unter Ausnützung von Eigenschaften des Lebesgue-Stieltjes-Integrals beweisen, so die bereits zitierten wie auch die folgenden beiden:

- Schnelles Abklingen von F: Wenn der Erwartungswert der Zufallsvariablen X existiert, dann müssen die Wahrscheinlichkeiten für sehr große wie für sehr kleine x-Werte schneller als $\frac{1}{x}$ gegen null gehen. Genauer gesagt: Wenn $\mathrm{E}(X)$ existiert, dann folgt:

$$\lim_{x\to\infty} x(1 - F(x)) = \lim_{x\to\infty} x\mathcal{P}(X > x) = 0 ,$$
$$\lim_{x\to-\infty} xF(x) = \lim_{x\to-\infty} x\mathcal{P}(X \le x) = 0 .$$

- Berechnung des Erwartungswertes durch partielle Integration: Wenn $\mathrm{E}(X)$ existiert, dann ist

$$\mathrm{E}(X) = \int_0^{\infty} (1 - F(x)) \, \mathrm{d}x - \int_{-\infty}^{0} F(x) \, \mathrm{d}x .$$

Der Begriff Erwartungswert lässt sich zum Begriff des **Moments** verallgemeinern. Für jedes $k > 0$ heißt $\mathrm{E}\left(X^k\right)$ das **k-te Moment** und $\mathrm{E}\left(|X|^k\right)$ **k-te absolute Moment** der Zufallsvariablen X bzw. der Verteilung F, sofern die Erwartungswerte existieren. Existiert $\mathrm{E}\left(|X|^k\right)$ für ein $k > 0$, so existiert $\mathrm{E}\left(|X|^j\right)$ für alle $0 < j < k$.

– wie beim Erwartungswert – stillschweigend voraus, dass die Varianz existiert.

Multiplizieren wir $(X - \mu)^2$ aus

$$(X - \mu)^2 = X^2 - 2X\mu + \mu^2$$

und benutzen die Linearität des Erwartungswertes, erhalten wir wegen $\mathrm{E}(X) = \mu$:

$$\begin{aligned}\mathrm{E}(X - \mu)^2 &= \mathrm{E}(X^2) - 2\mathrm{E}(X\mu) + \mathrm{E}(\mu^2) \\ &= \mathrm{E}(X^2) - 2\mu^2 + \mu^2 = \mathrm{E}(X^2) - \mu^2 .\end{aligned}$$

Analog zum Verschiebungssatz für die empirische Varianz, siehe Seite 25, erhalten wir nun den Verschiebungssatz für die theoretische Varianz.

Der Verschiebungssatz

Für jede Zufallsvariable X mit existierender Varianz gilt:

$$\mathrm{Var}(X) = \mathrm{E}(X - \mu)^2 = \mathrm{E}(X^2) - \mu^2 .$$

Ordnen wir die Formel um, erhalten wir:

$$\mathrm{E}(X^2) = \left(\mathrm{E}(X)\right)^2 + \mathrm{Var}(X) \ge \left(\mathrm{E}(X)\right)^2 .$$

Dies ist eine Bestätigung der Jensen-Ungleichung, da $g(x) = x^2$ eine konvexe Funktion ist.

Beispiel Wir berechnen die Varianz der zufälligen Variablen Y aus unserem Münzbeispiel einmal gemäß der Definition und dann mit dem Verschiebungssatz. Wir hatten auf Seite 83 bereits $\mathrm{E}(Y) = 20$ berechnet. Dann folgt:

y	$\mathcal{P}(Y = y)$	$(y - 20)^2\mathcal{P}(Y = y)$	$y^2\mathcal{P}(Y = y)$
0	4/8	200	0
20	3/8	0	150
100	1/8	800	1 250
Summe	1	1 000	1 400

Einerseits ist $\mathrm{Var}(Y) = \sum_{j=1}^{3}(y_j - \mu)^2 \cdot \mathcal{P}\left(X = y_j\right) = 1\,000$. Andererseits ist $\mathrm{E}(Y)^2 = 1\,400$ und $(\mathrm{E}(Y))^2 = 20^2$. Also:

$$\mathrm{Var}(Y) = 1\,400 - 400 = 1\,000 = \sigma_Y^2$$
$$\sigma_Y = \sqrt{\mathrm{Var}(Y)} = \sqrt{1\,000} \approx 31.6 .$$ ◄

Für die Varianz gelten dieselben Regeln, die wir schon für die empirische Varianz aufgestellt haben, vor allem gilt Folgendes.

Die Varianz ist invariant bei Verschiebungen

Die Varianz ist ein quadratisches Streuungsmaß, das invariant bei Verschiebungen ist:

$$\mathrm{Var}(a+bX) = b^2 \mathrm{Var}(X)$$

Beispiel Im Münzspiel haben wir den Gewinn $Z = Y - 20$ als eine neue Zufallsvariable eingeführt. Dann ist $\mathrm{Var}(Z) = \mathrm{Var}(Y-20) = \mathrm{Var}(Y) = 1\,000$ und $\sigma_Z \approx 31.6$. ◀

Während für alle Zufallsvariablen Summation und Erwartungswertbildung vertauschbar sind, gilt die analoge Beziehung für die Varianz nur für unkorrelierte Variable.

Die Summenregel für unkorrelierte Zufallsvariable

Sind die Zufallsvariablen X_i paarweise unkorreliert, gilt:

$$\mathrm{Var}\left(\sum_{i=1}^{n} X_i\right) = \sum_{i=1}^{n} \mathrm{Var}(X_i)\,.$$

Da unabhängige Variable unkorreliert sind, gilt die Summenregel auch für unabhängige Zufallsvariable.

Beweis: Da die Varianz gegen eine Verschiebung der Variablen invariant ist, können wir ohne Beschränkung der Allgemeinheit annehmen, dass $\mathrm{E}(X_i) = 0$ ist. Dann ist $\mathrm{Var}(X_i) = \mathrm{E}(X_i)^2$. Zur Abkürzung setzen wir $Y = \sum_{i=1}^{n} X_i$. Dann ist

$$\mathrm{E}(Y) = \mathrm{E}\left(\sum_{i=1}^{n} X_i\right) = \sum_{i=1}^{n} \mathrm{E}(X_i) = 0\,.$$

Dann folgt weiter:

$$\mathrm{Var}(Y) = \mathrm{E}\left(Y^2\right) = \mathrm{E}\left(\sum_{i=1}^{n} X_i^2 + 2\sum_{i\neq j} X_i X_j\right).$$

Wegen der Linearität des Erwartungswertes können wir Summation und Erwartungswert vertauschen:

$$\mathrm{Var}(Y) = \sum_{i=1}^{n} \mathrm{E}\left(X_i^2\right) + 2\sum_{i\neq j} \mathrm{E}\left(X_i X_j\right).$$

Falls $i \neq j$ ist, können wir wegen der Unkorreliertheit $\mathrm{E}\left(X_i X_j\right) = \mathrm{E}(X_i)\,\mathrm{E}\left(X_j\right)$ faktorisieren. Nach Voraussetzung ist aber $\mathrm{E}(X_i) = \mathrm{E}\left(X_j\right) = 0$. Also ist $\mathrm{E}\left(X_i X_j\right) = 0$. Folglich gilt:

$$\mathrm{Var}(Y) = \sum_{i=1}^{n} \mathrm{E}\left(X_i^2\right) = \sum_{i=1}^{n} \mathrm{Var}(X_i)\,. \quad ■$$

?

Es seien X und Y zwei unabhängige, identisch verteilte Zufallsvariable mit $\mathrm{E}(X) = \mu$ und $\mathrm{Var}(X) = \sigma^2$.

a) Wie unterscheiden sich $X + X,\ 2 \cdot X,\ X + Y$?
b) Wie groß sind ihre Erwartungswerte und Varianzen?

Die Konsequenzen dieser scheinbar einfachen Summenregel für unkorrelierte Zufallsvariable sind grundlegend für die gesamte Statistik. Wir werden immer wieder auf sie stoßen. Als erste Folgerung betrachten wir unkorrelierte Zufallsvariablen X_i mit derselben Varianz σ^2. Dann gilt:

$$\mathrm{Var}\left(\sum_{i=1}^{n} X_i\right) = n\sigma^2\,.$$

Die Varianz der Summe wächst nur linear mit n. Haben die Zufallsvariablen auch noch denselben Erwartungswert μ, so gilt:

$$\mathrm{E}\left(\sum_{i=1}^{n} X_i\right) = n\mu\,.$$

Der Erwartungswert der Summe wächst ebenfalls linear mit n, die Standardabweichung der Summe aber nur linear mit $\sqrt{n}$. Relativ zum Wachstum des Erwartungswertes nimmt die Streuung der Summe ab. Aussagen über Summen aus unabhängigen Zufallsvariablen sind relativ zur Größe von n genauer als Aussagen über die einzelnen Summanden. Am deutlichsten wird dieser Effekt, wenn wir nicht die Summe, sondern den Mittelwert

$$\overline{X}^{(n)} = \frac{1}{n}\sum_{i=1}^{n} X_i$$

betrachten.

Mittelwertsregel für unkorrelierte Zufallsvariable

Sind $X_1, X_2, \ldots, X_n$ unkorrelierte zufällige Variable, die alle denselben Erwartungswert $\mathrm{E}(X_i) = \mu$ und dieselbe Varianz $\mathrm{Var}(X_i) = \sigma^2$ besitzen, dann gilt:

$$\mathrm{E}\left(\overline{X}^{(n)}\right) = \mu \quad \text{und} \quad \mathrm{Var}\left(\overline{X}^{(n)}\right) = \frac{\sigma^2}{n}\,.$$

Beweis: Wegen der Linearität des Erwartungswertes können wir Summation und Erwartungswert vertauschen,

$$\mathrm{E}\left(\overline{X}^{(n)}\right) = \mathrm{E}\left(\frac{1}{n}\sum_{i=1}^{n} X_i\right) = \frac{1}{n}\sum_{i=1}^{n} \mathrm{E}(X_i) = \frac{1}{n} n\mu = \mu\,.$$

Da die Varianz ein quadratisches Streuungsmaß ist, folgt:

$$\mathrm{Var}\left(\overline{X}^{(n)}\right) = \mathrm{Var}\left(\frac{1}{n}\sum_{i=1}^{n} X_i\right) = \frac{1}{n^2}\mathrm{Var}\left(\sum_{i=1}^{n} X_i\right),$$

denn beim Ausklammern der Konstante $\frac{1}{n}$ wird sie quadriert. Da die X_i unkorreliert sind, greift die Summenregel,

$$\frac{1}{n^2}\mathrm{Var}\left(\sum_{i=1}^{n} X_i\right) = \frac{1}{n^2}\sum_{i=1}^{n} \mathrm{Var}(X_i) = \frac{1}{n^2} n\sigma^2 = \frac{\sigma^2}{n}\,. \quad ■$$

Es seien $X_1, X_2, \ldots, X_n$ fehlerbehaftete Messung, die zufällig mit einer Varianz σ^2 um den wahren Wert $\mathrm{E}(X_i) = \mu$ streuen. Beobachten wir nur eine einzige Messung $X_1 = x_1$, so werden wir x_1 als Schätzwert für den unbekannten Wert μ nehmen. Nehmen wir dagegen alle n Messungen und bilden daraus den Mittelwert, so streut $\overline{X}^{(n)}$ wie jede Einzelmessung ebenfalls um den wahren Wert μ, aber mit einer um den Faktor $1/n$ verringerten Varianz. Daher ergibt sich die dringende Empfehlung an jeden empirisch Arbeitenden:

Wiederhole Messungen unabhängig voneinander und bilde Mittelwerte!

Standardisierung

Eine Zufallsvariable X mit Erwartungswert gleich null und Varianz gleich eins heißt **standardisierte** Zufallsvariable. Ist X eine beliebige Zufallsvariable mit $\mathrm{E}(X) = \mu$ und $\mathrm{Var}(X) = \sigma^2$, dann heißt

$$X^* = \frac{X - \mu}{\sigma}$$

die **Standardisierte** von X. Der Vorgang selbst heißt Standardisierung. Für die standardisierte Variable X^* gilt:

$$\mathrm{E}\left(X^*\right) = 0$$
$$\mathrm{Var}\left(X^*\right) = 1 .$$

?

Beweisen Sie die beiden letzten Gleichungen.

Wie in der deskriptiven Statistik gelten die Ungleichungen von Tschebyschev.

Die Ungleichungen von Tschebyschev für standardisierte Variable

Für jede standardisierte Variable X und jede beliebige positive Zahl k gilt:

$$\mathcal{P}(|X| \geq k) \leq \frac{1}{k^2}$$
$$\mathcal{P}(|X| < k) \geq 1 - \frac{1}{k^2}$$

Beweis: Definieren Sie die zufällige Variable Y durch

$$Y = \begin{cases} 0 & \text{falls } X^2 < k^2 , \\ k^2 & \text{falls } X^2 \geq k^2 . \end{cases}$$

Nach Definition nimmt Y nur die beiden Werte 0 und k^2 an. Daher ist

$$\mathrm{E}(Y) = 0 \cdot \mathcal{P}\left(X^2 < k^2\right) + k^2 \cdot \mathcal{P}\left(X^2 \geq k^2\right) = k^2 \mathcal{P}\left(X^2 \geq k^2\right) .$$

Andererseits ist ebenfalls nach Definition $X^2 \geq Y$. Daher folgt $\mathrm{E}(X^2) \geq \mathrm{E}(Y)$. Da X standardisiert ist, folgt $\mathrm{Var}(X) = \mathrm{E}\left(X^2\right) = 1$. Zusammengefasst gilt also

$$1 = \mathrm{E}\left(X^2\right) \geq \mathrm{E}(Y) = k^2 \mathcal{P}\left(X^2 \geq k^2\right) .$$

Daraus folgt:

$$\frac{1}{k^2} \geq \mathcal{P}\left(X^2 \geq k^2\right) = \mathcal{P}(|X| \geq k) .$$

Die zweite Ungleichung ist die Wahrscheinlichkeit des Komplementärereignisses. ■

Ist X eine beliebige zufällige Variable mit $\mathrm{E}(X) = \mu$ und $\mathrm{Var}\, X = \sigma^2$, so wenden wir die Ungleichungen von Tschebyschev auf die Standardisierte X^* von X an und erhalten die äquivalenten Aussagen.

Die Ungleichungen von Tschebyschev

Für jede Variable X mit existierender Varianz σ^2 und jede beliebige positive Zahl k gilt:

$$\mathcal{P}(|X - \mu| \geq k\sigma) \leq \frac{1}{k^2}$$
$$\mathcal{P}(|X - \mu| < k\sigma) \geq 1 - \frac{1}{k^2}$$

Die Entropie

Information ist ein Schlüsselbegriff. Man spricht von Informationsgesellschaft vom informierten Bürger, man kann seit einigen Jahrzehnten auch Informatik studieren. Bloß gibt es keine Einigung darüber, was Information ist und wie man sie zu messen hat. Ein intuitives Konzept sagt: *Information ist, was bei der Suche hilft*. Beim Informationsbegriff von R. A. Fisher, den wir später im Kapitel Schätztheorie aus Seite 212 erwähnen werden, geht es stattdessen um die Frage: *Was sagen uns Beobachtungen über die Parameter unseres Modells?*

Mit der stürmischen Entwicklung der elektronischen Nachrichtentechnik drängte sich die Frage in der Vordergrund, wie Nachrichten, die über fehlerhafte und verrauschte Kanäle übermittelt werden, codiert und decodiert werden sollten. Ausgangspunkt ist der Aufsatz von R. V. L Hartley, „*Transmission of Information*" aus dem Jahr 1928. Der Durchbruch und die Gründung der Informationstheorie kam 1948 mit der Veröffentlichung der Arbeit „*A Mathematical Theory of Communication*" von Claude E. Shannon.

Angenommen, wir sollten in einer Gesellschaft von 8 Personen eine spezielle Person, sagen wir Toni Müller identifizieren, könnten dazu einen Spielleiter befragen, der nur mit Ja und Nein antworten darf. Wir könnten nacheinander bei jeder Person fragen: Ist dies Toni Müller? Dann bräuchten wir maximal 8 Fragen. Wir könnten auch die Personen in zwei Vierergruppen aufteilen und bei der linken Gruppe fragen: Ist Toni Müller hier dabei? Dann wird weiter geteilt, nach spätestens 3 Fragen ist Toni Müller gefunden. Statt der realen Aufteilung könnten wir auch numerisch vorgehen. Dazu werden die Personen durchnummeriert und die

Anwendung: Prognosen mit den Ungleichungen von Tschebyschev

Ist die zufällige Variable X noch nicht beobachtet worden, so ist eine Aussage „$|X - \mu| \geq k\sigma$" eine Prognose über die zukünftige Realisation von X. Die Tschebyschev-Ungleichung gibt an, mit welcher Wahrscheinlichkeit die Prognose zutrifft. Die Länge des Prognoseintervalls ist $2k\sigma$. Bei festem σ ist das Prognoseintervall umso größer, je größer man k wählt. Die Prognose wird dadurch ungenauer und gleichzeitig sicherer.

Die Tschebyschev-Ungleichung gestattet folgende Aussage über Y:

$$\mathcal{P}(|Y - \mu| < k \cdot \sigma) \geq 1 - \frac{1}{k^2}.$$

Daraus leiten wir die folgende Prognose ab: Mit Wahrscheinlichkeit von mindestens $\left(1 - \frac{1}{k^2}\right) 100\%$ liegt Y im Intervall

$$\mu - k \cdot \sigma \leq Y \leq \mu + k \cdot \sigma.$$

Wir nennen diese Abschätzung ein $(k \cdot \sigma)$-Prognoseintervall zum Niveau $1 - \frac{1}{k^2}$. Wählen wir zum Beispiel $k = 2$, erhalten wir das $(2 \cdot \sigma)$-Prognoseintervall zum Niveau 75 %:

$$\mu - 2 \cdot \sigma \leq Y \leq \mu + 2 \cdot \sigma,$$

bzw. für $k = 3$ erhalten wir das $(3 \cdot \sigma)$-Prognoseintervall zum Niveau 89 %

$$\mu - 3 \cdot \sigma \leq Y \leq \mu + 3 \cdot \sigma.$$

Wenden wir die Ungleichung von Tschebyschev auf das Münzspiel an und betrachten, wie sich die Anzahl der Mitspieler auf eine Prognose über die Gesamtauszahlung auswirkt. Die Auszahlung bei n mitspielenden Studenten ist $S_n = \sum_{i=1}^{n} Y_i$. Dabei sind die Y_i unabhängig und identisch verteilt (i.i.d.) mit $\mathrm{E}(Y) = 20$, $\mathrm{Var}(Y) = 1\,000$ und $\sigma_Y = 31.6$.

- Ein Mitspieler: Für die Auszahlung $S_1 = Y$ ist $\mathrm{E}(S_1) = 20$, $\mathrm{Var}(S_1) = 1\,000$ und $\sigma_{S_1} = 31.6$. Das $(k \cdot \sigma)$-Prognoseintervall für S_1 lautet daher:

  $$20 - k \cdot 31.6 \leq S_1 \leq \mu + k \cdot 31.6$$

  Wählen wir zum Beispiel $k = 2$, können wir sagen: Mit einer Wahrscheinlichkeit von mindestens 75 % ist

  $$-43 < S_1 < 83.$$

  Wählen wir $k = 3$, können wir sagen: Mit einer Wahrscheinlichkeit von mindestens 89 % ist

  $$-75 < S_1 < 115.$$

  Für das einzelne Spiel ist die Tschebyschev-Ungleichung zwar nicht falsch, aber viel zu grob. Wir wissen ja, dass S_1 nie negativ und höchstens 100 ist.

- Fünf Mitspieler: Für die Auszahlung S_5 ist $\mathrm{E}(S_5) = 5 \cdot 20 = 100$ sowie $\mathrm{Var}(S_5) = 5 \cdot 1\,000 = 5\,000$ und $\sigma_{S_5} = \sqrt{5\,000} = 70.711$. Für $k = 3$ ist $3\sigma_{S_5} = 212.13$. Das 3σ-Prognoseintervall für S_5 zum Niveau von 89 % ist

  $$-112.1 = 100 - 212.1 \leq S_5 \leq 100 + 212.1 = 312.1.$$

  Da die Auszahlung nie negativ ist, können wir also sagen: Mit einer Wahrscheinlichkeit von mindestens 89% ist $S_5 \leq 312.13$. Andererseits haben wir die Verteilungsfunktion F_{S_5} explizit bestimmen können (siehe Abbildung 3.11). Danach gilt:

  $$\mathcal{P}(0 \leq S_5 \leq 312.13) = 0.988\,8.$$

  Kennt man also die Verteilung von S_5, so kann man wesentlich sicherere Aussagen oder bei gleicher Sicherheit wesentlich schärfere Aussagen als nur mit Tschebyschev machen.

- Vierzig Mitspieler: Im schlimmsten Fall zahlt der Dozent 40 € und im besten Fall 0 €. Beide Extreme sind aber sehr unwahrscheinlich. Welche Beträge sind wahrscheinlicher? Es ist $S_{40} = \sum_{i=1}^{40} Y_i$. Daher ist:

  $$\mathrm{E}(S_{40}) = \sum_{i=1}^{40} \mathrm{E}(Y_i) = 40 \cdot 20 = 800$$
  $$\mathrm{Var}(S_{40}) = \sum_{i=1}^{40} \mathrm{Var}(Y_i) = 40 \cdot 1\,000 = 4 \cdot 10^4$$
  $$\sigma_{S_{40}} = 200$$

  Die 4σ-Prognose zum Niveau $1 - \frac{1}{4^2} = 0.94$ ist demnach:

  $$0 = 800 - 4 \cdot 200 \leq S_{40} \leq 800 + 4 \cdot 200 = 1\,600.$$

  Der Dozent weiß also, dass er mit einer Wahrscheinlichkeit von mindestens 94 % nicht mehr als 16 € ausgeben wird. Verlangt er pro Spiel den fairen Einsatz von 20 Cent, so wird er mit hoher Wahrscheinlichkeit nicht mehr als 8 € gewinnen oder verlieren.

Zahlen binär codiert:

Person	Codierung
0	000
1	001
2	010
3	011
4	100
5	101
6	110
7	111

Um eine Person zu identifizieren, sind genau drei Fragen nötig: Ist die erste Ziffer eine 0? Ist die zweite Ziffer eine 0? Ist die dritte Ziffer eine 0? Allgemein gilt: Hat eine Menge N genau $|N|$ Elemente, so ist $\log_2 |N|$ die Anzahl der notwendigen Informationseinheiten, um ein beliebiges festes $x \in N$ zu finden.

Bleiben wir bei unserem Beispiel: Angenommen, wir erfahren, dass Toni Müller eine Frau ist und es nur drei Frauen in der Gruppe gibt, so ist unsere Suche wesentlich erleichtert. Verallgemeinern wir:

Übersicht: Eigenschaften des Erwartungswerts und der Varianz

Es seien $X, Y, X_1, \ldots, X_n$ zufällige Variable und a und b Konstanten. Dann gilt, sofern Erwartungswerte und Varianzen existieren:

- $\mathrm{E}(X)$ ist der Schwerpunkt der Wahrscheinlichkeitsverteilung von X.
- Ist X fast sicher eine Konstante, $\mathcal{P}(X = a) = 1$ oder identisch gleich a, so ist $\mathrm{E}(X) = a$.
- Der Erwartungswert ist ein linearer Operator. Es gilt:

$$\mathrm{E}(a + bX) = a + b\mathrm{E}(X)$$
$$\mathrm{E}(X - \mathrm{E}(X)) = 0$$
$$\mathrm{E}\left(\sum_{i=1}^{n} X_i\right) = \sum_{i=1}^{n} \mathrm{E}(X_i)$$

- Der Erwartungswert erhält die Rangordnung. Ist $X \leq Y$, so folgt $\mathrm{E}(X) \leq \mathrm{E}(Y)$. Dabei bedeutet $X \leq Y$, dass $\mathcal{P}(Y - X \geq 0) = 1$ ist.
- Es gilt die Markov-Ungleichung für positive Zufallsvariable. Ist $\mathcal{P}(X \geq 0) = 1$, so folgt für jede Zahl $k \geq 0$:

$$\mathcal{P}(X \geq k) \leq \frac{1}{k}\mathrm{E}(X) .$$

- Sind X und Y unkorreliert, so ist

$$\mathrm{E}(X \cdot Y) = \mathrm{E}(X)\,\mathrm{E}(Y) .$$

- Ist $\mathrm{E}(X) = \mu$ und existiert $\mathrm{E}(X - \mu)^2$, so ist

$$\mathrm{Var}(X) = \mathrm{E}(X - \mu)^2 = \sigma^2 .$$

- Die Standardabweichung ist $\sigma = \sqrt{\mathrm{Var}(X)}$.
- Die Varianz ist ein quadratisches Streuungsmaß

$$\mathrm{Var}(a + bX) = b^2 \mathrm{Var}(X) .$$

- Sind $X_1 \ldots, X_n$ paarweise unkorreliert, so ist

$$\mathrm{Var}\left(\sum_{i=1}^{n} X_i\right) = \sum_{i=1}^{n} \mathrm{Var}(X_i) .$$

Besitzen alle X_i dieselbe Varianz σ^2, so gilt speziell:

$$\mathrm{Var}\left(\overline{X}^{(n)}\right) = \frac{\sigma^2}{n} .$$

- Es gelten die Ungleichungen von Tschebyschev. Für jede positive reelle Zahl k ist

$$\mathcal{P}(|X - \mu| \geq k\sigma) \leq \frac{1}{k^2} ,$$
$$\mathcal{P}(|X - \mu| < k\sigma) \geq 1 - \frac{1}{k^2} .$$

Informationsgewinn

Es sei $M \subseteq N$ eine Teilmenge von N. Es sei $x \in M$ bekannnt. Dann sind nur noch $\log_2 |M|$ Informationseinheiten nötig, um x zu finden. Der **Informationsgewinn** durch die Angabe der Teilmenge M ist

$$\log_2 |N| - \log_2 |M| = -\log_2 \frac{|M|}{|N|} = -\log_2 p .$$

Dabei ist $p = \frac{|M|}{|N|}$ die Wahrscheinlichkeit, mit der ein zufällig herausgegriffenes x in M liegt. $-\log_2 p$ wäre somit der faire Preis für die Information $x \in M$.

Zurück zu unserem Beispiel. Angenommen, es wird zufällig ein Name gezogen, z. B. Schulze, und wir müssen diese Person unter den acht Anwesenden (drei Frauen und 5 Männer) identifizieren. Was ist die Angabe des Geschlechts wert? Mit Wahrscheinlichkeit 3/8 wird eine Frau gezogen, mit Wahrscheinlichkeit 5/8 ein Mann. Je nachdem ist der Informationsgewinn unterschiedlich. Shannons Schlüsselbegriff ist der Erwartungswert des Informationsgewinns.

Die Entropie einer Verteilung

Ist X ein diskrete zufällige Variable mit n Ausprägungen $x_1, \ldots, x_n$ und der Verteilung

$$\mathcal{P}(X = x_i) = p_i ,$$

so ist $-\log_2 p_i$ der Informationsgewinn, der in der Angabe der Ausprägung von $X = x_i$ liegt. Der Erwartungswert des Informationsgewinns ist die Entropie:

$$\mathcal{E}(\boldsymbol{p}) = -\sum_{i=1}^{n} p_i \log_2 p_i \leq \log_2 n \qquad (3.6)$$

$\mathcal{E}(\boldsymbol{p})$ ist die in X, bzw. seiner Verteilung $\boldsymbol{p}$, enthaltene Information über die Objekte. Genau dann, wenn X gleichverteilt ist, ist $\mathcal{E}(\boldsymbol{p}) = \log_2 n$ maximal.

Wir müssen noch die letzte Aussage beweisen: Da $\log_2 x$ eine konkave Funktion ist, folgt aus der Jensen-Ungleichung:

$$\mathcal{E}(\boldsymbol{p}) = \sum_{i=1}^{n} p_i \log_2 \frac{1}{p_i} \leq \log_2 \sum_{i=1}^{n} p_i \frac{1}{p_i} = \log_2 n.$$

?

Welchen Beitrag zur Entropie liefert eine äußerst seltene Ausprägung x_1 mit $p_1 \approx 0$ bzw. eine extrem häufige Ausprägung x_2 mit $p_2 \approx 1$?

Stellen wir uns nun vor, $\boldsymbol{p}$ sei die wahre Verteilung von X, aber irrtümlicherweise wird statt $\boldsymbol{p}$ die Verteilung $\boldsymbol{q}$ unterstellt. Dann wird die Angabe jeder einzelnen Ausprägung vereinbarungsgemäß mit dem Wert $\log_2 \frac{1}{q_i}$ berechnet, aber im Erwartungswert, der mit der wahren Verteilung $\boldsymbol{p}$ berechnet wird, hat man

$$\sum_{i=1}^{n} p_i \log_2 \frac{1}{q_i}$$

bezahlt. Haben wir nun zuviel oder zuwenig gezahlt? Die Kostendifferenz ist

$$\begin{aligned}\mathcal{J}(\boldsymbol{p};\boldsymbol{q}) &= \sum_{i=1}^{n} p_i \log_2 \frac{1}{q_i} - \sum_{i=1}^{n} p_i \log_2 \frac{1}{p_i} \\ &= \sum_{i=1}^{n} p_i \log_2 \frac{p_i}{q_i} \geq 0\,.\end{aligned}$$

Dabei folgt die letzte Abschätzung aus der Jensen-Ungleichung, denn $-\log_2 x$ ist eine konvexe Funktion:

$$\mathcal{J}(\boldsymbol{p};\boldsymbol{q}) = -\sum_{i=1}^{n} p_i \log_2 \frac{q_i}{p_i} \geq -\log_2 \sum_{i=1}^{n} p_i \frac{q_i}{p_i} = -\log_2 1 = 0\,.$$

Das Kullback-Leibler-Informations-Kriterium

Bei zwei diskreten Wahrscheinlichkeitsverteilungen $\boldsymbol{p}$ und $\boldsymbol{q}$ ist

$$\mathcal{J}(\boldsymbol{p};\boldsymbol{q}) = \sum_{i=1}^{n} p_i \log_2 \frac{p_i}{q_i} \geq 0$$

ein Maß für die Verschiedenheit der Verteilungen der Dichten $\boldsymbol{p}$ und $\boldsymbol{q}$, wobei die Häufigkeit der Abweichungen anhand der Verteilung $\boldsymbol{p}$ bewertet wird. Sind f und g zwei Wahrscheinlichkeitsdichten, dann ist

$$\mathcal{J}(\boldsymbol{f};\boldsymbol{g}) = \int f(x) \log_2 \frac{f(x)}{g(x)}\,\mathrm{d}x\,.$$

$\mathcal{J}(\boldsymbol{p};\boldsymbol{q})$ ist der Informationsverlust bei Verwendung der Verteilung $\boldsymbol{q}$ anstelle der Verteilung $\boldsymbol{p}$. Dabei ist $\mathcal{J}(\boldsymbol{p};\boldsymbol{q}) = 0$ genau dann, wenn $\boldsymbol{p} = \boldsymbol{q}$ ist.

Häufig nennt man $\mathcal{J}(\boldsymbol{p};\boldsymbol{q})$ auch Kullback-Leibler-Distanz. Diese Redeweise ist nicht ungefährlich, denn es ist $\mathcal{J}(\boldsymbol{p};\boldsymbol{q}) \neq \mathcal{J}(\boldsymbol{q};\boldsymbol{p})$. Diese Asymmetrie widerspricht unseren Vorstellungen einer Distanz.

Betrachten wir nun eine zweidimensionale diskrete, endliche Variable (X, Y) mit der Verteilung f_{ij}^{XY}. Vergleichen wir f_{ij}^{XY} mit dem Produkt der Randverteilungen $f_i^X f_j^Y$, dann misst

$$\mathcal{J}(\boldsymbol{f}^{XY};\boldsymbol{f}^X \boldsymbol{f}^Y) = \sum_{i,j} f_{ij}^{XY} \log_2 \frac{f_{ij}^{XY}}{f_i^X f_j^Y} \geq 0$$

den Informationsverlust bei Verwendung der Randverteilungen $f_i^X f_j^Y$ anstelle der wahren gemeinsamen Verteilung f_{ij}^{XY}, bzw. den Informationsüberschuss der wahren gemeinsamen Verteilung gegenüber beiden Randverteilungen. $\mathcal{J}(\boldsymbol{f}^{XY};\boldsymbol{f}^X \boldsymbol{f}^Y)$ heißt auch die **mutual Information**. $\mathcal{J}(\boldsymbol{f}^{XY};\boldsymbol{f}^X \boldsymbol{f}^Y)$ ist genau dann Null, wenn X und Y unabhängig sind: $f_{ij}^{XY} = f_i^X f_j^Y$.

3.3 Das Gesetz der großen Zahlen und weitere Grenzwertsätze

Das Starke Gesetz der großen Zahlen rechtfertigt die Häufigkeitsinterpretation der Wahrscheinlichkeit

Bei geringem Stichprobenumfang n ist die Tschebyschev-Ungleichung oft ein stumpfes Werkzeug. Sie wird aber immer schärfer, je größer n wird und erlaubt im Grenzfall eine überraschende Erkenntnis.

Es seien $X_1, X_2, \ldots, X_n$ i.i.d.-zufällige Variable mit $\mathrm{E}(X_i) = \mu$ und $\mathrm{Var}(X_i) = \sigma^2$. Jetzt wenden wir die Tschebyschev-Ungleichung in der zweiten Version auf $\overline{X}^{(n)}$ an:

$$\mathcal{P}\left(|\overline{X}^{(n)} - \mathrm{E}(\overline{X}^{(n)})| < k\sigma_{\overline{X}^{(n)}}\right) \geq 1 - \frac{1}{k^2}\,.$$

Die X_i sind unabhängig und identisch verteilt. Nach der Mittelwertsregel für unkorrelierte Zufallsvariable ist $\mathrm{E}(\overline{X}^{(n)}) = \mu$, $\mathrm{Var}(\overline{X}^{(n)}) = \frac{\sigma^2}{n}$ und $\sigma_{\overline{X}^{(n)}} = \frac{\sigma}{\sqrt{n}}$. Also folgt:

$$\mathcal{P}\left(|\overline{X}^{(n)} - \mu| < k\frac{\sigma}{\sqrt{n}}\right) \geq 1 - \frac{1}{k^2}\,. \tag{3.7}$$

Wir halten $k\frac{\sigma}{\sqrt{n}}$ fest und kürzen es ab mit

$$\varepsilon = k\frac{\sigma}{\sqrt{n}}\,.$$

Eliminieren wir $k = \frac{\varepsilon\sqrt{n}}{\sigma}$ aus (3.7), erhalten wir:

$$\mathcal{P}\left(|\overline{X}^{(n)} - \mu| < \varepsilon\right) \geq 1 - \frac{\sigma^2}{\varepsilon^2 n}\,.$$

Bei festgehaltenem ε schicken wir n gegen unendlich und erhalten:

$$\lim_{n\to\infty} \mathcal{P}\left(|\overline{X}^{(n)} - \mu| < \varepsilon\right) \geq 1\,.$$

Da Wahrscheinlichkeiten nicht größer als 1 sind, ist der Grenzwert gleich 1. Was wir hier gefunden haben, ist das Schwache Gesetz der großen Zahlen.

Das Schwache Gesetz der großen Zahlen

Es sei $(X_n)_{n\in\mathbb{N}}$ eine Folge von i.i.d.-zufälligen Variablen mit $\mathrm{E}(X_n) = \mu$. Dann gilt für jedes $\varepsilon > 0$

$$\lim_{n\to\infty} \mathcal{P}\left(|\overline{X}^{(n)} - \mu| < \varepsilon\right) = 1\,.$$

Genau genommen haben wir das Schwache Gesetz der großen Zahlen nur unter der Voraussetzung bewiesen, dass die X_i eine endliche Varianz besitzen. Diese Einschränkung ist aber irrelevant, denn wir können eine wesentlich stärkere und allgemeinere Aussage machen.

Das Schwache Gesetz sagt nämlich nur aus, dass große Abweichungen immer unwahrscheinlicher werden. Aber die Traumaussage

$$\lim_{n\to\infty} \overline{X}^{(n)} = \mu$$

folgt nicht daraus. Diese Aussage würde uns aller interpretatorischen Nöte entheben und die Welt für Statistiker einfach machen. Sie lässt sich bloß nicht beweisen. Was sich dagegen beweisen lässt: $\lim_{n\to\infty} \overline{X}^{(n)} = \mu$ gilt nicht immer, sondern nur „so gut wie immer". Genau dies sagt das Starke Gesetz der großen Zahlen aus.

Das Starke Gesetz der großen Zahlen

Es sei $(X_n)_{n\in\mathbb{N}}$ eine Folge von i.i.d.-zufälligen Variablen mit $\mathrm{E}(X_i) = \mu$. Dann gilt

$$\mathcal{P}\left(\lim_{n\to\infty} \overline{X}^{(n)} = \mu\right) = 1\,.$$

Man sagt: $\overline{X}^{(n)}$ **konvergiert fast sicher** gegen μ.

Das Starke Gesetz der großen Zahlen setzt nicht die Existenz der Varianz voraus, sondern nur die Existenz des Erwartungswertes. Besitzen Zufallsvariable keinen Erwartungswert, kann das Gesetz der großen Zahlen nicht gelten. Es gilt nämlich auch die Umkehrung: Wenn $\overline{X}^{(n)}$ mit Wahrscheinlichkeit 1 gegen eine Zahl z konvergiert, dann ist z der Erwartungswert der X_i.

Während das Schwache Gesetz der großen Zahlen leicht zu beweisen, aber schwer zu interpretieren ist, ist das Starke Gesetz der großen Zahlen leicht zu interpretieren, aber schwer zu beweisen. Daher verzichten wir auf eine Beweisskizze.

Das Starke Gesetz der großen Zahlen sagt aus, dass der Grenzwert $\lim \overline{X}^{(n)}$ eine entartete zufällige Variable ist. Die Menge aller ω, für die $\overline{X}^{(n)}$ nicht gegen μ konvergiert, hat das Wahrscheinlichkeitsmaß null. Ignorieren wir die ω aus dieser Ausnahmemenge, so gilt für alle anderen ω

$$\lim_{n\to\infty} \overline{X}^{(n)}(\omega) = \mu\,.$$

$\overline{X}^{(n)}(\omega)$ ist aber ein von uns beobachteter empirischer Mittelwert $\overline{x}^{(n)}$. Bis auf ein Ereignis mit der Wahrscheinlichkeit null gilt also:

Das empirische Gesetz der großen Zahlen

Das arithmetische Mittel $\overline{x}^{(n)}$, das aus den Realisationen $x_1, x_2, \ldots, x_n$ der i.i.d.-zufälligen Variablen $X_1, X_2, \ldots, X_n$ berechnet wird, konvergiert wie eine gewöhnliche arithmetische Folge mit wachsendem n „so gut wie sicher" gegen μ.

$$\lim_{n\to\infty} \overline{x}^{(n)} = \mu\,.$$

Noch einmal: Es ist nicht sicher, dass $\overline{x}^{(n)}$ gegen μ konvergiert! Wenn $\overline{x}^{(n)}$ ausnahmsweise mal nicht gegen μ konvergiert, dann ist ein Ereignis eingetreten, welches die Wahrscheinlichkeit null besitzt.

Damit hat man eine Erklärung für das Grenzverhalten der Verteilungsfunktionen $F_{\overline{Y}^{(n)}}$ auf Seite 82 gefunden. Die Zahl, an der im Grenzfall die Verteilungsfunktionen von 0 auf 1 springen, ist der Erwartungswert $\mathrm{E}(Y) = 20$.

Nun können wir auch den Namen Erwartungswert rechtfertigen: Wenn wir einen Versuch hinreichend oft unabhängig voneinander wiederholen, so können wir erwarten, dass der empirische Mittelwert $\overline{x}^{(n)}$ in der Nähe des Erwartungswertes liegt.

Beispiel Wir betrachten den Wurf von drei unabhängigen fairen Münzen. Dabei sei die Zufallsvariable X die Anzahl der „Kopfwürfe". Wir hatten bereits früher die Wahrscheinlichkeitsverteilung von X bestimmt:

x	$\mathcal{P}(X=x)$	$x \cdot \mathcal{P}(X=x)$	$x^2 \cdot \mathcal{P}(X=x)$
0	1/8	0	0
1	3/8	3/8	3/8
2	3/8	6/8	12/8
3	1/8	3/8	9/8
Summe	1	$\frac{12}{8} = 1.5$	$\frac{24}{8} = 3$

Der Erwartungswert $\mathrm{E}(X)$ ist 1.5, die Varianz ist $\mathrm{Var}(X) = \mathrm{E}(X^2) - (\mathrm{E}(X))^2 = 3 - (1.5)^2 = 0.75$. Soweit das Modell.

Nun wollen wir das im Experiment im Hörsaal überprüfen. Jeder Student wird gebeten, alle Münzen, die er bei sich hat, in Dreierreihen geordnet vor sich auf den Tisch zu legen. Für jede Dreierreihe gibt er an, wie viele Münzen „Kopf" zeigen. Diese Zahl X kann 0, 1, 2 oder 3 sein. Anschließend wird gezählt, wie oft diese Realisationen auftreten. Modell und Realität können wir in Beziehung setzen, wenn wir annehmen, dass a) jede real verwendete Münze eine faire Münze ist, die – unsortiert auf den Tisch gelegt – mit Wahrscheinlichkeit $\frac{1}{2}$ „Kopf" zeigt, und dass b) die Münzen unabhängig voneinander gelegt werden. Dann gilt für $\overline{X}^{(n)}$ das Starke Gesetz der großen Zahlen. Wir können daher erwarten, dass das beobachtete $\overline{x}$ in der Nähe von 1.5 liegt.

Bei dem Experiment im Hörsaal wurden 48 Dreierreihen erzeugt. Mit den Abkürzungen h_i für absolute Häufigkeit und $p_i = \frac{h_i}{48}$ für die relative Häufigkeit ergab die Auszählung:

x_i	h_i	$h_i \cdot x_i$	$p_i = \frac{h_i}{48}$	$\mathcal{P}(X=x_i)$
0	8	0	0.17	0.125
1	19	19	0.40	0.375
2	18	36	0.37	0.375
3	3	9	0.06	0.125
Summe	48	64	1.00	1

Der Mittelwert ist $\overline{x}^{(48)} = \frac{1}{48}\sum_{i=1}^{48} h_i \cdot x_i = \frac{64}{48} = 1.33$, in guter Übereinstimmung mit $\mathrm{E}(X) = 1.5$ Weiter beobachten wir eine gewisse Übereinstimmung von beobachteten relativen

Häufigkeiten p_i und theoretischen Wahrscheinlichkeiten. Diese Übereinstimmung ist aber nicht überraschend, wie wir gleich sehen werden. ◀

?

Bestimmen Sie mithilfe der Ungleichung von Tschebyschev ein 2σ-Prognoseintervall für $\overline{X}^{(48)}$ aus dem obigen Münzexperiment. War die Prognose zutreffend?

Wir wollen nun das Gesetz der großen Zahlen auf Indikatorvariable anwenden.

Definition der Indikatorvariablen

Sei A ein zufälliges Ereignis, das bei einem Versuch eintreten oder ausbleiben kann. Die Indikatorvariable I_A gibt an, ob A eintritt oder nicht:

$$I_A(\omega) = \begin{cases} 1, & \text{falls } A \text{ eintritt,} \\ 0, & \text{falls } A \text{ nicht eintritt.} \end{cases}$$

I_A ist eine binäre Variable, da sie nur die beiden Realisationen 0 und 1 hat. I_A heißt auch **Bernoulli**-Variable. Für die Indikatorvariable I_A ist

$$\mathrm{E}(I_A) = \mathcal{P}(A) \text{ und } \mathrm{Var}(I_A) = \mathcal{P}(A)(1 - \mathcal{P}(A)) .$$

?

Bestätigen Sie die Aussagen über Erwartungswert und Varianz der Indikatorvariable.

Nun betrachten wir eine Folge von unabhängigen Wiederholungen eines Versuchs, bei dem A jeweils mit der Wahrscheinlichkeit $\mathcal{P}(A)$ eintritt. Sei I_{A_i} die Indikatorvariable des i-ten Versuchs. Dann ist

$$\sum_{i=1}^{n} I_{A_i} \quad \text{die absolute Häufigkeit und}$$

$$\overline{I_A}^{(n)} = \frac{1}{n}\sum_{i=1}^{n} I_{A_i} \quad \text{die relative Häufigkeit,}$$

mit der A bei den n Versuchen eintritt. Da die Ereignisse unabhängig sind, sind auch ihre Indikatorfunktionen unabhängig. Folglich gilt für sie das Starke Gesetz der großen Zahlen.

Das Starke Gesetz der großen Zahlen für Wahrscheinlichkeiten

In einer Serie unabhängiger Versuche, bei der das Ereignis A mit der Wahrscheinlichkeit $\mathcal{P}(A)$ auftritt, konvergiert die relative Häufigkeit, mit der A in der Serie wirklich aufgetreten ist, mit Wahrscheinlichkeit 1 gegen den Grenzwert $\mathcal{P}(A)$.

Sprechen wir etwas einfacher, weniger mathematisch exakt: Das Starke Gesetz der großen Zahlen sagt **nicht** aus

$$\lim_{n\to\infty} (\text{relative Häufigkeit}) = \text{Wahrscheinlichkeit},$$

sondern nur, dass diese Aussage mit Wahrscheinlichkeit 1 gilt:

$$\mathcal{P}\left(\lim_{n\to\infty} (\text{relative Häufigkeit}) = \text{Wahrscheinlichkeit}\right) = 1 .$$

Diese Gleichung hilft uns nicht, wenn wir nicht von vornherein etwas darüber wissen, was Wahrscheinlichkeit ist. Als Definition von Wahrscheinlichkeit führt sie uns im Kreise. Der Versuch von Richard von Mises (1883–1953), im Starken Gesetz der großen Zahlen den entscheidenden Zusatz: „Mit Wahrscheinlichkeit 1 gilt:“ wegzulassen, führt zu bislang nicht bewältigten logischen und mathematischen Problemen. Akzeptieren wir jedoch die außermathematische Vereinbarung

> Ein Ereignis mit Wahrscheinlichkeit 1 ist so gut wie sicher. Ein Ereignis mit Wahrscheinlichkeit 0 ist so gut wie unmöglich.

ohne „so gut wie sicher“ und „so gut wie unmöglich“ weiter zu hinterfragen, können wir nun sagen:

Das empirische Gesetz der großen Zahlen für Wahrscheinlichkeiten

In einer Serie unabhängiger Versuche, bei der das Ereignis A mit der Wahrscheinlichkeit $\mathcal{P}(A)$ auftritt, konvergiert die relative Häufigkeit, mit der A in der Serie wirklich aufgetreten ist, so gut wie sicher gegen die Wahrscheinlichkeit von A.

Mit dieser Vereinbarung haben wir zwar keine inhaltliche Definition von Wahrscheinlichkeit gefunden, aber eine tragfähige Interpretation der Wahrscheinlichkeit und eine Brücke zwischen unserer erfahrbaren Realität und dem mathematischen, axiomatischen Modell Kolmogorovs.

Diese Interpretation des Starken Gesetzes der großen Zahlen ist das Fundament des objektivistischen oder frequentistischen Wahrscheinlichkeitsbegriffs. Nach diesem ist Wahrscheinlichkeit eine objektive, quasi-physikalische Eigenschaft der Dinge. So wie ein Würfel Masse, Gewicht, Temperatur und andere physikalische Eigenschaften hat, hat er auch Wahrscheinlichkeit für das Auftreten seiner Seiten beim Würfeln. Diese Wahrscheinlichkeit existiert unabhängig vom Betrachter. Daher der Name „objektivistisch“. Dieser objektivistische Wahrscheinlichkeitsbegriff liegt auch der modernen Grundlagenphysik der Elementarteilchen, der Quantenmechanik, zugrunde.

Das deterministische Weltbild wird hier aufgegeben. Anstelle vorhersagbarer Beobachtungen werden Wahrscheinlichkeiten für ihr Eintreten berechnet (Atomzerfall, Quantensprünge). Positionen und Geschwindigkeiten eines Partikels werden durch Wahrscheinlichkeitswellen beschrieben. Auch wenn Einstein selbst dieser Entwicklung skeptisch gegenüber stand (Gott würfelt nicht), ist sie jetzt generell akzeptierte Grundlage der modernen Physik.

Die entscheidende Frage: „Wie messe ich Wahrscheinlichkeiten?“ kann der Objektivist beantworten: Durch Messung der relativen Häufigkeit in langen Versuchsserien. Daher heißt der objektivistische Wahrscheinlichkeitsbegriff auch der „frequentistische" Wahrscheinlichkeitsbegriff.

Hier liegt aber auch seine Schwäche. Denn Wahrscheinlichkeiten lassen sich nur für wiederholbare Ereignisse messen. Der frequentistische Wahrscheinlichkeitsbegriff ist ein Werkzeug, das für große Serien taugt, für Aussagen über große Mengen. Sollen dagegen Aussagen über nicht wiederholbare Einzelereignisse gemacht werden, ist der objektivistische Wahrscheinlichkeitsbegriff nicht anwendbar.

Nehmen Sie ein rohes Ei, markieren sie es mit dem Rotstift und fragen: „Wie groß ist die Wahrscheinlichkeit, dass *dieses* Ei zerbricht, wenn ich es nun fallen lasse?" Diese Frage kann der Objektivist nicht beantworten. Der Versuch ist nicht wiederholbar. Hier liegt die Stärke des *subjektiven* Wahrscheinlichkeitsbegriffs, der nicht an Wiederholbarkeit gebunden ist. Im Kapitel 10 werden wir Grundbegriffe und Ideen der subjektiven Wahrscheinlichkeitsschule skizzieren.

Häufig wird das Starke Gesetz der großen Zahlen missverstanden, als gäbe es eine mystische Wahrscheinlichkeitskraft, die dafür sorgen würde, dass die Häufigkeiten der Ereignisse in langen Serien sich ausbalancieren müssten. In diesem Sinne äußert sich Edgar Allan Poe am Schluss seiner Erzählung „Das Geheimnis der Marie Rogêt", und benutzt dichterische Freiheit, um wissenschaftlichen Unsinn zu schreiben. Weniger literarisch, dafür häufiger sind Argumente wie: Wenn beim Roulette „Rot" in einer langen Serie hintereinander erscheint, dann sei es immer wahrscheinlicher, dass nun „Schwarz" erscheinen müsse. Dies ist eine nicht durch das Starke Gesetz der großen Zahlen gedeckte irrige Glaubensaussage. Unabhängige Zufallsvariable haben kein Gedächtnis. In der Roulettekugel steckt kein grünes Wahrscheinlichkeitsmännchen vom Mars, das nach einer langen Rot-Serie für schwarze Gerechtigkeit sorgt.

Die Wahrscheinlichkeitsverteilung von X_{n+1} hängt nicht davon ab, welche Ergebnisse bei den vorhergehenden X_i aufgetreten sind. Das Starke Gesetz sagt nur etwas aus über die relativen Häufigkeiten bei wachsendem n. Tritt nun *zufällig* in einer langen Serie „Rot" zu häufig auf, so sorgt der wachsende Nenner n dafür, dass der Einfluss dieser Serie im Mittel allmählich wieder verschwindet.

Die empirische Verteilungsfunktion konvergiert punktweise und gleichmäßig gegen die theoretische Verteilungsfunktion

Beim Wurf von drei idealen Münzen, die unabhängig voneinander geworfen werden, sind die Realisationen 0, 1, 2 und 3 möglich. Im Beispiel auf Seite 92 wurden 48-mal drei reale Münzen geworfen und die relative Häufigkeit der drei Realisationen notiert. Die Tabelle stellt noch einmal Realisationen x_i, relative Häufigkeiten p_i, empirische Verteilungsfunktion $\hat{F}^{(48)}(x_i)$ und Wahrscheinlichkeiten $\mathcal{P}(X = x_i)$ sowie Verteilungsfunktion $F(x_i)$ gegenüber.

x_i	p_i	$\hat{F}^{(48)}(x_i)$	$\mathcal{P}(X = x_i)$	$F(x_i)$
0	0.17	0.17	0.125	0.125
1	0.40	0.57	0.375	0.5
2	0.37	0.94	0.375	0.875
3	0.06	1	0.125	1

Abbildung 3.16 zeigt die empirische Verteilungsfunktion $\hat{F}^{(48)}$ und die theoretische Verteilungsfunktion F.

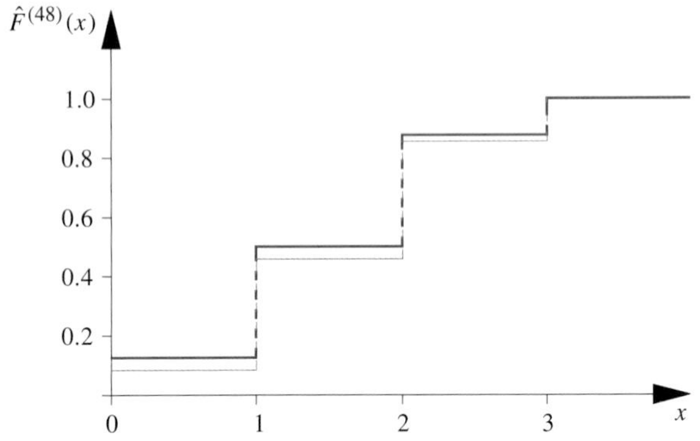

Abbildung 3.16 Empirische (blau) und theoretische Verteilungsfunktion.

Die maximale Abweichung sowohl zwischen p_i und $\mathcal{P}(X = x_i)$ sowie zwischen $\hat{F}^{(48)}$ und F ist geringer als 0.07. Dass die Abweichung zwischen jedem einzelnen p_i und dem dazugehörigem $\mathcal{P}(X = x_i)$ mit wachsendem n gegen null geht, überrascht nicht, es ist eine Folge des Gesetzes der großen Zahlen. Dass dies aber auch für die kumulierten Werte, also die beiden Verteilungsfunktionen $\hat{F}^{(48)}$ und F gilt, ist nicht zufällig.

Es seien $X_1, \ldots, X_n$ unabhängige, identisch verteilte zufällige Variable (i.i.d.) mit der Verteilungsfunktion F_X und $x_1, \ldots, x_n$ die Realisationen. Die empirische Verteilungsfunktion

$$\hat{F}^{(n)}(x) = \frac{1}{n} \cdot \sum_{i=1}^{n} I_{(-\infty,x]}(x_i)$$

ist Realisation des arithmetischen Mittels

$$\frac{1}{n} \cdot \sum_{i=1}^{n} I_{(-\infty,x]}(X_i)$$

der Zufallsvariablen $I_{(-\infty,x]}(X_i)$. Diese sind unabhängig und identisch verteilt mit

$$\mathrm{E}\left(I_{(-\infty,x]}(X_i)\right) = \mathcal{P}(X \leq x) = F_X(x) \,.$$

Daher gilt das Starke Gesetz der großen Zahlen. Danach konvergiert die empirische Verteilungsfunktion $\hat{F}^{(n)}(x)$ punktweise gegen die theoretische Verteilungsfunktion $F_X(x)$. Dieser Satz lässt sich aber noch weiter verschärfen.

Der Satz von Glivenko-Cantelli

$\widehat{F}^{(n)}(x)$ konvergiert punktweise und – im Sinne der Supremumsnorm – gleichmäßig für alle x gegen $F_X(x)$, und zwar gilt für jedes $\varepsilon > 0$:

$$\lim_{n \to \infty} \mathcal{P}\left(\sup_x \left| F_X(x) - \widehat{F}^{(n)}(x) \right| > \varepsilon \right) = 0\,.$$

Beispiel: Empirische Verifikation des Starken Gesetzes der großen Zahlen

Wir überprüfen experimentell die Wahrscheinlichkeit, in einem gut gemischten Kartenspiel eine Karte mit der Spielfarbe *Herz* zu ziehen.

Problemanalyse und Strategie: Wir haben weder die Zeit, beliebig lange Karten zu spielen, noch wissen wir, ob ein ideales Kartenspiel und überhaupt eine Wahrscheinlichkeit für *Herz* existiert. Wir müssen das Spiel am Rechner simulieren. Dabei verwenden wir vom Rechner erzeugte *Pseudozufallszahlen*. Diese sind zwar nach mathematischen Algorithmen erzeugt, erfüllen aber alle vernünftigen Ansprüche, die man an echte Zufallszahlen stellen könnte.

Lösung:

Wir fragen nach der Wahrscheinlichkeit, in einem gut gemischten Kartenspiel ein ♡ zu ziehen. Um eine lange Serie zu erzeugen, wird die Kartenziehung in einem Rechner simuliert werden. Dabei entspreche die 1 der Ziehung eines ♡ und die 0 der Ziehung von ♠, ◇ oder ♣. Ohne uns um das Verfahren zur Simulation einer zufälligen Ziehung mit vorgegebenen Wahrscheinlichkeiten im Rechner zu kümmern, lassen wir den Rechner 10 zufällige Ziehungen mit $\mathcal{P}(1) = 0.25$ und $\mathcal{P}(0) = 0.75$ ausführen. Das Ergebnis der ersten 10 Züge zeigt die untere Tabelle. Dabei ist n die Nummer des Versuchs, x_n das Ergebnis im n-ten Versuch, $\sum_{i=1}^{n} x_i$ die Anzahl der *Herz-Karten* unter den ersten n Versuchen und $\overline{x}^{(n)} = \frac{1}{n}\sum_{i=1}^{n} x_i$ der Anteil der *Herz-Karten* unter den ersten n Versuchen.

n	1	2	3	4	5	6	7	8	9	10
x_n	0	1	1	0	0	0	0	0	1	1
$\sum_{i=1}^{n} x_i$	0	1	2	2	2	2	2	2	3	4
$\overline{x}^{(n)}$	0	0.50	0.66	0.50	0.40	0.33	0.28	0.25	0.33	0.40

In den folgenden Abbildungen ist $\overline{x}^{(n)}$ gegen n geplottet.

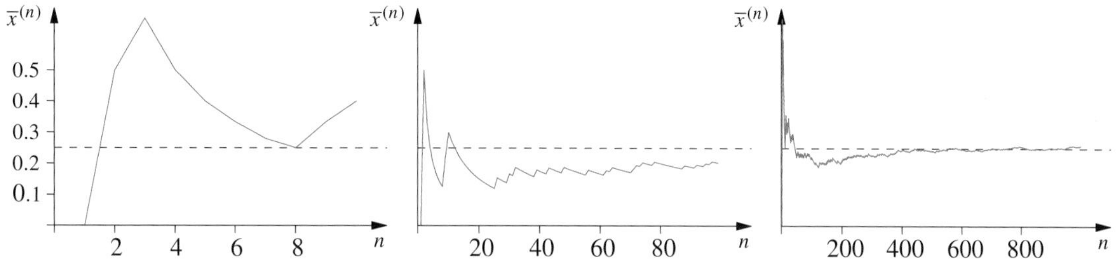

Deutlich sieht man, wie $\overline{x}^{(n)}$, die relative Häufigkeit des Auftretens von *Herz*, immer stärker gegen die Zahl 0.25 strebt. Diese Zahl ist aber gerade die vorgegebene Wahrscheinlichkeit von *Herz*.

Dieser Satz von W. I. Glivenko (1896–1940) und F. P. Cantelli (1875–1966) heißt auch Hauptsatz der Statistik und dies nicht ohne Grund: Eine statistische Aussage ist nie eine Aussage über eine einzelne Realisation, sondern über eine Verteilung. Außerhalb der Modelle und innerhalb der Realität sind Verteilungen prinzipiell unbekannt. Was wir erkennen können, sind allein die empirischen Verteilungsfunktionen. Der Satz von Glivenko-Cantelli sichert nun, dass $\widehat{F}^{(n)}$ ein verlässlicher, über alle x von $-\infty$ bis $+\infty$ hinweg, gleichmäßig guter Schätzer der unbekannten Verteilungsfunktion F_X ist.

Die Null-Eins-Grenzwertsätze von Borel-Cantelli erklären, wann aus einer Menge zufälliger Ereignisse nur endlich viele und wann unendlich viele zusammen auftreten können

Es seien A_i, $i = 1, \ldots, \infty$, zufällige Ereignisse mit den Komplementereignissen A_i^C. Dann tritt

$$\bigcap_{i=k}^{\infty} A_i^C$$

ein, wenn kein Ereignis eintritt, dessen Index größer oder gleich k ist. Demnach tritt

$$K = \bigcup_{k=1}^{\infty} \bigcap_{i=k}^{\infty} A_i^C$$

ein, wenn es einen Index k gibt, sodass höchstens die Ereignisse A_i $i = 1, \ldots k-1$ auftreten. Anders gesagt: K ist das Ereignis, dass nur endlich viele A_i gemeinsam auftreten. Das Komplement von K ist

$$K^C = \bigcap_{k=1}^{\infty} \bigcup_{i=k}^{\infty} A_i \,.$$

K^C ist das Ereignis, dass unendlich viele A_i eintreten. Wir wollen nun die Wahrscheinlichkeiten von K und K^C abschätzen. Da die Mengenfolge $\bigcup_{i=k}^{\infty} A_i$ monoton fällt, ist

$$\mathcal{P}(K^C) = \lim_{k\to\infty} \mathcal{P}\left(\bigcup_{i=k}^{\infty} A_i\right) \leq \lim_{k\to\infty} \sum_{i=k}^{\infty} \mathcal{P}(A_i) \,.$$

Wenn $\sum_{i=1}^{\infty} \mathcal{P}(A_i)$ konvergiert, ist $\lim\limits_{k\to\infty} \sum_{i=k}^{\infty} \mathcal{P}(A_i) = 0$. In diesem Fall ist $\mathcal{P}(K^C) = 0$.

Was passiert, wenn die Summe divergiert? In diesem Fall betrachten wir $K = \bigcup_{k=1}^{\infty} \bigcap_{i=k}^{\infty} A_i^C$. Analog zu oben ist hier

$$\mathcal{P}(K) = \lim_{k\to\infty} \mathcal{P}\left(\bigcap_{i=k}^{\infty} A_i^C\right) .$$

Um diesen Term weiter aufzulösen, setzen wir nun voraus, dass die A_i total unabhängig sind. Dann können wir schließen:

$$\begin{aligned}\mathcal{P}(K) &= \lim_{k\to\infty} \prod_{i=k}^{\infty} \mathcal{P}(A_i^C) \\ &= \lim_{k\to\infty} \prod_{i=k}^{\infty} \left(1 - \mathcal{P}(A_i)\right) \\ &\leq \lim_{k\to\infty} \prod_{i=k}^{\infty} \mathrm{e}^{-\mathcal{P}(A_i)} = \lim_{k\to\infty} \lim_{n\to\infty} \prod_{i=k}^{n} \mathrm{e}^{-\mathcal{P}(A_i)} \\ &= \lim_{k\to\infty} \lim_{n\to\infty} \mathrm{e}^{-\sum_{i=k}^{n} \mathcal{P}(A_i)} \,.\end{aligned}$$

Dabei folgt die Ungleichung aus $1 - x \leq \mathrm{e}^{-x}$ und die letzte Gleichung ist die Produkteigenschaft der e-Funktion. Wenn nun die Reihe $\left(\sum_{i=k}^{\infty} \mathcal{P}(A_i)\right)$ divergiert, ist $\lim_{n\to\infty} \mathrm{e}^{-\sum_{i=k}^{n} \mathcal{P}(A_i)} = 0$. Wir fassen unser Ergebnis zusammen.

Die Null-Eins-Gesetze von Borel und Cantelli

Es sei A_i, $i = 1, \ldots, \infty$ eine Folge zufälliger Ereignisse. Ist $\left(\sum_{i=1}^{\infty} \mathcal{P}(A_i)\right)$ konvergent, dann treten mit Wahrscheinlichkeit 1 nur endlich viele Ereignisse A_i ein. Sind die A_i total unabhängig und divergiert $\left(\sum_{i=k}^{\infty} \mathcal{P}(A_i)\right)$, dann treten mit Wahrscheinlichkeit 1 unendlich viele der Ereignisse A_i ein.

Beispiel Wir betrachten eine Folge einfacher voneinander unabhängiger Lotterien. In der n-ten Lotterie wird aus den Zahlen $1, \ldots, n$ mit gleicher Wahrscheinlichkeit eine Zahl gezogen. A_n sei das Ereignis, dass gerade die Zahl n gezogen wird. Dann ist $\mathcal{P}(A_n) = 1/n$. Die Reihe $\left(\sum_{n=1}^{\infty} \mathcal{P}(A_n)\right) = \left(\sum_{i=1}^{\infty} 1/n\right)$ divergiert. Also geschieht es in der Folge dieser Lotterien unendlich oft, dass in der n-ten Lotterie gerade die Zahl n gezogen wird.

Jetzt ändern wir das Spiel. In jeder Lotterie wird die Ziehung einmal unabhängig von der ersten wiederholt. Es sei nun B_n das Ereigniss, dass in der n-ten Lotterie zweimal hintereinander die Zahl n gezogen wird. Dann ist $\mathcal{P}(B_n) = 1/n^2$. Da $\left(\sum_{n=1}^{\infty} 1/n^2\right)$ konvergiert, tritt das Ereignis B_n nur ein paar Mal auf.

Wieder ändern wir das Spiel. Nun sei C_n das Ereignis, dass bei der Ziehung und ihrer Wiederholung zweimal hintereinander die gleiche Zahl gezogen wird. Dann ist

$$\begin{aligned}\mathcal{P}(C_n) &= \mathcal{P}\big((1 \cap 1) \cup (2 \cap 2) \cup \ldots \cup (n \cap n)\big) \\ &= \sum_{i=1}^{n} \mathcal{P}\big((i \cap i)\big) = \sum_{i=1}^{n} \frac{1}{n^2} = \frac{1}{n} \,.\end{aligned}$$

Da $\left(\sum_{n=1}^{\infty} \mathcal{P}(C_n)\right)$ divergiert, tritt das Ereignis C_n unendlich oft auf. ◀

3.4 Mehrdimensionale zufällige Variable

Mehrdimensionale zufällige Variable entsprechen mehrdimensionalen Merkmalen

Es seien X und Y zwei Zufallsvariable, die auf demselben Wahrscheinlichkeitsraum Ω definiert sind. Dann können X und Y zu einer zweidimensionalen Zufallsvariablen (X, Y) zusammengefasst werden. Die gemeinsame Wahrscheinlichkeitsverteilung der zweidimensionalen Zufallsvariablen (X, Y) ist die Angabe der Wahrscheinlichkeit aller Ereignisse $\{X = x_i\} \cap \{Y = y_j\}$. Hierfür schreiben wir – sofern dies ohne Missverständnis möglich ist – in wachsender Vereinfachung:

$$\begin{aligned}&\mathcal{P}\left(\{X = x_i\} \cap \{Y = y_j\}\right) \\ &\qquad = \mathcal{P}\left(X = x_i, Y = y_j\right) = \mathcal{P}\left(x_i, y_j\right) .\end{aligned}$$

Die gemeinsame Verteilung kann in einer zweidimensionalen Tabelle angegeben werden. Tabelle 3.8 zeigt schematisch die Verteilung einer diskreten zweidimensionalen Zufallsvariablen (X, Y), dabei hat X die Realisationen $x_1 \ldots, x_I$ und Y die Realisationen $y_1 \ldots, y_J$.

Tabelle 3.8 Tabelle einer zweidimensionalen Wahrscheinlichkeits-Verteilung.

	y_1	$\cdots$	y_j	$\cdots$	y_J	$\sum$
x_1	$\mathcal{P}(x_1, y_1)$	$\cdots$	$\mathcal{P}(x_1, y_j)$	$\cdots$	$\mathcal{P}(x_1, y_J)$	$\mathcal{P}(X = x_1)$
$\vdots$	$\vdots$	$\ddots$	$\vdots$	$\ddots$	$\vdots$	$\vdots$
x_i	$\mathcal{P}(x_i, y_1)$	$\cdots$	$\mathcal{P}(x_i, y_j)$	$\cdots$	$\mathcal{P}(x_i, y_J)$	$\mathcal{P}(X = x_i)$
$\vdots$	$\vdots$	$\ddots$	$\vdots$	$\ddots$	$\vdots$	$\vdots$
x_I	$\mathcal{P}(x_I, y_1)$	$\cdots$	$\mathcal{P}(x_I, y_j)$	$\cdots$	$\mathcal{P}(x_I, y_J)$	$\mathcal{P}(X = x_I)$
$\sum$	$\mathcal{P}(Y = y_1)$	$\cdots$	$\mathcal{P}(Y = y_j)$	$\cdots$	$\mathcal{P}(Y = y_J)$	1

In den Innenzellen der Tabelle steht die **gemeinsame Verteilung**, an den Rändern der Tabelle stehen die Verteilungen von X und

Y. Diese Verteilungen heißen darum auch anschaulich die **Rand-** oder **Marginalverteilungen**. Bei einer diskreten zweidimensionalen Zufallsvariablen (X, Y) gilt:

$$\sum_{i=1}^{\infty} \mathcal{P}\left(X = x_i, Y = y_j\right) = \mathcal{P}\left(Y = y_j\right)$$

$$\sum_{j=1}^{\infty} \mathcal{P}\left(X = x_i, Y = y_j\right) = \mathcal{P}\left(X = x_i\right)$$

$$\sum_{i=1}^{\infty}\sum_{j=1}^{\infty} \mathcal{P}\left(X = x_i, Y = y_j\right) = 1$$

Beispiel Wir betrachten einen fairen roten und eine fairen blauen Würfel, die unabhängig voneinander geworfen werden. Es seien R und B die jeweils geworfenen Augenzahlen und $X = \max(R, B)$ sowie $Y = \min(R, B)$. Zwar sind R und B unabhängig voneinander. Gilt dies aber auch für X und Y? Wir wollen die gemeinsame Verteilung der zweidimensionalen Zufallsvariablen (X, Y) bestimmen.

Bei den Würfeln sind 36 gleich wahrscheinliche (R, B)-Kombinationen möglich. Das Ereignis $\{\max(R,B) = 5\} \cap \{\min(R,B) = 3\}$ tritt genau dann auf, wenn entweder $\{R = 5\} \cap \{B = 3\}$ oder $\{R = 3\} \cap \{B = 5\}$ auftritt. Da diese Ereignisse disjunkt und R und B unabhängig sind, ist

$$\mathcal{P}(\max(R, B) = 5, \min(R, B) = 3) = \frac{2}{36}.$$

Analog bestimmen wir die gemeinsame Wahrscheinlichkeitsverteilung von $X = \max(R, B)$ und $Y = \min(R, B)$:

$$\mathcal{P}(X = x, Y = y) = \frac{1}{36}\begin{cases} 0, & \text{falls } x < y, \\ 1, & \text{falls } x = y, \\ 2, & \text{falls } x > y. \end{cases}$$

Tabelle 3.9 gibt die gemeinsame Wahrscheinlichkeitsverteilung der zweidimensionalen zufälligen Variablen (X, Y) wieder.

Tabelle 3.9 Wahrscheinlichkeitsverteilung von (X, Y) (jeweils multipliziert mit 36).

$\mathcal{P}(x,y) \cdot 36$	$Y=$						$\mathcal{P}(x) \cdot 36$
	1	2	3	4	5	6	
$X=1$	1	0	0	0	0	0	1
$X=2$	2	1	0	0	0	0	3
$X=3$	2	2	1	0	0	0	5
$X=4$	2	2	2	1	0	0	7
$X=5$	2	2	2	2	1	0	9
$X=6$	2	2	2	2	2	1	11
$\mathcal{P}(y) \cdot 36$	11	9	7	5	3	1	36

An den Rändern der Tabelle 3.9 erscheinen die Randverteilungen von X und Y. Abbildung 3.17 zeigt die gemeinsame Verteilung

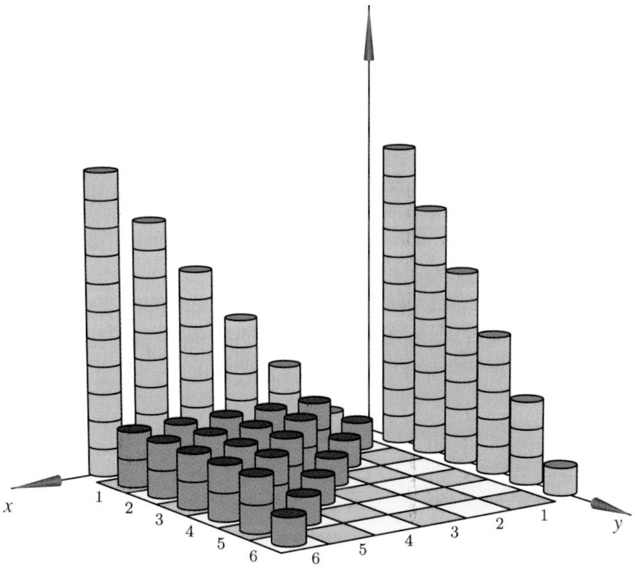

Abbildung 3.17 Die gemeinsame Verteilung (rot) $\mathcal{P}\left(X = x_i, Y = y_j\right)$ des Minimums X und des Maximums Y der Augenzahlen beim Wurf mit zwei Würfeln. Die beiden Randverteilungen sind blau dargestellt.

von X und Y sowie die beiden Randverteilungen. Hier erkennen wir auch die Abhängigkeit von X und Y. Es ist zwar $\mathcal{P}(X = 1) = \frac{1}{36}$ und $\mathcal{P}(Y = 2) = \frac{9}{36}$, aber es ist $\mathcal{P}(X = 1, Y = 2) = 0$ und nicht $\frac{1}{36} \cdot \frac{9}{36}$, wie es bei Unabhängigkeit sein müsste. ◀

Aus der gemeinsamen Verteilung lassen sich stets die Randverteilungen bestimmen. Die Umkehrung gilt nicht. Die gemeinsame Verteilung enthält mehr Information als beide Randverteilungen. Nur wenn X und Y unabhängig voneinander sind, enthalten die Randverteilungen zusammen dieselbe Information wie die gemeinsame Verteilung. Diese ist ja im Fall der Unabhängigkeit gerade das Produkt der Randverteilungen:

$$\mathcal{P}(X = x, Y = y) = \mathcal{P}(X = x)\,\mathcal{P}(Y = y).$$

Randverteilungen erfassen nicht die gegenseitigen Abhängigkeiten von X und Y. Haben wir es mit beiden Zufallsvariablen zur gleichen Zeit zu tun, so können Schlüsse, die wir allein aus den beiden Randverteilungen ziehen, grundverschieden sein von den Schlüssen, die wir aus der gemeinsamen Verteilung ziehen können.

Beispiel Es seien X und Y die Zeiten, die zwei von Tagesform und Wetter abhängige Läufer jeweils für eine Strecke brauchen. Es ist möglich, dass X der schnellere Läufer ist, der jede Zeit i mit größerer Wahrscheinlichkeit unterbietet als Y, der aber in einem Rennen gegen Y mit beliebig hoher Wahrscheinlichkeit verliert.

Wir konstruieren die gemeinsame Verteilung einer diskreten Zufallsvariablen (X, Y) mit $\mathcal{P}(X \leq i) > \mathcal{P}(Y \leq i)$ für $i = 1, \ldots, n-1$ und $\mathcal{P}(X > Y) \approx 1$.

Es seien X und Y zwei Zufallsvariablen mit der folgenden gemeinsamen Verteilung:

$$\mathcal{P}(X=1, Y=n) = \frac{1}{n}$$
$$\mathcal{P}(X=i, Y=i-1) = \frac{1}{n} \quad i=2,\ldots,n.$$
$$\mathcal{P}(X=i, Y=j) = 0 \quad \text{sonst.}$$

Zum Beispiel ergibt sich für $n=6$ die folgende Tafel, dabei müssten Nullen in den leeren Zellen stehen, diese sind der Übersichtlichkeit halber weggelassen:

X	Y: 1	2	3	4	5	6	$\mathcal{P}(X=i)$
$X=1$						$\frac{1}{6}$	$\frac{1}{6}$
$X=2$	$\frac{1}{6}$						$\frac{1}{6}$
$X=3$		$\frac{1}{6}$					$\frac{1}{6}$
$X=4$			$\frac{1}{6}$				$\frac{1}{6}$
$X=5$				$\frac{1}{6}$			$\frac{1}{6}$
$X=6$					$\frac{1}{6}$		$\frac{1}{6}$
$\mathcal{P}(Y=i)$	$\frac{1}{6}$	$\frac{1}{6}$	$\frac{1}{6}$	$\frac{1}{6}$	$\frac{1}{6}$	$\frac{1}{6}$	

Dann haben X und Y dieselbe Randverteilung: $\mathcal{P}(X=i) = \mathcal{P}(Y=i) = \frac{1}{n}$ für alle $i=1,\ldots,n$, aber

$$\mathcal{P}(X<Y) = \frac{1}{n}, \quad \mathcal{P}(X=Y) = 0, \quad \mathcal{P}(X>Y) = 1-\frac{1}{n}.$$

Ist n hinreichend hoch, so ist die Wahrscheinlichkeit, dass X größer als Y ist, beliebig nahe an 1.

Damit kommen wir zu dem überraschenden Ergebnis:

Interpretieren wir X und Y als Laufzeiten, so sind beide Läufer gleich gut, denn jede Zeit i wird von beiden Läufern mit der gleichen Wahrscheinlichkeit gelaufen: $\mathcal{P}(X=i) = \mathcal{P}(Y=i)$. Laufen aber beide Läufer gemeinsam in einem Rennen gegeneinander, dann ist Y fast immer schneller als X : $\mathcal{P}(X>Y) = 1-\frac{1}{n}$.

Bei dieser Verteilung stimmen beide Randverteilungen überein. Wir können aber das Beispiel leicht so abändern, dass jede Laufzeit i mit höherer Wahrscheinlichkeit von X als von Y unterboten wird, $\mathcal{P}(X \le i) \ge \mathcal{P}(Y \le i)$ und trotzdem in allen gemeinsamen Rennen Y mit beliebig hoher Wahrscheinlichkeit besser als X ist. Dazu wählen wir $\varepsilon > 0$ beliebig klein und setzen:

$$\mathcal{P}(X=1, Y=n) = \frac{1}{n},$$
$$\mathcal{P}(X=i, Y=i-1) = \frac{1-\varepsilon}{n}, \quad i=2,\ldots,n,$$
$$\mathcal{P}(X=i, Y=n) = \frac{\varepsilon}{n}, \quad i=2,\ldots,n.$$

Im Fall $n=6$ hätte die Tafel das folgende Aussehen:

X	Y: 1	2	3	4	5	6	$\mathcal{P}(X=i)$
$X=1$						$\frac{1}{6}$	$\frac{1}{6}$
$X=2$	$\frac{1-\varepsilon}{6}$					$\frac{\varepsilon}{6}$	$\frac{1}{6}$
$X=3$		$\frac{1-\varepsilon}{6}$				$\frac{\varepsilon}{6}$	$\frac{1}{6}$
$X=4$			$\frac{1-\varepsilon}{6}$			$\frac{\varepsilon}{6}$	$\frac{1}{6}$
$X=5$				$\frac{1-\varepsilon}{6}$		$\frac{\varepsilon}{6}$	$\frac{1}{6}$
$X=6$					$\frac{1-\varepsilon}{6}$	$\frac{\varepsilon}{6}$	$\frac{1}{6}$
$\mathcal{P}(Y=i)$	$\frac{1-\varepsilon}{6}$	$\frac{1-\varepsilon}{6}$	$\frac{1-\varepsilon}{6}$	$\frac{1-\varepsilon}{6}$	$\frac{1-\varepsilon}{6}$	$\frac{1+5\varepsilon}{6}$	1

Dann gilt für die Randverteilungen von X und Y:

$$\mathcal{P}(X=i) = \frac{1}{n}, \quad i=1,\ldots,n$$
$$\mathcal{P}(Y=i) = \frac{1-\varepsilon}{n}, \quad i=2,\ldots,n-1$$

Daher folgt für i von 1 bis $n-1$ stets $\mathcal{P}(X \le i) > \mathcal{P}(Y \le i)$ und $\mathcal{P}(X \le n) = \mathcal{P}(Y \le n)$. Im Komplement folgt:

$$\mathcal{P}(Y \ge i) > \mathcal{P}(X \ge i).$$

Andererseits folgt aus der gemeinsamen Verteilung:

$$\mathcal{P}(X<Y) = \mathcal{P}(X=1, Y=n) = \frac{1}{n}$$
$$\mathcal{P}(X \ge Y) = 1-\frac{1}{n}.$$

Auch hier wollen wir das überraschende Ergebnis interpretieren:

Betrachten wir X und Y als Renditen bei zwei Investitionen, dann wird Y jede Gewinnschwelle i eher überschreiten als X. Betrachten wir aber X und Y gemeinsam, dann bringt X mit beliebig großer Wahrscheinlichkeit bessere Renditen als Y. ◀

Werden n eindimensionale Zufallsvariable $X_1, X_2, \ldots, X_n$, die über einem gemeinsamen Wahrscheinlichkeitsraum Ω definiert sind, zusammengefasst und gemeinsam betrachtet, spricht man von einer n-dimensionalen Zufallsvariablen $\boldsymbol{X} = (X_1, X_2, \ldots, X_n)$. Ihre Verteilung ist durch die gemeinsame Verteilungsfunktion

$$F_{\boldsymbol{X}}(\boldsymbol{x}) = F_{X_1,X_2,\ldots,X_n}(x_1, x_2, \ldots, x_n)$$
$$= \mathcal{P}(X_1 \le x_1, X_2 \le x_2, \ldots, X_n \le x_n)$$

gegeben. Dabei heißt X_i die i-te Komponente von $\boldsymbol{X}$. Fasst man $X_1, X_2, \ldots, X_n$ zu einem n-dimensionalen Spaltenvektor zusammen, so spricht man auch von einem n-dimensionalen Zufallsvektor $\boldsymbol{X} = (X_1, X_2, \ldots, X_n)^\top$. Der Unterschied zwischen einer n-dimensionalen Zufallsvariablen und einem n-dimensionalen Zufallsvektor ist nur dann wesentlich, wenn es bei algebraischen Ausdrücken darauf ankommt, ob man mit Zeilen- oder Spaltenvektoren arbeitet. So ist zum Beispiel $\boldsymbol{X}\boldsymbol{X}^\top$ eine zufällige $(n \times n)$-Matrix und $\boldsymbol{X}^\top \boldsymbol{X} = \sum_{i=1}^n X_i^2$ eine eindimensionale Zufallsvariable.

Die oben erwähnte zweidimensionale Zufallsvariable (X, Y) können wir somit auch als zweidimensionalen Zufallsvektor $\begin{pmatrix} X \\ Y \end{pmatrix}$ auffassen.

Definition des Erwartungswerts einer mehrdimensionalen Zufallsvariablen

Wird eine n-dimensionale Zufallsvariable $\boldsymbol{X}$ als ein strukturiertes n-Tupel $(X_i, i = 1, \ldots, n)$ zusammengefasst, dann definieren wir:

$$\mathrm{E}(X_i,\ i = 1, \ldots, n) = \big(\mathrm{E}(X_i), i = 1, \ldots, n\big).$$

Dabei erhält $(\mathrm{E}(X_i), i = 1, \ldots, n)$ dieselbe Struktur wie $(X_i, i = 1, \ldots, n)$.

Beispiel Der Erwartungswert eines n-dimensionalen Zufallsvektors ist der Vektor der Erwartungswerte:

$$\mathrm{E}(\boldsymbol{X}) = \mathrm{E}\begin{pmatrix} X_1 \\ \vdots \\ X_n \end{pmatrix} = \begin{pmatrix} \mathrm{E}(X_1) \\ \vdots \\ \mathrm{E}(X_n) \end{pmatrix}.$$

Ist $\boldsymbol{A}$ eine deterministische $(k \times n)$-Matrix and $\boldsymbol{a}$ ein deterministischer Vektor, dann ist

$$\mathrm{E}(\boldsymbol{A}\boldsymbol{X} + \boldsymbol{a}) = \boldsymbol{A}\mathrm{E}(\boldsymbol{X}) + \boldsymbol{a},$$
$$\mathrm{E}\big(\boldsymbol{X}^\top\big) = (\mathrm{E}(\boldsymbol{X}))^\top .$$ ◀

Ist die Zufallsvariable $Y = g(\boldsymbol{X})$ eine Funktion der n-dimensionalen diskreten Zufallsvariablen $\boldsymbol{X}$, so gelten auch hier die beiden Wege zur Berechnung von $\mathrm{E}(Y)$. Es ist

$$\mathrm{E}(Y) = \sum y \cdot \mathcal{P}(Y = y) = \sum g(\boldsymbol{x})\mathcal{P}(\boldsymbol{X} = \boldsymbol{x}) .$$

Dabei wird jeweils über alle Realisationen von Y bzw. $\boldsymbol{X}$ summiert.

Beispiel Die Geschwindigkeit $\boldsymbol{X} = (X_1, X_2, X_3)^T$ eines Moleküls in einem idealen Gas lässt sich als eine dreidimensionale Zufallsvariable modellieren. Ist m die Masse eines Gasmoleküls, so ist

$$Y = \frac{1}{2}m\,\|\boldsymbol{X}\|^2 = \frac{1}{2}m\left(X_1^2 + X_2^2 + X_3^2\right)$$

seine kinetische Energie. Die mittlere Energie des Gases ist

$$\begin{aligned} \mathrm{E}(Y) &= \frac{1}{2}m\mathrm{E}\big(\|\boldsymbol{X}\|^2\big) = \frac{1}{2}m\left(\mathrm{E}\big(X_1^2\big) + \mathrm{E}\big(X_2^2\big) + \mathrm{E}\big(X_3^2\big)\right) \\ &\geq \frac{1}{2}m\left((\mathrm{E}(X_1))^2 + (\mathrm{E}(X_2))^2 + (\mathrm{E}(X_3))^2\right) \\ &= \frac{1}{2}m\,\|\mathrm{E}(\boldsymbol{X})\|^2 . \end{aligned}$$

Dabei folgt die Abschätzung aus der Jensen-Ungleichung. ◀

Analog zur deskriptiven Statistik definieren wir die Kovarianz und den Korrelations-Koeffizienten.

Definition von Kovarianz und Korrelation

Ist (X, Y) eine zweidimensionale Zufallsvariable mit dem Erwartungswert $\mathrm{E}(X, Y) = (\mu_X, \mu_Y)$, so ist die **Kovarianz** $\mathrm{Cov}(X, Y)$ definiert durch:

$$\mathrm{Cov}(X, Y) = \mathrm{E}\left((X - \mu_X)(Y - \mu_Y)\right) = \sigma_{xy} .$$

Der **Korrelations-Koeffizient** $\rho(X, Y)$ ist definiert durch:

$$\rho(X, Y) = \frac{\mathrm{Cov}(X, Y)}{\sqrt{\mathrm{Var}(X) \cdot \mathrm{Var}(Y)}} = \frac{\sigma_{xy}}{\sigma_x \sigma_y} .$$

Bei einer diskreten Zufallsvariablen ist

$$\mathrm{Cov}(X, Y) = \sum_{i=1}^{\infty}\sum_{j=1}^{\infty} (x_i - \mu_X) \cdot \left(y_j - \mu_Y\right) \cdot \mathcal{P}\left(x_i, y_j\right) ,$$

sofern die Reihe konvergiert. Multiplizieren wir $(X - \mu_X)$ $(Y - \mu_Y)$ aus und nutzen die Linearität des Erwartungswertes aus, folgt:

$$\begin{aligned} \mathrm{Cov}(X, Y) &= \mathrm{E}\big((X - \mu_X)(Y - \mu_Y)\big) \\ &= \mathrm{E}(XY - Y\mu_X - X\mu_Y + \mu_X\mu_Y) \\ &= \mathrm{E}(XY) - \mu_Y\mu_X - \mu_X\mu_Y + \mu_X\mu_Y \\ &= \mathrm{E}(XY) - \mu_X\mu_Y \\ &= \mathrm{E}(XY) - \mathrm{E}(X) \cdot \mathrm{E}(Y) . \end{aligned}$$

Bereits auf Seite 85 haben wir den Begriff *Unkorreliertheit* eingeführt und nannten zwei Variable X und Y unkorreliert, falls $\mathrm{E}(XY) = \mathrm{E}(X) \cdot \mathrm{E}(Y)$ war. In diesem Fall ist $\mathrm{Cov}(X, Y) = \mathrm{E}(XY) - \mathrm{E}(X) \cdot \mathrm{E}(Y) = 0$ und damit auch $\rho(X, Y) = 0$. Jetzt wiederholen und bestätigen wir den Begriff.

Unkorreliertheit

Zwei Variable X und Y sind genau dann unkorreliert, wenn der Korrelationskoeffizient null ist:

$$\rho(X, Y) = 0 .$$

Unkorreliertheit ist eine schwächere Eigenschaft als Unabhängigkeit. Wir hatten es bereits früher erwähnt. Nun können wir es beweisen, zumindest, wenn es sich um diskrete Zufallsvariable handelt.

Unabhängig ist stärker als unkorreliert

Sind zwei Variable X und Y unabhängig, so sind sie auch unkorreliert.

Beweis: Wir greifen auf die erste der beiden auf Seite 84 genannten Methoden zur Berechnung des Erwartungswertes zurück:

$$\mathrm{E}(XY) = \sum_{i,j} x_i y_j \mathcal{P}\left(X = x_i, Y = y_j\right) .$$

Beispiel: Beim Wurf mit zwei unabhängigen Würfeln sind Maximum und Minimum miteinander korreliert

In Beispiel auf Seite 97 werden ein fairer roter und ein fairer blauer Würfel unabhängig voneinander geworfen. Es seien R und B die jeweils geworfenen Augenzahlen und $X = \max(R, B)$ sowie $Y = \min(R, B)$. Zwar sind R und B unabhängig voneinander, dies gilt aber nicht für X und Y.

Problemanalyse und Strategie: Aus der gemeinsamen Verteilung der zweidimensionalen Zufallsvariablen (X, Y) werden die Randverteilungen von X und Y sowie Kovarianz und Korrelation berechnet.

Lösung:
An den Rändern der Tabelle 3.9 von Seite 97 lesen wir die Randverteilungen von X und Y ab und berechnen $\mathrm{E}(X) = \frac{161}{36} = 4.47$ und $\mathrm{Var}(X) = \frac{2\,555}{1\,296} = 1.97$. Aus der Tabelle folgt weiter, dass $\mathcal{P}(X = z) = \mathcal{P}(7 - Y = z)$ für jede natürliche Zahl z gilt. Die zufälligen Variablen X und $7 - Y$ haben also dieselbe Wahrscheinlichkeitsverteilung, sind aber selbst verschieden voneinander. Da X und $7 - Y$ dieselbe Verteilung haben, haben sie auch die gleichen Parameter. Daher ist $\mathrm{Var}(X) = \mathrm{Var}(7 - Y) = \mathrm{Var}(Y)$ und $\mathrm{E}(X) = \mathrm{E}(7 - Y) = 7 - \mathrm{E}(Y)$, also $\mathrm{E}(Y) = 7 - \mathrm{E}(X) = 2.53$.

Als Nächstes berechnen wir

$$\mathrm{E}(XY) = \sum_{i=1}^{6}\sum_{j=1}^{6} x_i y_j \mathcal{P}\left(X = x_i, Y = y_j\right).$$

Wir hatten in dem Beispiel bereits errechnet:

$$\mathcal{P}(X = x, Y = y) = \frac{1}{36}\begin{cases} 0, & \text{falls } x < y \\ 1, & \text{falls } x = y \\ 2, & \text{falls } x > y \end{cases}$$

Daher ist

$$\begin{aligned}\mathrm{E}(XY) &= \frac{1}{36}\sum_{i=1}^{6} x_i y_i + \frac{2}{36}\sum_{i=1}^{6}\sum_{j>i}^{6} x_i y_j \\ &= \frac{1\cdot 1 + \ldots + 6\cdot 6}{36} + \frac{1\cdot 2 + \ldots + 5\cdot 6}{18} \\ &= \frac{441}{36}.\end{aligned}$$

Damit ist

$$\begin{aligned}\mathrm{Cov}(X, Y) &= \mathrm{E}(XY) - \mathrm{E}(X)\,\mathrm{E}(Y) \\ &= \frac{441}{36} - 2.53 \cdot 4.47 = 0.94\,.\end{aligned}$$

X und Y sind deutlich korreliert. Der Korrelationskoeffizient $\rho(X, Y)$ ist wegen $\mathrm{Var}(X) = \mathrm{Var}(Y)$

$$\begin{aligned}\rho(X, Y) &= \frac{\mathrm{Cov}(X, Y)}{\sqrt{\mathrm{Var}(X)}\sqrt{\mathrm{Var}(Y)}} \\ &= \frac{\mathrm{Cov}(X, Y)}{\mathrm{Var}(X)} = \frac{0.94}{1.97} = 0.48\,.\end{aligned}$$

In unserem Beispiel waren R und B die jeweils von zwei idealen Würfeln unabhängig voneinander geworfenen Augenzahlen und $X = \max(R, B)$ sowie $Y = \min(R, B)$. Wie wir gesehen haben, ist $\mathrm{Var}(X) = \mathrm{Var}(Y)$ und demnach sind – wie im Beispiel auf Seite 100 gezeigt – $X + Y$ und $X - Y$ unkorreliert. Dennoch sind $X + Y$ und $X - Y$ voneinander abhängig: Ist zum Beispiel $X + Y = 2$, so muss $R = B = 1 = X = Y$ und damit $X - Y = 0$ sein. Ist zum Beispiel $X - Y = 5$, so muss $X + Y = 7$ sein. $X - Y$ liefert Information über $X + Y$ und umgekehrt. Die Variablen sind voneinander abhängig, die Abhängigkeit ist aber nichtlinear.

Da X und Y unabhängig sind, ist $\mathcal{P}\left(X = x_i, Y = y_j\right) = \mathcal{P}(X = x_i)\,\mathcal{P}\left(Y = y_j\right)$. Also ist:

$$\begin{aligned}\mathrm{E}(XY) &= \sum_{i,j} x_i y_j \mathcal{P}(X = x_i)\,\mathcal{P}\left(Y = y_j\right) \\ &= \underbrace{\left\{\sum_i x_i \mathcal{P}(X = x_i)\right\}}_{\mathrm{E}(X)}\underbrace{\left\{\sum_j y_j \mathcal{P}\left(Y = y_j\right)\right\}}_{\mathrm{E}(Y)} \\ &= \mathrm{E}(X)\cdot\mathrm{E}(Y)\end{aligned}$$

Deswegen ist

$$\mathrm{Cov}(X, Y) = \mathrm{E}(XY) - \mathrm{E}(X)\cdot\mathrm{E}(Y) = 0\,.$$

■

Der Ausdruck für die Kovarianz vereinfacht sich, falls eine der beiden Variablen zentriert ist, also $\mu_X = 0$ oder $\mu_Y = 0$ ist. Dann ist

$$\mathrm{Cov}(X, Y) = \mathrm{E}(XY)\,.$$

Alle Eigenschaften der empirischen Kovarianz und des Korrelationskoeffizienten eines zweidimensionalen Merkmals wie Bilinearität und Distributivgesetz gelten auch hier. In der Übersicht auf Seite 103 haben wir Eigenschaften der Kovarianz zusammengestellt.

Aus der Unkorreliertheit folgt nicht die Unabhängigkeit, wie das folgende Beispiel zeigt.

Beispiel Es seien X und Y zwei Zufallsvariable, welche dieselbe Varianz besitzen sollen: $\mathrm{Var}(X) = \mathrm{Var}(Y)$. Dabei können X und Y durchaus voneinander abhängen. Trotzdem sind die

Zufallsvariablen $X+Y$ und $X-Y$ unkorreliert: Wegen des Distributivgesetzes der Kovarianz (siehe Übersicht auf Seite 103) gilt nämlich:

$$\begin{aligned}\operatorname{Cov}(X+Y, X-Y) &= \operatorname{Cov}(X, X) + \operatorname{Cov}(X, -Y) \\ &+ \operatorname{Cov}(Y, X) + \operatorname{Cov}(Y, -Y) \\ &= \operatorname{Var}(X) - \operatorname{Cov}(X, Y) \\ &+ \operatorname{Cov}(X, Y) - \operatorname{Var}(Y) \\ &= 0 .\end{aligned}$$

$X+Y$ und $X-Y$ können voneinander abhängen, es besteht aber keine lineare Beziehung zwischen beiden Variablen. ◀

Die Kovarianzmatrix

Wir erweitern die Begriffe Varianz und Kovarianz auf höherdimensionale Zufallsvariable. Es seien $\boldsymbol{X} = (X_1, \ldots, X_n)^\top$ und $\boldsymbol{Y} = (Y_1, \ldots, Y_m)^\top$ zwei zufällige Spaltenvektoren.

Definition der Kovarianzmatrix

Die **Kovarianzmatrix**

$$\operatorname{Cov}(\boldsymbol{X}, \boldsymbol{Y})$$

von $\boldsymbol{X}$ und $\boldsymbol{Y}$ ist die Matrix der Kovarianzen der Komponenten von $\boldsymbol{X}$ und $\boldsymbol{Y}$:

$$\operatorname{Cov}(\boldsymbol{X}, \boldsymbol{Y})_{ij} = \operatorname{Cov}(X_i, Y_j) ,$$

für $i = 1, \ldots, n$ und $j = 1, \ldots, m$.

Ist $\boldsymbol{X} = \boldsymbol{Y}$, schreiben wir $\operatorname{Cov}(\boldsymbol{X}, \boldsymbol{X})) = \operatorname{Cov}(\boldsymbol{X})$.

Beispiel Ist $\boldsymbol{X} = (X_1, X_2)^\top$ und $\boldsymbol{Y} = (Y_1, Y_2, Y_3)^\top$, dann ist $\operatorname{Cov}(\boldsymbol{X}, \boldsymbol{Y})$ eine 2×3 und $\operatorname{Cov}(\boldsymbol{Y})$ eine 3×3 Matrix:

$$\operatorname{Cov}(\boldsymbol{X}, \boldsymbol{Y}) = \begin{pmatrix} \operatorname{Cov}(X_1, Y_1) & \operatorname{Cov}(X_1, Y_2) & \operatorname{Cov}(X_1, Y_3) \\ \operatorname{Cov}(X_2, Y_1) & \operatorname{Cov}(X_2, Y_2) & \operatorname{Cov}(X_2, Y_3) \end{pmatrix}$$

$$\operatorname{Cov}(\boldsymbol{Y}) = \begin{pmatrix} \operatorname{Var}(Y_1) & \operatorname{Cov}(Y_1, Y_2) & \operatorname{Cov}(Y_1, Y_3) \\ \operatorname{Cov}(Y_2, Y_1) & \operatorname{Var}(Y_2) & \operatorname{Cov}(Y_2, Y_3) \\ \operatorname{Cov}(Y_3, Y_1) & \operatorname{Cov}(Y_3, Y_2) & \operatorname{Var}(Y_3) \end{pmatrix}$$

Der wichtigste Unterschied zwischen der Kovarianz $\operatorname{Cov}(X, Y)$ zweier eindimensionaler Zufallsvariabler und der Kovarianzmatrix $\operatorname{Cov}(\boldsymbol{X}, \boldsymbol{Y})$ zweier mehrdimensionaler Zufallsvektoren ist die fehlende Symmetrie: Es ist $\operatorname{Cov}(X, Y) = \operatorname{Cov}(Y, X)$, aber $\operatorname{Cov}(\boldsymbol{X}, \boldsymbol{Y}) = (\operatorname{Cov}(\boldsymbol{Y}, \boldsymbol{X}))^\top$. ◀

So wie wir die Kovarianz im Eindimensionalen als

$$\begin{aligned}\operatorname{Cov}(X, Y) &= E\big(X - E(X)\big)\big(Y - E(Y)\big) \\ &= E(XY) - E(X)\,E(Y)\end{aligned}$$

erklären konnten, können wir dies auch für mehrdimensionale Variable tun. Ist $\boldsymbol{X}$ eine n-dimensionale und $\boldsymbol{Y}$ eine m-dimensionale Zufallsvariable, so ist

$$\begin{aligned}\operatorname{Cov}(\boldsymbol{X}, \boldsymbol{Y}) &= \mathrm{E}\Big(\big(\boldsymbol{X} - \mathrm{E}(\boldsymbol{X})\big)\big(\boldsymbol{Y} - \mathrm{E}(\boldsymbol{Y})\big)^\top\Big) \\ &= \mathrm{E}\big(\boldsymbol{X}\boldsymbol{Y}^\top\big) - \mathrm{E}(\boldsymbol{X})\,\mathrm{E}(\boldsymbol{Y})^\top .\end{aligned}$$

Dabei ist zu beachten, dass $\boldsymbol{X}^\top\boldsymbol{Y}$ nur im Fall $n = m$ überhaupt definiert und dann eine eindimensionale Zufallsvariable aber $\boldsymbol{X}\boldsymbol{Y}^\top$ eine zufällige Matrix vom Typ $n \times m$ ist. Das Element in der i-ten Zeile und j-ten Spalte auf der linken Seite der Gleichung ist $\operatorname{Cov}(\boldsymbol{X}, \boldsymbol{Y})_{ij} = \operatorname{Cov}\big(X_i, Y_j\big)$, dasjenige auf der rechten Seite ist $\mathrm{E}(\boldsymbol{X} - E(\boldsymbol{X}))(\boldsymbol{Y} - \mathrm{E}(\boldsymbol{Y}))_{ij}^\top = \mathrm{E}(X_i - \mathrm{E}(X_i))\big(Y_j - \mathrm{E}\big(Y_j\big)\big)$.

Ist $\mathrm{E}(\boldsymbol{X}) = \boldsymbol{0}$ oder $\mathrm{E}(\boldsymbol{Y}) = \boldsymbol{0}$, so vereinfacht sich die obige Gleichung zu

$$\operatorname{Cov}(\boldsymbol{X}, \boldsymbol{Y}) = \mathrm{E}\big(\boldsymbol{X}\boldsymbol{Y}^\top\big) .$$

Ist nun $\boldsymbol{A}$ eine nicht stochastische $p \times n$-Matrix und $\boldsymbol{B}$ eine nicht stochastische $q \times m$-Matrix, so ist in diesem Fall wegen der Linearität des Erwartungswertes

$$\begin{aligned}\operatorname{Cov}(\boldsymbol{A}\boldsymbol{X}, \boldsymbol{B}\boldsymbol{Y}) &= \mathrm{E}\big(\boldsymbol{A}\boldsymbol{X}(\boldsymbol{B}\boldsymbol{Y})^\top\big) \\ &= \mathrm{E}\big(\boldsymbol{A}\boldsymbol{X}\boldsymbol{Y}^\top\boldsymbol{B}^\top\big) \\ &= \boldsymbol{A}\mathrm{E}\big(\boldsymbol{X}\boldsymbol{Y}^\top\big)\boldsymbol{B}^\top\end{aligned}$$

oder

$$\operatorname{Cov}(\boldsymbol{A}\boldsymbol{X}, \boldsymbol{B}\boldsymbol{Y}) = \boldsymbol{A}\operatorname{Cov}(\boldsymbol{X}, \boldsymbol{Y})\,\boldsymbol{B}^\top .$$

Da Varianzen und Kovarianzen invariant bei Verschiebungen sind, gilt diese Gleichung nicht nur für den Fall $\mathrm{E}(\boldsymbol{X}) = \boldsymbol{0}$ oder $\mathrm{E}(\boldsymbol{Y}) = \boldsymbol{0}$, sondern immer.

Ist jetzt $\boldsymbol{A}$ eine nicht stochastische $n \times m$-Matrix, dann ist $\boldsymbol{X}^\top\boldsymbol{A}\boldsymbol{Y}$ eine eindimensionale Zufallsvariable. Wir wollen ihren Erwartungswert bestimmen. Dazu benutzen wir als Rechentrick, dass $\operatorname{Spur}\big(\boldsymbol{X}^\top\boldsymbol{A}\boldsymbol{Y}\big) = \operatorname{Spur}\big(\boldsymbol{A}\boldsymbol{Y}\boldsymbol{X}^\top\big)$ und dass die Reihenfolge von Spur und Erwartungswert vertauschbar sind. So erhalten wir:

$$\begin{aligned}\mathrm{E}\big(\boldsymbol{X}^\top\boldsymbol{A}\boldsymbol{Y}\big) &= \mathrm{E}\Big(\operatorname{Spur}\big(\boldsymbol{X}^\top\boldsymbol{A}\boldsymbol{Y}\big)\Big) \\ &= \mathrm{E}\Big(\operatorname{Spur}\big(\boldsymbol{A}\boldsymbol{Y}\boldsymbol{X}^\top\big)\Big) \\ &= \operatorname{Spur}\Big(\boldsymbol{A}\mathrm{E}\big(\boldsymbol{Y}\boldsymbol{X}^\top\big)\Big) \\ &= \operatorname{Spur}\Big(\boldsymbol{A}\big(\operatorname{Cov}(\boldsymbol{Y}, \boldsymbol{X}) + \mathrm{E}(\boldsymbol{Y})\,\mathrm{E}(\boldsymbol{X})^\top\big)\Big) \\ &= \operatorname{Spur}\big(\boldsymbol{A}\operatorname{Cov}(\boldsymbol{Y}, \boldsymbol{X})\big) \\ &\quad + \operatorname{Spur}\big(\boldsymbol{A}\mathrm{E}(\boldsymbol{Y})\,\mathrm{E}(\boldsymbol{X})^\top\big) \\ &= \operatorname{Spur}\big(\boldsymbol{A}\operatorname{Cov}(\boldsymbol{Y}, \boldsymbol{X})\big) + \mathrm{E}(\boldsymbol{X})^\top\boldsymbol{A}\mathrm{E}(\boldsymbol{Y}) .\end{aligned}$$

Speziell erhalten wir mit $\mathrm{E}(\boldsymbol{X}) = \boldsymbol{\mu}$ die Formel für den Erwartungswert einer quadratischen Form:

$$\mathrm{E}\big(\boldsymbol{X}^\top\boldsymbol{A}\boldsymbol{X}\big) = \boldsymbol{\mu}^\top\boldsymbol{A}\boldsymbol{\mu} + \operatorname{Spur}\big(\boldsymbol{A}\operatorname{Cov}(\boldsymbol{X})\big) . \qquad (3.9)$$

Zum Schluss heben wir noch eine wichtige Eigenschaft hervor:

Vertiefung: Voodoo-Korrelation

Im Jahr 2009 veröffentliche Ed Vul mit zusammen mit anderen einen Artikel, der später unter dem Titel „Voodoo correlations in social neuroscience" für Aufsehen erregte. Er zeigte darin, dass die mit gewissen Standardroutinen gemessenen Hirnaktivitäten nicht so hoch mit körperlichen Aktivitäten korrelieren können, wie in der Fachwelt angegeben wurde. Dahinter steht das einfache statistische Gesetz, dass bei messfehlerbehafteten Daten die Korrelationen deutlich kleiner als 1 sein müssen.

Angenommen, wir suchen die Korrelation $r(X, Y)$ zwischen zwei Variablen X und Y. Beide Variablen werden nicht genau gemessen, sie sind durch Messfehler verzerrt. So beobachten wir statt X und Y nur die Variablen

$$X' = X + U,$$
$$Y' = Y + V.$$

Dabei sind U und V die Messfehler, die wir sowohl untereinander als auch von X und Y unkorreliert ansehen. Was wir messen, ist daher nicht $r(X, Y)$, sondern $r(X', Y')$. Dann gilt, wie wir gleich beweisen werden:

$$r(X', Y') = r(X, Y)\, r(X', X)\, r(Y', Y) \tag{3.8}$$

Nehmen wir z. B. an, dass die Messungen von X und Y relativ genau sind, $r(X', X) \approx r(Y', Y) \approx 0.9$, so ist

$$r(X', Y') \approx r(X, Y) \cdot 0.81 .$$

Selbst bei einem idealen linearen Zusammenhang von X und Y mit $r(X, Y) = 1$ kann in diesem Fall die beobachtbare Korrelation $r(X', Y')$ nicht größer sein als 0.81. Im Umkehrschluss bedeutet dies: Wenn bei messfehlerbehafteten Daten zu hohe Korrelationen angegeben werden, so ist das gesamte Modell mit Misstrauen zu betrachten.

Zum Beweis von (3.8) berechnen wir als erstes $\mathrm{Cov}(X', X)$, $\mathrm{Cov}(X', Y')$ und $\mathrm{Var}(X')$. Aus $\mathrm{Cov}(X, U) = \mathrm{Cov}(Y, U) = 0$ folgt nämlich:

$$\begin{aligned}\mathrm{Cov}(X', X) &= \mathrm{Cov}(X + U, X)\\ &= \mathrm{Cov}(X, X) + \mathrm{Cov}(U, X) = \mathrm{Var}(X)\\ \mathrm{Var}(X') &= \mathrm{Var}(X + U) = \mathrm{Var}(X) + \mathrm{Var}(U)\\ \mathrm{Cov}(X', Y') &= \mathrm{Cov}(X + U, Y + V) = \mathrm{Cov}(X, Y) .\end{aligned}$$

Daher ist einerseits

$$\begin{aligned} r(X', Y') &= \frac{\mathrm{Cov}(X', Y')}{\sqrt{\mathrm{Var}(X')\,\mathrm{Var}(Y')}}\\ &= \frac{\mathrm{Cov}(X, Y)}{\sqrt{\mathrm{Var}(X) + \mathrm{Var}(U)}\sqrt{\mathrm{Var}(Y) + \mathrm{Var}(V)}}\\ &= \frac{\mathrm{Cov}(X, Y)}{\sqrt{\mathrm{Var}(X)}\sqrt{\mathrm{Var}(Y)}}\\ &\quad \cdot \frac{1}{\sqrt{1 + \frac{\mathrm{Var}(U)}{\mathrm{Var}(X)}}\sqrt{1 + \frac{\mathrm{Var}(V)}{\mathrm{Var}(Y)}}} .\end{aligned}$$

Andererseits ist

$$\begin{aligned} r(X', X) &= \frac{\mathrm{Cov}(X', X)}{\sqrt{\mathrm{Var}(X')\,\mathrm{Var}(X)}}\\ &= \frac{\mathrm{Var}(X)}{\sqrt{\mathrm{Var}(X) + \mathrm{Var}(U)}\sqrt{\mathrm{Var}(X)}}\\ &= \frac{1}{\sqrt{1 + \frac{\mathrm{Var}(U)}{\mathrm{Var}(X)}}} .\end{aligned}$$

Also ist

$$r(X', Y') = r(X, Y)\, r(X', X)\, r(Y', Y) .$$

Siehe auch Vul, E; Harris, C; Winkielman, P; Pashler, H (2009) „Puzzlingly high correlations in fMRI studies of emotion, personality, and social cognition" in „Perspectives on Psychological Science" 4(3) S. 274-290.

Invertierbarkeit der Kovarianzmatrix

Sind die zentrierten Zufallsvariablen $X_1, \ldots, X_n$ voneinander linear unabhängig, so ist die Kovarianzmatrix $\mathrm{Cov}(\boldsymbol{X})$ positiv definit und damit invertierbar. Sind die $X_1, \ldots, X_n$ voneinander linear abhängig, so ist $\mathrm{Cov}(\boldsymbol{X})$ positiv semidefinit.

Beweis: Sei $\boldsymbol{a} \in \mathbb{R}^n$ beliebig und fest gewählt. Dann ist $\boldsymbol{a}^\top \mathrm{Cov}(\boldsymbol{X})\,\boldsymbol{a} = \mathrm{Var}(\boldsymbol{a}^\top \boldsymbol{X}) \geq 0$. Es gebe nun ein $\boldsymbol{a}$ mit $\boldsymbol{a}^\top \mathrm{Cov}(\boldsymbol{X})\,\boldsymbol{a} = 0$. Dann ist $\mathrm{Var}(\boldsymbol{a}^\top \boldsymbol{X}) = 0$. Wie in Aufgabe 3.45 gezeigt, folgt daraus, $\mathcal{P}(\boldsymbol{a}^\top \boldsymbol{X} = \boldsymbol{a}^\top \mathrm{E}(\boldsymbol{X})) = 1$. Mit Wahrscheinlichkeit 1 ist also

$$\boldsymbol{a}^\top (\boldsymbol{X} - \mathrm{E}(\boldsymbol{X})) = \sum_{i=1}^{n} a_i (X_i - \mu_i) = 0 .$$

■

Eine mehrdimensionale Tschebyschev-Ungleichung

Mit der Kovarianzmatrix können wir die Tschebyschev-Ungleichung $\mathcal{P}\left(\left|\frac{X-\mu}{\sigma}\right|^2 \geq k^2\right) \leq \frac{1}{k^2}$ auf n-dimensionale Zufallsvariablen verallgemeinern:

Eine Verallgemeinerung der Tschebyschev-Ungleichung

Ist $\boldsymbol{X}$ ein n-dimensionaler Zufallsvektor mit invertierbarer Kovarianzmatrix, dann gilt:

$$\mathcal{P}\left((\boldsymbol{X} - \mathrm{E}(\boldsymbol{X}))^\top \mathrm{Cov}(\boldsymbol{X})^{-1} (\boldsymbol{X} - \mathrm{E}(\boldsymbol{X})) \geq k^2\right) \leq \frac{n}{k^2} .$$

Kennt man also von einer n-dimensionalen zufälligen Variablen $\boldsymbol{X}$ den Erwartungswert und die Kovarianz-Matrix, so kann man

Übersicht: Die Eigenschaften der Kovarianz und der Kovarianzmatrix

In der Übersicht sind a, b, c, d sowie $\boldsymbol{a}, \boldsymbol{b}$ und $\boldsymbol{A}, \boldsymbol{B}$ nichtstochastische Zahlen, Vektoren und Matrizen. Alle anderen Größen sind zufällig. Dabei haben wir auch Eigenschaften aufgenommen, die wir erst später oder nur im mathematischen Anhang beweisen werden.

- Bilinearität:

$$\operatorname{Cov}(a + bX, c + dY) = b \cdot d \cdot \operatorname{Cov}(X, Y)$$

- Verschiebungssatz:

$$\operatorname{Cov}(X, Y) = \mathrm{E}(XY) - \mathrm{E}(X)\,\mathrm{E}(Y)$$

- Distributivgesetz:

$$\operatorname{Cov}(X, Y + Z) = \operatorname{Cov}(X, Y) + \operatorname{Cov}(X, Z)$$

- Symmetrie:

$$\operatorname{Cov}(X, Y) = \operatorname{Cov}(Y, X)$$

- Varianz bei Identität:

$$\operatorname{Cov}(X, X) = \operatorname{Var}(X)$$

- Spezielle Summenformel:

$$\operatorname{Var}(X + Y) = \operatorname{Var}(X) + \operatorname{Var}(Y) + 2\operatorname{Cov}(X, Y)$$

- Allgemeine Summenformel:

$$\operatorname{Var}\Big(\sum_{i=1}^{n} X_i\Big) = \sum_{i=1}^{n} \operatorname{Var}(X_i) + 2\sum_{i<j} \operatorname{Cov}(X_i, X_j)$$

- Ist $\boldsymbol{X}$ ein n-dimensionaler zufälliger Vektor, dann ist $\operatorname{Cov}(\boldsymbol{X})$ eine symmetrische, n-reihige, positiv-semidefinite Matrix. Hat $\operatorname{Cov}(\boldsymbol{X})$ den Rang $p < n$, dann liegt $\boldsymbol{X} - E(\boldsymbol{X})$ mit Wahrscheinlichkeit 1 in dem von den Spalten von $\operatorname{Cov}(\boldsymbol{X})$ aufgespannten p-dimensionalen Unterraum.

- Bilinearität:

$$\operatorname{Cov}(\boldsymbol{AX} + \boldsymbol{a}, \boldsymbol{BY} + \boldsymbol{b}) = \boldsymbol{A}\operatorname{Cov}(\boldsymbol{X}, \boldsymbol{Y})\,\boldsymbol{B}^\top$$

Speziell gilt:

$$\operatorname{Cov}(\boldsymbol{AX}) = \boldsymbol{A}\operatorname{Cov}(\boldsymbol{X})\,\boldsymbol{A}^\top$$

Varianzformel:

$$\operatorname{Var}\big(\boldsymbol{a}^\top \boldsymbol{X}\big) = \boldsymbol{a}^\top \operatorname{Cov}(\boldsymbol{X})\,\boldsymbol{a}$$

- Verschiebungssatz:

$$\operatorname{Cov}(\boldsymbol{X}, \boldsymbol{Y}) = \mathrm{E}\big(\boldsymbol{XY}^\top\big) - \mathrm{E}(\boldsymbol{X})\,\mathrm{E}\big(\boldsymbol{Y}^\top\big)$$

Speziell gilt:

$$\operatorname{Cov}(\boldsymbol{X}) = \mathrm{E}\Big(\boldsymbol{XX}^\top\Big) - \mathrm{E}(\boldsymbol{X})\,\mathrm{E}(\boldsymbol{X})^\top$$

- Antisymmetrie:

$$\operatorname{Cov}(\boldsymbol{X}, \boldsymbol{Y}) = (\operatorname{Cov}(\boldsymbol{Y}, \boldsymbol{X}))^\top$$

- Kovarianz bei Identität:

$$\operatorname{Cov}(\boldsymbol{X}, \boldsymbol{X}) = \operatorname{Cov}(\boldsymbol{X})$$

- Erwartungswert einer quadratischen Form:

$$\mathrm{E}\big(\boldsymbol{X}^\top \boldsymbol{AX}\big) = \mathrm{E}\big(\boldsymbol{X}^\top\big)\boldsymbol{A}\mathrm{E}(\boldsymbol{X}) + \operatorname{Spur}(\boldsymbol{A}\operatorname{Cov}(\boldsymbol{X}))$$

- Invertierbarkeit:

Ist $\boldsymbol{X} = (X_1, X_2, \ldots, X_n)^\top$, dann ist $\operatorname{Cov}(\boldsymbol{X})$ genau dann invertierbar, wenn mit Wahrscheinlichkeit 1 die Komponenten $X_1, X_2, \ldots, X_n$ linear unabhängig sind.

- Die n-dimensionale Ungleichung von Tschebyschev:

Ist $E(\boldsymbol{X}) = \boldsymbol{\mu}$ und ist $\operatorname{Cov}(\boldsymbol{X}) = \boldsymbol{C}$ invertierbar, dann gilt:

$$\mathrm{P}\Big((\boldsymbol{X} - \boldsymbol{\mu})'\boldsymbol{C}^{-1}(\boldsymbol{X} - \boldsymbol{\mu}) \le r^2\Big) \ge 1 - \frac{n}{r^2}.$$

Mit Wahrscheinlichkeit $1 - \frac{n}{r^2}$ hat $\boldsymbol{X}$ höchstens den Mahalanobis-Abstand r vom Erwartungswert.

- Die Konzentrations-Matrix.

Ist $\operatorname{Cov}(\boldsymbol{X}) = \boldsymbol{C}$ invertierbar, dann heißt $\boldsymbol{K} = \boldsymbol{C}^{-1}$ die Konzentrationsmatrix. Die multiple Korrelation $\rho(X_j, \forall\backslash j)$ zwischen X_j und allen andern Variablen lässt sich am j-ten Diagonalelement $\boldsymbol{K}_{[j,j]}$ ablesen:

$$\rho^2(X_j, \forall\backslash j) = 1 - \frac{1}{\operatorname{Var}\big(X_j\big)\,\boldsymbol{K}_{[j,j]}}.$$

Die partielle Korrelation $\rho(X_j, X_i)_{\bullet\forall\backslash ij}$ zwischen X_i und X_j nach Elimination der linearen Komponente aller anderen Vektoren ist

$$\rho(X_j, X_i)_{\bullet\forall\backslash ij} = -\frac{\boldsymbol{K}_{[i,j]}}{\sqrt{\boldsymbol{K}_{[i,i]}\boldsymbol{K}_{[j,j]}}}.$$

sich bereits ein annäherndes Bild der Verteilung von $\boldsymbol{X}$ machen. Die Wahrscheinlichkeit, dass $\boldsymbol{X}$ außerhalb des Konzentrationsellipsoides vom Radius k liegt, ist höchstens $\frac{n}{k^2}$.

Beweis: Wir definieren zwei Zufallsvariable U und V durch

$$U = (\boldsymbol{X} - \mathrm{E}(\boldsymbol{X}))^\top \operatorname{Cov}(\boldsymbol{X})^{-1} (\boldsymbol{X} - \mathrm{E}(\boldsymbol{X})),$$

$$V = \begin{cases} 0, & \text{falls } U < k^2, \\ k^2, & \text{falls } U \geq k^2. \end{cases}$$

Dann ist $\mathrm{E}(V) = k^2 \mathcal{P}(U \geq k^2)$. Weiter ist $V \leq U$ und daher $\mathrm{E}(V) \leq \mathrm{E}(U)$. Zur Berechnung von $\mathrm{E}(U)$ setzen wir zur Abkürzung $\boldsymbol{Y} = \boldsymbol{X} - \mathrm{E}(\boldsymbol{X})$ mit $\operatorname{Cov}(\boldsymbol{Y}) = \operatorname{Cov}(\boldsymbol{X}) = \boldsymbol{C}$. Dann ist $U = \boldsymbol{Y}^\top \boldsymbol{C}^{-1} \boldsymbol{Y}$ und

$$\begin{aligned}
\mathrm{E}(U) &= \mathrm{E}(\boldsymbol{Y}^\top \boldsymbol{C}^{-1} \boldsymbol{Y}) \\
&= \operatorname{Spur}\left(\mathrm{E}(\boldsymbol{Y}^\top \boldsymbol{C}^{-1} \boldsymbol{Y})\right) \\
&= \mathrm{E}\left(\operatorname{Spur}(\boldsymbol{Y}^\top \boldsymbol{C}^{-1} \boldsymbol{Y})\right) \\
&= \mathrm{E}\left(\operatorname{Spur}(\boldsymbol{C}^{-1} \boldsymbol{Y} \boldsymbol{Y}^\top)\right) \\
&= \operatorname{Spur}\left(\boldsymbol{C}^{-1} \mathrm{E}(\boldsymbol{Y} \boldsymbol{Y}^\top)\right) \\
&= \operatorname{Spur}(\boldsymbol{C}^{-1} \boldsymbol{C}) \\
&= \operatorname{Spur}(\boldsymbol{I}_n) = n.
\end{aligned}$$

Übrigens hätten wir das Ergebnis $\mathrm{E}(U) = n$ auch direkt aus der Formel (3.9) ablesen können. Damit erhalten wir aus $\mathrm{E}(V) = k^2 \mathcal{P}(U \geq k^2)$ und $\mathrm{E}(V) \leq \mathrm{E}(U) = n$ das gewünschte Ergebnis:

$$\mathcal{P}(U \geq k^2) \leq \frac{n}{k^2}. \quad ■$$

3.5 Spezielle diskrete Verteilungsmodelle

Wir haben wir den Begriff der Zufallsvariablen als globales Modell kennengelernt. Nun sollen die Modelle spezialisiert werden. Vor allem werden wir nun auch stetige Zufallsvariable vorstellen und uns den zentralen Begriff einer Wahrscheinlichkeitsdichte erarbeiten. Wir werden für die wichtigsten, in der Praxis häufig auftretenden Fragestellungen Standardmodelle entwickeln und deren Eigenschaften studieren. Zum Beispiel: Gut-Schlecht-Prüfung einer laufenden Produktion oder einer bestimmten Warenlieferung, Kapazitätsplanung einer Telefonzentrale oder die Wartezeit bis zu einem Systemausfall. Im nächsten Kapitel werden wir dies Thema vertiefen und weitere spezielle Verteilungsmodelle kennenlernen.

Die Bernoullivariable besitzt eine Zweipunktverteilung

Eine Bernoullivariable ist eine Zufallsvariable, die nur die zwei Werte Null und Eins annehmen kann.

$$\mathcal{P}(X = 1) = \theta,$$
$$\mathcal{P}(X = 0) = 1 - \theta.$$

Dabei ist $\mathrm{E}(X) = \theta$. Siehe Abbildung 3.18

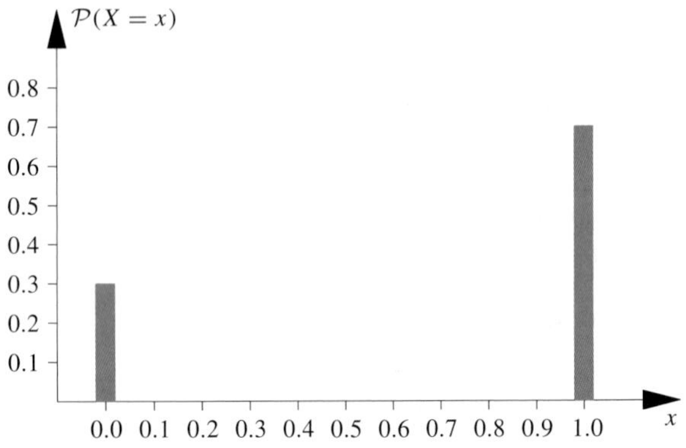

Abbildung 3.18 Verteilung einer Bernoulli-Variable mit $\mathcal{P}(X = 1) = 0.7$.

Da die Bernoullivariable nur die Werte 0 und 1 annehmen kann, ist $X = X^2$. Daraus folgt:

$$\mathrm{E}(X^2) = \mathrm{E}(X) = 0 \cdot \mathcal{P}(X = 0) + 1 \cdot \mathcal{P}(X = 1) = \theta$$

und

$$\operatorname{Var}(X) = \mathrm{E}(X^2) - \mathrm{E}(X)^2 = \theta - \theta^2 = \theta(1 - \theta).$$

Wir haben die Bernoullivariable schon im letzten Kapitel als Indikatorvariable kennengelernt. Ist A ein Ereignis, das mit Wahrscheinlichkeit θ eintritt, dann ist die Indikatorvariable von A:

$$X = \begin{cases} 1, & \text{falls } A \text{ eintritt}, \\ 0, & \text{falls } A \text{ nicht eintritt}. \end{cases}$$

mit

$$\mathcal{P}(X = 1) = \mathcal{P}(A) = \theta,$$
$$\mathcal{P}(X = 0) = \mathcal{P}(A^C) = 1 - \theta$$

eine Bernoulli-Variable.

Die Binomialverteilung beschreibt die Ereignisse bei einer Gut-Schlechtprüfung bei laufender Produktion

Wir betrachten eine verbogene Münze. Die Wahrscheinlichkeit, „Kopf“ oder K, zu werfen, sei θ, die Wahrscheinlichkeit, „Zahl“ oder Z, zu werfen, sei $1 - \theta$. Die Münze wird dreimal unabhängig voneinander geworfen. Angenommen, das Ergebnis des ersten Wurfs sei Z, des zweiten Wurfs sei Z und des dritten Wurfes sei K. Wir schreiben für diese Ergebnis ZZK als Abkürzung für {1. Wurf = Z} ∩ {2. Wurf = Z} ∩ {3. Wurf = K}. Da die Ereignisse unabhängig voneinander sind, ist

$$\mathcal{P}(ZZK) = \mathcal{P}(Z)\mathcal{P}(Z)\mathcal{P}(K) = (1 - \theta)(1 - \theta)\theta = \theta(1 - \theta)^2.$$

Nun fragen wir nicht nach der individuellen Wurfsequenz, sondern allein nach der Anzahl X der Würfe, bei denen „Kopf“

erscheint. Im obigen Fall, bei der Sequenz ZZK, ist $X = 1$. Doch $X = 1$ folgt auch aus anderen Sequenzen, nämlich genau bei den folgenden drei Wurfsequenzen:

$$ZZK \qquad ZKZ \qquad KZZ\,.$$

Da die Wurfsequenzen sich gegenseitig ausschließen, ist

$$\begin{aligned}\mathcal{P}(X=1) &= \mathcal{P}(ZZK \cup ZKZ \cup KZZ)\,. \\ &= \mathcal{P}(ZZK) + \mathcal{P}(ZKZ) + \mathcal{P}(KZZ)\,.\end{aligned}$$

$\mathcal{P}(ZZK) = \theta(1-\theta)^2$ hatten wir bereits bestimmt. Doch die beiden anderen Sequenzen besitzen dieselbe Wahrscheinlichkeit:

$$\begin{aligned}\mathcal{P}(ZKZ) &= \mathcal{P}(Z)\mathcal{P}(K)\mathcal{P}(Z) \\ &= (1-\theta)\theta(1-\theta) = \theta(1-\theta)^2\,, \\ \mathcal{P}(KZZ) &= \mathcal{P}(K)\mathcal{P}(Z)\mathcal{P}(Z) \\ &= \theta(1-\theta)(1-\theta) = \theta(1-\theta)^2\,.\end{aligned}$$

Also ist

$$\mathcal{P}(X=1) = 3\theta(1-\theta)^2\,.$$

Diese Überlegung lässt sich sofort verallgemeinern:

Ist X die Anzahl der *Kopfwürfe* bei n Würfen, so tritt das Ereignis $X = k$ genau dann auf, wenn in einer Wurfsequenz $\ldots K \ldots Z \ldots Z \ldots$ genau k-mal K auftritt und daher auch $n-k$ mal Z.

Die Wahrscheinlichkeit einer solchen Sequenz ist wegen der Unabhängigkeit der Ereignisse, die diese Sequenz bilden, gerade $\theta^k(1-\theta)^{n-k}$. Nun müssen wir nur noch bestimmen, wieviele verschiedene Sequenzen existieren: Es gibt genauso viele Sequenzen, wie es Möglichkeiten gibt, aus einer Liste mit n Stelle k Stellen auszuwählen, auf die der Buchstabe K geschrieben wird. Auf die restlichen $n-k$ Stellen wird dann Z geschrieben. Dies ist aber gerade die Anzahl der Möglichkeiten aus n unterschiedlichen Objekten k auszuwählen, also $\binom{n}{k}$.

Demnach ist $\binom{n}{k}$ die Anzahl der verschiedenen Sequenzen und $\theta^k(1-\theta)^{n-k}$ die Wahrscheinlichkeit der einzelnen Sequenz. Die Wahrscheinlichkeitsverteilung die wir soeben abgeleitet haben, erhält einen eigenen Namen:

Die Binomialverteilung

Eine Zufallsvariable mit der Verteilung

$$\mathcal{P}(X=k) = \binom{n}{k}\theta^k(1-\theta)^{n-k} \quad \text{für } k = 0, 1, 2, \ldots, n$$

heißt binomialverteilt mit den Parametern n und θ, geschrieben $\mathrm{B}_n(\theta)$.

Im weiteren werden wir in diesem Buch das Symbol $\sim$ als Abkürzung für „(ist) verteilt nach" verwenden. In unserem Fall gilt also:

$$X \sim \mathrm{B}_n(\theta)\,.$$

Dieses nützliche Kürzel $\sim$ wird von vielen Autoren verwendet, eine international gültige Abkürzung für „(ist) verteilt nach" gibt es nicht.

Die Binomialverteilung beschreibt die folgenden Modellsituationen:

- Ein Versuch wird unabhängig voneinander unter identischen Bedingungen n-mal wiederholt. Bei jedem Einzelversuch können nur zwei Ereignisse eintreten, die wir *Erfolg* und *Misserfolg* nennen. Bei jedem Einzelversuch tritt *Erfolg* mit derselben Wahrscheinlichkeit θ ein. Ist X die Anzahl der Erfolge bei den n Versuchen, so ist $X \sim \mathrm{B}_n(\theta)$.
- Eine äquivalente Beschreibung ist das sogenannte **Urnen-Modell mit Zurücklegen**. In einer Urne liegen rote und weiße Kugeln, die sich nur in der Farbe unterscheiden. Der Anteil der roten Kugeln ist θ. Nun werden zufällig nacheinander n Kugeln gezogen. Dabei wird die Farbe jeder Kugel notiert, dann wird die Kugel zurückgelegt, es wird neu und gut gemischt und die nächste Kugel gezogen. Ist X die Anzahl der insgesamt gezogenen roten Kugeln, so ist $X \sim \mathrm{B}_n(\theta)$.
- Bei einer laufenden Produktion entstehen zufällig und unabhängig voneinander defekte Teile. Dabei beeinflusse der Fehler eines Teils nicht die Produktion des nächsten Teils, außerdem soll der Zustand (defekt oder intakt) eines Teils nichts über den möglichen Zustand des folgenden Teils aussagen. (Also kein Trend oder irgendeine Systematik in der Fehlerfolge). Aus der laufenden Produktion werden als Stichprobe zufällig n Teile entnommen und überprüft. Ist θ die Wahrscheinlichkeit, dass ein Teil defekt ist, und ist X die Anzahl der defekten Teile in der Stichprobe, so ist $X \sim \mathrm{B}_n(\theta)$.
- Es seien X_1 bis X_n unabhängige, identisch verteilte Bernoullivariable mit $\mathcal{P}(X_i = 1) = \theta$ für alle i. Dann ist die Summe binomialverteilt:

$$X = \sum_{i=1}^{n} X_i \sim \mathrm{B}_n(\theta)\,. \tag{3.10}$$

Aus (3.10) und den Formeln für Erwartungswert und Varianz der Bernoullivariablen lassen sich leicht Erwartungswert und Varianz der Binomialverteilung ableiten:

$$\begin{aligned}\mathrm{E}(X) &= \sum_{i=1}^{n}\mathrm{E}(X_i) = n\theta\,, \\ \mathrm{Var}(X) &= \sum_{i=1}^{n}\mathrm{Var}(X_i) = n\theta(1-\theta)\,.\end{aligned}$$

Dabei ist $\mathrm{Var}(X) = \sum \mathrm{Var}(X_i)$ wegen der Unabhängigigkeit der X_i.

Beispiel Sei X die Anzahl der Sechser bei drei Würfen mit einem idealem Würfel. Dann ist $n = 3$, $\theta = \frac{1}{6}$ und $X \sim \mathrm{B}_3\left(\frac{1}{6}\right)$.

$$\mathcal{P}(X=k) = \binom{3}{k}\left(\frac{1}{6}\right)^k\left(\frac{5}{6}\right)^{6-k}\,,$$

$$\mathrm{E}(X) = n\theta = 3\cdot\frac{1}{6} = 0.5\,.$$

$$\mathrm{Var}(X) = n\theta(1-\theta) = 3\cdot\frac{1}{6}\cdot\frac{5}{6} = \frac{5}{12}\,.$$

Zur Übung berechnen wir die Werte noch einmal explizit:

k	$\mathcal{P}(X=k)\cdot 216$	$k\cdot\mathcal{P}(X=k)\cdot 216$
0	125	0
1	75	75
2	15	30
3	1	3
Σ	216	108

k^2	$k^2\cdot\mathcal{P}(X=k)\cdot 216$	
0	0	
1	75	
4	60	
9	9	
Σ	144	

Daraus folgt:

$$\begin{aligned} \mathrm{E}(X) &= \frac{108}{216} = 0.5\,, \\ \mathrm{E}(X^2) &= \frac{144}{216} = \frac{2}{3}\,, \\ \mathrm{Var}\,(X) = \mathrm{E}(X^2) - (\mathrm{E}\,(X))^2 &= \frac{2}{3} - \frac{1}{4} = \frac{5}{12}\,. \end{aligned}$$ ◀

Häufig werden nicht so sehr Aussagen über absolute Häufigkeiten, das heißt *Anzahlen,* sondern vielmehr Aussagen über relative Häufigkeiten, das heißt *Anteile*, gebraucht. Ist

$$X \sim \mathrm{B}_n(\theta)$$

die Anzahl, so ist

$$\frac{1}{n}X = Y \sim \frac{1}{n}\mathrm{B}_n(\theta)$$

der Anteil. Dabei verwenden wir die Schreibweise $Y \sim \frac{1}{n}\mathrm{B}_n(\theta)$ als Abkürzung für $nY \sim \mathrm{B}_n(\theta)$. Auf den ersten Blick sieht man einen keinen prinzipiellen Unterschied zwischen Anzahl und Anteil. Die Varianzen von Anzahlen und Anteilen verhalten sich aber diametral verschieden.

Beispiel Als Beispiel betrachten wir eine ideale Münze. $\mathcal{P}\,(\text{Kopf}) = \frac{1}{2}$. Die Münze wird n mal geworfen. X ist die Anzahl, die *absolute Häufigkeit*, und

$$Y = \frac{X}{n}$$

der Anteil, die *relative Häufigkeit,* mit der *Kopf* geworfen wird. Dann gilt zwar $\mathrm{E}\,(Y) = \mathrm{E}\left(\frac{X}{n}\right) = \frac{1}{n}\mathrm{E}\,(X)$ aber $\mathrm{Var}\,(Y) = \mathrm{Var}\left(\frac{X}{n}\right) = \frac{1}{n^2}\mathrm{Var}\,(X)$. Wir erhalten also

Anzahl $X \sim \mathrm{B}_n(\theta)$			Anteil $Y \sim \frac{1}{n}\mathrm{B}_n(\theta)$		
$\mathrm{E}\,(X)$	=	$n\theta$	$\mathrm{E}\,(Y)$	=	θ
$\mathrm{Var}\,(X)$	=	$n\theta\,(1-\theta)$	$\mathrm{Var}\,(Y)$	=	$\frac{\theta(1-\theta)}{n}$

Betrachten wir zum Beispiel die 2σ-Prognose-Intervalle, welche die Tschebyschev-Ungleichung liefert:

$$\mathrm{E}\,(X) - 2\sqrt{\mathrm{Var}\,(X)} \le X \le \mathrm{E}\,(X) + 2\sqrt{\mathrm{Var}\,(X)}\,,$$

siehe Seite 89. Für $\theta = \frac{1}{2}$ und $\mathrm{E}\,(X) = \frac{n}{2}$ mit $\mathrm{Var}\,(X) = \frac{n}{4}$ sowie $\mathrm{E}\,(Y) = \frac{1}{2}$ mit $\mathrm{Var}\,(Y) = \frac{1}{4n}$ erhalten wir die folgenden beiden Intervalle einmal für die absolute Häufigkeit X, zum anderen für die relative Häufigkeit Y:

$$\frac{n}{2} - \sqrt{n} \le \text{Anzahl } X \le \frac{n}{2} + \sqrt{n}\,,$$
$$\frac{1}{2} - \frac{1}{\sqrt{n}} \le \text{Anteil } Y \le \frac{1}{2} + \frac{1}{\sqrt{n}}\,.$$

Während die Prognoseintervalle für die absolute Häufigkeit X mit $\sqrt{n}$ immer weiter und so die Prognosen (absolut genommen) immer ungenauer werden, werden die Prognoseintervalle für die relativen Häufigkeiten mit $\frac{1}{\sqrt{n}}$ immer schmaler und absolut genommen immer genauer. ◀

Wir notieren weitere Eigenschaften der Binomialverteilung:

- Ist X die Anzahl der Erfolge und $X \sim \mathrm{B}_n(\theta)$, so ist $Y = n - X$ die Anzahl der Misserfolge. Ist θ die Wahrscheinlichkeit eines Erfolgs, so ist $1-\theta$ die Wahrscheinlichkeit eines Misserfolges. Also gilt:

  $$\text{Ist } X \sim \mathrm{B}_n(\theta), \quad \text{so ist} \quad Y \sim \mathrm{B}_n(1-\theta)\,.$$

  Die $\mathrm{B}_n(\theta)$ wird daher nur für $\theta \le 0.5$ tabelliert. Die fehlenden Werte bestimmt man über die folgende Umrechnung:

  $$\begin{aligned} \mathcal{P}\,(X \le k) &= \mathcal{P}\,(Y \ge n-k) \\ &= 1 - \mathcal{P}\,(Y < n-k) \\ &= 1 - \mathcal{P}\,(Y \le n-k-1)\,. \end{aligned}$$

  Bezeichnen wir die Verteilungsfunktion der $\mathrm{B}_n(\theta)$ mit $F_{\mathrm{B}_n(\theta)}$, so gilt demnach:

  $$F_{\mathrm{B}_n(\theta)}\,(k) = 1 - F_{\mathrm{B}_n(1-\theta)}\,(n-k-1)\,.$$

- Nur für $\theta = \frac{1}{2}$ ist die $\mathrm{B}_n(\theta)$ symmetrisch:

  $$\begin{aligned} \mathcal{P}\,(X = k) &= \binom{n}{k}0.5^k 0.5^{n-k} = \binom{n}{k}0.5^n \\ &= \binom{n}{n-k}0.5^n \\ &= \mathcal{P}\,(X = n-k)\,. \end{aligned}$$

  Je weiter θ von $\frac{1}{2}$ entfernt ist, um so asymmetrischer wird die Verteilung: Ist θ nahe bei Null, so werden Erfolge sehr selten sein. X wird vor allem Werte in der Nähe von Null annehmen. Ist umgekehrt θ nahe bei Eins, so werden Erfolge sehr häufig sein. X wird vor allem Werte in der Nähe von n annehmen. Siehe auch Abbildung 3.19

  Je stärker die Verteilung sich an den linken oder rechten Rand schmiegt, um so geringer wird auch die Varianz. $\mathrm{Var}\,(X) = n\theta\,(1-\theta)$ hat als Funktion von θ die Gestalt einer nach unten geöffneten Parabel, die ihr Maximum bei $\theta = 0.5$ annimmt.

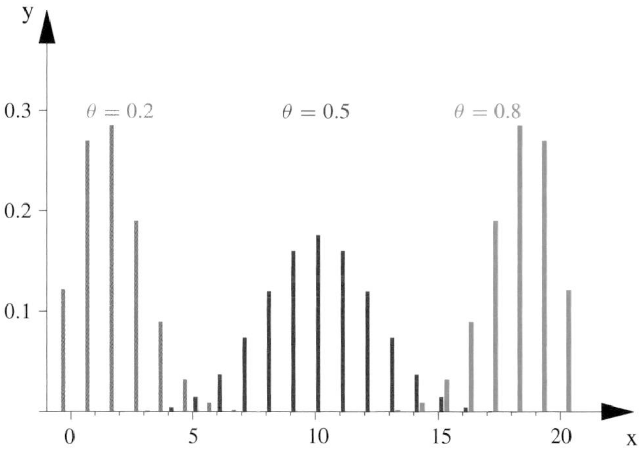

Abbildung 3.19 Binomialverteilungen, $n = 20$, $\theta = 0.2, 0.5, 0.8$.

- Für die Binomialverteilung gilt ein Additionstheorem: Wir führen einen Versuch in zwei Etappen aus: Zuerst machen wir n Versuche und notieren das Ergebnis X. Dann setzen wir die Serie mit weiteren m Versuchen fort und notieren das Ergebnis Y. Insgesamt haben wir $n + m$ Versuche mit dem Ergebnis $X + Y$ durchgeführt. Da die Versuchsunterbrechung der unabhängigen Versuchsserie unwesentlich ist, erhalten wir folgendes Ergebnis:

  Sind X und Y unabhängig voneinander binomialverteilt mit gleichem θ, dann ist auch $X + Y$ binomial verteilt.

$$\text{Aus } \left.\begin{array}{l} X \sim \mathrm{B}_n(\theta) \\ Y \sim \mathrm{B}_m(\theta) \end{array}\right\} \text{ folgt } X + Y \sim \mathrm{B}_{n+m}(\theta)$$

- Liegen in unserer Urne nicht nur rote und weiße Kugeln, sondern auch noch blaue, schwarze, ..., gelbe, tauschen wir die Binomialverteilung gegen die Polynomialverteilung. Hier gilt analog zur Binomialverteilung

$$\mathcal{P}(r, w, b, \ldots g) = \frac{n!}{r!w!b! \cdot \ldots \cdot g!} (\theta_r)^r (\theta_w)^w (\theta_b)^b \cdot \ldots \cdot (\theta_g)^g$$

  Dabei sind $r, w, b, \ldots, g$ die Anzahlen der einzelnen Farben in der Stichprobe vom Umfang n und $\theta_r, \theta_w, \theta_b, \ldots, \theta_g$ die Wahrscheinlichkeiten, bzw. die Anteile der Farben in der Grundgesamtheit.

?

Eine ideale Münze wird eine Million Mal, unabhängig voneinander geworfen. Sei X die Anzahl der Kopfwürfe. Ist $\mathcal{P}(X = 500000)$ eher 0 oder eher 1?

Die hypergeometrische Verteilung beschreibt die Ereignisse bei einer Gut-Schlecht-Prüfung bei einem festen Warenlieferung

In einer Obststeige mit 50 Äpfeln sind 10 wurmstichig. Sie greifen sich zufällig 2 Äpfel heraus. Wie groß sind die Wahrscheinlichkeiten, dass Sie keinen wurmstichigen Apfel greifen?

Probleme wie diese kommen in der Praxis oft vor, zum Beispiel, wenn ein größere Warensendung stichprobenartig auf die Qualität geprüft wird oder wenn in einer Telefonumfrage der Anteil der Bevölkerung geschätzt wird, der eine bestimmte Meinung vertritt.

Wir wollen von Äpfeln und Obstkisten abstrahieren und greifen zu der von Statistikern geschätzten Urne mit roten und weißen Kugeln. Es seien N Kugeln in der Urne und zwar R rote und W weiße Kugeln. Die Kugeln werden gut gemischt. Dann greifen Sie in die Urne und holen n Kugeln heraus, – ohne Sie einzeln wieder zurück zu legen. Es sei X die Anzahl der roten unter den gezogenen n Kugeln. Wenn wir voraussetzen, dass jede Auswahl von n Kugeln aus den N Kugeln der Urne die gleiche Wahrscheinlichkeitkeit hat, können wir die Wahrscheinlichkeiten nach der Laplace-Formel bestimmen, siehe Seite 52:

$$\mathcal{P}(X = r) = \frac{\binom{R}{r}\binom{W}{w}}{\binom{N}{n}} .$$

Dabei ist $r + w = n$ und $R + W = N$. Es gibt nämlich $\binom{R}{r}$ Möglichkeiten aus den R roten Kugeln der Urne genau r rote Kugeln auszuwählen. Ebenso gibt es $\binom{W}{w}$ Möglichkeiten aus den W weißen Kugeln der Urne genau w weiße Kugeln auszuwählen. Jede Auswahl der roten ist mit jeder Auswahl der weißen kombinierbar. Also ist $\binom{R}{r} \cdot \binom{W}{w}$ die Anzahl aller Auswahlen, die zum Ergebnis r Rote aus N führen. Im Nenner steht die Anzahl aller möglichen Auswahlen.

Die Wahrscheinlichkeitsverteilung, die wir soeben abgeleitet haben, erhält einen eigenen Namen:

Die hypergeometrische Verteilung

Eine Zufallsvariable mit der Verteilung

$$\mathcal{P}(X = k) = \frac{\binom{R}{k}\binom{N-R}{n-k}}{\binom{N}{n}} \quad \text{für } k = 0, 1, 2, \ldots, n$$

heißt hypergeometrisch verteilt mit den Parametern N, R und n:

$$X \sim H(N, R, n) .$$

Die Formel der hypergeometrische Verteilung hat eine leicht zu merkende Struktur: In den oberen Termen der auftretenden Binomialkoeffizienten spiegelt sich die Zusammensetzung der Urne, in den unteren Termen die Stichprobe:

$$\text{Urne}: \frac{\binom{R}{*}\binom{N-R}{*}}{\binom{N}{*}}, \qquad \text{Stichprobe}: \frac{\binom{*}{r}\binom{*}{n-r}}{\binom{*}{n}} .$$

?

Ist $k > R$, so ist $\binom{R}{k} = 0$ und demnach $\mathcal{P}(X = k) = 0$. Ist dies sinnvoll?

Vertiefung: Die Multinomial-Verteilung

Die Multinomial-Verteilung $M_n(\boldsymbol{\theta})$ ist die Verallgemeinerung der Binomial-Verteilung. Sie beschreibt das n-maliges Ziehen mit Zurücklegen aus einer Urne mit Kugeln von k verschiedenen Farben.

Im Urnenmodell der Binomialverteilung haben wir eine Urne mit roten und weißen Kugeln betrachtet. Dabei war θ der Anteil der roten Kugeln. Dann wurden – mit Zurücklegen – n Kugeln der Urne entnommen. Die Anzahl X der dabei gezogenen roten Kugeln war binomialverteilt:

$$\mathcal{P}(X = x) = \binom{n}{x}\theta^x (1-\theta)^{n-x}. \tag{3.11}$$

Nun verallgemeinern wir: In der Urnen sollen auch noch blaue, grüne, ..., gelbe Kugeln liegen. Wie lässt sich nun die Ziehung beschreiben?

Dazu verändern wir im ersten Schritt nur die Schreibweise der Binomialverteilung und führen entsprechend zu den beiden Farben rot und weiß statt einer nun zwei Zufallsvariable ein: X_1 ist die Anzahl der roten und X_2 die Anzahl der weißen Kugeln. θ_1 ist die Wahrscheinlichkeit eine rote und θ_2 die eine weiße Kugeln zu ziehen. Anstelle von (3.11) schreiben wir gleichwertig:

$$\begin{aligned}\mathcal{P}(X_1 = x_1, X_2 = x_2) &= \frac{n!}{x_1!x_2!}\theta_1^{x_1}\theta_2^{x_2},\\ x_1 + x_2 &= n,\\ \theta_1 + \theta_2 &= 1.\end{aligned}$$

Nun ist es aber offensichtlich, wie wir bei k verschiedenen Farben vorgehen: Ist θ_i die Wahrscheinlichkeit, bei einem einzigen Zug eine Kugel der Farbe i zu ziehen, und ist X_i die Anzahl der gezogenen Kugeln der Farbe i bei einer Stichprobe mit Zurücklegen vom Umfang n, dann fassen wir die Ziehungsergebnisse in einen k-dimensionalen Vektor $\boldsymbol{X} = (X_1, \ldots X_i, \ldots, X_k)$ zusammen. Die Verteilung von $\boldsymbol{X}$ heißt Multinomialverteilung

Die Multinomial-Verteilung

Der k-dimensionale Vektor $\boldsymbol{X}$ heißt multinomialverteilt, wenn er folgende Verteilung besitzt:

$$\begin{aligned}\mathcal{P}(\boldsymbol{X} = \boldsymbol{x}) &= \mathcal{P}(X_1 = x_1, \ldots X_i = x_i, \ldots, X_k = x_k)\\ &= \frac{n!}{x_1! \cdots x_i! \cdots x_k!}\theta_1^{x_1} \cdots \theta_i^{x_i} \cdots \theta_k^{x_k}.\end{aligned}$$

$$\sum_{i=1}^k x_i = n \text{ und } 0 < \theta_i < 1 \text{ mit } \sum_{i=1}^k \theta_i = 1.$$

Wir schreiben

$$\boldsymbol{X} \sim M_n(\boldsymbol{\theta}).$$

Weiter ist

$$\begin{aligned}\mathrm{E}(\boldsymbol{X}) &= n\boldsymbol{\theta},\\ \mathrm{Cov}(\boldsymbol{X}) &= n\big(\mathrm{Diag}(\boldsymbol{\theta}) - \boldsymbol{\theta}\boldsymbol{\theta}^\top\big).\end{aligned}$$

Beweis: Die Herleitung der Wahrscheinlichkeitsverteilung entspricht wörtlich derjenigen der Binomialverteilung. Wir brauchen daher nur noch die Formeln für den Erwartungswert und die Kovarianzmatrix von X zu bestimmen. Dazu betrachten wir das einmalige Ziehen aus einer Urne mit Kugeln von k verschiedenen Farben. Das Ergebnis einer Ziehung kann durch die k Einheitsvektoren $\boldsymbol{e}_i \in \mathbb{R}^k$, $i = 1 \cdots, k$ beschrieben werden: Wird bei der Ziehung die i-te Farbe gezogen, dann ist $\boldsymbol{X} = \boldsymbol{e}_i$. Dann gilt:

$$\begin{aligned}\mathcal{P}(\boldsymbol{X} = \boldsymbol{e}_i) &= \theta_i,\\ \mathrm{E}(\boldsymbol{X}) &= \sum_{i=1}^n \boldsymbol{e}_i \mathcal{P}(\boldsymbol{X} = \boldsymbol{e}_i) = \sum_{i=1}^n \boldsymbol{e}_i\theta_i = \boldsymbol{\theta},\\ \mathrm{E}\big(\boldsymbol{X}\boldsymbol{X}^\top\big) &= \sum_{i=1}^n \boldsymbol{e}_i\boldsymbol{e}_i^\top\theta_i = \mathrm{Diag}(\boldsymbol{\theta}),\\ \mathrm{Cov}(\boldsymbol{X}) &= \mathrm{E}\big(\boldsymbol{X}\boldsymbol{X}^\top\big) - \mathrm{E}(\boldsymbol{X})\,\mathrm{E}\big(\boldsymbol{X}^\top\big)\\ &= \mathrm{Diag}(\boldsymbol{\theta}) - \boldsymbol{\theta}\boldsymbol{\theta}^\top.\end{aligned}$$

Dabei ist $\boldsymbol{\theta} = (\theta_1; \cdots; \theta_k)^\top$ der Vektor der Farbanteile, bzw. der Wahrscheinlichkeiten, mit denen die einzelnen Farben gezogen werden, und $\mathrm{Diag}(\boldsymbol{\theta})$ die Diagonalmatrix, bei der auf der Diagonale die θ_i stehen. Beschreibt $\boldsymbol{X}_i \sim M_1(\boldsymbol{\theta})$ das Ergebnis des i-ten von den anderen unabhängigen Zuges beim einmaligen Ziehen aus einer Urne mit Kugeln von k verschieden Farben, so beschreibt

$$\boldsymbol{X} = \sum_{i=1}^n \boldsymbol{X}_i \sim M_n(\boldsymbol{\theta})$$

das Gesamtergebnis beim n-maligen Ziehen. Aus der Unabhängigkeit der $\boldsymbol{X}_i$ folgt: Ist $\boldsymbol{X} \sim M_n(\boldsymbol{\theta})$ so ist

$$\begin{aligned}\mathrm{E}(\boldsymbol{X}) &= n\boldsymbol{\theta},\\ \mathrm{Cov}(\boldsymbol{X}) &= n\left[\mathrm{Diag}(\boldsymbol{\theta}) - \boldsymbol{\theta}\boldsymbol{\theta}^\top\right].\end{aligned}$$

Die Zufallsvariablen $X_1, \ldots, X_i, \ldots, X_k$ sind wegen $\sum_{i=1}^k X_i = n$ linear abhängig. Daher ist $\mathrm{Cov}(\boldsymbol{X})$ nicht invertierbar. Um den Rang von $\mathrm{Cov}(\boldsymbol{X})$ zu bestimmen, suchen wir alle Lösungen von $\mathrm{Cov}(\boldsymbol{X})\boldsymbol{y} = 0$:

$$\begin{aligned}\left[\mathrm{Diag}(\boldsymbol{\theta}) - \boldsymbol{\theta}\boldsymbol{\theta}^\top\right]\boldsymbol{y} &= \mathbf{0}\\ \theta_i y_i &= \theta_i\left(\boldsymbol{\theta}^\top\boldsymbol{y}\right)\\ \boldsymbol{y} &= \boldsymbol{\lambda}\mathbf{1}.\end{aligned}$$

Der Lösungsraum der Gleichung $\mathrm{Cov}(\boldsymbol{X})\boldsymbol{y} = \mathbf{0}$ hat die Dimension 1. Daher ist $\mathrm{Rg}\ \mathrm{Cov}(\boldsymbol{X}) = k - 1$. ■

Den Erwartungswert der hypergeometrischen Verteilung können wir wie bei der Binomialverteilung bestimmen: Dazu bezeichnen wir den ursprünglichen Anteil der roten Kugeln in der Urne mit

$$\theta = \frac{R}{N}.$$

Sei X_i die Indikatorvariable der i-ten Ziehung. Zum Beispiel ist $X_1 = 1$, falls die erste Kugel rot ist. Für die Indikatorvariable X_1 gilt daher $\mathrm{E}(X_1) = \theta = \frac{R}{N}$ und $\mathrm{Var}(X_1) = \theta(1-\theta)$. Nun ist $X = \sum_{i=1}^{n} X_i$, also ist $\mathrm{E}(X) = \sum_{i=1}^{n} \mathrm{E}(X_i)$. – Wie groß ist aber $\mathrm{E}(X_i)$?

Dazu wiederholen wir die Auswahl der Kugeln mit einer kleinen Modifizierung in Gedanken noch einmal:

Wir ziehen die Kugeln nacheinander aus der Urne, aber legen sie, ohne die Farbe zu beachten, jede in eigenes Kästchen. Erst wenn die letzte Kugel gezogen ist, werden die Kästchen geöffnet und die Farben notiert. Die Wahrscheinlichkeit, dass die erste Kugel, also die im ersten Kästchen, rot ist, ist $\theta = \frac{R}{N}$. Aber wir haben vergessen, welches Kästchen das erste war. Sie sehen alle gleich aus. Spielt es überhaupt eine Rolle, welches Kästchen das erste, welches das zweite, das dritte war? Solange noch kein Kästchen geöffnet ist, ist für jedes Kästchen die Wahrscheinlichkeit, dass es eine rote Kugel enthält, gleich $\theta = \frac{R}{N}$.

Für die Indikatorvariablen X_i heißt dies: Sie besitzen alle *dieselbe Verteilung* $\mathcal{P}(X_i = 1) = \theta$ und $\mathcal{P}(X_i = 0) = 1 - \theta$, aber sie sind *nicht unabhängig*. Denn in dem Augenblick, in dem bekannt wird, dass die erste gezogene Kugel rot ist, ändern sich die Wahrscheinlichkeiten der folgenden Züge.

Wenn aber alle X_i die gleiche Verteilung haben, dann haben sie auch den gleichen Erwartungswert, das heißt: $\mathrm{E}(X_i) = \theta$. Damit haben wir den Erwartungswert der hypergeometrischen Verteilung gefunden:

$$\mathrm{E}(X) = \sum_{i=1}^{n} \mathrm{E}(X_i) = \sum_{i=1}^{n} \theta = n\theta.$$

Die formale Berechnung des Erwartungswertes und die formale Bestätigung von $\mathcal{P}(X_i = 1) = \theta$ können Sie mit den Aufgaben 3.28 und 3.52 selber versuchen.

Die Varianz können wir auf diese Weise leider nicht bestimmen. Da die X_i voneinander abhängig sind, ist $\mathrm{Var}(X) = \mathrm{Var}\left(\sum_{i=1}^{n} X_i\right) \neq \sum_{i=1}^{n} \mathrm{Var}(X_i)$. Nach einigen Umrechnungen, die wir uns sparen wollen, zeigt man:

$$\mathrm{Var}(X) = n\theta(1-\theta)\frac{N-n}{N-1}.$$

Den Faktor $\frac{N-n}{N-1}$, um den die Varianz der Hypergeometrischen Verteilung kleiner ist als die Varianz der Binomialverteilung, bezeichnet man als den **Korrekturfaktor** für die endliche Gesamtheit.

?

Was müsste man berechnen, um die Varianz korrekt zu bestimmen?

Die hypergeometrische Verteilung beschreibt die folgende Modellsituation.

In einer endlichen Grundgesamtheit vom Umfang N besitzt ein Anteil θ der Elemente eine bestimmte Eigenschaft, zum Beispiel „rot". Aus der Grundgesamtheit wird eine Stichprobe vom Umfang n gezogen, und zwar so, dass jede Teilmenge vom Umfang n die gleiche Wahrscheinlichkeit besitzt, in die Stichprobe zu gelangen. Ist X die Anzahl der roten Kugeln in der Stichprobe, dann ist

$$X \sim \mathrm{H}(N; \theta N; n).$$

Die hypergeometrischen Verteilung ist daher die geeignete Verteilung zur Beschreibung von Umfragen oder der Qualitätskontrolle in endlichen Produktionslosen auf Stichprobenbasis.

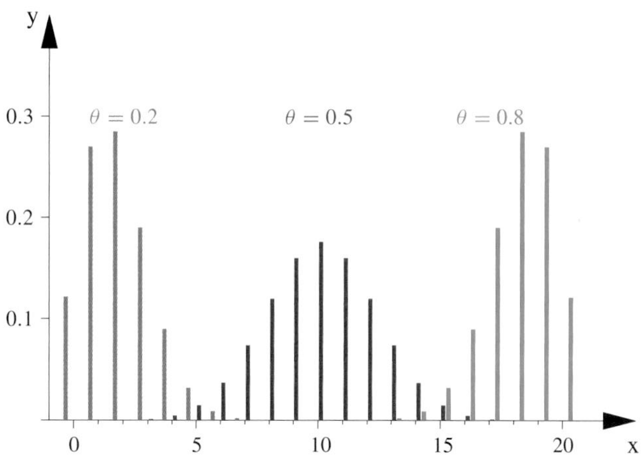

Abbildung 3.20 Hypergeometrische Verteilung für $n = 20$, $\theta = 0.2, 0.5, 0.8$

Eigenschaften:

- Falls $n \leq \frac{N}{20}$ und N groß ist, lässt sich die hypergeometrische durch die Binomialverteilung approximieren. Man kann dies durch Grenzübergang aus der Formel für die Wahrscheinlichkeit der Hypergeometrischen Verteilung ableiten. Uns soll folgende Heuristik genügen: Enthält die Urne hinreichend viele Kugeln und werden nur einige Kugeln aus der Urne entnommen, dann ändert sich die Zusammensetzung der Urne nur unmerklich. Es ist praktisch irrelevant, ob die gezogenen Kugeln wieder zurückgelegt werden oder nicht. Dann können wir aber gleich das Modell der Ziehung mit Zurücklegen, das heißt die Binomialverteilung verwenden.
- Liegen in unserer Urne nicht nur rote und weiße Kugeln, sondern auch noch blaue, schwarze, ..., gelbe, tauschen wir die hypergeometrische gegen die Polyhypergeometrische Verteilung. Hier gilt analog:

$$\mathcal{P}(r, w, b, \ldots, g) = \frac{\binom{R}{r}\binom{W}{w}\binom{B}{b} \cdot\cdot \binom{G}{g}}{\binom{N}{n}}$$

Dabei sind $r, w, b, \ldots, g$ die Anzahlen der einzelnen Farben in der Stichprobe vom Umfang n und $R, W, B, \ldots, G$ die Anzahlen der einzelnen Farben in der Grundgesamtheit.

Beispiel In einer Obstkiste liegen 50 äußerlich makellose Äpfel. Leider sind 10 von ihnen wurmstichig. Sie greifen zufällig 2 von den Äpfeln heraus. Ist X die Anzahl der schlechten Äpfel, so ist

$$X \sim \mathrm{H}(50; 10; 5).$$

Demnach ist die Wahrscheinlichkeit, dass Sie k wurmstichige Äpfel erhalten, gerade

k	$\mathcal{P}(X = k)$
0	$\dfrac{\binom{10}{0}\binom{40}{2}}{\binom{50}{2}} = 0.636\,73,$
1	$\dfrac{\binom{10}{1}\binom{40}{1}}{\binom{50}{2}} = 0.326\,53,$
2	$\dfrac{\binom{10}{2}\binom{40}{0}}{\binom{50}{2}} = 3.673\,5 \times 10^{-2}.$

◀

Beispiel Beim Lottospiel „6 aus 49“ werden aus einer Urne mit 49 nummerierten Kugeln zufällig und ohne Zurücklegen 6 Kugeln mit den Gewinnzahlen gezogen. Nehmen wir an, Sie hätten Lotto gespielt und einen Tipp abgegeben. Dabei haben Sie 6 Zahlen auf Ihrem Tippschein angekreuzt. Sie könnten sich vorstellen, dass durch dieses Ankreuzen die sechs Kugeln in der Urne, die diese Nummern tragen, mit einer nur für Sie sichtbaren Farbe „rot“ angemalt wurden. Unterstellen wir, dass jede Auswahl von 6 Kugeln aus dieser rotierenden Urne die gleiche Wahrscheinlichkeit besitzt, gezogen zu werden, so ist die Anzahl X der dabei gezogenen „ roten Kugeln“, das heißt Ihrer Gewinnzahlen, hypergeometrisch verteilt:

$$X \sim \mathrm{H}(49; 6; 6).$$

In der Tabelle 3.10 sind die Wahrscheinlichkeiten für 0 bis 6 Richtige angegeben. Erwartungswert und Varianz von X sind

$$\mathrm{E}(X) = n\theta = 6 \cdot \frac{6}{49} = 0.734\,69$$
$$\mathrm{Var}(X) = n\theta(1-\theta)\frac{N-n}{N-1} = 6 \cdot \frac{6}{49} \cdot \frac{43}{49} \cdot \frac{43}{48} = 0.577\,57$$
$$\sigma_X = 0.759\,98.$$

Die Wahrscheinlichkeit, höchstens 2 Richtige zu haben, ist rund 98 %. Stellen wir uns vor, die Gewinne $G(x)$ würden, so wie in Spalte 4 der Tabelle angegeben, ausgeschüttet werden. (In Wirklichkeit ist die Auszahlung komplizierter. Es werden Gewinnklassen gebildet, jeder Gewinnklasse eine Gewinnsumme zugewiesen und diese dann unter allen Gewinnern einer Gewinnklasse aufgeteilt.) In Spalte 5 der Tabelle wird der Erwartungswert des Gewinns berechnet. Er beträgt $\mathrm{E}(G(X)) = 0.53$. ◀

?

In Beispiel 3.5 wurde eine fiktive Auszahlungsfunktion zugrunde gelegt und der Erwartungswert des Gewinns $\mathrm{E}(G) = 0.53$ pro Tipp beim Lottospielen berechnet. Angenommen ein Tipp kostet einen Euro. a) Was bedeutet der Erwartungswert des Gewinns pro Spiel für die Lotto-Verwaltung? b) Was bedeutet der Erwartungswert für Sie, wenn Sie höchstens an Ihrem Geburtstag spielen?

Tabelle 3.10 Gewinn-Auszahlung beim Lotto (fiktive Zahlen).

x	$p = \mathcal{P}(X = x)$	$F(x)$	$G(x)$	$G(x) \cdot p$
0	0.435 964 975	0.435 964 975	0	0
1	0.413 019 450	0.848 984 426	0	0
2	0.132 378 029	0.981 362 455	0	0
3	0.017 650 403	0.999 012 858	10	0.18
4	0.000 968 620	0.999 981 479	10^2	0.10
5	0.000 018 449 9	0.999 999 928	10^4	0.18
6	0.000 000 071 51	1.000 000 000	10^6	0.07
Σ				0.53

c) Was verdient die Lottozentrale im Schnitt pro Tipp? d) Wieviel verdient die Lottozentrale im Schnitt an einem Spielabend, wenn 10 Millionen Tippzettel abgegeben werden? e) Wieso ist es möglich, dass mitunter 5 oder mehr Spieler sechs Richtige haben?

Beispiel Das folgende Beispiel stammt im Wesentlichen aus dem ebenso amüsanten wie lehrreichen Buch von Walter Krämer „Denkste. Trugschlüsse aus der Welt des Zufalls und der Zahlen“. Angenommen, ich bringe zwei Freunden das Skatspielen bei. Daher sind Fragen an den Spielpartner im Spiel erlaubt. (Für Nicht-Skat-Spieler: das Spiel besteht aus 32 Karten, davon werden – nach gründlichem Mischen – jeweils 10 Karten an jeden der drei Spieler ausgeteilt. 2 Karten, der „Skat“, werden separat gelegt. Unter den 32 Karten sind 4 Asse.) Angenommen, die Karten sind ausgeteilt, ich habe meine noch nicht angesehen und frage meinen Freund zur Rechten, der seine Karten schon aufgenommen hat: „Hast Du ein As?“ Der Freund bejaht. Ich überlege: „Wie groß ist die Wahrscheinlichkeit, dass er noch ein weiteres As auf der Hand hat?“

Wenn ich davon ausgehe, dass er ja schon ein As hat, so hat er ja genau dann ein zweites As auf der Hand, wenn er gleich zu Anfang mindestens zwei Asse erhalten hat: Ist X die Anzahl der Asse auf seiner Hand, so ist $X \sim \mathrm{H}(32, 4, 10)$ und

$$\mathcal{P}(X \geq 2) = \sum_{k=2}^{4} \frac{\binom{4}{k}\binom{28}{10-k}}{\binom{32}{10}} = 0.368$$

Aber ich weiß ja, dass er bereits ein As hat. $\mathcal{P}(X \geq 2) = 0.368$ entspricht nicht meinem Vorwissen. Ich hätte nach $\mathcal{P}(X \geq 2 \mid X \geq 1)$ fragen müssen. Diese Wahrscheinlichkeit ist

$$\mathcal{P}(X \geq 2 \mid X \geq 1) = \frac{\mathcal{P}(X \geq 2)}{\mathcal{P}(X \geq 1)} = \frac{0.368}{0.797} = 0.462.$$

Aber angenommen, mein Freund hätte mir voreilig gesagt: Ich habe das Pik-As. Wie groß ist nun die Wahrscheinlichkeit, dass er noch ein zweites As hat? Ist Y die Anzahl der weiteren Asse auf seiner Hand, so ist $Y \sim \mathrm{H}(31, 3, 9)$. Gegen jede Intuition ist diese Wahrscheinlichkeit noch größer:

$$\mathcal{P}(Y \geq 1) = \sum_{k=1}^{3} \frac{\binom{3}{k}\binom{28}{9-k}}{\binom{31}{9}} = 0.657.$$

Auch scheinbar unwesentliche Information können sich bei der Berechnung von Wahrscheinlichkeiten entscheidend auswirken. ◀

Die geometrische Verteilung beschreibt die Anzahl der Versuche bis zum ersten Erfolg

Beim Spiel „*Mensch-Ärgere-Dich-nicht*" muss man zuerst eine Sechs würfeln, bevor man am Spiel teilnehmen kann. Angenommen, Sie spielen mit einem realen Würfel, bei dem mit Wahrscheinlichkeit θ eine Sechs fällt und angenommen, die Würfe seien unabhängig voneinander. Wie lange müssen Sie warten, bis Sie mitspielen können?

Sei X die Anzahl der Würfe bis zur ersten Sechs. Angenommen, Sie hatten bei den ersten $k-1$ Würfen keine Sechs, diese fiel erst beim k-ten Wurf, dann ist $X = k$. Daher ist

$$\mathcal{P}(X = k) = \theta(1-\theta)^{k-1}. \tag{3.12}$$

Dabei läuft k durch alle natürlichen Zahlen. Wegen

$$\begin{aligned}\sum_{k=1}^{\infty}\mathcal{P}(X=k) &= \theta\sum_{k=1}^{\infty}(1-\theta)^{k-1}\\ &= \theta\sum_{k=0}^{\infty}(1-\theta)^{k} = \frac{\theta}{1-(1-\theta)} = 1\end{aligned}$$

ist hier eine Wahrscheinlichkeitsverteilung definiert. Sie erhält einen eigenen Namen:

Die geometrische Verteilung

Eine Zufallsvariable mit der Verteilung

$$\mathcal{P}(X = k) = \theta(1-\theta)^{k-1} \quad \text{für } k = 1, 2, 3, \ldots .$$

heißt geometrisch verteilt mit dem Parameter θ.

Die Gleichung $\sum_{k=1}^{\infty}\mathcal{P}(X=k)=1$ ist äquivalent mit $\mathcal{P}(X\in\mathbb{N}) = 1$. Dies ist eine bemerkenswerte Aussage. Sie bedeutet inhaltlich: Die Wahrscheinlichkeit, dass irgend einmal ein Erfolg eintreten wird, ist Eins. Gemäß unserer Interpretation der Wahrscheinlichkeit können wir also sagen: Gleichgültig, wie klein die Wahrscheinlichkeit $\theta > 0$ ist, es ist so gut wie sicher, dass irgend einmal ein Erfolg auftreten wird, wenn nur die Versuchsserie hinreichend lang ist.

Die Berechnung von Erwartungswert und Varianz ist eine Übung in Potenzreihenrechnung, die wir Ihnen als Aufgabe 3.34 überlassen. Wir zitieren hier nur das Ergebnis:

$$\begin{aligned}\mathrm{E}(X) &= \frac{1}{\theta},\\ \mathrm{Var}(X) &= \frac{1-\theta}{\theta^2}.\end{aligned}$$

Achtung: Die geometrische Verteilung wird in zwei Varianten definiert. Bei uns ist X die Anzahl der Versuche bis zum ersten Erfolg. Bei der anderen Variante ist $Y = X - 1$ die Anzahl der Fehlversuche bis zum ersten Erfolg:

$$\begin{aligned}\mathcal{P}(X = k) &= \theta(1-\theta)^{k-1} \quad \text{für } k = 1, 2, 3, \ldots\\ \mathcal{P}(Y = k) &= \theta(1-\theta)^{k} \quad \text{für } k = 0, 1, 2, 3, \ldots\end{aligned}$$

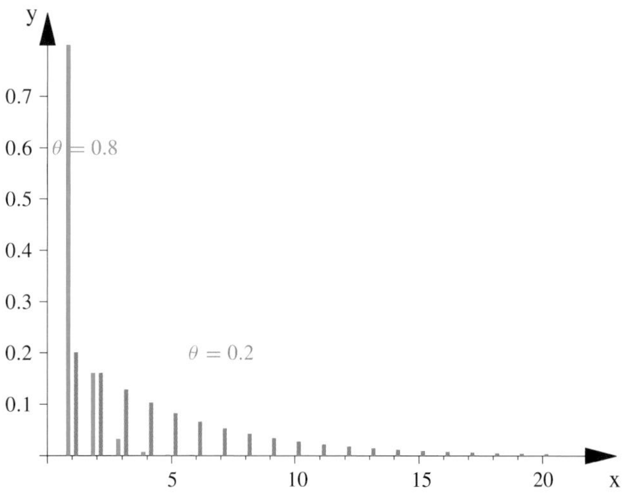

Abbildung 3.21 Geometrische Verteilung für $n = 20$, $\theta = 0.2$ und 0.8.

Kehren wir zum Spiel „*Mensch-Ärger-Dich-nicht*" zurück. Jeder weiß, dass die Wahrscheinlichkeit in der nächsten Runde ins Spiel zu kommen, unabhängig davon ist, wie lange man bereits gewartet hat. Der Würfel hat weder ein Gedächtnis noch ein Gefühl für Gerechtigkeit. Dies gilt auch für die geometrische Verteilung.

Die geometrische Verteilung hat kein Gedächtnis:

$$\mathcal{P}(X = k + j \mid X > j) = \mathcal{P}(X = k)$$

Die Wahrscheinlichkeit, dass Sie beim $(k + j)$-ten Wurf Erfolg haben unter der Bedingung, dass die ersten j Versuche Misserfolge waren, ist gerade die Wahrscheinlichkeit, dass sie beim k-ten Versuch Erfolg haben.

Beweis: Wir berechnen $\mathcal{P}(X > j)$

$$\begin{aligned}\mathcal{P}(X > j) &= \sum_{k=j+1}^{\infty}\mathcal{P}(X = k) = \sum_{k=j+1}^{\infty}\theta(1-\theta)^{k-1}\\ &= \theta(1-\theta)^{j}\sum_{s=0}^{\infty}(1-\theta)^{s}\\ &= \theta(1-\theta)^{j}\frac{1}{\theta} = (1-\theta)^{j}.\end{aligned}$$

Wir berechnen

$$\mathcal{P}(X = k + j \mid X > j) = \frac{\mathcal{P}(\{X = k + j\}\cap\{X > j\})}{\mathcal{P}(X > j)}.$$

Wegen $k + j > j$, ist $\{X = k + j\} \cap \{X > j\} = \{X = k + j\}$. Also ist

$$\begin{aligned}\mathcal{P}(X = k + j | X > j) &= \frac{\mathcal{P}(X = k + j)}{\mathcal{P}(X > j)} \\ &= \frac{\theta(1-\theta)^{k+j-1}}{(1-\theta)^j} \\ &= \theta(1-\theta)^{k-1} \\ &= \mathcal{P}(X = k) .\end{aligned}$$ ■

Unter der Voraussetzung, dass die einzelnen Versuche, Experimente, Kontrollen, Ausfälle, Schäden usw. unabhängig voneinander mit der selben Wahrscheinlichkeit „Erfolg" oder „Meldung" liefern, beschreibt die geometrische Verteilung folgenden Modellsituationen:

- In der Qualitätskontrolle: Anzahl der Kontrollen bis zur Entdeckung eines verdeckten Fehlers.
- Bei der Lebensdauerbestimmung von Maschinen: Anzahl der Tage bis zu einem Ausfall.
- Bei einer Versicherung: Wartezeit in Zeiteinheiten bis zur Meldung eines bestimmten Schadens.

Achtung: Hängt die zukünftige Wartezeit von der Länge der vorangegangenen ereignisfreien Periode ab, ist das Modell der geometrischen Verteilung nicht angebracht. So hängt zum Beispiel bei einer Lebensversicherung die noch zu erwartende Lebenszeit eines Versicherten vom Alter des Versicherten ab.

Die diskrete Gleichverteilung beschreibt den Wurf mit einem idealen n-seitigen Würfel

Denken wir uns einen idealen n-seitigen Würfel, dessen Seiten die Zahlen von 1 bis n tragen. Sei X die geworfene Augenzahl. Dann ist für $k = 1, \ldots, n$:

$$\mathcal{P}(X = k) = \frac{1}{n} .$$

Die Verteilung von X heißt die **diskrete Gleichverteilung** über den Zahlen $1, \ldots, n$. Für Erwartungswert und Varianz von X gilt:

$$\begin{aligned}\mathrm{E}(X) &= \sum_{k=1}^{n} k\mathcal{P}(X = k) = \frac{1}{n}\sum_{k=1}^{n} k \\ &= \frac{1}{n}\frac{n(n+1)}{2} = \frac{(n+1)}{2} . \\ \mathrm{E}(X^2) &= \sum_{k=1}^{n} k^2\mathcal{P}(X = k) = \frac{1}{n}\sum_{k=1}^{n} k^2 \\ &= \frac{1}{n}\frac{n(n+1)(2n+1)}{6} . \\ \mathrm{Var}(X) &= \mathrm{E}(X^2) - (\mathrm{E}(X))^2 \\ &= \frac{(n+1)(2n+1)}{6} - \left(\frac{(n+1)}{2}\right)^2 \\ &= \frac{n^2-1}{12} .\end{aligned}$$

?

Wie groß sind Erwartungswert und Varianz der Augenzahl eines idealen 6-seitigen Würfels?

Die Poisson-Verteilung beschreibt die Häufigkeit punktförmiger Ereignisse in einem Kontinuum

Angenommen, Sie stehen mit einem Geigerzähler vor einem Gesteinbrocken und achten auf das unregelmäßige Klicken des Geigerzählers. Ein Physiker erklärt Ihnen, dass diese Substanz mit $\lambda = 15$ Becquerel strahlt, das heißt, im Schnitt findet pro Sekunde λ-mal ein Atomzerfall statt, Teilchen werden emittiert und als Klicks im Geigerzähler registriert. Was heißt hier aber „im Schnitt" und was folgt daraus für das „jetzt"?

Nehmen wir an, die Atome zerfallen zufällig und unabhängig voneinander. Die Beobachtungszeit (hier eine Sekunde) wird in n so kleine Mini-Zeitintervalle zerlegt, (sagen wir Nanosekunden oder noch kleiner), dass pro Mini-Intervall maximal ein Teilchen emittiert wird. In jedem dieser Mini-Intervalle sei θ_n die Wahrscheinlichkeit für einen Atomzerfall und X_i die Indikatorvariable für den Atomzerfall im i-ten Intervall: $\mathcal{P}(X_i = 1) = \theta_n$. Die Gesamtanzahl aller in der Beobachtungszeit zerfallenen Atome ist dann

$$X = \sum_{i=1}^{n} X_i .$$

Da die X_i unabhängige, identisch verteilte Indikatorvariable sind, ist X binomialverteilt: $X \sim \mathrm{B}_n(\theta_n)$. Dabei kennen wir weder n noch θ_n genau, was wir aber kennen ist

$$\lambda = \mathrm{E}(X) = n\theta_n ,$$

die mittlere Anzahl der Emissionen pro Sekunde. Außerdem wissen wir, dass n sehr groß und θ_n sehr klein ist. Bestimmen wir doch einmal den Grenzwert der Binomialverteilung für den Fall $n \to \infty$ und gleichzeitig $\theta_n \to 0$ unter Berücksichtigung $n\theta_n = \lambda$:

Dazu zerlegen wir den Wert der $\mathrm{B}_n(\theta_n)$ für $\mathcal{P}(X = k)$ in vier Faktoren und bestimmen für jeden den Grenzwert:

$$\begin{aligned}\mathcal{P}(X = k) &= \binom{n}{k} \cdot (\theta_n)^k (1-\theta_n)^{n-k} \\ &= \left[\binom{n}{k}\frac{1}{n^k}\right]\left[(n\theta_n)^k\right]\left[(1-\theta_n)^n\right]\left[(1-\theta_n)^{-k}\right]\end{aligned}$$

Der erste Faktor konvergiert gegen $\frac{1}{k!}$:

$$\begin{aligned}\lim_{n\to\infty}\left[\binom{n}{k}\frac{1}{n^k}\right] &= \frac{1}{k!} \cdot \lim_{n\to\infty}\left(\frac{n}{n} \cdot \frac{n-1}{n} \cdots \frac{n-k+1}{n}\right) \\ &= \frac{1}{k!} \cdot \prod_{j=0}^{k-1} \lim_{n\to\infty}\left(\frac{n-j}{n}\right) = \frac{1}{k!} \cdot 1 .\end{aligned}$$

Der zweite Faktor ist wegen $n\theta_n = \lambda$ identisch λ^k.

Der dritte Faktor konvergiert wegen $\theta_n = \frac{\lambda}{n}$ gegen $e^{-\lambda}$

$$\lim_{n\to\infty} (1-\theta_n)^n = \lim_{n\to\infty} \left(1 - \frac{\lambda}{n}\right)^n = e^{-\lambda}.$$

Der letzte Faktor $(1-\theta_n)^{-k}$ konvergiert wegen $\lim_{n\to\infty} \theta_n = 0$ gegen 1. Damit erhalten wir schließlich als Grenzwert

$$\mathcal{P}(X=k) = \frac{1}{k!} \cdot \lambda^k \cdot e^{-\lambda}. \tag{3.13}$$

Dabei kann k jede natürliche Zahl sowie die Null sein.

Wir haben diesen Beweis unter der Bedingung $n\theta_n = \lambda$ geführt. Er läuft mit nur geringer Modifizierung auch unter der allgemeineren Bedingung, dass für die Folge $(\theta_n)_{n=1}^{\infty}$ gilt: $\lim_{n\to\infty} n\theta_n = \lambda$.

Zuerst prüfen wir, ob durch Formel (3.13) überhaupt eine Wahrscheinlichkeitsverteilung definiert ist. Dazu muss die Summe der Wahrscheinlichkeiten gleich 1 sein. Dies ist glücklicherweise der Fall:

$$\begin{aligned}\sum_{k=0}^{\infty} \mathcal{P}(X=k) &= \sum_{k=0}^{\infty} \frac{1}{k!} \cdot \lambda^k \cdot e^{-\lambda} \\ &= e^{-\lambda} \sum_{k=0}^{\infty} \frac{1}{k!} \cdot \lambda^k = e^{-\lambda} e^{\lambda} = 1.\end{aligned}$$

Dabei haben wir benutzt, dass $\sum_{k=0}^{\infty} \frac{\lambda^k}{k!}$ die Potenzreihenentwicklung von e^{λ} ist.

Die Wahrscheinlichkeitsverteilung, die wir soeben abgeleitet haben, erhält zu Ehren von Siméon Denis Poisson, (1781–1840), der sie 1837 zum ersten Mal vorstellte, einen eigenen Namen:

Die Poisson-Verteilung

Eine Zufallsvariable mit der Verteilung

$$\mathcal{P}(X=k) = \frac{1}{k!} \cdot \lambda^k \cdot e^{-\lambda}$$

heißt poissonverteilt mit dem Parameter λ, geschrieben $\mathrm{PV}(\lambda)$. Ist $X \sim \mathrm{PV}(\lambda)$, dann ist

$$\mathrm{E}(X) = \mathrm{Var}(X) = \lambda.$$

Beweis: Wir berechnen $\mathrm{E}(X)$:

$$\begin{aligned}\mathrm{E}(X) &= \sum_{k=0}^{\infty} k \cdot \mathcal{P}(X=k) = \sum_{k=1}^{\infty} k \frac{1}{k!} \cdot \lambda^k \cdot e^{-\lambda} \\ &= \lambda e^{-\lambda} \sum_{k=1}^{\infty} \frac{\lambda^{k-1}}{(k-1)!} \\ &= \lambda e^{-\lambda} e^{\lambda} = \lambda.\end{aligned}$$

Zur Bestimmung von $\mathrm{Var}(X) = \mathrm{E}\left(X^2\right) - (\mathrm{E}(X))^2$ berechnet man $\mathrm{E}\left(X^2\right)$ ganz analog. Wir verzichten auf die Details. Stattdessen greifen wir auf die Binomialverteilung zurück. Ist $X \sim \mathrm{B}_n(\theta_n)$, so ist

$$\begin{aligned}\mathrm{E}(X) &= n\theta_n = \lambda, \\ \mathrm{Var}(X) &= n\theta_n(1-\theta_n) = \lambda\left(1 - \frac{\lambda}{n}\right).\end{aligned}$$

Ersetzen wir $n\theta_n$ durch λ und lassen n gegen Unendlich streben, erhalten wir:

$$\lim_{n\to\infty} \mathrm{E}(X) = \lim_{n\to\infty} \mathrm{Var}(X) = \lambda. \qquad \blacksquare$$

Ausgehend von der Binomialverteilung können wir mit der Poisson-Verteilung die folgende Situation modellieren:

In einem zeitlich oder räumlich fixierten „Rahmen" werden gleichartige Ereignisse beobachtet. Dieser Rahmen lässt sich gedanklich in eine große Zahl von n gleichartigen, extrem kleinen Segmenten zerlegen. Diese Segmente sind so klein, dass in jedem höchstens ein Ereignis stattfindet, und zwar – unabhängig von den Ereignissen in den anderen Segmenten – jeweils mit Wahrscheinlichkeit θ. Dabei ist θ sehr klein, aber $\mathrm{E}(X) = n\theta = \lambda$ ist endlich.

X ist dabei die Gesamtzahl der Ereignisse über alle Segmente hinweg summiert. Dann gilt:

> Die Anzahl der Erfolge bei einer großen Zahl von unabhängigen Versuchen mit minimaler Erfolgswahrscheinlichkeit für den einzelnen Versuch ist poissonverteilt.

Oder noch knapper:

> Die Anzahl punktförmiger Ereignisse in einem Kontinuum ist poissonverteilt.

Die Poisson-Verteilung ist nicht nur Grenzverteilung der Binomialverteilung sondern eine autonome Wahrscheinlichkeitsverteilung. Sie eignet sich zur Beschreibung der folgenden Modellsituationen:

- Zeitpunkte, in denen eine radioaktive Substanz ein Teilchen emittiert oder ein Atom zerfällt.
- Fehler in einer Isolierung: Das Kontinuum ist die Isolierung, die Fehler sind die punktförmigen Ereignisse. Dabei dürfen sich die Fehler nicht gegenseitig beeinflussen. Klumpen müssten als ein Fehler gerechnet werden.
- Treffer am Rand einer Zielscheibe: Im Zentrum der Scheibe könnte das Modell unpassend sein, wenn sich die Treffer im Zentrum häufen.
- Tippfehler in einem Text.
- Bakterien in einer Suspension: Auch hier müssen Klumpen oder Kolonien als ein Ereignis betrachtet werden
- Anrufe in einer Telefonzentrale: Hier müssen genügend freie Leitungen sein, damit ein Anruf nicht die anderen blockiert.
- Bestellungen in einem Warenlager oder Schadensmeldungen in einer Versicherung: Das Kontinuum ist die Zeit, die punktförmigen Ereignisse sind die Zeitpunkte, an denen die Anrufe eingehen.

Beispiel Wir betrachten die Telefonzentrale bei einer großen Feuerwehrstation. Sei X die Anzahl der Alarmmeldungen pro Stunde und $\lambda = 10$ die durchschnittliche Zahl von Alarmmeldungen pro Stunde, dann kann $X \sim \text{PV}(10)$ modelliert werden. Die punktförmigen Ereignisse sind dabei die Augenblicke, in denen die Anrufe eingehen. Dabei gehen wir davon aus, dass erstens hinreichend viele freie Leitungen existieren, sodass kein Anruf den anderen blockiert. Außerdem werden Anrufe, die wegen desselben Ereignisse eintreffen, z. B. wegen eines Großfeuers, als ein einziger Anruf gewertet. Die Verteilungsfunktion der PV (10) zeigt die folgende Tabelle.

k	$\mathcal{P}(X \leq k)$	k	$\mathcal{P}(X \leq k)$
0	4.5400×10^{-5}	11	0.69678
1	4.9940×10^{-4}	12	0.79156
2	2.7694×10^{-3}	13	0.86446
3	1.0336×10^{-2}	14	0.91654
4	2.9253×10^{-2}	15	0.95126
5	6.7086×10^{-2}	16	0.97296
6	0.13014	17	0.98572
7	0.22022	18	0.99281
8	0.33282	19	0.99655
9	0.45793	20	0.99841
10	0.58304		

Zum Beispiel ist die Wahrscheinlichkeit, dass pro Stunde mehr als 15 Anrufe eingehen, geringer als 5 %. ◄

Wir notieren wichtige Eigenschaften der Poisson-Verteilung

- Die Poisson-Verteilung eignet sich zur Approximation der Binomialverteilung $B_n(\theta)$, wenn n groß und θ klein ist. Eine Faustregel fordert dazu $n \geq 50$, $\theta \leq 0.1$ und $n\theta \leq 10$.
- Die Verteilung wandert mit wachsendem λ nach rechts und wird dabei flacher: $\text{E}(X) = \lambda$, $\text{Var}(X) = \lambda$. Abbildung 3.22 zeigt die Poisson-Verteilung für wachsende Werte von λ.

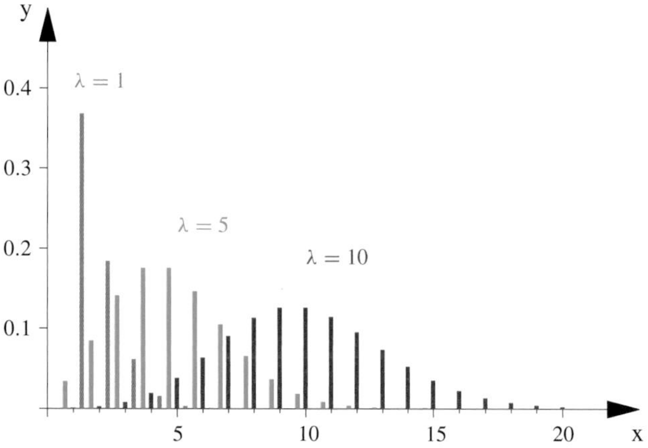

Abbildung 3.22 Poisson-Verteilungen.

- Der Variationskoeffizient der PV (λ) ist $\frac{1}{\sqrt{\lambda}}$: Relativ zur Größe von $\text{E}(X)$ nimmt die Streuung ab.
- Wie für die Binomialverteilung gilt für die Poisson-Verteilung ein Additionstheorem: Sind $X \sim \text{PV}(\lambda_1)$ und $Y \sim \text{PV}(\lambda_2)$ unabhängig voneinander, dann ist auch $X + Y$ poissonverteilt:
$$(X + Y) \sim \text{PV}(\lambda_1 + \lambda_2) .$$
- λ ist die mittlere Anzahl der Ereignisse pro Maßeinheit. Betrachen wir ein t-faches der Maßeinheit und ist Y die Anzahl der Ereignisse in diesem Rahmen, so geschehen im Schnitt t-mal soviel Ereignisse: $\text{E}(Y) = \lambda t$. Demnach ist $Y \sim \text{PV}(\lambda t)$. Die Änderungen der Wahrscheinlichkeiten ist aber nicht proportional zu t. Siehe dazu auch das folgende Beispiel.

Beispiel In einer Glasschmelze sind minimale Einschlüsse wie z. B. Gasbläschen oder Aschekörnchen regellos in der Glasschmelze verteilt. Sei X die Anzahl der Einschlüsse pro gegossenem Objekt. Wir betrachten die Einschlüsse als punktförmige Ereignisse in einem Kontinuum und modellieren X als poissonverteilt. Dabei gehen wir davon aus, dass pro kg Glasschmelze im Schnitt $\lambda = 10$ Einschlüsse auftreten.

a) Es werden 2 kg schwere Glasspiegel gegossen: Dann ist $\text{E}(X) = 2\lambda = 20$ und $X \sim \text{PV}(20)$. Dann gilt:

$$\mathcal{P}(X = 0) = 2.06 \cdot 10^{-9} ,$$
$$\mathcal{P}(X = 1) = 4.12 \cdot 10^{-8} ,$$
$$\mathcal{P}(X = 2) = 4.12 \cdot 10^{-7} ,$$
$$\mathcal{P}(X = 3) = 1 - 3.204 \cdot 10^{-6} .$$

Mit großer Wahrscheinlichkeit sind in jedem Spiegel mehr als 3 Einschlüsse.

b) Es werden 2 g schwere Linsen gegossen. Jetzt ist $\text{E}(X) = 0.002 \cdot \lambda = 0.02$ und $X \sim \text{PV}(0.02)$. Dann gilt:

$$\mathcal{P}(X = 0) = 0.98 ,$$
$$\mathcal{P}(X = 1) = 0.0196 ,$$
$$\mathcal{P}(X \geq 2) = 0.0004 .$$

98 % aller Linsen werden fehlerfrei sein, 1.9 % werden genau einen Fehler, 0.04 % werden mehr als einen Fehler haben. ◄

3.6 Stetige Verteilungen

Ein Zeitungsreporter sitzt in einer Feuerwache und wartet auf den nächsten Alarm, denn er möchte eine Reportage über einen Einsatz schreiben. Er – und wir mit ihm – geht davon aus, dass die Anrufe poissonverteilt sind, im Schnitt $\lambda = 2$ Anrufe pro Stunde. Uns interessiert, wie lange er noch warten muss.

Es sei X die Anzahl der Anrufe in einer Stunde und X_t die Anzahl der Anrufe in t Stunden. Nach unserer Voraussetzung ist $\text{E}(X_t) = \lambda t$, also $X_t \sim \text{PV}(\lambda t)$. Die Wahrscheinlichkeit, dass in t Stunden k Anrufe kommen, ist

$$\mathcal{P}(X_t = k) = \frac{(t\lambda)^k}{k!} e^{-\lambda t} .$$

Die Wahrscheinlichkeit, dass in t Stunden kein Anruf kommt, ist

$$\mathcal{P}(X_t = 0) = e^{-\lambda t} .$$

Vertiefung: Der Poisson-Prozess

Bei einem radioaktiven Körper ist die Anzahl X_t der Entladungen im Intervall $[0, t]$ poissonverteilt. Betrachten wir zwei Zeitpunkte t_1 und t_2, so erhalten wir zwei Zufallsvariablen X_{t_1} und X_{t_2}, die wir in der zweidimensionalen Zufallsvariablen (X_{t_1}, X_{t_2}) zusammenfassen können. Betrachten wir aber nicht mehr einzelne Zeitpunkte, sondern das Kontinum der Zeit, so erhalten wir auch ein Kontinuum von Zufallsvariablen $\{X_t : t \geq 0\}$. Wir sprechen nun von einem stochastischen Prozess, in unserem Fall von einem Poisson-Prozess. Dieser Prozess lässt sich genau charkterisieren.

Wir kehren noch einmal zum Eingangsbeispiel mit der strahlenden Substanz und dem Geigerzähler zurück. Nun halten wir die Zeit nicht fest, sondern betrachten die Zeit als eine variable Größe. In unregelmäßigen Abständen werden die Klicks vom Zähler registriert. Sei X_t die Anzahl der Klicks im Intervall $[0, t]$. Die Gesamtheit $\{X_t | \ t \in [0, T]\}$ der Zufallsvariablen bildet einen **stochastischen Prozess**.

$$X_t \text{ Anzahl der Signale im Intervall } [0; t] \,.$$

Wir greifen eine Folge von Zeitpunkten heraus und erhalten eine Folge

$$X_{t_1}, X_{t_2}, X_{t_3}, X_{t_4}, X_{t_5}, \cdots \,.$$

Für sie sollen die folgenden drei Eigenschaften gelten:

- **Homogenität:** Die Anzahl der Signale im Intervall $[t, t+h]$, – genauer gesagt, die Verteilung von $X_{t+h} - X_t$, – hängt nur von der Länge h des betrachteten Intervalls ab, nicht aber vom Anfangszeitpunkt t.

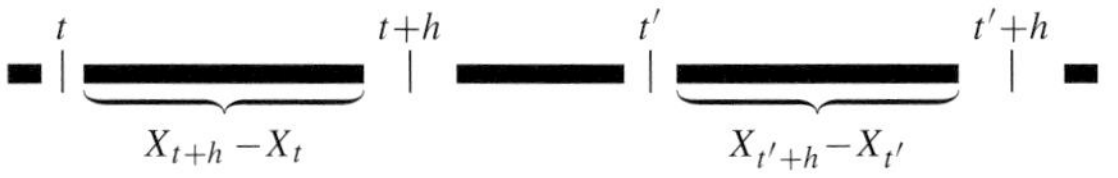

$$X_{t+h} - X_t \quad \text{ist verteilt wie} \quad X_{t'+h} - X_{t'}$$

  Man sagt auch, der Prozess $(X_t : \ t \geq 0)$ hat homogene Zuwächse.

- **Unabhängigkeit:** Die Anzahlen der Signale in nicht überlappenden Zeitabschnitten sind unabhängig voneinander:

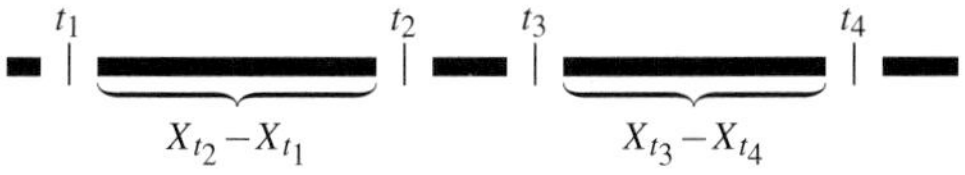

$$X_{t_2} - X_{t_1} \quad \text{ist unabhängig von} \quad X_{t_3} - X_{t_4}$$

  Man sagt auch, der Prozess $(X_t : \ t \geq 0)$ hat unabhängige Zuwächse.

- **Intensität:** Die Wahrscheinlichkeit, dass in einem sehr kleinen Zeitintervallen der Länge h genau ein Signal eintrifft, ist proportional zu h:

$$\mathcal{P}(X_{t+h} - X_t = 1) \approx \lambda h \,.$$

  Die Signale kommen einzeln an, zwei oder mehr Signale zum gleichen Zeitpunkt treten so gut wie nie auf.

$$\mathcal{P}(X_{t+h} - X_t > 1) \approx 0 \,.$$

  Wir präzisieren beide Forderungen:

$$\lim_{h \to 0} \frac{\mathcal{P}(X_{t+h} - X_t = 1)}{h} = \lambda \,,$$
$$\lim_{h \to 0} \frac{\mathcal{P}(X_{t+h} - X_t > 1)}{h} = 0 \,.$$

Gilt darüber hinaus die Normierungsbedingung, dass im Startpunkt Null kein Ereignis eintritt: $\mathcal{P}(X_0 = 0) = 1$, so folgt: Die Zufallsvariablen X_t bilden einen Poisson-Prozess

$$X_t \sim PV(\lambda t)$$

Dabei heißt λ die Intensität des Prozesses. In den meisten Fällen, in denen wir eine Poisson-Verteilung unterstellen, liegt ein Poisson-Prozess vor, bei dem wir die Zeit t als Variable laufen lassen und betrachten, wie die Ereignisse im Laufe der Zeit eintreffen.

Wir fragen aber weniger nach der Anzahl der Anrufe, als nach der Wartezeit T bis zum ersten Anruf. Für der Reporter bedeutet $X_t = 0$: Kein Anruf in den ersten t Stunden, daher muss er weiter warten:

$$X_t = 0 \quad \text{genau dann, wenn} \quad T > t \,.$$

Daher gilt für die Wartezeit T:

$$\mathcal{P}(T > t) = \mathcal{P}(X_t = 0) = \mathrm{e}^{-\lambda t}$$

und

$$\mathcal{P}(T \leq t) = 1 - \mathrm{e}^{-\lambda t} \,.$$

Doch $\mathcal{P}(T \leq t)$ ist die Verteilungsfunktion $F_T(t)$der Zufallsvariablen T. Damit haben wir gefunden: T besitzt die Verteilungsfunktion

$$F_T(t) = 1 - \mathrm{e}^{-\lambda t} \,.$$

Abbildung 3.23 zeigt diese Verteilungsfunktion für unser Beispiel mit $\lambda = 2$.

An dieser Verteilungsfunktion können wir wie gewohnt Wahrscheinlichkeiten ablesen.

Beispiel Wie groß ist die Wahrscheinlichkeit, höchstens eine halbe Stunde auf einen Anruf warten zu müssen? Mit $\lambda = 2$ folgt:

$$F_T(0.5) = \mathcal{P}(T \leq 0.5) = 1 - \mathrm{e}^{-\lambda \cdot 0.5}$$
$$= 1 - \mathrm{e}^{-2 \cdot 0.5} = 1 - \mathrm{e}^{-1} = 0.63 \,.$$

Wie groß ist die Wahrscheinlichkeit, höchstens eine Stunde auf einen Anruf warten zu müssen?

$$F_T(1) = \mathcal{P}(T \leq 1) = 1 - \mathrm{e}^{-\lambda}$$
$$= 1 - \mathrm{e}^{-2} = 1 - \mathrm{e}^{-2} = 0.87 \,.$$

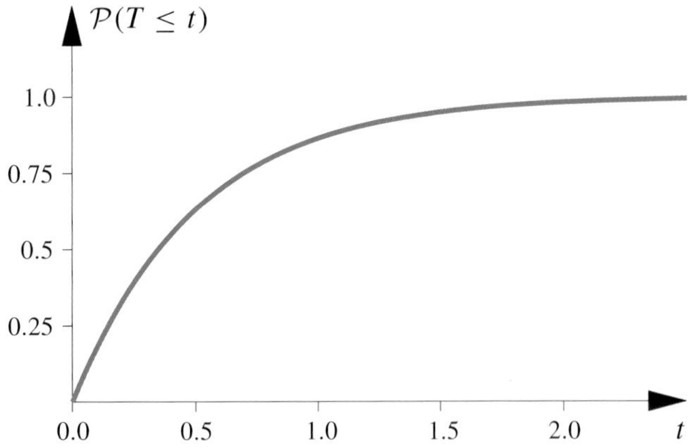

Abbildung 3.23 Die Verteilungsfunktion der Wartezeit T für $\lambda = 2$.

Wie groß ist die Wahrscheinlichkeit, mindestens ein halbe Stunde und höchstens eine Stunde auf einen Anruf warten zu müssen?

$$F_T(1) - F_T(0.5) = \mathcal{P}(0.5 \leq T \leq 1) = 0.87 - 0.63 = 0.24 .$$

◀

Wahrscheinlichkeiten für konkrete *Zeitintervalle* lassen sich wie gewohnt an der Verteilungsfunktion ablesen. Doch wie steht es um *Zeitpunkte*? Wie groß ist zum Beispiel die Wahrscheinlichkeit, *genau* eine Stunde warten zu müssen? Für jede Verteilungsfunktion und daher auch für $F_T(t)$ gilt: An jeder Stelle t ist $\mathcal{P}(T = t)$ die Höhe der „Treppenstufe" an der Stelle t, nämlich:

$$\mathcal{P}(T = t) = F_T(t) - \lim_{\substack{\varepsilon > 0 \\ \varepsilon \to 0}} F_T(t - \varepsilon)$$

Siehe auch Seite 8 und Seite 76. Unsere Verteilung hat aber gar keine Stufen. Sie ist stetig, sogar differenzierbar: Für jeden Wert von t ist $\mathcal{P}(T = t) = 0$.

Zum gleichen Ergebnis kommen wir, wenn wir ein Intervall betrachten und die Länge des Intervalls gegen null schicken. Das Ergebnis $\mathcal{P}(T = t) = 0$ ist nur auf den ersten Augenblick überraschend. In unserem Modell kann jederzeit ein Anruf kommen, aber je kleiner das von uns betrachtete Zeitintervall ist, um so unwahrscheinlicher wird es, dass genau in diesem Intervall etwas geschehen soll. Wenn nun das Intervall auf einen Punkt zusammenschrumpft, ist es so gut wie sicher, dass gerade hier nichts passiert.

Aber – widerspricht dieses Ergebnis nicht dem dritten Axiom von Kolmogorov? Einerseits haben wir:

$$1 = \mathcal{P}(T < \infty) = \mathcal{P}\left(\bigcup_{t \in \mathbb{R}} (T = t)\right)$$

Andererseits ist $\mathcal{P}(T = t) = 0$ für alle $t \in \mathbb{R}$. Nach dem dritten Axiom ist die Wahrscheinlichkeit einer *abzählbaren* disjunkten Vereinigung die Summe der Einzelwahrscheinlichkeiten. Hier aber ist $\bigcup_{t \in \mathbb{R}} (T = t)$ eine Vereinigung von *überabzählbar* vielen disjunkten Ereignissen $(T = t)$, denn $\mathbb{R}$ ist überabzählbar. Daher greift das dritte Axiom nicht.

Die punktweise Bestimmung der Wahrscheinlichkeiten $\mathcal{P}(T = t)$ führt uns nicht weiter. Erfolgversprechend ist dagegen die Bestimmung von $\mathcal{P}(T \approx t)$. In unserem Beispiel ist $F_T(t)$ differenzierbar:

$$\frac{\mathrm{d}}{\mathrm{d}t} F_T(t) = \frac{\mathrm{d}}{\mathrm{d}t}\left(1 - \mathrm{e}^{-\lambda t}\right) = \lambda\, \mathrm{e}^{-\lambda t} = f_T(t)$$

Diese Ableitung $f_T(t)$ nennen wir die **Dichte** von T. Präzisieren wir $T \approx t$ als $t - \frac{\Delta}{2} < T \leq t + \frac{\Delta}{2}$ mit hinreichend kleinem Δ, so gilt, wenn wir den Differenzenquotient durch den Differenzialquotienten approximieren:

$$\begin{aligned}\mathcal{P}\left(t - \frac{\Delta}{2} < T \leq t + \frac{\Delta}{2}\right) &= F_T\left(t + \frac{\Delta}{2}\right) - F_T\left(t - \frac{\Delta}{2}\right) \\ &= \mathrm{e}^{-\lambda\left(t - \frac{\Delta}{2}\right)} - \mathrm{e}^{-\lambda\left(t + \frac{\Delta}{2}\right)} \\ &\approx \lambda\, \mathrm{e}^{-\lambda t}\, \Delta \\ &= f_T(t) \cdot \Delta .\end{aligned}$$

Wir wollen noch den Begriff „Dichte" erläutern. Dazu benutzen wir die Dualität von Integration und Differenziation: Die Dichte $f_T(t)$ ist die Ableitung der Verteilungsfunktion $F_T(t)$ und $F_T(t)$ ist eine Stammfunktion der Dichte $f_T(t)$. Daher gilt:

$$\mathcal{P}(a < T \leq b) = F_T(b) - F_T(a) = \int_a^b f_T(t)\, \mathrm{d}t .$$

Wir können uns die Dichte $f_T(t)$ wie eine „ Wahrscheinlichkeitsmasse" vorstellen, mit der die t-Achse belegt ist. Die Wahrscheinlichkeit, dass T im Intervall $[a, b]$ liegt, ist gerade die Wahrscheinlichkeitsmasse im Intervall $[a, b]$.

Stetigen Zufallsvariablen besitzen eine Dichte

Was wir an unserem Beispiel gesehen haben, wollen wir nun verallgemeinern.

Stetige Zufallsvariable

Eine Zufallsvariable X heißt stetig, wenn sie eine Dichte f besitzt. Dies ist eine integrierbare Funktion mit der Eigenschaft, dass für alle $a, b \in \mathbb{R}$ gilt:

$$\mathcal{P}(a < X \leq b) = F(b) - F(a) = \int_a^b f(x)\, \mathrm{d}x .$$

Betrachten wir mehrere stetige Zufallsvariablen $X, Y \ldots Z$, dann setzen wir zur Unterscheidung der Dichten den Namen der Zufallsvariablen als Index unten an die Dichten und schreiben $f_X, f_Y, \ldots f_Z$.

Aus der Definition folgen eine Reihe von Eigenschaften, die wir bereits am Beispiel kennengelernt haben.

- Lässt man das linke Intervall-Ende a gegen b gehen, so erhält man:

$$\mathcal{P}(X = b) = \lim_{a \to b} \mathcal{P}(a < X \leq b) = \lim_{a \to b} \int_a^b f(x)\, \mathrm{d}x = 0 .$$

Für jede Realisation $b \in \mathbb{R}$ gilt $\mathcal{P}(X = b) = 0$.

Daher ist die Angabe der genauen Ränder bei Intervallen überflüssig:

$$\mathcal{P}(a < X < b) = \mathcal{P}(a \leq X < b) = \mathcal{P}(a < X \leq b) \\ = \mathcal{P}(a \leq X \leq b)\,.$$

- Eine Dichte darf nicht negativ sein: Ist nämlich $N = \{x\colon f(x) < 0\}$, dann ist

$$0 \leq \mathcal{P}(X \in N) = \int_N f(x)\,\mathrm{d}x \leq 0\,.$$

Also ist $\mathcal{P}(X \in N) = 0$. Bis auf eine Ausnahmemenge N, in der X mit Wahrscheinlichkeit 1 keine Realisationen annimmt, ist $f(x) \geq 0$.
- Für jede Zufallsvariablen gilt $\mathcal{P}(-\infty < X < \infty) = 1$. Daher folgt für das Integral:

$$\int_{-\infty}^{+\infty} f(x)\,\mathrm{d}x = 1\,.$$

- Die Wahrscheinlichkeit, dass in einer hinreichend kleinen Umgebung von x etwas geschieht, ist proportional zur Dichte $f(x)$. Für hinreichend kleines Δ gilt:

$$\mathcal{P}\left(x - \frac{\Delta}{2} < X \leq x + \frac{\Delta}{2}\right) \approx f(x) \cdot \Delta\,.$$

- Allgemein gilt für jede Borel-Menge B

$$\mathcal{P}(X \in B) = \int_B f(x)\,\mathrm{d}x\,.$$

?

a) Muss eine Dichte kleiner als 1 sein? b) Muss eine Dichte stetig sein?

Abbildung 3.24 zeigt eine typische Verteilungsfunktion und ihre Dichte. Die Größe der schraffierten Fläche in dieser Abbildung ist gerade die Wahrscheinlichkeit, dass eine Realisation von X im Intervall $[a, b]$ liegt.

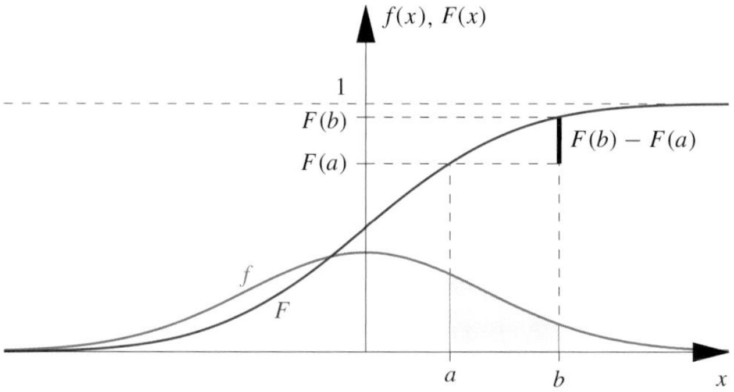

Abbildung 3.24 Dichte und Verteilungsfunktion.

Erwartungswert und Varianz

Ist X eine stetige Zufallsvariable mit der Dichte f, dann sind Erwartungswert und Varianz von X definiert als

$$\mathrm{E}(X) = \int_{-\infty}^{\infty} x f(x)\,\mathrm{d}x = \mu\,,$$

$$\mathrm{Var}(X) = \mathrm{E}\left((X-\mu)^2\right) = \int_{-\infty}^{\infty} (x-\mu)^2 f(x)\,\mathrm{d}x = \sigma^2\,,$$

sofern die Integrale existieren.

Anmerkung: In der Vertiefung zum Erwartungswert auf Seite 86 wurde der Erwartungswert ganz allgemein definiert als

$$\mathrm{E}(X) = \int_{\mathbb{R}} x\,\mathrm{d}F\,.$$

Ist F differenzierbar mit der Ableitung f, so ist $\int_{\mathbb{R}} x\,\mathrm{d}F = \int_{-\infty}^{\infty} x f(x)\,\mathrm{d}x$. Unsere Definition des Erwartungswertes einer stetigen Zufallsvariablen ist demnach im Einklang mit der allgemeinen Definition. Demnach gelten alle Eigenschaften, die wir für den Erwartungswert einer diskreten Zufallsvariablen bereits notiert haben, für stetige Zufallsvariablen erst recht, speziell:

$$\mathrm{E}\left(\sum_{i=1}^{n} \alpha_i X_i\right) = \sum_{i=1}^{n} \alpha_i \mathrm{E}(X_i)\,,$$

$$\mathrm{Var}\left(\sum_{i=1}^{n} \alpha_i X_i\right) = \sum_{i=1}^{n} \alpha_i^2 \,\mathrm{Var}(X_i) \quad \text{bei Unabhängigkeit}\,.$$

Mehrdimensionale stetigen Zufallsvariablen

Von eindimensionalen Zufallsvariablen zu zweidimensionalen ist es nur ein Schritt:

Dichte einer 2-dimensionalen Zufallsvariablen $\boldsymbol{X}$

$\boldsymbol{X} = (X_1, X_2)$ hat die Dichte $f_{\boldsymbol{X}}(\boldsymbol{x})$, wenn für alle $(a_1, a) \in \mathbb{R}^2$ gilt:

$$\mathcal{P}(X_1 \leq a_1; X_2 \leq a_2) = \int_{-\infty}^{a_1} \int_{-\infty}^{a_2} f_{\boldsymbol{X}}(x_1, x_2)\,\mathrm{d}x_1\,\mathrm{d}x_2\,.$$

Bei mehrdimensionalen Zufallsvariablen müssen wir Randverteilungen und bedingte Verteilungen unterscheiden

- Ignorieren wir z. B die Variable X_2 und betrachten nur die restliche Variable X_1, so erhalten wir die **Randverteilung** von X_1. Die Dichte der Randverteilung von X_1 finden wir durch Integration über X_2.

$$f_{X_1}(x) = \int_{-\infty}^{\infty} f_{\boldsymbol{X}}(x, x_2)\,\mathrm{d}x_2\,.$$

Analog für X_2

$$f_{X_2}(x) = \int_{-\infty}^{\infty} f_{\boldsymbol{X}}(x_1, x)\,\mathrm{d}x_1\,.$$

- Halten wir dagegen $X_2 = x_2$ **fest** und betrachten nur die restliche Variable X_1, so erhalten wir die **bedingte Verteilung** von X_1 bei gegebenem $X_2 = x$.

Hier entsteht ein begriffliches Problem: Der Versuch, die *bedingte Wahrscheinlichkeit* wie gewohnt als

$$\mathcal{P}(X_1 \leq x_1 | X_2 = x_2) = \frac{\mathcal{P}(\{X_1 \leq x_1\} \cap \{X_2 = x_2\})}{\mathcal{P}(\{X_2 = x_2\})} .$$

zu definieren, scheitert, da die Wahrscheinlichkeiten in Zähler und Nenner auf der rechten Seite der Gleichung beide Null sind. Nun hilft uns der Satz der totalen Wahrscheinlichkeit weiter. Ist X_2 eine diskrete Zufallsvariable, so gilt:

$$\mathcal{P}(X_1 \leq a) = \sum_{i=1}^{\infty} \mathcal{P}(X_1 \leq a | X_2 = x_i)\, \mathcal{P}(X_2 = x_i) .$$

Bei stetigen Variablen fordern wir die Gültigkeit der analogen Beziehung, nämlich:

$$\mathcal{P}(X_1 \leq a) = \int_{-\infty}^{\infty} \mathcal{P}(X_1 \leq a | X_2 = x_2)\, f_{X_2}(x_2)\, \mathrm{d}x_2 .$$

Diese Forderung lässt sich leicht erfüllen durch die Setzung

$$\mathcal{P}(X_1 \leq a | X_2 = x_2) = \int_{-\infty}^{a} \frac{f_{X_1 X_2}(x_1, x_2)}{f_{X_2}(x_2)}\, \mathrm{d}x_1 . \qquad (3.14)$$

Dann ist nämlich nach Vertauschung der Reihenfolge der Integrationen

$$\begin{aligned}
&\int_{-\infty}^{\infty} \left(\int_{-\infty}^{a} \frac{f_{X_1 X_2}(x_1, x_2)}{f_{X_2}(x_2)}\, \mathrm{d}x_1 \right) f_{X_2}(x_2)\, \mathrm{d}x_2 \\
&= \int_{-\infty}^{a} \left(\int_{-\infty}^{\infty} f_{X_1 X_2}(x_1, x_2)\, \mathrm{d}x_2 \right) \mathrm{d}x_1 \\
&= \int_{-\infty}^{a} f_{X_1}(x_1)\, \mathrm{d}x_1 \\
&= \mathcal{P}(X_1 \leq a) .
\end{aligned}$$

Die bedingte Wahrscheinlichkeit $\mathcal{P}(X_1 \leq a | X_2 = x_2)$ lässt sich in Formel (3.14) als Integral schreiben. Daher können wir einen Schritt weiter gehen und definieren

Die bedingte Dichte

Für alle x_2 mit $f_{X_2}(x_2) \neq 0$ ist die bedingte Dichte von X_1 unter der Bedingung $X_2 = x_2$

$$f_{X_1 | X_2 = x_2}(x_1) = \frac{f_X(x_1, x_2)}{f_{X_2}(x_2)}$$

In Abbildung 3.25 ist exemplarisch das „Dichtegebirge" $f_X(x_1, x_2)$ einer zweidimenionalen Zufallsvariablen abgebildet. Diese Gebirge wird mit zwei vertikalen Ebenen $X_1 = a$ und $X_2 = b$ geschnitten. Die erste geht durch den Punkt $X_1 = a$ und ist parallel zur x_2-Achse, die zweite geht durch den Punkt $X_2 = b$ und ist parallel zur x_1-Achse.

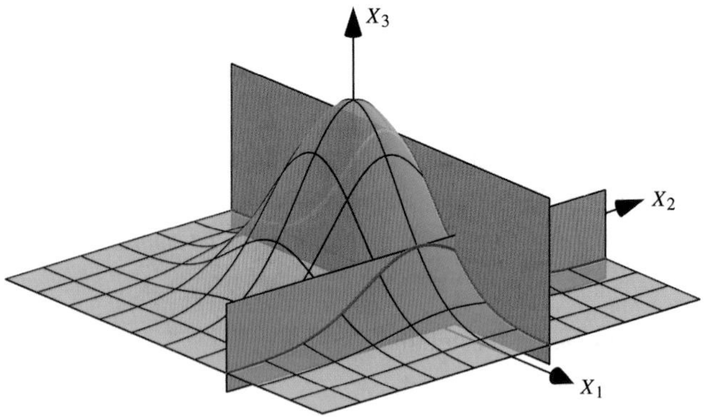

Abbildung 3.25 Zweidimensionale Dichte mit Schnittebenen $X_1 = a$ und $X_2 = b$.

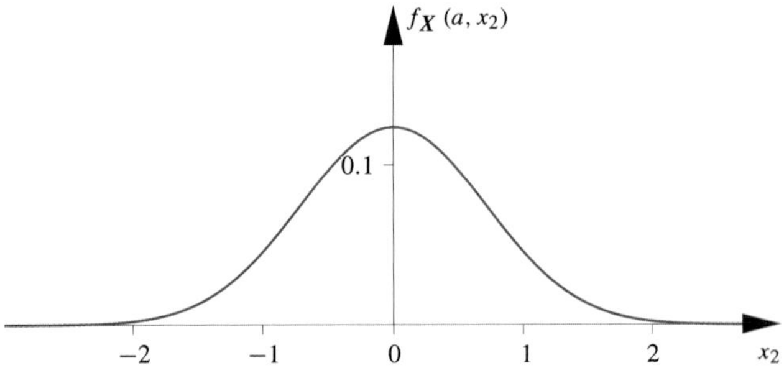

Abbildung 3.26 Die Schnittkurve $f_X(a, x_2)$.

Die erste Schnittkurve ist – als Funktion von x_2 betrachet – gerade $f_X(a, x_2)$ die andere $f_X(x_1, b)$.

Abbildung 3.26 zeigt die Schnittkurve $f_X(a, x_2)$.

Diese Funktion ist noch nicht die bedingte Dichte $f_{X_1|X_2=x_2}(a)$, denn die Fläche unter der Schnittkurve ist noch nicht eins sondern

$$\int_{-\infty}^{\infty} f_X(a, x_2)\, \mathrm{d}x_2 = f_{X1}(a) .$$

Dividieren wir durch den Flächeninhalt, wird die Fläche unter der Kurve auf Eins normiert und wir erhalten die bedingte Dichte:

$$f_{X_1|X_2=x_2}(a) = \frac{f_X(a, x_2)}{f_{X1}(a)} \simeq f_X(a, x_2) .$$

Die zweite Schnittebene liefert analog die bedingte Dichte $f_{X_2|X_1=x_1}(a)$.

Die Verallgemeinerung auf n-dimensionale Zufallsvariablen und ihre Randverteilungen und bedingte Verteilungen ist jetzt offensichtlich. Die Definitionen sind analog zu erweitern.

Speziell gilt:

Bei Unabhängigkeit multiplizieren sich die Dichten

$X_1, \ldots, X_n$ sind genau dann stetige Zufallsvariable mit den Dichten f_{X_i}, falls $\boldsymbol{X} = (X_1, \ldots, X_n)^\top$ die Dichte $f_{\boldsymbol{X}} = \prod_{i=1}^{n} f_{X_i}$ besitzt.

Die Exponentialverteilung $\operatorname{ExpV}(\lambda)$ kann Wartezeiten beschreiben

Ehe wir weitere Eigenschaften stetiger Zufallsvariablen studieren, wollen wir vorher exemplarisch zwei wichtige stetige Verteilungen kennenlernen, die Exponentialverteilung und die Gleichverteilung. Die erste Verteilung haben wir schon in der Einführung kennengelernt.

Die Exponentialverteilung

Die Verteilung mit der Dichte

$$f(x) = \begin{cases} \lambda\,\mathrm{e}^{-\lambda x} & \text{falls } x \geq 0 \\ 0 & \text{sonst} \end{cases}$$

heißt Exponentialverteilung $\operatorname{ExpV}(\lambda)$. Dabei ist

$$\begin{aligned} \mathrm{E}(X) &= \frac{1}{\lambda}, \\ \operatorname{Var}(X) &= \frac{1}{\lambda^2}, \\ \operatorname{Med}(X) &= \frac{\ln 2}{\lambda}. \end{aligned}$$

Abbildung 3.27 zeigt die Gestalt der Dichten für verschiedene Werte von λ.

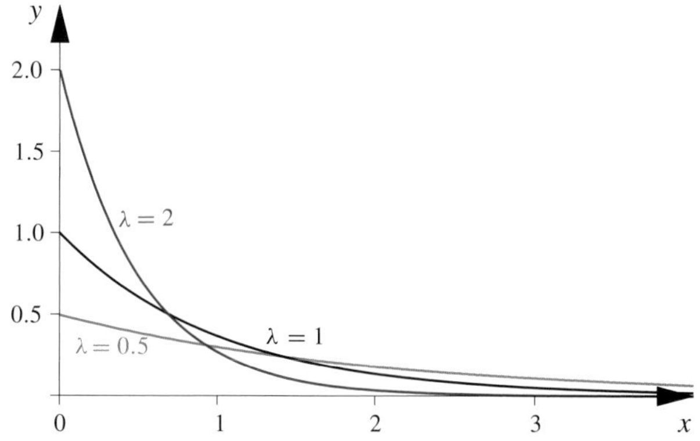

Abbildung 3.27 Dichten der Exponenialverteilung für $\lambda = 0.5$, 1 und 2.

Ist die Anzahl Y_t der Ereignisse im Zeitintervall $[0, t]$ poissonverteilt $\operatorname{PV}(\lambda t)$, so ist die Wartezeit X bis zum Eintreten eines Ereignisses exponentialverteilt $\operatorname{ExpV}(\lambda)$. Dabei ist $F(x) = \mathcal{P}(X \leq x) = 1 - \mathrm{e}^{-\lambda x}$ die Wahrscheinlichkeit höchstens und $\mathcal{P}(X > x) = \mathrm{e}^{-\lambda x}$ mindestens x Zeiteinheiten zu warten.

Beweis: Wir beweisen die Aussagen über Erwartungswert, Varianz und Median:

$$\mathrm{E}(X) = \int_{-\infty}^{\infty} x f(x)\, \mathrm{d}x = \int_{0}^{\infty} \lambda x\, \mathrm{e}^{-\lambda x}\, \mathrm{d}x .$$

Wir führen eine neue Variable $y = \lambda x$ ein. Dann ist

$$\mathrm{E}(X) = \frac{1}{\lambda} \int_0^{\infty} y\, \mathrm{e}^{-y}\, \mathrm{d}y = \frac{1}{\lambda} .$$

Die Berechnung von $\mathrm{E}(X^2) = \frac{2}{\lambda^2}$ geht analog und liefert $\operatorname{Var}(X) = \mathrm{E}(X^2) - \mathrm{E}(X)^2 = \frac{1}{\lambda^2}$. Der Median m ist definiert durch $F(m) = 0.5$, also:

$$\begin{aligned} \frac{1}{2} &= F(m) = 1 - \mathrm{e}^{-\lambda m} \\ \mathrm{e}^{-\lambda m} &= \frac{1}{2} \\ -\lambda m &= \ln \frac{1}{2} = -\ln 2 . \end{aligned}$$

■

Wie die Abbildung 3.27 zeigt ist, sind die Dichtefunktionen asymmetrisch, sie sind links steil. Es gilt:

$$\operatorname{Modus}(X) = 0 < \operatorname{Med}(X) = \frac{\ln 2}{\lambda} < \mathrm{E}(X) = \frac{1}{\lambda}$$

Die häufigsten Wartezeiten liegen bei 0, die Hälfte der Wartezeiten ist geringer als $\frac{\ln 2}{\lambda}$ und die mittlere Wartezeit liegt bei $\frac{1}{\lambda}$.

Die Exponentialverteilung besitzt eine charakteristische Eigenschaft: Sie ist eine „Verteilung ohne Gedächtnis". Es gilt:

$$\mathcal{P}(X \geq t + h \mid X \geq t) = \mathcal{P}(X \geq h) .$$

Beweis: Nach Definition der bedingten Wahrscheinlichkeit ist

$$\mathcal{P}(X \geq t + h \mid X \geq t) = \frac{\mathcal{P}(\{X \geq t + h\} \cap \{X \geq t\})}{\mathcal{P}(X \geq t)}$$

Für die Zeitintervalle gilt:

$$\{X \geq t + h\} \cap \{X \geq t\} = \{X \geq t + h\} .$$

Also ist

$$\begin{aligned} \mathcal{P}(X \geq t + h \mid X \geq t) &= \frac{\mathcal{P}(X \geq t + h)}{\mathcal{P}(X \geq t)} \\ &= \frac{\mathrm{e}^{-\lambda(t+h)}}{\mathrm{e}^{-\lambda t}} \\ &= \mathrm{e}^{-\lambda h} \\ &= \mathcal{P}(X \geq h) . \end{aligned}$$

■

Beispiel Angenommen, die Wartezeit T (in Minuten) auf eine freie Telefonleitung bei einem Callcenter sei exponential verteilt. Sie wissen aus Erfahrung, dass man im Schnitt 5 Minuten auf einen Anschluss warten muss. $\lambda = \frac{1}{\mathrm{E}(T)} = 0.2$ und $T \sim \operatorname{ExpV}(0.2)$. Die Wahrscheinlichkeit mehr als 5 Minuten zu warten ist

$$\mathcal{P}(X \geq 5) = \mathrm{e}^{-\lambda \cdot 5} = \mathrm{e}^{-0.2 \cdot 5} = 0.367\,88 .$$

Heute haben Sie Pech, Sie warten bereits 10 Minuten. Die Wahrscheinlichkeit weitere 5 Minuten warten zu müssen, bleibt bei 0.367 88. ◀

Häufig wird die Exponentialverteilung benutzt, um Lebensdauern zu modellieren. T ist dann die Wartezeit bis zu einem Ausfall. Da die Exponentialverteilung eine „Verteilung ohne Gedächtnis" ist, ist sie nicht geeignet, falls Lebensdauern durch Alterungs- oder Verschleißprozesse beeinflusst werden.

Die stetige Gleichverteilung beschreibt den Stand des Zeigers am Glücksrad

Ein gut ausbalanciertes Glücksrad wird angestoßen, rotiert eine Weile um seine Achse und bleibt dann zufällig stehen. Ein fester Zeiger zeigt auf eine Stelle x des Radumfangs.

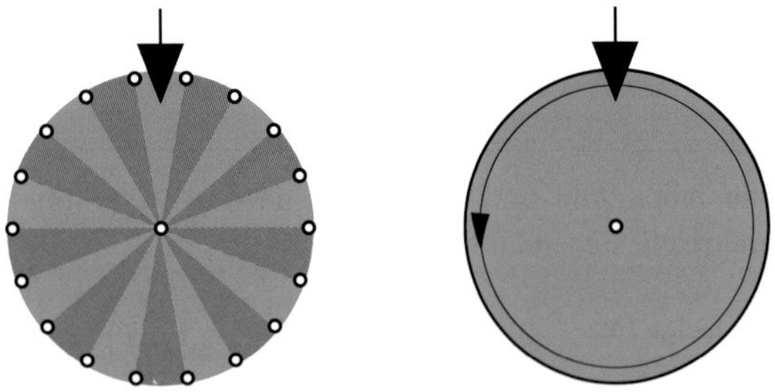

Abbildung 3.28 Die Halteposition im Sektor des linken Glücksrads besitzt eine diskrete Gleichverteilung, die Halteposition am Umfang des rechten Glückrads besitzt eine stetige Gleichverteilung.

Beim Rad in Abbildung 3.28 links ist der Umfang mit Nägeln in gleichem Abstand besetzt, die gleichbreite mit 1 bis n beschriftete Sektoren abgrenzen. Bei einem *idealem Glücksrad* besitzt jede Zahl die gleiche Wahrscheinlichkeit, vom Zeiger heraus gegriffen zu werden. Die Zahlen besitzen eine diskrete Gleichverteilung. Beim Glücksrad rechts in der Abbildung fehlt die Unterteilung in diskrete Einzelsegmente. Normieren wir den Umfang auf die Länge 1, so kann der Zeiger jede reelle Zahl zwischen 0 und 1 herausgreifen: Auf den Zahlen wird eine stetige Gleichverteilung definiert.

Die stetige Gleichverteilung im Intervall $[0, 1]$

Eine Zufallsvariable U mit der Dichte

$$f(u) = \begin{cases} 1 \text{ für } & 0 \leq u \leq 1, \\ 0 \text{ sonst.} \end{cases}$$

besitzt eine **stetige Gleichverteilung** auf dem Intervall $[0, 1]$. Erwartungswert und Varianz sind

$$\mathrm{E}(U) = 0.5 \text{ und } \mathrm{Var}(U) = \frac{1}{12}.$$

Die stetige Gleichverteilung heißt in der englischen Literatur auch **uniform distribution**. Daher wird oft der Buchstabe U für sie verwendet. Abbildung 3.29 zeigt die Dichte und Abbildung 3.30 die Verteilungsfunktion der Gleichverteilung.

Die Dichte hat zwei Sprungstellen. Die Verteilungsfunktion der Gleichverteilung ist

$$F_U(u) = \begin{cases} 0 \text{ für } u < 1, \\ u \text{ für } 0 \leq u \leq 1, \\ 1 \text{ für } 1 \leq u. \end{cases}$$

X ist gleichverteilt, wenn für jedes Intervall $I \subset [0, 1]$ die Wahrscheinlichkeit $\mathcal{P}(X \in I)$ nur von der Länge des Intervalls, aber nicht von der Lage des Intervall abhängt. Für jeden Punkt x_0

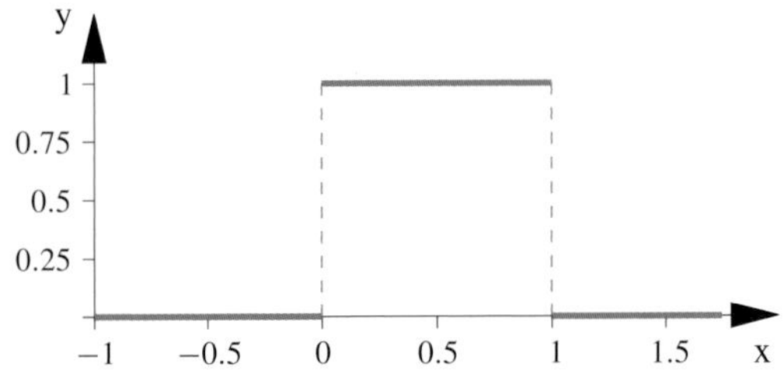

Abbildung 3.29 Dichte der Gleichverteilung.

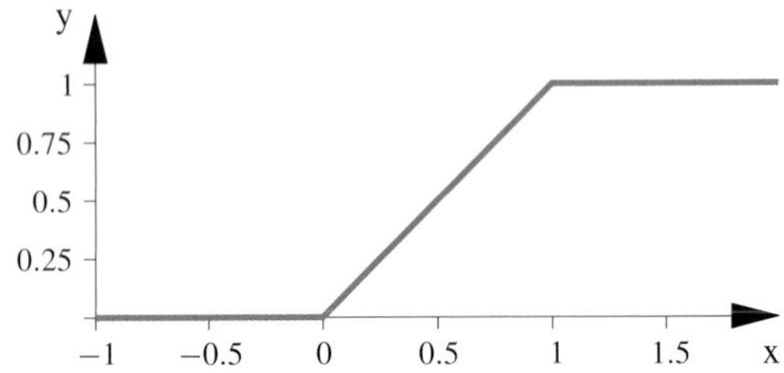

Abbildung 3.30 Verteilungsfunktion der Gleichverteilung.

im offenen Intervall $(0, 1)$ ist die Wahrscheinlichkeit, dass X in einer Umgebung von x_0 liegt, gleich groß.

?

Verifiziere die Varianz der Gleichverteilung

Die Definition der Gleichverteilung auf $[0, 1]$ lässt sich leicht auf beliebige Intervalle und Vereinigungen von Intervallen verallgemeinern.

Die stetige Gleichverteilung im Intervall $[a, a + b]$

Ist U im Intervall $[0, 1]$ gleichverteilt und $Y = a + bU$, dann ist Y im Intervall $[a, a + b]$ gleichverteilt mit der Dichte

$$f_Y(y) = \begin{cases} \frac{1}{b} \text{ für } & a \leq y \leq a + b, \\ 0 \text{ sonst.} \end{cases}$$

Weiter ist $\mathrm{E}(Y) = a + \frac{b}{2}$ und $\mathrm{Var}(Y) = \frac{b^2}{12}$.

Eine Zufallsvariable Z heißt stückweise gleichverteilt, wenn ihre Dichte über den Intervallen (g_{i-1}, g_i) $i = 1, \ldots, I$ konstant ist. Dabei ist der Wert der Dichte an der Intervallgrenzen beliebig.

Abbildung 3.31 zeigt die Dichte einer stückweise stetigen Gleichverteilung.

Diese Dichte erinnert uns an Histogramme: Bei jeder stetigen zufälligen Variablen X ist die Wahrscheinlichkeit, mit der X in einem Intervall $[a, b]$ liegt, gleich der von $f(x)$ berandeten Fläche über dem Intervall $[a, b]$. Bei einem Histogramm eines stetigen gruppierten Merkmals X ist die relative Häufigkeit, mit der Ausprägungen von X in einer Gruppe $[a, b]$ liegen, gleich der vom Histogramm berandeten Fläche über der Gruppe $[a, b]$. Dies liefert uns eine neue Interpretation eines Histogramms:

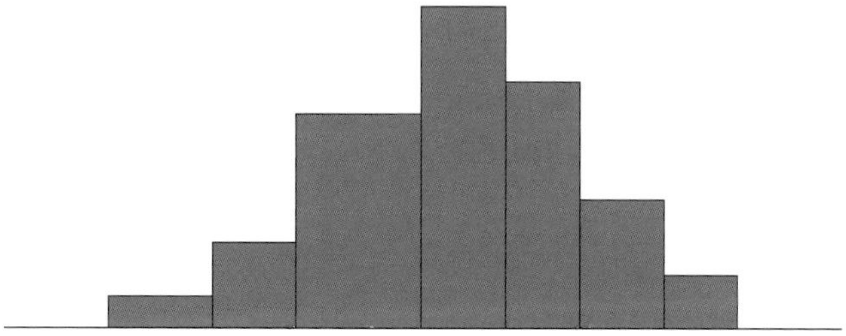

Abbildung 3.31 Die Dichte der stückweise stetigen Gleichverteilung gleicht einem Histogramm.

Wir beobachten n Realisationen einer stetigen, zufälligen Variablen X mit unbekannter Dichte f. Wir approximieren f durch eine stückweise Gleichverteilung. Diese wird so gewählt, dass die Wahrscheinlichkeiten der Gruppen mit den beobachteten relativen Häufigkeiten übereinstimmen. Damit schätzen wir im Histogramm mit der Fläche über einem Intervall $[c, d]$ die Wahrscheinlichkeit, mit der Ausprägungen in diesem Intervall liegen. Die empirische Verteilungsfunktion $\widehat{F}$ des Merkmals X schätzt die unbekannte Verteilungsfunktion F der zufälligen Variablen X.

Achtung: **Vorsicht vor falscher Anwendung der Gleichverteilung!** In vielen Fällen – vor allem bei Anwendung des subjektiven Wahrscheinlichkeitsbegriffs – muss man mit zufälligen Variablen arbeiten,von denen man nur weiß, dass sie auf ein Intervall $[a, b]$ beschränkt sind. Oft wird in solchen Fällen argumentiert: Wenn ich nichts weiß, ist alles möglich, darum auch alles gleichmöglich, also verwende ich für X die Gleichverteilung. Dies kann zu erheblichen Fehlschlüssen führen.

Bei Transformationen eindimensionaler Variablen spiegelt sich in den Dichten die Längenänderung

Häufig werden wir nicht nur eine Zufallsvariable X sondern vor allem auch Funktionen von X betrachten. Dabei gehen wir zuerst von den einfachsten, nämlich streng monoton wachsenden Transformationen aus.

Zur Veranschaulichung betrachten wir 100 Realisationen x_i einer in $[0, 1]$ gleichverteilten Variablen U. Die Daten sind in 5 gleichgroßen Gruppen aufgeteilt. Nehmen wir der Einfachheit halber an, in jeder der 5 Klassen befänden sich genau 20 Beobachtungen, dann hätten das Histogramm der gruppierten Daten eine Gestalt wie in Abbildung 3.32.

Nun werden die u_i einmal zu $\sqrt{u_i}$ dann zu u_i^2 transformiert. Abbildung 3.33 zeigt die beiden Histogramme von $\sqrt{U}$ und U^2.

Zur Berechnung der Histogramme siehe Aufgabe 3.36. Der Grund für die extreme Verzerrung der Histogramme liegt im Prinzip der Flächentreue: Durch die Transformation $x \to x^2$ wird die x-Achse nach links gestaucht und nach rechts gedehnt. Bei

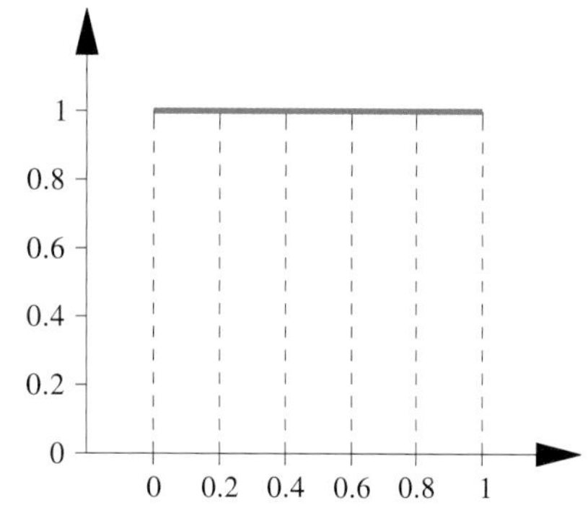

Abbildung 3.32 Histogramm von 100 Realisationen einer in $[0, 1]$ gleichverteilten Variablen U.

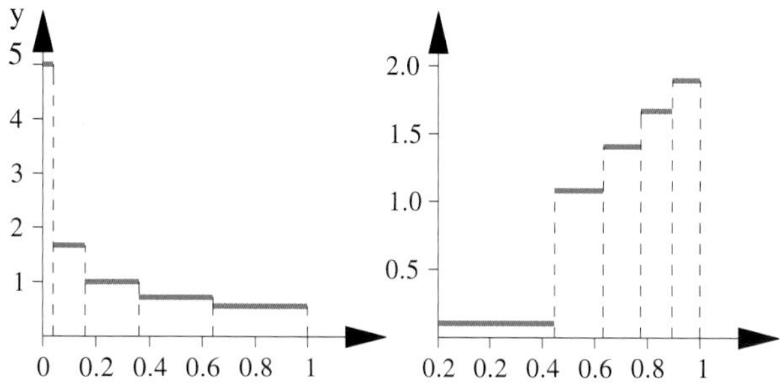

Abbildung 3.33 Histogramme von U^2 (links) und $\sqrt{U}$ (rechts).

der Transformation $x \to \sqrt{x}$ wird sie links gedehnt und rechts gestaucht. Denken wir an die Einführung des Histogramms mit den Wassersäulen zwischen Glasscheiben zurück. Die Transformation der x-Achse verschiebt die trennenden „Glasscheiben", entsprechend muss der Wasserspiegel der eingeschlossenen Wassersäule steigen oder fallen.

Die Auswirkung dieser und ähnlicher Transformationen auf Dichtefunktionen wollen wir nun untersuchen. Dazu sei ψ eine streng monotone, daher umkehrbare Funktion. Dann gilt:

Transformationssatz für Dichten

Es sei X eine stetige zufällige Variable mit der Verteilung F_X bzw. der Dichte f_X und ψ eine streng monotone wachsende Funktion. Ist $Y = \psi(X)$, so ist

$$F_X(x) = F_Y(\psi(x)) .$$

Ist ψ streng monoton fallend, so ist

$$F_X(x) = 1 - F_Y(\psi(x)) .$$

In beiden Fällen ist

$$f_X(x) = f_Y(\psi(x)) \left| \frac{\mathrm{d}\psi(x)}{\mathrm{d}x} \right|$$

Beweis: Bei einem streng monoton wachsenden $y = \psi(x)$ ist

$$X \leq x \text{ genau dann, wenn } \psi(X) \leq \psi(x) .$$

Daher folgt:

$$\mathcal{P}(X \leq x) = \mathcal{P}(\psi(X) \leq \psi(x)) = \mathcal{P}(Y \leq \psi(x)) .$$

Also:

$$F_X(x) = F_Y(\psi(x)) .$$

Aus der Kettenregel folgt dann mit $y = \psi(x)$:

$$f_X(x) = \frac{\mathrm{d}F_X(x)}{\mathrm{d}x} = \frac{\mathrm{d}F_Y(\psi(x))}{\mathrm{d}x} = \frac{\mathrm{d}F_Y(y)}{\mathrm{d}y}\frac{\mathrm{d}y}{\mathrm{d}x}$$
$$= f_Y(y)\frac{\mathrm{d}y}{\mathrm{d}x} .$$

Ist $\psi(x)$ streng monoton fallend, so ist

$$X \leq x \text{ genau dann, wenn } \psi(X) \geq \psi(x) .$$

Daher folgt:

$$F_X(x) = \mathcal{P}(X \leq x) = 1 - \mathcal{P}\big(\psi(X) \geq \psi(x)\big) = 1 - F_Y(y) .$$

Aus der Kettenregel folgt dann:

$$f_X(x) = -f_Y(y)\frac{\mathrm{d}y}{\mathrm{d}x} .$$

Da bei fallenden ψ die Ableitung $\frac{\mathrm{d}y}{\mathrm{d}x} = \frac{\mathrm{d}\psi(x)}{\mathrm{d}x}$ negativ ist, ist $-\frac{\mathrm{d}y}{\mathrm{d}x} = \left|\frac{\mathrm{d}y}{\mathrm{d}x}\right|$. ■

Die Transformationsregel lässt sich leichter merken, wenn wir das Differenzial $\mathrm{d}y$ als Längenmaß einer kleinen y-Umgebung und $\mathrm{d}x$ als Längenmaß einer kleinen x-Umgebung interpretieren. Dann ist

$$\mathcal{P}(Y \in \text{Umgebung von } y) = f_Y(y)\,|\mathrm{d}y|$$
$$\mathcal{P}(X \in \text{Umgebung von } x) = f_X(x)\,|\mathrm{d}x| .$$

Weiter verzichten wir zur Kennzeichnung der eineindeutigen Beziehung zwischen y und x auf die explizite Bezeichnung der Transformation ψ und schreiben statt

$$y = \psi(x), \text{ und } x = \psi^{-1}(y) ,$$

bloß

$$y = y(x) \text{ und } x = x(y) .$$

Verstehen wir bei gegebenem x ein y stets als $y(x)$, bzw. bei gegebenem y ein x stets als $x(y)$, dann lautet der Transformationssatz

$$\mathcal{P}(Y \in \text{Umgebung von } y) = \mathcal{P}(X \in \text{Umgebung von } x) .$$

Nun lässt sich der Transformationssatz für Dichten ganz knapp und symbolisch schreiben:

Eselsbrücke für den Transformationsatz

$$F_X(x) = F_Y(y) .$$
$$f_Y(y)\,|\mathrm{d}y| = f_X(x)\,|\mathrm{d}x| .$$

Oder etwas ausführlicher:

$$f_Y(y) = f_X(x)\left|\frac{\mathrm{d}x}{\mathrm{d}y}\right| \quad \Leftrightarrow \quad f_X(x) = f_Y(y)\left|\frac{\mathrm{d}y}{\mathrm{d}x}\right| .$$

Dabei gibt der Differenzialquotient $\left|\frac{\mathrm{d}y}{\mathrm{d}x}\right|$ an, wie stark eine x-Umgebung bei der Transformation in die y-Umgebung gedehnt bzw. gestaucht wird.

Beispiel Für lineare Abbildungen $y = a+bx$ ist $x = \frac{y-a}{b}$ und $\frac{\mathrm{d}x}{\mathrm{d}y} = \frac{1}{b}$. Also gilt für die lineare Transformation $Y = a + bX$.

$$f_Y(y) = f_X\left(\frac{y-a}{b}\right)\left|\frac{1}{b}\right| .$$

Ist X gleichverteilt in $[0, 1]$, mit der Dichte $f_X(x) = I_{[0,1]}(x)$, dann erhalten wir:

- Bei einer linearen Transformation $Y = a + bX$ mit $b > 0$

$$f_Y(y) = \frac{1}{b}, \quad \text{falls } y \in [a, a+b] \text{ und } 0 \text{ sonst.}$$

- Bei einer quadratischen Transformation $Y = X^2$

$$f_y(y) = \frac{1}{2\sqrt{y}}, \quad \text{falls } y \in [0, 1] \text{ und } 0 \text{ sonst.}$$

- Bei der Wurzeltransformation $Z = \sqrt{X}$

$$f_Z(z) = 2z, \quad \text{falls } y \in [0, 1] \text{ und } 0 \text{ sonst.}$$

Siehe Abbildung 3.34.

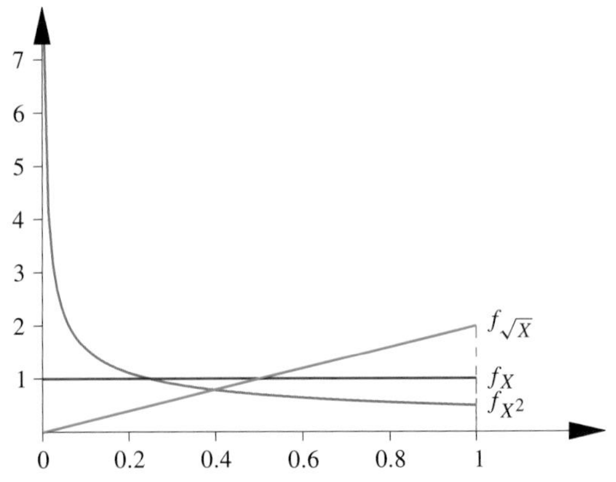

Abbildung 3.34 Dichten von X, $\sqrt{X}$ und X^2 bei gleichverteiltem X.

Dass die Dichte von $Y = X^2$ für $x \to 0$ gegen unendlich strebt und wir ihr an der Stelle $x = 0$ jeden noch so hohen Wert zuordnen können, ist nur auf den ersten Blick überraschend. Im Randintervall $[0, \frac{1}{n}]$ wächst die Dichte mit $\frac{1}{\sqrt{n}} \to \infty$. Dennoch geht die Wahrscheinlichkeit, dass Y in diesem Intervall liegt, mit $\frac{1}{\sqrt{n}}$ gegen null. Der *Extremwert* am Rande wird mit wachsendem n bedeutungslos, obwohl er optisch die Dichte dominiert. ◀

Achtung: Hohe Werte von $f(x)$ sind mit Vorsicht zu interpretieren. Die absolute Größe der Dichte von $f(x)$ ist nicht entscheidend, sondern die Fläche unter der Dichte.

Wir betrachten nun den Fall einer nicht monotonen und daher nicht umkehrbaren Funktion

$$y = \psi(x),$$

zum Beispiel $\psi(x) = x^2$. Siehe Abbildung 3.35.

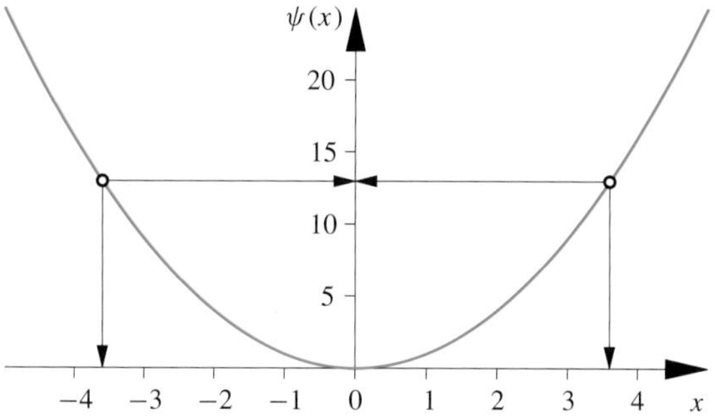

Abbildung 3.35 Bei $\psi(x) = x^2$ besitzt jeder Punkt $y > 0$ genau zwei Urbilder.

Wir zerlegen den Definitionsbereich Ω von X in disjunkte Gebiete $\Omega_i, i = 1 \cdots k$,

$$\Omega = \bigcup_{i=1}^{k} \Omega_i,$$

in denen die Abbildung $y = \psi(x)$ umkehrbar ist:

$$x = \psi_i^{-1}(y) \text{ für } x \in \Omega_i.$$

Dann ist

$$f_Y(y) = \sum_{i=1}^{k} f_X\left(\psi_i^{-1}(y)\right) \left|\frac{\mathrm{d}\psi_i^{-1}(y)}{\mathrm{d}y}\right|.$$

Werden die Punkte $x_1, \cdots x_k$ durch ψ auf den Punkt y abgebildet, $y = \psi(x_i)$, so lässt sich verkürzt schreiben:

$$f_Y(y) = \sum_{i=1}^{k} f_X(x_i) \left|\frac{\mathrm{d}x_i}{\mathrm{d}y}\right|.$$

Ignorieren wir die Vorzeichen der Differenziale, erhält man die einprägsame Formel:

Eselsbrücke

Sind die Punkte $x_1, \ldots x_k$ die Urbilder von y, so ist

$$f_Y(y)\,\mathrm{d}y = \sum_{i=1}^{k} f(x_i)\,\mathrm{d}x_i.$$

oder

$$\mathcal{P}(Y \in \text{Umgebung von } y) = \sum_{i=1}^{k} \mathcal{P}(X \in \text{Umgebung von } x_i).$$

Beispiel Hat X die Dichte $f_X(x)$ und ist $Y = X^2$, dann ist $f_Y(y) = 0$ für $y \leq 0$ und für $y > 0$ hat Y die Dichte:

$$f_Y(y) = \left[f_X\left(-\sqrt{y}\right) + f_X\left(+\sqrt{y}\right)\right] \frac{1}{2\sqrt{y}}.$$

Zum Beweis setzen wir $\psi(x) = x^2$ sowie $\Omega_1 = (-\infty, 0]$ und $\Omega_2 = (0, \infty)$. In Ω_1 bzw. Ω_2 gilt:

$$\psi_1^{-1}(y) = -\sqrt{y},$$
$$\psi_2^{-1}(y) = \sqrt{y}.$$

In beiden Fällen ist

$$\left|\frac{d\psi_i^{-1}(y)}{\mathrm{d}y}\right| = \frac{1}{2\sqrt{y}}.$$

Also

$$f_Y(y) = \left[f_X\left(\psi_1^{-1}(y)\right) + f_X(\psi_2^{-1}(y))\right] \frac{1}{2\sqrt{y}}.$$ ◀

Bei Transformationen mehrdimensionaler Variablen spiegelt sich in den Dichten die Volumenänderung

Wir betrachten nun Transformationen einer n-dimensionalen Variablen $\boldsymbol{x}$ in eine n-dimensionalen Variable $\boldsymbol{y}$. Wir schreiben dafür knapp

$$\boldsymbol{y} = \boldsymbol{y}(\boldsymbol{x}).$$

An die Stelle der Ableitung $\frac{\mathrm{d}y}{\mathrm{d}x}$ tritt bei n-dimensionalen Variablen die Jacobi-Matrix $\left(\frac{\partial \boldsymbol{y}}{\partial \boldsymbol{x}}\right)$ der ersten partiellen Ableitungen der Komponenten von $\boldsymbol{y}$ nach den Komponenten von $\boldsymbol{x}$:

$$\left(\frac{\partial \boldsymbol{y}}{\partial \boldsymbol{x}}\right)_{ij} = \frac{\partial y_i}{\partial x_j}.$$

Die Umkehrbarkeit der Abbildung wird durch die Forderung

$$\det\left(\frac{\partial \boldsymbol{y}}{\partial \boldsymbol{x}}\right) = \left|\left(\frac{\partial \boldsymbol{y}}{\partial \boldsymbol{x}}\right)\right| \neq 0$$

gesichert. Die Determinate $\left|\frac{\partial \boldsymbol{x}}{\partial \boldsymbol{y}}\right|$ der Jacobi-Matrix gibt an, wie stark das Volumenelement bei der Transformation gestaucht oder gedehnt wird. Die Transformationsformel für Dichten übernehmen wir in Analogie zum eindimensionalen Fall.

Allgemeine Transformationsformel für Dichten

Ist $\boldsymbol{y} = \boldsymbol{y}(\boldsymbol{x})$ eine umkehrbare Transformation, so ist

$$f_Y(\boldsymbol{y}) = f_X(\boldsymbol{x}) \left| \frac{\partial \boldsymbol{x}}{\partial \boldsymbol{y}} \right| = f_X(\boldsymbol{x}) \left| \frac{\partial \boldsymbol{y}}{\partial \boldsymbol{x}} \right|^{-1} .$$

Bei nicht eindeutig umkehrbaren Abbildungen gilt analog zum eindimensionalen Fall:

$$f_Y(\boldsymbol{y}) = \sum_{i=1}^{k} f_X(\boldsymbol{x}_i) \left| \frac{\partial \boldsymbol{x}_i}{\partial \boldsymbol{y}} \right| = \sum_{i=1}^{k} f_X(\boldsymbol{x}_i) \left| \frac{\partial \boldsymbol{y}}{\partial \boldsymbol{x}_i} \right|^{-1} .$$

Dabei ist $\Omega = \bigcup_{i=1}^{k} \Omega_i$. Die Eindeutigkeitsgebiete sind die Ω_i, in denen $\boldsymbol{x} = \psi_i^{-1}(\boldsymbol{y})$ gilt.

Der Beweis für den mehrdeutigen Fall findet sich zum Beispiel bei H. Richter: Wahrscheinlichkeitstheorie, 1966, Springer. Wir verzichten auf Details und begnügen uns mit den Beispielen der Box auf Seite 125.

Achtung: Während wir genau angeben können, wie sich die Dichten bei Transformationen der Zufallsvariablen ändern, gibt es keine allgemeine Regeln wie sich Erwartungswert und Varianz ändern, es sei denn $Y = \psi(X) = a + bX$ ist eine lineare Funktion von X. Dann ist bekanntlich $\mathrm{E}(Y) = a + b\mathrm{E}(X)$ und $\mathrm{Var}(Y) = b^2 \,\mathrm{Var}(X)$.

Die Box-Cox-Transformation ist ein flexibles Werkzeug für einfache Transformationen

Häufig lassen sich Dichten und Häufigkeitsverteilungen meist einfacher beurteilen, wenn sie eine symmetrische oder sonst eine „schönere“ Gestalt haben. Dazu werden Dichten, bzw die Zufallsvariablen vorher transformiert. Wir können uns Transformationen veranschaulich, wenn wir uns die x-Achse wie die Dichte f_X darüber aus elastischem Material vorstellen. Wenn wir die x-Achse zusammenschieben, weicht die Dichte nach oben aus und wird steiler, wenn wir die x-Achse dehnen, wird die Dichte darüber entsprechend flacher. In der Box-Cox-Transformation haben wir ein einfaches Werkzeug für einfache und effektive Transformationen.

In der Transformationsformel $f_Y(y) = f_X(x) \left| \frac{\mathrm{d}x}{\mathrm{d}y} \right|$ gibt der Faktor $\left| \frac{\mathrm{d}x}{\mathrm{d}y} \right|$ an, wie stark beim Übergang von x zu y an der Stelle x die Koordinatenachse gedehnt bzw. gestaucht wird. Ist $\left| \frac{\mathrm{d}x}{\mathrm{d}y} \right| > 1$, so ist anschaulich $|\mathrm{d}x| \geq |\mathrm{d}y|$. Hier wird gestaucht, die Y-Dichte wächst. Ist $|\mathrm{d}x| \leq |\mathrm{d}y|$, dann wird gedehnt, die Y-Dichte fällt.

Ist die 2. Ableitung $\frac{\mathrm{d}^2 y}{\mathrm{d}x^2} > 0$, so ist $y(x)$ konvex. $\frac{\mathrm{d}y}{\mathrm{d}x}$ wächst, nach rechts wird immer stärker gedehnt, nach links immer stärker gestaucht.

Ist $\frac{d^2 y}{\mathrm{d}x^2} < 0$, so ist $y(x)$ konkav. Nach rechts wird x die Achse gestaucht und nach links von x gedehnt. Siehe z. B. in Abbildung 3.34 die Veränderung der Gleichverteilung bei den Transformationen $y = x^2$ und $y = \sqrt{x}$. Die Transformationen $y = x^2$ und $y = \sqrt{x}$ sind zwei spezielle Potenztransformationen des Typs $y = x^\lambda$, dabei kann λ alle reellen Zahlen mit Ausnahme der Null annehmen. Um auch die Null aufzunehmen, verschieben wir bei der Potenztransformation den Nullpunkt und stauchen die Skala.

Die Box-Cox-Transformation

Ist $\lambda \in \mathbb{R}$ eine beliebige reelle Zahl, dann ist die Box-Cox-Transformation für $x > 0$ definiert durch:

$$y = T_\lambda(x) = \frac{x^\lambda - 1}{\lambda} . \tag{3.15}$$

Die Box-Cox-Transformation definiert eine Familie von monoton wachsenden Transformationen, die stufenlos von den konkaven über die lineare zu den konvexen Transformationen übergehen. Abbildung 3.36 zeigt den Formenreichtum der Box-Cox-Transformationen.

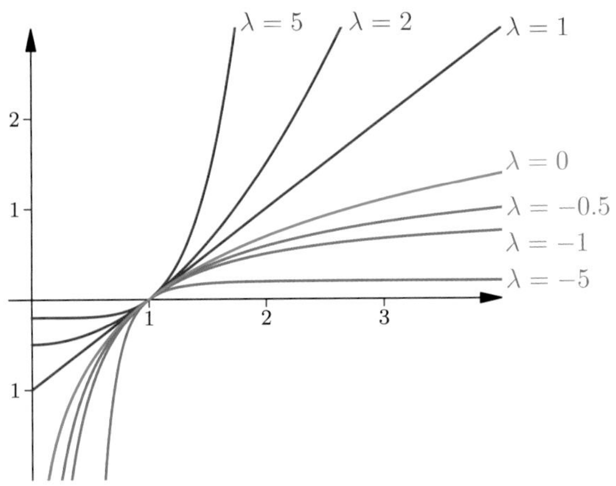

Abbildung 3.36 Die Box-Cox-Transformation $T_\lambda(x)$ für einige Werte von λ.

Die beiden wichtigsten Eigenschaften der Box-Cox-Transformation sind:

- $T_\lambda(X)$ ist nach λ und x differenzierbar. Dabei ist
$$\lim_{\lambda \to 0} T_\lambda(x) = \ln x .$$
- $T_\lambda(x)$ ist bei festem x als Funktion von λ monoton wachsend in λ und bei festem λ als Funktion von x monoton wachsend in x und zwar ist
$$T_\lambda(x) = \begin{cases} \text{konvex, falls } \lambda > 1 , \\ \text{konkav, falls } \lambda < 1 . \end{cases}$$

Der Nachweis dieser Eigenschaften ist Ihnen als Aufgabe 3.30 überlassen.

In der Praxis wird meist mit der einfacheren Potenztransformation $Y = X^\lambda$ gearbeitet. Für Werte von λ in der Nähe von Null nimmt man dann die Logarithmus-Transformation.

Als Beispiel betrachten wir die Box-Cox-Transformation zur Symmetrisierung einer Verteilung. Sei X nun eine Variable mit

Beispiel: Die Dichte von Summe, Produkt und Quotient zweier Zufallsvariablen

Sind X_1 und X_2 zwei eindimensionale unabhängige stetige Zufallsvariablen mit den Dichten f_{X_1} und f_{X_2}, dann lässt sich daraus die Dichte der neuen Zufallsvariablen $Y = h(X_1, X_2)$ ableiten. Wir betrachten die drei einfachsten Fälle $X_1 + X_2$, $X_1 \cdot X_2$ und $\frac{X_1}{X_2}$.

Problemanalyse und Strategie: Wir erweitern zunächst die Abbildung $Y_1 = h(X_1, X_2)$ durch die Setzung $Y_2 = X_2$:

$$\boldsymbol{Y} = \begin{pmatrix} Y_1 \\ Y_2 \end{pmatrix} = \begin{pmatrix} h(X_1, X_2) \\ X_2 \end{pmatrix}$$

zu einer umkehrbaren Abbildung von $\boldsymbol{X}$ auf $\boldsymbol{Y}$. Anschließend wird mit der allgemeinen Transformationsformel die Dichte von $\boldsymbol{Y}$ bestimmt. Im letzten Schritt wird die Randverteilung von Y_1 durch Integration über Y_2 gewonnen.

Lösung:

- Ist $Y = X_1 + X_2$, so ist

$$f_Y(y) = \int_{-\infty}^{\infty} f_{X_1}(y - x_2)\, f_{X_2}(x_2)\, \mathrm{d}x_2 .$$

- Ist $Y = X_1 X_2$, so ist

$$f_Y(y) = \int_{-\infty}^{y} f_{X_1}\left(\frac{y}{x_2}\right) f_{X_2}(x_2)\, |x_2|^{-1}\, \mathrm{d}x_2 .$$

- Ist $Y = \frac{X_1}{X_2}$, so ist

$$f_Y(y) = \int_{-\infty}^{\infty} f_{X_1}(y x_2)\, f_{X_2}(x_2)\, |x_2|\, \mathrm{d}x .$$

Dabei lassen sich in allen drei Dichteformeln die Variablen x_1 und x_2 austauschen.

Beweis: Wir beweisen allein die erste Gleichung, der Beweis der beiden anderen Gleichungen sei Ihnen als Aufgabe überlassen. Dazu erweitern wir die Transformation $Y = X_1 + X_2$ zu einer umkehrbaren:

$$\begin{aligned} Y_1 &= X_1 + X_2 , \\ Y_2 &= X_2 . \end{aligned}$$

Die Umkehrung lautet:

$$\begin{aligned} X_1 &= Y_1 - Y_2 , \\ X_2 &= Y_2 . \end{aligned}$$

Daraus folgt:

$$\frac{\partial y_1}{\partial x_1} = 1; \quad \frac{\partial y_1}{\partial x_2} = 1; \quad \frac{\partial y_2}{\partial x_1} = 0; \quad \frac{\partial y_2}{\partial x_2} = 1 .$$

Mit $\boldsymbol{x} = (x_1, x_2)^\top$ und $\boldsymbol{y} = (y_1, y_2)^\top$ folgt:

$$\left(\frac{\partial \boldsymbol{y}}{\partial \boldsymbol{x}}\right) = \begin{pmatrix} 1 & 1 \\ 0 & 1 \end{pmatrix} \quad \text{und} \quad \left|\frac{\partial \boldsymbol{y}}{\partial \boldsymbol{x}}\right| = 1 .$$

Also:

$$f_Y\left(y_1, y_2\right) = f_X\left(x_1, x_2\right) \left|\frac{\partial \boldsymbol{y}}{\partial \boldsymbol{x}}\right|^{-1} = f_X(y_1 - y_2, y_2) .$$

Die Verteilung von Y_1 ergibt sich nun als Randverteilung von $\boldsymbol{Y} = \left(Y_1, Y_2\right)$:

$$\begin{aligned} f_{Y_1}(y_1) &= \int_{-\infty}^{\infty} f_Y\left(y_1, y_2\right) \mathrm{d}y_2 \\ &= \int_{-\infty}^{\infty} f_X(y_1 - y_2, y_2)\, \mathrm{d}y_2 . \end{aligned}$$

Sind X_1 und X_2 unabhängig, faktorisiert $f_X(y_1 - y_2, y_2)$ zu $f_{X_1}(y_1 - y_2)\, f_{X_2}(y_2)$. ∎

unsymmetrischer Verteilung, für die aber X^λ eine annähernd symmetrische Verteilung besitzt. Wie lässt sich λ schätzen? Die Taylorreihenentwicklung von $(x_\alpha)^\lambda$ bzw. $(x_{1-\alpha})^\lambda$ als Funktion von x um den Median m liefert:

$$\begin{aligned} (x_\alpha)^\lambda &= m^\lambda + (x_\alpha - m)\, \lambda m^{\lambda-1} \\ &\quad + \frac{1}{2}(x_\alpha - m)^2\, \lambda(\lambda - 1)\, m^{\lambda-2} + \ldots \end{aligned} \tag{3.16}$$

$$\begin{aligned} (x_{1-\alpha})^\lambda &= m^\lambda + (x_{1-\alpha} - m)\, \lambda m^{\lambda-1} \\ &\quad + \frac{1}{2}(x_{1-\alpha} - m)^2\, \lambda(\lambda - 1)\, m^{\lambda-2} + \ldots \end{aligned} \tag{3.17}$$

Da die Variable $Y = X^\lambda$ symmetrisch sein soll, gilt für die Quantile:

$$y_{1-\alpha} - y_{0.5} = y_{0.5} - y_\alpha .$$

Bei einer monotonen Transformation gehen die Quantile ineinander über, also gilt:

$$(x_{1-\alpha})^\lambda - m^\lambda = m^\lambda - (x_\alpha)^\lambda .$$

Addieren wir beide Potenzreihen aus (3.16) und (3.17) und berücksichtigen $(x_{1-\alpha})^\lambda + (x_\alpha)^\lambda = 2m^\lambda$, erhalten wir:

$$\begin{aligned} 0 &= (x_{1-\alpha} + x_\alpha - 2m)\, \lambda m^{\lambda-1} + \frac{1}{2}\lambda(\lambda - 1)\, m^{\lambda-2} \\ &\quad \left[(x_\alpha - m)^2 + (x_{1-\alpha} - m)^2\right] + \ldots \end{aligned}$$

In erster Näherung folgt daraus:

$$\frac{x_{1-\alpha} + x_\alpha}{2} - m \approx (1 - \lambda)\, \frac{(x_\alpha - m)^2 + (x_{1-\alpha} - m)^2}{4m} .$$

Aus dieser Näherungsgleichung lässt sich λ schätzen. Dazu werden die zentrierten *Quantilsmitten*

$$u = \frac{x_{1-\alpha} + x_\alpha}{2} - m$$

gegen

$$v = \frac{(x_\alpha - m)^2 + (x_{1-\alpha} - m)^2}{4m}.$$

geplottet. Lässt sich die (u, v) Punktwolke durch eine Gerade mit der Steigung β beschreiben, so ist $\lambda = 1 - \beta$ zu nehmen.

Berechnung von Verteilungen mit Statistik-Software

Früher enthielten fast alle Lehrbücher der Statistik und Wahrscheinlichkeitstheorie lange Anhänge mit Tabellen der wichtigsten Verteilungen. In diesem Buch werden Sie vergeblich danach suchen, denn diese Zahlen werden heute von Rechnern geliefert. Man benötigt nicht einmal eines der weitverbreiteten speziellen Statistik-Softwarepakete wie zum Beispiel SAS, SPSS, S oder das außerordentlich leistungsfähige, transparente und vor allem kostenlose Paket R, das Sie unter www.r-project.org auf Ihren Rechner laden können.

Auf fast allen Rechnern gehört das Tabellenprogramm Excel zur Grundausstattung. Unter dem Menüpunkt „Formeln" wählen Sie die Option „Funktionen einfügen" und dann in der Auswahl „Kategorie auswählen" die Option „Statistik". Dort können Sie zum Beispiel die Binomialverteilung anklicken. Es öffnet sich ein Fenster mit vier Zeilen, in denen Sie die zweite Spalte ausfüllen müssen.

Zahl_Erfolge		Zahl
Versuche		Zahl
Erfolgswahrscheinlichkeit		Zahl
Kumuliert		Wahrscheinlichkeitswert

Geben Sie in der letzten Zeile bei „Kumuliert" eine 1 an, wird der Wert der Verteilungsfunktion, bei 0 der Wahrscheinlichkeitswert angegeben. Angenommen, es sei X binomialverteilt, $X \sim B_5(0.3)$, und Sie wollten $\mathcal{P}(X = 3)$ und $\mathcal{P}(X \leq 3)$ berechnen. Auf die Angabe

Zahl_Erfolge	3	Zahl
Versuche	5	Zahl
Erfolgswahrscheinlichkeit	0,3	Zahl
Kumuliert	0	Wahrscheinlichkeitswert

gibt Excel den Wert 0.132 3 aus, nämlich $\mathcal{P}(X = 3) = \binom{5}{3}0.3^3 0.7^2$, und auf die Angabe

Zahl_Erfolge	3	Zahl
Versuche	5	Zahl
Erfolgswahrscheinlichkeit	0,3	Zahl
Kumuliert	1	Wahrscheinlichkeitswert

den Wert 0.969 22, nämlich $\mathcal{P}(X \leq 3) = \sum_{i=0}^{3} \binom{5}{i} 0.3^i 0.7^{5-i}$. Achten Sie auf jeden Fall darauf, ob Dezimalstellen bei Ihnen mit Punkt oder mit Komma einzugeben sind!

Auf die gleiche Weise finden Sie mit Excel alle hier und im nächsten Kapitel besprochenen Verteilungen wie die Beta-, Chi-Quadrat-, Exponential-, F-, Gamma-, Geometrische-, Hypergeometrische-, Log-Normal-, Normal-, Poisson-, t- und Weibull-Verteilung. Dabei sind in analoger Weise die notwendigen Parameter einzugeben.

Wollen Sie dagegen nur die Gestalt der Wahrscheinlichkeitsverteilungen sehen und wie sie sich bei den verschiedenen Parameterwerten verändern, finden Sie ein sehr schönes Beispiel auf der folgenden Website: www.uni-konstanz.de/FuF/wiwi/heiler/os/vt-index.html. Weitere Hinweise finden Sie im Literaturverzeichnis.

Übersicht: Erste wichtige diskrete und stetige Verteilungen mit ihren Parametern

Diskrete Verteilungen

- Bernoullivariable:

Modell	Indikatorvariable
Wahrscheinlichkeit	$\mathcal{P}(X = 1) = \theta$; $\mathcal{P}(X = 0) = 1 - \theta$
Erwartungswert	$\mathrm{E}\,(X) = \theta$
Varianz	$\mathrm{Var}\,(X) \ = \theta\,(1 - \theta)$

- Zweipunkt-Verteilung

Modell	Münzwurf mit zwei möglichen Ereignissen
Wahrscheinlichkeit	$\mathcal{P}(X = a) = \theta$; $\mathcal{P}(X = b) = 1 - \theta$
Erwartungswert	$\mathrm{E}\,(X) = \theta \cdot a + (1 - \theta) \cdot b$
Varianz	$\mathrm{Var}\,(X) = (a - b)^2\theta\,(1 - \theta)$

- Binomial-Verteilung: $\mathrm{B}_n\,(\theta)$

Modell:	Anzahl der Erfolge beim Ziehen mit Zurücklegen
Wahrscheinlichkeit	$\mathcal{P}(X = k) = \binom{n}{k}\theta^k\,(1 - \theta)^{n-k}$
Erwartungswert	$\mathrm{E}\,(X) = n\theta$
Varianz	$\mathrm{Var}\,(X) = n\theta\,(1 - \theta)$

- Hypergeometrische-Verteilung: $H\,(N, R, n)$

Modell	Anzahl der Erfolge beim Ziehen ohne Zurücklegen
Wahrscheinlichkeit	$\mathcal{P}(X = r) = \frac{\binom{R}{r}\binom{W}{w}}{\binom{N}{n}}$
Erwartungswert :	$\mathrm{E}\,(X) = n\theta$ mit $\theta = \frac{R}{N}$
Varianz	$\mathrm{Var}\,(X) = n\theta\,(1 - \theta)\,\frac{N-n}{N-1}$

- Geometrische-Verteilung:

Modell	Anzahl der Versuche bis zum ersten Erfolg
Wahrscheinlichkeit	$\mathcal{P}(X = k) = \theta\,(1 - \theta)^{k-1}$
Erwartungswert	$\mathrm{E}\,(X) = \frac{1}{\theta}$
Varianz	$\mathrm{Var}\,(X) = \frac{1-\theta}{\theta^2}$

- Diskrete Gleichverteilung

Modell	Augenzahl bei idealem n-seitigen Würfel
Wahrscheinlichkeit	$\mathcal{P}(X = k) = \frac{1}{n}$
Erwartungswert	$\mathrm{E}\,(X) = \frac{n+1}{2}$
Varianz	$\mathrm{Var}\,(X) = \frac{n^2-1}{12}$

- Poisson-Verteilung: $\mathrm{PV}(\lambda)$

Modell	Punktförmige Ereignisse in einem Kontinuum
Wahrscheinlichkeit	$\mathcal{P}(X = k) = \frac{\lambda^k}{k!}\,\mathrm{e}^{-\lambda}$
Erwartungswert	$\mathrm{E}\,(X) = \lambda$
Varianz	$\mathrm{Var}\,(X) = \lambda$

Stetige Verteilungen

- Exponentialverteilung, $\mathrm{ExpV}(\lambda)$

Modell:	Wartezeit im Poisson-Prozess
Dichte	$f(x) = \lambda\mathrm{e}^{-\lambda x}$
Erwartungswert	$\mathrm{E}(X) = \frac{1}{\lambda}$
Varianz	$\mathrm{Var}(X) = \frac{1}{\lambda^2}$

- Stetige Gleichverteilung in $[a, b]$, $\mathrm{U}_{[a,b]}$

Modell	Glücksrad
Dichte	$f(x) = \frac{1}{b-a}$ für $x \in [a, b]$
Erwartungswert	$\mathrm{E}(X) = \frac{a+b}{2}$
Varianz	$\mathrm{Var}(X) = \frac{(b-a)^2}{12}$

Mehrdimensionale Verteilungen

- Multinomial-Verteilung $M_n\,(\boldsymbol{\theta})$

Modell	n-maliges Ziehen mit Zurücklegen aus einer Urne mit Kugeln von k verschiedenen Farben
Wahrscheinlichkeit	$\mathcal{P}\,(\boldsymbol{X} = \boldsymbol{x}) = \frac{n!}{x_1! \cdots x_k!}\theta_1^{x_1} \cdots \theta_k^{x_k}.$
Erwartungswert	$\mathrm{E}(\boldsymbol{X}) = n\boldsymbol{\theta}$
Kovarianzmatrix	$\mathrm{Cov}(\boldsymbol{X}) = n\left(\mathrm{Diag}(\boldsymbol{\theta}) - \boldsymbol{\theta}\boldsymbol{\theta}^\top\right)$

Zusammenfassung

Die Abbildung $X : \Omega \to \mathbb{R}$ heißt Zufallsvariable X, wenn sie eine Verteilungsfunktion $F_X(x) = \mathcal{P}(X \leq x)$ besitzt

Eine diskrete zufällige Variable X besitzt endlich oder abzählbar unendlich viele Realisationen x_i, die mit Wahrscheinlichkeit $p_i = \mathcal{P}(X = x_i) > 0$ angenommen werden. Für diese x_i gilt:

$$\sum_{i=1}^{\infty} \mathcal{P}(X = x_i) = 1 .$$

Eigenschaften der Verteilungsfunktion

- Die Verteilungsfunktion $F : \mathbb{R} \to [0, 1]$ einer Zufallsvariablen ist eine monoton wachsende, von rechts stetige Funktion von x mit
$$\lim_{x \to -\infty} F(x) = 0 \leq F(x) \leq 1 = \lim_{x \to \infty} F(x) .$$
- Die Wahrscheinlichkeit, dass X im Intervall $(a, b]$ liegt, ist
$$\mathcal{P}(a < X \leq b) = F(b) - F(a) .$$

Durch arithmetische Operationen und stückweise stetige Abbildungen lassen sich aus Zufallsvariablen neue Zufallsvariablen erstellen.

Unabhängige Zufallsvariablen liefern keine Informationen über einander

Unabhängigkeit

- X und Y heißen unabhängig, wenn für alle $x \in \mathbb{R}$ und $y \in \mathbb{R}$ die Ereignisse $X \leq x$ und $Y \leq y$ unabhängig sind. Das heißt, es muss gelten:
$$\mathcal{P}(X \leq x | Y \leq y) = \mathcal{P}(X \leq x)$$
oder gleichwertig
$$\mathcal{P}(X \leq x \cap Y \leq y) = \mathcal{P}(X \leq x) \cdot \mathcal{P}(Y \leq y) .$$
- Die n zufälligen Variablen $X_1, \ldots, X_n$ heißen unabhängig, wenn für alle Realisationen x_i von X_i die Ereignisse $\{X_1 \leq x_1\}, \{X_2 \leq x_2\}, \ldots, \{X_n \leq x_n\}$ total unabhängig sind.
- Sind die Zufallsvariablen $X_1, \ldots, X_n$ unabhängig und sind $U = g(X_1, \ldots, X_k)$ sowie $V = k(X_{k+1}, \ldots, X_n)$ ebenfalls Zufallsvariablen, so sind auch U und V unabhängig.

Die Aussage: „Die Zufallsvariablen $X_1 \ldots, X_n$ sind **i**ndependent and **i**dentically **d**istributed“ wird abgekürzt mit: „Die Zufallsvariablen $X_1, \ldots, X_n$ sind i.i.d.“

Die beiden wichtigsten Parameter einer Verteilungsfunktion sind Erwartungswert und Varianz. Diese Parameter existieren für alle beschränkten Verteilungen.

Der Erwartungswert einer Zufallsvariablen ist der Schwerpunkt ihrer Verteilung

Definition des Erwartungswertes

Ist Y eine diskrete Zufallsvariable mit der Wahrscheinlichkeitsverteilung $P(Y = y_j)$, $j = 1, 2, \ldots, \infty$. Dann ist der **Erwartungswert** $E(Y)$ von Y definiert als:

$$\mathrm{E}(Y) = \sum_{j=1}^{\infty} y_j \cdot \mathcal{P}(Y = y_j) ,$$

sofern die unendliche Reihe $\sum_{j=1}^{\infty} y_j \cdot \mathcal{P}(Y = y_j)$ absolut konvergiert. Andernfalls existiert der Erwartungswert nicht.

Der Erwartungswert ist ein linearer Operator der die Rangordnung erhält. Bei nichtlinearen Funktionen $g(X)$ ist $\mathrm{E}(g(X)) \neq g(\mathrm{E}(X))$. Ebenso ist $\mathrm{E}(X \cdot Y) \neq \mathrm{E}(X) \cdot \mathrm{E}(Y)$, es sei denn X und Y sind unkorreliert.

Die Varianz ist ein quadratisches Streuungsmaß

Definition der Varianz

Ist X eine Zufallsvariable mit dem Erwartungswert μ. Dann ist die Varianz von X definiert als:

$$\mathrm{Var}(X) = \mathrm{E}(X - \mu)^2 = \sigma^2 ,$$

sofern der Erwartungswert $E(X - \mu)^2$ existiert. Andernfalls existiert die Varianz nicht.

Die wichtigsten Eigenschaften der Varianz sind der Verschiebungssatz und die Summenregel.

Für Erwartungswert und Varianz gelten drei theoretisch wie praktisch wichtige Ungleichungen:

Wichtige Ungleichungen

- Die Markov-Ungleichung für positive Zufallsvariablen: Ist $\mathcal{P}(X \geq 0) = 1$, so folgt für jede Zahl $k \geq 0$:
$$\mathcal{P}(X \geq k) \leq \frac{1}{k} \mathrm{E}(X) .$$

- Die Jensen-Ungleichung: Ist $g(x)$ eine reelle Funktion, dann ist

$$\begin{aligned} \mathrm{E}\left(g(X)\right) &\geq g(\mathrm{E}(X)) \quad \text{falls } g(x) \text{ konvex ist,} \\ \mathrm{E}\left(g(X)\right) &\leq g(\mathrm{E}(X)) \quad \text{falls } g(x) \text{ konkav ist.} \end{aligned}$$

- Die Tschebyschev-Ungleichung

$$\begin{aligned} \mathcal{P}\left(|X-\mu| \geq k\sigma\right) &\leq \frac{1}{k^2}, \\ \mathcal{P}\left(|X-\mu| < k\sigma\right) &\geq 1-\frac{1}{k^2} \end{aligned}$$

Das Starke Gesetz der großen Zahlen rechtfertigt die Häufigkeitsinterpretation der Wahrscheinlichkeit

Theoretische wie angewandte Statistik basieren auf zwei fundamentalen Grenzwertsätzen. Das Starke Gesetz der großen Zahlen erlaubt eine Interpretation der Wahrscheinlichkeit als Grenzwert relativer Häufigkeiten: In einer Serie unabhängiger Versuche, bei der das Ereignis A mit der Wahrscheinlichkeit $\mathcal{P}(A)$ auftritt, konvergiert die relative Häufigkeit, mit der A in der Serie wirklich aufgetreten ist, mit Wahrscheinlichkeit 1 gegen den Grenzwert $\mathcal{P}(A)$.

Für die objektivistische oder frequentistische Schule der Wahrscheinlichkeitstheorie ist Wahrscheinlichkeit eine vom Betrachter unabhängige Eigenschaft der Gegenstände, Versuchsanordnungen oder Experimenten. Diese Wahrscheinlichkeit lässt sich auf der Grundlage des Starken Gesetzes der großen Zahlen als relative Häufigkeit in langen Versuchsserien beliebig genau messen.

Das Starke Gesetz der großen Zahlen

Ist $(X_n)_{\in\mathbb{N}}$ eine Folge von i.i.d.-zufälligen Variablen mit $E(X_i) = \mu$, dann konvergiert $\overline{X}^{(n)}$ fast sicher gegen μ.

Der Satz von Glivenko-Cantelli erlaubt es, die beobachtbare empirische Verteilungsfunktion als Schätzung der nicht-beobachtbaren theoretischen Verteilungsfunktion zu verwenden.

Der Satz von Glivenko-Cantelli

Ist $(X_n)_{\in\mathbb{N}}$ eine Folge von i.i.d.-zufälligen Variablen, dann konvergiert die empirische Verteilungsfunktion $\widehat{F}^{(n)}(x)$ punktweise und – im Sinne der Supremumsnorm – gleichmäßig für alle x gegen $F_X(x)$

Mehrdimensionale zufällige Variable entsprechen mehrdimensionalen Merkmalen

So wie eindimensionale Zufallsvariablen eindimensionalen Merkmalen entsprechen, verallgemeinern wir das mehrdimensionale Merkmal zur mehrdimensionalen zufälligen Variablen. Diese ist durch ihre gemeinsame Verteilung ihrer Randkomponenten gekennzeichnet. Aus ihr lassen sich die Randverteilungen der einzelnen Komponenten ableiten. Randverteilungen enthalten nur dann die gleiche Information, die in der gemeinsamen Verteilung enthalten ist, wenn die Komponenten unabhängig sind. Während der Erwartungswert der mehrdimensionalen Verteilung sich aus den Erwartungswerten der einzelnen Randkomponenten zusammensetzt, können Kovarianz und Kovarianzmatrix nur aus der gemeinsamen Verteilung bestimmt werden. Diese Parameter geben einen ersten Aufschluss über die Abhängigkeit der Komponenten.

Es seien X und Y zwei Zufallsvariablen, die auf demselben Wahrscheinlichkeitsraum Ω definiert sind. Die gemeinsame Wahrscheinlichkeitsverteilung der zweidimensionalen Zufallsvariablen (X, Y) ist die Angabe der Wahrscheinlichkeit aller Ereignisse:

$$\begin{aligned} \mathcal{P}\left(\{X = x_i\} \cap \{Y = y_j\}\right) &= \mathcal{P}\left(X = x_i, Y = y_j\right) \\ &= \mathcal{P}\left(x_i, y_j\right). \end{aligned}$$

Wird eine n-dimensionale Zufallsvariable $\boldsymbol{X} = (X_i, i = 1, \ldots, k)$ als ein strukturiertes n- Tupel zusammengefasst, dann ist

$$\mathrm{E}\left(\boldsymbol{X}\right) = \mathrm{E}\left(X_i,\ i = 1, \ldots, k\right) = \left(\mathrm{E}\left(X_i\right), i = 1, \ldots, k\right)$$

Kovarianz, Korrelation und die Kovarianzmatrix

Ist (X, Y) eine zweidimensionale Zufallsvariable mit dem Erwartungwert $E(X, Y) = (\mu_X, \mu_Y)$, so ist die Kovarianz $\operatorname{Cov}(X, Y)$ definiert durch:

$$\operatorname{Cov}(X, Y) = \mathrm{E}\left((X - \mu_X)(Y - \mu_Y)\right) = \sigma_{xy}.$$

Der Korrelations-Koeffizient $\rho(X, Y)$ ist definiert durch

$$\rho(X, Y) = \frac{\operatorname{Cov}(X, Y)}{\sqrt{\operatorname{Var}(X) \cdot \operatorname{Var} Y}} = \frac{\sigma_{xy}}{\sigma_x \sigma_y}.$$

Sind zwei Variablen X und Y unabhängig, so sind sie auch unkorreliert.

Sind $\boldsymbol{X}$ und $\boldsymbol{Y}$ zwei n bzw. m-dimensionale Variablen, dann ist die **Kovarianzmatrix** $\operatorname{Cov}(\boldsymbol{X}, \boldsymbol{Y})$ die Matrix der Kovarianzen der Komponenten von $\boldsymbol{X}$ und $\boldsymbol{Y}$:

$$\operatorname{Cov}(\boldsymbol{X}, \boldsymbol{Y})_{ij} := \operatorname{Cov}(X_i, Y_j) \quad i = 1, \ldots, n,\ j = 1, \ldots, m.$$

Die in der Praxis wichtigsten diskreten Verteilungsmodelle sind:

- Eine **Bernoulli-Variable** ist eine Zufallsvariable, die nur die zwei Werte Null und Eins annehmen kann. Bernoulli-Variable sind Indikatorvariable, die das Eintreten oder Nichteintreten eines Ereignisses beschreiben. Ist $\mathcal{P}(X = 1) = \theta$, so ist $\mathrm{E}(X) = \theta$.

- Die **Binomial**- und die **hypergeometrische Verteilung** beschreiben die zufällige Ziehung aus einer Urne, deren Kugeln entweder rot oder weiß sind. Bei der Binomialverteilung wird jede Kugel nach der Ziehung wieder zurückgelegt, bei der hypergeometrischen Verteilung bleibt jede gezogene Kugel draußen.
  Beide Modelle eignen sich zur Beschreibung einer Prüfung, bei der nur festgestellt wird, ob ein Objekt eine Eigenschaft hat oder nicht hat. Bei der Binomialverteilung ist die Grundgesamtheit, aus der die Stichprobe gezogen wird, unendlich groß (laufende Produktion), bei der hypergeometrische Verteilung ist der Umfang N der Grundgesamtheit endlich.
- Wird eine Versuch so oft mit gleichen Randbedingungen und unabhängig von den vorhergegangenen Versuchen wiederholt, bis ein „Erfolg" genanntes Ereignis eingetreten ist, dann beschreibt die **geometrische Verteilung** die Anzahl der Versuche bis zum ersten Erfolg.
- Die **Gleichverteilung** beschreibt den Wurf mit einem idealen n-seitigen Würfel.
- Die **Poisson-Verteilung** beschreibt die Häufigkeit punktförmiger Ereignisse in einem Kontinuum.

Stetige Verteilungen besitzen eine Dichte

Die Dichte einer stetigen Zufallsvariablen

Eine Dichte $f(x)$ ist eine integrierbare, nicht negative Funktion mit der Eigenschaft, dass für alle $a, b \in \mathbb{R}$ gilt:

$$\mathcal{P}(a < X \leq b) = F(b) - F(a) = \int_a^b f(x)\,\mathrm{d}x.$$

Daher ist für jeden Einzelwert $X = x$ die Wahrscheinlichkeit $\mathcal{P}(X = b) = 0$. Sofern die Integrale existieren, sind Erwartungswert und Varianz von X definiert als:

$$\mathrm{E}(X) = \int_{-\infty}^{\infty} x f(x)\,\mathrm{d}x = \mu\,,$$

$$\mathrm{Var}(X) = \mathrm{E}\left((X-\mu)^2\right) = \int_{-\infty}^{\infty} (x-\mu)^2 f(x)\,\mathrm{d}x = \sigma^2\,.$$

Eine n-dimensionale stetige Zufallsvariable $\boldsymbol{X}$ besitzt eine n-dimensionale Dichte. Je nachdem, ob einzelne Komponenten von $\boldsymbol{X}$ ignoriert oder konstant gehalten werden, unterscheidet man Randverteilungen und bedingte Verteilungen. Für zwei zweidimensionale Zufallsvariablen gilt:

Dichte einer zweidimensionalen Zufallsvariablen X

$\boldsymbol{X} = (X_1, X_2)$ hat die Dichte $f_X(\boldsymbol{x})$, wenn für alle $(a_1, a) \in \mathbb{R}^2$ gilt:

$$\mathcal{P}(X_1 \leq a_1; X_2 \leq a_2) = \int_{-\infty}^{a_1}\int_{-\infty}^{a_2} f_X(x_1, x_2)\,\mathrm{d}x_1\,\mathrm{d}x_2\,.$$

Die Dichte der Randverteilung von X_1 finden wir durch Integration über X_2:

$$f_{X_1}(x) = \int_{-\infty}^{\infty} f_X(x, x_2)\,\mathrm{d}x_2\,.$$

Für alle x_2 mit $f_{X_2}(x_2) \neq 0$ ist die bedingte Dichte von X_1 unter der Bedingung $X_2 = x_2$

$$f_{X_1|X_2=x_2}(x_1) = \frac{f_X(x_1, x_2)}{f_{X_2}(x_2)}\,.$$

Bei streng monotonen Transformationen $Y = \psi(X)$ einer eindimensionalen Variablen X wird beim Übergang von X zu Y die x-Achse gestaucht bzw. gedehnt. Entsprechend ändern sich die Dichten. Der Transformationssatz für Dichten lässt sich ganz knapp und symbolisch schreiben.

Eselsbrücke für den Transformationssatz

$$F_X(x) = F_Y(y)$$
$$f_Y(y)\,|\mathrm{d}y| = f_X(x)\,|\mathrm{d}x|$$

oder etwas ausführlicher:

$$f_Y(y) = f_X(x)\left|\frac{\mathrm{d}x}{\mathrm{d}y}\right| \quad \Leftrightarrow \quad f_X(x) = f_Y(y)\left|\frac{\mathrm{d}y}{\mathrm{d}x}\right|.$$

Bei nicht umkehrbaren Transformationen wird die Transformationsformel sinngemäß auf jede umkehrbare Teilabbildung in Eindeutigkeitsgebieten Ω_i angewandt, in denen $x = \psi(y)$ umkehrbar ist. Bei Transformationen mehrdimensionaler Variablen spiegelt sich die Volumenänderung in den Dichten.

Allgemeine Transformationsformel für Dichten

Ist $\boldsymbol{y} = \boldsymbol{y}(\boldsymbol{x})$ eine umkehrbare Transformation, so ist

$$f_Y(\boldsymbol{y}) = f_X(\boldsymbol{x})\left|\frac{\partial \boldsymbol{x}}{\partial \boldsymbol{y}}\right| = f_X(\boldsymbol{x})\left|\frac{\partial \boldsymbol{y}}{\partial \boldsymbol{x}}\right|^{-1}.$$

Bei nicht eindeutig umkehrbaren Abbildungen gilt analog zum eindimensionalen Fall

$$f_Y(\boldsymbol{y}) = \sum_{i=1}^{k} f_X(\boldsymbol{x}_i)\left|\frac{\partial \boldsymbol{x}_i}{\partial \boldsymbol{y}}\right| = \sum_{i=1}^{k} f_X(\boldsymbol{x}_i)\left|\frac{\partial \boldsymbol{y}}{\partial \boldsymbol{x}_i}\right|^{-1}.$$

Erste wichtige stetige Verteilungen

- Die **Exponentialverteilung** $\mathrm{ExpV}(\lambda)$ mit der Dichte $f(x) = \lambda\,\mathrm{e}^{-\lambda x}$ für positive x. Sie beschreibt Wartezeiten im Poisson-Prozess. Die Exponentialverteilung ist eine „Verteilung ohne Gedächtnis".
- Die **stetige Gleichverteilung** im Intervall $[a, a+b]$ besitzt eine in $[a, a+b]$ konstante Dichte. Bei einer stückweisen Gleichverteilung ist die Dichte intervallweise konstant. Der Graph der Dichte gleicht einem Histogramm.

Aufgaben

Die Aufgaben gliedern sich in drei Kategorien: Anhand der *Verständnisfragen* können Sie prüfen, ob Sie die Begriffe und zentralen Aussagen verstanden haben, mit den *Rechenaufgaben* üben Sie Ihre technischen Fertigkeiten und die *Anwendungsprobleme* geben Ihnen Gelegenheit, das Gelernte an praktischen Fragestellungen auszuprobieren.

Ein Punktesystem unterscheidet leichte Aufgaben •, mittelschwere •• und anspruchsvolle ••• Aufgaben. Lösungshinweise am Ende des Buches helfen Ihnen, falls Sie bei einer Aufgabe partout nicht weiterkommen. Ergebnisse, ausführliche Lösungswege, Beweise und Abbildungen finden Sie auf der Website zum Buch.

Viel Spaß und Erfolg bei den Aufgaben!

Verständnisfragen

3.1 • Stimmt diese Aussage: Kommt es beim einem idealen Roulettespiel zu einer Folge von 20 aufeinander folgenden Ereignissen „Rot", dann ist es auf Grund des Starken Gesetzes der großen Zahlen wahrscheinlicher, dass im nächsten Wurf „Schwarz" erscheint als „Rot".

3.2 • Welche der folgenden Aussagen sind richtig?

a) Das Prognoseintervall für die **Anzahl** der Erfolge bei n unabhängigen Wiederholungen eines Versuchs wird umso breiter, je größer n wird.

b) Das Prognoseintervall für den **Anteil** der Erfolge bei n unabhängigen Wiederholungen eines Versuchs wird umso breiter, je größer n wird.

c) Sind X und Y unabhängig voneinander binomialverteilt, dann ist auch $X + Y$ binomialverteilt.

3.3 •• In einer Stadt gibt es ein großes und ein kleines Krankenhaus. Im kleinen Krankenhaus K werden im Schnitt jeden Tag 15 Kinder geboren. Im großen Krankenhaus G sind es täglich 45 Kinder. Im Jahr 2006 wurden in beiden Krankenhäusern die Tage gezählt, an denen mindestens 60 % der Kinder männlich waren. Es stellte sich heraus, dass im kleinen Krankenhaus rund dreimal so häufig ein Jungenüberschuss festgestellt wurde wie am großen Krankenhaus. Ist dies Zufall? Berechnen Sie die relevanten Wahrscheinlichkeiten, wobei Sie $\mathcal{P}\,(\text{Junge}) = \mathcal{P}\,(\text{Mädchen}) = 0.5$ unterstellen sollen.

3.4 • Sie ziehen ohne Zurücklegen aus einer Urne mit roten und anders farbigen Kugeln. Es sei X_i die Indikatorvariable für Rot im i-ten Zug und $X = \sum X_i$ die Anzahl der gezogenen roten Kugeln. Welche der folgenden 4 Aussagen ist richtig? Die X_i sind

a) unabhängig voneinander, identisch verteilt,

b) unabhängig voneinander, nicht identisch verteilt,

c) abhängig voneinander, identisch verteilt,

d) abhängig voneinander, nicht identisch verteilt.

3.5 • In der Küche liegen 10 Eier, von denen 7 bereits gekocht sind. Die anderen drei Eier sind roh. Sie nehmen zufällig 5 Eier. Wie groß ist die Wahrscheinlichkeit, dass Sie genau 4 gekochte und ein rohes Ei erwischt haben?

3.6 ••• In einer Urne befinden sich 10 000 bunte Kugeln. Die Hälfte davon ist weiß, aber nur 5% sind rot. Sie ziehen mit einer Schöpfkelle auf einmal 100 Kugeln aus der Urne. Es sei X die Anzahl der weißen und Y die Anzahl der roten Kugeln bei dieser Ziehung.

a) Wie sind X und Y einzeln und wie gemeinsam verteilt?

b) Sind X und Y voneinander unabhängig, positiv oder negativ korreliert?

c) Wenn Sie jeweils für X und Y eine Prognose zum gleichen Niveau $1 - \alpha$ erstellen, welches Prognoseintervall ist länger und warum?

3.7 • Die Dauer X eines Gesprächs sei exponentialverteilt. Die Wahrscheinlichkeit, dass ein gerade begonnenes Gespräch mindestens 10 Minuten andauert, sei 0.5. Ist dann die Wahrscheinlichkeit, dass ein bereits 30 Minuten andauerndes Gespräch mindestens noch weitere 10 Minuten andauert, kleiner als 0.5?

3.8 • Wegen eines Streikes fahren die Busse nicht mehr nach Fahrplan. Die Anzahl der Wartenden an einer Bushaltestelle ist ein Indikator für die seit Abfahrt des letzten Busses verstrichene Zeit. Sie wissen, je mehr Wartende an der Bushaltestelle stehen, um so wahrscheinlicher ist die Ankunft des nächsten Busses. Kann dann die Wartezeit exponential verteilt sein?

3.9 ••• Beantworten Sie die folgenden Fragen. Überlegen Sie sich eine kurze Begründung.

a) Es sei X eine stetige zufällige Variable. $g\,(x)$ sei eine stetige Funktion. Ist dann auch $Y = g\,(X)$ eine stetige zufällige Variable?

b) Darf die Dichte einer stetigen Zufallsvariablen größer als eins sein?

c) Darf die Dichte einer Zufallsvariablen Sprünge aufweisen?

d) Die Verteilungsfunktion einer Zufallsvariablen X sei bis auf endlich viele Sprünge differenzierbar. Ist X dann stetig?

e) Die Verteilungsfunktion einer Zufallsvariablen X sei stetig. Ist X dann stetig?

f) Die Durchmesser von gesiebten Sandkörnern seien innerhalb der Siebmaschenweite annähernd gleichverteilt. Ist dann auch das Gewicht der Körner gleichverteilt?

3.10 • Welche der folgenden fünf Aussagen sind richtig?

1. Kennt man die Verteilung von X und die Verteilung von Y, dann kann man daraus die Verteilung von $X+Y$ berechnen.

2. Kennt man die gemeinsame Verteilung von (X, Y), kann man daraus die Verteilung von X berechnen.

3. Haben X und Y dieselbe Verteilung, dann ist $X + Y$ verteilt wie $2X$.

4. Haben zwei standardisierte Variable X und Y dieselbe Verteilung, dann ist $X = a + bY$.

5. Haben zwei standardisierte Variable X und Y dieselbe Verteilung, dann ist X verteilt wie $a + bY$.

3.11 • Welche der folgenden 8 Aussagen sind richtig:

1. Jede diskrete Variable, die nur endlich viele Realisationen besitzt, besitzt auch Erwartungswert und Varianz.

2. Eine diskrete zufällige Variable, die mit positiver Wahrscheinlichkeit beliebig groß werden kann, $\mathcal{P}(X > n) > 0$ für alle $n \in \mathbb{N}$, besitzt keinen Erwartungswert.

3. X und $-X$ haben die gleichen Varianz .

4. Haben X und $-X$ den gleichen Erwartungswert, dann ist $\mathrm{E}(X) = 0$.

5. Wenn X den Erwartungswert μ besitzt, dann kann man erwarten, dass die Realisationen von X meistens in der näheren Umgebung von μ liegen.

6. Bei jeder zufälligen Variablen sind stets 50% aller Realisationen größer als der Erwartungswert.

7. Sind X und Y zwei zufällige Variable, so ist $\mathrm{E}(X + Y) = \mathrm{E}(X) + \mathrm{E}(Y)$.

8. Ist die zufällige Variable $Y = g(X)$ eine nichtlineare Funktion der zufälligen Variablen X, dann ist $\mathrm{E}(Y) = g(\mathrm{E}(X))$.

3.12 • Welche der folgenden Aussagen sind richtig?

1. Sind X und Y unabhängig, dann sind auch $1/X$ und $1/Y$ unabhängig.

2. Sind X und Y unkorreliert, dann sind auch $1/X$ und $1/Y$ unkorreliert.

3.13 • Zeigen Sie: Aus $E(X^2) = (E(X))^2$ folgt: X ist mit Wahrscheinlichkeit 1 konstant.

3.14 •• Zeigen Sie: a) Ist X eine positive Zufallsvariable, so ist $\mathrm{E}\left(\frac{1}{X}\right) \geq \frac{1}{\mathrm{E}(X)}$.

b) Zeigen Sie an einem Beispiel, dass diese Aussage falsch ist, falls X positive und negative Werte annehmen kann.

3.15 •• Beweisen oder widerlegen Sie die Aussage: Ist $(X_n)_{n\in\mathbb{N}}$ eine Folge von zufälligen Variablen X_n mit $\lim\limits_{n\to\infty} \mathcal{P}(X_n > 0) = 1$, dann gilt auch $\lim\limits_{n\to\infty} \mathrm{E}(X_n) > 0$.

3.16 •• Beweisen Sie die Markov-Ungleichung aus der Übersicht S. 90.

3.17 ••• Zeigen Sie: a) Aus $X \leq Y$, folgt$F_X(t) \geq F_Y(t)$, aber aus $F_X(t) \geq F_Y(t)$ folgt nicht $X \leq Y$.

b) Aus $F_X(x) \geq F_Y(x)$, folgt $E(X) \leq E(Y)$, falls $E(X)$ und $E(Y)$ existieren.

c) Es seien X und Y zwei stetige Zufallsvariablen mit den Dichten f_X und f_Y. Beide Dichten sollen sich genau in einem Punkt an der Stelle x_0 schneiden. Die Dichte f_X liege dabei links von der Dichte f_Y. Siehe Abbildung 3.37.

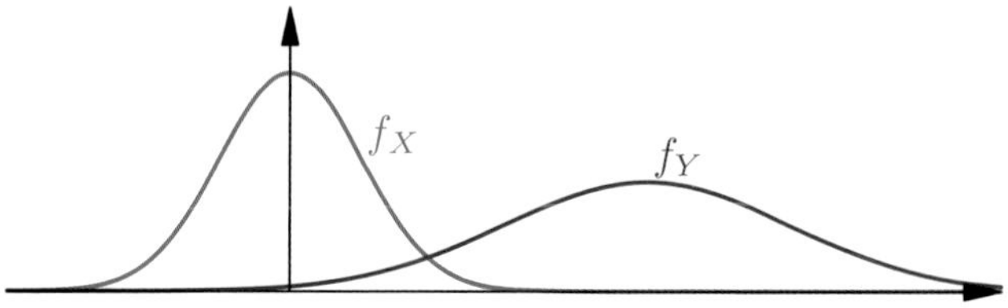

Abbildung 3.37 Die Dichten f_X und f_Y.

Zeigen Sie: Dann ist $F_X(z) \leq F_Y(z)$ für alle $z \in \mathbb{R}$.

3.18 • Welche der folgenden Aussagen sind wahr? Begründen Sie Ihre Antwort.

1. Um eine Prognose über die zukünftige Realisation einer zufälligen Variablen zu machen, genügt die Kenntnis des Erwartungswerts.

2 Um eine Prognose über die Abweichung der zukünftigen Realisation einer zufälligen Variablen von ihrem Erwartungswert zu machen, genügt die Kenntnis der Varianz.

3. Eine Prognose über die Summe zufälliger i.i.d.-Variablen ist in der Regel genauer als über jede einzelne.

4. Das Prognoseintervall über die Summe von 100 identisch verteilten zufälligen Variablen (mit Erwartungswert μ und Varianz σ^2) ist 10-mal so lang wie das Prognoseintervall für eine einzelne Variable bei gleichem Niveau.

5. Wenn man hinreichend viele Beobachtungen machen kann, dann ist $\mathrm{E}(X)$ ein gute Prognose für die nächste Beobachtung.

3.19 •• Zeigen Sie: $\mathrm{Var}(X+Y) \leq \left(\sqrt{\mathrm{Var}(X)}+\sqrt{\mathrm{Var}(Y)}\right)^2$ oder kurz $\sigma_{X+Y} \leq \sigma_X + \sigma_Y$.

3.20 •• a) Die zweidimensionale Variable $(X; Y)$ sei in einem Kreis gleichverteilt. Sind X und Y unkorreliert? Sind X und Y unabhängig? b) Die zweidimensionale Variable $(X; Y)$ sei in einem achsenparallelem Rechteck gleichverteilt. Sind X und Y unkorreliert? Sind X und Y unabhängig?

Rechenaufgaben

3.21 • Die positive Zufallsvariable X habe die Dichte $f_X(x)$. Wie sieht die Dichte der Variablen $Y = X^{-1}$ aus? Ist speziell X in $[0, 1]$ gleichverteilt, wie sieht die Dichte von $Y = X^{-1}$ aus?

3.22 • Sei X die Augenzahl bei einem idealen n-seitigen Würfel: $\mathcal{P}(X = i) = \frac{1}{n}$ für $i = 1, \cdots, n$. Berechne $\mathrm{E}(X)$ und $\mathrm{Var}(X)$.

3.23 ••• Zeigen Sie: Ist X eine diskrete Zufallsvariable, die nur natürliche Zahlen annehmen kann, d.h. $X \in \mathbb{N}$, dann ist

$$E(X) = \sum_{n=1}^{\infty} \mathcal{P}(X \geq n) .$$

3.24 ••• Im Beispiel auf Seite 100 sind R und B die Augenzahlen zweier unabhängig voneinander geworfenen idealer Würfel und $X = \max(R, B)$ sowie $Y = \min(R, B)$. Weiter war $\mathrm{Var}(X) = \mathrm{Var}(Y) = 1.97$. Berechnen Sie $\mathrm{Cov}(X, Y)$ aus diesen Angaben ohne die Verteilung von (X, Y) explizit zu benutzen.

3.25 • Eine diskrete zufällige Variable X ist symmetrisch verteilt, falls für alle $a \in \mathbb{R}$ gilt: $\mathcal{P}(X = a) = \mathcal{P}(X = -a)$. Zeigen Sie: Ist X symmetrisch verteilt und existiert $\mathrm{E}(X)^3$, dann sind die Variablen X und $Y = X^2$ unkorreliert.

3.26 •• Die Zufallsvariable X habe eine symmetrische Dreipunkt-Verteilung:

$$\mathcal{P}(X = -a) = \mathcal{P}(X = a) = \beta;\ \mathcal{P}(X = 0) = 1 - 2\beta .$$

Bestimmen Sie die Wölbung ω von X als Funktion von β.

3.27 ••• Es seien $\mathcal{B}$ die σ-Algebra der Borelmengen in $[0, 1]$ und P das Maß der Gleichverteilung auf dem Intervall $[0, 1]$. Weiter seien $\mathbb{Q}$ die Menge aller rationalen Zahlen in $[0, 1]$ und $\mathcal{B}' = \mathcal{B} \cap \mathbb{Q}$ und $\mathcal{P}'$ die von $\mathcal{P}$ auf $\mathcal{B}'$ induzierte Mengenfunktion. Das heißt, ist $A' = [a', b'] \subseteq [0, 1] \cap \mathbb{Q}$, so sei $\mathcal{P}'(A') = b' - a'$.

Zeigen Sie: $\mathcal{P}'$ ist auf $\mathcal{B}'$ nicht σ-additiv

3.28 •• Beweise die Aussage über den Erwartungswert der Hypergeometrischen Verteilung.

3.29 ••• Ein idealer n-seitiger Würfel wird geworfen. Fällt dabei die Zahl n, so wird der Wurf unabhängig vom ersten Wurf wiederholt. Das Ergebnis des zweiten Wurfs wird dann zum Ergebnis n des ersten Wurfs addiert. Fällt beim zweiten Wurf wiederum die n, wird wie beim ersten Wurf wiederholt und addiert, usw. Sei X die bei diesem Spiel gezielte Endsumme. Bestimme den Erwartungswert von X.

3.30 ••• Zeigen Sie die Eigenschaften der Box-Cox-Transformation

3.31 • Die Wahrscheinlichkeit, bei einer U-Bahn-Fahrt kontrolliert zu werden, betrage $\theta = 0.1$. Wie groß ist die Wahrscheinlichkeit, innerhalb von 20 Fahrten a) höchstens 3-mal, b) mehr als 3-mal, c) weniger als 3-mal, d) mindestens 3-mal, e) genau 3-mal, f) mehr als einmal und weniger als 4-mal kontrolliert zu werden?

3.32 • 80 % aller Verkehrsunfälle werden durch überhöhte Geschwindigkeit verursacht. Wie groß ist die Wahrscheinlichkeit, dass von 20 Verkehrsunfällen a) mindestens 10, b) weniger als 15, durch überhöhte Geschwindigkeit verursacht wurden?

3.33 • Sie machen im Schnitt auf 10 Seiten einen Tippfehler. Wie groß ist die Wahrscheinlichkeit, dass Sie auf 50 Seiten höchstens 5 Fehler gemacht haben?

3.34 •• Bestimmen Sie Erwartungswert und Varianz der geometrischen Verteilung.

3.35 •• Zeigen Sie: a) Sind X und Y unabhängig voneinander poissonverteilt. Dann ist $\mathcal{P}(X = k \mid X + Y = n)$ binomial verteilt. b) Sind $X \sim B_n(\theta)$ und $Y \sim B_m(\theta)$ unabhängig voneinander binomialverteilt mit gleichem θ, dann ist $\mathcal{P}(X = k \mid X + Y = z)$ hypergeometrisch verteilt.

3.36 •• Bei der Behandlung der Dichtetransformation stetiger Zufallsvariabler auf Seite 121 betrachteten wir die folgende Situation: Angenommen, es liegen 100 Realisationen einer in $[0, 1]$ gleichverteilten Zufallsvariablen X vor, die wie folgt verteilt sind:

Von bis unter	0–0.2	0.2–0.4	0.4–0.6	0.6–0.8	0.8–1
Anzahl	20	20	20	20	20

Bestimmen Sie die Histogramme der Variablen $\sqrt{X}$ bzw. X^2, die sich aus den obigen Realisationen ergeben würden.

3.37 •• In einem Liter Industrieabwasser seien im Mittel $\lambda = 1\,000$ Kolibakterien. Der Werksdirektor möchte Journalisten „beweisen", dass sein Wasser frei von Bakterien ist. Er schöpft dazu ein Reagenzglas voll mit Wasser und lässt den Inhalt mikroskopisch nach Bakterien absuchen. Wie klein muss das Glas sein, damit gilt: $\mathcal{P}(X = 0) \geq 0.90$?

3.38 ••• Es seien X_1 und X_2 unabhängige stetige Zufallsvariablen. Bestimmen Sie die Dichten von $X_1 X_2$ und X_1 / X_2.

3.39 • Bestimmen Sie die Verteilung der Augensumme $S = X_1 + X_2$ von zwei unabhängigen idealen Würfeln X_1 und X_2.

3.40 •• Beim Werfen von 3 Würfeln tritt die Augensumme 11 häufiger auf als 12, obwohl doch 11 durch die sechs Kombinationen (6, 4, 1) ; (6, 3, 2); (5, 5, 1); (5, 4, 2); (5, 3, 3); (4, 4, 3) und die Augensumme 12 ebenfalls durch sechs Kombinationen, nämlich (6, 5, 1), (6, 5, 2), (6, 3, 3), (5, 5, 2), (5, 4, 3), (4, 4, 4) erzeugt wird. a) Ist diese Beobachtung nur durch den Zufall zu erklären oder gibt es noch einen anderen Grund dafür? b) Bestimmen Sie die Wahrscheinlichkeitsverteilung der Augensumme von drei unabhängigen idealen Würfeln.

3.41 •• Ein fairer Würfel wird dreimal geworfen.

1. Berechnen Sie die Wahrscheinlichkeitsverteilung des Medians X_{med} der drei Augenzahlen.
2. Ermitteln Sie die Verteilungsfunktion von X_{med}.
3. Berechnen Sie Erwartungswert und Varianz des Medians.

3.42 •• Sei X die Augenzahl bei einem idealen n-seitigen Würfel: $\mathcal{P}(X = i) = \frac{1}{n}$ für $i = 1, \cdots, n$. Berechnen Sie $E(X)$ und $\text{Var}(X)$.

3.43 ••• Für Indikatorfunktionen I_A gilt:

$$\begin{aligned} I_{A^C} &= 1 - I_A \\ I_{A\cap B} &= I_A\, I_B \\ I_{A\cup B} &= 1 - I_{A^C} I_{B^C} \end{aligned}$$

Ist A ein zufälliges Ereignis, so ist $E(I_A) = \mathcal{P}(A)$. Beweisen Sie mit diesen Eigenschaften die Siebformel von Seite 51:

$$\mathcal{P}\left(\bigcup_{i=1}^{n} A_i\right) = \sum_{k=1}^{n} (-1)^{k+1} \sum_{1\le i_1<i_2\cdots<i_k\le n} \mathcal{P}\left(A_{i_1} \cap A_{i_2} \cap \cdots \cap A_{i_k}\right)$$

3.44 ••• Beweisen Sie die folgende Ungleichung:

$$\mathcal{P}(X \ge t) \le \inf_{s>0} \left(\mathrm{e}^{-st}\mathrm{E}(\mathrm{e}^{sX})\right).$$

Dabei läuft das Infimum über alle $s > 0$, für die $\mathrm{E}\left(\mathrm{e}^{sX}\right)$ existiert.

3.45 ••• Zeigen Sie: a) Ist für eine diskrete Zufallsvariable X die Varianz identisch null, so ist X mit Wahrscheinlichkeit 1 konstant: $\mathcal{P}(X = \mathrm{E}(X)) = 1$.

b) Zeigen Sie die gleiche Aussage für eine beliebige Zufallsvariable X.

3.46 ••• Verifizieren Sie die folgende Aussage:

$$\mathrm{E}\big(\boldsymbol{X}^\top \boldsymbol{A}\boldsymbol{X}\big) = \mathrm{E}\big(\boldsymbol{X}^\top\big)\boldsymbol{A}\mathrm{E}(\boldsymbol{X}) + \mathrm{Spur}\big(\boldsymbol{A}\mathrm{Cov}(\boldsymbol{X})\big)$$

3.47 ••• Ein idealer n-seitiger Würfel wird geworfen. Fällt dabei die Zahl n, so wird der Wurf unabhängig vom ersten Wurf wiederholt. Das Ergebnis des zweiten Wurfs wird dann zum Ergebnis n des ersten Wurfs addiert. Fällt beim zweiten Wurf wiederum die Zahl n, wird wie beim ersten Wurf wiederholt und addiert, usw.

Sei X die bei diesem Spiel gezielte Endsumme. Bestimmen Sie die Wahrscheinlichkeitsverteilung von X und den Erwartungswert.

3.48 •• Es seien X_1 und X_2 die Augensummen von zwei idealen Würfeln, die unabhängig voneinander geworfen werden. Weiter sei $Y = X_1 - X_2$. Zeigen Sie, dass Y und Y^2 unkorreliert sind.

3.49 •• Das zweidimensionale Merkmal (X, Y) besitze die folgende Verteilung:

		Y		
		1	2	3
X	1	0.1	0.3	0.2
	2	0.1	0.1	0.2

1. Bestimmen Sie Erwartungswerte und Varianzen a) von X und Y, b) von $S = X + Y$ und c) von $X \cdot Y$. 2. Wie hoch ist die Korrelation von X und Y?

3.50 ••• Es seien X_1 und X_2 unabhängige stetige Zufallsvariablen. Bestimmen Sie die Dichten von $X_1 X_2$ und X_1/X_2.

Anwendungsprobleme

3.51 • In einem Land sei das Durchschnittseinkommen der Bevölkerung 2.000 €. Schätzen Sie nach oben ab, wieviel Prozent der Bevölkerung ein Einkommen von mehr als 10.000 € beziehen. Welche Ungleichung können Sie dabei benutzen?

3.52 ••• In eine Urne sind N Umschläge, die farbige Zettel enthalten. R Zettel sind rot, die anderen sind weiß. Zuerst werden $m < N$ Briefe zufällig entnommen, aber nicht göffnet. Die Urne enthält jetzt nur noch $N - m$ Briefe, von denen Sie zufällig einen entnehmen. Wie groß ist die Wahrscheinlichkeit, dass er einen roten Zettel enthält?

a) Argumentieren Sie ohne Rechnung.

b) Berechnen Sie die Wahrscheinlichkeit.

3.53 •• Sie schütten einen Sack mit n idealen Würfeln aus. Die Würfel rollen zufällig über den Tisch. Keiner liegt über dem anderen. Machen Sie eine verlässliche Prognose über die Augensumme aller Würfel.

3.54 • Es seien X und Y jeweils der Gewinn aus zwei risikobehafteten Investitionen. Abbildung 3.38 zeigt die Verteilungsfunktionen F_X (rot) und F_Y (blau). a) Welche der beiden Investitionen ist aussichtsreicher?

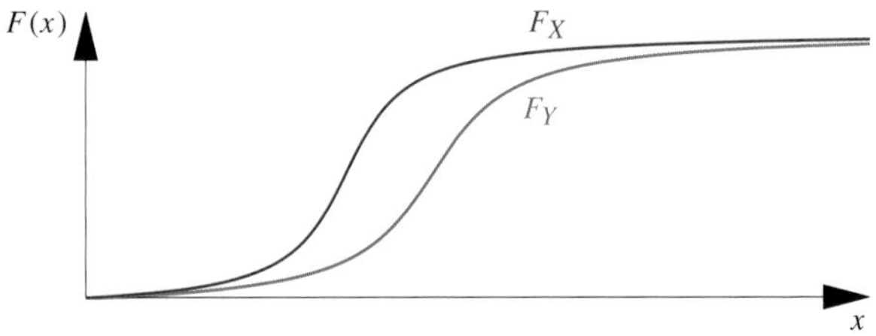

Abbildung 3.38 Die Verteilungsfunktionen F_X (rot) und F_Y (blau) des Gewinns aus zwei Investitionen X und Y.

b) Kann man aus der Abbildung schließen, dass $X \le Y$ oder $Y \le X$ ist?

3.55 • Die Weinmenge, die von einer automatischen Abfüllanlage in eine 0.75-l-Flasche abgefüllt wird, sei aus mancherlei Gründen als eine Zufallsvariable aufzufassen, deren Erwartungswert gleich 0.72 und deren Standardabweichung gleich 0.01 beträgt.

1. Wie groß ist die Wahrscheinlichkeit mindestens, dass in eine Flasche zwischen 0.7 l und 0.9 l abgefüllt werden?

2. Wie groß ist höchstens die Wahrscheinlichkeit, dass in eine Flasche weniger als 0.7 l abgefüllt werden, wenn die Verteilung der von der Abfüllanlage abgegebenen Menge symmetrisch ist?

3.56 •• Bei jeder Lottoziehung wird außer den sechs Glückszahlen noch eine siebte Zahl, die Zusatzzahl gezogen. Wie groß ist die Wahrscheinlichkeit, drei Richtige und die Zusatzzahl zu tippen.

3.57 •• Die Halbwertzeit einer radioaktiven Substanz ist die Zeit in der die Hälfte aller Atome zerfallen ist. Die Halbwertzeit von Caesium 137 ist rund 30 Jahre. Nach wieviel Jahren sind 90 % aller Caesiumatome zerfallen, die beim Reaktorunfall von Tschernobyl 1986 freigesetzt wurden.

Antworten der Selbstfragen

S. 82
$X+Y$ ist eine entartete Zufallsvariable mit $\mathcal{P}(X+Y=8)=1$: Aus

$$(X+Y=8) \supseteq (X=5) \cap (Y=3)$$

folgt

$$\mathcal{P}(X+Y=8) \geq \mathcal{P}((X=5) \cap (Y=3)) = 1\,.$$

Denn in Aufgabe 2.9 wird gezeigt: Sind A und B zwei Ereignise mit $\mathcal{P}(A)=\mathcal{P}(B)=1$, so ist $\mathcal{P}(A \cap B)=1$.

S. 87
a) Die Abildungen $X+X$ und $2 \cdot X$ sind identisch. Dagegen sind $X+X$ und $X+Y$ zwei verschiedene Abbildungen, z. B. kann $2 \cdot X$ nur gerade Werte annehmen, dies ist für $X+Y$ nicht notwendig.

b) Da X und Y identisch verteilt sind, haben sie auch gleiche Erwartungswerte und Varianzen: $\mathrm{E}(X)=\mathrm{E}(Y)=\mu$ und $\mathrm{Var}(X)=\mathrm{Var}(Y)=\sigma^2$. Weiter ist $\mathrm{E}(2 \cdot X)=2\mathrm{E}(X)=2\mu=\mathrm{E}(X)+\mathrm{E}(Y)=\mathrm{E}(X+Y)$. Dagegen unterscheiden sich die Varianzen: Einerseits ist $\mathrm{Var}(2 \cdot X)=4\mathrm{Var}(X)=4\sigma^2$. Da X und Y unabhängig und daher erst recht unkorreliert sind, folgt andererseits $\mathrm{Var}(X+Y)=\mathrm{Var}(X)+\mathrm{Var}(Y)=2\sigma^2$.

S. 88
$\mathrm{E}(X^*)=\mathrm{E}\left(\frac{X-\mu}{\sigma}\right)=\frac{1}{\sigma}\mathrm{E}(X-\mu)=\frac{1}{\sigma}(\mathrm{E}(X)-\mu)=0$
$\mathrm{Var}(X^*)=\mathrm{Var}\left(\frac{X-\mu}{\sigma}\right)=\frac{1}{\sigma^2}\mathrm{Var}(X-\mu)=\frac{1}{\sigma^2}\mathrm{Var}(X)=\frac{\sigma^2}{\sigma^2}=1.$

S. 90
In beiden Fällen ist der Beitrag Null. Im ersten Fall ist $\lim_{p_1 \to 0} p_1 \log_2 p_1 = 0$ und auch im zweiten Fall ist $p_2 \log_2 p_2 \approx 0$.

S. 93
Es war $\mathrm{E}(X)=\mu=1.5$ und $\mathrm{Var}(X)=\sigma^2=0.75$. Dann ist $\mathrm{E}(\overline{X}^{(48)})=\mu=1.5$ und $\mathrm{Var}(\overline{X}^{(48)})=\frac{\sigma^2}{n}=\frac{0.75}{48}$. Die Standardabweichung ist demnach $\sigma_{\overline{X}^{(48)}}=\sqrt{\frac{0.75}{48}}=0.125$. Damit hat das 2σ-Prognoseintervall für $\overline{X}^{(48)}$ die Gestalt

$$\left|\overline{X}^{(48)}-1.5\right| \leq 2 \cdot 0.125$$

oder

$$1.25 \leq \overline{X}^{(48)} \leq 1.75\,.$$

Beobachtet wurde $\overline{x}^{(48)}=1.33$. Die Prognose hat sich bestätigt.

S. 93
$\mathrm{E}(I_A)=1 \cdot \mathcal{P}(A)+0 \cdot \mathcal{P}(A^C)=\mathcal{P}(A)$. Da $(I_A)^2=I_A$ ist, ist $\mathrm{E}((I_A)^2)=\mathrm{E}(I_A)=\mathcal{P}(A)$. Die Varianz berechnen wir über $\mathrm{Var}(I_A)=\mathrm{E}((I_A)^2)-(\mathrm{E}(I_A))^2=\mathcal{P}(A)-(\mathcal{P}(A))^2$.

S. 107
$\mathcal{P}(X=500000) \approx 8 \times 10^{-4}$. Rein anschaulich muss diese Wahrscheinlichkeit sehr klein sein, denn es dürfte ziemlich gleich sein, ob nun 500000 oder 500001 mal „Kopf" fällt. Halten wir nun die Zahlen von 500000 ± 100 für annähernd gleich wahrscheinlich, so wäre die Wahrscheinlichkeit von der Größenordnung 1/200. Die genauere, wenn auch approximative Bestimmung dieser Wahrscheinlichkeit ist Ihnen als Aufgabe 4.8 gestellt.

S. 107
Man kann aus der Urne nicht mehr rote Kugeln entnehmen als drin sind. In diesem Fall ist $X=k$ ein unmögliches Ereignis mit der Wahrscheinlichkeit Null.

S. 109
Es ist $\mathrm{Var}(X)=\mathrm{E}(X^2)-(\mathrm{E}(X))^2$. Da wir $\mathrm{E}(X)$ bereits kennen, muss noch $\mathrm{E}(X^2)$ berechnet werden. Dabei ist

$$\mathrm{E}\left(X^2\right)=\sum_{r=0}^{\min\{R,n\}} r^2 \frac{\binom{R}{r}\binom{N-R}{n-r}}{\binom{N}{n}}\,.$$

S. 110
a) Für die Lottozentrale bewährt sich das Starke Gesetz der großen Zahlen: Sie zahlt im Mittel pro Spieler 53 Cent aus. b) Für Sie ist der Erwartungswert irrelevant, da Sie kein regelmäßiger Spieler sind. Träumen Sie eine Woche lang vom großen Gewinn und werfen Sie hinterher erleichtert den Tippzettel weg. Für alle anderen Spieler gilt: Je regelmäßiger sie spielen, umso sicherer werden sie verlieren. c) Die Lottozentrale verdient pro Tipp im Schnitt: 1 Euro Einnahme − 53 Cent Auszahlung = 47 Cent. d) Der Verdienst pro Spielabend beträgt im Schnitt $10^7 \cdot 0.47 = 4.7 \cdot 10^6$ Euro. e) Die Wahrscheinlichkeit, dass 2 Spieler unabhängig voneinander 6 Richtige haben, ist rund $5 \cdot 10^{-15}$. Jedoch werden die Tipps nicht unabhängig voneinander abgegeben. Es werden oft Muster auf dem Tippschein angekreuzt, beliebt sind auch Datumsangaben. Zum Beispiel wurden alle Gewinner bitter enttäuscht, als einmal die Zahlen 1, 2, 3, 4, 5, 6 fielen.

S. 112
Es ist $n=6$, also $\mathrm{E}(X)=\frac{6}{2}=3.5$ und $\mathrm{Var}(X)=\frac{36-1}{12}=2.917$.

S. 117

a) Nein: Zum Beispiel nimmt die Dichte $f(t) = \lambda\,\mathrm{e}^{-\lambda t}$ an der Stelle 0 den Wert $f(0) = \lambda$ an. Dieser Wert kann beliebig groß sein. b) Nein: Die Dichte muss nur integrierbar sein, sie kann daher z. B. abzählbar viele Sprungstellen besitzen.

S. 120

$\mathrm{E}\left(U^2\right) = \int_0^1 u^2\,\mathrm{d}u = \frac{1}{3}$. $\mathrm{Var}\,(U) = \mathrm{E}\left(U^2\right) - (\mathrm{E}\,(U))^2 = \frac{1}{3} - \frac{1}{4}$.

Spezielle Verteilungen – Modelle des Zufalls

4

Was ist das für eine Glockenkurve auf den alten 10-DM-Scheinen?

Was ist der zentrale Grenzwertsatz?

Wann reißt das schwächste Glied einer Kette?

Warum hat die t-Verteilung viel mit Studenten, aber nichts mit Tee zu tun?

Wir haben im letzten Kapitel das Modell der Zufallsvariablen und einige diskrete und stetige Verteilungen kennengelernt. Wir werden nun einige weitere Verteilungen vorstellen, die in der Praxis, vor allem der Ingenieure, eine wichtige Rolle spielen. Diese Verteilungen hängen alle miteinander zusammen, sie gehen zum Beispiel durch Addition, Multiplikation, Division oder durch andere Transformationen der jeweiligen Zufallsvariablen auseinander hervor. Man wird fast automatisch von einer zur anderen Verteilung geleitet. Trotzdem ist es sinnvoll, diese Verteilungen zu formal oder inhaltlich zusammenhängenden Familien zusammenzufassen. Dabei sind die Grenzen natürlich ebenso willkürlich wie fließend. Theoretisch und praktisch am wichtigsten ist die Normalverteilungsfamilie. Die vor allem für den inneren Zusammenhang der Verteilungsfamilien wichtigen Gamma- und Beta-Verteilungen erfordern etwas mehr Mathematik.

Überhaupt ist dieses Kapitel mit seiner Sammlung von Verteilungen etwas überladen. Es gleicht einem Rucksack, in dem wir Proviant für eine lange Wanderung mitnehmen. Da fragt man sich leicht am Anfang: Wozu müssen wir dieses oder jenes denn mitnehmen? Können wir das, was wir jeweils brauchen, nicht einfacher und besser unterwegs besorgen, wenn uns die Notwendigkeit dafür einleuchtet? Zum Beispiel brauchen wir die χ^2- und die t-Verteilung, wenn wir testen und Konfidenzintervalle bestimmen wollen, die F-Verteilung in der Varianzanalyse und die Beta-Verteilung brauchen wir in der bayesianischen Statistik. In einer Vorlesung halte ich diesen Weg für besser, nicht aber hier in einem Buch. Denn hier sollte alles wie in einem Vorratslager hübsch geordnet beieinander stehen und nicht wie bei der Vorbereitung eines Menus portionsweise auf den Küchentisch geholt werden.

4.1 Die Normalverteilungsfamilie

Wir haben von „der" Exponentialverteilung gesprochen, obwohl es beliebig viele Exponentialverteilungen $\text{ExpV}(\lambda)$ gibt, für jeden Wert von $\lambda > 0$ eine eigene. Die Exponentialverteilungen bilden eine mit dem Parameter λ indizierte **Verteilungsfamilie**, die selbst wieder Teil der umfassenderen Exponentialfamilie ist. Eine andere, zweiparametrige Verteilungsfamilie ist die Familie der Binomialverteilungen $B_n(\theta)$. In der Statistik werden Zufallsvariable mit ähnlichen Eigenschaften, die sich nur durch gewisse Parameterwerte unterscheiden oder durch einfache Transformationen in einander überführt werden können, gern zu Verteilungsfamilien zusammengefasst. Die wichtigste, die wir nun kennenlernen wollen, ist die Familie der Normalverteilungen.

Normal – doch außergewöhnlich, die Gauß-Verteilung

Die Gauß-Verteilung oder – wie sie international genannt wird – die Normalverteilung gehört zu den theoretisch und praktisch wichtigsten Wahrscheinlichkeitsverteilungen. Mit ihr lässt sich eine Fülle realer Situationen mit hinreichender Genauigkeit gut beschreiben. Dabei darf aber der historisch entstandene Name nicht dahingehend interpretiert werden, dass die Normalverteilung die „*normale*" Verteilung sei oder dass es in der „Wirklichkeit" überhaupt eine normalverteilte zufällige Variable gäbe. Diese Frage ist abwegig, da „Wahrscheinlichkeit", „zufällige Variable", „Normalverteilung" etc. nur Denkmodelle sind.

Der Name „normal curve" wurde vielmehr vom englischen Statistiker K. Pearson (1857–1936) eingeführt, der einen Prioritätsstreit zwischen Markov (1856–1922) und Gauß (1777–1855) vermeiden wollte. Dabei wurde die Normalverteilung bereits 1733 von Abraham de Moivre (1667–1754) beschrieben. 1808 wurde sie von Carl Friedrich Gauß, in seinem Buch *Theoria Motus corporum coelestium* behandelt. In Deutschland zierte das Bild von Gauß und die Gauß'sche Glockenkurve den 10-DM-Schein.

Die Standardnormalverteilung

Eine Zufallsvariable X mit der Dichte

$$f(x) = \frac{1}{\sqrt{2\pi}} \mathrm{e}^{-\frac{x^2}{2}}$$

heißt standardnormalverteilt. Wir schreiben:

$$X \sim \mathrm{N}(0; 1) .$$

Abbildung 4.1 zeigt die schöne geschwungene Glockenkurve der Dichte der N(0; 1).

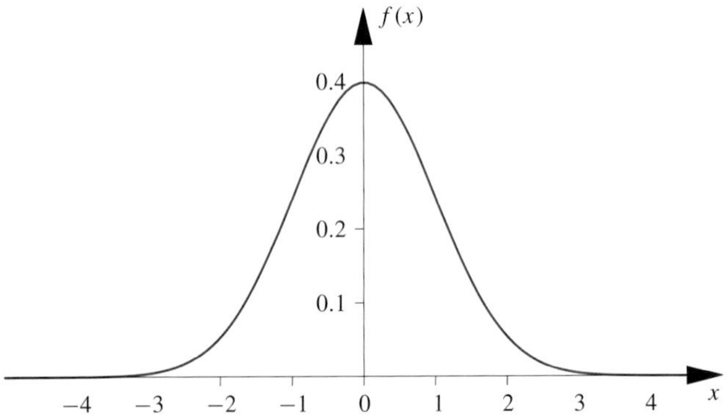

Abbildung 4.1 Die Dichte der Standardnormalverteilung.

Der Faktor $\frac{1}{\sqrt{2\pi}}$ ist eine Integrationskonstante, die erzwingt, dass die Fläche unter der Kurve gerade 1 beträgt. Für die Normalverteilung existieren alle Momente, und zwar gilt:

$$\mathrm{E}\left(X^{2k+1}\right) = 0, \tag{4.1}$$

$$\mathrm{E}\left(X^{2k}\right) = \frac{1}{\sqrt{2\pi}} \int_{-\infty}^{\infty} x^{2k} \mathrm{e}^{-\frac{x^2}{2}} \,\mathrm{d}x = \frac{(2k)!}{2^k k!} . \tag{4.2}$$

Die erste Gleichung ist aufgrund der Symmetrie der Dichte naheliegend. Für die zweite Gleichung geben wir in der Vertiefung auf Seite 146 eine Beweisskizze an.

Speziell ist $\mathrm{E}(X) = 0$, $\mathrm{Var}(X) = \mathrm{E}\left(X^2\right) = 1$ und $\mathrm{E}\left(X^4\right) = 3$. Daher ist die Standardnormalverteilung die Verteilung einer standardisierten Zufallsvariablen. Die Dichte der N(0; 1) wird oft auch mit φ, die Verteilungsfunktion mit Φ bezeichnet. Die Funktion $\Phi(x)$ ist tabelliert und fast in jedem Rechner als Standard aufrufbar,

$$\varphi(x) = \frac{1}{\sqrt{2\pi}} \cdot e^{-\frac{1}{2}x^2},$$
$$\Phi(x) = \frac{1}{\sqrt{2\pi}} \int_{-\infty}^{x} e^{-\frac{1}{2}t^2}\,dt.$$

Aufgrund der Symmetrie der Dichte gilt für die N(0; 1)-Verteilung:

$$\varphi(-x) = \varphi(x),$$
$$\mathcal{P}(X < -x) = \mathcal{P}(X > x),$$
$$\Phi(x) = 1 - \Phi(-x).$$

Alle Verteilungen, die aus der Standardnormalverteilung durch lineare Transformationen hervorgehen, bilden die Familie der Normalverteilungen.

Die Normalverteilungsfamilie $N(\mu; \sigma^2)$

Ist $X \sim N(0; 1)$ und wird X linear transformiert zu $Y = \mu + \sigma X$, dann hat Y den Erwartungswert μ, die Varianz σ^2 und die Dichte

$$f_Y(y) = \frac{1}{\sigma\sqrt{2\pi}} \cdot e^{-\frac{1}{2}\left(\frac{y-\mu}{\sigma}\right)^2}.$$

Y heißt normalverteilt, geschrieben:

$$Y \sim N(\mu; \sigma^2).$$

Beweis: Aus $Y = \mu + \sigma X$ und $E(X) = 0$, $\mathrm{Var}(X) = 1$ folgt $E(Y) = E(\mu + \sigma X) = \mu + \sigma E(X) = \mu$ und $\mathrm{Var}(Y) = \mathrm{Var}(\mu + \sigma X) = \sigma^2 \mathrm{Var}(X) = \sigma^2$. Der Transformationssatz $f_Y(y) = f_X(x)\frac{dx}{dy}$ mit $x = \frac{y-\mu}{\sigma}$ und $\frac{dx}{dy} = \frac{1}{\sigma}$ liefert die Dichtefunktion. ■

Durch Wahl von μ wird die Kurve nach links oder rechts verschoben, siehe Abbildung 4.2. Änderungen von σ lassen das Zentrum der Kurve invariant, die Gestalt hingegen ändert sich: Mit wachsendem σ wird die Kurve flacher, geht σ gegen 0, wird die Kurve steiler, siehe Abbildung 4.3.

Achtung: Die Kennzeichnung der Normalverteilung ist nicht einheitlich. Es werden sowohl die Schreibweisen $N(\mu; \sigma^2)$ wie $N(\mu; \sigma)$ verwendet. Daher ist eine Aussage wie $X \sim N(0; 4)$ missverständlich, solange nicht klar ist, welche von beiden Konventionen verwendet wird. In diesem Buch wird die international übliche Bezeichnung $N(\mu; \sigma^2)$ verwendet!

Aus der Definition der Normalverteilung folgt sofort die Geschlossenheit der Familie der Normalverteilungen bei linearen Transformationen.

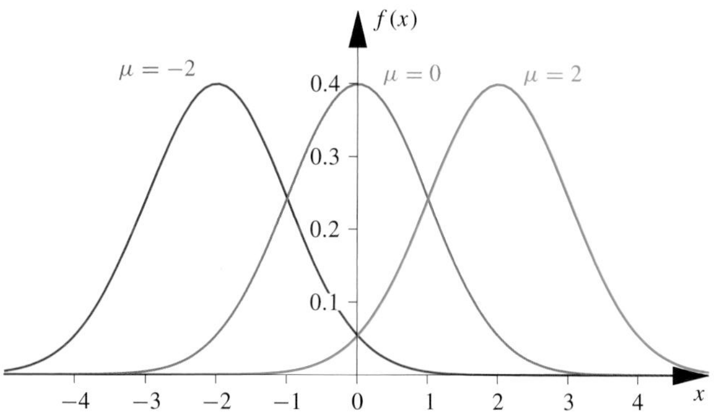

Abbildung 4.2 Dichte der $N(\mu; 1)$ für $\mu = -2, 0, +2$.

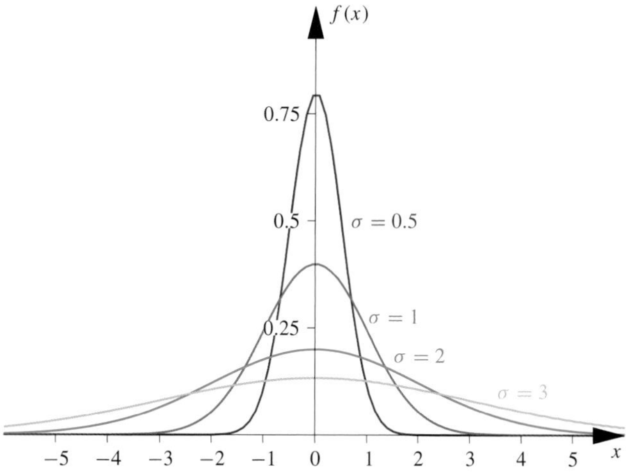

Abbildung 4.3 Dichte der $N(0; \sigma^2)$ für $\sigma = 0.5, 1, 2, 3$.

Normalverteilungen bei linearen Transformationen

Ist Y normalverteilt und sind a und b feste reelle Zahlen, so ist auch $a + bY$ normalverteilt: Speziell gilt:

$$Y \sim N(\mu; \sigma^2) \Leftrightarrow Y^* = \frac{Y-\mu}{\sigma} \sim N(0; 1).$$

Beweis: Genau dann ist $Y \sim N(\mu; \sigma^2)$, wenn ein $X \sim N(0; 1)$ existiert, mit $Y = \mu + \sigma X$. Dann ist aber $a + bY = (a + b\mu) + (b\sigma)X$. Demnach ist $a + bY \sim N(a + b\mu; b^2\sigma^2)$. ■

Die Tabelle der Standardnormalverteilung genügt, um alle Wahrscheinlichkeiten der $N(\mu; \sigma^2)$-Verteilungsfamilie zu berechnen: Es sei $X \sim N(\mu; \sigma^2)$. Gesucht wird $\mathcal{P}(a < X < b)$. Dazu standardisieren wir X und transformieren die Grenze a und b gleich mit. Die Aussagen

$$a < X < b$$

und

$$\frac{a-\mu}{\sigma} < \frac{X-\mu}{\sigma} < \frac{b-\mu}{\sigma}$$

sind äquivalent. $\frac{X-\mu}{\sigma}$ ist die standardisierte Variable

$$X^* = \frac{X-\mu}{\sigma}.$$

Nun benutzen wir den Index * auch als Abkürzung, um die *„Standardisierung der Grenzen"* zu bezeichnen:

$$a^* = \frac{a-\mu}{\sigma} \text{ und } b^* = \frac{b-\mu}{\sigma}.$$

Wir werden diese Abkürzung stets verwenden, wenn der Bezug auf die zu standardisierende Zufallsvariable unmissverständlich ist. Dann können wir einprägsam schreiben:

$$a < X < b \text{ genau dann, falls } a^* < X^* < b^*$$

Da X^* standardisiert ist, $X^* \sim \mathrm{N}(0; 1)$, folgt:

$$\mathcal{P}(a < X < b) = \mathcal{P}(a^* < X^* < b^*) = \Phi(b^*) - \Phi(a^*).$$

Wir erinnern uns, $\Phi(x)$ ist die Verteilungsfunktion der N(0; 1). Speziell gilt:

$$\mathcal{P}(X < b) = \Phi(b^*) = \Phi\left(\frac{b-\mu}{\sigma}\right)$$
$$\mathcal{P}(X > a) = 1 - \Phi(a^*) = 1 - \Phi\left(\frac{a-\mu}{\sigma}\right)$$

Beispiel Es sei X die Temperatur eines Kühlschranks im Haushalt. Beim Reinigen des Kühlschranks wird der Thermostat zufällig und unbeabsichtigt verstellt. Die Temperatur X, auf die sich der Kühlschrank nun einstellt, modellieren wir als zufällige normalverteilte Variable X mit $\mu = 3\,°\mathrm{C}$ und $\sigma = 10\,°\mathrm{C}$, also $X \sim \mathrm{N}(3; 10^2)$.

a) Wie groß ist die Wahrscheinlichkeit, dass die Temperatur den als kritisch angesehenen Wert von +9 °C übersteigt?

$$\mathcal{P}(X > 9) = 1 - \Phi(9^*) = 1 - \Phi\left(\frac{9-3}{10}\right)$$
$$= 1 - \Phi(0.6) = 1 - 0.726 = 0.274.$$

b) Wie groß ist die Wahrscheinlichkeit dafür, dass die Temperatur im Kühlschrank unter dem Gefrierpunkt von 0 °C liegt?

$$\mathcal{P}(X < 0) = \Phi(0^*) = \Phi\left(\frac{0-3}{10}\right)$$
$$= \Phi(-0.3) = 1 - \Phi(0.3) = 0.382\,09.$$

c) Wie groß ist die Wahrscheinlichkeit für eine Temperatur zwischen +1 °C und +7 °C?

$$\mathcal{P}(1 < X < 7) = \Phi(7^*) - \Phi(1^*) = \Phi\left(\frac{7-3}{10}\right) - \Phi\left(\frac{1-3}{10}\right)$$
$$= \Phi(0.4) - \Phi(-0.2)$$
$$= \Phi(0.4) - (1 - \Phi(0.2))$$
$$= 0.655 - (1 - 0.579) = 0.234.$$

d) Welche Temperatureinstellung c (in °C) wird mit einer Wahrscheinlichkeit von 99 % nicht überschritten?

$$0.99 = \mathcal{P}(X \leq c) = \mathcal{P}\left(X^* \leq c^*\right)$$

Aus der Tabelle entnehmen wir:

$$2.33 = c^* = \frac{c-3}{10}.$$

Also ist $c = 2.33 \cdot 10 + 3 = 26.3$. ◀

In Frage d) des letzten Beispiels wurde nach einem Quantil gefragt, genauer nach dem 99-%-Quantil der $\mathrm{N}(\mu; \sigma^2)$-Verteilung. Das α-Quantil x_α einer Zufallsvariablen ist definiert durch:

$$\mathcal{P}(X \leq x_\alpha) = \alpha.$$

Da die Quantile der Normalverteilung eine so große Rolle spielen, bezeichnen wir sie mit einem eigenen Buchstaben, nämlich τ_α. Die Quantile τ_α der Normalverteilung lassen sich aus den Quantilen τ_α^* der Standardnormalverteilung ableiten.

Quantile der Normalverteilung

Ist $X \sim \mathrm{N}\left(\mu; \sigma^2\right)$ und $X^* \sim \mathrm{N}(0; 1)$, dann sind die α-Quantile τ_α bzw. τ_α^* definiert durch

$$\mathcal{P}(X \leq \tau_\alpha) = \mathcal{P}\left(X^* \leq \tau_\alpha^*\right) = \alpha.$$

Dabei ist

$$\tau_\alpha = \mu + \sigma\tau_\alpha^*.$$

Die letzte Gleichung folgt mit der Standardisierung der $\mathrm{N}\left(\mu; \sigma^2\right)$ aus $\tau_\alpha^* = \frac{\tau_\alpha - \mu}{\sigma}$.

Bei einer standardisierten normalverteilten Zufallsvariablen X^* ist die Wahrscheinlichkeit, dass eine Realisation kleiner als τ_α^* ausfällt, gerade α. Da die Dichte der N(0; 1) symmetrisch ist, ist α auch die Wahrscheinlichkeit, dass eine Realisation größer als $\tau_{1-\alpha}^*$ ist. Links von τ_α^* liegt die Wahrscheinlichkeit α, rechts davon die Wahrscheinlichkeit $1-\alpha$. Zwischen τ_α^* und $\tau_{1-\alpha}^*$ liegt die Wahrscheinlichkeit $1 - 2\alpha$ (siehe Abbildung 4.4):

$$\tau_{1-\alpha}^* = -\tau_\alpha^*$$
$$\mathcal{P}\left(|X^*| < \tau_{1-\alpha}^*\right) = \mathcal{P}(\tau_\alpha^* < X^* < \tau_{1-\alpha}^*) = 1 - 2\alpha$$

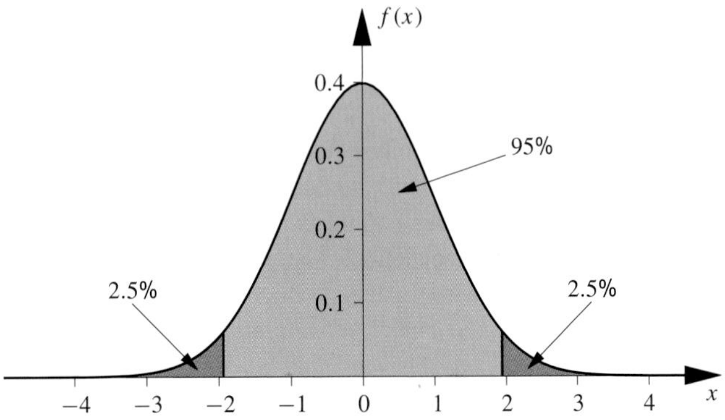

Abbildung 4.4 Die Standardnormalverteilungen mit den Quantilen $\tau_{0.025}^*$ und $\tau_{0.975}^*$ und dem 95%-Prognoseintervall.

Die wichtigsten Quantile der $N(0, 1)$ sind:

α in %	$\tau^*_{1-\alpha}$
5.0	1.65
2.5	1.96
1.0	2.33
0.5	2.58

In dieser Tabelle sind die oberen Quantile $\tau^*_{1-\alpha}$ angegeben, da die entsprechenden unteren Quantile $\tau^*_\alpha = -\tau^*_{1-\alpha}$ negativ sind.

Anwendungsbeispiel Ist X eine zufällige Variable, so beantworten wir die Fragen „Welche X-Werte können wir erwarten, mit welchen X-Werten sollten wir rechnen?" in der Regel mit einem Prognoseintervall zum Sicherheitsniveau $1-\alpha$. Das symmetrische $(1-\alpha)$-Prognoseintervall für ein standardisiertes X^* ist

$$\left|X^*\right| < \tau^*_{1-\frac{\alpha}{2}} ,$$

$$\left|\frac{X-\mu}{\sigma}\right| < \tau^*_{1-\frac{\alpha}{2}}$$

oder ausführlicher:

$$\mu - \tau^*_{1-\frac{\alpha}{2}} \cdot \sigma < X < \mu + \tau^*_{1-\frac{\alpha}{2}} \cdot \sigma .$$

Zum Beispiel erhalten wir für $\alpha = 5\%$ mit $\tau^*_{1-\frac{\alpha}{2}} = \tau^*_{0.975} = +1.96$ das Prognoseintervall zum Niveau 0.95:

$$\mu - 1.96 \cdot \sigma < X < \mu + 1.96 \cdot \sigma .$$

In der Praxis genügt es, wenn Statistiker nur bis zwei zählen können und sich statt des korrekten Quantils 1.96 nur den Wert 2 merken. Dann ist bei normalverteiltem X

$$\mu - 2 \cdot \sigma < X < \mu + 2 \cdot \sigma$$

ein Prognoseintervall zum Niveau von geringfügig mehr als 95 ist außerdem ein geringer Sicherheitsaufschlag, da die Annahme der Normalverteilung meist nur annähernd gerechtfertigt sein wird. Ist uns die Verteilung von X dagegen unbekannt, so können wir allein gestützt auf die Tschebyschev-Ungleichung diesem Prognoseintervall nur das Niveau von 75 % zusichern.

Um bei unbekannter Verteilung von X ein 0.95-Prognoseintervall zu erhalten, müssen wir ein k wählen mit $1 - \frac{1}{k^2} = 0.95$. Also ist $k^2 = 20$ und $k = 4.47$. Die Tschebyschev-Ungleichung liefert demnach das 0.95-Prognoseintervall:

$$\mu - 4.47 \cdot \sigma < X < \mu + 4.47 \cdot \sigma .$$

Es ist also 2.3-mal so lang wie das auf der Normalverteilung basierende Intervall. ◀

?

Es sei $X \sim N\left(\mu; \sigma^2\right)$. Wie groß sind die Sicherheitsniveaus der Prognoseintervalle $\mu - 2 \cdot \sigma < X < \mu + 2 \cdot \sigma$ bzw. $\mu - 3 \cdot \sigma < X < \mu + 3 \cdot \sigma$ genau?

Als erste Hilfe unentberlich: der zentrale Grenzwertsatz

Sind $X_1, \ldots, X_n$ unabhängig voneinander normalverteilt, so ist auch ihre Summe $\sum X_i$ normalverteilt. Diese Additivität wollen wir hier nicht beweisen, sondern im zentralen Grenzwertsatz eine viel umfassendere Eigenschaft vorstellen. Dieser Satz, den wir in zwei Varianten zeigen, erklärt die fundamentale Bedeutung der Normalverteilung für die Statistik. Dabei kommt die erste abgeschwächte einfache Variante ohne zusätzliche Nebenbedingungen aus.

Der zentrale Grenzwertsatz für i. i. d. Zufallsvariable

Es sei $(X_i)_{i\in\mathbb{N}}$ eine Folge unabhängiger identisch verteilter zufälliger Variablen mit $E(X_i) = \mu$, $\mathrm{Var}(X_i) = \sigma^2$. Dann konvergiert die Verteilungsfunktion der standardisierten Summe der X_i:

$$\overline{X}^{(n)*} = \frac{\sum_{i=1}^{n} X_i - n\mu}{\sigma\sqrt{n}} = \frac{\overline{X}^{(n)} - \mu}{\sigma}\sqrt{n}$$

mit wachsendem n punktweise gegen die Verteilungsfunktion Φ der $N(0; 1)$:

$$\lim_{n\to\infty} \mathcal{P}\left(\overline{X}^{(n)*} \leq x\right) = \Phi(x) .$$

Man sagt: Die standardisierte Summe ist *asymptotisch normalverteilt* und schreibt:

$$\overline{X}^{(n)*} \underset{\to}{\sim} N(0; 1) .$$

?

Warum ist es bei der Formulierung des zentralen Grenzwertsatzes gleichgültig, ob die Summe oder der Mittelwert $\overline{X}^{(n)} = \frac{1}{n}\sum_{i=1}^{n} X_i$ standardisiert werden?

Zur Illustration kehren wir zu unserem oft benutzten Spiel mit Münzen und der Auszahlungsfunktion A zurück. Dabei war S_n die Summe der unabhängigen Auszahlungen an n Spieler. Im vorigen Kapitel über Zufallsvariable haben wir auf Seite 81 die Verteilungsfunktionen von S_n für $n = 1, 3, 5, 10, 20$ geplottet. Abbildung 4.5 zeigt nun die Verteilungsfunktionen der standardisierten Variablen S_n^*.

Um den zentralen Grenzwertsatz mit dem Starken Gesetz der großen Zahlen zu vergleichen, beschränken wir uns auf zentrierte Zufallsvariable, es sei also $E(X_i) = 0$. Das Starke Gesetz der großen Zahlen sagt: Mit Wahrscheinlichkeit 1 gilt:

$$\lim_{n\to\infty} \overline{X}^{(n)} = \lim_{n\to\infty} \frac{1}{n}\sum_{i=1}^{n} X_i = 0 .$$

Die Zufallsvariable $\overline{X}^{(n)}$ selber konvergiert fast sicher gegen null. Dabei ist die einzige Voraussetzung die Existenz des Erwartungswertes. Durch die Division von $\sum_{i=1}^{n} X_i$ durch den Nenner n

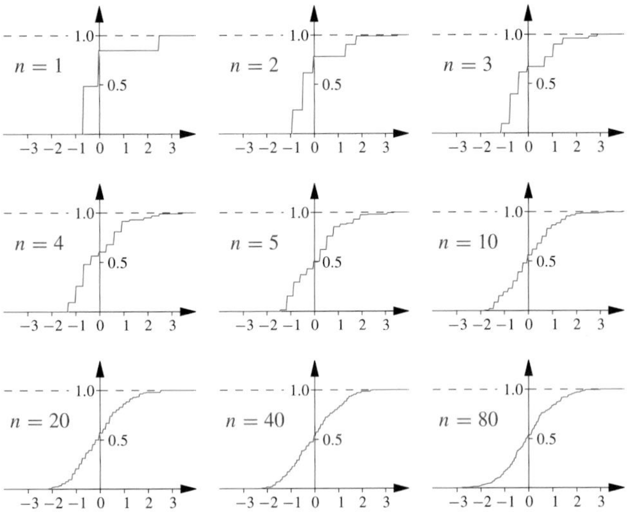

Abbildung 4.5 Die Verteilung der standardisierten Summe bei wachsendem n.

werden alle Realisationen der X_i soweit reduziert, dass große Abweichungen in der Summe irrelevant werden. Nun ersetzen wir den Nenner n durch $\sqrt{n}$ und betrachten

$$\frac{1}{\sqrt{n}} \sum_{i=1}^{n} X_i = \sqrt{n} \cdot \overline{X}^{(n)}.$$

Diese Summe konvergiert mit wachsendem n gegen keine Konstante, sie bleibt eine Zufallsvariable, deren Verteilungsfunktion wir mit wachsendem n beliebig genau angeben können: Es ist die Verteilung der $\mathrm{N}(0; \sigma^2)$.

Die Verteilungsfunktion von $\overline{X}^{(n)}$ konvergiert gegen die Sprungfunktion. Nehmen wir die Lupe und vergrößern die Umgebung der Null mit dem Faktor $\sqrt{n}$, sehen wir: Die Verteilungsfunktion von $\sqrt{n} \cdot \overline{X}^{(n)}$ konvergiert gegen die der $\mathrm{N}(0; \sigma^2)$ (siehe Abbildung 4.6).

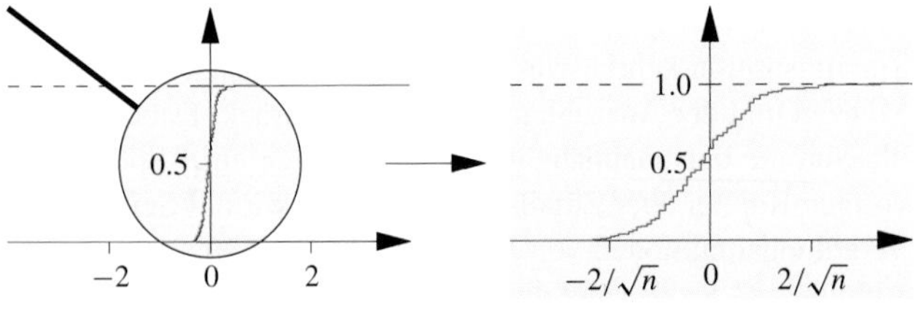

Abbildung 4.6 Die Verteilung von $\overline{X}^{(n)}$ unter der Lupe.

Der zentrale Grenzwertsatz gilt jedoch im Allgemeinen auch, wenn die Variablen $X_1, \ldots, X_n$ nicht alle dieselbe Verteilung haben, sofern diese Verteilungen nur gewisse Zusatzbedingungen erfüllen.

Der zentrale Grenzwertsatz

Es sei $(X_n)_{n \in \mathbb{N}}$ eine Folge unabhängiger zufälliger Variablen mit existierenden Erwartungswerten $\mathrm{E}(X_i) = \mu_i$ und Varianzen $\mathrm{Var}(X_i) = \sigma_i^2$.

Unter schwachen mathematischen Nebenbedingungen gilt: Die Verteilungsfunktion der standardisierten Summe der X_i,

$$\overline{X}^{(n)*} = \frac{\sum_{i=1}^{n} X_i - \sum_{i=1}^{n} \mu_i}{\sqrt{\sum_{i=1}^{n} \sigma_i^2}},$$

konvergiert mit wachsendem n punktweise gegen die Verteilungsfunktion $\Phi(x)$ der $\mathrm{N}(0; 1)$,

$$\lim_{n \to \infty} \mathcal{P}\left(\overline{X}^{(n)*} \leq x\right) = \Phi(x).$$

Man sagt: Die standardisierte Summe ist *asymptotisch normalverteilt*

$$\overline{X}^{(n)*} \underset{\rightarrow}{\sim} \mathrm{N}(0; 1).$$

Unter der Formulierung von den „schwachen mathematischen Nebenbedingungen" verbirgt sich die Lindeberg-Bedingung, die wir in einer Vertiefung auf Seite 143 vorstellen.

Inhaltlich bedeuten die Nebenbedingungen, dass die Varianzen der X_i nicht zu schnell gegen null konvergieren oder gegen $+\infty$ divergieren dürfen. Im ersten Fall würde sich die X_i mit wachsendem i eher wie eine Konstante denn wie eine Zufallsvariable verhalten. Im zweiten würden bei zu schnell wachsenden Varianzen die Ausreißer in der Summe nicht mehr ausgeglichen werden können.

Approximieren wir die Verteilung der standardisierten Summe $\overline{X}^*$ bereits für ein endliches n, so können wir schreiben:

$$\overline{X}^{(n)*} \underset{\text{appr}}{\sim} \mathrm{N}(0; 1)$$

Machen wir nun die Standardisierung rückgängig, erhalten wir eine nützliche Faustregel.

Der zentrale Grenzwertsatz als Faustregel

Werden unabhängige Zufallsvariable X_i mit existierenden Varianzen addiert, so gilt bei großem n

$$\overline{X}^{(n)} \underset{\text{appr}}{\sim} \mathrm{N}\left(\mathrm{E}(\overline{X}^{(n)}); \mathrm{Var}(\overline{X}^{(n)})\right).$$

Diese Faustregel bedeutet keine Metamorphose von $\overline{X}^{(n)}$, der sich als diskrete Raupe bei hinreichend großem n in einen stetigen Schmetterling verwandelte. Ist nur ein einziges X_i nicht stetig, so ist auch $\overline{X}^{(n)}$ nicht stetig und besitzt auch bei beliebig großem n keine Dichte. Aber die Verteilungsfunktion von $\overline{X}^{(n)}$ kann mit wachsendem n immer besser durch die Verteilungsfunktion der $\mathrm{N}\left(\mathrm{E}(\overline{X}^{(n)}); \mathrm{Var}(\overline{X}^{(n)})\right)$ approximiert werden.

Ist X binomialverteilt, $X \sim B_n(\theta)$, so lässt sich X schreiben als:

$$X = \sum_{i=1}^{n} X_i.$$

Vertiefung: Die Lindeberg-Bedingung

Im Jahre 1922 konnte der Finne J. W. Lindeberg (1876–1932) die folgende hinreichend Bedingung für die Gültigkeit des zentralen Grenzwertsatzes aufstellen.

Es sei $(X_i)_{i\in\mathbb{N}}$ eine Folge unabhängiger zufälliger Variablen mit $\mathrm{E}(X_i) = 0$ und $\mathrm{Var}(X_i) = \sigma_i^2$. Weiter sei

$$\delta_n^2 = \sum_{i=1}^{n} \sigma_i^2 = \mathrm{Var}\left(\sum_{i=1}^{n} X_i\right).$$

Die Folge $(X_i)_{i\in\mathbb{N}}$ erfüllt die Lindeberg-Bedingung, wenn alle $\delta_n > 0$ und für alle $\varepsilon > 0$ gilt:

$$\lim_{n\to\infty} \frac{1}{\delta_n^2} \sum_{i=1}^{n} \int_{|y|>\varepsilon\delta_n} y^2 \,\mathrm{d}F_n(y) = 0$$

Ist die Lindeberg-Bedingung erfüllt, gilt der zentrale Grenzwertsatz. 1935 konnte W. Feller (1906–1970) zeigen: Gilt für die Folge $(X_i)_{i\in\mathbb{N}}$ noch $\lim_{n\to\infty} \delta_n = +\infty$ und $\lim_{n\to\infty} \frac{\sigma_n}{\delta_n} = 0$, so ist die Lindeberg-Bedingung auch notwendig.

Anschaulich besagt die Lindeberg-Bedingung, dass sich die Varianz der Summe $\sum_{i=1}^{n} X_i$ asymptotisch nicht ändert, wenn man die X_i durch die kupierten Variablen X_i' ersetzt. Dabei ist $X_i' = X_i$ für $|X_i| \leq \varepsilon\delta_n$ und $X_i' = 0$ sonst und $\varepsilon > 0$ beliebig.

Weiterführende Literatur

Heinz Bauer: *Wahrscheinlichkeitstheorie.* De Gruyter, Berlin, New York, 1991.

Hans Richter: *Wahrscheinlichkeitstheorie.* Springer, Berlin, Heidelberg, New York, 1966.

Dabei sind die X_i unabhängig und identisch Bernoulli-verteilt. Daher sind alle Voraussetzungen des zentralen Grenzwertsatz für i. i. d. Variable erfüllt. Bei hinreichend großem n können wir die Verteilungsfunktion der $B_n(\theta)$ durch die Verteilungsfunktion der Normalverteilung mit gleichen Parametern ersetzen:

$$X \sim B_n(\theta)$$
$$X \underset{\text{appr}}{\sim} \mathrm{N}\big(n\theta; n\theta(1-\theta)\big).$$

Bleibt die Frage: Was heißt hinreichend groß? Hier gibt es verschiedene Faustregeln.

Faustregeln für die Normalapproximation der Binomialverteilung:

1. Faustregel: Es sollte $n\theta(1-\theta) \geq 9$ sein.
2. Faustregel: Es sollte $n\theta \geq 5$ und $n(1-\theta) \geq 5$ sein.

Analog zur Binomialverteilung gibt es auch für die Poisson-Verteilung die Möglichkeit der Approximation durch die Normalverteilung.

Faustregel für die Normalapproximation der Poisson-Verteilung

Ist $X \sim PV(\lambda)$-verteilt, so ist approximativ $X \underset{\text{appr}}{\sim} \mathrm{N}(\lambda; \lambda)$.

Dabei sollte λ mindestens 10 sein.

?

Ist $X \sim B_n(\theta)$, so ist für jedes $k \leq n$ stets $\mathcal{P}(X = k) > 0$. Verwenden wir aber die approximierende Normalverteilung $X \underset{\text{appr}}{\sim} \mathrm{N}(n\theta; n\theta(1-\theta))$, so ist $\mathcal{P}(X = k) = 0$. Wie löst sich dieser Widerspruch?

Ist $X \sim B_n(\theta)$, so kann man $\mathcal{P}(X = k)$ approximativ wie folgt bestimmen: Wir ersetzen das Ereignis „$X = k$" durch das äquivalente Ereignis „$k - 0.5 < X < k + 0.5$" und bestimmen die Wahrscheinlichkeit dieses Ereignisses mit der approximierenden Normalverteilung:

$$\begin{aligned}
&\mathcal{P}(X = k \| X \sim B_n(\theta)) \\
&= \mathcal{P}(k - 0.5 < X < k + 0.5 \| X \sim B_n(\theta)) \\
&\approx \mathcal{P}(k - 0.5 < X < k + 0.5 \| X \sim \mathrm{N}(n\theta; n\theta(1-\theta))) \\
&= \mathcal{P}\big((k - 0.5)^* < X^* < (k + 0.5)^*\big) \\
&= \Phi\left(\frac{k + 0.5 - n\theta}{\sqrt{n\theta(1-\theta)}}\right) - \Phi\left(\frac{k - 0.5 - n\theta}{\sqrt{n\theta(1-\theta)}}\right).
\end{aligned}$$

Als Beispiel wählen wir $n = 60$, $\theta = 0.2$ und bestimmen $\mathcal{P}(X = 11)$. Es ist $\mathrm{E}(X) = n\theta = 12$ und $\mathrm{Var}(X) = n\theta(1-\theta) = 9.6$ (siehe Abbildung 4.7).

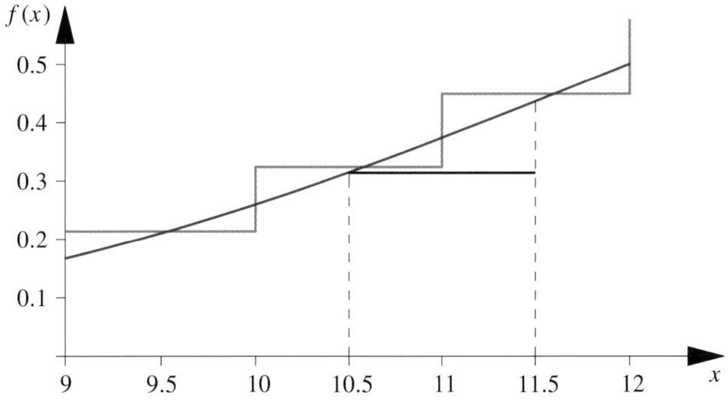

Abbildung 4.7 Verteilungsfunktionen der $B_{60}(0.2)$ als Treppenlinie und der $\mathrm{N}(12; 9.6)$ als kaum gebogene, rote Linie. Der Zuwachs der Verteilungsfunktion der $\mathrm{N}(12; 9.6)$ im Intervall $[10.5, 11.5]$ approximiert die diskrete Wahrscheinlichkeit $\mathcal{P}(X = 11)$ des binomialverteilten X.

Die Höhe der Treppenstufe an der Stelle $X = 11$ ist $\mathcal{P}(X = 11) = 0.125\,21$. Stattdessen bestimmen wir den Zuwachs der Vertei-

Anwendung: Bestimmung einer Summenverteilung

Bei einem Passagierflugzeug werden nur die Gepäckstücke gewogen, nicht aber die Passagiere. Im Fahrstuhl wird die Maximalzahl der Benutzer angegeben, bei einem Müllfahrzeug kennt man die Anzahl der geleerten Mülltonnen, aber nicht das Gesamtgewicht des beladenen Autos. Auf der Grundlage des zentralen Grenzwertsatzes kann man recht genaue Aussagen über Gesamtlasten machen, selbst wenn man über die Einzellast sehr wenig weiß. Unabdingbare Voraussetzung ist jedoch, dass sich die Gesamtlast als Summe von unabhängigen Einzellasten von vergleichbarer Größenordnung ergibt. Dabei ist die relative Genauigkeit der Abschätzung um so größer, je größer die Anzahl der Summanden ist.

Der Aufzug in einem Berliner Hörsaalgebäude ist zugelassen für jeweils 12 Personen bzw. 1000 kg. Das Durchschnittsgewicht μ der Berliner Studierenden sei $\mu = 70$ kg mit einer Standardabweichung von $\sigma = 15$ kg. Das Ladegewicht eines mit n Studierenden besetzten Fahrstuhls ist

$$X^{(n)} = \sum_{i=1}^{n} X_i$$

Da wir davon ausgehen können, dass die X_i unabhängig voneinander sind und alle eine recht ähnliche Verteilung besitzen, können wir auch bei geringem n approximativ

$$X^{(n)} \underset{\text{appr}}{\sim} \mathrm{N}(n\mu; n\sigma^2)$$

annehmen. (Sollte jedoch zufällig eine Klasse von Sumo-Ringern der Universität einen Besuch abstatten, so ist die Annahme der Unabhängigkeit sicher verletzt.) Die Wahrscheinlichkeit, dass die zulässige Maximallast M überschritten wird, ist unter der Normalverteilungsannahme

$$\begin{aligned}\mathcal{P}(X^{(n)} > M) &= \mathcal{P}\left(X^{(n)*} > \frac{M - n\mu}{\sigma\sqrt{n}}\right)\\ &= 1 - \Phi\left(\frac{M - n\mu}{\sigma\sqrt{n}}\right).\end{aligned}$$

Bei $M = 1\,000$, $n = 12$, $\mu = 70$ und $\sigma = 15$ gilt

$$\theta = \mathcal{P}(X^{(12)} > 1000) = 1 - \Phi\left(\frac{1000 - 840}{51.96}\right) = 0.001035$$

θ ist die Wahrscheinlichkeit, dass der voll besetzte Aufzug bei einer Fahrt steckenbleibt. Angenommen, der Aufzug werde pro Arbeitstag etwa 20-mal voll besetzt. Die Wahrscheinlichkeit δ, dass der Aufzug an einem Arbeitstag überlastet wird und dann festsitzt, ist dann

$$\delta = 1 - (1 - \theta)^{20} = 1 - (0.998965)^{20} = 0.0205\,.$$

Die Wahrscheinlichkeit, dass der Lift in den nächsten 10 Tagen nicht ausfällt, ist

$$\rho = (1 - \delta)^{10} = (1 - 0.0205)^{10} = 0.8129\,.$$

Betrachten wir einen längeren Zeitabschnitt. Die Anzahl der Tage, an denen der Aufzug steckenbleibt, ist binomialverteilt. Da δ klein ist, approximieren wir die Binomialverteilung durch eine Poisson-Verteilung PV(λ). Wählen wir als Maßeinheit den Tag, so ist λ der Erwartungswert der Ausfälle pro Tag. Daher ist $\lambda = \delta = 0.0205$. Die Wartezeit Y zwischen zwei Ausfällen ist dann eine Exponentialverteilung mit dem Parameter λ. Mit dem Exponentialverteilungsmodell berechnen wir zur Kontrolle die Wahrscheinlichkeit ρ, dass der Lift in den nächsten 10 Tagen nicht ausfällt als

$$\mathcal{P}(Y > 10) = 1 - \mathcal{P}(Y \leq 10) = \mathrm{e}^{-10\lambda} = \mathrm{e}^{-0.205} = 0.815\,.$$

Die mittlere Betriebsdauer in Tagen zwischen zwei Ausfällen ist

$$\mathrm{E}(Y) = \frac{1}{\lambda} = 48.8\,.$$

Der Median der Betriebsdauer ist

$$\mathrm{Med}(Y) = \frac{\ln 2}{\lambda} = 33.81\,.$$

In 82 % aller Fälle läuft der Fahrstuhl länger als 10 Tage störungsfrei. In der Hälfte aller Fälle ist die Zeit zwischen zwei Überlastungen länger als 34 Tage und im Schnitt vergehen zwischen zwei Überlastungen rund 49 Arbeitstage.

Zwei neue Aufzüge werden – bei sonst gleichen technischen und sonstigen Bedingungen – gebaut, und zwar der eine für 24 Personen bzw. 2000 kg Belastung, der andere für 6 Personen bzw. 500 kg Belastung. Welcher der drei Fahrstühle wird eher überlastet? Es ist

$$\begin{aligned}\mathcal{P}(X^{(24)} > 2000) &= 1 - \Phi\left(\frac{2000 - 24 \cdot 70}{15 \cdot \sqrt{24}}\right)\\ &= 1 - \Phi(4.35) = 0.68 \cdot 10^{-5}\\ \mathcal{P}(X^{(6)} > 500) &= 1 - \Phi\left(\frac{500 - 6 \cdot 70}{15 \cdot \sqrt{6}}\right)\\ &= 1 - \Phi(2.18) = 0.015\,.\end{aligned}$$

Der kleine Fahrstuhl wird am ehesten überlastet. Die Summe wächst proportional zu n, ihre Standardabweichung aber nur proportional zu $\sqrt{n}$. Daher ist die relative Genauigkeit von Aussagen über Summen um so größer, je größer n ist. Siehe auch Aufgabe 4.17.

lungsfunktion der N(12; 9.6) im Intervall von 10.5 bis 11.5.

k	$\mathcal{P}(X \le k \| X \sim \mathrm{N}(12; 9.6))$
10.5	0.314 15
11.5	0.435 90

Die Normalverteilung liefert als Näherung:

$$\mathcal{P}(X = 11) \approx 0.435\,90 - 0.314\,15 = 0.121\,75\,.$$

Verallgemeineren wir dieses Beispiel auf eine diskrete Zufallsvariable X, deren Verteilung wir nach dem Zentralen Grenzwertsatz mit einer Normalverteilung approximiert haben: $X \approx N(\mu; n\sigma^2)$, so gilt:

$$\begin{aligned}\mathcal{P}(X = k) &\approx \Phi\left(\frac{k-\mu+0.5}{\sigma\sqrt{n}}\right) - \Phi\left(\frac{k-\mu-0.5}{\sigma\sqrt{n}}\right)\\ &\approx \phi\left(\frac{k-\mu}{\sigma\sqrt{n}}\right)\frac{1}{\sigma\sqrt{n}}\,.\end{aligned}$$

Dabei sind ϕ die Dichte und Φ die Verteilungsfunktion der $N(0; 1)$. In unserem Beispiel ergibt sich so:

$$\mathcal{P}(X = 11) \approx \phi\left(\frac{11-12}{\sqrt{0.2\cdot 0.8\cdot 60}}\right)\frac{1}{\sqrt{0.2\cdot 0.8\cdot 60}} = 0.122\,.$$

Es ist bei praktischen und theoretischen Fragen oft nützlich, die Wahrscheinlichkeit abzuschätzen, dass eine normalverteilte Variable eine weit außen liegende Grenze überschreitet. Diese lässt sich leicht angeben:

Abschätzung der Überschreitungswahrscheinlichkeit

Ist $X \sim N(0; 1)$, so ist für $x > 0$

$$\begin{aligned}\frac{1}{x\sqrt{2\pi}}\exp\left(-\frac{x^2}{2}\right)\left(1-\frac{1}{x^2}\right) &\le \mathcal{P}(X \ge x)\\ &\le \frac{1}{x\sqrt{2\pi}}\exp\left(-\frac{x^2}{2}\right).\end{aligned}$$

Für großes x ist daher in guter Näherung $\mathcal{P}(X \ge x) \approx \frac{1}{x\sqrt{2\pi}}\exp\left(-\frac{x^2}{2}\right)$.

Zum Beweis setzen wir für $x > 0$:

$$\delta_m = \int_x^{-\infty} y^{-2m}\,\mathrm{e}^{-\frac{y^2}{2}}\,\mathrm{d}y > 0\,.$$

Durch partielle Integration erhalten wir:

$$x^{-2m+1}\,\mathrm{e}^{-\frac{x^2}{2}} = (2m-1)\,\delta_m + \delta_{m-1}\,.$$

Dies liefert für $m = 1$:

$$x^{-1}\,\mathrm{e}^{-\frac{x^2}{2}} = \delta_1 + \delta_0 \qquad (4.3)$$

und für $m = 2$:

$$x^{-3}\,\mathrm{e}^{-\frac{x^2}{2}} = 3\delta_2 + \delta_1 = 3\delta_2 + x^{-1}\,\mathrm{e}^{-\frac{x^2}{2}} - \delta_0\,. \qquad (4.4)$$

Aus (4.3) folgt $\delta_0 < x^{-1}\,\mathrm{e}^{-\frac{x^2}{2}}$, aus (4.4) folgt $\delta_0 > x^{-1}\,\mathrm{e}^{-\frac{x^2}{2}} - x^{-3}\,\mathrm{e}^{-\frac{x^2}{2}}$.

Beispiel Die Abschätzung der Überschreitungswahrscheinlichkeit können wir benutzen, um für den Spezialfall der Normalverteilung das Starke Gesetz der großen Zahlen abzuleiten. Wir betrachten dazu eine Folge i.i.d. verteilter Zufallsvariablen und nehmen der Einfachheit halber an, dass die Mittelwerte normalverteilt seien, also:

$$\overline{X}^{(n)} \sim N\left(\mu; \frac{c^2}{n}\right).$$

Nun geben wir uns ein ε vor und fragen nach der Wahrscheinlichkeit $\mathcal{P}\left(\overline{X}^{(n)} > \mu + \varepsilon\right)$. Wegen $\frac{\overline{X}^{(n)}-\mu}{\sigma}\sqrt{n} \sim N(0, 1)$ können wir wie folgt abschätzen:

$$\mathcal{P}\left(\overline{X}^{(n)} > \mu + \varepsilon\right) = \mathcal{P}\left(\frac{\overline{X}^{(n)}-\mu}{\sigma}\sqrt{n} > \varepsilon\frac{\sqrt{n}}{\sigma}\right).$$

Wegen $\frac{\overline{X}^{(n)}-\mu}{\sigma} \sim N(0, 1)$ können wir die Abschätzung der Überschreitungswahrscheinlichkeit benutzen:

$$\mathcal{P}\left(\overline{X}^{(n)} > \mu + \varepsilon\right) \le \frac{1}{\varepsilon\frac{\sqrt{n}}{\sigma}\sqrt{2\pi}}\exp\left(-\frac{\varepsilon^2 n}{2\sigma^2}\right).$$

Auf Grund der Symmetrie der $N(0, 1)$ ist

$$\mathcal{P}\left(\left|\overline{X}^{(n)} - \mu\right| > \varepsilon\right) \le \frac{2}{\varepsilon\frac{\sqrt{n}}{\sigma}\sqrt{2\pi}}\exp\left(-\frac{\varepsilon^2 n}{2\sigma^2}\right).$$

Also ist $\sum_{i=1}^{n}\mathcal{P}\left(\left|\overline{X}^{(n)} - \mu\right| > \varepsilon\right)$ konvergent. Dies bedeutet nach dem Null-Eins-Grenzwertsatz von Borel-Cantelli (siehe Seite 96), dass das Ereignis $\left|\overline{X}^{(n)} - \mu\right| > \varepsilon$ mit Wahrscheinlichkeit 1 nur endlich oft mal auftritt. Mit Wahrscheinlichkeit 1 konvergiert daher $\overline{X}^{(n)}$ wie eine gewöhnliche Zahlenfolge gegen μ. ◀

Die Wölbung der Normalverteilung ist das Maß für alle anderen Verteilungen

Die Wölbung einer Zufallsvariablen mit dem Erwartungswert μ und der Varianz σ^2 ist definiert als:

$$\omega = \frac{\mathrm{E}(X-\mu)^4}{\sigma^4}\,.$$

Wählen wir in der Formel (4.2) von Seite 138 für die Momente der Standardnormalverteilung den Wert $k = 2$, erhalten wir $\mathrm{E}(X^4) = 3$. Das heißt, die Wölbung der Standardnormalverteilung ist 3. Diese Zahl ist die Vergleichsgröße für die Wölbung aller anderen Verteilungen

Der Exzess einer Verteilung

Hat eine Verteilung die Wölbung ω, dann heißt $\omega - 3$ der Exzess dieser Verteilung.

Vertiefung: Charakteristische Funktionen, die Momente der Normalverteilung und eine Beweisskizze des zentralen Grenzwertsatzes

Ein wichtiges Werkzeug bei der Arbeit mit Zufallsvariablen bilden die sogenannten charakteristischen Funktionen.

Ist X eine Zufallsvariable, so ist die charakteristischen Funktion $\phi_X(t)$ definiert als

$$\phi_X(t) = \mathrm{E}\big(\mathrm{e}^{\mathrm{i}Xt}\big).$$

Da $\left|\mathrm{e}^{\mathrm{i}Xt}\right| = 1$ ist, existiert $\mathrm{E}\left(\mathrm{e}^{\mathrm{i}Xt}\right)$ und damit $\phi_X(t)$ für jede Zufallsvariable. Speziell ist $\phi_X(0) = 1$. Die vier wichtigsten Eigenschaften der charakteristischen Funktionen sind:

- Die Verteilungsfunktion F_X lässt sich aus der charakteristischen Funktion ϕ_X rekonstruieren. F_X ist durch ϕ_X eindeutig bestimmt.
- Sind X und Y zwei unabhängige Zufallsvariable mit den charakteristischen Funktionen ϕ_X und ϕ_Y, so ist
$$\begin{aligned}\phi_{X+Y}(t) &= \mathrm{E}\big(\mathrm{e}^{\mathrm{i}(X+Y)t}\big) = \mathrm{E}\big(\mathrm{e}^{\mathrm{i}Xt}\mathrm{e}^{\mathrm{i}Yt}\big)\\ &= \mathrm{E}\big(\mathrm{e}^{\mathrm{i}Yt}\big) = \phi_X(t)\phi_Y(t).\end{aligned}$$
Die charakteristische Funktion einer Summe ist das Produkt der charakteristischen Funktionen der unabhängigen Summanden.
- Bei linearen Transformationen verändern sich die charakteristischen Funktion wie folgt:
$$\begin{aligned}\phi_{aX+b}(t) &= \mathrm{E}\big(\mathrm{e}^{\mathrm{i}(aX+b)t}\big)\\ &= \mathrm{e}^{ibt}\mathrm{E}\big(\mathrm{e}^{\mathrm{i}aXt}\big) = \mathrm{e}^{ibt}\phi_X(at).\end{aligned}$$
- Differenzieren wir $\phi_X(t) = \mathrm{E}\left(\mathrm{e}^{\mathrm{i}Xt}\right)$ nach t und vertauschen formal Erwartungswertbildung und Differenziation erhalten wir:
$$\begin{aligned}\phi_X^{(1)}(t) &= \frac{\mathrm{d}}{\mathrm{d}t}\mathrm{E}\big(\mathrm{e}^{\mathrm{i}Xt}\big) = \mathrm{E}\left(\frac{\mathrm{d}}{\mathrm{d}t}\mathrm{e}^{\mathrm{i}Xt}\right) = \mathrm{i}\mathrm{E}\big(X\mathrm{e}^{\mathrm{i}Xt}\big)\\ \phi_X^{(1)}(0) &= \mathrm{i}\mathrm{E}(X).\end{aligned}$$
Für die zweiten, dritten, k-ten Ableitungen erhalten wir analog:
$$\phi_X^{(k)}(0) = \mathrm{i}^k\mathrm{E}\big(X^k\big).$$
Dabei sind diese Vertauschungen genau dann erlaubt, wenn $\mathrm{E}\left(X^k\right)$ existiert. Für eine standardisierte Zufallsvariable X mit $\mathrm{E}(X) = 0$ und $\mathrm{E}\left(X^2\right) = 1$ gilt daher $\phi_X^{(1)}(0) = 0$ und $\phi_X^{(2)}(0) = -1$.

Die charakteristische Funktion der Standardnormalverteilung ist zum Beispiel

$$\begin{aligned}\phi_X(t) &= \int_{-\infty}^{\infty}\mathrm{e}^{\mathrm{i}xt}f_X(x)\mathrm{d}x = \int_{-\infty}^{\infty}\mathrm{e}^{\mathrm{i}xt}\frac{1}{\sqrt{2\pi}}\mathrm{e}^{-\frac{1}{2}x^2}\mathrm{d}x\\ &= \frac{1}{\sqrt{2\pi}}\int_{-\infty}^{\infty}\exp\left(\mathrm{i}xt - \frac{1}{2}x^2\right)\mathrm{d}x\\ &= \mathrm{e}^{-\frac{1}{2}t^2}\cdot\frac{1}{\sqrt{2\pi}}\int_{-\infty}^{\infty}\exp\left(-\frac{1}{2}(x-\mathrm{i}t)^2\right)\mathrm{d}x.\end{aligned}$$

Würden wir das komplexe it im Exponenten der e-Funktion durch ein reelles μ ersetzen, wäre das Integral als Integral über die Dichte der $\mathrm{N}(\mu;\,1)$ gleich 1. Durch komplexe Integration, bzw. den Residuensatz lässt sich zeigen, dass dies genauso für ein komplexes μ gilt. Daher ist für die Standardnormalverteilung:

$$\phi_X(t) = \mathrm{e}^{-\frac{1}{2}t^2} = \sum_{n=0}^{\infty}(-1)^n\frac{t^{2n}}{2^n n!}.$$

$$\phi_X^{(k)}(0) = \begin{cases} 0, & \text{falls } k = 2n+1,\\ (-1)^n\dfrac{(2n)!}{2^n n!}, & \text{falls } k = 2n.\end{cases}$$

Andererseits ist $\phi_X^{(k)}(0) = \mathrm{i}^k\mathrm{E}\left(X^k\right)$. Folglich ist für die Standardnormalverteilung $\mathrm{E}\left(X^{2n+1}\right) = 0$ und $\mathrm{E}\left(X^{2n}\right) = \dfrac{(2n)!}{2^n n!}$.

Zum Schluss skizzieren wir den Beweis des zentralen Grenzwertsatzes im einfachsten Fall. Es sei $(X_n)_{n\in\mathbb{N}}$ eine Folge von standardisierten i.i.d. Zufallsvariablen mit der charakteristische Funktion $\phi_X(t)$. Entwickeln wir $\phi_X(t)$ in eine Taylorreihe um den Punkt $t = 0$, so ist

$$\begin{aligned}\phi_X(t) &= 1 + t\phi_X^{(1)}(0) - \phi_X^{(2)}(0)\frac{t^2}{2} + \psi(t)\\ &= 1 - \frac{t^2}{2} + \psi(t).\end{aligned}$$

Dabei ist $\psi(t)$ ein Restglied, dessen Abschätzung wir uns hier sparen. Die charakteristische Funktion der Summe ist

$$\begin{aligned}\phi_Y(t) &= \prod_{i=1}^{n}\phi_{X_i}(t) = (\phi_X(t))^n\\ &= \left(1 - \frac{t^2}{2} + \psi(t)\right)^n.\end{aligned}$$

Nun wird die Summe standardisiert: $Y^* = \frac{Y}{\sqrt{n}}$. Dann ist

$$\begin{aligned}\phi_{Y^*}(t) &= \phi_Y\left(\frac{t}{\sqrt{n}}\right) = \left(1 - \frac{t^2}{2n} + \psi\left(\frac{t}{\sqrt{n}}\right)\right)^n\\ &= \mathrm{e}^{-\frac{t^2}{2}+\text{Restglied}}.\end{aligned}$$

Eine sorgfältige Analyse des Restgliedes zeigt, dass dieses mit wachsendem n gegen null geht. Also ist

$$\lim_{n\to\infty}\phi_{Y^*}(t) = \mathrm{e}^{-\frac{t^2}{2}}.$$

Dies ist aber die charakteristische Funktion von $\mathrm{N}(0;\,1)$. Da diese die Verteilung eindeutig bestimmt, folgt daraus, dass die Grenzverteilung der standardisierten Summe die Standardnormalverteilung ist.

Die Normalverteilung hat definitionsgemäß den Exzess null. Bestimmen wir zum Vergleich den Exzess der Gleichverteilung: Ist X im Intervall $[-a, a]$ gleichverteilt, dann ist das k-te Moment $\mu^{(k)}$ von X für ungerades k gleich 0 und für gerades k:

$$\mu^{(k)} = \int x^k f(x)\,\mathrm{d}x = \frac{1}{2a}\int_{-a}^{a} x^k\,\mathrm{d}x = \frac{1}{2a}\frac{1}{k+1}\,x^{k+1}\Big|_{-a}^{a}$$
$$= \frac{1}{k+1}a^k\,.$$

Daher ist die Varianz $\sigma^2 = \frac{a^2}{3}$ und die Wölbung:

$$\omega = \frac{\mu^{(k)}}{\sigma^4} = \frac{\frac{1}{5}a^4}{\left(\frac{a^2}{3}\right)^2} = \frac{9}{5}\,.$$

Der Exzess ist also -1.2. Je kleiner der Exzess umso kompakter, „breitschultriger" ist die Verteilung. (In Aufgabe 3.26 können Sie selber den Exzess einer symmetrischen Dreipunktverteilung bestimmen.) An Mischverteilungen lassen sich besonders große Wölbungen beobachten. Betrachten wir zwei Zufallsvariablen X_i mit $\mathrm{E}(X_i) = 0$, $\mathrm{Var}X_i = \sigma_i^2$, der Wölbung ω_i und der Dichte f_i, $i = 1, 2$. Die neue Zufallsvariable Y sei mit Wahrscheinlichkeit α gleich X_1 und mit Wahrscheinlichkeit $1-\alpha$ gleich X_2. Y hat die Dichte

$$f = \alpha f_1 + (1-\alpha) f_2\,.$$

Das k-te Moment von Y ist

$$\mu^{(k)} = \int y^k f(y)\,\mathrm{d}y = \int y^k (\alpha f_1 + (1-\alpha) f_2)\,\mathrm{d}y$$
$$= \alpha\mu_1^{(k)} + (1-\alpha)\,\mu_2^{(k)}\,.$$

Die Wölbung von Y ist

$$\omega = \frac{\mu^{(4)}}{\sigma^4} = \frac{\alpha\mu_1^{(4)} + (1-\alpha)\,\mu_2^{(4)}}{\left(\alpha\sigma_1^2 + (1-\alpha)\,\sigma_2^2\right)^2}$$
$$= \frac{\alpha\omega_1\sigma_1^4 + (1-\alpha)\,\omega_2\sigma_2^4}{\left(\alpha\sigma_1^2 + (1-\alpha)\,\sigma_2^2\right)^2}\,.$$

Ist σ_2 groß gegen σ_1 dann ist

$$\omega \approx \frac{\omega_2}{1-\alpha}\,.$$

Geht α gegen null, kann die Wölbung beliebig groß werden. Betrachten wir nun speziell zwei Normalverteilungen, und zwar seien $X_1 \sim N(0; 1)$ und $X_2 \sim N\left(0; \sigma^2\right)$. Dann ist

$$\omega = 3\frac{\alpha + (1-\alpha)\,\sigma^4}{\left(\alpha + (1-\alpha)\,\sigma^2\right)^2}\,.$$

Sei $\sigma = 10$. Abbildung 4.8 zeigt eine Standardnormalverteilung und eine Mischverteilung aus einer $N(0; 1)$ und einer $N\left(0; 10^2\right)$, dabei ist $\alpha = 0.7143$ gewählt worden. Die Wölbung der Mischverteilung ist 10.

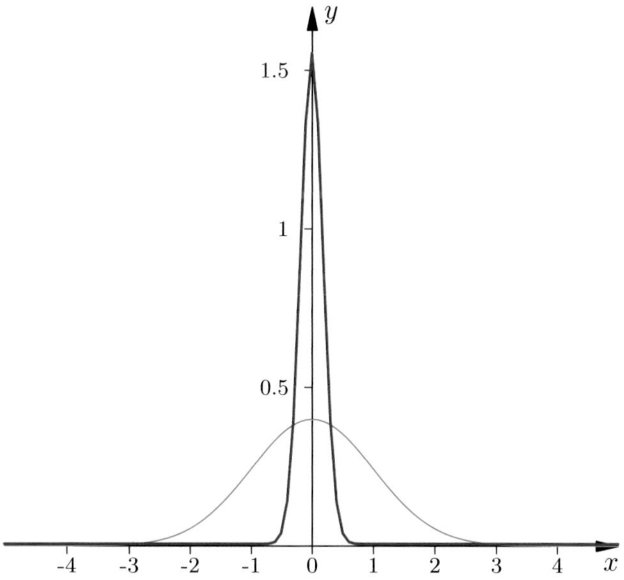

Abbildung 4.8 Standardnormalverteilung und Dichte mit der Wölbung 10.

Die Gestalt der Mischdichte erinnert an die Form einer Reißzwecke: Sie hat eine eng konzentrierte Mitte und einen weit ausladenden Fuß. Verteilungen mit dieser Gestalt sind für den Praktiker ebenso angenehm, wie auf eine Reißzwecke zu treten: Die Hauptmasse der Verteilung liegt unauffällig im Zentrum, aber extreme Ausreißer sind häufig und können alle Schätzungen unkontrolliert verzerren. In solchen Fällen ist es ratsam, mit sogenannten **robusten Statistiken** zu arbeiten, die Ausreißer tolerieren können. Leider können wir hier dies Thema nicht weiter vertiefen.

Die n-dimensionale Normalverteilung

Die n-dimensionale Normalverteilung

Es seien $X_1, \ldots, X_n$ voneinander unabhängige, nach $\mathrm{N}(0; 1)$ verteilte Zufallsvariable, die zu einem n-dimensionalen Zufallsvektor $\boldsymbol{X} = (X_1, \ldots, X_n)^\top$ zusammengefasst sind. Dann heißt $\boldsymbol{X}$ **n-dimensional standardnormalverteilt**, geschrieben:

$$\boldsymbol{X} \sim \mathrm{N}_n(\boldsymbol{0}_n; \boldsymbol{I}_n)\,.$$

Dabei sind $\boldsymbol{0}_n = \mathrm{E}(\boldsymbol{X})$ der n-dimensionale Nullvektor und $\boldsymbol{I}_n = \mathrm{Cov}(\boldsymbol{X})$ die n-dimensionale Einheitsmatrix:

$$\boldsymbol{0}_n = \begin{pmatrix} 0 \\ \vdots \\ 0 \end{pmatrix} \text{ und } \boldsymbol{I}_n = \begin{pmatrix} 1 & \cdots & 0 \\ \vdots & \ddots & \vdots \\ 0 & \cdots & 1 \end{pmatrix}$$

Sind $\boldsymbol{A} \neq \boldsymbol{0}$ eine nichtstochastische $m \times n$-Matrix und $\boldsymbol{\mu}$ ein nichtstochastischer m-dimensionaler Vektor und $\boldsymbol{Y} = \boldsymbol{A}\boldsymbol{X} + \boldsymbol{\mu}$, dann heißt $\boldsymbol{Y}$ **m-dimensional normalverteilt**:

$$\boldsymbol{Y} \sim \mathrm{N}_m(\boldsymbol{\mu}; \boldsymbol{C})\,.$$

Dabei ist $\boldsymbol{\mu} = \mathrm{E}(\boldsymbol{Y})$ und $\boldsymbol{C} = \mathrm{Cov}(\boldsymbol{Y})$.

$\boldsymbol{A}$ und μ sind nichtstochastisch, das heißt, ihre Elemente sind keine zufälligen Größen, sondern determinierte feste Zahlen. Sind keine Missverständnisse über die Dimension m möglich, so lassen wir m weg und schreiben $\boldsymbol{Y} \sim \mathrm{N}(\mu; \boldsymbol{C})$. Ist $\boldsymbol{Y}$ m-dimensional normalverteilt, so ist die Verteilung von $\boldsymbol{Y}$ durch die Angabe von Erwartungswert $\mathrm{E}(\boldsymbol{Y}) = \mu$ und die Kovarianzmatrix $\mathrm{Cov}(\boldsymbol{Y}) = \boldsymbol{C}$ bereits eindeutig festgelegt.

Ist $\boldsymbol{X} \sim \mathrm{N}_n(\boldsymbol{0}_n; \boldsymbol{I}_n)$, so ist aufgrund der Unabhängigkeit der Komponenten X_i die Dichte von $\boldsymbol{X}$ das Produkt der Randdichten

$$f_X(\boldsymbol{x}) = (2\pi)^{-\frac{n}{2}} \exp\left(-\frac{1}{2}\sum_{i=1}^{n} x_i^2\right)$$
$$= (2\pi)^{-\frac{n}{2}} \exp\left(-\frac{1}{2}\boldsymbol{x}^\top \boldsymbol{x}\right).$$

Ist $\boldsymbol{Y} = \boldsymbol{A}\boldsymbol{X} + \boldsymbol{\mu}$ und ist $\mathrm{Cov}(\boldsymbol{Y}) = \boldsymbol{A}^\top \boldsymbol{A} = \boldsymbol{C}$ invertierbar, so liefert der Transformationssatz für mehrdimensionale stetige Zufallsvariable die Dichte von $\boldsymbol{Y}$.

Die Dichte der $\mathrm{N}_m(\mu; \boldsymbol{C})$

Ist $\boldsymbol{Y} \sim \mathrm{N}_m(\mu; \boldsymbol{C})$ und ist $\boldsymbol{C}$ invertierbar, so hat Y die Dichte

$$f_Y(\boldsymbol{y}) = |\boldsymbol{C}|^{-\frac{1}{2}} (2\pi)^{-\frac{m}{2}} \exp\left(-\frac{1}{2}(\boldsymbol{y}-\mu)^\top \boldsymbol{C}^{-1}(\boldsymbol{y}-\mu)\right).$$

Beweis: Wir beschränken uns auf den Fall, dass $\boldsymbol{A}$ eine invertierbare $n \times n$-Matrix ist. Dann ist $\boldsymbol{X} = \boldsymbol{A}^{-1}(\boldsymbol{Y} - \boldsymbol{\mu})$ und

$$\boldsymbol{x}^\top \boldsymbol{x} = (\boldsymbol{y} - \mu)^\top \left(\boldsymbol{A}^\top \boldsymbol{A}\right)^{-1} (\boldsymbol{y} - \mu) = (\boldsymbol{y} - \mu)^\top \boldsymbol{C}^{-1} (\boldsymbol{y} - \mu).$$

Weiter ist $\left|\frac{\partial \boldsymbol{X}}{\partial \boldsymbol{Y}}\right| = |\boldsymbol{A}|^{-1} = |\boldsymbol{C}|^{-\frac{1}{2}}$. Im allgemeinen Fall, in dem nicht $\boldsymbol{A}$ sondern nur $\boldsymbol{A}^\top \boldsymbol{A}$ invertierbar ist, müssen wir geeignete Unterräume betrachten. Auf diese Einzelheiten wollen wir aber hier verzichten. ■

Achtung: Ist $\boldsymbol{C}$ nicht invertierbar, dann hat die m-dimensionale Normalverteilung $\mathrm{N}_m(\boldsymbol{\mu}; \boldsymbol{C})$ keine Dichte. Wir werden diesen Fall in der Vertiefung auf Seite 177 ansprechen.

Die m-dimensionale Normalverteilung ist – im Gegensatz zu vielen anderen Verteilungsfamilien – durch ihre zweidimensionalen Randverteilungen bereits eindeutig festgelegt. Aus dem Grund ist es sinnvoll, sich zweidimensionale Normalverteilungen näher anzusehen, vor allem, da sie sich leicht grafisch darstellen lassen.

Sind $U \sim \mathrm{N}(0; 1)$ und $V \sim \mathrm{N}(0; 1)$ voneinander unabhängig, so ist die zweidimensionale Variable

$$\boldsymbol{X} = \begin{pmatrix} U \\ V \end{pmatrix} \sim \mathrm{N}_2(\boldsymbol{0}; \boldsymbol{I}_2)$$

standardnormalverteilt. Aufgrund der Unabhängigkeit von U und V ist die Dichte von $\boldsymbol{Y}$ das Produkt der Randdichten.

$$f_X(u; v) = \frac{1}{2\pi} \exp\left(-\frac{u^2 + v^2}{2}\right).$$

Die Abbildung 4.9 zeigt die zweidimensionale Dichte.

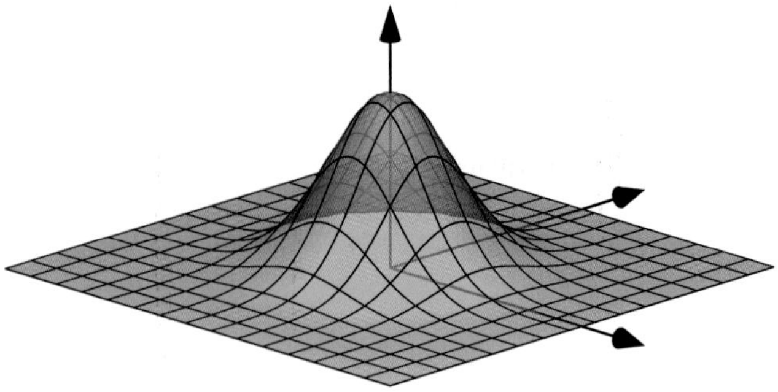

Abbildung 4.9 Die zweidimensionale Dichte der $\mathrm{N}_2(\boldsymbol{0}; \boldsymbol{I}_2)$.

Der Graph der Dichte ist rotationssymmetrisch. Schneidet man das „Dichtegebirge" mit horizontalen Ebenen in der Höhe h, entsteht das System der Höhenlinien: $f_Y(u; v) = h$ (siehe Abbildung 4.10). Dies sind konzentrische Kreise:

$$u^2 + v^2 = k^2 = -2\ \ln(h 2\pi)$$

mit dem Radius k (siehe Abbildung 4.11).

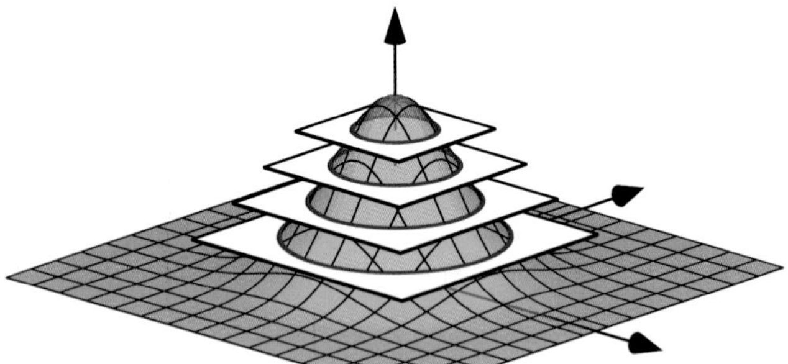

Abbildung 4.10 Schnitt des Dichtegebirges mit horizontalen Ebenen.

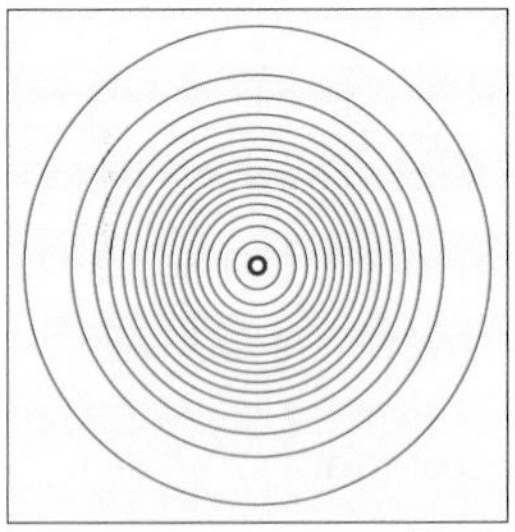

Abbildung 4.11 Die Linien gleicher Dichte sind Kreise.

Wir berechnen das Matrizenprodukt im Exponenten der Dichte der $\mathrm{N}_2(\mu; \boldsymbol{C})$. Ist

$$\boldsymbol{C} = \begin{pmatrix} \sigma_U^2 & \sigma_{UV} \\ \sigma_{UV} & \sigma_V^2 \end{pmatrix}$$

die Kovarianzmatrix und sind

$$u^* = \frac{u - \mu_U}{\sigma_U} \quad \text{und} \quad v^* = \frac{v - \mu_V}{\sigma_V}$$

die standardisierten Variablen sowie

$$\rho = \frac{\sigma_{UV}}{\sigma_U \sigma_V}$$

der Korrelationskoeffizient, dann erhalten wir die Dichte der zweidimensionalen Normalverteilung wie folgt.

Dichte der zweidimensionalen Normalverteilung

Ist $\boldsymbol{Y} = \binom{U}{V} \sim \mathrm{N}_2(\mu; \boldsymbol{C})$ mit einer invertierbaren Kovarianzmatrix $\boldsymbol{C}$, so hat $\boldsymbol{Y}$ die Dichte $f_{\boldsymbol{Y}}(u, v)$

$$= \frac{1}{2\pi\sigma_U\sigma_V\sqrt{1-\rho^2}} \exp\left(-\frac{u^{*2} - 2\rho u^* v^* + v^{*2}}{2\left(1-\rho^2\right)}\right).$$

Beweis: Zum Beweis schreiben wir die Kovarianzmatrix $\boldsymbol{C}$ als Produkt:

$$\boldsymbol{C} = \begin{pmatrix} \sigma_U & 0 \\ 0 & \sigma_V \end{pmatrix} \begin{pmatrix} 1 & \rho \\ \rho & 1 \end{pmatrix} \begin{pmatrix} \sigma_U & 0 \\ 0 & \sigma_V \end{pmatrix}.$$

Dann ist die Determinante $|\boldsymbol{C}| = \sigma_U^2\sigma_V^2\left(1-\rho^2\right)$ und

$$\boldsymbol{C}^{-1} = \frac{1}{1-\rho^2} \begin{pmatrix} \sigma_U & 0 \\ 0 & \sigma_V \end{pmatrix}^{-1} \begin{pmatrix} 1 & -\rho \\ -\rho & 1 \end{pmatrix} \begin{pmatrix} \sigma_U & 0 \\ 0 & \sigma_V \end{pmatrix}^{-1}.$$

Berücksichtigt man noch

$$\begin{pmatrix} u^* \\ v^* \end{pmatrix} = \begin{pmatrix} \sigma_U & 0 \\ 0 & \sigma_U \end{pmatrix}^{-1} (\boldsymbol{y} - \boldsymbol{\mu})$$

für die standardisierten Variablen, so erhält man die Dichteformel. ∎

Die Dichte der $\mathrm{N}_2(\mu; \boldsymbol{C})$ lässt sich leicht veranschaulichen: Die Höhenlinien $f_{\boldsymbol{Y}}(u, v) = \text{const.}$ des Graphen sind die **Konzentrations-Ellipsen**:

$$u^{*2} - 2\rho u^* v^* + v^{*2} = \text{const.}$$

Die Gestalt der Ellipsen wird bestimmt durch die Eigenwertzerlegung der definierenden Matrix $\begin{pmatrix} 1 & \rho \\ \rho & 1 \end{pmatrix}$. Diese hat die Eigenwerte $\lambda_1 = 1 + \rho$ und $\lambda_2 = 1 - \rho$, sie gehören zu den Eigenvektoren $(1, 1)^\top$ und $(1, -1)^\top$. Das Längenverhältnis von Haupt- und Nebenachse der Ellipsen ist unabhängig von h und zwar gleich

$$\sqrt{\frac{1+|\rho|}{1-|\rho|}}.$$

Je größer $|\rho|$, um so schmaler werden die Ellipsen. In Abbildung 4.12 sind drei typische Fälle vereint.

Aus der Definition der mehrdimensionalen Normalverteilung folgt eine wesentliche Eigenschaft.

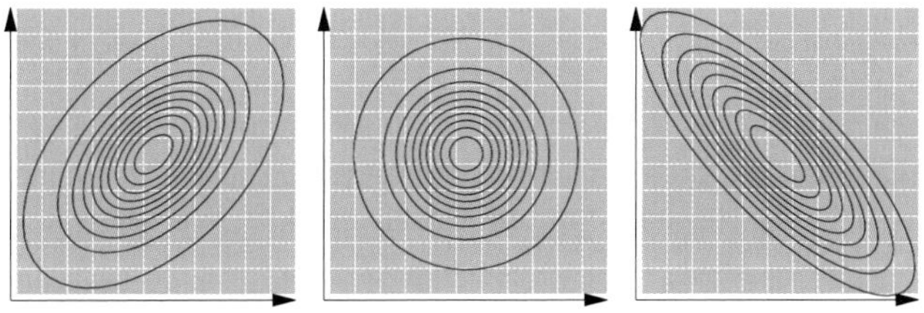

Abbildung 4.12 Linien gleicher Dichte, links $\rho > 0$, Mitte $\rho = 0$ und rechts $\rho < 0$.

Abgeschlossenheit bei linearen Abbildungen, bei Bildung von Rand- und bedingten Verteilungen

Ist $\boldsymbol{X} \sim \mathrm{N}(\mu; \boldsymbol{C})$ normalverteilt, so ist $\boldsymbol{Y} = \boldsymbol{B}\boldsymbol{X} + \boldsymbol{b}$ ebenfalls normalverteilt und zwar:

$$\boldsymbol{Y} \sim \mathrm{N}(\boldsymbol{B}\mu + \boldsymbol{b};\, \boldsymbol{B}^\top \boldsymbol{C} \boldsymbol{B}).$$

Es sei $\boldsymbol{X}$ unterteilt in einen r-Vektor $\boldsymbol{U}$ und einen s-Vektor $\boldsymbol{V}$, $n = r + s$.

$$\boldsymbol{X} = \begin{pmatrix} \boldsymbol{U} \\ \boldsymbol{V} \end{pmatrix} \qquad \mu = \begin{pmatrix} \mu_U \\ \mu_V \end{pmatrix} \qquad \boldsymbol{C} = \begin{pmatrix} \boldsymbol{C}_{UU} & \boldsymbol{C}_{UV} \\ \boldsymbol{C}_{VU} & \boldsymbol{C}_{VV} \end{pmatrix}.$$

Dann sind $\boldsymbol{U}$ und $\boldsymbol{V}$ selbst normalverteilt mit

$$\boldsymbol{U} \sim \mathrm{N}_r(\mu_U; \boldsymbol{C}_{UU}), \qquad \boldsymbol{V} \sim \mathrm{N}_s(\mu_V; \boldsymbol{C}_{VV}).$$

Die bedingte Verteilung von $\boldsymbol{U}$ bei gegebenem $\boldsymbol{V} = \boldsymbol{v}$ ist die r-dimensionale Normalverteilung

$$\boldsymbol{U}|_{\boldsymbol{V}=\boldsymbol{v}} \sim \mathrm{N}_r\left(\mathrm{E}(\boldsymbol{U}|\boldsymbol{v}); \mathrm{Cov}(\boldsymbol{U}|\boldsymbol{v})\right).$$

Dabei ist

$$\mathrm{E}(\boldsymbol{U}|\boldsymbol{v}) = \mu_U + \boldsymbol{C}_{UV}\boldsymbol{C}_{VV}^{-1}(\boldsymbol{v} - \boldsymbol{\mu}_V),$$
$$\mathrm{Cov}(\boldsymbol{U}|\boldsymbol{v}) = \boldsymbol{C}_{UU} - \boldsymbol{C}_{UV}\boldsymbol{C}_{VV}^{-1}\boldsymbol{C}_{VU}.$$

?

Es seien $U \sim \mathrm{N}(0; 1)$ und $V \sim \mathrm{N}(0; 1)$ und $\boldsymbol{X} = (U, V)$. Ist $V = 1$, so habe $U|_{V=1}$ die Varianz $= 1$, ist $V = 2$, so habe $U|_{V=2}$ die Varianz $= 1.5$. Kann $\boldsymbol{X} = (U, V)$ zweidimensional normalverteilt sein?

Bei allen Verteilungen, die wir bis jetzt kennengelernt haben, war Unkorreliertheit eine schwächere Eigenschaft als Unabhängigkeit. Bei der Normalverteilungsfamilien sind beide Begriffe im Wesentlichen äquivalent.

Unkorrelierte Randverteilungen einer mehrdimensionalen Normalverteilung sind unabhängig

Sei $\boldsymbol{Y} \sim \mathrm{N}(\mu; \boldsymbol{C})$ und $\boldsymbol{U} = \boldsymbol{A}\boldsymbol{Y} + \boldsymbol{a}$ und $\boldsymbol{V} = \boldsymbol{B}\boldsymbol{Y} + \boldsymbol{b}$. Dann sind die zufälligen Vektoren $\boldsymbol{U}$ und $\boldsymbol{V}$ genau dann unabhängig, wenn sie unkorreliert sind, d. h., wenn $\mathrm{Cov}(\boldsymbol{U}; \boldsymbol{V}) = \boldsymbol{0}$ ist. Dies ist genau dann der Fall, wenn $\boldsymbol{A}\boldsymbol{C}\boldsymbol{B}^\top = \boldsymbol{0}$ ist.

Diese Aussage folgt aus der Gestalt der Dichtefunktion. Lässt sich die Kovarianzmatrix in der Form $\begin{pmatrix} \boldsymbol{C}_{11} & \boldsymbol{0} \\ \boldsymbol{0} & \boldsymbol{C}_{22} \end{pmatrix}$ partitionieren, lässt sich in der Dichteformel der Exponent als Summe und daraufhin die Dichte als Produkt schreiben. Diese Eigenschaft ist aber kennzeichnend für die Unabhängigkeit. Wir verzichten auf weitere Details und verweisen auf Aufgabe 4.14.

Achtung: Der Satz wird falsch, wenn man nur die Unkorreliertheit der einzeln normalverteilten Variablen $\boldsymbol{U}$ und $\boldsymbol{V}$ voraussetzt, nicht aber die Existenz einer übergeordneten gemeinsamen Normalverteilung $\boldsymbol{Y}$, aus der sich beide als Randverteilungen ableiten lassen. Siehe dazu das folgende Beispiel.

Beispiel Es seien $X \sim \mathrm{N}(0; 1)$ und V ein von X unabhängig gewähltes zufälliges Vorzeichen,

$$\mathcal{P}(V = +1) = \mathcal{P}(V = -1) = 0.5\,.$$

Weiter sei $Y = X \cdot V$. Dann ist

$$\begin{aligned}\mathcal{P}(Y \leq y) &= \mathcal{P}(X \cdot V \leq y) \\ &= \mathcal{P}\left(X \cdot V \leq y \mid V = +1\right) \mathrm{P}(V = +1) \\ &\quad + \mathcal{P}\left(X \cdot V \leq y \mid V = -1\right) \mathcal{P}(V = -1) \\ &= \mathcal{P}(X \leq y) 0.5 + \mathcal{P}(-X \leq y) 0.5 \\ &= \mathcal{P}(X \leq y)\,.\end{aligned}$$

Also ist auch $Y \sim \mathrm{N}(0; 1)$. Aus $\mathrm{E}(X) = 0$ und der Unabhängigkeit von X und V folgt weiter:

$$\begin{aligned}\mathrm{Cov}(X, Y) &= \mathrm{E}(XY) - \mathrm{E}(X)\mathrm{E}(Y) \\ &= \mathrm{E}\left(X^2 V\right) \\ &= \mathrm{E}\left(X^2\right)\mathrm{E}(V) = 0\,.\end{aligned}$$

X und Y sind daher zwei unkorrelierte normalverteilte Variable, die in höchstem Grade voneinander abhängen. Außerdem ist (X, Y) nicht zweidimensional normalverteilt. Die Realisationen (x, y) liegen im $\mathbb{R}^2$ nur auf den beiden Diagonalen. ◀

4.2 Die Gamma-Verteilungsfamilie

Eine theoretisch und praktisch wichtige Verteilungsfamilie ist die Gamma-Verteilungsfamilie. Sie ist auf der positiven Zahlenachse $(0, \infty)$ definiert. Speziell zwei Unterfamilien sind für uns wesentlich: Eine kennen wir bereits, es ist die Exponentialverteilung, die zweite, die χ^2-Verteilung, werden wir noch ausführlich vorstellen. Beginnen wollen wir aber mit der übergeordneten Familie.

Die Gamma-Verteilung ist eine zweiparametrige, auf der positiven Achse definierte Verteilung

Die Gamma-Verteilung

Die zufällige Variable X besitzt eine Gamma-$(\alpha; \beta)$-Verteilung, wenn für ihre Dichte gilt:

$$f_{\mathrm{Gamma}\,(\alpha;\beta)}\,(x) = \frac{\beta^\alpha}{\Gamma\,(\alpha)} x^{\alpha-1} \exp\left(-x\beta\right)$$
$$\text{für } x > 0 \text{ und } 0 \text{ sonst.}$$

Dabei sind $\alpha > 0$ und $\beta > 0$. Wir schreiben $X \sim \mathrm{Gamma}(\alpha; \beta)$.

Achtung: Wir übernehmen hier die Bezeichnung aus dem „Lexikon der Stochastik“. In manchen Büchern z. B. in Johnson, N., Kotz, S., Balakrishnan, N.: *Continous univariate Distributions* wird die Gamma $(\alpha; \beta)$ dagegen als Gamma $\left(\alpha; \frac{1}{\beta}\right)$ bezeichnet.

$\frac{\beta^\alpha}{\Gamma(\alpha)}$ ist eine Integrationskonstante, die wir ausnahmsweise für die Gamma $(\alpha; 1)$ noch einmal explizit berechnen wollen, da wir so den Namen Gamma-Verteilung rechtfertigen können. Nach Definition ist

$$f_{\mathrm{Gamma}\,(\alpha;1)}\,(x) = c x^{\alpha-1}\,\mathrm{e}^{-x} \quad \text{für } x > 0\,.$$

Das Integral über die Dichte muss 1 sein. Also ist

$$c \int_0^\infty x^{\alpha-1}\,\mathrm{e}^{-x}\,\mathrm{d}x = 1\,.$$

Das Integral stellt nichts anderes dar als die Gammafunktion $\Gamma\,(\alpha)$. Sie ist definiert für $\alpha > 0$ durch:

$$\Gamma\,(\alpha) = \int_0^\infty t^{\alpha-1}\,\mathrm{e}^{-t}\,\mathrm{d}t\,.$$

Also ist $c = 1/\Gamma\,(\alpha)$. Wegen der Bedeutung der Gammafunktion zitieren wir hier die für uns wichtigsten Eigenschaften der Gammafunktion:

$$\begin{aligned}\Gamma\,(1) &= 1\,, \\ \Gamma\,(\alpha + 1) &= \alpha\Gamma\,(\alpha)\,, \\ \Gamma\,(n + 1) &= n! \qquad n \in \mathbb{N}\,, \\ \Gamma\,(1/2) &= \sqrt{\pi}\,.\end{aligned}$$

Im Grunde genügt es, die Gamma $(\alpha; 1)$ zu betrachten, denn die Gamma $(\alpha; \beta)$ kann durch eine Skalentransformation in die Gamma $(\alpha; 1)$ umgeformt werden:

Tranformation der Gamma-(α, β)

X besitzt genau dann eine Gamma $(\alpha; \beta)$-Verteilung, falls βX eine Gamma $(\alpha; 1)$ -Verteilung hat.

$$\begin{aligned} & X \sim \mathrm{Gamma}\,(\alpha; \beta) \\ \Leftrightarrow\ & \beta X \sim \mathrm{Gamma}\,(\alpha; 1) \\ \Leftrightarrow\ & X \sim \frac{1}{\beta}\,\mathrm{Gamma}\,(\alpha; 1)\,.\end{aligned}$$

Die Abbildung 4.13 zeigt die Dichte der Gamma (0.5; 0.5) und Abbildung 4.14 die der Gamma (3; 0.5). Die Dichte ist proportional zu $x^{\alpha-1}\exp(-x\beta)$. Für große x verhält sich die Dichte wie $\exp(-x\beta)$ und klingt exponentiell gegen null ab. Für kleine x verhält sich die Dichte wie $x^{\alpha-1}$und divergiert für $0 < \alpha < 1$ bei Annäherung an Null gegen Unendlich. Ist $\alpha > 1$, so hat die Dichte ein Maximum bei $x = \frac{\alpha-1}{\beta}$.

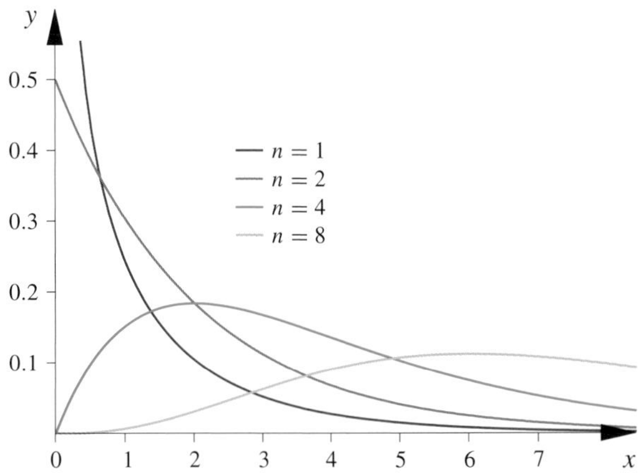

Abbildung 4.13 Die Dichte der Gamma (0.5; 0.5)-Verteilung.

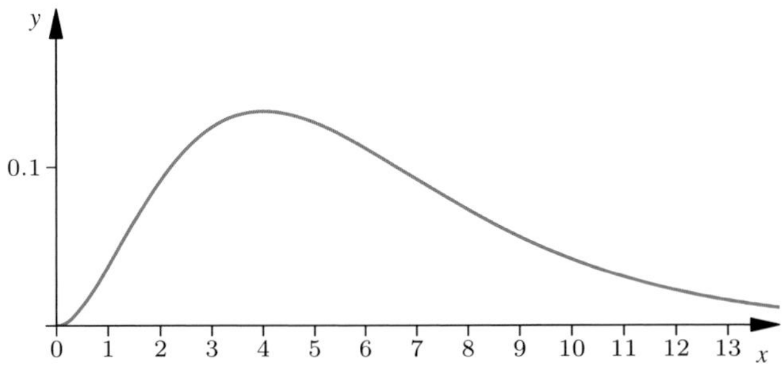

Abbildung 4.14 Die Dichte der Gamma (3; 0.5)-Verteilung.

Beide Parameter α und β beeinflussen sowohl Lage wie Streuung

Die Momente der Gamma-Verteilung

Ist $X \sim \text{Gamma}(\alpha;\beta)$, dann ist das k-te Moment der Gamma-Verteilung:

$$\begin{aligned} \mathrm{E}(X^k) &= \beta^{-k}\frac{\Gamma(\alpha+k)}{\Gamma(\alpha)} \\ &= \beta^{-k}\alpha(\alpha+1)\cdots(\alpha+k-2)(\alpha+k-1). \end{aligned}$$

Speziell sind der Erwartungswert und die Varianz

$$\begin{aligned} \mathrm{E}(X) &= \frac{\alpha}{\beta}, \\ \mathrm{Var}(X) &= \frac{\alpha}{\beta^2}. \end{aligned}$$

Beweis: Sei $X \sim \text{Gamma}(\alpha; 1)$. Dann ist

$$\begin{aligned} \mathrm{E}(X^k) &= \frac{1}{\Gamma(\alpha)}\int_0^\infty x^k x^{\alpha-1}\,\mathrm{e}^{-x}\,\mathrm{d}x \\ &= \frac{\Gamma(\alpha+k)}{\Gamma(\alpha)}\cdot\underbrace{\frac{1}{\Gamma(\alpha+k)}\int_0^\infty x^{\alpha+k-1}\,\mathrm{e}^{-x}\,\mathrm{d}x}_{1} \\ &= \frac{\Gamma(\alpha+k)}{\Gamma(\alpha)}. \end{aligned}$$

Ist $X \sim \text{Gamma}(\alpha;\beta)$, so ist $\beta X = Y \sim \text{Gamma}(\alpha; 1)$. Daher ist $\mathrm{E}(X)^k = \mathrm{E}\left(\beta^{-1}Y\right)^k = \beta^{-k}\mathrm{E}(Y)^k$. ∎

Bei der Gamma $(\alpha;\beta)$-Verteilung hängen Lage und Streuung von beiden Parametern ab. Der Variationkoeffizient ist jedoch unabhängig von β :

$$\frac{\sigma}{\mu} = \frac{1}{\sqrt{\alpha}}.$$

In diesem Sinn beeinflusst α eher die Streuung und β eher die Lage.

Für die Gamma-Verteilung gilt ein Additionsgesetz

Für viele Verteilungen haben wir ein Additionsgesetz kennengelernt. Sind zum Beispiel X und Y unabhängig voneinander binomialverteilt, $X \sim B_n(\theta)$ und $Y \sim B_m(\theta)$, dann ist $X + Y \sim B_{n+m}(\theta)$. Wir schreiben dafür kurz und symbolisch:

$$B_n(\theta) + B_m(\theta) \sim B_{n+m}(\theta)$$

und setzen stillschweigend die stochastische Unabhängigkeit der beiden Summanden voraus. Analog schreiben wir bei zwei unabhängig voneinander normalverteilten Variablen:

$$N(\mu_1;\sigma_1^2) + N(\mu_2;\sigma_2^2) \sim N(\mu_1+\mu_2;\sigma_1^2+\sigma_2^2).$$

Eine analoge Eigenschaft gilt für die Gamma-Verteilung.

Das Additionsgesetz der Gamma-Verteilung

Sind $X \sim \text{Gamma}(\alpha_1;\beta)$ und $Y \sim \text{Gamma}(\alpha_2;\beta)$ stochastisch unabhängig, so ist $X+Y \sim \text{Gamma}(\alpha_1+\alpha_2;\beta)$. Kurz und symbolisch:

$$\begin{aligned} &\text{Gamma}(\alpha_1;\beta) + \text{Gamma}(\alpha_2;\beta) \\ &\qquad \sim \text{Gamma}(\alpha_1+\alpha_2;\beta). \end{aligned}$$

Beweis: Es seien X und Y unabhängig voneinander, $X \sim \text{Gamma}(\alpha_1; 1)$, $Y \sim \text{Gamma}(\alpha_1; 1)$und $Z = X + Y$. Dann ist nach der Formel für die Dichte einer Summe aus Kapitel 3, Seite 125:

$$f_Z(z) = \int_{-\infty}^{+\infty} f_X(x)\,f_Y(z-x)\,\mathrm{d}x.$$

Weil für $t < 0$ die Dichte $f_X(t) = f_Y(t) = 0$ ist, folgt:

$$f_Z(z) = \int_0^z f_X(x) f_Y(z-x)\,\mathrm{d}x\,.$$

Setzen wir die Werte der Dichtefunktionen ein, erhalten wir:

$$\begin{aligned} f_Z(z) &= \frac{1}{\Gamma(\alpha_1)\Gamma(\alpha_2)} \int_0^z x^{\alpha_1-1} \mathrm{e}^{-x} (z-x)^{\alpha_2-1} \mathrm{e}^{-(z-x)}\,\mathrm{d}x \\ &= \frac{\mathrm{e}^{-z}}{\Gamma(\alpha_1)\Gamma(\alpha_2)} \int_0^z x^{\alpha_1-1} (z-x)^{\alpha_2-1}\,\mathrm{d}x\,. \end{aligned}$$

Setzen wir $x = zt$ dann erhalten wir:

$$\begin{aligned} f_Z(z) &= \mathrm{e}^{-z} z^{\alpha_1+\alpha_2-1} \frac{1}{\Gamma(\alpha_1)\Gamma(\alpha_2)} \int_0^1 t^{\alpha_1-1}(1-t)^{\alpha_2-1}\,\mathrm{d}t \\ &\simeq \mathrm{e}^{-z} z^{\alpha_1+\alpha_2-1}\,. \end{aligned}$$

Auf der rechten Seite steht – bis auf ein konstanten Faktor – die Dichte der Gamma $(\alpha_1 + \alpha_2, 1)$, also

$$f_Z(z) = c f_{\mathrm{Gamma}(\alpha_1+\alpha_2,1)}(z)\,.$$

Dabei ist c die Integrationskonstante

$$c = \frac{\Gamma(\alpha_1+\alpha_2)}{\Gamma(\alpha_1)\Gamma(\alpha_2)} \int_0^1 t^{\alpha_1-1}(1-t)^{\alpha_2-1}\,\mathrm{d}t\,.$$

Da auch f_Z genauso wie $f_{\mathrm{Gamma}(\alpha_1+\alpha_2,1)}$ eine Dichte ist, muss der Faktor c identisch 1 sein.

Ist $\beta \neq 1$, wenden wir den Beweis auf $\beta Z = \beta X + \beta Y$ an. Dannach ist $\beta Z \sim \mathrm{Gamma}(\alpha_1 + \alpha_2; 1)$ und folglich $Z = \mathrm{Gamma}(\alpha_1 + \alpha_2; \beta)$. ■

Im Beweis haben wir gefolgert, dass die Konstante $c = 1$ sein muss. Wir haben damit eine nützliche Identität erhalten, die wir später bei der Behandlung der Beta-Verteilung ausnutzen werden:

$$\int_0^1 t^{\alpha_1-1}(1-t)^{\alpha_2-1}\,\mathrm{d}t = \frac{\Gamma(\alpha_1)\Gamma(\alpha_2)}{\Gamma(\alpha_1+\alpha_2)}\,. \tag{4.5}$$

Eine unmittelbare Folgerung des Additionssatzes ist: Für große α lässt sich nach dem Zentralen Grenzwertsatz die Gamma-$(\alpha; \beta)$-Verteilung durch eine Normalverteilung approximieren:

$$X \sim \mathrm{Gamma}(\alpha; \beta) \approx N\left(\frac{\alpha}{\beta}; \frac{\alpha}{\beta^2}\right)\,.$$

Zwischen den Verteilungsfunktionen der stetigen Gamma-Verteilung und der diskreten Poisson-Verteilung besteht eine einfache Beziehung:

Zusammenhang zwischen Poisson- und Gamma-Verteilung

Sind $X \sim PV(\lambda)$ und $Y \sim \mathrm{Gamma}(k; 1)$, so gilt:

$$\mathcal{P}(X \geq k) = \mathcal{P}(Y \leq \lambda)$$

oder als Aussage über die Verteilungsfunktionen:

$$1 - \mathrm{F}_{\mathrm{Poisson}(\lambda)}(k-1) = \mathrm{F}_{\mathrm{Gamma}(k;1)}(\lambda)\,.$$

Beweis: Wegen $k \in \mathbb{N}$ gilt $\Gamma(k) = (k-1)!$. Daher ist

$$\begin{aligned} \mathcal{P}(Y \leq \lambda) &= \frac{1}{(k-1)!} \int_0^\lambda t^{k-1} \mathrm{e}^{-t}\,\mathrm{d}t \\ \mathcal{P}(X \geq k) &= \sum_{i=k}^{\infty} \frac{\lambda^i}{i!} \mathrm{e}^{-\lambda}\,. \end{aligned}$$

Differenzieren wir sowohl $\mathcal{P}(X \geq k)$ als auch $\mathcal{P}(Y \leq \lambda)$ jeweils nach λ, erhalten wir:

$$\begin{aligned} \frac{\mathrm{d}}{\mathrm{d}\lambda}[\mathcal{P}(X \geq k)] &= \sum_{i=k}^{\infty} \left[\frac{\lambda^{i-1}}{(i-1)!} - \frac{\lambda^i}{i!}\right] \mathrm{e}^{-\lambda} \\ &= \frac{\lambda^{k-1}}{(k-1)!} \mathrm{e}^{-\lambda} \\ &= \frac{d}{d\lambda} \mathcal{P}(Y \leq \lambda)\,. \end{aligned}$$

Also unterscheiden sich $\mathcal{P}(X \geq k) = \mathcal{P}(Y \leq \lambda)$ als Funktionen von λ nur um eine Konstante. Für $\lambda = 0$ sind aber beide identisch null. Also stimmen beide überein. ■

Wichtige Gamma-Verteilungen sind unter anderem Namen bekannt

- Die **Exponentialverteilung:** Die einfachste Gamma-Verteilung kennen wir bereits, sie ist die Exponentialverteilung. Die $\mathrm{ExpV}(\lambda)$ ist die Gamma-Verteilung $\mathrm{Gamma}(1; \lambda)$.
- Die **Erlang-Verteilung:** Sind $X_1, \ldots, X_n$ i. i. d. exponentialverteilt mit gleichem λ, so sind sie einzeln gammaverteilt $X_i \sim \mathrm{Gamma}(1; \lambda)$ mit gleichem λ. Also ist nach dem Additionsgesetz ihre Summe eine $\mathrm{Gamma}(n; \lambda)$:

  $$\sum_{i=1}^n X_i \sim \sum_{i=1}^n \mathrm{Gamma}(1; \lambda) = \mathrm{Gamma}(n; \lambda)\,.$$

  Diese Verteilung erhielt zu Ehren des dänischen Statistikers A.K. Erlang (1878–1929) den Namen **Erlang-Verteilung**.
- Die **χ^2-Verteilung ist eine spezielle Gamma-Verteilung.** Da sie in der statistischen Praxis eine besonders wichtige Rolle spielt, widmen wir ihr einen eigenen Abschnitt.

4.3 Die χ^2-Verteilung und der Satz von Cochran

Für Aussagen über einen empirischen Mittelwert $\overline{x}$ ist die Normalverteilung das Modell erster Wahl. Nun wollen wir Verteilungsaussagen über eine empirische Varianz $\mathrm{var}(\boldsymbol{x}) = \frac{1}{n}\sum_{i=1}^n (x_i - \overline{x})^2$ machen. Wir gehen dazu schrittweise vor und bestimmen zuerst die Verteilung von $Y = X^2$ unter der Voraussetzung, dass X standardnormalverteilt ist.

Wie bereits im Beispiel auf Seite 123 gezeigt, hat Y in diesem Fall die Dichte

$$\begin{aligned} f_Y(y) &= \frac{1}{2\sqrt{y}}\left[f_X\left(-\sqrt{y}\right) + f_X\left(+\sqrt{y}\right)\right] \\ &= \frac{1}{2\sqrt{y}}\frac{1}{\sqrt{2\pi}}\left(\exp\left(-\frac{1}{2}\left(-\sqrt{y}\right)^2\right) + \exp\left(-\frac{1}{2}\left(+\sqrt{y}\right)^2\right)\right) \\ &= \frac{1}{\sqrt{y}\sqrt{2\pi}}\exp\left(-\frac{1}{2}y\right). \end{aligned}$$

Dies ist die Dichte der Gamma-$\left(\frac{1}{2}; \frac{1}{2}\right)$-Verteilung.

Sind $X_1, \ldots, X_n$ i.i.d. $N(0; 1)$-verteilt, ihre Quadrate demnach Gamma-$\left(\frac{1}{2}; \frac{1}{2}\right)$-verteilt, so ist nach dem Additionsgesetz der Gamma-Verteilung ihre Summe Gamma-$\left(\frac{n}{2}; \frac{1}{2}\right)$ verteilt. Diese Verteilung erhält einen eigenen Namen.

Die $\chi(n)$-Verteilung

Sind $X_1, \ldots, X_n$ i.i.d. $N(0; 1)$-verteilt, so ist die Summe ihrer Quadrate χ^2-verteilt mit n Freiheitsgraden, geschrieben:

$$\sum_{i=1}^{n} X_i^2 \sim \chi^2(n)\,.$$

Die $\chi^2(n)$ ist eine Gamma-$\left(\frac{n}{2}; \frac{1}{2}\right)$-Verteilung mit der Dichte

$$f_{\chi^2(n)}(y) \simeq y^{\frac{n}{2}-1}\,\mathrm{e}^{-\frac{y}{2}}\,.$$

Der Erwartungswert der $\chi^2(n)$ ist n, ihre Varianz ist $2n$. Kurz und symbolisch:

$$\mathrm{E}\left(\chi^2(n)\right) = n \quad \text{und} \quad \mathrm{Var}\left(\chi^2(n)\right) = 2n\,.$$

Mit wachsendem n verschiebt sich die Dichte der $\chi^2(n)$ nach rechts und wird dabei immer flacher. Während die Standardabweichung proportional zu $\sqrt{n}$ wächst, wächst der Erwartungswert mit n: Der Variationskoeffizient konvergiert gegen null.

Wir haben hier die Dichte der $\chi^2(n)$-Verteilung nur bis auf eine Proportionalitätskonstante angegeben und werden dies auch später bei den im Weiteren vorgestellten Dichten tun, um so die strukturelle Gestalt der Dichten zu verdeutlichen und uns nicht von unübersichtlichen Integrationskonstanten ablenken zu lassen. Die vollständige Angabe der Dichten haben wir in die Übersicht auf Seite 182 verschoben.

Die Dichte der $\chi^2(n)$-Verteilung ist proportional zu $y^{\frac{n}{2}-1}\,\mathrm{e}^{-\frac{y}{2}}$. Für große y verhält sich die Dichte wie $\mathrm{e}^{-\frac{y}{2}}$ und klingt exponentiell gegen null ab. Für kleine y verhält sich die Dichte wie $y^{\frac{n}{2}-1}$. Für $n \geq 2$ hat sie ein einziges Maximum bei $n-2$. Abbildung 4.15 zeigt exemplarisch die Dichte der $\chi^2(n)$ für einige Werte von n.

- Für $n = 1$ ist

$$f_{\chi^2(1)}(y) \simeq \frac{1}{\sqrt{y}}\,\mathrm{e}^{-\frac{y}{2}}\,.$$

Strebt y gegen null, strebt die Dichte wie $\frac{1}{\sqrt{y}}$ gegen unendlich. Auch hier erkennen wir wieder einmal: Es kommt nicht auf den Zahlenwert der Dichte an, sondern auf die Fläche unter der Dichtefunktion. Und die ist in jedem Fall endlich.

- Für $n = 2$ ist die Dichte proportional zu $\mathrm{e}^{-\frac{y}{2}}$. Es handelt sich also um eine Exponentialverteilung.

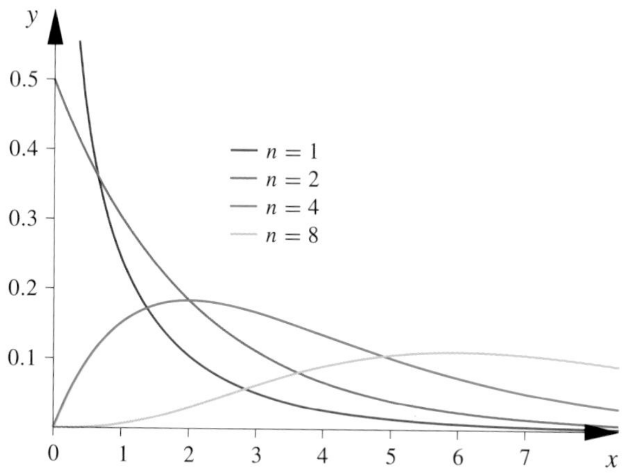

Abbildung 4.15 Dichte der $\chi^2(n)$ für $n = 1, 2, 4, 8$.

Die Aussagen über Erwartungswert und Varianz der $\chi^2(n)$ lassen sich auch ohne Rückgriff auf die Gamma-Verteilung unmittelbar aus der Normalverteilung herleiten:

Ist $X \sim N(0; 1)$, so ist $\mathrm{E}(X) = \mathrm{E}\left(X^3\right) = 0$ sowie $\mathrm{E}\left(X^2\right) = 1$ und $\mathrm{E}\left(X^4\right) = 3$. Ist $X \sim N(0; 1)$, so ist $Y = X^2 \sim \chi^2(1)$. Also ist $\mathrm{E}(Y) = \mathrm{E}\left(X^2\right) = 1$ und

$$\begin{aligned} \mathrm{Var}(Y) &= \mathrm{E}\left(Y^2\right) - \left(\mathrm{E}(Y)\right)^2 \\ &= \mathrm{E}\left(X^4\right) - \mathrm{E}\left(X^2\right) = 3 - 1 = 2\,. \end{aligned}$$

Sind $X_1, \ldots, X_n$ i.i.d. $\chi^2(1)$-verteilt, dann ist $Y = \sum_{i=1}^{n} X_i \sim \chi^2(n)$. Also ist

$$\mathrm{E}(Y) = \sum_{i=1}^{n} \mathrm{E}(X_i) = n$$

und

$$\mathrm{Var}(Y) = \mathrm{Var}\left(\sum_{i=1}^{n} X_i\right) = \sum_{i=1}^{n} \mathrm{Var}(X_i) = 2n\,.$$

Aus der Darstellung der χ^2-Verteilung als Summenverteilung, aber auch aus ihrer Herkunft als Gamma-Verteilung, folgt sofort ein Additionstheorem:

Additionstheorem der χ^2-Verteilung

Sind $U \sim \chi^2(n)$ und $V \sim \chi^2(m)$ zwei unabhängige zufällige Variable, so ist $U + V \sim \chi^2(n+m)$. Oder kurz und symbolisch:

$$\chi^2(m) + \chi^2(n) \sim \chi^2(n+m)\,.$$

Um dieses Additionstheorem ohne Rückgriff auf die Gamma-Verteilung zu beweisen, schreiben wir $U = \sum_{i=1}^{n} X_i^2$ und $V = \sum_{i=m+1}^{m+n} X_i^2$. Dann ist $U + V = \sum_{i=1}^{m+n} X_i^2$. Wegen der Unabhängigkeit der X_i^2 folgt dann die Behauptung.

Da wir die $\chi^2(n)$ als Summe von n i.i.d. $\chi^2(1)$ verteilten Variablen auffassen können, folgt aus dem Zentralen Grenzwertsatz:

$$\chi^2(n) \underset{\rightarrow}{\sim} N(n; 2n) .$$

?

Welche weitere Voraussetzung außer der Unabhängigkeit der identisch verteilten Summanden musste für den Zentralen Grenzwertsatz noch erfüllt sein?

Wir betrachten noch den Grenzübergang $\lim_{n\to\infty} \frac{1}{n}\chi^2(n)$. Für große n verhält sich $\frac{1}{n}\chi^2(n)$ wie $N\left(1; \frac{2}{n}\right)$. Die Verteilung ähnelt immer mehr einer ausgearteten Verteilung. Aber wir können sogar sagen:

$$\mathcal{P}\left(\lim_{n\to\infty} \frac{1}{n} Y = 1\right) = 1 .$$

Zum Beweis schreiben wir $Y = \frac{1}{n}\sum_{i=1}^{n} X_i^2$ mit $X_i^2 \sim \chi^2(1)$. Dabei sind die X_i^2 i.i.d. mit $\mathrm{E}\left(X_i^2\right) = 1$. Daher konvergiert $\frac{1}{n}Y$ nach dem Starken Gesetz der großen Zahlen mit Wahrscheinlichkeit 1 gegen $\mathrm{E}\left(X_i^2\right)$.

Die Bezeichnung Freiheitsgrad für den Parameter n wird einsichtig, wenn wir die eindimensionalen Zufallsvariablen $(X_1, \cdots, X_n)$ zu einem n-dimensionalen Zufallsvektor $\boldsymbol{X} \in \mathbb{R}^n$ zusammenfassen. Dann folgt aus der Definition der χ^2-Verteilung:

Der Freiheitsgrad als Dimension eines Raums

Ist $\boldsymbol{X} \sim N_n(\boldsymbol{0}; \boldsymbol{I}_n)$, so ist $\|\boldsymbol{X}\|^2 = \sum_{i=1}^{n} X_i^2 \sim \chi^2(n)$. Dabei ist n die Dimension des Raums, in dem sich die Variable $\boldsymbol{X}$ bewegen kann.

Die χ^2-Verteilung beschreibt die Verteilung empirischer Varianzen

Wir sind von standardnormalverteilten Variablen ausgegangen. Nun behalten wir die Normalverteilung bei, lassen aber beliebiges μ und σ^2 zu. Es seien also $X_1, \cdots, X_n$ i.i.d. $\sim N\left(\mu; \sigma^2\right)$-verteilt. Dann sind die $\frac{X_i - \mu}{\sigma}$ i.i.d. $\sim N(0; 1)$-verteilt. Demnach ist

$$\sum_{i=1}^{n}\left(\frac{X_i - \mu}{\sigma}\right)^2 \sim \chi^2(n) ,$$

oder

$$\sum_{i=1}^{n}(X_i - \mu)^2 \sim \sigma^2\chi^2(n) .$$

Dabei haben wir zur Abkürzung die Konvention

$$Y \sim a\chi^2(n) \Longleftrightarrow \frac{1}{a}Y \sim \chi^2(n)$$

verwendet. Mit dieser Schreibkonvention ist

$$\frac{1}{n}\sum_{i=1}^{n}(X_i - \mu)^2 \sim \frac{\sigma^2}{n}\chi^2(n) .$$

Da der Erwartungswert einer $\chi^2(n)$ gerade die Anzahl der Freiheitsgrade ist, also $\mathrm{E}\left(\chi^2(n)\right) = n$, folgt:

$$\mathrm{E}\left(\frac{1}{n}\sum_{i=1}^{n}(X_i - \mu)^2\right) = \sigma^2 .$$

Kennen wir μ, so ist $\frac{1}{n}\sum_{i=1}^{n}(X_i - \mu)^2$ – mit dem wahren μ als Bezugspunkt – ein **erwartungstreuer Schätzwert** für σ^2. (Wir werden uns im folgenden Kapitel über Schätzungen noch intensiver mit dem Begriff des erwartungstreuen Schätzers auseinandersetzen. Dies ist also nur ein kurzer Vorgriff.) Was gilt aber, wenn wir das wahre μ nicht kennen? Dann haben wir immer noch die empirische Varianz:

$$\operatorname{var}(\boldsymbol{x}) = \frac{1}{n}\sum_{i=1}^{n}(x_i - \overline{x})^2 .$$

Betrachten wir nicht die Realisationen, sondern die Zufallsvariablen selbst, erhalten wir die Zufallsvariable

$$\operatorname{var}(\boldsymbol{X}) = \frac{1}{n}\sum_{i=1}^{n}\left(X_i - \overline{X}\right)^2 .$$

Die Verteilung dieser Zufallsvariablen können wir mit dem fundamentalen Satz von Cochran bestimmen, den wir in der einfachsten Version zitieren.

$\overline{X}$ und $\operatorname{var}(\boldsymbol{X})$ sind bei der Normalverteilung unabhängig

Sind $X_1, \cdots, X_n$ i.i.d. $\sim N\left(\mu; \sigma^2\right)$, dann sind

$$\overline{X} = \frac{1}{n}\sum_{i=1}^{n} X_i \quad \text{und} \quad \operatorname{var}(\boldsymbol{X}) = \frac{1}{n}\sum_{i=1}^{n}\left(X_i - \overline{X}\right)^2$$

voneinander stochastisch unabhängig. Außerdem ist

$$\operatorname{var}(\boldsymbol{X}) \sim \frac{\sigma^2}{n}\chi^2(n-1) .$$

Beweis: Wir stellen nur die Beweisidee vor und betrachten zunächst den Fall $\mu = 0$ und $\sigma = 1$. Es seien $\mathbf{1}_n = (1, 1, \cdots, 1)^\top = \mathbf{1} \in \mathbb{R}^n$ der Einservektor, $\boldsymbol{I}_n = \boldsymbol{I}$ die Einheitsmatrix im $\mathbb{R}^n$ und $\mathbf{P_1} = \frac{1}{n}\mathbf{1}\mathbf{1}^\top$. Dann ist $\mathbf{P_1}$ eine symmetrische Matrix mit

$$\begin{aligned}
\mathbf{P_1} \cdot \mathbf{P_1} &= \mathbf{P_1},\\
\mathbf{P_1}(\boldsymbol{I} - \mathbf{P_1}) &= \mathbf{0},\\
\mathbf{P_1}\boldsymbol{x} &= \overline{x}\mathbf{1},\\
\mathbf{P_1}\mathbf{1} &= \mathbf{1},\\
(\boldsymbol{I} - \mathbf{P_1})\mathbf{1} &= \mathbf{0}.
\end{aligned}$$

Die Matrix $\mathbf{P_1}$ ist die Projektionsmatrix, die wegen $\mathbf{P_1}\boldsymbol{x} = \overline{x}\mathbf{1}$ jeden Vektor $\boldsymbol{x}$ auf den linearen Raum projiziert, der von der $\mathbf{1}$ aufgespannt wird. Die Matrix $(\boldsymbol{I} - \mathbf{P_1})$ projiziert den Vektor $\boldsymbol{x}$ auf die dazu orthogonale Hyperebene. Daher ist

$$\begin{aligned} \boldsymbol{x} &= \mathbf{P_1}\boldsymbol{x} + (\boldsymbol{I} - \mathbf{P_1})\,\boldsymbol{x} \\ &= \overline{x}\mathbf{1} + (\boldsymbol{x} - \overline{x}\mathbf{1}) \end{aligned}$$

eine Zerlegung von $\boldsymbol{x}$ in zwei orthogonale Komponenten: $\mathbf{P_1}\boldsymbol{x} = \overline{x}\mathbf{1}$ liegt auf dem Vektor $\mathbf{1}$ und $(\boldsymbol{I} - \mathbf{P_1})\,\boldsymbol{x}$ steht orthogonal dazu. Ersetzen wir den konkreten Vektor $\boldsymbol{x}$ durch den Zufallsvektor $\boldsymbol{X}$, so ist

$$\boldsymbol{X} = \overline{X}\mathbf{1} + \left(\boldsymbol{X} - \overline{X}\mathbf{1}\right)$$

eine Zerlegung von $\boldsymbol{X}$ in zwei orthogonale Komponenten. Die Zufallsvariablen $\mathbf{P_1}\boldsymbol{X}$ und $(\boldsymbol{I} - \mathbf{P_1})\,\boldsymbol{X}$ sind unkorreliert, denn

$$\begin{aligned} \text{Cov}\left(\mathbf{P_1}\boldsymbol{X}; (\boldsymbol{I} - \mathbf{P_1})\,\boldsymbol{X}\right) &= \mathbf{P_1}\text{Cov}\,(\boldsymbol{X})\,(\boldsymbol{I} - \mathbf{P_1})^\top \\ &= \mathbf{P_1}\,(\boldsymbol{I} - \mathbf{P_1}) = \mathbf{0}\,. \end{aligned}$$

Da $\boldsymbol{X}$ normalverteilt ist und die Abbildungen $\mathbf{P_1}\boldsymbol{X}$ und $(\boldsymbol{I} - \mathbf{P_1})\,\boldsymbol{X}$ linear sind, sind auch $\mathbf{P_1}\boldsymbol{X}$ und $(\boldsymbol{I} - \mathbf{P_1})\,\boldsymbol{X}$ normalverteilt. Daher sind $\mathbf{P_1}\boldsymbol{X}$ und $(\boldsymbol{I} - \mathbf{P_1})\,\boldsymbol{X}$ nach dem Satz über unkorrelierte Randverteilungen einer mehrdimensionalen Normalverteilung auf Seite 149 auch unabhängig. Daher ist auch $\|(\boldsymbol{I} - \mathbf{P_1})\,\boldsymbol{X}\|^2 = \sum\left(X_i - \overline{X}\right)^2$ unabhängig von $\overline{X}\mathbf{1}$ und damit von $\overline{X}$. Die Realisationen des normalverteilten Zufallsvektors $(\boldsymbol{I} - \mathbf{P_1})\,\boldsymbol{X}$ liegen in der zu $\mathbf{1}$ orthogonalen $n-1$-dimensionalen Hyperebene. Dort bilden sie wieder eine $n-1$-dimensionale Standardnormalverteilung. $\sum\left(X_i - \overline{X}\right)^2 = \|(\boldsymbol{I} - \mathbf{P_1})\,\boldsymbol{X}\|^2$ ist als quadrierte Norm eines standardnormalverteilten Vektors χ^2-verteilt. Die Freiheitsgrade sind die Dimension des Raums, in dem sich der Vektor bewegt, also $n-1$. Im Fall $\mu \neq 0$ und $\sigma \neq 1$ wenden wir das eben gefundene Ergebnis auf $\frac{X-\mu}{\sigma}$ an. ∎

Aus dem Satz von Cochran können wir eine wichtige Folgerung ziehen. Unter den oben genannten Voraussetzungen ist $\text{var}\,(\boldsymbol{X}) \sim \frac{\sigma^2}{n}\chi^2\,(n-1)$. Den Erwartungswert der χ^2-Verteilung kennen wir. Also ist

$$\text{E}\,(\text{var}\,(\boldsymbol{X})) = \frac{n-1}{n}\sigma^2\,.$$

Wir wollen an dieser Stelle kurz innehalten, denn wir haben es mit verschiedenen Sachverhalten zu tun, die alle den Namen Varianz tragen. Es ist ebenso wichtig, ihre Gemeinsamkeiten wie ihre Unterschiede zu beachten:

- Die Varianz einer Zufallsvariablen: $\sigma^2 = \text{Var}(X) = \text{E}(X-\mu)^2$.
- Die empirische Varianz eines Datenvektors $s^2 = \text{var}\,(\boldsymbol{x}) = \frac{1}{n}\sum_{i=1}^n (x_i - \overline{x})^2$. Dabei ist $\text{var}\,(\boldsymbol{x})$ eine reelle Zahl und keine Zufallsvariable.
- Fassen wir $X_1, \ldots, X_n$ als i.i.d verteilte Zufallsvariable mit $\text{E}\,(X) = \mu$ und $\text{Var}\,(X) = \sigma^2$ auf, dann ist die Stichprobenvarianz $\text{var}\,(\boldsymbol{x})$ Realisation der Zufallsvariablen $\text{var}\,(\boldsymbol{X}) = \frac{1}{n}\sum_{i=1}^n (X_i - \overline{X})^2$.
- Diese Zufallsvariable $\text{var}\,(\boldsymbol{X})$ besitzt selbst wieder einen eigenen Erwartungswert und eine eigene Varianz. Dabei gilt die Aussage $\text{E}\,(\text{var}\,(\boldsymbol{X})) = \frac{n-1}{n}\sigma^2$, auch wenn die X_i selbst nicht normalverteilt sind (siehe Aufgabe 4.13).

Die Formel für den Erwartungswert der Stichprobenvarianz legt es nahe, zwei verschiedene Schätzer für die unbekannte Varianz σ^2 zu definieren:

$$\begin{aligned} \widehat{\sigma}^2 &= \frac{1}{n}\sum_{i=1}^n \left(X_i - \overline{X}\right)^2 = \text{var}\,(\boldsymbol{X}) \quad \text{und} \\ \widehat{\sigma}^2_{UB} &= \frac{1}{n-1}\sum_{i=1}^n \left(X_i - \overline{X}\right)^2 = \frac{n}{n-1}\text{var}\,(\boldsymbol{X})\,. \end{aligned}$$

Dann gilt $\text{E}\left(\widehat{\sigma}^2\right) = \frac{n-1}{n}\sigma^2$ und $\text{E}\left(\widehat{\sigma}^2_{UB}\right) = \sigma^2$. Der Schwerpunkt der Verteilung der Schätzwerte $\widehat{\sigma}^2_{UB}$ ist gerade der unbekannte Parameter σ^2. Oder etwas formaler gesagt: Der Erwartungswert von $\widehat{\sigma}^2_{UB}$ ist σ^2. Man sagt: der Schätzer $\widehat{\sigma}^2_{UB}$ ist erwartungstreu. Im Englischen heißt dies *unbiased*. Daher der Index UB, er steht für **U**n**B**iased.

Noch eines: Wir kennen ja nicht nur den Erwartungswert, sondern auch die Varianz der χ^2-Verteilung, es galt – kurz und symbolisch – $\text{var}\left(\chi^2\,(n)\right) = 2n$. Aus $\widehat{\sigma}^2_{UB} \sim \frac{\sigma^2}{n-1}\chi^2\,(n-1)$ folgt also:

$$\text{Var}\left(\widehat{\sigma}^2_{UB}\right) = \frac{2}{n-1}\sigma^4\,.$$

Die Varianz des Schätzers $\widehat{\sigma}^2_{UB}$ geht mit wachsendem n gegen 0. Der Schätzer wird mit wachsendem n immer genauer.

Wir finden hier in der Erwartungstreue einen Grund, warum im Bereich der deskriptiven Statistik die empirische Varianz in vielen Lehrbüchern mit $1/(n-1)$ statt mit $1/n$ skaliert wird. Dagegen erscheint die Skalierung mit $1/n$ nur der Analogie mit $\overline{x} = \frac{1}{n}\sum_{i=1}^n x_i$ geschuldet. Wir werden im Kapitel Schätztheorie ein stichhaltigeres Argument für die Wahl von $1/n$ finden.

?

Bedeutet die Erwartungstreue von $\widehat{\sigma}^2_{UB}$ womöglich, dass wir erwarten dürfen, dass $\widehat{\sigma}^2_{UB}$ unsere Erwartungen erfüllt und den wahren Parameter trifft?

Aus der Beweisskizze zum Satz von Cochran wird deutlich, dass sein Satz auf beliebige orthogonale Projektionen verallgemeinert werden kann. Dies ist grundlegend für die Varianzanalyse, die wir später in einem eigenen Kapitel behandeln.

Satz von Cochran

Ist $\boldsymbol{X} \sim N_n\left(\boldsymbol{\mu}; \sigma^2\boldsymbol{I}_n\right)$ und ist $\boldsymbol{A}$ ein linearer Unterraum des $\mathbb{R}^n$, dann ist

$$\|\mathbf{P}_{\boldsymbol{A}}\,(\boldsymbol{X} - \boldsymbol{\mu})\|^2 \sim \sigma^2\chi^2\left(\dim\,(A)\right).$$

Sind $\boldsymbol{A}$ und $\boldsymbol{B}$ zwei orthogonale Unterräume des $\mathbb{R}^n$, dann sind $\mathbf{P}_{\boldsymbol{A}}\boldsymbol{X}$ und $\mathbf{P}_{\boldsymbol{B}}\boldsymbol{X}$ voneinander stochastisch unabhängig.

Wir werden diesen Satz auf Seite 165 noch einmal verallgemeinern.

Die F-Verteilung beschreibt den Quotienten zweier empirischer Varianzen

Stellen wir uns vor, wir müssten in einem landwirtschaftlichen Experiment den Einfluss von Saatgut, Dünger, Bodenqualität, Bewässerung, Sonneneinstrahlung und womöglich noch vielen anderen Einflüssen auf den Ertrag eines Ackers bestimmen. Dies ist ein Aufgabentyp, mit dem wir uns im Kapitel Varianzanalyse beschäftigen werden. Die Grundidee bei der Lösung der eben gestellten Aufgabe ist es, den Gesamteffekt in unabhängige, zueinander orthogonale Einzeleffekte aufzuspalten und dann miteinander zu vergleichen. Diese orthogonale Komponenten stellen wir als Vektoren dar, deren Längen wir inhaltlich interpretieren können. Ist ein Effekt gar nicht vorhanden, dann ist unter der Normalverteilungsannahme die quadrierte Länge eines Vektors χ^2-verteilt. Beim Vergleich zweier Komponenten werden Quotienten gebildet, bei denen in Zähler und Nenner χ^2-verteilte Zufallsvariablen stehen. Diese Analyse konnte erst effektiv eingesetzt werden, als es R.A. Fisher gelang, die Wahrscheinlichkeitsverteilung dieser Quotienten zu bestimmen. Ihm zu Ehren erhielt sie den Namen F-Verteilung.

Die F-Verteilung

Sind $X \sim \chi^2(m)$ und $Y \sim \chi^2(n)$ zwei unabhängige zufällige Variable. Dann heißt die Verteilung von

$$\frac{X/m}{Y/n} \sim \mathrm{F}(m; n)$$

F-verteilt mit den Freiheitsgraden m und n. Kurz und symbolisch auch:

$$\frac{\chi^2(m)/m}{\chi^2(n)/n} \sim \mathrm{F}(m; n) .$$

Die Dichte der $\mathrm{F}(m; n)$-Verteilung ist

$$f_{m,n}(x) \simeq x^{\frac{m}{2}-1} \left(1 + \frac{m}{n} x\right)^{-\frac{1}{2}(m+n)} .$$

Beweis: Wir skizzieren den Beweis: Wie in der Beispielbox auf Seite 125 gezeigt, ist die Dichte des Quotienten $W = \frac{X}{Y}$ zweier unabhängiger, stetiger Zufallsvariablen X und Y gegeben durch:

$$f_W(w) = \int_{-\infty}^{+\infty} f_X(wt)\, f_Y(t)\, |t| \, \mathrm{d}t .$$

Sind $X \sim \chi^2(m)$ und $Y \sim \chi^2(n)$, so erhalten wir, wenn wir alle Integrationskonstanten ignorieren und in Konstante $c, c' \dots$ zusammenfassen:

$$\begin{aligned} f_W(w) &= c \int_0^{+\infty} (wt)^{\frac{m}{2}-1}\, \mathrm{e}^{-\frac{wt}{2}}\, t^{\frac{n}{2}-1}\, \mathrm{e}^{-\frac{t}{2}} t \, \mathrm{d}t \\ &= c w^{\frac{m}{2}-1} \int_0^{+\infty} t^{\frac{m+n}{2}-1}\, \mathrm{e}^{-\frac{t}{2}(w+1)} \, \mathrm{d}t . \end{aligned}$$

Setzen wir $s = t\,(w+1)$ erhalten wir:

$$\begin{aligned} f_W(w) &= c w^{\frac{m}{2}-1} (w+1)^{-\frac{m+n}{2}} \int_0^{+\infty} s^{\frac{m+n-1}{2}-1}\, \mathrm{e}^{-\frac{s}{2}} \mathrm{d}s \\ &= c' w^{\frac{m}{2}-1} (w+1)^{-\frac{m+n}{2}} . \end{aligned}$$

Berücksichtigen wir noch, dass wir nicht $W = \frac{X}{Y}$, sondern $U = \frac{nX}{mY} = \frac{n}{m} W$ suchen, erhalten wir nach der Transformationsformel für Dichten:

$$f_U(u) = f_w\left(\frac{m}{n} u\right) = c'' u^{\frac{m}{2}-1} \left(\frac{m}{n} u + 1\right)^{-\frac{m+n}{2}} . \qquad \blacksquare$$

Die Abbildung 4.16 zeigt die Dichten der $F(m; n)$ für verschieden Werte von m und n. Ist x nahe Null, so verhält sich die Dichte wie $x^{\frac{m}{2}-1}$. Falls $m < 2$ ist, divergiert sie für $x \to 0$ gegen unendlich. Für große x verhält sich die Dichte wie $x^{-\frac{n}{2}}$. Ist $m > 2$, hat die Dichte ein Maximum bei $\frac{m-2}{m}$.

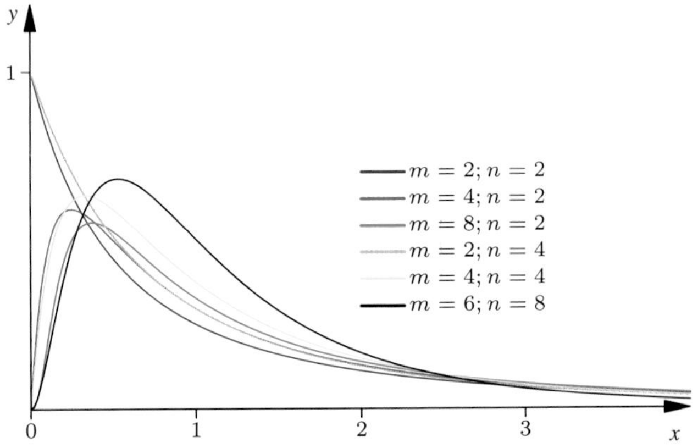

Abbildung 4.16 Dichten der $F(m; n)$ für verschieden Werte von m und n.

4.4 Die Beta-Verteilung und ihre Verwandtschaft

Der Definitionsbereich der Exponential-, der Gamma- und der F-Verteilung ist die nichtnegative Zahlenachse $[0, \infty)$. Die Normalverteilung umfasst den ganzen $\mathbb{R}^1$. Nur die Gleichverteilung ist auf einem beschränkten Träger definiert. Nun wollen wir eine wichtige stetige Verteilung kennenlernen, die auf dem Intervall $[0, 1]$ definiert ist. Sie ist besonders geeignet, um Wahrscheinlichkeitsaussagen über Anteile – oder wie in der subjektiven Wahrscheinlichkeitstheorie notwendig – über Wahrscheinlichkeiten selbst zu machen.

Die Beta-Verteilung

Eine zufällige Variable X besitzt genau dann eine Beta-Verteilung mit den Parametern $\alpha > 0$ und $\beta > 0$, falls X die folgende Dichte hat:

$$f_{\mathrm{Beta}(\alpha;\beta)}(x) \simeq x^{\alpha-1} (1-x)^{\beta-1} .$$

Die Verteilungsfunktion der Beta-Verteilung bezeichnen wir mit $\mathrm{F}_{\mathrm{Beta}(\alpha;\beta)}(x)$.

Wie die Gamma-Verteilung auf der Gammafunktion, beruht die Beta-Verteilung auf der Betafunktion. Dabei ist die Betafunktion für $\alpha > 0$ und $\beta > 0$ definiert durch:

$$B(\alpha;\beta) = \int_0^1 t^{\alpha-1}(1-t)^{\beta-1}\,dt\,. \tag{4.6}$$

Die Integrationskonstante von $f_{\text{Beta}(\alpha;\beta)}$ ist damit $B(\alpha;\beta)^{-1}$. Es ist

$$f_{\text{Beta}(\alpha;\beta)}(x) = \frac{1}{B(\alpha;\beta)} x^{\alpha-1}(1-x)^{\beta-1}\,.$$

$B(\alpha;\beta)$ lässt sich auf die Gammafunktion zurückführen: Wie wir bei der Diskussion der Gammafunktion als Nebenergebnis in der Formel (4.5) erhalten haben, gilt:

$$B(\alpha;\beta) = \frac{\Gamma(\alpha)\Gamma(\beta)}{\Gamma(\alpha+\beta)} = B(\beta;\alpha)\,.$$

Eselsbrücke: Manchmal vergisst man, ob in der Formel für $B(\alpha;\beta)$ nun $\Gamma(\alpha+\beta)$ im Zähler oder Nenner steht. Dann genügt es, sich zu erinnern, dass bei großem α und β die Funktion $t^{\alpha-1}(1-t)^{\beta-1}$ im Intervall $[0;1]$ sehr klein ist. Also ist auch das Integral darüber, nämlich $B(\alpha;\beta)$ sehr klein. Da $\Gamma(\alpha+\beta)$ wesentlich größer ist als $\Gamma(\alpha)\Gamma(\beta)$, steht $\Gamma(\alpha+\beta)$ im Nenner und $\Gamma(\alpha)\Gamma(\beta)$ im Zähler.

Für natürliche Zahlen a und b erhalten wir.

$$\frac{1}{B(a;b)} = \binom{a+b-1}{a} a\,. \tag{4.7}$$

Abbildung 4.17 zeigt die Dichten der Beta-Verteilung für verschiedene Werte von α und β.

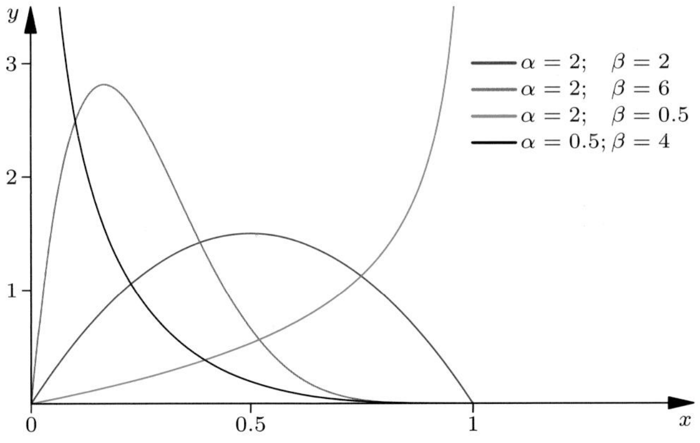

Abbildung 4.17 Dichten der Beta$(\alpha;\beta)$-Verteilung.

Beispiel Betrachten wir zum Beispiel 10 unabhängige in $[0;1]$ gleichverteilte Zufallsvariablen $X_1,\ldots,X_{10}$. Ordnen wir sie dann der Größe nach, erhalten wir die Orderstatistiken $X_{(1)},\ldots,X_{(10)}$. Die viertgrößte Variable $X_{(4)}$ ist genau dann ungefähr gleich t, wenn drei der X_i kleiner als t, sechs größer als t und eine ungefähr gleich t ist.

$$\underset{0}{|}\ldots x_{(1)}\ldots x_{(2)}\ldots x_{(3)}\ldots \overset{x_{(4)}}{\underset{\approx t}{|}}\ldots x_{(5)}\ldots x_{(6)}\ldots x_{(10)}\ldots \underset{1}{|}\,.$$

Aufgrund der Gleichverteilung der X_i im Intervall $[0;1]$ hat diese Konstellation die Wahrscheinlichkeit:

$$t^3(1-t)^6\,dt \simeq f_{\text{Beta}(4;7)}(t)\,dt\,.$$

Also hat $X_{(4)}$ eine Beta-Verteilung.

Auf diese Weise lässt sich zeigen:

Die k-te Orderstatistik $X_{(k)}$ von n unabhängigen in $[0,1]$ gleichverteilten Zufallsvariablen ist beta-verteilt mit $\alpha = k$ und $\beta = n-k+1$. Wir werden auf Seite 158 eine allgemeinere Aussage beweisen. ◀

Die Momente der Beta-Verteilung lassen sich leicht bestimmen: Es ist

$$\begin{aligned}\mathrm{E}\left(X^k\right) &= \frac{1}{B(\alpha;\beta)}\int x^k x^{\alpha-1}(1-x)^{\beta-1}\,dx\\ &= \frac{B(\alpha+k;\beta)}{B(\alpha;\beta)}\\ &= \frac{\alpha(\alpha+1)(\alpha+2)\ldots(\alpha+k-1)}{(\alpha+\beta)(\alpha+\beta+1)\ldots(\alpha+\beta+k-1)}\,.\end{aligned}$$

Daher ist

$$\mathrm{E}(X) = \frac{\alpha}{\alpha+\beta},$$

$$\mathrm{Var}(X) = \frac{\alpha\beta}{(\alpha+\beta)^2(\alpha+\beta+1)}\,.$$

Zwischen Binomial-, F- und der Beta-Verteilung bestehen enge Beziehungen

So wie wir die Verwandtschaft zwischen Gamma und Poisson-Verteilung gezeigt haben, lässt sich analog die Verwandtschaft zwischen Binomial- und Beta-Verteilung zeigen.

Binomial- und Beta-Verteilung sind verwandt

Sind $X \sim B_n(\theta)$ und $Y \sim \text{Beta}(k;n+1-k)$, dann gilt:

$$\mathcal{P}(X \geq k) = \mathcal{P}(Y \leq \theta)$$

oder als Beziehung zwischen den Verteilungsfunktionen:

$$1 - F_{B_n(\theta)}(k-1) = F_{\text{Beta}(k;n+1-k)}(\theta)\,,$$
$$F_{B_n(\theta)}(k-1) = F_{\text{Beta}(n+1-k;k)}(1-\theta)\,.$$

Beweis: Es ist

$$\mathcal{P}(X \geq k) = \sum_{i=k}^{n}\binom{n}{i}\theta^i(1-\theta)^{n-i}\,.$$

Differenziert man $\mathcal{P}(X \geq k) = \mathcal{P}$ nach θ erhält man einerseits:

$$\begin{aligned}\frac{d}{d\theta}\mathcal{P} &= \sum_{i=k}^{n}\binom{n}{i} i\theta^{i-1}(1-\theta)^{n-i}\\ &\quad - \sum_{i=k}^{n}\binom{n}{i}(n-i)\theta^i(1-\theta)^{n-i-1}\,.\end{aligned}$$

Durch geschicktes Umordnen der Summe erhält man:

$$\begin{aligned}\frac{d}{d\theta}\mathcal{P} &= \binom{n}{k}k\theta^{k-1}(1-\theta)^{n-k} \\ &+ \sum_{i=k}^{n}\underbrace{\left[\binom{n}{i+1}(i+1)-\binom{n}{i}(n-i)\right]}_{0}\theta^{i}(1-\theta)^{n-i-1} \\ &= \binom{n}{k}k\theta^{k-1}(1-\theta)^{n-k}\,.\end{aligned}$$

Andererseits gilt nach Definition und Formel (4.7): Ist $Y \sim \text{Beta}(k; n+1-k)$, dann ist

$$\begin{aligned}\mathcal{P}(Y \le \theta) &= \frac{1}{\text{Beta}(k; n+1-k)}\int_0^{\theta} t^{k-1}(1-t)^{n-k}\,dt \\ &= \binom{n}{k}k\int_0^{\theta} t^{k-1}(1-t)^{n-k}\,dt, \\ \frac{d}{d\theta}\mathcal{P}(Y \le \theta) &= \binom{n}{k}k\theta^{k-1}(1-\theta)^{n-k} \\ &= \frac{d}{d\theta}\left[\mathcal{P}(X \ge k)\right].\end{aligned}$$

Daher ist $\mathcal{P}(Y \le \theta) - \mathcal{P}(X \ge k) =$ Konstante. Da die linke Seite für $\theta = 1$ den Wert 0 ergibt, ist die Konstante Null. ∎

Als Anwendungsbeispiel leiten wir die Dichte der Orderstatistik ab:

Die Dichte der Orderstatistik $X_{(k)}$

Sind $X_1, \dots, X_n$ i.i.d. verteilt mit der Verteilungsfunktion F und der Dichte f, dann hat die k-te Orderstatistik $X_{(k)}$ die Dichte

$$f_{X_{(k)}}(x) = \binom{n}{k}k\mathrm{F}(x)^{k-1}(1-\mathrm{F}(x))^{n-k}f(x)\,.$$

Beweis: Sei Y die Anzahl der Beobachtung kleiner gleich x. Dann ist $\mathcal{P}(X_{(k)} \le x) = \mathcal{P}(Y \ge k)$. Andererseits ist Y binomialverteilt mit dem Parameter $\theta = \mathrm{F}(x)$, also $Y \sim B_n(\mathrm{F}(x))$. Zusammen gilt daher:

$$\begin{aligned}\mathrm{F}_{X_{(k)}}(x) &= 1 - \mathrm{F}_Y(k-1) \\ &= \mathrm{F}_{\text{Beta}(k;n-k+1)}(\mathrm{F}(x)) \\ &= \frac{1}{\text{Beta}(k; n-k+1)}\int_o^{\mathrm{F}(x)} t^{k-1}(1-t)^{n-k}\,dt\,.\end{aligned}$$

Die Dichte ist dann

$$f_{X_{(k)}}(x) = \frac{1}{\text{Beta}(k; n-k+1)}\mathrm{F}(x)^{k-1}(1-\mathrm{F}(x))^{n-k}f(x)\,.$$

Dabei ist

$$\frac{1}{\text{Beta}(k; n-k+1)} = \frac{\Gamma(n+1)}{\Gamma(k)\Gamma(n-k+1)} = \binom{n}{k}k\,.$$ ∎

Auch zwischen Beta- und F-Verteilung besteht eine Beziehung:

Beta- und F-Verteilung sind verwandt

Die Zufallsvariable X ist genau dann $\mathrm{F}(m; n)$-verteilt, wenn $Y = \frac{mX}{n+mX}$ eine Beta-$(m/2; n/2)$-Verteilung besitzt und umgekehrt:

$$X \sim \mathrm{F}(m; n) \iff \frac{mX}{n+mX} \sim \text{Beta}(m/2; n/2)$$

Beweis: Sei $Y \sim$Beta$(m/2; n/2)$. Dann hat Y die Dichte $f_Y(y) = c\,y^{m/2-1}(1-y)^{n/2-1}$. Aus $y = \frac{mx}{n+mx}$ folgt $\frac{\mathrm{d}y}{\mathrm{d}x} = \frac{mn}{(n+mx)^2}$. Dann ist

$$\begin{aligned}f_X(x) &= f_Y(y)\frac{\mathrm{d}y}{\mathrm{d}x} \\ &= c\left(\frac{mx}{n+mx}\right)^{\frac{m}{2}-1}\left(1-\frac{mx}{n+mx}\right)^{\frac{n}{2}-1}\frac{mn}{(n+mx)^2} \\ &= c'x^{\frac{m}{2}-1}(n+mx)^{-\frac{m}{2}+1-\frac{n}{2}+1-2} \\ &= c''x^{\frac{m}{2}-1}\left(1+\frac{m}{n}x\right)^{-\frac{m+n}{2}}.\end{aligned}$$

Also hat X eine F$-(m; n)$-Verteilung. ∎

Kombinieren wir die Verbindungen von Aussagen über die Beziehungen zwischen Binomial- und Beta-Verteilung sowie zwischen Beta- und F-Verteilung, erhalten wir:

Binomial- und F-Verteilung sind verwandt

Sind $X \sim B_n(\theta)$ und $Z \sim \mathrm{F}(2k; 2(n+1-k))$, so ist

$$\mathcal{P}(X \ge k) = \mathcal{P}\left(Z \le \frac{n+1-k}{k}\frac{\theta}{1-\theta}\right).$$

Beweis: Sind $X \sim B_n(\theta)$ und $Y \sim$Beta-$(k; n+1-k)$, dann gilt wegen der Verwandtschaft von F- und Beta-Verteilung:

$$Z = \frac{(n+1-k)}{k(1-Y)} \sim \mathrm{F}(2k; 2(n+1-k))\,.$$

Also ist

$$\begin{aligned}\mathcal{P}(X \ge k) &= \mathcal{P}(Y \le \theta) \\ &= \mathcal{P}\left(\frac{n+1-k}{k}\frac{Y}{1-Y} \le \frac{n+1-k}{k}\frac{\theta}{1-\theta}\right) \\ &= \mathcal{P}\left(Z \le \frac{n+1-k}{k}\frac{\theta}{1-\theta}\right).\end{aligned}$$ ∎

Dieser Satz ist hilfreich, weil man numerisch oft leichter mit der stetigen F-Verteilung als mit der diskreten Binomialverteilung rechnen kann.

4.5 Aus der weiteren Verwandtschaft der Normalverteilung

Wir haben eben gesehen, wie eng die großen Verteilungsfamilien miteinander zusammenhängen. Es gibt aber noch eine Fülle anderer Verteilungen, die nur entfernt oder gar nicht unmittelbar mit diesen Verteilungen zusammenhängen, aber große praktische Bedeutung haben.

Die Maxwell-Boltzmann-Verteilung beschreibt die Geschwindigkeitsverteilung der Moleküle in einem idealen Gas

In einem idealen Gas bewegen sich die Gasmoleküle frei und unabhängig voneinander in allen drei Dimensionen des Raums. Die Geschwindigkeit $\boldsymbol{V} = (V_1, V_2, V_3)^\top$ eines Gasmoleküls wird als dreidimensionaler Zufallsvektor aufgefasst. Dabei sollen die Komponenten V_i unabhängig voneinander identisch standardnormalverteilt sein:

$$V_i \sim N(0; 1) .$$

Wir werden später die Einschränkung $\sigma^2 = 1$ aufheben. $\boldsymbol{V}$ ist der Geschwindigkeitsvektor und $\|\boldsymbol{V}\| = \sqrt{\sum_{i=1}^3 V_i^2}$ die skalare Geschwindigkeit. Dann ist

$$\|\boldsymbol{V}\|^2 = \sum_{i=1}^{3} V_i^2 \sim \chi^2(3) .$$

Um das Schriftbild nicht mit zuviel Normen und Quadraten zu belasten, taufen wir kurzfristig die Variablen um und nennen

$$\|\boldsymbol{V}\| = X \text{ und } \|\boldsymbol{V}\|^2 = X^2 = Y .$$

Y hat die Dichte der $\chi^2(3)$-Verteilung:

$$f_Y(y) = \frac{1}{\sqrt{2\pi}} y^{\frac{3}{2}-1} \exp\left(-\frac{y}{2}\right) .$$

Die Integrationskonstante ist $(c_3)^{-1} = 2^{\frac{3}{2}}\Gamma\left(\frac{3}{2}\right) = 2^{\frac{3}{2}}\frac{1}{2}\Gamma\left(\frac{1}{2}\right) = \sqrt{2\pi}$. Wegen $y = x^2$ gilt nach dem Transformationssatz für Dichten für die Dichte von X:

$$\begin{aligned} f_X(x) &= f_Y(y) \cdot \frac{\mathrm{d}y}{\mathrm{d}x} = \frac{1}{\sqrt{2\pi}} y^{\frac{3}{2}-1} \exp\left(-\frac{y}{2}\right) \cdot 2x \\ &= \frac{1}{\sqrt{2\pi}} \left(x^2\right)^{\frac{3}{2}-1} \exp\left(-\frac{x^2}{2}\right) \cdot 2x = \sqrt{\frac{2}{\pi}} x^2 \exp\left(-\frac{x^2}{2}\right) . \end{aligned}$$

Zum Schluss befreien wir uns von der Beschränkung $\sigma^2 = 1$. Es sei $V_i \sim N\left(0; \sigma^2\right)$. Nun ist $\|\boldsymbol{V}\|$ durch $\sigma \|\boldsymbol{V}\|$ und gemäß unserer Umbenennung X durch $\sigma X = U$ zu ersetzen. Daher ist die Dichte von U:

$$\begin{aligned} f_U(u) &= f_x(x) \frac{\mathrm{d}x}{\mathrm{d}u} = \frac{1}{\sigma} f_x\left(\frac{u}{\sigma}\right) \\ &= \frac{1}{\sigma}\sqrt{\frac{2}{\pi}} \left(\frac{u}{\sigma}\right)^2 \exp\left(-\frac{u^2}{2\sigma^2}\right) \\ &= \sqrt{\frac{2}{\pi}} \frac{1}{\sigma^3} u^2 \exp\left(-\frac{u^2}{2\sigma^2}\right) . \end{aligned}$$

Wir fassen zusammen:

Die Maxwell-Boltzmann-Verteilung

Fassen wir den Geschwindigkeitsvektor $\boldsymbol{V}$ als Zufallsvariable mit i.i.d. $N\left(0; \sigma^2\right)$-verteilten Komponenten auf, so besitzt die skalare Geschwindigkeit $U = \sqrt{V_1^2 + V_2^2 + V_3^2} = \|\boldsymbol{V}\|$ eine Maxwell-Boltzmann-Verteilung mit der Dichte

$$f_U(u) = \sqrt{\frac{2}{\pi}} \frac{1}{\sigma^3} u^2 \exp\left(-\frac{u^2}{2\sigma^2}\right) .$$

Dabei hängt σ allein von der Masse des Moleküls und der Temperatur des Gases ab.

Abbildung 4.18 zeigt die Dichte der Maxwell-Boltzmann-Verteilung für $\sigma = 0.5$, $\sigma = 1$ und $\sigma = 2$.

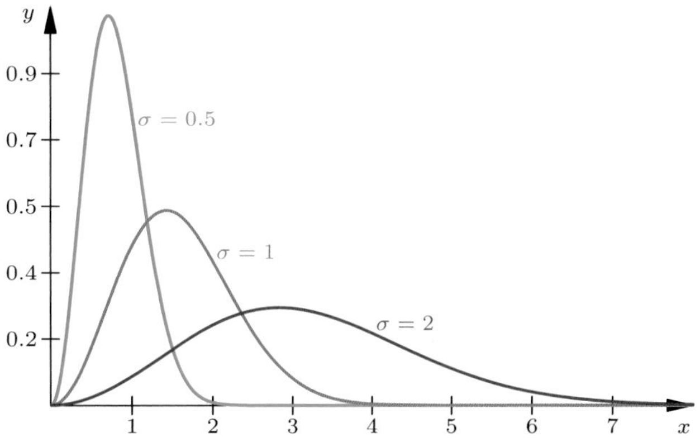

Abbildung 4.18 Die Maxwell-Boltzmann-Verteilung für $\sigma = 0.5$, $\sigma = 1$ und $\sigma = 2$.

Die t-Verteilung beschreibt die Verteilung der studentisierten Variablen

Im Jahr 1908 entdeckte William S. Gosset, der als Biometriker bei der schottischen Bierbrauerei Guinness arbeitete, das Verteilungsgesetz der t-Verteilung. Guinness erklärte dieses sofort zum Betriebsgeheimnis und belegte Gosset mit einem Publikationsverbot. Gosset ignorierte das Verbot und veröffentlichte seine Erkenntnisse unter dem Pseudonym „Student". Fortan heißt die von ihm gefundenen t-Verteilung im englischsprachigen Raum die Student-Verteilung.

Worum geht es dabei? Sind $X_1, \ldots, X_n$ i.i.d.-$N(\mu; \sigma^2)$-verteilt, so ist der standardisierte Mittelwert

$$\frac{\overline{X} - \mu}{\sigma} \sqrt{n} \sim \mathrm{N}(0; 1)$$

verteilt. Für Aussagen über μ nützt uns dies nur, falls σ^2 bekannt ist. Schätzt man dagegen die unbekannte Varianz σ^2 durch ihren erwartungstreuen Schätzer

$$\widehat{\sigma}^2_{\mathrm{UB}} = \frac{1}{n-1}\sum\left(X_i - \overline{X}\right)^2 ,$$

dann hat der entsprechend modifizierte Quotient eine Verteilung, die weder von μ, noch von σ, sondern einzig vom Stichprobenumfang n abhängt, nämlich die t-Verteilung.

Der studentisierte Mittelwert ist t-verteilt

Sind $X_1, \ldots, X_n$ i.i.d. $\mathrm{N}\left(\mu; \sigma^2\right)$, dann besitzt

$$T = \frac{\overline{X}-\mu}{\widehat{\sigma}_{\mathrm{UB}}}\sqrt{n}$$

eine t-Verteilung mit $(n-1)$ Freiheitsgraden. Wir schreiben $T \sim t\,(n-1)$.

Wir sprechen allgemein von der t-Verteilung und nur, wenn die Anzahl n der Freiheitsgrade wichtig sind, genauer von der $t\,(n)$-Verteilung. (Die Bezeichnung Freiheitsgrad für den Stichprobenumfang n lässt sich in einem allgemeineren Rahmen als Dimension des Raums erklären, in dem sich die zentrierten Variablen $X_i - \overline{X}$ bewegen.) Im Unterschied zum **Standardisieren**, bei dem im Nenner die wahre Standardabweichung σ steht, spricht man nun vom **Studentisieren** und nennt T den **studentisierten Mittelwert**.

Zum Beweis holen wir etwas weiter aus.

Die t-Verteilung

Sind die Zufallsvariablen X und Y unabhängig voneinander und $X \sim \mathrm{N}(0; 1)$ und $Y \sim \chi^2(n)$, so heißt die Verteilung von

$$T = \frac{X}{\sqrt{Y}}\sqrt{n} \sim t\,(n)$$

t-verteilt mit n Freiheitsgraden.

Kurz und symbolisch geschrieben:

$$\frac{\mathrm{N}(0;1)}{\sqrt{\frac{\chi^2(n)}{n}}} \sim t\,(n) .$$

Die t-Verteilung hat die Dichte

$$f_T^{(n)}(t) \simeq \left(1+\frac{t^2}{n}\right)^{-\frac{1}{2}(n+1)} .$$

Beweis: Zur Verdeutlichung der Beweisidee ignorieren wir wieder alle Integrationskonstanten. Dann gehen wir schrittweise vor. Die Dichte von $Z = \sqrt{Y}$ ist wegen $y = z^2$ und $\frac{\mathrm{d}y}{\mathrm{d}z} = 2z$

$$f_Z(z) = f_Y(y)\frac{\mathrm{d}y}{\mathrm{d}z} = c y^{\frac{n}{2}-1}\,\mathrm{e}^{-\frac{y}{2}} 2z = c' z^{n-1}\,\mathrm{e}^{-\frac{z^2}{2}} .$$

Die Dichte von $U = \frac{X}{Z}$ ist

$$\begin{aligned} f_U(u) &= \int_0^\infty f_X(vu)\, f_Z(v)\, v\,\mathrm{d}v \\ &= c'' \int_0^\infty \mathrm{e}^{-\frac{v^2u^2}{2}}\, v^{n-1}\,\mathrm{e}^{-\frac{v^2}{2}}\, v\,\mathrm{d}v \\ &= c'' \int_0^\infty v^n\,\mathrm{e}^{-\frac{v^2\left(u^2+1\right)}{2}}\,\mathrm{d}v . \end{aligned}$$

Wir setzen $v^2 = s$ und erhalten:

$$f_U(u) = c''' \int_0^\infty s^{\frac{n-1}{2}}\,\mathrm{e}^{-s\left(\frac{u^2+1}{2}\right)}\,\mathrm{d}s .$$

Das Integral ist bis auf die Integrationskonstante das Integal über die Dichte der Gamma $\left(\frac{n+1}{2}; \frac{u^2+1}{2}\right)$. Daher ist der Wert des Integrals gerade

$$\int_0^\infty s^{\frac{n+1}{2}-1}\,\mathrm{e}^{-\frac{s\left(u^2+1\right)}{2}}\,\mathrm{d}s = \frac{\Gamma\left(\frac{n+1}{2}\right)}{\left(\frac{u^2+1}{2}\right)^{\frac{n+1}{2}}} .$$

Ignorieren wir wieder die Konstanten, erhalten wir:

$$f_U(u) \simeq \left(u^2+1\right)^{-\frac{n+1}{2}} .$$

Setzen wir schließlich $t = \sqrt{n}u$ erhalten wir:

$$f_T(t) \simeq \left(\frac{t^2}{n}+1\right)^{-\frac{n+1}{2}} . \qquad \blacksquare$$

Wir wollen uns die Berechnung der Momente der t-Verteilung schenken und uns stattdessen nur überlegen, wann die Momente überhaupt existieren. Das k-te Moment existiert genau dann, wenn das Integral

$$I(a,b) = \int_a^b \frac{t^k}{\left(\frac{t^2}{n}+1\right)^{\frac{n+1}{2}}}\,\mathrm{d}t$$

für $b \to \infty$ endlich bleibt. Wir schätzen den Nenner nach unten ab:

$$I(a,b) \geq n^{\frac{n+1}{2}} \int_a^b \frac{t^k}{t^{n+1}}\,\mathrm{d}t = n^{\frac{n+1}{2}} \int_a^b t^{k-1-n}\,\mathrm{d}t .$$

Falls $k > n$, so ist

$$I(a,b) \geq n^{\frac{n+1}{2}} \frac{1}{k-n}\, t^{k-n}\Big|_a^b .$$

Dieses Integral divergiert für $b \to \infty$. Für $k = n$ ist

$$I(a, b) \geq n^{\frac{n+1}{2}} \int_a^b \frac{1}{t}\,\mathrm{d}t = n^{\frac{n+1}{2}} \log t|_a^b .$$

Auch diese Integral divergiert. Nur für $k < n$ existiert das k-te Moment.

Achtung: Der Erwartungswert der t-Verteilung existiert nur, wenn $n \geq 2$ ist und die Varianz existiert nur, wenn $n \geq 3$ ist. Dann gilt:

$$\begin{aligned} \mathrm{E}(T) &= 0, && \text{falls } n \geq 2, \\ \mathrm{Var}(T) &= \frac{n}{n-2}, && \text{falls } n \geq 3. \end{aligned}$$

?

Warum existieren im Gegensatz zur t-Verteilung alle Momente der Normalverteilung?

Damit können wir nun die Verteilung des studentisierten Mittelwertes bestimmen: Sind $X_1, \ldots, X_n$ i.i.d. $N(\mu; \sigma^2)$-verteilt, dann sind die $X_i^* = \frac{X_i - \mu}{\sigma}$ i.i.d. $\sim$ N(0; 1)-verteilt und

$$\frac{\overline{X} - \mu}{\sigma}\sqrt{n} \sim \mathrm{N}(0; 1).$$

Andererseits ist $\widehat{\sigma}_{\mathrm{UB}}$

$$\widehat{\sigma}_{\mathrm{UB}}^2 \sim \frac{\sigma^2}{n-1}\chi^2(n-1).$$

Daher ist

$$\frac{\overline{X} - \mu}{\widehat{\sigma}_{UB}}\sqrt{n} = \frac{\frac{\overline{X}-\mu}{\sigma}\sqrt{n}}{\sqrt{\frac{\widehat{\sigma}^2}{\sigma^2}}}.$$

Der Zähler ist $N(0; 1)$-verteilt, im Nenner steht die Wurzel aus einer χ^2-verteilten Zufallsvariable, die durch ihre Freiheitsgrade geteilt ist. Nach dem Satz von Cochran sind $\overline{X}$ und $\widehat{\sigma}^2$ voneinander unabhängig verteilt.

Die Bauart des Quotienten ist demnach

$$\frac{N(0; 1)}{\sqrt{\frac{1}{n-1}\chi^2(n-1)}} \sim t(n-1), \tag{4.8}$$

mit unabhängigem Zähler und Nenner. Also ist der gesamte Quotient $t(n-1)$-verteilt.

Die Dichte der $t(n)$ ist eine Glockenkurve, die der Standardnormalverteilung umso ähnlicher sieht, je größer n ist. Abbildung 4.19 zeigt einige Dichtekurven für $n = 1, 4, 8$ und 32 Freiheitsgrade.

Die Dichte der t-Verteilung konvergiert mit wachsendem n gegen die Standardnormalverteilung. Wir bestimmen zusätzlich noch

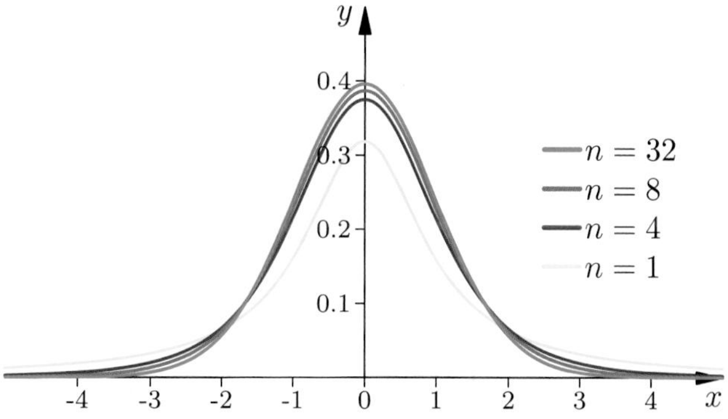

Abbildung 4.19 Die Dichten der t-Verteilung mit $n = 1, 4, 8, 32$ Freiheitsgraden.

den Grenzwert der Dichte der t(n)-Verteilung für $n \to \infty$. Dabei wollen wir die Integrationskonstante c_n ignorieren:

$$\begin{aligned} \lim_{n\to\infty} f_T^{(n)}(t) &\simeq \lim_{n\to\infty}\left(1 + \frac{t^2}{n}\right)^{-\frac{1}{2}(n+1)} \\ &= \lim_{m\to\infty}\left(1 + \frac{t^2}{2m}\right)^{-m} = \mathrm{e}^{-\frac{t^2}{2}}. \end{aligned}$$

Dieser Grenzwert ist im Hinblick auf die Bauart der t-Verteilung in Formel (4.8) nicht überraschend. Da $\frac{1}{n-1}\chi^2(n-1)$ stark gegen 1 konvergiert, bleibt im Grenzfall die $N(0; 1)$ übrig.

Die Cauchy-Verteilung, der Sisyphus unter den Verteilungen

Eine der für Liebhaber von Paradoxien interessantesten und von Praktikern gefürchtetsten Verteilungen ist die Cauchy-Verteilung.

Die Cauchy-Verteilung

Die t-Verteilung mit einem Freiheitsgrad ist die sogenannte *Cauchy-Verteilung* mit der Dichte

$$f_{\mathrm{Cauchy}}(x) = \frac{1}{\pi(1 + x^2)}.$$

Die Cauchy-Verteilung besitzt **keinen** Erwartungswert.

Für die Cauchy-Verteilung können wir die Verteilungsfunktion explizit angeben. Wie wir durch Differenzieren leicht bestätigen können, ist

$$F_{\mathrm{Cauchy}}(x) = 0.5 + \frac{1}{\pi}\arctan(x).$$

Aufschlussreich ist der Vergleich der Standardnormalverteilung und der Cauchy-Verteilung. Die Normalverteilung klingt exponentiell mit $\mathrm{e}^{-\frac{x^2}{2}}$ ab, die Cauchy-Verteilung nur mit $\frac{1}{x^2}$. Die Cauchy-Verteilung fällt in den Rändern wesentlich langsamer gegen 0 ab als die Normalverteilung. Beim Vergleich der Dichten in Abbildung 4.19 fällt dies nicht so deutlich auf. Deutlicher wird der Unterschied, wenn wir die Prognoseintervalle zum $\mathcal{P}\left(-\tau_{\alpha/2} \leq X \leq \tau_{1-a/2}\right) = 1 - \alpha$ vergleichen.

Niveau	$\tau_{1-a/2}$	
$(1-\alpha)$	Normalverteilung	Cauchy-Verteilung
$\alpha = 1\,\%$	2.58	63.66
$\alpha = 2\,\%$	2.33	31.82
$\alpha = 5\,\%$	1.96	12.71

Nun zeichnen wir die Dichten jeweils über ihren Prognoseintervallen, so dass wir gerade 99 % aller Realisationen erfassen:

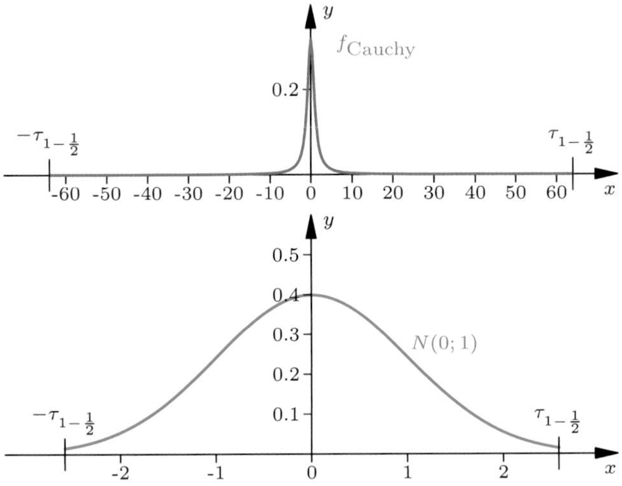

Abbildung 4.20 Dichte der Cauchy-Verteilung über dem Intervall $[-64, +64]$ und Dichte der $N(0;1)$ über dem Intervall $[-2.6, +2.6]$.

Die Abbildung 4.20 zeigt oben die Dichte der Cauchy-Verteilung über dem 99 %-Prognoseintervall $[-64, +64]$ und unten die Standardnormalverteilung. Oben hat die Dichte weniger die Gestalt einer Glocke, denn eher die einer Reißzwecke. Diese steht bildhaft für die unangenehmste Eigenschaft der Cauchy-Verteilung, nämlich ihre Neigung zu Ausreißern. Wegen des extrem langsamen Abklingens der Dichte sind bei der Cauchy-Verteilung extreme Ausreißer nicht unwahrscheinlich.

Achtung: Bei der Cauchy-Verteilung oder auch bei t-Verteilungen mit niedrigen Freiheitsgraden können gehäuft extreme Werte realisiert werden. Diese Ausreißer können das Bild der Verteilung völlig verzerren und in der statistischen Praxis zu groben Fehlschlüssen führen. Ein Prüfstein für die Robustheit von statistischen Verfahren ist ihr Verhalten, wenn bei Simulationsstudien unter die regulären Daten ein kleiner Prozentsatz von cauchy-verteilten Daten gemischt wird.

Abbildung 4.21 zeigt den Ablauf einer Simulationsstudie mit 10 000 unabhängigen Realisationen einer cauchy-verteilten Variablen. Auf der Abszisse ist n und auf der Ordinate $\overline{x}^{(n)} = \frac{1}{n}\sum_{i=1}^{n} x_i$ aufgetragen. Jeder Mittelwert aus einer „anständigen" Verteilung strebt mit dem Segen des Gesetzes der großen Zahlen zum finalen Ruhepunkt, dem Erwartungswert. Auch Cauchy-$\overline{x}^{(n)}$ scheint zum Median, der Null, zu streben und fast hat er

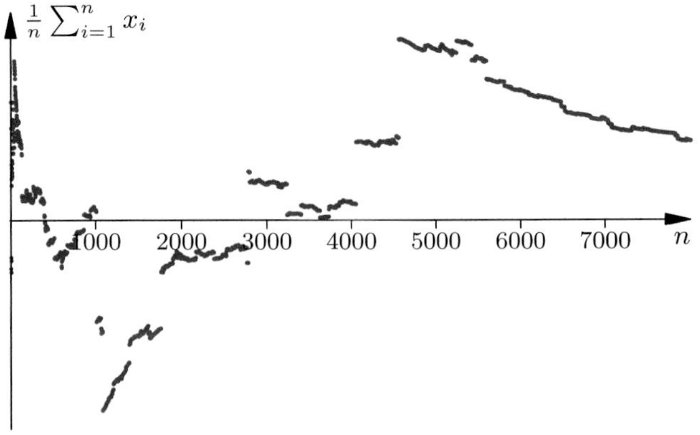

Abbildung 4.21 Bei der Cauchy-Verteilung konvergiert $\overline{x}^{(n)}$ nicht.

den Nullpunkt erreicht. Da reißt ein Ausreißer den Mittelwert $\overline{x}^{(n)}$ hinweg und $\overline{x}^{(n)}$ kämpft aufs Neue um seinen Ruhepol, bis ihn wiederum ein Ausreißer aus seiner Bahn schießt. Und dies geschieht in alle Ewigkeit. Zwar wird er immer wieder in die Nähe des Medians Null kommen, aber nie dort bleiben dürfen. Cauchy-$\overline{x}^{(n)}$ ist der Sisyphus unter den Mittelwerten.

Achtung: Da die Cauchy-Verteilung keinen Erwartungswert und erst recht keine Varianz besitzt, gilt für sie weder das Starke Gesetz der großen Zahlen noch der Zentrale Grenzwertsatz.

Darüber hinaus lässt sich leicht mithilfe der charakteristischen Funktion der Cauchy-Verteilung die folgende überraschende Eigenschaft zeigen:

Sind $X_1, \ldots, X_n$ i.i.d. cauchy-verteilt, so ist $\overline{X}$ wiederum cauchy-verteilt.

Beispiel Eine radioaktive Substanz, die in alle Richtungen mit gleicher Wahrscheinlichkeit Partikel emittiert, sei in 1 cm Höhe über einer empfindlichen Detektorschicht angebracht, auf der alle nach unten emittierten Partikel registriert werden. Wir vereinfachen die real dreidimensionale zu einer gedachten zweidimensionalen Situation und betrachten einen strahlenden Punkt im Abstand 1 über dem Nullpunkt der x-Achse. Siehe Abbildung 4.22.

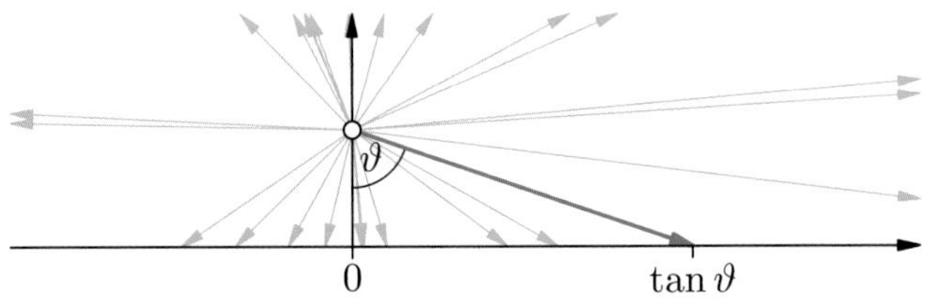

Abbildung 4.22 Eine radioaktive Quelle strahlt mit gleicher Wahrscheinlichkeit in alle Richtungen. Die Partikel werden auf einer Detektorschicht registriert.

Ein Teilchen wird im Winkel ϑ gegen die Vertikale emittiert und im Punkt $x = \tan\vartheta$ registriert. Wir modellieren den Winkel ϑ als Realisation des zufälligen Winkel Θ, der im Intervall $[0, \pi]$

gleichverteilt ist. Dementsprechend ist auch $X = \tan\Theta$ eine Zufallsvariable.

Dann gilt für $\vartheta \geq 0$:

$$\frac{\vartheta}{\pi} = \mathcal{P}(0 \leq \Theta \leq \vartheta) = \mathcal{P}(0 \leq X \leq \tan\vartheta)\ .$$

Wir ersetzen $\tan\vartheta$ durch x. Dann ist $\vartheta = \arctan x$. Damit haben wir erhalten:

$$\mathcal{P}(0 \leq X \leq x) = \frac{\arctan x}{\pi}\ .$$

X besitzt also eine Cauchy-Verteilung. Auch wenn die meisten Partikel in der Nähe des Nullpunkts registriert werden, können doch immer wieder einzelne Partikel mit nicht zu unterschätzender Wahrscheinlichkeit in beliebiger Entfernung vom Nullpunkt aufschlagen. ◀

Beispiel Es seien X und Y i.i.d. standardnormalverteilt. Weiter sei $Z = \frac{X}{Y}$. Wir bestimmen die Dichte von Z. Wie in der Beispielbox auf Seite 125 gezeigt, ist die Dichte des Quotienten zweier unabhängiger, stetiger Zufallsvariablen X und Y gegeben durch:

$$f_Z(z) = \int_{-\infty}^{\infty} f_X(uz)\, f_Y(u)\, |u|\, du\ .$$

In unserem Fall also

$$\begin{aligned} f_Z(z) &= \frac{1}{\sqrt{2\pi}}\frac{1}{\sqrt{2\pi}}\int_{-\infty}^{\infty} e^{-\frac{u^2z^2}{2}}\, e^{-\frac{u^2}{2}}\, |u|\, du \\ &= \frac{1}{\pi}\int_0^{\infty} e^{-u^2\frac{z^2+1}{2}}\, u\, du \\ &= \frac{1}{\pi}\frac{-1}{z^2+1}\, e^{-u^2\frac{z^2+1}{2}}\Big|_0^{\infty} \\ &= \frac{1}{\pi}\frac{1}{z^2+1}\ . \end{aligned}$$

Daher ist Z cauchy-verteilt. ◀

?

Warum haben wir die Wölbung der Cauchy-Verteilung nicht angegeben?

Die Log-Normalverteilung ist die Grenzverteilung für Produkte

Wir wollen nun eine weitere, nur für positive x-Werte definierte Verteilung kennenlernen. Dazu seien $X_1, \ldots, X_n$ unabhängige, identisch verteilte Zufallsvariablen und $Y = \prod_{i=1}^{n} X_i$. Dann ist $\log Y = \sum_{i=1}^{n} \log X_i$. Wenn Erwartungswert und Varianz von $\log X$ existieren, ist $\log Y$ approximativ normalverteilt. Dies legt folgende Definition nahe:

Die Log-Normalverteilung

Die Zufallsvariable X ist genau dann log-normalverteilt, wenn $\log X$ normalverteilt ist.

$$X \sim \log\text{Normal}\big(\mu;\sigma^2\big) \leftrightarrow \log X \sim N\big(\mu;\sigma^2\big)\ .$$

Die Dichte der Log-Normalverteilung ist

$$f(x) = \frac{1}{x}\frac{1}{\sqrt{2\pi}\sigma}\exp\left(-\frac{(\log x-\mu)^2}{2\sigma^2}\right)\ .$$

Erwartungswert und Varianz sind:

$$\begin{aligned} E(X) &= \exp\left(\mu + \frac{1}{2}\sigma^2\right), \\ \text{Var}(X) &= \exp\big(2\mu+\sigma^2\big)\cdot\big(\exp(\sigma^2)-1\big)\ . \end{aligned}$$

Beweis: Wir wollen nur die Dichte bestimmen. Für positive x ist die Abbildung $y = \log x$ umkehrbar: $x = \exp(y)$ mit $\frac{dy}{dx} = \frac{1}{x}$. Das Transformationsgesetz für Dichten liefert:

$$f_x(x) = f_y(y)\frac{dy}{dx} = \frac{1}{\sqrt{2\pi}\sigma}\exp\left(-\frac{(y-\mu)^2}{2\sigma^2}\right)\frac{1}{x}\ . \qquad ■$$

Bei der Log-Normalverteilung ist der Variationskoeffizient unabhängig von μ :

$$\frac{\sqrt{\text{Var}(X)}}{E(X)} = \sqrt{\exp\left(\sigma^2\right)-1}\ .$$

Wie eingangs bereits erwähnt, können wir überall dort mit der Log-Normalverteilung rechnen, wo sich unabhängige Einflüsse nicht additiv, sondern multiplikativ überlagern. Die Abbildung 4.23 zeigt Dichten der Log-Normalverteilung.

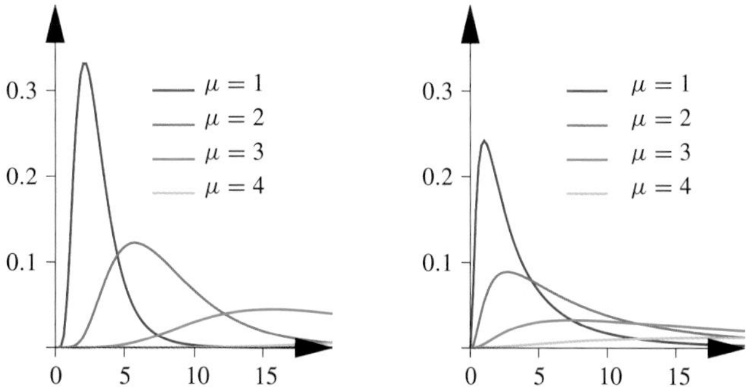

Abbildung 4.23 Dichten der Log-Normalverteilung, links: $\sigma = 0.5$ und rechts $\sigma = 1$.

Die Benford-Verteilung

Im Jahre 1881 stellte der amerikanische Mathematiker und Astronom Simon Newcomb (1835–1900) beim Betrachten seiner Logarithmentafel fest, dass die vorderen Seiten viel stärker abgegriffen waren als die hinteren. Offensichtlich wurden die Logarithmen von Zahlen, die mit 1 oder 2 begannen, häufiger nachgeschlagen als solche, die mit einer höheren Ziffer etwa 8 oder 9 anfingen. Newcomb fasste seine Beobachtung in einem heuristisch begründeten Verteilungsgesetz zusammen. Der 1881 in einem zweiseitigen, im American Journal of Mathematics publizierte Artikel blieb unbeachtet. Erst 57 Jahre später, im Jahre 1938, machte der Physiker Frank Benford unabhängig von Newcomb die gleichen Beobachtungen und zog die gleichen Schlüsse, die er in den Proceedings of the American Philosophical Society veröffentlichte. Dabei stützte er seine Schlussfolgerung auf 20 229 Beobachtungen von Flusslängen, Atomgewichten, Sammlungen physikalischer Konstanten, Einwohnerzahlen, Zahlen aus Zeitungsartikeln und anderen Datensammlungen.

Seitdem hat die Benford-Verteilung in immer stärkerem Maße das Interesse der Öffentlichkeit geweckt, da Benfords Verteilung in einer Fülle von Datensätzen mit überraschender Übereinstimmung von Modellverteilung und empirischer Verteilung beobachtet wird. Dies wird zum Beispiel erfolgreich beim Bau von Computerbetriebssystemen, bei Wirtschafts,- Steuer- und Bilanzprüfungen ausgenutzt.

Erst 1995 hat Hill eine mathematisch saubere Begründung für das Auftreten der Benford-Verteilung im täglichen Leben gegeben.

Da es hier nur auf die Zifferfolge ankommt und führende – und daher überflüssige – Nullen weggelassen werden, wollen wir zuerst die Schreibweise der Zahlen vereinheitlichen und übernehmen die sogenannte wissenschaftliche Schreibweise: Jede reelle Zahl $x > 0$ lässt sich in der Form schreiben :

$$x = \langle x \rangle \, 10^n \quad \text{mit } n \in \mathbb{Z} \text{ und } 1 \leq \langle x \rangle < 10 .$$

Also

$$\begin{aligned} 0.0031415 &= 3.1415 \cdot 10^{-3} \\ 31.415 &= 3.1415 \cdot 10^{1} \\ 31415 &= 3.1415 \cdot 10^{4} \end{aligned}$$

In dieser Darstellung heißt $\langle x \rangle$ die **Mantisse** von x. Die drei Zahlen haben dieselbe Mantisse und unterscheiden sich nur in der Zehnerpotenz. (Achtung: Der Begriff Mantisse wird mitunter unterschiedlich definiert.) Logarithmieren wir x zur Basis 10, so erhalten wir:

$$\log x = \log \langle x \rangle + n \text{ mit } n \in \mathbb{Z} \text{ und } 0 \leq \log \langle x \rangle < 1 .$$

Ignorieren wir also das $n \in \mathbb{Z}$, bleibt mit $\log \langle x \rangle$ eine reelle Zahl zwischen 0 und 1 übrig. Was Newcomb und Benford beobachteten und alle Welt verblüffte: In den meisten empirischen Datensammlungen ist $\log \langle x \rangle$ im Intervall $[0, 1)$ gleichverteilt.

Die Benford-Verteilung

Die Zufallsvariable X besitzt die Benford-Verteilung, wenn der Logarithmus ihrer Mantisse gleichverteilt ist:

$$\mathcal{P}(\log \langle X \rangle < t) = t$$

Wenden wir uns den führenden Ziffern von X zu. Allgemein können wir die Mantisse $\langle x \rangle$ schreiben als:

$$\langle x \rangle = d_1.d_2d_3 \ldots d_k \ldots$$

Wir nennen d_1 die erste führende Ziffer, d_2 die zweite führende Ziffer, d_k die k-te führende Ziffer. Meist wird von der k-ten signifikanten Ziffer gesprochen, aber wir bewahren uns das Wort „signifikant" für die Testtheorie. Wir betrachten die Angaben der n-ten führenden Ziffer der Zahl x als Funktionswert der Abbildung

$$\begin{aligned} D_n &: \mathbb{R}_+ \to \{0, 1, 2, \ldots, 9\} \\ D_n(x) &= d_n . \end{aligned}$$

Zum Beispiel ist $D_1(0.00031415) = 3$ und $D_2(314.15) = 1$. Besitzt die X eine Benford-Verteilung, so gilt:

$$\mathcal{P}(D_1 = d) = \log\left(1 + \frac{1}{d}\right) .$$

Die Aussage $D_1 = d$ ist nämlich äquivalent mit $d \leq \langle X \rangle < d + 1$. Daher ist

$$\begin{aligned} \mathcal{P}(D_1 = d) &= \mathcal{P}(d \leq \langle X \rangle < d + 1) \\ &= \mathcal{P}(\log d \leq \log \langle X \rangle < \log d + 1) \\ &= \log(d + 1) - \log(d) \\ &= \log\left(1 + \frac{1}{d}\right) . \end{aligned}$$

Allgemein lässt sich zeigen:

Die Verteilung der führenden Ziffern

Besitzt die Zufallsvariable X die Benford-Verteilung dann ist

$$\begin{aligned} &\mathcal{P}(D_1 = d_1, D_2 = d_2, \ldots, D_k = d_k) \\ &= \log\left(1 + \frac{1}{d_1 d_2 \cdots d_k}\right) . \end{aligned}$$

Wir haben wie üblich die Zahl $\sum_{i=1}^{k} d_i 10^{k-i}$ mit der Ziffernfolge $d_1 d_2 \ldots d_k$ abgekürzt. Außerdem gilt $d_1 \in \{1, 2, \ldots, 9\}$ und $d_j \in \{0, 1, 2, \ldots, 9\}$, $j = 2, \ldots, k$.

?

Zeigen Sie: Aus der allgemeinen Verteilung folgt:

$$\mathcal{P}((D_2 = d)) = \sum_{k=1}^{9} \log\left(1 + \frac{1}{10k + d}\right) .$$

Das Verblüffende an der Benford-Verteilung ist, dass man sie immer wieder in der Realität beobachten kann. Nimmt man z. B. die Zeitungen der letzten Woche und schreibt alle dort gedruckten Zahlen auf, so werden die Ziffern 1 bis 9 etwa in folgender Häufigkeit an erster Stelle stehen:

d	$\mathcal{P}(D_1 = d) = \log\left(1 + \frac{1}{d}\right)$
1	0.301
2	0.176
3	0.125
4	0.097
5	0.079
6	0.067
7	0.058
8	0.051
9	0.046
	1.000

?

Wieso ist $\sum_{d=1}^{9} \log\left(1 + \frac{1}{d}\right) = 1$?

Eine statistische Begründung für das häufige Auftreten der Benford-Verteilung ist nicht trivial. Wir verweisen dazu auf die Originalarbeit von T. P. Hill: *A statistical derivation of the significant digit law* in Statistical Science 10, (1996) 354–363. Er kommt darin zu folgendem Ergebnis:

"If the distributions are selected at random in an unbiased way and random samples are taken from each of these distributions, then the significant-digit frequencies of the combined sample will converge to the Benford distribution, even though the individual distributions may not closely follow the law."

Man darf nicht folgern, dass aus jeder Datenquelle benfordverteilte Daten herausströmen. Betrachtet man z. B. die Augenzahlen bei der Wurfsequenz eines unverfälschten Würfels, die Punktzahlen in einer Klausur oder die Autokennzeichen aus Leipzig, so werden diese Zahlen sicherlich nicht der Benford-Verteilung genügen. Nimmt man aber Würfelzahlen, Klausurnoten, Matrikelnummer, Gewicht und Lebenshaltungskosten zusammen, so wird sehr wohl die Benford-Verteilung keine schlechte Approximation sein. Entscheidend ist die Mischung von vielen unabhängigen Quellen.

Benfords Verteilung hat zwei intuitiv anschauliche Eigenschaften. Sie ist skalen- und basen-invariant. Wenn es nämlich ein Gesetz für die führenden Zahlen gibt, dann darf es keine Rolle spielen ob z. B. Längen in Meter oder Inch, Geldbeträge in Euro, Yen oder Dollar angegeben werden. Ebenso ist die Wahl unseres Dezimalsystems, das auf der Basis 10 beruht, willkürlich. Wir könnten Zahlen in jedem anderen Zahlensystem darstellen und sollten, wenn sie in der einen Darstellung den Benford-Verteilung genügen, dies auch in jeder anderen tun. Dabei sind die Aussagen entsprechend zu modifizieren: Stellen wir die Zahlen auf der Basis b dar, also $x = \sum_{k \in \mathbb{Z}} a_k b^k$ mit $0 \leq a_k < b$, dann ist auch der Logarithmus zur Basis b zu nehmen und die führenden Zahlen laufen bis $b - 1$. (In diesem Sinn ist das binäre System für die Benford-Verteilung uninteressant, da die führende Zahl immer eine 1 ist.)

Nichtzentrale Verteilungen

Wir haben uns bei der Behandlung der χ^2-, der F- und der t-Verteilung auf zentrierte Variable beschränkt. Dies ist nicht ausreichend, wenn man zum Beispiel bei Tests, in denen diese Verteilungen eingesetzt werden, Aussagen machen will, was geschieht, wenn die getestete Nullhypothese falsch ist.

Wir betrachten zunächst die nichtzentrale χ^2-Verteilung und erweitern gleichzeitig den Satz von Cochran

Die nichtzentrale χ^2-Verteilung und der Satz von Cochran

Sind $\boldsymbol{Y} \sim \mathrm{N}_n(\boldsymbol{\mu}; \boldsymbol{I})$, so besitzt $\|\boldsymbol{Y}\|^2$ eine nichtzentrale χ^2-Verteilung mit n **Freiheitsgraden** und dem **Nicht-Zentralitätsparameter** δ:

$$\|\boldsymbol{Y}\|^2 = \sum_{i=1}^{n} Y_i^2 \sim \chi^2(n; \delta), \qquad \delta = \|\boldsymbol{\mu}\|^2.$$

Sind $\boldsymbol{Y} \sim \mathrm{N}_n(\boldsymbol{\mu}; \boldsymbol{I})$ und $\boldsymbol{M}$ ein d-dimensionaler Unterraum des $\mathbb{R}^n$, so ist

$$\|\boldsymbol{P_M Y}\|^2 \sim \chi^2\big(d; \|\boldsymbol{P_M \mu}\|^2\big).$$

Wichtige Eigenschaften der nichtzentralen χ^2-Verteilung sind:

- Ist $U \sim \chi^2(n; \delta)$, dann ist

$$\mathrm{E}(U) = n + \delta, \quad \mathrm{Var}(U) = 2(n + 2\delta).$$

- Sind $U \sim \chi^2(n; \delta)$ und $V \sim \chi^2(m; \gamma)$ zwei unabhängige zufällige Variable, so

$$U + V \sim \chi^2(n + m; \delta + \gamma).$$

- Ist $\boldsymbol{\mu} = \boldsymbol{0}$, so geht die $\chi^2(n; \delta)$ in die zentrale χ^2-Verteilung $\chi^2(n; 0) \equiv \chi^2(n)$ über. Die Dichte der $\chi^2(n; \delta)$ ist für $y > 0$ erklärt durch:

$$f(y \,\|n; \delta) = \sum_{k=0}^{\infty} f(y \,\|2k + n) \frac{\left(\frac{\delta}{2}\right)^k}{k!} \exp\left(-\frac{\delta}{2}\right).$$

  Dabei ist $f(y \,\|2k + n)$ die Dichte der zentralen $\chi^2(2k + n)$. (vgl. Johnson und Kotz (1970), Seite 132).

Wir wollen versuchen, an zwei Bildern die Zusammenhänge zwischen der mehrdimensionalen Normalverteilung, der χ^2-Verteilung und dem Satz von Cochran zu veranschaulichen.

Dazu stellen wir uns einmal vor, unter dem Verandaboden hätten Ameisen einen Bau gebildet und ihr Schlupfloch in der Kreuzfuge zweier Platten gefunden. Durch einen Stoß gegen den Boden werden die Ameisen in Panik versetzt und rennen ziellos aus ihrem Schlupfloch heraus. Nach einer Weile kommen Sie dazu und fotografieren das Ganze von oben. Ihr Foto könnte etwa so aussehen wie Abbildung 4.24

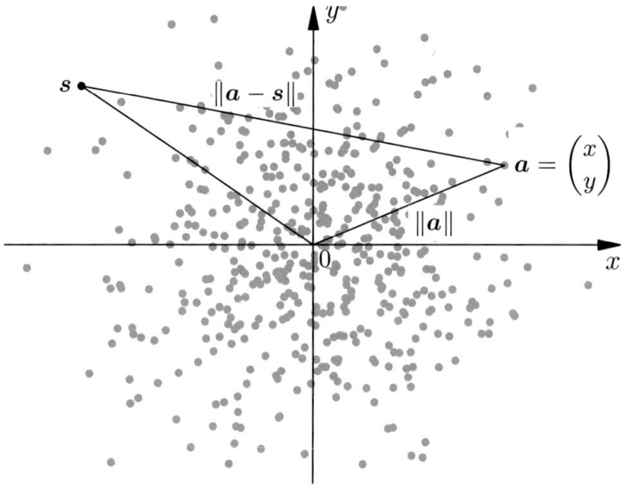

Abbildung 4.24 Die Entfernung $\|\boldsymbol{a}\|^2$ der Ameise vom Schlupfloch 0 ist $\chi^2(2)$-verteilt. Die Entfernung $\|\boldsymbol{a} - \boldsymbol{s}\|^2$ von der Schuhspitze $\boldsymbol{s}$ ist $\chi^2\left(2, \|\boldsymbol{s}\|^2\right)$-verteilt.

Zur Beschreibung der Position der Ameisen stellen wir uns ein Koordinatensystem vor, das in die Fugen der Platten gelegt ist, und beschreiben den Ort jeder Ameise durch ihre x- und y-Koordinaten: $\boldsymbol{a} := \binom{x}{y}$.

Nun wollen wir – ohne auf den Protest der Zoologen zu achten – annehmen, dass

1. für jede Ameise A die x- und y-Koordinaten Realisationen von zwei unabhängigen $N(0; 1)$-verteilten zufälligen Variablen sind, und
2. jede Ameise sich unabhängig von den anderen Ameisen ihren Weg sucht.

Dann können wir das Gesamtbild mit den n Ameisen $\boldsymbol{a}_1, \ldots, \boldsymbol{a}_n$ als Realisationen von n i.i.d. nach $N_2(\boldsymbol{0}; \boldsymbol{I})$ verteilten Variablen $\boldsymbol{A}_i$ ansehen. Die quadrierte Entfernung jeder Ameise vom Schlupfloch ist einerseits $\|\boldsymbol{a}\|^2 = x^2 + y^2$. Andererseits ist $\|\boldsymbol{a}\|^2$ die Realisation der $\chi^2(2)$-verteilten zufälligen Variablen $\|\boldsymbol{A}\|^2 = X^2 + Y^2$. Die empirische Häufigkeitsverteilung der beobachteten $\|\boldsymbol{a}\|^2$ gibt eine Vorstellung der $\chi^2(2)$-Verteilung.

Nun interessieren Sie sich für die quadrierte Entfernung $\|\boldsymbol{a} - \boldsymbol{s}\|^2$ jeder Ameise von Ihrer Fußspitze $\boldsymbol{s}$, die mit auf das Bild gekommen ist. $\|\boldsymbol{A} - \boldsymbol{s}\|^2$ ist nun nichtzentral χ^2 verteilt. Der quadrierte Abstand $\|\boldsymbol{s}\|^2$ Ihrer Fußspitze vom Schlupfloch ist der Nicht-Zentralitätsparameter δ.

Zur Illustration des Satzes von Cochran brauchen wir eine weitere Dimension. Also betrachten wir einen Bienenschwarm, der in luftiger Höhe seine Königin umschwirrt, die an der äußersten Spitze eines dünnen Zweiges genau über der Veranda sitzt. Beschreiben wir den Ort jeder Biene durch ihre drei Koordinaten $\boldsymbol{b} = (x; y; z)'$, so sollen – analog zu den Ameisen – auch die Koordinaten der Bienen normalverteilt sein: $\boldsymbol{B} \sim N_3(\boldsymbol{\mu}; \boldsymbol{I})$. Dabei ist $\boldsymbol{\mu}$ der Mittelpunkt des Schwarms, der Sitzplatz der Königin. Wieder ist die quadrierte Entfernung $\|\boldsymbol{B} - \boldsymbol{\mu}\|^2$ χ^2-verteilt mit drei Freiheitsgraden und $\|\boldsymbol{B}\|^2 \sim \chi^2(3; \|\boldsymbol{\mu}\|^2)$. Der Freiheitsgrad 3 ist die Dimension des Raums, in dem sich die Bienen bewegen. Nun brennt die Sonne senkrecht vom Himmel, und Sie betrachten den Schatten der Bienen auf dem Verandaboden. Die Schattenpunkte umschwärmen den Schatten der Königin. Die Schatten sind die Projektion von $\boldsymbol{B}$ auf die Veranda $\boldsymbol{P}_{\text{Veranda}}\boldsymbol{B} =: \boldsymbol{PB}$. Die Projektion $\boldsymbol{PB}$ ist wieder normalverteilt mit dem Mittelpunkt $\boldsymbol{P\mu}$, dem Schatten der Königin. Die quadrierte Entfernung $\|\boldsymbol{PB} - \boldsymbol{P\mu}\|^2$ der Schattenpunkte vom Schattenzentrum ist $\chi^2(2)$-verteilt, dagegen ist $\|\boldsymbol{PB}\|^2 \sim \chi^2(2; \|\boldsymbol{P\mu}\|^2)$. Die 2 Freiheitsgrade stehen für die Dimension des Raums, in dem sich die Schatten (d. h. die Bildpunkte) bewegen können, nämlich des zweidimensionalen Verandabodens.

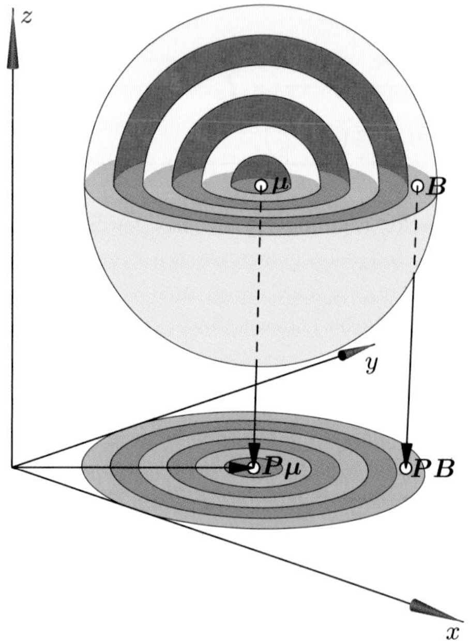

Abbildung 4.25 Der Schatten der Bienenwolke auf der Terrasse ist normalverteilt.

Bei der F-Verteilung überträgt sich die Nichtzentralität des Zählers auf die Verteilung:

?

Wie ist $\|B - \mu\|$ verteilt?

Die nichtzentrale F-Verteilung

Es seien $X \sim \chi^2(m; \delta)$ und $Y \sim \chi^2(n)$ zwei unabhängige zufällige Variable. Dann heißt die Verteilung von

$$\frac{nX}{mY} \sim F(m; n; \delta)$$

nichtzentrale F-Verteilung mit den Freiheitsgraden m und n und dem Nicht-Zentralitätsparameter δ. Ist $\delta = 0$ erhalten wir die zentrale F-Verteilung $F(m; n)$.

Auch für die t-Verteilung existiert eine nichtzentrale Variante

Die nichtzentrale t-Verteilung

Sind X und Y unabhängig voneinander sowie $X \sim \mathrm{N}(\mu; 1)$ und $Y \sim \chi^2(n)$, so heißt die Verteilung von

$$t := \frac{X}{\sqrt{Y}}\sqrt{n} \sim t(n; \mu)$$

t-verteilt mit n Freiheitsgraden und dem Nicht-Zentralitätsparameter μ.

4.6 Kennzeichnung von Verteilungen durch ihre Hazardraten

Bis jetzt stand die Frage im Vordergrund: „Wie oft geschieht etwas?" Wir haben dazu Häufigkeiten gezählt. Jetzt aber fragen wir: „Wann geschieht etwas?" In der Exponentialverteilung haben wir schon eine Verteilung kennengelernt, die zur Beschreibung von Lebensdauern oder ganz allgemein für Aussagen über Zeitpunkte von Ereignissen geeignet ist.

Da die Zeit der Inbegriff des Stetigen ist, werden wir auch nur stetige Zufallsvariablen betrachten. Eine Wahrscheinlichkeitsdichte über der Zeitachse gibt nur global an, wann etwas geschieht. Aber wir sind ja mitten drin im Zeitgeschehen. Wenn wir fragen, ob ein Ereignis demnächst oder sogar im nächsten Augenblick eintreten wird, müssen wir berücksichtigen, dass es bis jetzt eben noch nicht eingetreten sind. Dieses Wissen müssen wir als Zusatzbedingung beachten. Uns interessieren daher weniger totale Wahrscheinlichkeiten als vielmehr bedingte Wahrscheinlichkeiten. Diese Gedanken führen uns zu einen neuen Konzept zur Beschreibung von Lebensdauern, der **Hazardrate**.

Sei T eine stetige zufällige Variable mit der Verteilung $\mathrm{F}(t)$. Wir betrachten T als eine Zeit. $T = t$ ist der Zeitpunkt, an dem ein Ereignis eintritt. Dieses Ereignis kann zum Beispiel der Ausfall eines Gerätes, die Zerstörung einer Probe, der Tod eines Lebewesens sein.

$$T = t \leftrightarrow \text{Tod im Zeitpunkt}\, t\,.$$

Wir betrachten den Zeitverlauf vom Zeitpunkt $T = t_0$ an. (Meist wird $t_0 = 0$ gesetzt.) Dabei lebe das betrachtete Objekt im Zeitpunkt $T = t_0$ noch, d. h. für die Verteilungsfunktion gilt:

$$\mathrm{F}(t_0) = 0\,.$$

Die Wahrscheinlichkeit, dass ein Objekt, welches gerade den Zeitpunkt $T = t$ erreicht hat, im nächsten Moment ausfällt, ist

$$\mathcal{P}(t < T \le t + \Delta \mid T > t)$$

mit hinreichend kleinem Δ.

Wegen $(T > t) \cap (t < T \le t + \Delta) = t < T \le t + \Delta$, ist

$$\begin{aligned}\mathcal{P}(t<T\le t+\Delta \mid T>t) &= \frac{\mathcal{P}((t < T \le t + \Delta) \cap (T > t))}{\mathcal{P}(T > t)} \\ &= \frac{\mathcal{P}(t < T \le t + \Delta)}{\mathcal{P}(T > t)}\,.\end{aligned}$$

Nun beziehen wir diese Wahrscheinlichkeit auf das Zeitintervall Δ und lassen $\Delta \to 0$ gehen:

$$\begin{aligned}\lim_{\Delta\to 0} \frac{1}{\Delta}\frac{\mathcal{P}(t < T \le t + \Delta)}{\mathcal{P}(T > t)} &= \lim_{\Delta\to 0} \frac{1}{\Delta}\frac{f_T(t)\,\Delta}{1 - F_T(t)} \\ &= \frac{f_T(t)}{1 - F_T(t)}\,.\end{aligned}$$

Definition der Hazardrate

Die Hazardrate ist definiert durch:

$$h_T(t) = \frac{f_T(t)}{1 - F_T(t)}\,.$$

Damit haben wir vier Varianten, um Ereignisse zu beschreiben:

- Die **Dichte**:
$$\mathcal{P}(T \approx t) = f_T(t)\,\mathrm{d}t\,.$$
- Die **Verteilungsfunktion**:
$$\mathcal{P}(T \le t) = \mathrm{F}_T(t)\,.$$
- Die **Survivalfunktion**:
$$\mathcal{P}(T > t) = S_T(t) = 1 - \mathrm{F}_T(t)\,.$$
- Die **Hazardrate**:
$$\mathcal{P}(T \approx t \mid T > t) = h_T(t)\,\mathrm{d}t = \frac{f_T(t)}{S_T(t)}\,\mathrm{d}t$$

Wachsende Hazardraten beschreiben Alterungsprozesse: Die Wahrscheinlichkeit zu sterben wird umso größer, je älter man geworden ist. Fallende Hazardraten beschreiben Stabilisisierung und Gesundung: Die Wahrscheinlichkeit zu sterben wird umso geringer, je älter man geworden ist. Eine konstante Hazardrate beschreibt ein Leben ohne Alterung: Die Wahrscheinlichkeit zu sterben ist unabhängig davon, wie alt man geworden ist.

Für die Survivalfunktion gilt:

$$\begin{aligned}S_T(t) &= 1 - \mathrm{F}_T(t)\,, \\ S_T(t_0) &= 1\,.\end{aligned}$$

Je schneller die Survivalfunktion abklingt, umso unwahrscheinlicher sind große Werte von T, umso höhere Momente von T existieren. Existiert das k-te Moment von T, also $\mathrm{E}\left(T^k\right)$ so gilt:

$$\lim_{t\to\infty} t^k S(t) = 0\,.$$

Existiert z. B. der Erwartungwert, so ist

$$\lim_{t\to\infty} t S(t) = 0\,,$$

das heißt, $S(t)$ klingt schneller ab als $\frac{1}{t}$.

Dichte, Verteilungsfunktion, Survivalfunktion und Hazardrate sind äquivalente Beschreibungen

Aus jeweils einer Größe lassen sich die anderen berechnen.

$$f_T(t) \leftrightarrow \mathrm{F}_T(t) \leftrightarrow S_T(t) \leftrightarrow h_T(t) .$$

Speziell gilt:

$$S_T(t) = \exp\left(- \int_0^t h_T(t)\, \mathrm{d}t \right) .$$

Die letzte Gleichung folgt aus

$$h_T(t) = -\frac{S_T'(t)}{S_T(t)} = -(\ln S_T)'$$

und damit $\ln S_T = -\int_0^t h_T(t)\,\mathrm{d}t$. Das Integral $\int_0^t h_T(t)\,\mathrm{d}t$ heißt auch die kumulierte Hazardrate.

Wir betrachten spezielle typische Verteilungen mit fallenden bzw. wachsenden Hazardraten

Die Hazardrate der Exponentialverteilung ist konstant

Die einzige Verteilung mit konstanter Hazardrate ist die Exponentialverteilung. Sie ist die einzige Verteilung ohne Gedächtnis und ohne Alter: Einerseits gilt für die Exponentialverteilung:

$$\begin{aligned} f_T(t) &= \lambda\, \mathrm{e}^{-\lambda t} , \\ F_T(t) &= 1 - \mathrm{e}^{-\lambda t} , \\ S_T(t) &= \mathrm{e}^{-\lambda t} , \\ h_T(t) &= \frac{f_T(t)}{S_T(t)} = \lambda . \end{aligned}$$

Ist andererseits $h_T(t) = \lambda$ konstant, dann sind $S_T(t) = \mathrm{e}^{-\lambda t}$ und $f_T(t) = \lambda\, \mathrm{e}^{-\lambda t}$.

Beispiel Jedes Wort einer Sprache verschwindet mit der Zeit aus dem Sprachgebrauch. Nach etwa 2000 Jahre sind von einem ursprünglichen Wortstamm nur noch ewa die Hälfte vorhanden. Modellieren wir die Überlebenszeit einer Sprache mit der Exponentialverteilung, dann ist die Halbwertszeit der Median der Exponentialverteilung und zwar:

$$\operatorname{median}(T) = \frac{\ln 2}{\lambda} .$$

Vor t_1 Jahren haben sich die finnische und die ungarische Sprache getrennt. Wir wollen t_1 abschätzen. Zur Zeit haben beide Sprachen noch etwa 25 % des ursprünglichen Wortschatzes gemeinsam. Ist T die Lebensdauer eines Wortes, so ist demnach

$$\begin{aligned} \mathcal{P}(T > t_1) &= 0.25 \\ \exp(-\lambda t_1) &= 0.25 \\ t_1 &= -\frac{\ln 0.25}{\lambda} = -\frac{\ln 0.25}{\ln 2} \operatorname{median}(T) \\ &= -\frac{\ln 0.25}{\ln 2} 2000 = 4000 . \end{aligned}$$

Vor rund $t_1 = 4000$ Jahren müssten sich demnach die beiden Sprachen getrennt haben. Mehr darüber finden Sie unter den Stichworten *Lexikostatistik* und *Glottochronologie.* ◀

Die Hazardrate der Weibull-Verteilung wächst wie eine Potenz

Die einzige Verteilung mit einer Hazardrate, die wie eine Potenz von t wächst, ist die Weibull-Verteilung. Sie ist nach dem schwedischer Physiker Waloddi Weibull (1887–1979) benannt. Die Weibull-Verteilung Weibull$(\alpha; \beta)$ ist gekennzeichnet durch:

$$\begin{aligned} \text{die Hazardrate} \quad h_T(t) &= \alpha\beta t^{\beta-1} , \\ \text{die Dichte} \quad f_T(t) &= \alpha\beta t^{\beta-1} \exp\left(- \alpha t^{\beta} \right) , \\ \text{Survivalfunktion} \quad S_T(t) &= \exp\left(- \alpha t^{\beta} \right) . \end{aligned}$$

Dabei sind $\alpha > 0$ und $\beta > 0$. Wachsende Ausfallraten ergeben sich für $\beta > 1$ und fallende Ausfallraten für $\beta < 1$.

Wie wir im Abschnitt über Extremwertverteilungen auf Seite 172 sehen werden, ist die Weibull-Verteilung eine Extremwertverteilung für Minima. Sie wird benutzt z. B. zur Modellierung der Verteilung der Bruchkraft von Materialien, in der Verlässlichkeitstheorie, in der Qualitätskontrolle oder bei Lebensdaueranalysen.

Die Weibull-Verteilung hängt mit der Exponentialverteilung zusammen. T besitzt genau dann eine Weibull-Verteilung mit den Parametern α und β, wenn αT^{β} exponentialverteilt ist mit dem Parameter $\lambda = 1$:

$$T \sim \operatorname{Weibull}(\alpha; \beta) \quad \Leftrightarrow \quad \alpha T^{\beta} \sim \operatorname{ExpV}(1) .$$

Abbildung 4.26 zeigt Dichten der Weibull-Verteilung für $\alpha = 1$ und $\beta = 2$ sowie $\beta = 0.5$.

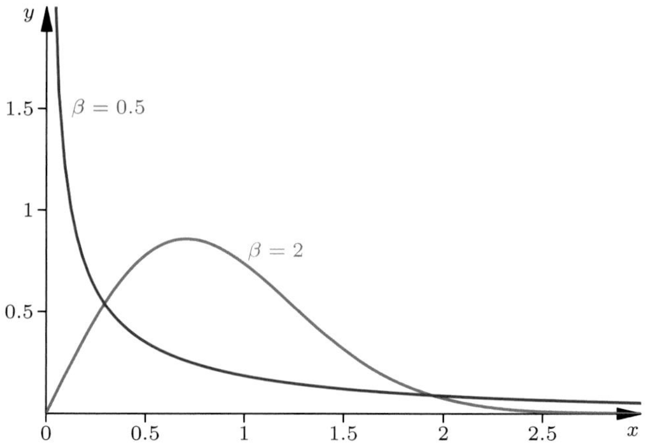

Abbildung 4.26 Die Dichte der Weibull-Verteilung Weibull-$(1; 0.5)$ und Weibull-$(1; 2)$.

Die Pareto-Verteilung oder das dicke Ende kommt noch

Die einzige Verteilung mit einer Hazardrate $h_T(t) \simeq \frac{1}{t}$ ist die Pareto-Verteilung, die nach dem italienischen Ingenieur, Soziologen und Ökonom Vilfredo Pareto (1848–1923) benannt wurde. Pareto stellte in seinem 1895 erschienen Artikel: „Distribution curve for wealth and income" fest, dass reale Einkommensverteilungen oft von folgendem Typ sind: Die Pareto-Verteilung Pareto $(\alpha; t_0)$ ist definiert für $t \geq t_0$:

$$\begin{aligned} \text{die Hazardrate} \quad h_T(t) &= \frac{\alpha}{t}, \\ \text{die Dichte} \quad f_T(t) &= \alpha \left(\frac{t_0}{t}\right)^{\alpha} \frac{1}{t}, \\ \text{Survivalfunktion} \quad S_T(t) &= \left(\frac{t_0}{t}\right)^{\alpha}. \end{aligned}$$

Eine abnehmende Hazardrate bei einer Einkommensverteilung besagt anschaulich: Wenn jemand mindestens t Euro hat, dann ist die Wahrscheinlichkeit, dass er auch $t+1$ Euros besitzt, umso größer, je größer t ist.

Die Pareto-Verteilung wird häufig in der Versicherungswirtschaft verwendet, um die Verteilung von Versicherungsschäden zu modellieren. Ist X die Höhe eines zukünftigen Versicherungsschadens, so ist die Annahme, X sei exponentialverteilt, $X \sim \text{ExpV}(\lambda)$, meist unbefriedigend, da die exponentielle Abnahme der Wahrscheinlichkeit großer Schäden

$$\mathcal{P}(X > x) = \mathrm{e}^{-\lambda x}$$

durch die Praxis widerlegt wird. Daher verwendet man – praxisnäher – ein Modell mit $\mathcal{P}(X > x) \simeq \left(\frac{1}{x}\right)^{\alpha}$, d. h. also die Pareto-Verteilung. Dieses Verteilungsmodell kann man auch als eine Mischverteilung ableiten. Dazu nimmt man an, dass die Schäden X bei jedem Versicherungnehmer zwar exponentialverteilt sind, aber jeder einen anderen Parameter λ besitzt. Betrachtet man λ als zufällige Größe und nimmt für λ eine Gamma-Verteilung, $\lambda \sim \text{Gamma}(\alpha, \beta)$, an, dann ist die Dichte der totalen Verteilung von X, wenn man über λ integriert, gegeben durch

$$\begin{aligned} \int_0^{\infty} \lambda\, \mathrm{e}^{-\lambda x} \frac{\beta^{\alpha}}{\Gamma(\alpha)} \lambda^{\alpha-1} \mathrm{e}^{-\beta x}\, \mathrm{d}\lambda &= \frac{\beta^{\alpha}}{\Gamma(\alpha)} \int_0^{\infty} \lambda^{\alpha} \mathrm{e}^{-\lambda(x+\beta)}\, \mathrm{d}\lambda \\ &= \frac{\beta^{\alpha}}{\Gamma(\alpha)} \frac{\Gamma(\alpha+1)}{(x+\beta)^{\alpha+1}} \\ &= \alpha \left(\frac{\beta}{x+\beta}\right)^{\alpha} \frac{1}{x+\beta} \end{aligned}$$

Dies ist die Dichte einer Pareto-Verteilung mit den Parametern α und $t_0 = \beta$ und der Variable $t = x + \beta = x + t_0$.

Eine gute Möglichkeit sich die Konzentration bei pareto-verteilten Einkommen zu veranschaulichen, ist die **Lorenzkurve**. Sei $f(t)$ die Dichte des Einkommen Xeines zufällig herausgegriffenen Mitglieds der Bevölkerung, dann ist

$$F(x) = \int_0^x f(t)\, \mathrm{d}t$$

der Anteil der Bevölkerung, dessen Einkommen höchstens x beträgt. $\mathrm{E}(X) = \int_0^{\infty} t f(t) \mathrm{d}t$ ist das Durchschnittseinkommen und

$$v(x) = \frac{\int_0^x t f(t)\, \mathrm{d}t}{\int_0^{\infty} t f(t)\, \mathrm{d}t} = \frac{1}{\mathrm{E}(X)} \int_0^x t f(t)\, \mathrm{d}t$$

ist der Anteil am Gesamtvermögen, den diese Schicht besitzt. Die Lorenzkurve ist der durch x parametrisierte Graph $(F(x), v(x))$. Dabei wird $F(x)$ auf der Abszisse abgetragen. Bei der Pareto-Verteilung ist

$$\begin{aligned} \int_0^x t f(t)\, \mathrm{d}t &= \alpha \int_{t_0}^x t \left(\frac{t_0}{t}\right)^{\alpha} \frac{1}{t}\, \mathrm{d}t \\ &= \frac{\alpha t_0^{\alpha}}{1-\alpha} t^{1-\alpha} \Big|_{t_0}^x \\ &= \frac{\alpha t_0}{\alpha - 1} \left(1 - \left(\frac{t_0}{x}\right)^{\alpha-1}\right). \end{aligned}$$

Ist $\alpha > 1$, dann existiert $\mathrm{E}(X)$ und es ist

$$\mathrm{E}(X) = \int_0^{\infty} t f(t)\, \mathrm{d}t = \frac{\alpha t_0}{\alpha - 1}.$$

Damit ist

$$v(x) = 1 - \left(\frac{t_0}{x}\right)^{\alpha-1}.$$

Bei der Pareto-Verteilung ist $\mathrm{F}(x) = 1 - \left(\frac{t_0}{x}\right)^{\alpha}$. Eliminiert man x aus der Darstellung $(F(x), v(x))$erhält man die Darstellung von v als Funktion von F:

$$v = 1 - (1-F)^{\frac{\alpha-1}{\alpha}}.$$

Für $\alpha = 1.2$ erhält man z. B. die in Abbildung 4.27 dargestellte Lorenzkurve.

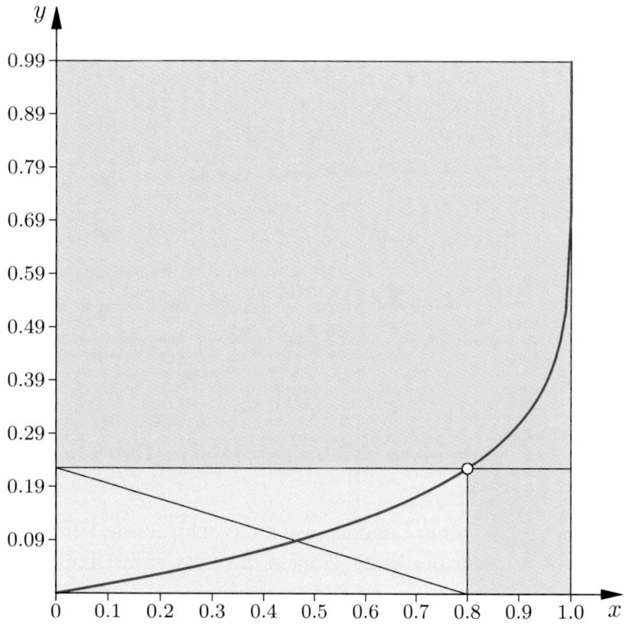

Abbildung 4.27 Die Lorenzkurve einer Pareto-Verteilung mit $\alpha = 1.2$.

Bei dieser Verteilung haben die 80 % der Bevölkerung mit dem niedrigsten Einkommen knapp 24 % des Gesamtvermögen, während die 1 Prozent Reichsten mehr als 53 % besitzen.

Mit Pareto-Verteilungen lassen sich viele reale Situationen bescheiben, in der eine große Zahl von Merkmalsträgern nur wenig zur gesamten Merkmalssumme betragen, während nur eine kleine Anzahl der Merkmalsträger die Hauptmasse der Merkmalssumme trägt.

Das Pareto-Prinzip, das nicht unmittelbar aus der Pareto-Verteilung ableitbar ist, sagt im Wesentlichen: Nur ein Bruchteil einer Gesamtheit sorgt für den Löwenteil des Aufwandes. Dabei werden oft die Zahlen 20 % und 80 % genannt: Bei einer Versicherung verursachen 20 % der Versicherten 80 % des Schadens. Beim Schreiben eines Buches kosten 20 % des Textes rund 80 % der Zeit. Oder beim Fensterputzen: Um die letzten Schlieren zu beseitigen wird die meisten Zeit verbraucht.

Die Hjorth-Verteilung hat eine Hazardrate vom Badewannentyp

Wir haben bis jetzt wachsende und fallende Hazardraten kennengelernt. In der Praxis beobachtet man aber bei Lebewesen ebenso wie bei Maschinen oder bei Software, dass zuerst eine Phase der „Kinderkrankheiten" mit anfangs hoher, dann aber fallender Hazardrate überwunden werden muss, dann folgt eine Phase der relativen Stabilität, der dann eine Verschleiß- und Alterungsphase mit wieder ansteigender Hazardrate folgt.

Die Hazardrate der Hjorth-Verteilung

Die Verteilung mit der Hazardrate $h_T(t) \simeq \alpha t + \frac{\gamma}{1+\beta t}$ ist die Hjorth-Verteilung. Für sie gilt:

$$h_T(t) = \alpha t + \frac{\gamma}{1+\beta t},$$
$$\int h_T(t)\,\mathrm{d}t = \frac{\alpha t^2}{2} + \frac{\gamma}{\beta}\ln(1+\beta t),$$
$$S_T(t) = (1+\beta t)^{-\frac{\gamma}{\beta}} \exp\left(-\frac{\alpha}{2}t^2\right).$$

Die Hjorth-Verteilung hat eine Hazardrate vom *Badewannentyp* Die Hazardrate setzt sich aus einer wachsenden Komponente αt und einer fallenden Komponente $\frac{\gamma}{1+\beta t}$ zusammen, siehe Abbildung 4.28.

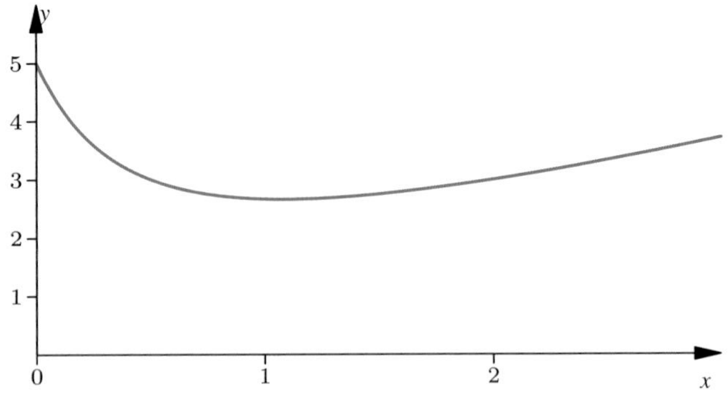

Abbildung 4.28 Die Hazardrate der Hjorth-Verteilung im Fall $\alpha = 1$, $\gamma = 5$ und $\beta = 2$.

4.7 Extremwertverteilungen

Häufig geschieht ein Ereignis, wenn das schwächste Glied der Kette bricht oder der letzte Tropfen das Fass zum Überlaufen bringt. Die Frage ist, wann und unter welcher Belastung etwas geschieht. Diese Vorgänge lassen sich oft mit Extremwertverteilungen modellieren. Es seien $X_i;\ i = 1, \ldots, n$ i.i.d. verteilt mit der Verteilung F_X. Wir benutzen die Abkürzungen

$$\max_n \{X\} = \max\{X_i; i = 1, \cdots, n\},$$
$$\min_n \{X\} = \min\{X_i; i = 1, \cdots, n\}.$$

Die Verteilung von Maximum und Minimum

Die Verteilungen des Maximums und des Minimums von n i.i.d. verteilten Zufallsvariablen sind gegeben durch:

$$F_{\max_n\{X\}}(s) = [F_X(s)]^n,$$
$$F_{\min_n\{X\}}(s) = 1 - [1 - F_X(s)]^n.$$

Beweis: Das Maximum ist genau dann kleinergleich s, falls alle X_i kleinergleich s sind. Also:

$$\mathcal{P}\big(\max_n\{X\} \le s\big) = \mathcal{P}(X_1 \le s; \ldots; X_n \le s) = \prod_{i=1}^{n} \mathcal{P}(X_i \le s) = [F_X(s)]^n.$$

Umgekehrt ist das Minimum kleiner oder gleich s, wenn alle X_i größer als s sind. ■

Demnach ist

$$\lim_{n\to\infty} F_{\max_n\{X\}}(s) = \lim_{n\to\infty}[F_X(s)]^n = 0,$$
$$\lim_{n\to\infty} F_{\min_n\{X\}}(s) = 1 - \lim_{n\to\infty}[1 - F_X(s)]^n = 1.$$

Wenn es also überhaupt möglich, aber nicht sicher ist, dass ein Wert s erreicht wird, also $0 < F(s) < 1$, dann liegt bei hinreichend häufiger Wiederholung das Minimum so gut wie sicher unterhalb von s und das Maximum oberhalb von s. Die Verteilung von $F_{\max_n\{X\}}$ *läuft nach rechts weg*, die Verteilung von $F_{\min_n\{X\}}$ *läuft nach links*. Eine Grenzverteilung von $F_{\max_n\{X\}}(s)$ lässt sich so nicht bestimmen. Dies stimmt mit unserer Erkenntnis überein: Auch wenn ein Ereignis noch so unwahrscheinlich ist, bei einer hinreichenden Anzahl von Versuchen kommt es so gut wie sicher doch einmal vor.

Nach geeigneter Skalierung kann das Maximum nur gegen eine von drei möglichen Grenzverteilungen konvergieren

Überlegen wir, wie wir beim zentralen Grenzwertsatz eine Grenzverteilung erhalten haben: Sind X_i; $i = 1, \ldots, n$ i. i. d. verteilt mit $\mathrm{E}(X) = \mu$ und $\mathrm{Var}(X) = \sigma^2$, dann ist

$$\sum_{i=1}^{n} X_i \approx N\left(n\mu; n\sigma^2\right).$$

Für große n gehen Erwartungswert und Varianz gegen Unendlich, eine Grenzverteilung existiert nicht. Wir müssen durch eine Verlegung des Nullpunktes die Verteilung heranziehen und durch eine Skalenänderung hinreichend stauchen, um erfolgreich nach Grenzverteilungen des Maxiums zu suchen. Unsere Frage ist also:

Wann existieren Koeffizienten $\alpha_n > 0$ und β_n und eine nicht ausgeartete Verteilungsfunktionen $G(x)$ als Grenzverteilung, sodass gilt:

$$\lim_{n\to\infty} \mathcal{P}\left(\frac{\max_n \{X\} - \beta_n}{\alpha_n} \leq s\right) = G(s)\,? \tag{4.9}$$

Wegen

$$\begin{aligned}\mathcal{P}\left(\frac{\max_n \{X\} - \beta_n}{\alpha_n} \leq s\right) &= \mathcal{P}\left(\max_n \{X\} \leq \alpha_n s + \beta_n\right) \\ &= \left[\mathrm{F}_X(\alpha_n s + \beta_n)\right]^n\end{aligned}$$

können wir auch fragen: Wann existieren Koeffizienten $\alpha_n > 0$ und β_n und eine nicht ausgeartete Verteilungsfunktionen $G(s)$ mit

$$\lim_{n\to\infty} \left[\mathrm{F}_X(\alpha_n s + \beta_n)\right]^n = G(s)?$$

Bereits 1928 haben Fisher, R. and Tippett, L. in der Arbeit „Limiting forms of the frequency distribution of the largest or smallest member of a sample" (Proc. Cambridge Philos. Soc. 24: 180–190) gezeigt, dass es beim Maximum wie beim Minimum genau drei mögliche Grenzverteilungstypen gibt:

Satz von Fisher und Tippett

Für jede Verteilung F_X gilt: Entweder es existiert keine Grenzverteilung im Sinne von (4.9) für das Maximum oder das Maximum konvergiert im Sinne von (4.9) genau gegen eine der drei Verteilungstypen G_1, $G_{2;\beta}$ oder $G_{3;\beta}$. Dabei ist $\beta > 0$ und

$$G_1(x) = \exp(-\exp(-x)),$$

$$G_{2;\beta}(x) = \begin{cases} 0, & \text{wenn } x \leq 0, \\ \exp\left(-x^{-\beta}\right), & \text{wenn } x > 0, \end{cases}$$

$$G_{3;\beta}(x) = \begin{cases} \exp\left(-(-x))^{\beta}\right), & \text{wenn } x \leq 0, \\ 1, & \text{wenn } x > 0. \end{cases}$$

Zwei zufällige Variablen X und Y gehören dabei zum gleichen Verteilungstyp, wenn Y verteilt ist wie $aX + b$ mit geeigneten a und b oder $F_Y(y) = F_X\left(\frac{y-b}{a}\right)$. Die Verteilung $G_1(x)$ ist auf ganz $\mathbb{R}$, $G_{2;\beta}(x)$ nur auf der positiven und $G_{3;\beta}(x)$ auf der negativen Halbachse definiert. Die Gestalt der drei Verteilungstypen zeigen die Abbildungen 4.29, 4.30 und 4.31

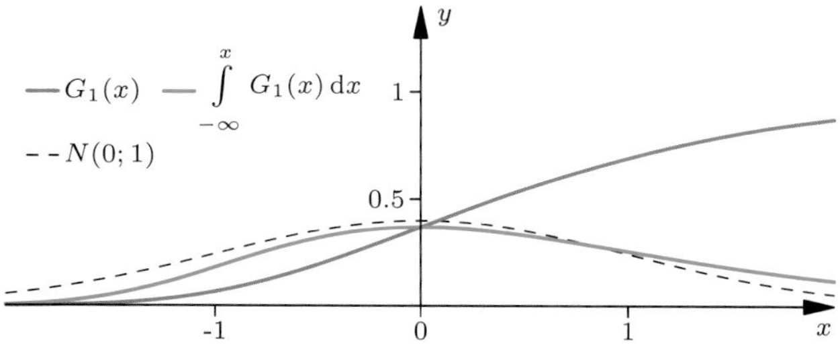

Abbildung 4.29 Verteilungsfunktion und Dichte von $G_1(x)$. Gestrichelt Dichte der $N(0;1)$.

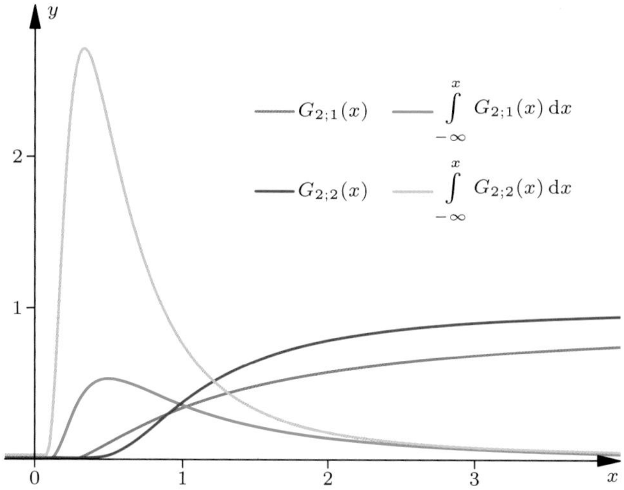

Abbildung 4.30 Verteilungsfunktion und Dichte von $G_{2;\beta}(x)$ für $\beta = 1$ und $\beta = 2$.

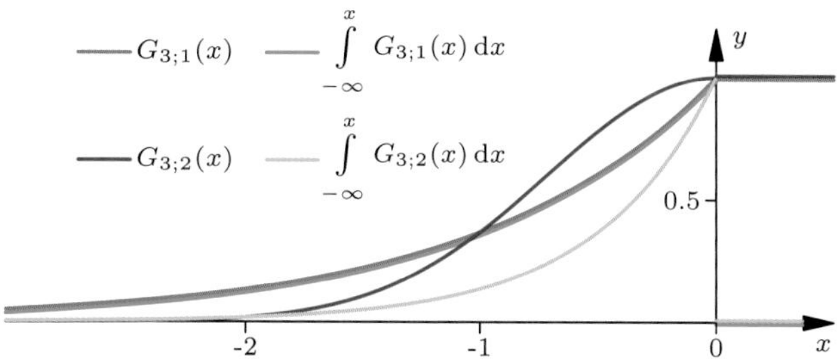

Abbildung 4.31 Verteilungsfunktion und Dichte von $G_{3;\beta}(x)$ für $\beta = 1$ und $\beta = 2$.

Wir betrachten dazu drei Beispiele:

Beispiel Radioaktiver Zerfall.

Die Lebenszeit X eines radioaktiven Atoms sei exponentialverteilt:

$$X \sim \mathrm{ExpV}(\lambda),$$

$$\mathrm{E}(X) = \frac{1}{\lambda},$$

$$\mathrm{Median}(X) = \frac{1}{\lambda} \ln 2 =: h.$$

Im Zeitpunkt $X = x$ zerfällt das Atom. Die Halbwertzeit h ist der Median von X. Nach der Halbwertzeit h ist das Atom mit Wahrscheinlichkeit $\frac{1}{2}$ zerfallen. Besteht ein Körper aus n radioaktiven Atomen, so ist die Dauer bis zum vollständigen Zerfall $Y = \max_n \{X\}$. Dann folgt:

$$\begin{aligned}\mathcal{P}\left(\max_n \{X\} \le \frac{s+\ln n}{\lambda}\right) &= \left[\mathrm{F}\left(\frac{s+\ln n}{\lambda}\right)\right]^n \\ &= \left[1-\exp\left(-\lambda\left[\frac{s+\ln n}{\lambda}\right]\right)\right]^n \\ &= \left[1-\exp(-s-\ln n)\right]^n \\ &= \left[1-\frac{\exp(-s)}{n}\right]^n .\end{aligned}$$

Daher gilt:

$$\lim_{n\to\infty} \mathcal{P}\left(\max_n \{X\} \le \frac{s+\ln n}{\lambda}\right) = \exp\left(-\exp(-s)\right).$$

Als Grenzverteilung tritt hier die Doppelexponentialverteilung $G_1(s)$ auf. ◀

Ein Beispiel aus der Praxis für die Anwendung von $G_1(s)$ steht auf Seite 175.

Beispiel X sei pareto-verteilt:

$$\mathrm{F}_X(t) = 1-\left(\frac{t_0}{t}\right)^\alpha$$

Sind X_i; $i = 1, \ldots, n$ i.i.d. pareto-verteilt, dann ist

$$\begin{aligned}\mathcal{P}\left(\frac{\max_n \{X\}}{\sqrt[\alpha]{n}} \le s\right) &= \left[\mathrm{F}_X\left(s\sqrt[\alpha]{n}\right)\right]^n \\ &= \left[1-\left(\frac{t_0}{s}\right)^\alpha \frac{1}{n}\right]^n \\ \lim_n \mathcal{P}\left(\frac{\max_n \{X\}}{\sqrt[\alpha]{n}} \le s\right) &= \exp\left(-\left(\frac{t_0}{s}\right)^\alpha\right) \\ &= \exp\left(-\left(\frac{s}{t_0}\right)^{-\alpha}\right).\end{aligned}$$

Die Grenzverteilung ist die $G_{2;\alpha}\left(\frac{s}{t_0}\right)$. ◀

Beispiel Wann zerreißt eine Kette?

Eine Kette bestehe aus n Gliedern. Sei X_i die Tragfestigkeit des i-ten Kettengliedes. Dabei sei d die maximale Belastbarkeit. Falls ein $X_i > d$ ist, reißt die Kette. Die X_i seien i.i.d verteilt mit der Verteilung $\mathrm{F}_X(x)$. Wir fragen nach dem Maximum der X_i. Uns interessiert das Verhalten der Verteilungsfunktion in der Nähe des kritischen Punktes d. Mit $\mathrm{F}_X(d) = 1$ liefert eine Reihenentwicklung von $\mathrm{F}_X(d-s)$ links vom Punkt d in erster Näherung:

$$\mathrm{F}_X(d-s) = 1+\sum_{i=1}^{r} s^i \frac{(-1)^i}{i!}\mathrm{F}_X^{(i)}(d) + \text{Rest}.$$

Es sei $\mathrm{F}^{(r)}(d)$ die erste von Null verschiedene Ableitung im Punkt d:

$$\mathrm{F}_X(d-s) = 1+s^r\frac{(-1)^r}{r!}\mathrm{F}_X^{(r)}(d) + \text{Rest}.$$

Da $\mathrm{F}_X(d-s) < 1$ ist, muss der Koeffizient von s^r negativ sein. Wir kürzen ihn mit $-\beta$ ab:

$$\mathrm{F}_X(d-s) = 1 - s^r\beta + \text{Rest}.$$

Wenn wir das Restglied vernachlässigen, gilt für hinreichend kleine s:

$$\mathrm{F}_X\left(d-\frac{s}{\sqrt[r]{n}}\right) \approx 1-\frac{s^r}{n}\beta .$$

Also ist

$$\begin{aligned}\mathcal{P}\left(\max_n \{X\} \le d-\frac{s}{\sqrt[r]{n}}\right) &= \left[\mathrm{F}_X\left(d-\frac{s}{\sqrt[r]{n}}\right)\right]^n . \\ &\approx \left[1-\frac{s^r}{n}\beta\right]^n\end{aligned}$$

$$\lim_n \mathcal{P}\left(\sqrt[r]{n}\left(\max_n \{X\}-d\right) \le -s\right) = \exp\left(-s^r\beta\right).$$

Mit $-s = x$ und $x > 0$ erhalten wir mit

$$\lim_n \mathcal{P}\left(\sqrt[r]{n}\left[\max_n \{X\}-d\right] \le x\right) = \exp\left(-(-x)^r\beta\right).$$

die Grenzverteilung $G_{3;\beta}(x)$. ◀

Nach geeigneter Skalierung kann das Minimum nur gegen eine von drei möglichen Grenzverteilungen konvergieren

Wenden wir uns nun dem Minimum zu. Unsere Frage lautet: Wann existieren Konstanten γ_n und $\delta_n > 0$ und eine nicht ausgeartete Grenzverteilung $H(x)$, sodass gilt:

$$\lim_{n\to\infty} \mathcal{P}\left(\frac{\min_n \{X\}-\gamma_n}{\delta_n} \le s\right) = H(s)\,?$$

Aussagen über die Verteilungen des Minimums lassen sich durch die Identität

$$\min\{X_i; i = 1,\cdots,n\} = -\max\{-X_i; i = 1,\cdots,n\}$$

aus den Aussagen über Verteilungen des Maximums ableiten. Dabei transformieren sich die Dichten g, bzw. Verteilungen G des Maximums wie folgt in Dichten h, bzw Verteilungen H der Grenzverteilung des Minimums:

$$\begin{aligned}H(x) &= 1-G(-x),\\ h(x) &= g(-x).\end{aligned}$$

Wie beim Maximum existieren drei mögliche Grenzverteilungen. Die drei Typen der Extremwertverteilung für Minima sind also

$$H_1(x) = 1-\exp(-\exp x).$$

$$H_{2;\beta}(x) = \begin{cases} 1-\exp\left(-(-x)^{-\beta}\right), & \text{wenn} \quad x < 0, \\ 1, & \text{wenn} \quad x \ge 0, \end{cases}$$

$$H_{3;\beta}(x) = \begin{cases} 0, & \text{wenn} \quad x \le 0, \\ 1-\exp\left(-x^{-\beta}\right), & \text{wenn} \quad x > 0. \end{cases}$$

Zum Beispiel gehören alle Weibull-Verteilungen zur Typklasse von $H_{3;\beta}$. Dies erklärt auch, warum sich die Weibull-Verteilung gut eignet, die Belastbarkeit zusammengesetzter Objekte zu modellieren, z. B. Reißfestigkeit von Stahl, Durchschlagsicherheit von Kondensatoren oder Isolatoren usw.

4.8 Quantilplots erlauben den Vergleich von Verteilungen

Wir haben in diesem und im vorigen Kapitel eine Fülle von Verteilungen vorgestellt. In der Praxis steht man aber meist vor einem Datenberg und fragt sich, welche Verteilung wohl zu den Daten passen könnte, und wäre froh, wenn es eine Normalverteilung wäre.

Wir werden im Kapitel über die Testtheorie einige Tests kennenlernen, mit denen diese Fragen theoretisch sauber entschieden werden können. Jetzt wollen wir mit den Quantil- oder QQ-Plots ein empirisches Verfahren vorstellen, wie wir diese Fragen nach „Augenmaß" beantworten können.

Der QQ-Plot

Seien X eine zufällige Variable mit der Verteilung $F_X(x)$ und Y eine zweite zufällige Variable mit der Verteilung $F_Y(y)$. Der Plot der α-Quantile von X gegen die α-Quantile von Y

$$x_\alpha = F_X^{-1}(\alpha) \text{ gegen } y_\alpha = F_Y^{-1}(\alpha) \tag{4.10}$$

heißt Quantil-Quantil-Diagramm, kurz QQ-Diagramm oder **QQ-Plot.**

Der Quantilplot

$$\mathbb{Q} : \{(x_\alpha; y_\alpha) | \ 0 < \alpha < 1\} \tag{4.11}$$

ist ein mit α parametrisierter Graph.

?

1. Wie ist F^{-1} definiert? 2. Ist $F^{-1}(F(x)) = x$? 3. Ist $F^{-1}(F(x_\alpha)) = x_\alpha$? 4. Ist $F\left(F^{-1}(\alpha)\right) = \alpha$? Machen Sie sich den Verlauf von F und F^{-1}an einer Skizze klar. Betrachten Sie vor allem auch die horizontalen Verläufe und die Sprungstellen einer empirischen Verteilungsfunktion.

Am häufigsten werden Verteilungen mit der Normalverteilung verglichen. In diesem Fall spricht man speziell vom Normal-Probability-Plot oder NP-Plot. Dazu sind die folgenden Beispiele charakteristisch.

Beispiel Vergleich zweier Normalverteilungen: Es seien $X \sim N(0; 1)$ und $Y \sim N\left(2; 3^2\right)$. Greifen wir das 80%- und das 90%-Quantil heraus:

α	x_α	y_α
0.8	0.8412	4.5249
0.9	1.2816	5.8447

Im $(x_\alpha; y_\alpha)$-Koordinatensystem liegen die Punkte (0.8416; 4.5249) sowie (1.2816; 5.844) auf der Geraden $y = 3x + 2$. Auf dieser Geraden liegen auch alle anderen Punktepaare $(x_\alpha; y_\alpha)$ und zwar aus folgendem Grund: Da $Y \sim N(2; 3^2)$, ist $\frac{Y-2}{3} \sim N(0, 1)$, darum ist

$$\begin{aligned}\alpha = \mathcal{P}(Y \leq y_\alpha) &= \mathcal{P}\left(\frac{Y-2}{3} \leq \frac{y_\alpha - 2}{3}\right) \\ &= \mathcal{P}\left(X \leq \frac{y_\alpha - 2}{3}\right) = \mathcal{P}(X \leq x_\alpha) .\end{aligned}$$

Also $x_\alpha = \frac{y_\alpha - 2}{3}$. Den gesamten QQ-Plot zeigt Abbildung 4.32.

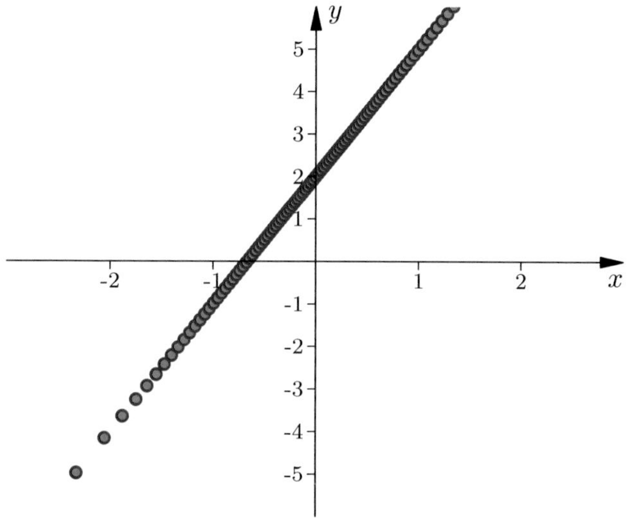

Abbildung 4.32 Der Quantilplot liefert die Gerade $Q(x_\alpha) = 3x_\alpha + 2$. ◀

Beispiel Vergleich einer Cauchy-Verteilung mit der Normalverteilung. Sei $X \sim N(0, 1)$ und Y cauchy-verteilt. Abbildung 4.33 zeigt den dazugehörigen NP-Plot.

Der NP-Plot ist links konkav, rechts konvex. Die Quantile der Cauchy-Verteilung liegen weiter vom Median als Symmetriezentrum entfernt als die der Normalverteilung und laufen nach $\pm\infty$ weg. Die Cauchy-Verteilung hat im Vergleich mit der Normalverteilung „fat tails". ◀

Beispiel Vergleich der χ^2-Verteilung mit der Normalverteilung. Seien $X \sim N(0, 1)$ und $Y \sim \chi^2(3)$-verteilt. Abbildung 4.34 zeigt den dazugehörigen NP-Plot. Dabei ist die Diagonale $y = x$ mit eingezeichnet.

Der QQ-Plot ist konvex, er erscheint auf der linken Seite gestaucht, auf der echten Seite aber gedehnt. Die Dichte der χ^2-Verteilung ist 0 für $x \leq 0$. Am linken Rand steigt die Verteilungsfunktion wesentlich schneller an als bei der Normalverteilung. ◀

Beispiel Vergleich einer Misch-Verteilung mit der Normalverteilung. Die Dichte von Y sei eine Mischung aus zwei Normalverteilungen $Y \sim 0.3N(0; 1) + 0.7N\left(3; 0.7^2\right)$. Das Doppelbild zeigt links die Dichte von Y und rechts die Verteilungsfunktionen von Y und der $N(0; 1)$

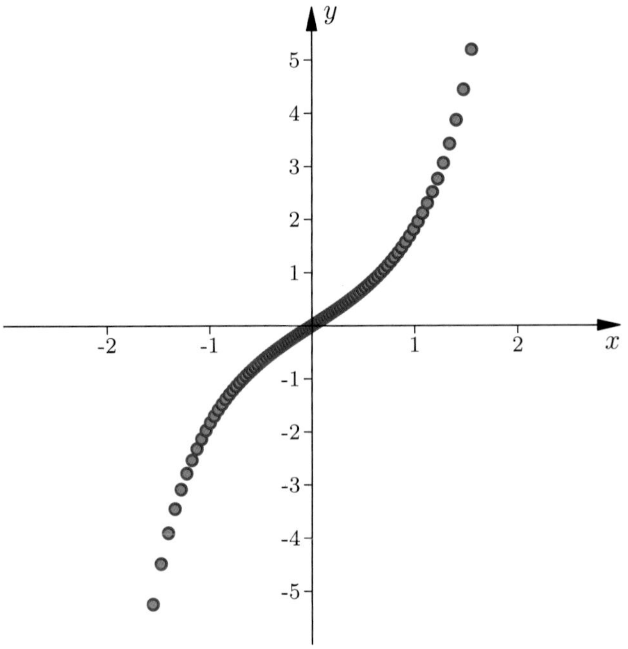

Abbildung 4.33 NP-Plot der Cauchy-Verteilung gegen die Normalverteilung.

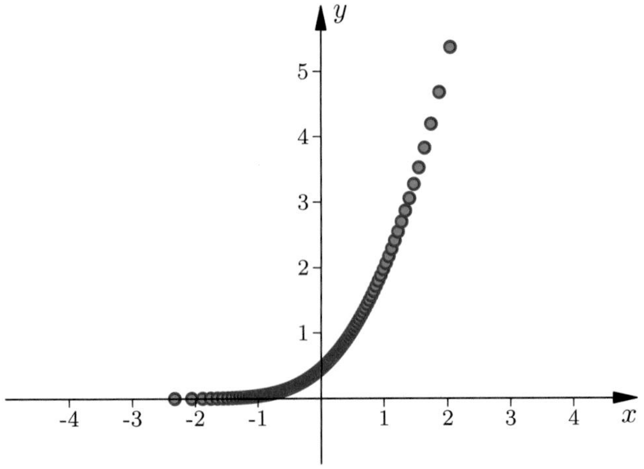

Abbildung 4.34 NP-Plot der $\chi^2\,(3)$-Verteilung gegen die $N\,(0;\,1)$.

Abbildung 4.35 zeigt den dazugehörigen NP-Plot.

Dem „Tal" der Mischdichte entspricht der verlangsamte Anstieg der Verteilung und der steile Anstieg von Q. Er ist ein Indikator für eine bimodale Verteilung. An den Rändern verhält sich die Verteilung wie eine Normalverteilung. ◄

Eigenschaften und Interpretationsregeln des Quantilplots

Der QQ-Plot sagt nichts über die Beziehungen zwischen den Variablen aus, sondern nur über die Beziehungen zwischen ihren Verteilungen:

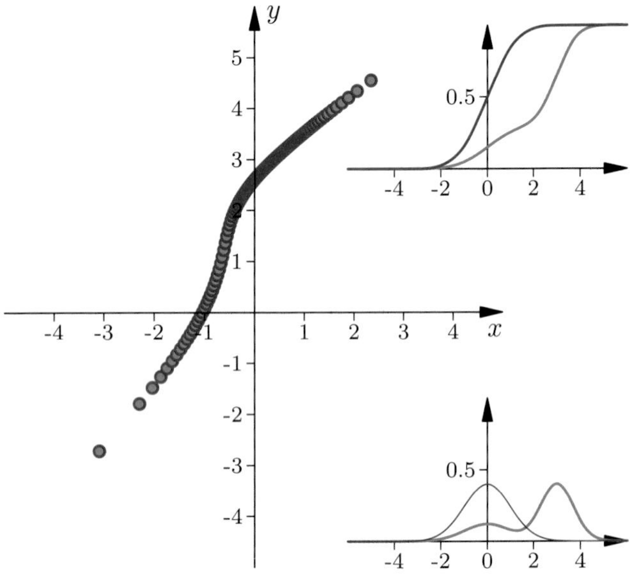

Abbildung 4.35 NP-Plot einer Mischverteilung gegen die Normalverteilung.

Der QQ-Plot transformiert eine Verteilung in die andere

Es seien Y eine beliebige zufällige Variable mit der Verteilung F_Y und X eine stetige zufällige Variable mit der Verteilungsfunktion F_X. Dann ist der Quantilplot $y_\alpha = Q\,(x_\alpha)$ eine monoton wachsende Funktion von x_α. $Q\,(x)$ gibt die Transformation an, die die Verteilung von X in die von Y überführt. Speziell ist y_α genau dann eine lineare Funktion von x_α,

$$y_\alpha = a + b x_\alpha\,,$$

wenn Y verteilt ist wie $a + bX$ mit $b > 0$.

Beweis: Ist $F\,(x)$ stetig, so lässt sich y_α wegen $\alpha = F_X\,(x_\alpha)$ explizit als Funktion von x_α schreiben:

$$y_\alpha = F_Y^{-1}\,(\alpha) = F_Y^{-1}\,(F_X\,(x_\alpha)) = Q\,(x_\alpha)\,. \tag{4.12}$$

Mit wachsendem x_α wächst α und damit wächst auch $F_Y^{-1}\,(\alpha)$. Nun transformieren wir die Variable X in die Variable $Z = Q\,(X)$. Dann ist

$$\begin{aligned} F_Z\,(y) &= \mathcal{P}\,(Z \le y) \\ &= \mathcal{P}\left(F_Y^{-1}\,(F_X\,(X)) \le y\right) \\ &= \mathcal{P}\,(F_X\,(X) \le F_Y\,(y)) \\ &= F_Y\,(y)\,. \end{aligned}$$

Die letzte Gleichung gilt, da nach dem Äquivalenzsatz für stetige Verteilungen von Seite 179 $F_X\,(X)$ eine Gleichverteilung besitzt. ■

?

Bedeutet ein linearer QQ-Plot, dass $Y = a + bX$ ist mit geeigneten Koeffizienten a und b?

Wir haben in den Beispielen nur die QQ-Plots zufälliger Variablen und nicht die ihrer empirischen Verteilungen betrachtet. Alles über die theoretischen QQ-Plots Gesagte gilt auch für empirische Verteilungen – mit der Einschränkung, dass die Punktwolke des emprischen QQ-Plot als Realisation zufälliger Variablen um die Idealgestalt des theoretischen Plots streut. Abweichungen von der Idealgestalt können daher rein zufällig sein oder auf Abweichungen im Modell hinweisen. Mit dieser Einschränkung lassen sich die folgenden Interpretationsregeln für QQ-Plots sowohl für die Variablen wie ihre Realisationen anwenden.

Interpretationsregeln

- Die Funktion $Q(x)$ gibt an, wie X transformiert werden müsste, damit X die Verteilung von Y erhält: $F_{Q(X)} = F_Y$.
- $Q' \geq 1 \Rightarrow$ Die x-Achse wird gedehnt. Die Quantile von Y folgen in größerem Abstand aufeinander als bei der Verteilung von X. Y hat nach rechts mehr Masse als X.
- $Q' = \infty \Rightarrow$ Der QQ-Plot springt nach oben: Die Dichte von Y geht gegen null: In einem Bereich $a < Y < b$ ist $\mathcal{P}(a < Y < b) = 0$, aber $\mathcal{P}(a < X < b) > 0$. Dies tritt zum Beispiel immer auf, wenn ein stetiges X mit einem diskreten Y verglichen wird.
- $Q' \leq 1 \Rightarrow$ Die x-Achse wird gestaucht: die Y-Dichte nimmt im Vergleich mit X progressiv zu.
- $Q' = 0 \Rightarrow$ Der QQ-Plot läuft waagrecht: Y hat positive Wahrscheinlichkeit für den entsprechenden y-Wert: Diskretisierungseffekt.
- $Q'' \geq 0 \Rightarrow$ Die Abbildung ist konvex. Die Dehnung nimmt mit wachsendem x zu. Die y-Dichte ist im Vergleich mir der x-Dichte nach rechts gedehnt und entsprechend nach links gestaucht.
- $Q'' \leq 0 \Rightarrow$ Die Abbildung ist konkav. Die Dehnung nimmt mit wachsenden x ab. Die y-Dichte ist im Vergleich mit der x-Dichte nach rechts gestaucht und entsprechend nach links gedehnt.

Liegen bei mindestens einer Verteilung nur die empirische Häufigkeitsverteilungen vor, werden analog die empirischen Quantile miteinander verglichen:

1. Empirische Verteilung von X gegen stetige Verteilung von Y. Die empirische Verteilung von X lässt sich als Schätzer für die theoretische Verteilung verwenden. Glätten wir die empirische Verteilung $\widehat{F}(x)$ durch Verbindung der Mittelpunkte der benachbarten vertikalen Strecken, erhalten wir die geglättete Verteilungsfunktion $\widetilde{F}$. Für diese gilt:
$$\widetilde{F}\left(x_{(i)}\right) = \frac{i - 0.5}{n} \quad \text{und} \quad \widetilde{F}^{-1}\left(\frac{i - 0.5}{n}\right) = x_{(i)}\,.$$
Zu den Werten
$$\alpha_i = \frac{i - 0.5}{n}$$
berechnet man die Quantile y_{α_i} der stetigen Verteilung. Der gesuchte Quantilplot ist dann:
$$\left\{\left(x_{\alpha_i}; y_{(i)}\right) \middle| \, i = 1, \ldots, n\right\}.$$
Siehe auch das Beispiel auf Seite 175.
2. Empirische gegen empirische Verteilung bei gleichem Stichprobenumfang:
Man plotte $y_{(i)}$ gegen $x_{(i)}$.
3. Empirische gegen empirische Verteilung bei unterschiedlichen Stichprobenumfängen $n < m$. Für die Verteilung mit dem kleineren Stichprobenumfang werden die $\alpha_i = \frac{i-0,5}{n}$ ermittelt. Für diese Anteilswerte werden die Quantile im größeren Datensatz interpoliert, da in diesem Fall bei der Näherung der Quantile geringere Ungenauigkeiten zu erwarten sind. Auf diese Art steht für beide Verteilungen die gleiche Anzahl von Quantilen zur Verfügung, die jeweils zur selben Folge von Anteilswerten p_i gehören. Diese Quantile werden dann gegeneinander geplottet.
4. Y ist genau $N\left(\mu; \sigma^2\right)$-verteilt, wenn der Quantilplot die Gerade $y_\alpha = \sigma x_\alpha + \mu$ ist. Damit liefern NP-Plots ein einfaches Verfahren, um mit dem bloßen Auge zu erkennen, ob eine Zufallsvariable normalverteilt sein kann.

Beispiel Ein numerisches Beispiel aus Leadbetter, Lindgren, Rootzen: *Extremes and Related Properties of Random Sequences and Processes* (1983) (Springer Series in Statistics). Die Autoren analysieren den Schwefeldioxidgehalt der Luft in Long Beach, Kalifornien, von 1956 bis 1974. Die Tabelle 4.8 zeigt die jährlichen Durchschnitts- und die Spitzenbelastungen.

Tabelle 4.1 Schwefeldioxidgehalt in der Luft in Long Beach, Kalifornien.

Jahr	Durchschnittswert	Maximalwert
1956	4.0	47
1957	3.0	41
1958	3.4	68
1959	2.1	32
1960	1.9	27
1961	1.9	43
1962	1.5	20
1963	1.3	27
1964	1.4	25
1965	2.6	18
1966	3.0	33
1967	2.5	40
1968	3.1	51
1969	2.5	55
1970	2.4	40
1971	2.5	55
1972	2.5	37
1973	1.9	28
1974	1.7	34

Die Abbildung 4.36 zeigt die Zeitreihen von Durchschnitts- und Maximalbelastungen.

Wie sind die Maximalwerte verteilt? Wir ordnen die 19 Maximalwerte der Größe nach. Dem Wert $x_{(i)}$ entspricht der a-Wert $\alpha_i = \frac{i-0.5}{19}$. Als mögliche theoretische Verteilung versuchen wir es mit der Extremwertverteilung
$$G_1(x) = \exp(-\exp(-x))\,.$$

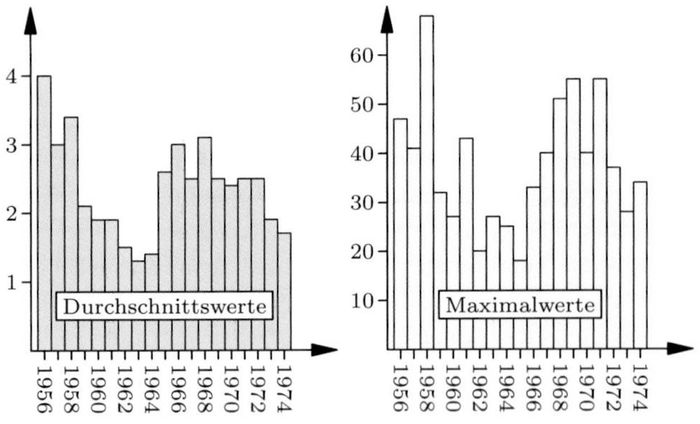

Abbildung 4.36 Durchschnitts- und Maximalbelastungen im Verlauf der Jahre.

Zu $\alpha_i = \frac{i-0.5}{19}$ gehört bei G_1 das Quantil $y_{(i)} = -\ln\left(-\ln\left(\frac{i-0.5}{19}\right)\right)$. Abbildung 4.37 zeigt den QQ-Plot der Punktepaare $\{(x_{(i)}, y_{(i)});\ i = 1, \ldots, 19\}$ und die Ausgleichsgerade

$$y = 9.43 \cdot 10^{-2}x - 3.013\,.$$

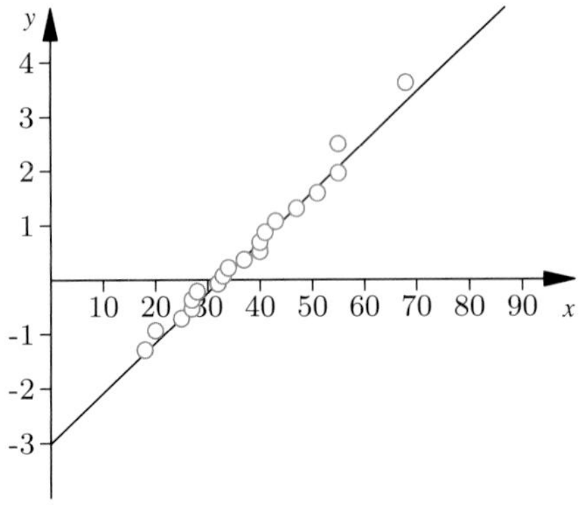

Abbildung 4.37 QQ-Plot der maximalen Schwefeldioxid-Belastung gegen die Extremwertverteilung $G_1 = \exp(-\exp(-x))$ und die Ausgleichsgerade $y = 9.42 \cdot 10^{-2}x - 3.013$.

Die lineare Beziehung zwischen den Quantilen ist befriedigend. Damit gilt mit hinreichender Genauigkeit für die Schwefelbelastung:

$$9.42 \cdot 10^{-2}X - 3.013\,.$$

Sie besitzt eine Extremwertverteilung G_1. Zur Kontrolle zeichnen wir die empirische Verteilungsfunktion der x-Werte und legen die linear transformierte Verteilungsfunktion der G_1 darüber. Dies zeigt Abbildung 4.38. Die Übereinstimmung ist recht gut. ◀

?

Warum ist $\exp(-\exp(-9.42 \cdot 10^{-2}x + 3.013))$ die gesuchte Verteilungsfunktion?

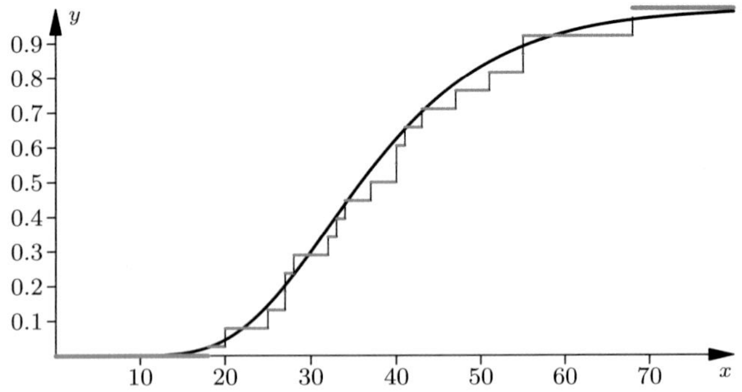

Abbildung 4.38 Die empirische Verteilungsfunktion der Schwefelbelastung und die Verteilungsfunktion $\exp\left(-\exp\left(-9.42 \cdot 10^{-2}x + 3.013\right)\right)$

4.9 Erzeugung von Zufallszahlen

Die Erzeugung von Zufallszahlen hat eine lange Tradition, kannte man doch schon in der Antike den Würfel. Heutzutage erfüllen Zufallszahlen unterschiedliche Funktionen:

- In Spielsituationen sind deterministische, also vorhersehbare Abläufe oft unerwünscht. Viel reizvoller ist eine stochastische Komponente (Würfel, Roulette, Lottozahlen etc.), deren Ausgang als Glück oder Pech interpretiert werden kann.
- In Entscheidungssituationen werden Zufallszahlen verwendet, wenn sich auf andere Weise keine zufriedenstellende Einigung erzielen läst (z. B. Münzwurf oder Streichholzziehen).
- Man verwendet Zufallszahlen, um Systeme mit einer stochastischen Komponente zu simulieren. Dabei versteht man unter Simulation die Untersuchung eines Systems mithilfe eines Ersatzsystems. Ein bekanntes Beispiel ist ein Flugzeugsimulator für die Ausbildung von Piloten. Eine Simulation wird in der Regel durchgeführt, weil die direkte Betrachtung eines Systems entweder zu teuer, zu zeitraubend oder praktisch gar nicht möglich ist. Den Informatiker interessiert hier insbesondere die Simulation von Rechenanlagen und Netzwerken. In solchen Systemen können verschiedene Größen, beispielsweise die Anzahl der versandten Nachrichten oder die Wartezeit von Jobs in einem Druckerpuffer als zufällig, aber durch bestimmte Verteilungen beschreibbar, interpretiert werden. Durch Zufallszahlen lassen sich solche zufälligen Größen simulieren.

Für die Erzeugung von Zufallszahlen existieren verschiedene Verfahren, die sich grob in die „reinen“ und die „Pseudo“-Verfahren untergliedern lassen.

Natur und Würfelspiel liefern reine Zufallszahlen

Hier handelt es sich um verschiedene Arten von Würfeln und Roulettes zur Erzeugung von Zufallszahlen. Schon der einfache Wurf einer Münze gehört zu dieser Klasse. Diese Art der Erzeugung kann in der Praxis nur angewandt werden, wenn nicht allzu viele Zufallszahlen benötigt werden. Daneben werden viele zufällig ablaufende physikalische Prozesse zur Erzeugung von Zufallszahlen verwendet.

Vertiefung: Ausgeartete Verteilungen

Es sei X eine eindimensionale Variable, die nur Werte auf der reellen x-Achse annimmt. Nun betrachten wir die x-Achse als Teil einer zweidimensionalen (x, y)-Ebene und definieren eine neue zweidimensionale Variable $\boldsymbol{Z}$ als $\boldsymbol{Z} := (X, 0)^\top$. Die y-Komponente von $\boldsymbol{Z}$ ist identisch Null. Inhaltlich hat sich nichts geändert. Die Realisationen von X und von $\boldsymbol{Z}$ liegen auf der x-Achse, $\boldsymbol{Z}$ und X nehmen dieselben Punkte der x-Achse mit derselben Wahrscheinlichkeit an. Das einzige, was sich geändert hat, ist die Beschreibung: $\boldsymbol{Z}$ ist eine zweidimensionale Variable, deren Realisationen aber nur in einem eindimensionalen Raum liegen. Daher kann $\boldsymbol{Z}$ keine Dichte besitzen. Man sagt, $\boldsymbol{Z}$ ist eine **ausgeartete** zweidimensionale Variable. Im Grunde ist bei $\boldsymbol{Z}$ nur die Beschreibung ungeeignet gewählt. Die x-Koordinate ist eine nicht entartete zufällige Variable und die y-Koordinate ist überflüssig.

Eine spezielle ausgeartete k-dimensionale Verteilung haben wir schon in einer Vertiefung auf Seite 108 kennengelernt, nämlich die Multinomialverteilung $M_n(\boldsymbol{\theta})$. Ist $\boldsymbol{X} = (X_1, \ldots X_k)^\top \sim M_n(\boldsymbol{\theta})$, dann sind die Komponenten $X_1, \ldots X_k$ linear abhängig:

$$\sum_{i=1}^{k} X_i = n\,. \tag{4.13}$$

Eine der Komponenten ist überflüssig und wird nur einer geschlossenen Darstellung zuliebe mitgeschleppt.

Eine ähnliche Situationen findet man zum Beispiel bei normalverteilten Variabeln. Ist zum Beispiel $\boldsymbol{X} \sim N_n(\boldsymbol{0}; \boldsymbol{I})$ n-dimensional standardnormalverteilt und $\boldsymbol{M} \subset \mathbb{R}^n$ ein r-dimensionaler Unterraum, so ist die Projektion $\mathcal{P}_{\boldsymbol{M}}\boldsymbol{X}$ von $\boldsymbol{X}$ nach $\boldsymbol{M}$ normalverteilt, $\mathcal{P}_{\boldsymbol{M}}\boldsymbol{X} \sim N_n(\boldsymbol{0}; \mathcal{P}_{\boldsymbol{M}})$, aber wegen $\operatorname{Cov}(\mathcal{P}_{\boldsymbol{M}}\boldsymbol{X}) = \mathcal{P}_{\boldsymbol{M}}$ und $\operatorname{Rang}\mathcal{P}_{\boldsymbol{M}} = \dim \boldsymbol{M} = r < n$ ist $\mathcal{P}_{\boldsymbol{M}}\boldsymbol{X}$ ausgeartet und besitzt als Zufallsvariablen im $\mathbb{R}^n$ keine Dichte.

Es gibt ein ganz einfaches Kriterium, wie man ausgeartete Zufallsvariable erkennt und welche Koordinatensysteme zu ihrer Beschreibung geeignet sind.

Ausgeartete Verteilungen

Der n-dimensionale zufällige Vektor $\boldsymbol{Z}$ mit der Kovarianzmatrix $\boldsymbol{C}$ heißt **ausgeartet**, falls $\operatorname{Rang}\boldsymbol{C} = r < n$ ist. In diesem Fall liegt $\boldsymbol{Z} - \operatorname{E}(\boldsymbol{Z})$ mit Wahrscheinlichkeit 1 im r-dimensionalen Spaltenraum $\operatorname{span}\boldsymbol{C}$.

Als Beispiel betrachten wir die Multinomialverteilung: Ist $\boldsymbol{X} \sim M_n(\boldsymbol{\theta})$, dann hat $\operatorname{Cov}(\boldsymbol{X}) = n\left(\operatorname{Diag}(\boldsymbol{\theta}) - \boldsymbol{\theta}\boldsymbol{\theta}^\top\right)$ den Rang $k-1$. Wir können die Gleichung (4.13) auch schreiben als

$$\left(\boldsymbol{X} - \operatorname{E}(\boldsymbol{X})\right)^\top \boldsymbol{1} = (\boldsymbol{X} - n\boldsymbol{\theta})^\top \boldsymbol{1} = \sum_{i=1}^{k} X_i - n = 0\,.$$

Das bedeutet: Der zentrierte Vektor $\boldsymbol{X} - \operatorname{E}(\boldsymbol{X})$ liegt in dem zum Vektor $\boldsymbol{1}$ orthogonalem $k-1$-dimensionalen Unterraum.

Zum Beweis des Satzes über ausgeartete Verteilungen nehmen wir ohne Einschränkung der Allgemeinheit an, dass $\operatorname{E}(\boldsymbol{Z}) = \boldsymbol{0}$ ist, projizieren $\boldsymbol{Z}$ in den von $\boldsymbol{C}$ aufgespannten Spaltenraum und zerlegen $\boldsymbol{Z}$ so in zwei orthogonale Komponenten

$$\boldsymbol{Z} = \mathcal{P}_C(\boldsymbol{Z}) + (\boldsymbol{I} - \mathcal{P}_C)(\boldsymbol{Z})\,.$$

Dabei haben wir $\mathcal{P}_{\operatorname{span} C}$ mit $\mathcal{P}_C$ abgekürzt. Für die zweite Komponente $(\boldsymbol{I} - \mathcal{P}_C)(\boldsymbol{Z})$ gilt:

$$\operatorname{E}\big((\boldsymbol{I} - \mathcal{P}_C)(\boldsymbol{Z})\big) = 0$$
$$\operatorname{Cov}\big((\boldsymbol{I} - \mathcal{P}_C)(\boldsymbol{Z})\big) = (\boldsymbol{I} - \mathcal{P}_C)\boldsymbol{C}(\boldsymbol{I} - \mathcal{P}_C) = \boldsymbol{0}\,.$$

Also ist $(\boldsymbol{I} - \mathcal{P}_C)(\boldsymbol{Z})$ mit Wahrscheinlichkeit 1 identisch Null. Mit Wahrscheinlichkeit 1 gilt also:

$$\boldsymbol{Z} = \mathcal{P}_C(\boldsymbol{Z})\,.$$

Fast sicher liegt $\boldsymbol{Z}$ also im r-dimensionalen Spaltenraum der Kovarianzmatrix $\boldsymbol{C}$. Dann ist es sinnvoll, das Koordinatensystem in diesen Raum zu verlegen und $\boldsymbol{Z}$ als Linearkombination einer Basis aus $\operatorname{span}(\boldsymbol{C})$ zu beschreiben. Dabei ignorieren wir die Komponente $(\mathbf{I} - \mathcal{P}_C)(\boldsymbol{Z})$. Sind $\boldsymbol{a}_1, \boldsymbol{a}_2, \ldots, \boldsymbol{a}_r$ orthonormale Basisvektoren von $\operatorname{span}\boldsymbol{C}$ und ist $\boldsymbol{A} = (\boldsymbol{a}_1; \ldots; \boldsymbol{a}_r)$ dann ist wegen $\|\boldsymbol{a}_i\| = 1$ fast sicher

$$\boldsymbol{Z} = \sum_{i=1}^{r} \frac{\boldsymbol{a}_i^\top \boldsymbol{Z}}{\|\boldsymbol{a}_i\|^2}\boldsymbol{a}_i = \sum_{i=1}^{r} \left(\boldsymbol{a}_i^\top \boldsymbol{Z}\right)\boldsymbol{a}_i = \boldsymbol{X}\boldsymbol{A}\,.$$

Dabei ist $\boldsymbol{X}$ der r-dimensionale Vektor der Koordinaten von $\boldsymbol{Z}$ auf den durch die Basisvektoren gebildeten Achsen:

$$\boldsymbol{X} = \boldsymbol{A}^\top \boldsymbol{Z}\,.$$

Der Koordinatenvektor $\boldsymbol{X}$ ist die adäquate, nicht ausgeartete Beschreibung des ausgearteten Vektors $\boldsymbol{Z}$. Für $\boldsymbol{X}$ gilt:

$$\|\boldsymbol{Z}\|^2 = \boldsymbol{X}^\top \boldsymbol{A}^\top \boldsymbol{A}\boldsymbol{X} = \boldsymbol{X}'\boldsymbol{I}\boldsymbol{X} = \|\boldsymbol{X}\|^2\,.$$

Anschaulich gesagt: Durch die Vektoren $\boldsymbol{Z}$ und $\boldsymbol{X}$ wird derselbe Punkt in unterschiedlichen Koordinatensystemen gekennzeichnet. Der Abstand des Punktes vom Ursprung ist aber unabhängig vom Koordinatensystem. Im Gegensatz zu $\boldsymbol{Z}$ ist $\boldsymbol{X}$ keine ausgeartete Zufallsvariable, denn $\operatorname{Cov}(\boldsymbol{X})$ ist regulär. Zum Beweis bestimmen wir zuerst

$$\operatorname{Cov}(\boldsymbol{X}) = \operatorname{Cov}\big(\boldsymbol{A}^\top \boldsymbol{Z}\big) = \boldsymbol{A}^\top \operatorname{Cov}(\boldsymbol{Z})\,\boldsymbol{A} = \boldsymbol{A}^\top \boldsymbol{C}\boldsymbol{A}\,.$$

Aus $\operatorname{span}\boldsymbol{C} = \operatorname{span}\boldsymbol{A}$ folgt nach dem Rangsatz für Matrizen aus dem mathematischen Anhang, Seite 458: $\operatorname{Rg}\boldsymbol{C} = \operatorname{Rg}\boldsymbol{A}^\top\boldsymbol{C}$ und mit nochmaliger Anwendung dieses Satzes $\operatorname{Rg}\boldsymbol{A}^\top\boldsymbol{C} = \operatorname{Rg}\boldsymbol{A}^\top\boldsymbol{C}\boldsymbol{A}$. Damit hat die $r \times r$-Matrix $\operatorname{Cov}(\boldsymbol{X})$ maximalen Rang r.

Beispiel Ein Strahlungszähler registriert die Anzahl von Teilchen in aufeinanderfolgenden Zeitintervallen konstanter Länge. Die Anzahl wird als Realisierung einer Zufallsgröße betrachtet. Man nimmt an, begründet durch physikalische Gesetzmäßigkeiten, dass die Anzahl der durch ein homogenes Isotop ausgestrahlten Teilchen eine poissonverteilte Zufallsgröße ist. Die Wahrscheinlichkeit, k Teilchen im Zeitintervall der Länge t zu betrachten, ist dann

$$\mathcal{P}(X = k) = \frac{(\lambda t)^k}{k!} \mathrm{e}^{-\lambda t},$$

wobei λ die Intensität der Quelle ist. ◀

In der Praxis wird aber nicht immer die Exponential- oder Poisso-Verteilung benutzt. Durch Transformation der Folge, die sich aus Realisationen der poissonverteilten Zufallsgröße ergibt, erhält man die gewünschte Verteilung.

Pseudo-Zufallsvariablen sollen sich von reinen Zufallsvariablen kaum unterscheiden lassen

„Zufallszahlen", die durch arithmetische Verfahren erzeugt werden, sind deterministisch. Daher bezeichnet man sie genauer als Pseudo-Zufallszahlen. Wenn man allerdings das Bildungsgesetz nicht kennt oder nicht bereit ist, es nachzuvollziehen, kann man sie als „Zufallszahlen" verwenden, wenn echte Zufallszahlen nicht vorhanden sind.

Durch ein mathematisches Bildungsgesetz, meist ein Iterationsverfahren, lassen sich mit einem Rechner in kurzer Zeit sehr viele „Zufallszahlen" erzeugen. Die so erzeugten Zahlen sind in der Regel periodisch, nach einer aperiodischen Einschwingphase der Länge K gilt für die folgenden Zahlen:

$$z_i = z_{i+jp} \quad i \geq K;\, j \in \mathbb{N}.$$

Die kleinste natürliche Zahl p mit dieser Eigenschaft ist die Periodenlänge. Es gibt viele Gütekriterien, die wichtigsten sind:

Gleichverteilung Jede Zahl des Wertebereichs sollte im Schnitt gleich häufig auftreten.

Unabhängigkeit Ein Abhängigkeitsverhältnis zwischen einer Zahl und ihren Vorgängern sollte nicht erkennbar sein. In der Regel besteht ein solches Abhängigkeitsverhältnis aufgrund des Bildungsgesetzes. Es sollte sich allerdings durch die Berechnung statistischer Kenngrößen nicht nachweisen lassen. Eine geeignete Kenngröße hierfür ist die Autokorrelation, also die Korrelation der Folge mit derselben, um r Elemente verschobenen Folge: $\varrho(z_i, z_{i+r})$. Im Idealfall ist die Autokorrelation für alle $r \geq 1$ gleich null.

Periodenlänge/Aperiodizität Eine Folge von Zufallszahlen sollte eine große Periodenlänge aufweisen. Wenn diese Forderung nicht eingehalten werden kann, sind die Zufallszahlen in der Regel nicht mehr unabhängig.

Reproduzierbarkeit Bei der Simulation von Systemen und dem Vergleich verschiedener Alternativen kann es sinnvoll sein, dieselbe Folge von Zufallszahlen mehrfach zu erzeugen.

Es gibt eine Fülle konkurrierender Verfahren zur Erzeugung von Zufallszahlen. Wir stellen als Beispiel die Midsquare- oder Quadratmitten-Methode und die Kongruenz- oder Restklassen-Methode vor.

Beispiel Die Midsquare- oder Quadratmitten-Methode.

Das Verfahren arbeitet folgendermaßen: Die zu erzeugenden Zufallszahlen z_i seien m-ziffrige ganze Zahlen im Zahlensystem zur Basis M und m sei gerade. Dann bildet der Generator nach der Initialisierung mit einem Startwert z_0 jeweils das Quadrat der vorhergehenden Zufallszahl z_i und greift m Stellen aus der Mitte heraus. Die m Ziffern in der Mitte von z_i^2 bilden dann das neue z_{i+1}.

Angenommen wir arbeiten mit unserem gewohnten Dezimalsystem, also $M = 10$, wählen $m = 4$ und beginnen mit der Startziffer 1234. Dann erhält man nacheinander folgende Zufallszahlen:

i	z_i	z_i^2
0	1234	01 [5227] 56
1	5227	27 [3215] 29
2	3215	10 [3362] 25
3	3362	11 [3030] 44
4	3030	09 [8090] 00

Die Implementierung auf einem Rechner kann mithilfe der folgenden Rekursionsformel erfolgen:

$$z_i := \mathrm{int}\left(z_{i-1}^2 \cdot M^{-\frac{m}{2}}\right) - \mathrm{int}\left(z_{i-1}^2 \cdot M^{-\frac{3m}{2}}\right) \cdot M^m,$$

wobei „int" die Integerfunktion bezeichnet, die die Nachkommastellen abschneidet. Dieser Generator ist allerdings nicht zu empfehlen. Er genügt einerseits nicht den schwächsten Forderungen der Gleichverteilung, andererseits kann er in Abhängigkeit vom Startwert eine sehr kurze Periode aufweisen, sodass nur der aperiodische Abschnitt genutzt werden kann.

i	z_i	z_i^2
k	6100	37 [2100] 00
k+1	2100	04 [4100] 00
k+2	4100	16 [8100] 00
k+3	8100	65 [6100] 00

Um diesen Mangel zu umgehen, kann man das Produkt der letzten beiden Vorgänger z_{i-1} und z_{i-2} anstelle von z_{i-1}^2 verwenden:

$$z_i := \mathrm{int}\left(z_{i-1} \cdot z_{i-2} \cdot M^{-\frac{m}{2}}\right) - \mathrm{int}\left(z_{i-1} \cdot z_{i-2} \cdot M^{-\frac{3m}{2}}\right) \cdot M^m.$$

◀

Beispiel Die Kongruenz- oder Restklassen-Methode

Lineare Kongruenzgeneratoren arbeiten nach der allgemeinen Gleichung:

$$z_i := (a \cdot z_{i-1} + b) \bmod c,$$

wobei „mod" die Modulo-Funktion bezeichnet, die den Rest einer ganzzahligen Division liefert; a, b und c sind ganze Zahlen. Dieser Generator hat die Periodenlänge c, wenn a, b und c die folgenden Eigenschaften erfüllen:

- b ist relativ prim zu c, d. h., der größte gemeinsame Teiler von b und c ist 1.
- $a \bmod p = 1$ für jeden Primfaktor p von c. (Die Primfaktoren erhält man, indem man c als Produkt von Primzahlen darstellt).
- $a \bmod 4 = 1$, falls 4 ein Teiler von c ist.

Weiterhin bietet es sich an, für c die größte auf dem Rechner darstellbare Zahl zu wählen, da die Modulo-Operation dann automatisch durch einen Registerüberlauf erfolgt. Außerdem lassen sich die oben aufgestellten Forderungen besonders leicht einhalten, wenn c eine Zweierpotenz ist und damit die 2 als einzigen Primfaktor aufweist.

Ein Kongruenzgenerator, bei dem b den Wert 0 annimmt, wird als *multiplikativer Kongruenzgenerator* bezeichnet:

$$z_i := (a \cdot z_{i-1}) \bmod c\,. \qquad \blacktriangleleft$$

Durch die vorgestellten Generatoren werden Zufallszahlen generiert, die in dem Intervall $[0, M^m)$ bzw. $[0, c)$ annähernd diskret gleichverteilt sind. Bei vielen Anwendungen und auch als Ausgangspunkt für die Simulation anderer Verteilungen werden Zufallszahlen u_i benötigt, die im Intervall $[0, 1)$ gleichverteilt sind. Diese erhält man, indem man $u_i := z_i/M^m$ bzw. $u_i := z_i/c$ verwendet. Dass es sich hierbei im Prinzip immer noch um eine diskrete Verteilung handelt, bedeutet in der Praxis keine Einschränkung der Verwendbarkeit, da auf einem Rechner in der Regel ohnehin nur mit einer endlichen Zahlenmenge gearbeitet wird.

Ausgehend von der Gleichverteilung lassen sich andere diskrete Verteilungen erzeugen

- Die **Bernoulli-Verteilung**. Man simuliert eine auf $[0, 1]$ gleichverteilte zufällige Variable U und weist X den Wert 1 zu, falls $U \le \theta$, und den Wert 0, falls $U > \theta$:

  $$X = \begin{cases} 1, & \text{falls } U \le \theta\,, \\ 0, & \text{falls } U > \theta\,. \end{cases}$$

  Analog kann man auch vorgehen, wenn bei einer diskreten Zufallszahl mehr als zwei Realisationen möglich sein sollen und die Wahrscheinlichkeitsfunktion f oder die Verteilungsfunktion F bekannt sind. Soll zum Beispiel ein idealer Würfel simuliert werden, so kann dies so geschehen:

  $$X = \begin{cases} 1, & \text{falls } 0 < U \le 1/6 \\ 2, & \text{falls } 1/6 < U \le 2/6 \\ 3, & \text{falls } 2/6 < U \le 3/6 \\ 4, & \text{falls } 3/6 < U \le 4/6 \\ 5, & \text{falls } 4/6 < U \le 5/6 \\ 6, & \text{falls } 5/6 < U \le 1 \end{cases}$$

- Die **Binomialverteilung**. Man kann eine binomialverteilte Zufallszahl mithilfe ihrer Verteilungsfunktion nach dem oben beschriebenen Verfahren generieren. Dazu ist es allerdings erforderlich, vorher die Verteilungsfunktion auszurechnen und in Form einer Tabelle bereitzustellen. Man kann darauf verzichten und $B_n(\theta)$ verteilte Zufallszahlen konstruieren, indem man n unabhängige, mit dem Parameter θ bernoulliverteilte Zufallszahlen X_i erzeugt und deren Summe bildet. Diese Summe

  $$X = \sum_{i=1}^{n} X_i$$

  ist binomialverteilt mit den Parametern n und θ.
- Die **Poisson-Verteilung:** Die bisher vorgestellten Verfahren sind für die Erzeugung einer Poisson-Verteilung mit

  $$\mathcal{P}(X = k) = \frac{\lambda^k}{k!} \, \mathrm{e}^{-\lambda}$$

  nicht geeignet. Außerdem weisen poissonverteilte Zufallszahlen einen großen Wertebereich auf, sodass auch das Ablesen anhand der Wahrscheinlichkeits- oder Verteilungsfunktion sehr umständlich wird. Daher stützt man sich auf den Zusammenhang zwischen Poisson- und Exponentialverteilung: Sind die Zufallszahlen $Y_1, Y_2, \ldots$ unabhängig und exponentialverteilt mit dem Erwartungswert $\mathrm{E}(Y_i) = 1$, so ist die nichtnegative ganze Zufallszahl X, für die

  $$\sum_{i=1}^{X} Y_i < \lambda \le \sum_{i=1}^{X+1} Y_i$$

  gilt, poissonverteilt mit dem Erwartungswert λ. Voraussetzung für die praktische Verwendung dieses Generators ist, dass man über einen schnellen Generator für exponentialverteilte Zufallszahlen verfügt. Sei zum Beispiel $\lambda = 5.5$. Wir beobachten die $\mathrm{ExpV}(1)$ verteilten Variablen: $y_1 = 3.71$, $y_2 = 0.16$, $y_3 = 0.70$, $y_4 = 0.33$, $y_5 = 0.85$, $y_6 = 2.46$. Dann ist $\sum_{i=1}^{4} y_i = 4.9$ und $\sum_{i=1}^{5} y_i = 5.75$ Also ist $X := 4$.

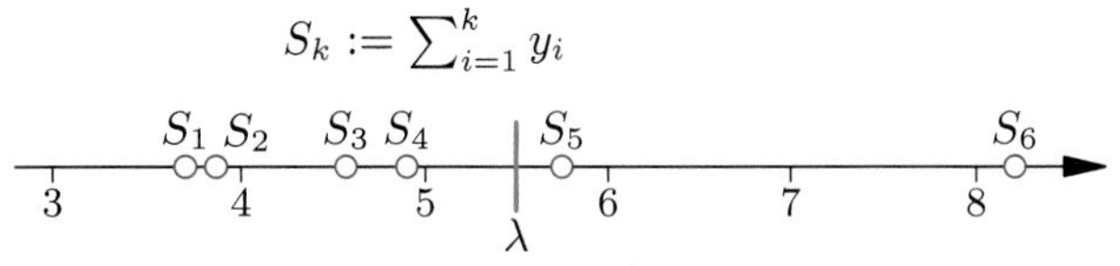

Abbildung 4.39 Erzeugung poissonverteilter Zufallszahlen.

- **Beliebige stetige Verteilungen**. Dabei ist der folgende Satz grundlegend.

Äquivalenzsatz für stetige Verteilungen

Jede stetige Verteilung kann in die Gleichverteilung, jede Gleichverteilung kann in jede andere stetige Verteilung transformiert werden. Genauer gesagt gilt:

Ist X eine stetige zufällige Variable mit der Verteilung F. Dann besitzt

$$U = \mathrm{F}(X)$$

auf $[0; 1]$ eine Gleichverteilung.

Sind U eine auf $[0; 1]$ gleichverteilte zufällige Variable und F eine beliebige stetige Verteilungsfunktion, dann besitzt

$$X = \mathrm{F}^{-1}(U)$$

die Verteilungsfunktion F.

Beweis: a) Sei $U = \mathrm{F}(X)$. Aus der Definition von F^{-1} folgt: $\mathrm{F}(x) < u \iff x < \mathrm{F}^{-1}(u)$. Daher folgt aus $U = \mathrm{F}(X)$ und der Stetigkeit von X:

$$\begin{aligned}\mathcal{P}(U < u) &= \mathcal{P}\big(\mathrm{F}(X) < u\big)\\ &= \mathcal{P}\big(X < \mathrm{F}^{-1}(u)\big)\\ &= \mathcal{P}\big(X \le \mathrm{F}^{-1}(u)\big)\\ &= \mathrm{F}\big(\mathrm{F}^{-1}(u)\big) = u\,.\end{aligned}$$

Daher gilt auch $\mathcal{P}(U < u + \varepsilon) = u + \varepsilon$ für alle ε. Aus der rechtsseitigen Stetigkeit der Verteilungsfunktion von U folgt:

$$\mathrm{F}_U(u) = \mathcal{P}(U \le u) = \lim_{\varepsilon \to 0} \mathcal{P}(U < u + \varepsilon) = u\,.$$

Also ist U auf $[0, 1]$ gleichverteilt.
b) Sei $X = \mathrm{F}^{-1}(U)$. Wegen $\mathrm{F}^{-1}(u) \le x \iff u \le \mathrm{F}(x)$ und der Gleichverteilung von U gilt:

$$\begin{aligned}\mathcal{P}(X \le x) &= \mathcal{P}\big(\mathrm{F}^{-1}(U) \le u\big)\\ &= \mathcal{P}\big(U \le \mathrm{F}(u)\big)\\ &= \mathrm{F}(u)\end{aligned}$$

Also hat X die Verteilungsfunktion F. ■

Anschaulich sagt der Satz: Wir können die x-Achse so stauchen oder dehnen, dass jede stetige Verteilungsfunktion F in die Diagonale $y = x$ über dem Intervall $[0, 1]$ und umgekehrt die Diagonale in jede stetige Verteilungsfunktion transformiert wird.
Dieses sogenannte Inversionsverfahren ist dann vor allem sinnvoll, wenn F^{-1} einfach berechnet werden kann.

- Die **Exponentialverteilung**. Eine exponentialverteilte Zufallszahl wird durch die Verteilungsfunktion

$$F(x) = 1 - \mathrm{e}^{-\theta x} \text{ für } x \ge 0\,.$$

beschrieben. Dann ist

$$\mathrm{F}^{-1}(u) = \frac{\ln(1-u)}{\theta}\,.$$

Ist U in $(0, 1)$ gleichverteilt, dann ist $-\frac{\ln(1-U)}{\theta}$ exponentialverteilt mit dem Parameter θ. Da aber mit U auch $1 - U$ in $(0, 1)$ gleichverteilt ist, ist auch

$$X = -\frac{\ln(U)}{\theta}$$

exponentialverteilt. Bei der Implementierung muss allerdings darauf geachtet werden, dass der Fall $U = 0$ nicht auftritt, da $\ln 0$ nicht definiert ist.

- Die **Normalverteilung**. Für die Erzeugung einer standardnormalverteilten Zufallszahl X ist das Inversionsverfahren ungeeignet, da die Verteilungsfunktion nicht analytisch geschlossen vorliegt. Eine bekannte Methode zur Realisierung einer normalverteilten Zufallszahl X beruht auf der Anwendung des *Zentralen Grenzwertsatzes*. Seien die U_i unabhängige, identisch auf $[0, 1]$ gleichverteilte Zufallszahlen, dann ist die Summe

$$X := \sum_{i=1}^{12} U_i - 6$$

näherungsweise standardnormalverteilt.
Box und Muller schlugen folgenden Generator für eine standardnormalverteilte Zufallszahl vor:

Box-Muller-Transformation

Sind U_1 und U_2 unabhängige, auf dem Intervall $[0, 1]$ gleichverteilte Zufallszahlen, dann sind die Zufallszahlen

$$X_1 = \sqrt{-2\ln U_1}\cos(2\pi U_2) \tag{4.14}$$
$$X_2 = \sqrt{-2\ln U_1}\sin(2\pi U_2) \tag{4.15}$$

unabhängig voneinander standardnormalverteilt.

Bei diesem Generator muss darauf geachtet werden, dass der Fall $U_1 = 0$ ausgeschlossen wird. Zum Beweis bestimmen wir zuerst die Umkehrtransformation. Aus (4.14) und (4.15) folgt durch Quadrieren und Addieren:

$$\begin{aligned}x_1^2 + x_2^2 &= -2\ln u_1\,,\\ u_1 &= \exp\left(-\frac{1}{2}\left(x_1^2 + x_2^2\right)\right)\,.\end{aligned}$$

Durch Division folgt:

$$\begin{aligned}\frac{x_1}{x_2} &= \frac{\sin(2\pi u_2)}{\cos(2\pi u_2)}\,,\\ u_2 &= \frac{1}{2\pi}\arctan\frac{x_1}{x_2}\,.\end{aligned}$$

Die Jacobi-Matrix der partiellen Ableitungen ist daher

$$\frac{\partial \boldsymbol{u}}{\partial \boldsymbol{x}} = \begin{pmatrix} -x_1\exp\left(-\frac{x_1^2+x_2^2}{2}\right) & -x_2\exp\left(-\frac{x_1^2+x_2^2}{2}\right) \\ \frac{1}{2\pi}\frac{\frac{1}{x_2}}{1+\left(\frac{x_1}{x_2}\right)^2} & \frac{1}{2\pi}\frac{-\frac{x_1}{x_2^2}}{1+\left(\frac{x_1}{x_2}\right)^2} \end{pmatrix}$$

Die Determinate der Jacobi-Matrix ist

$$\begin{aligned}&\left|\frac{\partial \boldsymbol{u}}{\partial \boldsymbol{x}}\right| =\\ &= \frac{1}{2\pi}\exp\left(-\frac{1}{2}\left(x_1^2+x_2^2\right)\right)\frac{1}{1+\left(\frac{x_1}{x_2}\right)^2}\begin{vmatrix} -x_1 & -x_2 \\ \frac{1}{x_2} & -\frac{x_1}{x_2^2}\end{vmatrix}\,,\\ &= \frac{1}{2\pi}\exp\left(-\frac{1}{2}\left(x_1^2+x_2^2\right)\right)\frac{1}{1+\left(\frac{x_1}{x_2}\right)^2}\left(\frac{x_1^2}{x_2^2}+1\right)\,,\\ &= \frac{1}{2\pi}\exp\left(-\frac{1}{2}\left(x_1^2+x_2^2\right)\right)\,.\end{aligned}$$

Anwendung: Berechnung von Integralen durch Monte-Carlo-Integration

Häufig stößt man bei der praktischen Arbeit auf Integrale, die man numerisch nur sehr mühevoll berechnen kann. Dies ist vor allem bei der Berechnung mehrdimensionaler Integrale der Fall. Kann man sich leicht Zufallsvariable mit einer gewünschten Verteilung simulieren, kann man gestützt auf den Zentralen Grenzwertsatz diese Integrale experimentell beliebig genau bestimmen.

Es sei g eine gegebene integrable Funktion, bei der das Integral

$$I = \int_a^b g(x)\, \mathrm{d}x$$

analytisch nicht geschlossen angebbar ist. Wir werden uns diesem Integral mit statistischen Methoden nähern. Dazu betrachten wir eine auf dem Intervall $[a, b]$ definierte Zufallsvariable X mit der bekannten Dichte f und definieren:

$$Y = \frac{g(X)}{f(X)}.$$

Die Verteilung der Zufallsvariablen Y brauchen wir gar nicht zu bestimmen, wir können die Berechnung von Erwartungswert und Varianz von Y auf die Verteilung von X zurückführen und zwar ist

$$\mathrm{E}(Y) = \int_a^b \left(\frac{g(x)}{f(x)}\right) f(x)\, \mathrm{d}x = I.$$

Wenn wir uns nun eine Folge unabhängiger, identisch wie X verteilter Zufallsvariablen $X_1, \cdots, X_n$ erzeugen, dann ist

$$\overline{Y} = \frac{1}{n} \sum_{i=1}^{n} \frac{g(X_i)}{f(X_i)}$$

nach dem Zentralen Grenzwertsatz approximativ normalverteilt

$$\overline{Y} \sim N\left(I; \frac{\sigma^2}{n}\right).$$

Nehmen wir die Normalverteilung als gegeben an, so gilt mit einer Wahrscheinlichkeit von 95 %

$$\left|\overline{Y} - I\right| \leq 1.96 \frac{\sigma}{\sqrt{n}}.$$

Mit wachsendem n approximiert der empirisch durch Simulation zu bestimmende Mittelwert $\overline{y}$ das gesuchte Integral. Dabei nimmt der Fehler mit $\frac{1}{\sqrt{n}}$ ab. Das unbekannte $\sigma^2 = \mathrm{Var}(Y)$ können wir durch die empirische Varianz der realisierten y_i abschätzen:

$$\widehat{\sigma}^2 = \frac{1}{n} \sum_{i=1}^{n} (y_i - \overline{y})^2.$$

Nun ist die Frage noch offen, welches f wir wählen. In der einfachsten Variante nehmen wir für X die Gleichverteilung im Intervall $[a, b]$. Dann ist $f(x) = 1/(b-a)$ für $a \leq x \leq b$ und

$$\overline{y} = \frac{b-a}{n} \sum_{i=1}^{n} g(x_i).$$

In aufwändigeren Varianten wird versucht, gezielt die Varianz σ^2 zu reduzieren. Betrachten wir dazu die Struktur von σ^2:

$$\sigma^2 = \mathrm{E}\left(\frac{g(X)}{f(X)} - I\right)^2 = \int_a^b \left(\frac{g(x)}{f(x)} - I\right)^2 f(x)\, \mathrm{d}x.$$

Ist $g(x) \geq 0$, dann könnten wir $g(x)/I$ als eine Dichte interpretieren und für $f(x)$ gleich diese Dichte $g(x)/I$ nehmen. Dann wäre $\sigma^2 = 0$. Aber I kennen wir doch nicht! Da beißt sich die Katze in den Schwanz, wenn wir ihr nicht einen zweiten Pseudoschwanz zum Spielen anbieten würden. Angenommen, wir hätten eine "gutartigere„ Funktion $\widetilde{g} \approx g$, die g approximiert und deren Integral $\widetilde{I} = \int_a^b \widetilde{g}(x)\, \mathrm{d}x \approx I$ bekannt ist. Jetzt verwenden wir $\widetilde{g}(x)/\widetilde{I}$ als Dichte und setzen:

$$f(x) = \frac{\widetilde{g}(x)}{\widetilde{I}}.$$

Dann ist

$$\frac{g(x)}{f(x)} = \frac{g(x)}{\widetilde{g}(x)}\widetilde{I} - I$$

zwar nicht genau null, aber doch relativ klein. Und daher wird auch $\sigma^2 = \mathrm{E}\left(\frac{g(X)}{\widetilde{g}(X)}\widetilde{I} - I\right)^2$ klein sein. Diese Technik heißt auch Importance Sampling. Sie läuft darauf hinaus, gerade an den Stellen viele Beobachtungen x_i zu platzieren, an denen $g(x)$ relativ groß ist, an denen also „etwas passiert".

Eine numerisch wichtige Einschränkung bei der Wahl eines geeigneten $\widetilde{g}$ ist die Erzeugung von Zufallszahlen, die mit der Dichte $\widetilde{g}/\widetilde{I}$ verteilt sind. Will man diese Zufallszahlen mit dem Inversionsverfahren aus gleichverteilten Zufalllszahlen erzeugen, muss man die Umkehrfunktion der Verteilungsfunktion kennen.

Daraus ergibt sich die Dichte

$$f_X(\boldsymbol{x}) = f_U(\boldsymbol{u}) \left|\frac{\partial \boldsymbol{u}}{\partial \boldsymbol{x}}\right| = 1 \cdot \frac{1}{2\pi} \exp\left(-\frac{1}{2}\left(x_1^2 + x_2^2\right)\right).$$

Das heißt:

$$\boldsymbol{X} \sim N_2(\boldsymbol{0}; \boldsymbol{I}).$$

Übersicht: Verteilungen mit ihren Parametern

- Normalverteilung, $\mathrm{N}\left(\mu;\sigma^2\right)$

  Dichte $\frac{1}{\sigma\sqrt{2\pi}}\exp\left(-\frac{1}{2}\left(\frac{x-\mu}{\sigma}\right)^2\right)$

  Erwartungswert μ

  Varianz σ^2

- Die n-dimensionale Normalverteilung

  Dichte

  $(2\pi)^{-n/2}\,|\boldsymbol{C}|^{-1/2}\exp\left(-\frac{1}{2}(\boldsymbol{x}-\boldsymbol{\mu})^\top \boldsymbol{C}^{-1}(\boldsymbol{x}-\boldsymbol{\mu})\right)$

  Erwartungswert $\boldsymbol{\mu}$

  Kovarianzmatrix $\boldsymbol{C}$

- Die Gamma-Verteilung Gamma $(\alpha;\beta)$ für $\alpha>0$ und $\beta>0$:

  Dichte $\frac{\beta^\alpha}{\Gamma(\alpha)}x^{\alpha-1}\exp(-x\beta)$

  Erwartungswert $\frac{\alpha}{\beta}$

  Varianz $\frac{\alpha}{\beta^2}$

- Die $\chi^2(n)$ ist die Gamma$\left(\frac{n}{2};\frac{1}{2}\right)$-Verteilung

  Dichte $\frac{1}{2^{\frac{n}{2}}\Gamma\left(\frac{n}{2}\right)}y^{\frac{n}{2}-1}\mathrm{e}^{-\frac{y}{2}}$

  Erwartungswert n

  Varianz $2n$

- Die Erlangverteilung ist die Gamma-$(n;\lambda)$-Verteilung

  Dichte $\frac{\lambda^n}{\Gamma(n)}x^{n-1}\exp(-x\lambda)$

  Erwartungswert $\frac{n}{\lambda}$

  Varianz $\frac{n}{\lambda^2}$

- Die F-Verteilung

  Dichte $\frac{\left(\frac{m}{n}\right)^{\frac{m}{2}}}{\mathrm{B}\left(\frac{m}{2};\frac{n}{2}\right)}x^{\frac{m}{2}-1}\left(1+\frac{m}{n}x\right)^{-\frac{m+n}{2}}$

  Erwartungswert $\frac{n}{n-2}$ falls $n\geq 3$

  Varianz $\frac{2n^2(m+n-2)}{m(n-2)^2(n-4)}$ falls $n\geq 5$

- Die t-Verteilung

  Dichte $\frac{\Gamma\left(n+\frac{1}{2}\right)}{\Gamma\left(\frac{n}{2}\right)\sqrt{n\pi}}\left(1+\frac{t^2}{n}\right)^{-\frac{1}{2}(n+1)}$

  Erwartungswert 0 falls $n\geq 2$

  Varianz $\frac{n}{n-2}$ falls $n\geq 3$

- Die Cauchy-Verteilung

  Dichte $\frac{1}{\pi}\frac{1}{1+x^2}$

  Median 0

- Die Log-Normalverteilung

  Dichte $\frac{1}{\sqrt{2\pi}\sigma x}\exp\left(-\frac{(\ln x-\mu)^2}{2\sigma^2}\right)$

  Erwartungswert $\exp\left(\mu+\frac{\sigma^2}{2}\right)$

  Varianz $\left(\exp(\sigma^2)-1\right)\exp\left(2\mu+\sigma^2\right)$

- Die Maxwell-Boltzmann-Verteilung

  Dichte $\sqrt{\frac{2}{\pi}}\frac{1}{\sigma^3}x^2\exp\left(-\frac{x^2}{2\sigma^2}\right)$

  Erwartungswert $\sigma\sqrt{\frac{8}{\pi}}$

  Varianz $\left(3-\frac{8}{\pi}\right)\sigma^2$

- Die Benford-Verteilung

  $\mathcal{P}(D_1=d_1,\ldots,D_k=d_k)=\log\left(1+\frac{1}{d_1d_2\cdots d_k}\right)$

- Die Beta-Verteilung Beta$(\alpha;\beta)$ für $\alpha>0$, $\beta>0$

  Dichte $\frac{1}{B(\alpha,\beta)}x^{\alpha-1}(1-x)^{\beta-1}$ für $0<x<1$

  Erwartungswert $\frac{\alpha}{\alpha+\beta}$

  Varianz $\frac{\alpha\beta}{(\alpha+\beta)^2(\alpha+\beta+1)}$

- Weibull-Verteilung

  Dichte $\alpha\beta x^{\beta-1}\exp\left(-\alpha x^\beta\right)$

  Erwartungswert $\alpha^{-\frac{1}{\beta}}\Gamma\left(\frac{1}{\beta}+1\right)$

  Varianz $\alpha^{-\frac{2}{\beta}}\left[\Gamma\left(\frac{2}{\beta}+1\right)-\Gamma^2\left(\frac{1}{\beta}+1\right)\right]$

- Pareto-Verteilung für $x\geq x_0$

  Dichte $\alpha\left(\frac{x_0}{t}\right)^\alpha\frac{1}{t}$

  Erwartungswert $\frac{\alpha}{\alpha-1}x_0$ für $\alpha>1$

  Varianz $\frac{\alpha}{(\alpha-1)^2(\alpha-2)}x_0^2$ für $\alpha>2$

- Extremwertverteilungen des Maximums

  $$G_1(x)=\exp(-\exp(-x))$$

  $$G_{2;\beta}(x)=\begin{cases}0 & \text{wenn } x\leq 0\\ \exp\left(-x^{-\beta}\right) & \text{wenn } x>0\end{cases}$$

  $$G_{3;\beta}(x)=\begin{cases}\exp\left(-(-x)^{\beta}\right) & \text{wenn } x\leq 0\\ 1 & \text{wenn } x>0\end{cases}$$

- Extremwertverteilungen des Minimums

  $$H_1(x)=1-\exp(-\exp(x))\,.$$

  $$H_{2;\beta}(x)=\begin{cases}1-\exp\left(-(-x)^{-\beta}\right) & \text{wenn } x<0\\ 1 & \text{wenn } x\geq 0\,.\end{cases}$$

  $$H_{3;\beta}(x)=\begin{cases}0 & \text{wenn } x\leq 0\\ 1-\exp\left(-x^{-\beta}\right) & \text{wenn } x>0\,.\end{cases}$$

Zusammenfassung

Die Familie der Normalverteilungen

Die Normalverteilung gehört zu den theoretisch und praktisch wichtigsten Wahrscheinlichkeitsverteilungen. Mit ihr lässt sich eine Fülle realer Situationen mit hinreichender Genauigkeit gut beschreiben. **Die Familie der Normalverteilungen** $\mathrm{N}(\mu; \sigma^2)$ besteht aus allen Verteilungen, die aus linearen Transformationen der Standardnormalverteilung hervorgehen.

$$Y \sim \mathrm{N}(\mu; \sigma^2) \text{ genau dann, wenn } Y^* = \frac{Y-\mu}{\sigma} \sim \mathrm{N}(0; 1)\,.$$

Für die Normalverteilung existieren alle Momente. Die Wölbung der Normalverteilung, viertes Moment der Standardnormalverteilung, ist 3. Diese Zahl ist die Vergleichsgröße für die Wölbung aller anderen Verteilungen

Der Exzess einer Verteilung

Hat eine Verteilung die Wölbung ω, dann heißt $\omega - 3$ der Exzess dieser Verteilung.

Die Normalverteilung hat definitionsgemäß den Exzess null. Die große Bedeutung der Normalverteilung liegt im **zentralen Grenzwertsatz** für Summen unabhängiger Zufallsvariablen X_i mit existierenden Varianzen.

Der zentrale Grenzwertsatz

Es sei $(X_n)_{n\in\mathbb{N}}$ eine Folge unabhängiger zufälliger Variablen mit existierenden Erwartungswerten und Varianzen. Unter schwachen mathematischen Nebenbedingungen gilt: Die Verteilungsfunktion der standardisierten Summe der X_i:

$$\overline{X}^{(n)*} = \frac{\sum\limits_{i=1}^{n} X_i - \mathrm{E}\left(\sum\limits_{i=1}^{n} X_i\right)}{\sqrt{\mathrm{Var}\left(\sum\limits_{i=1}^{n} X_i\right)}}$$

konvergiert mit wachsendem n punktweise gegen die Verteilungsfunktion Φ der $\mathrm{N}(0; 1)$:

$$\lim_{n\to\infty} \mathcal{P}\left(\overline{X}^{(n)*} \leq x\right) = \Phi(x)\,.$$

Die Familie der mehrdimensionalen Normalverteilungen $\mathrm{N}_n(\boldsymbol{\mu}; \boldsymbol{C})$ besteht aus allen Verteilungen, die aus linearen Transformationen unabhängiger standardnormalverteilter Zufallsvariablen hervorgehen.

Die n-dimensionale Normalverteilung

Es seien $X_1, \ldots, X_n$ voneinander unabhängige, nach $\mathrm{N}(0; 1)$ verteilte Zufallsvariable, die zu einem n-dimensionalen Zufallsvektor $\boldsymbol{X} = (X_1, \ldots, X_n)^\top$ zusammengefasst sind. Dann heißt $\boldsymbol{X}$ n-dimensional standardnormalverteilt, geschrieben:

$$\boldsymbol{X} \sim \mathrm{N}_n(\boldsymbol{0}_n; \boldsymbol{I}_n)\,.$$

Sind $\boldsymbol{A} \neq \boldsymbol{0}$ eine nichtstochastische $m \times n$-Matrix und μ ein nichtstochastischer m-dimensionaler Vektor und $\boldsymbol{Y} = \boldsymbol{AX} + \mu$, dann heißt $\boldsymbol{Y}$ m-dimensional normalverteilt:

$$\boldsymbol{Y} \sim \mathrm{N}_m(\mu; \boldsymbol{C})\,.$$

Dabei ist $\mu = \mathrm{E}(\boldsymbol{Y})$ und $\boldsymbol{C} = \mathrm{Cov}(\boldsymbol{Y})$. Ist $\boldsymbol{C}$ invertierbar, so hat Y die Dichte

$$f_{\boldsymbol{Y}}(\boldsymbol{y}) = |\boldsymbol{C}|^{-\frac{1}{2}}(2\pi)^{-\frac{m}{2}} \exp\left(-\frac{1}{2}(\boldsymbol{y}-\mu)^\top \boldsymbol{C}^{-1}(\boldsymbol{y}-\mu)\right)\,.$$

Die Familie der mehrdimensionalen Normalverteilungen ist abgeschlossenen bei linearen Abbildungen, bei Bildung von Rand- und bedingten Verteilungen. Sind zwei Randverteilungen unkorreliert, so sind die zugehörigen Variablen unabhängig.

Die Gamma-Verteilungsfamilie

Die Gamma-Verteilung

Die zufällige Variable X besitzt eine Gamma-$(\alpha; \beta)$-Verteilung, wenn für ihre Dichte gilt:

$$f_{\mathrm{Gamma}\,(\alpha;\beta)}(x) = \frac{\beta^\alpha}{\Gamma(\alpha)} x^{\alpha-1} \exp(-x\beta) \qquad \text{für } x > 0 \text{ und } 0 \text{ sonst.}$$

Dabei sind $\alpha > 0$ und $\beta > 0$.

Sind $X \sim \mathrm{Gamma}(\alpha_1; \beta)$ und $Y \sim \mathrm{Gamma}(\alpha_2; \beta)$ stochastisch unabhängig, so ist $X + Y \sim \mathrm{Gamma}(\alpha_1 + \alpha_2; \beta)$:

$$\mathrm{Gamma}(\alpha_1; \beta) + \mathrm{Gamma}(\alpha_2; \beta) \sim \mathrm{Gamma}(\alpha_1 + \alpha_2; \beta)\,.$$

Wichtige Gamma-Verteilungen sind die Exponential-, die Erlang- und die χ^2-Verteilung.

Die $\chi(n)$-Verteilung

Sind $X_1, \ldots, X_n$ i.i.d. $\mathrm{N}(0; 1)$-verteilt, so ist die Summe ihrer Quadrate χ^2-verteilt mit n Freiheitsgraden, geschrieben:

$$\sum_{i=1}^{n} X_i^2 \sim \chi^2(n)\,.$$

Der Erwartungswert der $\chi^2(n)$ ist n, ihre Varianz ist $2n$.

Mit der $\chi\ (n)$-Verteilung lässt sich die Verteilung der empirischen Varianz im Normalverteilungsmodell beschreiben.

Satz von Cochran

Sind $X_1, \ldots, X_n$ i.i.d. $\sim \mathrm{N}\left(\mu; \sigma^2\right)$, dann sind

$$\overline{X} = \frac{1}{n}\sum_{i=1}^{n} X_i \text{ und } \widehat{\sigma}^2 = \frac{1}{n}\sum_{i=1}^{n}\left(X_i - \overline{X}\right)^2$$

voneinander stochastisch unabhängig. Außerdem ist

$$\widehat{\sigma}^2 \sim \frac{\sigma^2}{n}\chi^2(n-1)\,.$$

Mit $\widehat{\sigma}^2_{UB} = \frac{1}{n-1}\sum_{i=1}^{n}\left(X_i - \overline{X}\right)^2$ gilt:

$$\mathrm{E}(\widehat{\sigma}^2) = \frac{n-1}{n}\sigma^2 \text{ und } \mathrm{E}(\widehat{\sigma}^2_{UB}) = \sigma^2\,.$$

Die F-Verteilung beschreibt den Quotienten zweier empirischer Varianzen

Die F-Verteilung

Sind $X \sim \chi^2(m)$ und $Y \sim \chi^2(n)$ zwei unabhängige zufällige Variable. Dann heißt die Verteilung von

$$\frac{X/m}{Y/n} \sim \mathrm{F}(m; n)$$

F-verteilt mit den Freiheitsgraden m und n. Kurz und symbolisch auch:

$$\frac{\chi^2(m)/m}{\chi^2(n)/n} \sim \mathrm{F}(m; n)\,.$$

Die Dichte der $\mathrm{F}(m; n)$-Verteilung ist

$$f_{m,n}(x) \simeq x^{\frac{m}{2}-1}\left(1 + \frac{m}{n}x\right)^{-\frac{1}{2}(m+n)}\,.$$

Die Beta-Verteilung ist besonders geeignet, um Wahrscheinlichkeitsaussagen über Anteile zu machen

Die Beta-Verteilung

Eine zufällige Variable X besitzt genau dann eine Beta-Verteilung mit den Parametern $\alpha > 0$ und $\beta > 0$, falls X die folgende Dichte hat:

$$f_{\mathrm{Beta}(\alpha;\beta)}(x) \simeq x^{\alpha-1}(1-x)^{\beta-1}\,.$$

Die Verteilungsfunktion der Beta-Verteilung bezeichnen wir mit $\mathrm{F}_{\mathrm{Beta}(\alpha;\beta)}(x)$.

Die Maxwell-Boltzmann-Verteilung beschreibt die Geschwindigkeitsverteilung der Moleküle in einem idealen Gas

Die Maxwell-Boltzmann Verteilung

Fassen wir den Geschwindigkeitsvektor $\boldsymbol{V}$ als Zufallsvariable mit i.i.d. $N\left(0; \sigma^2\right)$-verteilten Komponenten auf, so besitzt die skalare Geschwindigkeit $U = \sqrt{V_1^2 + V_2^2 + V_3^2} = \|\boldsymbol{V}\|$ eine Maxwell-Boltzmann-Verteilung mit der Dichte

$$f_U(u) = \sqrt{\frac{2}{\pi}}\frac{1}{\sigma^3}u^2 \exp\left(-\frac{u^2}{2\sigma^2}\right).$$

Die t-Verteilung beschreibt die Verteilung der studentisierten Variablen

Der studentisierte Mittelwert ist t-verteilt.

Sind $X_1, \ldots, X_n$ i.i.d. $\mathrm{N}\left(\mu; \sigma^2\right)$, dann besitzt

$$T = \frac{\overline{X} - \mu}{\widehat{\sigma}_{\mathrm{UB}}}\sqrt{n}$$

eine t-Verteilung mit $(n-1)$ Freiheitsgraden. Wir schreiben $T \sim t\,(n-1)$. Die t-Verteilung hat die Dichte

$$f_T^{(n)}(t) \simeq \left(1 + \frac{t^2}{n}\right)^{-\frac{1}{2}(n+1)}\,.$$

Die t-Verteilung mit einem Freiheitsgrad ist die sogenannte Cauchy-Verteilung mit der Dichte

$$f_{\mathrm{Cauchy}}(x) = \frac{1}{\pi(1+x^2)}\,.$$

Die Cauchy-Verteilung besitzt **keinen** Erwartungswert.

Die Log-Normalverteilung ist die Grenzverteilung für Produkte

Die Log-Normalverteilung

Die Zufallsvariable X ist genau dann log-normalverteilt, wenn $\log X$ normalverteilt ist.

$$X \sim \log\mathrm{Normal}\left(\mu; \sigma^2\right) \Leftrightarrow \log X \sim N\left(\mu; \sigma^2\right).$$

Die Dichte der Log-Normalverteilung ist

$$f(x) = \frac{1}{x}\frac{1}{\sqrt{2\pi}\sigma}\exp\left(-\frac{(\log x - \mu)^2}{2\sigma^2}\right).$$

In empirischen Datensammlungen besitzen die führenden Ziffern oft eine Benford-Verteilung

Die Benford-Verteilung

Die Zufallsvariable X besitzt die Benford-Verteilung, wenn der Logarithmus ihrer Mantisse gleichverteilt ist:

$$\mathcal{P}\left(\log\langle X\rangle < t\right) = t\,.$$

Lebensdauerverteilungen lassen sich durch ihre Hazardraten kennzeichnen

Definition der Hazardrate

Die Hazardrate ist definiert durch:

$$h_T(t) = \frac{f_T(t)}{1 - F_T(t)}\,.$$

Dichte, Verteilungsfunktion, Survivalfunktion und Hazardrate sind äquivalente Beschreibungen. Aus jeweils einer Größe lassen sich die anderen berechnen.

Hazardraten ausgesuchter Verteilungen

Die Hazardrate der Exponentialverteilung ist konstant, die der Weibull-Verteilung wächst wie eine Potenz. Die einzige Verteilung mit einer Hazardrate $h_T(t) \simeq \frac{1}{t}$ ist die Pareto-Verteilung. Die Hjorth-Verteilung hat eine Hazardrate vom Badewannentyp.

Hazardraten ausgesuchter Verteilungen

Verteilung	Hazardrate	Dichte
Exponential	λ	$\lambda\exp(-\lambda x)$
Weibull	$\alpha\beta t^{\beta-1}$	$\alpha\beta t^{\beta-1}\exp\left(-\alpha t^{\beta}\right)$
Pareto	$\frac{\alpha}{t}$	$\alpha\left(\frac{t_0}{t}\right)^{\alpha}\frac{1}{t}$
Hjorth	$\alpha t + \frac{\gamma}{1+\beta t}$	

Nach geeigneter Skalierung kann das Maximum von n i.i.d. verteilten Zufallsvariablen nur gegen eine von drei möglichen Grenzverteilungen konvergieren

Satz von Fisher und Tippett

Für jede Verteilung F_X gilt: Entweder es existiert keine Grenzverteilung im Sinne von (4.9) für das Maximum oder das Maximum konvergiert im Sinne von (4.9) genau gegen eine der drei Verteilungstypen G_1, $G_{2;\beta}$ oder $G_{3;\beta}$. Dabei ist $\beta > 0$ und

$$G_1(x) = \exp(-\exp(-x))\,,$$

$$G_{2;\beta}(x) = \begin{cases} 0\,, & \text{wenn} \quad x \le 0\,,\\ \exp\left(-x^{-\beta}\right), & \text{wenn} \quad x > 0\,,\end{cases}$$

$$G_{3;\beta}(x) = \begin{cases} \exp\left(-(-x))^{\beta}\right), & \text{wenn} \quad x \le 0\,,\\ 1\,, & \text{wenn} \quad x > 0\,.\end{cases}$$

Aussagen über die Verteilungen des Minimums lassen sich durch die Identität

$$\min\{X_i; i = 1, \cdots, n\} = -\max\{-X_i; i = 1, \ldots, n\}$$

aus den Aussagen über Verteilungen des Maximums ableiten.

Quantilplots erlauben den Vergleich von Verteilungen

Der QQ-Plot

Seien X eine zufällige Variable mit der Verteilung $F_X(x)$ und Y eine zweite zufällige Variable mit der Verteilung $F_Y(y)$. Der Plot der α-Quantile von X gegen die α-Quantile von Y

$$x_\alpha = F_X^{-1}(\alpha) \text{ gegen } y_\alpha = F_Y^{-1}(\alpha)$$

heißt Quantil-Quantil-Diagramm, kurz QQ-Diagramm oder **QQ-Plot.**

Pseudo-Zufallsvariablen werden durch arithmetische Verfahren erzeugt

Aus der diskreten bzw. stetigen Gleichverteilung lassen sich alle anderen diskreten bzw stetigen Verteilungen erzeugen. Dabei ist der folgende Satz grundlegend.

Äquivalenzsatz für stetige Verteilungen

Jede stetige Verteilung kann in die Gleichverteilung, jede Gleichverteilung kann in jede andere stetige Verteilung transformiert werden. Genauer gesagt gilt:

Ist X eine stetige zufällige Variable mit der Verteilung F. Dann besitzt

$$U = \mathrm{F}(X)$$

auf [0, 1] eine Gleichverteilung.

Ist U eine auf [0, 1] gleichverteilte zufällige Variable und $\mathrm{F}(x)$ eine beliebige stetige Verteilungsfunktion, dann besitzt

$$X = \mathrm{F}^{-1}(U)$$

die Verteilungsfunktion $\mathrm{F}(x)$.

Aufgaben

Die Aufgaben gliedern sich in drei Kategorien: Anhand der *Verständnisfragen* können Sie prüfen, ob Sie die Begriffe und zentralen Aussagen verstanden haben, mit den *Rechenaufgaben* üben Sie Ihre technischen Fertigkeiten und die *Anwendungsprobleme* geben Ihnen Gelegenheit, das Gelernte an praktischen Fragestellungen auszuprobieren.

Ein Punktesystem unterscheidet leichte Aufgaben •, mittelschwere •• und anspruchsvolle ••• Aufgaben. Lösungshinweise am Ende des Buches helfen Ihnen, falls Sie bei einer Aufgabe partout nicht weiterkommen. Ergebnisse, ausführliche Lösungswege, Beweise und Abbildungen finden Sie auf der Website zum Buch.

Viel Spaß und Erfolg bei den Aufgaben!

Verständnisfragen

4.1 • Die folgenden Daten sind gerundete Messungen aus zwei Versuchserien mit unabhängigen Wiederholungen. Serie A hatte genauere Messgeräte als Serie B. Die Messfehler seien normalverteilt mit einer Standardabweichung von $\sigma = 2$ bei Serie A bzw. $\sigma = 5$ bei Serie B. Beide Male sollte derselbe wahre Wert, nämlich $\mu = 8$, gemessen werden

Serie A mit $\sigma = 2$:

8.05, 8.79, 10.33, 11.31, 8.92 14.27, 5.37, 8.77, 9.11, 11.65

Serie B mit $\sigma = 5$:

11.3, 10.9, 14.1, 1.2, 15.6, 9.1, 2.2, 6.0, 7.4, 8.7

Welche Messwerte sind auffällig und warum?

4.2 • Welche der folgenden Zufallsvariablen sind normalverteilt, falls X und Y unabhängig voneinander gemeinsam normalverteilt sind

$$a+bX; \quad X+Y; \quad X-Y; \quad X \cdot Y; \quad \frac{X}{Y}; \quad X^2; \quad X^2+Y^2$$

4.3 • Wenn für die i.i.d. verteilten zufälligen Variablen der zentrale Grenzwertsatz gilt, muss dann $\sum_{i=1}^{n} X_i$ konvergieren?

4.4 • Ist die Geschwindigkeit V normalverteilt, $V \sim N(\mu; \sigma^2)$, wie ist dann die Energie $\frac{1}{2} m V^2$ verteilt?

4.5 • Wohin konvergiert der Variationskoeffizient der Chi^2-Verteilung $\chi^2(n)$ mit wachsendem n?

4.6 ••• Es seien X und Y unabhängig voneinander gemeinsam normalverteilt. Welche der folgenden Terme sind dann ebenfalls normalverteilt?

$$a+bX; \quad X+Y; \quad X-Y; \quad X \cdot Y; \quad \frac{X}{Y}; \quad X^2; \quad X^2+Y^2$$

4.7 •• Bei der Umstellung auf den Euro wurden in einer Bank Pfennige eingesammelt, die von Kunden abgegeben wurden. In einem Sack liegen 1 000 Pfennige. Jeder Pfennig wiegt 2 g mit einer Standardabweichung von 0.1 g. Der leere Sack wiegt 500 g. Wie schwer ist der volle Sack?

Rechenaufgaben

4.8 • Es sei $X \sim B_{2n}(0.5)$. Wie groß ist $P(X = n)$, wenn n sehr groß ist, z. B. $n = 10^6$? Verwenden Sie zur Approximation a) die Stirling-Formel und b) die Normalverteilung.

4.9 • Bestimmen Sie die Integrationskonstante der Gamma$(\alpha; \beta)$.

4.10 • Zeigen Sie: Wenn βX eine Gamma$(\alpha; 1)$ besitzt, dann hat X eine Gamma$(\alpha; \beta)$ Verteilung.

4.11 •• Es seien $X_1, \ldots, X_n$ i.i.d $N(\mu_i; 1)$ verteilt und $\|\boldsymbol{X}\|^2 = \sum_{i=1}^{n} X_i^2$ und $\|\boldsymbol{\mu}\|^2 = \sum_{i=1}^{n} \mu_i^2$. Zeigen Sie:

$$\mathrm{E}\left(\|\boldsymbol{X}\|^2\right) = n + \|\boldsymbol{\mu}\|^2,$$
$$\mathrm{Var}\left(\|\boldsymbol{X}\|^2\right) = 2n + 4\|\boldsymbol{\mu}\|^2.$$

4.12 ••• In einem abgeschlossenen Volumen befinde sich ein als ideal angenommenes Gas. Sei $\boldsymbol{v} = (v_1, v_2, v_3)$ der Geschwindigkeitsvektor eines Moleküls. Um die Dichte $h(\boldsymbol{v})$ der Wahrscheinlichkeitsverteilung von $\boldsymbol{v}$ herzuleiten, seien folgende Annahmen gemacht.

$$h(\boldsymbol{v}) = k\left(v_1^2 + v_2^2 + v_3^2\right) = g(v_1)\, g(v_2)\, g(v_3)$$

Dabei sind g und k stetig differenzierbare Funktionen. Bestimmen Sie die Verteilung von $\boldsymbol{v}$.

4.13 ••• Zeigen Sie: Sind $X_1, \ldots, X_n$ i.i.d. verteilt mit $\mathrm{E}(X_i) = \mu$ und $\mathrm{Var}(X_i) = \sigma^2$, dann ist $\mathrm{E}(\mathrm{var}(\boldsymbol{X})) = \mathrm{E}\left(\frac{1}{n}\sum_{i=1}^{n}\left(X_i - \overline{X}\right)^2\right) = \frac{n-1}{n}\sigma^2$.

4.14 •• Es seien $\boldsymbol{U}$ und $\boldsymbol{V}$ unkorrelierte normalverteilte Variable, die lineare Funktionen einer übergeordneten normalverteilte Variable $\boldsymbol{Y}$ sind:

$$\boldsymbol{Y} \sim \mathrm{N}_n(\boldsymbol{0}; \boldsymbol{C}); \qquad \boldsymbol{U} = \boldsymbol{A}\boldsymbol{Y};$$
$$\boldsymbol{V} = \boldsymbol{B}\boldsymbol{Y} \quad \text{sowie } \mathrm{Cov}(\boldsymbol{U}; \boldsymbol{V}) = \boldsymbol{0}.$$

Dann sind $\boldsymbol{U}$ und $\boldsymbol{V}$ stochastisch unabhängig.

Beweisen Sie diese Aussage für den Spezialfall, dass $\mathrm{Cov}(\boldsymbol{U})$ und $\mathrm{Cov}(\boldsymbol{V})$ invertierbar sind.

4.15 •• Die n-dimensionale zufällige Variable $\boldsymbol{X}$ heißt in einem Bereich $\boldsymbol{B}$ **stetig gleichverteilt**, falls die Dichte von $\boldsymbol{X}$ außerhalb von $\boldsymbol{B}$ identisch null und in $\boldsymbol{B}$ konstant gleich $(\text{Volumen}(\boldsymbol{B}))^{-1}$ ist.

In Aufgabe 4.16 wird gezeigt: Ist $\boldsymbol{X} = (X_1, X_2)^\top \in \mathbb{R}^2$ im Einheitskreis gleichverteilt ist, dann sind X_1 und X_2 unkorreliert.

Frage: Sind dann X_1 und X_2 auch unabhängig?

4.16 ••• Zeigen Sie: Ist $\boldsymbol{X}$ in der n-dimensionalen Kugel $\boldsymbol{K}_n\,(\boldsymbol{\mu}; r)$ mit dem Mittelpunkt $\boldsymbol{\mu} \in \mathbb{R}^n$ und dem Radius r gleichverteilt, so ist

$$E\,(\boldsymbol{X}) = \boldsymbol{\mu} \text{ und } \operatorname{Cov}(\boldsymbol{X}) = \frac{r^2}{n+2}\boldsymbol{I}.$$

Die Komponenten X_i von $\boldsymbol{X}$ sind demnach unkorreliert. Ist $Y = \|\boldsymbol{X} - \boldsymbol{\mu}\|^2$, so hat Y die Dichte $f_Y(y) = \frac{n}{2r^n} y^{\frac{n}{2}-1}$ und $E\,(Y) = \frac{n}{n+2} r^2$.

Anwendungsprobleme

4.17 • Fluggesellschaften haben festgestellt, dass Passagiere, die einen Flug reserviert haben – unabhängig von den anderen Passagieren – mit Wahrscheinlichkeit $1/10$ nicht am Checkin erscheinen. Deshalb verkauft Gesellschaft A zehn Tickets für ihr neunsitziges Charterflugzeug und Gesellschaft B verkauft 20 Tickets für ihre Flugzeuge mit 18 Sitzen. Die Fluggesellschaft C verkauft für ihren Jumbo mit 500 Plätzen 525 Tickets.

Welche Gesellschaft ist mit höherer Wahrscheinlichkeit überbucht?

4.18 •• Im Land A ist die Durchschnittstemperatur T im August annähernd normalverteilt mit einem Mittelwert von 20 Grad Celsius und einer Standardabweichung von 5 Grad. Steigt T über 37 Grad, verdorrt die Ernte. Wie wahrscheinlich ist dies Ereignis. Nun ist infolge von Klimaverschiebungen der Mittelwert $E\,(T)$ um 2 Grad gestiegen. Wie stark ist die Wahrscheinlichkeit einer Erntekatastrophe gestiegen? Falls Sie keine passenden Tabellen finden, approximieren Sie die Wahrscheinlichkeit.

4.19 • Sie fliegen in den Urlaub. Am Flughafen sind zwei Check-in-Schalter geöffnet, aber bei beiden wird gerade jeweils ein Passagier bedient. Beim Rückflug ist nur ein Schalter geöffnet. Vor Ihnen stehen 9 Reisende. Es seien T_1 bzw. T_2 Ihre Wartezeiten, bis Sie drankommen. Nehmen Sie an, die Abfertigungszeiten an den Schaltern sind voneinander unabhängig exponentialverteilt und dauern im Schnitt 5 Minuten. Wie sind T_1 bzw. T_2 verteilt? Schätzen Sie – ohne Verwendung „höherer" Verteilungen – ab, wie groß T_2 sein wird. Wie groß ist $\mathcal{P}\,(T_2 \leq 60)$ genau?

4.20 •• Von einer Statistik-Fachzeitschrift sollen 50 Bände nachgekauft werden. Jeder Band ist im Mittel 5 cm breit mit einer Standardabweichung von 2 mm. Die Dicken der Bände sind voneinander unabhängig. Die Bücherregale der Bibliothek sind 250 cm lang. Wie groß ist die Wahrscheinlichkeit, dass 50 Bände in ein Regal passen? Wie groß ist diese Wahrscheinlichkeit, wenn die Regale 260 cm lang sind?

4.21 •• Ein sehr aktuelles Thema ist die Sicherheit von Staudämmen und Deichen. Nehmen wir an, wir könnten den jährlichen Wasserpegelstand (in Metern) der Elbe bei Dresden mit einer exponentialverteilten Variablen ($\lambda = 1/6$) beschreiben. Wie hoch muss dann ein Deich bei Dresden sein, damit die Wahrscheinlichkeit, dass der Deich in den nächsten 10 Jahren dem Wasserpegel standhält, mindestens 99% beträgt?

4.22 •• Eine Zufallsvariable Y ist nicht-zentral $\chi^2(20; 5)$ verteilt. Wie können Sie die Verteilung von Y durch eine Simulation erzeugen? Ihr Rechner kann übrigens nur $N(0; 1)$-verteilte Zufallszahlen erzeugen.

4.23 •• Bei Weizen tritt eine begehrte Mutation mit der Wahrscheinlichkeit von 1/1 000 auf. Auf einem Acker werden 10^5 Weizenkörner gesät, bei denen unabhängig voneinander die Mutationen auftreten können. Wie ist die Anzahl X der mutierten Weizenkörner verteilt? Durch welche diskrete Verteilung lässt sich die Verteilung von X approximieren? Durch welche stetige Verteilung lässt sich die Verteilung von X approximieren? Mit wie vielen Mutationen auf dem Acker können wir rechnen?

4.24 •• Der Schachspieler A ist etwas schwächer als der Spieler B: Mit Wahrscheinlichkeit $\theta = 0.49$ wird A in einer Schachpartie gegen B gewinnen. In einem Meisterschaftskampf zwischen A und B werden n Partien gespielt. Wir betrachten drei Varianten.

1. Derjenige ist Meister, der von 6 Partien mehr als 3 gewinnt.

2. Derjenige ist Meister, der von 12 Partien mehr als 6 gewinnt.

3. Derjenige ist Meister, der mehr als den Anteil $\beta > \theta$ der Partien gewinnt. Dabei sei n so groß, dass Sie die Normalapproximation nehmen können. Wählen Sie für einen numerischen Vergleich $\beta = 0.55$ und $n = 36$.

Mit welcher Variante hat A die größeren Siegchancen?

4.25 •• In Simulationsstudien werden häufig standardnormalverteilte Zufallszahlen benötigt. Primär stehen jedoch nur gleichverteilte Zufallszahlen, d. h. Realisationen unabhängiger, über dem Intervall $[0, 1]$ gleichverteilte Zufallsvariablen zur Verfügung. Aus je 12 dieser gleichverteilten Zufallsvariablen $X_1, X_2, \ldots X_{12}$, erzeugt man eine Zufallszahl Y folgendermaßen

$$Y = \sum_{i=1}^{12} X_i - 6.$$

Dann ist Y approximativ standardnormalverteilt. Warum?

4.26 •• In einem Schmelzofen sollen Gold und Kupfer getrennt werden. Dazu muss der Ofen auf jeden Fall eine Temperatur von weniger als 1 083 °C haben, da dies der Schmelzpunkt von Kupfer ist. Der Schmelzpunkt von Gold liegt bei 1 064 °C.

Um die Temperatur im Schmelzofen zu bestimmen, wird eine Messsonde benutzt. Ist μ die tatsächliche Temperatur im Schmelzofen, so sind die Messwerte X der Sonde normalverteilt mit Erwartungswert μ und Varianz $\sigma^2 = 25$.

Der Schmelzofen ist betriebsbereit, wenn die Temperatur μ über dem Schmelzpunkt von Gold aber noch unter den Schmelzpunkt des Kupfers liegt. Die Entscheidung, ob der Ofen betriebsbereit ist, wird mithilfe der Messsonde bestimmt. Dabei wird so vorgegangen, dass der Ofen als betriebsbereit erklärt und mit dem Einschmelzen begonnen wird, wenn die Messsonde einen Messwert zwischen 1 064 und 1 070 °C anzeigt.

a) Wie groß ist die Wahrscheinlichkeit, dass bei diesem Vorgehen der Ofen irrtümlich für betriebsbereit erklärt wird, wenn die Temperatur mindestens 1 083 °C beträgt?

b) Wie groß ist die Wahrscheinlichkeit, dass die Temperatur im Ofen bei diesem Vorgehen den Schmelzpunkt des Goldes nicht überschreitet?

c) Ist es möglich eine Wahrscheinlichkeit dafür anzugeben, dass die Temperatur im Hochofen zwischen 1 064 und 1 083 °C liegt?

4.27 ••• Ein Müllwagen mit dem Leergewicht von $L = 6\,000$ kg fährt auf seiner Route täglich 80 Haushalte ab. Je nach Größe der Mülltonne sind die Haushalte in drei Kategorien $j = 1, 2, 3$ geteilt. Für jeden Haushaltstyp j ist aus langjähriger Erfahrung für die Tonne das Durchschnittsgewicht μ_j und die Standardabweichung σ_j in kg bekannt. Diese Daten sind in der Tabelle 4.2 zusammengestellt.

Tabelle 4.2 Verteilungsparameter der Haushalte.

Haushaltstyp j	Anzahl der Haushalte n_j	μ_j	σ_j
1	40	50	10
2	20	100	15
3	20	200	50
Σ	80		

a) Wie ist das Gewicht Y des beladen zur Deponie zurückkehrenden Müllwagens approximativ verteilt?

b) Vor der Deponie wurde eine Behelfsbrücke mit einer maximalen Tragfähigkeit von 15 Tonnen errichtet. Wie groß ist die Wahrscheinlichkeit α, dass die Brücke durch den Müllwagen überlastet wird?

c) Der beladene Müllwagen passiert täglich einmal die Brücke. Wie groß ist die Wahrscheinlichkeit β, dass in den nächsten 5 Jahren die Brücke nie überlastet wird?

d) Der Schaden, der durch Überlastung der Brücke entstehen würde, sei 10 Millionen €. Die Brücke kann aber auch sofort verstärkt werden. Die Kosten hierfür betragen 500.000 €. Da die Brücke aber in 5 Jahren auf jeden Fall abgerissen wird, überlegt der Landrat, ob eine Verstärkung nicht eine Geldverschwendung wäre. Wie sollte er entscheiden?

Antworten der Selbstfragen

S. 141
Das Sicherheitsniveau der Intervalle ist 0.9545 bzw. 0.9973. Denn ist $X \sim \mathrm{N}(0; 1)$, so ist

$$\mathcal{P}(X > 2) = 1 - 0.977\,25 = 0.022\,75\,,$$
$$\mathcal{P}(|X| > 2) = 2 \cdot 0.022\,75 = 0.045\,5\,,$$
$$\mathcal{P}(|X| \leq 2) = 1 - 0.045\,5 = 0.954\,5\,.$$

Analog ist

$$\mathcal{P}(|X| > 3) = 0.002\,7\,,$$
$$\mathcal{P}(|X| \leq 3) = 0.997\,3\,.$$

S. 141
Beide unterscheiden sich nur durch den Faktor n. Dieser Unterschied wird beim Standardisieren aufgehoben.

S. 143
Approximationsregeln gelten für die Verteilungsfunktionen und für Intervalle, nicht aber für einzelne Wahrscheinlichkeiten.

S. 149
Nein. Bei einer Normalverteilung hängen die bedingten Varianzen nicht explizit von $V = v$ ab. Wäre $\boldsymbol{X} \sim \mathrm{N}_2(\mu; \boldsymbol{C})$, so wäre

$$\mathrm{Var}(U \mid V = v) = \sigma_U^2 - \sigma_{UV} \frac{1}{\sigma_V^2} \sigma_{UV} = \sigma_U^2 \left(1 - \rho^2\right)$$

und daher für alle Werte von v konstant.

S. 154
Erwartungswert und Varianz müssen existieren! Diese Bedingung ist hier erfüllt.

S. 155
Auf keinen Fall. Erwartungstreue heißt nur, dass der Erwartungswert der Verteilung von $\widehat{\sigma}_{UB}^2$ gerade σ^2 ist. Mehr nicht.

S. 161
Wenn wir von den Konstanten im Exponenten absehen, klingt die Dichte der Normalverteilung wie e^{-x^2} ab. Für hinreichend große x ist $x^k < \mathrm{e}^{\frac{1}{2}x^2}$ und daher auch $x^k \mathrm{e}^{-x^2} < \mathrm{e}^{-\frac{x^2}{2}}$. Daher existiert das Integral $\int_0^\infty x^k \mathrm{e}^{-x^2}$ für jedes $k < 0$.

S. 163
Da die Cauchy-Verteilung keinen Erwartungswert besitzt, kann sie auch keine Varianz, geschweige denn ein viertes Moment besitzen.

S. 164

$$\begin{aligned}\mathcal{P}(D_2 = d) &= \sum_{i=1}^{9} \mathcal{P}(D_1 = i;\, D_2 = d)\\ &= \log\left(1 + \frac{1}{1d}\right) + \log\left(1 + \frac{1}{2d}\right)\\ &\quad + \ldots + \log\left(1 + \frac{1}{9d}\right)\end{aligned}$$

S. 165

$$\begin{aligned}\sum_{d=1}^{9} \log\left(1 + \frac{1}{d}\right) &= \sum_{d=1}^{9} \log\left(\frac{d+1}{d}\right)\\ &= \sum_{d=1}^{9} (\log(d+1) - \log(d))\\ &= \log(10) - \log(1) = 1\end{aligned}$$

S. 166
$\|B - \mu\|$ besitzt eine Maxwell-Boltzmann-Verteilung mit $\sigma = 1$. Vergleiche Seite 159.

S. 173
1. $F^{-1}(\alpha)$ ist der kleinste Wert x mit $F_X(x) \geq \alpha$.

2. $F^{-1}(F(x)) \leq x$. Liegt x speziell zwischen zwei Sprungstellen von F, dann ist $F^{-1}(F(x)) < x$.

3. Da x_α die kleinste Stelle ist mit $F(x) \geq \alpha$ ist $F^{-1}(F(x_\alpha)) = x_\alpha$.

4. $F\left(F^{-1}(\alpha)\right) \geq \alpha$. Ist F an der Stelle $F^{-1}(\alpha)$ stetig, dann ist $F\left(F^{-1}(\alpha)\right) = \alpha$

S. 174
Nein. Nach der linearen Transfomation stimmen nur die Verteilungen überein.

S. 176
$aX + b$ ist verteilt wie Y. Weiter besitzt Y die Verteilungsfunktion G. Die Verteilung von X ist dann

$$\begin{aligned}\mathcal{P}(X \leq x) &= \mathcal{P}(aX + b \leq ax + b)\\ &= \mathcal{P}(Y \leq ax + b)\\ &= G(ax + b)\,.\end{aligned}$$

Schätztheorie – Besser als über den Daumen gepeilt

5

Was ist eine Stichprobe?

Was ist ein Maximum-Likelihood-Schätzer?

Was ist ein Konfidenzintervall?

Was ist ein systematischer Schätzfehler?

In der Wahrscheinlichkeitstheorie bewegen wir uns im gesicherten Rahmen eines mathematischen Modells. Nun treten wir hinaus in die nichtmathematische Realität. Hier stürmen unzählige Fragen und Probleme auf uns ein.

Angenommen, Sie gehen auf einen Trödelmarkt und sehen einen alten Stuhl aus einem glatten roten Holz. Sie fragen sich: Wie alt wird der Stuhl wohl sein? Ist das Holz Mahagoni? Handelt es sich um einen Nachbau oder ist er ein Original? Wird er meinem Freund gefallen, mit dem ich die Wohnung teile? Oder Sie fahren Ihren Wagen zum TÜV, dort wird unter anderem geprüft: Wie groß ist der Abgaswert? Werden die Grenzwerte eingehalten? Wird das Auto bis zur nächsten Untersuchung noch fahrtüchtig bleiben?

Diese Fragen sind einerseits Schätzungen. Hier wird die Größe eines unbekannten Parameters erfragt: Alter eines Möbels, Bremskraft und Abgaswerte eines PKW. Bei einem Test muss eine Entscheidung getroffen werden, ob eine Annahme akzeptiert werden kann oder nicht: Mahagoni oder nicht? Nachbau oder Original? Fahrtüchtig oder nicht? Bei einer Prognose machen wir eine Aussage über ein zukünftiges Ereignis: Morgen wird es wahrscheinlich regnen! Dem Freund wird der Stuhl gefallen! Die Brücke wird der Belastung standhalten! In diesem Kapitel legen wir die Grundlagen für Schätzungen und Prognosen. Im nächsten Kapitel werden wir uns mit Tests befassen. In jedem Fall werden wir reale Beobachtungen in ein mathematisches Modell einbetten und dort mithilfe der axiomatischen Wahrscheinlichkeitstheorie Schlüsse ziehen und diese wieder in die Realität rückübertragen. Alle so von uns getroffenen Aussagen hängen von dem jeweils verwendeten Modell ab. Was jedoch die so gewonnenen statistischen Aussagen von bloßen Erfahrungsaussagen oder Aussagen aufs Geratewohl unterscheidet, ist folgendes Kriterium: Jede statistische Aussage besitzt ein Gütesiegel: nämlich ein Maß der Glaubwürdigkeit und Verlässlichkeit des Verfahrens, das diese Aussage geliefert hat.

5.1 Die Daten und das Modell: die Basis des statistischen Schließens

Mit dem Begriff der **Statistischen Inferenz** oder der induktiven Statistik beschreiben wir die Theorie und Praxis des statistischen Schließens auf der Grundlage von Daten. Grundaufgaben der induktiven Statistik sind unter anderem:

- Prognosen über die zukünftigen Realisationen zufälliger Variablen,
- Schätzungen unbekannter Parameter oder unbekannter Verteilungen,
- Tests von Hypothesen.

Bei der Parameterschätzung unterscheiden wir noch, ob als Schätzwert

- eine Zahl (bzw. bei einem mehrdimensionalen Parameter ein Zahlenvektor) oder
- ein Intervall bzw. ein Zahlenbereich angegeben wird.

Im ersten Fall sprechen wir von einem Punktschätzer, im zweiten von einem Bereichsschätzer.

Grundsätzlich geht die induktive Statistik in drei Schritten vor:

1. Übersetzung der Realität in ein Modell,
2. Auswertung der Daten innerhalb des Modells,
3. Rückübersetzung der Modellergebnisse in die Realität.

Zwei Schlüsselbegriffe haben wir hier verwendet: das **Modell** und die **Daten**. Betrachten wir beide kurz etwas genauer.

Das Modell legt eine Familie von Wahrscheinlichkeitsverteilungen fest

Das gewählte Modell soll ein getreues Abbild des Vorwissens über den Sachverhalt sein. Es darf weder relevante Tatsachen ignorieren, noch dürfen sich aus dem Modell Folgerungen ergeben, die nicht durch Tatsachenwissen abgedeckt sind. Die Frage, ob ein Modell wahr ist, ist unzulässig. Dies ist eine philosophische Frage und in der Regel nicht zu beantworten.

Dagegen ist die Frage zulässig, ob ein Modell brauchbar und plausibel ist. Das Modell ist zumindest dann unplausibel, wenn einige Modellvoraussetzungen offensichtlich nicht erfüllt sind. Es ist nicht brauchbar, wenn man mit dem verfügbaren mathematischen Apparat und den gegebenen Beobachtungen in der vorhandenen Zeit keine verwendbaren Resultate erzielen kann.

Oft legt das Modell die Wahrscheinlichkeitsverteilungen aller beteiligten zufälligen Variablen nicht vollständig fest. Es wird dann nur der Verteilungstyp festgelegt, während einige Eigenschaften der Verteilung noch unbestimmt sind und in gewissen Bereichen variieren können. Fasst man den Begriff „Verteilungsparameter" weit genug, so lässt sich ein Modell formal als Festlegung einer Familie von Wahrscheinlichkeitsverteilungen $\{F(x \parallel \theta) : \theta \in \Theta\}$ auffassen. Dabei ist Θ der Parameterraum, die Gesamtmenge der zulässigen Parameterwerte.

Während es kein „wahres" Modell gibt, gibt es **innerhalb** des einmal gewählten Modells sehr wohl die „wahre" Verteilung und den „wahren" Parameter. Wir setzen nämlich voraus, dass innerhalb des Modells alle zufällige Variablen eindeutig festgelegte Verteilungen und alle Parameter eindeutig festgelegte Werte haben. Diese Festlegung ist dann die „wahre". Formal: Unter den zugelassenen Verteilungen des Modells $\{F(x \parallel \theta) : \theta \in \Theta\}$ gibt es eine ausgezeichnete Verteilung F_{θ_0}, die „wahre" Verteilung mit dem „wahren" Parameter θ_0. Der Begriff „wahr" ist also niemals absolut, sondern stets nur relativ zum jeweils betrachteten Modell zu sehen.

Wenn das Modell zum Beispiel festlegt, dass die Anzahl Y der fehlerhaften Teile in einer Stichprobe binomialverteilt ist, $Y \sim B_n(\theta)$, so könnte der wahre Parameter zum Beispiel $\theta_0 = 0.04$ sein.

?

Das Abfüllgewicht Y (in Gramm) einer Verpackungsmaschine sei normalverteilt, $Y \sim N(\mu; \sigma^2)$, mit unbekanntem μ und σ. Was sind θ und der Parameterraum Θ? Was könnte zum Beispiel der wahre Parameter θ_0 sein?

5.2 Grundbegriffe der Stichprobentheorie

Grundlage jeder statistischen Analyse sind Daten. Aber Daten ohne Vorwissen sind stumm. Wir müssen wissen, wo die Daten herkommen und wie sie gewonnen wurden. Wenn wir hören, dass bei einer Umfrage 95 % der Befragten für einen Politiker stimmten, so bedeutet dieses gar nichts, solange wir nicht wissen, wer, wo und wie befragt wurde. Wurden Parteifreunde vor laufender Kamera gefragt, war es eine geheime Wahl, eine Passantenbefragung oder eine Zufallsstichprobe?

Fehler oder auch nur verschwiegene Einschränkungen bei der Datenerhabung lassen sich in der Auswertung kaum mehr beheben und führen zu falschen Schlüssen.

Beispiel a) In einer Übungsstunde zur Statistikvorlesung sollte die durchschnittliche Anzahl von Kindern pro Ehepaar geschätzt werden. Dazu nannte jeder Anwesende die Anzahl seiner Geschwister, den Sprecher jeweils mit eingeschlossen. Bei der Auswertung der genannten Zahlen lag der Mittelwert bei 2.3 Kindern pro Elternpaar der Studenten oder Studentinnen. Diese Zahl steht im krassen Widerspruch zu den Zahlen des Statistischen Bundesamts. Ohne näher definieren zu wollen, was wir unter Ehepaar verstehen wollen, liegt jetzt die Zahl der Kinder pro Paar unter 0.8. Wo liegt der Fehler?

b) Der Dozent reicht eine Tüte mit Bonbons und Schokoriegeln und einer kleine Waage herum. Jeder Student darf mit geschlossenen Augen in die Tüte greifen, eine Handvoll Süßigkeiten herausgreifen, diese wiegen und soll dann das Gewicht der Tüte schätzen. So gut wie alle Studenten überschätzen das Gewicht der Tüte. Warum?

c) Eine bestimmte Krankheit verläuft meist gutartig, kann mitunter aber auch chronisch und bösartig werden. Aus den Unterlagen der Krankenkassen geht hervor, dass die mittlere Dauer der Krankheit, – über gutartige und bösartige Fälle gemittelt, drei Wochen beträgt. Die meisten Fachärzte schätzen die mittlere Dauer der Krankheit erheblich länger. Warum?

d) Bei telefonischen Umfragen wird oft erst in den Abendstunden angerufen. Warum?

e) Wenn man Lebensdauern von Verstorbenen nach deren Beruf ordnet, stellt sich heraus, dass Fussballspieler und Studenten am früehesten und Päpste am spätesten sterben. Liegt dies am Beruf?

Antworten:

a) In der Stichprobe sind alle Paare ohne Kinder – und davon gibt es in der Bundesrepublik rund 9 Millionen – nicht vertreten. Wir müssen daher als Vergleichszahl die Kinderzahl in Familien, bzw. bei Paaren mit Kindern, heranziehen. Diese beträgt rund 1.6 pro Familie. Auch so ist die Abweichung von den beobachteten 2.3 auffällig. Der Grund ist ein weiterer Fehler in der Stichprobe: Bei der amtlichen Statistik ist die **Untersuchungseinheit die Familie**, bei der Befragung im Hörsaal ist die **Untersuchungseinheit das einzelne Kind**. Kinderreiche Familien sind demnach in der Stichprobe mit größerer Wahrscheinlichkeit vertreten als kinderarme.

b) Wer in die Tüte greift, packt mit höherer Wahrscheinlichkeit die größeren und schwereren Schokoriegel als die kleineren und leichteren Bonbons.

c) Fachärzte erleben in der Praxis vor allem die chronisch Kranken, die immer wieder ihre Hilfe beanspruchen. Diese Fälle graben sich ins Gedächtnis, während die leichten Fälle eher vergessen werden.

d) Wer tagsüber anruft, trifft mit höherer Wahrscheinlichkeit nur Rentner und Mütter oder Väter von Kleinkindern, nicht aber einen repräsentativen Querschnitt der Bevölkerung.

e) Student und Fußballspieler ist man nur in jungen Jahren, Päpste werden meist aus einem hochbetagten Kardinalskolleg gewählt. ◄

Die Beispiele zeigen, zu welch irreführenden Schlüssen aufs Geratewohl gesammelte Daten verleiten. Verlässliche statistische Schlüsse lassen sich in der Regel nur aus Zufallsstichproben ziehen. Dazu müssen wir zuerst die Begriffe festlegen.

Definition Zufallsstichprobe

Eine **Stichprobe** ist eine Teilmenge der Grundgesamtheit. Bei einer **Zufallsstichprobe** hat jedes Element der Grundgesamtheit eine angebbare, von null verschiedene Wahrscheinlichkeit, in die Auswahl zu gelangen. Bei einer **reinen Zufallsstichprobe** haben alle gleichgroßen Teilmengen der Grundgesamtheit dieselbe Wahrscheinlichkeit, dass ihre Elemente in die Auswahl gelangen

Beispiel Der Dozent spricht zu 20 Studentinnen und 30 Studenten, die in einem Hörsaal mit 5 Bankreihen vor ihm sitzen. Er will aus dieser Grundgesamtheit von 50 Anwesenden eine Stichprobe ziehen

- Bewusste Auswahlen oder Auswahlen aufs Geratewohl sind zum Beispiel:
  - Er wählt die Studenten, auf die zufällig sein Blick fällt.
  - Er wählt die Studenten, die als erste oder als letzte erschienen sind.
  - Er wählt die Studentinnen Anna, Berta, Christa und Doris, weil sie besonders nett sind.

  Dies waren alles keine Zufallsstichproben.
- Zufallsauswahlen sind zum Beispiel:
  - Die Anwesenden werden von 1 bis 50 durchnummeriert, 10 Zahlen werden zufällig gezogen.
  - Jeder Anwesende würfelt, wer eine 6 würfelt, wird gezogen.

- Von den Studentinnen werden gesondert durch eine reine Zufallsauswahl 4 und von den Studenten gesondert durch eine reine Zufallsauswahl 6 gezogen.
- Eine der 5 Bänke wird zufällig gewählt. Dann werden alle Zuhörer aus dieser Bank genommen.

Die ersten beiden Ziehungen sind **reine Zufallsauswahlen**: Jede Gruppe von k Studierenden besitzt bei beiden Auswahlen dieselbe Wahrscheinlichkeit, gezogen zu werden. Bei der ersten Auswahl ist der Stichprobenumfang $n = 10$ von vornherein bekannt, bei der zweiten Auswahl ist n eine zufällige Größe. Die dritte Auswahl beschreibt die **geschichtete Stichprobe**. Die Grundgesamtheit ist in Schichten unterteilt, die in sich möglichst homogen, aber untereinander möglichst verschieden sind, hier in männlich und weiblich. Aus jeder Schicht werden durch reine Zufallsauswahl einige Elemente gezogen. Die letzte Ziehung ist eine sogenannte **Klumpenstichprobe**: Die Grundgesamtheit ist in sogenannte Klumpen unterteilt, die untereinander möglichst ähnlich sind, aber in sich die ganze Inhomogenität der Grundgesamtheit widerspiegeln. Im Beispiel werden die Klumpen durch die Bänke definiert. Dann wird durch Zufallsauswahl ein Klumpen gewählt und alle Elemente des Klumpens gewählt.

Geschichtete Auswahl und Klumpenauswahlen sind Zufallsauswahlen, aber keine **reinen** Zufallsauswahlen. Bei der geschichteten Auswahl im obigen Beispiel in der dritten Variante hat eine Gruppe von 5 Studentinnen die Wahrscheinlichkeit null gezogen zu werden, während diese Wahrscheinlichkeit für eine Gruppe von 5 Studenten positiv ist. Bei der Klumpenstichprobe in der vierten Variante haben zwei Studenten, die in einer Bank sitzen, die Wahrscheinlichkeit $\frac{1}{5}$ gezogen zu werden. Zwei Studenten, die in zwei verschiedenen Bänken sitzen, kommen nie gemeinsam in die Stichprobe. ◀

Die Stichprobe als Zufallsvektor

Häufig wird nicht nur die Teilmenge, sondern auch der Vektor der Merkmale der erhobenen Elemente als Stichprobe bezeichnet. In diesem Sinn ist eine Zufallsstichprobe ein Modell, bei dem die Merkmalsausprägungen x_i der Elemente der Stichprobe als Realisationen zufälliger Variablen X_i angesehen werden.

Bei einer **unverbundenen Zufallsstichprobe** sind die X_i unabhängige Zufallsvariablen.

Bei einer **einfachen Zufallsstichprobe** sind die X_i unabhängig und darüber hinaus identisch verteilt. Eine einfache Stichprobe ist das Modell der n-fachen unabhängigen Versuchswiederholung.

Ob eine Zufallsstichprobe vorliegt oder nicht, ist keine Tatsachenfeststellung, sondern eine Entscheidung über ein statistisches Modell, mit dem man die Datenauswertung beschreiben will. Das Modell der unverbundenen Zufallsstichprobe ist vor allem dann naheliegend, wenn auch die Auswahl der Elemente selbst zufällig ist.

Achtung: In der englischen Literatur gibt es für unser Wort Stichprobe zwei Begriffe nämlich: Sample und Statistic. Das Sample ist die Stichprobe als Teilmenge, die Statistic ist die Stichprobe als Zufallsvektor.

Beispiel Der ADAC untersucht den Gummiabrieb von Autoreifen und lässt 20 PKWs mit neuen Reifen bestücken und auf Probestrecken fahren. Es sei X_{ij} der Reifenabrieb am j-ten Reifen des i-ten Fahrzeugs, $i = 1, \ldots, 20$ und $j = 1, \ldots, 4$. Dann bilden die Werte des i-ten Fahrzeugs X_{i1}, X_{i2}, X_{i3} und X_{i4} eine abhängige Stichprobe, da sie untereinander durch die gleiche Strecke, die gleiche Fahrweise und ihre Position am Wagen verbunden sind. Dagegen lassen sich die 20 Mittelwerte $\overline{X}_i = \frac{1}{4}\sum_{j=1}^{4} X_{ij}$ als unverbundene Stichprobe vom Umfang 20 auffassen. Sind alle Fahrzeuge vom gleichen Typ, so lässt sich der Vektor der Mittelwerte $\left(\overline{X}_1, \ldots, \overline{X}_{20}\right)$ als einfache Stichprobe modellieren. ◀

Beispiel Untersuchung an Diabetes-Patienten:

$x_i(t) = X_t(e_i)$ ist der Blutzuckerwert des Patienten e_i im Zeitpunkt t. Wir betrachten drei Fälle:

1. n Patienten werden zufällig ausgewählt.
2. Ein Patient e_i wird an n Zeitpunkten $t_1, \ldots, t_n$ untersucht.
3. Die n Mitglieder einer Familie werden untersucht.

Bei 1. wäre das Modell einer unverbundenen Stichprobe sinnvoll. Bei 2. und 3. handelt es sich um verbundene Stichproben. ◀

Bei einer Stichprobe aus einer endlichen Grundgesamtheit sind die Werte korreliert

Bei der Behandlung der Binomialverteilung hatten wir mit der Ziehung aus einer Urne das einfachste Stichprobenmodell kennengelernt. Nach jeder Ziehung wurde die Kugel wieder zurückgelegt und vor jeder Ziehung neu gemischt. Dadurch wurde jedesmal wieder die gleiche Ausgangssituation hergestellt. Deshalb konnten wir die X_i als unabhängig und identisch verteilte Zufallsvariablen modellieren.

Beim Urnenmodell der hypergeometrischen Verteilung wurden die Kugeln nicht mehr zurückgelegt. Dadurch veränderte sich die Zusammensetzung der Urne mit jeder Ziehung. Die X_i waren voneinander abhängig.

Bei der Binomial- und der hypergeometrischen Verteilung wurde nur ein binäres qualitiatives Merkmal betrachtet, nämlich die Farbe der Kugel. War sie rot oder weiß?

Nun betrachten wir ein quantitatives Merkmal, z. B das Gewicht der Kugel, und ziehen wie im Urnenmodell der hypergeometrischen Verteilung ohne Zurücklegen.

Vorher müssen wir aber noch präzisieren, was wir eigentlich messen wollen.

Es sei $\mathbf{\Omega}$ eine endliche Grundgesamtheit mit N Elementen. Jedes Element trägt eine Ausprägung z eines Merkmals Z. Die

Gesamtheit aller Ausprägungen in $\mathbf{\Omega}$ ist

$$\{z_1, z_2, \ldots, z_N\}.$$

Dabei sind die z_j nicht notwendig voneinander verschieden. Die Verteilung des Merkmals Z besitzt in der Grundgesamtheit den Schwerpunkt

$$\mu = \frac{1}{N}\sum_{j=1}^{N} z_j$$

und die Varianz

$$\sigma^2 = \frac{1}{N}\sum_{j=1}^{N} (z_j - \mu)^2 .$$

Da die Grundgesamtheit endlich ist, ist alles determiniert. Schwerpunkt μ und Varianz σ^2 sind die Begriffe der deskriptiven Statistik. Der Zufall kommt erst durch die Ziehung ins Spiel. Aus Ω wird eine reine Zufallsstichprobe

$$\{X_1, X_2, \ldots, X_n\}$$

vom Umfang n gezogen. Dabei werde jedes Element z_k mit gleicher Wahrscheinlichkeit und jedes Paar $(z_k; z_l)$ $k \neq l$ mit gleicher Wahrscheinlichkeit gezogen. Wir betrachten zuerst eine einzelne Ziehung X_i und dann ein Paar $\left(X_i; X_j\right)$. Für sie gilt:

Erwartungswert, Varianz und Kovarianz bei endlicher Grundgesamtheit

Für jede Einzelziehung X_i bzw. jedes Paar $\left(X_i; X_j\right)$ gilt:

$$\begin{aligned}
\mathrm{E}(X_i) &= \mu ,\\
\mathrm{Var}(X_i) &= \sigma^2 ,\\
\mathrm{Cov}\left(X_i; X_j\right) &= -\frac{\sigma^2}{N-1} ,\\
\mathrm{Cor}\left(X_i; X_j\right) &= -\frac{1}{N-1} .
\end{aligned}$$

Beweis: Der Einfachheit halber nennen wir die von uns betrachteten Variablen X_1 und X_2. Dann gilt für X_1:

$$\begin{aligned}
\mathcal{P}(X_1 = z_k) &= \frac{1}{N} \qquad \forall k ,\\
\mathrm{E}(X_1) &= \sum_{k=1}^{N} z_k \mathcal{P}(X_1 = z_k) = \sum_{k=1}^{N} z_k \frac{1}{N} = \mu ,\\
\mathrm{Var}(X_1) &= \sum_{k=1}^{N} (z_k - \mu)^2 \mathcal{P}(X_1 = z_k) ,\\
&= \sum_{k=1}^{N} (z_k - \mu)^2 \frac{1}{N} = \sigma^2 .
\end{aligned}$$

Mit der Abkürzung $\mathcal{P}(X_1 = z_k; X_2 = z_l) = \mathcal{P}(z_k; z_l)$ gilt:

$$\begin{aligned}
\mathcal{P}(z_k; z_l) &= \begin{cases} 0, & \text{falls } k = l ,\\ \frac{1}{N(N-1)}, & \text{falls } k \neq l ,\end{cases}\\
\mathrm{Cov}(X_1; X_2) &= \sum_{k;l}^{N} (z_k - \mu)(z_k - \mu)\,\mathcal{P}(z_k; z_l)\\
&= \sum_{k \neq j}^{N} (z_k - \mu)(z_l - \mu)\frac{1}{N(N-1)} ,\\
N(N-1)\,\mathrm{cov}(X_1; X_2) &=\\
&= \sum_{k,l}^{N} (z_k - \mu)(z_l - \mu) - \sum_{k=1}^{N} (z_k - \mu)^2\\
&= \left(\sum_{k=1}^{N} (z_k - \mu)\right)^2 - \sum_{k=1}^{N} (z_k - \mu)^2\\
&= 0^2 - N\sigma^2 .
\end{aligned}$$

■

Die Ziehungen sind negativ korreliert. Dies leuchtet bei einer endlichen Grundgesamtheit auch ein: Wenn ein besonders großer Wert gezogen wurde, sind beim nächsten Zug die kleineren Werte wahrscheinlicher.

Wir betrachten nun das arithmetische Mittel $\overline{X}$ aus n Ziehungen ohne Zurücklegen aus einer endlichen Grundgesamtheit:

Erwartungswert und Varianz von $\overline{X}$ bei Ziehung aus einer endlichen Grundgesamtheit

$$\begin{aligned}
\mathrm{E}\left(\overline{X}\right) &= \mu ,\\
\mathrm{Var}\left(\overline{X}\right) &= \frac{\sigma^2}{n}\cdot\frac{N-n}{N-1} .
\end{aligned}$$

Die Varianz von $\overline{X}$ ist um den **Korrekturfaktor $\frac{N-n}{N-1}$ für die endliche Grundgesamtheit** kleiner als bei einer unendlichen Grundgesamtheit. Mit wachsendem n wird die Grundgesamtheit ausgeschöpft, die Aussagen werden daher umso genauer. Wir haben diesen Effekt schon bei der hypergeometrischen Verteilung gesehen.

Beweis:

$$\begin{aligned}
\mathrm{Var}\left(\overline{X}\right) &= \mathrm{Var}\left(\frac{1}{n}\sum_{i=1}^{n} X_i\right) = \frac{1}{n^2}\mathrm{Var}\left(\sum_{i=1}^{n} X_i\right)\\
&= \frac{1}{n^2}\left\{\sum_{i=1}^{n}\mathrm{Var}(X_i) + \sum_{k \neq j}^{n}\mathrm{cov}\left(X_i; X_j\right)\right\}\\
&= \frac{1}{n^2}\left\{n\sigma^2 + n(n-1)\,\mathrm{cov}\left(X_i; X_j\right)\right\}\\
&= \frac{1}{n^2}\left\{n\sigma^2 - n(n-1)\frac{\sigma^2}{N-1}\right\} = \frac{\sigma^2}{n}\cdot\frac{N-n}{N-1} .
\end{aligned}$$

■

So wie der Stichprobenmittelwert ist auch die Stichprobenvarianz eine Zufallsvariable mit eigenem Erwartungswert und eigener Varianz. Verwenden wir die Variante

$$S^2 = \frac{1}{n-1}\sum_{i=1}^{n}\left(X_i - \overline{X}\right)^2 ,$$

dann ist, wie wir ohne Beweis zitieren

$$\mathrm{E}\left(S^2\right) = \sigma^2,$$

$$\mathrm{Var}\left(S^2\right) = \frac{\mathrm{E}\left(X^4\right)}{n} - \frac{n-3}{n-1}\frac{\sigma^4}{n} .$$

Durch Schichtung einer Stichprobe lässt sich die Varianz verringern

Hat ein Merkmal in einer unendlichen Grundgesamtheit die Varianz σ^2, so hat der Stichprobenmittelwert $\overline{X}$ aus einer einfachen Stichprobe die Standardabweichung $\frac{\sigma}{\sqrt{n}}$. Um sie zu halbieren, muss der Stichprobenumfang vervierfacht werden. Das vergrößert die Kosten. Mitunter kann man aber durch geschickte Stichprobenplanung auch bei kleinen Stichprobenumfängen genauere Aussagen machen, wenn die Grundgesamheit geschichtet ist und man diese Schichtenstruktur ausnutzen kann.

Um das Prinzip der Schichtung zu erklären, betrachten wir eine unendliche Grundgesamtheit oder – was auf das Gleiche hinausläuft – wir setzen unabhängige Ziehungen voraus. Angenommen, die Grundgesamtheit sei in K Klassen oder Schichten unterteilt. In allen wird dasselbe Merkmal X erhoben. Nun besitzt X in jeder Schicht eine andere Verteilung. Es sei X_k die Erscheinungsform von X in der k-ten Schicht. Dabei seien die X_k in den unterschiedlichen Schichten voneinander unabhängig. Zum Beispiel wird eine Bevölkerung in männlich und weiblich unterteilt. Das Merkmal X Körpergröße ist bei Männern und Frauen unterschiedlich verteilt: $X_1 = X|_{\text{weiblich}}$ und $X_2 = X|_{\text{männlich}}$.

Sei S die Indikatorvariable, welche die Schichtenzugehörigkeit bestimmt. $S = k$ bedeute: Wir befinden uns in der k-ten Schicht, oder es wird ein Element aus Schicht k gezogen. Der Einfachheit halber nehmen wir an, dass X in jeder Schicht eine Dichte besitze. Dann gilt für die k-te Schicht:

Realisation	$X_k = X\|_{S=k}$
Erwartungswert	$\mu_k = \mathrm{E}(X_k)$
Varianz	$\sigma_k^2 = \mathrm{Var}(X_k)$
Dichte	$f_k(x)$
Anteil der Schicht an der Grundgesamtheit	θ_k
Stichprobenumfang in der k-ten Schicht	n_k

Ist θ_k der Anteil der k-ten Schicht an der Grundgesamtheit, können wir die Schichtzugehörigkeit S auch als zufällige Variable ansehen mit der Verteilung:

$$\mathcal{P}(S = k) = \theta_k .$$

Wird nun zufällig ein Element der Grundgesamtheit gezogen, dann stammt es mit Wahrscheinlichkeit θ_k aus der k-ten Schicht. Daher ist

$$X = \begin{cases} X_1, & \text{falls} \quad S = 1, \\ \vdots & \vdots \\ X_K, & \text{falls} \quad S = K. \end{cases}$$

Nach dem Satz über die totale Wahrscheinlichkeit ist

$$\begin{aligned} F_X(x) &= \mathcal{P}(X \le x) \\ &= \sum_{k=1}^{K} \mathcal{P}(X \le x \mid S = k)\,\mathcal{P}(S = k) \\ &= \sum_{k=1}^{K} \theta_k \mathcal{P}(X_k \le x) \\ &= \sum_{k=1}^{K} \theta_k F_{X_k}(x) . \end{aligned}$$

Die (totale) Dichte von X ist das gewogene Mittel der Dichten in den Schichten:

$$f_X(x) = \sum_{k=1}^{K} \theta_k f_k(x) .$$

Man spricht auch von einer **Mischdichte** oder allgemeiner von einer Mischverteilung von X.

Beispiel Ein Investor legt sein Geld in Aktien aus drei unterschiedlichen Branchen an. Der Anteil der Aktien von Branche k in seinem Aktiendepot sei θ_k. Die Rendite pro Aktie ist je nach Branche unterschiedlich verteilt. Der Einfachheit halber nehmen wir in unserem Beispiel jeweils eine Normalverteilung an:

Branche oder Schicht i	1	2	3
Rendite	X_1	X_2	X_3
Verteilung von X	N(2; 0.25)	N(4; 1)	N(5; 4)
μ	2	4	5
σ	0.5	1	2
θ =Anteil der Branche	0.3	0.4	0.3

Dann besitzt die Rendite einer zufällig herausgegriffenen Aktie aus seinem Depot die folgende Dichte:

$$\begin{aligned} f(x) &= 0.3 f_1(x) + 0.4 f_2(x) + 0.3 f_3(x) \\ &= \frac{1}{\sqrt{2\pi}}\left(\frac{0.3}{0.5}\mathrm{e}^{-\frac{1}{0,5}(x-2)^2} + \right. \\ &\qquad \left. + 0.4\mathrm{e}^{-\frac{1}{2}(x-4)^2} + \frac{0.3}{2}\mathrm{e}^{-\frac{1}{8}(x-5)^2}\right) . \end{aligned}$$

Abbildung 5.1 zeigt den Graph der Mischdichte.

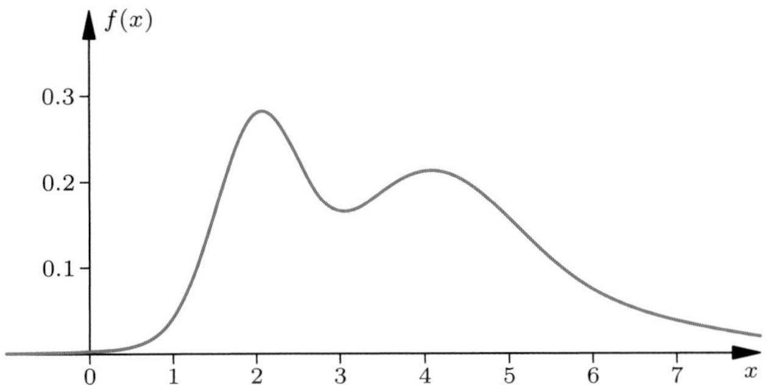

Abbildung 5.1 Die Dichte der Rendite einer Aktie ist die gewichtete Summe der Einzeldichten: $f = \sum_k \theta_k f_k$.

Betrachten wir aber die Rendite R seines Gesamtdepots und nicht mehr die Rendite einer einzelnen Aktien, erhalten wir ein anderes Bild: Nun werden die **Ausprägungen addiert und nicht die Verteilungen gemischt**. Jetzt ist

$$R = \sum_{k=1}^{K} \theta_k X_k = 0.3X_1 + 0.4X_2 + 0.3X_3 .$$

Unterstellen wir die Unabhängigkeit der Renditen in den drei Branchen, so ist die Verteilung von R normalverteilt mit $\mathrm{E}(R) = \sum_{k=1}^{K} \theta_k \mu_k$ und $\mathrm{Var}(R) = \sum_{k=1}^{K} \theta_k \sigma_k^2$:

$$R \sim \mathrm{N}\left(\sum_{k=1}^{K} \theta_k \mu_k ; \sum_{k=1}^{K} \theta_k \sigma_k^2\right) = \mathrm{N}(3.1; 2.35) .$$

Die Verteilung der Rendite des Depots zeigt Abbildung 5.2.

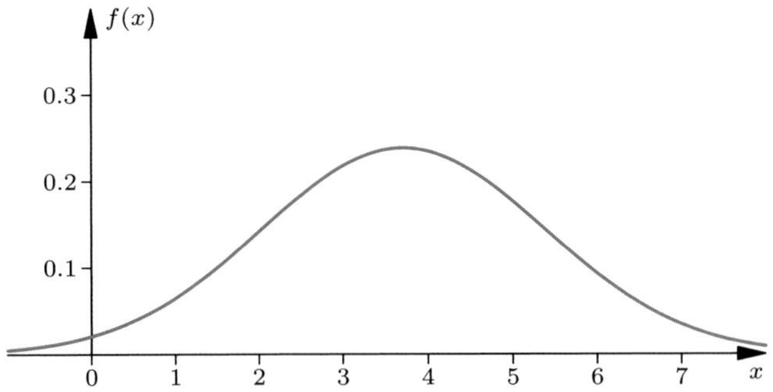

Abbildung 5.2 Die Gesamtrendite ist die gewichtete Summe der Einzelrenditen: $X = \sum_k \theta_k X_k$. ◀

Erwartungswert und Varianz einer Mischverteilung

Der Erwartungswert und die Varianz von X sind:

$$\mathrm{E}(X) = \sum_{k=1}^{K} \theta_k \mu_k = \mu .$$

$$\mathrm{Var}(X) = \sum_{k=1}^{K} \theta_k \sigma_k^2 + \sum_{k=1}^{K} \theta_k (\mu_k - \mu)^2 = \sigma^2 . \qquad (5.1)$$

Die zweite Formel lässt sich auch merken als:

Die Varianz einer Mischverteilung ist das Mittel der Varianzen plus die Varianz der Mitten.

Beweis: Der Einfachheit halber beschränken wir uns im Beweis auf stetige Variable. Dann ist $f_X(x) = \sum_{k=1}^{K} \theta_k f_{X_k}(x)$. Das j-te Moment $\mathrm{E}(X^j)$ ist

$$\begin{aligned} \mathrm{E}\left(X^j\right) &= \int x^j f_X(x)\,\mathrm{d}x \\ &= \sum_{k=1}^{K} \theta_k \int x^j f_{X_k}(x)\,\mathrm{d}x \\ &= \sum_{k=1}^{K} \theta_k \mathrm{E}\left(X_k^j\right) . \end{aligned}$$

Für $j = 1$ folgt $\mathrm{E}(X) = \sum_{k=1}^{K} \theta_k \mathrm{E}(X_k)$. Für $j = 2$ folgt

$$\begin{aligned} \mathrm{E}\left(X^2\right) &= \sum_{k=1}^{K} \theta_k \mathrm{E}\left(X_k^2\right) = \sum_{k=1}^{K} \theta_k \left(\sigma_k^2 + \mu_k^2\right) \\ \mathrm{Var}(X) &= \mathrm{E}\left(X^2\right) - (\mathrm{E}(X))^2 \\ &= \sum_{k=1}^{K} \theta_k \left(\sigma_k^2 + \mu_k^2\right) - \mu^2 \\ &= \sum_{k=1}^{K} \theta_k \sigma_k^2 + \sum_{k=1}^{K} \theta_k \mu_k^2 - \mu^2 \\ &= \sum_{k=1}^{K} \theta_k \sigma_k^2 + \sum_{k=1}^{K} \theta_k (\mu_k - \mu)^2 . \end{aligned}$$ ■

Bei einer geschichteten Stichproben wird aus jeder Schicht eine Teilstichprobe entnommen

Wir betrachten weiterhin nur Ziehungen mit Zurücklegen bzw. Ziehungen aus einer unendlichen Grundgesamtheit. Durch die Annahme einer unendlichen Grundgesamtheit können wir die Ziehungen $X_1, X_2, \ldots, X_n$ als unabhängige Zufallsvariablen modellieren. Weiter sei wie bisher θ_k der Anteil der k-ten Schicht an der Grundgesamtheit.

Wir betrachten als Vergleichsgröße die Ziehung einer reinen Zufallsstichprobe aus der Grundgesamtheit. Dabei wird die Schichtung der Grundgesamtheit ignoriert. Es sei $\{X_1, X_2, \ldots, X_n\}$ eine reine Zufallsstichprobe aus der Grundgesamtheit. Wir verwenden den Mittelwert $\overline{X}$ dieser Stichprobe als Schätzer für das unbekannte μ und nennen ihn zum Vergleich mit den noch zu bestimmenden Schätzern

$$\widehat{\mu}_{\text{Random}} = \frac{1}{n} \sum_{i=1}^{n} X_i$$

Für $\widehat{\mu}_{\text{Random}} = \overline{X}$ ist bekanntlich $\mathrm{E}(\widehat{\mu}_{\text{Random}}) = \mu$ und $\mathrm{Var}(\widehat{\mu}_{\text{Random}}) = \frac{\sigma^2}{n}$. Verwenden wir für σ^2 die Formel 5.1, erhalten wir:

$$\mathrm{Var}(\widehat{\mu}_{\text{Random}}) = \frac{1}{n} \left\{ \sum_{k=1}^{K} \theta_k \sigma_k^2 + \sum_{k=1}^{K} \theta_k (\mu_k - \mu)^2 \right\} . \qquad (5.2)$$

Beim nächsten Ziehungsmodell, der geschichteten Stichprobe, ziehen wir gezielt **aus jeder** Schicht eine reine, von den Ziehungen aus den anderen Schichten unabhängige Zufallsstichprobe vom Umfang n_k. Gewichten wir nun jeden Schichtmittelwert $\overline{X}_k$ mit dem Anteil θ_k seiner Schicht, so ist das gewogene Mittel aus den $\overline{X}_k$ ein Schätzer des Gesamtmittels:

Erwartungswert und Varianz der geschichteten Stichprobe

Sind $\{X_1, X_2, \dots, X_n\}$ eine reine Zufallsstichprobe aus der Grundgesamtheit und θ_k der Anteil der k-ten Schicht an der Grundgesamtheit, dann gilt für den gewogenen Mittelwert:

$$\widehat{\mu}_{\text{Schicht}} = \sum_{k=1}^{K} \theta_k \overline{X}_k ,$$

$$\mathrm{E}\left(\widehat{\mu}_{\text{Schicht}}\right) = \mu ,$$

$$\mathrm{Var}\left(\widehat{\mu}_{\text{Schicht}}\right) = \sum_{k=1}^{K} \theta_k^2 \frac{\sigma_k^2}{n_k} . \qquad (5.3)$$

Beweis: Aus der Definition von $\widehat{\mu}_{\text{Schicht}}$ und der Unabhängigkeit der $\overline{X}_k$ folgt:

$$\mathrm{E}\left(\widehat{\mu}_{\text{Schicht}}\right) = \mathrm{E}\left(\sum_{k=1}^{K} \theta_k \overline{X}_k\right) = \sum_{k=1}^{K} \theta_k \mathrm{E}\left(\overline{X}_k\right) = \sum_{k=1}^{K} \theta_k \mu_k = \mu .$$

$$\mathrm{Var}\left(\widehat{\mu}_{\text{Schicht}}\right) = \mathrm{Var}\left(\sum_{k=1}^{K} \theta_k \overline{X}_k\right) = \sum_{k=1}^{K} \theta_k^2 \mathrm{Var}\left(\overline{X}_k\right) . \qquad \blacksquare$$

Bei geschichteten Stichproben haben wir noch die Möglichkeit, den Umfang n_k der k-ten Teilstichprobe so festzulegen, dass die Gesamtvarianz $\mathrm{Var}\left(\widehat{\mu}_{\text{Schicht}}\right)$ möglichst klein wird.

Die naheliegendste Wahl ist die **proportional geschichtete Stichprobe**. Hier ist der Stichprobenumfang n_k in der k-ten Schicht proportional zum Anteil θ_k der Schicht an der Grundgesamtheit:

$$n_k \simeq \theta_k \quad \text{oder gleichwertig} \quad n_k = \theta_k n .$$

Erwartungswert und Varianz der proportional geschichteten Stichprobe

Ist $\overline{X}_k$ der Mittelwert aus einer einfachen Stichprobe vom Umfang $n_k = \theta_k n$ in der k-ten Schicht, dann gilt für die proportional geschichtete Stichprobe:

$$\widehat{\mu}_{\text{prob}} = \frac{1}{n} \sum_{k=1}^{K} n_k \overline{X}_k ,$$

$$\mathrm{E}\left(\widehat{\mu}_{\text{prob}}\right) = \mu ,$$

$$\mathrm{Var}\left(\widehat{\mu}_{\text{prob}}\right) = \frac{1}{n} \sum_{k=1}^{K} \theta_k \sigma_k^2 .$$

Beweis: Aus $n_k = n\theta_k$ folgt die Aussage über den Erwartungswert:

$$\mathrm{E}\left(\widehat{\mu}_{\text{prob}}\right) = \mathrm{E}\left(\sum_{k=1}^{K} \frac{n_k}{n} \overline{X}_k\right) = \sum_{k=1}^{K} \theta_k \mathrm{E}\left(\overline{X}_k\right) = \sum_{k=1}^{K} \theta_k \mu_k = \mu .$$

Die Aussage über die Varianz folgt aus der Unabhängigkeit der $\overline{X}_k$:

$$\mathrm{Var}\left(\widehat{\mu}_{\text{prob}}\right) = \mathrm{Var}\left(\sum_{k=1}^{K} \theta_k \overline{X}_k\right) = \sum_{k=1}^{K} \theta_k^2 \mathrm{Var}\left(\overline{X}_k\right) = \sum_{k=1}^{K} \theta_k^2 \frac{\sigma_k^2}{n_k} = \frac{1}{n} \sum_{k=1}^{K} \theta_k \sigma_k^2 . \qquad \blacksquare$$

Vergleichen wir die Varianz der proportional geschichteten Stichprobe mit der reinen Zufallsstichprobe in Formel (5.2) , erhalten wir:

$$\mathrm{Var}\left(\widehat{\mu}_{\text{prob}}\right) = \mathrm{Var}\left(\widehat{\mu}_{\text{Random}}\right) - \frac{1}{n} \left\{\sum_{k=1}^{K} \theta_k \left(\mu_k - \mu\right)^2\right\} .$$

Je stärker die Schichtenmittelwerte streuen, umso größer ist demnach der Genauigkeitsgewinn bei der Schichtung gegenüber der reinen Zufallsauswahl.

Bei der **optimal geschichteten Stichprobe** wird der Stichprobenumfang n_k in der i-ten Schicht so gewählt, dass die Varianz $\mathrm{Var}\left(\widehat{\mu}_{\text{Schicht}}\right)$ minimal wird. Dann gilt:

Erwartungswert und Varianz der optimal geschichteten Stichprobe

Bei der optimal geschichteten Stichprobe $\widehat{\mu}_{\text{opt}}$ ist $n_k/n = \theta_k \sigma_k / \bar{\sigma}$. Dabei ist $\bar{\sigma} = \sum_{k=1}^{K} \theta_k \sigma_k$ die gemittelte Standardabweichung. Für $\widehat{\mu}_{\text{opt}}$ gilt:

$$\mathrm{E}\left(\widehat{\mu}_{\text{opt}}\right) = \mu ,$$

$$\mathrm{Var}\left(\widehat{\mu}_{\text{opt}}\right) = \frac{1}{n} \left(\sum_{k=1}^{K} \theta_k \sigma_k\right)^2 = \frac{\bar{\sigma}^2}{n} .$$

Beweis: Wir fassen die Suche nach den n_k als Minimierungsaufgabe auf und behandeln die n_k als seien sie stetige Variable. Die Lagrange-Funktion der Minimierungsaufgabe sei $L\left(n_k; \lambda\right)$:

$$L\left(n_k; \lambda\right) = \sum_{k=1}^{K} \theta_k^2 \frac{\sigma_k^2}{n_k} + \lambda \left(\sum_{k=1}^{K} n_k - n\right) .$$

Ableitung von $L\left(n_k; \lambda\right)$ nach den n_k ergibt:

$$\frac{\partial L\left(n_k; \lambda\right)}{\partial n_k} = -\frac{\theta_k^2 \sigma_k^2}{\left(n_k\right)^2} + \lambda .$$

Nullsetzen der Ableitung liefert $n_k = \frac{\theta_k \sigma_k}{\sqrt{\lambda}}$. Aus $\sum_{k=1}^{K} n_k = n$ folgt $\sum_{k=1}^{K} \theta_k \sigma_k = \sqrt{\lambda} n$ und damit $\sqrt{\lambda} = \bar{\sigma}/n$. $\blacksquare$

Um die Varianz der proportionalen mit der optimalen Stichprobe zu vergleichen, schreiben wir

$$\begin{aligned}\operatorname{Var}\left(\widehat{\mu}_{\text{opt}}\right) &= \frac{\bar{\sigma}^2}{n} = \frac{1}{n}\left\{\sum_{k=1}^{K}\theta_k\sigma_k^2 - \sum_{k=1}^{K}\theta_k\left(\sigma_k - \bar{\sigma}\right)^2\right\} \\ &= \operatorname{Var}\left(\widehat{\mu}_{\text{prob}}\right) - \frac{1}{n}\sum_{k=1}^{K}\theta_k\left(\sigma_k - \bar{\sigma}\right)^2 .\end{aligned}$$

Je stärker die Varianzen streuen, umso günstiger wirkt sich die optimale Schichtung aus.

Bei geschichteten Stichproben aus endlicher Grundgesamtheit ist der Korrekturfaktor zu berücksichtigen

Bei endlicher Grundgesamtheit treten neue Probleme auf: Erstens kann man aus einer Schicht nicht mehr Elemente herausnehmen als überhaupt in ihr sind und zweitens sind die Ziehungen nicht mehr voneinander unabhängig. Es sei N_k der Umfang der k-ten Schicht und $N = \sum_{k=1}^{K} N_k$ der Gesamtumfang der Grundgesamtheit. Der Anteil der i-ten Schicht an der Grundgesamtheit sei $\theta_k = \frac{N_k}{N}$. Wie bei der Ziehung aus einer unendlichen Grundgesamtheit erhalten wir für das gewogene Mittel der Teilmittelwerte

$$\widehat{\mu}_{\text{Schicht}} = \sum_{k=1}^{K}\theta_k\overline{X}_k ,$$

einen erwartungstreuen Gesamtschätzer, dessen Varianz nun aber kleiner ist als der entsprechende Schätzer aus einer unendlichen Grundgesamtheit:

$$\begin{aligned}\operatorname{E}\left(\widehat{\mu}_{\text{Schicht}}\right) &= \mu ,\\ \operatorname{Var}\left(\widehat{\mu}_{\text{Schicht}}\right) &= \sum_{k=1}^{K}\theta_k^2\frac{\sigma_k^2}{n_k}\frac{N_k - n_k}{N_k - 1} .\end{aligned}$$

Auch hier kann man wieder proportional und optimal geschichtete Stichproben bilden. Hier gilt analog zur Ziehung aus der unendlichen Grundgesamtheit:

$$\begin{aligned}n_k &\simeq \theta_k \quad \text{proportional geschichtete Stichprobe},\\ n_k &\simeq \theta_k\sigma_k\sqrt{\frac{N_k}{N_k - 1}} \quad \text{optimal geschichtete Stichprobe}.\end{aligned}$$

Kürzen wir die korrigierte Standardabweichung mit τ_k ab,

$$\tau_k = \sigma_k\sqrt{\frac{N_k}{N_k - 1}} ,$$

erhalten wir für die Varianzen:

$$\begin{aligned}\operatorname{Var}\left(\widehat{\mu}_{\text{prob}}\right) &= \left(\frac{1}{n} - \frac{1}{N}\right)\sum_{k=1}^{K}\theta_k\tau_k^2 ,\\ \operatorname{Var}\left(\widehat{\mu}_{\text{opt}}\right) &= \left(\frac{1}{n} - \frac{1}{N}\right)\sum\theta_k\tau_k^2 \\ &\quad - \frac{1}{n}\sum_{k=1}^{K}\theta_k\left[\tau_k - \sum_{k=1}^{K}\theta_k\tau_k\right]^2 .\end{aligned}$$

Nur wenn die τ_k konstant sind, ist die proportionale Stichprobe genauso gut wie die optimale Stichprobe.

Beweis: Wir zerlegen $\operatorname{Var}\left(\widehat{\mu}_{\text{Schicht}}\right)$ in zwei Summen:

$$\begin{aligned}\operatorname{Var}\left(\widehat{\mu}_{\text{Schicht}}\right) &= \sum_{k=1}^{K}\theta_k^2\frac{\sigma_k^2}{n_k}\frac{N_k - n_k}{N_k - 1}\\ &= \sum_{k=1}^{K}\frac{\left(\theta_k\tau_k\right)^2}{n_k} - \sum_{k=1}^{K}\frac{\theta_k^2\tau_k^2}{N_k}\\ &= \sum_{k=1}^{K}\frac{\left(\theta_k\tau_k\right)^2}{n_k} - \sum_{k=1}^{K}\frac{\theta_k\tau_k^2}{N} .\end{aligned}$$

Nur die erste Summe hängt überhaupt von n_k ab. Das Minimum wird unter der Bedingung $\sum n_k = n$ für

$$n_k = n\frac{\theta_k\tau_k}{M} \quad \text{mit} \quad M = \sum_{k=1}^{K}\theta_k\tau_k$$

angenommen. Daher ist die Varianz

$$\begin{aligned}\operatorname{Var}\left(\widehat{\mu}_{\text{opt}}\right) &= \sum_{k=1}^{K}\frac{M\left(\theta_k\tau_k\right)^2}{n\theta_k\tau_k} - \sum_{k=1}^{K}\frac{\theta_k\tau_k^2}{N}\\ &= \frac{1}{n}M^2 - \frac{1}{N}\sum\theta_k\tau_k^2\\ &= \left(\frac{1}{n} - \frac{1}{N}\right)\sum\theta_k\tau_k^2 - \frac{1}{n}\sum_{k=1}^{K}\theta_k\left[\tau_k - M\right]^2 .\end{aligned}$$

Dabei folgt die letzte Umformung aus $\sum_{k=1}^{K}\theta_k = 1$.

Bei der proportionalen Schichtung ist $n_k = n\theta_k$, daher ist die Varianz

$$\operatorname{Var}\left(\widehat{\mu}_{\text{Schicht}}\right) = \sum_{k=1}^{K}\frac{\theta_k\tau_k^2}{n} - \sum_{k=1}^{K}\frac{\theta_k\tau_k^2}{N} .$$

■

Die optimal geschichtete Stichprobe ist nicht notwendig die beste Stichprobe

Probleme bei der praktischen Anwendung geschichteter Stichproben sind:

- Die Formeln für optimale Stichprobenumfänge bei endlicher Grundgesamtheit nehmen keine Rücksicht auf die Nebenbedingung $n_k \leq N_k$. Wird diese Bedingung verletzt, sind die angegebenen Werte nur als Näherungen zu verstehen.

- Bei der Bestimmung der Stichprobenumfänge n_k bei proportionaler bzw. optimaler Schichtung wurden die n_k wie stetige Variable behandelt. Da die n_k aber ganzzahlig sind, sind die Zahlen erst noch zu runden.
- Bei einer geschichteten Stichprobe müssen die Anteile θ_k bekannt sein. Bei einer optimal geschichteten Stichprobe müssen darüber hinaus auch die σ_k bekannt sein.
- Üblicherweise werden bei einer Stichprobe nicht nur ein Merkmal sondern viele Merkmale erfragt. Diese Merkmale können aber in den gleichen Schichten völlig unterschiedliche Varianzen haben. Ein Stichprobenumfang n_k, der für das eine Merkmal optimal gewählt ist, kann für ein zweites Merkmal aber sehr schlecht sein.
- Bei einem stetigen Merkmal sind meist weder die Anzahl der Schichten noch die Schichtgrenzen vorgegeben. Die Suche nach optimalen Schichten ist nicht trivial.
- Häufig sind nur *Hilfs-Merkmale* zur Schichtabgrenzung vorhanden. Wird z. B. nach dem Einkommen gesucht, dann können PKW-Marke oder das Wohngebiet als Hilfsmerkmale dienen.
- Mitunter lässt sich die Schichtstruktur erst nach Erhebung der Stichprobe erkennen. Dann kann die Stichprobe anhand der an ihr selbst erkannten Schichtung nachträglich geschichtet werden. Dadurch wird aber ein zusätzliches Zufallselement in die Analyse eingebracht. Die dadurch verursachte Zufallsstreuung ist gegen den erzielten Schichtungsgewinn aufzurechen.

Klumpenstichproben und geschichtete Stichproben sind duale Stichprobenverfahren

Klumpenstichproben und geschichtete Stichproben sind sinnvolle Ziehungsverfahren, wenn die Grundgesamtheit entsprechend strukturiert ist.

- Schichtung:
  Die Grundgesamtheit zerfällt in disjunkte, in sich homogene Schichten. Daher genügt im Extremfall ein Element aus jeder Schicht, um ein Bild der Grundgesamtheit zu erhalten.
  - Auswahlprinzip: Jede Schicht wird gewählt. Aus jeder Schicht werden zufällig einige Beobachtungen ausgewählt.
  - Ideale Struktur: Die Schichten sind in sich homogen, untereinander inhomogen
- Klumpen:
  Die Grundgesamtheit zerfällt in disjunkte Teilgesamtheiten, die sogenannten Klumpen, von denen jeder ein kleines Abbild der Grundgesamtheit darstellt.
  - Auswahlprinzip: Ein Klumpen wird zufällig aus allen Klumpen ausgewählt. Alle Elemente des gewählten Klumpens kommen in die Stichprobe.
  - Ideale Struktur: Die Klumpen sind in sich inhomogen, untereinander homogen.

Beispiel Sozialstruktur der Elternschaft der Schüler einer Schule: Jede Schulklasse lässt sich als Klumpen ansehen. Daher genügt die Befragung eines Klumpens, um ein Bild von der Grundgesamtheit zu erhalten, vorausgesetzt, dass sich die Sozialstruktur der Elternschaft im Lauf von etwa 10 Jahren nicht wesentlich ändert. ◀

Beispiel Beim Mikrozensus werden jährlich etwa 1 % der deutschen Bevölkerung als Stichprobe befragt. Zweck des Mikrozensus ist es, statistische Angaben in tiefer fachlicher Gliederung über die Bevölkerungsstruktur, die wirtschaftliche und soziale Lage der Bevölkerung und der Familien, den Arbeitsmarkt sowie die Gliederung und Ausbildung der Erwerbsbevölkerung bereitzustellen. Der Zensus wird nach den Bundesländern geschichtet. Innerhalb der Bundesländer werden Gemeinden als Klumpenstichproben gezogen, die weiter in geografisch zusammenhängende Teilklumpen untergliedert werden. ◀

5.3 Die Likelihood und der Maximum-Likelihood-Schätzer

Was A. N. Kolmogorov für die Wahrscheinlichkeitstheorie bedeutet, ist R. A. Fisher (1890–1962) für die statistische Inferenz. Er führte unter anderem zur Unterscheidung von „probability" den Begriff „likelihood" ein, der oft unbeholfen mit „Mutmaßlichkeit" übersetzt wird, am besten aber unübersetzt bleibt. Die Likelihood hat sich als einer der fruchtbarsten Begriffe, der Maximum-Likelihood-Schätzer als eines der mächtigsten Werkzeuge der modernen Statistik erwiesen.

Die Likelihood-Funktion misst die Plausibilität eines Parameters im Licht der Beobachtung

Bleiben wir bei unserem Beispiel mit dem Hörsaal und den 50 Studierenden. Nehmen wir an, alle studieren Maschinenbau und der Dozent wollte abschätzen, wie hoch der Frauenanteil θ im Studiengang Maschinenbau ist. Der Anteil der Studentinnen im Hörsaal ist $p = \frac{20}{50} = 0.4$. Er könnte z. B. θ durch diesen beobachteten Anteil $p = 0.4$ schätzen. Dies ist eine **Punktschätzung**. Er könnte θ vorsichtiger durch einen Intervall abschätzen, etwa $0.3 \leq \theta \leq 0.5$ oder $\theta \geq 0.2$. Dies wären **Bereichsschätzungen**. Dabei stellen sich prinzipiell zwei Fragen:

- Wie erhält man solche Schätzungen?
- Wie gut bzw. wie verlässlich sind solche Schätzungen?

Wir werden uns nacheinander beiden Fragen widmen, zuerst für Punkt-, dann für Bereichsschätzer. Bleiben wir bei unserem Beispiel. Die vorhandene Information sind die Daten aus dem Hörsaal. Diese Daten lassen sich mindestens in zwei verschiedene Modelle einpassen:

1. Das Hypergeometrische Verteilungsmodell:
   Wir repräsentieren die Studierenden der Fachrichtung Maschinenbau durch farbige Kugeln. Weiße Kugeln (W) repräsentieren die Studentinnen, marineblaue Kugeln (M) die männlichen Studenten. Insgesamt gibt es $N = W + M$ Kugeln. Gesucht wird $\theta = \frac{W}{N}$.

2. Das Binomialmodell:
Die n Anwesenden im Saal bilden offensichtlich keine zufällige Auswahl aus der Grundgesamtheit der Studierenden. Aber zwischen den Auswahlkriterien „Student(in) hört jetzt und hier Vorlesung über Mathematik" und dem Untersuchungsmerkmal „Geschlecht" besteht kein erkennbarer Zusammenhang. Das Geschlecht können wir als Realisation eines Zufallsprozesses ansehen. Dazu definieren wir n unabhängige, identisch verteilte zufällige Variable $Y_1, \ldots, Y_n$:

$$Y_i = \begin{cases} 1 & \text{Person } i \text{ ist weiblich}, \\ 0 & \text{Person } i \text{ ist männlich}. \end{cases}$$

$P(Y_i = 1) = \theta$ ist die Wahrscheinlichkeit, dass die ausgewählte i-te Person „zufällig" eine Studentin ist. Wir interpretieren diese Zahl als den Anteil der Studentinnen in der Grundgesamtheit. $Y = \sum_{i=1}^{n} Y_i$ ist in diesem Modell $\mathrm{B}_n(\theta)$ verteilt. Gesucht wird $\theta = \frac{1}{n}\mathrm{E}(Y)$.

In diesem Beispiel stehen uns zwei Modelle zur Verfügung. Im ersten Modell ist die beobachtete Anzahl Y der Studentinnen hypergeometrisch verteilt. Die Verteilung wird durch zwei unbekannte Parameter, nämlich W und M, bestimmt. Außerdem ist die zufällige Ziehung der „Kugeln" interpretationsbedürftig. Im zweiten Modell ist $Y \sim \mathrm{B}_n(\theta)$. Hier tritt nur ein unbekannter Parameter θ auf. Das Wahrscheinlichkeitsmodell ist einfacher und lässt sich zwangloser übernehmen. Wir werden daher mit diesem zweiten Modell weiterarbeiten.

Zur Schätzung von θ fragen wir: Wie wahrscheinlich ist es im vorgegebenen Modell, den von uns beobachteten Wert zu erhalten? Da $Y \sim \mathrm{B}_n(\theta)$ verteilt ist, gilt:

$$\mathcal{P}(Y = k \| \theta) = \binom{n}{k} \theta^k (1-\theta)^{n-k}.$$

In unserem Beispiel war $n = 50$ und $Y = 20$. Also ist

$$\mathcal{P}(Y = 20 \| \theta) = \binom{50}{20} \theta^{20} (1-\theta)^{30}.$$

Achtung: Beachte die Schreibweise $\mathcal{P}(Y = k \| \theta)$. Der Doppelstrich $* \| \theta$ soll daran erinnern, dass θ kein zufälliges Ereignis, sondern ein fester Parameter ist. Bei einer Schreibweise wie $\mathcal{P}(Y = k; \theta)$ oder $\mathcal{P}(Y = k | \theta)$ könnte θ mit einer zufälligen Variablen verwechselt werden.

Nehmen wir zum Beispiel $\theta = 0.2$. Dann ist

$$\mathcal{P}(Y = 20 \| 0.2) = 6.1177 \cdot 10^{-4}.$$

Diese einzelne Zahl sagt uns gar nichts. Die geniale Idee Fishers war: Betrachte nicht einen einzelnen Parameter, sondern alle auf einmal: Stütze Dich auf die Gesamtheit

$$\{\mathcal{P}(Y = 20 \| \theta) \quad \text{mit } 0 \le \theta \le 1\}$$

aller im Modell möglichen und infrage kommenden Wahrscheinlichkeitswerte. Zur Unterscheidung von der einzelnen Wahrscheinlichkeit $\mathcal{P}(Y = 20 \| \theta)$ nennen wir die Menge $\{\mathcal{P}(Y = 20 \| \theta) \quad \text{mit } 0 \le \theta \le 1\}$ die **Likelihood**. Die Likelihood können wir uns leicht veranschaulichen, wenn wir

$$\mathcal{P}(Y = 20 \| \theta) = \binom{50}{20} \theta^{20} (1-\theta)^{30}$$

als Funktion von θ betrachten und uns den Graph dieser Funktion anschauen. Abbildung 5.3 zeigt diesen Graph.

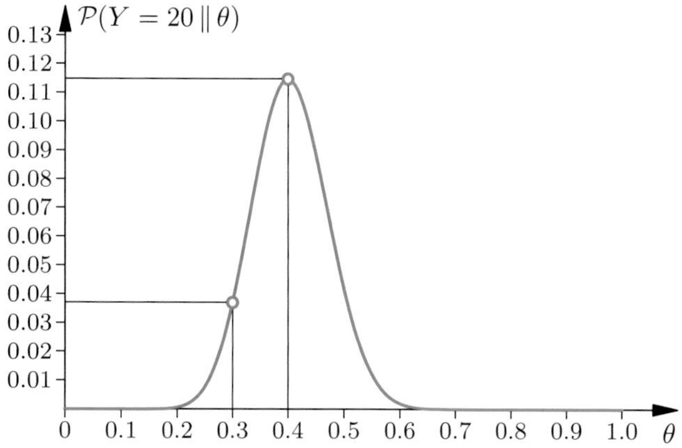

Abbildung 5.3 Die Wahrscheinlichkeit des Ereignisses „$Y = 20$" als Funktion von θ.

Und nun können wir die einzelnen Werte miteinander vergleichen. Nehmen wir zum Beispiel noch zwei andere Werte $\theta = 0.3$ und $\theta = 0.4$ hinzu; sie sind in Abbildung 5.3 besonders hervorgehoben.

$$\mathcal{P}(Y = 20 \| 0.3) = 3.7039 \times 10^{-2},$$
$$\mathcal{P}(Y = 20 \| 0.4) = 0.11456.$$

Diese Werte sind sehr klein. In der unendlichen Fülle der Möglichkeiten besitzt das, was wirklich geschieht, meist nur eine verschwindende Wahrscheinlichkeit. Aber darauf kommt es nicht an. Informativ sind die **Verhältnisse** der Wahrscheinlichkeiten und nicht deren absolute Größe. Vergleichen wir etwa die Werte $\theta = 0.2$ und $\theta = 0.3$, so gilt:

$$\frac{\mathcal{P}(Y = 20 \| 0.3)}{\mathcal{P}(Y = 20 \| 0.2)} = \frac{3.7039 \cdot 10^{-2}}{6.1177 \cdot 10^{-4}} = 60.54.$$

Bei $\theta = 0.3$ wäre also das beobachtete Ereignis $Y = 20$ rund 61-mal so wahrscheinlich gewesen wie bei $\theta = 0.2$. Im Licht der Beobachtung $Y = 20$ ist der Parameter $\theta = 0.3$ wesentlich **plausibler** als $\theta = 0.2$.

Für den Wert $\theta = 0.4$ nimmt $\mathcal{P}(Y = 20 \| \theta)$ das Maximum an. Im Vergleich mit $\theta = 0.2$ und $\theta = 0.3$ gilt:

$$\frac{\mathcal{P}(Y = 20 \| 0.4)}{\mathcal{P}(Y = 20 \| 0.2)} = \frac{0.11456}{6.1177 \cdot 10^{-4}} = 187.3,$$
$$\frac{\mathcal{P}(Y = 20 \| 0.4)}{\mathcal{P}(Y = 20 \| 0.3)} = \frac{0.11456}{3.7039 \cdot 10^{-2}} = 3.09.$$

$\theta = 0.4$ ist also rund 187-mal plausibler als $\theta = 0.2$ und dreimal so plausibel als $\theta = 0.3$. Daher bietet sich $\theta = 0.4$, der Wert mit der größten Plausibilität, als Schätzwert für θ an. Dabei wollen wir das Wort plausibel selbst naiv, umgangssprachlich verwenden, ohne es näher definieren zu wollen.

Außerdem sehen wir an der Zeichnung, dass die Werte von θ zwischen 0.3 und 0.5 insgesamt alle relativ plausibel sind, während Werte von θ die kleiner als 0.2 oder größer als 0.7 höchst unplausibel sind.

Ausgangspunkt unserer Überlegungen war die Likelihood als Menge $\{\mathcal{P}(Y = 20 \| \theta) \text{ mit } 0 \leq \theta \leq 1\}$ bzw die Wahrscheinlichkeit $\mathcal{P}(Y = 20 \| \theta) = \binom{50}{20} \theta^{20} (1-\theta)^{30}$ als Funktion von θ. Diese Funktion erhält einen eigenen Namen.

Definition der Likelihood-Funktion

Gegeben sei ein Wahrscheinlichkeitsmodell, in dem die Wahrscheinlichkeiten der Ereignisse von einem Parameter $\theta \in \Theta$ abhängen. Das Ereignis A sei eingetreten. Innerhalb des Modells besitzt A die Wahrscheinlichkeit $\mathcal{P}(A \| \theta) > 0$. Dann heißt

$$L(\theta \,|A) = c(A)\,\mathcal{P}(A \| \theta) \text{ für } \theta \in \Theta$$

die **Likelihood-Funktion** von θ bei gegebener Beobachtung A. Dabei ist $c(A)$ eine beliebige, nicht von θ abhängende Konstante. Wenn das Ereignis A unmissverständlich oder im Zusammenhang unwesentlich ist, schreiben wir auch einfach $L(\theta)$ statt $L(\theta \,|A)$.

Die Konstante $c(A)$ mag auf den ersten Blick überraschen, aber sie vereinfacht uns das Leben; denn erinnern wir uns: Die einzelne Wahrscheinlichkeiten $\mathcal{P}(A \| \theta_1)$ oder $\mathcal{P}(A \| \theta_2)$ sind für uns wertlos, informativ ist allein der **Likelihood-Quotient**

$$\frac{L(\theta_1 \,|A)}{L(\theta_2 \,|A)} = \frac{\mathcal{P}(A \| \theta_1)}{\mathcal{P}(A \| \theta_2)}.$$

Und hier kürzt sich die Konstante heraus: Daher hätten wir auch von vornherein alle multiplikativen Konstanten herauslassen können und dies werden wir auch tun.

Interpretation des Likelihood-Quotienten

Sind θ_1 und θ_2 zwei konkurrierende Parameter des Modells, so ist θ_1 um so **plausibler** als θ_2, je größer der Likelihood-Quotient ist. Er ist ein relatives Maß für die Plausibilität der Parameter θ_1 und θ_2 im Licht der Beobachtung A.

Genau genommen bezeichnet $L(\theta \,|A)$ eine Äquivalenzklasse von Funktionen, die sich alle nur um eine von θ unabhängige Konstante unterscheiden. Zwei Likelihood-Funktionen von θ bei gegebener Beobachtung A heißen gleich, wenn sie bis auf einen multiplikativen, nicht von θ abhängenden Faktor übereinstimmen. In diesem Sinne ist es üblich, sprachlich die Mehrdeutigkeit von $L(\theta \,|A)$ zu unterschlagen und an Stelle von **einer** Likelihood-Funktion von **der** Likelihood-Funktion zu sprechen, auch wenn man nur einen bestimmten Repräsentanten $c^* \mathcal{P}(A \| \theta)$ der Likelihood-Äquivalenzklasse im Auge hat.

Die Vorstellung von der Likelihood als Menge $\{c(A)\mathcal{P}(A \| \theta)$ für $\theta \in \Theta\}$ schieben wir wieder in den Hintergrund und werden nur noch vereinzelt darauf zurückkommen, stattdessen werden wir uns mit der anschaulicheren Likelihood-Funktion beschäftigen. In beiden Fällen werden wir abkürzend meist nur von der **Likelihood** sprechen.

Beispiel Abbildung 5.4 zeigt den Zusammenhang zwischen Likelihood und Wahrscheinlichkeitsverteilung am Beispiel der Binomialverteilung $B_5(\theta)$.

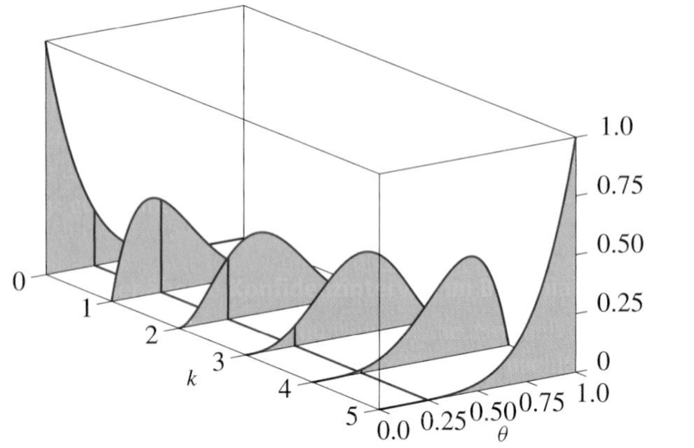

Abbildung 5.4 Die Wahrscheinlichkeit $\mathcal{P}(Y = k \| \theta)$ bei der Binomialverteilung als Funktion von k und θ. Die Graphen der Likelihood-Funktion $L(\theta \mid k)$ sind blau unterlegt. Der Schnitt bei der Konstanten $\theta = 0.25$ in k-Richtung liefert die 6 diskreten Werte der $B_5(0.25)$.

Über der k-θ-Ebene ist die Wahrscheinlichkeit $\mathcal{P}(Y = k \| \theta)$ aufgetragen. Ein Schnitt parallel zur k-Achse durch θ_0 liefert die sechs diskreten Werte der Binomialverteilung $B_5(\theta_0)$, nämlich:

$$\mathcal{P}(Y = k \| \theta_0) = \binom{5}{k} \theta_0^k (1-\theta_0)^{5-k} \qquad k = 0, \ldots, 5.$$

Schneiden wir den Graphen bei festem $Y = k_0$ in θ-Richtung, erhalten wir die Likelihood-Funktion $L(\theta \,|Y = k_0)$, z. B. für $k_0 = 3$ die Funktion

$$L(\theta \,|Y = 3) = \binom{5}{3} \theta^3 (1-\theta)^2 \qquad \theta \in [0, 1].$$

Läuft k_0 von 0, 1, 2 bis 5, erhalten wir sechs stetige Likelihood-Funktionen. (Die Wahrscheinlichkeit ist hier unverändert als Likelihood übernommen.) ◀

Der Maximum-Likelihood-Schätzer ist der Parameterwert, an dem die Likelihood ihr Maximum annimmt

Der Maximum-Likelihood-Schätzer (ML-Schätzer) $\widehat{\theta}$ von θ bei beobachtetem Ereignis A ist derjenige Wert von θ, bei dem die Likelihood im Parameterraum maximal wird:

$$L(\widehat{\theta} \,|A) \geq L(\theta \,|A) \quad \forall\, \theta \in \Theta.$$

Der Maximum-Likelihood-Schätzer kann in theoretisch wichtigen Standardmodellen analytisch bestimmt werden, muss aber in den meisten praktisch relevanten Fällen numerisch approximiert werden.

Beispiel Bei der Binomialverteilung ist $\mathcal{P}(Y = k \| \theta) = \binom{n}{k}\theta^k(1-\theta)^{n-k}$. Da wir die Konstante $\binom{n}{k}$ ignorieren können, ist die Likelihood

$$L(\theta \,|Y = k) = L(\theta) = \theta^k (1-\theta)^{n-k} \ .$$

Ist $k = 0$, dann ist $\widehat{\theta} = 0$. Ist $k = n$, so ist $\widehat{\theta} = 1$. Für $k \neq 0,\ n$ bestimmen wir das Maximum von $L(\theta)$ durch Ableiten:

$$\begin{aligned}\frac{d}{d\theta}L(\theta) &= k\theta^{k-1}(1-\theta)^{n-k} - (n-k)\,\theta^k(1-\theta)^{n-k-1} \\ &= \theta^{k-1}(1-\theta)^{n-k-1}(k - n\theta) \ .\end{aligned}$$

An den Stellen $\theta = 0$ und $\theta = 1$ hat die Likelihood ein Minimum. Das Maximum liegt bei

$$\widehat{\theta} = \frac{k}{n} \ .$$

Der Maximum-Likelihood-Schätzer $\widehat{\theta}$ für die unbekannte Wahrscheinlichkeit θ von „Erfolg" ist gerade die relative Häufigkeit des Erfolgs in einer unabhängigen Versuchsreihe. ◀

Ist Y ein stetige zufällige Variable mit der Dichte $f\,(y\|\,\theta)$, so ist $\mathcal{P}(Y = y\|\,\theta) = 0$ für jeden Wert von θ. Die anfangs gegebene Definition der Likelihood scheint zu versagen. Betrachten wir aber die Sache etwas genauer: Haben wir wirklich $Y = y$ beobachtet? Wir sind gar nicht in der Lage bei einer stetigen Zufallsvariablen mit realen Messinstrumenten die Realisation y exakt als reelle Zahl festzustellen. Auf Grund der nie zu beseitigenden Messungenauigkeit können wir nur von $Y \approx y$ reden. Präzisieren wir $Y \approx y$ durch $y - \frac{\varepsilon}{2} \leq Y \leq y + \frac{\varepsilon}{2}$ mit hinreichend kleinem ε so gilt:

$$\mathcal{P}(y - \varepsilon \leq Y \leq y + \frac{\varepsilon}{2} \Big\|\, \theta) \approx f\,(y\|\,\theta)\,\varepsilon \ .$$

Da die Likelihood nur bis auf einen multiplikativen Faktor bestimmt ist, können wir nun die Likelihood von θ bei beobachtetem $Y = y$ definieren.

Die Likelihood für stetige Zufallsvariable

Ist Y eine stetige zufällige Variable mit der Dichte $f\,(y\|\,\theta)$, so ist die Likelihood-Funktion von θ bei beobachtetem $Y = y$

$$L(\theta \,|Y = y) = c\,(y)\,f\,(y\|\,\theta) \ .$$

Dabei ist $c(y)$ eine beliebige Funktion, die nicht von θ abhängt.

Ist die Likelihood-Funktion auf dem Definitionsbereich Θ beschränkt, kann sie eindeutig gemacht werden, wenn man fordert, dass sie im Maximum den Wert 1 annehmen soll. Wir sprechen dann von einer **normierten** Likelihood.

Beispiel Es sei Y binomialverteilt, $Y \sim B_n(\theta)$. Abbildung 5.5 zeigt die normierten Likelihoods für $n = 20$ und $y = 2, 4, 6, 8, 10$ und 12.

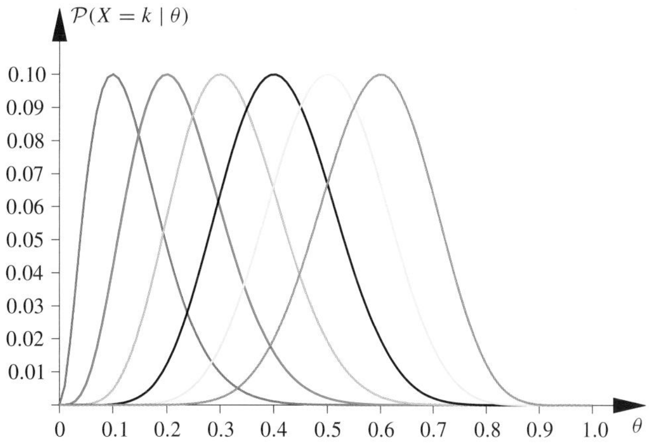

Abbildung 5.5 Normierte Likelihoods bei der Binomialverteilung.

Man sieht deutlich, wie mit wachsendem y der Bereich der plausiblen Parameter sich von links, den kleinen Werten von θ, nach rechts zu den großen Werten von θ verschiebt. Mit dieser Verschiebung wandert auch das Maximum der Likelihood, der Maximum-Likelihood-Schätzer $\widehat{\theta}$, nach rechts. ◀

?

Wie sieht bei der Poisson-Verteilung die Likelihood von λ aus, wenn $y = 2$ beobachtet wurde.

Die Likelihood enthält die gesamte, im Ereignis A enthaltene Information über den Parameter θ

Diese Behauptung ist das sogenannte **Likelihood-Prinzip.** Für viele Statistiker, vor allem die Anhänger der bayesianischen Statistik ist dieses Prinzip die Grundlage der gesamten statistischen Inferenz. Statistiker haben in den 60er-Jahren des letzten Jahrhunderts versucht, Inferenz und Information axiomatisch zu fassen. Aus diesen Axiomen lässt sich das Likelihood-Prinzip ableiten**.** Es ist aber – wie alle anderen konkurrierenden Prinzipien der schließenden Statistik – nicht frei von Widersprüchen. Wir werden – mit dem Likelihood-Prinzip im Hinterkopf – viele Methoden und Begriffe der schließenden Statistik besser verstehen.

Wenn die Likelihood die gesamte Information enthält, dann ist diese auch in der logarithmierten Likelihood enthalten.

Definition der Log-Likelihood

Die Log-Likelihood ist die logarithmierte Likelihood

$$l\,(\theta\,|A) = \ln L\,(\theta\,|A) \ .$$

Sie ist nicht nur in der Praxis, sondern vor allem auch in der statistischen Theorie das handlichere und wichtigere Werkzeug.

Im Übrigen ist es gleichgültig, ob der ML-Schätzer aus der Likelihood oder der Log-Likelihood bestimmt wird, beide Funktionen nehmen an denselben Stellen ihre Extremwerte an:

$$\frac{d}{d\theta} l\,(\theta\,|A\,) = \frac{d}{d\theta} \ln L\,(\theta\,|A\,) = \frac{1}{L\,(\theta\,|A\,)} \frac{d}{d\theta} L\,(\theta\,|A\,)$$

Also ist $l'\,(\theta\,|A\,) = 0$ genau dann, wenn $L'\,(\theta\,|A\,) = 0$ ist. Als Beispiel bestimmen wir noch einmal den ML-Schätzer bei der Binomialverteilung.

Beispiel Im Beispiel auf Seite 203 wurde die Likelihood bestimmt als

$$L(\theta) = \theta^k\,(1-\theta)^{n-k}\;.$$

Daher sind die Log-Likelihood und ihre Ableitung

$$\begin{aligned} l(\theta) &= k \ln\theta + (n-k)\ln(1-\theta) \\ l'\,(\theta) &= \frac{k}{\theta} + \frac{n-k}{1-\theta}(-1)\;. \end{aligned}$$

Aus $l'(\widehat{\theta}) = 0$, folgt

$$\frac{k}{\widehat{\theta}} = \frac{n-k}{1-\widehat{\theta}} \Rightarrow \widehat{\theta} = \frac{k}{n}\;.$$

◀

Setzt ein Ereignis A sich aus n Teilereignissen A_i zusammen,

$$A = A_1 \cap A_2 \cap \ldots \cap A_n\,,$$

die bei jeder Wahl des Parameters $\theta \in \Theta$ unabhängig sind, so ist

$$\begin{aligned} \mathcal{P}(A\|\,\theta) &= \mathcal{P}(A_1 \cap A_2 \ldots \cap A_n\|\,\theta) \\ &= \mathcal{P}(A_1\|\,\theta)\cdots\mathcal{P}(A_n\|\,\theta)\,. \end{aligned}$$

Liest man dies als Aussage über die Likelihood, so erhält man einen ebenso elementaren wie wichtigen Satz.

Multiplikationssatz für Likelihoods

Das Ereignis $A = A_1 \cap A_2 \cap \ldots \cap A_n$ setze sich aus n unabhängigen Ereignissen zusammen: Dann ist

$$L(\theta|A) = \prod_{i=1}^{n} L(\theta|A_i)\,.$$

Für die Log-Likelihood gilt entsprechend:

$$l(\theta|A) = \sum_{i=1}^{n} l(\theta|A_i)\,.$$

Nehmen wir als Information nicht die Likelihood, sondern die Log-Likelihood, so sagt die letzte Formel ganz anschaulich: Bei unabhängigen Quellen ist die Gesamtinformation die Summe der Einzelinformationen.

Beispiel Bei einer nichtidealen Münze sei θ die Wahrscheinlichkeit für „Kopf". Zur Schätzung von θ wird die Münze n_1-mal geworfen, dabei sei k_1-mal „Kopf" gefallen. Anschließend wir die Münze noch n_2-mal geworfen dabei sei k_2-mal „Kopf" gefallen. Wie groß ist die Likelihood von θ, wenn alle Würfe unabhängig voneinander sind?

Wir betrachten zuerst einen einzelnen Wurf: Es sei X_1 die Indikatorvariable des i-ten Wurfs. Dabei bedeute $X_1 = 1$: Der i-te Wurf ist „Kopf". Da jeder Wurf die gleiche Wahrscheinlichkeit θ für „Kopf" hat, ist

$$\begin{aligned} L\,(\theta|X_i = 1) &= \mathcal{P}(X_i = 1\|\,\theta) = \theta\,, \\ L\,(\theta|X_i = 0) &= \mathcal{P}(X_i = 0\|\,\theta) = 1-\theta\,. \end{aligned}$$

Nun betrachten wir die erste Wurfserie A_1, sie sei zum Beispiel

$$A_1 = \{X_1 = 1, X_2 = 0, X_3 = 1, X_4 = 0, X_5 = 0, X_6 = 0\}\;.$$

Hier ist $n_1 = 6$ und $k_1 = 2$. Da die Würfe unabhängig voneinander sind, ist

$$\begin{aligned} L(\theta|A_1) &= L(\theta|X_1 = 1, X_2 = 0, \ldots, X_5 = 0, X_6 = 0) \\ &= L(\theta|X_1 = 1)L(\theta|X_2 = 0)\cdots L(\theta|X_6 = 0) \\ &= \theta\,(1-\theta)\cdots(1-\theta)\,(1-\theta) \\ &= \theta^2\,(1-\theta)^4 \\ &= \theta^{k_1}\,(1-\theta)^{n_1-k_1}\,. \end{aligned}$$

Um die Likelihood zu bestimmen, ist demnach die vollständige Angabe der Einzelergebnisse und ihrer Abfolge überflüssig. Das einzige, was wir brauchen, ist die Angabe von n_1 und k_1. Nur sie enthalten die relevante Information. Nun betrachten wir die zweite Serie A_2. Aus ihr schließen wir analog:

$$L(\theta|A_2) = \theta^{k_2}\,(1-\theta)^{n_2-k_2}\;.$$

Die Likelihood aus beiden Wurfserien ist

$$\begin{aligned} L(\theta|A_1 \cap A_2) &= L(\theta|A_1)L(\theta|A_2) \\ &= \theta^{k_1}\,(1-\theta)^{n_1-k_1}\cdot\theta^{k_2}\,(1-\theta)^{n_2-k_2} \\ &= \theta^{k_1+k_2}\,(1-\theta)^{n_1+n_2-k_1-k_2} \\ &= \theta^k\,(1-\theta)^{n-k}\;. \end{aligned}$$

Offensichtlich brauchen wir nur die Information: Eine Münze wurde unabhängig voneinander ($n = n_1 + n_2$)-mal geworfen und zeigte ($k = k_1 + k_2$)-mal Kopf.

Wir hätten also gleich von vornherein nur mit $Y = \sum_{i=1}^{n} X_i$, der Anzahl der Kopfwürfe bei n unabhängigen Versuchen, arbeiten können: Dann ist $Y \sim B_n\,(\theta)$ und

$$L(\theta|Y = k) = \mathcal{P}(Y = k\|\,\theta) = \tbinom{n}{k}\theta^k\,(1-\theta)^{n-k}\;.$$

Da es bei der Likelihood nicht auf eine multiplikative Konstante ankommt, erhalten wir die gleiche Likelihood wie oben. Geben wir nur den Wert von Y an, haben wir keine relevante Information verschenkt. ◀

In diesem Beispiel bilden $(X_1, X_2, \ldots, X_n) = X$ die ursprüngliche Stichprobe. Diese Einzeldaten waren aber zur Berechnung der Likelihood unnötig. Gebraucht wurde nur eine Funktion von$X$, nämlich $Y = \sum_{i=1}^{n} X_i$. In Y steckte die gesamte Information der Stichprobe über θ. Diese Eigenschaft von Y führt uns in natürlicher Weise auf den Begriff der Suffizienz, der in der theoretischen Statistik eine zentrale Bedeutung einnimmt.

Der Suffizienzbegriff

Eine Funktion $T(X)$ heißt suffizient für θ, wenn die Likelihood von θ nur von $T(X)$ abhängt:

$$L(\theta \mid X = x) = L(\theta \mid T(x) = t).$$

Anders gesagt: $T(X)$ ist suffizient, wenn alleine der Wert $T(x) = t$ ausreicht, um die Likelihood zu bestimmen. Eine suffiziente Statistik komprimiert demnach ohne Verlust die Information über einen Parameter aus einer Stichprobe. Man sagt: $T(x)$ enthält die gleiche Information über θ wie die Stichprobe x selbst. $T(X)$ schöpft die Information der Stichprobe voll aus. Daher wird eine suffiziente Stichprobenfunktion oft auch eine **erschöpfende** Stichprobenfunktion genannt.

Beispiel Sind $Y_1, \ldots, Y_n$ unabhängige Zufallsvariable mit den Verteilungen $F_{Y_i}(y \| \theta)$. Wegen der Unabhängigkeit der Y_i lässt sich die Likelihood faktorisieren, wobei die Faktoren beliebig permutiert werden können. Daher kommt es bei der Bestimmung der Likelihood nicht auf die Reihenfolge der Y_i an,

$$L(\theta \mid y_1, \ldots, y_n) = L(\theta \mid y_{(1)}, \ldots, y_{(n)}).$$

Die Orderstatistik, bei der die Beobachtungen der Größe nach sortiert sind, ist suffizient. ◄

Im nächsten Beispiel zeigen wir, dass im Normalverteilungsmodell der Mittelwert $\overline{y}$ und die empirische Varianz suffiziente Statistiken und gleichzeitig die Maximum-Likelihood-Schätzer von μ und σ^2 sind:

$$\widehat{\mu} = \overline{y},$$
$$\widehat{\sigma^2}_{\mathrm{ML}} = \frac{1}{n}\sum_{i=1}^{n}(y_i - \overline{y})^2 = \operatorname{var}(y).$$

Dabei haben wir zur Unterscheidung vom erwartungstreuen Schätzers

$$\widehat{\sigma^2}_{\mathrm{UB}} = \frac{1}{n-1}\sum_{i=1}^{n}(y_i - \overline{y})^2$$

den Maximum-Likelihood-Schätzer von σ^2 hier mit dem Index ML versehen.

Beispiel Es seien $Y_1, \ldots, Y_n$ n i.i.d. nach $\mathrm{N}(\mu; \sigma^2)$ verteilte, zufällige Variable. Beobachtet wird $y = (y_1, \ldots, y_n)$. Gesucht sind μ und σ. Wir betrachten zuerst eine einzige Beobachtung y_i. Die Dichte von y_i ist

$$f(y_i \| \mu; \sigma) = \frac{1}{\sigma\sqrt{2\pi}} \exp\left(-\frac{(y_i - \mu)^2}{2\sigma^2}\right).$$

Wir können die Konstante $\sqrt{2\pi}$ ignorieren und erhalten als Log-Likelihood

$$l(\mu; \sigma \mid y_i) = -\ln\sigma - \frac{(y_i - \mu)^2}{2\sigma^2}.$$

Da die Einzelbeobachtungen unabhängig sind, ist die Log-Likelihood von y auf der Grundlage der gesamten Beobachtung

$$l(\mu; \sigma \mid y) = \sum_{i=1}^{n} l(\mu; \sigma \mid y_i) = -n\ln\sigma - \frac{1}{2\sigma^2}\sum_{i=1}^{n}(y_i - \mu)^2.$$

Der Summenterm lässt sich nach dem Verschiebungssatz umformen:

$$\begin{aligned}\sum_{i=1}^{n}(y_i - \mu)^2 &= \sum_{i=1}^{n}(y_i - \overline{y})^2 + n(\overline{y} - \mu)^2\\ &= n\operatorname{var}(y) + n(\overline{y} - \mu)^2.\end{aligned}$$

Dabei ist $\operatorname{var}(y)$ die empirische Varianz der Stichprobe. Wir erhalten so:

$$l(\mu; \sigma \mid y) = -n\ln\sigma - \frac{n}{2\sigma^2}\left(\operatorname{var}(y) + (\overline{y} - \mu)^2\right).$$

Die Log-Likelihood $l(\mu; \sigma \mid y)$ ist demnach bereits bekannt, wenn nur der Mittelwert $\overline{y}$ und die empirische Varianz $\operatorname{var}(y)$ bekannt sind. Die Einzelwerte $y_1, \ldots, y_n$ werden dagegen nicht benötigt. Im Falle i.i.d.-normalverteilter, zufälliger Variabler ist also die gesamte Information über die unbekannten Parameter μ und σ im Mittelwert und der empirischen Varianz der Stichprobe enthalten. Beide Stichprobenfunktionen gemeinsam schöpfen die Information der Stichprobe voll aus. Sie sind suffizient. Wir bestimmen noch die Maximum-Likelihood-Schätzer:

$$\begin{aligned}\frac{\partial l(\mu; \sigma)}{\partial\mu} &= -2(\overline{y} - \mu) \stackrel{!}{=} 0\\ \frac{\partial l(\mu; \sigma)}{\partial\sigma} &= \frac{-n}{\sigma} + \frac{n}{2}2\sigma^{-3}\left(\operatorname{var}(y) + (\overline{y} - \mu)^2\right) \stackrel{!}{=} 0.\end{aligned}$$

Aus der ersten Gleichung folgt:

$$\widehat{\mu} = \overline{y},$$

aus der zweiten Gleichung folgt dann:

$$\widehat{\sigma} = \sqrt{\operatorname{var}(y)} = \sqrt{\frac{1}{n}\sum_{i=1}^{n}(y_i - \overline{y})^2}.$$

Bei der Normalverteilung sind gerade Mittelwert und die Wurzel aus der empirischen Varianz die Maximum-Likelihood-Schätzer für μ und σ. ◄

Im obigen Beispiel hatten wir $l(\mu; \sigma)$ bestimmt. Angenommen, der uns interessierende Parameter wäre nicht die Standardabweichung σ, sondern die Varianz σ^2 gewesen. Was hätte sich geändert?

Denken wir an die Loglikelihood als Menge $\{l(\mu; \sigma \mid y) : 0 < \mu < \infty, 0 < \sigma\}$. Wenn wir hier σ in $\sqrt{\gamma}$ umtaufen und die

Zahlenwerte mit γ parametrisieren, bleibt die Menge invariant. Einzig ihre Darstellung hat sich geändert: Wir erhalten die neue Likelihood $l(\mu;\sigma\,|\,\mathbf{y})$, indem wir überall σ durch $\sqrt{\gamma}$ ersetzen:

$$l(\mu;\sigma\,|\,\mathbf{y}) = -n\ln\sigma - \frac{n}{2\sigma^2}\left(\operatorname{var}(\mathbf{y}) + (\overline{y}-\mu)^2\right),$$
$$l(\mu;\gamma\,|\,\mathbf{y}) = -\frac{n}{2}\ln\gamma - \frac{n}{2\gamma}\left(\operatorname{var}(\mathbf{y}) + (\overline{y}-\mu)^2\right).$$

Dann ist wiederum $\widehat{\mu} = \overline{y}$ und

$$\frac{d}{d\gamma}l(\widehat{\mu};\gamma) = -\frac{n}{2\gamma} + \frac{n}{2\gamma^2}\operatorname{var}(\mathbf{y}) .$$

Aus $\frac{d}{d\gamma}l(\widehat{\mu};\gamma) = 0$ folgt $\widehat{\gamma} = \operatorname{var}(\mathbf{y}) = \widehat{\sigma}^2$. Der Maximum-Likelihood-Schätzer für σ ist $\widehat{\sigma} = \sqrt{\operatorname{var}(\mathbf{y})}$. Der Maximum-Likelihood-Schätzer für σ^2 ist $\widehat{\sigma^2} = \operatorname{var}(\mathbf{y}) = (\widehat{\sigma})^2$. Dieses Prinzip gilt allgemein.

Ist $\gamma = H(\theta)$ mit $\theta = H^{-1}(\gamma)$ eine eineindeutige Abbildung der Parametermenge Θ auf die Parametermenge Γ, dann hat diese Parametertransformationen für die Likelihood allein den Effekt einer Umbenennung. Wechselt man die Bezeichnung eines Parameters, so ändert man nicht die Verteilung, sondern nur ihren Namen.

Der Maximum-Likelihood-Schätzer macht alle Transformationen mit

Ist $\gamma = H(\theta)$ mit $\theta = H^{-1}(\gamma)$ eine eineindeutige Abbildung der Parametermenge Θ auf die Parametermenge Γ und ist $\widehat{\theta}$ der Maximum-Likelihood-Schätzer von θ, so ist

$$\widehat{\gamma} = \widehat{H(\theta)} = H\left(\widehat{\theta}\right)$$

der Maximum-Likelihood-Schätzer von γ.

Beweis: Dazu betrachten wir die Likelihood als Menge. Bei der Parametertransformation bleibt die Menge invariant. Wenn in einer Straße die Hausnummern geändert werden, ändert sich die Höhe der Häuser nicht, das größte Haus in der Straße bleibt das größte. Mit der Likelihood passiert nichts anderes. Einzig die Benennung des zugehörigen Parameterswertes hat sich geändert. Man muss nur dem alten Parameterwert, an dem das Maximum angenommen wird, den neuen Namen geben. ■

?

Es sei $Y \sim B_n(\theta)$ und $\widehat{\theta} = 0.2$ geschätzt. Wie werden dann $\mathrm{E}(Y)$ und $\operatorname{Var}(Y)$ geschätzt?

Bis jetzt haben wir nur „gutartige", differenzierbare und möglichst eingipflige Likelihood-Funktionen betrachtet. Dies ist aber nicht die Regel. Dass es auch anders geht, zeigen die folgenden beiden Beispiele. Ein drittes Beispiel mit einem diskreten Parameterraum finden Sie als Aufgabe 5.27.

Beispiel Vor Ihrem Büro befindet sich eine Bushaltestelle ohne Fahrplananzeige. Die Busse fahren in festem Abstand, alle θ Minuten. Sie kennen θ nicht, denn der Fahrplan hat sich geändert. Sie könnten θ exakt bestimmen, wenn Sie einen Bus vorbeifahren ließen und auf den nächsten warten würden. Dazu haben Sie aber keine Lust. Sie gehen lieber täglich aufs Geratewohl an die Haltestelle und warten bis zum ersten Bus. Sie haben nach n Tagen insgesamt die Wartezeiten $t_1, \ldots, t_n$ erlebt.

Bevor wir von der Likelihood von θ sprechen können, muss zuerst das Wahrscheinlichkeitsmodell festgelegt werden. Wir nehmen an, die Wartezeit T bis zum Eintreffen des Busses sei im Intervall $[0,\theta]$ gleichverteilt. Dann ist

$$f(t) = \begin{cases} \frac{1}{\theta} & \text{falls } 0 \le t \le \theta\,, \\ 0 & \text{sonst}. \end{cases}$$

Daher ist

$$L(\theta|t_1,\ldots,t_n) = \prod_{i=1}^{n} L(\theta|t_i) = \prod_{i=1}^{n} f(t_i).$$
$$= \begin{cases} \frac{1}{\theta^n}, & \text{falls } 0 \le t_i \le \theta \text{ für alle } i\,, \\ 0, & \text{sonst}. \end{cases}$$
$$= \begin{cases} \frac{1}{\theta^n}, & \text{falls } \theta \ge \max\{t_1,\ldots,t_n\}. \\ 0, & \text{falls } \theta < \max\{t_1,\ldots,t_n\}. \end{cases}$$

Die Likelihood hängt demnach allein von $t_{(n)} = \max\{t_1,\ldots,t_n\}$ ab. Die maximale Wartezeit $t_{(n)}$ ist suffizient für θ. Abbildung 5.6 zeigt die Likelihood für den Fall $n = 10$ und $t_{(n)} = t_{(10)} = 8$. (Der Skalierungsfaktor c ist 10^{10}.) Der Maximum-Likelihood-Schätzer ist $\widehat{\theta} = t_{(10)} = 8$.

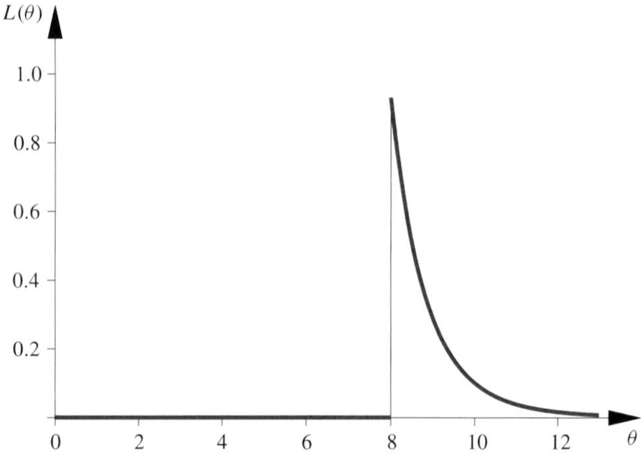

Abbildung 5.6 Die Likelihood aus n Beobachtungen mit der maximalen Wartezeit $t = 8$. ◂

Das folgende Beispiel zeigt eine mehrgipflige Likelihood.

Beispiel Wir nehmen als Beispiel die Cauchy-Verteilung mit dem Median θ. Ihre glockenförmige Dichte ist

$$f(y\|\theta) = \frac{1}{\pi}\frac{1}{1+(y-\theta)^2}.$$

θ ist Modus und Median, aber nicht der Erwartungswert! Die Cauchy-Verteilung besitzt keinen Erwartungswert! Bei zwei unabhängigen Beobachtungen y_1 und y_2 lässt sich der Nullpunkt

Anwendung: Schätzung einer mittleren Wartezeit aus zensierten Beobachtungen

Will man eine Wartezeit schätzen, z. B. die Keimdauer von Samen, die Brenndauer von Glühbirnen, die Überlebenszeit verpflanzter Organe, passiert es mitunter, dass ein Bericht geschrieben oder eine Entscheidung gefällt werden muss, bevor das letzte Ereignis eingetreten ist. Zum Beispiel, wenn ein Samenkorn nicht keimen will oder eine verpflanzte Niere vom Körper angenommen und nicht abgestoßen wird. Man spricht in diesem Fall von zensierten Beobachtungen. Auch hier lässt sich die Likelihood bestimmen.

n Patienten erhalten nach einer Operation ein Schmerzmittel. Um die Wirkung des Mittels zu bestimmen, werden die Patienten gebeten, mitzuteilen, wie lange sie nach Einnahme des Medikaments schmerzfrei sind. Es sei Y die schmerzfreie Zeit. Ist $Y = y$, so haben nach y Stunden die Schmerzen wieder eingesetzt. Gesucht wird $\mathrm{E}(Y)$, die mittlere schmerzfreie Zeit. Wir modellieren $Y, \cdots, Y_n$ als unabhängige exponentialverteilte Zufallsvariable:

$$Y_i \sim \mathrm{ExpV}(\lambda) \quad i = 1, \ldots, n .$$

Nach einem Zeitpunkt T wird der Versuch beendet und der Bericht geschrieben. b Patienten melden die Zeiten $y_1, \cdots, y_b$. (b wie *b*eobachtet.) Aber die restlichen $n - b$ Patienten sind immer noch schmerzfrei. Bei ihnen ist nur $Y > T$ bekannt. Man sagt: Die Beobachtungen sind **zensiert**. Das Ereignis, auf das sich die Likelihood stützt, ist nach geeigneter Indizierung der Beobachtungen:

$$A = \{Y_1 = y_1, \cdots, Y_b = y_b, Y_{b+1} > T, \cdots, Y_n > T\} .$$

Die Dichte der Exponentialverteilung ist $f(y \,\|\, \lambda) = \lambda \exp(-y\lambda)$, die Verteilungsfunktion ist $F(y \,\|\, \lambda) = 1 - \exp(-y\lambda)$. Dann ist

$$\mathcal{P}(Y > T \,\|\, \lambda) = 1 - F_Y(T \,\|\, \lambda) = \exp(-T\lambda) .$$

Damit ist die Likelihood für λ:

$$\begin{aligned} L(\lambda|\, A) &= \prod_{i:\text{ beobachtet}} f_{Y_i}(y_i) \prod_{i:\text{ zensiert}} \big(1 - F_{Y_i}(T)\big) \\ &= \prod_{i=1}^{b} (\lambda \exp(-y_i\lambda)) \prod_{i=b+1}^{n} \big(\exp(-T\lambda)\big) \\ &= \lambda^b \exp\left(-\lambda \sum_{i=1}^{b} y_i\right) \big(\exp(-T\lambda)\big)^{n-b} \\ &= \lambda^b \exp\Big\{-\lambda\big[b\,\overline{y}^{(b)} + T\,(n-b)\big]\Big\} . \end{aligned}$$

Dabei ist

$$\overline{y}^{(b)} = \frac{1}{b} \sum_{i=1}^{b} y_i .$$

Die Log-Likelihood ist

$$l(\lambda|\, y_1, \cdots, y_b, T) = b \ln \lambda - \lambda\big[b\,\overline{y}^{(b)} + T\,(n-b)\big] .$$

Der Maximum-Likelihood-Schätzer für λ ergibt sich aus

$$\frac{d}{d\lambda} l\big(\lambda|\, y_1, \cdots, y_b, T\big) = \frac{b}{\lambda} - \big(b\,\overline{y}^{(b)} + T\,(n-b)\big) \stackrel{!}{=} 0 .$$

Es ist $\widehat{\lambda} = \frac{b}{b\overline{y}^{(b)} + T(n-b)}$. Damit haben wir den Parameter λ geschätzt. Dann wird die mittlere Wartezeit $\mathrm{E}(Y) = \frac{1}{\lambda}$ geschätzt durch

$$\widehat{\lambda^{-1}} = \big(\widehat{\lambda}\big)^{-1} = \overline{y}^{(b)} + T\frac{n-b}{b} .$$

Zum Mittelwert $\overline{y}^{(b)}$ aus den beobachteten Zeiten kommt nun noch der Term $T\frac{n-b}{b}$, der die Mindestdauern der nicht beobachteten Zeiten berücksichtigt.

stets so definieren, dass die Beobachtungen in $y_1 = +a$ und $y_2 = -a$ liegen. Die Likelihood für θ ist dann

$$\begin{aligned} L(\theta) &= L(\theta \mid y_1 = +a\ ;\ y_2 = -a) \\ &= \frac{1}{1 + (\theta + a)^2} \frac{1}{1 + (\theta - a)^2} . \end{aligned}$$

Für $a^2 \leq 1$ existiert nur ein reelles Maximum in $\theta = 0$. Für $a^2 > 1$ hat $L(\theta)$ in $\theta = 0$ ein Minimum und zwei Maxima in $\widehat{\theta}_1 = -\sqrt{a^2 - 1}$ und $\widehat{\theta}_2 = +\sqrt{a^2 - 1}$. Abbildung 5.7 zeigt die normierten Likelihoods für $a = 1, 2, 3$ und 4.

Liegen die beiden Beobachtungen y_1 und y_2 zu weit auseinander, so wird offenbar der eine Wert als Ausreißer und der andere als Wert in der Nähe des Medians interpretiert. Bei mehr als zwei Beobachtungen kann die Likelihood zahlreiche lokale Extremwerte aufweisen. Angenommen, wir beobachten die Werte $y = 2,\ 5,\ 8$ und 12. Dann erhalten wir die Likelihood

$$L(\theta) = \frac{1}{1 + (2 - \theta)^2} \frac{1}{1 + (5 - \theta)^2} \frac{1}{1 + (8 - \theta)^2} \frac{1}{1 + (12 - \theta)^2} .$$

Abbildung 5.8 zeigt den Graphen dieser Likelihood.

An der Stelle des Mittelwerts der Beobachtungen:

$$\overline{y} = \frac{27}{4} = 6.75$$

besitzt die Likelihood ein lokales Minimum. Jeder Wert für θ in der Umgebung von $\overline{y}$ ist plausibler als $\overline{y}$ selbst! ◀

Beispiel: Bestimmung der Cancerogenität einer Substanz

Bei einem medizinischen Experiment soll die Cancerogenität einer Substanz geschätzt werden. Erhält eine Maus eine Dosis t einer giftigen Substanz, so haben sich mit Wahrscheinlichkeit $\pi_t = 1 - e^{-\theta t}$ nach 14 Tagen an den Nieren Tumore entwickelt. Der Koeffizient θ ist ein Maß für die Gefährlichkeit des Stoffes. Je größer θ ist, um so eher und um so wahrscheinlicher werden Tumore auftreten. In zwei gekoppelten Experimenten soll θ bestimmt werden. Dazu erhalten n_i Mäuse jeweils einzeln die Dosis t_i. Nach 14 Tagen werden die Mäuse seziert und die Anzahl k_i der erkrankten Tiere bestimmt.

Problemanalyse und Strategie: Die Datenbasis besteht aus den Daten zweier unabhängiger Versuche V_1 und V_2. Daher lässt sich die Likelihood faktorisieren. $L(\theta|\mathrm{V}_1 \cap \mathrm{V}_2) = L(\theta|\mathrm{V}_1)L(\theta|\mathrm{V}_2)$. Wenn wir davon ausgehen, dass die Tiere unabhängig voneinander gehalten sind, ist die Anzahl der bei Dosis t erkrankten Tiere binomialverteilt mit dem Parameter π_t. Anschließend berücksichtigen wir die Abhängigkeit der Wahrscheinlichkeit π_t von θ.

Lösung:
Die folgende Tabelle fasst die Daten aus beiden Versuchen zusammen:

	Versuch V_1	Versuch V_2
insgesamt n_i	10	8
Dosis t_i	4	8
erkrankt k_i	4	7
gesund $n_i - k_i$	6	1

Im ersten Versuch hat jede Maus die Wahrscheinlichkeit π_1 zu erkranken. Die Wahrscheinlichkeit, dass von n_1 Mäusen genau k_1 erkrankt sind, ist

$$\mathcal{P}(Y = k_1 \| \pi_1) = \binom{n_1}{k_1}\pi_1^{k_1}(1-\pi_1)^{n_1-k_1}\,.$$

Im ersten Versuch V_1 ist $\pi_1 = 1 - e^{-\theta \cdot t_1}$. Also ist

$$\begin{aligned} L(\theta|\mathrm{V}_1) &= \pi_1^{k_1}(1-\pi_1)^{n_1-k_1} \\ &= \left(1 - e^{-\theta \cdot t_1}\right)^{k_1}\left(e^{-\theta \cdot t_1}\right)^{n_1-k_1}. \end{aligned}$$

Analog liefert der zweite Versuch

$$L(\theta|\mathrm{V}_2) = \left(1 - e^{-\theta \cdot t_2}\right)^{k_2}\left(e^{-\theta \cdot t_2}\right)^{n_2-k_2}.$$

Die Gesamtlikelihood ist nach dem Multiplikationssatz:

$$\begin{aligned} L(\theta|\mathrm{V}_1 \cap \mathrm{V}_2) =& L(\theta|\mathrm{V}_1) \cdot L(\theta|\mathrm{V}_2) \\ =& \left(1 - e^{-\theta \cdot t_1}\right)^{k_1}\left(1 - e^{-\theta \cdot t_2}\right)^{k_2} \\ & \cdot e^{-\theta \cdot (t_1(n_1-k_1)+t_2(n_2-k_2))}\,. \end{aligned}$$

Setzen wir die Zahlen aus der Tabelle ein, erhalten wir:

$$L(\theta|\mathrm{V}_1 \cap \mathrm{V}_2) = (1 - e^{-4\theta})^4 \cdot (1 - e^{-8\theta})^7 \cdot e^{-32\theta}$$

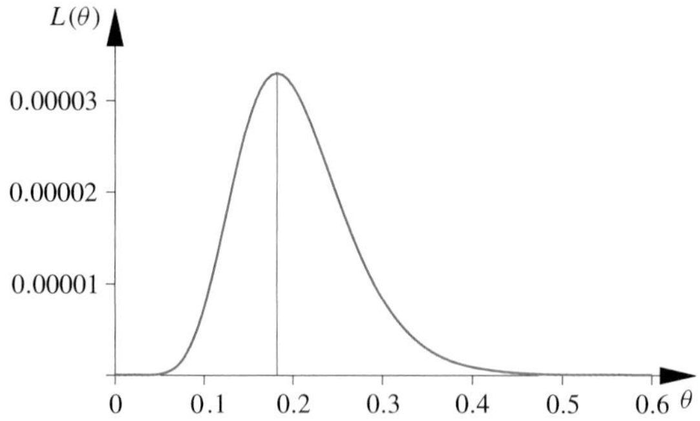

Die Abbildung zeigt den Graphen der Likelihood-Funktion. Aus ihr lesen wir ab, dass plausible Werte von θ zwischen 0.11 und 0.35 liegen. Der Maximum-Likelihood-Schätzer ist $\widehat{\theta} = 0.182$.

Achtung: Likelihoods sind keine Wahrscheinlichkeiten!

- Wahrscheinlichkeiten lassen sich addieren, Likelihoods nicht. Sind die Ereignisse A und B disjunkt, dann ist $\mathcal{P}(A) + \mathcal{P}(B) = \mathcal{P}(A \cup B)$ ein sinnvoller Ausdruck, sind aber θ_1 und θ_2 zwei verschiedene Parameterwerte, dann ist $L(\theta_1) + L(\theta_2)$ nur ein arithmetischer Ausdruck, der keine wahrscheinlichkeitstheoretische Relevanz besitzt. Für Mengen ist keine Addition erklärt. Speziell hat auch die Fläche unter dem Graphen der Likelihood-Funktion keine inhaltliche Bedeutung.
- Likelihoods transformieren sich anders als Wahrscheinlichkeiten. Bei einer Likelihood ist der Übergang des Parameters θ zu $\gamma = \gamma(\theta)$ nur ein Namenswechsel, während bei einer Zufallsvariablen X die Dichten sich beim Übergang von X zu $Y = Y(X)$ gemäß der Transformationsformel $f_Y(y)\mathrm{d}y = f_X(x)\mathrm{d}x$ verändern.
- Wahrscheinlichkeitsdichten eignen sich im Gegensatz zu Likelihoods nicht zur Quantifizierung von Plausibilitäten. Ist Y eine stetige zufälligen Variable mit der Dichte $f_Y(y)$ und dem Modus $\mathrm{mod}(Y)$, dann liegt es nahe, $\mathrm{mod}(Y)$ als den *wahrscheinlichsten Wert* von Y zu halten. Ist nun $g(Y)$ eine streng monotone, daher auch eindeutig umkehrbare Funktion von Y, dann sind Aussagen über Y und Aussagen über $g(Y)$ äquivalent. Aber $g(\mathrm{mod}(Y))$ ist nicht mehr der *wahrscheinlichste Wert* von $g(Y)$, denn $g(\mathrm{mod}(Y)) \neq \mathrm{mod}(g(Y))$. Dagegen bleibt bei monotonen wachsenden Parametertransformationen die durch die Likelihood vermittelte Plausibilitätsrangordnung erhalten.

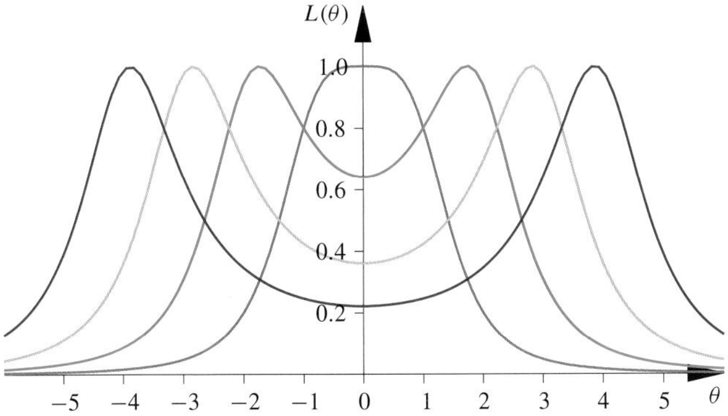

Abbildung 5.7 Cauchy-Likelihoods für jeweils zwei Beobachtungen in $a = \pm 1, \pm 2, \pm 3$ und ± 4.

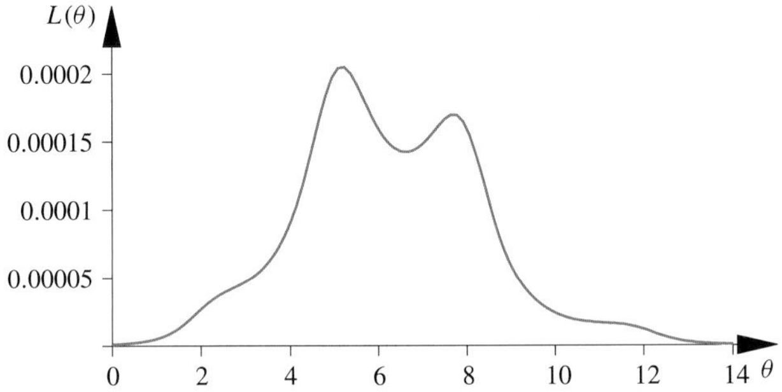

Abbildung 5.8 Die Likelihood der Cauchy-Verteilung bei vier Beobachtungen in 2, 5, 8 und 12.

5.4 Die Güte einer Schätzung

Angenommen, Sie müssten schätzen, wie viel Prozent der Stimmen am nächsten Sonntag der Kandidat der Dings-Partei bei der Wahl zum Bürgermeister in Werweißwo bekommt. Angenommen, Sie befragen in einer aufwändigen reinen Zufallsstichprobe die Wähler und schätzen $\widehat{\theta} = 12\,\%$. Gleichzeitig schaut eine Hellseherin tief in ihre Kristallkugel, streichelt ihre schwarze Katze und erklärt:

„*Der Kandidat erhält 8.4 %.*"

In der Stunde der Wahrheit am nächsten Sonntag stellt sich heraus: Der Kandidat erhielt 8.7 %. War die Schätzung der Hellseherin besser oder hatte sie nur Glück?

Eines steht fest: Ihr **Schätzwert** lag näher am wahren Wert. Aber war ihre Methode besser?

Gütekriterien für Schätzer bewerten die Eigenschaften der Wahrscheinlichkeitsverteilung der Schätzfunktion

Bei der Beurteilung der Güte von Schätzungen müssen wir unterscheiden zwischen **Schätzwert** und **Schätzfunktion.** Die Schätzfunktion $\widehat{\theta}(\boldsymbol{Y})$ ist die Methode, die Vorschrift, die einer Stichprobe $(Y_1, \ldots, Y_n)$ eine Zahl, den Schätzwert $\widehat{\theta}$, zuordnet. Die Schätzfunktion bildet die Stichprobe $\boldsymbol{Y} = (Y_1, \ldots, Y_n)$ in die reellen Zahlen ab. $\widehat{\theta}(\boldsymbol{Y})$ ist damit selbst eine zufällige Variable. Da unser griechisches Alphabet nicht ausreicht, werden wir den Buchstaben $\widehat{\theta}$ sowohl für Schätzwert als auch für Schätzfunktion verwenden und werden meistens – sofern keine Missverständnisse zu befürchten sind, – zur Vereinfachung des Schriftbildes das Argument $(\boldsymbol{Y})$ bzw. $(\boldsymbol{y})$ bei Schätzwert und Schätzfunktion fortlassen.

Falls die Angabe wichtig ist, dass ein Schätzer aus einer Stichprobe vom Umfang n kommt, werden wir statt $\widehat{\theta}$ ausführlicher $\widehat{\theta}^{(n)}$ schreiben.

Über den konkreten Schätzfehler können wir nichts aussagen, solange wir den wahren Wert nicht kennen. Aber die Güte einer Schätzfunktion können wir anhand der Eigenschaften ihrer Wahrscheinlichkeitsverteilung beurteilen.

Beispiel Es seien $Y_1, \ldots, Y_n$ i.i.d.-normalverteilt, $Y_i \sim \mathrm{N}(\mu; \sigma^2)$. Der Maximum-Likelihood-Schätzer für μ ist

$$\widehat{\mu}(\boldsymbol{Y}) = \overline{Y} = \frac{1}{n}\sum_{i=1}^{n} Y_i\,.$$

Dann ist $\widehat{\mu} = \overline{Y} \sim \mathrm{N}\big(\mu; \frac{\sigma^2}{n}\big)$. Die Schätzwerte $\widehat{\mu}(\boldsymbol{y})$ werden also mit einer Varianz von $\frac{\sigma^2}{n}$ um den wahren Wert μ streuen. Je größer n ist, um so wahrscheinlicher ist es, dass die Schätzwerte in der Nähe des wahren Wertes μ liegen. ◄

Schreiben wir $\widehat{\theta} = \theta + \big(\widehat{\theta} - \theta\big)$, dann ist $\widehat{\theta} - \theta$ der konkrete Schätzfehler. Über ihn können wir nichts sagen, wohl aber über seinen Erwartungswert, den mittleren Schätzfehler.

Der systematische Schätzfehler oder Bias

Der Bias ist die Abweichung

$$\mathrm{E}\big(\widehat{\theta}\big) - \theta\,.$$

$\widehat{\theta}$ heißt **erwartungstreu, unverfälscht** oder Englisch **unbiased**, falls der Bias null ist. Dann ist

$$\mathrm{E}\big(\widehat{\theta}\big) = \theta\,.$$

Konvergiert der Bias mit wachsendem Stichprobenumfang gegen null, so heißt die Schätzfunktion asymptotisch unverfälscht.

Beispiel Sind $Y_1, \ldots, Y_n$ i.i.d. verteilt mit $\mathrm{E}(Y_i) = \mu$ und $\mathrm{var}(Y_i) = \sigma^2$, dann ist $\widehat{\mu} = \overline{Y}$ ein erwartungstreue Schätzer für μ, denn

$$\mathrm{E}(\widehat{\mu}) = \mathrm{E}\big(\overline{Y}\big) = \mathrm{E}\left(\frac{1}{n}\sum_{i=1}^{n} Y_i\right) = \frac{1}{n}\sum_{i=1}^{n}\mathrm{E}(Y_i) = \frac{1}{n}n\mu = \mu\,.$$

Dagegen ist

$$\widehat{\sigma}^2 = \frac{1}{n}\sum_{i=1}^{n}\big(Y_i - \overline{Y}\big)^2$$

kein erwartungstreuer Schätzer von σ^2 : Denn auf Grund des Verschiebungssatzes und der Linearität des Erwartungswerts gilt:

$$\sum_{i=1}^{n}(Y_i-\overline{Y})^2=\sum_{i=1}^{n}Y_i^2-n\overline{Y}^2,$$

$$\mathrm{E}\left(\sum_{i=1}^{n}(Y_i-\overline{Y})^2\right)=\sum_{i=1}^{n}\mathrm{E}(Y_i^2)-n\mathrm{E}(\overline{Y}^2)$$
$$=n\mathrm{E}(Y^2)-n\mathrm{E}(\overline{Y}^2).$$

Wegen

$$\mathrm{E}(Y^2)=\mathrm{Var}\,(Y)+\mu^2=\sigma^2+\mu^2$$

und

$$\mathrm{E}(\overline{Y}^2)=\mathrm{Var}\,(\overline{Y})+\mu^2=\frac{\sigma^2}{n}+\mu^2$$

folgt:

$$\mathrm{E}\left(\sum_{i=1}^{n}(Y_i-\overline{Y})^2\right)=n(\sigma^2+\mu^2)-n\left(\frac{\sigma^2}{n}+\mu^2\right)$$
$$=(n-1)\,\sigma^2.$$

Daher ist

$$\mathrm{E}(\widehat{\sigma}^2_{\mathrm{ML}})=\frac{n-1}{n}\sigma^2=\sigma^2-\frac{1}{n}\sigma^2.$$

$\widehat{\sigma}^2$ ist also nicht erwartungstreu für σ^2, er unterschätzt systematisch die Varianz σ^2. Der Bias ist $-\frac{\sigma^2}{n}$. Dagegen ist der Schätzer

$$\widehat{\sigma}^2_{\mathrm{UB}}=\frac{1}{n-1}\sum_{i=1}^{n}(Y_i-\overline{Y})^2 \tag{5.4}$$

erwartungstreu, unbiased, denn

$$\mathrm{E}\left(\widehat{\sigma}^2_{\mathrm{UB}}\right)=\frac{1}{n-1}(n-1)\,\sigma^2=\sigma^2.$$ ◀

Dies erklärt auch, warum es zwei verschiedene Schätzer für die Varianz gibt. Der mit dem Nenner n ist im Normalmodell der Maximum-Likelihood-Schätzer, der andere ist der unverfälschte Schätzer. Bleibt die Frage: Wer von beiden ist der „bessere" Schätzer? Diese Frage ist allgemein ebenso wenig zu beantworten, wie etwa die Frage, ob ein Apfel oder eine Birne besser schmeckt. Im Leben wie in der Statistik gibt es eine Fülle von Kriterien, mit denen man die Güte eines Objektes oder eines Verfahrens beurteilen kann. Der Bias ist nur eines von vielen. Wir werden später mit dem Mean Square Error ein weiteres Kriterium kennen lernen.

Die Begriffe „erwartungstreu" oder noch stärker „unverfälscht" haben etwas Verlockendes. Sollte man nicht immer den unverfälschten Schätzer vorziehen? Lassen wir uns nicht von der umgangssprachlichen Bedeutung dieses Begriffs verführen. Unbiasedness ist eine mögliche Eigenschaft eines Schätzers, aber nicht die wichtigste. Es gibt Beispiele, bei denen sich die erwartungstreuen Schätzer als die denkbar schlechtesten erweisen oder bei denen überhaupt keine erwartungtreuen Schätzer existieren, siehe z. B. Aufgabe 5.22 und Aufgabe 5.16.

Beispiel Es ist $\overline{X}\sim N\left(\mu;\frac{\sigma^2}{n}\right)$. Sie beobachten $\overline{X}$ und sollen μ schätzen. Natürlich wählen Sie $\widehat{\mu}=\overline{X}$. Nun aber kommt die Zusatzinformation: Sie wissen dass $\mu\geq 0$ ist. Der Parameterraum ist $\mathbb{R}_+=[0,\infty)$. Aber $\overline{X}$ kann auch negativ sein. Entweder Sie verzichten auf die Forderung, dass eine Schätzfunktion eine Abbildung der Stichprobe in den Parameterraum sein soll, oder Sie müssen eine andere Schätzfunktion als $\overline{X}$ wählen. Angenommen $\widetilde{\mu}\,(\boldsymbol{X})\geq 0$ wäre eine solche Schätzfunktion. Dann kann $\widetilde{\mu}\,(\boldsymbol{X})$ nicht erwartungstreu sein. Um die Unmöglichkeit zu beweisen, nehmen wir einmal an, es wäre

$$\mu=\mathrm{E}\,(\widetilde{\mu}\,(\boldsymbol{X}))=\int\widetilde{\mu}\,(\boldsymbol{x})\,f\,(\boldsymbol{x}\,\|\,\mu)\,d\boldsymbol{x}\,.$$

Dabei brauchen wir die Dichte von $\boldsymbol{X}$ gar nicht zu spezifizieren. Diese Bedingung muss für alle $\mu\in[0,\infty)$ gelten, speziell also für auch für den Randpunkt $\mu=0$. Dann muss demnach gelten:

$$0=\int\widetilde{\mu}\,(\boldsymbol{x})\,f\,(\boldsymbol{x}\,\|\,0)\,d\boldsymbol{x}\,.$$

Diese Gleichung ist wegen $f\,(\boldsymbol{x}\,\|\,0)>0$ nur für $\widetilde{\mu}\,(\boldsymbol{x})=0$ für alle x möglich. Damit ist $\mu=\mathrm{E}\,(\widetilde{\mu}\,(\boldsymbol{X}))$ nur für $\mu=0$ erfüllt, andernfalls ist $\widetilde{\mu}\,(\boldsymbol{x})$ ein sinnloser und unbrauchbarer Schätzer. Das Beispiel zeigt, dass immer dort, wo der Parameterraum nach oben oder unter beschränkt ist, und die Verteilung bei diesen Randwerten nicht ausgeartet ist, keine erwartungstreuen Schätzer existieren können. ◀

?

Angenommen, die $Y_1,\ldots,Y_n$ sind beliebig verteilt, besitzen aber alle den gleichen Erwartungswert $\mathrm{E}\,(Y_i)=\mu$. Ist dann $\widehat{\mu}=\overline{Y}$ ein erwartungstreuer Schätzer von μ?

Achtung: Die Eigenschaft „erwartungstreu" bedeutet auf keinen Fall, dass man erwarten könne, der Schätzer würde schon den wahren Wert liefern. Erwartungstreue bedeutet allein, dass der Schwerpunkt der Verteilung der Schätzwerte der wahre Wert θ ist und nicht systematisch oder „parteiisch" davon abweicht.

?

a) Eine beschädigte Waage zeige jedes Gewicht μ mit Wahrscheinlichkeit $\frac{1}{2}$ ein Kilo zu hoch und mit Wahrscheinlichkeit $\frac{1}{2}$ ein Kilo zu niedrig an. Es sei Y das angezeigte Gewicht. Ist $\widehat{\mu}=Y$ erwartungstreu für μ?

b) $\widehat{\sigma}^2_{\mathrm{UB}}$ ist ein erwartungstreuer Schätzer für σ^2. Ist dann auch $\widehat{\sigma}_{\mathrm{UB}}=\sqrt{\widehat{\sigma}^2_{\mathrm{UB}}}$ erwartungstreu für σ?

Nach dem Starken Gesetz der großen Zahlen gilt für i.i.d.-verteilte Zufallsvariable $Y_1,\ldots,Y_n$ mit existierendem Erwartungswert $\mathcal{P}\left(\lim_{n\to\infty}\overline{Y}^{(n)}=\mu\right)=1$. Verwenden wir $\overline{Y}^{(n)}=\widehat{\mu}^{(n)}$ als Schätzer für μ, so konvergiert $\widehat{\mu}^{(n)}$ mit Wahrscheinlichkeit 1 gegen μ. Diese Eigenschaft erhält einen eigenen Namen. Wir definieren: Eine Schätzfunktion $\widehat{\theta}^{(n)}$ heißt stark konsistent, falls mit Wahrscheinlichkeit 1 gilt:

$$\lim_{n\to\infty} \widehat{\theta}^{(n)} = \theta .$$

Starke Konsistenz ist oft schwer nachzuweisen. Daher schwächen wir das Kriterium ab und fordern bloß noch, dass mit wachsendem n große Abweichungen vom wahren Parameter θ immer unwahrscheinlicher werden sollen.

Definition Konsistenz

$\widehat{\theta}^{(n)}$ heißt konsistent, falls für alle $\varepsilon > 0$ gilt:

$$\lim_{n\to\infty} \mathcal{P}\left(\left|\widehat{\theta}^{(n)} - \theta\right| > \varepsilon\right) = 0 .$$

Man sagt auch: $\widehat{\theta}^{(n)}$ konvergiert schwach im Sinne der Wahrscheinlichkeit gegen θ. Mithilfe der Markov-Ungleichung lässt sich zeigen: Ein asymptotisch erwartungstreuer Schätzer $\widehat{\theta}^{(n)}$, dessen Varianz gegen null konvergiert, ist konsistent. Der Beweis ist Ihnen als Aufgabe 5.15 gestellt.

Konsistenz und asymptotische Erwartungstreue sind bei endlichen Stichprobenumfängen nicht immer relevant. Wichtiger ist oft der Verlust, den man mit einer falschen Schätzung erleidet. Sei $\mathrm{V}(\theta; \widehat{\theta})$ der Verlust, der entsteht, wenn θ durch $\widehat{\theta}$ geschätzt wird. Nun ist $\widehat{\theta}$ eine Zufallsvariable und θ selbst unbekannt. Aber man kann den Erwartungswert des Verlustes $\mathrm{E}\,(V(\theta, \widehat{\theta}))$ als Funktion des wahren Parameters bestimmen und danach Schätzfunktionen bewerten. Am häufigsten wird die quadratische Verlustfunktion $\mathrm{V}(\theta, \widehat{\theta}) = (\widehat{\theta} - \theta)^2$ verwendet.

Der mittlere quadratischer Fehler, MSE

Der Erwartungswert der quadratischen Verlustfunktion heißt mittlerer quadratischer Fehler oder englisch „Mean Square Error" (MSE):

$$\begin{aligned} \mathrm{MSE}\,(\widehat{\theta}) &= \mathrm{E}(\widehat{\theta} - \theta)^2 \\ &= \mathrm{Var}\,(\widehat{\theta}) + (\mathrm{E}\,(\widehat{\theta}) - \theta)^2 \\ &= \mathrm{Var}\,(\widehat{\theta}) + \mathrm{Bias}^2 . \end{aligned}$$

Die zweite Gleichung ist eine Folge des Verschiebungssatzes der Varianz: Wendet man $\mathrm{Var}\,(X) = \mathrm{E}(X^2) - (\mathrm{E}(X))^2$ auf $X = \widehat{\theta} - \theta$ an und stellt die Summanden um, erhält man die zweite Gleichung.

Der MSE bewertet zwei Fehlergrößen: a) die Streuung der Schätzwerte um ihren eigenen Schwerpunkt und b) den Abstand dieses Schwerpunktes vom eigentliche Ziel.

Abbildung 5.9 soll dies verdeutlichen. Stellen wir uns zwei Schützen vor, die auf ein Ziel θ schießen. Der eine ist ein sicherer Schütze, aber er schielt ein bisschen. Seine Schüsse liegen dicht beieinander, aber mit großem Bias vom Ziel entfernt. Der andere Schütze zielt genau, aber er wackelt beim Schießen, der Bias ist null, aber die Varianz ist groß.

In der Praxis etwa bei der Einrichtung von Maschinen trifft man häufig auf analoge Situationen, bei denen meist ein Bias leichter zu korrigieren ist als eine große Varianz.

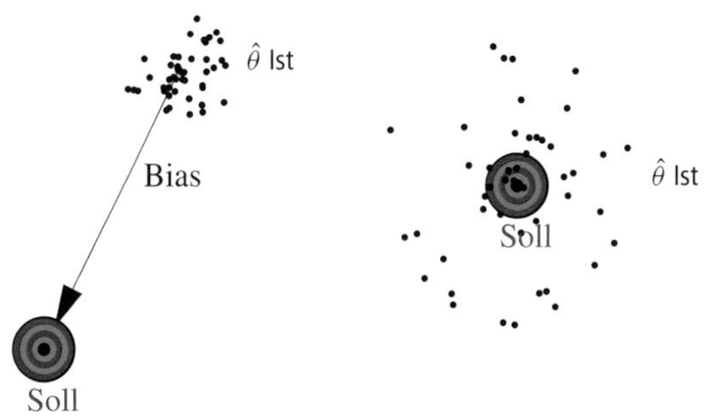

Abbildung 5.9 Zwei Zielscheiben: Links mit großem Bias und kleiner Varianz, rechts unbiased, aber mit großer Varianz.

Der MSE ist ein geeignetes Kriterium, um die Güte nicht erwartungstreuer Schätzer zu vergleichen. Oft sind nicht erwartungstreue Schätzfunktionen mit geringem MSE erwartungstreuen Schätzern mit größerer Varianz vorzuziehen.

Beispiel Sind $Y_1, Y_2, \ldots, Y_n$ i.i.d. $\mathrm{N}(\mu; \sigma^2)$-verteilt, dann sind

$$\widehat{\sigma}^2_{\mathrm{UB}} = \frac{1}{n-1}\sum_{i=1}^{n}(Y_i - \overline{Y})^2 ,$$

$$\widehat{\sigma}^2_{\mathrm{ML}} = \frac{1}{n}\sum_{i=1}^{n}(Y_i - \overline{Y})^2 ,$$

$$\widehat{\sigma}^2_{MSE} = \frac{1}{n+1}\sum_{i=1}^{n}(Y_i - \overline{Y})^2$$

konsistente, asymptotisch erwartungstreue Schätzer für σ^2. Dabei ist allein $\widehat{\sigma}^2_{\mathrm{UB}}$ erwartungstreu. Weiter gilt:

$$\mathrm{MSE}\,(\widehat{\sigma}^2_{\mathrm{UB}}) > \mathrm{MSE}(\widehat{\sigma}^2_{\mathrm{ML}}) > \mathrm{MSE}(\widehat{\sigma}^2_{MSE}) .$$

Der Beweis dieser Ungleichungen wird als Aufgabe 5.18 gestellt. ◀

Achtung: Der Name *Mean Square Error*, MSE, wird noch für einen anderen Sachverhalt benutzt, den wir im Kapitel 8 beim Thema Varianzanalyse behandeln. Hier ist der MSE ein fester Parameter, dort bezeichnen wir mit MSE eine zufällige Variable und zwar einen erwartungstreuen Varianzschätzer, der analog zu $\widehat{\sigma}^2_{\mathrm{UB}}$ konstruiert wird.

Bei erwartungstreuen Schätzern ist der Bias null. Der MSE ist nichts anderes als die Varianz des Schätzers. Dieser wichtige Spezialfall führt zu einem neuen Begriff.

Definition der Effizienz

Sind $\widehat{\theta}_1$ und $\widehat{\theta}_2$ zwei erwartungstreue Schätzer von θ, dann heißt $\widehat{\theta}_1$ **wirksamer** oder **effizienter** als $\widehat{\theta}_2$, falls $\mathrm{Var}\,(\widehat{\theta}_1) < \mathrm{Var}\,(\widehat{\theta}_2)$. Ein Schätzer $\widehat{\theta}$ heißt **effizient** oder auch **wirksamst** in einer Klasse von Schätzfunktionen, wenn er unter allen erwartungstreuen Schätzern dieser Klasse minimale Varianz besitzt.

?

Die Schätzfunktion $\widehat{\theta}_{17} \equiv 17$, die jeden Parameter mit 17 schätzt, hat die Varianz null. Warum ist sie nicht effizient?

Sind $Y_1, Y_2, \ldots, Y_n$ i.i.d. $N(\mu; \sigma^2)$, so sind Y_1, der Median $\operatorname{Med}(\boldsymbol{Y})$ und der Mittelwert $\overline{Y}$ bereits drei verschiedene erwartungstreue Schätzer für μ. Für sie gilt: $\operatorname{Var}(Y_1) > \operatorname{Var}(\operatorname{Med}(\boldsymbol{Y})) > \operatorname{Var}(\overline{Y}) = \frac{\sigma^2}{n}$. Daher stellt sich die Frage, ob es nicht weitere, bessere Schätzer, vielleicht sogar einen wirksamsten Schätzer für μ gibt. Diese Frage lässt sich mithilfe der Ungleichung von C. R. Rao (1920*) und H. Cramer (1893–1985) beantworten.

Sie besagt, dass für erwartungstreue Schätzer innerhalb eines vorgegebenen Modells bei festem Stichprobenumfang n die Varianz nicht beliebig klein gemacht werden kann. Es gibt eine untere Schranke RC für die Varianz eines jeden Schätzers. Je näher die Varianz eines Schätzers dieser Schranke RC kommt, um so besser ist der Schätzer. Erreicht der Schätzer diese Schranke, so ist er effizient. Bessere Schätzer existieren nicht.

Ungleichung von Rao-Cramer

Sind $Y_1, \ldots, Y_n$ i.i.d.-zufällige Variable, deren Verteilung von θ abhängt und ist $\widehat{\theta} = \widehat{\theta}(Y_1; \ldots; Y_n)$ eine erwartungstreue Schätzung für θ, so ist unter schwachen mathematischen Regularitätsbedingungen

$$\operatorname{Var}(\widehat{\theta}) \geq \frac{1}{n} RC\,.$$

Dabei hängt RC, die Schranke von Rao-Cramer, weder vom Schätzer noch vom Stichprobenumfang, sondern allein vom verwendeten Wahrscheinlichkeitsmodell ab.

Dabei bedeuten die „schwachen mathematischen Regularitätsbedingungen" im Wesentlichen, dass die Log-Likelihood nach θ differenzierbar ist und die Reihenfolgen von Integration und Differenziation vertauschbar sind. Die Konstante RC lässt sich dann explizit berechnen. Ist $l(\theta|Y)$ die Log-Likelihood von θ auf der Basis einer einzelnen Beobachtung Y, so ist

$$\frac{1}{RC} = -\mathrm{E}\left(\frac{\partial^2}{\partial\theta^2} l(\theta|Y)\right).$$

Man bezeichnet $-\frac{\partial^2}{\partial\theta^2} l(\theta|Y)$ auch als Fishers Informationsfunktion und ihren Erwarungswert $-\mathrm{E}\left(\frac{\partial^2}{\partial\theta^2} l(\theta|Y)\right)$ als die Fisher-Information.

Beispiel Für die Normalverteilung sind die Likelihood $L(\theta|Y)$ und die Log-Likelihood gegeben durch

$$L(\theta|Y) = L(\mu, \sigma|Y) = \frac{1}{\sigma} \exp\left(-\frac{(y-\mu)^2}{2\sigma^2}\right),$$

$$l(\theta|Y) = l(\mu, \sigma|Y) = -\ln\sigma - \frac{(y-\mu)^2}{2\sigma^2}.$$

Daher ist

$$\frac{\partial^2}{\partial\mu^2} l(\mu, \sigma|y) = -\frac{1}{\sigma^2} = \mathrm{E}\left(\frac{\partial^2}{\partial\mu^2} l(\mu, \sigma|Y)\right).$$

Die letzte Gleichung gilt, denn $-\frac{1}{\sigma^2}$ hängt gar nicht mehr von y ab, der Erwartungswert einer Konstante ist die Konstante. Daher gilt im Normalverteilungsmodell für jeden erwartungstreuen Schätzer von μ:

$$RC = \sigma^2\,.$$

$\frac{RC}{n} = \frac{\sigma^2}{n}$ ist aber gerade die Varianz von $\overline{Y}^{(n)}$. Demnach ist $\overline{Y}^{(n)}$ ein effizienter Schätzer von μ. Übrigens ist im Normalverteilungsmodell $\overline{Y}^{(n)}$ der einzige effiziente Schätzer von μ. ◀

In der Schranke RC von Rao-Cramer wird die Log-Likelihood nicht nur als Funktion von θ, sondern auch als Funktion der Variablen Y betrachtet und erscheint so selbst als Zufallsvariable. Nun ist

$$l(\theta|Y_1, \cdots, Y_n) = \sum_{i=1}^{n} l(\theta|Y_i)\,.$$

Sind die Y_i i.i.d., so sind die $l(\theta|Y_i)$ ebenfalls i.i.d. Besitzen sie einen Erwartungswert und eine Varianz, so sind alle Bedingungen des zentralen Grenzwertsatzes erfüllt. Daher ist $l(\theta|Y_1, \cdots, Y_n)$ asymptotisch normalverteilt. Durch Taylorreihenentwicklung der Log-Likelihood und sorgfältige Abschätzung des Restgliedes kann man daraus das folgende für die Praxis grundlegende Ergebnis ableiten.

Optimalität des Maximum-Likelihood-Schätzers

Unter schwachen mathematischen Regularitätsbedingungen an die Likelihood gilt: Sind $Y_1, \ldots, Y_n$ i.i.d., so ist $\widehat{\theta}^{(n)}$ konsistent, asymptotisch erwartungstreu, asymptotisch effizient und asymptotisch normalverteilt,

$$\lim_{n\to\infty} \mathcal{P}\left(\frac{\widehat{\theta}^{(n)} - \theta}{\sqrt{RC}} \sqrt{n} \leq t\right) = \Phi(t)\,.$$

Dabei ist $\Phi(t)$ die Verteilungsfunktion der $\mathrm{N}(0; 1)$. Für endliche n gilt daher approximativ:

$$\widehat{\theta}^{(n)} \approx \mathrm{N}\left(\theta; \frac{RC}{n}\right).$$

Oder noch stärker vereinfacht:

$$\widehat{\theta}^{(n)} \approx \mathrm{N}\left(\theta; \operatorname{Var}(\widehat{\theta}^{(n)})\right).$$

Die schwachen mathematischen Regularitätsbedingungen bedeuten im Wesentlichen die zweifache stetige Differenzierbarkeit der Likelihood sowie die Vertauschbarkeit von Integration und Differenziation. Asymptotische Effizienz heißt: Die Varianz des Maximum-Likelihood-Schätzers nähert sich asymptotisch der Schranke von Rao-Cramer.

Diese Aussage ist ganz konkret und praktisch verwertbar, denn die Rao-Cramer-Schranke RC lässt sich abschätzen, wenn wir den Erwartungswert in der Schranke durch einen Mittelwert ersetzen und den wahren Parameter durch den Maximum-Likelihood-Schätzer selbst ersetzen. Dann ist

$$\begin{aligned}\frac{1}{RC} &= -\mathrm{E}\left(\frac{\partial^2}{\partial\theta^2} l(\theta|Y)\right)\\ &\approx -\frac{1}{n}\sum_{i=1}^{n}\frac{\partial^2}{\partial\theta^2} l(\widehat{\theta}|y_i)\\ &= -\frac{1}{n}\frac{\partial^2}{\partial\theta^2} l(\widehat{\theta}|y_i,\dots,y_n)\,.\end{aligned}$$

Wir können daher zusammenfassen: Für große n ist der Maximum-Likelihood-Schätzer approximativ normalverteilt mit

$$\widehat{\theta}^{(n)} \approx \mathrm{N}\left(\theta;\ \frac{1}{-\frac{\partial^2}{\partial\theta^2} l(\widehat{\theta}|y_1,\dots,y_n)}\right).$$

$\frac{\partial^2}{\partial\theta^2} l(\widehat{\theta}|y_1,\dots,y_n)$ ist die Krümmung der Log-Likelihood im Maximum, d. h. an der Stelle $\widehat{\theta}$. Je größer die Krümmung im Maximum, um so schärfer wird das Maximum $\widehat{\theta}$ gegenüber seiner konkurrierenden Umgebung herausgestellt, um so präziser ist die Schätzung, um so kleiner die Varianz der Schätzfunktion $\widehat{\theta}^{(n)}$.

(An der Stelle $\widehat{\theta}$ hat die Likelihood ein Maximum, daher ist die zweite Ableitung negativ. Durch das Minus-Vorzeichen erhalten wir eine positive Varianz.)

Achtung: Eine generelle Abwägung der Kriterien Erwartungstreue, Konsistenz, Effizienz, MSE gegeneinander ist unmöglich. Auch lassen sich die einzelnen Kriterien nicht aus einem übergeordneten Generalprinzip ableiten. Im Gegenteil: Es sind Beispiele konstruierbar, in denen Schätzer nach einem Kriterium besonders gut und nach einem anderen besonders schlecht abschneiden.

Für wichtige Familien von Wahrscheinlichkeitsverteilungen lassen sich nach den obigen Kriterien gute oder gar optimale Schätzer konstruieren. Diesen Schätzern begegnet man heute wieder mit Misstrauen, da sie zu genau auf spezielle Verteilungsmodelle zugeschnitten sind. In der Praxis passt das gewählte Modell oft nicht so gut; man hat dann zwar optimale Schätzer, aber im ungeeigneten Modell – und trifft als Konsequenz unbrauchbare bis falsche Entscheidungen. Daher verwendet man häufiger Schätzer, die zwar weniger effizient sind, dafür aber nicht so engherzig mit den Modellvoraussetzungen. Sie zahlen einen Teil der Effizienz als Versicherungsprämie gegen Modellverletzungen. Die Theorie dieser sogenannten **robusten Schätzer** ist mathematisch anspruchsvoll, ihre Berechnung numerisch aufwändig. Ihre detaillierte Behandlung geht über den Rahmen des Buches hinaus.

5.5 Konfidenzintervalle

Ein Punktschätzer ist präzise, aber – genau genommen – meistens falsch. Ist z. B. die Schätzfunktion $\widehat{\theta}$ eine stetige Zufallsvariable, so ist $\mathcal{P}(\widehat{\theta} = \theta) = 0$. Die Präzision des Punktschätzers wird erkauft mit dem Verlust jeder Sicherheit.

Intervallschätzer gehen genau den entgegengesetzten Weg, sie machen unscharfe Aussagen mit angebbarer Verlässlichkeit. Um Intervallschätzer oder Konfidenzintervalle zu konstruieren, befassen wir uns noch einmal mit Prognosen.

Eine Prognose ist eine Aussage über das Eintreten eines zufälligen Ereignisses

Prognosen sollten präzise und sicher sein; in der Regel sind sie das eine nur auf Kosten des anderen. Der Ausgang einer Prognose ist keine nachträgliche Rechtfertigung für das Vertrauen, das wir vorher in die Prognose setzen. Nicht das einzelne zufällige Ergebnis ist relevant, sondern das **Verfahren**, das zu dieser Prognose geführt hat. Modellieren wir das zu prognostizierende, unbekannte Ereignis als Realisation einer eindimensionalen zufälligen Variablen Y, so heißt jedes Intervall $[a, b]$ ein $(1-\alpha)$-**Prognoseintervall**, falls gilt:

$$\mathcal{P}(a \le Y \le b) \ge 1 - \alpha\,.$$

$a \le Y \le b$ ist die Prognose. Wir verallgemeinern wie folgt.

Definition Prognosebereich

Jeder Bereich B mit

$$\mathcal{P}(Y \in B) \ge 1 - \alpha$$

heißt Prognosebereich für Y und $Y \in B$ eine Prognose über Y zum Niveau $1 - \alpha$.

Prognosebereiche erlauben es, Wahrscheinlichkeitsaussagen über mögliche oder zukünftige Realisationen der zufälligen Variablen Y zu machen. Ist z. B. $Y \sim N(5; 2^2)$, so ist $|Y - 5| \le 1.96 \cdot 2$ oder

$$1.08 \le Y \le 8.92$$

ein (0.95)-Prognoseintervall. Mit 95 % Wahrscheinlichkeit wird eine Realisation von Y in diesem Intervall liegen. Wird nun $Y = 2$ beobachtet, war die Prognose richtig, wird $Y = 9$ beobachtet, war die Prognose falsch. Ist aber nur $Y \sim N(\mu; \sigma^2)$ bekannt, bei unbekanntem μ und σ, so gilt immer noch die Prognose zum Niveau 0.95:

$$\mu - 1.96 \cdot \sigma \le Y \le \mu + 1.96 \cdot \sigma$$

Wird nun $Y = 3$ beobachtet, so lässt sich nicht sagen, ob die Prognose wahr oder falsch ist. Da μ und σ unbekannt sind, ist die Richtigkeit der Prognose nicht verifizierbar. Die Verlässlichkeit der Prognose ist davon aber unberührt. Sie beruht allein auf dem Starken Gesetz der großen Zahlen. Dieses sichert, dass bei einer

Übersicht: Die Likelihood- und Punktschätzer

Die Likelihood-Funktion ist bis auf eine multiplikative Konstante die Wahrscheinlichkeit eines Ereignisses als Funktion des Parameters θ. Der Maximum-Likelihood-Schätzer $\widehat{\theta}$ ist der Parameterwert, an dem die Likelihood ihr Maximum annimmt. Gütekriterien bewerten Eigenschaften der Verteilungsfunktion des Schätzers.

- In einem parametrischen Wahrscheinlichkeitsmodell mit dem Parameterraum Θ bewertet die Likelihood die relative Plausibilität der Parameter im Licht einer Beobachtung: Falls $\mathcal{P}(A \parallel \theta) > 0$:

$$L(\theta \mid A) = c\mathcal{P}(A \| \theta), \quad \theta \in \Theta.$$

Falls Y die Dichte $f(y \parallel \theta)$ besitzt:

$$L(\theta \mid Y = y) = cf_Y(y \| \theta), \quad \theta \in \Theta.$$

- Die Log-Likelihood ist die logarithmierte Likelihood.
- Eine Funktion $T(\boldsymbol{X})$ heißt suffizient für θ, wenn die Likelihood von θ nur von $T(\boldsymbol{X})$ abhängt.
- Setzt sich das Ereignis $A = A_1 \cap A_2 \cap \ldots \cap A_n$ aus n unabhängigen Ereignissen zusammen, dann ist

$$L(\theta|A) = \prod_{i=1}^{n} L(\theta|A_i) \quad \text{und} \quad l(\theta|A) = \sum_{i=1}^{n} l(\theta|A_i).$$

- Der Maximum-Likelihood-Schätzer macht alle Transformationen mit. Ist $\gamma = \gamma(\theta)$ eine eineindeutige Abbildung, so ist

$$\widehat{\gamma} = \widehat{\gamma(\theta)} = \gamma(\widehat{\theta}).$$

- Unter schwachen mathematischen Voraussetzungen gilt: Sind $Y_1, \ldots, Y_n$ i.i.d., so ist der Maximum-Likelihood-Schätzer $\widehat{\theta}^{(n)}$ konsistent und asymptotisch erwartungstreu, effizient und normalverteilt. Für endliche n gilt approximativ:

$$\widehat{\theta}^{(n)} \approx \mathrm{N}\left(\theta; \frac{-1}{\frac{\partial^2}{\partial\theta^2} l\left(\widehat{\theta} \mid y_1, \ldots, y_n\right)}\right).$$

- Ist $Y \sim B_n(\theta)$, so ist der ML-Schätzer $\widehat{\theta} = \frac{Y}{n}$.
- Sind $Y_1, \ldots, Y_n$ i.i.d. $\mathrm{N}(\mu; \sigma^2)$, so sind die ML-Schätzer $\widehat{\mu} = \overline{Y}$ und $\widehat{\sigma}^2_{\mathrm{ML}} = \frac{1}{n}\sum(Y_i - \overline{Y})^2$.
- Ist $Y \sim PV(\lambda)$, so ist der ML-Schätzer $\widehat{\lambda} = Y$.
- Der systematische Schätzfehler oder Bias ist $\mathrm{E}(\widehat{\theta}) - \theta$. Dabei ist $\widehat{\theta}$ erwartungstreu, falls $\mathrm{E}(\widehat{\theta}) = \theta$ ist.
- Konvergiert der Bias mit wachsendem Stichprobenumfang gegen null, so ist die $\widehat{\theta}^{(n)}$ asymptotisch erwartungstreu.
- Der mittlere quadratische Fehler oder Mean Square Error (MSE) ist

$$\mathrm{MSE}(\widehat{\theta}) = \mathrm{E}(\theta - \widehat{\theta})^2 = \mathrm{Var}(\widehat{\theta}) + \mathrm{Bias}^2.$$

- Sind $X_1, \ldots X_n$ i.i.d. normalverteilt, dann hat $\widehat{\sigma}^2_{\mathrm{ML}}$ einen kleineren MSE als $\widehat{\sigma}^2_{\mathrm{UB}}$.
- Eine Schätzfunktion $\widehat{\theta}^{(n)}$ ist konsistent, falls für alle $\varepsilon > 0$ gilt

$$\lim_{n \to \infty} \mathcal{P}\left(\left|\widehat{\theta}^{(n)} - \theta\right| > \varepsilon\right) = 0.$$

- Ein Schätzer $\widehat{\theta}^{(n)}$, dessen MSE gegen null konvergiert, ist konsistent.
- Sind $\widehat{\theta}_1$ und $\widehat{\theta}_2$ erwartungstreue Schätzer von θ, dann heißt $\widehat{\theta}_1$ effizienter als $\widehat{\theta}_2$, falls $\mathrm{Var}(\widehat{\theta}_1) < \mathrm{Var}(\widehat{\theta}_2)$ ist.
- Ein erwartungstreuer Schätzer $\widehat{\theta}$ ist effizient in einer Klasse von Schätzfunktionen, wenn er unter allen erwartungstreuen Schätzern dieser Klasse minimale Varianz besitzt.
- Ist $\widehat{\theta}^{(n)}$ erwartungstreu, so gilt unter schwachen mathematischen Voraussetzungen die Schranke von Rao-Cramer für die Varianz:

$$\mathrm{Var}\left(\widehat{\theta}^{(n)}\right) \geq \frac{RC}{n}.$$

Dabei hängt RC nicht vom Schätzer, sondern allein vom Wahrscheinlichkeitsmodell ab.

wachsenden Zahl von unabhängigen Prognosen der Anteil der richtigen Prognosen mit Wahrscheinlichkeit von eins gegen 0.95 konvergiert.

Die Konfidenzstrategie: Eine nicht verifizierbare Prognose wird für wahr erklärt

Angenommen, Sie seien farbenblind und wollten dies aber verheimlichen. Nun werden Sie bei einer Veranstaltung gebeten, auf die Bühne zu kommen und Glücksfee zu spielen. Dazu sollen Sie aus einer Urne mit 95 roten und 5 grünen Kugeln zufällig eine Kugel ziehen, sie hochhalten, sodass alle die Kugel sehen können, und laut die Farbe der Kugel ansagen.

Bevor Sie die Kugel gezogen haben, können Sie mit ziemlicher Sicherheit prognostizieren, dass Sie eine rote Kugel ziehen werden. Genauer gesagt: Ihre Prognose „Die Kugel wird rot sein!" wird mit 95 % Wahrscheinlichkeit zutreffen. Das Beste, was Sie in dieser Situation tun können, wird daher sein, auf gut Glück eine Kugel zu ziehen und einfach zu behaupten: „Diese Kugel ist rot!"

Haben Sie Glück, ist die Kugel rot. Haben Sie Pech, ist die Kugel grün. Trotzdem wissen Sie, bevor Sie die Kugel gezogen haben, dass mit der Wahrscheinlichkeit von 95 % Ihre Aussage stimmen wird.

Übrigens lassen sich die Kugeln aufschrauben. Im Inneren liegt eine Praline. Die Praline aus jeder grünen Kugel ist mit Senf gefüllt. Da Sie nun aber erklärt haben, dass die Kugel rot ist, werden Sie die gezogene Kugel aufschrauben und die Praline wohlgemut verzehren. Jetzt werden Sie erkennen, ob Sie richtig entschieden haben.

Dieses Gedankenspiel übertragen wir auf folgendes Schätzproblem: Sei Y eine zufällige normalverteilte Variable mit $\mathrm{E}(Y) = \mu$ und $\mathrm{Var}(Y) = 1$. Nach Beobachtung von Y soll die Größenordnung von μ abgeschätzt werden. Für Y gilt die Aussage:

$$\mathcal{P}(|Y - \mu| \leq 1.96) = 0.95 .$$

Im Kugelbeispiel sind Sie farbenblind, im Schätzproblem sind Sie „parameterblind“. In beiden Fällen existiert ein Wahrscheinlichkeitsmodell, aus dem Sie eine Prognosen zum Niveau 0.95 ableiten konnten:

Einerseits: „Ich werde eine rote Kugel ziehen.“
Andererseits: $|Y - \mu| \leq 1.96$

Im Kugelbeispiel war Ihre Strategie: „Geh davon aus, dass die Prognose stimmt. Zieh eine Kugel und erkläre: Die Kugel ist rot.“ Im Schätzproblem beobachten Sie zum Beispiel ein $Y = 7$ und erklären:

$$|7 - \mu| \leq 1.96 .$$

Im Kugelbeispiel öffnen Sie die Kugel und essen die Praline. Im Schätzproblem lösen Sie die Ungleichung nach μ auf und erhalten die Intervallabschätzung für μ:

$$5.04 \leq \mu \leq 8.96 .$$

Dieses Intervall ist ein **Konfidenzintervall** für μ zum Niveau von 95 %. Im Kugelbeispiel erfahren Sie sofort, ob Ihre Aussage stimmt. Im Schätzproblem werden Sie es vielleicht nie erfahren. In beiden Situationen gilt: Die Strategie wird in 95 % aller Fälle zu richtigen Entscheidungen führen. Wir fassen unser Vorgehen zusammen.

Die Konfidenzstrategie

Gegeben sei die zufällige Variable Y, deren Verteilung vom unbekannten Parameter θ abhängt. Wir bestimmen für Y einen $(1-\alpha)$-Prognosebereich $A(\theta)$ zum Niveau α:

$$\mathcal{P}(Y \in A(\theta)) \geq 1 - \alpha .$$

Nun wird $Y = y$ beobachtet. Obwohl wir θ nicht kennen, **behaupten** wir einfach, dass y im Prognosebereich liegt:

$$y \in A(\theta) .$$

Daraufhin bestimmen wir die Menge aller θ, für die diese Behauptung gilt:

$$K(y) = \{\theta : \quad y \in A(\theta)\} .$$

Diese Menge $K(y)$ bildet den Konfidenzbereich für θ zum Niveau $(1-\alpha)$. Kurz:

$$y \in A(\theta) \quad \Longleftrightarrow \quad \theta \in K(y) .$$

Korrekterweise müssten wir $A_\alpha(\theta)$ und $K_\alpha(y)$ schreiben, denn alle Mengen beziehen sich auf ein fest vorgegebenes Niveau. Um das Schriftbild einfach zu halten, haben wir darauf verzichtet. Wir sprechen in der allgemeinen Definition von Konfidenz- bzw. Prognosebereichen und nicht von Intervallen, denn gerade bei mehrdimensionalen Parametern werden wir nicht notwendig mehrdimensionale Intervalle finden. Außerdem hätten wir den Prognosebereich mnemotechnisch vielleicht mit $\mathcal{P}(\theta)$ bezeichnen sollen, aber das $\mathcal{P}$ ist bereits verbraucht und bei $A(\theta)$ können wir annehmen, dass in diesem Bereich mit hoher Wahrscheinlichkeit die Werte von Y liegen werden. Wir werden $A(\theta)$ später im Zusammenhang mit der Testtheorie auch den Annahmebereich nennen.

Beispiel Sei Y eine zufällige Variable mit $\mathrm{E}(X) = \mu$ und bekannter Varianz σ^2. Dann gilt aufgrund der Tschebyschev-Ungleichung:

$$\mathcal{P}\left(\left|\frac{Y-\mu}{\sigma}\right| \leq k\right) \geq 1 - \frac{1}{k^2} .$$

Also ist

$$\left|\frac{Y-\mu}{\sigma}\right| \leq k$$

eine Prognose über Y zum Niveau von mindestens $1 - \frac{1}{k^2}$. Nun beobachten Sie $Y = y$ und behaupten:

$$\left|\frac{y-\mu}{\sigma}\right| \leq k .$$

Lösen Sie diese Ungleichung nach μ auf, so erhalten Sie das folgende Konfidenzintervall zum Niveau von mindestens $1 - \frac{1}{k^2}$,

$$y - k\sigma \leq \mu \leq y + k\sigma . \quad ◀$$

Achtung: **Vor** der Beobachtung machen Sie eine **Wahrscheinlichkeits-Aussage**. Nach der Beobachtung machen Sie eine **Behauptung.** Diese Behauptung besitzt keine Wahrscheinlichkeit mehr. Eine Aussage wie $3 \leq \mu \leq 7$ ist wahr, wenn $\mu = 4$ ist, und ist falsch, wenn $\mu = 8$ ist. Aber sie ist nicht mit 95 % Wahrscheinlichkeit wahr bzw. mit 5 % Wahrscheinlichkeit falsch. Die **Wahrscheinlichkeit gehört zur Strategie, nicht zu den einzelnen Aussagen.**

Beispiel Angenommen, fast jeden Abend um 8 Uhr ruft Eva ihren Freund Adam an. Adam weiß, wenn es um 8 Uhr klingelt, ist mit 95 % Wahrscheinlichkeit Eva am Telefon. Es ist 8 Uhr, das Telefon klingelt. Adam denkt: Eva ist am Apparat. Er nimmt den Hörer ab und sagt „Hallo, Liebling!“

Nun sind zwei Fälle möglich: Im Regelfall ist Eva am Telefon und freut sich. Es kann z. B. aber auch der Vermieter der Wohnung sein, der sich natürlich mächtig wundert. Adam wird sich sicher nicht mit den Worten entschuldigen: „Beruhigen Sie sich, Sie sind mit 95 % Wahrscheinlichkeit meine Freundin gewesen.“ Der Vermieter würde ihn für verrückt erklären.

Nachdem das Ereignis eingetreten ist, gibt es nur noch ein wahr oder falsch, aber keine Wahrscheinlichkeitsaussage. ◀

Mithilfe von Pivotvariablen lassen sich Konfidenzintervalle konstruieren

Dazu betrachten wir noch einmal die Bestimmung von Konfidenzintervallen bei der Normalverteilung. Es sei $Y \sim \mathrm{N}\left(\mu; \sigma^2\right)$. Die folgenden Aussagen sind äquivalent:

$$Y \sim \mathrm{N}\left(\mu; \sigma^2\right) \quad \text{und} \quad \frac{Y-\mu}{\sigma} \sim \mathrm{N}(0; 1)\,.$$

Sie unterscheiden sich dennoch in einer fundamentalen Weise. Links ist Y eine beobachtbare Zufallsvariable mit einer unbekannten Verteilung, unbekannt, da die Parameter unbekannt sind. Konkrete, in expliziten Zahlen ausgedrückte Wahrscheinlichkeitsaussagen lassen sich über Y nicht machen. Rechts ist $\frac{Y-\mu}{\sigma}$ eine nicht beobachtbare Zufallsvariable, denn μ und σ sind unbekannt. Dafür ist aber die Verteilung, nämlich die $\mathrm{N}(0; 1)$, vollständig bekannt. Was bekannt und was unbekannt ist, hat sich in beiden Darstellungen vertauscht. Wir nennen $\frac{Y-\mu}{\sigma}$ eine Schlüssel- oder Pivotvariable.

Definition Pivotvariable

Es sei Y eine zufällige Variable, deren Verteilung vom unbekannten Parameter θ abhängt. Dann heißt eine von Y und θ abhängende Variable

$$V = V(Y; \theta)$$

eine **Pivotvariable**, wenn die Verteilung von $V(Y;\theta)$ vollständig bekannt ist.

Während Y eine beobachtbare Variable mit unbekannter Verteilung ist, ist V eine nicht beobachtbare Variable mit bekannter Verteilung. Da die Verteilung von V bekannt ist, können wir für V Wahrscheinlichkeitsaussagen der Art

$$\mathcal{P}(a \le V \le b) = 1 - \alpha\,,$$

aufstellen. Daraus gewinnen wir die Prognose zum Niveau $1-\alpha$,

$$a \le V \le b\,.$$

Nun berücksichtigen wir, dass V von y und θ abhängt und lesen $a \le V \le b$ als eine Prognose über $V(Y; \theta)$,

$$a \le V(Y;\theta) \le b\,.$$

Lösen wir diese Ungleichung nach Y auf, erhalten wir eine Prognose für Y; lösen wir sie nach θ auf, erhalten wir ein Konfidenzintervall für θ, beides zum Niveau $1-\alpha$.

Beispiel Es seien $Y_1, \cdots, Y_n$ i.i.d. $\sim \mathrm{N}(\mu; \sigma^2)$ mit bekanntem σ. Gesucht werden Konfidenzintervalle für μ. Aus der Modellannahme folgt $\overline{Y} \sim \mathrm{N}\left(\mu; \frac{\sigma^2}{n}\right)$. Dann ist die standardisierte Variable eine Pivotvariable:

$$V = \frac{\overline{Y}-\mu}{\sigma}\sqrt{n} \sim \mathrm{N}(0; 1)\,.$$

Ist τ_α^* das α -Quantil der $\mathrm{N}(0; 1)$ und wird α in zwei Anteile $\alpha = \alpha_1 + \alpha_2$ aufgespaltet, so gilt mit Wahrscheinlichkeit α:

$$\mathcal{P}\left(\tau_{\alpha_1}^* \le V \le \tau_{1-\alpha_2}^*\right) = 1 - \alpha\,.$$

Die Prognose $\tau_{\alpha_1}^* \le V \le \tau_{1-\alpha_2}^*$ lesen wir als Prognose für das standardisierte $\overline{Y}$:

$$\tau_{\alpha_1}^* \le \frac{\overline{Y}-\mu}{\sigma}\sqrt{n} \le \tau_{1-\alpha_2}^*\,.$$

Damit erhalten wir das Konfidenzintervall für μ zum Niveau $1-\alpha$:

$$\overline{y} - \tau_{1-\alpha_2}^* \frac{\sigma}{\sqrt{n}} \le \mu \le \overline{y} - \tau_{\alpha_1}^* \frac{\sigma}{\sqrt{n}}\,. \tag{5.5}$$

◀

Wir betrachten die drei wichtigsten Spezialfälle in der Beispielbox auf Seite 217.

Ist σ unbekannt, dann muss σ aus der Stichprobe geschätzt werden. Glücklicherweise haben wir bei der Behandlung der t-Verteilung auf Seite 160 eine passende Pivotvariable bereitgestellt. Wir wiederholen noch einmal das Ergebnis:

Der studentisierte Mittelwert ist t-verteilt.

Sind $X_1, \ldots, X_n$ i.i.d. $\mathrm{N}\left(\mu; \sigma^2\right)$, dann besitzt

$$T = \frac{\overline{X}-\mu}{\widehat{\sigma}_{\mathrm{UB}}}\sqrt{n} \sim t\,(n-1)$$

eine t-Verteilung mit $(n-1)$ Freiheitsgraden.

Da die $t\,(n)$-Verteilung vollständig bekannt ist, ist der **studentisierte** Mittelwert T eine Pivotvariable, in der einzig der unbekannte Parameter μ vorkommt, alle anderen Terme wie $\overline{x}$ und $\widehat{\sigma}_{\mathrm{UB}}$ sind beobachtbare Größen. Ist $t\,(n-1)_\alpha$ das α-Quantil der $t\,(n-1)$-Verteilung, so ist demnach

$$\overline{x} - \frac{\widehat{\sigma}_{\mathrm{UB}}}{\sqrt{n}} t\,(n-1)_{1-\alpha_2} \le \mu \le \overline{x} - \frac{\widehat{\sigma}_{\mathrm{UB}}}{\sqrt{n}} t\,(n-1)_{\alpha_1}$$

ein Konfidenzintervall zum Niveau $1-(\alpha_1+\alpha_2)$. Vergleichen wir dieses mit der Formel (5.5) für μ bei bekanntem σ, so sehen wir: Es wurde allein σ durch $\widehat{\sigma}_{\mathrm{UB}}$ ersetzt und das Quantil der $N(0; 1)$ durch das entsprechende Quantil der $t\,(n-1)$-Verteilung ersetzt.

Beispiel Im Beispiel auf Seite 217 bestimmten wir die Temperatur in einem Schmelzofen. Angenommen, das wahre σ der Temperaturmesssonde sei unbekannt. Statt dessen seien bei $n = 6$ Temperaturmessungen die Werte $\overline{x} = 1073$ und $\widehat{\sigma}_{\mathrm{UB}} = 5$ gemessen worden. Bei einem $\alpha = 5\,\%$ lesen wir aus der Tabelle 5.1 das Quantil $t\,(n-1)_{1-\alpha/2} = t\,(5)_{0.975} = 2.57$. Das Konfidenzintervall für μ ist nun:

$$1073 - \frac{5}{\sqrt{6}}2.57 \le \mu \le 1073 + \frac{5}{\sqrt{6}}2.57$$
$$1067.75 \le \mu \le 1078.25$$

◀

Beispiel: Temperaturmessung in einem Schmelzofen

In einem Schmelzofen sollen Gold und Kupfer getrennt werden. Dazu muss der Ofen auf jeden Fall eine Temperatur von weniger als 1083 °C haben, da dies der Schmelzpunkt von Kupfer ist. Der Schmelzpunkt von Gold liegt bei 1064 °C. Um die Temperatur im Schmelzofen zu bestimmen, wird ein Messsonde benutzt. Ist μ die tatsächliche Temperatur im Schmelzofen, so seien die Messwerte Y der Sonde normalverteilt mit Erwartungswert μ und Varianz $\sigma^2 = 25$. Die Sonde zeigt eine Temperatur von 1073 °C an. Wie groß ist die Temperatur μ im Ofen?

Problemanalyse und Strategie: Wir bestimmen einseitige und zweiseitige Konfidenzintervalle für μ im Normalverteilungsmodell.

Lösung:
Wir schätzen μ nach oben und unten ab und bestimmen dazu ein zweiseitiges Konfidenzintervall für μ. Wir wählen in Formel (5.5) $\alpha_1 = \alpha_2 = \alpha/2$. Dann ist $\tau^*_{1-\alpha_2} = \tau^*_{1-\alpha/2}$ und $\tau^*_{\alpha_1} = \tau^*_{\alpha/2} = -\tau^*_{1-\alpha/2}$. Das Konfidenzintervall für μ ist daher

$$\overline{y} - \tau^*_{1-\alpha/2}\frac{\sigma}{\sqrt{n}} \quad \le \quad \mu \quad \le \quad \overline{y} + \tau^*_{1-\alpha/2}\frac{\sigma}{\sqrt{n}}\,.$$

Wählen wir $\alpha = 5\,\%$, so ist $\tau^*_{1-\alpha/2} = \tau^*_{0.975} = 1.960$. Wir haben nur eine Messung, also ist $n = 1$ mit dem Messwert $y = 1073$. Dabei war $\sigma = 5$. Mit diesen Daten erhalten wir das Konfidenzintervall:

$$1073 - 1.96 \cdot 5 \le \mu \le 1073 + 1.96 \cdot 5\,,$$
$$1063.2 \le \mu \le 1082.8\,.$$

Die Temperatur des Ofens liegt demnach unter der Schmelztemperatur von Kupfer mit 1083 °C, kann aber sogar unter der Schmelztemperatur von Gold mit 1064 °C liegen.
Nun ändern wir unsere Frage: Wie groß ist die Temperatur im Ofen mindestens? Wir schätzen μ nach unten ab: Wir wählen $\alpha_2 = \alpha$ und $\alpha_1 = 0$. Dann ist $\tau^*_{\alpha_1} = -\infty$ und $\tau^*_{1-\alpha_2} = \tau^*_{1-\alpha}$. Das Konfidenzintervall für μ ist:

$$\overline{y} - \tau^*_{1-\alpha}\frac{\sigma}{\sqrt{n}} \le \mu\,.$$

Wählen wir $\alpha = 5\,\%$, dann ist $\tau^*_{1-\alpha} = \tau^*_{0.95} = 1.65$. Das Konfidenzintervall ist

$$1073 - 1.65 \cdot 5 = 1064.75 \le \mu\,.$$

Die Schmelztemperatur von Gold wird überschritten.

Jetzt wollen wir noch die Höchsttemperatur wissen und schätzen μ nach oben ab: Wir wählen $\alpha_2 = 0$ und $\alpha_1 = \alpha$. Dann ist $\tau^*_{1-\alpha_2} = \infty$ und $\tau^*_{\alpha_1} = -\tau^*_{1-\alpha}$. Das Konfidenzintervall für μ ist:

$$\mu \le \overline{y} + \tau^*_{1-\alpha}\frac{\sigma}{\sqrt{n}}\,.$$

Mit unseren Daten ergibt sich

$$\mu \le 1073 + 1.65 \cdot 5 = 1081.25\,.$$

Wir haben auf die drei Fragen drei verschiedene Antworten erhalten, die alle die gleiche Glaubwürdigkeit beanspruchen:

$$1063.18 \le \mu \le 1082.8$$
$$1064.75 \le \mu$$
$$\mu \le 1081.25$$

Von allen drei Aussagen behaupten wir, sie seien wahr. Warum können wir dann nicht alle drei zur schärfsten Aussage $1064.75 \le \mu \le 1081.2$ zusammenfassen? Erinnern wir uns: Jedes Konfidenzintervall ist das Ergebnis einer Strategie, die mit der Wahrscheinlichkeit von 95 % ein richtiges Ergebnis liefert. Die Wahrscheinlichkeit β, dass alle drei **gemeinsam** eine richtige Aussage liefern, ist wesentlich kleiner. Wir können β mit der Ungleichung von Bonferroni nach unten abschätzen:

$$\beta \ge 1 - 3 \cdot \alpha = 0.85\,.$$

Wenn uns die Aussage $1063.18 \le \mu \le 1082.8$ zu ungenau ist, wie können wir sie verbessern? Indem wir die Messung wiederholen! Bei n unabhängigen Messungen ist die Varianz von $\overline{Y}$ nur noch σ^2/n. Die Länge des Konfidenzintervalls ist um den Faktor $\sqrt{n}$ kleiner.

Tabelle 5.1 Die Quantile $t(n)_\alpha = -t(n)_{1-\alpha}$ der $t(n)$-Verteilung.

	α			
n	0.95	0.975	0.99	0.995
1	6.31	12.71	31.82	63.66
5	2.02	2.57	3.37	4.03
10	1.81	2.23	2.76	3.17
20	1.73	2.09	2.53	2.85
30	1.70	2.04	2.46	2.75
35	1.69	2.03	2.44	2.72
∞	1.65	1.96	2.33	2.58

Beispiel Sind $X_1, \ldots, X_n$ i.i.d. $\mathrm{N}(\mu; \sigma^2)$ -verteilt, dann ist nach dem Satz von Cochran von Seite 154:

$$\frac{n\mathrm{var}\,(X)}{\sigma^2} = \frac{1}{\sigma^2}\sum_{i=1}^{n}\left(X_i - \overline{X}\right)^2 \sim \chi^2\,(n-1)\,.$$

Also ist $\frac{n\mathrm{var}(X)}{\sigma^2}$ eine Pivotvariable. Die Wahrscheinlichkeitsaussage

$$\mathcal{P}\left(\chi^2\,(n-1)_{\alpha_2} \le \frac{n\mathrm{var}\,(X)}{\sigma^2} \le \chi^2\,(n-1)_{1-\alpha_1}\right)$$
$$= 1 - (\alpha_1 + \alpha_2)$$

liefert uns das Konfidenzintervall zum Niveau $1-(\alpha_1+\alpha_2)$:

$$\frac{n\operatorname{var}(X)}{\chi^2(n-1)_{1-\alpha_1}} \leq \sigma^2 \leq \frac{n\operatorname{var}(X)}{\chi^2(n-1)_{\alpha_2}},$$

mit dem wir, – je nach Wahl von α_1 bzw. α_2 und Notwendigkeit, – σ^2 nach oben, unten oder beidseitig abschätzen können. ◀

Der standardisierte Maximum-Likelihood-Schätzer ist asymptotisch eine Pivotvariable

Pivotvariable weisen uns den Königsweg zum Konfidenzintervall. Doch wo finden wir geeignete? Glücklicherweise hilft uns die Theorie der ML-Schätzer weiter. Wie wir auf Seite 212 notiert haben, ist in der Regel der ML-Schätzer $\widehat{\theta}^{(n)}$für große n asymptotisch normalverteilt:

$$\widehat{\theta}^{(n)} \approx \mathrm{N}\left(\theta;\operatorname{Var}\left(\widehat{\theta}^{(n)}\right)\right).$$

Der standardisierte ML-Schätzer ist daher asymptotisch eine Pivotvariable:

$$\frac{\widehat{\theta}^{(n)}-\theta}{\sqrt{\operatorname{Var}\left(\widehat{\theta}^{(n)}\right)}} \approx \mathrm{N}(0;1)$$

Beispiel

- Binomialverteilung
  Ist $X \sim B_n(\theta)$-verteilt, so ist $\widehat{\theta}^{(n)} = \frac{X}{n}$ für große n asymptotisch normalverteilt

  $$\widehat{\theta}^{(n)} \approx \mathrm{N}\left(\theta;\frac{\theta(1-\theta)}{n}\right).$$

  Daher ist

  $$\frac{\widehat{\theta}^{(n)}-\theta}{\sqrt{\theta(1-\theta)}}\sqrt{n} \approx \mathrm{N}(0;1)$$

  die geeignete Pivotvariable zur Bestimmung von Konfidenzintervallen für θ. Eine Prognose zum Niveau $1-\alpha$ ist dann gegeben durch:

  $$\left|\widehat{\theta}^{(n)}-\theta\right| \leq \tau^*_{1-\alpha/2}\sqrt{\frac{\theta(1-\theta)}{n}}.$$

  Um daraus das Konfidenzintervall für θ zu bestimmen, müssen wir diese Ungleichung nach θ auflösen. Dazu quadrieren wir die Ungleichung und erhalten mit der Abkürzung

  $$\gamma = \frac{\left(\tau^*_{1-\alpha/2}\right)^2}{n}$$

  die Ungleichung

  $$\left(\widehat{\theta}-\theta\right)^2 \leq \gamma\theta(\theta-\theta). \quad (5.6)$$

  Die quadratische Ergänzung liefert schließlich mit das Konfidenzintervall zum Niveau $1-\alpha$:

  $$\left|\theta-\frac{\widehat{\theta}+\frac{\gamma}{2}}{1+\gamma}\right| \leq \frac{\sqrt{\gamma}}{1+\gamma}\sqrt{\widehat{\theta}\left(1-\widehat{\theta}\right)+\frac{\gamma}{4}}.$$

- Die Poisson-Verteilung
  Ist $X \sim PV(\lambda)$, so ist $\widehat{\lambda} = X$ für große λ asymptotisch normalverteilt: $\widehat{\lambda} \approx \mathrm{N}(\lambda;\lambda)$. Also ist

  $$\frac{\widehat{\lambda}-\lambda}{\sqrt{\lambda}} \approx \mathrm{N}(0;1)$$

  die geeignete Pivotvariable zur Bestimmung von Konfidenzintervallen für θ. Die explizite Bestimmung des Konfidenzintervalls für λ geht analog wie bei der Binomialverteilung. ◀

Die Formel für das Konfidenzintervall für θ bei der Binomialverteilung ist schwer zu merken, sie lässt sich aber bei großem n ohne erhebliche Genauigkeitsverluste stark vereinfachen, wenn wir γ gegenüber 1 und $\widehat{\theta}\left(1-\widehat{\theta}\right)$ vernachlässigen.

Das angenäherte Konfidenzintervall im Binomialmodell

Wird die Binomialverteilung durch die Normalverteilung approximiert und werden kleinere Terme vernachlässigt, ist

$$\left|\theta-\widehat{\theta}\right| \leq \tau^*_{1-\alpha/2}\sqrt{\frac{\widehat{\theta}\left(1-\widehat{\theta}\right)}{n}}$$

ein zweiseitiges Konfidenzintervall für θ zum Niveau $1-\alpha$.

Dieses Konfidenzintervall lässt sich leicht merken: Dazu schreiben wir die approximative Verteilung von $\widehat{\theta}$ in der Form $\widehat{\theta} \sim N\left(\theta;\sigma^2_{\widehat{\theta}}\right)$ und tun so, als sei uns $\sigma^2_{\widehat{\theta}}$ bekannt. Dann erhalten wir

$$\left|\theta-\widehat{\theta}\right| \leq \tau^*_{1-\alpha/2}\sigma_{\widehat{\theta}}.$$

als ein Konfidenzintervall für θ. Anschließend erinnern wir uns, dass wir $\sigma_{\widehat{\theta}} = \sqrt{\frac{\theta(1-\theta)}{n}}$ noch nicht kennen, da das unbekannte θ in der Formel für $\sigma_{\widehat{\theta}}$ steckt und schätzen dort einfach θ durch $\widehat{\theta}$.

Die Konfidenzprognosemenge gibt ein anschauliches Bild aller Konfidenzbereiche

Kehren wir noch einmal zur Ungleichung (5.6) zurück, aus der wir im Binomialmodell das approximative Konfidenzintervall für θ abgeleitet haben:

$$\left(\widehat{\theta}-\theta\right)^2 \leq \gamma\theta(\theta-\theta).$$

Bei festem θ bildet die Menge aller $\widehat{\theta}$, die die Ungleichung erfüllen, den Prognosebereich für $\widehat{\theta}$. Bei festem $\widehat{\theta}$ bildet die Menge aller θ, die die Ungleichung erfüllen, das Konfidenzintervall für θ. Was liegt näher, als die Ungleichung simultan für θ und $\widehat{\theta}$ zu betrachten und damit die Menge

$$\left\{\left(\widehat{\theta},\theta\right):\left(\widehat{\theta}-\theta\right)^2 \leq \gamma\theta(\theta-\theta)\right\}$$

zu untersuchen. Im $\left(\widehat{\theta},\theta\right)$-Raum bildet sie eine Ellipse. Abbildung 5.10 zeigt diese Ellipse für den Fall $n=40$ und $\alpha=5\,\%$.

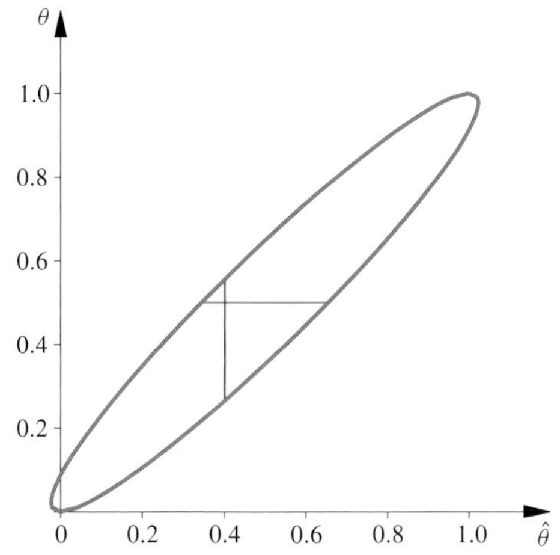

Abbildung 5.10 Konfidenzprognosemenge für die $B_{40}(\theta)$. Rot markiert: Das Konfidenzintervall $[0.263, 0.554]$ für θ bei beobachtetem $y = 0.4$. Grün markiert: Der Prognosebereich $[0.345, 0.655]$ für Y bei gegebenem $\theta = 0.5$.

Schneiden wir diese Ellipse in der Abbildung zum Beispiel horizontal in Höhe $\theta = 0.5$ erhalten wir das Prognoseintervall $[0.345, 0.655]$ für Y. Schneiden wir die Ellipse vertikal an der Stelle $\widehat{\theta} = 0.4$ erhalten wir das Konfidenzintervall $[0.263, 0.554]$ für θ.

In der folgenden Abbildung 5.11 sind die Ellipsen für $n = 10, 20, 40, 80$ und $\alpha = 0.05$ gezeichnet.

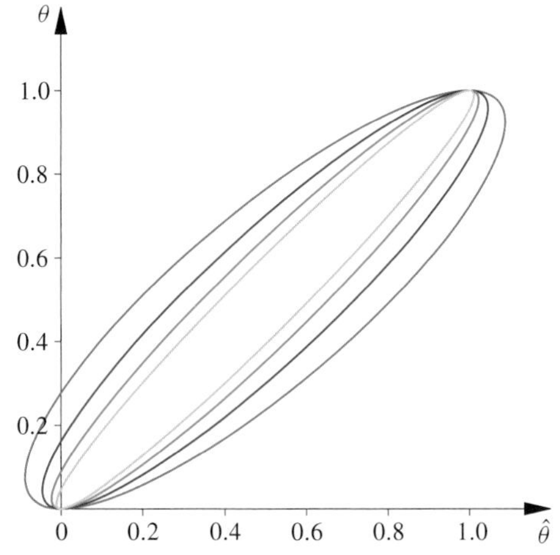

Abbildung 5.11 Konfidenzprognosemengen für die Binomialverteilung in Abhängigkeit vom Stichprobenumfang n. Von außen nach innen: $n = 10$, 20, 40 und 80.

Man sieht, wie mit steigendem Stichprobenumfang n die Ellipsen und damit die Konfidenz- wie Prognoseintervalle schmaler und damit schärfer werden.

In diesen Ellipsen wird die Dualität

$$y \in A(\theta) \Longleftrightarrow \theta \in K(y)$$

von Konfidenzbereich $K(y)$ und Prognosebereich $A(\theta)$ sichtbar. Im allgemeinen Fall haben wir keine Ellipse, sondern wir sprechen von einer Konfidenzprognosemenge.

Definition der Konfidenzprognosemenge

Ist Y eine zufällige Variable, deren Verteilung vom unbekannten Parameter θ abhängt, und $A(\theta)$ der Prognosebereich sowie $K(y)$ der zugehörige Konfidenzbereich zum Niveau $1-\alpha$, dann heißt

$$\{(y,\theta) : y \in A(\theta)\} = \{(y,\theta) : \theta \in K(y)\}$$

Konfidenzprognosemenge zum Niveau $1-\alpha$.

Konfidenzbereiche müssen mitunter unmittelbar aus Prognosebereichen konstruiert werden

Am einfachsten lassen sich Konfidenzbereiche für einen Parameter θ mithilfe von Pivotvariablen konstruieren. Mitunter kann man keine Pivotvariablen finden, dafür aber für jedes θ die Prognoseintervalle bzw. Annahmebereichen $A(\theta)$ explizit angeben. Dann wird die Konfidenz-Prognosemenge schichtweise durch die $A(\theta)$ aufgebaut. Wir zeigen dies anhand der Binomialverteilung.

Es sei $Y \sim B_n(\theta)$, n sei aber so klein, dass die Normalapproximation zu grob ist. Zu jedem θ werden nun natürliche Zahlen $i(\theta)$ und $j(\theta)$ gesucht mit

$$\mathcal{P}(i(\theta) \leq Y \leq j(\theta) \mid \theta) \geq 1-\alpha\,.$$

Das Intervall $i(\theta) \leq Y \leq j(\theta)$ für Y bei gegebenem θ bildet dann den Prognosebereiche $A(\theta)$ zum Niveau $1-\alpha$. Da die Verteilung von Y diskret ist, lassen sich nur in Ausnahmefällen Zahlen i und j angeben, für die exakt $\mathcal{P}(i(\theta) \leq Y \leq j(\theta)) = 1-\alpha$ gilt. Daher bleibt man lieber auf der sicheren Seite und wählt $\mathcal{P}(i(\theta) \leq Y \leq j(\theta)) \geq 1-\alpha$.

Bei zweiseitigen Konfidenz-Bereichen sind $i(\theta)$ und $j(\theta)$ durch die Vorgabe von α noch nicht eindeutig bestimmt. Wir betrachten den Fall, in dem bei der Verteilung der $B_n(\theta)$ links und rechts symmetrisch maximal $\alpha/2$ abgeschnitten wird (Pearson-Clopper Intervalle). Dann ist $i(\theta)$ die größte Zahl mit

$$\mathcal{P}(Y < i(\theta) \mid \theta) \leq \alpha/2\,,$$
$$\mathcal{P}(Y \leq i(\theta) \mid \theta) > \alpha/2\,,$$

und $j(\theta)$ die kleinste Zahl mit

$$\mathcal{P}(Y > j(\theta) \mid \theta) \leq \alpha/2\,,$$
$$\mathcal{P}(Y \geq j(\theta) \mid \theta) > \alpha/2\,.$$

Für ein Zahlenbeispiel sei $n = 8$, $\alpha = 0.20$ und $\theta = 0.5$. Dann ist

$$\mathcal{P}(Y < 2 \mid \theta = 0.5) = \sum_{i=0}^{1} \binom{8}{i} \theta^i (1-\theta)^{8-i} = 0.0351\,,$$

$$\mathcal{P}(Y \leq 2 \mid \theta = 0.5) = \sum_{i=0}^{2} \binom{8}{i} \theta^i (1-\theta)^{8-i} = 0.14453\,.$$

Infolge dessen ist

$$i\,(0.5) = 2\,.$$

Spiegelbildlich dazu ist

$$\begin{aligned}\mathcal{P}\,(Y > 6 \mid \theta = 0.5) &= \sum_{i=7}^{8} \binom{8}{i} \theta^i \,(1-\theta)^{8-i} \\ &= 0.0351\,, \\ \mathcal{P}\,(Y \geq 6 \mid \theta = 0.5) &= \sum_{i=6}^{8} \binom{8}{i} \theta^i \,(1-\theta)^{8-i} \\ &= 0.14453\,.\end{aligned}$$

Infolgedessen ist

$$j\,(0.5) = 6\,.$$

Für ein $\theta = 0.5$ ist daher

$$2 \leq Y \leq 6$$

ein Prognoseintervall zum realisierten Niveau $1 - 2 \cdot 0.0351 = 0.9298$. Gesucht war ein Intervall, dessen Niveau nur 0.8 betragen sollte. Diese lässt sich aber unter den genannten Bedingungen, dass bei den Verteilung an beiden „Schwänzen" symmetrisch maximal 10 % abgeschnitten werden dürfen, nicht realisieren. Da Statistiker aber von Amts wegen vorsichtige Leute sind, bleiben sie lieber auf der sicheren Seite und geben lieber ein zu breites, dafür aber sicheres, als ein schmales aber erheblich unsicheres Intervall an. Das nächstkleinere Intervall

$$3 \leq Y \leq 5$$

hätte nur das Niveau $1 - 2 \cdot 0.14453 = 0.710\,94$.

Da Y nur ganze Zahlen annehmen kann, besteht die Prognose für Y aus den Werten $Y = 2;\ 3;\ 4;\ 5$ und 6. Die Abbildung 5.12 zeigt die prognostizierten Y-Werte für verschiedene Werte von θ.

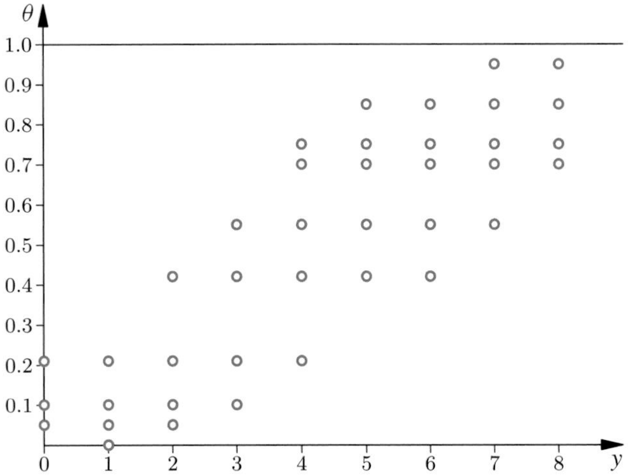

Abbildung 5.12 Prognostizierte Y-Werte für ausgewählte Werte von θ.

Wie Abbildung 5.13 zeigt, lässt sich die punktweise konstruierte Konfidenzprognosemenge $\mathbb{K}$ durch zwei Treppenkurven begrenzen.

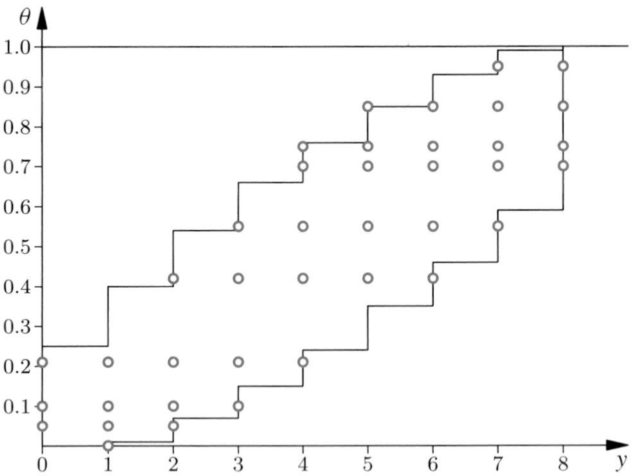

Abbildung 5.13 Die berandete Konfidenz-Prognosemenge.

Zur Konstruktion von $\mathbb{K}$ genügt es, für jede Beobachtung $Y = i$ nur die oberen Eckpunkte $\theta_{\max}\,(i)$ der oberen Treppenkurve und den entsprechenden $\theta_{\min}\,(i)$ der unteren Treppenkurve zu bestimmen. Das Konfidenzintervall für θ bei gegebenen $Y = i$ ist dann

$$\theta_{\min}\,(i) \leq \theta \leq \theta_{\max}\,(i)\ .$$

Betrachten wir dazu noch einmal den Wert $\theta = 0.5$. Lassen wir θ wachsen, verschiebt sich die Verteilung nach rechts, und $\mathcal{P}(X \leq 2 \mid \theta)$ nimmt monoton ab. Im Punkt $\theta = 0.53822$ ist

$$\mathcal{P}\,(Y \leq 2 \mid \theta = 0.53822) = 0.10\,.$$

Für alle $\theta \leq 0.53822$ gehört $Y = 2$ zum Annahmebereich, für $\theta > 0.53822$ gehört $Y = 2$ nicht mehr dazu. Der Punkt mit den Koordinaten

$$Y = 2 \quad \text{und} \quad \theta = 0.53822$$

bildet einen äußeren Eckpunkt in der linken oberen Begrenzungslinie von $\mathbb{K}$. Daher ist

$$\theta_{\max}\,(2) = 0.53822\,.$$

Allgemein wird $\theta_{\max}\,(i)$ definiert durch:

$$\mathcal{P}\,(Y \leq i \mid \theta = \theta_{\max}\,(i)) = \sum_{k=0}^{i} \binom{n}{k} \theta^k \,(1-\theta)^{n-k} = \alpha/2\,.$$

Am rechten Rand von der Konfidenzprognosemenge gilt Entsprechendes: Lassen wir θ abnehmen, so nimmt $\mathcal{P}\,(Y \geq 6 \mid \theta)$ ab. Im Punkt $\theta = 0.46178$ ist

$$\mathcal{P}\,(Y \geq 6 \mid \theta = 0.46178) = 0.10\,.$$

Für alle $\theta \geq 0.46178$ gehört $Y = 6$ zum Annahmebereich, für $\theta < 0.46178$ gehört $Y = 6$ nicht mehr dazu. Der Punkt mit den Koordinaten

$$Y = 6 \quad \text{und} \quad \theta = 0.46178 = \theta_{\min}\,(6)$$

bildet einen äußeren Eckpunkt in der rechten unteren Begrenzungslinie. Allgemein ist $\theta_{\min}(i)$ definiert durch:

$$\mathcal{P}\big(Y \geq i \mid \theta = \theta_{\min}(i)\big) = \sum_{k=i}^{n} \binom{n}{k} \theta^k (1-\theta)^{n-k} = \alpha/2 .$$

Die folgende Tabelle zeigt die Werte von $\theta_{\max}(i)$ und $\theta_{\min}(i)$ für $n = 8$ und $\alpha = 0.20$.

	i				
	0	1	2	3	4
$\theta_{\max}(i)$	0.25	0.41	0.54	0.66	0.76
$\theta_{\min}(i)$	0	0.01	0.07	0.15	0.24

	5	6	7	8
$\theta_{\max}(i)$	0.85	0.93	0.99	1
$\theta_{\min}(i)$	0.35	0.46	0.59	0.75

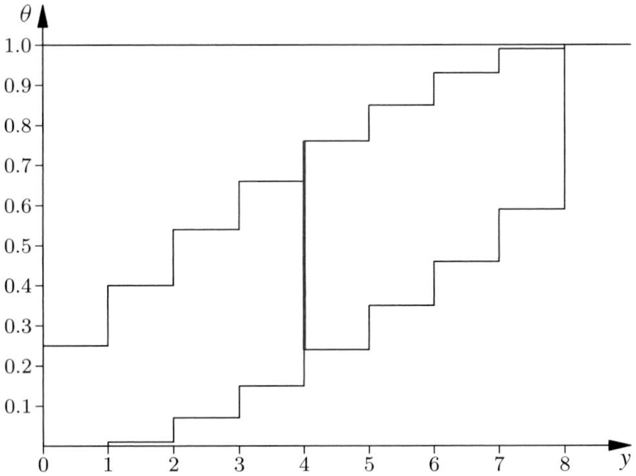

Abbildung 5.14 Das Konfidenzintervall für $Y = 4$.

Abbildung 5.14 zeigt die so gewonnene Konfidenzprognosemenge. Als wir die Verteilung der $B_n(\theta)$ durch eine Normalverteilung approximierten, waren die Konfidenzprognosemengen Ellipsen, siehe Abbildung 5.11. Diese sind Näherungen für die im endlichen, diskreten Fall durch Treppenlinien begrenzte Konfidenzprognosemenge.

Zum Beispiel erhalten wir für $Y = 4$ daraus das Konfidenzintervall: $0.240 \leq \theta \leq 0.760$.

Die Werte $\theta_{\min}(i)$ und $\theta_{\max}(i)$ und lassen sich auch direkt aus der definierenden Gleichung errechnen. Man kann sie auch mithilfe der Quantile der F- oder der Beta-Verteilung errechnen.

Wie wir im letzten Kapitel über spezielle Zufallsvariablen ab Seite 157 an gezeigt haben, lassen sich die Verteilungsfunktionen der $F_{B_n(\theta)}$, $F_{\mathrm{Beta}(a;b)}$ und $F_{\mathrm{F}(m;n)}$ von Binomial-, Beta- und F-Verteilung ineinander umrechnen. Für $\theta_{\max}(i) = \theta$ gilt:

$$\begin{aligned}\alpha/2 &= \mathcal{P}(Y \leq i \mid \theta_{\max}) \\ &= F_{B_n(\theta_{\max})}(i) \\ &= F_{\mathrm{Beta}(n-i;i+1)}(1-\theta_{\max}) \\ &= 1 - F_{\mathrm{F}(2(i+1);2(n-i))}\left(\frac{n-i}{i+1}\frac{\theta}{1-\theta}\right) .\end{aligned}$$

Also ist

$$1 - \theta_{\max}$$

das $\alpha/2$–Quantil der $Beta(n-i;i+1)$ und

$$\frac{n-i}{i+1}\frac{\theta_{\max}}{1-\theta_{\max}}$$

das $1-\alpha/2$–Quantil der $\mathrm{F}(2(i+1);2(n-i))$.

Die so gefundenen Pearson-Clopper-Konfidenzintervalle haben Vor-und Nachteile.

- Nachteile: Die Intervalle sind konservativ und meist zu groß.
- Vorteile:
  1. Die Intervalle machen den Wechsel der Bezeichnungen mit: Es sei θ die Wahrscheinlichkeit des Erfolges und $\tau = 1-\theta$ die Wahrscheinlichkeit eines Misserfolges. Es sei $[\theta_1;\theta_2]$ das Konfidenzintervall für θ bei gegebenem X, dann ist $[1-\theta_2;1-\theta_1]$ das Konfidenzintervall für τ bei gegebenem $Y = n - X$.
  2. Die Bereiche sind monoton in n und α. Ist $\mathbb{K}[\alpha,n]$ die Konfidenzprognosemenge in Abhängigkeit von n und α, so gilt:

     $$\begin{aligned}\mathbb{K}[\alpha,n] &\subset \mathbb{K}[\alpha',n] && \text{für } \alpha' < \alpha ,\\ \mathbb{K}[\alpha,n] &\subset \mathbb{K}[\alpha,n'] && \text{für } n' < n .\end{aligned}$$

  3. Die Pearson-Clopper-Konfidenzbereiche sind Intervalle.

Alternative Konstruktionen der Konfidenzbereichen sind zum Beispiel:

- Man verwendet die Annahmebereiche gleichmäßig bester trennscharfer Tests der Hypothese $H_0 : \theta = \theta_0$. Da dies randomisierte Tests liefert, erhält man ebenfalls randomisierte Konfidenzintervalle. Hier besitzen die Parameter nur eine Zugehörigkeitswahrscheinlichkeit zum Konfidenzintervall. Diese Intervalle sind jedoch in der Praxis nicht gebräuchlich.
- Man sucht nicht die symmetrische Bedingung

  $$\begin{aligned}\mathcal{P}(Y < i(\theta) \mid \theta) &\leq \alpha/2 ,\\ \mathcal{P}(Y > j(\theta) \mid \theta) &\leq \alpha/2\end{aligned}$$

  einzuhalten, sondern kumuliert simultan an beiden Rändern die Wahrscheinlichkeiten vom kleinsten beginnend auf, solange bis die Schwelle α erreicht ist. Die so entstehende Konfidenz-Prognosemenge hat minimales Volumen. Sie ist aber nicht monoton in n, α. Außerdem können die Konfidenzbereiche in mehrere disjunkte Intevalle zerfallen.

Zusammenfassung

Die Daten und das Modell bilden die Basis des statistischen Schließens

Das Modell legt eine Familie von Wahrscheinlichkeitsverteilungen fest. Daten sollen aus Zufallsstichproben entstammen.

Definition Zufallsstichprobe

Eine **Stichprobe** ist eine Teilmenge der Grundgesamtheit. Bei einer **Zufallsstichprobe** hat jedes Element der Grundgesamtheit eine angebbare, von null verschiedene Wahrscheinlichkeit, in die Auswahl zu gelangen. Bei einer **reinen Zufallsstichprobe** haben alle gleichgroßen Teilmengen der Grundgesamtheit dieselbe Wahrscheinlichkeit, dass ihre Elemente in die Auswahl gelangen.

Durch Schichtung einer Stichprobe lässt sich die Varianz verringern

Erwartungswert und Varianz einer Mischverteilung

Der Erwartungswert und die Varianz von X sind:

$$\mathrm{E}(X) = \sum_{k=1}^{K} \theta_k \mu_k = \mu,$$

$$\mathrm{Var}(X) = \sum_{k=1}^{K} \theta_k \sigma_k^2 + \sum_{k=1}^{K} \theta_k (\mu_k - \mu)^2 = \sigma^2 .$$

Die Varianz einer Misch-Verteilung ist das Mittel der Varianzen plus die Varianz der Mitten.

Bei einer geschichteten Stichprobe wird aus jeder Schicht eine Teilstichprobe entnommen

Erwartungswert und Varianz der geschichteten Stichprobe

Ist $\{X_1, X_2, \ldots, X_n\}$ eine reine Zufallsstichprobe aus der Grundgesamtheit und θ_k der Anteil der k-ten Schicht an der Grundgesamtheit, dann gilt für den gewogenen Mittelwert:

$$\widehat{\mu}_{\text{Schicht}} = \sum_{k=1}^{K} \theta_k \overline{X}_k ,$$

$$\mathrm{E}(\widehat{\mu}_{\text{Schicht}}) = \mu ,$$

$$\mathrm{Var}(\widehat{\mu}_{\text{Schicht}}) = \sum_{k=1}^{K} \theta_k^2 \frac{\sigma_k^2}{n_k} .$$

Erwartungswert und Varianz der proportional geschichteten Stichprobe

Ist $\overline{X}_k$ der Mittelwert aus einer einfachen Stichprobe vom Umfang $n_k = \theta_k n$ in der k-ten Schicht, dann gilt für die proportional geschichtete Stichprobe:

$$\widehat{\mu}_{\text{prob}} = \frac{1}{n} \sum_{k=1}^{K} n_k \overline{X}_k ,$$

$$\mathrm{E}\left(\widehat{\mu}_{\text{prob}}\right) = \mu ,$$

$$\mathrm{Var}\left(\widehat{\mu}_{\text{prob}}\right) = \frac{1}{n} \sum_{k=1}^{K} \theta_k \sigma_k^2 .$$

Erwartungswert und Varianz der optimal geschichteten Stichprobe

Bei der optimal geschichteten Stichprobe ist $n_k \simeq \theta_k \sigma_k$ oder mit der Abkürzung $\bar{\sigma} = \sum_{k=1}^{K} \theta_k \sigma_k$

$$n_k = \theta_k \frac{\sigma_k}{\bar{\sigma}} .$$

Dann ist

$$\mathrm{E}\left(\widehat{\mu}_{\text{opt}}\right) = \mu ,$$

$$\mathrm{Var}\left(\widehat{\mu}_{\text{opt}}\right) = \frac{1}{n} \left(\sum_{k=1}^{K} \theta_k \sigma_k \right)^2 = \frac{\bar{\sigma}^2}{n} .$$

Bei geschichteten Stichproben aus endlicher Grundgesamtheit sind die Ziehungen voneinander abhängig

Erwartungswert, Varianz und Kovarianz bei endlicher Grundgesamtheit

Für eine Einzelziehung X_i bzw. ein Paar $\left(X_i; X_j\right)$ gilt:

$$\mathrm{E}(X_i) = \mu ,$$

$$\mathrm{Var}(X_i) = \sigma^2 ,$$

$$\mathrm{cov}\left(X_i; X_j\right) = -\frac{\sigma^2}{N-1} .$$

Erwartungswert und Varianz von $\overline{X}$ bei Ziehung aus einer endlichen Grundgesamtheit

$$\mathrm{E}\left(\overline{X}\right) = \mu,$$

$$\mathrm{Var}\left(\overline{X}\right) = \frac{\sigma^2}{n} \cdot \frac{N-n}{N-1}.$$

Die geschichtete Stichproben aus endlicher Grundgesamtheit

Das gewogene Mittel der Teilmittelwerte

$$\widehat{\mu}_{\text{Schicht}} = \sum_{k=1}^{K} \theta_k \overline{X}_k \,,$$

bildet einen erwartungstreuen Gesamtschätzer, dessen Varianz kleiner ist als der entsprechende Schätzer aus einer unendlichen Grundgesamtheit:

$$\mathrm{E}\,(\widehat{\mu}_{\text{Schicht}}) = \mu \,,$$

$$\mathrm{Var}\,(\widehat{\mu}_{\text{Schicht}}) = \sum_{k=1}^{K} \theta_k^2 \frac{\sigma_k^2}{n_k} \frac{N_k - n_k}{N_k - 1} \,.$$

Die optimal geschichtete Stichprobe ist nicht notwendig die beste Stichprobe

Klumpenstichproben und geschichtete Stichproben sind duale Stichprobenverfahren

Die Likelihood-Funktion misst die Plausibilität eines Parameters im Licht der Beobachtung

Die Likelihood-Funktion

Gegeben sei ein Wahrscheinlichkeitsmodell, in dem die Wahrscheinlichkeiten der Ereignisse von einem Parameter $\theta \in \Theta$ abhängen. Das Ereignis A sei eingetreten. Innerhalb des Modells besitze A die Wahrscheinlichkeit $\mathcal{P}(A \| \theta) > 0$. Dann heißt

$$L(\theta \mid A) = c\,(A)\,\mathcal{P}(A \| \theta)$$

die Likelihood-Funktion von θ bei gegebener Beobachtung A. Ist Y eine stetige, zufällige Variable mit der Dichte $f\,(y \| \theta)$, so ist die Likelihood-Funktion von θ bei beobachtetem $Y = y$

$$L(\theta \mid Y = y) = c\,(y)\, f\,(a \| \theta) \,.$$

Dabei sind $c\,(A)$ und $c\,(y)$ beliebige, nicht von θ abhängende Konstante.

Interpretation des Likelihood-Quotienten

Sind θ_1 und θ_2 zwei konkurrierende Parameter des Modells, so ist θ_1 um so **plausibler** als θ_2, je größer der Likelihood-Quotient ist. Er ist ein relatives Maß für die Plausibilität der Parameters θ_1 und θ_2 im Licht der Beobachtung A.

Die Likelihood enthält die gesamte im Ereignis A enthaltene Information über den Parameter θ

Der Suffizienzbegriff

Eine Funktion $T\,(\boldsymbol{X}) = T\,(X_1, X_2, \ldots, X_n)$ heißt suffizient für θ, wenn die Likelihood von θ nur von $T\,(\boldsymbol{X})$ abhängt:

$$L(\theta \mid \boldsymbol{X} = \boldsymbol{x}) = L(\theta \mid T\,(\boldsymbol{x}) = \boldsymbol{t}) \,.$$

Der Maximum-Likelihood-Schätzer ist der Parameterwert, an dem die Likelihood ihr Maximum annimmt

Der Maximum-Likelihood-Schätzer macht alle Transformationen mit

Ist $\gamma = \gamma\,(\theta)$ bzw. $\theta = \theta\,(\gamma)$ eine eineindeutige Abbildung der Parametermenge Θ auf die Parametermenge Γ und ist $\widehat{\theta}$ der Maximum-Likelihood-Schätzer von θ, so ist

$$\widehat{\gamma} = \widehat{\gamma\,(\theta)} = \gamma\,(\widehat{\theta}) \,.$$

Gütekriterien für Schätzer bewerten die Eigenschaften der Wahrscheinlichkeitsverteilung der Schätzfunktion

Die wichtigsten Kriterien einer Schätzfunktion sind der Bias, die Varianz und der Mean Square Error (MSE) sowie das asymptotische Verhalten für große n. Dabei heißt $\widehat{\theta}^{(n)}$ asymptotisch erwartungstreu, falls $\lim_{n\to\infty} \mathrm{E}(\widehat{\theta}^{(n)}) = \theta$ ist, und konsistent, wenn $\lim_{n\to\infty} \widehat{\theta}^{(n)} = \theta$ gilt. Dabei ist der letzte Grenzwert im Sinne der schwachen Konvergenz oder Konvergenz nach Wahrscheinlichkeit zu verstehen.

Ungleichung von Rao-Cramer

Sind $Y_1, \ldots, Y_n$ i.i.d.-zufällige Variable, deren Verteilung von θ abhängt, und ist $\widehat{\theta} = \widehat{\theta}(Y_1; \ldots; Y_n)$ eine erwartungstreue Schätzung für θ, so ist unter schwachen mathematischen Regularitätsbedingungen

$$\mathrm{Var}\,(\widehat{\theta}) \geq \frac{1}{n} RC \,.$$

Dabei hängt RC, die Schranke von Rao-Cramer, weder vom Schätzer noch vom Stichprobenumfang, sondern allein vom Wahrscheinlichkeitsmodell ab.

Maximum-Likelihood-Schätzer stellen die höchsten Anforderungen an Modell und Vorwissen, da die Verteilung der beteiligten Zufallsvariablen bis auf den unbekannten Parameter bekannt sein muss. Sie haben dafür aber auch optimale Eigenschaften.

Optimalität des Maximum-Likelihood-Schätzers

Unter schwachen mathematischen Regularitätsbedingungen an die Likelihood gilt: Sind $Y_1, ..., Y_n$ i.i.d., so ist $\widehat{\theta}^{(n)}$ konsistent, asymptotisch normalverteilt, asymptotisch effizient und asymptotisch erwartungstreu.

Punktschätzer sind präzise, aber man kann keine Aussage darüber machen, wie verlässlich sie sind. Intervallschätzer gehen genau den entgegengesetzten Weg, sie machen unscharfe Aussagen mit angebbarer Verlässlichkeit.

Eine Prognose ist eine Aussage über das Eintreten eines zufälligen Ereignisses

Prognosebereich

Jeder Bereich B mit $\mathcal{P}(Y \in B) \geq 1 - \alpha$ heißt Prognosebereich für Y und $Y \in B$ eine Prognose über Y zum Niveau $1 - \alpha$.

Die Konfidenzstrategie: Eine nicht verifizierbare Prognose wird für wahr erklärt

Die Konfidenzstrategie

Gegeben sei die zufällige Variable Y, deren Verteilung vom unbekannten Parameter θ abhängt. Ist $A(\theta)$ ein $(1 - \alpha)$-Prognosebereich zum Niveau α für Y,

$$\mathcal{P}(Y \in A(\theta)) \geq 1 - \alpha\,,$$

dann ist die Menge aller θ, für welche $y \in A(\theta)$ gilt,

$$K(y) = \{\theta : \; y \in A(\theta)\}$$

ein Konfidenzbereich für θ zum Niveau $(1 - \alpha)$. Kurz:

$$y \in A(\theta) \quad \Longleftrightarrow \quad \theta \in K(y)\,.$$

Konfidenzintervalle lassen sich leicht konstruieren, wenn man eine Pivotvariable besitzt.

Pivotvariable

Es sei Y eine zufällige Variable, deren Verteilung vom unbekannten Parameter θ abhängt. Dann heißt eine von Y und θ abhängende Variable

$$V = V(Y; \theta)$$

eine Pivotvariable, wenn die Verteilung von $V(Y; \theta)$ vollständig bekannt ist.

Mithilfe von Pivotvariablen lassen sich Konfidenzintervalle konstruieren

Der studentisierte Mittelwert ist t-verteilt

Sind $X_1, \ldots, X_n$ i.i.d. $\mathrm{N}\left(\mu; \sigma^2\right)$, dann besitzt

$$\frac{\overline{X} - \mu}{\widehat{\sigma}_{\mathrm{UB}}} \sqrt{n}$$

eine t-Verteilung mit $(n - 1)$ Freiheitsgraden.

Der standardisierte Maximum-Likelihood-Schätzer ist asymptotisch eine Pivotvariable

Das angenäherte Konfidenzintervall im Binomialmodell

Wird die Binomialverteilung durch die Normalverteilung approximiert und werden kleinere Terme vernachlässigt, ist

$$\left|\theta - \widehat{\theta}\right| \leq \tau^*_{1-\alpha/2} \sqrt{\frac{\widehat{\theta}\left(1 - \widehat{\theta}\right)}{n}}$$

ein zweiseitiges Konfidenzintervall für θ zum Niveau $1 - \alpha$.

Die Konfidenzprognosemenge gibt ein anschauliches Bild aller Konfidenzbereiche

Die Konfidenzprognosemenge

Ist Y eine zufällige Variable, deren Verteilung vom unbekannten Parameter θ abhängt, und $A(\theta)$ der Prognosebereich sowie $K(y)$ der zugehörige Konfidenzbereich zum Niveau $1 - \alpha$, dann heißt

$$\{(y, \theta) : y \in A(\theta)\} = \{(y, \theta) : \; \theta \in K(y)\}$$

Konfidenzprognosemenge zum Niveau $1 - \alpha$.

Konfidenzbereiche müssen mitunter unmittelbar aus Prognosebereichen konstruiert werden

Aufgaben

Die Aufgaben gliedern sich in drei Kategorien: Anhand der *Verständnisfragen* können Sie prüfen, ob Sie die Begriffe und zentralen Aussagen verstanden haben, mit den *Rechenaufgaben* üben Sie Ihre technischen Fertigkeiten und die *Anwendungsprobleme* geben Ihnen Gelegenheit, das Gelernte an praktischen Fragestellungen auszuprobieren.

Ein Punktesystem unterscheidet leichte Aufgaben •, mittelschwere •• und anspruchsvolle ••• Aufgaben. Lösungshinweise am Ende des Buches helfen Ihnen, falls Sie bei einer Aufgabe partout nicht weiterkommen. Ergebnisse, ausführliche Lösungswege, Beweise und Abbildungen finden Sie auf der Website zum Buch.

Viel Spaß und Erfolg bei den Aufgaben!

Verständnisfragen

5.1 • Es seien $X_1, \cdots, X_n$ i.i.d.-gleichverteilt im Intervall $[a, b]$. Wie sieht die Likelihood-Funktion $L(a, b)$ aus?

5.2 • Sie kaufen n Lose. Sie gewinnen mit dem ersten Los. Die restlichen $n-1$ Losen sind Nieten. Wie groß ist die Likelihood von θ der Wahrscheinlichkeit, mit einem Los zu gewinnen?

5.3 • Sie kaufen n Lose. Das erste Los ist eine Niete. Bei den restlichen Losen ist aber mindestens ein Gewinn dabei. Wie groß ist die Likelihood von θ der Wahrscheinlichkeit, mit einem Los zu gewinnen?

5.4 • Bei einem Experiment zur Schätzung des Parameters θ gehen Daten verloren. Sie können nicht mehr feststellen, ob $X = x_1$ oder $X = x_2$ beobachtet wurden. Wie groß ist $L(\theta|x_1$ oder $x_2)$?

5.5 • Welche der folgenden Aussagen sind richtig? a) Die Likelihood-Funktion hat stets genau ein Maximum. b) Für die Likelihood-Funktion $L(\theta|x)$ gilt stets $0 \leq L(\theta|x) \leq 1$. c) Die Likelihood-Funktion $L(\theta|x)$ kann erst nach Vorlage der Stichprobe berechnet werden.

5.6 • Der Ausschussanteil in einer laufenden Produktion sei θ. Es werden unabhängig voneinander zwei einfache Stichproben vom Umfang n_1 bzw. n_2 gezogen. Dabei seien x_1 bzw. x_2 schlechte Stücke getroffen worden. θ wird jeweils geschätzt durch $\widehat{\theta}_{(i)} = \frac{x_i}{n_i}$. Wie lassen sich beide Schätzer kombinieren?

5.7 •• Welche der folgenden Aussagen a) bis c) sind richtig: a) Der Anteil θ wird bei einer einfachen Stichprobe durch die relative Häufigkeit $\widehat{\theta}$ in der Stichprobe geschätzt. Bei dieser Schätzung ist der MSE umso größer, je näher θ an 0.5 liegt. b) $\overline{X}$ ist stets ein effizienter Schätzer für $E(X)$. c) Eine nichtideale Münze zeigt „Kopf" mit Wahrscheinlichkeit θ. Sie werfen die Münze ein einziges Mal und schätzen

$$\widehat{\theta} = \begin{cases} 1, & \text{falls die Münze „Kopf" zeigt}, \\ 0, & \text{falls die Münze „Zahl" zeigt}. \end{cases}$$

Dann ist diese Schätzung erwartungstreu.

5.8 •• Das Gewicht μ eines Briefes liegt zwischen 10 und 20 Gramm. Um μ zu schätzen, haben Sie zwei Alternativen: a) Sie schätzen μ durch $\widehat{\mu}_1 = 15$. b) Sie lesen das Gewicht X auf einer ungenauen Waage ab und schätzen $\widehat{\mu}_2 = X$. Dabei ist $E(X) = \mu$ und $\operatorname{Var}(X) = 36$. Welche Schätzung hat den kleineren MSE?

Nun müssen Sie das Gesamtgewicht von 100 derartigen Briefen mit voneinander unabhängigen Gewichten abschätzen. Wieder haben Sie die Alternative: $\widehat{\mu}_1 = 15 \times 100$ oder $\widehat{\mu}_2 = \sum X_i$. Welche Schätzung hat den kleineren MSE?

5.9 •• Es sei X binomialverteilt: $X \sim B_n(\theta)$. Was sind die ML-Schätzer von $E(X)$ und $\operatorname{Var}(X)$ und wie groß ist der Bias von $\widehat{\mu}$ und von $\widehat{\sigma^2}$. Warum geht der Bias von $\widehat{\sigma^2}$ nicht mit wachsendem n gegen 0?

5.10 • Bei einer einfachen Stichprobe vom Umfang n wird σ^2 erwartungstreu durch die Stichprobenvarianz $\widehat{\sigma^2_{\text{UB}}}$ geschätzt. Wird dann auch σ erwartungstreu durch $\widehat{\sigma}$ geschätzt?

5.11 •• Welche der folgenden Aussagen von a) bis d) sind richtig: a) Erwartungstreue Schätzer haben stets einen kleineren MSE als nicht erwartungstreue Schätzer. b) Effiziente Schätzer haben stets einen kleineren MSE als nichteffiziente Schätzer. c) Mit wachsendem Stichprobenumfang konvergiert jede Schätzfunktion nach Wahrscheinlichkeit gegen den wahren Parameter. d) Ist X in $[a, b]$ gleichverteilt, dann sind $\min X_i$ und $\max X_i$ suffiziente Statistiken.

5.12 • Sie schätzen aus einer einfachen Stichprobe $\widehat{\mu} = \overline{Y}$. Wie schätzen Sie μ^2 und wie groß ist der Bias der Schätzung?

5.13 •• Welche der folgenden Aussagen von a) bis c) ist richtig: a) Es sei $10 \leq \mu \leq 20$ ein Konfidenzintervall für μ zum Niveau $1 - \alpha = 0.95$. Dann liegt μ mit hoher Wahrscheinlichkeit zwischen 10 und 20. b) Für den Parameter μ liegen zwei Konfidenzintervalle vor, die jeweils zum Niveau $1 - \alpha = 0.90$ aus unabhängigen Stichproben gewonnen wurden und zwar $10 \leq \mu \leq 20$ und $15 \leq \mu \leq 25$. Dann ist $15 \leq \mu \leq 20$ ein Konfidenzintervall zum Niveau 0.9^2. c) Wird bei gleichem Testniveau α der Stichprobenumfang vervierfacht, so halbiert sich die Wahrscheinlichkeit für den Fehler 2. Art.

5.14 ••• Ein nichtidealer Würfel werfe mit Wahrscheinlichkeit θ eine Sechs. Sie werfen mit dem Würfel unabhängig voneinander solange, bis zum ersten Mal Sechs erscheint. Nun wiederholen Sie das Experiment k-mal. Dabei sei X_i die Anzahl der Würfe in der i-ten Wiederholung. Insgesamt haben Sie $n = \sum_{i=1}^{k} X_i$ Würfe getan.

In einem zweiten Experiment werfen Sie von vornherein den Würfel n-mal und beobachten $X = k$ mal die Sechs. Vergleichen Sie die Likelihoods in beiden Fällen. Welche Schlussfolgerungen ziehen daraus? Ziehen wir aus der gleichen Information gleiche Schlüsse?

Rechenaufgaben

5.15 ••• Beweisen Sie mithilfe der Markov-Ungleichung die Aussage: Ein $\widehat{\theta}^{(n)}$, dessen Mean Square Error MSE gegen null konvergiert, ist konsistent.

5.16 ••• Es sei X exponentialverteilt, $X \sim \text{ExpV}(\lambda)$. Zeigen Sie: Ein erwartungstreuer Schätzer $\widehat{\lambda} > 0$ für λ existiert nicht. $\frac{1}{X}$ ist asymptotisch erwartungstreu, dabei ist $\mathrm{E}\left(\frac{1}{X}\right) \geq \lambda$.

5.17 ••• Es seien $X_1, \cdots, X_n$ i.i.d exponentialverteilt, $X \sim \text{EXPV}(\lambda)$. Dabei sei $n > 1$. Der ML-Schätzer für λ ist $\widehat{\lambda} = \overline{X}^{-1}$. Wie groß ist $E\left(\widehat{\lambda}\right)$? Wie sieht der erwartungtreue Schätzer für λ aus? Gibt es einen Widerspruch zu Aufgabe 5.16?

5.18 • Die Zufallsvariablen $Y_1, Y_2, \ldots, Y_n$ seien i.i.d.-$\mathrm{N}(\mu; \sigma^2)$-verteilt. Weiter sei Q eine Abkürzung für

$$Q = \sum_{i=1}^{n} (Y_i - \overline{Y})^2 .$$

Zeigen Sie: $\widehat{\sigma}^2_{\text{UB}} = \frac{Q}{n-1}$, $\widehat{\sigma}^2_{\text{ML}} = \frac{Q}{n}$ und $\widehat{\sigma}^2_{\text{MSE}} = \frac{Q}{n+1}$ sind konsistente Schätzer für σ^2. Dabei ist allein $\widehat{\sigma}^2_{\text{UB}}$ erwartungstreu. Weiter gilt:

$$\text{MSE}\,(\widehat{\sigma}^2_{\text{UB}}) > \text{MSE}(\widehat{\sigma}^2_{\text{ML}}) > \text{MSE}(\widehat{\sigma}^2_{\text{MSE}}).$$

5.19 ••• Die Dichte der Zufallsvariable Z sei eine Mischung von zwei Normalverteilungen:

$$f\,(z \| \mu; \sigma) = \frac{1}{2\sqrt{2\pi}\sigma} \exp\left(-\frac{(z-\mu)^2}{2\sigma^2}\right) + \frac{1}{2\sqrt{2\pi}} \exp\left(-\frac{z^2}{2}\right).$$

Dabei sind μ und $\sigma > 0$ unbekannt. Zeigen Sie: Sind $Z_1, \cdots, Z_n$ i.i.d.-verteilt wie Z, und werden ihre Realisationen $z_1, \cdots, z_n$ beobachtet, dann lässt sich aus ihnen kein ML-Schätzer für μ und σ konstruieren.

5.20 ••• Bei einer Messung positiver Werte seien die Messungen normalverteilt mit konstantem bekannten Variationskoeffizient γ, also mit bekannter relativer Genauigkeit. Bei einer einfachen Stichprobe liegen die Messwerte $x_1, \ldots, x_n$ vor. Nehmen Sie an, dass die X_i i.i.d.-$\mathrm{N}(\mu; \sigma^2)$-verteilt sind mit $\mu > 0$. Wie groß sind die ML-Schätzer $\widehat{\mu}$ und $\widehat{\sigma}$?

5.21 •• Ein nichtidealer Würfel werfe mit Wahrscheinlichkeit θ eine Sechs. Sie werfen mit dem Würfel unabhängig voneinander solange, bis zum ersten Mal Sechs erscheint. Bestimmen Sie daraus ein Konfidenzintervall für θ. Wie sieht das Intervall für ein $\alpha = 5\,\%$ aus, wenn dies nach dem sechsten Wurf zuerst geschieht.

5.22 ••• Der ML-Schätzer für θ bei der geometrischen Verteilung ist $\widehat{\theta}_{\text{ML}} = \frac{1}{k}$. Bestimmen Sie $\mathrm{E}\left(\widehat{\theta}_{\text{ML}}\right)$. Bestimmen Sie den einzigen erwartungtreuen Schätzer. Ist dieser Schätzer sinnvoll?

5.23 ••• Es seien $X_1, \ldots, X_n$ im Intervall $[0, \theta]$ i.i.d.-gleichverteilt. a) Bestimmen Sie den ML-Schätzer für θ und daraus einen erwartungstreuen Schätzer für θ. b) Hat der ML-Schätzer oder der erwartungstreue Schätzer den kleineren MSE? c) Bestimmen Sie ein Konfidenzintervall für θ zum Niveau $1-\alpha$.

5.24 ••• Es seien $\widehat{\theta}_1$ und $\widehat{\theta}_2$ zwei erwartungstreue Schätzer für denselben Parameter θ. Dabei seien $\text{Var}\left(\widehat{\theta}_1\right) = \sigma_1^2 \leq \sigma_2^2 = \text{Var}\left(\widehat{\theta}_2\right)$ und $\rho = \text{Cor}\left(\widehat{\theta}_1, \widehat{\theta}_2\right)$. Wann ist eine erwartungstreue Linearkombination $\widehat{\theta}_3$ aus $\widehat{\theta}_1$ und $\widehat{\theta}_2$ besser als beide zusammen?

5.25 ••• Folgern Sie aus dem Beweis der Aufgabe 5.24 den Satz:

Es sei $\boldsymbol{U}$ ein linearer Unterraum im Raum aller von $\boldsymbol{y}$ abhängenden zufälligen Variablen mit existierender Varianz. Dann ist ein erwartungstreuer Schätzer $\widehat{\theta} \in \boldsymbol{U}$ genau dann bester linearer unverfälschter (BLUE) Schätzer in $\boldsymbol{U}$, wenn $\widehat{\theta}$ unkorreliert ist mit jeder Statistik $T \in \boldsymbol{U}$, deren Erwartungswert null ist. Außerdem ist $\widehat{\theta}$ eindeutig bestimmt.

5.26 ••• Es seien $\widehat{\mu}_1$ und $\widehat{\mu}_2$ zwei unabhängige, erwartungstreue Schätzer für μ mit $E\,(\widehat{\mu}_1) = E\,(\widehat{\mu}_2) = \mu$ und $\text{Var}\,(\widehat{\mu}_i) = \frac{\sigma^2}{n_i}$. Bestimme eine Linearkombination $\widehat{\mu} = \alpha\widehat{\mu}_1 + \beta\widehat{\mu}_2$ aus $\widehat{\mu}_1$ und $\widehat{\mu}_2$ mit minimalem Mean-Square Error. Wie sieht $\widehat{\mu}$ aus, wenn $\widehat{\mu}$ erwartungstreu sein muss? Was bedeutet dies, wenn überhaupt nur ein Schätzer vorliegt?

Anwendungsprobleme

5.27 • Biologen stehen oft vor der Aufgabe, die Anzahl von freilebenden Tieren in einer festgelegten Umgebung abzuschätzen. Bei **Capture-Recapture-Schätzungen** wird ein Teil der Tiere gefangen, markiert und wieder ausgesetzt. Nach einer Weile, wenn sich die Tiere wieder mit den anderen vermischt haben und ihr gewohntes Leben wieder aufgenommen haben, werden erneut einige Tiere gefangen. Es seien N Fische im Teich und m Fische markiert worden. Es sei Y die Anzahl der markierten Fische, die bei einer zweiten Stichprobe von insgesamt n gefangenen Fischen gefunden wurden. Was ist der ML-Schätzer von N?

5.28 ••• Ein Hausmeister kontrolliert in einem großen Gebäude wöchentlich die Glühbirnen und wechselt die ausgebrannten Birnen aus. In der k-ten Woche von insgesamt m Wochen hat er n_k Birnen ausgetauscht. Schätzen Sie die mittlere Brenndauer der Glühbirnen, wenn sich im Gebäude insgesamt N Birnen befinden, die alle vom gleichen Typ sind und deren Brenndauer i.i.d.-ExpV(λ)-exponentialverteilt sind.

5.29 ●● In der Landwirtschaft eines Landes sind 20 % Großbauern und 80 % Kleinbauern. Von den Kleinbauern betrug das Jahresdurchschnittseinkommen vor einigen Jahren 12 000 Geldeinheiten bei einer Standardabweichung von 4000 Einheiten. Bei den Großbauern lag das Einkommen bei 18 000 mit einer Standardabweichung von 6000. Mit einer Stichprobe möchte man nun das Jahresdurchschnittseinkommen der Gesamtheit auf 300 Einheiten genau bei einer Sicherheit von 95 % abschätzen. Welches Stichprobenverfahren würden Sie wählen, wenn die Fixkosten einer reinen Zufallsstichprobe bei 2000, einer proportionalen Stichprobe bei 4000 und einer optimal geschichteten Stichprobe bei 5000 Einheiten und die Kosten pro befragter Person bei 5 Einheiten liegen. Zur Kostenabschätzung gehen Sie davon aus, dass die Anteile der Klein- und Großbauern sowie die Mittelwerte und Standardabweichungen stabil geblieben sind. Was änderte sich, wenn die Schätzgenauigkeit auf 100 Einheiten gesteigert würde?

5.30 ● Jeden Tag verlassen n Personen das Werktor. Bei jeder Person wird ein Zufallsgenerator in Gang gesetzt, mit $\mathcal{P}(X = 1) = \pi$ und $\mathcal{P}(X = 0) = 1 - \pi$. Ist $X = 1$, so wird die Person kontrolliert. Wieviel Personen werden täglich kontrolliert. Arbeiten Sie im konkreten Fall mit $n = 1000$, $\pi = 5\%$ und $\alpha = 1\%$.

5.31 ●● Ein Unternehmen möchte von seinen Kunden den geplanten Umfang der Bestellungen für das nächste Jahr erfragen. (Einheit der Wertangabe 1000 €). Die Befragung der Kunden ist unterschiedlich teuer, bei Kleinkunden genügt ein Anruf, bei größeren Abnehmern muss ein Interviewer geschickt werden. Der Kundenstamm des Unternehmens gliedert sich in 50 % Kleinkunden, 30 % mittlere Kunden und 20 % Großkunden. Je kleiner der Betrieb, umso homogener sind die Kosten. Aufgrund langjähriger Erfahrungen geht man von folgenden Standardabweichungen des Betrags aus: Kleinkunden $\sigma_1 = 2$, mittlere Kunden $\sigma_2 = 10$ und Großkunden $\sigma_3 = 100$. Die Kosten einer Einzelbefragung pro Kunden bei einem Kleinkunden 9 €, bei einem mittleren Kunden 36 € und bei einem Großkunden 100 €. Das Unternehmen will maximal 10.000 € ausgeben. Wieviel Kunden werden in jeder Schicht befragt, wenn der Gesamtumsatz möglichst genau bestimmt werden soll?

5.32 ●●● In der Genetik untersucht man den Zusammenhang zweier Faktoren F_1 und F_2 mithilfe von Kreuztabellen. Sei A dominante Ausprägung des Faktors F_1 und a die rezessive Ausprägung, entsprechend B bzw. b beim Faktor F_2. Bei gewissen Vererbungsgängen sind die Auftretenswahrscheinlichkeiten der beiden Faktoren gegeben durch:

	B	b
A	$\frac{1}{4}(2+\theta)$	$\frac{1}{4}(1-\theta)$
a	$\frac{1}{4}(1-\theta)$	$\frac{1}{4}\theta$

Die beobachteten Häufigkeiten sind

	B	b
A	$x_{11} = 1997$	$x_{12} = 906$
a	$x_{21} = 904$	$x_{22} = 32$

Stellen Sie die Likelihood-Funktion für θ auf und schätzen Sie θ.

5.33 ● Um die Qualität einer speziellen Berufsausbildung zu bewerten, wird durch eine Zufallsstichprobe der Absolventinnen und Absolventen eines Jahrganges ermittel, wieviele Versuche diese Personen bis zu einer erfolgreichen Bewerbung benötigen. Die Anzahl Bewerbungen bis zum ersten Erfolg kann für alle Teilnehmer eines Jahrganges als geometrisch verteilte Zufallsvariable X mit dem Parameter θ angesehen werden Für eine Stichprobe vom Umfang $n = 20$ des letzten Jahrgangs ergab sich folgendes Ergebnis:

X	1	2	3	4
Anzahl der Personen	4	5	8	3

Bestimmen Sie den Maximum-Likelihood-Schätzwert für θ!

5.34 ● An einer speziellen Bushaltestelle kommt der Bus regelmäßig alle 10 Minuten. Dabei steigen im Schnitt jeweils 20 Leute ein. a) Mit welcher Wahrscheinlichkeitsverteilung können Sie die Anzahl X der innerhalb von t Minuten an der Haltestelle erscheinenden Personen beschreiben? b) Würde sich etwa ändern, wenn die Haltestelle in der Nähe der Uni liegt und vor allem Studenten den Bus benutzen? c) Was sind die Parameter ihrer Verteilung? d) Als Sie an der Haltestelle ankommen, warten bereits 8 Personen auf den Bus. Schätzen Sie nun t, die Zeit seitdem der letzte Bus weggefahren ist. e) Wie lange werden Sie noch warten?

5.35 ●●● Ein einem (gewichtslosen) Sack befinden sich $n + m$ gleichartige Kugeln. Die Gewichte X_i der Kugeln seien i.i.d normalverteilt:

$$X_i \sim N(\mu, \sigma^2).$$

Sie nehmen m Kugeln zufällig heraus und wiegen sie einzeln. Die gemessenen Gewichte sind $x_1, \ldots, x_n$. Anschließend wiegen Sie den Sack mit den restlichen n Kugeln. Das Gewicht des Sacks, $Y = \sum_{i=1}^{n}$ ist dann ebenfalls normalverteilt mit

$$Y \sim N(n\mu, n\sigma^2).$$

Schätzen Sie nun n, μ und σ. Wählen Sie die Abkürzungen $s^2 = \frac{1}{m}\sum_{i=1}^{m}(x_i - \overline{x})^2$ für die empirische Varianz der ersten m Messergebnisse und $\gamma = \frac{s}{\overline{x}}$ als Variationskoeffizient. $n_0 = \frac{y}{\overline{x}}$ für die erste grobe Schätzung von n und $\overline{y} = \frac{y}{n}$ als eine erste grobe Schätzung des Gewichts einer Kugel im Sack. Da n nur numerisch zu bestimmen ist, wählen Sie dafür den Speziealfall $m = 10$, $n_0 = 300$ und $\gamma = 0.1, 1, 10$.

5.36 ● Zehn Praktikanten haben unabhängig voneinander die Länge eines Bolzens gemessen. Der Mittelwert ihrer Messungen ist $\overline{x} = 3.55$ bei einer Standardabweichung von $s = 0.05$

Wie lang ist der Bolzen? Bestimmen Sie ein Konfidenzintervall mit einem Konfidenzniveau von 95 % bzw. 99 %? Welche Verteilungsannahmen machen Sie?

5.37 •• Eine Kartoffel wiege etwa 100 Gramm mit einer Standardabweichung von 10 Gramm. Ein Sack Kartoffeln wiege (ohne Sack) 50 Kilogramm. Wieviele Kartoffeln enthält er? Prognoseniveau 95 %.

Antworten der Selbstfragen

S. 193
Der zweidimensionale Parameter ist $\theta = (\mu, \sigma)$. Der Parameterraum im weitesten Sinn ist $\mathbb{R} \times \mathbb{R}_+$, der wahre Parameter $\theta_0 = (\mu_0, \sigma_0)$ könnte zum Beispiel $\mu_0 = 500$ und $\sigma_0 = 1$ sein.

S. 203
Es ist $\mathcal{P}(Y = 2 \| \lambda) = \frac{\lambda^2}{2!} e^{-\lambda}$. Da wir die Konstante $\frac{1}{2!}$ ignorieren können, ist

$$L(\lambda \,|Y = 2) = \lambda^2 e^{-\lambda} .$$

S. 206
Es ist $E(Y) = n\theta$ und $\text{Var}(Y) = n\theta(1-\theta)$. Daher ist $\widehat{\mu} = n \cdot 0.2$ und $\widehat{\sigma^2} = \widehat{\sigma}^2 = n \cdot 0.2 \cdot 0.8$.

S. 210
Ja. Die Verteilung der Y_i spielt keine Rolle, solange die Y_i nur einen Erwartungswert besitzen, denn $E(\widehat{\mu}) = E(\overline{Y}) = \frac{1}{n} \sum_{i=1}^{n} E(Y_i) = \frac{1}{n} \sum_{i=1}^{n} \mu = \mu$.

S. 210
a) Ja, denn $\mathcal{P}(Y = \mu + 1 \| \mu) = \mathcal{P}(Y = \mu - 1 \| \mu) = 0.5$. Daher ist

$$E(Y) = \frac{1}{2}(\mu + 1) + \frac{1}{2}(\mu - 1) = \mu .$$

Obwohl wir mit Sicherheit wissen, dass das angezeigte Gewicht Y falsch ist, ist Y erwartungstreu.
b) Nein. Der Erwartungswert macht nur alle linearen Transformationen mit. Die Wurzelfunktion ist nichtlinear. Daher ist

$$E(\widehat{\sigma}_{UB}) \neq \sqrt{E(\widehat{\sigma}^2_{UB})} = \sqrt{\sigma^2} .$$

S. 212
$\widehat{\theta}_{17}$ ist nicht erwartungstreu.

Testtheorie – Gerichtsverhandlung über Hypothesen

6

Wann ist ein Ergegnis signifikant?

Heißt signifikant auch relevant?

Ist eine angenommene Hypothese auch wahr?

Ist eine abgelehnte Hypothese wirklich falsch?

Im vorigen Kapitel stellten wir uns die Aufgabe, den Wert eines unbekannten Parameters zu schätzen, entweder durch Angabe eines Schätzwertes oder eines Schätzintervalls. Während beim Schätzen zum Beispiel gefragt werden könnte: „Wie groß ist die Reißfestigkeit dieses Gewebes?", lautet nun die Frage: „Können wir auf der Basis unserer Daten diesen Stoff zur Herstellung von Fallschirmen benutzen?" Jetzt wird keine Zahl, sondern eine Entscheidung gefragt: Ja oder Nein. Dieser Aufgabe stellt sich die Testtheorie.

Im einfachsten Fall ist zwischen zwei scharf umrissenen, sauber getrennten Alternativen zu entscheiden: „Zeigt die Ampel rot oder grün?" „Gehen wir ins Kino oder gehen wir spazieren?"

Oft gehen die Alternativen ineinander über und sind nur durch eine virtuelle, punktförmige Grenze getrennt: „Ist das Gewicht größer als 100 Gramm oder kleiner?"

In all diesen Fällen ist zwischen zwei im Grunde gleichartigen Alternativen zu wählen. Man spricht hier oft von Alternativtests. Häufig aber ist nur über eine wohldefinierte Hypothese zu befinden, die Alternative ist „der Rest der Welt". Zum Beispiel: Sind die Merkmale X und Y unabhängig? Ist X stetig? Haben X und Y die gleiche Verteilung? In diesen Fällen spricht man oft von Signifikanztests. Aber die Grenze zwischen Alternativ- und Signifikanztest ist fließend, die Umgangssprache der Praxis trennt nicht so scharf. Generell gilt: Ein Test ist eine Entscheidung über die Gültigkeit einer Hypothese auf der Grundlage von Daten mit kontrollierten Irrtumswahrscheinlichkeiten.

6.1 Die Grundelemente des Tests

Die Prüfgröße des Tests liegt entweder im Annahmebereich oder in der kritischen Region

Bei einem Test wird auf der Grundlage einer Stichprobe $\boldsymbol{Y} = (Y_1, \ldots, Y_n)$ eine Entscheidung über eine Hypothese gefällt. In der Regel werden die Daten nicht unmittelbar verwendet, sondern man berechnet aus ihnen eine ein- oder mehrdimensionale **Prüfgröße** PG. Diese ist eine einfacher zu handhabende Stichprobenfunktion, welche die relevante Information aus der Stichprobe $\boldsymbol{Y}$ enthalten soll, im Idealfall also eine suffiziente Statistik. Häufig verwendete Prüfgrößen sind Mittelwert, empirische Varianz, Anzahlen, Anteilswerte, Minimum, Maximum oder der Median der Stichprobe. Wir unterscheiden die Prüfgröße $PG = PG(\boldsymbol{Y})$ von der Realisation der Prüfgröße $pg = PG(\boldsymbol{y})$. Ist zum Beispiel $\boldsymbol{Y} = (Y_1, Y_2, \cdots, Y_n)$, dann könnte die Prüfgröße $PG = \left(\overline{Y}; \widehat{\sigma}^2\right)$ und ihre Realisation $pg = (-3.7;\ 2.2)$ sein.

Am Anfang jeder Testentscheidung steht eine Prognose über den zukünftigen Wert der Prüfgröße. Dabei wird die Gültigkeit der Hypothese vorausgesetzt:

$$\mathcal{P}(PG \in \text{AB}) \geq 1 - \alpha\,.$$

α heißt das **Signifikanzniveau** des Tests. Der Prognosebereich heißt **Annahmebereich** AB. Das Komplement des Annahmebereichs ist die **kritische Region** KR:

$$\mathcal{P}(PG \in \text{KR}) \leq \alpha\,.$$

Wir haben die Prognose über PG zum Niveau $1 - \alpha$ gemacht:

$$PG \in \text{AB}\,.$$

Nun wird $PG = pg$ beobachtet: War unsere Prognose richtig?

Angenommen, die Prüfgröße sei standardnormalverteilt, d. h. $PG \sim \text{N}(0;\ 1)$, und angenommen, wir haben die folgende Prognose über PG zum Niveau 95 % gemacht:

$$-1.96 \leq PG \leq 1.96\,.$$

Nun wird pg beobachtet. Zwei Fälle sind möglich:

- Zum Beispiel ist $pg = 0.4$. Dann stimmte unsere Prognose. Alles ist in Ordnung und wir können zufrieden sein.
- Zum Beispiel ist $pg = 2.4$. Jetzt ist die Prognose falsch. Was nun?
  Entweder ist ein **seltenes Ereignis eingetreten,** denn wenn $PG \sim \text{N}(0;\ 1)$ ist, kann ja durchaus einmal ein $pg \geq 2.4$ beobachtet werden. Oder aber **die Ausgangsannahme** $PG \sim \text{N}(0;\ 1)$ **ist falsch.** Was aber kann an $PG \sim \text{N}(0;\ 1)$ falsch sein? Es kann $\mu = 0$ falsch sein oder $\sigma = 1$ oder PG ist überhaupt nicht normalverteilt?

Wir präzisieren daher. Es könnte sein, dass wir bereit sind, den Wert von μ anzweifeln zu lassen, nicht aber $\sigma = 1$ und die Annahme der Normalverteilung

Vor dem Test sind das Modell, die Nullhypothese und die Alternative festzulegen

Das Modell und die beiden Hypothesen

- Das **Grundmodell** ist die Präzisierung des nicht bezweifelten Vorwissens.
- Die **Nullhypothese** H_0 ist die Präzisierung der angezweifelten Aussage, über deren Richtigkeit eine Entscheidung zu fällen ist.
- Die **Alternativhypothese** oder kurz die **Alternative** H_1 sagt: Was gilt, wenn H_0 falsch ist?

Wir setzen das obige Beispiel fort. Da weder an der Normalverteilung noch an der Varianz $\sigma^2 = 1$ gezweifelt wird, ist das Grundmodell

$$PG \sim \text{N}(\mu;\ 1)\,.$$

Über μ sind wir nicht so sicher. Aber wir gehen davon aus, dass $\mu = 0$ gilt. Die Nullhypothese H_0 lautet daher:

$$H_0: \quad „\mu = 0“\,.$$

Die Alternative H_1 ist

$$H_1: \quad „\mu \neq 0“\,.$$

Die Teststrategie: Liegt die Prüfgröße in der kritischen Region, wird H_0 abgelehnt

Angenommen, Signifikanzniveau α, Annahmebereich AB und kritische Region KR liegen fest. Nun verhalten wir uns nach folgender Strategie. Nach der Beobachtung von $PG = pg$ entscheiden wir wie folgt:

- Liegt $pg \in AB$, ist also die Prognose wahr, dann sprechen die Daten nicht gegen H_0. Auf Grund der Daten besteht kein Grund, an H_0 zu zweifeln. Wir kürzen diese Bewertung ab und sagen: „H_0 **wird angenommen.**"
- Liegt $pg \notin AB$, also $pg \in KR$, so ist die Prognose falsch. Wir sagen: „Die Daten sprechen **signifikant** gegen H_0" und erklären: „Im Rahmen des Modells und des gewählten Signifikanzniveaus α sind die Daten nicht mit H_0 verträglich." Wir kürzen diese Bewertung ab und sagen: „H_0 **wird abgelehnt**."

Wir setzen das obige Beispiel fort. Das Modell war $PG \sim \mathrm{N}(\mu; 1)$, die Nullhypothese „$\mu = 0$". Das Signifikanzniveau haben wir mit $\alpha = 5\,\%$ festgelegt. Dann machten wir die Prognose $-1.96 \leq PG \leq 1.96$ zum Niveau $1 - \alpha$. Der Annahmebereich AB ist demnach das Intervall $[-1.96, 1.96]$.

Angenommen, wir beobachten $pg = 1.3$, so erklären wir H_0 für angenommen. Falls $pg = 2.3$ ist, erklären wir H_0 für abgelehnt.

Achtung: Die Annahme von H_0 ist keine Bestätigung von H_0. Die Ablehnung von H_0 ist keine zwingende, logische Widerlegung von H_0. Im Test werden wir zu einer Entscheidung gezwungen und handeln nach einer von uns festgelegten Strategie. Diese Strategie entspricht dem **Trägheitsprinzip des menschlichen Denkens**. Solange wir Beobachtungen mit unserem Wissen und unseren Annahmen erklären können, sehen wir keinen Grund, an ihnen zu zweifeln. Jeder psychisch gesunde Mensch hat ein relativ stabiles Weltbild, mit der er sich die Welt erklärt und danach handelt. Unser Weltbild besteht aus lauter akzeptierten, aber darum nicht notwendig wahren Nullhypothesen. Diese behalten wir solange bei, bis wir sie nicht mehr mit unseren Erfahrungen vereinbaren können.

Unsere Teststrategie kann zwei völlig unterschiedliche Ergebnisse liefern:

- Die Annahme von H_0 ist windelweich. Sie ist fast eine leere Aussage: „Die Daten sprechen nicht gegen H_0." Na und? Daraus folgt wenig. Betrachten wir ein extrem überzeichnetes Beispiel: Angenommen, mein Modell lautet: „Die Welt steckt voller Gespenster" und die Nullhypothese heißt: „Gespenster sind unsichtbar". Dann ist die Beobachtung: „Kein Mensch hat jemals ein Gespenst gesehen" mit H_0 verträglich. Ist aber dadurch H_0 bestätigt oder gar bekräftig?
- Die Ablehnung von H_0 dagegen ist eine ernst zunehmende, starke Aussage. Denn entweder ist H_0 wirklich falsch, oder es ist ein seltenes Ereignis eingetreten, das höchstens mit Wahrscheinlichkeit α eintreten konnte.

Die fälschliche Ablehnung der richtigen Nullhypothese ist der Fehler 1. Art

Entsprechend zur unterschiedlichen Qualität der Aussagen werden auch die Fehler unterschiedlich gewichtet.

- Sollte H_0 falsch sein und wird H_0 trotzdem von uns „angenommen", so zucken wir nur mit den Achseln, die Annahme von H_0 bedeutete ja nicht viel. Diese Fehlentscheidung heißt **Fehler 2. Art.**
- Ist aber H_0 richtig und wird von uns fälschlicherweise verworfen, so haben wir den **Fehler 1. Art** begangen, denn die starke Aussage war falsch.

	Realität	
Entscheidung	H_0 ist wahr	H_1 ist wahr
Annahme von H_0	richtig	**Fehler 2. Art**
Ablehnung von H_0	**Fehler 1. Art**	richtig

Das Ziel unserer Teststrategie sollte sein: Vermeide den Fehler 1. Art! Dies ist ein unerfüllbarer Wunsch, denn Fehler sind unvermeidlich, da wir die Wahrheit nicht kennen. Aber eine schwächere Forderung ist erfüllbar:

Kontrolliere die Wahrscheinlichkeit des Fehlers 1. Art!

Diese Forderung haben wir durch das Signifikanzniveau α erfüllt: Wir begehen den Fehler 1. Art, wenn H_0 richtig ist, aber $pg \in$ KR liegt. Durch die Wahl des Annahmebereichs AB haben wir erzwungen, dass gilt:

$$\mathcal{P}(PG \in \mathrm{AB} \| H_0) \geq 1 - \alpha\,,$$
$$\mathcal{P}(PG \in \mathrm{KR} \| H_0) \leq \alpha\,.$$

Die Wahrscheinlichkeit für den Fehler 1. Art ist höchstens so groß wie das Signifikanzniveau α. Kurz und symbolisch abgekürzt:

$$\mathcal{P}(H_0 \| H_0) \geq 1 - \alpha\,,$$
$$\mathcal{P}(H_1 \| H_0) \leq \alpha\,.$$

Ein Test lässt sich vergleichen mit einer Gerichtsverhandlung über das angeklagte H_0. Auf Grund der durch die Prüfgröße gelieferten Indizien muss der Richter entscheiden: Spricht H_0 die Wahrheit oder ist H_0 falsch. Grundlage des Prozesses ist die Unschuldsvermutung von H_0. Die Annahme von H_0 ist ein *Freispruch mangels Beweises*: Die Indizien haben nicht ausgereicht, H_0 zu widerlegen. Der Fehler 1. Art ist die Verurteilung eines Unschuldigen, beim Fehler 2. Art wird ein Sünder laufengelassen.

Achtung: Unterscheide **Signifikanz** und **Relevanz**: Eine Beobachtung ist **signifikant**, wenn sie zur Ablehnung der Nullhypothese führt. Eine Abweichung zweier Parameter ist **relevant**, wenn ihre Konsequenzen für den Entscheidenden relevant sind. Es ist möglich, dass in einem Fall irrelevante Abweichungen signifikant sind und in einem anderen Fall relevante Unterschiede nicht signifikant sind.

Der Entscheidungsspielraum vor einem Test: Die Wahl von α, der Hypothesen und des Annahmebereichs

Das Niveau α ist vergleichbar einer DIN-Norm zum wissenschaftlichen Vergleich empirisch überprüfter Hypothesen. Daher werden meist Standardwerte wie $\alpha \in \{1\,\%, 5\,\%, 10\,\%\}$ etc. verwendet. Generell gilt: Je kleiner α,

- umso stärker bin ich voreingenommen für H_0,
- umso schwerer ist es, H_0 zu verwerfen,
- umso schwerer wiegt die Ablehnung von H_0.

Häufig spielen auch Kostenerwägungen eine Rolle, wenn die Kosten einer Fehlentscheidung abgewogen werden müssen.

Bei der Wahl der Hypothesen gilt ein Grundprinzip: Die Nullhypothese muss vor der Beobachtung aufgestellt werden. Eine Prognose über PG ist sinnlos, wenn pg bereits bekannt ist.

Wem ist es noch nicht geschehen, dass man beim Einkaufen an der „falschen" Ladenkasse steht? An allen anderen Kassen wird zügig kassiert, nur in der eigenen Warteschlange geschieht nichts. Hat man aber endlich die Kasse passiert, dann gibt es nichts Schlimmeres, als wenn dann die Begleiterin oder der Begleiter sagt: „Du bist immer so ein Trottel. Das hätte ich Dir auch schon vorher sagen können, dass Du Dich immer an der falschen Kasse anstellst." Ungerecht und ärgerlich ist dieser Tadel vor allem, weil er hinterher kommt. Erst wird die Beobachtung gemacht und dann wird darauf eine sich selbstbestätigende Ex-Post-Prognose gesattelt: Das hätte ich Dir auch schon vorher sagen können.

Beim Test liegt die Situation genauso. Die Hypothesen, der Annahmebereich und das Signifikanzniveau α werden als vorher festgelegte, deterministische Größen behandelt, die nicht von der Zufallsvariablen $\boldsymbol{Y}$ abhängen dürfen.

Nullhypothese und Alternative sind asymmetrisch in der Bedeutung, der Behandlung und in ihren Konsequenzen. Es gibt verschieden Gesichtspunkte bei der Wahl der Hypothesen

- Statistische Kriterien:
  Bei einem Test muss ich die Wahrscheinlichkeit des Fehlers 1. Art kontrollieren können. Dazu muss ich eine geeignete Prüfgröße finden, deren Verteilung unter H_0 ich kenne. Zum Beispiel gibt es keinen sinnvollen Test, mit dem man die Hypothese H_0: „X und Y sind **abhängig**" testen kann. Dagegen gibt es sehr wohl Tests zur Prüfung der Hypothese H_0: „X und Y sind **unabhängig**." Wir werden einen Unabhängigkeitstest auf Seite 242 vorstellen.
- Wissenschaftliche Kriterien:
  Was will ich mit dem Test zeigen? Nur die Ablehnung ist eine starke Aussage. Um die Aussage A durch einen Test zu stützen, behaupte ich, als *Advocatus Diaboli,* das Gegenteil von A und versuche, diese Behauptung zu widerlegen. Also A wird zu H_1 und „nicht A" wird zu H_0. Gelingt die Ablehnung von „nicht A", so ist die Aussage A durch den Test gestützt und zwar um so mehr, je kleiner α war.
- Wirtschaftliche Kriterien:
  Jede Fehlentscheidung verursacht Kosten. Wo liegt der größere Schaden? Der schlimmere Fehler wird zum Fehler 1. Art.

Beispiel In der Sahara und in Berlin wird das Wasser aus einem neu gebohrten Brunnen auf seine Trinkwasserqualität geprüft. Angenommen, das Wasser wird als Trinkwasser zugelassen, wenn der Salzgehalt pro Liter geringer ist als μ_0 Einheiten.

	Realität	
Entscheidung	Wasser ist gut, $\mu \leq \mu_0$	Wasser ist schlecht $\mu > \mu_0$
$\mu \leq \mu_0$	richtig	schlechter Brunnen zugelassen
$\mu > \mu_0$	guter Brunnen gesperrt	richtig

Was sind die Konsequenzen aus den möglichen Fehlentscheidungen? In Berlin gibt es gutes Trinkwasser in Fülle. Die Schließung eines zusätzlichen Trinkwasserbrunnens wäre bei Weitem nicht so schlimm, wie die Zulassung eines Brunnens mit schlechtem Wasser. Daher ist in Berlin die Nullhypothese:

$$H_0: \mu \geq \mu_0$$

Die Behörde geht erst mal davon aus, dass das Wasser schlecht ist. Erst wenn überzeugend nachgewiesen wird, dass diese Annahme falsch ist, wird das Wasser zugelassen. In der Sahara ist es umgekehrt. Die Schließung eines Trinkwasserbrunnens könnte katastrophal sein. Daher ist in der Sahara die Nullhypothese:

$$H_0: \mu \leq \mu_0$$

Hier geht man davon aus: „Das Wasser ist trinkbar." Erst wenn nachgewiesen wird, dass das Wasser ungenießbar ist, wird der Brunnen geschlossen. ◀

Wir unterscheiden **einfache** und **zusammengesetzte** Hypothesen: Bei einer einfachen Hypothese wird genau ein Parameterwert festgelegt, z. B. „$\mu = \mu_0$". Bei einer zusammengesetzten Hypothese wird eine Parametermenge festgelegt, etwa wie im obigen Beispiel „$\mu \geq \mu_0$" bzw. „$\mu \leq \mu_0$". Man könnte fragen, warum nicht die inhaltlich näher liegenden Hypothesen „$\mu > \mu_0$" bzw. „$\mu < \mu_0$" getestet werden. In der Regel – und so ist es auch im obigen Beispiel – hängt die Wahrscheinlichkeit stetig vom Parameter ab. Wenn $\mathcal{P}(PG \in \mathrm{KR} \| \mu) \leq \alpha$ für alle $\mu > \mu_0$ gilt, dann gilt dies auch für $\mu = \mu_0$. Darum wählt man für zusammengesetzte Nullhypothesen von vornherein abgeschlossene Bereiche.

Sind Signifikanzniveau α und Hypothesen festgelegt, bleibt als letztes Problem die Wahl des Annahmebereichs. Hier ist das Kriterium leicht formuliert: Wähle den Annahmebereich so, dass einerseits das Signifikanzniveau α eingehalten wird und gleichzeitig die Wahrscheinlichkeit für den Fehler 2. Art minimiert wird. Mit dieser nicht immer lösbaren Optimierungsaufgabe beschäftigt sich die mathematische Testtheorie. Wir werden sie im letzte Abschnitt dieses Kapitels ab Seite 251 kurz streifen.

Die Gütefunktion zeigt die möglichen Konsequenzen des Tests

Wir haben uns bislang vor allem um die Kontrolle der Wahrscheinlichkeit für den Fehler 1. Art bemüht. Aber nicht jeder Test, der das Signifikanzniveau α einhält, ist damit auch ein sinnvoller Test. Dies zeigt der **triviale Test**, der als Extremfall eines Tests im folgenden Beispiel vorgestellt wird.

Beispiel Um eine Entscheidung zwischen zwei Hypothesen H_0 und H_1 zu fällen, wird in eine Urne mit 95 grünen und 5 roten Kugeln gegriffen und zufällig eine Kugel herausgeholt. Ist sie rot, wird H_0 abgelehnt, sonst nicht. Die Wahrscheinlichkeit, mit der eine richtige Nullhypothese abgelehnt wird, ist genau 5 %. Dieser sogenannte **triviale Test** hält das Signifikanzniveau von 5 % exakt ein. ◀

Die Güte eines Test zeigt sich, wenn man das Verhalten des Tests bei einer falschen Nullhypothese betrachtet. Dies ist am einfachsten beim Parametertest zu erkennen. Bei einem Parametertest ist die Verteilung von Y,

$$Y \sim F(y \| \theta),$$

bis auf einen unbekannten Parameter $\theta \in \Theta$ bekannt. (Nichtparametrische Tests prüfen Hypothesen wie „X und Y sind unabhängig" oder „X ist normalverteilt".) H_0 lässt sich dann als Hypothese über θ formulieren: Der Parameterraum Θ zerfällt in zwei disjunkte Klassen: $\Theta = \Theta_0 \cup \Theta_1$. Dabei bedeutet H_0: $\theta \in \Theta_0$ und H_1 bedeutet: $\theta \in \Theta_1$. Häufig werden gleiche Buchstaben für Hypothesen und zugeordnete Parametermengen verwendet:

$$H_0 \triangleq \Theta_0 \qquad H_1 \triangleq \Theta_1 .$$

Definition der Gütefunktion

Die Gütefunktion $g(\theta)$ ist die Wahrscheinlichkeit der Ablehnung der Nullhypothese als Funktion von θ:

$$g(\theta) = \mathcal{P}(„H_1“ \| \theta) = \mathcal{P}(PG \in KR) \| \theta) .$$

Anstelle des Begriffs „Güte" oder „Gütefunktion" hat sich im englischen Sprachgebrauch auch das Wort „Power" eingebürgert.

Wir erläutern die Bedeutung der Gütefunktion am Beispiel des Tests auf μ.

Test auf μ im Normalverteilungsmodell mit bekannter Varianz

Es seien Y_i i.i.d. $\sim N(\mu; \sigma)$ mit bekanntem σ. Wir testen die einfache Nullhypothese

$$H_0 : „\mu = \mu_0“$$

gegen die zusammengesetzte Alternative

$$H_1 : „\mu \neq \mu_0“$$

zum Niveau α. Wir verwenden die Prüfgröße

$$PG = \overline{Y} \sim \mathrm{N}\left(\mu; \frac{\sigma^2}{n}\right) .$$

Gilt H_0, so sollten die Werte von $\overline{Y}$ um den Erwartungswert μ_0 streuen. Gilt H_1, dann werden die Werte von $\overline{Y}$ eher weiter links oder rechts von μ_0 liegen. Wir werden daher einen um μ_0 symmetrisch liegenden Annahmebereich wählen.

$$\mu_0 - \tau^*_{1-\alpha/2} \frac{\sigma}{\sqrt{n}} \le \overline{Y} \le \mu_0 + \tau^*_{1-\alpha/2} \frac{\sigma}{\sqrt{n}} .$$

Abbildung 6.1 zeigt die Dichte der Prüfgröße für den konkreten Fall $n = 50$, $\mu_0 = 5$, $\sigma = 2$ und $\alpha = 5\,\%$.

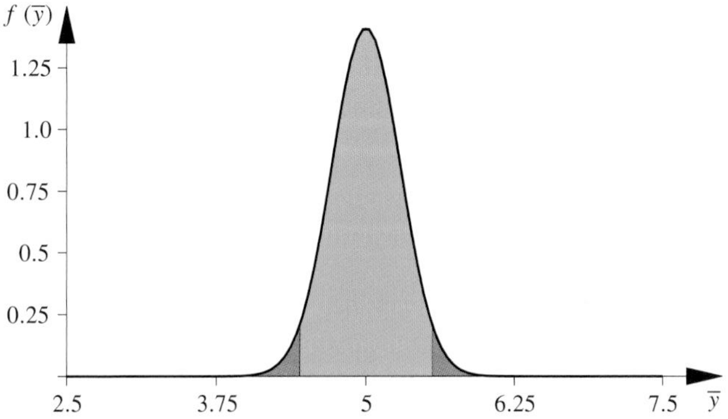

Abbildung 6.1 Die Dichte der Prüfgröße unter der Nullhypothese. Annahmebereich und Annahmewahrscheinlichkeit sind grün, kritische Region und Ablehnwahrscheinlichkeit sind rot markiert.

Ist die Nullhypothese richtig, liegen 95 % der Werte im Annahmebereich. Nur 5 % liegen in der kritischen Region. Ist das wahre μ ein wenig größer als μ_0, z. B. $\mu = 5.2$, verschiebt sich die wahre Verteilung nach rechts. Die Werte wandern aus dem Annahmebereich hinaus und in die kritische Region hinein (siehe Abbildung 6.2).

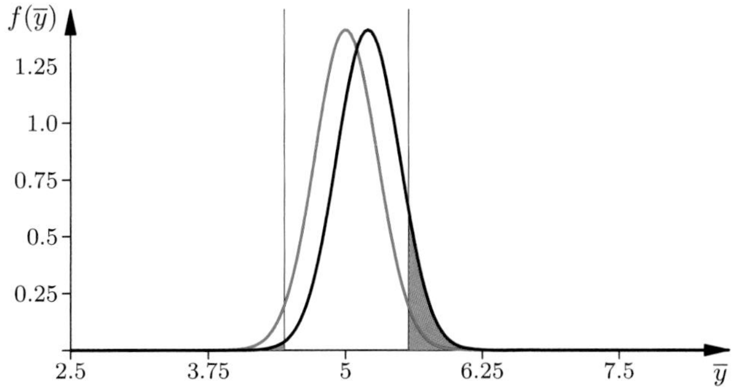

Abbildung 6.2 Die Verteilung der Prüfgröße im Fall $\mu = 5.2$. Die Wahrscheinlichkeit einer Ablehnung entspricht der rot markierten Fläche.

Die Wahrscheinlichkeit der Ablehnung der falschen Nullhypothese ist im Fall $\mu = 5.2$ rund 10 %. Je weiter μ nach rechts wandert, um so größer wird die Wahrscheinlichkeit, dass die Werte von $\overline{Y}$ in der kritischen Region liegen (siehe Abbildung 6.3).

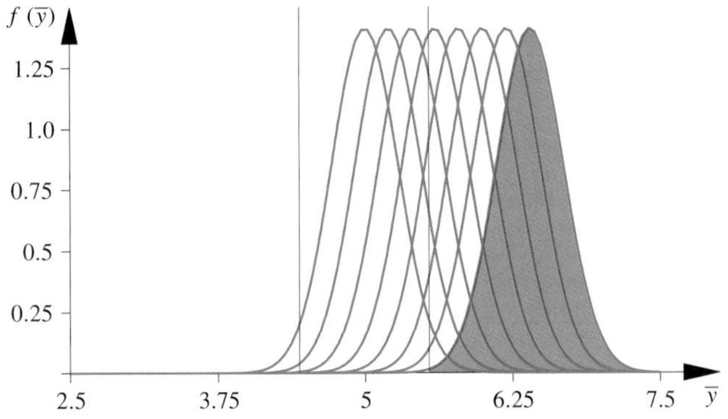

Abbildung 6.3 Mit wachsendem μ wandern die Werte der Prüfgröße aus dem Annahmebereich. Die Wahrscheinlichkeit einer Ablehnung im Fall $\mu = 6.6$ entspricht der rot markierten Fläche.

Wenn μ nach links wandert und Werte annimmt, die kleiner als μ_0 sind, erhalten wir spiegelbildlich die gleiche Situation. Abbildung 6.4 zeigt die Gütefunktion, $g(\mu) = P(\overline{Y} \in KR \parallel \mu)$, die sich hieraus ergibt.

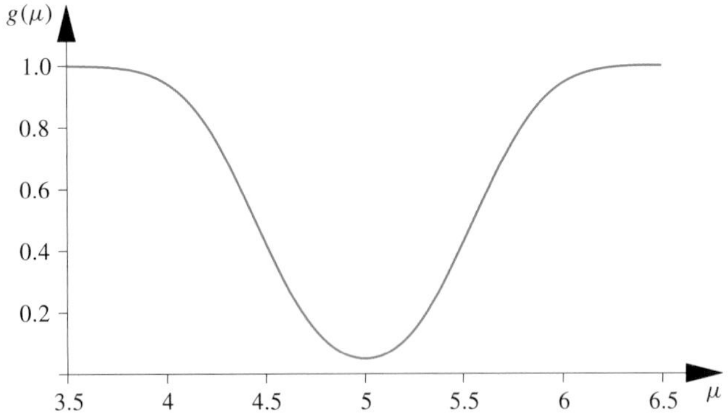

Abbildung 6.4 Gütefunktion des zweiseitigen Tests von H_0 : „$\mu = 5$" gegen H_1 : „$\mu \leq 5$" mit $\alpha = 5\,\%$.

Wir wollen nun $g(\mu)$ theoretisch bestimmen. Bei dem hier behandelten zweiseitigen Test auf μ hat der Annahmebereich die Gestalt

$$\left[\mu_0 - \tau\frac{\sigma}{\sqrt{n}}, \mu_0 + \tau\frac{\sigma}{\sqrt{n}}\right].$$

Dabei ist $\tau = \tau^*_{1-\alpha/2}$ abgekürzt. Also ist

$$\begin{aligned} g(\mu) &= \mathcal{P}\left(\overline{Y} \in KR \middle\| \mu\right) \\ &= \mathcal{P}\left(\overline{Y} \leq \mu_0 - \tau\frac{\sigma}{\sqrt{n}} \middle\| \mu\right) + \mathcal{P}\left(\overline{Y} \geq \mu_0 + \tau\frac{\sigma}{\sqrt{n}} \middle\| \mu\right). \end{aligned}$$

Wir standardisieren $\overline{Y}$. Wegen $\overline{Y} \sim N(\mu; \frac{\sigma^2}{n})$ und mit der Verteilungsfunktion $\Phi(x)$ der $N(0;1)$ erhalten wir:

$$\begin{aligned} g(\mu) &= \mathcal{P}\left(\overline{Y}^* \leq \frac{\mu_0 - \tau\frac{\sigma}{\sqrt{n}} - \mu}{\frac{\sigma}{\sqrt{n}}}\right) + \mathcal{P}\left(\overline{Y}^* \geq \frac{\mu_0 + \tau\frac{\sigma}{\sqrt{n}} - \mu}{\frac{\sigma}{\sqrt{n}}}\right) \\ &= \Phi\left(\frac{\mu_0 - \mu}{\sigma}\sqrt{n} - \tau\right) + 1 - \Phi\left(\frac{\mu_0 - \mu}{\sigma}\sqrt{n} + \tau\right). \end{aligned}$$

In unserem konkreten Beispiel ist $n = 50$, $\sigma = 2$, $\alpha = 5\,\%$ und $\mu_0 = 5$. Dann folgt:

$$g(\mu) = 1 - \Phi\left(\frac{5-\mu}{2}\sqrt{50} + 1.96\right) + \Phi\left(\frac{5-\mu}{2}\sqrt{50} - 1.96\right).$$

Den Graphen der Funktion $g(\mu)$ zeigt Abbildung 6.4.

Ist z. B. μ in Wirklichkeit gleich 5.1, so wird die falsche Nullhypothese nur mit der Wahrscheinlichkeit von $g(5.1) = 0.064$ abgelehnt. In der Nähe von $\mu = \mu_0 = 5$ ist der Test fast blind und erkennt kleine Abweichungen von der Nullhypothese $\mu_0 = 5$ nicht. Er nimmt die falsche Nullhypothese fast mit der Wahrscheinlichkeit von $1 - \alpha = 0.95$ an. Schneiden wir den Graphen der Gütefunktion mit einer horizontalen Linie in der Höhe 0.5, erkennen wir: Im Intervall [4.45, 5.55] ist $g(\mu) \leq 0.5$. Nur wenn μ außerhalb dieses Intervalls liegt, ist die Chance, die falsche Nullhypothese zu verwerfen, größer als 50 %. Erst bei großen Abweichungen wacht der Test auf und wird scharf. Außerhalb des Intervalls [3.98, 6.02] ist die Gütefunktion $g(\mu) \geq 0.95$ (siehe Abbildung 6.5).

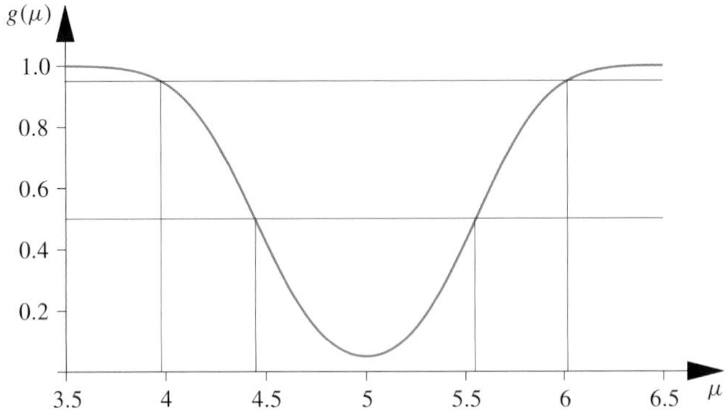

Abbildung 6.5 Im Intervall [4.45, 5.55] ist die Wahrscheinlichkeit einer richtigen Ablehnung der falschen Nullhypothese geringer als 1/2. Erst außerhalb dieses Intervalls ist die Entscheidung des Tests verlässlicher als ein Münzwurf. Ist $\mu \leq 3.98$ oder $\mu \geq 6.02$ ist die Wahrscheinlichkeit einer richtigen Ablehnung der falschen Nullhypothese größer als 95 %.

?

Im obigen Beispiel ist der Annahmebereich das Intervall [4.45, 5.55]. Der Wert der Gütefunktion an den Grenzen des Annahmebereichs ist bis auf Rundungsfehler $g(4.45) = g(5.55) = 0.5$. Ist dies zufällig?

Abbildung 6.6 zeigt den Einfluss von α bei festem Stichprobeumfang n: Mit wachsendem α wandert die Gütefunktion nach oben, die Wahrscheinlichkeit für den Fehler 2. Art sinkt.

Abbildung 6.7 zeigt den Einfluss des Stichprobenumfangs n bei festem α. Mit wachsendem n wird die Gütefunktion steiler, die Wahrscheinlichkeit für den Fehler 2. Art sinkt.

?

Wie sieht die Gütefunktion $g(\theta)$ des trivialen Tests aus?

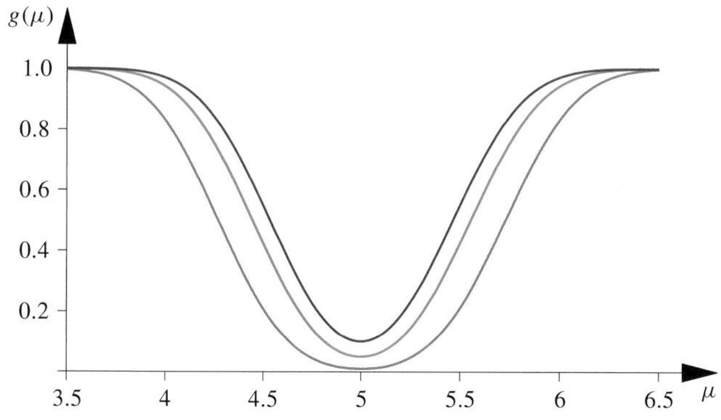

Abbildung 6.6 Drei Gütefunktionen für $\alpha = 1\,\%$ (blau), $5\,\%$ (grün), $10\,\%$ (rot) und $n = 50$.

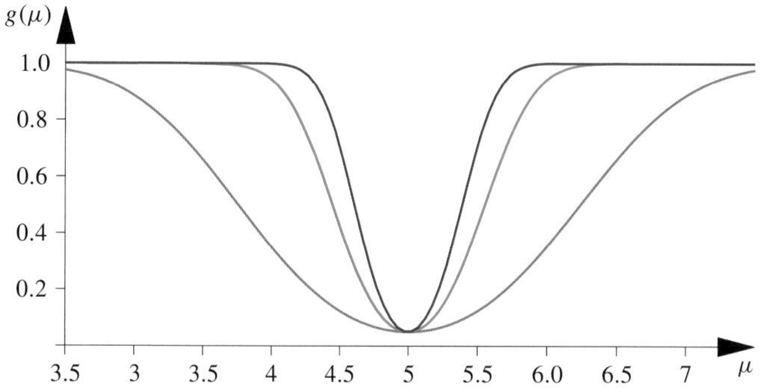

Abbildung 6.7 Drei Gütefunktionen für $n = 10, 50, 100$ und $\alpha = 5\,\%$.

Häufig interessiert nicht so sehr, ob ein Erwartungswert einen bestimmten Wert μ_0 exakt einhält, als vielmehr, ob er einen Schwellenwert μ_0 unterschreitet oder überschreitet.

Beispiel Wir betrachten eine Abfüllmaschine, die Packungen mit einem Sollgewicht in kg von $\mu_0 = 5$ abfüllen soll. Aus Furcht vor Verbraucherklagen darf μ den Wert 5 nicht unterschreiten. Daher prüft die Firma die Nullhypothese H_0 : „$\mu \leq \mu_0$" in der Hoffnung, H_0 verwerfen zu können. Ist $(Y_1, \ldots Y_n)$ eine einfache Stichprobe, so ist

$$PG = \overline{Y} \sim \mathrm{N}\left(\mu; \frac{\sigma^2}{n}\right).$$

Der Annahmebereich besteht nun ausschließlich aus den kleinen Werten.

$$\overline{Y} \leq \mu_0 + \tau_{1-\alpha}\frac{\sigma}{\sqrt{n}}.$$

Die Wahrscheinlichkeit, dass $\overline{Y}$ in der kritischen Region liegt, ist nun:

$$\begin{aligned} g(\mu) &= \mathcal{P}\left(\overline{Y} \in KR \,\|\, \mu\right) \\ &= \mathcal{P}\left(\overline{Y} > \mu_0 + \tau_{1-\alpha}\frac{\sigma}{\sqrt{n}} \,\middle\|\, \mu\right). \end{aligned}$$

Nach Standardisierung folgt:

$$\begin{aligned} g(\mu) &= \mathcal{P}\left(\overline{Y}^* > \frac{\mu_0 + \tau_{1-\alpha}\frac{\sigma}{\sqrt{n}} - \mu}{\frac{\sigma}{\sqrt{n}}}\right) \\ &= 1 - \Phi\left(\frac{\mu_0 - \mu}{\sigma}\sqrt{n} + \tau_{1-\alpha}\right). \end{aligned}$$

In unserem konkreten Beispiel ist $n = 50$, $\sigma = 2$, $\alpha = 5\,\%$, $\mu_0 = 5$. Dann folgt:

$$g(\mu) = 1 - \Phi\left(\frac{5-\mu}{2}\sqrt{50} + 1.65\right).$$

Die Gütefunktion hat nun die in Abbildung 6.8 angegebene Gestalt.

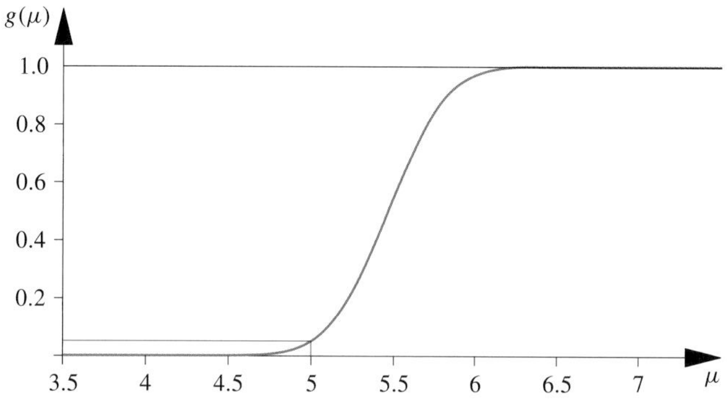

Abbildung 6.8 Gütefunktion des Tests der Hypothese $\mu \leq \mu_0$.

Würde dagegen die Hypothese H_0: „$\mu \geq \mu_0$" geprüft, hätte der Test mit dem Annahmebereich $\overline{Y} \geq \mu_0 - \tau_{1-\alpha}\frac{\sigma}{\sqrt{n}}$ die spiegelbildliche Gestalt (siehe auch Aufgabe 6.20). ◀

Test und Konfidenzintervall beantworten Fragen nach einem unbekannten Parameter θ in unterschiedlicher Allgemeinheit

Ein Konfidenzintervall antwortet auf die Frage: „Wie groß ist θ?". Dagegen wird bei einem Test die Frage eingeschränkt: „Kann θ so groß wie θ_0 sein ?" Stellen wir diese eingeschränkte Frage für jedes θ_0, so erhalten wir ein Konfidenzintervall.

Auf Seite 219 hatten wir die Konfidenzprognosemenge $\mathbb{K}$ eingeführt. Erinnern wir uns: Ist Y eine zufällige Variable, $A(\theta)$ der Prognosebereich sowie $K(y)$ der zugehörige Konfidenzbereich zum Niveau $1 - \alpha$, dann gilt:

$$\mathbb{K} = \{(y, \theta) : y \in A(\theta)\} = \{(y, \theta) : \theta \in K(y)\}.$$

Wir nannten den Prognosebereich $A(\theta)$, weil wir annehmen durften, dass sich die Werte von Y mit hoher Wahrscheinlichkeit in $A(\theta)$ befinden werden. $A(\theta)$ ist damit nichts anderes als der Annahmebereich eines Tests der Hypothese über θ.

Dualität von Konfidenzintervall und Testfamilie

y liegt genau dann im Annahmebereich des Tests der Nullhypothese H_0: „$\theta = \theta_0$", wenn bei gegebenem y der Parameter θ_0 im dualen Konfidenzintervall für θ liegt.

Das Konfidenzintervall für θ konnten wir konstruieren, wenn wir für jeden Wert von θ den Bereich $A(\theta)$ bestimmt haben. Wir müssen also für jeden Wert von θ einen entsprechenden Test konstruieren. Das Konfidenzintervall entspricht so einer Familie von Tests. Soll nur ein einziger Parameterwert θ_0 überprüft werden, so ist es oft einfacher, einen Test der Hypothese H_0: „$\theta = \theta_0$" zu konstruieren als ein Konfidenzintervall.

Dieselbe Dualität finden wir in den Pivotvariablen $V = V(Y;\theta)$. Die Aussage

$$\mathcal{P}(a \leq V \leq b) = 1-\alpha$$

liefert bei festem $\theta = \theta_0$ den Annahmebereich des Tests der Nullhypothese H_0: „$\theta = \theta_0$" und bei festem Y ein Konfidenzintervall für θ. Wir zeigen dies am Beispiel des t-Tests und des approximativen Binomialtests.

Der t-Test prüft Hypothesen über μ im Normalverteilungsmodell

Sind $X_1, \ldots, X_n$ i.i.d. $\sim N(\mu;\sigma^2)$, so ist, wie wir auf Seite 216 gesehen haben,

$$T = \frac{\overline{X}-\mu}{\widehat{\sigma}_{\mathrm{UB}}}\sqrt{n} \sim t(n-1)\ ,$$

eine Pivotvariable. Dabei ist $\widehat{\sigma}^2_{\mathrm{UB}} = \frac{1}{n}\sum_{i=1}^{n}(y_i-\overline{y})^2$ der erwartungstreue Schätzer von σ^2. Daher ist

$$\left|\frac{\overline{X}-\mu_0}{\widehat{\sigma}_{\mathrm{UB}}}\sqrt{n}\right| \leq t_{1-\alpha/2}(n-1)$$

ein Annahmebereich für H_0 : „$\mu = \mu_0$". Der Annahmebereich des Tests der Hypothese H_0 : „$\mu \leq \mu_0$" ist

$$\frac{\overline{X}-\mu_0}{\widehat{\sigma}_{\mathrm{UB}}}\sqrt{n} \leq t_{1-\alpha}(n-1)\ .$$

Der Annahmebereich der Hypothese H_0 : „$\mu \geq \mu_0$" ist

$$\frac{\overline{X}-\mu_0}{\widehat{\sigma}_{\mathrm{UB}}}\sqrt{n} \geq t_{1-\alpha}(n-1)\ .$$

Bei bekannter Varianz σ^2 konnten wir die Gütefunktion des Tests auf μ geschlossen angeben. Beim t-Test ist dies nicht der Fall, denn die Prüfgröße $\frac{\overline{X}-\mu_0}{\widehat{\sigma}_{\mathrm{UB}}}\sqrt{n}$ ist nur im Fall $\mathrm{E}(\overline{X}) = \mu_0$ t-verteilt. Ist $\mathrm{E}(\overline{X}) = \mu \neq \mu_0$, so besitzt die Prüfgröße eine **nichtzentrale t-Verteilung**, deren Dichte sich nur als unendliche Funktionenreihe angeben lässt, siehe die Ausführungen in Abschnitt über nichtzentrale Verteilungen ab Seite 165. Die Gütefunktion für den t-Test lässt sich daher nicht geschlossen angeben, sondern am einfachsten durch Simulation approximieren.

Der Binomialtest prüft Hypothesen über θ im Binomialverteilungsmodell

Ist X binomialverteilt, $X \sim B_n(\theta)$, und n hinreichend groß, so kann die Verteilung von X durch die Normalverteilung $\mathrm{N}(n\theta; n\theta(1-\theta))$ approximiert werden. Dann ist, wie bei der Erörterung der asymptotischen Konfidenzintervalle im Beispiel auf Seite 218 gezeigt,

$$\frac{|\widehat{\theta}-\theta|}{\sqrt{\theta(1-\theta)}}\sqrt{n} \sim \mathrm{N}(0;1)$$

eine Pivotvariable. Damit ist mit $\tau = \tau^*_{1-\alpha/2}$

$$\frac{|\widehat{\theta}-\theta_0|}{\sqrt{\theta(1-\theta)}}\sqrt{n} \leq \tau \quad \text{oder}$$

$$\theta_0 - \tau\sqrt{\frac{\theta(1-\theta)}{n}} \leq \widehat{\theta} \leq \theta_0 + \tau\sqrt{\frac{\theta(1-\theta)}{n}}$$

der Annahmebereich für einen zweiseitigen Test der Hypothese H_0 : „$\theta = \theta_0$" gegen die Alternative H_0 : „$\theta \neq \theta_0$" zum Niveau $1-\alpha$. Ist aber n zu klein und ist die asymptotische Verteilung nicht zu rechtfertigen, muss der Annahmebereich explizit konstruiert werden. Wir stellen in Aufgabe 6.21 ein Beispiel vor.

6.2 Der χ^2-Anpassungstest

Nicht alle Testprobleme lassen sich auf Hypothesen über einzelne Parameter reduzieren, so zum Beispiel die Frage, ob eine Zufallsvariable überhaupt normalverteilt ist oder ob zwei Merkmale voneinander unabhängig sind. Für diese Aufgaben sind nichtparametrische Tests entwickelt worden. Charakteristisch für diese Tests ist es, dass sie nur minimale Voraussetzungen über die Verteilungen der jeweils relevanten Zufallsvariablen machen. Stattdessen nutzt man universelle Eigenschaften von Verteilungen aus. Zum Beispiel wird bei Anpassungstests vom Kolmogorov-Smirnow-Typ die Verteilung der Abweichungen zwischen empirischer und theoretischer Verteilungsfunktion bei stetigen zufälligen Variablen benutzt. Bei χ^2-Anpassungstests wird die Verteilung der Abweichungen zwischen empirischer und theoretischer Verteilungsfunktion bei der Multinomialverteilung approximiert.

Wir betrachten im Folgenden exemplarisch nur den χ^2-Anpassungstest.

Der Anpassungstest prüft, ob spezielle Verteilungen oder Verteilungstypen vorliegen

Wir beginnen mit einer beliebten Frage: Kommen alle Zahlen bei Lottospielen gleich häufig vor? Werden alle Zahlen mit gleicher Wahrscheinlichkeit gezogen? Bei den letzten 52 Mittwochs- und Samstagsziehungen in der ersten Hälfte des Jahres 2007 wurden nach einer Statistik der Lottozentrale 312 Zahlen gezogen. Abbildung 6.9 zeigt die Häufigkeiten der gezogenen Zahlen.

Die 32 wurde 11-mal aber die 35 und die 48 wurden nur zweimal gezogen. Ist dies auffällig oder nur „zufällig"? Bei einem

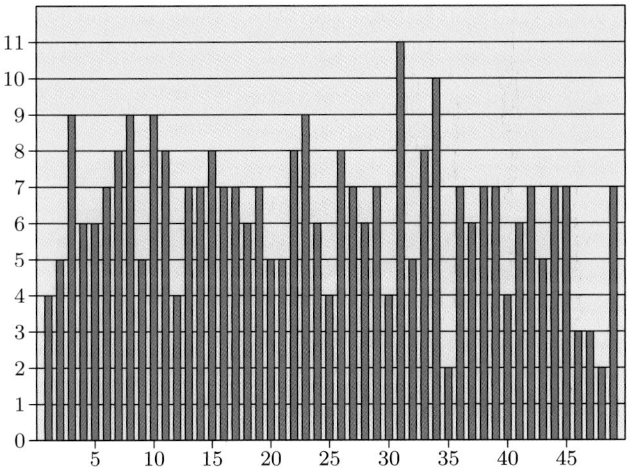

Abbildung 6.9 Häufigkeit der im Jahr 2007 gezogenen Lottozahlen.

fairen Lottospiel wird jede Zahl, also auch die Zahl 32, mit der Wahrscheinlichkeit

$$\theta = \frac{\binom{1}{1}\binom{48}{5}}{\binom{49}{6}} = \frac{6}{49}$$

gezogen. Ist B_i die Anzahl der Ziehungen der Zahl i bei $n = 52$ Versuchen, so ist bei einem fairen Lottospiel B_i binomialverteilt mit $n = 52$ und $\theta = \frac{6}{49}$. Der Erwartungswert von B_i ist

$$\mathrm{E}_i = \mathrm{E}\left(\mathrm{B}_i\right) = n\theta = 52\frac{6}{49} = 6.367\,.$$

(B_i wie **B**eobachtung und E_i wie **E**rwartungswert.) Der Test zum Niveau $\alpha = 5\,\%$ von $H_{0_i} : \mathrm{E}\left(\mathrm{B}_{32}\right) = n\theta$ besitzt, wenn wir die Normalverteilungsapproximation nehmen, den Annahmebereich

$$\begin{aligned} \left|\mathrm{B}_{32} - \mathrm{E}_{32}\right| &\leq \tau^*_{1-\alpha/2}\sqrt{n\theta\left(1-\theta\right)} \\ &= 1.96 \cdot \sqrt{52\frac{6}{49}\left(1 - \frac{6}{49}\right)} = 4.63 \end{aligned}$$

oder, wenn wir die Ganzzahligkeit berücksichtigen, $2 \leq \mathrm{B}_{32} \leq 10$. Im Jahr 2007 wurde aber die Zahl 32 genau 11 mal gezogen. Die Nullhypothese wird abgelehnt.

Dieses Vorgehen ist aber aus zwei Gründen falsch:

- Wenn wir zuerst die Daten anschauen, dabei entdecken, dass die Zahl 32 zu oft gezogen wurde, daraufhin die Nullhypothese $H_0^{(32)}$: „$\mathrm{E}_{32} = 6.367$" testen, haben wir uns in die eigene Tasche gelogen: Die Hypothese wurde nach Beobachtung der Daten gewählt und liefert prompt die gewünschte Ablehnung von $H_0^{(32)}$. Den Test hätte man sich sparen können.
- Wenn wir aber jede Zahl überprüfen, stimmt unser Signifikanzniveau nicht mehr: Sei $\overline{H}_0^{(i)}$ das Ereignis, dass die richtige Hypothese $H_0^{(i)}$ beim Test fälschlich abgelehnt wurde. Die Wahrscheinlichkeit, dass wir eine spezielle Nullhypothese $H_0^{(i)}$ fälschlicherweise verwerfen, sei $\mathcal{P}\left(\overline{H}_0^{(i)}\right) = \alpha$. Die Wahrscheinlichkeit, dass wir mindestens eine richtige Nullhypothese $H_0^{(i)}$ aus allen 49 möglichen Hypothesen verwerfen, ist

  $$\alpha^* = \mathcal{P}\left(\bigcup_{i=1}^{49} \overline{H}_0^{(i)}\right).$$

  Wir können α^* nach oben abschätzen und erhalten die korrekte, in unserem Fall aber nutzlose Abschätzung

  $$\alpha^* \leq \sum_{i=1}^{49} \mathcal{P}\left(\overline{H}_0^{(i)}\right) = 49 \cdot \alpha = 2.45\,.$$

  Nur wenn das Signifikanzniveau α' jedes einzelnen Tests wesentlich kleiner ist, z. B.

  $$\alpha' = \frac{0.05}{49} = 1.02 \cdot 10^{-3}\,,$$

  dann sichert uns die obige Abschätzung zu, dass bei unserem Vorgehen die totale Wahrscheinlichkeit einer irrtümlichen Ablehnung der richtigen Hypothese der Gleichwahrscheinlichkeit höchstens 5 % ist.

Die Analyse der individuellen Abweichungen $B_i - \mathrm{E}_i$ getrennt für jedes i, führt zu keinem Erfolg. Wir müssen alle $B_i - \mathrm{E}_i$ simultan betrachten. B_i besitzt eine Binomialverteilung, daher lässt sich $\frac{\mathrm{B}_i - \mathrm{E}_i}{\sqrt{\mathrm{Var}(\mathrm{B}_i)}}$ für große n durch eine $N\,(0;\,1)$- und $\frac{(\mathrm{B}_i - \mathrm{E}_i)^2}{\mathrm{Var}\,\mathrm{B}_i}$ durch eine $\chi^2\,(1)$-Verteilung approximieren. Wären die B_i unabhängig, wäre $\sum_{i=1}^{49} \frac{(\mathrm{B}_i - \mathrm{E}_i)^2}{\mathrm{Var}(\mathrm{B}_i)} \sim \chi^2\,(k)$. Wegen $\sum_{i=1}^{k} \mathrm{B}_i = n$ sind aber die B_i untereinander korreliert, sie bewegen sich in einem $k-1$-dimensionalen Unterraum. Daher hat die Prüfgröße höchstens $k-1$ Freiheitsgrade, außerdem ist die Normierungskonstante im Nenner ungeeignet. Berücksichtigt man die Kovarianzstruktur der B_i, so kann man das folgende asymptotische Ergebnis ableiten:

Die Prüfgröße des χ^2_{PG}-Anpassungstests

Die endliche diskrete Zufallsvariablen X besitze die Wahrscheinlichkeitsverteilung

$$\mathcal{P}\left(X = x_i\right) = \theta_i,\; i = 1, \ldots, k\,.$$

Sind $X_1, \ldots, X_n$ n unabhängige, identisch wie X verteilte Wiederholungen von X und B_i die Anzahl der Realisation der Ausprägung x_i, sowie $\mathrm{E}_i = \mathrm{E}\left(\mathrm{B}_i\right) = n\theta_i$ der Erwartungswert von B_i, dann ist

$$\chi^2_{PG} = \sum_{i=1}^{k} \frac{\left(\mathrm{B}_i - \mathrm{E}_i\right)^2}{\mathrm{E}_i}$$

für große n approximativ $\chi^2\,(k-1)$-verteilt.

Wie skizzieren den Beweis in der Vertiefung auf Seite 240.

Daher können wir χ^2_{PG} als Prüfgröße eines Tests der Hypothese

$$H_0\colon\quad \text{„}X \text{ hat die Wahrscheinlichkeitsverteilung } \mathcal{P}\left(X = i\right) = \theta_i,\; i = 1, \ldots, k.\text{"}$$

verwenden. Gilt H_0, so kennen wir die asymptotische Verteilung von χ^2_{PG}. Bei endlichem n gilt approximativ:

$$\chi^2_{PG} \approx \chi^2\,(k-1)\,.$$

Wir müssen jetzt nur noch einen Annahmebereich für χ^2_{PG} festlegen. Gilt H_0, werden die Abweichungen $\mathrm{B}_i - \mathrm{E}_i$ klein sein, damit wird auch χ^2_{PG} klein sein. Umgekehrt wird χ^2_{PG} groß sein, falls H_0 falsch ist. Daher erklären wir die großen Werte von χ^2_{PG} zur kritischen Region. Der Annahmebereich besteht dann aus den kleinen Werten der Prüfgröße, die Schwelle zur kritischen Region bildet der Wert $\chi^2(k-1)_{1-\alpha}$, das obere $(1-\alpha)$-Quantil der $\chi^2\,(k-1)$-Verteilung.

Der χ^2-Anpassungstest

Der Annahmebereich des χ^2-Anpassungstests zum Signifikanzniveau α ist

$$\chi^2_{PG} \le \chi^2\,(k-1)_{1-\alpha}\,.$$

Dabei ist k die Anzahl der möglichen Ausprägungen oder auch Anzahl der möglichen Klassen von X.

Zum Beispiel ist für die Lottozahlen $\mathrm{E}_i = 6.367$ für alle i. Mit den B_i aus der Abbildung 6.9 ergibt sich:

$$\chi^2_{pg} = \sum_{i=1}^{49} \frac{(\mathrm{B}_i - 6.367)^2}{6.367} = 29.11\,.$$

Der Schwellenwert der Prüfgröße χ^2_{PG} bei einem Signifikanzniveau $\alpha = 5\,\%$ ist $\chi^2(k-1)_{1-\alpha} = \chi^2(48)_{0.95} = 65.17$. Er wird von $\chi^2_{pg} = 29.11$ nicht überschritten. Daher kann die Hypothese, dass alle Zahlen mit gleicher Wahrscheinlichkeit gespielt werden, nicht verworfen werden.

Beispiel Bei der letzten Wahl stimmten in einem Wahlkreis 10 % für die Partei A_1, 25 % für die Partei A_2, 30 % für die Partei A_3, 15 % für A_4 und 20 % für A_5. Vor der nächsten Wahl wurden 600 zufällig ausgesuchte Wähler befragt. Ihre Stimmabgabe zeigt die folgende Tabelle als B_i in der zweiten Spalte. In der Tabelle 6.1 sind die θ_i die Stimmanteile der letzten Wahl und $\mathrm{E}_i = n\theta_i$ die Erwartungswerte der Stimmen, falls die alte Stimmverteilung noch gültig wäre, darüber hinaus sind die Rechenschritte des χ^2-Tests angegeben.

Tabelle 6.1 Stimmverteilung im Wahlkreis und Rechenschritte.

A_i	B_i	θ_i	E_i	$B_i - E_i$	$\frac{(B_i-E_i)^2}{E_i}$
A_1	35	0.10	60	−25	10.42
A_2	160	0.25	150	10	0.67
A_3	198	0.30	180	18	1.80
A_4	100	0.15	90	10	1.11
A_5	107	0.20	120	−13	1.41
$\sum$	600	1.00	600	0	15.41

Hat sich die Stimmverteilung im Wahlkreis geändert? Die Hypothese H_0 lautet: „Die Verteilung hat sich nicht geändert", d. h. $\theta_1 = 0.1$, $\theta_2 = 0.25$, $\theta_3 = 0.3$, $\theta_4 = 0.15$, $\theta_4 = 0.2$. Die Rechenschritte sind in der Tabelle 6.1 zusammengestellt. Die Realisation der Prüfgröße ist

$$\chi^2_{pg} = \sum_{i=1}^{5} \frac{(\mathrm{B}_i - \mathrm{E}_i)^2}{\mathrm{E}_i} = 15.41\,.$$

Der Schwellenwert ist $\chi^2(4)_{0.95} = 9.49$. Der beobachtete Wert der Prüfgröße ist $15.41 > 9.49$ und liegt daher in der kritische Region. Also wird H_0 abgelehnt. Die Entscheidung lautet: Die Stimmverteilung hat sich verändert. ◀

Anmerkungen zum χ^2-Test

- Die Prüfgröße χ^2_{PG} lässt sich folgendermaßen umformen

$$\chi^2_{PG} = \sum_{i=1}^{k} \frac{(\mathrm{B}_i - \mathrm{E}_i)^2}{\mathrm{E}_i} = \sum_{i=1}^{k} \frac{\mathrm{B}_i^2}{\mathrm{E}_i} - n\,.$$

- Ist $p_i = \frac{\mathrm{B}_i}{n}$ der Anteil der Beobachtungen in der i -ten Klasse, und ist $\mathrm{E}_i = n\theta_i$, dann lässt sich die Prüfgröße χ^2_{PG} folgendermaßen umformen:

$$\chi^2_{PG} = n \sum_{i=1}^{k} \frac{(p_i - \theta_i)^2}{\theta_i} = n \left(\sum_{i=1}^{k} \frac{p_i^2}{\theta_i} - 1 \right).$$

  Die Abweichung zwischen beobachtetem Anteil p_i und hypothetischer Wahrscheinlichkeit θ_i wird umso stärker bewertet, je größer der Stichprobenumfang n ist. Es kommt also nicht nur auf die Abweichung $p_i - \theta_i$ an, sondern vor allem auch auf den Stichprobenumfang n. Wenn Sie eine Münze werfen und in nur einem Drittel aller Würfe „Kopf" haben, so begründet dies noch keinen Zweifel, ob die Münze „fair" ist, solange Sie nicht wissen, ob die Münze dreimal oder 300-mal geworfen wurde.
- Ist die Hypothese H_0 falsch, und ist in Wirklichkeit $\mathcal{P}(X = x_i) = \vartheta_i$, so konvergieren aufgrund des Gesetzes der großen Zahlen die $(p_1, \ldots, p_k)$ gegen $(\vartheta_1, \ldots, \vartheta_k)$. Die Prüfgröße χ^2_{PG} konvergiert dann gegen

$$\chi^2_{PG} \underset{\rightarrow}{\sim} n \sum_{i=1}^{k} \frac{(\vartheta_i - \theta_i)^2}{\theta_i} = n \cdot \text{Konstante}\,.$$

  Sind also mindestens zwei $\theta_i \neq \vartheta_i$, so wird χ^2_{PG} mit wachsendem n jeden Schwellenwert überschreiten. Die falsche Nullhypothese wird also im Grenzfall mit der Wahrscheinlichkeit 1 abgelehnt.
- Die Verteilung von χ^2_{PG} unter H_0 ist nur asymptotisch für $n \to \infty$ bekannt. Der Test ist nur verlässlich, wenn n groß ist. Eine Faustregel fordert: Es sollen alle $\mathrm{E}_i \ge 1$ und die meisten $\mathrm{E}_i \ge 5$ sein. Andernfalls müssen getrennte Klassen zu einer neuen Klasse zusammengefasst werden.

- Die Nullhypothese ist eine einfache Hypothese, die Alternative ist zusammengesetzt: Sie umfasst alle anderen Verteilungen. Die Alternative ist nicht parametrisiert, eine Gütefunktion existiert daher nicht. Für konkret spezifizierte Verteilungsalternativen $\mathcal{P}(Y = x_i) = \vartheta_i, i = 1, \ldots, k$ kann die Wahrscheinlichkeit für die Fehler 2. Art am einfachsten durch Simulation bestimmt werden.
- Der Test behandelt die Zufallsvariable X wie eine nominale Variable. Ordnungsrelationen oder Differenzen zwischen den x_i werden nicht verwendet. Dazu ein Beispiel:

Beispiel Angenommen die Häufigkeitsverteilung der Lottozahlen hätte die folgende, in Abbildung 6.10 angegebene Gestalt

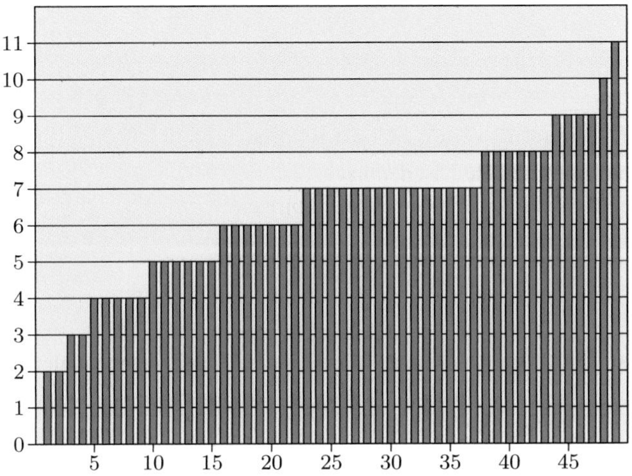

Abbildung 6.10 Die nach der Häufigkeit sortierten und umbenannten Lottozahlen.

Dann wäre jeder überzeugt, dass die Lottoziehungen manipuliert sind. Aber der Unterschied zwischen den Abbildungen 6.9 und 6.10 ist einzig, dass in der zweiten Abbildung die B_i der Größe nach geordnet sind und dann die Zahlen umbenannt wurden. Diese beiden Vorgänge: „Sortieren und Umbenennen" ändern aber die Prüfgröße χ^2_{PG} nicht, da hier jeweils nur die Abweichung $B_i - E_i$ einfließen, die bei Permutationen invariant bleiben. ◄

Ist X eine stetige Variable oder eine diskrete Variable mit unendlich vielen Ausprägungen, gruppieren wir die Ausprägungen in k Klassen

Der χ^2-Test war entwickelt für eine diskrete Zufallsvariable, die nur endlich viele unterschiedliche Werte annehmen konnte. Um den Test auch auf andere Verteilungen anzuwenden, skalieren wir sie durch Gruppierung in k-Klassen zu einer diskreten k-dimensionalen Variablen herunter. Bei der Klassenbildung achten wir darauf, dass die $E_i = n\theta_i$ nicht zu klein sind. Dann testen wir die Hypothese:

$$H_0: \text{„}\mathcal{P}(X \in \text{Klasse } i) = \theta_i \qquad i = 1, \ldots, k.\text{"}$$

Beispiel Es liegen Daten einer einfachen Stichprobe vom Umfang $n = 200$ vor. Können diese Daten Realisationen einer

Tabelle 6.2 Stammen die Daten aus einer N(0;1)?

X	B_i	θ_i	$E_i = n\theta_i$	$B_i - E_i$	$\frac{(B_i-E_i)^2}{E_i}$
$-\infty$ bis -2.5	9	0.0062	1.24	7.76	48.56
-2.5 bis -1.5	36	0.0606	12.12	23.88	47.05
-1.5 bis -0.5	60	0.2417	48.34	11.66	2.81
-0.5 bis 0.5	54	0.3830	76.60	-22.60	6.68
0.5 bis 1.5	28	0.2417	48.34	-20.34	8.56
1.5 bis 2.5	13	0.0606	12.12	0.88	0.06
2.5 bis $+\infty$	0	0.0062	1.24	-1.24	1.24
$\sum$	200	1.0000	200	0	114.96

N (0; 1) sein? Wir testen mit einem $\alpha = 5\,\%$. In Tabelle 6.2 liegen die Realisationen von X bereits in $k = 7$ Klassen gruppiert vor. Ebenfalls sind die Rechenschritte aufgeführt.

Zur Erläuterung berechnen wir exemplarisch die Wahrscheinlichkeit θ_2, dabei ist Φ die Verteilungsfunktion der $N(0; 1)$:

$$\begin{aligned}\theta_2 &= \mathcal{P}(-2.5 < X \leq -1.5)\\ &= \Phi(-1.5) - \Phi(-2.5)\\ &= 0.066807 - 0.0062 = 0.0606\,.\end{aligned}$$

Gilt die Annahme $X \sim$ N (0; 1), so ist asymptotisch $\chi^2_{PG} \sim \chi^2(7-1)$. Der Schwellenwert der Prüfgröße ist $\chi^2(6)_{0.95} = 12.59$. Der beobachtete Wert ist $\chi^2_{pg} = 114.96 > 12.59$. Die Nullhypothese wird abgelehnt. Es handelt sich nicht um eine N(0; 1). ◄

Ist die zu testende Verteilung nicht vollständig festgelegt, müssen die fehlenden Parameter geschätzt werden

Im obigen Beispiel war die Nullhypothese: „Die Daten stammen von einer N (0; 1)" abgelehnt worden. Nun schwächen wir die Hypothese ab und fragen: Stammen die Daten überhaupt aus einer Normalverteilung? Jetzt wird nicht mehr nach einer speziellen Verteilung, sondern nach einer **parametrisierten Verteilungsfamilie** gefragt. Für diesen Fall lässt sich der χ^2-Test modifizieren:

Gegeben ist eine einfache Stichprobe $(X_1, \ldots, X_n)$ vom Umfang n. Die Verteilung der X_i gehöre zur Familie

$$\mathcal{F} = \{F \mid F = F(x \parallel \boldsymbol{\theta}) \text{ mit } \boldsymbol{\theta} \in \boldsymbol{\Theta}\}\,.$$

Dabei ist $\boldsymbol{\theta} = (\theta_1, \theta_2, \ldots, \theta_q)$ ein q-dimensionaler Parametervektor. Getestet wird H_0: „Die unbekannte Verteilung F der zufälligen Variablen X gehört zu $\mathcal{F}$" gegen die Alternative H_1: „F gehört nicht zu dieser Familie $\mathcal{F}$".

Beim χ^2-Test brauchen wir aber eine konkrete Verteilung $\widehat{F} \in \mathcal{F}$, andernfalls können wir keine Erwartungswerte E_i ausrechnen. $\widehat{F}$ lässt sich nun leicht definieren: $\widehat{F}$ ist diejenige Verteilung aus $\mathcal{F}$, für die die Prüfgröße $\chi^2_{PG} = \sum_{i=1}^{k} \frac{(B_i - E_i)^2}{E_i}$ minimal wird. $\widehat{F}$ ist also die Verteilung, die im Sinne der durch χ^2_{PG} definierten

Vertiefung: Die Verteilung der Prüfgröße des χ^2-Tests

Wir skizzieren die Idee, die zur asymptotischen Verteilung der Prüfgröße $\chi^2_{PG} = \sum_{i=1}^{k} \frac{(\mathrm{B}_i - \mathrm{E}_i)^2}{\mathrm{E}_i}$ führt.

Der Vektor $\boldsymbol{B} = (\mathrm{B}_1, \ldots, \mathrm{B}_k)$ besitzt eine Multinomialverteilung, die wir in einer Vertiefung auf Seite 108 vorgestellt haben. Daher ist

$$\mathrm{E}(B_i) = E_i = n\theta_i\,,$$
$$\mathrm{Cov}(\boldsymbol{B}) = n\left(\mathrm{Diag}(\boldsymbol{\theta}) - \boldsymbol{\theta}\boldsymbol{\theta}^\top\right).$$

So wie für großes n die Verteilungfunktion der Binomialverteilung durch eine Normalverteilung approximiert werden kann, kann die Verteilung der Multinomialverteilung durch eine Multinormalverteilung approximiert werden. Für große n gilt also:

$$\boldsymbol{B} - \mathrm{E}(\boldsymbol{B}) \approx \mathrm{N}_k\left(\boldsymbol{0}; n\left(\mathrm{Diag}(\boldsymbol{\theta}) - \boldsymbol{\theta}\boldsymbol{\theta}^\top\right)\right).$$

Stünde an der Stelle der Kovarianzmatrix die Einheitsmatrix $\boldsymbol{I}_k$, dann wäre $\|\boldsymbol{B} - \mathrm{E}(\boldsymbol{B})\|^2$ asymptotisch χ^2-verteilt. Durch eine geschickte Transformation können wir $\mathrm{Cov}(\boldsymbol{B})$ durch eine zugänglichere Matrix austauschen. Dazu setzen wir:

$$Y_i = \frac{\mathrm{B}_i}{\sqrt{\mathrm{E}_i}} \text{ und } \boldsymbol{Y} = (Y_1, \ldots, Y_k)\,.$$

Dann ist wegen $\mathrm{E}(\mathrm{B}_i) = E_i$ auch $\mathrm{E}(Y_i) = \sqrt{E_i}$.

Daher ist

$$\begin{aligned}\chi^2_{PG} &= \sum_{i=1}^{k} \frac{(\mathrm{B}_i - \mathrm{E}_i)^2}{\mathrm{E}_i}\\ &= \sum_{i=1}^{k} \left(\frac{\mathrm{B}_i}{\sqrt{E_i}} - \sqrt{E_i}\right)^2\\ &= \sum_{i=1}^{k} (Y_i - \mathrm{E}(Y_i))^2\\ &= \|\boldsymbol{Y} - \mathrm{E}(\boldsymbol{Y})\|^2\,.\end{aligned}$$

Bestimmen wir nun die Kovarianzmatrix von Y. Es ist für $i \neq j$

$$\begin{aligned}\mathrm{Cov}(Y_i, Y_j) &= \mathrm{Cov}\left(\frac{B_i}{\sqrt{E_i}}, \frac{B_j}{\sqrt{E_j}}\right)\\ &= \frac{1}{\sqrt{E_i E_j}} \mathrm{Cov}(B_i, B_j)\\ &= \frac{1}{n \cdot \sqrt{\theta_i \theta_j}} \cdot n \cdot (-\theta_i \theta_j)\\ &= -\sqrt{\theta_i}\sqrt{\theta_j}\,.\end{aligned}$$

Für $i = j$ folgt analog:

$$\begin{aligned}\mathrm{Var}(Y_i) &= \frac{1}{E_i} \mathrm{Var}(B_i)\\ &= \frac{1}{n \cdot \theta_i} \cdot n \cdot \left(\theta_i - \theta_i^2\right)\\ &= 1 - \theta_i\,.\end{aligned}$$

In Matrixform also:

$$\mathrm{Cov}(\boldsymbol{Y}) = \boldsymbol{I} - \sqrt{\boldsymbol{\theta}}\sqrt{\boldsymbol{\theta}}^\top.$$

Dabei haben wir $\sqrt{\boldsymbol{\theta}} = \left(\sqrt{\theta_1}, \ldots, \sqrt{\theta_k}\right)^\top$ gesetzt. Nun ist $\sqrt{\boldsymbol{\theta}}$ ein normierter Vektor, denn

$$\left\|\sqrt{\boldsymbol{\theta}}\right\|^2 = \sum_{i=1}^{k} \left(\sqrt{\theta_i}\right)^2 = \sum_{i=1}^{k} \theta_i = 1\,.$$

Für jeden normierten Vektor $\boldsymbol{a}$ ist $\boldsymbol{a}\boldsymbol{a}^\top$ die Projektionsmatrix $\boldsymbol{P}_{\boldsymbol{a}}$, die auf die vom Vektor $\boldsymbol{a}$ aufgespannte Gerade orthogonal projiziert. $\sqrt{\boldsymbol{\theta}}\sqrt{\boldsymbol{\theta}}^\top$ ist demnach eine Projektionsmatrix, die in einen eindimensionalen Raum projiziert.

$$\boldsymbol{P} := \boldsymbol{I} - \sqrt{\boldsymbol{\theta}}\sqrt{\boldsymbol{\theta}}^\top$$

ist die Projektionsmatrix, die in den dazu orthogonalen $(k-1)$-dimensionalen Raum projiziert. Also hat $\boldsymbol{Y} - \mathrm{E}(\boldsymbol{Y})$ asymptotisch die Verteilung

$$\boldsymbol{Y} - \mathrm{E}(\boldsymbol{Y}) \sim \boldsymbol{N}_k(\boldsymbol{0}; \boldsymbol{P})\,.$$

Nun haben wir zwar immer noch nicht die Einheitsmatrix als Kovarianzmatrix erhalten, dafür aber eine Projektionsmatrix. Und das ist genauso gut. Denken wir uns eine k-dimensionale standardnormalverteilte Variable

$$\boldsymbol{Z} \sim \boldsymbol{N}_k(\boldsymbol{0}; \boldsymbol{I})\,.$$

und projizieren wir $\boldsymbol{Z}$ mit der Matrix $\boldsymbol{P}$. Dann ist

$$\boldsymbol{P}\boldsymbol{Z} \sim \boldsymbol{N}_k(\boldsymbol{0}; \boldsymbol{P})\,.$$

Nach dem Satz von Cochran besitzt $\|\boldsymbol{P}\boldsymbol{Z}\|^2$ eine χ^2-Verteilung, die Anzahl der Freiheitsgrade ist die Dimension des Raums, in den $\boldsymbol{P}$ projiziert, hier also $k-1$. Da aber $\boldsymbol{Y} - \mathrm{E}(\boldsymbol{Y})$ die gleiche Verteilung besitzt wie $\boldsymbol{P}\boldsymbol{Z}$,

$$\boldsymbol{Y} - \mathrm{E}(\boldsymbol{Y}) \sim \boldsymbol{P}\boldsymbol{Z}\,,$$

hat auch $\|\boldsymbol{Y} - \mathrm{E}(\boldsymbol{Y})\|^2$ die gleiche Verteilung wie $\|\boldsymbol{P}\boldsymbol{Z}\|^2$, nämlich die $\chi^2(k-1)$:

$$\|\boldsymbol{Y} - \mathrm{E}(\boldsymbol{Y})\|^2 \sim \|\boldsymbol{P}\boldsymbol{Z}\|^2 \sim \chi^2(k-1)\,.$$

Distanz am besten zu den Daten passt. Der Parametervektor $\widehat{\boldsymbol{\theta}}$, der durch $\widehat{F} = F(x \,\|\widehat{\boldsymbol{\theta}})$ bestimmt ist, heißt χ^2-Minimum-Schätzer von $\boldsymbol{\theta}$.

An seiner Stelle kann auch der Maximum-Likelihood-Schätzer genommen werden. Asymptotisch sind χ^2-Minimum-Schätzer und Maximum-Likelihood-Schätzer äquivalent.

Ist $\widehat{F}$ gefunden, wird anschließend die modifizierte Nullhypothese H_0^*: „$\mathrm{F} = \widehat{\mathrm{F}}$" gegen die Alternative H_1: „$\mathrm{F} \neq \widehat{\mathrm{F}}$" mit dem χ^2-Test getestet, dabei muss jedoch die Anzahl der Freiheitsgrade um die Anzahl der geschätzten Parameter reduziert werden.

Anpassungstest für eine parametrisierte Verteilungsfamilie

Gegeben ist eine einfache Stichprobe $(X_1, \ldots, X_n)$ vom Umfang n. Die Verteilung der X_i gehöre zur Familie

$$\mathcal{F} = \{\mathrm{F} \mid \mathrm{F} = \mathrm{F}(x \,\|\, \boldsymbol{\theta}) \text{ mit } \boldsymbol{\theta} \in \boldsymbol{\Theta}\}.$$

Dabei ist $\boldsymbol{\theta} = (\theta_1, \theta_2, \ldots, \theta_q)$ ein q-dimensionaler Parametervektor. Getestet wird H_0: $\mathrm{F} \in \mathcal{F}$ gegen die Alternative H_1: $\mathrm{F} \notin \mathcal{F}$. Dazu wird stattdessen die modifizierte Nullhypothese

$$\widetilde{H}_0 : \mathrm{F} = \widehat{\mathrm{F}}$$

gegen die Alternative

$$\widetilde{H}_1 : \mathrm{F} \neq \widehat{\mathrm{F}}$$

mit dem χ^2-Test getestet. Dabei ist $\widehat{\mathrm{F}} = \mathrm{F}(x \,\|\, \widehat{\boldsymbol{\theta}})$, und $\widehat{\boldsymbol{\theta}}$ ist entweder der Maximum-Likelihood- oder der χ^2-Minimum-Schätzer. Ist H_0 wahr, so ist $\chi^2_{PG} = \sum_{i=1}^{k} \frac{(\mathrm{B}_i - \mathrm{E}_i)^2}{\mathrm{E}_i}$ asymptotisch $\chi^2(k-1-q)$-verteilt.

Beispiel Wir setzen das letzte Beispiel fort. Wir fragen nun, ob die Daten überhaupt normalverteilt sind. Unsere Nullhypothese ist:

$$H_0: \quad \mathrm{F} \in \{N\left(\mu, \sigma^2\right) : \mu \in \mathbb{R}; \sigma \in \mathbb{R}_+\}.$$

Wir arbeiten mit den bereits gruppierten Daten des letzten Beispiels. Zuerst sind μ und σ zu schätzen. Verzichten wir auf die Information in der ersten offenen Klasse $(-\infty, -2.5]$, können wir μ und σ durch die empirischen Parameter $\overline{y} = -0.41$ und $\operatorname{var}(\boldsymbol{y}) = 1.32$ schätzen, indem wir jeweils die Klassenmitten verwenden. Um die volle Information der Daten auszuschöpfen, verwenden wir den Maximum-Likelihood-Schätzer und maximieren numerisch die Likelihood-Funktion

$$L(\mu,\sigma) = \left[\Phi\left(\tfrac{-2.5-\mu}{\sigma}\right)\right]^9 \left[\Phi\left(\tfrac{-1.5-\mu}{\sigma}\right) - \Phi\left(\tfrac{-2.5-\mu}{\sigma}\right)\right]^{36} \cdot$$
$$\left[\Phi\left(\tfrac{-0.5-\mu}{\sigma}\right) - \Phi\left(\tfrac{-1.5-\mu}{\sigma}\right)\right]^{60} \left[\Phi\left(\tfrac{0.5-\mu}{\sigma}\right) - \Phi\left(\tfrac{-0.5-\mu}{\sigma}\right)\right]^{54} \cdot$$
$$\left[\Phi\left(\tfrac{1.5-\mu}{\sigma}\right) - \Phi\left(\tfrac{0.5-\mu}{\sigma}\right)\right]^{28} \left[\Phi\left(\tfrac{2.5-\mu}{\sigma}\right) - \Phi\left(\tfrac{1.5-\mu}{\sigma}\right)\right]^{13}.$$

Dabei können wir $\mu_{\text{Start}} = -0.41$ und $\sigma_{\text{Start}} = \sqrt{1.32}$ als Startwerte nehmen. Die ML-Schätzer sind $\widehat{\mu} = -0.525$ und $\widehat{\sigma} = 1.22$. Abbildung 6.11 zeigt das Histogramm der gruppierten Daten und die beste dazu passende Normalverteilung. (In der Abbildung ist die Dichte der $N\left(-0.525; 1.22^2\right)$ mit 200 multipliziert, da wir mit absoluten und nicht mit relativen Häufigkeiten rechnen.)

Tabelle 6.3 Die einzelnen Rechenschritte bis hin zur Prüfgröße.

von – bis unter					
y_i	y_{i+1}	B_i	$\mathrm{P}(Y \le y_{i+1})$	E_i	$\frac{(\mathrm{B}_i-\mathrm{E}_i)^2}{\mathrm{E}_i}$
$-\infty$	-2.5	9	0.0527	10.55	0.23
-2.5	-1.5	36	0.2121	31.87	0.54
-1.5	-0.5	60	0.5082	59.22	0.01
-0.5	0.5	54	0.7996	58.28	0.31
0.5	1.5	28	0.9515	30.39	0.19
1.5	2.5	13	0.9934	8.38	2.55
2.5	$+\infty$	0	1	1.32	1.32
	200	1.000		5.14	

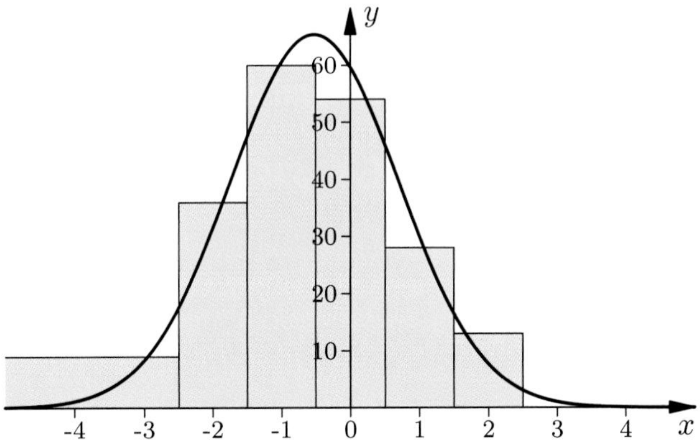

Abbildung 6.11 Histogramm der Daten mit angepasster Normalverteilung.

Im nächsten Schritt testen wir die Nullhypothese

$$\widetilde{H}_0 : \mathrm{F} = N(-0.525; 1.22^2)$$

gegen die Alternative

$$\widetilde{H}_1 : \mathrm{F} \neq N(-0.525; 1.22^2)$$

mit dem χ^2-Test. Tabelle 6.3 zeigt die notwendigen Rechenschritte. Dabei ist

$$\mathrm{E}_i = 200\big(\mathcal{P}(Y \le y_i) - \mathcal{P}(Y \le y_{i-1})\big).$$

Die Werte von X sind auf $k = 7$ Gruppen aufgeteilt. Zwei Parameter, nämlich μ und σ^2 wurden geschätzt. Unter der Voraussetzung, dass die Nullhypothese gilt, hat die Prüfgröße asymptotisch eine $\chi^2(7-1-2) = \chi^2(4)$-Verteilung. Bei einem α von 5 % ist der Schwellenwert $\chi^2(4)_{0.95} = 9.49$. Der Wert der Prüfgröße $\chi^2_{pg} = 5.14$ ist kleiner als der Schwellenwert. Also kann die Nullhypothese: „Die Daten stammen aus einer Normalverteilung" nicht abgelehnt werden. ◀

Der χ^2-Unabhängigkeitstest prüft, ob zwei Merkmale voneinander unabhängig sind

Sind Rauchen und Lungenkrebs, Handystrahlung und Gliome, Musikberieselung und Einkaufsverhalten unabhängig voneinander? Fragen wie diese werden täglich gestellt. Der χ^2-Unabhängigkeitstest erlaubt, diesen Fragen quantitativ nachzugehen.

Gegeben ist eine einfache Stichprobe eines zweidimensionalen Merkmals (X, Y). Dabei müssen die Beobachtungen gruppiert und ihre Häufigkeiten in einer **Kontigenztafel** zusammengefasst sein. X habe nach der Gruppierung die Ausprägungen a_1 bis a_I und Y die Ausprägungen b_1 bis b_J. Weiter sei für $i = 1, \ldots, I$ und $j = 1, \ldots, J$:

$$n_{ij} = \text{Häufigkeit von } \left\{X = a_i; Y = b_j\right\} = \mathrm{B}_{ij} .$$

Anstelle der Bezeichnung B_{ij} ist hier die Bezeichnung n_{ij} üblich. Die Tafel der n_{ij} heißt Kontigenztafel. Weiter sei

$$\begin{aligned} \theta_{ij} &= \mathcal{P}\left(X = a_i; Y = b_j\right) , \\ \theta_{i\bullet} &= \mathcal{P}\left(X = a_i\right) , \\ \theta_{\bullet j} &= \mathcal{P}\left(Y = b_j\right) . \end{aligned}$$

Daher sind X und Y genau dann unabhängig voneinander, wenn gilt:

$$\theta_{ij} = \theta_{i\bullet} \cdot \theta_{\bullet j} .$$

Die Frage nach der Unabhängigkeit ist so auf die Frage nach der speziellen Parametrisierung der Verteilung von (X, Y) zurückgeführt worden. Dabei sind jedoch die Parameter $\theta_{i\bullet}$ und $\theta_{\bullet j}$ unbekannt und müssen geschätzt werden. Die Maximum-Likelihood-Schätzer der Wahrscheinlichkeiten θ sind die relativen Häufigkeiten

$$\widehat{\theta}_{i\bullet} = \frac{n_{i\bullet}}{n} \quad \text{und} \quad \widehat{\theta}_{\bullet j} = \frac{n_{\bullet j}}{n} .$$

Dabei sind $n_{i\bullet} = \sum_{j=1}^{J} n_{ij}$, $n_{\bullet j} = \sum_{i=1}^{I} n_{ij}$ und $n = \sum_{i=1}^{I} \sum_{j=1}^{J} n_{ij}$. Unter der Hypothese der Unabhängigkeit ist der Maximum-Likelihood-Schätzer für θ_{ij} demnach

$$\widehat{\theta}_{ij} = \widehat{\theta}_{i\bullet}\widehat{\theta}_{\bullet j} = \frac{n_{i\bullet}}{n} \cdot \frac{n_{\bullet j}}{n} .$$

Der Erwartungswert der Besetzung der Zelle (i, j) ist

$$\mathrm{E}_{ij} = n\theta_{ij} .$$

Die E_{ij} werden geschätzt durch die **Unabhängigkeitszahlen** U_{ij}.

$$U_{ij} = n\widehat{\theta}_{ij} = \frac{n_{i\bullet}n_{\bullet j}}{n} .$$

Mit diesen Schätzwerten wird nun der χ^2-Anpassungstest wie gewohnt durchgeführt. Die Prüfgröße ist χ^2-verteilt. Die Anzahl der Freiheitsgrade ist $k - q - 1$. Dabei ist k =Anzahl der Klassen $= IJ$. Die Anzahl q der geschätzten Parameter ist $(I - 1) + (J - 1)$, denn wegen den beiden Randbedingung $\sum_{i=1}^{I} \theta_{i\bullet} = \sum_{j=1}^{J} \theta_{\bullet j} = 1$ brauchen wir nur $I - 1$ Parameter $\theta_{i\bullet}$ und $J - 1$ Parameter $\theta_{\bullet j}$ zu schätzen. Also ist

$$\begin{aligned} k - q - 1 &= IJ - ((I - 1) + (J - 1)) - 1 \\ &= (I - 1)(J - 1). \end{aligned}$$

Der χ^2-Unabhängigkeitstest

Unter der Hypothese H_0: „X und Y sind unabhängig", ist die Prüfgröße

$$\chi^2_{PG} = \sum_{i=1}^{I} \sum_{j=1}^{J} \frac{(n_{ij} - U_{ij})^2}{U_{ij}}$$

asymptotisch $\chi^2((I - 1)(J - 1))$-verteilt. Der Annahmebereich des Tests zum Niveau α von H_0 ist $\chi^2_{PG} \leq \chi^2((I - 1)(J - 1))_{1-\alpha}$.

Als Faustregel für die Größe der Zellen gilt: Alle $U_{ij} \geq 1$ und die meisten $U_{ij} \geq 5$. Andernfalls müssen Klassen zusammengefasst werden.

Beispiel Es soll geprüft werden, ob zwischen dem Schulerfolg in den Fächern Lesen und Schreiben ein Zusammenhang besteht. Eine Prüfung von 80 Schülern ergab die erste Kontingenztafel aus Tabelle 6.4.

Tabelle 6.4 Die Kontingenztafel.

	Schreiben			
Lesen	gut	mittel	schlecht	$\sum$
gut	13	10	2	25
mittel	9	4	6	19
schlecht	8	11	17	36
$\sum$	30	25	25	80

In der zweiten Tabelle 6.5. stehen die entsprechenden Werte der U_{ij}.

Tabelle 6.5 Die Unabhängigkeitszahlen U_{ij}.

	Schreiben			
Lesen	gut	mittel	schlecht	$\sum$
gut	9.38	7.81	7.81	25
mittel	7.12	5.94	5.94	19
schlecht	13.50	11.25	11.25	36
$\sum$	30	25	25	80

Dabei ist zum Beispiel $U_{11} = \frac{25 \cdot 30}{80} = 9.375$ und $U_{23} = \frac{19 \cdot 25}{80} = 5.937\,5$. Die letzte Tabelle 6.6 enthält zur Berechnung der Prüfgröße die Werte $\frac{(n_{ij} - U_{ij})^2}{U_{ij}}$.

χ^2_{PG} ist asymptotisch $\chi^2((3 - 1)(3 - 1)) = \chi^2(4)$-verteilt. Die Schwellenwerte sind $\chi^2(4)_{0,95} = 9.49$ und $\chi^2(4)_{0,99} = 13.3$. Der Wert der Prüfgröße ist $\chi^2_{pg} = 12.64$. Bei $\alpha = 5\,\%$ wird H_0 abgelehnt. Die Aussage lautet daraufhin: „Zwischen Lese- und

Tabelle 6.6 Die Berechnung der Prüfgröße.

	Schreiben			
Lesen	gut	mittel	schlecht	$\sum$
gut	1.40	0.61	4.32	6.33
mittel	0.49	0.63	0.00	1.12
schlecht	2.24	0.01	2.94	5.19
$\sum$	4.13	1.25	7.26	12.64

Schreibfähigkeit besteht ein Zusammenhang." Bei $\alpha = 1\,\%$ wird H_0 beibehalten. Die Aussage lautet daraufhin: „Die erhobenen Daten sprechen nicht gegen die Hypothese der Unabhängigkeit von Lese- und Schreibfähigkeit." ◄

?

Was halten Sie – rein statistisch – von den beiden (erfundenen) Nachrichten: a) Eine medizinische Studie habe bewiesen, dass Handystrahlung und das Auftreten von Gehirntumoren voneinander unabhängig sind. b) Bei einer Untersuchung von einer Million Geburten habe sich ergeben, dass das Auftreten von Zwillingsgeburten und von Sonnenflecken nicht voneinander unabhängig ist.

Achtung:

- Der Unabhängigkeitstest ist wie der χ^2-Anpassungstest invariant gegen Permutationen von Zeilen und Spalten der zugrundeliegenden Kontingenztafel.
- Bei zu geringen Besetzungszahlen der einzelnen Zellen müssen mitunter mehrere Zeilen zu einer neuen, gröberen Zeilenklasse oder Spalten zu einer gröberen Spaltenklasse zusammengefasst werden. Es lässt sich zeigen, dass der Wert χ^2_{pg} der Prüfgröße aus der durch Zusammenfassung vereinfachten Kontingenztafel niemals größer ist als der χ^2_{pg}-Wert der ursprünglichen, ausführlicheren Tafel. Nur wenn proportionale Zeilen oder Spalten zusammengelegt werden, bleibt χ^2_{pg} invariant, sonst nimmt der Wert ab. Da aber zugleich die Anzahl der Freiheitsgrade abnimmt, können die Testentscheidungen aus der vollständigen bzw. der vereinfachten Tafel einander widersprechen. Dies zeigt exemplarisch das folgende Beispiel mit realen, nicht konstruierten Zahlen.

Beispiel Bei eine Umfrage im Jahr 1995 unter deutschen Hochschullehrern, die das Fach Statistik für angehende Wirtschaftswissenschaftler, -ingenieure, -informatiker unterrichten, wurde unter anderem gefragt, wie wichtig in der Lehre für sie die beiden Themen sind:

W : *Grundbegriffe der Wirtschaftswissenschaft*
S : *Umgang mit statistischer Software*

Die drei möglichen Antworten waren wie folgt codiert:

0 : Das Thema kommt so gut wie nicht vor.
1 : Das Thema wird gestreift.
2 : Das Thema wird ausführlich behandelt.

Die Frage, ob die beiden Themen (S) und (W) voneinander unabhängig sind, sollte mit einem $\alpha = 5\,\%$ getestet werden. Tabelle 6.7 zeigt die Ergebnisse der Umfrage.

Tabelle 6.7 Kontigenztafel mit den Umfrageergebnissen.

	W			
S	0	1	2	$\sum$
0	5	5	4	14
1	5	21	14	40
2	0	6	3	9
$\sum$	10	32	21	63

Tabelle 6.8 zeigt die dazugehörigen Unabhängigkeitszahlen U_{ij}.

Tabelle 6.8 Kontingenztafel der Unabhängigkeitszahlen.

	W			
S	0	1	2	$\sum$
0	2.22	7.11	4.67	14
1	6.35	20.32	13.33	40
2	1.43	4.57	3	9
$\sum$	10	32	21	63

Der Wert der Prüfgröße errechnet sich daraus zu $\chi^2_{pg} = \sum \frac{(n_{ij}-U_{ij})^2}{U_{ij}} = 6.42$. Die Anzahl der Freiheitsgrade ist $(I-1)(J-1) = (3-1)\cdot(3-1) = 4$. Der Schwellenwert die Prüfgröße ist $\chi^2(4)_{0.95} = 9.49$. Daher kann H_0 nicht abgelehnt werden. Die Daten sprechen nicht gegen die Hypothese der Unabhängigkeit von S und W.

Um die Daten für einen Vortrag übersichtlicher zu gestalten, wurden die Ausprägungen 1 und 2 zu einer neuen Ausprägung (1 bis 2) zusammengefasst. Es wird also nur zwischen den Ausprägungen „0: unwichtig" und „1/2 : relevant" unterschieden. Die so vereinfachte Kontingenztafel zeigt Tabelle 6.9.

Tabelle 6.9 Die vereinfachte Kontingenztafel, Variante 1.

	W		
S	0	1 bis 2	$\sum$
0	5	9	14
1 bis 2	5	44	49
$\sum$	10	53	63

Der Wert der Prüfgröße ist nun $\chi^2_{pg} = 5.31$. Die Anzahl der Freiheitsgrade ist jedoch von 4 auf $(2-1)(2-1) = 1$ abgesunken. Der Schwellenwert ist $\chi^2(1)_{0.95} = 3.84$. Nun wird H_0 abgelehnt: Die Aussage ist: Die Merkmale S und W sind abhängig.

Zur Kontrolle wird die vollständige Tafel noch einmal anders vereinfacht. Und zwar werden die Ausprägungen 0 und 1 zu einer Klasse (0 bis 1) = „unbedeutend" zusammengefasst. Die jetzt entstandene Kontingentafel zeigt in Tabelle 6.10 sogar die exakten empirischen Unabhängigkeitszahlen $n_{ij} = U_{ij}$.

Tabelle 6.10 Die vereinfachte Kontingenztafel, Variante 2.

	W		
S	0 bis 1	2	$\sum$
0 bis 1	36	18	54
2	6	3	9
$\sum$	42	21	63

Der Wert der Prüfgröße ist $\chi^2_{pg} = 0$. Deutlicher lässt sich Unabhängigkeit empirisch nicht zeigen. Vorsicht also bei zu stark vereinfachten Tafeln, hier können Daten und Ergebnisse manipuliert werden. ◀

Der Unabhängigkeitstest in der Vierfeldertafel gestaltet sich besonders einfach

Oft werden bei jedem Merkmal nur zwei Ausprägungen betrachtet, die Kontigenztafel vereinfacht sich nun zur Vierfeldertafel. Beispiele zeigen die Tabellen 6.9 und 6.10. Allgemein hat die Vierfeldertafel diese Gestalt:

Zeilen-	Spaltenmerkmal		
merkmal	Klasse 1	Klasse 2	$\sum$
Klasse 1	n_{11}	n_{12}	$n_{1\bullet}$
Klasse 2	n_{21}	n_{22}	$n_{2\bullet}$
$\sum$	$n_{\bullet 1}$	$n_{\bullet 2}$	n

Dann gilt:

Der Unabhängigkeitstest in der Vierfeldertafel

Die Prüfgröße des χ^2-Tests der Nullhypothese H_0 : „Das Zeilen- und das Spaltenmerkmal sind unabhängig" ist

$$\chi^2_{PG} = n\frac{(n_{11}n_{22} - n_{12}n_{21})^2}{n_{1\bullet}n_{2\bullet}n_{\bullet 1}n_{\bullet 2}}.$$

Ist die Nullhypothese H_0 wahr, so ist die Prüfgröße χ^2_{PG} asymptotisch $\chi^2(1)$-verteilt mit einem Freiheitsgrad.

Wir verzichten hier auf einen Beweis und überlassen die etwas trickreichen Umformungen Ihnen als Aufgabe 6.9

Als Beispiel bestimmen wir den Wert der Prüfgröße χ^2_{PG} aus dem letzten Beispiel. Die Kontigenztafel war

	0	1 bis 2	$\sum$
0	5	9	14
1 bis 2	5	44	49
$\sum$	10	53	63

Damit erhalten wir:

$$\chi^2_{PG} = 63 \cdot \frac{(5 \cdot 44 - 5 \cdot 9)^2}{14 \cdot 49 \cdot 10 \cdot 53} = 5.31.$$

Der Schwellenwert ist $\chi^2_{0.95}(1) = 3.84$. Die Nullhypothese: „Zeilen und Spaltenmerkmal sind unabhängig" wird bei einem $\alpha = 5\,\%$ verworfen.

6.3 Randomisierungs- und Rangtests

Bei einem verteilungsfreien Test ist die Verteilung F_Y von Y unter H_0 vollständig unbekannt. Es gelingt dennoch, Prüfgrößen zu konstruieren, deren Verteilung man explizit oder asymptotisch bestimmen kann.

Bei Randomisierungs- oder Rangtests wird die mit der Beobachtung $\boldsymbol{y}$ gelieferte Information in zwei Teile $a(\boldsymbol{y})$ und $b(\boldsymbol{y})$ aufgespalten. Zum Beispiel ist $a(\boldsymbol{y})$ der Betrag oder der Rang einer Beobachtung und $b(\boldsymbol{y})$ das Vorzeichen oder ein Klassenlabel. Bei festem $a(\boldsymbol{y})$ lässt sich $b(\boldsymbol{y})$ als Realisation eines Gedankenexperimentes B auffassen.

Daraus lassen sich Prüfgrößen konstruieren, deren Verteilungen unter H_0 explizit bestimmbar sind. Die wichtigsten Vertreter dieser Testklasse sind der Randomisierungstest von Fisher und die Rangtests von Wilcoxon.

Der Fisher-Randomisierungs-Test fragt: Wie hätte denn die Gesamtheit der Daten zufällig in zwei Haufen getrennt werden können?

Wir gehen von zwei unverbundenen einfachen Stichproben $X_1, \ldots, X_n \sim \mathrm{F}_X$ und $Y_1, \ldots, Y_m \sim \mathrm{F}_Y$ aus und fragen „Stammen beide aus derselben Verteilung?"

Wir formulieren dies als Nullhypothese:

$$H_0\colon \mathrm{F}_X = \mathrm{F}_Y\,.$$

Alternativ dazu sei die Verteilung F_Y gegen F_X nach links oder rechts verschoben:

$$H_1\colon \mathrm{F}_Y(x) = \mathrm{F}_X(x - \theta)\,, \quad \theta \neq 0\,.$$

Die Grundidee des Tests ist: Wenn beide Daten aus derselben Grundgesamtheit stammen, dann lassen sich die $x_1, \ldots, x_n$ und $y_1, \ldots, y_m$ in einen Topf zusammenwerfen und als Ergebnis einer einfachen Stichprobe $z_1, \ldots, z_{n+m}$ vom Umfang $m + n$ interpretieren. Die Zuordnung der Beobachtungen z_i in einen x-Topf und einen y-Topf wäre dann so beliebig wie eine zufällige Etikettierung der Beobachtungen mit den Namen x oder y. Es gibt

$$N = \binom{m+n}{m}$$

verschiedene Möglichkeiten, die z_i des gemeinsamen Topfes auf einen x-Topf und einen y-Topf aufzuteilen. Ist H_0 wahr, so ist jede Aufteilung davon genauso wahrscheinlich wie eine andere.

Vertiefung: Die χ^2-Prüfgröße entspricht der Kullback-Leibler-Distanz zwischen zwei Verteilungen

Die Prüfgröße des χ^2-Unabhängigkeitstest misst den Informationsüberschuss der gemeinsamen Verteilung gegenüber den beiden Randverteilungen.

Bei einer zweidimensionalen diskreten Variable (X, Y) mit der Verteilung f^{XY} und den beiden Randverteilungen f^X und f^Y misst die mutual Information,

$$\mathcal{J}(\boldsymbol{f}^{XY}; \boldsymbol{f}^X \boldsymbol{f}^Y) = \sum_{i,j} f_{ij}^{XY} \log_2 \frac{f_{ij}^{XY}}{f_i^X f_j^Y},$$

die „Kullback-Leibler-Distanz" der gemeinsamen empirischen Verteilung zum Produkt der empririschen Randverteilungen (siehe auch Seite 91). Diese ist bei Unabhängigkeit von X und Y asymptotisch äquivalent mit der Prüfgröße des χ^2-Unabhängigkeitstests.

In der Kontigenztafel ist die empirische Verteilung $f_{ij}^{XY} = \frac{n_{ij}}{n}$ der beiden Variablen X und Y gegeben. Die Ränder der Tafel enthalten die beiden Randverteilungen $f_i^X = \frac{n_{i\bullet}}{n}$ und $f^Y = \frac{n_{\bullet j}}{n}$. Wegen $\ln x = \log_2 x \cdot \ln 2$ gilt:

$$\begin{aligned}\mathcal{J}(\boldsymbol{f}^{XY}; \boldsymbol{f}^X \boldsymbol{f}^Y) &= -\sum_{i,j} f_{ij}^{XY} \log_2 \frac{f_i^X f_j^Y}{f_{ij}^{XY}} \\ &= -\frac{1}{\ln 2} \sum_{i,j} f_{ij}^{XY} \ln \frac{f_i^X f_j^Y}{f_{ij}^{XY}}.\end{aligned}$$

Mit der Abkürzung

$$\varepsilon_{ij} = \frac{f_i^X f_j^Y - f_{ij}^{XY}}{f_{ij}^{XY}} = \frac{f_i^X f_j^Y}{f_{ij}^{XY}} - 1$$

gilt dann:

$$\mathcal{J}(\boldsymbol{f}^{XY}; \boldsymbol{f}^X \boldsymbol{f}^Y) = -\frac{1}{\ln 2} \sum_{i,j} f_{ij}^{XY} \ln\left(1 + \varepsilon_{ij}\right).$$

Unter der Voraussetzung $|\varepsilon_{ij}| < 1$ können wir den Logarithmus in eine Reihe entwickeln:

$$\begin{aligned}\mathcal{J}(\boldsymbol{f}^{XY}; \boldsymbol{f}^X \boldsymbol{f}^Y) &= -\frac{1}{\ln 2} \sum_{i,j} f_{ij}^{XY} \left[\varepsilon_{ij} - \frac{1}{2}\varepsilon_{ij}^2 + \cdots\right] \\ &= -\frac{1}{\ln 2} \left[\sum_{i,j} f_{ij}^{XY} \varepsilon_{ij} - \frac{1}{2} \sum_{i,j} f_{ij}^{XY} \varepsilon_{ij}^2 + \cdots\right].\end{aligned}$$

Nun ist

$$\begin{aligned}\sum_{i,j} f_{ij}^{XY} \varepsilon_{ij} &= \sum_{i,j} \left(f_i^X f_j^Y - f_{ij}^{XY}\right) \\ &= \sum_i f_i^X \sum_j f_j^Y - \sum_{i,j} f_{ij}^{XY} = 0, \\ \sum_{i,j} f_{ij}^{XY} \varepsilon_{ij}^2 &= \sum_{i,j} f_{ij}^{XY} \left(\frac{f_i^X f_j^Y - f_{ij}^{XY}}{f_{ij}^{XY}}\right)^2 \\ &= \sum_{i,j} \frac{\left(f_i^X f_j^Y - f_{ij}^{XY}\right)^2}{f_{ij}^{XY}} = \frac{1}{n} \chi_{PG}^2.\end{aligned}$$

Also ist in erster Näherung

$$\chi_{PG}^2 = 2n \ln 2 \mathcal{J}(\boldsymbol{f}^{XY}; \boldsymbol{f}^X \boldsymbol{f}^Y).$$

Die Bedingung $|\varepsilon_{ij}| < 1$ bedeutet $\frac{f_i^X f_j^Y}{f_{ij}^{XY}} < 2$. Wenn die Merkmale unabhängig sind, wird $\frac{f_i^X f_j^Y}{f_{ij}^{XY}}$ für große n gegen 1 konvergieren, d.h., die Reihenentwicklung ist dann gerechtfertigt.

Ist aber H_0 falsch, und ist die eine Verteilung gegenüber der anderen etwas nach links oder rechts verschoben, dann wird die eine Stichprobe eher kleinere Werte liefern als die andere.

Betrachten wir ein konkretes Beispiel. Beobachtet werden 4 x-Werte und 6 y-Werte. Die folgende Tabelle zeigt die der Größe nach geordneten x-, y- und die in einen Topf zusammengeworfenen z-Werte:

x-Topf	4	6	6	7						
y-Topf	5	7.5	9	9	12	13				
z-Topf	4	5	6	6	7	7.5	9	9	12	13

Es gibt insgesamt

$$\binom{10}{4} = 210$$

verschiedene Aufteilungen A_i in einen x-Topf und einen y-Topf. Tabelle 6.11 zeigt die nach der Summe der Ausprägungen im x-Topf sortierten Aufteilung.

Bei der ersten Aufteilung A_1 liegen gerade die vier kleinsten Werte im x-Topf, die großen Werte alle im y-Topf. Würden wir diese Aufteilung in der Realität beobachten, würden wir sicherlich stutzen und hätten höchste Zweifel, dass die x-Werte aus derselben Verteilung stammen wie die y-Werte. Ähnlich würden wir bei A_2 an H_0 zweifeln, vielleicht auch an A_3 und A_4. Bei den Aufteilungen am anderen Ende etwa A_{207} bis A_{210} würden wir analog vorgehen.

Zwar sind unter H_0 alle Aufteilungen gleich wahrscheinlich. In Anbetracht der Möglicheit, dass H_0 falsch sein kann, werden wir bei den Aufteilungen mit extrem kleinen oder extrem großen Summen an H_0 zweifeln. Diese sollen die kritische Region bilden.

Tabelle 6.11 Die möglichen Aufteilungen der 10 Werte auf einen x und einen y-Topf.

Aufteilung A_i	4	5	6	6	7	7.5	9	9	12	13	$\sum_{i=1}^{4} x_i$
1	x	x	x	x	y	y	y	y	y	y	21
2	x	x	x	y	x	y	y	y	y	y	22
3	x	x	y	x	x	y	y	y	y	y	22
4	x	x	x	y	y	x	y	y	y	y	22,5
5	x	x	y	x	y	x	y	y	y	y	22,5
6	x	y	x	x	x	y	y	y	y	y	23
⋮	⋮	⋮								⋮	⋮
204				x			x		x	x	40
205				x				x	x	x	40
206					x			x	x	x	41
207					x		x		x	x	41
208						x	x		x	x	41,5
209						x		x	x	x	41,5
210							x	x	x	x	43

Bei einem $\alpha = 5\,\%$ ist $210\alpha = 10.5$. Wir werden daher 10 Aufteilungen und zwar die mit den 5 kleinsten und die 5 größten Summen zur kritische Region erklären.

Die Prüfgröße PG_{Fisher} unseres Testes, des **Fisher-Randomisierungs-Testes**, ist

$$PG_{\text{Fisher}} = \text{Summe der Beobachtungen im } x\text{-Topf}.$$

Die extremen Werte von PG_{Fisher} bilden die kritische Region mit

$$\mathcal{P}\left(PG_{\text{Fisher}} \in \text{Kritische Region}\right) \leq \alpha .$$

Die Realisierung der Prüfgröße ist die Summe der x_i des real beobachteten x-Topfes:

$$\text{pg}_{\text{Fisher}} = \sum_{i=1}^{n} x_i .$$

H_0 wird genau dann abgelehnt, falls der realisierte Wert in der kritischen Region liegt. Der Test mit den kritischen Aufteilungen A_1 bis A_5 und A_{206} bis A_{210} hat das Niveau

$$\frac{10}{210} = 4.76\,\% = \alpha_{\text{real}} .$$

Die beobachtete Aufteilunge A_6 mit $pg = 23$ liegt im Annahmebereich. Also wird H_0 bei einem $\alpha' = 4.76\,\%$ nicht verworfen.

Dieser so außerordentlich einfache Test hat eine Reihe von Vorzügen:

- Nach Konstruktion hat dieser Test das Niveau α_{real}. Die Wahrscheinlichkeit, dass eine richtige Nullhypothese fälschlicherweise abgelehnt wird, ist $\alpha_{\text{real}} \leq a$.
- Soll das Niveau α voll ausgeschöpft werden, kann an den beiden Aufteilungen, die die Grenze des Annahmebereichs bilden, hier im Beispiel die Aufteilungen A_6 und A_{205}, noch randomisiert werden.
- Der Test benötigt keinerlei Voraussetzungen über die Verteilungen F_X und F_Y.
- Je nach Wahl der Prüfgröße ist der Test für unterschiedliche Alternativen geeignet. So können nur die kleinen oder nur die großen Aufteilungen zu kritischen Region erklärt werden.
- Bei großem n und m kann die Verteilung von PG_{Fisher} durch Simulation bestimmt werden. Die restliche Argumentation ist ungeändert.

Beim Wilcoxon-Rang-Summen-Test werden die beobachteten Zahlwerte durch die Ränge ersetzt

Der Nachteil des Fisher-Randomisierungs-Testes ist die mühsame Bestimmung aller möglichen Aufteilungen und die Sortierung der Aufteilungen nach der Größe der Summe der x_i. Nun ersetzen wir die z_i durch ihre Ränge. Die Prüfgröße ist die Rangsumme der Elemente der x-Klasse. Sonst ist die Argumentation wie beim Randomisierungstest. Die getesteten Hypothesen sind wieder

$$H_0 : F_X = F_Y ,$$
$$H_1 : F_Y(x) = F_X(x - \theta), \quad \theta \neq 0.$$

Wir setzen das Beispiel fort. Tabelle 6.12 zeigt die der Größe nach geordneten x-, y- und z-Werte und ihre Ränge.

Tabelle 6.12 Die Daten werden durch ihre Ränge in der zusammengefassten Stichprobe ersetzt.

x-Topf	4	6	6	7						
y-Topf	5	7.5	9	9	12	13				
z-Topf	4	5	6	6	7	7.5	9	9	12	13
Rang von z	1	2	3	4	5	6	7	8	9	10
Mittel-Rang von z	1	2	3.5	3.5	5	6	7.5	7.5	9	10

Stimmen zwei oder mehr Ausprägungen überein, erhalten sie alle den gleichen Mittelwert aus den sonst vergebenen Rangzahlen. Dies ist der Mittel-Rang. Als Prüfkriterium des Wilcoxon-Rang-Summen-Tests wird die Rangsumme der x-Klasse gewählt: Es gibt insgesamt

$$\binom{10}{4} = 210$$

verschiedene Aufteilungen der $N = 10$ Rangzahlen auf zwei Klassen. Tabelle 6.13 zeigt die nach der Summe der Ränge der x-Klasse sortierten Aufteilungen im Ausschnitt. Dabei sind nur die x-Symbole angegeben und die komplementären y-Symbole der größeren Übersichtlichkeit zuliebe weggelassen worden.

Bei einem $\alpha = 5\,\%$ bilden $\lfloor 210\alpha \rfloor = 10$ Aufteilungen die kritische Region. Bei einer symmetrischen Aufteilung bilden daher die 5 kleinsten und die 5 größten Summen die kritische Region. Die Rangsummen, die kleiner als 13 oder größer als 30 sind, bilden die kritische Region. Das realisisierte α ist dabei

$$\alpha_{\text{real}} = 10/210 = 4.7619 \cdot 10^{-2} .$$

Tabelle 6.13 Die Aufteilung der Rangzahlen auf einen x- und einen y-Topf.

A_i	1	2	3.5	3.5	5	6	7.5	7.5	9	10	Rangsumme
1	x	x	x	x							10
2	x	x	x		x						11.5
3	x	x		x	x						11.5
4	x	x	x			x					12.5
5	x	x		x		x					12.5
6	x		x	x	x						13
⋮	⋮	⋮	⋮	⋮	⋮	⋮	⋮	⋮	⋮	⋮	⋮
204				x			x		x	x	30
205				x				x	x	x	30
206					x			x	x	x	31.5
207					x		x		x	x	31.5
208						x	x		x	x	32.5
209						x		x	x	x	32.5
210							x	x	x	x	34

Die beobachtet Aufteilung A_6 liefert die Rangsumme 13, die im Annahmebereich liegt. (Zur genauen Ausschöpfung von α müsste bei der Rangsumme 13 genauso wie bei der Rangsumme 30 randomisiert werden.)

Der große Vorteil des Wilcoxon-Rangsummen-Tests liegt in Folgendem: Anstelle der beliebigen rellen Zahlen z_i haben wir es jetzt nur noch mit den natürlichen Zahlen von 1 bis $N = m + n$ zu tun. Die möglichen Aufteilungen auf zwei Klassen und die Berechnung der Rangsummen lässt sich nun von vornherein numerisch berechnen und tabellieren.

Wir bezeichnen die Prüfgröße Wilcoxon-Rangsummen-Test mit $W_{m;n}$. Dabei ist m der Umfang der x-Stichprobe kleinergleich n, dem Umfang der y-Stichprobe. Ist $m > n$, so vertauschen wir die Benennungen der beiden Stichproben. Für kleinere n und m sind die Quantile von $W_{m;n}$ vertafelt.

Die Verteilung von $W_{m;n}$ ist symmetrisch zu seinem Erwartungswert, dieser ist, wie wir später zeigen werden, gleich

$$\mathrm{E}\left(W_{m;n}\right) = \frac{m\,(n+m+1)}{2} = \mu\,.$$

Im Buch von H. Büning, G. Trenkler: *Nichtparametrische statistische Methoden*, De Gruyter (1994) werden für $m, n \leq 25$ und für verschiedene Werte von α die unteren Grenzen $w_{m;n;\alpha}$ der kritischen Region angegeben.

Tabelle 6.14 zeigt – mit freundlicher Genehmigung der Autoren – einen Ausschnitt von Tabelle L auf Seite 399 des Buchs von Büning und Trenkler. Die Prüfgröße Wilcoxon-Rangsummen-Test mit $W_{m;n}$ ist dort kurz nur mit W_N bezeichnet:

Für den Schwellenwert $w_{m;n;\alpha}$ gilt:

$$\mathcal{P}\left(W_{m;n} \leq w_{m;n;\alpha}\right) \leq \alpha\,,$$
$$\mathcal{P}\left(W_{m;n} \leq w_{m;n;\alpha} + 1\right) > \alpha\,.$$

Tabelle 6.14 Rechte obere Grenze $w_{m;n;\alpha}$ der einseitigen kritischen Region für $m = 4$ und $n = 4$ bis 20.

	α					
n	0.005	0.01	0.025	0.05	0.1	2μ
4	0	0	10	11	13	36
5	0	10	11	12	14	40
6	10	11	12	13	15	44
7	10	11	13	14	16	48
8	11	12	14	15	17	52
9	11	13	14	16	19	56
10	12	13	15	117	20	60
11	12	14	16	18	21	64
12	13	15	17	19	22	68
13	13	15	18	20	23	72
14	14	16	19	21	25	76
15	15	17	20	22	26	80
16	15	17	21	24	27	84
17	16	18	21	25	28	88
18	16	19	22	26	30	92
19	17	19	23	27	31	96
20	18	20	24	28	32	100

Die obere Grenze des Annahmebereichs liegt spiegelbildlich dazu rechts vom Erwartungswert:

$$w_{m;n;1-\alpha} = 2\mu - w_{m;n;\alpha}\,.$$

Der Annahmebereich ist dann

$$w_{m;n;\alpha} < W_{m;n} < w_{m;n;1-\alpha}\,.$$

Verwenden wir die Tabellen von Büning und Trenkler, so folgt für $\alpha = 5\,\%$ mit $m = 4$ und $n = 6$ die Grenze $w_{m;n;0.025} = 12$. Mit $\mu = 22$ ist $w_{m;n;0.975} = 44 - 12$. Der Annahmebereich ist

$$12 < W_{m;n} < 32\,.$$

Beobachtet wurde mit $W_{m;n} = 13$ ein Wert im Annahmebereich, die Nullhypothese wird nicht verworfen.

Achtung: In Tabellen bei anderen Autoren sind mitunter die Grenzen des Annahmebereichs angegeben. Achten Sie auf die unterschiedlichen Tabellierungen!

Wichtige Eigenschaften des Tests

- Der Test setzt keine Verteilungsannahmen voraus. Er ist daher stets dem t-Test vorzuziehen, wenn an der Normalverteilungsannahme gezweifelt werden muss.
- Der Test ist robust mit nur geringem Effizienzverlust gegenüber dem t-Test.
- Bindungen sind für die Entscheidung problemlos, wenn sie nur innerhalb der x-Werte oder der y-Werte auftreten. Sonst

werden Mittelränge vergeben oder Zufallszuordnungen. Eine geringe Anzahl von Bindungen verändert die Verteilung der Prüfgröße nicht wesentlich.

- Legen wir die kritische Region nur in die großen oder in die kleinen Werte der Prüfgröße, lassen sich mit dem Wilcoxon-Test auch einseitige Hypothesen testen.
- Die Verteilung der Prüfgröße $W_{m;n}$ ist symmetrisch, sie liegt tabelliert vor. Dabei ist

$$\mathrm{E}\left(W_{m;n}\right) = \frac{m\,(m+n+1)}{2}, \tag{6.1}$$

$$\mathrm{Var}\left(W_{m;n}\right) = \frac{1}{12}\,(m+n+1)\,nm\,. \tag{6.2}$$

- $W_{m;n}$ ist asymptotisch normalverteilt. Für $n + m > 30$ lässt sich $W_{m;n}$ gut durch die $N\left(\frac{m(m+n+1)}{2}; \frac{(m+n+1)nm}{12}\right)$-Verteilung approximieren.

Der Nachweis der asymptotischen Normalität ist nicht trivial, da die V_i nicht voneinander unabhängig sind. Wir verzichten darauf und beschränken uns auf den Beweis der Aussagen über Erwartungswert und Varianz von W_{mn}.

Beweis: Wie beweisen die Aussagen über Erwartungswert und Varianz von $W_{m;n}$ in den Gleichungen 6.1 und 6.2. Dazu schreiben wir die Prüfgröße als

$$W_{m;n} = \sum_{i=1}^{N} V_i \cdot g_i\,.$$

Dabei sind $N = m + n$, $g_i = \text{Rang}(z_i)$ und V_i ist die Indikatorvariable, die angibt, in welche Klasse eine Beobachtung einsortiert wird:

$$V_i = \begin{cases} 1 & \text{Das } i\text{-te Element wird in die } X\text{-Klasse einsortiert.} \\ 0 & \text{Das } i\text{-te Element wird in die } Y\text{-Klasse einsortiert.} \end{cases}$$

Die V_i haben eine Zweipunktverteilung:

$$\mathcal{P}\left(V_i = 1\right) = \frac{m}{N} \qquad \mathcal{P}\left(V_i = 0\right) = \frac{n}{N}\,.$$

Daher ist

$$\mathrm{E}\left(V_i\right) = \frac{m}{N}, \quad \text{und} \quad \mathrm{Var}\left(V_i\right) = \frac{m}{N}\frac{n}{N}\,.$$

Die V_i sind aber nicht voneinander unabhängig:

$$\begin{aligned}
\mathrm{E}\left(V_i V_j\right) &= \sum v_i v_j \mathcal{P}\left(V_i = v_i; V_j = v_j\right) \\
&= \mathcal{P}\left(V_i = 1; V_j = 1\right) \\
&= \mathcal{P}\left(V_i = 1 \,|\, V_j = 1\right)\mathcal{P}\left(V_j = 1\right) \\
&= \frac{m-1}{N-1}\frac{m}{N}, \\
\mathrm{Cov}\left(V_i; V_j\right) &= \mathrm{E}\left(V_i V_j\right) - \mathrm{E}\left(V_i\right)\mathrm{E}\left(V_j\right) \\
&= \frac{m-1}{N-1}\frac{m}{N} - \left(\frac{m}{N}\right)^2 \\
&= -\frac{mn}{N^2\,(N-1)}\,.
\end{aligned}$$

Daraus folgt:

$$\mathrm{Cov}\left(\boldsymbol{V}\right) = \frac{mn}{N\,(N-1)}\left(\boldsymbol{I} - \frac{1}{N}\mathbf{11}'\right).$$

Daher gilt für die Prüfgröße:

$$\begin{aligned}
\mathrm{E}\left(W_{m;n}\right) &= \sum_{i=1}^{N} g_i \mathrm{E}\left(V_i\right) = \frac{m}{N}\sum_{i=1}^{N} g_i \\
&= \frac{m}{N}\sum_{i=1}^{N} i = \frac{m}{N}\frac{N\,(N+1)}{2}. \\
\mathrm{Var}\left(W_{m;n}\right) &= \boldsymbol{g}^\top \mathrm{Cov}\left(\boldsymbol{V}\right)\boldsymbol{g} \\
&= \frac{mn}{N\,(N-1)}\left(\sum g_i^2 - \frac{1}{N}\left(\sum g_i\right)^2\right) \\
&= \frac{mn}{N\,(N-1)}\left(\sum_{i=1}^{N} i^2 - \frac{1}{N}\left(\sum_{i=1}^{N} i\right)^2\right) \\
&= \frac{mn}{N\,(N-1)}\left(\frac{N\,(N+1)\,(2N+1)}{6}\right. \\
&\quad \left. - \frac{1}{N}\left(\frac{N\,(N+1)}{2}\right)^2\right) \\
&= \frac{1}{12}\,(N+1)\,nm.
\end{aligned}$$

■

Bei verbundenen Stichproben wird der Rangtest auf die Differenzen angewendet

Wir beginnen wieder mit einem Beispiel:

Beispiel Bei einem Tierversuch wird gemessen, wieviel Zeit Ratten brauchen, um den Ausgang aus einem Labyrinth zu finden. Dann erhalten diese eine spezielle Droge und werden ein zweites Mal in das Labyrinth geschickt. Für jedes Tier liegen zwei Zeiten (x_i, y_i) vor, dabei ist x der Wert vor und y der Wert nach der Behandlung. Tabelle 6.15 zeigt diese Daten.

Tabelle 6.15 Zeiten des Tierversuchs

x_i	3.5	1.8	2.5	3.1	2.7	13.0	22.1	2.2	2.6	8.0
y_i	2.8	3.0	2.5	2.7	3.3	12.4	23.1	2.9	2.7	8.2

Die Frage ist, ob die Behandlung einen systematischen Einfluss auf die Tiere und damit auf die Zeiten gehabt hat. Zwei Dinge sind wichtig: Erstens sind die x- und die y-Werte voneinander abhängig, sie sind Messungen jeweils bei einem Tier. Dabei sind die (x_i, y_i)-Paare voneinander unabhängig, es handelt sich um Messungen verschiedener Tiere. Es handelt sich um eine **verbundene Stichprobe**. Zweitens ist die Streuung der Daten auffällig: 7 Wertepaare liegen unter 3.5 und 3 Paare liegen über 8. Das Modell einer zweidimensionalen Normalverteilung ist nicht angemessen. ◄

Um die im Beispiel gestellte Frage zu beantworten, bietet sich der **Vorzeichentest** an.

Die Voraussetzungen des Testes sind: Es liegt eine verbundene Stichprobe (x_i, y_i), $i = 1 \ldots n$, aus einer stetigen zweidimensionalen Verteilung vor.

Die Idee des Tests ist:

Wenn die Behandlung keinen Einfluss hat, dann sollte der Y Wert rein zufällig mal größer, mal kleiner als der zugehörige X-Wert sein. Das Vorzeichen der Differenz $D_i = X_i - Y_i$ muss dann mit Wahrscheinlichkeit 0.5 positiv oder negativ sein. Unsere Fragestellung nach einem Behandlungseffekt führt zur Frage: Ist die Verteilung der Differenzen symmetrisch zum Nullpunkt? Dies lässt sich als Nullhypothese

H_0 : Die Verteilung der Differenzen ist symmetrisch zum Nullpunkt.

mit der Alternative

H_1 : Die Verteilung der Differenzen ist nicht symmetrisch zum Nullpunkt.

formulieren. Diese Nullhypothese lässt sich nun leicht überprüfen. Wir setzen das Beispiel 6.3 fort:

Beispiel Die Daten und ihre Differenzen $x_i - y_i$ aus dem obigen Beispiel von Seite 248 sind in Tabelle 6.16 aufgeführt.

Tabelle 6.16 Die Zeiten vor und nach der Behandlung sowie die Zeitdifferenzen.

x_i	3.5	1.8	2.5	3.1	2.7	13.0	22.1	2.2	2.6	8.0
y_i	2.8	3.0	2.5	2.7	3.3	12.4	23.1	2.9	2.7	8.2
$x_i - y_i$	0.7	−1.2	0	0.4	−0.6	0.6	−1.0	−0.7	−0.1	−0.2

Die Ausprägung 0 wird nicht betrachtet. Ignorieren wir die Vorzeichen und die Ausprägung 0 so haben wir die folgenden, der Größe nach geordneten Werte:

$$0.1 \quad 0.2 \quad 0.4 \quad 0.6 \quad 0.6 \quad 0.7 \quad 0.7 \quad 1 \quad 1.2\,.$$

Bei $n = 9$ von Null verschiedenen $|x_i - y_i|$ gibt es $2^9 = 512$ verschiedene Möglichkeiten die Vorzeichen zu verteilen. Unter der Nullhypothese sind alle Anordnungen gleichwahrscheinlich. Jede Aufteilung tritt mit der Wahrscheinlichkeit $1/512$ auf. In der Tabelle 6.17 sind die ersten 14 Aufteilung aufgeführt und nach der Größe von

$$PG = \sum_{\text{Vorzeichen ist +}} |x_i - y_i|$$

geordnet.

Die Frage ist: „Aus welchen Vorzeichenaufteilungen A_i bilden wir die kritische Region?" Wenn sich aufgrund der Behandlung die Zeiten vergrößert hätten, müssten die Differenzen $x_i - y_i$ in der Mehrzahl negativ sein. Hätten sie sich verkleinert, wären die Differenzen überwiegend positiv. In beiden Fällen wären sie betragsmäßig groß. Daher werden wir die Anordnungen, bei denen

Tabelle 6.17 Die Verteilung der Vorzeichen auf die Beträge der Differenzen.

	0.1	0.2	0.4	0.6	0.6	0.7	0.7	1	1.2	$\sum \lvert x_i - y_i \rvert$
A_1	−	−	−	−	−	−	−	−	−	0
A_2	+	−	−	−	−	−	−	−	−	0.1
A_3	−	+	−	−	−	−	−	−	−	0.2
A_4	+	+	−	−	−	−	−	−	−	0.3
A_5	−	−	+	−	−	−	−	−	−	0.4
A_6	+	−	−	+	−	−	−	−	−	0.5
A_7	−	−	−	−	+	−	−	−	−	0.6
A_8	−	−	−	−	−	+	−	−	−	0.6
A_9	−	+	+	−	−	−	−	−	−	0.6
A_{10}	−	−	−	−	−	−	+	−	−	0.7
A_{11}	−	−	−	−	−	−	−	+	−	0.7
A_{12}	+	−	−	−	+	−	−	−	−	0.7
A_{13}	+	−	−	−	−	+	−	−	−	0.7
A_{14}	+	+	+	−	−	−	−	−	−	0.7

die betragsmäßig größten Differenzen alle positive bzw. negative Vorzeichen erhalten, zur kritischen Region erklären. Bei einem $\alpha = 5\,\%$ bilden $\lfloor 512 \cdot 0.05 \rfloor = 25.0$ Anordnungen die kritische Region. Da wir auf beiden Rändern symmetrisch vorgehen, aber das Signifikanzniveau α nicht überschreiten dürfen, wählen wir auf beiden Seiten 12 Anordnungen. Da die Prüfgröße $PG = \sum |x_i - y_i|$ für die letzten 5 Anordnungen mit dem Wert 0.7 übereinstimmt, wird bei diesen randomisiert.

Die Wahrscheinlichkeit, dass eine der 5 Anordnungen A_{10} bis A_{14}, die an der Grenze der kritischen Region liegen, auftritt, sei α_{Rand}. Wird nun bei jeder dieser 5 Anordnungen die Nullhypothese mit der Wahrscheinlichkeit

$$\gamma = \frac{\alpha_{\text{erlaubt}} - \alpha_{\text{realisiert}}}{\alpha_{\text{Rand}}} = \frac{0.025 - \frac{9}{512}}{\frac{5}{512}} = 0.76$$

abgelehnt, wird das Signifikanzniveau α exakt ausgeschöpft. Wird demnach ein Wert $\sum |x_i - y_i| < 0.7$ beobachtet, wird H_0 mit Sicherheit abgelehnt. Falls $\sum |x_i - y_i| = 0.7$ ist, wird H_0 nur mit Wahrscheinlichkeit 0.76 abgelehnt. Analog gehen wir am oberen Rand der Tabelle aller Anordnungen vor. Beobachtet wurde eine Summe von

$$\sum_{\text{Vorzeichen ist +}} |x_i - y_i| = 0.7 + 0.4 + 0.6 = 1.7\,.$$

Diese liegt im Annahmebereich. Also kann H_0 nicht abgelehnt werden. ◀

Der Nachteil dieses Tests ist die mühsame Bestimmung der kritischen Region. Dies lässt sich jedoch leicht vermeiden, wenn die Zahlen $|x_i - y_i|$ durch ihre Ränge ersetzt werden.

Beim Wilcoxon-Matched-Pair-Signed-Rank-Test werden die Differenzen durch ihre Ränge ersetzt

Wir gehen wie eben beim Vorzeichentest vor, ordnen die $|x_i - y_i|$ der Größe nach und ersetzen die Zahlen durch ihre Ränge. Dann testen wir die Nullhypothese der Symmetrie. Die Prüfgröße ist die Rangsumme mit positivem Vorzeichen. Nulldifferenzen werden ignoriert, dadurch kann sich die Zahl n der Differenzen auf die effektive Zahl n' reduzieren. Die Prüfgröße des Wilcoxon-Matched-Pair-Signed-Rank-Test wird üblicherweise mit W_n^+ bezeichnet:

$$W_n^+ = \sum_{\text{Vorzeichen}>0} \text{Rang}\,(x_i - y_i)\ .$$

Dann gilt unter der Nullhypothese:

$$\mathrm{E}\left(W_n^+\right) = \frac{n\,(n+1)}{4}\,,$$

$$\mathrm{Var}\left(W_n^+\right) = \frac{n\,(n+1)\,(2n+1)}{24}\,.$$

Dabei ist n die effektive Anzahl der von Null verschiedenen Differenzen. Die Verteilung der Rangsumme ist für kleine n tabelliert.

Wir setzen die letzten Beispiele fort.

Beispiel Im vorigen Beispiel wurden die Zeiten x_i und y_i beobachtet und daraus die Differenzen $x_i - y_i$ gebildet. Tabelle 6.18 zeigt diese Werte, sowie die Beträge $|x_i - y_i|$, die Rangzahlen dieser der Größe nach geordneten Beträge und die beobachteten Vorzeichen.

Tabelle 6.18 Die Rangzahlen der Beträge der beobachteten Zeitdifferenzen und die wahre Vorzeichenverteilung.

x_i	3.5	1.8	2.5	3.1	2.7	13.0	22.1	2.2	2.6	8.0
y_i	2.8	3.0	2.5	2.7	3.3	12.4	23.1	2.9	2.7	8.2
$x_i - y_i$	0.7	−1.2	0	0.4	−0.6	0.6	−1.0	−0.7	−0.1	−0.2
$\|x_i - y_i\|$	0.7	1.2	0	0.4	0.6	0.6	1.0	0.7	0.1	0.2
Ränge	6.5	9		3	4.5	4.5	8	6.5	1	2
Vorz.	+	−		+	−	+	−	−	−	−

Die Verteilung von W_n^+ ist explizit bestimmbar und liegt tabelliert vor. Tabelle 6.19 zeigt einen Ausschnitt der Tabelle **H** von Seite 392 aus dem bereits genannten Buch von Büning und Trenkler.

Dabei gilt:

$$\mathcal{P}\left(W_n \leq w_{n;\,\alpha}^+\right) \leq \alpha \quad \text{und} \quad \mathcal{P}\left(W_n \leq 1 + w_{n;\,\alpha}^+\right) > \alpha\,.$$

Die linke untere Grenze der kritischen Region liegt spiegelbildlich zum Erwartungswert rechts davon. Bei einem $\alpha = 5\,\%$ und einer effektiven Stichprobengröße von $n = 9$ liest man aus Tabelle 6.19 die rechte obere Grenze der kritischen Region als $w_{9;\,0.025} = 5$ ab. Im Beispiel wurde eine Rangsumme von $6.5 + 3 + 4.5 = 11$ beobachtet. Sie liegt im Annahmebereich. H_0 kann nicht abgelehnt werden. ◀

Tabelle 6.19 Rechte obere Grenze $w_{n;\,\alpha}^+$ der einseitigen kritischen Region.

	α								
n	0.005	0.01	0.025	0.05	0.1	0.2	0.3	0.4	$\frac{n(n+1)}{2}$
4	0	0	0	0	0	2	2	3	10
5	0	0	0	0	2	3	4	5	15
6	0	0	0	2	3	5	7	8	21
7	0	0	2	3	5	8	10	11	28
8	0	1	3	5	8	11	13	15	36
9	1	3	5	8	10	14	17	19	45
10	3	5	8	10	14	18	21	24	55
11	5	7	10	13	17	22	26	29	66
12	7	9	13	17	21	27	31	35	78
13	9	12	17	21	26	32	37	41	91
14	12	15	21	25	31	38	43	47	105
15	15	19	25	30	36	44	50	54	120
16	19	23	29	35	42	50	57	62	136
17	23	27	34	41	48	57	64	70	153
18	27	32	40	47	55	65	72	79	171
19	32	37	46	53	62	73	81	88	190
20	37	43	52	60	69	81	90	97	210

Wir fassen zusammen:

Der Wilcoxon-Rangsummentest testet Hypothesen über das Symmetriezentrum $\theta = \theta_0$ einer symmetrischen Verteilung. Er setzt eine unverbundene Stichprobe $\{d_i = y_i - \theta_0\}$ – oder bei einer verbundenen Stichprobe Differenzpaare $\{d_i = x_i - y_i\}$ – und stetige Verteilungen voraus. Dabei werden die d_i durch ihre Ränge ersetzt. Alle Daten mit $d_i = 0$ werden nicht in die Rechnung mit einbezogen, da man hier keine Vorzeichen unterscheiden kann. n ist die *effektive* Anzahl der Werte mit $d_i \neq 0$. Die Prüfgröße des Wilcoxon-Rangsummen-Test ist dann

$$W_n^+ = \sum_i^n V_i \cdot \text{Rang}\,(|d_i|)\ .$$

Dabei sind die V_i unabhängige zufällige Variablen, die mit Wahrscheinlichkeit $\frac{1}{2}$ die Werte Null oder Eins annehmen. Die Realisation der Prüfgröße im realen Experiment ist die Summe der realisierten positiven Rangzahlen:

$$w_n^+ = \sum_{\text{Vorzeichen}:\,+} \text{Rang}\,(|d_i|)\ .$$

Die kritische Region besteht aus den extremen Werten der Prüfgröße. Die Verteilung von W_n^+ ist explizit bestimmbar und liegt tabelliert vor. W_n^+ ist symmetrisch um den Erwartungswert verteilt. W_n^+ nimmt ganzzahlige Werte im Intervall $\left[0;\ \frac{n(n+1)}{2}\right]$ an. Daher ist

$$\mathcal{P}\left(W_n^+ \leq a\right) = \mathcal{P}\left(W_n^+ \geq \frac{n\,(n+1)}{2} - a\right).$$

Ein zweiseitiger Test hat daher die kritische Region

$$\left\{W_n^+ \leq w_{n;\alpha}\right\} \cup \left\{W_n^+ \geq \frac{n(n+1)}{2} - w_{n;\alpha}\right\}. \quad (6.3)$$

Weiter sind

$$\mathrm{E}\left(W_n^+\right) = \frac{n(n+1)}{4}, \quad (6.4)$$

$$\mathrm{Var}\left(W_n^+\right) = \frac{n(n+1)(2n+1)}{24}. \quad (6.5)$$

W_n^+ ist asymptotisch normalverteilt, die Grenzverteilung kann ab $n > 20$ verwendet werden.

Beweis: Die Ränge der $|d_i|$ sind natürliche Zahlen, die von 1 bis n laufen. Daher ist

$$W_n^+ = \sum_{i=1}^{n} V_i \cdot \mathrm{Rang}(|d_i|) = \sum_{i=1}^{n} i \cdot V_i .$$

Dabei sind die V_i unabhängige zufällige Variablen, die mit Wahrscheinlichkeit $\frac{1}{2}$ die Werte Null oder Eins annehmen. Daher sind $\mathrm{E}(V_i) = 1/2$ und $\mathrm{Var}(V_i) = \frac{1}{4}$. Daraus folgt:

$$\begin{aligned}
\mathrm{E}\left(W_n^+\right) &= \sum_{i=1}^{n} i\mathrm{E}(V_i) \\
&= \frac{1}{2}\sum_{i=1}^{n} i = \frac{1}{2}\frac{n(n+1)}{2}, \\
\mathrm{Var}\left(W_n^+\right) &= \sum_{i=1}^{n} i^2\,\mathrm{Var}(V_i) \\
&= \frac{1}{4}\sum_{i=1}^{n} i^2 = \frac{1}{4}\frac{n(n+1)(2n+1)}{6}.
\end{aligned}$$

Aus dem zentralen Grenzwertsatz folgt dann die asymptotische Normalverteilung von W_n^+.

Die Summe W_n^+ der Ränge mit positivem Vorzeichnen und die Summe W_n^- der Ränge mit negativem Vorzeichnen ist $\frac{n(n+1)}{2}$. Tauschen wir in einer Vorzeichenverteilung alle Vorzeichen um, ändert sich W_n^+ zu W_n^-. Daher sind beide gleich wahrscheinlich.

$$\mathcal{P}\left(W_n^+ = a\right) = \mathcal{P}\left(W_n^- = \frac{n(n+1)}{2} - a\right). \quad \blacksquare$$

6.4 Mathematische Testtheorie

Die bislang betrachteten Tests wurden eher intuitiv, heuristisch begründet. Wir wollen nun eine strenger formale Rechtfertigung nachschieben. Zuerst müssen wir aber unseren Testbegriff etwas erweitern. Tests folgen einer einfachen Strategie: Liegt das beobachtete $\boldsymbol{y}$ im Annahmebereich, so wird H_0 angenommen, liegt $\boldsymbol{y}$ nicht im Annahmebereich, so wird H_0 abgelehnt. Dabei war nur die Einhaltung des Signifikanzniveaus gefordert.

Vor allem bei diskreten Verteilungen lässt sich das vorgegebenen Signifikanzniveau meist nicht einhalten. Der Wunsch, ein vorgegebenes Signifikanzniveau voll auszuschöpfen, führt zu verallgemeinerten Tests.

Der verallgemeinerte Test ist durch seine Ablehnwahrscheinlichkeit definiert

Bei verallgemeinerten Tests lassen wir jede Strategie zu, die das Signifikanzniveau einhält und letztendlich zu einer Annahme oder Ablehnung von H_0 führt. Das einfachste Beispiel eines verallgemeinerten Tests ist der triviale Test, den wir bereits auf Seite 233 kennengelernt haben.

Der triviale Test ist nicht mehr durch Annahmebereich oder Ablehnbereich definiert, sondern durch die Wahrscheinlichkeit $\psi(y)$, mit der H_0 abgelehnt wird, bzw. mit der die Entscheidung zugunsten von H_1 fällt.

$$\psi(y) = \mathcal{P}(H_1 \mid y) .$$

Beim trivialen Test ist die Ablehnwahrscheinlichkeit $\psi(y)$ konstant gleich α. Triviale Test lassen sich immer konstruieren. Mitunter sind sie, wie das folgende Beispiel zeigt, – bei ungeeigneter Wahl der Hypothesen – die einzig möglichen Tests.

Beispiel Wir suchen einen Test ψ zum Niveau α der zusammengesetzten Nullypothese

$$H_0\colon \theta \neq 0 ,$$

gegen die einfache Alternative

$$H_1\colon \theta = 0 .$$

Für alle $\theta \neq 0$ muss $g_\psi(\theta) \leq \alpha$ sein. Angenommen die Gütefunktion $g_\psi(\theta)$ des Tests hänge stetig von θ ab. Dann muss aber auch $g_\psi(0) \leq \alpha$ sein. Kein Test ψ ist dann besser als der triviale Test, dessen Gütefunktion die Konstante α ist. ◀

Bei verallgemeinerten oder randomisierten Tests wird nach der Beobachtung von $Y = y$ ein Zusatzexperiment Z zwischengeschaltet: Z kann die Werte 0 oder 1 annehmen. Die Entscheidung des Tests fällt gemäß dem Ergebnis des Zusatzexperiments Z:

$$Z = \begin{cases} 1 \leftrightarrow \text{Ablehnung} \leftrightarrow \text{endgültige Entscheidung: } H_1 , \\ 0 \leftrightarrow \text{Annahme} \quad \leftrightarrow \text{endgültige Entscheidung: } H_0 . \end{cases}$$

Die Wahrscheinlichkeitsverteilung von Z hängt vom beobachteten y ab:

$$\mathcal{P}(Z = 1 \mid y) = \mathcal{P}(H_1 \mid y) = \psi(y) .$$

H_1 wird also – bei beobachtetem y – mit der Wahrscheinlichkeit $\psi(y)$ abgelehnt. Der *verallgemeinerte* Test wird demnach nicht mehr über Annahmebereich AB oder kritische Region KR definiert, sondern über seine Ablehnwahrscheinlichkeit $\psi(y)$. Beim nicht randomisierten Test ist

$$\psi(y) = \begin{cases} 1, & \text{genau dann, wenn } y \in \mathrm{KR} , \\ 0, & \text{genau dann, wenn } y \in \mathrm{AB} . \end{cases}$$

Die Gütefunktion des Tests ψ ist totale die Wahrscheinlichkeit der Entscheidung „H_1“:

$$g_\psi(\theta) = \mathcal{P}_\theta(H_1) = \mathrm{E}(\psi(Y)) . \tag{6.6}$$

ψ ist ein verallgemeinerter Test zum Niveau α, falls gilt:

$$g_\psi(\theta) \leq \mathrm{E}(\psi(Y)) \leq \alpha \quad \text{für alle } \theta \in \Theta_0 .$$

Der Likelihood-Quotiententest ordnet die Beobachtungen danach, wie stark sie für die Alternativhypothese sprechen

Auf der Suche nach optimalen Tests beginnen wir mit der einfachsten Fragestellung. Wir betrachten nur zwei Parameterwerte θ_0 und θ_1 und suchen für den Test der einfachen Hypothese $H_0 : \theta = \theta_0$ gegen die einfache Alternative $H_1 : \theta = \theta_1$ eine optimale Testfunktion $\psi(y)$, sodass gilt:

$$\begin{aligned} g_\psi(\theta_0) &\leq \alpha , \\ g_\psi(\theta_1) &= \text{Maximum} . \end{aligned}$$

Wir betrachten also nur zwei konkurrierende Verteilungen, die wir der Einfachheit halber als stetig voraussetzen wollen, bei diskreten Verteilungen sind die Bezeichnungen sinngemäß zu ändern. (Wir können uns auch auf das Lemma von Radon-Nikodym berufen, das uns mit einem erweiterten Dichtebegriff erlaubt, allen hier auftretenden Zufallsvariablen geeignete Dichten zuzuordnen.)

Unter H_0 habe die Zufallsvariable Y die Dichte f_0 und unter H_1 die Dichte f_1. Um nun aufgrund von y zwischen H_0 und H_1 zu unterscheiden, ordnen wir die Beobachtungen an Hand des Likelihood-Quotienten

$$LQ(y) = \frac{f_1(y)}{f_0(y)}$$

danach, wie stark sie für H_1 sprechen.

Der Likelihood-Quotiententest

Der Likelihood-Quotiententest gibt sich zwei Zahlen $\kappa > 0$ und $0 \leq \gamma \leq 1$ vor und entscheidet wie folgt:

$$\psi(y) = \begin{cases} 0, & \text{falls } LQ(y) < \kappa , \\ \gamma, & \text{falls } LQ(y) = \kappa , \\ 1, & \text{falls } LQ(y) > \kappa . \end{cases}$$

Das Niveau des Likelihood-Quotiententest ist

$$\alpha = \int_{LQ(y)>\kappa} f_0(y)\,\mathrm{d}y + \gamma \int_{LQ(y)=\kappa} f_0(y)\,\mathrm{d}y .$$

Der Bereich $\psi(y) = 0$ kennzeichnet den Annahmebereich, der Bereich $\psi(y) = 1$ kennzeichnet die kritische Region, nur im Bereich $\psi(y) = \gamma$ wird randomisiert. Das Lemma von Neyman-Pearson bildet das Fundament der mathematischen Testtheorie.

Das Lemma von Neyman-Pearson

Der Likelihood-Quotiententest ist der eindeutig bestimmte optimale Test der einfachen Hypothese $H_0: \theta = \theta_0$ gegen die einfache Alternative $H_1: \theta = \theta_1$ zum Niveau α.

Die kritische Schwelle κ und die Randomisierungskonstante γ sind so zu wählen, dass der Test gerade das vorgeschriebene Niveau α hält:

$$g_\psi(\theta_0) = \alpha .$$

Für jeden anderen Test ϕ zum Niveau α gilt $g_\phi(\theta_1) < g_\psi(\theta_1)$. Bei diskretem Y ist die Randomisierungskonstante γ auf dem Rand der kritischen Region so zu wählen, dass gilt:

$$\sum_i \psi(y_i) f_0(y_i) = \gamma \sum_{\frac{f_1(y_i)}{f_0(y_i)}=\kappa} f_0(y_i) + \sum_{\frac{f_1(y_i)}{f_0(y_i)}>\kappa} f_0(y_i) = \alpha .$$

Das Lemma ist grundlegend für die mathematische Testtheorie. Wir werden zwei Beweise des Lemmas vorstellen, einen empirisch heuristischen und einen formalen Beweis.

Vorab drei Bemerkungen:

- Beim optimalen Test ψ werden die Beobachtungen nach der Größe des Likelihood-Quotienten und damit nach der relativen Plausibilität von H_1 verglichen mit der von H_0 geordnet.
- Ein Wert y kommt nicht dann in den Annahmebereich, wenn bei y der Parameter θ_0 plausibler ist als θ_1. Sondern es gilt: Wenn man sich einmal bei einem y für θ_0 entschieden, dann auch bei allen andern y', bei denen θ_0 noch plausibler ist als bei y.
- Der Likelihood-Quotient ist die *Waage*, mit der die Beobachtungen danach geordnet werden, wie weit sie für θ_0 sprechen. Aus der Wahrscheinlichkeit für den Fehler erster Art wird dann die Schwelle κ berechnet, welche zwischen *schwer* (sprich θ_0) und *leicht* (sprich θ_1) trennt.

Ein empirisch-heuristischer „Beweis" des Lemmas von Neyman-Pearson

Dazu betrachten wir den Test als Aufgabe, zu einem vorgegebenen festen Budget einen optimalen Warenkorb einzukaufen. Dabei haben alle Waren unterschiedliche Preise und unterschiedliche Nutzen oder Werte. Von jeder Warensorte darf aber höchstens die Menge 1 eingekauft werden. Im Einzelnen sei:

α	die zur Verfügung stehende Geldsumme, das *Budget*,
y_i	die i-te Warensorte,
$f_0(y_i)$	der *Preis* einer Einheit von Ware i,
$f_1(y_i)$	der *Wert* einer Einheit von Ware i,
$\psi(y_i)$	die von Typ i gekaufte Menge: $0 \leq \psi(y_i) \leq 1$,
$\sum_i \psi(y_i) f_0(y_i)$	die insgesamt ausgegebenene Geldsumme,
$\sum_i \psi(y_i) f_1(y_i)$	der insgesamt eingekaufte Warenwert.

Die Aufgabe heißt: Maximieren Sie den Gesamtwert der eingekauften Waren, aber geben Sie maximal α Geldeinheiten aus.

Die naheliegende Lösung ist: Ordnen Sie die Waren nach ihrem Preisleistungsverhältnis $\frac{f_1(y)}{f_0(y)}$. Kaufen Sie zuerst die Ware mit dem günstigsten Preisleistungsverhältnis vollständig auf. Wenn dann noch Geld übrig ist, kaufen Sie die nächstgünstige Ware. Und so fort. Wenn zum Schluss das Geld nicht mehr reicht, um von der zuletzt zu kaufenden Ware alles zu kaufen, kaufen Sie nur so viel Sie noch bezahlen können. Die Regel lautet daher:

$$\frac{f_1(y_i)}{f_0(y_i)} \begin{cases} > \kappa \rightarrow & \text{kaufe alles} & \psi(y_i) = 1\,, \\ = \kappa \rightarrow & \text{kaufe so weit das restliche Geld reicht} & \psi(y_i) = \gamma\,, \\ < \kappa \rightarrow & \text{kaufe nichts mehr} & \psi(y_i) = 0\,. \end{cases}$$

Dabei sind ψ und κ so zu wählen, dass gerade die bereitgestellte Geldsumme α ausgegeben wird.

Ein formaler Beweis des Lemmas von Neyman-Pearson

Beweis: Es seien $\kappa > 0$ und $0 \le \gamma \le 1$ beliebig gewählte Zahlen. Wir definieren einen Test ψ und eine Funktion $m \ge 0$ in Abhängigkeit der Größe des Likelihood-Quotienten f_1/f_0 wie folgt:

Falls	$\psi(x)$	$m(x)$
$f_1(x) < \kappa f_0(x)$	0	0
$f_1(x) = \kappa f_0(x)$	γ	0
$f_1(x) > \kappa f_0(x)$	1	$f_1(x) - \kappa f_0(x)$

Das Niveau dieses Tests nennen wir α:

$$\int \psi(y)\, f_0(y)\, \mathrm{d}y = \alpha\,.$$

Nach Konstruktion von m gilt:

$$f_1(x) \le \kappa f_0(x) + m(x)\,.$$

Sei nun $0 \le \phi \le 1$ ein beliebiger zweiter Test, der nur das von ψ vorgegebene Niveau nicht überbieten darf:

$$\int \phi(y)\, f_0(y)\, \mathrm{d}y \le \alpha\,.$$

Dann gilt für ϕ:

$$\int \phi(y)\, f_1(y)\, \mathrm{d}y \le \int \phi(y)\left[\kappa f_0(y) + m(y)\right] \mathrm{d}y \qquad (6.7)$$
$$= \kappa \int \phi(y)\, f_0(y)\, \mathrm{d}y + \int \phi(y)\, m(y)\, \mathrm{d}y$$
$$\le \kappa\alpha + \int m(y)\, \mathrm{d}y\,. \qquad (6.8)$$

Für den Test ψ gilt aber nach Konstruktion:

$$f_1(x)\,\psi(x) = \left[\kappa f_0(x) + m(x)\right]\psi(x)\,,$$
$$\psi(x)\, m(x) = m(x)$$

und damit:

$$\int \psi(y)\, f_1(y)\, \mathrm{d}y = \kappa\alpha + \int m(x)\, \mathrm{d}y\,.$$

Also ist $\int \phi(y)\, f_1(y)\mathrm{d}y \le \int \psi(y)\, f_1(y)\mathrm{d}y$. Die Power von ψ ist maximal.

Wir zeigen nun, dass der optimale Test im Wesentlichen eindeutig bestimmt ist. Es sei nun ψ^* ein anderer Test, der die gleiche Power besitzt wie ψ, also:

$$\int \psi(y)\, f_1(y)\, \mathrm{d}y = \int \psi^*(y)\, f_1(y)\, \mathrm{d}y$$

gilt. Dann müssen in (6.7) und (6.8) überall das Gleichheitszeichen stehen. Das bedeutet:

$$\int \psi^*(y)\left[\kappa f_0(y) + m(y) - f_1(y)\right] \mathrm{d}y = 0\,,$$
$$\alpha - \int \psi^*(y)\, f_0(x)\, \mathrm{d}y = 0\,,$$
$$\int_K \left(1 - \psi^*(y)\right) m(y)\, \mathrm{d}y = 0\,.$$

Daraus folgt erstens, dass ψ^* das Niveau α einhalten muss: $\int \psi^*(y)\, f_0(x)\mathrm{d}y = \alpha$. Zweitens, da die Integranden nicht negativ sind, folgt:

$$\psi^*(y)\left[\kappa f_0(y) + m(y) - f_1(y)\right] = 0\,,$$
$$\left(1 - \psi^*(y)\right) m(y) = 0\,.$$

Also:

$$\psi^* = \begin{cases} 0, & \text{falls } \kappa f_0 + m - f_1 > 0\,, \\ 1, & \text{falls } m > 0\,. \end{cases}$$

Bis auf den Bereich $f_1/f_0 = \kappa$ stimmen demnach ψ^* und ψ überein.

Wir zeigen zum Schluss, dass zu jedem vorgegebenem Niveau α ein Likelihood-Quotiententest existiert. Das Integral

$$I(\kappa) = \int_{\frac{f_1}{f_0} > \kappa} f_0(y)\, \mathrm{d}y$$

fällt monoton mit wachsendem κ. Sei nun κ der kleinste Wert mit $I(\kappa) = \alpha_1 \le \alpha$, aber $\int_{\frac{f_1}{f_0} \ge \kappa} f_0\, \mathrm{d}y = \alpha_2 > \kappa$. Dann ist $\int_{\frac{f_1}{f_0} = \kappa} f_0\, \mathrm{d}y = \alpha_2 - \alpha_1$. Setze $\gamma = \frac{\alpha - \alpha_1}{\alpha_2 - \alpha_1}$. Dann gilt für den Likelihood-Quotiententest mit den so gefundenen Werte κ und γ gerade:

$$\int \psi(y)\, f_0(y)\, \mathrm{d}y = \int_{\frac{f_1}{f_0} > \kappa} f_0(y)\, \mathrm{d}y + \gamma \int_{\frac{f_1}{f_0} = \kappa} f_0(y)\, \mathrm{d}y$$
$$= \alpha_1 + \frac{\alpha - \alpha_1}{\alpha_2 - \alpha_1}(\alpha_2 - \alpha_1) = \alpha\,.$$

■

Das Lemma von Neyman-Pearson lässt sich erheblich verallgemeinern, wenn man das Testproblem als Aufgabe der linearen Programmierung auffasst. Dieser Zugang wird in den Aufgaben 6.13 und 6.14 und darauf aufbauend in den Aufgaben 6.5 und 6.8 behandelt.

Beispiel Sei $Y \sim \mathrm{N}\left(\mu; \sigma^2\right)$. Es sei σ bekannt. Wir testen H_0: „$\mu = \mu_0$" gegen H_1: „$\mu = \mu_1$". Dabei sei $\mu_1 > \mu_0$. Dann ist

$$\begin{aligned}\frac{f_1(y)}{f_0(y)} &= \frac{\exp\left(-\frac{(y-\mu_1)^2}{2\sigma^2}\right)}{\exp\left(-\frac{(y-\mu_0)^2}{2\sigma^2}\right)} \\ &= \exp\left(\frac{1}{2\sigma^2}\left(2y(\mu_1-\mu_0)+\mu_0^2-\mu_1^2\right)\right) \\ &= \exp\left(-\frac{\mu_1^2-\mu_0^2}{2\sigma^2}\right)\exp\left(\frac{\mu_1-\mu_0}{\sigma^2}y\right).\end{aligned}$$

Der Likelihood-Quotient hat also die Gestalt $\frac{f_1(y)}{f_0(y)} = a\exp(by)$, dabei sind $a = \mathrm{e}^{-\frac{\mu_1^2-\mu_0^2}{2\sigma^2}} > 0$ und $b = \frac{\mu_1-\mu_0}{\sigma^2} > 0$. Demnach ist $\frac{f_1(y)}{f_0(y)}$ eine monoton wachsende Funktion von y. Zum Beispiel ist für $\sigma = 1$, $\mu_0 = 1$, $\mu_1 = 2$:

$$\frac{f_1(y)}{f_0(y)} = \mathrm{e}^{y-1.5}.$$

Siehe dazu die folgende Abbildung 6.12.

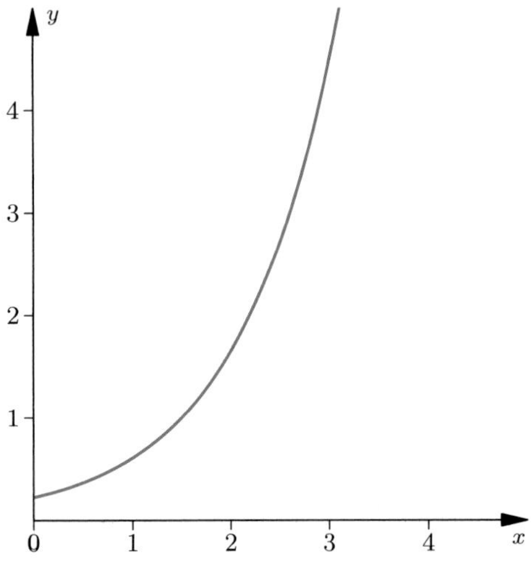

Abbildung 6.12 Der Likelihoodquotient $\frac{f_1(y)}{f_0(y)} = \mathrm{e}^{y-1.5}$.

Also kommen die großen y-Werte in die kritische Region und die kleinen in den Annahmebereich. Die Grenze zwischen großen und kleinen y bildet die Schwellen τ mit

$$\begin{aligned}\text{Annahmebereich}: &\ y \le \tau, \\ \text{Kritische Region}: &\ y > \tau.\end{aligned}$$

Dabei ist τ so zu wählen, dass der Test das Signifikanzniveau α einhält:

$$1-\alpha = \mathcal{P}(Y \le \tau \mid \mu_0) = \mathcal{P}\left(Y^* \le \tau^*\right) = \Phi\left(\tau^*\right).$$

Also ist $\tau^* = \tau^*_{1-\alpha}$ das obere α-Quantil der Standardnormalverteilung und damit ist

$$\tau = \mu_0 + \tau^*_{1-\alpha}\sigma.$$

Eine Randomisierung ist nicht nötig, da mit dem Annahmebereich das Niveau α vollständig ausgeschöpft wird.

Wäre $\mu_1 < \mu_0$, so hätten sich kritische Region und Annahmebereich spiegelbildlich zu μ_0 vertauscht. ◀

In diesem Beispiel hängt der Schwellenwert τ und damit der Annahmebereich und die kritische Region überhaupt nicht von μ_1 ab. Es wird einzig benutzt, dass $\mu_1 > \mu_0$ ist. Dass die kritische Region auch beim Test auf einen Lageparameter sehr wohl vom expliziten Wert des alternativen Parameters abhängen kann, zeigt das folgende Beispiel.

Beispiel Es sei Y cauchy-verteilt mit dem Median μ und der Dichte $f_Y(y) = \frac{1}{\pi}\frac{1}{1+(y-\mu)^2}$. Wir testen H_0: „$\mu = \mu_0$" gegen H_1: „$\mu = \mu_1$". Dabei sei $\mu_1 > 0$ und $\alpha = 0.05$. Dann ist

$$LQ(y; \mu_0, \mu_1) = \frac{f_1(y)}{f_0(y)} = \frac{1+(y-\mu_0)^2}{1+(y-\mu_1)^2}. \tag{6.9}$$

$LQ(y; \mu_0, \mu_1)$ nähert sich für $y \to -\infty$ von unterhalb der Asymptote 1 und für $y \to \infty$ von oben. Dazwischen liegt genau ein Minimum und ein Maximum. Abbildung 6.13 zeigt exemplarisch $LQ(y; 0, 1)$.

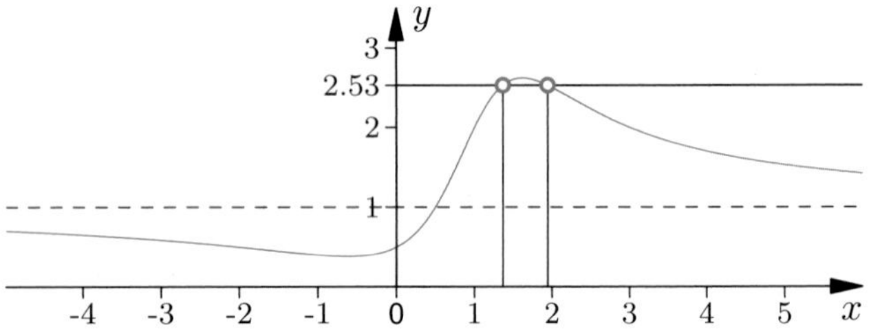

Abbildung 6.13 Die Gerade $\kappa = 2.53$ schneidet $LQ(y; 0; 1)$ bei $y_1 = 1.37$ und $y_2 = 1.95$.

Schneiden wir den Graph mit einer Geraden in der Höhe 2.527, erhalten wir als kritische Region das Intervall $[1.365\,5; 1.944\,3]$. Bei dieser kritischen Region ist die Wahrscheinlichkeit für den Fehler 1. Art gerade 5 %. Abbildung 6.14 zeigt die Dichten f_0 und f_1 sowie die kritische Region.

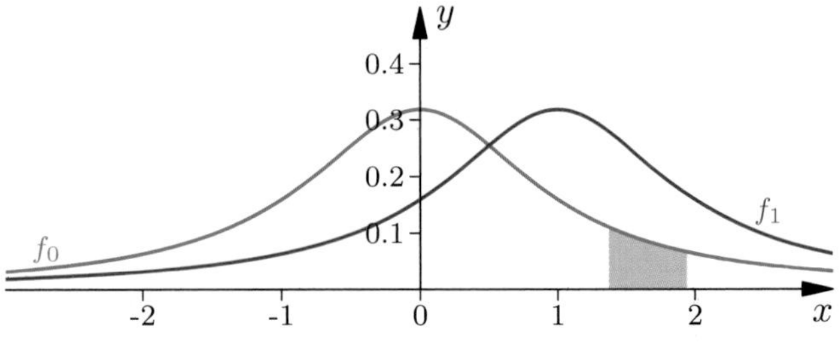

Abbildung 6.14 Die Dichten f_0 (blau) f_1 (rot), sowie die kritische Region, das Intervall $[1.37; 1.94]$.

Je größer die Alternative μ_1 ist, umso weiter wandert die kritische Region nach rechts und verbreitert sich dabei. Im Fall $\mu_1 = 12.63$ ist die kritische Region das Intervall $\left[\frac{\mu_1}{2}; \infty\right]$. Ist $\mu_1 > 12.63$ so *wird die kritische Region rechts über die Grenze* $+\infty$ *hinaus geschoben und taucht links wieder auf.* Zum Beispiel besteht im Fall $\mu = 13$ die kritische Region aus zwei Intervallen $(-\infty; -453] \cup [6.41; \infty)$. Die Bestätigung dieser Angaben ist Ihnen als Aufgabe 6.12 überlassen. ◀

Optimale einseitige Tests lassen sich aus dem Lemma von Neyman-Pearson unmittelbar herleiten

Im Beispiel auf Seite 254 war $Y \sim \mathrm{N}(\mu; \sigma^2)$ bei bekanntem σ. Es wurde H_0: „$\mu = \mu_0$" gegen H_1: „$\mu = \mu_1$" getestet. Dabei war $\mu_1 > \mu_0$. Der Likelihood-Quotient war eine monoton wachsende Funktion von y. Also kamen die großen y-Werte in die kritische Region und die kleinen in den Annahmebereich. Der optimale Test ist

$$\psi(y) = \begin{cases} 1, & \text{wenn} \quad y > \mu_0 + \tau^*_{1-\alpha}\sigma, \\ \text{beliebig}, & \text{wenn} \quad y = \mu_0 + \tau^*_{1-\alpha}\sigma, \\ 0, & \text{wenn} \quad y < \mu_0 + \tau^*_{1-\alpha}\sigma. \end{cases} \tag{6.10}$$

Dabei ist $\tau^*_{1-\alpha}$ das obere α-Quantil der $\mathrm{N}(0; 1)$. Der Test hängt überhaupt nicht vom Wert μ_1 ab! Also bleibt ψ der optimale Test für H_0: „$\mu = \mu_0$" gegen jede Alternative H_1: „$\mu = \mu_1$" sofern $\mu_1 > \mu_0$ ist. Daher ist ψ der beste Test der Hypothese H_0: „$\mu = \mu_0$" gegen die Alternative H_1: „$\mu > \mu_0$" zum Niveau α.

Vertauschen wir beim Test ψ Annahmebereich und kritische Region, so erhalten wir den Test $1 - \psi$ mit $g_{1-\psi} = 1 - g_\psi$. Dann lässt sich aus der Monotonie des Likelihood-Quotienten folgern, dass $1 - \psi$ der optimale Test der Nullhypothese H_0: „$\mu = \mu_0$" gegen die einseitige Alternative H_1: „$\mu < \mu_0$" zum Niveau $1-\alpha$ ist.

Da $1 - \psi$ für alle $\mu < \mu_0$ die Gütefunktion $1 - g_\psi$ maximiert, minimiert also ψ für alle $\mu < \mu_0$ die Gütefunktion g_ψ. Unter allen Tests ϕ mit $g_\phi(\mu_0) = \alpha$ minimiert der optimale Test also auf $\mu < \mu_0$ die Wahrscheinlichkeit einer Ablehnung und maximiert sie auf $\mu > \mu_0$.

Für die einseitige Hypothese H_0: „$\mu \le \mu_0$" gegen H_1: „$\mu > \mu_0$" gilt dies analog. Abbildung 6.8 auf Seite 235 zeigt die Gütefunktion der beiden Tests von H_0: „$\mu \le 5$" gegen H_1: „$\mu > 5$". Dabei ist $X \sim \mathrm{N}(\mu; 4)$, $n = 50$ und $\alpha = 0.05$.

Beste einseitige Tests für μ falls $Y \sim \mathrm{N}(\mu; \sigma^2)$

Es sei $Y \sim \mathrm{N}(\mu; \sigma^2)$ bei bekanntem σ. Die kritische Region des besten Tests ψ zum Niveau α der Nullhypothese H_0: „$\mu \le \mu_0$" gegen die **einseitige** Alternative H_1: „$\mu > \mu_0$" ist

$$Y \ge \mu_0 + \tau^*_{1-\alpha}\sigma. \tag{6.11}$$

Dabei ist $\tau^*_{1-\alpha}$ das obere α-Quantil der $\mathrm{N}(0; 1)$. Für jeden anderen Test ϕ zum Niveau α der Hypothese H_0: „$\mu \le \mu_0$" gegen H_1: „$\mu > \mu_0$" gilt:

$$\begin{aligned} g_\phi(\mu) &< g_{\phi_{\text{opt}}}(\mu) \qquad \text{für alle } \mu > \mu_0, \\ g_\phi(\mu) &> g_{\phi_{\text{opt}}}(\mu) \qquad \text{für alle } \mu < \mu_0. \end{aligned}$$

Der Test minimiert für jedes $\mu \in H_1$ die Wahrscheinlichkeit für den Fehler zweiter Art und minimiert für jedes $\mu \in H_0$ die Wahrscheinlichkeit für den Fehler erster Art.

Eine analoge Aussage gilt für den Test der Nullhypothese H_0: „$\mu \ge \mu_0$" gegen die Alternative H_1: „$\mu = \mu_1 < \mu_0$".

Bei der Bestimmung des optimalen Tests haben wir nur gebraucht, dass der Likelihood-Quotient $\frac{f_1}{f_0}$ eine monotone Funktion von y ist. Die spezielle, sich aus der Normalverteilung ergebende Form des Likelihood-Quotienten, spielte überhaupt keine Rolle. Wir können daher die Struktur der optimalen Tests leicht auf Familien von Verteilungen mit übertragen, deren Likelihood-Quotienten analoge Monotonieeigenschaften besitzen. Diese bilden die Familie der Verteilungen mit monotonen Dichtequotienten.

In Verteilungsfamilien mit monotonen Dichtequotienten existieren daher beste Tests einseitiger Nullhypothesen gegen einseitige Alternativen.

Bei einem unverfälschten Test ist es wahrscheinlicher, eine richtige Hypothese anzunehmen als eine falsche Hypothese

Betrachten wir noch einmal den zweiseitigen Test auf einen Anteil θ etwas genauer. Es sei X binomialverteilt, $X \sim B_n(\theta)$, wobei n so groß sei, dass wir unbesorgt die Binomialverteilung durch eine Normalverteilung approximieren können. Wir wollen mit dieser asymptotischen Verteilung weiterarbeiten. Es sei also

$$X \sim \mathrm{N}(n\theta; n\theta(1-\theta)).$$

Nun testen wir die Hypothese $H_0: \theta = \theta_0$ gegen die Alternative $H_1: \theta \ne \theta_0$ zum Niveau α. Unter der Normalverteilungsprämisse ist der Annahmebereich AB des Tests

$$|X - n\theta_0| \le \tau\sqrt{n\theta_0(1-\theta_0)},$$

dabei ist $\tau = \tau^*_{1-\alpha/2}$ das obere $\alpha/2$-Quantil der Standarnormalverteilung. Die Gütefunktion ist

$$\begin{aligned} g(\theta) &= \mathcal{P}(X \notin AB \,\|\, \theta) \\ &= \mathcal{P}\left(X \le n\theta_0 - \tau\sqrt{n\theta_0(1-\theta_0)} \,\|\theta\right) + \\ &\quad \mathcal{P}\left(X \ge n\theta_0 + \tau\sqrt{n\theta_0(1-\theta_0)} \,\|\theta\right). \end{aligned}$$

Wir standardisieren X und erhalten:

$$g(\theta) = \Phi\left(\frac{n\theta_0 - \tau\sqrt{n\theta_0(1-\theta_0)} - n\theta}{\sqrt{n\theta(1-\theta)}}\right) + 1 - \Phi\left(\frac{n\theta_0 + \tau\sqrt{n\theta_0(1-\theta_0)} - n\theta}{\sqrt{n\theta(1-\theta)}}\right).$$

Dabei ist Φ die Verteilungsfunktion der $N(0; 1)$. Schauen wir uns diese Gütefunktion einmal an und wählen als Beispiel $n = 100, \theta_0 = 0.3$ und $\alpha = 0.05$ bzw. $\tau = 1.96$. Abbildung 6.15 zeigt den Graphen dieser Gütefunktion.

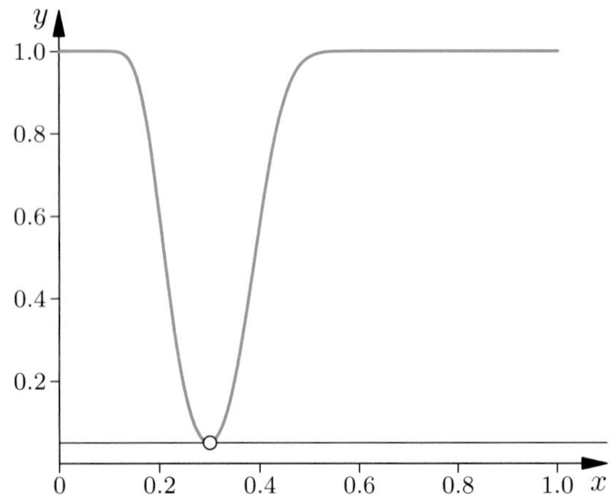

Abbildung 6.15 Die Gütefunktion des Tests der Hypothese $H_0 : \theta = 0.3$.

Oberflächlich betrachtet, scheint diese Gütefunktion allen unseren Erwartungen zu entsprechen. Nun betrachten wir die Gütefunktion in der Umgebung von $\theta = 0.3$ genauer. Abbildung 6.16 zeigt die Umgebung von $\theta = 0.3$ als Ausschnitt.

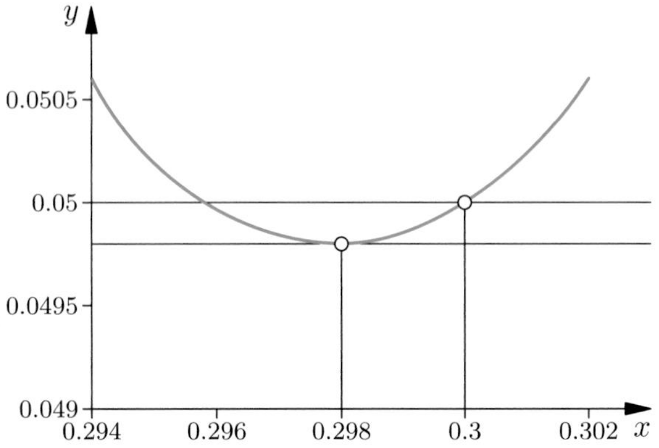

Abbildung 6.16 Die Gütefunktion des Tests der Hypothese $H_0 : \theta = 0.3$ in der Umgebung von 0.3.

Wir sehen, das Minimum der Gütefunktion liegt nicht bei 0.3, sondern links davon; es ist $g(0.298) = 0.049775 < 0.05 = \alpha$. Ist also zum Beispiel der wahre Parameter $\theta = 0.298$ und damit die Nullhypothese falsch, so wird diese falsche Hypothese nur mit einer Wahrscheinlichkeit kleiner als α abgelehnt. Hier wird die falsche Hypothese mit einer größeren Wahrscheinlichkeit angenommen als eine richtige.

Der Test ist verfälscht. Bei einem unverfälschten Test zum Niveau α ist

$$g(\theta) > \alpha \text{ für alle } \theta \in H_1 .$$

Andernfalls heißt der Test verfälscht.

Kehren wir nun zurück zu unserer Suche nach besten Tests.

Ein trennscharfer, also bester Test einer einfachen Nullhypothese gegen eine einfache Alternative existiert nach dem Lemma von Neyman-Pearson immer.

In Familien mit monotonen Dichtequotienten existiert für eine einseitige Hypothese gegen eine einseitige Alternative ein gleichmäßig bester Test. Bei beliebigen Verteilungsfamilien und einer beliebig zusammengesetzten Alternative existiert in der Regel kein gleichmäßig bester Test. Dies zeigt auch das Beispiel auf Seite 254 mit der Cauchy-Verteilung.

Bei der Normalverteilung kann kein gleichmäßig bester Test einer einfachen Hypothese H_0: „$\mu = 0$" gegen die zusammengesetzte Alternative H_1: „$\mu \neq 0$" existieren, denn die beiden verschiedenen optimalen einseitigen Tests sind, jeweils für $\mu < \mu_0$ bzw. für $\mu > \mu_0$, durch keinen gemeinsamen Test zu überbieten. Beide einseitigen Tests sind aber verfälscht; siehe Abbildung 6.17, dort ist $\mu_0 = 0, \sigma = 1, n = 1$ und $\alpha = 0.05$ gewählt.

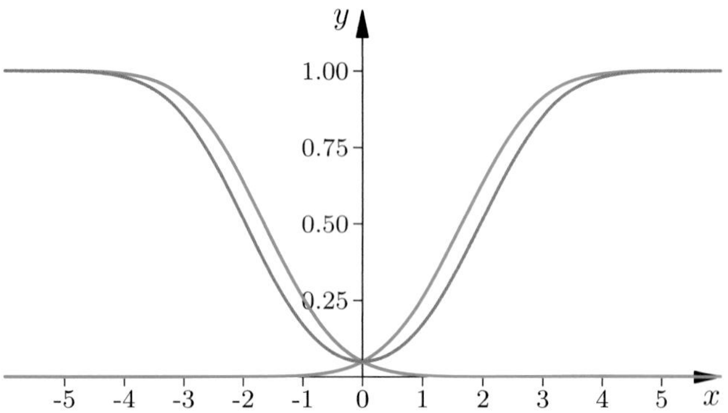

Abbildung 6.17 Grün: Gütefunktionen der beiden einseitigen Tests. Blau: Die Gütefunktion des optimalen unverfälschten Tests.

Beschränkt man sich auf unverfälschte Tests, so lässt sich für die wichtigsten Fälle die Existenz gleichmäßig bester unverfälschter Tests nachweisen.

Zusammenfassung

Ein Test ist eine Entscheidung über die Gültigkeit einer Hypothese

Die Grundbegriffe der Testtheorie sind Prüfgröße, Annahmebereich und kritische Region, Null- und Alternativhypothese, Signifikanzniveau, Fehler 1. und 2. Art sowie die Gütefunktion.

Die Prüfgröße PG des Tests liegt entweder im Annahmebereich oder in der kritischen Region

Am Anfang jeder Testentscheidung steht eine Prognose über den zukünftigen Wert der Prüfgröße. Dabei wird die Gültigkeit der Hypothese vorausgesetzt,

$$\mathcal{P}(PG \in \text{AB}) \geq 1 - \alpha .$$

α heißt das **Signifikanzniveau** des Tests. Der Prognosebereich heißt **Annahmebereich** AB. Das Komplement des Annahmebereichs ist die **kritische Region** KR,

$$\mathcal{P}(PG \in \text{KR}) \leq \alpha .$$

Vor dem Test sind das Modell, die Nullhypothese und die Alternative festzulegen

Das Modell und die beiden Hypothesen

- Das Grundmodell ist die Präzisierung des nicht bezweifelten Vorwissens.
- Die Nullhypothese H_0 ist die Präzisierung der angezweifelten Aussage, über deren Richtigkeit eine Entscheidung zu fällen ist.
- Die Alternativhypothese oder kurz die Alternative H_1 sagt: Was gilt, wenn H_0 falsch ist?

Die Teststrategie: Liegt die Prüfgröße in der kritischen Region, wird H_0 abgelehnt

Die Ablehnung von H_0 ist eine ernst zunehmende, starke Aussage. Denn entweder ist H_0 wirklich falsch, oder es ist ein seltenes Ereignis eingetreten, das höchstens mit Wahrscheinlichkeit α eintreten konnte.

Die fälschliche Ablehnung der richtigen Nullhypothese ist der Fehler 1. Art

Das Signifikanzniveau α ist die Wahrscheinlichkeit des Fehlers 1. Art.

Der Entscheidungsspielraum vor einem Test: Die Wahl von α, der Hypothesen und des Annahmebereichs

Das Niveau α ist vergleichbar einer DIN-Norm zum wissenschaftlichen Vergleich empirisch überprüfter Hypothesen.

Die Gütefunktion zeigt die möglichen Konsequenzen des Tests

Definition der Gütefunktion

Die Gütefunktion $g(\theta)$ ist die Wahrscheinlichkeit der Ablehnung der Nullhypothese als Funktion von θ:

$$g(\theta) = \mathcal{P}(\text{„}H_1\text{“} \| \theta) = \mathcal{P}(PG \in KR \| \theta).$$

Test und Konfidenzintervall beantworten Fragen nach einem unbekannten Parameter θ in unterschiedlicher Allgemeinheit

Ein Konfidenzintervall beantwortet die Frage: „Wie groß ist θ?“ Dagegen wird bei einem Test die Frage eingeschränkt: „Kann θ so groß wie θ_0 sein?“ Stellen wir diese eingeschränkte Frage für jedes θ_0 erhalten wir ein Konfidenzintervall.

Dualität von Konfidenzintervall und Testfamilie

y liegt genau dann im Annahmebereich des Tests der Nullhypothese $H_0 : \theta = \theta_0$, wenn bei gegebenem y der Parameter θ_0 im dualen Konfidenzintervall für θ liegt.

Der t-Test prüft Hypothesen über den Erwartungswert μ im Normalverteilungsmodell

Sind $X_1, \ldots. X_n$ i.i.d. $\sim N(\mu; \sigma^2)$, so ist

$$\left| \frac{\overline{X} - \mu_0}{\widehat{\sigma}_{\text{UB}}} \sqrt{n} \right| \leq t_{1-\alpha/2}(n-1)$$

ein Annahmebereich für $H_0 : \mu = \mu_0$.

Der Binomialtest prüft Hypothesen über einen Anteil θ im Binomialverteilungsmodell

Ist X binomialverteilt, $X \sim B_n(\theta)$, und n hinreichend groß, so kann die Verteilung von X durch die Normalverteilung $N(n\theta; n\theta(1-\theta))$ approximiert werden. Dann ist

$$\frac{\left|\widehat{\theta} - \theta_0\right|}{\sqrt{\theta_0(1-\theta_0)}} \sqrt{n} \leq \tau^*_{1-\alpha/2}$$

der Annahmebereich für einen zweiseitigen Test der Hypothese $H_0 : \theta = \theta_0$ gegen die Alternative $H_0 : \theta \neq \theta_0$ zum Niveau $1 - \alpha$.

Der χ^2-Anpassungstest prüft, ob spezielle Verteilungen oder Verteilungstypen vorliegen

Die endliche diskrete Zufallsvariablen X besitze die Wahrscheinlichkeitsverteilung

$$\mathcal{P}(X = x_i) = \theta_i, \; i = 1, \ldots, k.$$

Sind $X_1, \ldots, X_n$ n unabhängige, identisch wie X verteilte Wiederholungen von X und B_i die Anzahl der Realisationen der Ausprägung i, sowie $\mathrm{E}_i = \mathrm{E}(\mathrm{B}_i) = n\theta_i$ der Erwartungswert von B_i, dann ist

$$\chi^2_{PG} = \sum_{i=1}^{k} \frac{(\mathrm{B}_i - \mathrm{E}_i)^2}{\mathrm{E}_i}$$

für große n approximativ $\chi^2(k-1)$-verteilt.

Der χ^2-Anpassungstest

Der Annahmebereich des χ^2-Anpassungstest zum Signifikanzniveau α ist

$$\chi^2_{PG} \leq \chi^2(k-1)_{1-\alpha}.$$

Dabei ist k die Anzahl der möglichen Ausprägungen oder auch die Anzahl der möglichen Klassen von X.

Ist X eine stetige Variable oder eine diskrete Variable mit unendlich vielen Ausprägungen, dann gruppieren wir die Ausprägungen in k Klassen. Ist die zu testenden Verteilung nicht vollständig festgelegt, müssen die fehlenden Parameter geschätzt werden.

Anpassungstest für eine parametrisierte Verteilungsfamilie

Gegeben ist eine einfache Stichprobe $(X_1, \ldots, X_n)$ vom Umfang n. Die Verteilung der X_i gehöre zur Familie

$$\mathcal{F} = \{\mathrm{F} \mid \mathrm{F} = \mathrm{F}(x \,\|\boldsymbol{\theta}) \text{ mit } \boldsymbol{\theta} \in \boldsymbol{\Theta}\}.$$

Dabei ist $\boldsymbol{\theta} = (\theta_1, \theta_2, \ldots, \theta_q)$ ein q-dimensionaler Parametervektor. Getestet wird H_0: $\mathrm{F} \in \mathcal{F}$ gegen die Alternative H_1: $\mathrm{F} \notin \mathcal{F}$. Dazu wird stattdessen die modifizierte Nullhypothese

$$\widetilde{H}_0 : \mathrm{F} = \widehat{\mathrm{F}}$$

gegen die Alternative

$$\widetilde{H}_1 : \quad \mathrm{F} \neq \widehat{\mathrm{F}}$$

mit dem χ^2-Test getestet. Dabei ist $\widehat{\mathrm{F}} = \mathrm{F}(x \mid \widehat{\boldsymbol{\theta}})$ und $\widehat{\boldsymbol{\theta}}$ ist entweder der Maximum-Likelihood- oder der χ^2-Minimum-Schätzer. Ist H_0 wahr, so ist $\chi^2_{PG} = \sum_{i=1}^{k} \frac{(\mathrm{B}_i - \mathrm{E}_i)^2}{\mathrm{E}_i}$ asymptotisch $\chi^2(k-1-q)$-verteilt.

Der χ^2-Unabhängigkeitstest prüft, ob zwei Merkmale voneinander unabhängig sind

Gegeben sei eine einfache Stichprobe eines zweidimensionalen Merkmals (X, Y). Dabei müssen die Beobachtungen gruppiert und ihre Häufigkeiten in einer **Kontigenztafel** zusammengefass sein.

$$n_{ij} = \text{Häufigkeit von } \left\{X = a_i; Y = b_j\right\}.$$

Die Erwartungswerte $\mathrm{E}\left(n_{ij}\right) = \mathrm{E}_{ij}$ werden geschätzt durch die Unabhängigkeitszahlen

$$U_{ij} = n\widehat{\theta}_{ij} = \frac{n_{i\bullet} n_{\bullet j}}{n}.$$

Der χ^2-Unabhängigkeitstest

Unter der Hypothese H_0: „X und Y sind unabhängig" ist die Prüfgröße

$$\chi^2_{PG} = \sum_{i=1}^{I} \sum_{j=1}^{J} \frac{(n_{ij} - U_{ij})^2}{U_{ij}}$$

asymptotisch $\chi^2((I-1)(J-1))$-verteilt. Der Annahmebereich des Tests zum Niveau α von H_0 ist $\chi^2_{PG} \leq \chi^2((I-1)(J-1))_{1-\alpha}$.

Eine Faustregel für die notwendige Größe der Zellen sagt: Alle $U_{ij} \geq 1$ und die meisten $U_{ij} \geq 5$.

Randomisierungs- und Rangtests

Bei einem verteilungsfreien Test ist die Verteilung F_Y von Y unter H_0 vollständig unbekannt. Es gelingt dennoch, Prüfgrößen zu konstruieren, deren Verteilung man explizit oder asymptotisch bestimmen kann. Bei Randomisierungs- oder Rangtests wird die mit der Beobachtung $\boldsymbol{y}$ gelieferte Information in zwei Teile $a(\boldsymbol{y})$ und $b(\boldsymbol{y})$ aufgespalten. Bei festem $a(\boldsymbol{y})$ lässt sich $b(\boldsymbol{y})$ als Realisation eines Gedankenexperimentes B auffassen. Daraus lassen sich Prüfgrößen konstruieren, deren Verteilungen unter H_0 explizit bestimmbar sind. Die wichtigsten Vertreter dieser Testklasse sind der Randomisierungstest von Fisher und die Rangtests von Wilcoxon.

- Der Fisher-Randomisierungs-Test fragt: Wie hätte die Gesamtheit der Daten zufällig in zwei Haufen getrennt werden können?
- Beim Wilcoxon-Rang-Summen-Test werden die beobachteten Zahlwerte durch die Ränge ersetzt.
- Bei verbundenen Stichproben wird der Rangtest auf die Differenzen angewendet.
- Beim Wilcoxon-Matched-Pair-Signed-Rank-Test werden die Differenzen durch ihre Ränge ersetzt.

Der verallgemeinerte Test ist durch seine Ablehnwahrscheinlichkeit definiert

Der verallgemeinerte Test ist nicht mehr durch Annahmebereich oder Ablehnbereich definiert, sondern durch die Wahrscheinlichkeit $\psi(y)$, mit der H_0 abgelehnt wird, bzw. mit der die Entscheidung zugunsten von H_1 fällt:

$$\psi(y) = \mathcal{P}(H_1 \mid y) .$$

Die Gütefunktion des Tests ψ ist die totale Wahrscheinlichkeit der Entscheidung „H_1“:

$$g_\psi(\theta) = \mathcal{P}_\theta(H_1) = \mathrm{E}(\psi(Y)) .$$

ψ ist ein verallgemeinerter Test zum Niveau α, falls gilt:

$$g_\psi(\theta) \leq \mathrm{E}(\psi(Y)) \leq \alpha \quad \text{für alle } \theta \in \Theta_0 .$$

Der Likelihood-Quotiententest ordnet die Beobachtungen danach, wie stark sie für die Alternativhypothese sprechen

Unter H_0 habe die Zufallsvariable Y die Dichte $f_0(y)$ und unter H_1 die Dichte $f_1(y)$. Um aufgrund von y zwischen H_0 und H_1 zu unterscheiden, ordnen wir die Beobachtungen an Hand des Likelihood-Quotienten

$$LQ(y) = \frac{f_1(y)}{f_0(y)}$$

danach, wie stark sie für H_1 sprechen.

Der Likelihood-Quotiententest

Der Likelihood-Quotiententest gibt sich zwei Zahlen $\kappa > 0$ und $0 \leq \gamma \leq 1$ vor und entscheidet wie folgt:

$$\psi(y) = \begin{cases} 0, & \text{falls } LQ(y) < \kappa , \\ \gamma, & \text{falls } LQ(y) = \kappa , \\ 1, & \text{falls } LQ(y) > \kappa . \end{cases}$$

Das Niveau des Likelihood-Quotiententest ist

$$\alpha = \int_{LQ(y)>\kappa} f_0(y)\, \mathrm{d}y + \gamma \int_{LQ(y)=\kappa} f_0(y)\, \mathrm{d}y .$$

Das Lemma von Neyman-Pearson bildet das Fundament der mathematischen Testtheorie.

Das Lemma von Neyman-Pearson

Der Likelihood-Quotiententest ist der eindeutig bestimmte, optimale Test der einfachen Hypothese $H_0\colon \theta = \theta_0$ gegen die einfache Alternative $H_1\colon \theta = \theta_1$ zum Niveau α.

Aus dem Lemma von Neyman-Pearson lassen sich in der Normalverteilungsfamilie und allgemeiner in Verteilungsfamilien mit monotonen Dichtequotienten optimale einseitige Test herleiten.

Bei einem unverfälschten Test ist es wahrscheinlicher, eine richtige Hypothese anzunehmen als eine falsche Hypothese

Bei einem unverfälschten Test zum Niveau α ist

$$g(\theta) > \alpha , \quad \text{für alle } \theta \in H_1 .$$

Andernfalls heißt der Test verfälscht. Bei der Normalverteilung existiert kein gleichmäßig bester Test einer einfachen Hypothese $H_0\colon \mu = 0$ gegen die zusammengesetzte, zweiseitige Alternative $H_1\colon \mu \neq 0$, denn die beiden verschiedenen optimalen einseitigen Tests sind, jeweils für $\mu < \mu_0$ bzw. für $\mu > \mu_0$, durch keinen gemeinsamen Test zu überbieten. Beschränkt man sich auf unverfälschte Tests, so ist der von uns intuitiv gewählte zweiseitige Test der gleichmäßig beste unverfälschte. Analog kann man auch in Familien mit monotonen Dichtequotienten bei Tests gegen eine zweiseitige Alternative gleichmäßig beste unverfälschte Tests konstruieren.

Aufgaben

Die Aufgaben gliedern sich in drei Kategorien: Anhand der *Verständnisfragen* können Sie prüfen, ob Sie die Begriffe und zentralen Aussagen verstanden haben, mit den *Rechenaufgaben* üben Sie Ihre technischen Fertigkeiten und die *Anwendungsprobleme* geben Ihnen Gelegenheit, das Gelernte an praktischen Fragestellungen auszuprobieren.

Ein Punktesystem unterscheidet leichte Aufgaben •, mittelschwere •• und anspruchsvolle ••• Aufgaben. Lösungshinweise am Ende des Buches helfen Ihnen, falls Sie bei einer Aufgabe partout nicht weiterkommen. Ergebnisse, ausführliche Lösungswege, Beweise und Abbildungen finden Sie auf der Website zum Buch.

Viel Spaß und Erfolg bei den Aufgaben!

Verständnisfragen

6.1 • Wird bei gleichem Testniveau α der Stichprobenumfang vervierfacht, halbiert sich dann die Wahrscheinlichkeit für den Fehler zweiter Art?

6.2 • Herr A gibt sein Gewicht mit 85 kg an. Weil dies von seinen Freunden infrage gestellt wird, misst er täglich sein Gewicht, um dann nach fünf Tagen zu entscheiden. Die ersten fünf Messdaten sind 89, 88, 88, 89, 90. Kann er bei seiner früheren Annahme bleiben? (Nehmen Sie an, die Messwerte seien normalverteilt um das wahre Gewicht $\alpha = 1\,\%$)

6.3 • Eine Firma testet mit dem χ^2-Test, ob ein Zusammenhang zwischen Rauchen (X) und Herzinfarkten (Y) besteht. Sie verkündet das Ergebnis folgendermaßen: Bei einer Irrtumswahrscheinlichkeit von 1 % hat der statistische Test bestätigt, dass Rauchen und Herzinfarkte voneinander unabhängig sind. Unterstellen Sie, dass die Daten korrekt erhoben und der Test ebenso korrekt ausgeführt wurde. Ist aber die Interpretation des Ergebnisses a) völliger Unfug, b) statistisch korrekt, wenn auch inhaltlich unter Umständen fraglich.

6.4 •• J. Arbuthnot argumentiert im Jahr 1710 in den *Philosophical Transactions of the Royal Society* folgendermaßen. Die Wahrscheinlichkeit, dass in einem Jahr mehr Mädchen als Jungen geboren werden, ist genauso groß wie die Wahrscheinlichkeit, dass mehr Jungen als Mädchen geboren werden, und zwar gleich $\frac{1}{2}$. Aus dem Geburtsregister der Stadt London ergab sich, dass in den letzten 82 Jahren ausschließlich mehr Jungen als Mädchen geboren wurden. Die Wahrscheinlichkeit für dieses beobachtete Ereignis ist mit

$$\left(\frac{1}{2}\right)^{82} = 2.068 \times 10^{-25}$$

unvorstellbar klein. Also hat nicht der Zufall, sondern Gott die Welt regiert. Formulieren Sie die Arbuthnots Argumente als Test. Welchen Fehler macht er?

6.5 •• Ein Tourist, Herr A, kommt nach Berlin und fragt einen Freund aus Berlin, woran man erkennen könne, ob man im ehemaligen Westen oder Osten der Stadt ist. Das sei ganz einfach, sagt dieser, man erkenne es zum Beispiel am Wahlverhalten. Die wichtigsten Parteien in Berlin seien die Schwarzen, die Roten und die Grünen, die aber im Westen und im Osten ganz unterschiedliche Stimmenteile besäßen, und zwar gelte

	Rot	Schwarz	Grün
Ost	5/8	1/8	2/8
West	5/8	2/8	1/8

Bei einem Besuch der Volksbühne am Rosa-Luxemburg-Platz ist sich Herr A sicher, er sei im Osten. Zur Sicherheit will er die Hypothese H_0: „Ost" gegen H_1: „West" zum Niveau $\alpha = 1/8$ testen und befragt dazu Frau B, die am Platz wohnt, wie sie am 25.9.2011 gewählt habe. Wie sieht die kritische Region aus? Frau B sagt: „Schwarz". „Also befinde ich mich doch im Westen", wundert sich Herr A. Im Gespräch mit Frau B, erfährt A, dass die Angabe „Rot" zu ungenau sei. Es gäbe „Rosa" und „Dunkelrot", und zwar mit folgenden Stimmverteilungen

	Rosa	Dunkelrot	Schwarz	Grün
Ost	1/8	4/8	1/8	2/8
West	4/8	1/8	2/8	1/8

Darauf ist für Herrn A die Welt wieder in Ordung, und er sagt: „Wenn Sie 'Schwarz' gewählt haben, befinde ich mich natürlich im Osten." Ist diese Schlussfolgerung richtig – (abgesehen davon, dass die Stimmanteile erfunden sind)? Liegt hier ein Widerspruch zum Likelihood-Prinzip vor ?

6.6 ••• Das folgende berühmte Beispiel stammt von I. Hacking (*Logic of statistical Inference*Cambridge, University Press 1965). In einer Urne liegen 1 000 Kugeln, welche die Ziffern von 0 bis 100 mit unterschiedlicher Häufigkeit tragen. Dabei sind 101 verschiedene Häufigkeitsverteilungen (Mischungen) möglich. Diese seien f_0 und g_1 bis g_{100}:

	Häufigkeit der Ziffern							
Mischung	0	1	2	3	$\cdots$	i	$\cdots$	100
f_0	900	1	1	1	$\cdots$	1	$\cdots$	1
g_1	910	90	0	0	$\cdots$	0	$\cdots$	0
g_2	910	0	90	0	$\cdots$	0	$\cdots$	0
$\vdots$	$\vdots$	$\vdots$	$\vdots$	$\vdots$	$\ddots$	$\vdots$	$\ddots$	$\vdots$
g_i	910	0	0	0	$\cdots$	90	$\cdots$	0
$\vdots$	$\vdots$	$\vdots$	$\vdots$	$\vdots$	$\ddots$	$\vdots$	$\ddots$	$\vdots$
g_{100}	910	0	0	0	$\cdots$	0	$\cdots$	90

Die einzige Information ist die Ziffer einer zufällig entnommenen Kugel. Beschränken wir uns zuerst auf die Entscheidung zwischen f_0 und g_1.

a) Was ist der beste Test zum Niveau $\alpha = 0.1$ der Hypothese H_0: f_0 gegen die Alternative $H_1 : g_1$? Es wird eine 1 gezogen. Wie entscheiden Sie?

b) In der nächsten Runde können es auch alle 100 anderen Mischungen sein. Was ist der beste Test zum Niveau $\alpha = 0.1$ von H_0: f_0 gegen die Alternative $g \in \{g_1, \cdots, g_{100}\}$, der gleichmäßig über alle g_i die Wahrscheinlichkeit des Fehlers 2. Art minimiert? Wieder wird eine 1 gezogen. Wie entscheiden Sie? Es kann sich also wie im ersten Schritt nur um f_0 oder g_1 handeln!
c) Steht das optimale Verhalten im Widerspruch zum Likelihood-Prinzip?

6.7 ••• Eine vereinfachte Variante von Aufgabe 6.6 ist das Paradox von D. F. Kerridge: Vor Ihnen liegt ein Kartenspiel mit n Karten mit der Rückseite nach oben. Das Kartenspiel kann entweder ganz regulär aus n verschiedenen Karten bestehen oder alle n Karten zeigen das gleiche Bild, nämlich die Herz-Dame. Sie dürfen zufällig eine Karte ziehen. Es ist eine Herz-Dame. Ist es das Herz-Dame-Spiel oder das reguläre? Ihre Entscheidung ist vermutlich klar. Doch nun wird das Spiel variiert: Es gibt neben dem regulären Kartenspiel n verschiedene Kartenspiele bei denen jeweils sämtliche Karten untereinander identisch sind. (Also n mal Herz-Dame oder n mal Karo-Neun, usw.) Was ist der der beste Test zum Niveau α der Hypothese H_0: „Das Kartenspiel ist regulär" gegen die Alternative H_1: „Das Kartenspiel ist irregulär," der über alle Varianten der Alternative die Wahrscheinlichkeit des Fehlers 2. Art minimiert. b) Diskutieren Sie den Konflikt zwischen Likelihood-Prinzip und Testidee.

6.8 ••• Intuitiv erwartet man, dass beim Test derselben Hypothesen mit zwei verschiedenen α die Annahmebereiche AB ineinander genestet sind: $\text{AB}_\alpha \subset \text{AB}_{\alpha'}$, falls $\alpha' < \alpha$ ist. Aus Lehmann: Testing Statistical Hypotheses stammt folgendes Gegenbeispiel: Sei Ω der Stichprobenraum mit nur vier Elementen: $\Omega := \{y_1, y_2, y_3, y_4\}$. Auf Ω sind drei Wahrscheinlichkeitsverteilungen definiert:

	y_1	y_2	y_3	y_4
f_{01}	2/13	4/13	3/13	4/13
f_{02}	4/13	2/13	1/13	6/13
f_1	4/13	3/13	2/13	4/13

Bestimmen Sie die optimalen Tests von H_0: „$f \in \{f_{01}, f_{02}\}$" gegen H_1: „$f = f_1$" beim Signifikanzniveau $\alpha_1 = 5/13$ und dann beim etwas größeren Niveau $\alpha_2 = 6/13$. Sie beobachten y_3. Wie entscheiden Sie sich in beiden Fällen?

Rechenaufgaben

6.9 ••• Zeigen Sie, dass die Prüfgröße des Unabhängigkeitstests bei einer Vierfeldertafel die Gestalt hat $\chi^2_{PG} = n\frac{(n_{11}n_{22}-n_{12}n_{21})^2}{n_{1\bullet}n_{2\bullet}n_{\bullet 1}n_{\bullet 2}}$. Hinweis: Verwenden Sie die relativen anstelle der absoluten Häufigkeiten. Um nicht zu viele Indizes schreiben zu müssen, ersetzen Sie die p_{ij} durch die vier Buchstaben a, b, c, d und beachten $a + b + c + d = 1$.

6.10 •• Bei einer Kontrolle von PKWs findet die Polizei die unterschiedlichsten Objekte im Kofferraum der Fahrzeuge. Einige finden sich vor allem bei verdächtigen Personen, andere vor allem bei Harmlosen, zum Beispiel Babynahrung, Grillanzünder, Feuerzeug, Benzinkanister, „Hasskappen" usw. Aus langjähriger Erfahrung kennt die Polizei die folgenden Wahrscheinlichkeitsverteilungen:

	Objekt					
	1	2	3	4	5	$\sum$
harmloses Auto	0.10	0.10	0.20	0.20	0.40	1
verdächtiges Auto	0.40	0.30	0.20	0.10	0	1

In Berlin geht die Polizei von dem Grundsatz aus: Die kontrollierte Person ist harmlos. In Bagdad geht die Polizei von dem Grundsatz aus: Die kontrollierte Person ist verdächtig. Bei welchen Objekten wird in Berlin bzw. Bagdad die Polizei ein Auto als verdächtig zurückhalten, wenn sie mit einer Wahrscheinlichkeit von 10 % für den Fehler 1. Art rechnet? Wie groß ist dann die Wahrscheinlichkeit für den Fehler 2. Art?

6.11 •• Gegeben zwei Würfel A und B: Einer ist fair, der andere gefälscht. Die Wahrscheinlichkeiten der einzelnen Augenzahlen bei diesen Würfeln zeigt die folgende Tabelle

	$6\mathcal{P}(1)$	$6\mathcal{P}(2)$	$6\mathcal{P}(3)$	$6\mathcal{P}(4)$	$6\mathcal{P}(5)$	$6\mathcal{P}(6)$
Würfel A	1	1	1	1	1	1
Würfel B	2	0.5	0.5	1.5	0	1.5

Der Würfel wird einmal geworfen. Sie müssen danach entscheiden, ob der Würfel A oder der Würfel B vorliegt. Das Signifikanzniveau α sei $\frac{1}{6}$. a) Wie sieht der Test von H_0 = „Der Würfel ist fair" gegen H_1 = „Der Würfel ist unfair" aus? b) Wie sieht der Test von H_0 = „Der Würfel ist unfair" gegen H_1 = „Der Würfel ist fair" aus?

6.12 Es sei X cauchy-verteilt mit dem Median μ und der Dichte $\frac{1}{\pi}\frac{1}{1+(y-\mu)^2}$. Bestimmen Sie den optimalen Test zum Niveau $\alpha = 5\,\%$ von H_0: $\mu = 0$ gegen $H_1 : \mu = \mu_1$ Wählen Sie exemplarisch die Fälle $\mu_1 = 1$, $\mu_1 = 12.6275$ und $\mu_1 = 13$. Beachten Sie die Verteilungsfunktion der Cauchy-Verteilung $F(x) = \frac{1}{\pi}\int_{-\infty}^{x}\frac{1}{1+y^2}dy = \frac{1}{2} + \frac{1}{\pi}\arctan x$.

6.13 •• Es seien $\boldsymbol{f}_0 = (f_0(y_1)_1, \cdots, f_0(y_n))^\top$ und $\boldsymbol{f}_1 = (f_1(y_1)_1, \cdots, f_1(y_n))^\top$ zwei diskrete Wahrscheinlichkeitsverteilungen auf der endlichen Menge $\{y_1, \cdots, y_n\}$. Schreiben Sie das Testproblem von Neyman-Pearson: „Suche einen verallgemeinerten Test $\boldsymbol{\psi} = (\psi_1, \cdots, \psi_n)^\top$ mit $0 \le \psi_i = \psi(y_i) \le 1$ mit $\boldsymbol{\psi}^\top \boldsymbol{f}_0 \le \alpha$ und $\boldsymbol{\psi}^\top \boldsymbol{f}_1 = \max.$" als ein lineares Programm. Bestimmen Sie das Dualprogramm sowie die Complementary Slackness Conditions (CSC) und daraus den optimalen Test.

6.14 ••• Es seien $\boldsymbol{f}_h = (f_h(y_1)_1, \cdots, f_h(y_n))^\top$, $h = 1, \cdots, H$ und $\boldsymbol{g}_a = (g_a(y_1)_1, \cdots, g_a(y_n))^\top$, $a = 1, \cdots, A$

zwei endliche Familien diskreter Wahrscheinlichkeitsverteilungen auf der endlichen Menge $\{y_1, \cdots, y_n\}$. Bestimmen Sie notwendige und hinreichende Bedingungen dafür, dass ein verallgemeinerten Test $\boldsymbol{\psi} = (\psi_1, \cdots, \psi_n)^\top$, der auf der Nullhypothese $\{f_h h = 1, \cdots, H\}$ das Niveau α hält, auf der Alternative $\{g_a,\ a = 1, \cdots, A\}$ das Minimum der Gütefunktion maximiert (verallgemeinertes Testproblem von Neyman-Pearson). b) Unter welchen Umständen ist der triviale Test $\boldsymbol{\psi} = \boldsymbol{\alpha}$ optimal?

Anwendungsprobleme

6.15 •• Ein Pharmakonzern stellt Tabletten mit einem Wirkstoff A her. Die in jeder Tablette enthaltene Menge X dieses Wirkstoffes kann leicht schwanken, soll aber im Mittel bei 13 mg liegen. Bei längerer Einnahme der Tabletten sind Überversorgung und Unterversorgung mit A gleichermaßen zu vermeiden. Diese Angaben sind zu überprüfen. Sie ziehen dazu eine einfache Stichprobe und messen die folgenden 6 Werte (Maßeinheit mg):

$$x_1 = 11,\ x_2 = 13,\ x_3 = 15,\ x_4 = 16,\ x_5 = 16.5,\ x_6 = 12.$$

Die folgenden Angaben könnten Ihnen Nebenrechnungen ersparen. Es gilt:

$$\sum_{i=1}^{6} \sqrt{x_i} = 22.3 \qquad \sum_{i=1}^{6} x_i = 83.5 \qquad \sum_{i=1}^{6} x_i^2 = 1187.25$$

Geben Sie jeweils erwartungstreue Schätzfunktionen $\widehat{\mu}$ und $\widehat{\sigma^2}$ für den Erwartungswert und die Varianz von X an. Schätzen Sie σ nach oben ab ($\alpha = 5\,\%$.) Testen Sie die Angabe des Hersteller über die mittlere Menge des Wirkstoffs A mit einem $\alpha = 5\,\%$. Was bedeutet Ihr Ergebnis für einen Arzt, der diese Tabletten verordnen will? Bei einer Nachfrage gibt der Konzern an, das die Standardabweichung σ der Wirkstoffmenge genau $1mg$ beträgt. Beurteilen Sie kurz die Aussage $\sigma = 1$ im Licht Ihrer eigenen Messungen. Ändert der Arzt seine Entscheidung, wenn er die Richtigkeit von $\sigma = 1$ Aussage unterstellt?

6.16 •• Bei einer alten Datenleitung wird jedes Zeichen unabhängig von nächsten und den vorangehenden Zeichen mit einer Wahrscheinlichkeit von 99 % richtig übertragen. Ein neues Verfahren wird erprobt. 10 Dokumente mit jeweils 10^4 Zeichen werden übertragen. Anhand der Fehlerhäufigkeit soll daraufhin entschieden werden, ob das neue Verfahren besser ist. Die beobachteten Fehlerzahlen sind 91, 97, 96, 101, 90, 88, 95, 94, 102, 91. a) Wie können Sie die Verteilung von X, der Anzahl von Fehlern pro Dokument, modellieren? b) Wie groß ist die Wahrscheinlichkeit, dass ein Dokument fehlerfrei übertragen wird? c) Ist das neue Verfahren besser ($\alpha = 5\,\%$)?

6.17 •• Im Schnitt wird zwischen 10 und 11 Uhr bei einer Hotline rund 64-mal angerufen. Nach einer Verbesserung wird am nächsten Tag nur 49-mal angerufen. Hat sich die Verbesserung bemerkbar gemacht oder muss man weiter von den 64 Anrufen ausgehen? Testen Sie mit $\alpha = 5\,\%$ und bestimmen Sie ein Konfidenzintervall für λ. Durch welche Verteilung können Sie die Anzahl X der Anrufe in der Stunde approximieren?

6.18 •• Pädagogen untersuchen den Zusammenhang zwischen schulischer Leistung (X) und Fernseh-Konsum (Y). Sie befragen 100 Schüler nach der Dauer ihres Fernsehens in Stunden und nach den Punkten bei einem Pisa-Test. Die Ergebnisse haben sie in die folgende Tabelle eingetragen

Punkte X	die Fernsehdauer Y weniger als zwei Stunden	mehr als zwei Stunden
0 bis 50	20	40
mehr als 50	10	30

a) Welche Nullhypothese lässt sich nun testen? b) Welche Verteilung hat die Prüfgröße, falls die Nullhypothese zutrifft? c) Berechnen Sie den Wert der Prüfgröße. Welche Aussage lässt sich daraufhin machen, wenn Sie ein Signifikanzniveau von $\alpha = 10\,\%$ verwenden?

6.19 ••• Bei der Suche nach medizinisch wirksamen Substanzen werden 1 000 von Wissenschaftlern gesammelte Pflanzen auf ihre Wirksamkeit getestet. Dabei bedeute $\mu = 0$ Wirkungslosigkeit und $\mu \neq 0$ potenzielle Wirksamkeit. Das Testniveau sei $\alpha = 10\,\%$. Falls alle Pflanzen in Wirklichkeit wirkungslos sind, wie groß ist mit hoher Wahrscheinlichkeit der Anteil der Pflanzen, denen fälschlicherweise Wirksamkeit unterstellt wird: a) unbekannt. b) genau 10 % c) zwischen 8 und 12 %. Der größte Schaden für das Unternahmen besteht darin, wenn wirksame Pflanzen übersehen werden. Wie können Sie dieses Problem durch geeignete Wahl der Hypothesen, des Niveaus und des Stichprobenumfangs lösen?

6.20 ••• Betrachten wir eine Produktion, bei der ein Zuschlagsstoff ein Sollgewicht von $\mu_0 = 5$ kg nicht überschreiten darf. Durch eine Kontrollstichprobe $Y_1, \ldots, Y_n$ soll der Sollwert geprüft werden. Welche Hypothese ist zu testen. Wie groß muss n sein, wenn der Fehler 1. Art höchstens 5 % und der Fehler 2. Art höchstens 10 % sein darf falls μ 4,17 ist? Nehmen Sie dabei an, die Y_i seien i.i.d. $\mathrm{N}(\mu; 4)$. Zeichnen Sie die Gütefunktion des Tests.

6.21 ••• 30 % der Patienten, die an einer speziellen Krankheit erkrankt sind, reagieren positiv auf ein von der Krankenschwester verabreichtes Placebo. Bei einem Experiment mit 20 Patienten soll überprüft werden, ob sich die Wirkung des Placebos ändert, wenn es vom Oberarzt überreicht wird. Welche Hypothesen testen Sie? Wie sieht bei einem $\alpha = 5\,\%$ der Annahmebereich aus? Mit welchem α arbeiten Sie wirklich?

Antworten der Selbstfragen

S. 234
Nein. Die Normalverteilung ist symmetrisch. Liegt das wahre μ genau auf der oberen Grenze des Annahmebereichs, so liegen genau 50 % der Realisationen links und 50 % rechts davon. Der linke „Schwanz“ der Dichtefunktion ragt zwar noch über den linken Rand des Annahmebereich hinaus, die sich dort noch befindliche Wahrscheinlichkeitsmasse ist aber sehr klein und kann vernachlässigt werden.

S. 234
Die Gütefunktion ist eine Konstante $g(\theta) = \alpha$. Denn unabhängig davon, welche Hypothese getestet und welcher Parameter wahr ist, es wird stets mit Wahrscheinlichkeit α abgelehnt.

S. 243
a) Offensichtlich wurde beim Unabhängigkeitstest die Nullhypothese angenommen. Daraus folgt aber gar nichts, speziell nicht die zitierte Aussage. b) Bei realen Daten tritt die ideale Modellunabhängigkeit $\theta_{ij} = \theta_{i\bullet} \cdot \theta_{\bullet j}$ praktisch nicht auf. Es gibt so gut wie immer irrelevante Abweichungen von dieser Gleichung. Wenn nun n hinreichend groß ist, muss der χ^2-Test diese Abweichung erkennen. Diese ist dann zwar signifikant, aber irrelevant.

Lineare Regression – Auf der Suche nach Einfluss und Abhängigkeit

7

Wie viele Ausgleichsgeraden sind möglich und wie finde ich sie?

Was ist die Empfindlichkeit einer Messanordnung?

Wie kann ich von y auf x zurückschließen?

Was sind einflussreiche Betrachtungen?

„... dass ich erkenne, was die Welt im Innersten zusammenhält ...". Fausts Wunsch ist auch heute noch Inbegriff menschlichen Forschens; nämlich erstens die Beziehung zwischen Variablen zu entdecken und zu beschreiben und zweitens sie nach Ursache und Wirkung, Input und Output zu trennen. Im weitesten Sinne ist die Beschäftigung mit dieser Aufgabe das Thema dieses Kapitels. Dabei werden wir ganz bescheiden uns allein mit linearen Zusammenhängen beschäftigen. Während Korrelationen lineare Zusammenhänge zwischen gleichartigen Variablen beschreiben, haben wir es in der Regressionsrechnung mit der Wirkung $\mu(\boldsymbol{x})$ einer determinierten Größe $\boldsymbol{x}$ auf eine davon abhängige Variable y zu tun. Unser Grundmodell ist

$$\begin{aligned}\text{Beobachtung} &= \text{Systematische } \boldsymbol{x}\text{-Komponente}\\ &\quad \text{plus Störung}\\ y &= \mu(\boldsymbol{x}) + \boldsymbol{\varepsilon}\,.\end{aligned}$$

Dabei steht $\boldsymbol{x}$ für eine noch näher zu definierende ein- oder mehrdimensionale Variable.

Die geschätzte $\boldsymbol{x}$-Komponente soll „möglichst nah" bei $\boldsymbol{y}$ liegen und der nicht erfasste Rest möglichst wenig mit der $\boldsymbol{x}$-Komponente zu tun haben.

Wir beginnen zuerst ganz pragmatisch mit der Aufgabe, eine $(\boldsymbol{x}, \boldsymbol{y})$-Punktwolke durch ein Gerade zu beschreiben. Dann streifen wir kurz den Begriff „Zusammenhang" und entwickeln das **lineare Modell** als mathematischen Rahmen für unsere Aufgabe. Hierbei präzisieren wir die intuitive Vorstellung „nah" durch die euklidischen Distanz in geeigneten Räumen und finden in dem Begriff der „Projektion" das geeignete Werkzeug zur eleganten und transparenten Lösung unserer Aufgabe.

7.1 Die Ausgleichsgeraden

Häufig finden wir eine Menge von Punktepaaren $z_i = (x_i, y_i) \in \mathbb{R}^2, i = 1, \ldots, n$, die wir uns als Punktwolke im $\mathbb{R}^2$ veranschaulichen. Oft möchte man die Punktwolke durch eine Gerade $g(x)$ beschreiben, die möglichst gut die Gestalt der Punktwolke wiedergibt. Diese **Ausgleichsgerade** g kann man nach Gefühl und Augenmaß zeichnen. Doch Augenmaß allein reicht oft nicht aus. Man sucht eine besonders „gute" Ausgleichsgerade. Je nachdem, was „gut" bedeutet, lassen sich mindestens drei verschiedene Lösungen anbieten.

Beispiel Angenommen, Sie wollen den Benzinverbrauch Ihres PKWs bestimmen und haben bei n Fahrten die jeweils zurückgelegten Wege w_i und den jeweiligen Verbrauch v_i notiert.

Welche Daten sind zuverlässig und welche sind fehlerhaft? Wenn Sie bei jeder Fahrt den Tageszähler auf Null stellen und am Ende den Benzinverbrauch an der Tankuhr ablesen, so dürfte der Weg w wesentlich genauer gemessen sein als der Verbrauch v. Wenn Sie dagegen jedesmal in den leeren Tank v Liter einfüllen und dann messen, wie weit Sie damit fahren können, sind die Verhältnisse umgekehrt. Schließlich ist es denkbar, dass sowohl die Strecken w_i wie die verbrauchten Mengen v_i nur geschätzt und damit fehlerhaft sind. Und dann bleibt noch die Frage, was Sie mit den Daten erreichen wollen. Wollen Sie bestimmen, wieviel Benzin Sie für 100 km brauchen oder wie weit Sie mit 10 Litern Benzin kommen? Für jede der drei Situationen bietet sich ein anderes Messmodell und eine andere Ausgleichsgerade an. ◄

Wir stellen uns vor, dass jeder Punkt z_i einen Bezugspunkt oder Repräsentanten $\widehat{z}_i$ auf der Ausgleichsgerade besitzt, auf den er abgebildet wird. $\|z_i - \widehat{z}_i\|$ ist dann der individuelle Fehler bei der Abbildung von z_i. Ein Maß für die globale Güte der Repräsentation ist die Summe der quadrierten Fehler:

$$\text{SSE} = \sum_{i=1}^{n} \|z_i - \widehat{z}_i\|^2 = \textbf{S}\text{um of } \textbf{S}\text{quares for } \textbf{E}\text{rror}\,.$$

Gesucht wird dann diejenige Gerade als optimale Ausgleichsgerade, die dieses Kriterium SSE minimiert. Nun stellt sich die Frage: Wie soll der jeweilige Bezugspunkt $\widehat{z}_i$ definiert werden? In Abbildung 7.1 ist eine Ausgleichsgerade mit nur einem einzigen Punkt z der dazugehörigen Punktwolke gezeichnet. Zu z lassen sich auf drei verschiedene Weisen ein Bezugspunkt $\widehat{z}$ auf der Ausgleichsgerade definieren.

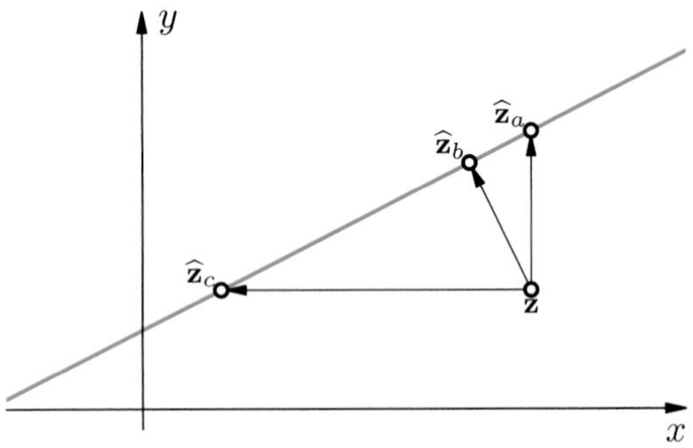

Abbildung 7.1 Der Punkt z besitzt mindestens drei mögliche Bezugspunkte auf der Ausgleichsgeraden.

Jede der drei Optionen ergibt eine andere Ausgleichsgerade:

- Der zu z gehörende Bezugspunkt ist der vertikal über z auf der Ausgleichsgeraden gelegene Punkt $\widehat{z}_a$. Die sich daraus ergebende Ausgleichsgerade heißt **Ausgleichsgerade von** y **nach** x.
- Der zu z_i gehörende Bezugspunkt ist der Punkt $\widehat{z}_b$ mit euklidisch kleinstem Abstand zu z_i. Die sich daraus ergebende Ausgleichsgerade heißt **Hauptachse der Punktwolke.**
- Der zu z_i gehörende Bezugspunkt ist der horizontal neben z auf der Ausgleichsgeraden nächst gelegene Punkt $\widehat{z}_c$. Die sich daraus ergebende Ausgleichsgerade heißt **Ausgleichsgerade von** x **nach** y.

Die drei sich aus diesen Optionen ergebenden Ausgleichsgeraden lassen sich am einfachsten an der Konzentrationsellipse veranschaulichen (zu Konzentrationsellipsen siehe auch die Vertiefung auf Seite 38).

In Abbildung 7.2 ist eine Punktwolke zusammen mit einer Konzentrationsellipse E_r dargestellt. Dabei ist der Nullpunkt des Koordinatensystems in den Schwerpunkt der Punktwolke und damit

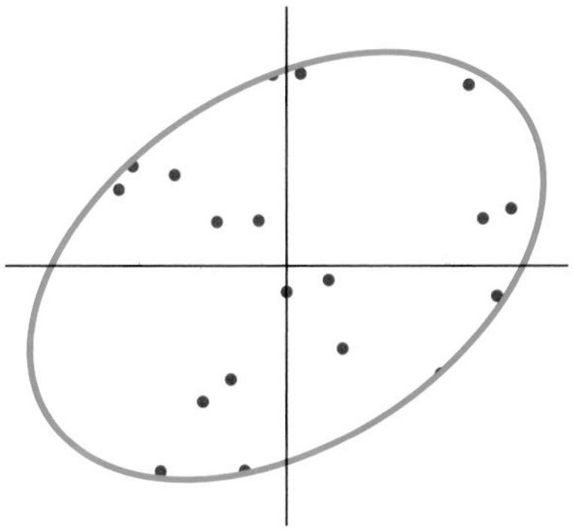

Abbildung 7.2 Punktwolke mit einer Konzentrationsellipse.

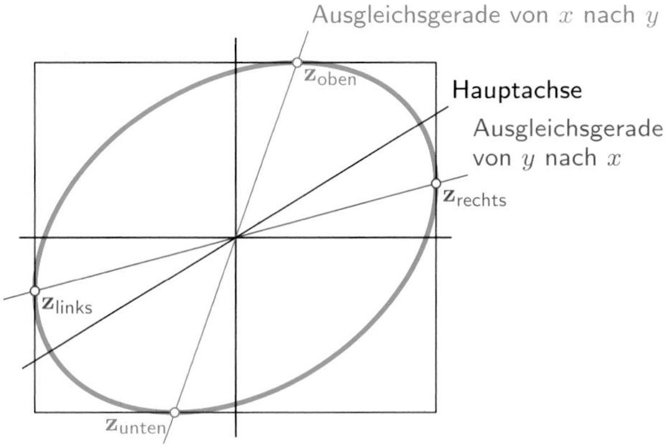

Abbildung 7.3 Drei Ausgleichsgeraden durch eine Punktwolke, die nur durch eine Konzentrationsellipse dargestellt wird.

in den Mittelpunkt der Ellipse gelegt. Haben wir die Konzentrationsellipse gezeichnet, können wir auf die Darstellung der Punktwolke verzichten, um die drei Ausgleichsgeraden zu zeichnen. In Abbildung 7.3 ist die Ellipse E_r mit einem achsenparallelen Tangentenviereck umrahmt. Sei z_{oben} der höchste Punkt und z_{rechts} der am weitesten rechts gelegene Punkt der Ellipse. Dann gilt:

Die drei Ausgleichsgeraden

Alle drei Ausgleichsgeraden gehen durch den Schwerpunkt $(\overline{x}, \overline{y})$ der Punktwolke. Die Gerade durch den Schwerpunkt und den Punkt z_{oben} ist die Ausgleichsgerade von x nach y, die Gerade durch den Schwerpunkt und z_{rechts} ist die Ausgleichsgerade von y nach x. Die Hauptachse der Punktwolke ist die Hauptachse der Ellipse und liegt somit zwischen beiden anderen Ausgleichsgeraden.

Die Hauptachse repräsentiert die Punktwolke, in der die x-Koordinate und die y-Koordinaten gleichrangig sind

Die Verlängerung der Hauptachse der Konzentrationsellipse bietet sich als Ausgleichsgerade g_0 an. Sie minimiert die Summe der quadrierten orthogonalen Abstände:

$$\sum_{i=1}^{n} \left\| z_i - P_{g_0} z_i \right\|^2 = \min_g \sum_{i=1}^{n} \left\| z_i - P_g z_i \right\|^2 .$$

Dabei ist $P_g z$ die Projektion von z auf die Gerade g. Die Hauptachse ist eine sinnvolle Ausgleichsgerade, wenn eine einfache, möglichst strukturerhaltende Abbildung der Punktwolke auf einer Geraden gesucht wird. Dabei sind die x_i- und y_i-Werte prinzipiell gleichwertig. Die Gleichung der Ausgleichsgeraden ist $g_0(x) = \widehat{\alpha}_0 + \widehat{\alpha}_1 x$. Mit den Abkürzungen r für den Korrelationskoeffizienten $r(\boldsymbol{x}, \boldsymbol{y})$ und

$$\Delta = \frac{\text{var}(\boldsymbol{x}) - \text{var}(\boldsymbol{y})}{\sqrt{\text{var}(\boldsymbol{x}) \cdot \text{var}(\boldsymbol{y})}}$$

ist

$$\widehat{\alpha}_1 = \frac{\sqrt{4r^2 + \Delta^2} - \Delta}{2r}, \tag{7.1}$$

$$\widehat{\alpha}_0 = \overline{y} - \widehat{\alpha}_1 \overline{x} . \tag{7.2}$$

Die Bestätigung dieser Angaben ist Ihnen als Aufgabe 7.14 überlassen.

Im Modell der linearen Ausgleichsgerade von y nach x ist y eine lineare Funktion eines fehlerfreien gemessenen x

Soll y *möglichst gut* als lineare Funktion von x dargestellt werden, wählt man die lineare Ausgleichsgerade von y nach x. Der Konstruktion dieser Ausgleichsgerade liegt die Vorstellung zugrunde, dass zwischen x und y eine lineare Beziehung

$$y = \beta_0 + \beta_1 x$$

besteht, bei der aber nur gestörte y-Werte

$$y_i = \beta_0 + \beta_1 x_i + \varepsilon_i$$

beobachtet werden können. Die Ausgleichsgerade versucht, aus den Beobachtungspaaren (x_i, y_i) den wahren Zusammenhang mit

$$y = \widehat{\beta}_0 + \widehat{\beta}_1 x$$

zu rekonstruieren. Die folgenden vier Szenen in Abbildung 7.4 sollen dies verdeutlichen. Im Bild links oben liegen fünf durch kleine Kreise markierte, ungestörte Wertepaare auf einer Geraden. Im nächsten Bild rechts davon werden die Werte durch eine Störung ε in y-Richtung von der Geraden nach oben oder unten verschoben. Was wir allein beobachten können, zeigt das Bild links unten, nämlich die verschobenen, durch Kreise markierten Punkte. Durch diese beobachtete Punktwolke wird nun die im Bild rechts unten gezeigte Ausgleichsgerade gelegt, die natürlich von der ursprünglichen Geraden abweichen wird.

Nach diesem Modell über die Entstehung der Punkte ist es naheliegend, dass wir die Abweichungen in y-Richtung minimieren. Der zu $z_i = (x_i, y_i)^\top$ gehörige Punkt $\widehat{z}_i$ liegt nun in y-Richtung auf der Vertikalen durch z_i. Dann ist $\widehat{z}_i = (x_i, \widehat{y}_i)^\top$. Gesucht

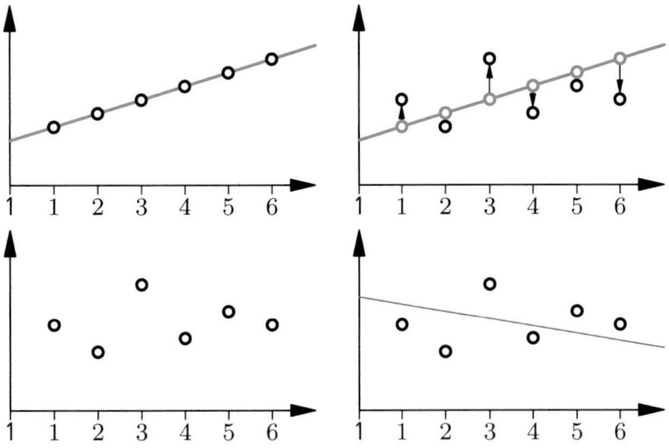

Abbildung 7.4 Ausgleichsgeraden der ungestörten und gestörten Wertepaare.

wird also $\widehat{y}_i = \widehat{\beta}_0 + \widehat{\beta}_1 x_i$, denn x_i ist bekannt. Das **Optimalitäts-Kriterium** heißt: Suche Koeffizienten $\widehat{\beta}_0$ und $\widehat{\beta}_1$ so, dass

$$\mathrm{SSE} = \sum_{i=1}^{n}(y_i - \widehat{y}_i)^2 = \sum_{i=1}^{n}\left(y_i - (\widehat{\beta}_0 + \widehat{\beta}_1 x_i)\right)^2 \tag{7.3}$$

minimal wird. Wir werden wenig später diese Aufgabe in einem wesentlich weiteren Rahmen neu stellen und dann mit dem Projektionskalkül allgemein in wenigen Zeilen lösen. Jetzt wollen wir sie mit den gewohnten Methoden der Schulmathematik behandeln. Wir differenzieren SSE nach $\widehat{\beta}_0$ und $\widehat{\beta}_1$, setzen die ersten Ableitungen gleich Null und erhalten ein lineares Gleichungs-System, das System der Normalgleichungen.

Die Normalgleichungen

Das System der Normalgleichungen ist

$$\sum_{i=1}^{n}\left[y_i - (\widehat{\beta}_0 + \widehat{\beta}_1 x_i)\right] = 0\,,$$
$$\sum_{i=1}^{n}\left[y_i - (\widehat{\beta}_0 + \widehat{\beta}_1 x_i)\right] x_i = 0\,.$$

Die Lösungen der Normalgleichungen sind:

$$\widehat{\beta}_0 = \overline{y} - \overline{x}\widehat{\beta}_1\,, \tag{7.4}$$
$$\widehat{\beta}_1 = \frac{\operatorname{cov}(\boldsymbol{x}, \boldsymbol{y})}{\operatorname{var}(\boldsymbol{x})} = r(\boldsymbol{x}, \boldsymbol{y})\frac{s(\boldsymbol{y})}{s(\boldsymbol{x})}\,. \tag{7.5}$$

Ist dagegen die Messung von x durch Messfehler verzerrt und soll *x möglichst gut* als lineare Funktion eines fehlerfreien gemessenen y dargestellt werden, wählt man die lineare Ausgleichsgerade $x = \widehat{\beta}_0 + \widehat{\beta}_1 y$ von x nach y. Wir minimieren nun den horizontalen Abstand des Punktes z_i von der Ausgleichsgeraden. Zur Bestimmung dieser Ausgleichsgeraden übernehmen wir die Ergebnisse des vorigen Abschnitts und vertauschen gleichzeitig x und y.

Beispiel Wir kehren zurück zum Beispiel von Seite 32 in Kapitel 1. Es war $\overline{x} = 6$; $\overline{y} = 7$; $\operatorname{var}(\boldsymbol{x}) = 13.80$; $\operatorname{var}(\boldsymbol{y}) = 8.242$; $\operatorname{cov}(\boldsymbol{x}, \boldsymbol{y}) = 4.5$; $r(\boldsymbol{x}, \boldsymbol{y}) = 0.42$. Daraus folgt

a) Die Gleichung der Hauptachse der Punktwolke ist $y = \widehat{\alpha}_0 + \widehat{\alpha}_1 x$ mit

$$\widehat{\alpha}_1 = \frac{\sqrt{4r^2 + \Delta^2} - \Delta}{2r} = 0.56$$
$$\widehat{\alpha}_0 = \overline{y} - \widehat{\alpha}_1\overline{x} = 3.64$$
$$\Delta = \frac{\operatorname{var}(\boldsymbol{x}) - \operatorname{var}(\boldsymbol{y})}{\sqrt{\operatorname{var}(\boldsymbol{x})\cdot\operatorname{var}(\boldsymbol{y})}} = 0.52\,.$$

b) Die Gleichung der Ausgleichsgeraden von y nach x ist $y = \widehat{\beta}_0 + \widehat{\beta}_1 x$ mit

$$\widehat{\beta}_1 = \frac{\operatorname{cov}(\boldsymbol{x}, \boldsymbol{y})}{\operatorname{var}(\boldsymbol{x})} = \frac{4.5}{13.80} = 0.33\,,$$
$$\widehat{\beta}_0 = \overline{y} - \widehat{\beta}_1\overline{x} = 5.04\,.$$

c) Setzen wir die Gerade in der Form $x = \widehat{\gamma}_0 + \widehat{\gamma}_1 y$ an, erhalten $\widehat{\gamma}_i$, wenn wir in der Darstellung der $\widehat{\beta}_i$ die Variablen x und y vertauschen. Wollen wir aber beide Ausgleichsgeraden im gleichen (x, y)-Koordinatensystem darstellen, dann hat die Ausgleichsgerade Form $y = -\frac{\widehat{\gamma}_0}{\widehat{\gamma}_1} + \frac{1}{\widehat{\gamma}_1}x = \widehat{\delta}_0 + \widehat{\delta}_1 x$. Dabei ist

$$\widehat{\delta}_1 = \frac{\operatorname{var}(\boldsymbol{y})}{\operatorname{cov}(\boldsymbol{x}, \boldsymbol{y})} = \frac{8.242}{4.5} = 1.83$$
$$\widehat{\delta}_0 = \overline{y} - \widehat{\delta}_1\overline{x} = -3.99\,.$$ ◀

7.2 Die Grundstruktur des Regressionsmodells

Die Suche nach Abhängigkeiten ist unser Thema. Es lohnt sich daher, kurz über den Begriff „Abhängigkeit" nachzudenken. Erste wichtige Impulse für die wissenschaftliche Praxis lieferte der englische Philosoph John Stuart Mill in seinen 1843 veröffentlichten „*Five Canons of Experimental Inquiry*" . Er definierte Vorbedingungen einer gültigen kausalen Inferenz: Erstens muss die Ursache der Folge zeitlich vorausgehen, zweitens müssen Ursache und Wirkung zusammenhängen und schließlich muss jede weitere plausible Erklärung ausgeschlossen sein:

„*Whatever phenomenon varies in any manner when ever another phenomenon varies in a particular manner, is either a cause or an effect of that phenomenon or is connected with it through some fact of causation.*"

Kausalität und Einflussnahmen können sich in unterschiedlichster Weise zeigen

Ursache → Wirkung

$$X \longrightarrow Y$$

In dieser unmittelbaren Ursache-Wirkungsbeziehung ist Y die Folge der Ursache X. Ändert sich X, so kann die Änderung von

Y vorhergesagt werden; ändert sich Y, so kann auf X zurückgeschlossen werden. Zum Beispiel ist bei einem PKW mit intakten Bremsen auf trockener gerader Straße die Geschwindigkeit die primäre Ursache für die Länge des Bremsweges.

Wechselwirkung

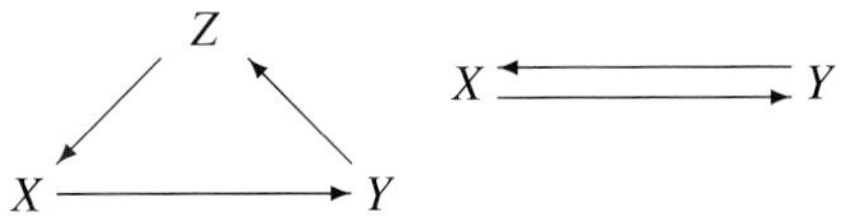

Beide Variablen beeinflussen sich unmittelbar oder über dritte Variablen wechselseitig. Eine eindeutige Trennung nach Ursache und Wirkung ist selten möglich. Häufig sind die Variablen über die Zeit miteinander verknüpft. (Was war zuerst da: Ei oder Henne?) Wir finden Rückkopplung und rekursive Bindungen. Zum Beispiel besteht eine Wechselwirkung zwischen Preisen und Löhnen oder zwischen elektrischem und magnetischem Feld.

Latente Variable

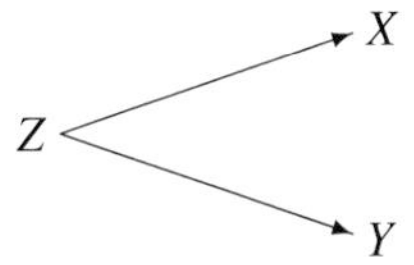

Der scheinbare Zusammenhang zwischen X und Y erklärt sich durch eine verborgene dritte Variable Z, die beide gemeinsam beeinflusst. Zum Beispiel können die medizinischen Befunde X und Y verursacht sein durch eine genetische Konditionierung Z als latente Variable.

Vermengte Variable

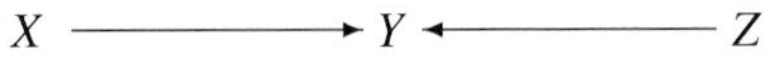

Auf Y wirkt nicht nur die Variable X, sondern gleichzeitig eine Variable Z. Dabei variieren X und Z simultan: Immer wenn X den Wert x annimmt, hat Z den Wert z angenommen. Am Ergebnis y kann dann nicht mehr erkannt werden, was der Einfluss von X und was der Einfluss von Z ist. (Es ist unter anderem eine der wichtigsten Aufgaben der statistischen Versuchsplanung zu vermeiden, dass interessierende Einflussgrößen und Effekte miteinander vermengt werden.)

Zum Beispiel kann Y der Lernerfolg eines Schülers, X ein Lehrkonzept und Z die pädagogische Begabung des Lehrers sein. Hält in einer Schule jeder Lehrer an seinem, nur ihm eigenen Lehrkonzept fest, dann sind X und Z miteinander vermengt.

?

Karlchen Müller schwört auf die Heilkraft von Onubana-Tropfen bei Schnupfen und Erkältung. Zum Beweis berichtet er, dass jedesmal nach Einnahme der Tropfen seine Erkältung nach 7 Tagen abgeklungen sei. Warum überzeugt dies nicht? Was sind hier latente, was vermengte Variable?

Beziehungen lassen sich implizit oder explizit, deterministisch oder stochastisch darstellen

Mathematisch beschreiben wir die Beziehungen zwischen Variablen durch Funktionen. Dazu seien $\boldsymbol{X}$, $\boldsymbol{Y}$ und $\boldsymbol{U}$ mehrdimensionale Variable und g eine den jeweiligen mathematischen Anforderungen genügende Funktion. Dabei seien $\boldsymbol{X}$ und $\boldsymbol{Y}$ wohldefinierte direkt oder indirekt messbare Variable, während $\boldsymbol{U}$ den Charakter einer nicht messbaren Störvariablen erhält. Uns interessieren vor allem die Beziehungen zwischen $\boldsymbol{X}$ und $\boldsymbol{Y}$. Je nach Art der Relation zwischen diesen Variablen unterscheiden wir verschiedene Abhängigkeitsstrukturen.

- Explizit $\leftrightarrow$ Implizit:
  $g(\boldsymbol{X}, \boldsymbol{Y}) = 0$ ist eine implizite, $\boldsymbol{Y} = g(\boldsymbol{X})$ eine explizite Darstellung.
- Gestört $\leftrightarrow$ Ungestört:
  $g(\boldsymbol{X}, \boldsymbol{Y}) = 0$ ist ein ungestörter, $g(\boldsymbol{X}, \boldsymbol{Y}, \boldsymbol{U}) = 0$ ein durch $\boldsymbol{U}$ gestörter Zusammenhang zwischen $\boldsymbol{X}$ und $\boldsymbol{Y}$.
- Deterministisch $\leftrightarrow$ Stochastisch:
  Im deterministischen Modell ist $\boldsymbol{Y}$ durch die Gleichung $\boldsymbol{Y} = g(\boldsymbol{X})$ eindeutig bestimmt, wenn $\boldsymbol{X}$ gegeben ist. Im stochastischen Modell $\boldsymbol{Y} = g(\boldsymbol{X}, \boldsymbol{U})$ sind $\boldsymbol{U}$ – mitunter auch $\boldsymbol{X}$ – und damit auf jeden Fall auch $\boldsymbol{Y}$ zufällig. Modelliert werden weniger Aussagen über die Variablen selbst als über ihre Wahrscheinlichkeitsverteilungen und deren Parameter.

In der Regel werden Beziehungen zwischen beobachtbaren Variablen als gestörte, die Beziehungen zwischen Modellparametern als ungestörte Zusammenhänge modelliert.

Beispiel In der Physik sind zum Beispiel Energieerhaltungssätze meist implizite Beschreibungen; dagegen sind Aussagen wie Kraft=Masse · Beschleunigung explizite Beschreibungen physikalischer Vorgänge. Die Modelle der Quantenelektrodynamik sind stochastisch. ◀

Zusammenhänge lassen sich kausal oder funktional interpretieren

Die kausale Interpretation unterstellt zwischen $\boldsymbol{Y}$ und $\boldsymbol{X}$ eine Ursache -Wirkung-Beziehung: Weil $\boldsymbol{X}$ einen bestimmten Wert angenommen hat, ist der Wert von $\boldsymbol{Y}$ gerade $g(\boldsymbol{X})$ oder – falls die Beziehung durch ein $\boldsymbol{U}$ gestört ist – wenigstens annähernd gleich $g(\boldsymbol{X})$.

Die funktionale Interpretation ist eine deskriptive Interpretation. Hier wird die Relation zwischen $\boldsymbol{Y}$ und $\boldsymbol{X}$ gelesen wie eine Rechenvorschrift, die es erlaubt, aus den $\boldsymbol{X}$-Werten die entsprechenden $\boldsymbol{Y}$-Werte zu errechnen. Kurz gefasst gilt:

Kausale Interpretation begründet:	$\boldsymbol{Y}$ **weil** $\boldsymbol{X}$.
Funktionale Interpretation beschreibt:	$\boldsymbol{Y}$ **wenn** $\boldsymbol{X}$.

Existieren kausale Beziehungen, so kann $\boldsymbol{Y}$ über $\boldsymbol{X}$ gesteuert und reguliert werden. Dagegen reicht eine funktionale Beziehung zwischen $\boldsymbol{X}$ und $\boldsymbol{Y}$ meist für eine Prognose von $\boldsymbol{Y}$ aus. Eine erfolgreiche Prognose setzt keine Kausalität voraus! So sind viele erfolgreiche Wetterprognosen des Bauernkalenders allein funktional, aber nie kausal zu verstehen.

Beispiel Im Paar (X, Y) sei X die geographische Länge und Breite eines Punktes der Erdoberfläche und Y die jeweilige Höhe des Punktes über dem Meeresspiegel. Im Paar (X, Y) sei X der Name und Y die Telefonnummer eines Einwohners. In diesen Beispielen kann von einer kausalen Beziehung zwischen X und Y keine Rede sein. Die Relation g beschreibt nur den *Zustand* von Y, wenn der *Zustand* von X bekannt ist. ◄

Für den Statistiker, der nur über das Modell und die Daten verfügt, ist einzig die funktional-deskriptive Interpretation erlaubt. Aufgabe des Statistikers ist es, die Variable $\boldsymbol{Y}$ möglichst gut durch die Variable $\boldsymbol{X}$ und einen möglichen Störterm $\boldsymbol{U}$ zu beschreiben und die Stringenz des Zusammenhanges durch geeignete Gütemaße zu beurteilen. Diese Maße sind dann ein wesentliches Hilfsmittel bei der Bewertung der Genauigkeit der Beschreibung von $\boldsymbol{Y}$ durch $\boldsymbol{X}$ und der Bewertung der Verlässlichkeit von Prognosen von $\boldsymbol{Y}$ mithilfe von $\boldsymbol{X}$. Jedoch lässt sich keine Aussage über die Relevanz der Beschreibung von $\boldsymbol{Y}$ durch $\boldsymbol{X}$ machen. Dabei ist selbst ein expliziter, ungestörter enger Zusammenhang von $\boldsymbol{Y}$ und $\boldsymbol{X}$ kein Beweis einer Kausalität. Dennoch können überzeugende funktionale Zusammenhänge Anlass sein, Kausalitätshypothesen zu formulieren, die dann in eigenen Experimenten überprüft werden könnten.

Stochastische Korrelationsmodellen untersuchen die wechselseitigen Abhängigkeiten von zwei oder mehreren zufälligen Variablen

Bei realen beobachteten Wertepaaren (x_i, y_i) wird selten ein einfacher mathematisch funktionaler Zusammenhang $y_i = g(x_i)$ existieren, und wenn, werden wir die Funktion g nicht kennen. Zudem werden in der Regel die Ausprägungen y_i und x_i nur fehlerhaft gemessen sein. Weitere die Beziehung zwischen y_i und x_i bestimmende Faktoren und Variablen u_i sind ebenfalls unbekannt oder werden ignoriert. Schließlich können sich kausale Beziehungen zwischen y_i und x_i im Laufe der Beobachtung ändern. Anstatt das fragliche $g(x)$ zu suchen, geht man nun das Problem von der anderen Seite an und fragt nach der schwächsten Form der gegenseitigen Abhängigkeit: „*Wenn die x_i wachsen, werden dann die y_i im Schnitt auch größer oder nehmen sie eher ab?*" Die Antwort auf diese Frage wird durch den **Korrelations-Koeffizienten** quantifiziert, den wir in den vorangegangenen Kapiteln bereits kennengelernt haben. In stochastischen **Korrelationsmodellen** untersucht man die wechselseitigen Abhängigkeiten von zwei oder mehreren zufälligen Variablen. Modelliert und analysiert wird die Kovarianzmatrix, in der sich viele gesuchten Eigenschaften finden lassen.

Regressionsmodelle untersuchen die Wirkung determinierter Einflussgrößen auf der Erwartungswert einer zufällige Zielgröße Y

Die erste Frage ist: „Wie hängt y von den x_i ab ?" Nun ist Y zufällig. Auch wenn wir den Versuch unter gleichen Bedingungen wiederholen, werden wir ein anderes y beobachten. Daher schwächen wir unsere Frage ab: „Wie hängt y *im Schnitt* von den x_i ab?" Dies führt auf die Untersuchung des Erwartungswertes von Y. Dabei werden wir uns auf den einfachsten, aber für die Praxis dennoch wichtigsten Fall beschränken, dass sich der Erwartungswert $\mathrm{E}(Y)$ als Linearkombination bekannter Funktionen der x_i schreiben lässt. Dann können wir die Daten in einem **linearen Modell** analysieren. Sind alle Einflussgrößen quantitative metrische Variable, sprechen wir von einem **linearen Regressionsmodell** im engeren Sinn. Ist x eine eindimensionale Variable sprechen wir von der **Einfachregression**, andernfalls von der **multiplen Regression.**

Im Modell der **Varianzanalyse** sind alle Einflussgrößen qualitative Variable. Quantitative und qualitative Variable werden in der **Kovarianzanalyse** behandelt.

Formal sind die Unterscheidungen dieser Modelle unwesentlich, alle sind nur Spielarten des übergeordneten **linearen statistischen Modells.** In der Praxis unterscheiden sie sich jedoch durch die unterschiedlichen Fragestellungen und Schwerpunkte.

Im Regressionsmodell wird die Struktur des Erwartungswertes bestimmt

Es seien $x_1, x_2, \ldots$ endlich viele beobachtbare, steuer- oder kontrollierbare – auf jeden Fall nicht-stochastische – **Einflussgrößen**. Zur Vereinfachung schreiben wir dafür auch kurz $\boldsymbol{x} = (x_1, x_2, \ldots)$. Die **systematische Komponente** $\mu(\boldsymbol{x})$ beschreibt die Wirkung von $\boldsymbol{x}$ auf die **Zielgröße** Y.

Die Einflussgrößen heißen auch die **Regressoren**, die Zielgröße Y ist der **Regressant**. Zusätzlich zum deterministischen $\boldsymbol{x}$ wirkt auf Y eine stochastische, nicht kontrollierbare und nicht beobachtbare **Störgröße** $\boldsymbol{\varepsilon}$. Beide Einflüsse überlagern sich additiv:

$$Y(\boldsymbol{x}, \boldsymbol{\varepsilon}) = \mu(\boldsymbol{x}) + \boldsymbol{\varepsilon}\,.$$

Die beobachtbare Variable Y ist die Summe aus der systematischen Komponente $\mu(\boldsymbol{x})$ und der Störkomponente $\boldsymbol{\varepsilon}$.

Beispiel Hier sind einige Beispiele für $\boldsymbol{x}$, Y und ε zusammengestellt:

Y	Ernteertrag eines Ackers,
$\boldsymbol{x}$	Dünger, Bewässerung, Saatgut,
$\boldsymbol{\varepsilon}$	Boden, Wetter.
Y	Bremsweg eines Fahrzeuges,
$\boldsymbol{x}$	Geschwindigkeit, Wagentyp,
$\boldsymbol{\varepsilon}$	Reaktionsverhalten des Fahrers.
Y	Absatz einer Ware,
$\boldsymbol{x}$	Preis, Werbung, Qualität,
$\boldsymbol{\varepsilon}$	Verbraucherverhalten, Mode.
Y	Gewicht eines Tieres,
$\boldsymbol{x}$	Alter, Ernährung, Rasse,
$\boldsymbol{\varepsilon}$	Individualität, Gesundheit.
Y	Messwert
$\boldsymbol{x}$	wahrer Wert
$\boldsymbol{\varepsilon}$	Messfehler

◀

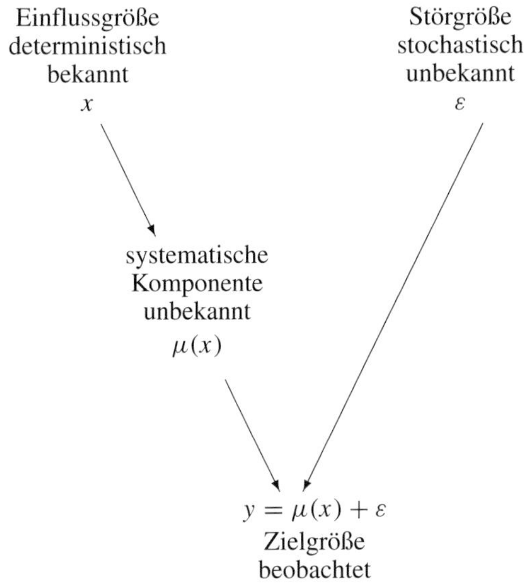

Aufgabe der Regressionsrechnung ist es, aus der Beobachtung von Y bei variierendem $\boldsymbol{x}$ Aussagen über die systematische Komponente $\mu(\boldsymbol{x})$ zu gewinnen und die Genauigkeit der Aussagen zu bewerten. Methoden der **nichtparametrischen** und **semiparametrischen** Modellierung bieten sich an, wenn wir überhaupt kein oder nur minimales Vorwissen über die Gestalt von $\mu(\boldsymbol{x})$ haben. Ist die funktionale Gestalt von $\mu(\boldsymbol{x}) = \mu(\boldsymbol{x};\boldsymbol{\beta})$ bis auf endlich viele feste Modellparameter $\beta_0, \ldots, \beta_m$ bekannt und ist die Störgröße $\boldsymbol{\varepsilon}$ additiv und unabhängig von $\mu(\boldsymbol{x};\boldsymbol{\beta})$, erhalten wir das **parametrische Regressionsmodell:**

$$Y = \mu(\boldsymbol{x};\boldsymbol{\beta}) + \varepsilon .$$

Ist $\mu(\boldsymbol{x};\boldsymbol{\beta})$ eine **nichtlineare Funktion** von $\boldsymbol{\beta}$, sprechen wir von auch einer **nichtlinearen Regression**.

Beispiel Schaltet man in einem Stromkreis mit einem Kondensator und einem Widerstand den Strom ein, so nimmt dieser erst allmählich seine endgültige Stromstärke an. Ist $\mu(x;\boldsymbol{\beta})$ die Stromstärke zum Zeitpunkt x, so ist

$$\mu(x;\boldsymbol{\beta}) = \beta_0\big(1 - \exp(-\beta_1 x)\big) .$$

Die Schwingungsdauer T eines Pendels hängt von seiner Länge L, seiner Masse M und der Erdbeschleunigung g ab. Wir können dies wie folgt modelliert:

$$T = \beta_0 L^{\beta_1} M^{\beta_2} g^{\beta_3} .$$

Die unbekannten Parameter β_0,β_1, β_2 und β_3 können aus physikalischen Gesetzen hergeleitet oder aus Beobachtungen geschätzt werden. ◀

Die Schätzung der unbekannten Parameter $\boldsymbol{\beta}_0$,$\beta_1, \ldots, \beta_m$ ist in der Regel nur durch numerische Optimierung möglich. Im **linearen Regressionsmodell** lässt sich $\mu(\boldsymbol{x};\boldsymbol{\beta})$ als Linearkombination endlich vieler explizit bekannter Funktionen $g_j(\boldsymbol{x})$ mit unbekannten Koeffizienten β_j schreiben:

$$\mu(\boldsymbol{x};\boldsymbol{\beta}) = \sum_{j=0}^{m} \beta_j g_j(\boldsymbol{x}) .$$

Beispiel In einem Versuch zur Bestimmung der Zugfestigkeit μ von Stahl in Abhängigkeit der Zusatzstoffe Cäsium (c), Silizium (s) und Mangan (m) kann diese innerhalb gewisser Grenzen für c, s und m in guter Näherung modelliert werden durch:

$$\begin{aligned}\mu(c, s, m;\boldsymbol{\beta}) &= \beta_0 + \beta_1 c + \beta_2 s + \beta_3 m \\ &\quad + \beta_4 c \cdot s + \beta_5 c \cdot m + \beta_6 s \cdot m + \beta_7 c \cdot s \cdot m .\end{aligned}$$ ◀

Sehr häufig ist die Gestalt von $\mu(\boldsymbol{x})$ unbekannt. Setzt man aber voraus, dass $\mu(\boldsymbol{x})$ in der Umgebung eines festen Punktes $\boldsymbol{x}_0$ hinreichend glatt ist, so kann $\mu(\boldsymbol{x})$ in guter Näherung durch eine Taylorreihe approximiert werden. Zum Beispiel gilt bei einer eindimensionalen Einflussgröße x:

$$\begin{aligned}\mu(x) &= \mu(x_0) + (x - x_0)\mu'(x_0) + \cdots \\ &\quad + \frac{(x - x_0)^k}{k!}\mu^{(k)}(x_0) + \text{Rest} .\end{aligned}$$

Ordnet man nach x um, erhält man ein Polynom k-ten Grades:

$$\mu(x) = \beta_0 + \beta_1 x + \cdots + \beta_k x^k + \text{Rest} .$$

All diesen Beispielen ist Folgendes gemeinsam: Die unbekannten Koeffizienten β_j treten als Gewichtungskoeffizienten bekannter Funktionen $g_j(\boldsymbol{x})$ auf. Selbst wenn $\mu(\boldsymbol{x};\boldsymbol{\beta})$ eine hochgradig nichtlineare Funktion von $\boldsymbol{x}$ ist, ist in diesen Modellen $\mu(\boldsymbol{x};\boldsymbol{\beta})$ eine lineare Funktion der Parameter β_j.

Das Erscheinungsbild von $\mu(\boldsymbol{x};\boldsymbol{\beta})$ lässt sich noch wesentlich vereinfachen und vereinheitlichen, wenn wir die Bezeichnungen ändern und durch die Definition:

$$x_j = g_j(\boldsymbol{x})$$

neue formale Regressoren einführen. Dann hat $\mu(\boldsymbol{x};\boldsymbol{\beta})$ die Gestalt:

$$\mu(\boldsymbol{x};\boldsymbol{\beta}) = \beta_0 + \sum_{j=1}^{m} \beta_j x_j\,.$$

So definieren wir im Beispiel der Zugfestigkeit von Stahl

$$x_1 := c \quad x_2 := s \quad x_3 := m \quad \dots \quad x_8 := c\cdot s\cdot m$$

und im Beispiel der Taylorentwicklung

$$x_1 := x \quad x_2 := x^2 \quad x_3 := x^3 \quad \dots \quad x_k := x^k\,.$$

Da sich im weiteren die Abhängigkeit von $\boldsymbol{\beta}$ von selbst versteht, schreiben wir von nun an abkürzend für $\mu(\boldsymbol{x};\boldsymbol{\beta})$ nur noch $\mu(\boldsymbol{x})$ oder ganz knapp μ. Häufig verzichtet man darauf, das Absolutglied β_0 explizit auszuweisen. Dazu wird einfach die Konstante 1 formal als Regressor $x_0 = 1$ aufgefasst. Mit dieser Umbenennung erhalten wir:

Die Strukturgleichung des linearen Modells

$$y = \sum_{j=0}^{m} \beta_j x_j + \varepsilon\,.$$

Dabei ist ε die unbekannte stochastische Störgröße, x_j ist der bekannte j-te Regressor, β_j der unbekannte Regressionskoeffizient und y die beobachtbare Zielgröße.

In dieser Gleichung werden alle Regressoren x_0 bis x_m formal gleich behandelt. Dabei ist unter der Bezeichnung x_0 nicht notwendig die Konstante 1 verborgen. Daher ist nicht stets erkennbar, ob die Konstante 1 überhaupt explizit oder implizit als Regressor im Modell enthalten ist. In Zweifelsfällen ist dies gesondert anzugeben. Wir sprechen dann von Modellen **mit** Eins oder **ohne** Eins, bzw. mit oder ohne **Absolutglied**, mit oder ohne **Offset**. Wir werden auf Seite 273 diesen Sachverhalt noch genauer definieren. Die Unterscheidung, ob mit, ob ohne Eins, ist in der Praxis wichtig, da Modelle ohne Absolutglied andere Eigenschaften haben als Modelle mit Eins, zum Beispiel muss das Bestimmtheitsmaß, das wir auf Seite 287 besprechen, in Modellen ohne Eins modifiziert werden.

Beispiel Angenommen, Sie führen Buch über die monatlichen Kosten eines nur an Werktagen gefahrenen Dienstwagens. Dazu stellen sie folgendes Modell auf

$$y = \beta_0 + \beta_1 t + \varepsilon\,.$$

Dabei sind t die Anzahl der Werktage im Monat, β_0 die monatlichen Fixkosten und β_1 die zeitabhängigen Kosten. Alle anderen Kostengrößen samt Messfehlern stecken in die Störgrößen ε_i. Die Monate haben unterschiedlich viele Arbeitstage. Dies hat folgende unangenehme Konsequenz: Ist t_i die Anzahl der Tage im i-ten Monat und δ_j die Störgröße am j-ten Tag, so ist $\varepsilon_i = \sum_{J=1}^{t_i} \delta_j$. Nehmen wir in erster Näherung an, die δ_j seien unkorreliert und mit gleicher Varianz $\operatorname{Var}(\delta_j) = \sigma^2$, dann ist $\operatorname{Var}(\varepsilon_i) = t_i\sigma^2$. Sie wollen aber ein Modell verwenden, indem die Varianzen der Störgrößen annähernd konstant sind. Dazu transformieren Sie das Modell zu

$$\widetilde{y} = \frac{y}{\sqrt{t}} = \frac{\beta_0}{\sqrt{t}} + \beta_1\sqrt{t} + \frac{\varepsilon}{\sqrt{t}}\,.$$

Im neuen Modell sind die Varianzen der Störgrößen in erster Näherung konstant. Aber das neue Modell enthält kein Absolutglied mehr. ◄

Achtung: Unser Modellansatz behandelt alle Regressoren als deterministische Größen. Sind die Regressoren zufällige Variable X_j mit den Realisationen x_j, dann interpretieren wir das Regressionsmodell als Modell für die bedingte Verteilung von Y bei gegebenem X.

Das Design schreibt vor, wie beim i-ten Versuch die Einflussgrößen x_j einzustellen sind

Zur Schätzung der Regressionskoeffizienten β_j und der systematischen Komponente μ werden Versuche angestellt und y wird bei variierendem $\boldsymbol{x}$ gemessen. Die Wahl des Designs hat entscheidenden Einfluss auf die Genauigkeit der Schätzungen. Die Bestimmung optimaler Designs ist die wichtigste Aufgabe der **statistischen Versuchsplanung**. Wir gehen hier aber von einem vorgegebenem Design aus.

Greifen wir uns einen einzelnen Versuch, den i-ten Versuch heraus. Die Werte der Einflussgrößen und das Ergebnis des Einzelversuchs selbst beschreiben wir mit folgenden Bezeichnungen:

x_{ij}	der Wert der j-ten Einflussgröße,
$(x_{i0}, x_{i1}, \dots, x_{im})$	die Werte aller Einflussgrößen,
μ_i	der Wert der systematischen Komponente,
ε_i	der Wert der Störkomponente,
y_i	der Wert der Zielvariablen.

Die i-te **Beobachtungsgleichung** lautet nun in zwei äquivalenten Schreibweisen:

$$y_i = \mu_i + \varepsilon_i = \sum_{j=0}^{m} x_{ij}\beta_j + \varepsilon_i \quad i = 1, \dots, n\,.$$

Die n Beobachtungsgleichungen lassen sich weiter als n Zeilen einer Matrizengleichung lesen und so zu einer vektoriellen Gleichung mit drei äquivalenten Schreibweisen zusammenfassen:

$$\boldsymbol{y} = \boldsymbol{\mu} + \boldsymbol{\varepsilon}\,,$$
$$\boldsymbol{y} = \boldsymbol{X\beta} + \boldsymbol{\varepsilon}\,,$$
$$\boldsymbol{y} = \sum_{j=0}^{m} \boldsymbol{x}_j\beta_j + \boldsymbol{\varepsilon}\,.$$

Dabei haben wir die folgenden Abkürzungen verwendet:

$$\begin{array}{lll} \boldsymbol{y} = (y_1, \cdots, y_n)^\top & \text{der Vektor der Zielvariablen,} \\ \boldsymbol{\mu} = (\mu_1, \cdots, \mu_n)^\top & \text{der Vektor der systematischen Komponente,} \\ \boldsymbol{\varepsilon} = (\varepsilon_1, \cdots, \varepsilon_n)^\top & \text{der Vektor der Störvariablen,} \\ \boldsymbol{X} = (\boldsymbol{x}_0, \cdots, \boldsymbol{x}_m) & \text{die Designmatrix.} \end{array}$$

Beispiel Bei der linearen Einfachregression lauten die n Beobachtungsgleichungen:

$$\begin{aligned} y_1 &= \beta_0 + \beta_1 x_1 + \epsilon_1 \\ &\vdots \\ y_i &= \beta_0 + \beta_1 x_i + \epsilon_i \\ &\vdots \\ y_n &= \beta_0 + \beta_1 x_n + \epsilon_n \,. \end{aligned}$$

Diese können wir vektoriell zusammenfassen:

$$\begin{pmatrix} y_1 \\ \vdots \\ y_i \\ \vdots \\ y_n \end{pmatrix} = \beta_0 \begin{pmatrix} 1 \\ \vdots \\ 1 \\ \vdots \\ 1 \end{pmatrix} + \beta_1 \begin{pmatrix} x_1 \\ \vdots \\ x_i \\ \vdots \\ x_n \end{pmatrix} + \begin{pmatrix} \varepsilon_1 \\ \vdots \\ \varepsilon_i \\ \vdots \\ \varepsilon_n \end{pmatrix}$$

Mit dem Einservektor $\mathbf{1}$ und den Vektoren $\boldsymbol{x}$, $\boldsymbol{y}$ und $\boldsymbol{\varepsilon}$ können wir schreiben:

$$\boldsymbol{y} = \beta_0 \mathbf{1} + \beta_1 \boldsymbol{x} + \boldsymbol{\epsilon} \,.$$

In Matrizenform erhalten wir:

$$\begin{aligned} \boldsymbol{y} &= (\mathbf{1}, \boldsymbol{x}) \begin{pmatrix} \beta_0 \\ \beta_1 \end{pmatrix} + \boldsymbol{\epsilon} \\ &= \boldsymbol{X\beta} + \boldsymbol{\epsilon}. \end{aligned}$$ ◄

Die Spalte der Designmatrix kennzeichnet den Regressor, die Zeile der Designmatrix kennzeichnet die Beobachtungsstelle.

- $\boldsymbol{x}_j$, die j-te Spalte der Designmatrix, ist der Vektor mit den Werten des j-ten Regressors, die dieser während aller n Versuche annimmt, $j = 0, \ldots, m$.
- $(x_{i0}, x_{i1}, \ldots, x_{im})$, die i-te Zeile der Designmatrix, ist der Vektor mit den Werten, welche die $m+1$ Regressoren während des i-ten Versuchs annehmen, $i = 0, \ldots, n$.

Haben die x_{ij} ihre Zahlenwerte angenommen, so ist $\boldsymbol{X}$ eine reelle $(n \times (m+1))$-Matrix. Es ist durchaus möglich, dass unterschiedliche Versuchsanordnungen zur gleichen Designmatrix $\boldsymbol{X}$ führen. Im realisierten Design ist die ursprüngliche, datenerzeugende Struktur verschwunden. Wir schreiben daher auch in der Strukturgleichung $\mu(\boldsymbol{x}; \boldsymbol{\beta})$, in der Beobachtungsgleichung aber nur $\boldsymbol{\mu}$. Im ersten Fall handelt es sich um eine Funktion der Variablenvektors $\boldsymbol{x}$, im zweiten Fall um einen festen Vektor des $\mathbb{R}^n$.

Die Einflussgrößen $x_0, \ldots, x_m$ spannen den Modellraum M auf

Die systematische Komponente $\boldsymbol{\mu} = \sum_{j=0}^m \boldsymbol{x}_j \beta_j$ ist Linearkombination der Einflussgrößen $\boldsymbol{x}_0, \cdots, \boldsymbol{x}_m$. Die Menge aller Linearkombination der Einflussgrößen bildet einen linearen Raum.

Der Modellraum

Der von den Spalten der Designmatrix $\boldsymbol{X}$ erzeugte lineare Raum ist der Modellraum:

$$\begin{aligned} M &= \left\{ \sum_{j=0}^m \boldsymbol{x}_j \beta_j : \beta_j \in \mathbb{R}, j = 0, \ldots, m \right\} \\ &= \operatorname{span}\{\boldsymbol{x}_0, \cdots, \boldsymbol{x}_m\} \\ &= \operatorname{span}\{\boldsymbol{X}\} \,. \end{aligned}$$

Die Dimension des Modellraums ist $\dim M = d$.

Die Aussage $\boldsymbol{\mu} = \sum_{j=0}^m \boldsymbol{x}_j \beta_j$ ist dann äquivalent mit der Aussage:

$$\boldsymbol{\mu} \in M \,.$$

Im Beispiel auf Seite 273 der linearen Einfachregression wird der Modellraum M von den beiden Regressoren $\mathbf{1}$ und $\boldsymbol{x}$ aufgespannt: $M = \operatorname{span}\{\mathbf{1}, \boldsymbol{x}\}$.

?

Aber warum führen wir überhaupt die zusätzliche Bezeichnung $\boldsymbol{M}$ ein und begnügen uns nicht mit $\operatorname{span}\{\boldsymbol{X}\}$?

Nun können wir auch besser definieren, was ein Modell mit Absolutglied ist.

Modell mit Absolutglied

In einem Modell mit Absolutglied oder Modell mit Eins ist der Einservektor im Modellraum enthalten: $\mathbf{1} \in M$.

Beispiel Die Wasserwerke stellen fest, dass der Wasserverbrauch an Werktagen und Feiertagen deutlich schwankt. Sie stellen das folgende einfachste Modell auf:

$$y_i = \beta_0 + \beta^W + \beta^F + \varepsilon_i$$

Dabei ist i der Zählindex der Tage, β_0 der Grundverbrauch, β^W und β^F sind Abschläge oder Zuschläge, je nach dem es sich um einen Werktag oder Feiertag handelt. Angenommen, wir haben Daten von n Werktagen und m Feiertagen, und führen wir – nach Umindizierung der Tage – zuerst alle Werktage und dann alle Feiertage auf, so lassen sich diese Daten in den folgenden Beobachtungsgleichungen zusammenfassen:

$$\begin{aligned} y_i &= \beta_0 + \beta^W + \varepsilon_i & i &= 1, \ldots, n \,, \\ y_i &= \beta_0 + \beta^F + \varepsilon_i & i &= n+1, \ldots, n+m \,. \end{aligned}$$

Schreiben wir die Gleichungen vektoriell, erhalten wir

$$\begin{aligned} \boldsymbol{y}^W &= \beta_0 \mathbf{1}_n + \beta^W \mathbf{1}_n + \boldsymbol{\varepsilon}^W, \\ \boldsymbol{y}^F &= \beta_0 \mathbf{1}_m + \beta^F \mathbf{1}_m + \boldsymbol{\varepsilon}^F. \end{aligned}$$

Beide Vektorgleichungen können wir zusammenfassen zu

$$\begin{pmatrix} \boldsymbol{y}^W \\ \boldsymbol{y}^F \end{pmatrix} = \beta_0 \begin{pmatrix} \mathbf{1}_n \\ \mathbf{1}_m \end{pmatrix} + \beta^W \begin{pmatrix} \mathbf{1}_n \\ \mathbf{0}_m \end{pmatrix} + \beta^F \begin{pmatrix} \mathbf{0}_n \\ \mathbf{1}_m \end{pmatrix} + \begin{pmatrix} \boldsymbol{\varepsilon}^W \\ \boldsymbol{\varepsilon}^F \end{pmatrix}.$$

Dabei sind $\mathbf{1}_n$, bzw. $\mathbf{0}_n$, der n-dimensionale Einser- bzw. Nullvektor. Analog für F. Mit der naheliegenden Abkürzung

$$\boldsymbol{y} = \begin{pmatrix} \boldsymbol{y}^W \\ \boldsymbol{y}^F \end{pmatrix}, \ \boldsymbol{\varepsilon} = \begin{pmatrix} \boldsymbol{\varepsilon}^W \\ \boldsymbol{\varepsilon}^F \end{pmatrix}; \ \mathbf{1}^W = \begin{pmatrix} \mathbf{1}_n \\ \mathbf{0}_m \end{pmatrix}, \ \mathbf{1}^F = \begin{pmatrix} \mathbf{0}_n \\ \mathbf{1}_m \end{pmatrix}$$

für die Vektoren finden wir das lineares Modell

$$\boldsymbol{y} = \beta_0 \mathbf{1} + \beta^W \mathbf{1}^W + \beta^F \mathbf{1}^F + \boldsymbol{\varepsilon}$$

mit drei Parametern und den drei Regressoren $\mathbf{1}$, $\mathbf{1}^W$ und $\mathbf{1}^F$. Aber diese drei sind wegen

$$\mathbf{1} = \mathbf{1}^W + \mathbf{1}^F$$

linear abhängig. Folglich ist genau einer der drei Regressoren überflüssig:

$$\begin{aligned} M &= \operatorname{span}\left\{\mathbf{1}, \mathbf{1}^W, \mathbf{1}^F\right\} \\ &= \operatorname{span}\left\{\mathbf{1}^W, \mathbf{1}^F\right\} = \operatorname{span}\left\{\mathbf{1}, \mathbf{1}^W\right\} = \operatorname{span}\left\{\mathbf{1}, \mathbf{1}^F\right\} \end{aligned}$$

Die Dimension des Modellraums ist 2. Keiner der drei Parameter ist eindeutig definiert. Verzichten wir zum Beispiel auf β_0 und arbeiten mit den Gleichungen

$$\boldsymbol{y} = \beta^W \mathbf{1}^W + \beta^F \mathbf{1}^F + \boldsymbol{\varepsilon}$$

so taucht das Absolutglied β_0 nicht mehr explizit auf. Unser Modellraum und damit unser Modell hat sich nicht geändert. Da $\mathbf{1} \in M$ geblieben ist, haben wir weiterhin ein Modell mit Eins. ◀

?

Warum ist keiner der drei Parameter β_0, β^W und β^F eindeutig definiert?

Sind die $\boldsymbol{x}_0, \cdots, \boldsymbol{x}_m$ linear abhängig, dann sind die Koeffizienten β_j in der Darstellung $\boldsymbol{\mu} = \sum_{j=0}^{m} \boldsymbol{x}_j \beta_j$ nicht eindeutig. Hängt z.B. $\boldsymbol{x}_m$ von den anderen Einflussgrößen linear ab, $\boldsymbol{x}_m = \sum_{j=0}^{m-1} \boldsymbol{x}_j \gamma_j$, dann ist $\boldsymbol{x}_m$ in der Darstellung von $\boldsymbol{\mu}$ überflüssig und kann eliminiert werden

$$\begin{aligned} \boldsymbol{\mu} &= \sum_{j=0}^{m-1} \boldsymbol{x}_j \beta_j + \boldsymbol{x}_m \beta_m = \sum_{j=0}^{m-1} \boldsymbol{x}_j \beta_j + \beta_m \sum_{j=0}^{m-1} \boldsymbol{x}_j \gamma_j \\ &= \sum_{j=0}^{m-1} \boldsymbol{x}_j (\beta_j + \beta_m \gamma_j). \end{aligned}$$

Der Modellraum M kann also auch von $\boldsymbol{x}_0, \cdots, \boldsymbol{x}_{m-1}$ erzeugt werden, $\boldsymbol{\mu}$ kann mit weniger Einflussgrößen genauso gut dargestellt werden. Die Eindeutigkeit der Darstellung von $\boldsymbol{\mu}$ ist genau dann gesichert, wenn eine der drei äquivalenten Formulierungen der Identifikationsbedingung erfüllt ist.

Die Identifikationsbedingung

Die Einflussgrößen sind linear unabhängig. Die Designmatrix $\boldsymbol{X}$ hat den vollen Spaltenrang $m+1$. Die Dimension d des Modellraum ist $m+1$.

Diese Forderung vereinfacht die Darstellung des Modells und die Schätzungen der Parameter, bei der Komplikationen wegen der Mehrdeutigkeit der Parameter vermieden werden.

In diesem Kapitel werden wir stets voraussetzen, dass die Identifikationsbedingung erfüllt ist. Im nächsten Kapitel über Varianzanalyse werden wir uns intensiver mit dem Fall Rang $\boldsymbol{X} < m+1$ beschäftigen, wenn wir also mehr Parameter als linear unabhängige Regressoren haben.

Durch den Modellraum M wird das lineare Modell, aber noch nicht seine Parametrisierung festgelegt. Bei einem Wechsel der Basis von M ändert sich allein die Parametrisierung, während der Modellraum invariant bleibt. So ist es bei der Schätzung von $\boldsymbol{\mu}$ oft nützlich, die ursprünglich gegebenen Einflussgrößen gegen eine neue orthogonale Basis auszutauschen.

Achtung: Viele Aussagen in diesem Kapitel bleiben gültig, auch wenn die Identifikationsbedingung nicht erfüllt ist, sofern man nur statt $m+1$ die Dimension d des jeweiligen Modellraums einsetzt. Wir haben dies in diesem Kapitel getan. Wenn also hier im Text die Dimensionsbezeichnung d auftaucht, so ist bei Modellen mit linear unabhängigen Regressoren der Buchstabe d durch $m+1$ zu ersetzen.

7.3 Parameterschätzung im linearen Modell

Wir werden uns zunächst der Aufgabe zuwenden, die unbekannten Parameter im Modell zu schätzen. Der Angelpunkt ist die Schätzung von $\boldsymbol{\mu}$. Wir wissen von $\boldsymbol{\mu}$ lediglich, dass $\boldsymbol{\mu} \in M$ ist. Anstelle von $\boldsymbol{\mu}$ können wir allein $\boldsymbol{y}$ beobachten. Als Schätzwert für $\boldsymbol{\mu}$ nehmen wir den nächstbesten Wert aus M, genauer gesagt: Der beste Wert ist der nächstgelegene. Dieses intuitive Schätzprinzip besitzt eine Fülle von optimalen Eigenschaften, die wir nun kennenlernen wollen.

Der Schätzwert $\widehat{\mu}$ ist die Projektion von y in den Modellraum

Der Schlüssel zur Bestimmung des Kleinst-Quadrat-Schätzers und seiner Eigenschaften ist der Begriff der orthogonalen Projektion $\boldsymbol{P}_M$ in einen endlichdimensionalen Vektorraum M. Wir haben den Begriff der Projektion und seine Eigenschaften im mathematischen Anhang im Abschnitt „Projektionen" zusammengestellt und erläutert. Wir empfehlen dringend, in Zweifelsfällen dort nachzuschauen.

Der Kleinst-Quadrat-Schätzer

Die Methode der kleinsten Quadrate schätzt das unbekannte $\boldsymbol{\mu}$ durch $\widehat{\boldsymbol{\mu}} \in M$, durch den Vektor mit minimalem Abstand zu $\boldsymbol{y}$:

$$\widehat{\boldsymbol{\mu}} = \arg\min_{m \in M} \|\boldsymbol{m} - \boldsymbol{y}\|^2 .$$

Es gilt also:

$$\|\widehat{\boldsymbol{\mu}} - \boldsymbol{y}\|^2 \leq \|\boldsymbol{m} - \boldsymbol{y}\|^2 \quad \text{für alle } \boldsymbol{m} \in M .$$

Jeder Vektor $\widehat{\boldsymbol{\beta}}$ mit

$$\widehat{\boldsymbol{\mu}} = \boldsymbol{X}\widehat{\boldsymbol{\beta}} = \sum_{j=0}^{m} \boldsymbol{x}_j \widehat{\beta}_j$$

heißt Kleinst-Quadrat-Schätzer oder kurz KQ-Schätzer von $\boldsymbol{\beta}$. Ist der Parametervektor $\boldsymbol{\gamma} = \boldsymbol{A}\boldsymbol{\mu}$ eine lineare Funktion von $\boldsymbol{\mu}$, so heißt

$$\widehat{\boldsymbol{\gamma}} = \boldsymbol{A}\widehat{\boldsymbol{\mu}}$$

der Kleinst-Quadrat-Schätzer von $\boldsymbol{\gamma}$.

Nun ist der Modellraum M ein linearer Unterraum des $\mathbb{R}^n$. Bei endlichdimensionalen Unterräumen existiert stets die eindeutig bestimmte lineare Projektion von $\mathbb{R}^n$ nach M:

$$\boldsymbol{P}_M : \mathbb{R}^n \to M .$$

Ein Punkt $\boldsymbol{m} \in M$ hat genau dann minimalen Abstand zu einem Punkt $\boldsymbol{y} \in \mathbb{R}^n$, falls $\boldsymbol{m} = \boldsymbol{P}_M \boldsymbol{y}$ ist. Ist die Identifikationsbedingung von Seite 274 erfüllt, dann hat die Designmatrix den vollen Spaltenrang $\text{Rg}(\boldsymbol{X}) = \dim(M) = m + 1$. In diesem Fall ist

$$\boldsymbol{P}_M = \boldsymbol{X}(\boldsymbol{X}^\top \boldsymbol{X})^{-1}\boldsymbol{X}^\top .$$

Aus den Eigenschaften den Projektion erhalten wir sofort den KQ-Schätzer.

Eigenschaften des Kleinst-Quadrat-Schätzers

Der KQ-Schätzer $\hat{\mu}$ ist die Orthogonalprojektion von $\boldsymbol{y}$ in den Modellraum M:

$$\hat{\mu} = \boldsymbol{X}(\boldsymbol{X}^\top \boldsymbol{X})^{-1}\boldsymbol{X}^\top \boldsymbol{y} .$$

$\hat{\mu}$ existiert stets, ist eindeutig und invariant gegenüber allen Transformationen der Regressoren, die den Raum M invariant lassen. Der Kleinst-Quadrat-Schätzer von β ist eindeutig bestimmt als

$$\hat{\beta} = (\boldsymbol{X}^\top \boldsymbol{X})^{-1}\boldsymbol{X}^T \boldsymbol{y} .$$

Die Abweichung zwischen der Beobachtung $\boldsymbol{y}$ und dem geschätztem Erwartungswert $\widehat{\boldsymbol{\mu}}$ ist das **Residuum:**

$$\widehat{\boldsymbol{\varepsilon}} = \boldsymbol{y} - \widehat{\boldsymbol{\mu}} .$$

Achtung: Wir müssen sorgfältig unterscheiden zwischen der unbekannten **Störgröße** $\boldsymbol{\varepsilon}$ und dem berechneten Residuum $\widehat{\boldsymbol{\varepsilon}} = \boldsymbol{y} - \widehat{\boldsymbol{\mu}} = (\boldsymbol{I} - \boldsymbol{P}_M)\boldsymbol{y}$. Das Residuum ist der orthogonal zu Modellraum M stehende, bei der Schätzung verbleibenden Rest. Mitunter wird $\widehat{\boldsymbol{\varepsilon}}$ auch als *geschätztes* Residuum bezeichnet. Diese Benennung ist etwas problematisch, da $\boldsymbol{\varepsilon}$ eine zufällige Variable und kein Parameter ist. Daher kann von einer „Schätzung" von $\boldsymbol{\varepsilon}$ schlecht die Rede sein, allenfalls von einer „Schätzung" der konkreten Realisation von $\boldsymbol{\varepsilon}$.

?

1. Warum ist $\widehat{\boldsymbol{\varepsilon}}$ orthogonal zu $\boldsymbol{M}$? 2. Warum ist im Regressionsmodell mit Eins die Summe der Residuen gleich null? Und warum gilt dies nicht in Modellen ohne Eins?

Mit diesen Bezeichnungen finden wir eine einprägsame Entsprechung von Modellannahme und der geschätzten Zerlegung:

Modell:	$\boldsymbol{y} = \boldsymbol{\mu} + \boldsymbol{\varepsilon}$;	$\boldsymbol{\mu} \in M$;	
Schätzung:	$\boldsymbol{y} = \widehat{\boldsymbol{\mu}} + \widehat{\boldsymbol{\varepsilon}}$;	$\widehat{\boldsymbol{\mu}} \in M$;	$\widehat{\boldsymbol{\varepsilon}} \perp M$.

Schreibweisen:

Wir werden je nach Zielsetzung die Schreibweisen:

$$\boldsymbol{P}_M \boldsymbol{y} = \boldsymbol{P} \boldsymbol{y} = \widehat{\boldsymbol{\mu}}$$

für den selben Sachverhalt verwenden. $\boldsymbol{P}_M \boldsymbol{y}$ ist die vollständige, informativste Bezeichnung. Arbeiten wir nur mit einem festen Modellraum M, so lassen wir den Index M weg und schreiben $\boldsymbol{P} \boldsymbol{y}$ statt $\boldsymbol{P}_M \boldsymbol{y}$, falls dadurch keine Missverständnisse zu befürchten sind. Bei $\widehat{\boldsymbol{\mu}}$ denken wir an die Schätzung der systematischen Komponente. Häufig wird für $\widehat{\boldsymbol{\mu}}$ die Bezeichnung $\widehat{\boldsymbol{y}}$ verwendet. Diese Bezeichnung wird hier vermieden, denn sie kann in die Irre führen. Wir schätzen ja kein $\boldsymbol{y}$, – dies geht auch gar nicht, da $\boldsymbol{y}$ eine Zufallsvariable ist, – sondern wir schätzen mit $\widehat{\boldsymbol{\mu}}$ den Erwartungswert von $\boldsymbol{y}$. Wie wir auf Seite 284 bei der linearen Einfachregression zeigen, ist es ein erheblicher Unterschied, ob wir den Parameter μ schätzen oder ein unbekanntes y prognostizieren.

?

Wieso ist in Modellen mit Eins die Summe der Residuen gleich null: $\sum_{i=1}^n \widehat{\varepsilon}_i = 0$? Wieso gilt dies in Modellen ohne Eins nicht?

Beispiel Im Beispiel auf Seite 273 betrachteten wir das Modell

$$y_i = \beta_0 + \beta^W + \beta^F + \varepsilon_i .$$

Für den Modellraum hatten wir verschiedene Darstellungen gefunden.

$$M = \text{span}\left\{\mathbf{1}, \mathbf{1}^W, \mathbf{1}^F\right\} = \text{span}\left\{\mathbf{1}^W, \mathbf{1}^F\right\}$$
$$= \text{span}\left\{\mathbf{1}, \mathbf{1}^W\right\} = \text{span}\left\{\mathbf{1}, \mathbf{1}^F\right\} .$$

Zur Schätzung von μ ist die Darstellung $M = \text{span}\{\mathbf{1}^W, \mathbf{1}^F\}$ am günstigsten, da die Regressoren $\mathbf{1}^W$ und $\mathbf{1}^F$ zu einander orthogonal stehen. Daher ist

$$\boldsymbol{P}_M \boldsymbol{y} = \boldsymbol{P}_{\text{span}(\mathbf{1}^W, \mathbf{1}^F)} \boldsymbol{y}\,.$$

Wird ein Raum von orthogonalen Vektoren wie von orthogonalen Koordinatenachsen aufgespannt, so erhalten wir die Projektion, wenn wir auf alle Achsen einzeln projizieren:

$$\boldsymbol{P}_M \boldsymbol{y} = \boldsymbol{P}_{\text{span}(\mathbf{1}^W)} \boldsymbol{y} + \boldsymbol{P}_{\text{span}(\mathbf{1}^F)} \boldsymbol{y}\,.$$

Die Projektion auf einen Vektor oder auf eine Achse $\boldsymbol{a}$ lässt sich direkt angeben. Schreiben wir verkürzend $\boldsymbol{P}_{\boldsymbol{a}}$ anstelle von $\boldsymbol{P}_{\text{span}(\boldsymbol{a})}$, so ist

$$\boldsymbol{P}_{\boldsymbol{a}} \boldsymbol{y} = \frac{\boldsymbol{a}^\top \boldsymbol{y}}{\|\boldsymbol{a}\|^2} \boldsymbol{a}\,.$$

Damit erhalten wir:

$$\begin{aligned}\boldsymbol{P}_M \boldsymbol{y} &= \frac{\left(\mathbf{1}^W\right)^\top \boldsymbol{y}}{\left\|\mathbf{1}^W\right\|^2} \mathbf{1}^W + \frac{\left(\mathbf{1}^F\right)^\top \boldsymbol{y}}{\left\|\mathbf{1}^F\right\|^2} \mathbf{1}^F \\ &= \frac{\sum_{i=1}^n y_i}{n} \mathbf{1}^W + \frac{\sum_{i=n+1}^{n+m} y_i}{m} \mathbf{1}^F \\ &= \overline{y}^W \mathbf{1}^W + \overline{y}^F \mathbf{1}^F\,.\end{aligned}$$

Dabei ist $\overline{y}^W$ der Mittelwert der Beobachtungen an Werktagen und $\overline{y}^F$ derjenige an Feiertagen. Verzichten wir also auf das überflüssige β_0 oder setzen wir explizit $\beta_0 = 0$, so ist $\widehat{\beta}^W = \overline{y}^W$ und $\widehat{\beta}^F = \overline{y}^F$. ◀

Beispiel Im Beispiel auf Seite 273 betrachteten wir das Modell der lineare Einfachregression:

$$\boldsymbol{y} = \beta_0 \mathbf{1} + \beta_1 \boldsymbol{x} + \boldsymbol{\epsilon}\,.$$

Der Modellraum ist $M = \text{span}(\mathbf{1}, \boldsymbol{x})$. Im Beispiel auf Seite 275 ließ sich die Projektion in den Modellraum leicht angeben, da die erzeugenden Vektoren orthogonal waren. Dies ist hier nicht der Fall. Aber dem können wir leicht abhelfen. Wir orthogonalisieren die beiden Vektoren $\mathbf{1}$ und $\boldsymbol{x}$, indem wir $\boldsymbol{x}$ in eine Komponente in $\mathbf{1}$-Richtung und einen dazu orthogonalen Rest zerlegen:

$$\boldsymbol{x} = \boldsymbol{P}_{\mathbf{1}} \boldsymbol{x} + (\boldsymbol{x} - \boldsymbol{P}_{\mathbf{1}} \boldsymbol{x})\,.$$

Nun ist

$$\boldsymbol{P}_{\mathbf{1}} \boldsymbol{x} = \frac{\mathbf{1}^\top \boldsymbol{x}}{\|\mathbf{1}\|^2} \mathbf{1} = \frac{\sum_{i=1}^n x_i}{n} \mathbf{1} = \overline{x} \mathbf{1}$$

und

$$\boldsymbol{x} - \boldsymbol{P}_{\mathbf{1}} \boldsymbol{x} = \boldsymbol{x} - \overline{x} \mathbf{1} = \widetilde{\boldsymbol{x}}\,.$$

$\widetilde{\boldsymbol{x}}$ ist nichts anderes als der zentrierte $\boldsymbol{x}$-Vektor: $\widetilde{\boldsymbol{x}} = (x_1 - \overline{x}, \ldots, x_n - \overline{x})^\top$, und die Orthogonalität von $\mathbf{1}$ und $\widetilde{\boldsymbol{x}}$ ist uns auch schon von früher bekannt:

$$\mathbf{1}^\top \widetilde{\boldsymbol{x}} = \sum_{i=1}^n (x_i - \overline{x}) = 0\,.$$

Nun ist $M = \text{span}\{\mathbf{1}, \boldsymbol{x}\} = \text{span}\{\mathbf{1}, \widetilde{\boldsymbol{x}}\}$. Also ist

$$\begin{aligned}\widehat{\boldsymbol{\mu}} &= \boldsymbol{P}_M \boldsymbol{y} = \mathcal{P}_1 \boldsymbol{y} + \mathcal{P}_{\widetilde{\boldsymbol{x}}} \boldsymbol{y} \\ &= \overline{y}\mathbf{1} + \frac{\boldsymbol{y}^\top \widetilde{\boldsymbol{x}}}{\|\widetilde{\boldsymbol{x}}\|^2} \widetilde{\boldsymbol{x}} \\ &= \overline{y}\mathbf{1} + \frac{\sum_{i=1}^n y_i (x_i - \overline{x})}{\sum_{i=1}^n (x_i - \overline{x})^2} \widetilde{\boldsymbol{x}} \\ &= \overline{y}\mathbf{1} + \frac{\text{cov}(\boldsymbol{y}, \boldsymbol{x})}{\text{var}(\boldsymbol{x})} \widetilde{\boldsymbol{x}}\,.\end{aligned}$$

Wir haben aber eine Darstellung von $\widehat{\boldsymbol{\mu}}$ als Linearkombination von $\mathbf{1}$ und $\boldsymbol{x}$ gesucht. Dies können wir leicht haben. Wir ersetzen nur $\widetilde{\boldsymbol{x}}$ durch $\boldsymbol{x} - \overline{x}\mathbf{1}$:

$$\begin{aligned}\widehat{\boldsymbol{\mu}} &= \overline{y}\mathbf{1} + \frac{\text{cov}(\boldsymbol{y}, \boldsymbol{x})}{\text{var}(\boldsymbol{x})} (\boldsymbol{x} - \overline{x}\mathbf{1}) \\ &= \left(\overline{y} - \overline{x} \frac{\text{cov}(\boldsymbol{y}, \boldsymbol{x})}{\text{var}(\boldsymbol{x})}\right) \mathbf{1} + \frac{\text{cov}(\boldsymbol{y}, \boldsymbol{x})}{\text{var}(\boldsymbol{x})} \boldsymbol{x}\,.\end{aligned}$$

Damit finden wir die vertrauten Schätzer wieder:

$$\widehat{\beta}_0 = \overline{y} - \overline{x} \frac{\text{cov}(\boldsymbol{y}, \boldsymbol{x})}{\text{var}(\boldsymbol{x})}, \quad \widehat{\beta}_1 = \frac{\text{cov}(\boldsymbol{y}, \boldsymbol{x})}{\text{var}(\boldsymbol{x})}\,.$$ ◀

?

a) Wieso ist $\text{span}(\mathbf{1}, \boldsymbol{x}) = \text{span}(\mathbf{1}, \widetilde{\boldsymbol{x}})$? b) Wieso sind $\boldsymbol{P}_{\mathbf{1}} \boldsymbol{x}$ und $\boldsymbol{x} - \boldsymbol{P}_{\mathbf{1}} \boldsymbol{x}$ orthogonal?

Aus den Normalgleichungen gewinnen wir die Schätzung von β

In den beiden letzten Beispielen konnten wir $\widehat{\boldsymbol{\mu}}$ leicht bestimmen und dann den Schätzer $\widehat{\boldsymbol{\beta}}$ ablesen. Meist ist dies nicht so einfach, doch dann helfen uns die Normalgleichungen weiter.

Betrachten wir dazu noch einmal die Grundgleichung

$$\boldsymbol{y} = \widehat{\boldsymbol{\mu}} + \widehat{\boldsymbol{\varepsilon}} = \boldsymbol{X}\widehat{\boldsymbol{\beta}} + \widehat{\boldsymbol{\varepsilon}}\,.$$

Das Residuum $\widehat{\boldsymbol{\varepsilon}}$ steht senkrecht zum Modellraum M. Daher steht $\widehat{\boldsymbol{\varepsilon}}$ senkrecht auf allen Regressoren, die den Modellraum aufspannen. Also ist $(\boldsymbol{x}_j)^\top \widehat{\boldsymbol{\varepsilon}} = 0$. Fassen wir diese Gleichungen für $j = 1, \ldots, m$ in einer Matrizengleichung zusammen, erhalten wir $\boldsymbol{X}^\top \widehat{\boldsymbol{\varepsilon}} = 0$. Multiplizieren wir die Schätzgleichung $\boldsymbol{y} = \widehat{\boldsymbol{\mu}} + \widehat{\boldsymbol{\varepsilon}}$ mit $\boldsymbol{X}^\top$, so folgt:

$$\boldsymbol{X}^\top \boldsymbol{y} = \boldsymbol{X}^\top \boldsymbol{X}\widehat{\boldsymbol{\beta}} + \boldsymbol{X}^\top \widehat{\boldsymbol{\varepsilon}}\,.$$

Da $\boldsymbol{X}^\top \widehat{\boldsymbol{\varepsilon}} = 0$ ist, erhalten wir das System der Normalgleichungen, das wir im einfachsten Fall schon bei der Bestimmung der Ausgleichsgeraden auf Seite 268 kennengelernt haben.

Die Normalgleichungen

Der KQ-Schätzer $\widehat{\boldsymbol{\beta}}$ ist Lösung der Normalgleichung

$$\boldsymbol{X}^\top \boldsymbol{y} = \boldsymbol{X}^\top \boldsymbol{X}\widehat{\boldsymbol{\beta}}\,.$$

Das Gleichungssystem der Normalgleichungen ist stets lösbar.

?

Warum ist das System der Normalgleichungen stets lösbar? Ist es eindeutig lösbar?

Beispiel Als Beispiel betrachten wir einen Datensatz aus dem Buch von Draper und Smith (1966): *Applied regression analysis*, S. 351–363. Hier wird in einem Chemiewerk heißer Wasserdampf benötigt. Der Verbrauch von Wasserdampf wird in Abhängigkeit von neun Einflussgrößen untersucht. Für die insgesamt 10 Variablen liegen jeweils 25 Beobachtungen vor. Die Variablen sind:

- y Response vector: Pounds of steam used monthly
- x_1 Pounds of real fatty acid in storage per month
- x_2 Pounds of crude glycerin made
- x_3 Average wind velocity (in mph)
- x_4 Calendar days per month
- x_5 Operating days per month
- x_6 Days below 32 °F
- x_7 Average atmospheric temperature (°F)
- x_8 (Average wind velocity)^2
- x_9 Number of startups

Bei diesem Datensatz sind im Gegensatz zu unserer Modellvoraussetzung nicht alle Einflussgrößen kontrollierbare Variablen. Zum Beispiel lässt sich x_7, die mittlere Tagestemperatur, durchaus als zufällige Variable betrachten. Wir haben es also mit einer bedingten Analyse von $\boldsymbol{y}$ bei gegebenem $\boldsymbol{X}$ zu tun. Tabelle 7.1 enthält alle Daten der Regressoren und der Zielvariable y.

Tabelle 7.1 Die Wasserdampfdaten.

i	y	x_1	x_2	x_3	x_4	x_5	x_6	x_7	x_8	x_9
1	10.98	5.20	.61	7.4	31	20	22	35.3	54.8	4
2	11.13	5.12	.64	8.0	29	20	25	29.7	64.0	5
3	12.51	6.19	.78	7.4	31	23	17	30.8	54.8	4
4	8.40	3.89	.49	7.5	30	20	22	58.8	56.3	4
5	9.27	6.28	.84	5.5	31	21	0	61.4	30.3	5
6	8.73	5.76	.74	8.9	30	22	0	71.3	79.2	4
7	6.36	3.45	.42	4.1	31	11	0	74.4	16.8	2
8	8.50	6.57	.87	4.1	31	23	0	76.7	16.8	5
9	7.82	5.69	.75	4.1	30	1	0	70.7	16.8	4
10	9.14	6.14	.76	4.5	31	20	0	57.5	20.3	5
11	8.24	4.84	.65	10.3	30	20	11	46.4	106.1	4
12	12.19	4.88	.62	6.9	31	21	12	28.9	47.6	4
13	11.88	6.03	.79	6.6	31	21	25	28.1	43.6	5
14	9.57	4.55	.60	7.3	28	19	18	39.1	53.3	5
15	10.94	5.71	.70	8.1	31	23	5	46.8	65.6	4
16	9.58	5.67	.74	8.4	30	20	7	48.5	70.6	4
17	10.09	6.72	.85	6.1	31	22	0	59.3	37.2	6
18	8.11	4.95	.67	4.9	30	22	0	70.0	24.0	4
19	6.83	4.62	.45	4.6	31	11	0	70.0	21.2	3
20	8.88	6.60	.95	3.7	31	23	0	74.5	13.7	4
21	7.68	5.01	.64	4.7	30	20	0	72.1	22.1	4
22	8.47	5.68	.75	5.3	31	21	1	58.1	28.1	6
23	8.86	5.28	.70	6.2	30	20	14	44.6	38.4	4
24	10.36	5.36	.67	6.8	31	20	22	33.4	46.2	4
25	11.08	5.87	.70	7.5	31	22	28	28.6	56.3	5

Nun soll geklärt werden, ob und wie stark y von den Einflussgrößen x_1 bis x_9 abhängt. Im ersten Schritt wollen wir nur eine einzige erklärende Variable berücksichtigen. Dazu suchen wir diejenige Variable, die am stärksten mit y korreliert. Tabelle 7.2 zeigt die Korrelationen aller Variablen an, dabei haben wir nur die erste Stelle nach dem Komma angegeben.

Tabelle 7.2 Die Korrelationsmatrix der Dampfdaten.

	y	x_1	x_2	x_3	x_4	x_5	x_6	x_7	x_8	x_9
y	1	.4	.3	.5	.1	.5	.6	−.9	.4	.4
x_1	.4	1	.9	−.1	.4	.7	−.2	−.0	−.1	.6
x_2	.3	.9	1	−.1	.3	.8	−.2	.1	−.1	.6
x_3	.5	−.1	−.1	1	−.3	.2	.6	−.6	1	.1
x_4	.1	.4	.3	−.3	1	.0	−.2	.1	−.3	−.1
x_5	.5	.7	.8	.2	.0	1	.1	−.2	.2	.6
x_6	.6	−.2	−.2	.6	−.2	.1	1	−.9	.5	.1
x_7	−.9	−.0	.1	−.6	.1	−.2	−.9	1	−.5	−.2
x_8	.4	−.1	−.1	1	−.3	.2	.5	−.5	1	.0
x_9	.4	.6	.6	.1	−.1	.6	.1	−.2	.0	1

Aus der Korrelationsmatrix ergibt sich, dass $\boldsymbol{y}$ am stärksten mit $\boldsymbol{x}_7$ korreliert: $|r(\boldsymbol{y}, \boldsymbol{x}_7)| = 0.9$. Wir betrachten daher zunächst die lineare Struktur:

$$y = \beta_0 + \beta_7 x_7 + \varepsilon\,.$$

Die 25 Beobachtungsgleichungen sind dann

$$y_i = \beta_0 + \beta_7 x_{i7} + \varepsilon_i \quad , \quad i = 1, \ldots, 25.$$

Vektoriell zusammengefasst lauten die Beobachtungsgleichungen:

$$\boldsymbol{y} = \beta_0 \mathbf{1} + \beta_7 \boldsymbol{x}_7 + \boldsymbol{\varepsilon}\,.$$

Mit der Matrix $\boldsymbol{X} = (\mathbf{1}; \boldsymbol{x}_7)$ erhalten wir:

$$\boldsymbol{y} = \boldsymbol{X}\boldsymbol{\beta} + \boldsymbol{\varepsilon}\,.$$

Der Modellraum ist $M_1 = \operatorname{span}\{\boldsymbol{X}\} = \operatorname{span}\{\mathbf{1}, \boldsymbol{x}_7\}$. Betrachten wir $\boldsymbol{y}$ und $\boldsymbol{X}$ im Detail:

$$\boldsymbol{y} = \begin{pmatrix} 10.98 \\ 11.13 \\ 12.51 \\ 8.40 \\ \vdots \\ 11.08 \end{pmatrix} \quad \text{und} \quad \boldsymbol{X} = \begin{pmatrix} 1 & 35.3 \\ 1 & 29.7 \\ 1 & 30.8 \\ 1 & 58.8 \\ \vdots & \vdots \\ 1 & 28.6 \end{pmatrix}.$$

Wie man leicht erkennt, sind die Spalten von $\boldsymbol{X}$ linear unabhängig. Daher ist $\operatorname{Rg}(\boldsymbol{X}) = 2$ und $\boldsymbol{\beta} = (\beta_0; \beta_7)^\top$ lässt sich eindeutig durch:

$$\widehat{\boldsymbol{\beta}} = (\boldsymbol{X}^\top \boldsymbol{X})^{-1} \boldsymbol{X}^\top \boldsymbol{y}$$

schätzen. Wir berechnen die dazu notwendigen Matrizen im Einzelnen:

$$\boldsymbol{X}^\top \boldsymbol{X} = \begin{pmatrix} 25 & 1315 \\ 1315 & 76323.42 \end{pmatrix},$$

$$(\boldsymbol{X}^\top \boldsymbol{X})^{-1} = \begin{pmatrix} 0.42670 & -0.007352 \\ -0.007352 & 0.0001398 \end{pmatrix},$$

$$\boldsymbol{X}^\top \boldsymbol{y} = \begin{pmatrix} 235.6 \\ 1182.4 \end{pmatrix},$$

$$\widehat{\boldsymbol{\beta}} = (\boldsymbol{X}^\top \boldsymbol{X})^{-1} \boldsymbol{X}^\top \boldsymbol{y} = \begin{pmatrix} 13.624 \\ -0.0798 \end{pmatrix}.$$

Die geschätzte Struktur ist also:

$$\widehat{\mu} = 13.624 - 0.0798\, x_7 \,.$$

Wir wollen nun unsere Struktur erweitern und einen zweiten Regressor ins Modell aufnehmen. Dazu suchen wir einen Regressor, der möglichst hoch mit $\boldsymbol{y}$, aber gleichzeitig wenig mit $\boldsymbol{x}_7$ korreliert, denn er soll ja einen neuen Aspekt ins Modell bringen. Nach einem Blick auf die Korrelationstabelle wählen wir $\boldsymbol{x}_5$. Es ist $r(\boldsymbol{y}, \boldsymbol{x}_5) = 0.54$ und $r(\boldsymbol{x}_7, \boldsymbol{x}_5) = -0.21$. Jetzt ist der Modellraum $M_2 = \operatorname{span}\{\boldsymbol{1}, \boldsymbol{x}_7, \boldsymbol{x}_5\}$. Die neue Designmatrix ist:

$$\boldsymbol{X} = (\boldsymbol{1}; \boldsymbol{x}_7; \boldsymbol{x}_5) = \begin{pmatrix} 1 & 35.3 & 20 \\ 1 & 29.7 & 20 \\ 1 & 30.8 & 23 \\ 1 & 58.8 & 20 \\ \vdots & \vdots & \vdots \\ 1 & 28.6 & 22 \end{pmatrix}.$$

Die Spalten von $\boldsymbol{X}$ sind linear unabhängig. Daher hat $\boldsymbol{X}^\top \boldsymbol{X}$ den vollen Rang 3, die Inverse $(\boldsymbol{X}^\top \boldsymbol{X})^{-1}$ existiert. Die analoge Rechnung liefert:

$$(\boldsymbol{X}^\top \boldsymbol{X})^{-1} \boldsymbol{X}^\top \boldsymbol{y} = \begin{pmatrix} 9.1269 \\ -0.0724 \\ 0.2028 \end{pmatrix}.$$

Die geschätzte Struktur ist:

$$\widehat{\mu} = 9.1269 - 0.0724 x_7 + 0.2028 x_5.$$

Regression mit allen neun Variablen: Das Modell mit allen Variablen ist:

$$y = \beta_0 + \beta_1 x_1 + \cdots + \beta_7 x_7 + \beta_8 x_8 + \beta_9 x_9 \,.$$

Der Modellraum ist $M_3 = \operatorname{span}\{\boldsymbol{1}, \boldsymbol{x}_1, \boldsymbol{x}_2, \boldsymbol{x}_3, \cdots, \boldsymbol{x}_7, \boldsymbol{x}_9\}$. Die Berechnung der einzelnen Matrizen ist aufwändiger. Prinzipiell kommt aber nichts neues hinzu. Ohne auf die weiteren Rechnungen im Detail einzugehen, geben wir die resultierenden Parameterschätzwerte an:

$$\begin{array}{ll} \widehat{\beta}_0 = 1.90 & \widehat{\beta}_5 = 0.18 \\ \widehat{\beta}_1 = 0.71 & \widehat{\beta}_6 = -0.02 \\ \widehat{\beta}_2 = -1.90 & \widehat{\beta}_7 = -0.08 \\ \widehat{\beta}_3 = 1.13 & \widehat{\beta}_8 = -0.09 \\ \widehat{\beta}_4 = 0.12 & \widehat{\beta}_9 = -0.35 \,. \end{array}$$

Wir haben auf ein und demselben Datensatz drei verschiedene, immer reichhaltigere Modelle entwickelt: $M_1 = \operatorname{span}\{\boldsymbol{1}, \boldsymbol{x}_7\}$, $M_2 = \operatorname{span}\{\boldsymbol{1}, \boldsymbol{x}_7, \boldsymbol{x}_5\}$ und $M_3 = \operatorname{span}\{\boldsymbol{1}, \boldsymbol{x}_1, \boldsymbol{x}_2, \boldsymbol{x}_3, \ldots, \boldsymbol{x}_7, \boldsymbol{x}_9\}$. Jedes Modell liefert andere Schätzwerte. Welches Modell das wahre ist, wissen wir nicht. Grundsätzlich lässt sich sagen, dass das umfassendste Modell, hier M_3, nicht notwendig die besten Schätzwerte liefert. ◀

Die systematischen Komponente μ ist der Erwartungswert von y

Ohne Vorwissen sind Daten stumm. Wenn wir aus den Beobachtungswerten Schlüsse über die Parameter ziehen wollen, müssen wir von genau definiertem Vorwissen ausgehen. Dieses Vorwissen beschreiben wir in Annahmen über die Wahrscheinlichkeitsverteilung der Daten. Von nun an wollen wir von einem linearen statistischen Modell ausgehen.

Die Grundannahme im linearen statistischen Modell

Die Einflussgrößen $\boldsymbol{x}_j$, die Koeffizienten β_j und damit die systematische Komponente $\boldsymbol{\mu}$ sind determinierte, nicht zufällige Größen. Allein die Störgröße $\boldsymbol{\varepsilon}$ und die Beobachtungen sind zufällige Variablen.

Achtung: Zur optischen Vereinfachung und um Verwechslungen von Matrizen und zufälligen Vektoren zu vermeiden, müssen wir von nun an auf unsere Konvention verzichten, zufällige Variablen und ihre Realisationen im Schriftbild zu unterscheiden und werden für beide nur noch klein geschriebene Buchstaben verwenden. Um was es sich im Einzelnen handelt, muss aus dem Sinnzusammenhang erschlossen werden. Wir werden aber weiterhin Vektoren mit kleinen fetten und Matrizen mit großen fetten Buchstaben bezeichnen. In der Gleichung $\boldsymbol{y} = \boldsymbol{\mu} + \boldsymbol{\varepsilon}$ können daher $\boldsymbol{y}$ und $\boldsymbol{\varepsilon}$ sowohl n-dimensionale zufällige Vektoren als auch deren Realisationen bedeuten. Sprechen wir zum Beispiel von der Verteilung von $\boldsymbol{y}$, vom Erwartungswert oder der Kovarianzmatrix von $\boldsymbol{y}$, so ist mit $\boldsymbol{y}$ der zufällige Vektor gemeint. Werten wir eine konkrete Beobachtung aus, so ist $\boldsymbol{y}$ schlicht ein Zahlenvektor des $\mathbb{R}^n$.

Um in der Darstellung des Modells die systematische Komponente $\boldsymbol{\mu}$ von der stochastischen Komponente $\boldsymbol{\varepsilon}$ eindeutig zu trennen, schreiben wir

$$\boldsymbol{y} = \big(\boldsymbol{\mu} + \mathrm{E}(\boldsymbol{\varepsilon})\big) + \big(\boldsymbol{\varepsilon} - \mathrm{E}(\boldsymbol{\varepsilon})\big)$$

und fassen den Erwartungswert der Störgröße $\boldsymbol{\varepsilon}$ als Teil der systematischen Komponente auf. Der Erwartungswert der verbleibenden Störgröße ist damit Null. Die systematische Komponente ist schlicht der Erwartungswert von $\boldsymbol{y}$. Mit dieser Vereinbarung sind $\boldsymbol{y}$ und $\boldsymbol{\varepsilon}$ n-dimensionale zufällige Vektoren mit:

$$\begin{aligned} \boldsymbol{y} &= \boldsymbol{\mu} + \boldsymbol{\varepsilon} \\ \mathrm{E}(\boldsymbol{y}) &= \boldsymbol{\mu} \\ \mathrm{E}(\boldsymbol{\varepsilon}) &= \boldsymbol{0}\,. \end{aligned}$$

Wir haben hier $\boldsymbol{\mu}$ unabhängig von M durch $\boldsymbol{\mu} = \mathrm{E}(\boldsymbol{y})$ definiert. Dieses $\boldsymbol{\mu}$ nennen wir den *wahren* Parameter. Durch die Wahl von M legen wir ein spezielles Modell fest. In diesem Modell kann die Aussage:

$$\boldsymbol{\mu} \in M$$

falsch oder wahr sein. Ist sie wahr, spricht man von einem **richtig spezifizierten** oder **korrekten** Modell; anderenfalls ist das Modell **falsch spezifiziert**. Wenn nichts anderes gesagt ist, werden wir von nun an stets voraussetzen, dass unsere Modellannahme $\boldsymbol{\mu} \in M$ wahr sei. Diese Voraussetzung darf aber nicht überstrapaziert werden. Im Beispiel auf Seite 277 hatten wir nacheinander die drei Modelle $M_1 = \operatorname{span}\{\mathbf{1}, \boldsymbol{x}_7\}$, $M_2 = \operatorname{span}\{\mathbf{1}, \boldsymbol{x}_7, \boldsymbol{x}_5\}$ und schließlich das volle Modell $M_3 = \operatorname{span}\{\mathbf{1}, \boldsymbol{x}_1, \boldsymbol{x}_2, \boldsymbol{x}_3, \cdots, \boldsymbol{x}_7, \boldsymbol{x}_9\}$ mit allen 10 Einflussgrößen behandelt. Hätte $\boldsymbol{\mu}$ zum Beispiel in Wahrheit die Gestalt $\mu = 10 + 0.3x_5 - 0.2x_7$ dann wäre das Modell M_1, das auf $\boldsymbol{x}_5$ verzichtet falsch, das Modell M_3 zwar nicht falsch, aber überflüssig groß.

Erwartungstreue des Kleinst-Quadrat-Schätzers

Im korrekten Modell ist der Kleinst-Quadrat-Schätzer $\widehat{\boldsymbol{\mu}}$ erwartungstreu. Ist die Identifikationsbedingung erfüllt, so ist auch $\widehat{\boldsymbol{\beta}}$ erwartungstreu:

$$\mathrm{E}(\widehat{\boldsymbol{\mu}}) = \boldsymbol{\mu} \text{ und } \mathrm{E}(\widehat{\boldsymbol{\beta}}) = \boldsymbol{\beta}\,.$$

Beweis: Da der Erwartungswert ein linearer Operator ist, folgt $\mathrm{E}(\widehat{\boldsymbol{\mu}}) = \mathrm{E}(\boldsymbol{P}_M \boldsymbol{y}) = \boldsymbol{P}_M \mathrm{E}(\boldsymbol{y}) = \boldsymbol{P}_M \boldsymbol{\mu}$. Ist das Modell korrekt, so ist $\boldsymbol{\mu} \in M$ und daher $\boldsymbol{P}_M \boldsymbol{\mu} = \boldsymbol{\mu}$. Ist die Identifikationsbedingung erfüllt, so ist $\widehat{\boldsymbol{\beta}} = (\boldsymbol{X}^\top \boldsymbol{X})^{-1} \boldsymbol{X}^\top \boldsymbol{y}$. Daraus folgt:

$$\begin{aligned}\mathrm{E}(\widehat{\boldsymbol{\beta}}) &= (\boldsymbol{X}^\top \boldsymbol{X})^{-1} \boldsymbol{X}^\top \mathrm{E}(\boldsymbol{y}) = (\boldsymbol{X}^\top \boldsymbol{X})^{-1} \boldsymbol{X}^\top (\boldsymbol{X}\boldsymbol{\beta}) \\ &= (\boldsymbol{X}^\top \boldsymbol{X})^{-1} (\boldsymbol{X}^\top \boldsymbol{X})\boldsymbol{\beta} = \boldsymbol{\beta}\,.\end{aligned}$$

■

Streuen die Störgrößen unkorreliert und mit gleicher Varianz um den Nullpunkt, können wir σ^2 erwartungstreu schätzen

Uns fehlt noch eine Aussage über die Verlässlichkeit der einzelnen Schätzwerte selbst und die stochastischen Abhängigkeiten zwischen den Schätzern. Beide Fragen sind eng miteinander verbunden. Um sie zu beantworten, müssen wir unser Modell verfeinern. Der Annahme über den Erwartungswert $\mathrm{E}(\boldsymbol{y}) = \boldsymbol{\mu} \in M$ fügen wir nun die Annahme über die Struktur der Kovarianzmatrix hinzu. Wegen $\boldsymbol{y} = \boldsymbol{\mu} + \boldsymbol{\varepsilon}$ ist $\mathrm{Cov}(\boldsymbol{\varepsilon}) = \mathrm{Cov}(\boldsymbol{y})$, denn $\boldsymbol{\mu}$ ist eine Konstante. Es ist also gleich, ob wir Forderungen an die Kovarianzen der Störungen $\boldsymbol{\varepsilon}$ oder der Beobachtungen $\boldsymbol{y}$ stellen.

Die Kovarianzstruktur der Beobachtungen

Die n Beobachtungen y_i sind untereinander unkorreliert und besitzen dieselbe von $\boldsymbol{x}$ und i unabhängige Varianz σ^2.

$$\begin{aligned}\mathrm{Var}(y_i) &= \mathrm{Var}(\varepsilon_i) &&= \sigma^2 &&\text{für alle } i,\\ \mathrm{Cov}(y_i, y_j) &= \mathrm{Cov}(\varepsilon_i, \varepsilon_j) &&= 0 &&\text{für alle } i \neq j,\\ \mathrm{Cov}(\boldsymbol{y}) &= \mathrm{Cov}(\boldsymbol{\varepsilon}) &&= \sigma^2 \boldsymbol{I}.\end{aligned}$$

Mit diesem Modell können wir zum Beispiel die n-fache unabhängige Wiederholung eines Versuchs beschreiben, bei der sich in Abhängigkeit der variierenden Versuchsbedingungen allein die systematische Komponente $\boldsymbol{\mu}$ verschiebt, aber die Messgenauigkeit σ^2 konstant bleibt.

Das Modell ist nicht angebracht zur Beschreibung von Vorgängen, bei denen die Störgröße mit der Zeit abnimmt oder zunimmt, zum Beispiel bei Experimenten, die sich allmählich einpendeln oder aufschaukeln. Ebensowenig ist dieses Modell geeignet für Messungen, die teils mit genauen, teils mit ungenauen Messgeräten genommen werden.

Aus der Annahme $\mathrm{Cov}(\boldsymbol{y}) = \sigma^2 \boldsymbol{I}$ lassen sich die folgenden Aussagen ableiten. Den Beweis stellen wir als Aufgabe 7.15 zurück

Die Kovarianzmatrizen der Schätzer

Hat die Matrix $\boldsymbol{X}$ den vollen Spaltenrang und ist $\mathrm{Cov}(\boldsymbol{y}) = \sigma^2 \boldsymbol{I}$, so gilt

$$\begin{aligned}\mathrm{Cov}(\widehat{\boldsymbol{\mu}}) &= \sigma^2 \boldsymbol{P}_M = \sigma^2 \boldsymbol{X}(\boldsymbol{X}^\top \boldsymbol{X})^{-1} \boldsymbol{X}^\top,\\ \mathrm{Cov}(\widehat{\boldsymbol{\beta}}) &= \sigma^2 (\boldsymbol{X}^\top \boldsymbol{X})^{-1},\\ \mathrm{Cov}(\widehat{\boldsymbol{\varepsilon}}) &= \sigma^2 (\boldsymbol{I} - \boldsymbol{P}_M)\,,\\ \mathrm{Cov}(\widehat{\boldsymbol{\mu}}; \widehat{\boldsymbol{\varepsilon}}) &= 0\,.\end{aligned}$$

Die Vektoren $\widehat{\boldsymbol{\mu}}$ der geschätzte systematischen Komponente und $\widehat{\boldsymbol{\varepsilon}}$ der Residuen sind sowohl orthogonal als auch unkorreliert. Dies lässt sich leicht anschaulich interpretieren: Alle linearen Anteile von $\boldsymbol{y}$, die sich durch die Regressoren erfassen lassen, stecken in $\widehat{\boldsymbol{\mu}}$, alles was sich nicht mehr erfassen lässt, bildet den dazu unkorrelierten und orthogonalen Rest $\widehat{\boldsymbol{\varepsilon}}$.

?

Erklären Sie inhaltlich, warum die Residuen $\widehat{\boldsymbol{\varepsilon}}$ korreliert sind, obwohl die wahren Störungen $\boldsymbol{\varepsilon}$ nach unserer Voraussetzung unkorreliert sind?

Aus den Residuen gewinnen wir die Schätzung von σ^2.

Wir kennen zwar die Struktur der Kovarianzmatrizen, können damit aber noch nicht viel anfangen, solange wir σ nicht kennen. Während die in M liegende Komponente $\boldsymbol{P}_M \boldsymbol{y}$ den Schätzer $\widehat{\boldsymbol{\mu}}$ liefert, gewinnen wir aus dem zu M orthogonalen Residuum $\widehat{\boldsymbol{\varepsilon}} = \boldsymbol{y} - \boldsymbol{P}_M \boldsymbol{y}$ den Schätzer für σ. Aus

$$\mathrm{SSE} = \|\widehat{\boldsymbol{\varepsilon}}\|^2 = \|\boldsymbol{y} - \boldsymbol{P}\boldsymbol{y}\|^2$$

folgt

$$\mathrm{E}(\mathrm{SSE}) = \mathrm{E}(\|\boldsymbol{y} - \boldsymbol{P}\boldsymbol{y}\|^2) = \mathrm{E}(\boldsymbol{y}^\top [\boldsymbol{I} - \boldsymbol{P}]\, \boldsymbol{y})\,.$$

Nach der Formel für den Erwartungswert einer quadratischen Form aus der Übersicht von Seite 103 können wir weiter schließen:

$$\begin{aligned}\mathrm{E}(\boldsymbol{y}^\top [\boldsymbol{I} - \boldsymbol{P}]\, \boldsymbol{y}) &= \boldsymbol{\mu}^\top [\boldsymbol{I} - \boldsymbol{P}]\, \boldsymbol{\mu} + \mathrm{Spur}\,[(\boldsymbol{I} - \boldsymbol{P})\mathrm{Cov}(\boldsymbol{y})]\\ &= \|\boldsymbol{\mu} - \boldsymbol{P}\boldsymbol{\mu}\|^2 + \sigma^2(n - \mathrm{Spur}\,\boldsymbol{P})\,. \qquad (7.6)\end{aligned}$$

In einem korrekten Modell ist $\boldsymbol{\mu} \in M$ daher ist $\|\boldsymbol{\mu} - \boldsymbol{P}_M \boldsymbol{\mu}\|^2 = 0$. Außerdem ist die Spur einer Projektionsmatrix gleich der Dimension des Bildraums. Damit erhalten wir das wichtige Ergebnis:

Ein erwartungstreuer Schätzer für σ^2

Ist das Modell korrekt, $\mathrm{E}(\boldsymbol{y}) = \boldsymbol{\mu} \in M$, dann wird σ^2 erwartungstreu geschätzt durch:

$$\widehat{\sigma}^2 = \frac{\mathrm{SSE}}{n-d} = \frac{1}{n-d} \sum \widehat{\varepsilon}_i^2 .$$

Dabei ist $d = \operatorname{Rg} \boldsymbol{X}$, die Dimension des Modellraums. Ist die Identifikationsbedingung erfüllt, ist $d = m + 1$. Damit erhalten wir auch erwartungstreue Schätzer für alle Kovarianzmatrizen. Ist $\operatorname{Cov}(\widehat{\boldsymbol{\Phi}}) = \sigma^2 \boldsymbol{C}$ die Kovarianzmatrix eines Schätzers $\widehat{\boldsymbol{\Phi}}$, so ist

$$\widehat{\operatorname{Cov}}(\widehat{\boldsymbol{\Phi}}) = \widehat{\sigma}^2 \boldsymbol{C}$$

ein erwartungstreuer Schätzer der Kovarianzmatrix.

?

Wieso ist $\boldsymbol{y}^\top [\boldsymbol{I} - \boldsymbol{P}] \boldsymbol{y} = \|\boldsymbol{y} - \boldsymbol{P}\boldsymbol{y}\|^2$?

Sind die Störgrößen normalverteilt, lassen sich Konfidenzintervalle bestimmen und Hypothesen testen

Wollen wir zusätzlich noch Konfidenzintervalle angeben, Prognosen über künftige Beobachtungen machen oder Hypothesen über die Parameter testen, brauchen wir eine zusätzliche Annahme über die Verteilung von $\boldsymbol{y}$ und $\boldsymbol{\varepsilon}$. Daher setzten wir im Folgenden stets voraus, dass die Störgrößen ϵ_i unabhängig voneinander normalverteilt sind:

$$\boldsymbol{\varepsilon} \sim \mathrm{N}_n(\boldsymbol{0}; \sigma^2 \boldsymbol{I}) .$$

Dies ist wegen $\boldsymbol{y} = \boldsymbol{\mu} + \boldsymbol{\varepsilon}$ gleichbedeutend mit

$$\boldsymbol{y} \sim \mathrm{N}_n(\boldsymbol{\mu}; \sigma^2 \boldsymbol{I}) .$$

Aus der Annahme der Normalverteilung können wir unmittelbar zwei wichtige Folgerungen ziehen:

KQ- und ML-Schätzer stimmen überein

Im Normalverteilungsmodell sind der Kleinst-Quadrat-Schätzer $\widehat{\boldsymbol{\mu}}$ identisch mit dem Maximum-Likelihoodschätzern.

Beweis: Likelihood bzw. Loglikelihood von $\boldsymbol{\mu}$ und σ bei gegebenen y_i sind

$$L(\boldsymbol{\mu}, \sigma \mid \boldsymbol{y}) = \prod_{i=1}^{n} \frac{1}{\sigma} \exp\left(- \frac{(y_i - \mu_i)^2}{2\sigma^2} \right).$$

$$\begin{aligned} l(\boldsymbol{\mu}, \sigma \mid \boldsymbol{y}) &= -n \ln \sigma - \frac{1}{2\sigma^2} \sum_{i=1}^{n} (y_i - \mu_i)^2 \\ &= -n \ln \sigma - \frac{1}{2\sigma^2} \|\boldsymbol{y} - \boldsymbol{\mu}\|^2 . \end{aligned}$$

Der Parameter $\boldsymbol{\beta}$, der über $\boldsymbol{\mu} = \boldsymbol{X}\boldsymbol{\beta}$ die Likelihood maximiert, ist derselbe, der den Abstand $\|\boldsymbol{y} - \boldsymbol{\mu}\|$ minimiert. ■

Achtung: Der Maximum-Likelihoodschätzer von σ^2 ist

$$\widehat{\sigma}^2_{ML} = \frac{\|\boldsymbol{y} - \widehat{\boldsymbol{\mu}}\|^2}{n} = \frac{\mathrm{SSE}}{n} .$$

Er stimmt **nicht** mit dem von uns verwendeten erwartungstreuen Schätzer $\widehat{\sigma}^2 = \frac{\mathrm{SSE}}{n-d}$ überein. Wir arbeiten nicht mit $\widehat{\sigma}^2_{ML}$ sondern mit dem erwartungstreuen Schätzer $\widehat{\sigma}^2$, da wir für das Studentisieren einen erwartungstreuen Schätzer für σ^2 brauchen.

Aus der Abgeschlossenheit der Normalverteilung gegen lineare Transformationen folgt weiter:

Die Verteilung der Schätzer im linearen Normalverteilungsmodell

Ist $\boldsymbol{y} \sim \mathrm{N}_n(\boldsymbol{\mu}; \sigma^2 \boldsymbol{I})$, $\boldsymbol{\mu} \in M$ und $\widehat{\boldsymbol{\mu}} = \boldsymbol{P}_M \boldsymbol{y}$, so folgt:

$$\begin{aligned} \widehat{\boldsymbol{\mu}} &\sim \mathrm{N}_n(\boldsymbol{\mu}; \sigma^2 \boldsymbol{P}_M) , \\ \widehat{\boldsymbol{\beta}} &\sim \mathrm{N}_{m+1}\big(\boldsymbol{\beta}; \sigma^2 (\boldsymbol{X}^\top \boldsymbol{X})^{-1}\big) , \\ \widehat{\beta}_j &\sim \mathrm{N}\big(\beta_j; \sigma^2 (\boldsymbol{X}^\top \boldsymbol{X})^{-1}_{jj}\big) . \end{aligned}$$

Dabei ist $(\boldsymbol{X}^\top \boldsymbol{X})^{-1}_{jj}$, das j-te Diagonalelement von $(\boldsymbol{X}^\top \boldsymbol{X})^{-1}$. Für die Varianzen gilt:

$$\begin{aligned} \mathrm{SSE} &\sim \sigma^2 \chi^2(n-d) , \\ \widehat{\sigma}^2 &\sim \frac{\sigma^2}{n-d} \chi^2(n-d) . \end{aligned}$$

$\widehat{\sigma}^2$ ist erwartungstreuer und konsistenter Schätzer für σ^2 und ist stochastisch unabhängig von $\widehat{\boldsymbol{\mu}}$ und $\widehat{\boldsymbol{\beta}}$.

Beweis: $\widehat{\boldsymbol{\mu}}$ und $\widehat{\boldsymbol{\beta}}$ sind lineare Funktionen von $\boldsymbol{y}$ und daher wie $\boldsymbol{y}$ normalverteilt. Zum Beweis der Aussage über die Verteilung von SSE gehen wir aus von $\frac{\boldsymbol{y}}{\sigma} \sim N_n(\frac{\boldsymbol{\mu}}{\sigma}; \boldsymbol{I})$ und $\mathrm{SSE} = \|(\boldsymbol{I} - \boldsymbol{P}_M)\boldsymbol{y}\|^2$. Nun ist $\boldsymbol{I} - \boldsymbol{P}_M = \boldsymbol{P}_{\mathbb{R}^n \ominus M}$ selbst eine Projektion. Dann folgt aus dem Satz von Cochran in der erweiterten Version von Seite 165:

$$\begin{aligned} \frac{1}{\sigma^2} \mathrm{SSE} &= \left\| (\boldsymbol{I} - \boldsymbol{P}_M) \frac{\boldsymbol{y}}{\sigma} \right\|^2 \\ &\sim \chi^2(\dim(\mathbb{R}^n \ominus M); \frac{1}{\sigma} (\boldsymbol{I} - \boldsymbol{P}_M)\boldsymbol{\mu}) . \end{aligned}$$

Nun ist $\dim(\mathbb{R}^n \ominus M) = \dim(\mathbb{R}^n) - \dim(M) = n - d$ und $(\boldsymbol{I} - \boldsymbol{P}_M)\boldsymbol{\mu} = (\boldsymbol{\mu} - \boldsymbol{\mu}) = 0$. Daher ist $\mathrm{SSE} \sim \sigma^2 \chi^2(n-d)$.

$\boldsymbol{P}_M \boldsymbol{y}$ und $(\boldsymbol{I} - \boldsymbol{P}_M)\boldsymbol{y}$ sind wegen der Orthogonalität unkorreliert. Da sie gemeinsam normalverteilt sind, sind sie auch stochastisch unabhängig. Daher sind auch $\boldsymbol{P}_M \boldsymbol{y}$ und $\mathrm{SSE} = \|(\boldsymbol{I} - \boldsymbol{P}_M)\boldsymbol{y}\|$ unabhängig. Aus der Formel für Erwartungswert und Varianz der χ^2-Verteilung folgt:

$$\begin{aligned} \mathrm{E}(\mathrm{SSE}) &= \sigma^2 (n-d) , \\ \operatorname{Var}(\mathrm{SSE}) &= \sigma^4 2(n-d) . \end{aligned}$$

Also ist wie bereits ohne die Normalverteilungsannahme gezeigt, $E(\frac{SSE}{n-d}) = \sigma^2$ und

$$\mathrm{Var}\left(\frac{SSE}{n-d}\right) = \frac{\sigma^4 2}{n-d}.$$

Daher ist $\lim_{n\to\infty} \mathrm{Var}(\widehat{\sigma}^2) = 0$. ■

Wir haben oben einen erwartungstreuen, χ^2-verteilten, von $\widehat{\boldsymbol{\mu}}$, $\widehat{\boldsymbol{\beta}}$ und $\widehat{\phi}$ unabhängigen Schätzer für σ^2 bestimmt. Daraus folgt für uns als wichtigste praktische Eigenschaft, dass die studentisierte $\widehat{\beta}_j$-Koeffizienten t-verteilt sind:

Der studentisierte Regressionskoeffizient

Besitzt die Matrix $\boldsymbol{X}$ den vollen Rang $d = m+1$, so sind alle Regressionskoeffizienten β_j schätzbar. Unter der Normalverteilungsannahme sind die studentisierten Schätzer der Regressionskoeffizienten t-verteilt mit $n-d$ Freiheitsgraden.

$$\frac{\widehat{\beta}_j - \beta_j}{\widehat{\sigma}_{\widehat{\beta}_j}} = \frac{\widehat{\beta}_j - \beta_j}{\widehat{\sigma}\sqrt{(\boldsymbol{X}^\top \boldsymbol{X})^{-1}_{jj}}} \sim t(n-d)\,.$$

Der studentisierte Schätzer eines Regressionskoeffizienten ist demnach eine Pivotvariable, die wir für Tests und Konfidenzintervalle nutzen können.

Beispiel Wir kehren zurück zum Beispiel auf Seite 277. Im maximalen Modell hatten wir mit der Konstanten und allen $m = 9$ Einflussgrößen gearbeitet. Diese waren linear unabhängig. Daher ist $d = m + 1 = 10$. Bei der Rechnung ergab sich $SSE = 4.869$ Daraus folgt:

$$\widehat{\sigma}^2 = \frac{SSE}{n-d} = \frac{4.869}{25-10} = 0.325\,,$$

$$\widehat{\sigma} = 0.57\,.$$

Die Schätzwerte $\widehat{\beta}_j$ hatten wir bereits auf Seite 277 angegeben. Die Varianz $\sigma^2_{\widehat{\beta}_j}$ von $\widehat{\beta}_j$ ist $\sigma^2(\boldsymbol{X}^\top\boldsymbol{X})^{-1}_{(jj)}$. Sie wird geschätzt durch $\widehat{\sigma}^2(\boldsymbol{X}^\top\boldsymbol{X})^{-1}_{(jj)}$. Die Diagonale der Matrix $(\boldsymbol{X}^\top\boldsymbol{X})^{-1}$ liefert uns die Werte $(\boldsymbol{X}^\top\boldsymbol{X})^{-1}_{(jj)}$. Wir verzichten darauf, die Matrix $(\boldsymbol{X}^\top\boldsymbol{X})^{-1}$ vollständig abzudrucken und begnügen uns mit den Werten auf der Diagonalen. In der Tabelle 7.3 sind sie zusammen mit den Schätzwerten $\widehat{\beta}_j$ und ihren Standardabweichungen $\widehat{\sigma}_{\widehat{\beta}_j}$ aufgeführt. Die letzte Spalte benötigen wir, um zu testen, ob die einzelnen Parameterwerte signifikant von Null verschieden sind.

Zum Beispiel ergibt sich für $\widehat{\beta}_0$ die geschätzte Standardabweichung aus

$$\widehat{\sigma}_{\widehat{\beta}_0} = \widehat{\sigma}\sqrt{(\boldsymbol{X}^\top\boldsymbol{X})^{-1}_{(00)}} = 0.57\sqrt{0.015} = 6.981\,05 \cdot 10^{-2}$$

Tabelle 7.3 Die studentisierten Schätzwerte.

j	$\widehat{\beta}_j$	$(\boldsymbol{X}^\top\boldsymbol{X})^{-1}_{(jj)}$	$\widehat{\sigma}_{\widehat{\beta}_j}$	$t_{pg} = \frac{\lvert\widehat{\beta}_j\rvert}{\widehat{\sigma}_{\widehat{\beta}_j}}$
0	**1.90**	0.015	**0.07**	**27.14**
1	0.71	0.98	0.565	1.25
2	−1.90	53.	4.148	−0.46
3	1.13	1.7	0.747	1.52
4	0.12	0.13	0.205	0.58
5	**0.18**	0.02	**0.081**	**2.21**
6	−0.02	0.0019	0.02 5	−0.74
7	**-0.08**	0.00085	**0.017**	**−4.66**
8	−0.09	0.0083	0.052	−1.65
9	−0.35	0.14	0.211	−1.64

oder für $\widehat{\beta}_7$ als

$$\widehat{\sigma}_{\widehat{\beta}_7} = \widehat{\sigma}\sqrt{(\boldsymbol{X}^\top\boldsymbol{X})^{-1}_{(77)}} = 0.57\sqrt{0.00085} = 1.661\,82 \times 10^{-2}\,.$$

Nun wollen wir testen, ob wir wirklich alle Einflussgrößen brauchen. Da $\widehat{\beta}_j$ normalverteilt ist, ist die studentisierte Variable t-verteilt:

$$\frac{\widehat{\beta}_j - \beta_j}{\widehat{\sigma}_{\widehat{\beta}_j}} \sim t(n-m-1)\,.$$

Um zu testen, ob der Regressor $\boldsymbol{x}_j$ im Modell notwendig ist, testen wir die Hypothese H_0 : „$\beta_j = 0$“ gegen die Alternative H_1 : „$\beta_j \neq 0$“. Der Annahmebereich der Prüfgröße des t-Tests ist dann

$$t_{pg} = \frac{\lvert\widehat{\beta}_j\rvert}{\widehat{\sigma}_{\widehat{\beta}_j}} \le t(n-d)_{1-\alpha/2}\,.$$

In unserem Beispiel ist $n = 25$, $d = 10$ und $n - d = 15$ Bei einem $\alpha = 5\,\%$ ist $t(15)_{0.975} = 2.131$. In der vierten Spalte von Tabelle 7.3 sind die realisierten Werte t_{pg} der Prüfgröße angegeben. Vergleichen wir sie mit dem Schwellenwert von $t(15)_{0.975} = 2.131$, schließen wir: Bei einem α von 5 % sind allein β_0, β_5 und β_7 signifikant von Null verschieden. Bei allen anderen Einflussgrößen kann die Nullhypothese H_0 : „$\beta_j = 0$“ nicht abgelehnt werden.

Die Abfrage von insgesamt zehn verschiedenen Tests anhand eines einzigen Datensatzes ist nicht ganz unproblematisch, siehe auch die Vertiefung auf Seite 346. ◀

?

Welche der folgenden vier Aussagen sind richtig?

a) Im Regressionsmodell werden die Störvariablen ε_i als unabhängig und identisch verteilt angenommen.

b) Im Regressionsmodell sind die Residuen $\widehat{\varepsilon}_i$ unabhängig und identisch verteilt.

c) Im Regressionsmodell sind die Residuen $\widehat{\varepsilon}_i$ korreliert.

d) Im Regressionsmodell mit normalverteilten Störgrößen ε_i sind auch die Residuen $\widehat{\varepsilon}_i$ normalverteilt.

7.4 Die lineare Einfachregression

Bei der linearen Einfachregression $y_i = \beta_0 + \beta_1 x_i + \epsilon_i$, $i = 1, \ldots, n$ können wir $(\boldsymbol{X}^\top \boldsymbol{X})^{-1}$ explizit und allgemein angeben. Damit sind hier auch allgemeinere und detaillierte Aussagen über die Regressionsgerade und Konfidenzintervalle möglich. Daher wollen wir uns diesem Bereich noch einmal zuwenden.

Die Schätzung der Parameter und ihrer Varianzen

Wir berechnen zuerst $(\boldsymbol{X}^\top \boldsymbol{X})^{-1}$:

$$\boldsymbol{X}^\top \boldsymbol{X} = \begin{pmatrix} 1 & 1 & \cdots & 1 \\ x_1 & x_2 & \cdots & x_n \end{pmatrix} \cdot \begin{pmatrix} 1 & x_1 \\ 1 & x_2 \\ \vdots & \vdots \\ 1 & x_n \end{pmatrix}$$

$$= \begin{pmatrix} n & \sum x_i \\ \sum x_i & \sum x_i^2 \end{pmatrix} = n \cdot \begin{pmatrix} 1 & \overline{x} \\ \overline{x} & \operatorname{var}(\boldsymbol{x}) + \overline{x}^2 \end{pmatrix}$$

$$(\boldsymbol{X}^\top \boldsymbol{X})^{-1} = \frac{1}{n \operatorname{var}(\boldsymbol{x})} \begin{pmatrix} \operatorname{var}(\boldsymbol{x}) + \overline{x}^2 & -\overline{x} \\ -\overline{x} & 1 \end{pmatrix}.$$

Dabei ist $\operatorname{var}(\boldsymbol{x}) = \frac{1}{n} \sum (x_i - \overline{x})^2$ die **empirische** Varianz der x -Werte. Weiter ist

$$\boldsymbol{X}^\top \boldsymbol{y} = \begin{pmatrix} \sum y_i \\ \sum y_i x_i \end{pmatrix} = n \begin{pmatrix} \overline{y} \\ \operatorname{cov}(\boldsymbol{x}, \boldsymbol{y}) + \overline{yx} \end{pmatrix}.$$

Daraus folgt:

$$\widehat{\boldsymbol{\beta}} = (\boldsymbol{X}^\top \boldsymbol{X})^{-1} \boldsymbol{X}^\top \boldsymbol{y}$$

$$= \frac{1}{\operatorname{var}(\boldsymbol{x})} \begin{pmatrix} \operatorname{var}(\boldsymbol{x}) + \overline{x}^2 & -\overline{x} \\ -\overline{x} & 1 \end{pmatrix} \begin{pmatrix} \overline{y} \\ \operatorname{cov}(\boldsymbol{x}, \boldsymbol{y}) + \overline{yx} \end{pmatrix}.$$

Damit erhalten wir den bereits auf Seite 268 oder im Beispiel von Seite 273 erhaltenen Schätzer $\widehat{\boldsymbol{\beta}}$, diesmal als Vektor geschrieben:

$$\widehat{\boldsymbol{\beta}} = \begin{pmatrix} \overline{y} - \overline{x} \frac{\operatorname{cov}(\boldsymbol{x}, \boldsymbol{y})}{\operatorname{var}(\boldsymbol{x})} \\ \frac{\operatorname{cov}(\boldsymbol{x}, \boldsymbol{y})}{\operatorname{var}(\boldsymbol{x})} \end{pmatrix}.$$

Mit $(\boldsymbol{X}^\top \boldsymbol{X})^{-1}$ haben wir bis auf die unbekannte Varianz σ^2 bereits die Kovarianzmatrix von $\widehat{\boldsymbol{\beta}}$ gefunden:

$$\operatorname{Cov}(\widehat{\boldsymbol{\beta}}) = \sigma^2 (\boldsymbol{X}^\top \boldsymbol{X})^{-1} = \frac{\sigma^2}{n \operatorname{var}(\boldsymbol{x})} \begin{pmatrix} \operatorname{var}(\boldsymbol{x}) + \overline{x}^2 & -\overline{x} \\ -\overline{x} & 1 \end{pmatrix}.$$

Zum Beispiel ist

$$\operatorname{Var}(\widehat{\beta}_1) = \frac{\sigma^2}{n \operatorname{var}(\boldsymbol{x})}.$$

?

Warum wird $\operatorname{Var}(\widehat{\beta}_1)$ mit großem V, aber $\operatorname{var}(\boldsymbol{x})$ mit kleinen v geschrieben?

Bei festem n und σ^2 hängt die Kovarianzmatrix der Schätzer nur ab vom Mittelwert $\overline{x}$ und der empirischen Varianz $\operatorname{var}(\boldsymbol{x})$ der x_i. Je größer $\operatorname{var}(\boldsymbol{x})$ ist, um so genauer werden beide Parameter $\widehat{\beta}_0$ und $\widehat{\beta}_1$ geschätzt, je kleiner $\overline{x}^2$, um so genauer wird β_0 geschätzt. Bei wachsendem Stichprobenumfang n gehen alle Varianzen und Kovarianzen mit $\frac{1}{n}$ gegen null. Die Korrelation $\rho(\widehat{\beta}_0, \widehat{\beta}_1)$ zwischen den Schätzern hängt dagegen nicht explizit von n ab:

$$\rho(\widehat{\beta}_0, \widehat{\beta}_1) = \frac{-\overline{x}}{\sqrt{\overline{x}^2 + \operatorname{var}(\boldsymbol{x})}}.$$

Dass $\widehat{\beta}_0$ und $\widehat{\beta}_1$ bei positivem $\overline{x}$ negativ korrelieren, überrascht nicht: Wird das Absolutglied β_0 überschätzt, so wird der Anstieg β_1 unterschätzt und umgekehrt. Aus $\operatorname{Cov}(\widehat{\boldsymbol{\beta}})$ lässt sich weiter die Varianz der geschätzten systematischen Komponente an einer beliebigen Stelle ξ bestimmen. Wir wählen den Buchstaben ξ anstatt des vertrauten x, um die x_i-Werte, die zur Schätzung der Parameter und der Regressionsgeraden benutzt wurden, von neuen, davon unabhängigen ξ-Werten zu unterscheiden:

$$\begin{aligned} \widehat{\mu}(\xi) &= \widehat{\beta}_0 + \widehat{\beta}_1 \xi, \\ \operatorname{Var}(\widehat{\mu}(\xi)) &= \operatorname{Var}(\widehat{\beta}_0 + \widehat{\beta}_1 \xi) \\ &= \operatorname{Var}\left(\widehat{\beta}_0\right) + 2\xi \operatorname{Cov}(\widehat{\beta}_0; \widehat{\beta}_1) + \xi^2 \operatorname{Var}(\widehat{\beta}_1) \\ &= \frac{\sigma^2}{n \operatorname{var}(\boldsymbol{x})} \cdot \left(\operatorname{var}(\boldsymbol{x}) + \overline{x}^2 - 2\xi\overline{x} + \xi^2 \right) \\ &= \frac{\sigma^2}{n \operatorname{var}(\boldsymbol{x})} \left(\operatorname{var}(\boldsymbol{x}) + (\xi - \overline{x})^2 \right). \end{aligned}$$

?

Welche der folgenden vier Aussagen sind richtig?

a) Im Regressionsmodell $y_i = \beta_0 + \beta_1 x_i + \varepsilon_i$ wird β_1 umso genauer geschätzt, je größer die Streuung der Regressorwerte x_i ist.

b) Im Regressionsmodell $y_i = \beta_0 + \beta_1 x_i + \varepsilon_i$ wird β_0 umso genauer geschätzt, je näher der Schwerpunkt der Regressorwerte x_i beim Nullpunkt liegt.

c) Im Regressionsmodell $y_i = \beta_0 + \beta_1 x_i + \varepsilon_i = \mu_i + \varepsilon_i$ wird jeder Wert μ_i gleich genau geschätzt.

Der Konfidenzgürtel

Während die Varianzen der $\widehat{\beta}_i$ nur von $\overline{x}$ und $\operatorname{var}(\boldsymbol{x})$ abhängen, wächst die Varianz von $\widehat{\mu}(\xi)$ quadratisch mit der Entfernung $\xi - \overline{x}$ und ist im Punkte $\xi = \overline{x}$ minimal. Ein Wert $\mu(\xi) = \beta_0 + \beta_1 \xi$ auf der Regressionsgerade wird also um so genauer geschätzt, je näher ξ am Schwerpunkt $\overline{x}$ der Regressorwerte liegt. Dies hat Auswirkungen auf die Konfidenzintervalle für $\mu(\xi)$. Kürzen wir $t(n-d)_{1-\frac{\alpha}{2}}$ mit t ab, so ist ein Konfidenzintervall für $\mu(\xi)$ gegeben durch

$$|\mu(\xi) - \widehat{\mu}(\xi)| \leq t \cdot \widehat{\sigma}_{\widehat{\mu}(\xi)} = t \cdot \frac{\widehat{\sigma}}{\sqrt{n \operatorname{var}(\boldsymbol{x})}} \sqrt{\operatorname{var}(\boldsymbol{x}) + (\xi - \overline{x})^2}.$$

Zeichnet man für jeden ξ-Wert das Konfidenzintervall für $\mu(\xi)$, erhält man den **Konfidenzgürtel** für die einzelnen $\mu(\xi)$, der mit $(\xi - \overline{x})^2$ breiter wird.

Beispiel Bei diesem Beispiel handelt es sich um photometrische Bestimmung von Nitrit in einer wässrigen Lösung. Dabei wird im ersten Schritt mit bekannten Nitritkonzentrationen das Messverfahren kalibriert. In einem zweiten Schritt wird dann an der kalibrierten Messanordnung der Gehalt einer unbekannten Lösung bestimmt.

Zuerst werden bei 10 vorgegebenen, bekannten Nitritkonzentrationen x_i die Extinktionen y_i gemessen. (Um einen deutlicher sichtbaren Konfidenzgürtel zu erhalten, wurden die Originalwerte leicht verändert, dabei wurde die Störkomponente um den Faktor 10 vergrößert.)

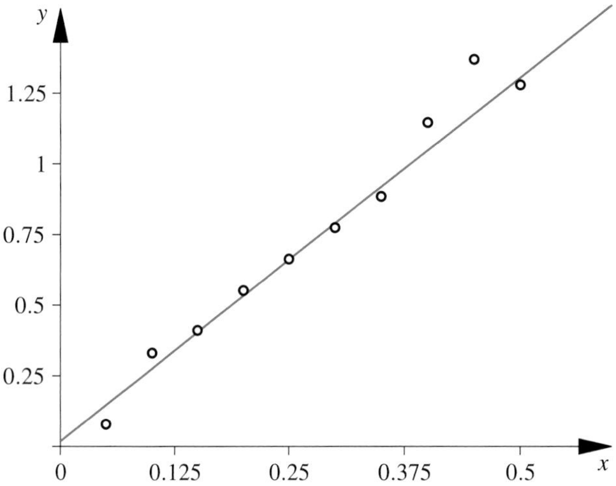

Abbildung 7.5 Nitritkonzentrationen x_i und Extinktionen y_i.

Wie die Abbildung zeigt, kann man im Messbereich eine lineare Abhängigkeit unterstellen. Die Tabelle 7.4 zeigt die Daten und die notwendigen Nebenrechnungen.

Tabelle 7.4 Berechnung des SSE.

x_i	y_i	$(x_i-\overline{x})^2$	$\widehat{\mu}_i$	$(x_i-\overline{x})\cdot(y_i-\overline{y})$	$\widehat{\epsilon}_i$	$\widehat{\epsilon}_i^2$
0.05	0.079	0.051	0.147	0.146	−0.068	0.005
0.10	0.331	0.031	0.276	0.069	0.055	0.003
0.15	0.411	0.016	0.404	0.039	0.007	0.000
0.20	0.552	0.006	0.533	0.013	0.019	0.000
0.25	0.664	0.001	0.662	0.002	0.002	0.000
0.30	0.775	0.001	0.791	0.001	−0.016	0.000
0.35	0.885	0.006	0.919	0.012	−0.034	0.001
0.40	1.147	0.016	1.048	0.053	0.099	0.010
0.45	1.139	0.031	1.177	0.072	−0.038	0.001
0.50	1.280	0.051	1.306	0.125	−0.026	0.001
2.75	7.263	0.206	7.263	0.531	0	0.021
$n\overline{x}$	$n\overline{y}$	$n\,\mathrm{var}(\boldsymbol{x})$	$n\overline{\widehat{\mu}}$	$n\,\mathrm{cov}(\mathbf{x;y})$	$n\overline{\widehat{\varepsilon}}$	SSE

Für diesen Datensatz ist $n = 10$, $\overline{y} = 0.726$, $\overline{x} = 0.275$, $\mathrm{var}(\boldsymbol{x}) = 0.0206$, $\mathrm{cov}(\boldsymbol{x}, \boldsymbol{y}) = 0.0531$.

?

Die letzten beiden Zeilen von Tabelle 7.4 liefern das Ergebnis $n\overline{y} = n\overline{\widehat{\mu}}$ sowie $n\overline{\widehat{\varepsilon}} = 0$. Warum?

Wir betrachten zuerst die Regressionskoeffizienten: β_1 ist die **Empfindlichkeit** der Messanordnung. Sie wird geschätzt durch:

$$\widehat{\beta}_1 = \frac{\mathrm{cov}(\boldsymbol{x}, \boldsymbol{y})}{\mathrm{var}(\boldsymbol{x})} = \frac{0.0531}{0.0206} = 2.578\,.$$

β_0 ist der **Blindwert** der Messanordnung. Er wird geschätzt durch:

$$\widehat{\beta}_0 = \overline{y} - \widehat{\beta}_1\overline{x} = 0.726 - 2.578 \cdot 0.275 = 0.017\,.$$

Die Genauigkeit der Schätzer ergibt sich aus ihren Varianzen. Aus Tabelle 7.4 liest man SSE $= 0.021$ ab. Damit ist

$$\widehat{\sigma}^2 = \frac{\mathrm{SSE}}{n-2} = \frac{0.021}{8} = 0.0026\,.$$

Die geschätzten Varianzen sind

$$\widehat{\mathrm{Var}}(\widehat{\beta}_0) = \frac{\widehat{\sigma}^2}{n\,\mathrm{var}(\boldsymbol{x})}\left(\mathrm{var}(\boldsymbol{x}) + \overline{x}^2\right) = 0.0012\,,$$

$$\widehat{\mathrm{Var}}(\widehat{\beta}_1) = \frac{\widehat{\sigma}^2}{n\,\mathrm{var}(\boldsymbol{x})} = 0.0126\,.$$

Die Ergebnisse sind in der folgende Tabelle zusammengefasst:

Parameter	Schätzwert $\widehat{\beta}_j$	$\widehat{\mathrm{Var}}(\widehat{\beta}_j)$	$\widehat{\sigma}_{\widehat{\beta}_j}$
β_0	0.017	0.0012	0.0350
β_1	2.578	0.0126	0.112

Aus theoretischer Sicht sollte die wahre Regressiongerade durch den Ursprung gehen. Wir testen daher die Nullhypothese H_0 :„$\beta_0 = 0$“. Nach dem Satz über die Verteilung des studentisierten Regressionskoeffizienten auf Seite 281 ist

$$\frac{\widehat{\beta}_0 - \beta_0}{\widehat{\sigma}_{\widehat{\beta}_0}} \sim t(n-2)\,.$$

Der Annahmebereich für die Prüfgröße t_{PG} des t-Tests für H_0 „$\beta_0 = 0$“ ist

$$t_{PG} = \left|\frac{\widehat{\beta}_0}{\widehat{\sigma}_{\widehat{\beta}_0}}\right| \le t(n-2)_{1-\alpha/2}\,.$$

Bei einem $\alpha = 5\,\%$ ist $t(8)_{0.975} = 2.306$. Wir haben $\widehat{\beta}_0 = 0.017$ geschätzt. Der Wert der Prüfgröße ist $t_{pg} = \left|\frac{0.017}{0.035}\right| = 0.486$. Damit kann auf Grund der Daten H_0 nicht abgelehnt werden.

Um β_0 abzuschätzen, bestimmen wir ein Konfidenzintervall zum Niveau 0.975.

$$\left|\beta_0 - \widehat{\beta}_0\right| \le t(8)_{0.975} \cdot \widehat{\sigma}_{\widehat{\beta}_0}$$
$$-0.06371 \le \beta_0 \le 0.098\,.$$

In Übereinstimmung mit dem Test deckt dieses Intervall den Wert Null ab.

Nun wenden wir uns der Regressionsgeraden zu. Ihre Gleichung lautet:

$$\widehat{\mu}(\xi) = 0.018 + 2.578\xi\,.$$

Wir betrachten zwei konkrete Stellen, nämlich $\xi = 0.6$ außerhalb und $\xi = 0.275 = \overline{x}$ im Zentrum des Messbereichs. Für $\xi = 0.6$ erhalten wir:

$$\widehat{\mu}(0.6) = 0.018 + 2.578 \cdot 0.6 = 1.565\,.$$

Für die Varianz von $\widehat{\mu}(0.6)$ gilt:

$$\begin{aligned}\widehat{\mathrm{Var}}(\widehat{\mu}(0.6)) &= \frac{\widehat{\sigma}^2}{n\,\mathrm{var}(x)}(\mathrm{var}(x) + (0.6 - \overline{x})^2) = 0.00161\,.\\ \widehat{\sigma}_{\widehat{\mu}(0.6)} &= 0.04\,.\end{aligned}$$

Wir wählen mit $\alpha = 0.01$ ein Konfidenzintervall zum Niveau 99 %. Mit $t = t(8)_{0.995} = 3.3554$ ist die halbe Breite Δ des Konfidenzintervalls:

$$\Delta = 3.3554 \cdot 0.04 = 0.135\,.$$

Das Konfidenzintervall für $\mu(0.6)$ ist damit $|\mu(0.6) - 1.565| \leq 0.134$ oder

$$1.43 \leq \mu(0.6) \leq 1.7\,.$$

Analog schätzen wir an der Stelle $\xi = 0.275$ den Wert

$$\begin{aligned}\widehat{\mu}(0.275) &= 0.727\,,\\ \widehat{\mathrm{Var}}(\widehat{\mu}(0.275)) &= 0.00026\,,\\ \widehat{\sigma}_{\widehat{\mu}(0.275)} &= 0.0163\,.\end{aligned}$$

Die halbe Breite Δ des Konfidenzintervalls ist nun $\Delta = 3.3554 \cdot 0.0163 = 0.055$. Das Konfidenzintervall für $\mu(0.275)$ ist damit:

$$0.671 \leq \mu(0.275) \leq 0.781\,.$$

An der Stelle $\xi = 0.275$ ist das Konfidenzintervall etwa halb so breit wie am Rande bei $\xi = 0.6$. Trägt man zu jedem x-Wert das zugehörige Konfidenzintervall auf, so erhält man einen **Konfidenzgürtel** zum Niveau 0.99 um die Regressionsgerade. Dieser ist in Abbildung 7.6 gezeichnet. Hier sieht man deutlich, dass der Konfidenzgürtel an der Stelle $\overline{x}$ an schmalsten ist. An den Rändern des Messbereichs dagegen wird die Messung entsprechend ungenauer. ◀

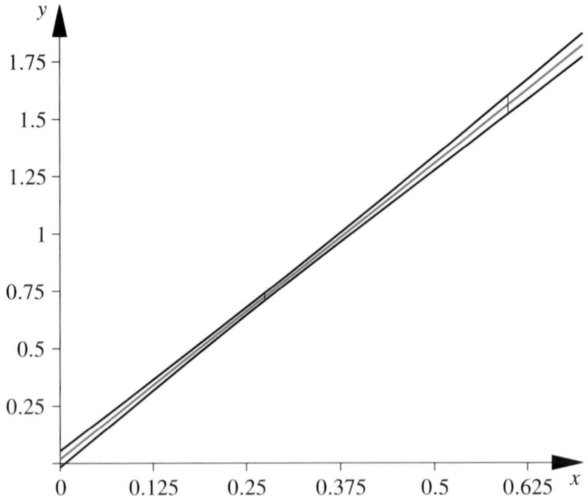

Abbildung 7.6 Die Regressionsgerade und der Konfidenzgürtel.

?

Welche der folgende vier Aussagen sind richtig?

a) Hat der Regressor x im Regressionsmodell $y_i = \beta_0 + \beta_1 x_i + \varepsilon_i$ in Wirklichkeit keinen Einfluss auf die abhängige Variable y, so muss $\widehat{\beta}_1 = 0$ sein.

b) Hat der Regressor x im Regressionsmodell $y_i = \beta_0 + \beta_1 x_i + \varepsilon_i$ in der Wirklichkeit keinen Einfluss auf die abhängige Variable y, so sollte mit hoher Wahrscheinlichkeit das Konfidenzintervall für β_1 den Wert 0 überdecken.

c) Wird die Hypothese $H_0\colon \beta_1 = 0$ bei einem Signifikanzniveau $\alpha = 0.001$ angenommen, so hat x mit großer Wahrscheinlichkeit keinen Einfluss auf x.

d) Die Hypothese $H_0\colon \beta_0 = 0$ sei angenommen worden. Widerlegt dies die Annahme, dass die Regressionsgerade nicht durch den Ursprung geht?

Die Prognose liefert Aussagen über mögliche oder künftige Beobachtungen

Wir haben bisher nur Parameter geschätzt. Bei einer Prognose stellt sich eine andere, verwandte Aufgabe. Beginnen wir mit einem Beispiel:

Beispiel Stellen Sie sich vor, bei einem Experiment fließt in Abhängigkeit vom Wert einer Variable ξ ein elektrischer Strom, der eine Herdplatte aufheizt. Für die in Grad Celsius gemessene Temperatur y der Herdplatte gelte $y(\xi) = \beta_0 + \beta_1\xi + \epsilon$; dabei seien alle bisherigen Annahmen des Regressionsmodells erfüllt. Nach einer langen und sehr genauen Messreihe erfahren Sie als Resultat, die Regressionsgerade sei $\widehat{\mu}(\xi) = 5 + 2\xi$. Dabei seien die Standardabweichungen der Schätzer für β_0 und β_1 vernachlässigbar klein (Größenordnung 10^{-4}°C). Nun wird der Wert $\xi = 10$ eingestellt und $\widehat{\mu}(10)$ mit 25°C geschätzt. Wären Sie nun bereit, die Hand auf die Herdplatte zu legen?

Hoffentlich nicht! Sie könnten sich böse verbrennen! Die Temperatur der Herdplatte ist nicht $\widehat{\mu}(10)$, sondern die sich bei $\xi = 10$ einstellende Temperatur $y(\xi)$. Diese ist Realisation der zufälligen Variablen $y(\xi) \sim \mathrm{N}(\mu(\xi); \sigma^2)$. Was Sie gefährdet, ist $y(\xi)$, was Sie geschätzt haben, ist der Erwartungswert $\mathrm{E}(y(\xi)) = \mu(\xi)$. Was sie benötigten, wäre eine Prognose über den zukünftigen Wert von $y(\xi)$ gewesen! Dies wollen wir nun nachholen. ◀

Für den Wert ξ soll die zukünftige Beobachtung $y(\xi)$ prognostiziert werden. Es gilt:

$$y(\xi) \sim \mathrm{N}\big(\mu(\xi); \sigma^2\big),$$
$$\widehat{\mu}(\xi) \sim \mathrm{N}\big(\mu(\xi); \sigma^2_{\widehat{\mu}(\xi)}\big).$$

Setzen wir voraus, dass die zukünftige Beobachtung y unabhängig ist von den früheren Beobachtungen y_i, aus denen $\widehat{\mu}$ geschätzt wurde, so folgt:

$$y(\xi) - \widehat{\mu}(\xi) \sim \mathrm{N}\big(0; \sigma^2 + \sigma^2_{\widehat{\mu}(\xi)}\big).$$

Dabei ist

$$\sigma^2 + \sigma^2_{\widehat{\mu}(\xi)} = \sigma^2 + \frac{\sigma^2}{n}\left(1 + \frac{(\overline{x} - \xi)^2}{\operatorname{var}(\boldsymbol{x})}\right).$$

Die standardisierte Differenz

$$\frac{y(\xi) - \widehat{\mu}(\xi)}{\sigma\sqrt{1 + \frac{1}{n} + \frac{(\overline{x}-\xi)^2}{n \operatorname{var}(\boldsymbol{x})}}}$$

ist standardnormalverteilt, die studentisierte Differenz dagegen t-verteilt:

$$\frac{y(\xi) - \widehat{\mu}(\xi)}{\widehat{\sigma}\sqrt{1 + \frac{1}{n} + \frac{(\overline{x}-\xi)^2}{n \operatorname{var}(\boldsymbol{x})}}} \sim t(n-2).$$

Dann ist ein $(1-\alpha)$ Prognoseintervall für $y(\xi)$ gegeben durch

$$|y(\xi) - \widehat{\mu}(\xi)| \leq t \cdot \widehat{\sigma}\sqrt{1 + \frac{1}{n} + \frac{(\overline{x}-\xi)^2}{n \operatorname{var}(\boldsymbol{x})}}.$$

Dabei ist $t(n-2)_{1-\alpha/2}$mit t abgekürzt. Die Ungenauigkeit der Prognose hat also drei prinzipielle Ursachen:

- die Unsicherheit $\sigma^2_{\widehat{\mu}(\xi)}$ der Bestimmung von $\mu(\xi)$,
- die Streuung σ^2 der y-Werte um den Erwartungswert $\mu(\xi)$,
- Die Ungenauigkeit der Schätzung der eben genannten Varianzen $\sigma^2_{\widehat{\mu}(\xi)}$ und σ^2.

Durch wachsenden Stichprobenumfang können nur die an erster und dritter Stelle genannten Ursachen für die Ungenauigkeit einer Prognose behoben werden. Die Streuung der y-Werte um $\mu(\xi)$ bleibt aber immer bestehen.

Beispiel Wir kehren zum Beispiel von Seite 283 mit den Wasseranalyse-Daten zurück und berechnen an der Stelle $\xi = 0.6$ ein Prognoseintervall für $y(\xi)$. Mit den bereits berechneten Schätzwerten erhalten wir:

$$\sqrt{\widehat{\sigma}^2 + \widehat{\sigma}^2_{\widehat{\mu}(0.6)}} = \sqrt{0.0026 + 0.00161} = 0.066.$$

An der Stelle $\xi = 0.6$ ist Δ für $\alpha = 0.001$ mit $t(8)_{0.995} = 3.355$:

$$3.3554 \cdot 0.066 = 0.2211.$$

Mit $\widehat{\mu}(0,6) = 1.563$ erhalten wir das 0.99-Prognoseintervall für y an der Stelle $\xi = 0.6$:

$$1.34 \leq y \leq 1.78.$$

Wie bei den Konfidenzgürteln können wir nun auch vom Prognosegürtel sprechen. In Abbildung 7.7 ist dieser Prognosegürtel eingezeichnet.

Er ist der breite, kaum gekrümmte Gürtel, der den Konfidenzgürtel überdeckt. ◄

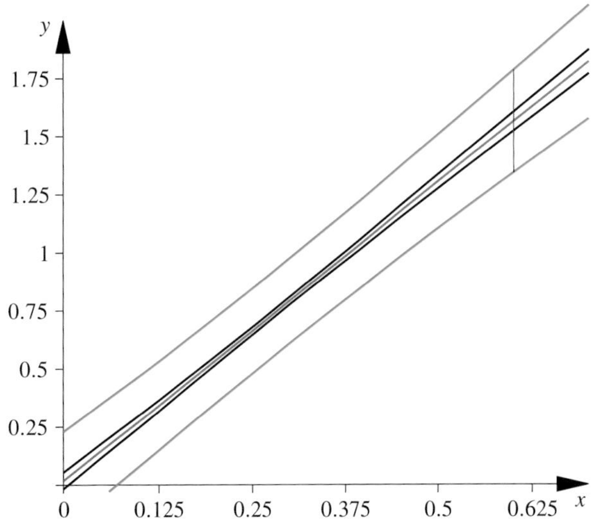

Abbildung 7.7 Der Prognosegürtel für y um f.

Bei der inversen Regression wird zu gegebenem y der x-Wert geschätzt

Bleiben wir bei unseren zuletzt besprochenem Beispiel. Im ersten Schritt wurde aus bekannten Nitritkonzentrationen die Regressionsgerade bestimmt und damit das Messverfahren kalibriert. In einem zweiten Schritt soll nun mithilfe der soeben kalibrierten Messanordnung der unbekannte Nitritgehalt ξ einer neuen Wasserprobe bestimmt werden. Der Messwert ergab $y = 0.641$. Wie ist nun der unbekannte Wert ξ zu schätzen?

Allgemein haben wir es mit folgender Aufgabe zu tun: Auf Grund von n Beobachtungen $(y_i; x_i), i = 1, \ldots, n$ mit den Mittelwerten $\overline{y}$ und $\overline{x}$ ist eine Regressionsgerade $\widehat{\mu}(\xi) = \widehat{\beta}_0 + \widehat{\beta}_1\xi$ geschätzt worden.

Nun werden bei einem festen, aber unbekannten Wert ξ des Regressors r weitere, von den vorangegangenen unabhängige Beobachtungen $y_{n+1}, \ldots, y_{n+r}$ gemessen. Der Mittelwert aus den r Messwerten y_{n+1} bis y_{n+r} sei $\overline{y}_\xi$. Dann ist $\overline{y}_\xi \sim N(\mu(\xi); \frac{\sigma^2}{r})$. Unsere Aufgabe ist es nun, den Wert ξ zu schätzen. Haben wir die Regressionsgerade $\widehat{\mu}(\xi) = \widehat{\beta}_0 + \widehat{\beta}_1\xi$ gezeichnet, so schneidet die Parallele im Abstand $\overline{y}_\xi$ zur x-Achse die Regressionsgerade an der Stelle $(\widehat{\xi}, \overline{y}_\xi)$. Dabei ist

$$\widehat{\xi} = \frac{\overline{y}_\xi - \widehat{\beta}_0}{\widehat{\beta}_1}.$$

Es lässt sich leicht zeigen, dass $\widehat{\xi}$ gerade der Maximum-Likelihoodschätzer von ξ ist. Wie genau ist aber diese Schätzung? Wir müssen darauf verzichten, die Wahrscheinlichkeitsverteilung von $\widehat{\xi}$ anzugeben.

?

Warum ist die Angabe der Wahrscheinlichkeitsverteilung von $\widehat{\xi}$ so schwierig?

Statt dessen geben wir ein Konfidenzintervall für ξ an. Dabei übernimmt der Prognosegürtel die Rolle der Konfidenz-Prognosemenge: Unsere Prognose sagte:

Mit 99 % Wahrscheinlichkeit wird ein Wertepaar $(\xi; \overline{y}_\xi)$ *im Prognosegürtel liegen.*

Nehmen wir das Irrtumsrisiko von einem Prozent in Kauf, können wir behaupten:

Jedes Wertepaar $(\xi; \overline{y}_\xi)$ *liegt im Prognosegürtel!*

Nun haben wir $\overline{y}_\xi$ beobachtet. Die einzigen dazu passenden ξ-Werte im Prognosegürtel bilden das Konfidenzintervall zum Niveau 99 % für ξ.

Das Konfidenzintervall für ξ zum Niveau $1-\alpha$

Wir erhalten das Konfidenzintervall, indem wir den Prognosegürtel für $\overline{y}_\xi$ zum Niveau $1-\alpha$ mit der mit der horizontale Geraden $y = \overline{y}_\xi$ schneiden.

Beispiel Im letzten Beispiel hatten wir den in Abbildung 7.7 gezeichneten Prognosegürtel für y zum Niveau 0.99 berechnet. Die geschätzte Regessionsgerade ist

$$\widehat{\mu}(\xi) = 0.018 + 2.578\xi\,.$$

Es liege nur ein Beobachtungswert $y_\xi = 0.641$ vor. Also ist $r = 1$. Dann wird das dazu gehörige ξ geschätzt durch $0.641 = 0.018 + 2.578\widehat{\xi}$ oder

$$\widehat{\xi} = \frac{0.641 - 0.018}{2.578} = 0.241\,66\,.$$

An Abbildung 7.8 lesen wir das Konfidenzinterval für ξ wie folgt ab:

$$0.17 \le \xi \le 0.31\,.$$

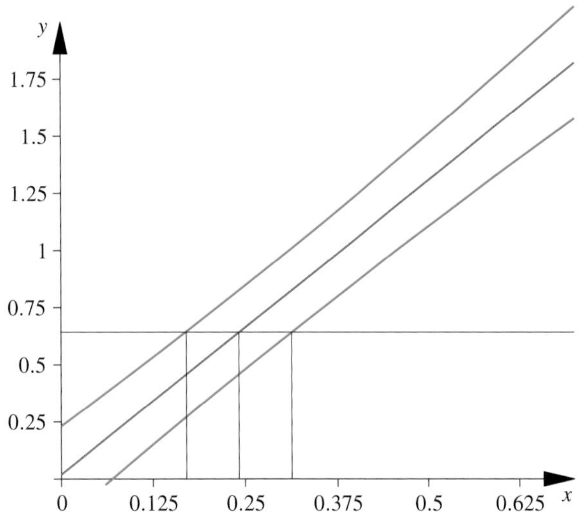

Abbildung 7.8 Der Prognosegürtel für $0.17 \le \xi \le 0.31$. ◀

Die numerische Bestimmung der Schnittpunkte ist etwas mühsamer. Der Erwartungswert von $\overline{y}_\xi$ ist $\mu(\xi)$. Dieser wird durch $\widehat{\mu}(\xi) = \widehat{\beta}_0 + \widehat{\beta}_1\xi$ geschätzt. Setzen wir wieder $t = t(n-2)_{1-\frac{\alpha}{2}}$, so erhalten wir, wie im vorigen Abschnitt gezeigt, das folgende Prognoseintervall für $\overline{y}_\xi$:

$$|\widehat{\mu}(\xi) - \overline{y}_\xi| \le t \cdot \sqrt{\widehat{\sigma}^2_{\overline{y}_\xi} + \widehat{\sigma}^2_{\widehat{\mu}(\xi)}}\,.$$

Ersetzen wir $\widehat{\mu}(\xi)$, $\widehat{\sigma}^2_{\overline{y}_\xi}$ und $\widehat{\sigma}^2_{\widehat{\mu}(\xi)}$ durch ihre funktionalen Ausdrücke, erhalten wir:

$$|\widehat{\beta}_0 + \widehat{\beta}_1\xi - \overline{y}_\xi| \le t \cdot \widehat{\sigma}\sqrt{\frac{1}{r} + \frac{1}{n} + \frac{(\xi - \overline{x})^2}{n\,\mathrm{var}(\boldsymbol{x})}}\,.$$

Erklären wir bei beobachtetem $\overline{y}_\xi$ die Prognose für wahr und lösen die Ungleichung nach ξ auf, so erhalten wir das Konfidenzintervall für ξ:

$$|\xi - \xi_*| \le \Delta_\xi\,.$$

Dabei ist ξ_* die Mitte und Δ_ξ die halbe Breite des Konfidenzintervalls. δ ist ein Korrekturfaktor:

$$\xi_* = \frac{\widehat{\xi} - \delta\overline{x}}{1-\delta}\,,$$

$$\Delta_\xi = t \cdot \frac{\widehat{\sigma}}{|\widehat{\beta}_1|} \cdot \sqrt{\frac{1}{1-\delta}\left(\frac{1}{r} + \frac{1}{n}\right) + \frac{1}{(1-\delta)^2} \cdot \frac{(\overline{x} - \widehat{\xi})^2}{n\,\mathrm{var}(\boldsymbol{x})}}\,,$$

$$\delta = \frac{t^2 \cdot \widehat{\sigma}^2}{\widehat{\beta}_1^2 \cdot n\,\mathrm{var}(\boldsymbol{x})}\,.$$

In vielen Fällen ist δ sehr klein. Dann ergibt sich das folgende vereinfachte Konfidenzintervall:

$$|\xi - \widehat{\xi}| \le t \cdot \frac{\widehat{\sigma}}{|\widehat{\beta}_1|} \cdot \sqrt{\frac{1}{r} + \frac{1}{n} + \frac{(\overline{x} - \widehat{\xi})^2}{n\,\mathrm{var}(\boldsymbol{x})}}\,.$$

Die Länge des Konfidenzintervalls ist umgekehrt proportional zu $|\widehat{\beta}_1|$. Dies erklärt die Bezeichnung Empfindlichkeit für β_1. Je größer die Empfindlichkeit der Messanordnung, um so kleiner das Konfidenzintervall für ξ.

7.5 Wie gut sind Modell und Methode?

Das Bestimmtheitsmaß R^2 beurteilt die Übereinstimmung zwischen Daten y und Schätzung $\widehat{\mu}$

Die Methode der kleinsten Quadrate minimiert $\|\boldsymbol{y} - \widehat{\boldsymbol{\mu}}\|^2 = \|\widehat{\boldsymbol{\varepsilon}}\|^2$. Also ist $\|\widehat{\boldsymbol{\varepsilon}}\|^2$ ein erster Indikator, wie gut diese Approximation gelungen ist. üblicherweise bezeichnet man $\|\widehat{\boldsymbol{\varepsilon}}\|^2$ mit SSE (**Sum of Squares Error**):

$$\mathrm{SSE} = \|\widehat{\boldsymbol{\varepsilon}}\|^2 = \sum_{i=1}^n \widehat{\epsilon}_i^2 = \sum_{i=1}^n (y_i - \widehat{\mu}_i)^2\,.$$

SSE ist der quadrierte Abstand von $\boldsymbol{y}$ vom Modellraum M. Je kleiner SSE, um so besser! Fragt sich nur, was heißt „klein"? Dazu bieten sich verschiedene Vergleichsgrößen an, siehe Abbildung 7.9.

Übersicht: Die Schätzer und ihre Varianzen

Bei der linearen Einfachregression $y_i = \beta_0 + \beta_1 x_i + \varepsilon_i$ wird der zweidimensionale Modellraum M von den beiden Einflussgrößen $\boldsymbol{x}_0 = \mathbf{1}$ und $\boldsymbol{x}_1 = \boldsymbol{x}$ aufgespannt. Über die Verteilung der ε_i wird vorausgesetzt: $\mathrm{E}(\varepsilon_i) = 0$, $\mathrm{Var}(\varepsilon_i) = \sigma^2$ und $\mathrm{Cov}(\varepsilon_i, \varepsilon_k) = 0$ für alle $i \neq k$. Bei den folgenden Tests, Prognosen und Konfidenzintervallen ist das Signifikanzniveau α bzw. das Konfidenzniveau $1-\alpha$. Weiter ist $t = t(n-2)_{1-\alpha/2}$.

- β_0 wird geschätzt durch $\widehat{\beta}_0 = \overline{y} - \widehat{\beta}_1 \overline{x}$:

$$\mathrm{Var}(\widehat{\beta}_0) = \sigma^2_{\widehat{\beta}_0} = \frac{\sigma^2}{n\,\mathrm{var}(\boldsymbol{x})}\left(\mathrm{var}(\boldsymbol{x}) + \overline{x}^2\right).$$

- β_1 wird geschätzt durch $\widehat{\beta}_1 = \dfrac{\mathrm{cov}(\boldsymbol{x}, \boldsymbol{y})}{\mathrm{var}(\boldsymbol{x})}$:

$$\mathrm{Var}(\widehat{\beta}_1) = \sigma^2_{\widehat{\beta}_1} = \frac{\sigma^2}{n\,\mathrm{var}(\boldsymbol{x})}.$$

- $\mu(\xi)$ wird geschätzt durch $\widehat{\mu}(x) = \widehat{\beta}_0 + \widehat{\beta}_1 \xi$:

$$\mathrm{Var}(\widehat{\mu}(\xi)) = \sigma^2_{\widehat{\mu}(\xi)} = \frac{\sigma^2}{n\,\mathrm{var}(\boldsymbol{x})}\left(\mathrm{var}(\boldsymbol{x}) + (\xi - \overline{x})^2\right).$$

- σ^2 wird erwartungstreu geschätzt durch:

$$\widehat{\sigma}^2 = \frac{\mathrm{SSE}}{n-2}.$$

- Die geschätzten Varianzen $\widehat{\sigma}^2_{\widehat{\beta}}$ bzw. $\widehat{\sigma}^2_{\widehat{\mu}}$ erhält man, wenn man in den Formeln für die Varianz einfach σ^2 durch $\widehat{\sigma}^2$ ersetzt. Folglich ist zum Beispiel

$$\widehat{\sigma}^2_{\widehat{\beta}_0} = \frac{\widehat{\sigma}^2}{n\,\mathrm{var}(\boldsymbol{x})}\left(\mathrm{var}(\boldsymbol{x}) + \overline{x}^2\right).$$

- Den Annahmebereich des Test einer Hypothese über β_i bzw. das Konfidenzintervall für β_i zum Konfidenzniveau $1-\alpha$, erhalten wir aus

$$\left|\widehat{\beta}_i - \beta_i\right| \leq t \cdot \widehat{\sigma}_{\widehat{\beta}_i}.$$

- Den Annahmebereich des Test einer Hypothese über μ bzw. das Konfidenzintervall für μ zum Konfidenzniveau $1-\alpha$, erhalten wir aus

$$|\mu(\xi) - \widehat{\mu}(\xi)| \leq t \cdot \frac{\widehat{\sigma}}{\sqrt{n\mathrm{var}(\boldsymbol{x})}}\sqrt{\mathrm{var}(\boldsymbol{x}) + (\xi - \overline{x})^2}.$$

- Eine Prognose über $y(\xi)$ zum Niveau $1-\alpha$ ist:

$$|y(\xi) - \widehat{\mu}(\xi)| \leq t \cdot \widehat{\sigma}\sqrt{1 + \frac{1}{n} + \frac{(\overline{x} - \xi)^2}{n\mathrm{var}(\boldsymbol{x})}}.$$

- Ein approximatives Konfidenzintervall für ξ zum Niveau $1-\alpha$ bei gegebenem $\overline{y}_\xi$ ist:

$$|\xi - \widehat{\xi}| \leq t \cdot \frac{\widehat{\sigma}}{|\widehat{\beta}_1|} \cdot \sqrt{\frac{1}{r} + \frac{1}{n} + \frac{(\overline{x} - \widehat{\xi})^2}{n\mathrm{var}(\boldsymbol{x})}}.$$

Dabei ist $\widehat{\xi} = \frac{\overline{y}_\xi - \widehat{\beta}_0}{\widehat{\beta}_1}$ der ML-Schätzer für ξ.

Das modifizierte Bestimmtheitsmaß

Aus der orthogonalen Zerlegung $\boldsymbol{y} = \widehat{\boldsymbol{\mu}} + \widehat{\boldsymbol{\varepsilon}}$ folgt mit dem Satz von Pythagoras:

$$\|\boldsymbol{y}\|^2 = \|\widehat{\boldsymbol{\mu}}\|^2 + \|\widehat{\boldsymbol{\varepsilon}}\|^2 \tag{7.7}$$

$$1 = \frac{\|\widehat{\boldsymbol{\mu}}\|^2}{\|\boldsymbol{y}\|^2} + \frac{\|\widehat{\boldsymbol{\varepsilon}}\|^2}{\|\boldsymbol{y}\|^2}. \tag{7.8}$$

Der erste Summand in (7.8) ist das modifizierte Bestimmtheitsmaß, der zweite ist das modifizierte Unbestimmtheitsmaß:

$$\text{Modifiziertes Bestimmtheitsmaß:} \quad \frac{\|\widehat{\boldsymbol{\mu}}\|^2}{\|\boldsymbol{y}\|^2}$$

$$\text{Modifiziertes Unbestimmtheitsmaß:} \quad \frac{\|\widehat{\boldsymbol{\varepsilon}}\|^2}{\|\boldsymbol{y}\|^2}$$

Beide Maße sind nicht invariant gegen Verschiebungen des Nullpunktes.

?

Wieso kann durch Wahl des Nullpunktes das modifiziertes Bestimmtheitsmaß beliebig nahe an 1 gebracht werden?

Das Bestimmtheitsmaß

In Modellen mit der Eins ist $\overline{y}\mathbf{1}$ ein natürlicher Bezugspunkt. In Abbildung 7.9 wird die Lage der vier Punkte $\mathbf{0}$, $\boldsymbol{y}$, $\widehat{\boldsymbol{\mu}}$ und $\overline{y}\mathbf{1}$ gezeigt. Der Modellraum M wird als Ebene dargestellt, $\boldsymbol{y}$ als ein Punkt außerhalb dieser Ebene und $\widehat{\boldsymbol{\mu}}$ als Projektion von $\boldsymbol{y}$ in den Modellraum M. Außerdem wird in dieser Zeichnung angenommen, dass die $\mathbf{1}$ im Modellraum liegt, dass also eine Regression mit einem Absolutglied β_0 vorliegt.

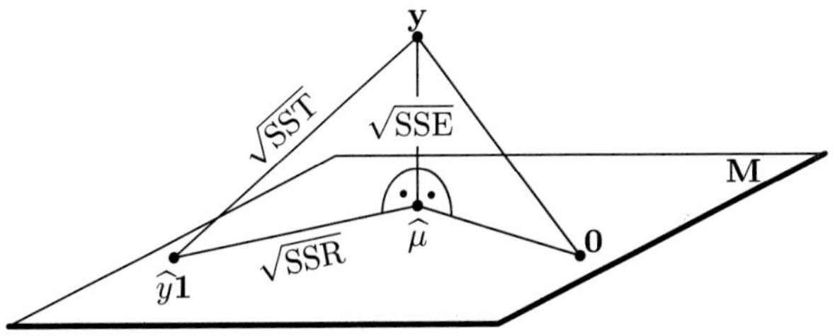

Abbildung 7.9 Die drei Punkte $\boldsymbol{y}$, $\widehat{\boldsymbol{\mu}}$ und $\overline{y}\mathbf{1}$ bilden ein rechtwinkliges Dreieck. Ebenso bilden die Punkte $\boldsymbol{y}$, $\widehat{\boldsymbol{\mu}}$ und $\mathbf{0}$ ein weiteres rechtwinkliges Dreieck.

Vertiefung: Erkennungsgrenze, Erfassungsgrenze und Erfassungsvermögen

Mit diesen drei Kenngrößen wird die Fähigkeit einer Messanordnung im Grenzbereich kleinster Größen beschrieben.

Bleiben wir bei dem Beispiel der Messung von Nitritkonzentrationen und betrachten noch einmal den Prognosegürtel für $\overline{y}_\xi$:

$$|\widehat{\beta}_0 + \widehat{\beta}_1 \xi - \overline{y}_\xi| \leq t \cdot \widehat{\sigma} \sqrt{\frac{1}{r} + \frac{1}{n} + \frac{(\xi - \overline{x})^2}{n \operatorname{var}(\boldsymbol{x})}}\,.$$

Der obere Rand des Gürtels ist

$$\widehat{\beta}_0 + \widehat{\beta}_1 \xi + t \cdot \widehat{\sigma} \sqrt{\frac{1}{r} + \frac{1}{n} + \frac{(\xi - \overline{x})^2}{n \operatorname{var}(\boldsymbol{x})}}\,.$$

An der Stelle $\xi = 0$ schneidet der Gürtel die y-Achse in der Höhe

$$\mathrm{ErkG} = \widehat{\beta}_0 + t \cdot \widehat{\sigma} \sqrt{\frac{1}{r} + \frac{1}{n} + \frac{\overline{x}^2}{n \operatorname{var}(\boldsymbol{x})}}\,.$$

ErkG heißt die **Erkennungsgrenze.**

Ist $\overline{y}_\xi \leq \mathrm{ErkG}$, so enthält das Konfidenzintervall für ξ den Wert 0. Der Test der Hypothese H_0 :„$\xi = 0$“ wird nicht abgelehnt. Der beobachtete Wert $\overline{y}_\xi$ ist so klein, dass wir nicht mehr unterscheiden können, ob $\xi = 0$ oder $\xi \neq 0$ ist.

?

Verwenden wir für t das Quantil $t = t(n-2)_{1-\alpha}$ oder $t = t(n-2)_{1-\alpha/2}$?

Der ML-Schätzer von ξ, der zur Erkennungsgrenze ErkG gehört, ist die **Erfassungsgrenze**:

$$\mathrm{ErfG} = \frac{\mathrm{ErkG} - \widehat{\beta}_0}{\widehat{\beta}_1} = \frac{t \cdot \widehat{\sigma}}{\widehat{\beta}_1} \sqrt{\frac{1}{r} + \frac{1}{n} + \frac{\overline{x}^2}{n \operatorname{var}(\boldsymbol{x})}}\,.$$

Ist ein Schätzwert $\widehat{\xi} < \mathrm{ErfG}$, so ist $\overline{y}_\xi < \mathrm{ErkG}$. Daher kann nicht unterschieden werden, ob $\xi = 0$ oder $\xi \neq 0$ ist.

Die nächste Frage ist: Wie groß muss denn ξ überhaupt sein, damit man mit einigermaßen Sicherheit überhaupt erkennen kann, dass $\xi \neq 0$ ist. Diese Frage lässt sich mit der Gütefunktion des t-Tests beantworten. Wir testen die Nullhypothese H_0 : „$\xi = 0$“ gegen die Alternative H_1 : „$\xi > 0$“ zum Niveau α.

Die Zahl ξ^*, an der die Gütefunktion den Wert $1-\gamma$ erreicht heißt das **Erfassungsvermögen**. Ist $\xi > \xi^*$, so ist die Wahrscheinlichkeit, dass H_0 abgelehnt wird, mindestens $1-\gamma$. Anders gesagt, erst wenn $\xi > \xi^*$ ist, wird mit hoher Wahrscheinlichkeit erkannt, dass $\xi > 0$ ist. Das Erfassungsvermögen ξ^* hängt ab vom Signifikanzniveau α und dem vorgegebenen Wert $1-\gamma$ der Gütefunktion.

ξ^* lässt sich nur für Einzelwerte numerisch angeben, da zur Berechnung der Gütefunktion des t-Tests die nichtzentrale t-Verteilung benötigt wird, die nicht geschlossen angebbar ist. Es existieren aber Tabellen zur Berechnung einzelner Werte.

Die drei Punkte $\boldsymbol{y}$, $\widehat{\boldsymbol{\mu}}$ und $\overline{y}\mathbf{1}$ bilden ein rechtwinkliges Dreieck, denn $\boldsymbol{y} - \widehat{\boldsymbol{\mu}}$ steht senkrecht zu M und $\widehat{\boldsymbol{\mu}}$ und $\mathbf{1}$ liegen in M. Man erkennt dies auch an der orthogonalen Zerlegung:

$$\boldsymbol{y} - \overline{y}\mathbf{1} = \underbrace{\widehat{\boldsymbol{\mu}} - \overline{y}\mathbf{1}}_{\in M} + \underbrace{\boldsymbol{y} - \widehat{\boldsymbol{\mu}}}_{\perp M}.$$

Die quadrierte Länge der Hypotenuse des rechtwinkligen Dreiecks ist $\mathrm{SST} = \|\boldsymbol{y} - \overline{y}\mathbf{1}\|^2$, die der beiden Katheten sind $\mathrm{SSE} = \|\boldsymbol{y} - \widehat{\boldsymbol{\mu}}\|^2$ und $\mathrm{SSR} = \|\widehat{\boldsymbol{\mu}} - \overline{y}\mathbf{1}\|^2$. Dabei steht SST für „**S**um of **S**quares **T**otal“ und SSR für „**S**um of **S**quares **R**egression“ Aus dem Satz von Pythagoras folgt:

$$\begin{aligned} \|\boldsymbol{y} - \overline{y}\mathbf{1}\| &= \|\widehat{\boldsymbol{\mu}} - \overline{y}\mathbf{1}\|^2 + \|\boldsymbol{y} - \widehat{\boldsymbol{\mu}}\|\,. \\ \mathrm{SST} &= \mathrm{SSR} + \mathrm{SSE}\,. \end{aligned}$$

Division durch SST liefert:

$$1 = \frac{\mathrm{SSR}}{\mathrm{SST}} + \frac{\mathrm{SSE}}{\mathrm{SST}}\,.$$

Beide Summanden tragen eigene Namen:

Das Bestimtheitsmaß

Das Bestimmtheitsmaß ist

$$\frac{\mathrm{SSR}}{\mathrm{SST}} = R^2\,,$$

das Unbestimmtheitsmaß ist

$$\frac{\mathrm{SSE}}{\mathrm{SST}} = 1 - R^2\,.$$

Das Bestimmtheitsmaß R^2 misst das Quadrat des Kosinus des Winkels γ, $1 - R^2$ das Quadrat des Sinus zwischen den Vektoren $\boldsymbol{y} - \overline{y}\mathbf{1}$ und $\widehat{\boldsymbol{\mu}} - \overline{y}\mathbf{1}$. R^2 ist genau dann 1, falls $\boldsymbol{y} - \widehat{\boldsymbol{\mu}} = \mathbf{0}$, d. h. $\boldsymbol{y} \in M$ ist. R^2 ist genau dann 0, falls $\widehat{\boldsymbol{\mu}} = \overline{y}\mathbf{1}$ ist. In diesem Fall haben die Einflussgrößen das Nullmodell, das nur aus der Konstanten $\mathbf{1}$ besteht, nicht verbessern können. In einem Modell mit Absolutglied ist R^2 das Quadrat des empirischen Korrelationskoeffizienten zwischen den Vektoren $\widehat{\boldsymbol{\mu}}$ und $\boldsymbol{y}$. Dabei ist unbedingt zu beachten, dass „*Korrelation*“ nur im Sinne der deskriptiven Statistik zu verstehen ist und sich nur auf die empirisch gegebenen Punktwolken beziehen. Eine Korrelation im stochastischen Sinn zwischen dem zufälligen Vektor $\boldsymbol{y}$ und den deterministischen Einflussgrößen $\boldsymbol{x}_j$ ist nicht definiert.

Mit jeder Modellerweiterung von M auf M' mit $M \subset M'$ nimmt $\text{SSE} = \|\boldsymbol{y} - \widehat{\boldsymbol{\mu}}\|^2$ monoton ab und R^2 monoton zu. An SSE ist aber nicht erkennbar, mit welchem Aufwand die jeweilige Approximation erzielt wurde. Besser geeignet als Gütemaß der Übereinstimmung zwischen beobachtetem Vektor $\boldsymbol{y}$ und geschätztem Vektor $\widehat{\boldsymbol{\mu}} = \boldsymbol{P}_M \boldsymbol{y}$ im Modell M ist der Schätzwert $\widehat{\sigma}^2(M)$ von σ^2:

$$\widehat{\sigma}^2(M) = \frac{\|\boldsymbol{y} - \boldsymbol{P}_M \boldsymbol{y}\|^2}{n - \dim(M)} = \frac{\text{SSE}(M)}{n - d}.$$

Dabei ist d die Dimension des jeweiligen Modellraums M. Der Nenner $n - d$ trägt der wachsenden Komplexität Rechnung und setzt SSE mit der Dimension des Modellraums und der Anzahl n der Beobachtungen in Beziehung. Im sogenannten Nullmodell $M_0 = \text{span}(\mathbf{1})$ hat man überhaupt keine Regressoren außer der stets zur Verfügung stehenden Konstanten Eins. Im Nullmodell wird σ^2 durch $\widehat{\sigma}^2(M_0) = \frac{\text{SST}}{n-1}$ geschätzt. Der Vergleich beider Varianzschätzer liefert das **adjustierte Bestimmtheitsmaß** R^2_{adj}.

Das adjustierte Bestimmtheitsmaß

$$R^2_{adj} = 1 - \frac{\widehat{\sigma}^2(M)}{\widehat{\sigma}^2(M_0)} = 1 - \frac{(n-1)}{(n-d)}(1 - R^2).$$

R^2_{adj} berücksichtigt besser die *Kosten* einer Modellerweiterung als R^2. Je größer die Dimension des Modells ist, um so stärker nimmt R^2_{adj} gegenüber dem gewöhnlichen Bestimmtheitsmaß R^2 ab.

Achtung: Zwar ist das Bestimmtheitsmaß R^2 ein Standardkriterium zur Beurteilung der Übereinstimmung zwischen Daten $\boldsymbol{y}$ und Schätzung $\widehat{\boldsymbol{\mu}}$. Es sagt aber nur, wie gut $\boldsymbol{y}$ sich durch die Projektion in die Regressionshyperebene beschreiben lässt. Es bewertet nicht, wie angemessen das Modell ist. Vor allem schätzt R^2 keinen Parameter des Modells. Das Bestimmtheitsmaß ist nicht sinnvoll in Modellen ohne Eins und in der nichtlinearen Regression. Dort kann das rein formal berechnete Bestimmtheitsmaß beliebig groß werden, also auch größer als Eins. In Modellen ohne Absolutglied ist nur das modifizierte Bestimmtheitsmaß sinnvoll. Siehe dazu die Beispiele in den Aufgaben 7.10 und 7.11 sowie die Vertiefung auf Seite 290.

Der Satz von Gauß-Markov sichert die Effizienz der Kleinst-Quadrat-Schätzung

Wir haben die Methode der kleinsten Quadrate mit geometrischen Überlegungen eingeführt und dann die Erwartungstreue nachgewiesen. Unter der Annahme $\boldsymbol{y} \sim \text{N}_n(\boldsymbol{\mu}; \sigma^2 \boldsymbol{I})$ haben wir bereits auf Seite 280 gezeigt, dass dann der KQ-Schätzer $\widehat{\boldsymbol{\mu}}$ mit dem Maximum-Likelihoodschätzer übereinstimmt und damit alle guten Eigenschaften des ML-Schätzers besitzt. In einer Vertiefung auf Seite 292 zeigen wir weiter, – immer noch unter der Annahme $\boldsymbol{y} \sim \text{N}_n(\boldsymbol{\mu}; \sigma^2 \boldsymbol{I})$– dass die KQ-Schätzer dann überhaupt die besten erwartungstreuen Schätzer sind. Sie sind nämlich die einzigen sind, deren Varianz die untere Schranke von Rao-Cramer erreicht.

Aber selbst wenn wir auf die Annahme der Normalverteilung verzichten und uns dafür nur auf lineare Schätzfunktionen beschränken, können wir die Effizienz der KQ-Schätzer in der Klasse der linearen Schätzer nachweisen. Dazu schlagen wir eine Brücke von geometrischen zu statistischen Konzepten: Sind $\boldsymbol{a}$ und $\boldsymbol{b}$ zwei feste Vektoren im $\mathbb{R}^n$ sowie $\boldsymbol{a}^\top \boldsymbol{y}$ und $\boldsymbol{a}^\top \boldsymbol{y}$ die mit ihnen gebildeten zufälligen Variablen, dann ist

$$\text{Cov}(\boldsymbol{a}^\top \boldsymbol{y}, \boldsymbol{b}^\top \boldsymbol{y}) = \sigma^2 \boldsymbol{a}^\top \boldsymbol{b} \quad \text{und} \quad \text{Var}(\boldsymbol{a}^\top \boldsymbol{y}) = \sigma^2 \|\boldsymbol{a}\|^2.$$

Das Skalarprodukt der Koeffizientenvektoren entspricht der Kovarianz, die quadrierte Norm der Varianz. Speziell sind $\boldsymbol{a}^\top \boldsymbol{y}$ und $\boldsymbol{b}^\top \boldsymbol{y}$ genau dann unkorreliert, wenn $\boldsymbol{a}$ und $\boldsymbol{b}$ orthogonal sind. Dieser Zusammenhang ist grundlegend für die Theorie des linearen Modells. Die Minimalität des Abstandes beim Projizieren überträgt sich als Minimalität der Varianz beim Schätzen.

Zuvor aber wollen wir unseren Optimalitätsbegriff präzisieren:

Definition von BLUE: Best Linear Unbiased Estimator

Ein linearer, unverfälschter Schätzer $\widetilde{\phi}$ heißt **bester linearer unverfälschter Schätzer** oder BLUE des eindimensionalen Parameters für ϕ, falls kein anderer linearer unverfälschter Schätzer von $\boldsymbol{\phi}$ eine kleinere Varianz hat.

Ist $\boldsymbol{\Phi}$ ein p-dimensionaler Parameter, so ist $\widetilde{\boldsymbol{\Phi}}$ ist genau dann BLUE für $\boldsymbol{\Phi}$, falls für jeden p-dimensionalen Vektor $\boldsymbol{k}$ der eindimensionale Schätzer $\boldsymbol{k}^\top \widetilde{\boldsymbol{\Phi}}$ BLUE ist für den eindimensionalen Parameter $\boldsymbol{k}^\top \boldsymbol{\Phi}$.

Damit können wir nun den Satz von Gauß-Markov formulieren und beweisen. Dabei setzen wir nicht voraus, dass $\text{Rg}\boldsymbol{X} = m + 1$ ist.

Der Satz von Gauß-Markov

Ist das Modell korrekt spezifiziert, so gibt es genau einen BLUE-Schätzer für $\boldsymbol{\mu}$, und dieser ist $\widehat{\boldsymbol{\mu}} = \boldsymbol{P}_M \boldsymbol{y}$. Daher ist für jeden schätzbaren Parameter $\boldsymbol{\phi} = \boldsymbol{h}^\top \boldsymbol{\mu}$ auch $\widehat{\boldsymbol{\phi}} = \boldsymbol{h}^\top \widehat{\boldsymbol{\mu}}$ BLUE für ϕ. Ist $\boldsymbol{\beta}$ selbst schätzbar, so ist $\widehat{\boldsymbol{\beta}}$ selbst BLUE für $\boldsymbol{\beta}$.

Der Beweis des Satzes von Gauß-Markov benutzt nur die Entsprechung von Unkorreliertheit und Orthogonalität. Diese ist aber nicht an die euklidische Geometrie gebunden, sondern lässt sich in allen Vektorräumen definieren, in denen wir ein Skalarprodukt haben. Damit lässt sich die Gültigkeit des Satzes von Gauß-Markov auch in wesentlich allgemeineren Modellen zeigen. Um dann den Beweis nicht doppelt führen zu müssen, schreiben wir im Beweis das Skalarprodukt als $\langle \boldsymbol{a}, \boldsymbol{b} \rangle$ anstelle von $\boldsymbol{a}^\top \boldsymbol{b}$. In der euklidischen Metrik ist die Projektionsmatrix symmetrisch $\boldsymbol{P} = \mathcal{P}^\top$. Diese Symmetrie gilt auch in anderen Metriken und bedeutet dort $\langle \boldsymbol{a}, \boldsymbol{P}\boldsymbol{b} \rangle = \langle \boldsymbol{P}\boldsymbol{a}, \boldsymbol{b} \rangle$. Wir werden im Beweis diese Formulierung verwenden.

Vertiefung: Probleme bei der Interpretation des Bestimmtheitsmaßes bei großem Stichprobenumfang n

Mit wachsendem n verliert das Bestimmtheitsmaß seinen stochastischen Charakter und konvergiert nach Wahrscheinlichkeit gegen eine nichtstochastische, vom Design des Versuchs abhängende Asymptote. Daraus können sich leicht Fehlinterpretionen entwickeln. Wären nicht nur $\boldsymbol{y}$ sondern auch alle Regressoren $\boldsymbol{x}_j$ zufällige, gemeinsam normalverteilte Größen, so wäre R^2 ein konsistenter Schätzer für den Verteilungsparameter ρ^2, die quadrierte multiple Korrelation zwischen $\boldsymbol{y}$ und den $\boldsymbol{x}_j$. In unserem Regressionsmodell sind aber die $\boldsymbol{x}_j$ durch das von uns gewählte Design determiniert.

Wir wollen der Einfachheit halber voraussetzen, dass $\boldsymbol{y} \sim \mathrm{N}_n(\boldsymbol{\mu}; \sigma^2 \boldsymbol{I})$ verteilt ist.

Um das asymptotische Verhalten von R^2 zu erkennen, schreiben wir $R^2 = \frac{\mathrm{SSR}}{\mathrm{SST}}$. SSR und SST sind χ^2-verteilte Größen. Es seien

$$\begin{aligned} \nu_1 &= E(\mathrm{SSR}) = \sigma^2(d-1) + \left\|\boldsymbol{P}_{M\ominus 1}\boldsymbol{\mu}\right\|^2, \\ \nu_2 &= E(\mathrm{SST}) = \sigma^2(n-1) + \|\boldsymbol{\mu}-\overline{\mu}\mathbf{1}\|^2 \end{aligned}$$

die Erwartungswerte und $\tau_1^2 = \mathrm{Var}(\mathrm{SSR})$ und $\tau_2^2 = \mathrm{Var}(\mathrm{SST})$ ihre Varianzen. Diese können wir über die ν_i abschätzen, denn es gilt allgemein: Ist $Z \sim \sigma^2\chi^2(m,\delta)$, dann ist $E(Z) = \sigma^2(m+\delta)$ und $\mathrm{Var}(Z) = \sigma^4(2m+4\delta) \leq 4\sigma^2 E(Z)$. Also ist

$$\tau_i^2 \leq 4\sigma^2\nu_i \quad \text{und } \nu_1 \leq \nu_2 .$$

Nun schreiben wir:

$$R^2 - \frac{\nu_1}{\nu_2} = \frac{\mathrm{SSR}}{\mathrm{SST}} - \frac{\nu_1}{\nu_2} = \frac{\left(\mathrm{SSR} - \frac{\nu_1}{\nu_2}\mathrm{SST}\right)/\nu_2}{\mathrm{SST}/\nu_2} = \frac{\text{Zähler}}{\text{Nenner}}$$

Dann ist $E(\text{Zähler}) = 0$ und $E(\text{Nenner}) = 1$. Da allgemein für zwei Zufallsvariablen stets $\mathrm{Var}(X+Y) \leq (\sigma_X + \sigma_Y)^2$ ist, folgt

$$\begin{aligned} \mathrm{Var}(\text{Zähler}) &\leq \frac{1}{(\nu_2)^2}\left(\tau_1 + \frac{\nu_1}{\nu_2}\tau_2\right)^2 \leq \frac{16\sigma^2}{\nu_2}, \\ \mathrm{Var}(\text{Nenner}) &= \frac{\tau_2^2}{(\nu_2)^2} \leq \frac{4\sigma^2}{\nu_2}. \end{aligned}$$

Mit $n \to \infty$ geht $\nu_2 \to \infty$. Mit wachsendem n konvergieren die Varianzen von Zähler und Nenner gegen 0, daher konvergieren beide gegen ihre Erwartungswerte 0 bzw. 1. Der Quotient Zähler/Nenner konvergiert gegen 0. Mit wachsendem Stichprobenumfang n unterscheiden sich demnach mit großer Wahrscheinlichkeit R^2 und

$$\frac{\nu_1}{\nu_2} = \frac{\frac{1}{n}\sigma^2(d-1) + \frac{1}{n}\left\|\boldsymbol{P}_{M\ominus 1}\boldsymbol{\mu}\right\|^2}{\sigma^2\frac{n-1}{n} + \frac{1}{n}\|\boldsymbol{\mu} - \overline{\mu}\mathbf{1}\|^2}$$

beliebig wenig voneinander. Anschaulich gesagt gilt also für große n:

$$R^2 \approx \frac{\mathrm{var}(\boldsymbol{P}_M\boldsymbol{\mu})}{\sigma^2 + \mathrm{var}(\boldsymbol{\mu})}.$$

Dabei ist $\mathrm{var}(\boldsymbol{\mu}) = \frac{1}{n}\|\boldsymbol{\mu}-\overline{\mu}\mathbf{1}\|^2$ die empirische Varianz des Vektors $\boldsymbol{\mu}$ und $\mathrm{var}(\boldsymbol{P}_M\boldsymbol{\mu}) = \frac{1}{n}\left\|\boldsymbol{P}_{M\ominus 1}\boldsymbol{\mu}\right\|^2$ die empirische Varianz des Vektors $\boldsymbol{P}_M\boldsymbol{\mu}$. R^2 vergleicht bei großem n die empirische Varianz der im Modell enthaltenen systematischen Komponente $\boldsymbol{P}_M\boldsymbol{\mu}$ mit der empirische Varianz der wahren systematischen Komponente $\boldsymbol{\mu}$. Dies kann zu folgenden Konsequenzen führen:

- Ist das Modell korrekt, so ist $\boldsymbol{\mu} = \boldsymbol{P}_M\boldsymbol{\mu}$ und $R^2 \approx \frac{\mathrm{var}(\boldsymbol{\mu})}{\sigma^2+\mathrm{var}(\boldsymbol{\mu})}$. Ist aber $\mathrm{var}(\boldsymbol{\mu})$ klein gegen σ^2, so bleibt auch R^2 klein. Im Extremfall, wenn sich die Beobachtungen an genau einer Stelle häufen, geht $\mathrm{var}(\boldsymbol{\mu})$ und damit R^2 gegen null. Siehe auch Aufgabe 7.4.
- Ist das Modell falsch, schreiben wir:

$$R^2 \approx \frac{\mathrm{var}(\boldsymbol{P}_M\boldsymbol{\mu})}{\sigma^2 + \mathrm{var}(\boldsymbol{P}_M\boldsymbol{\mu}) + \mathrm{var}(\boldsymbol{\mu} - \mathcal{P}_M\boldsymbol{\mu})}.$$

Dabei haben wir $\boldsymbol{\mu}$ in zwei orthogonale und daher emprische unkorrelierte Komponenten zerlegt $\boldsymbol{\mu} = \mathcal{P}_M\boldsymbol{\mu} + (\boldsymbol{\mu} - \mathcal{P}_M\boldsymbol{\mu})$. Wächst nun die empirische Varianz der im Modell enthaltenen systematischen Komponente $\boldsymbol{P}_M\boldsymbol{\mu}$ schneller als die Varianz der fehlenden Komponente $\boldsymbol{\mu} - \mathcal{P}_M\boldsymbol{\mu}$, und zwar so, dass $\frac{\mathrm{var}(\boldsymbol{\mu}-\mathcal{P}_M\boldsymbol{\mu})}{\mathrm{var}(\boldsymbol{P}_M\boldsymbol{\mu})}$ gegen null geht, so geht R^2 gegen 1.
- R^2 sagt nichts über die Genauigkeit einer Schätzung! Dazu betrachten wir folgendes Experiment, bei dem ein Versuch mit n Einzelbeobachtungen bei vollständig gleichem Design ein zweites Mal wiederholt wird. Dann können wir drei lineare Modelle bilden:

$$\begin{aligned} &\text{1. Versuch} & \boldsymbol{y}_1 &= \boldsymbol{X\beta} + \boldsymbol{\varepsilon}_1. \\ &\text{2. Versuch} & \boldsymbol{y}_2 &= \boldsymbol{X\beta} + \boldsymbol{\varepsilon}_2. \\ &\text{Gesamtversuch} & \begin{pmatrix}\boldsymbol{y}_1\\ \boldsymbol{y}_2\end{pmatrix} &= \begin{pmatrix}\boldsymbol{X}\\ \boldsymbol{X}\end{pmatrix}\boldsymbol{\beta} + \begin{pmatrix}\boldsymbol{\varepsilon}_1\\ \boldsymbol{\varepsilon}_2\end{pmatrix}. \end{aligned}$$

Der Gesamtversuch enthält doppelt soviele Beobachtungen wie jeder der beiden Teile, daher sind die Varianzen der Schätzer im Gesamtversuch halb so groß wie in den Teilversuchen und alle Parameter werden doppelt so genau geschätzt wie in den Einzelversuchen. Dagegen bleiben die empirischen Varianzen $\mathrm{var}(\boldsymbol{\mu})$ und $\mathrm{var}(\boldsymbol{P}_M\boldsymbol{\mu})$ invariant. Daher gilt für große n:

$$\begin{aligned} R^2(\text{1. Versuch}) &\approx R^2(\text{2. Versuch}) \\ &\approx R^2(\text{Gesamtversuch}). \end{aligned}$$

Der genauere Gesamtversuch hat das gleiche Bestimmtheitsmaß wie jeder der beiden ungenaueren Teilversuche.

Beweis: Wir betrachten eine beliebige in y lineare erwartungstreue Schätzung $\tilde{\phi}$ von ϕ:

$$\tilde{\phi} = \langle g, y \rangle .$$

Dabei ist $g \in \mathbb{R}^n$ fest vorgegeben. Da $\tilde{\phi}$ nach Voraussetzung erwartungstreu ist, folgt:

$$\phi = \mathrm{E}(\tilde{\phi}) = \mathrm{E}(\langle g, y \rangle) = \langle g, \mathrm{E}(y) \rangle = \langle g, \mu \rangle .$$

Daher ist der KQ-Schätzer von ϕ gegeben durch:

$$\widehat{\phi} = \langle g, \widehat{\mu} \rangle = \langle g, P_M y \rangle = \langle P_M g, y \rangle .$$

Wir zerlegen nun g in zwei orthogonale Komponenten:

$$g = P_M g + (g - P_M g)$$

und damit die Schätzfunktion in zwei unkorrelierte Komponenten:

$$\begin{aligned} \tilde{\phi} &= \langle g, y \rangle = \langle P_M g, y \rangle + \langle g - P_M g, y \rangle \\ &= \widehat{\phi} + \langle g - P_M g, y \rangle . \end{aligned}$$

Also ist

$$\mathrm{Var}(\tilde{\phi}) = \mathrm{Var}(\widehat{\phi}) + \sigma^2 \|g - P_M g\|^2 .$$

Daher ist $\mathrm{Var}(\tilde{\phi}) > \mathrm{Var}(\widehat{\phi})$, es sei denn $g - P_M g = 0$. Dann ist $g = P_M g$ und $\tilde{\phi} \equiv \widehat{\phi}$. ∎

Der Beweis zeigt, wegen $\tilde{\phi} = \widehat{\phi} + \langle g - P_M g, y \rangle$, dass sich jede lineare erwartungstreue Schätzung als Summe des KQ-Schätzers und eines dazu unkorrelierten Rests schreiben lässt. Dieser Rest verändert nicht den Erwartungswert der Schätzung, bläht aber die Varianz auf.

Isoliert man die für den Beweis des Satzes notwendigen Aussagen, erhält man sofort eine Verallgemeinerung des Satzes von Gauß-Markov für das **verallgemeinerte lineare Modell**. Dies ist definiert durch:

$$\begin{aligned} y &= X\beta + \varepsilon , \\ \mathrm{E}(\varepsilon) &= 0 , \\ \mathrm{Cov}(\varepsilon) &= C > 0 . \end{aligned}$$

Hier wird nicht mehr vorausgesetzt, dass die Störungen ε_i unkorreliert sind und alle dieselbe Varianz σ^2 besitzen, sondern nur noch, dass sie linear unabhängig sind, sie also eine positiv definite Kovarianzmatrix besitzen.

Unter der Bedingung $\mathrm{Cov}(y) = \sigma^2 I$ entsprechen sich Kovarianz und euklidisches Skalarprodukt:

$$\mathrm{Cov}(\langle a, y \rangle) = \sigma^2 \langle a, b \rangle .$$

Das gilt bei $\mathrm{Cov}(y) = C$ nicht mehr. Die euklidische Metrik ist nicht länger adäquat. Daher definieren wir das Skalarprodukt neu, anstelle von $\langle a, b \rangle = a^\top b$ definieren wir nun:

$$\langle a, b \rangle = a^\top C^{-1} b .$$

Die mit diesem Skalarprodukt gebildete Metrik spielt in der angewandten multivariaten Statistik eine große Rolle, sie heißt die **Mahalanobis-Metrik** nach dem indischen Physiker und Statistiker Prasanta Chandra Mahanalobis (1893-1972). In dieser Metrik ist

$$\begin{aligned} \mathrm{Cov}(\langle a, y \rangle, \langle b, y \rangle) &= \mathrm{Cov}(a^\top C^{-1} y, b^\top C^{-1} y) \\ &= a^\top C^{-1} \mathrm{Cov}(y) C^{-1} b \\ &= a^\top C^{-1} C C^{-1} b \\ &= a^\top C^{-1} b \\ &= \langle a, b \rangle . \end{aligned}$$

Jetzt ist die im Beweis des Satzes von Gauß verwendete Korrespondenz von Skalarprodukt und Kovarianz wieder erreicht. Zwei zufällige Variable $\langle a, y \rangle$ und $\langle b, y \rangle$ sind genau dann unkorreliert, wenn a und b im Sinne der neuen Metrik orthogonal sind. Weitere Eigenschaften wurden im Beweis des Satzes von Gauß-Markov nicht gebraucht. Der Satz von Gauß gilt, wenn wir die Projektion in der Mahalanobis-Metrik verwenden.

Zur Bestimmung von $\hat{\mu}$ und $\hat{\beta}$ wiederholen wir die Herleitung der Normalgleichungen von Seite 276 mit dem neuen Skalarprodukt.

Da das Skalarprodukt von a und b durch $\langle a, b \rangle = a^\top C^{-1} b$ definiert ist, ist die Matrix $X^\top X$ der Skalarprodukte der Regressoren miteinander durch $X^\top C^{-1} X$ zu ersetzen. Der Vektor $X^\top y$ der Skalarprodukte der Regressoren mit dem Beobachtungsvektor y ist nun $X^\top C^{-1} y$. Damit erhalten wir:

Der gewogene Kleinst-Quadrat-Schätzer im verallgemeinerten linearen Modell

Im verallgemeinerten linearen Modell sind

$$\begin{aligned} \widehat{\mu} &= X(X^\top C^{-1} X)^{-1} X^\top C^{-1} y , \\ \widehat{\beta} &= (X^\top C^{-1} X)^{-1} X^\top C^{-1} y \end{aligned}$$

die eindeutig bestimmten, besten linearen erwartungstreuen Schätzer von μ bzw. von β. Dabei ist

$$\begin{aligned} \mathrm{Cov}(\widehat{\mu}) &= X(X^\top C^{-1} X)^{-1} X^\top , \\ \mathrm{Cov}(\widehat{\beta}) &= (X^\top C^{-1} X)^{-1} . \end{aligned}$$

Dabei ist

$$P_M y = X(X^\top C^{-1} X)^{-1} X^\top C^{-1} y .$$

die neue Projektionsmatrix.

Alle Eigenschaften des gewogenen KQ-Schätzers, die wir nur aus den Eigenschaften des Skalarproduktes ableiten, gelten analog auch für den gewogenen KQ-Schätzer, wenn wir überall das Skalarprodukt $a^\top b$ durch $\langle a, b \rangle = a^\top C^{-1} b$ ersetzen.

Die BLUE Schätzer im verallgemeinerten linearen Modell heißen im Unterschied zum gewöhnlichen Kleinst-Quadrat-Schätzer die **gewogenen Kleinst-Quadrat-Schätzer**. Mitunter spricht man auch von den **Aitkinschätzern** nach Alexander C.

Vertiefung: Die Effizienz des Kleinst-Quadrat-Schätzers im linearen Normalverteilungsmodell $\boldsymbol{y} \sim N_n(\boldsymbol{\mu}; \boldsymbol{C})$

Der Satz von Gauß-Markov setzt keine Verteilung, speziell also nicht die Normalverteilung voraus. Dafür beschränkt er sich auf lineare Schätzer. Unter der Normalverteilungsannahme ist der KQ-Schätzer $\widehat{\mu}$ mit den Maximum-Likelihoodschätzer identisch. Daher lassen sich die viel tiefer reichenden Aussagen der Likelihoodtheorie anwenden.

Ist $\boldsymbol{y} \sim N_n(\boldsymbol{\mu}; \boldsymbol{C})$, dann ist die Loglikelihood von $\boldsymbol{\mu}$ bei gegebenem $\boldsymbol{y}$ bis auf eine additive Konstante

$$l(\boldsymbol{\mu}|\boldsymbol{y}) \simeq -\frac{1}{2}(\boldsymbol{y}-\boldsymbol{\mu})^\top \boldsymbol{C}^{-1}(\boldsymbol{y}-\boldsymbol{\mu}).$$

Die Log-Likelihood wird also genau dann maximal, falls $(\boldsymbol{y}-\boldsymbol{\mu})^\top \boldsymbol{C}^{-1}(\boldsymbol{y}-\boldsymbol{\mu}) = \|\boldsymbol{y}-\boldsymbol{\mu}\|^2_{C^{-1}}$ minimal wird. Also ist der gewogene Kleinst-Quadrat-Schätzer identisch mit dem ML-Schätzer. Zum Nachweis der Effizienz von $\widehat{\boldsymbol{\beta}}$ bestimmen wir die Fisher-Information von $\boldsymbol{\beta}$. Diese ist

$$-\frac{\partial^2}{\partial\boldsymbol{\beta}\partial\boldsymbol{\beta}^\top} \mathrm{l}(\boldsymbol{\beta}|\boldsymbol{y}) = \frac{1}{2}\frac{\partial^2}{\partial\boldsymbol{\beta}\partial\boldsymbol{\beta}^\top}(\boldsymbol{y}-\boldsymbol{X\beta})^\top \boldsymbol{C}^{-1}(\boldsymbol{y}-\boldsymbol{X\beta}) = \boldsymbol{X}^\top \boldsymbol{C}^{-1}\boldsymbol{X}.$$

Damit ist

$$\mathrm{E}\left(-\frac{\partial^2}{\partial\boldsymbol{\beta}\partial\boldsymbol{\beta}^\top}\mathrm{l}(\boldsymbol{\beta}|\boldsymbol{y})\right) = \boldsymbol{X}^\top \boldsymbol{C}^{-1}\boldsymbol{X} = \left(\mathrm{Cov}(\widehat{\boldsymbol{\beta}})\right)^{-1}.$$

Nach der Ungleichung von Rao-Cramer von Seite 212 ist daher $\mathrm{Cov}(\widehat{\boldsymbol{\beta}})$ minimal und $\widehat{\boldsymbol{\beta}}$ effizient.

Aitkin (1895–1967), einem englischen Mathematiker und Statistiker. Im Englischen bezeichnet man die einen als **ordinary least square** (**OLS**), die anderen als **weighted-least-square-estimator** (**WLS**).

?

Im gewöhnlichen linearen Modell ist die Summe der Residuen Null: $\sum_{i=1}^n \widehat{\varepsilon}_i = 0$. Gilt dies auch im verallgemeinerten linearen Modell? Welche Relation gilt stattdessen?

Achtung: Kritik an der vermeintlichen Optimalität von $\widehat{\mu}$:

Sind Erwartungstreue und minimale Varianz die wichtigsten Anforderungen an einen Schätzer, so gibt es keinen besseren Schätzer als den KQ-Schätzer. Fordert man aber zusätzlich Robustheit gegen Ausreißer oder andere Verletzungen der Modellannahmen, zeigt der KQ-Schätzer seine Schwächen. Es wurden daher zahlreiche robuste Varianten des KQ-Schätzers entwickelt, die auf die Erwartungstreue verzichten und einen größeren mittleren quadratischen Fehler als Versichungsprämie gegen Modellschäden zahlen.

7.6 Nebenbedingungen im Modell

Nebenbedingungen haben im Wesentlichen zwei Aufgaben:

1. Durch sie können externes Sachwissen und zusätzliche Informationen über Parameter in das Modell eingebracht werden. Hypothesen über Modellstrukturen lassen sich durch Nebenbedingungen formulieren und dadurch testen, indem man vergleicht, wie gut Beobachtungen mit dem eingeschränkten bzw. dem uneingeschränkten Modell verträglich sind.
2. Durch Nebenbedingungen lassen sich im Modell noch nicht eindeutig definierte Parameter nachträglich eindeutig festlegen.

Wir werden jetzt nur die erste Möglichkeit betrachten, die zweite werden wir im nächsten Kapitel über die Varianzanalyse ab Seite 329 genauer betrachten. Nebenbedingungen schränken die Menge der Parameter $\boldsymbol{\beta}$ auf eine nichtleere Teilmenge $N_{\text{neb}} \subseteq \mathbb{R}^{m+1}$ ein. Das eingeschränkte Modell lässt sich durch:

$$\boldsymbol{y} = \boldsymbol{\mu} + \boldsymbol{\varepsilon} \qquad \boldsymbol{\mu} \in M_{\text{neb}} := \{\boldsymbol{\mu} = \boldsymbol{X\beta} | \boldsymbol{\beta} \in N_{\text{neb}}\}$$

beschreiben. Dabei ist N_{neb} die Menge der *zulässigen* $\boldsymbol{\beta}$ und M_{neb} die der *zulässigen* $\boldsymbol{\mu}$. Die Kleinst-Quadrat-Schätzung $\widehat{\boldsymbol{\mu}}_{\text{neb}}$ von $\boldsymbol{\mu}$ bzw. von $\widehat{\boldsymbol{\beta}}_{\text{neb}}$ von $\boldsymbol{\beta}$ im eingeschränkten linearen Modell ist die Lösung von:

$$\|\boldsymbol{y} - \widehat{\boldsymbol{\mu}}_{\text{neb}}\|^2 = \min_{\boldsymbol{\mu} \in M_{\text{neb}}} \|\boldsymbol{y} - \boldsymbol{\mu}\|^2 .$$

Ist M_{neb} kein linearer Raum, so werden wir hier mit $\{\widehat{\boldsymbol{\mu}}_{\text{neb}}\}$ diejenigen Punkte aus M_{neb} bezeichnen, die minimalen Abstand von $\boldsymbol{y}$ haben. Dabei muss man zweierlei beachten:

1. $\{\widehat{\boldsymbol{\mu}}_{\text{neb}}\}$ muss nicht immer existieren. Ist z.B. der $\mathbb{R}^1$ der Oberraum, $\boldsymbol{y}$ die Zahl 0 und M_{neb} das offenen Intervall $(0; 1)$, dann gibt es keinen Punkt aus M_{neb} mit minimalem Abstand zu $\boldsymbol{y}$.
2. $\{\widehat{\boldsymbol{\mu}}_{\text{neb}}\}$ muss nicht immer eindeutig zu sein. Ist $\boldsymbol{y}$ der Mittelpunkt eines Kreises und M_{neb} die Kreislinie, dann gibt es unendlich viele Punkte aus M_{neb} mit minimalem Abstand zu $\boldsymbol{y}$.
3. Bei nichtlinearen Nebenbedingungen ist die allgemeine Bestimmung von $\widehat{\boldsymbol{\mu}}_{\text{neb}}$ meist eine schwierige, oft nur numerisch zu lösende Aufgabe. Generell lässt sich jedoch $\widehat{\boldsymbol{\mu}}_{\text{neb}}$ in zwei Etappen bestimmen: Wegen $M_{\text{neb}} \subseteq M$ gilt für alle $\boldsymbol{\mu}_{\text{neb}} \in M_{\text{neb}}$:

$$\boldsymbol{y} - \boldsymbol{\mu}_{\text{neb}} = \underbrace{\boldsymbol{y} - \boldsymbol{P}_M\boldsymbol{y}}_{\perp M} + \underbrace{\boldsymbol{P}_M\boldsymbol{y} - \boldsymbol{\mu}_{\text{neb}}}_{\in M} \tag{7.9}$$

$$\|\boldsymbol{y} - \boldsymbol{\mu}_{\text{neb}}\|^2 = \|\boldsymbol{y} - \boldsymbol{P}_M\boldsymbol{y}\|^2 + \|\boldsymbol{P}_M\boldsymbol{y} - \boldsymbol{\mu}_{\text{neb}}\|^2 . \tag{7.10}$$

Also ist $\widehat{\boldsymbol{\mu}}_{\text{neb}}$ derjenige Punkt aus M_{neb} mit minimalem Abstand zu $\boldsymbol{P}_M\boldsymbol{y}$. Siehe auch Abbildung 7.10

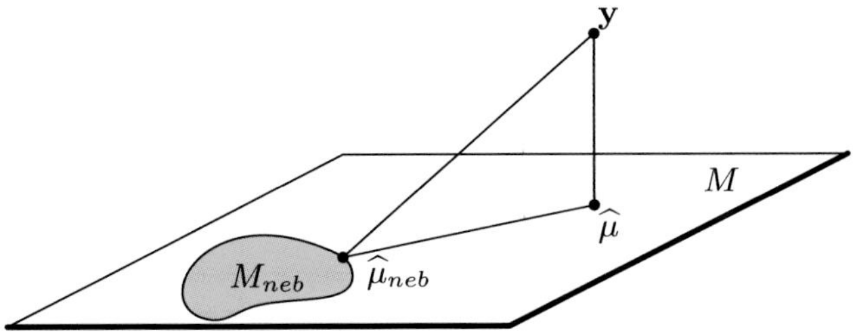

Abbildung 7.10 $\widehat{\mu}_{\text{neb}}$ ist derjenige Punkt aus M_{neb} mit minimalem Abstand zu $\widehat{\mu}$ und minimalem Abstand zu y.

Damit haben wir folgende einfache Regel gefunden:

a Ignoriere die Nebenbedingungen; und bestimme $\widehat{\mu} = P_M y$.

b Ersetze y durch $\widehat{\mu}$ und bestimme $\widehat{\mu}_{\text{neb}}$ unter Beachtung der Nebenbedingungen.

4. Setzen wir $\|y - \widehat{\mu}_{\text{neb}}\|^2 = \text{SSE}_{\text{neb}}$ und $\|y - \widehat{\mu}\|^2 = \text{SSE}$, dann folgt aus (7.10) die Aufspaltung der Fehlerquadratsumme:

$$\text{SSE}_{\text{neb}} = \text{SSE} + \|\widehat{\mu} - \widehat{\mu}_{\text{neb}}\|^2 .$$

Durch die Nebenbedingung wird also die Modellanpassung nicht verbessert. SSE bleibt nach Einführung der Nebenbedingung genau dann invariant, wenn $\widehat{\mu}$ bereits von sich aus die Nebenbedingung erfüllte: $\widehat{\mu} = \widehat{\mu}_{\text{neb}}$.

Die einfachsten Nebenbedingungen werden durch lineare Gleichungen beschrieben

Nebenbedingungen können durch endlich viele Gleichungen und Ungleichungen angegeben werden:

$$B_{\text{neb}} = \left\{ \beta \left| \begin{matrix} n_k(\beta) = a_k; & k = 1, \cdots, q \\ n_k(\beta) \leq a_k; & k = q+1, \cdots, r. \end{matrix} \right. \right\}$$

Dabei sind die $n_k(\beta)$ vorgegebene Funktionen. Sind die $n_k(\beta)$ lineare Funktionen, so sind B_{neb} und M_{neb} konvexe Polyeder. Sind die Nebenbedingungen ausschließlich durch lineare Gleichungen gegeben, so ist M_{neb} eine Hyperebene in M:

$$M_{\text{neb}} = \{\mu = X\beta \mid n_k^\top \beta = a_k \quad k = 1, \ldots, q\}.$$

Fassen wir die a_k in einem Vektor a und die n_k in einer $(q \times (m+1))$-Matrix $N^\top = (n_1; n_2; \ldots; n_q)$ zusammen, erhalten wir:

$$M_{\text{neb}} = \{\mu = X\beta | N^\top \beta = a\}.$$

Ist a ungleich Null, sprechen wir von **inhomogenen**, andernfalls von **homogenen** linearen Nebenbedingungen.

Wir befassen uns im Weiteren nur noch mit **linearen Nebenbedingungen** und lassen den Zusatz „linear" weg. In diesem Fall ist M_{neb} ein linearer Unterraum von M. Weiter genügt es, sich mit homogenen Nebenbedingungen zu befassen, da sich ein Modell mit inhomogenen Nebenbedingungen leicht in eins mit homogenen Nebenbedingungen transformieren lässt.

Löst man die Nebenbedingungen $N^\top \beta_{\text{neb}} = 0$ nach β_{neb} auf und setzt β_{neb} in die Modellgleichung $\mu = X\beta$ ein, erhält man das **reparametrisierte lineare Modell.** Wir betrachten dieses Vorgehen auf Seite 332 genauer. Der KQ-Schätzer kann auch über die Lagrange-Gleichungen bestimmt werden.

Schätzung mit der Methode von Lagrange

Das Lagrange-Funktional der Extremwert-Aufgabe „*Minimiere* $\|y - X\beta\|^2$ *unter der Nebenbedingung* $N^\top \beta = 0$" ist

$$\Lambda(\beta; \lambda) = \|y - X\beta\|^2 + 2\lambda^\top N^\top \beta .$$

Dabei ist λ der Vektor der Lagrange-Multiplikatoren. Nullsetzen der partiellen Ableitungen nach β und λ liefert das System der Lagrange-Gleichungen.

Die Lagrange-Gleichungen

Das System der Lagrange-Gleichungen:

$$X^\top X\widehat{\beta} + N\lambda = X^\top y ,$$
$$N^\top \widehat{\beta} = 0$$

ist lösbar. Ist $(\widehat{\beta}, \lambda)$ eine Lösung, so ist $\widehat{\beta} = \widehat{\beta}_{\text{neb}}$. Umgekehrt existiert zu jedem $\widehat{\beta}_{\text{neb}}$ ein λ, so dass $(\widehat{\beta}_{\text{neb}}, \lambda)$ Lösung der Lagrange-Gleichungen ist.

Beweis: Wir betrachten das reparametrisierte lineare Modell $y = Z\tau + \varepsilon$, dabei ist $Z = X(I - P_N)$. Dessen Normalgleichung ist $Z^\top Z\tau = Z^\top y$. Setzen wir $Z = X(I - P_N)$ ein, multiplizieren die Produkte aus und berücksichtigen $P_N = NN^+$, so erhalten wir:

$$(I - P_N)X^\top X(I - P_N)\tau = (I - P_N)X^\top y .$$

Ausmultiplizieren und Umordnen ergibt:

$$X^\top X \underbrace{(I - P_N)\tau}_{\beta} + N \underbrace{N^+(X^\top y - X^\top X(I - P_N)\tau)}_{\lambda} = X^\top y .$$

Nennen wir $(I - P_N)\tau = \widehat{\beta}$ und $N^+(X^\top y - X^\top X(I - P_N)\tau) = \lambda$, steht die Gleichung $X^\top X\widehat{\beta} + N\lambda = X^\top y$ vor uns. Also lösen $\widehat{\beta}$ und λ die erste Lagrange-Gleichung. Die zweite Gleichung ist wegen $N^\top \widehat{\beta} = N^\top (I - P_N)\tau = 0$ ebenfalls erfüllt.

Ist umgekehrt $(\widehat{\beta}; \lambda)$ Lösung der Lagrange-Gleichungen, so folgt durch Multiplikation der ersten Lagrange-Gleichung mit $(I - P_N)$:

$$(I - P_N)X^\top y = (I - P_N)X^\top X\widehat{\beta} + \underbrace{(I - P_N)N\lambda}_{0}$$
$$(I - P_N)X^\top y = (I - P_N)X^\top X\widehat{\beta} . \qquad (7.11)$$

Die zweite Lagrange-Gleichung liefert $\widehat{\boldsymbol{\beta}} = (\boldsymbol{I} - \boldsymbol{P}_N)\boldsymbol{\tau}$ mit geeignetem τ. Setzen wir dies in die Gleichung 7.11 ein, erhalten wir:

$$\underbrace{(\boldsymbol{I} - \boldsymbol{P}_N)\boldsymbol{X}^\top}_{Z^\top} \boldsymbol{y} = \underbrace{(\boldsymbol{I} - \boldsymbol{P}_N)\boldsymbol{X}^\top}_{Z^\top} \underbrace{\boldsymbol{X}(\boldsymbol{I} - \boldsymbol{P}_N)}_{Z}\boldsymbol{\tau}$$

$$\boldsymbol{Z}^\top \boldsymbol{y} = \boldsymbol{Z}^\top \boldsymbol{Z}\boldsymbol{\tau}\,.$$

Also erfüllt $\boldsymbol{\tau}$ die Normalgleichung des reparametrisierten Modells und somit ist $\widehat{\boldsymbol{\beta}} = \widehat{\boldsymbol{\beta}}_{\text{neb}}$. ■

7.7 Test linearer Hypothesen

Bei jedem Test gehen wir von einem Vorwissen über $\boldsymbol{\mu}$ aus. Dieses Vorwissen formulieren wir als lineares Modell mit einer Annahme über die Verteilung:

$$\boldsymbol{y} \sim \mathrm{N}_n(\boldsymbol{\mu}; \sigma^2 \boldsymbol{I})\,; \quad \boldsymbol{\mu} \in M; \quad \dim(M) = d. \tag{7.12}$$

Dies werden wir im Folgenden stets voraussetzen. Zuerst betrachten wir Hypothesen über $\boldsymbol{\mu}$. Eine *lineare Hypothese* schränkt die möglichen Werte von $\boldsymbol{\mu}$ auf einem Unterraum H von M ein. Wir definieren:

Definition der linearen Hypothese

Ist $H \subset M$ ein linearer Unterraum von M und $\boldsymbol{\mu}_0$ ein beliebiger fester Vektor aus M, so heißt die Hypothese

$$H_0 : \ \boldsymbol{\mu} \in H$$

eine lineare Hypothese über $\boldsymbol{\mu}$.

?

Ist die Alternative H_1 : „$\boldsymbol{\mu} - \boldsymbol{\mu}_0 \notin H$" eine lineare Hypothese?

Ist die Hypothese wahr, so liegt $\boldsymbol{\mu} \in H \subset M$, dann ist $\boldsymbol{P}_H\boldsymbol{\mu} = \boldsymbol{\mu} = \boldsymbol{P}_M\boldsymbol{\mu}$, also $\boldsymbol{P}_H\boldsymbol{\mu} - \boldsymbol{P}_M\boldsymbol{\mu} = \boldsymbol{0}$. Daher sollte die zufällige Größe $\boldsymbol{P}_M\boldsymbol{y} - \boldsymbol{P}_H\boldsymbol{y}$ auch relativ klein sein. Da wir leichter mit skalaren als mit vektoriellen Prüfgrößen arbeiten, verwenden wir

$$\mathrm{SS}(H) = \|\boldsymbol{P}_M\boldsymbol{y} - \boldsymbol{P}_H\boldsymbol{y}\|^2$$

als nicht skaliertes Testkriterium zur Prüfung unserer Hypothese H_0. (Eigentlich ist die Bezeichnung $\mathrm{SS}(H)$ unzureichend, da M nicht explizit erwähnt ist. Um uns nicht mit zu vielen Symbolen zu überlasten, bleiben wir hier bei der einfachen Schreibweise.) Aus der Voraussetzung $\boldsymbol{y} \sim \mathrm{N}_n(\boldsymbol{\mu}; \sigma^2\boldsymbol{I})$ und dem Satz von Cochran von Seite 165 folgt:

$$\mathrm{SS}(H) \sim \sigma^2\chi^2(p;\delta)\,,$$

dabei ist

$$p = \dim(M) - \dim(H) \text{ und } \delta = \frac{1}{\sigma^2}\|\boldsymbol{\mu} - \boldsymbol{P}_H\boldsymbol{\mu}\|^2\,.$$

$\mathrm{SS}(H)$ kann nicht unmittelbar als Prüfgröße eines Tests verwendet werden, da seine Verteilung vom unbekannten σ^2 abhängt. Wir schätzen σ^2 durch:

$$\widehat{\sigma}^2 = MSE = \frac{\mathrm{SSE}}{n-d} \sim \sigma^2\chi^2(n-d)\,.$$

SSE ist eine Funktion von $(\boldsymbol{I} - \boldsymbol{P}_M)\boldsymbol{y}$ und $\mathrm{SS}(H)$ eine von $(\boldsymbol{P}_M - \boldsymbol{P}_H)\boldsymbol{y}$. Da $H \subset M$ liegt, ist $(\boldsymbol{I} - \boldsymbol{P}_M)(\boldsymbol{P}_M - \boldsymbol{P}_H) = 0$, also sind die beiden Vektoren unkorreliert und da sie gemeinsam normalverteilt sind, auch unabhängig. Daher sind auch $\widehat{\sigma}^2$ und $\mathrm{SS}(H)$ unabhängig. Daher ist der Quotient F-verteilt.

$$\mathrm{F_{PG}} = \frac{\mathrm{SS}(H)}{\widehat{\sigma}^2 p} \sim F(p; n-d; \delta)\,.$$

Siehe auch Seite 165 und folgende. $\mathrm{F_{PG}}$ ist das skalierte Testkriterium. Mit $\mathrm{F_{PG}}$ können wir die Hypothese H_0 testen. Wie aber ist die Grenze des Annahmebereichs zu bestimmen? Ist die Nullhypothese richtig, ist $\boldsymbol{\mu} = \boldsymbol{P}_H\boldsymbol{\mu}$ und damit $\delta = 0$. In diesem Fall ist $\mathrm{F_{PG}}$ zentral $\mathrm{F}(p; n-d)$-verteilt und damit vollständig bekannt. Da große Werte von $\mathrm{SS}(H)$ gegen H_0 sprechen, werden wir folgerichtig aus den großen Werten von $\mathrm{F_{PG}}$ die kritische Region und aus den kleinen Werten von $\mathrm{F_{PG}}$ den Annahmebereich bilden. Daher bildet das obere Quantil der zentralen $\mathrm{F}(p; n-d)$-Verteilung die Schwelle zwischen „groß" und „klein". Wir fassen zusammen:

Der F-Test der Hypothese H_0: $\mu \in H$

Das nicht skalierte Testkriterium

$$\mathrm{SSH} = \|\boldsymbol{P}_M\boldsymbol{y} - \boldsymbol{P}_H\boldsymbol{y}\|\,.$$

Die Prüfgröße des Tests ist

$$\mathrm{F_{PG}} = \frac{\mathrm{SSH}}{\widehat{\sigma}^2 \cdot p}\,.$$

Sei $\mathrm{F_{pg}}$ der beobachtete oder realisierte Wert der Prüfgröße $\mathrm{F_{PG}}$. Die Entscheidungsregel: „Lehne H_0 ab, falls

$$\mathrm{F_{pg}} > \mathrm{F}(p; n-d)_{1-\alpha}\text{“} \tag{7.13}$$

definiert den F-Test zum Niveau α.

Was ist, wenn H_0 falsch ist? In diesem Fall ist $\mathrm{F_{pg}} \sim \mathrm{F}(p; n-d; \delta)$. Der Nichtzentralitätsparameter $\delta = \frac{1}{\sigma^2}\|\boldsymbol{\mu} - \boldsymbol{P}_H\boldsymbol{\mu}\|^2$ misst den Abstand des wahren $\boldsymbol{\mu}$ von der hypothetischen Ebene H und somit „die Stärke der Unkorrektheit von H_0" . δ ist genau dann Null, wenn $\boldsymbol{\mu} \in H$ ist, also genau dann, wenn H_0 richtig ist. Es lässt sich zeigen, dass eine nichtzentrale $\chi^2(p;\delta)$ verteilte Variable mit höhere Wahrscheinlichkeit größere Werte liefert als eine zentral $\chi^2(p)$-verteilte, und zwar um so größer, je größer δ ist. Gilt H_0 nicht, so wird $\mathrm{F_{pg}}$ daher mit höherer Wahrscheinlichkeit größere Werte annehmen als bei Gültigkeit von H_0. Diese Aussage lässt sich noch weiter verschärfen, wir zitieren ohne Beweis:

Optimalität des F-Tests

Der F-Test ist der gleichmäßig beste Test zum Niveau α der Hypothese H_0 : „$\delta = 0$“ gegen die Alternative H_1 : „$\delta \neq 0$“.

Das nicht skalierte Testkriterium $\mathrm{SS}(H)$ lässt sich vielfältig interpretieren. Da $H \subset M$ ist, folgt:

$$\begin{aligned}\mathrm{SS}(H) &= \|\boldsymbol{P}_M \boldsymbol{y} - \boldsymbol{P}_H \boldsymbol{y}\|^2 \\ &= \|\boldsymbol{P}_M \boldsymbol{y}\|^2 - \|\boldsymbol{P}_H \boldsymbol{y}\|^2 \\ &= (\|\boldsymbol{P}_M \boldsymbol{y}\|^2 - \|\boldsymbol{P}_1 \boldsymbol{y}\|^2) - (\|\boldsymbol{P}_H \boldsymbol{y}\|^2 - \|\boldsymbol{P}_1 \boldsymbol{y}\|^2) \\ &= \mathrm{SSR}(M) - \mathrm{SSR}(H)\end{aligned}$$

- Also misst $\mathrm{SS}(H) = \mathrm{SSR}(M) - \mathrm{SSR}(H)$ die Verschlechterung der Modellanpassung bei Reduktion des Modells M auf H oder – anders herum betrachtet – misst $\mathrm{SS}(H)$ den Zugewinn bei der Modellerweiterung von H auf M.
- Andererseits folgt aus

  $$\mathrm{SST} = \mathrm{SSR}(M) + \mathrm{SSE}(M) = \mathrm{SSR}(H) + \mathrm{SSE}(H)$$

  sofort:

  $$\mathrm{SSR}(M) - \mathrm{SSR}(H) = \mathrm{SSE}(H) - \mathrm{SSE}(M).$$

  Daher misst $\mathrm{SS}(H) = \mathrm{SSE}(H) - \mathrm{SSE}(M)$ die Vergrößerung der Residualstreuung $\mathrm{SSE}(M)$ bei Reduktion von M auf H. Es kommt also auf das gleiche heraus, ob man den Zuwachs von SSE oder die Abnahme von SSR vergleicht. Was die eine Komponente bei der Modellreduktion (bzw. Modellerweiterung) verliert, gewinnt die andere. Wie wir auch immer $\mathrm{SS}(H)$ interpretieren, stets gilt: *Ist* $\mathrm{SS}(H)$ *klein, so ist gegen die Reduktion von M auf H und damit gegen* H_0 *wenig einzuwenden. Ist dagegen* $\mathrm{SS}(H)$ *groß, so ist* H_0 *nicht akzeptabel.*
- Schließlich lässt sich die Nullhypothese auch so lesen: Aus $H \subset M$ folgt $\boldsymbol{P}_M - \boldsymbol{P}_H = \boldsymbol{P}_{M\ominus H}$. Dann ist H_0 :„$\boldsymbol{P}_{M\ominus H}\boldsymbol{\mu} = \boldsymbol{0}$“. Die Hypothese behauptet also:

  „*$\boldsymbol{\mu}$ hat keine Komponente im Raum $M\ominus H$.*“

Darauf kontert der Test: „Das wollen wir erst mal sehen!“ und projiziert $\boldsymbol{y}$ in den Raum $M\ominus H$, in dem angeblich kein systematischer Komponentenanteil liegt. Ist die $\mathrm{SS}(H) = \|\boldsymbol{P}_{M\ominus H}\boldsymbol{y}\|^2$ zu groß, wird H_0 abgelehnt.

Lineare Hypothesen über einen Parameter Φ lassen sich testen, wenn Φ von μ abhängt

In der Regel wollen wir weniger Hypothese über μ als vielmehr Hypothesen über andere Parameter testen. Nehmen wir z.B. einen p-dimensionalen Parametervektor $\boldsymbol{\Phi} = \boldsymbol{B}^\top\boldsymbol{\beta}$, der linear von $\boldsymbol{\beta}$ abhängt, und wollen die Hypothese

$$H_0. \text{„}\boldsymbol{B}^\top\boldsymbol{\beta} = \boldsymbol{B}^\top\boldsymbol{\beta}_0\text{“ gegen } H_1 : \text{„}\boldsymbol{B}^\top\boldsymbol{\beta} \neq \boldsymbol{B}^\top\boldsymbol{\beta}_0\text{“}$$

testen. Zur Beurteilung von H_0 steht uns nur $\boldsymbol{y}$ zur Verfügung. Von $\boldsymbol{y}$ können wir nur auf $\boldsymbol{\mu}$ schließen und müssen entscheiden, ob $\boldsymbol{\mu}$ zur Menge

$$\{\boldsymbol{\mu}|\boldsymbol{\mu} = \boldsymbol{X\beta}, \boldsymbol{B}^\top\boldsymbol{\beta} = \boldsymbol{B}^\top\boldsymbol{\beta}_0\}.$$

oder zur Menge

$$\{\boldsymbol{\mu}|\boldsymbol{\mu} = \boldsymbol{X\beta}, \boldsymbol{B}^\top\boldsymbol{\beta} \neq \boldsymbol{B}^\top\boldsymbol{\beta}_0\}.$$

gehört. Gäbe es zwei Parameter $\boldsymbol{\beta}_1$ und $\boldsymbol{\beta}_2$ mit $\boldsymbol{X\beta}_1 = \boldsymbol{X\beta}_2$ aber $\boldsymbol{B}^\top\boldsymbol{\beta}_1 = \boldsymbol{B}^\top\boldsymbol{\beta}_0$ und $\boldsymbol{B}^\top\boldsymbol{\beta}_2 \neq \boldsymbol{B}^\top\boldsymbol{\beta}_0$, dann läge $\boldsymbol{\mu}$ in beiden Mengen, es könnte prinzipiell nicht entschieden werden, ob H_0 gilt oder nicht. Beide Mengen sind genau dann disjunkt, wenn aus $\boldsymbol{X\beta}_1 = \boldsymbol{X\beta}_2$ auch $\boldsymbol{B}^\top\boldsymbol{\beta}_1 = \boldsymbol{B}^\top\boldsymbol{\beta}_2$ folgt. Das heißt aber, $\boldsymbol{B}^\top\boldsymbol{\beta}$ ist eindeutig durch $\boldsymbol{X\beta}$ bestimmt. Dies ist aber gerade das Kriterium der Schätzbarkeit von $\boldsymbol{B}^\top\boldsymbol{\beta}$. Mehr über den hier verwendeten Begriff der Schätzbarkeit finden Sie ab Seite 331. Damit haben wir den Begriff der Testbarkeit auf den der Schätzbarkeit zurückgeführt.

Testbare Hypothesen

Die lineare Parameterhypothese H_0 :„$\boldsymbol{B}^\top\boldsymbol{\beta} = \boldsymbol{B}^\top\boldsymbol{\beta}_0$“ über den Parameter $\boldsymbol{B}^\top\boldsymbol{\beta}=\boldsymbol{\Phi}$ ist genau dann testbar, wenn der Parameter $\boldsymbol{\Phi}$ schätzbar ist, das heißt, wenn sich $\boldsymbol{\Phi}$ darstellen lässt als $\boldsymbol{\Phi} = \boldsymbol{K}^\top\boldsymbol{\mu}$.

Alle testbaren Hypothesen über $\boldsymbol{\Phi}$ sind in Wirklichkeit Hypothesen über $\boldsymbol{\mu}$. Wir werden daher zwei verschiedene Hypothesen $H_0^{\boldsymbol{\Phi}}$: „$\boldsymbol{\Phi} = \boldsymbol{\Phi}_0$“ und $H_0^{\boldsymbol{\Psi}}$: „$\boldsymbol{\Psi} = \boldsymbol{\Psi}_0$“ genau dann als äquivalent bezeichen, wenn sie sich auf die gleiche Hypothese $H_0^{\boldsymbol{\mu}}$:„$\boldsymbol{\mu} \in H$“ zurückführen lassen. In diesem Fall beschreiben alle drei Hypothesen identische Sachverhalte.

Wir haben, – um Missverständnisse zu vermeiden, – die unterschiedlichen Formulierungen der inhaltlich gleichen Hypothese durch einen zusätzlichen Index an H_0 gekennzeichnet.

Die Prüfgröße des F-Tests

Es sei $\boldsymbol{\Phi} = \boldsymbol{K}^\top\boldsymbol{\mu} = \boldsymbol{B}^\top\boldsymbol{\beta}$ ein schätzbarer p-dimensionaler Parameter. Weiter sei $\boldsymbol{\mu}_0$ ein beliebiger fester Vektor aus M und $\boldsymbol{\Phi}_0 = \boldsymbol{K}^\top\boldsymbol{\mu}_0 = \boldsymbol{B}^\top\boldsymbol{\beta}_0^\top$. Dann ist das nicht skalierte Testkriterium $\mathrm{SS}(H)$ der in drei äquivalenten Formulierungen dargestellten Hypothese

$$\begin{aligned}H_0^{\boldsymbol{\mu}}&: \text{„}\boldsymbol{K}^\top\boldsymbol{\mu} = \boldsymbol{K}^\top\boldsymbol{\mu}_0\text{“}\\ H_0^{\boldsymbol{\beta}}&: \text{„}\boldsymbol{B}^\top\boldsymbol{\beta} = \boldsymbol{B}^\top\boldsymbol{\beta}_0\text{“}\\ H_0^{\boldsymbol{\Phi}}&: \text{„}\boldsymbol{\Phi} = \Phi_0\text{“}\end{aligned}$$

gegeben durch die drei äquivalenten Versionen

$$\begin{aligned}\mathrm{SS}(H) &= (\widehat{\boldsymbol{\mu}} - \boldsymbol{\mu}_0)^\top\boldsymbol{K}(\boldsymbol{K}^\top\boldsymbol{P}_M\boldsymbol{K})^{-1}\boldsymbol{K}^\top(\widehat{\boldsymbol{\mu}} - \boldsymbol{\mu}_0)\\ &= (\widehat{\boldsymbol{\beta}} - \boldsymbol{\beta}_0)^\top\boldsymbol{B}(\boldsymbol{B}^\top(\boldsymbol{X}^\top\boldsymbol{X})^{-1}\boldsymbol{B})^{-1}\boldsymbol{B}^\top(\widehat{\boldsymbol{\beta}} - \boldsymbol{\beta}_0)\\ &= \sigma^2(\widehat{\boldsymbol{\Phi}} - \boldsymbol{\Phi}_0)^\top(\mathrm{Cov}\,\widehat{\boldsymbol{\Phi}})^{-1}(\widehat{\boldsymbol{\Phi}} - \boldsymbol{\Phi}_0) \qquad (7.14)\end{aligned}$$

Dabei ist $p = \dim(M) - \dim(H) = m - d$, die Dimension von $\boldsymbol{\Phi}$, die Anzahl der Freiheitsgrade von $\mathrm{SS}(H)$.

Beweis: Wir betrachten nur den Fall $\boldsymbol{\mu}_0 = \boldsymbol{0}$. Ist $\boldsymbol{\mu}_0 \neq \boldsymbol{0}$, so ersetzen wir $\boldsymbol{y}$ durch $\tilde{\boldsymbol{y}} = \boldsymbol{y} - \boldsymbol{\mu}_0$ und wenden das Ergebnis auf das transformierte Modell $\tilde{\boldsymbol{y}} \sim \mathrm{N}_n(\tilde{\boldsymbol{\mu}}; \sigma^2\boldsymbol{I})$ und $\tilde{H}_0$ an.

Wir betrachten nun die Hypothese H_0^{μ} : „$\boldsymbol{K}^\top \boldsymbol{\mu} = \boldsymbol{0}$“.

Angenommen, es würde $\text{span}\{\boldsymbol{K}\} \subset M$ gelten. Dann besitzt $\text{span}\{\boldsymbol{K}\}$ in M ein orthogonales Komplement H mit $M = \text{span}\{\boldsymbol{K}\} \oplus H$. Die Aussage $\boldsymbol{K}^\top \boldsymbol{\mu} = 0$ ist äquivalent mit $\mu \perp \text{span}\{\boldsymbol{K}\}$ oder $\boldsymbol{\mu} \in H$. Damit hätten wir bereits $\text{SS}(H)$ gefunden, nämlich:

$$\text{SS}(H) = \|\boldsymbol{P}_{M \ominus H}\boldsymbol{\mu}\|^2 = \left\|\boldsymbol{P}_{\text{span}\{\boldsymbol{K}\}}\boldsymbol{\mu}\right\|^2 .$$

Nun befreien wir uns von der Einschränkung $\text{span}\,\{\boldsymbol{K}\} \subset M$. Da $\boldsymbol{\mu} \in M$ ist, ist $\boldsymbol{\mu} = \mathcal{P}_M \boldsymbol{\mu}$ und wir können

$$\boldsymbol{K}^\top \boldsymbol{\mu} = K^\top \boldsymbol{P}_M \boldsymbol{\mu} = (\boldsymbol{P}_M \boldsymbol{K})^\top \boldsymbol{\mu} = \boldsymbol{A}^\top \boldsymbol{\mu}$$

schreiben. Dabei haben wir $\boldsymbol{P}_M \boldsymbol{K}$ kurzfristig mit $\boldsymbol{A}$ abgekürzt. Die Spalten von $\boldsymbol{A}$ liegen aber nach Konstruktion in M. Also ist $\text{span}\,\{\boldsymbol{A}\} \subset M$. Da $\boldsymbol{\Phi} = \boldsymbol{K}^\top \boldsymbol{\mu} = A^\top \boldsymbol{\mu}$ ein p-dimensionaler Parameter mit linear unabhängigen Komponenten ist, ist $\boldsymbol{A}^\top$ eine Matrix mit p linear unabhängigen Zeilen. Jetzt wiederholen wir unsere Argumentation von oben, aber nun mit $\boldsymbol{A}$ anstelle von $\boldsymbol{K}$ und erhalten:

$$\text{SS}(H) = \left\|\boldsymbol{P}_{\text{span}\{A\}}\boldsymbol{y}\right\|^2 = \boldsymbol{y}^\top \boldsymbol{A}(\boldsymbol{A}^\top \boldsymbol{A})^{-1}\boldsymbol{A}^\top \boldsymbol{y} .$$

Schließlich sind nur noch die Symbole zurück zu übersetzen:

$$\begin{aligned}
\boldsymbol{A}^\top \boldsymbol{y} &= \boldsymbol{K}^\top \boldsymbol{P}_M \boldsymbol{y} = \boldsymbol{K}^\top \widehat{\boldsymbol{\mu}} = \boldsymbol{B}^\top \widehat{\boldsymbol{\beta}} = \hat{\boldsymbol{\Phi}} \\
\boldsymbol{A}^\top \boldsymbol{A} &= \boldsymbol{K}^\top \boldsymbol{P}_M \boldsymbol{K} = \boldsymbol{K}^\top \boldsymbol{X}(\boldsymbol{X}^\top \boldsymbol{X})^{-1}\boldsymbol{X}^\top \boldsymbol{K} \\
&= \boldsymbol{B}^\top (\boldsymbol{X}^\top \boldsymbol{X})^{-1}\boldsymbol{B}
\end{aligned}$$

Aus $\hat{\boldsymbol{\Phi}} = \boldsymbol{A}^\top \boldsymbol{y}$ folgt $\text{Cov}(\hat{\boldsymbol{\Phi}}) = \text{Cov}(\boldsymbol{A}^\top \boldsymbol{y}) = \sigma^2 \boldsymbol{A}^\top \boldsymbol{A}$. ∎

Bei einem eindimensionalen Parameter ϕ haben wir die Wahl zwischen dem F-Test und dem t-Test. Glücklicherweise führen beide Tests zu identischen Ergebnissen. Um dies zu zeigen, wählen wir für ϕ der Einfachheit halber die Darstellung $\phi = \boldsymbol{k}^\top \boldsymbol{\mu}$ mit $\boldsymbol{k} \in M$. Dann ist $\widehat{\phi} = \boldsymbol{k}^\top \boldsymbol{y} \sim \text{N}(\phi; \sigma^2 \|\boldsymbol{k}\|^2)$. Wegen $p = 1$, $\text{Var}(\widehat{\phi}) = \sigma^2 \|\boldsymbol{k}\|^2$ und wegen (7.14) ist die Prüfgröße des F-Tests gegeben durch:

$$\text{F}_{\text{PG}} = \frac{\text{SS}(H)}{p\widehat{\sigma}^2} = \frac{1}{\widehat{\sigma}^2}\frac{\sigma^2(\widehat{\phi} - \phi_0)^2}{\text{Var}(\widehat{\phi})} = \frac{(\widehat{\phi} - \phi_0)^2}{\widehat{\sigma}^2 \|\boldsymbol{k}\|^2} .$$

Andererseits ist die Prüfgröße des t-Tests der Hypothese H_0:

$$t_{\text{PG}} = \frac{\widehat{\phi} - \phi_0}{\widehat{\sigma}_{\widehat{\phi}}} = \frac{\widehat{\phi} - \phi_0}{\widehat{\sigma}\, \|\boldsymbol{k}\|} .$$

Also ist $\text{F}_{\text{PG}} = t_{\text{PG}}^2$, das Quadrat von t_{PG}. Gleiches gilt auch für die Schwellenwerte: Gilt die Hypothese, so ist ist $t_{\text{PG}} \sim t(n-d)$ und $\text{F}_{\text{PG}} \sim \text{F}(1; n-d)$. Für die Quantile dieser Verteilungen gilt aber:

$$(t(n-d)_{1-\frac{\alpha}{2}})^2 = \text{F}(1; n-d)_{1-\alpha} .$$

Äquivalenz von t- und F-Test

Es ist gleich, ob man eine Hypothese über einen eindimensionalen schätzbaren Parameter Φ mit dem F-Test oder dem t-Test prüft. Zwar unterscheiden sich die zugrunde liegenden Prüfideen. Im eindimensionalen Fall, wo beide Konzepte anwendbar sind, erhalten wir äquivalente Prüfgrößen und identische Ergebnisse.

?

Warum verwenden wir beim F-Test das Quantil $\text{F}(1; n-d)_{1-\alpha}$ und beim t-Test $t(n-d)_{1-\frac{\alpha}{2}}$?

Der globale F-Test steht am Anfang der Analyse

Der globale F-Test testet die Hypothese

$$\begin{aligned}
&H_{\text{global}}\colon \ „\beta_1 = \beta_2 \cdots = \beta_m = 0“ \\
\text{oder}\quad &H_{\text{global}}\colon \ „\mu \in \text{span}\{\boldsymbol{1}\}“ .
\end{aligned}$$

Achtung: Wird H_{global} akzeptiert, so bedeutete dies, dass das Modell mit allen Regressoren die Beobachtungen nicht besser beschreiben kann als das triviale Nullmodell, das nur die Konstante Eins als Regressor enthält. Bei der globalen Hypothese ist $H = \text{span}\{\boldsymbol{1}\}$ und damit $\text{SS}(H) = \text{SSR}$.

Der globale F-Test

Der globale F-Test betrachtet nur die Alternative: *Entweder ist mindestens einer der Regressoren signifikant oder keiner.* Seine Prüfgröße ist

$$\text{F}_{\text{PG}} = \frac{\text{SSR}}{(d-1)\widehat{\sigma}^2} . \tag{7.15}$$

Sie besitzt unter H_{global} eine $\text{F}(d-1; n-d)$-Verteilung.

Die Annahme von der globalen Nullhypothese H_{global} schließt daher nicht aus, dass ein reduziertes Modell mit weniger Regressoren signifikant besser als das Nullmodell ist.

?

Unter welchen Umständen könnte dies geschehen?

Beispiel Gegeben sind die in Tabelle 7.5 aufgeführten 14 Beobachtungen von sieben Regressoren $\boldsymbol{x}_1$ bis $\boldsymbol{x}_7$ und einer abhängigen Variable $\boldsymbol{y}$.

Die Daten sind konstruiert, daher soll ihnen nicht künstlich eine inhaltliche Bedeutung unterlegt werden. Wir betrachten das Modell $M = \text{span}\{\boldsymbol{1}, \boldsymbol{x}_1, \boldsymbol{x}_2, \boldsymbol{x}_3, \boldsymbol{x}_4, \boldsymbol{x}_5, \boldsymbol{x}_6, \boldsymbol{x}_7\}$. Hier ist $n = 14$, $\dim(M) = d = 8$ und $n - d = 6$. Wir verzichten in diesem Beispiel und den darauf aufbauenden Beispielen darauf, die Rechnungen im Einzelnen vorzuführen und geben nur die relevanten Qudratsummen in einer Tabelle an.

SS		Freiheitsgrade
SSR(*M*)	10922.00	7
SSE(*M*)	4.98	6
SST	10926.98	13

Tabelle 7.5 Daten zum Beispiel.

x_1	x_2	x_3	x_4	x_5	x_6	x_7	y
5.449	8.113	18.746	−0.646	1.489	−1.421	9.012	8.106
5.975	15.450	27.438	−0.793	3.589	3.725	2.201	34.343
2.837	14.011	14.083	0.767	−8.645	−0.287	4.788	16.658
3.260	−6.591	2.540	1.312	−2.337	−18.908	2.488	−48.116
3.833	16.414	15.427	0.476	−4.589	2.207	3.228	23.347
3.718	4.688	8.156	1.882	−1.574	1.013	−0.723	−12.090
8.228	24.027	22.505	0.973	−4.002	−14.195	6.340	52.976
5.704	−2.339	−0.344	−0.780	−5.350	−0.395	1.184	−37.653
2.951	6.007	10.581	0.344	−11.656	−4.370	2.685	−5.867
6.860	14.316	2.815	0.217	−3.123	7.272	6.075	7.456
5.496	13.284	14.150	1.654	6.101	−0.289	2.358	15.364
3.902	−9.148	14.302	2.329	−6.942	4.560	8.645	−41.453
5.027	3.526	17.313	2.641	−5.579	−5.735	1.646	−6.766
4.857	13.906	6.588	−0.258	−5.015	6.985	−1.812	10.134

Eine solche Tafel heißt auch ein ANOVA-Tafel, dabei steht ANOVA für *Analysis of Varianz*. (Achten Sie auf die Summenprobe: Es ist SSR + SSE = SST . Ebenso addieren sich die Freiheitsgrade.) Das Bestimmtheitsmaß ist $R^2 = \frac{10922}{10927} = 0.999$ und $\widehat{\sigma}^2 = \frac{4.98}{6} = 0.83$. Wir wollen 5 verschiedene Hypothesen testen und wählen wir für alle Tests $\alpha = 5\,\%$.

1. Wir beginnen mit dem globalen F-Test. Es ist $d - 1 = 7$. Unter H_{global} besitzt F_{PG} eine F(7; 6)-Verteilung. Es ist $F(7;6)_{0.95} = 3.866$. Die Prüfgröße des F-Tests ist

$$F_{pg} = \frac{SSR(M)}{(d-1)\widehat{\sigma}^2} = \frac{10922.00}{7 \cdot 0.83} = 1879.8 > F(7;6)_{0.95}\,.$$

Also wird H_{global} verworfen. Es lohnt sich also, die Regressoren weiter zu analysieren.

2. Wir testen nun jeden einzelnen Parameter $\boldsymbol{\beta}_j$ mit dem t-Test. Die j-te getestete Hypothese ist

$$H_0 : „\beta_j = 0\text{``}.$$

Die Prüfgröße ist $t_{PG} = \frac{\widehat{\beta}_j}{\widehat{\sigma}_{\widehat{\beta}_j}}$. Unter H_0^j ist $t_{PG} \sim t(n-d) = t(6)$. Der Annahmebereich des zweiseitigen Tests besteht aus den Werten $|t_{pg}| \leq t(n-d)_{1-\frac{\alpha}{2}}$. Der Schwellenwert der t-Verteilung für $\alpha = 5\,\%$ ist $t(6)_{0.975} = 2.45$. Die geschätzten Parameter und ihre Standardabweichungen zeigt Tabelle 7.6.

Tabelle 7.6 t-Test der einzelnen Parameter.

i	$\widehat{\beta}_i$	$\widehat{\sigma}_{\widehat{\beta}_i}$	$\frac{\widehat{\beta}_i}{\widehat{\sigma}_{\widehat{\beta}_i}}$
0	−34.55	1.163	**29.70**
1	0.4661	0.216	2.16
2	2.528	0.038	**66.53**
3	1.004	0.043	**23.35**
4	−0.2293	0.251	−0.91
5	−0.0670	0.063	−1.06
6	0.0098	0.035	0.28
7	0.0072	0.092	0.08

Danach sind allein die Parameter β_0, β_2 und β_3 signifikant von Null verschieden.

3. Wir testen nun zur Kontrolle „$\beta_1 = 0$" mit dem F-Test. Die Aussage „$\beta_1 = 0$" ist genau dann richtig, falls gilt:

$$\boldsymbol{\mu} \in \operatorname{span}\{\mathbf{1}, \boldsymbol{x}_2, \boldsymbol{x}_3, \boldsymbol{x}_4, \boldsymbol{x}_5, \boldsymbol{x}_6, \boldsymbol{x}_7\} = H\,.$$

Daher ist „$\beta_1 = 0$" äquivalent mit „$\boldsymbol{\mu} \in H$". Die ANOVA-Tafel ist:

	Quadratsummen	Freiheitsgrade
SSR(H)	10918.13	6
SSE(H)	8.85	7
SST	10926.98	13

Nun vergleichen wir die Quadratsummen der beiden Modelle und bilden die Differenzen

$$\begin{aligned} SS(H) &= SSR(M) - SSR(H) = 10922 - 10918.13 = 3.87 \\ &= SSE(H) - SSE(M) = 8.85 - 4.98 = 3.87\,. \end{aligned}$$

Die Anzahl der verlorenen Freiheitsgrade ist $p = \dim(M) - \dim(H) = 1$. Also ist

$$F_{pg} = \frac{SS(H)}{\widehat{\sigma}^2} = \frac{3.87}{0.83} = 4.66 < F(1;6)_{0.95} = 5.99\,.$$

Die Hypothese wird nicht abgelehnt. Die Erweiterung von H zu M verbessert das Modell nicht. Wir vergleichen dieses Ergebnis mit dem t-Test: Beim t-Test der Hypothese $\beta_1 = 0$ ergab sich $t_{pg} = 2.16$. Auch dort wurde H_0 nicht abgelehnt. Nun ist

$$t_{pg}^2 = (2.16)^2 = 4.66 = F_{pg}$$

und

$$(t(6)_{0.975})^2 = (2.45)^2 = 5.99 = F(1;6)_{0.95}$$

im Einklang mit der Äquivalenz von t- und F-Test.

4. Wir testen „$\beta_4 = \beta_5 = \cdots = \beta_7 = 0$". Diese Hypothese gilt genau dann, wenn $\boldsymbol{\mu} \in \text{span}\{\mathbf{1}, \boldsymbol{x}_1, \boldsymbol{x}_2, \boldsymbol{x}_3\} = H$ ist. In diesem Modell ist $\dim(H) = 4$, damit $p = \dim(M) - \dim(H) = 4$. Wir unterschlagen wieder die Nebenrechnungen uund präsentieren nur die Ergebnisse: Es ist $\text{SS}(H) = 1.8$ und damit

$$\text{F}_{\text{pg}} = \frac{1.8}{4 \cdot 0.83} = 0.54 < \text{F}(4; 6)_{0.95} = 4.53\,.$$

H_0 wird nicht abgelehnt: Die Erweiterung von H zu M verbessert das Modell nicht. Die Koeffizienten $\boldsymbol{\beta}_4$ bis $\boldsymbol{\beta}_7$ sind nicht signifikant von Null verschieden.

5. Wir testen zum Abschluss noch die Hypothese „$\beta_2 = 6\beta_1$". Die Aussage $\beta_2 = 6\beta_1$ ist genau dann richtig, falls $\boldsymbol{\mu}$ die folgende Gestalt hat:

$$\begin{aligned}\boldsymbol{\mu} &= \beta_0\mathbf{1} + \beta_1\boldsymbol{x}_1 + (6\beta_1)\boldsymbol{x}_2 + \textstyle\sum_{i=3}^{7} \beta_i\boldsymbol{x}_i \\ &= \beta_0\mathbf{1} + \beta_1\underbrace{(\boldsymbol{x}_1 + 6\boldsymbol{x}_2)}_{=:\boldsymbol{x}_8} + \textstyle\sum_{i=3}^{7} \beta_i\boldsymbol{x}_i \\ &= \beta_0\mathbf{1} + \beta_1\boldsymbol{x}_8 + \textstyle\sum_{i=3}^{7} \beta_i\boldsymbol{x}_i\end{aligned}$$

Dabei wurde $\boldsymbol{x}_1 + 6\boldsymbol{x}_2$ als neuer Regressor $\boldsymbol{x}_8$ definiert. Also ist „$\beta_2 = 6\beta_1$" äquivalent mit

$$„\boldsymbol{\mu} \in \text{span}\{\mathbf{1}, \boldsymbol{x}_8, \boldsymbol{x}_3, \boldsymbol{x}_4, \boldsymbol{x}_5, \boldsymbol{x}_6, \boldsymbol{x}_7\}" = H.$$

Legen wir dieses Modell H zugrunde, so ergibt sich $\text{SS}(H) = 0.048$. Wegen $\dim(M) - \dim(H) = 8 - 7 = 1$ ist

$$\text{F}_{\text{pg}} = \frac{0.04}{0.83} = 0.048 < \text{F}(1; 6)_{0.95} = 5.99.$$

H wird nicht abgelehnt. ◀

?

Warum schreiben wir $\text{SSR}(M)$ und $\text{SSE}(M)$ aber nicht $\text{SST}(M)$ sondern nur SST?

Bei der Kombination der Aussagen von Einzeltest zu einer Gesamtaussage ist große Vorsicht geboten

Im täglichen Leben hat sich das Prinzip „*divide et impera*" bei der Lösung komplizierter Probleme bewährt. Man zerlegt eine umfassende Frage in einfachere Teilfragen, beantwortet jede Teilfrage und fügt die Teilergebnisse wieder zusammen. Dieses Vorgehen lässt sich bei statistischen Hypothesen nicht ohne weiteres anwenden.

Werden auf Grund von Hypothesentests zwei Aussagen akzeptiert bzw. verworfen, so darf daraus nicht gefolgert werden, dass eine logische Folgerung aus diesen beiden Ausssagen bei einem Test ebenfalls akzeptiert bzw. verworfen wird.

Im vorigen Beispiel ließen sich aufgrund der Tests die beiden einzelnen Hypothesen

$$„\beta_1 = 0" \text{ sowie } „\beta_2 = 6\beta_1"$$

nicht verwerfen. Jede einzelne der beiden Aussagen war mit den Beobachtungen verträglich und wurde akzeptiert. Aber aus „$\beta_1 = 0$" und „$\beta_2 = 6\beta_1$" folgt die Aussage „$\beta_2 = 0$". Der Test der Hypothese „$\beta_2 = 0$" hat aber **zur Ablehnung** geführt!

Wird eine Gesamthypothese H_0 in eine logisch gleichwertige Gesamtheit von Teilhypothesen aufgespalten:

$$H_0 \equiv \bigcap_{j=1}^{q} H_0^j\,,$$

so kann der Test der Gesamthypothese H_0 zu einem anderen Ergebnis führen als die logische Schlussfolgerung aus den Ergebnissen der Tests der Teilhypothesen H_0^j.

Wir demonstrieren dies an zwei Beispielen, die an den Datensatz des Beispiels 7.7 anknüpfen.

Beispiel Wir betrachten zwei Varianten a) und b) des vorangegangenen Beispiels. Dabei bleiben alle Regressoren und damit auch der Modellraum ungeändert, verwenden aber in der Variante a) statt des ursprünglichen Beobachtungsvektors $\boldsymbol{y}$ den neuen Vektor

$$\boldsymbol{y}_{(a)} = \boldsymbol{y} - 2.46\boldsymbol{x}_2\,.$$

und in der Variante b) den Vektor

$$\boldsymbol{y}_{(b)} = \boldsymbol{y} + 0.093\boldsymbol{x}_1 - 2.63\boldsymbol{x}_2\,.$$

a) Da $\boldsymbol{x}_2$ in M liegt, ist

$$\begin{aligned}\boldsymbol{P}_M\boldsymbol{y}_{(a)} &= \boldsymbol{P}_M(\boldsymbol{y} - 2.46\boldsymbol{x}_2) = \boldsymbol{P}_M\boldsymbol{y} - 2.46\boldsymbol{x}_2 \\ \text{SSE}_{(a)} &= \boldsymbol{y}_{(a)} - \boldsymbol{P}_M\boldsymbol{y}_{(a)} \\ &= \boldsymbol{y} - 2.46\boldsymbol{x}_2 - (\boldsymbol{P}_M\boldsymbol{y} - 2.46\boldsymbol{x}_2) \\ &= \boldsymbol{y} - \boldsymbol{P}_M\boldsymbol{y} = \text{SSE}\,.\end{aligned}$$

Folglich ändert sich nur der Schätzer von β_2 während alle anderen Terme – vor allem auch SSE, $\widehat{\sigma}^2$ und $\text{Cov}(\widehat{\boldsymbol{\beta}})$ – invariant bleiben. Ursprünglich wurde β_2 durch geschätzt $\widehat{\beta}_2 = 2.528$. Der Schätzer bei beobachtetem $\boldsymbol{y}_{(a)}$ ist nun $\widehat{\beta}_2 = 2.528 - 2.46 = 0.068$. Die geschätzte Standardabweichung $\widehat{\sigma}_{\widehat{\beta}_2}$ ist aber invariant gebliebenen. Die Prüfgröße des t-Test ist

$$\frac{0.068}{0.03794} = 1.7923\,.$$

Bei einem $\alpha = 5\,\%$ wird daher die Hypothese „$\beta_2 = 0$" **angenommen**. Für β_1 hat sich nichts geändert. Also wird auch jetzt „$\beta_1 = 0$" **angenommen**. Nun testen wir die gemeinsame Hypothese

$$„\beta_1 = \beta_2 = 0"\,.$$

Jetzt ist $H = \text{span}\{\mathbf{1}, \boldsymbol{x}_3, \boldsymbol{x}_4, \boldsymbol{x}_5, \boldsymbol{x}_6, \boldsymbol{x}_7\}$. Es ist $\dim(M) - \dim(H) = p = 2$. Wir überspringen die Berechnung der nicht skalierten Prüfgröße $\text{SS}(H) = 12.23$. Die Prüfgröße des F-Tests ist

$$\text{F}_{\text{pg}} = \frac{\text{SS}(H)}{p\widehat{\sigma}^2} = \frac{12.23}{2 \cdot 0.83} = 7.37\,.$$

Der Schwellenwert der F-Verteilung für $\alpha = 5\,\%$ ist $F(2;6)_{0.95} = 5.14$. Die gemeinsame Hypothese „$\beta_1 = \beta_2 = 0$" wird **abgelehnt**. Testen wir also „$\beta_1 = 0$" und „$\beta_2 = 0$" getrennt für sich, so werden weder β_1 noch β_2 als signifikant von Null verschieden angesehen. Fassen wir aber beide Fragen zu einer einzigen zusammen und testen „$\beta_1 = \beta_2 = 0$", so erhalten wir die entgegengesetzte Antwort.

b) Nun werden wir den Beobachtungsvektor $\boldsymbol{y}$ durch $\boldsymbol{y}_{(b)} = \boldsymbol{y} + 0.093\boldsymbol{x}_1 - 2.63\boldsymbol{x}_2$ ersetzen. Wieder ändern sich nur die Schätzer von β_1 und β_2 zu $\widehat{\beta}_1 = 0.5591$ und $\widehat{\beta}_2 = -0.1016$. Beim t-Test der beiden Einzelhypothesen

$$„\beta_1 = 0\text{“ und „}\beta_2 = 0\text{“}$$

werden beide Hypothesen **abgelehnt**. Wir testen nun die gemeinsame Hypothese

$$„\beta_1 = \beta_2 = 0\text{“}.$$

Jetzt ist $H = \operatorname{span}\{\mathbf{1}, \boldsymbol{x}_3, \boldsymbol{x}_4, \boldsymbol{x}_5, \boldsymbol{x}_6, \boldsymbol{x}_7\}$. Es ist $p = 2$ und wir berechnen $SS(H) = 7.97$. Daraus folgt:

$$\mathrm{F}_{\mathrm{pg}} = \frac{SS(H)}{p\widehat{\sigma}^2} = \frac{7.97}{2 \cdot 0.83} = 4.80 < 5.14 = F(2;6)_{0.95}\,.$$

Der F-Test nimmt die gemeinsame Hypothese „$\beta_1 = \beta_1 = 0$" an! ◀

Das scheinbar widersprüchliche Verhalten der Test lässt sich leicht klären. Die Annahmebereiche der t-Tests der beiden Einzelhypothesen sind gegeben durch:

$$|\widehat{\beta}_1| \le 0.529 \qquad \text{für } H_0: „\beta_1 = 0\text{“},$$
$$|\widehat{\beta}_2| \le 0.093 \qquad \text{für } H_0: „\beta_2 = 0\text{“}.$$

Der Annahmebereich für „$\beta_1 = 0$" ist ein Intervall auf der $\widehat{\beta}_1$-Achse, der Annahmebereich für „$\beta_2 = 0$" ist ein Intervall auf der $\widehat{\beta}_2$-Achse. Wir betrachten nun beide Annahmebereiche gemeinsam und fassen sie dazu als Bereiche der $(\widehat{\beta}_1, \widehat{\beta}_2)$-Ebene auf. Da der Annahmebereich für „$\beta_1 = 0$" überhaupt nicht von $\widehat{\beta}_2$ abhängt, wird er auf Abbildung 7.11 in der $(\widehat{\beta}_1, \widehat{\beta}_2)$-Ebene als der gelbe vertikale Streifen $\left\{\widehat{\boldsymbol{\beta}} : \left|\widehat{\beta}_1\right| \le 0.529\right\}$ abgebildet. Analog ist der Annahmebereich für $\beta_2 = 0$ in Abbildung 7.11 als horizontaler, blau markierter Streifen $\left\{\widehat{\boldsymbol{\beta}} : |\widehat{\beta}_2| \le 0.093\right\}$ abgebildet.

Beide Streifen schneiden sich im grünen Rechteck R, in dem sowohl $\beta_1 = 0$ als auch $\beta_2 = 0$ angenommen werden. Sind beide Hypothesen richtig, so gilt:

$$\mathcal{P}(\widehat{\boldsymbol{\beta}} \text{ liegt im vertikalen Streifen}) = 0.95\,,$$
$$\mathcal{P}(\widehat{\boldsymbol{\beta}} \text{ liegt im horizontalen Streifen }) = 0.95\,.$$

Da die „Wahrscheinlichkeitsmasse" sich über die ganzen Streifen verteilt, muss dann notwendigerweise

$$\mathcal{P}(\widehat{\boldsymbol{\beta}} \text{ liegt im Schnitt-Rechteck}) < 0.95$$

sein. Ein Test der gemeinsamen Hypothese „$\beta_1 = \beta_2 = 0$" der das Schnittrechteck R als Annahmebereich verwendet, kann also das Niveau von $\alpha = 5\,\%$ nicht einhalten! Dies leistet aber gerade der F-Test.

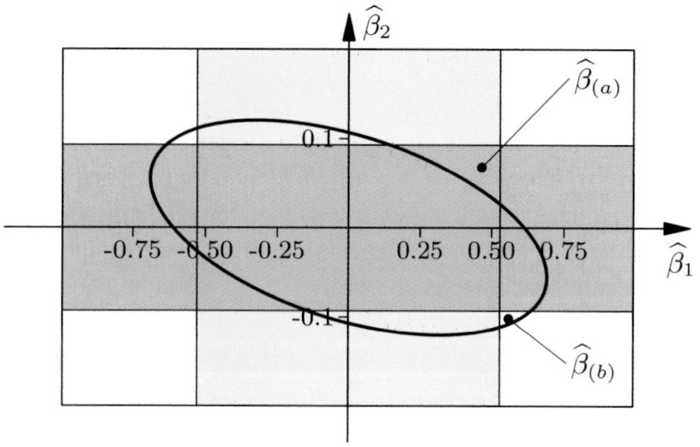

Abbildung 7.11 Der Annahmebereich für β_1 als vertikaler, der für β_2 als horizontaler Streifen. Der Annahmebereich für (β_1, β_2) als Ellipse.

Wie sieht der Annahmebereich des F-Tests in der $(\widehat{\beta}_1; \widehat{\beta}_2)$-Ebene aus? Dazu setzen wir $\operatorname{Cov}(\widehat{\boldsymbol{\beta}}) = \sigma^2\boldsymbol{C}$. Dann ist der Annahmebereich für H_0 : „$\beta_1 = \beta_2 = 0$" gegeben durch:

$$SS(H) = (\beta_1;\ \beta_2)^\top \boldsymbol{C}^{-1}\begin{pmatrix}\beta_1\\ \beta_1\end{pmatrix} \le 2\widehat{\sigma}^2 F(2; n-d)_{1-\alpha}\,.$$

Dies ist die Gleichung einer Ellipse in der $(\widehat{\beta}_1; \widehat{\beta}_2)$-Ebene. Diese Ellipse ist in zusammen mit den beiden Annahmebereichen der Einzelhypothesen in der Abbildung 7.11 eingezeichnet. (Die Berechnung von $\boldsymbol{C}$ haben wir wie die sonstigen Nebenrechnungen auch diesmal unterschlagen.) Man sieht deutlich:

- Beobachtet wird $\boldsymbol{y}_{(a)}$: Der Schätzer $\widehat{\boldsymbol{\beta}}_{(a)} = (0.4661, 0.068)$ liegt außerhalb der Ellipse, aber innerhalb des Rechtecks: „$\beta_1 = 0$" und „$\beta_2 = 0$" werden angenommen, aber „$\beta_1 = \beta_2 = 0$" wird abgelehnt.
- Beobachtet wird $\boldsymbol{y}_{(b)}$: Der Schätzer $\widehat{\boldsymbol{\beta}}_{(b)} = (0.5591, -0.1016)$ liegt innerhalb der Ellipse, aber außerhalb des Rechtecks: „$\beta_1 = 0$" und „$\beta_2 = 0$" werden abgelehnt, aber „$\beta_1 = \beta_2 = 0$" wird angenommen.

Es drängt sich ein Erfahrung des täglichen Lebens auf: Eindimensionales Denken betrachtet jeden Parameter für sich und zieht voreilig Schlüsse, die einer Gesamtschau widersprechen, die alle Variablen in ihrer gegenseitigen Abhängigkeit zu betrachten versucht.

Mit sogenannten multiplen Tests werden diese Fallstricke vermieden. Wir verweisen hierzu auf die Literatur.

7.8 Abschlussdiagnose im Regressionsmodell

Bei jedem statistischen Schluss wird ein Ausschnitt der Realität in ein wahrscheinlichkeitstheoretisches Modell übersetzt, dort ausgewertet und anschließend in die Realität zurückübertragen.

Alle Schlüsse gelten nur soweit das Modell gilt. Aber gilt das Modell?

Bei den bisher erarbeiteten Regeln für das Testen im linearen Modell blieb offen, wie weit das gewählte Modell überhaupt zu den Daten passt. Dies aber ist der entscheidende Punkt, von dem die Gültigkeit der gesamten darauf aufbauenden statistischen Analyse abhängt. Hier setzt die **Regressionsdiagnose** oder auch **Sensitivitätsanalyse** ein. Sie überprüft:

- ob die Daten besonders auffällige oder unregelmäßige Beobachtungen enthalten,
- wo Grenzen und Schwachstellen des Modells liegen
- und ob überhaupt die Modellannahmen im Licht der Daten noch plausibel sind.

Dabei wird sowohl das Modell und der Datensatz als Ganzes als auch jede Beobachtung im Einzelnen untersucht. Die wesentlichen Themen der Diagnoseverfahren sind dabei:

- die Kollinearitätstruktur der Regressoren,
- Beobachtungsstellen mit Hebelkraft,
- auffällige Beobachtungen und Ausreißer.

Dazu werden alle Bausteine des Modell numerisch wie grafisch auf relevante Informationen abgeklopft und analysiert. Dabei sind die wesentlichsten Indikatoren:

- die Designmatrix,
- die Projektionsmatrix,
- Größe und Verteilung der Residuen.

Den Anstoß zur Regressionsdiagnose gab der 1977 erschienene Aufsatz *Detection of Influential Observation in Linear Regression* von R.D. Cook. Seitdem ist eine Fülle von Artikeln und Büchern zu diesem Thema erschienen. Jede gute Statistik-Software bietet nun Routinen zur Regressionsdiagnose an.

Das einfachste und mitunter auch das beste Kontrollgerät ist das menschliche Auge

Wir betrachten dazu ein Beispiel von Anscombe (1973).

Beispiel Es handelt sich dabei um vier verschiedene Datensätze A, B, C und D. Jeder Datensatz besteht aus 11 Punktepaaren $(x_i;\, y_i)$:

A		B		C		D	
x	y	x	y	x	y	x	y
4	4.26	4	3.10	4	5.39	8	7.04
5	5.68	5	4.74	5	5.73	8	6.89
6	7.24	6	6.13	6	6.08	8	5.25
7	4.82	7	7.26	7	6.42	8	7.91
8	6.95	8	8.14	8	6.77	8	5.76
9	8.81	9	8.77	9	7.11	8	8.84
10	8.04	10	9.14	10	7.46	8	6.58
11	8.33	11	9.26	11	7.81	8	8.47
12	10.84	12	9.13	12	8.15	8	5.56
13	7.58	13	8.74	13	12.74	8	7.71
14	9.96	14	8.10	14	8.84	19	12.50

An jeden Datensatz wird jeweils das lineare Modell:

$$y_i = \beta_0 + \beta_1 x_i + \epsilon_i$$

angepasst. In allen vier Fällen wird $\widehat{\beta}_0 = 3.0$ und $\widehat{\beta}_1 = 0.5$ und damit jeweils dieselbe Regressionsgerade $\widehat{\mu}(\xi) = 3.0 + 0.5\xi$ geschätzt. In allen vier Fällen ist SSE $= 13.75$ und das Bestimmtheitsmaß $R^2 = 0.667$. Der Plot der vier Punktwolken in der folgenden Abbildung zeigt aber deutlich, wie unterschiedlich die Regressionsgerade die Punktwolke durchschneidet.

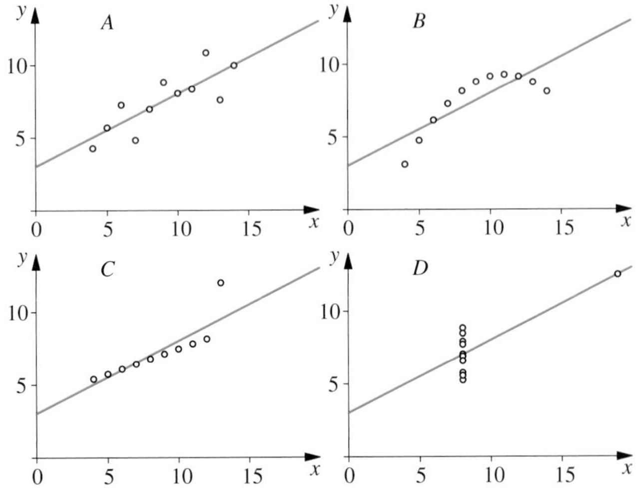

Abbildung 7.12 Vier Punktwolken mit identischen Ausgleichsgeraden.

A) Hier ist offensichtlich nichts gegen ein lineares Regressionsmodell einzuwenden.

B) Hier wäre ein quadratischer Ansatz angemessen.

C) Das Wertepaar $(x_{10};\, y_{10}) = (13.0\,;\, 12.74)$ hat einen dominierenden Einfluss auf die Regressionsgerade. Ließe man dieses Wertepaar fort, lieferten die verbleibenden Werte eine neue Gerade $\widehat{\mu}(\xi) = 4 + 0.346\xi$, die exakt durch die verbleibenden Punkten liefe. Offensichtlich ist $(x_{10};\, y_{10})$ ein Sonderfall, ein **Ausreißer** mit entscheidendem Einfluss auf die Regressionsgerade.

D): Hier scheint der lineare Ansatz vollständig fehl am Platze. Vielleicht sind hier Beobachtungen aus zwei verschiedenen Modellen miteinander gemischt. Aber Vorsicht! Vielleicht liegt wirklich ein lineares Modell vor, aber es konnten nur an den Stellen $x = 8$ und $x = 19$ Versuche angestellt werden. ◀

Die Lehre aus diesem Beispiel: Man soll stets die Punktwolke der Wertpaare $(x_i;\, y_i)$ zusammen mit der geschätzten Regressionsgerade $\widehat{\mu}(\xi) = \widehat{\beta}_0 + \widehat{\beta}_1\xi$ zeichnen und es nicht bei der bloßen Berechnung des Bestimmtheitsmaßes, der Schätzwerte und ihrer Varianzen belassen. Ein einziger Blick auf Punktwolke genügt oft, um die Unangemessenheit des gewählten Modells zu erkennen.

Bei einem Modell mit zwei Regressoren x_1 und x_2 kommen wir schon in Schwierigkeiten, wenn wir im dreidimensionalen Raum die von beiden Regressoren aufgespannte Regressionsebene darstellen sollen. Hier helfen Rechner, die zum Beispiel das zweidimensionale Bild einer dreidimensionalen Punktwolke so auf dem Bildschirm rotieren lassen, dass für den Betrachter ein räumlicher Eindruck entsteht. Aber auch diese Verfahren versagen, wenn mehr als drei Regressoren gleichzeitig dargestellt werden sollen.

Erfolgversprechender ist der gemeinsame Plot von y_i und $\widehat{\mu}_i$, die jeweils gegen eine dritte Variable geplottet werden. Dies kann zum Beispiel ein speziell ausgewählter Regressor oder der Zählindex sein. Letzteres ist besonders für zeitlich geordnete Daten sinnvoll, wenn y_i eine beobachtete und $\widehat{\mu}_i$ die geglättete Zeitreihe darstellt. Betrachten wir dazu den Datensatz aus dem *Wasserdampf-Beispiel* von Seite 277. Hier wurden im Modell $M = \text{span}\{\mathbf{1}, \boldsymbol{x}_8, \boldsymbol{x}_6\}$ die Regressoren $\boldsymbol{x}_6$ und $\boldsymbol{x}_8$ an $\boldsymbol{y}$ angepasst.

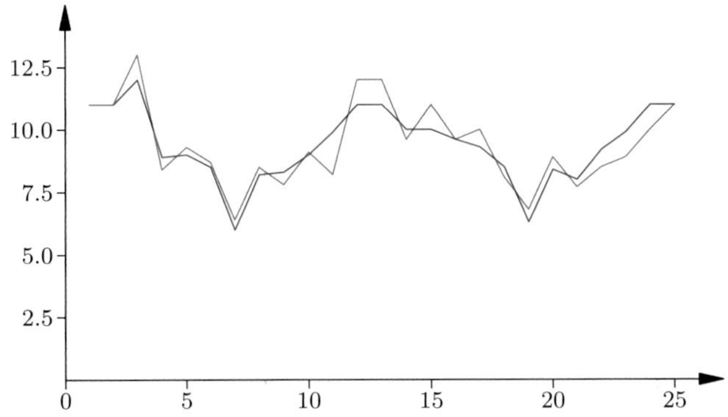

Abbildung 7.13 Zeitreihe der Originalwert (blaue Linie) und der geglätteten Werte (rote Linie).

Abbildung 7.13 zeigt gut die übereinstimmung zwischen den Zeitreihen der y_i und der $\widehat{\mu}_i$ Werte, also zwischen den beobachteten und den *geglätteten* y-Werten.

Generell gilt, dass in Residuenplots keinerlei Struktur erkennbar sein soll und die Realisationen wie *weißes Rauschen* erscheinen sollen

Nützlich zur etwaigen Aufdeckung verborgener Strukturen sind Plots der $\widehat{\varepsilon}_i$ gegen den Laufindex i, die Zeit, einzelne Regressoren x_k oder Funktionen der Regressoren, zum Beispiel gegen $\widehat{\mu}$ oder gegen das vorhergehene Residuum $\widehat{\varepsilon}_{i-1}$.

Bedenkliche Strukturen der Punktwolke der Residuen sind in der Abbildung 7.14 schematisch skizziert, dabei seien die Residuen gegen einen Regressor $\boldsymbol{x}$ geplottet. Die Interpretation der Punktwolken ist selten eindeutig, meist lassen sich verschiedene Erklärungen finden.

Schema 1:

Hier scheint die Punktwolke eine deutliche lineare Komponente zu enthalten. Dies steht aber im Widerspruch zu grundsätzlichen Eigenschaft der Residuen, frei von jeder linearen $\boldsymbol{x}$-Komponente zu sein. Offenbar wird die lineare Tendenz der Punktwolke durch die kleine Gruppe von **Ausreißern** in der linken oberen Ecke des

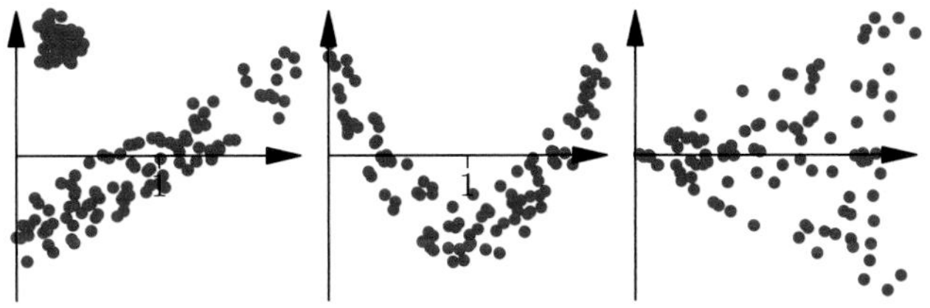

Abbildung 7.14 Bedenkliche Strukturen in der Punktwolke der Residuen.

Plots ausbalanciert. Die zu diesen Ausreißern gehörenden Beobachtungen müssen gesondert untersucht werden, da sie maßgeblich die gesamte Regression bestimmen.

Schema 2:

Entweder sind die ursprünglichen Störvariablen ϵ_i entgegen der Modellannahme nicht unkorreliert, sondern weisen eine hohe positive **Autokorrelation** auf: $\rho(\epsilon_i, \epsilon_{i+1}) > 0$. Oder aber im Modell ist eine nichtlineare Komponente übersehen worden, die dann in den Residuen auftaucht.

Schema 3:

Offensichtlich sind die Varianzen der Störvariablen nicht konstant, sondern wachsen mit den Regressoren. Hier ist die Bedingung $\text{Var}(\epsilon_t) = \sigma^2$ verletzt. Zum Beispiel kann y_t der Preis einer Ware zum Zeitpunkt t sein. Dann ist es naheliegend, dass auch die Varianz von y_t mit t wächst. Siehe auch Aufgabe 7.2.

Kollineare Regressoren können Effekte verschleiern und vergrößern die Varianzen der Schätzer

Bislang hatten wir nur unterschieden, ob die Spalten der Designmatrix linear unabhängig sind oder nicht. Die Praxis kennt jedoch nicht nur das *Ja* und *Nein*, sondern auch das *Beinahe*. Streng genommen, kann es den Zustand *beinahe linear abhängig* nicht geben, praktisch aber wird hiermit eine häufig auftretende und sehr ernst zu nehmende Situation bezeichnet, in der einige oder alle Regressoren so hoch miteinander korreliert sind, dass die Separierung der Einzeleffekte nur sehr unvollkommen möglich ist. Dies beobachtet man vor allem dann, wenn die Wirkung einer Einflussgröße im Modell durch mindestens zwei nahezu äquivalente Regressoren beschrieben wird. Da diese Regressoren im Grunde alle dasselbe beschreiben, sind sie in der Regel untereinander hoch korreliert. Sind dabei k Regressoren beteiligt, so wird im Schnitt jedem von ihnen der k-te Anteil der Wirkung *zugeschrieben*. Diese Bruchteile sind dann oft so unbedeutend, dass sie nicht mehr von der allgemeinen Störkomponente getrennt werden können. So kann es geschehen, dass sich keiner der beteiligten Regressionskoeffizienten signifikant von Null unterscheidet.

Beispiel Bei einem Befragungsinstitut legen 14 Interviewer die Aufwandsabrechnung über die geleisteten Interviews vor.

Dabei sei y der Zeitaufwand in Stunden, x_1 die Anzahl der jeweils durchgeführten Interviews, x_2 die Anzahl der zurückgelegten Kilometer.

i	1	2	3	4	5	6	7	8	9	10	11	12	13	14
y	52	25	49	30	82	42	56	21	28	36	69	39	23	35
x_1	17	6	13	11	23	16	15	5	10	12	20	12	8	8
x_2	36	11	29	26	51	27	31	10	19	25	40	33	24	29

Durch eine Regressionsrechnung soll die Abhängigkeit der aufgewendeten Zeit von den erledigten Interviews und der gefahrenen Strecke bestimmt werden. Im Modell $M = \operatorname{span}\{\boldsymbol{x}_1, \boldsymbol{x}_2\}$ wird die Regressionsgleichung mit $\widehat{\mu} = 1.119 + 1.911x_1 + 0.634x_2$ geschätzt. Jedoch sind bei einem Niveau von $\alpha = 5\,\%$ beide Koeffizienten $\widehat{\beta}_1$ und $\widehat{\beta}_2$ nicht signifikant. Hängt also der Zeitaufwand nicht von der geleisteten Arbeit ab? Das Bestimmtheitsmaß ist 0.90, der globale F-Test zeigt, dass beide Regressoren zusammen ein signifikantes Modell aufspannen und sehr wohl y *erklären* können. Der Widerspruch löst sich durch die Analyse der Kollinearität. Beide Regressoren $\boldsymbol{x}_1$ und $\boldsymbol{x}_2$ messen im Grunde dasselbe, nämlich die Aktivität des Interviewers. Es ist $r^2(\boldsymbol{x}_1; \boldsymbol{x}_2) = 0.92$. Verzichtet man auf einen der beiden Regressoren, gleich welchen, ist der verbleibende Regressor hochsignifikant und das Modell kaum schlechter geworden. Siehe auch Aufgabe 7.18. ◀

Ohne also genauer zu präzisieren, nennen wir Vektoren **kollinear**, wenn sie *nahe beieinander* liegen. Betrachten wir z. B. die beiden Zeiger einer Uhr als zwei Vektoren, so sind sie beispielsweise gegen 12 Uhr oder kurz nach 1 Uhr kollinear, um Punkt 3 Uhr orthogonal und Punkt 6 Uhr exakt linear abhängig und kurz nach 6 Uhr sind sie wieder kollinear.

Diese anschauliche Vorstellung vom Inhalt des Wortes Kollinearität soll uns für den Augenblick ausreichen.

Die Kollinearität von lässt sich durch Korrelationskoeffizienten messen, bei mehr als zwei Vektoren treten dabei die multiplen Korrelationskoeffizienten an die Stelle der gewöhlichen Vektoren. Bezeichnen wir die Gesamtheit aller Regressoren des Modells mit Ausnahme des Regressors $\boldsymbol{x}_j$, also $\{\boldsymbol{x}_1, \ldots, \boldsymbol{x}_{j-1}, \boldsymbol{x}_{j+1}, \ldots, \boldsymbol{x}_m\}$, kurz mit $\forall \setminus j$, lies „alle ohne j", dann ist der multiple Koeffizient $r(\boldsymbol{x}_j, \forall \setminus j)$ der Cosinus des Winkels zwischen $\boldsymbol{x}_j$ und der durch alle anderen – ohne $\boldsymbol{x}_j$ – aufgespannten Hyperebene. Je kleiner der Winkel, um so größer der Cosinus, um so eher wird $\boldsymbol{x}_j$ durch die anderen Regressoren beschrieben, um so größer ist die Kollinearität. Dieser multiplen Korrelationskoeffizient hat unmittelbaren Einfluss auf die Genauigkeit, mit der Regressionskoeffizient $\widehat{\beta}_j$ gemessen werden kann. Es lässt sich zeigen:

$$\operatorname{Var}(\widehat{\beta}_j) = \frac{\sigma^2}{\left\|\boldsymbol{x}_j - \overline{x}_j \mathbf{1}\right\|^2} \frac{1}{1 - r^2(\boldsymbol{x}_j, \forall \setminus j)}.$$

Auf Grund dieser Relation wird $1 - r^2(\boldsymbol{x}_j, \forall \setminus j)$ der Toleranzfaktor TOL_j und seine Inverse, $\mathrm{Tol}_j^{-1} = (1 - r^2(\boldsymbol{x}_j, \forall \setminus j))^{-1}$, der Varianz-Inflations-Faktor VIF genannt. Je größer VIF_j, um so ungenauer wird β_j geschätzt.

?

Hat die Kollinearität der Regressoren auch Einfluss auf die Schätzung von $\boldsymbol{\mu}$?

So unangenehm kollineare Vektoren auch sind, so riskant ist es, generell kollineare Vektoren einfach zu eliminieren. Denken wir zum Beispiel an das Richtungshören. Sind $\boldsymbol{x}_1$ und $\boldsymbol{x}_2$ die Schalimpulse auf dem linken bzw. dem rechten Ohr, so sind beide Impulse fast identisch. Relevante Informationen liegen aber in der minimalen Differenz zwischen den beiden Impulsen: Wird auf einen der beiden Impulse verzichtet, so geht die gesamte Information des Richtungshören verloren. Siehe auch Aufgabe 7.19.

Die Konditionszahl:

Der multiple Korrelationskoeffizient $r(\boldsymbol{x}_j \forall \setminus j)$ zeichnet jeweils nur den einzigen Regressor $\boldsymbol{x}_j$ aus und misst dessen lineare Abhängigkeit von den anderen. Dagegen ermöglicht die Eigenwertzerlegung von $\boldsymbol{X}^\top \boldsymbol{X}$ eine gemeinsame Betrachtung aller Regressoren. Sind alle Regressoren normiert, $\|\boldsymbol{x}_j\| = 1$, und sind $\lambda_1 \geq \cdots \geq \lambda_{m+1} > 0$ die Eigenwerte von $\boldsymbol{X}^\top \boldsymbol{X}$, so heißt:

$$\kappa := \sqrt{\frac{\lambda_1}{\lambda_{m+1}}}$$

die **Konditionszahl**. Je größer die Konditionszahl κ ist, um so größer ist die Kollinearität der Spaltenvektoren von $\boldsymbol{X}$ und um so schlechter sind die numerischen Eigenschaften des linearen Modells.

Beobachtungen am Rand des Definitionsbereichs sind kritisch

Nehmen wir zum Beispiel einmal an, dass einjährige Babies im Schnitt 75 cm lang seien und im zweiten Lebensjahr monatlich etwa 1 cm wüchsen. Mit dieser Annahme hätten wir die nichtlineare unbekannte Wachstumskurve von Kleinkindern im zweiten Lebensjahr durch eine lineare Funktion approximiert. Dieses einfache lineare Modell mag im genannten Zeitintervall brauchbare Werte liefern. Niemand aber wird mit diesem Modell ernsthaft die Länge von Embryonen oder gar die eines 50-jährigen schätzen wollen. Dieses kleine Beispiel zeigt, dass jedes Modell nur innerhalb eines begrenzten **Gültigkeitsbereichs** brauchbare

Werte liefert. Dieser Bereich ist oft unbekannt und kann allenfalls experimentell ausgelotet werden, außerdem hängt er davon ab, was unter *brauchbar* verstanden wird. Stattdessen werden wir vom **Definitionsbereich** D des Modells sprechen.

Vorab müssen wir den Begriff der **Beobachtungsstelle** präzisieren. Wir schreiben die i-te Beobachtungsgleichung als:

$$y_i = \beta_0 x_{i0} + \sum_{j=1}^{m} \beta_j x_{ij} + \varepsilon_i = z_i \beta + \varepsilon_i \,.$$

Die i-te Beobachtung ist $(y_i; z_i)$, dabei ist y_i der **Beobachtungswert** des Regressanden und $z_i = (x_{i0}; x_{i1}; \cdots; x_{im})$, die i-te Zeile der Designmatrix, die durch die Größe aller Regressoren festgelegte **Beobachtungsstelle**. (Die naheliegende Bezeichnung $(y_i; \boldsymbol{x}_i)$ ist uns verwehrt, da wir mit $\boldsymbol{x}_j$ die j-te Spalte der Designmatrix und den j-ten Regressoren bezeichnet haben.) Schätzen wir μ an einer Stelle $z \in D$, sprechen wir von **Interpolation**, ist $z \notin D$ sprechen wir von **Extrapolation**.

Bei einer einzigen eindimensionalen Einflussgröße x ist es leicht, den Definitionsbereich D zu definieren, z.B. als das kleinste Intervall, das alle x_i enthält:

$$D = [\min\{x_i\}, \max\{x_i\}] \,.$$

Aber bereits bei einer zweidimensionalen Einflussgröße $\boldsymbol{x} = (x_1, x_2)$ wird es schwieriger. Nehmen wir in extremer Vereinfachung an, es gäbe nur zwei Beobachtungsstellen $z_1 = (0, 1)$ und $z_2 = (1, 0)$. Siehe Abbildung 7.15.

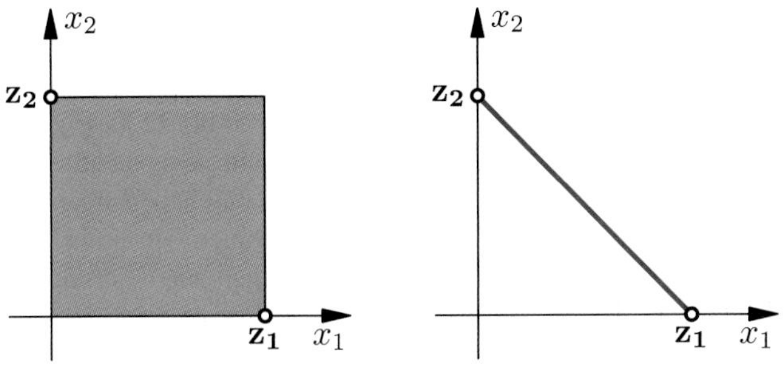

Abbildung 7.15 Soll der Definitionsbereich das Quadrat oder das Intervall sein.

Also $x_{11} = 0$, $x_{12} = 1.$ und $x_{21} = 1$, $x_{22} = 0$. Wählen wir D als das kleinste achsenparallele Rechteck oder das kleinste Intervall, das alle z_i enthält? Vollends unübersichtlich wird es bei n Beobachtungsstellen im m-dimensionalen Raum.

Am einfachsten wird D durch ein Varianzkriterium definiert. Betrachten wir dazu die lineare Einfachregression mit Absolutglied und nur einem Regressor x. Dort hatte die Schätzung von μ an der Stelle ξ die Varianz

$$\frac{1}{\sigma^2} \operatorname{Var}(\widehat{\mu}(\xi)) = \frac{1}{n} + \frac{(\xi - \bar{x})^2}{\sum_i (x_i - \bar{x})^2} \,. \tag{7.16}$$

Definieren wir einen Definitionsbereiche D_λ durch

$$D_\lambda = \{\xi \mid \operatorname{Var}(\widehat{\mu}(\xi)) \le \lambda\sigma^2\},$$

mit einem noch frei zu wählenden Skalierungsfaktor λ, dann ist D_λ ein Intervall mit den Mittelpunkt $\bar{x}$, dem Schwerpunkt der Beobachtungsstellen. Dies lässt sich leicht verallgemeinern. Wir definieren:

$$D_\lambda = \{z \mid \operatorname{Var}\left(\widehat{\mu}(z)\right) \le \lambda\sigma^2\} \,.$$

Für λ bietet sich folgende Schranke λ an: Aus

$$\operatorname{Cov}\left(\widehat{\boldsymbol{\mu}}\right) = \sigma^2 \boldsymbol{X}\left(\boldsymbol{X}^\top \boldsymbol{X}\right)^{-1} \boldsymbol{X}^\top = \sigma^2 \boldsymbol{P}$$

folgt:

$$\operatorname{Var}(\widehat{\mu}_i) = \operatorname{Var}(\widehat{\mu}(z_i)) = \sigma^2 p_{ii} \,.$$

Dabei ist p_{ii} das i-te Diagonalelement der Projektionsmatrix $\boldsymbol{P}$. Wählen wir $\lambda = \max_i p_{ii}$, so besteht D aus allen Beobachtungsstellen z, an denen $\widehat{\mu}$ nicht schlechter geschätzt wird, als an den n vorgegebenen Stellen z_i.

D_λ lässt sich geometrisch veranschaulichen, am einfachsten in einem Modell mit Absolutglied. In diesem Fall können wir die erste Spalte von $\boldsymbol{X}$ als $\mathbf{1}$ wählen, außerdem ist $z = (1, x_1; \cdots; x_m) = (1, \widetilde{z})$. Dabei ist $\widetilde{z} = (x_1; \cdots; x_m)$ die eigentliche Beobachtungsstelle. Berücksichtigen wir diese spezielle Struktur von $\boldsymbol{X}$ und z, erhalten wir nach einigen Umformungen in Analogie zur Darstellung (7.16):

$$\begin{aligned}\frac{1}{\sigma^2} \operatorname{Var}(\widehat{\mu}(z)) &= z\left(\boldsymbol{X}^\top \boldsymbol{X}\right)^{-1} z^\top \\ &= \frac{1}{n} + \left\| \widetilde{z} - \frac{1}{n} \sum_{i=1}^{m} \widetilde{z}_i \right\|^2_{\text{M.M.}} \,.\end{aligned}$$

Dabei ist $\|*\|^2_{\text{M.M.}}$ die durch die Punktwolke $\{z_i : i = 1, \ldots, n\}$.der Beobachtungsstellen definierte Mahalanobis-Metrik. In dieser Metrik ist D_λ ein Konzentrationsellipsoid der Punktwolke.

In anderen Definitionen wird anstelle des Konzentrationsellipsoids das Ellipsoid mit kleinstem Volumen oder allgemein die kleinste konvexe Menge genommen, die einen vorgegebenen Anteil aller Beobachtungsstellen enthält.

Am Rand des Definitionsbereichs lauern zwei Gefahren. Die erste haben wir eben gesehen: Je weiter eine Beobachtungsstelle an den Rand rückt, um so schlechter wird μ geschätzt. Die zweite ist: Beobachtungsstellen am Rande haben Hebelkraft. Schätzfehler an diesen Stellen haben einen entscheidenden Einfluss auf die Schätzung aller Modellparameter und können das gesamte Modell bedrohen.

Schon Archimedes konnte behaupten: Mit einem festen Punkt im Weltall und einem hinreichend langer Hebel hebe ich die Welt aus den Angeln. Mit langem Hebelarm lassen sich nicht nur Lasten verschieben sondern auch Regressionsgeraden. Ganz extrem zeigt dies die Abbildung 7.16:

Hier gibt es nur zwei verschieden Beobachtungsstellen $x = 1$ und $x = 10$. Die einzige Beobachtung $y = 3$ an der Stelle $x = 10$ bestimmt allein die Lage der Regressionsgeraden und zieht die Gerade durch den Punkt $(10, 3)$. Die weit außen liegende Beobachtungsstelle $x = 10$ verleiht jeder Beobachtung y einen langen *Hebelarm*.

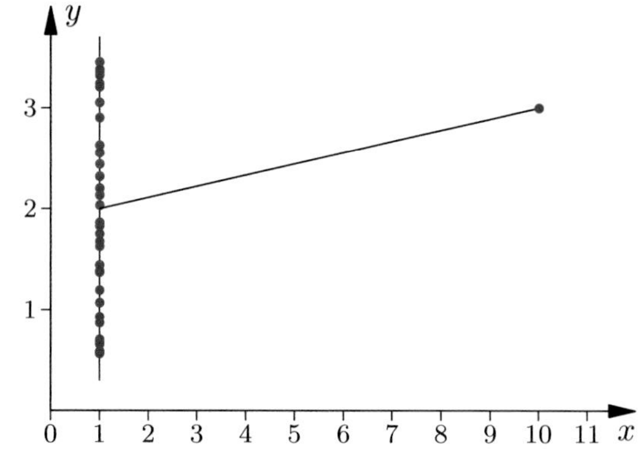

Abbildung 7.16 Die Beobachtung an der Stelle $x = 10$ hat Hebelkraft.

Um Punkte am Rand zu erkennen, gibt es ein ganz einfaches Kriterium. Wie wir oben gesehen haben, ist $\text{Var}(\widehat{\mu}_i) = \sigma^2 p_{ii}$ ein Indikator für den Abstand der Stelle z_i vom Zentrum. Je größer p_{ii} ist, um so *weiter außen* liegt die i-te Beobachtungsstelle. Also gilt:

Beobachtungstellen mit großem p_{ii} haben Hebelkraft.

Die zentrale Rolle der p_{ii} lässt sich auch direkt aus der Projektionsmatrix ableiten. Aus $\widehat{\boldsymbol{\mu}} = \boldsymbol{P}\boldsymbol{y}$ folgt für die i-te Beobachtung:

$$\widehat{\mu}_i = p_{ii} y_i + \sum_{j \neq i} p_{ij} y_j \,.$$

Also ist p_{ii} das Gewicht, mit dem der Beobachtungswert y_i in die Schätzung des eigenen Erwartungswertes eingeht. Eine Vorstellung von der Größe der p_{ij} liefert uns die Eigenschaft $\boldsymbol{P} = \boldsymbol{P}\mathcal{P}$ der Projektionsmatrix. Daraus folgt:

$$p_{ii} = \sum_{j=1}^{n} p_{ij}^2 \geq p_{ii}^2 \,.$$

Daher ist

$$0 \leq p_{ii} \leq 1 \,.$$

Je näher p_{ii} an 1 liegt, um so kleiner werden die p_{ij}. Im Extremfall folgt aus $p_{ii} = 1$, dass alle $p_{ij} = 0$ sind. Dann ist $\widehat{\mu}_i = y_i$. Je größer p_{ii} wird, um so gewichtiger wird die Beobachtung y_i und um so irrelevanter werden die anderen Beobachtungswerte. Punkte mit großem p_{ii} heißen in der englischen Literatur „high leverage points". Ein allgemeingültiges Kriterium, wann die i-te Beobachtung großes Gewicht (high leverage) hat, gibt es nicht.

Faustregel – Kritische Grenzen für die p_{ii}

Wegen $\sum_{i=1}^{n} p_{ii} = \text{Rg}(\boldsymbol{X}) = d$, sollten die p_{ii} im Mittel von der Größenordnung d/n sein. Sie sind bedenklich groß, falls p_{ii} diesen Wert um mehr als das Doppelte übersteigt, also:

$$p_{ii} \geq 2d/n \,.$$

Siehe auch Aufgabe 7.3.

Beispiel Wir kehren zurück zu Beispiel von Seite 277. Hier wurde der Dampfverbrauch einer Industrieanlage in Abhängigkeit der Regressoren x_1 bis x_9 bestimmt. Wir betrachteten zuerst nur das Modell mit dem Regressor x_5, dann wurde das Modell um den Regressoren x_7 erweitert. Schließlich haben wir noch das volle Modell mit allen Regressoren untersucht. Die folgende Tabelle zeigt die Diagonalelemente p_{ii} der Projektionsmatrizen $\boldsymbol{P}_1 = \boldsymbol{P}_{\text{span}\{\boldsymbol{1},\boldsymbol{x}_5\}}$, $\boldsymbol{P}_2 = \boldsymbol{P}_{\text{span}\{\boldsymbol{1},\boldsymbol{x}_5,\boldsymbol{x}_7\}}$ und $\boldsymbol{P}_3 = \boldsymbol{P}_{\text{span}\{\boldsymbol{1},\boldsymbol{x}_2,\ldots,\boldsymbol{x}_9\}}$. Der Datensatz enthält $n = 25$ Beobachtungen. Deshalb enthält die Projektionsmatrix 25 Diagonalelemente p_{ii}.

Index	Diagonalelement p_{ii}			Index	Diagonalelement p_{ii}		
i	P_1	P_2	P_3	i	P_1	P_2	P_3
1	0.04	0.09	0.19	14	0.05	0.08	0.57
2	0.04	0.12	0.31	15	0.08	0.08	0.34
3	0.08	0.12	0.29	16	0.04	0.04	0.32
4	0.04	0.05	0.70	17	0.05	0.08	0.35
5	0.04	0.06	0.25	18	0.05	0.11	0.30
6	0.05	0.12	0.53	19	**0.44**	**0.44**	0.68
7	**0.44**	**0.45**	0.63	20	0.08	0.17	0.53
8	0.08	0.18	0.33	21	0.04	0.09	0.20
9	0.04	0.10	0.30	22	0.04	0.05	0.48
10	0.04	0.04	0.24	23	0.04	0.05	0.18
11	0.04	0.05	**0.92**	24	0.04	0.10	0.17
12	0.04	0.12	0.49	25	0.05	0.12	0.36
13	0.04	0.12	0.34				

Betrachten wir zuerst die Spalten für $\boldsymbol{P}_1$ und $\boldsymbol{P}_2$, die zu den Modellen $\text{span}\{\boldsymbol{1}, \boldsymbol{x}_6\}$ und $\text{span}\{\boldsymbol{1}, \boldsymbol{x}_5, \boldsymbol{x}_7\}$ gehören. Bis auf zwei Werte gilt $0 < p_{ii} \leq 0.17$. Allein die Werte in der 7. und 19. Zeile sind extrem groß $p_{7,7} \approx p_{19,19} \approx 0.44$ Diese Werte übersteigen weit die kritische Grenze von $\frac{2d}{n} = \frac{4}{25} = 0.16$ bzw. von $\frac{2d}{n} = \frac{6}{25} = 0.24$. Schauen wir uns daraufhin noch einmal die Datenmatrix $\boldsymbol{X}$ in Tabelle 7.1 an. x_5 gibt die Anzahl der Arbeitstage je Monat an. In allen Monaten wurde rund 20 bis 22 Tage gearbeitet. Nur in den Monaten 7 und 19 wurde halb soviel gearbeitet. Diese Werte liegen weit ab von den andern und haben einen gewichtigen Einfluss auf die Regression. Nehmen wir einmal an, an diesen Monaten hätten Sonderbedingungen wie Feierschichten, Urlaubstage oder größere Reparaturen vorgelegen, so dass diese Monate nicht mit den übrigen vergleichbar sind. Zur Kontrolle streichen wir die Monate 7 und 19 aus dem Datensatz und berechnen die Regression neu. Die ANOVA-Tafeln der beiden Modelle lauten:

	volles Modell	Modell ohne y_7 und y_{19}
SSR	54.19	40.36
SSE	9.63	5.96
SST	63.82	46.31
r^2	0.85	0.87

Die Parameterschätzwerte in beiden Modellen sind:

	volles Model		Modell ohne y_7 und y_{19}	
	$\widehat{\beta}$	$\widehat{\sigma_{\beta}}$	$\widehat{\beta}$	$\widehat{\sigma_{\beta}}$
$\boldsymbol{x}_0$	9.127	1.103	2.814	2.018
$\boldsymbol{x}_5$	0.2028	0.04577	0.5246	0.0993
$\boldsymbol{x}_7$	−0.07239	0.007999	-0.08217	0.007177

Beide Modell geben völlig unterschiedliche Aussagen über die Fixkosten β_0 und den Effekt β_5 der Anzahl der Werktage pro Monat. Erst wenn die Sonderstellung von y_7 und y_{19} geklärt ist, kann überhaupt entschieden werden, wann, ob und welche der beiden Regressionsschätzungen eine inhaltliche Relevanz besitzt. Verwenden wir das Regressionsmodell mit allen Beobachtungen und allen Regressoren, so ist in den p_{ii} die Sonderrolle von y_7 und y_{19} nicht mehr erkennbar. Dafür fällt nun die 11. Beobachtung mit $p_{11.11} = 0.92$ aus dem Rahmen. Ein Blick auf die Datenmatrix zeigt, warum. Hatte an diesem Tag vielleicht ein Sturm gewütet? ◀

Der Einfluss einer einzelnen Beobachtung lässt sich erkennen, wenn sie aus dem Modell gestrichen und die Veränderung der Schätzungen bewertet wird

Im vorigen Abschnitt haben wir von **Beobachtungsstellen** z_i mit Hebelkraft gesprochen. Nun nehmen wir den **Beobachtungswert** y_i hinzu und betrachten wir die gesamte Beobachtung $(y_i; z_i)$. Jede Beobachtung trägt ihren Teil zur Schätzung aller Modellparameter und deren Varianzen bei. Bedenklich ist es aber, wenn eine einzige oder nur einige wenige Beobachtungen einen wesentlich größeren Einfluss auf die Regression haben als die anderen.

Die Ursache für eine dominante Beobachtung kann reiner Zufall sein. Es könnte aber auch ein Fehler in der Datenübermittlung oder ein Hinweis auf eine nicht erkannte Struktur sein, die bislang im Modell nicht berücksichtigt wurde. Was im einzelnen vorliegt, muss dann im Detail untersucht werden. Aufgabe der Diagnose ist es, diese besonderen Beobachtungen zu identifizieren.

Einflussreiche Beobachtungen und Beobachtungsstellen am Rande des Definitionsbereichs werden in der Literatur unter dem etwas vagen Oberbegriff **Ausreißer**, zusammengefasst, wobei noch zwischen *harmlosen* und *schädlichen* Ausreißern unterschieden wird, letztere liegen an Stellen mit Hebelkraft.

Wir betrachten im Folgenden den Spezialfall einer einzelnen einflussreichen Beobachtung.

Den Einfluss einer einzelnen Beobachtung $(y_i; z_i)$ erkennt man am leichtesten, wenn man sie aus dem Datensatz streicht und dann mit dem verkürzten Datensatz das Modell neu berechnet. Das Ausgangsmodell bezeichnen wir als das **vollständige** oder **volle** Modell, das Modell ohne $(y_i; z_i)$ bezeichnen wir als das **reduzierte** Modell. Hatte die gestrichene Beobachtung $(y_i; z_i)$ keinen größeren Einfluss als alle anderen, dann dürften sich die Schätzwerte aller Parameter im vollen und im reduzierten Modell nicht nennenswert unterscheiden. Tun sie es dennoch, sprechen wir von einer einflussreichen Beobachtung.

Zur quantitativen Bewertung der Abweichungen gibt es eine Fülle verschiedener Kriterien, von denen wir einige vorstellen werden. Wir gehen aus vom vollständigen Modell:

$$\begin{aligned} \boldsymbol{y} &\sim \mathrm{N}_n(\boldsymbol{\mu}; \sigma^2 \boldsymbol{I}), \\ \boldsymbol{\mu} &= \boldsymbol{X}\boldsymbol{\beta}, \\ \mathrm{Rg}(\boldsymbol{X}) &= d = m + 1. \end{aligned}$$

In diesem Modell soll nun die i-te Beobachtung $(y_i; z_i)$ gestrichen werden. Dabei setzen wir voraus, dass auch im reduzierten Modell die Designmatrix von vollem Rang ist. Um die Veränderungen beschreiben zu können, vereinbaren wir die folgenden Bezeichnungen:

- Vektoren und Matrizen, in denen die i-te Zeile *gestrichen* wurde, werden mit dem Index $_{\setminus i}$ gekennzeichnet, z.B. $\boldsymbol{y}_{\setminus i}$ und $\boldsymbol{X}_{\setminus i}$.
- Kenngrößen des reduzierten Modells, die ohne die i-te Beobachtung $(y_i; z_i)$ *berechnet*, beziehungsweise geschätzt werden, sind durch den Index $_{(\setminus i)}$ gekennzeichnet, z.B. $\widehat{\sigma}^2_{(\setminus i)}$.

Setzen wir die Gültigkeit unseres Modells voraus, so ist $\widehat{\boldsymbol{\varepsilon}} \sim \mathrm{N}_n(\boldsymbol{0}; \sigma^2(\boldsymbol{I} - \boldsymbol{P}))$. Also ist das **standardisierte** Residuum:

$$\frac{\widehat{\varepsilon}_i}{\sigma\sqrt{1 - p_{ii}}}$$

$\mathrm{N}(0; 1)$-verteilt. Schätzt man σ durch $\widehat{\sigma}$ aus dem vollständigen Modell, so ist das skalierte Residuum

$$v_i = \frac{\widehat{\varepsilon}_i}{\widehat{\sigma}\sqrt{1 - p_{ii}}} \tag{7.17}$$

nicht t-verteilt, denn $\widehat{\sigma}$ und $\widehat{\varepsilon}_i$ sind stochastisch abhängig. Wird dagegen σ aus dem Modell ohne die i-te Beobachtung geschätzt, so erhalten wir das studentisierte Residuum.

Das studentisierte Residuum

$\widehat{\varepsilon}_i$ und $\widehat{\sigma}_{(\setminus i)}$ sind stochastisch unabhängig. Das studentisierte Residuum ist

$$u_i = \frac{\widehat{\varepsilon}_i}{\widehat{\sigma}_{(\setminus i)}\sqrt{1 - p_{ii}}} \sim t(n - d - 1). \tag{7.18}$$

u_i ist t-verteilt mit $(n - d - 1)$ Freiheitsgraden.

Faustregel: Für $n - d \geq 9$ können wir $t \approx 2.3$ und $t^2 = 5$ abschätzen. Dann sollte jedes $|u_i| \leq 2.3$ sein.

Achtung: Die Bezeichnung der u_i und v_i in der Literatur ist nicht einheitlich. Belsley et al. bezeichnen die v_i als **studentisierte** und die u_i als **R-studentisierte Residuen.**. Diese Bezeichnungen sind auch von SAS übernommen worden. Chatterjee nennt v_i **internally studentized** und u_i **externally studentized**. Da wir beim Begriff des *Studentisieren* stets voraussetzen, dass im Nenner eine vom Zähler unabhängige Schätzung der Standardabweichung steht, bleiben wir bei unserer Bezeichnung. (Eselsbrücke: Das v steht hier für *v*erfälschtes, das u für *u*nverfälschtes Residuum.)

Wird eine Beobachtung gestrichen, ändern sich alle Kenngrößen des Modells. Glücklicherweise braucht man nicht jeweils ein neues Modell durchzurechnen, die Änderungen der Schätzer und ihrer Varianzen lassen sich aus dem vollen Modell bestimmen. Wir geben die Umrechnungsformeln in einer Übersicht auf Seite 308 an. Aus jeder einzelnen Änderung können Diagnosekriterien konstruiert werden. Wir werden exemplarisch drei solche Kriterien angeben und dann auf reale Datensätze anwenden:

DFS(β) misst die Wirkung einer einzelnen Beobachtung auf die Schätzung von β

Die Differenz der Schätzwerte für β_j im vollen und im reduzierten Modell ist $\widehat{\beta}_j - \widehat{\beta}_{j(\setminus i)}$ Die studentisierte Differenz ist die Kennzahl:

$$\mathrm{DFS}(\beta_j)_{(\setminus i)} = \frac{\widehat{\beta}_j - \widehat{\beta}_{j(\setminus i)}}{\sqrt{\widehat{\mathrm{Var}}_{(\setminus i)}(\widehat{\beta}_j)}}.$$

Dabei steht DF für „Differenz" und S für „skaliert". Weiter ist $\widehat{\mathrm{Var}}_{(\setminus i)}(\widehat{\beta}_j)$ die geschätzte Varianz von $\widehat{\beta}_J$, wobei statt $\widehat{\sigma}^2$ nun $\widehat{\sigma}^2_{(\setminus i)}$ verwendet wird.

Aus der Umrechnungstabelle von Seite 308 erhalten wir:

$$\mathrm{DFS}(\beta_j)_{(\setminus i)} = \frac{w_{ji}}{\sqrt{\sum_k w_{jk}^2}} \frac{u_i}{\sqrt{1 - p_{ii}}}.$$

Dabei ist $\boldsymbol{w}_i$ die i-te Spalte von $(\boldsymbol{X}^\top \boldsymbol{X})^{-1}\boldsymbol{X}^\top$. Schätzt man $\frac{w_{ji}}{\sqrt{\sum_k w_{jk}^2}}$ ganz grob durch $1/n$, sowie $(1 - p_{ii})$ durch 1 und u_i durch 2 ab, dann kommt man wie Belsley et al. auf die folgende Schranke:

$$\text{Werte mit } \left|\mathrm{DFS}(\beta_j)_{(\setminus i)}\right| \geq \frac{2}{n} \text{ sind kritisch}.$$

DFS(Fit) misst die Wirkung einer einzelnen Beobachtung auf die Schätzung von μ und den globalen Fit

Die Differenz zwischen den Schätzern für μ_i im vollen und im reduzierten Modell ist $\widehat{\mu}_i - \widehat{\mu}_{i(\setminus i)}$. Die studentisierte Differenz ist die Kennzahl:

$$\mathrm{DFS(Fit)}_{(\setminus i)} = \frac{\widehat{\mu}_i - \widehat{\mu}_{i(\setminus i)}}{\sqrt{\widehat{\mathrm{Var}}_{(\setminus i)}(\widehat{\mu}_i)}} = \sqrt{\frac{p_{ii}}{1 - p_{ii}}} u_i. \tag{7.19}$$

Aus der Umrechnungsformel folgt weiter:

$$\left|\mathrm{DFS(Fit)}_{(\setminus i)}\right| = \frac{\left\|\widehat{\boldsymbol{\mu}} - \widehat{\boldsymbol{\mu}}_{(\setminus i)}\right\|}{\widehat{\sigma}_{(\setminus i)}}.$$

Daher ist $\mathrm{DFS(Fit)}_{(\setminus i)}$ nicht nur eine Maßzahl für die änderung der Schätzung des Einzelwertes μ_i sondern des gesamten Vektors $\boldsymbol{\mu}$. Schließlich gilt:

Ist ϕ ein eindimensionaler schätzbarer Parameter, so ist die obere Schranke der skalierten Differenz der Schätzwerte $\widehat{\phi}$ und $\widehat{\phi}_{(\setminus i)}$ gegeben durch:

$$\max_{\phi} \frac{\left|\widehat{\phi} - \widehat{\phi}_{(\setminus i)}\right|}{\sqrt{\widehat{\mathrm{Var}}_{(\setminus i)}(\widehat{\phi})}} = \left|\mathrm{DFS(Fit)}_{(\setminus i)}\right|.$$

Schätzt man in der Formel (7.19) die u_i mit 2 ab und ersetzt p_{ii} durch den Mittelwert d/n, so ergibt sich folgende Schranke:

$$\text{Werte mit } \left|\mathrm{DFS(Fit)}_{(\setminus i)}\right| \geq 2\sqrt{\frac{d}{n}} \quad \text{sind kritisch}.$$

Covratio misst die Wirkung einer einzelnen Beobachtung auf die Kovarianzmatrizen der Schätzer

Wird eine Beobachtung gestrichen, wachsen alle Varianzen und zwar umso stärker, je einflussreicher diese Beobachtung war:

$$\mathrm{Var}(\widehat{\beta}_{j(\setminus i)}) = \mathrm{Var}(\widehat{\beta}_j) + \frac{w_{ji}^2}{1 - p_{ii}} \sigma^2. \tag{7.20}$$

Ein eindimensionales Maß für die änderung der Kovarianzmatrizen von $\widehat{\boldsymbol{\beta}}$ und $\widehat{\boldsymbol{\beta}}_{(\setminus i)}$ ist der Quotient ihrer Determinanten:

$$\mathrm{Covratio}_{(\setminus i)} = \frac{\left|\widehat{\mathrm{Cov}}_{(\setminus i)}(\widehat{\boldsymbol{\beta}}_{(\setminus i)})\right|}{\left|\widehat{\mathrm{Cov}}(\widehat{\boldsymbol{\beta}})\right|}.$$

$\mathrm{Covratio}_{(\setminus i)}$ lässt sich ebenfalls auf die bereits eingeführten kritischen Größen zurückführen:

$$\mathrm{Covratio}_{(\setminus i)} = \frac{(n - d - v_i^2)^d}{(n - d - 1)^d (1 - p_{ii})}.$$

Im Idealfall sollte $\mathrm{Covratio}_{(\setminus i)}$ bei 1 liegen. Als Faustregel sind Werte mit

$$\left|\mathrm{Covratio}_{(\setminus i)} - 1\right| \geq \frac{3d}{n}$$

als kritisch anzusehen.

Achtung: In der statistischen Literatur, vor allem auch bei statistischer Software sind etwas andere Bezeichnungen üblich. Wir haben sie hier geringfügig geändert, um deutlicher zu machen, welche Beobachtung gestrichen und welcher Parameter betrachtet wird. In der folgenden Tabelle sind unsere und die zum Beispiel bei SAS üblichen Bezeichnungen gegenüber gestellt.

hier verwendet:	bei SAS verwendet:
$\mathrm{DFS}(\beta_j)_{(\setminus i)}$	$\mathrm{DFBETAS}_{ij}$
$\mathrm{DFS(Fit)}_{(\setminus i)}$	DFFitS_i
$\mathrm{Covratio}_{(\setminus i)}$	$\mathrm{Covratio}_i$

Keines der drei Kriterien ist für alle Problemfälle geeignet. Jedes Kriterium greift nur einen einzigen Aspekt heraus und übersieht andere. Daher sollte man sich in der Regel nicht nur auf eines verlassen, sondern mehrere, wenn nicht gar alle Kriterien verwenden. Ein besonderes Warnzeichen ist es daher, wenn eine Beobachtung gleich bei mehreren Kriterien auffällig wird.

Beispiel In einem Tierversuch mit 19 Ratten sollte festgestellt werden, wie eine Substanz vom Körper der Versuchstiere absorbiert und in der Leber gespeichert wird. Da ein schweres Tier mehr absorbiert als ein leichtes, soll die Dosis proportional zum Gewicht der Tiere verabreicht werden. Nach einer gewissen Zeit werden die Ratten getötet und die Menge der in der Leber gespeicherten Substanz gemessen.

y ist die abhängige Variable, ist der Quotient aus dem Gewicht der in der Leber gefundenen Substanz und dem Körpergewicht der Tiere. Die Regressoren sind:

$$x_1 = \text{Körpergewicht in g}\,,$$
$$x_2 = \text{Lebergewicht in g}\,,$$
$$x_3 = \text{Verabreichte Dosis}\,.$$

Durch die Anlage des Versuches sollte der Einfluss des Körpergewichtes eliminiert werden. Daher sollte y unabhängig von allen drei Variablen sein. Die Datenmatrix ist:

Tier	x_1	x_2	x_3	y
1	176	6.5	0.88	0.42
2	176	9.5	0.88	0.25
3	190	9.0	1.00	0.56
4	176	8.9	0.88	0.23
5	200	7.2	1.00	0.23
6	167	8.9	0.83	0.32
7	188	8.0	0.94	0.37
8	195	10.0	0.98	0.41
9	176	8.0	0.88	0.33
10	165	7.9	0.84	0.38

Tier	x_1	x_2	x_3	y
11	158	6.9	0.80	0.27
12	148	7.3	0.74	0.36
13	149	5.2	0.75	0.21
14	163	8.4	0.81	0.28
15	170	7.2	0.85	0.34
16	186	6.8	0.94	0.28
17	146	7.3	0.73	0.30
18	181	9.0	0.90	0.37
19	149	6.4	0.75	0.46

Zur Kontrolle wird die Regression von y nach den 3 Einflussgrößen x_1, x_2 und x_3 berechnet. Sie liefert das folgende überraschende Ergebnis:

Variable	$\widehat{\beta}_i$	$\widehat{\sigma}_{\widehat{\beta}_i}$	$t_{pg} = \frac{\widehat{\beta}_i}{\widehat{\sigma}_{\widehat{\beta}_i}}$	$\mathcal{P}\{t \geq t_{pg}\}$
Absolutglied	0.266	0.195	1.367	0.192
Körpergewicht x_1	−0.021	0.008	−2.664	0.018
Lebergewicht x_2	0.014	0.017	0.930	0.830
Dosis x_3	0.418	1.527	2.744	0.015

Bei einem Niveau von $\alpha = 5\,\%$ sind x_1 und x_3 signifikant. Entgegen der Intention des Versuchsplan haben Körpergewicht x_1 und relative Dosis x_3 offensichtlich doch einen deutlichen Einfluss auf die Zielgröße y. War der Versuchsplan falsch? Zur Kontrolle wird eine Regressionsdiagnose durchgeführt. Die verwendeten Kriterien und die relevanten Schranken sind:

Kriterium	Schranke
p_{ii}	$2\frac{d}{n} = 2\frac{4}{19} = 0.42$
$\text{Covratio}_{(\setminus i)}$	$1 + 3\frac{d}{n} = 1 + 3\frac{4}{19} = 1.63$
$\text{DFS(FIT)}_{(\setminus i)}$	$2\sqrt{\frac{d}{n}} = 2\sqrt{\frac{4}{19}} = 0.92$
$\text{DFS}(\beta)_{(\setminus i)}$	$2/\sqrt{n} = 2/\sqrt{19} = 0.46$

Wir zeigen von der die Ergebnistabelle der Regressions-Diagnose nur die ersten drei Zeilen. Die restlichen 16 Zeilen unterscheiden sich nicht wesentlich von den ersten beiden Zeilen.

Tier	p_{ii}	$\text{Covratio}_{(\setminus i)}$	$\text{DFS(FIT)}_{(\setminus i)}$	$\text{DFS}(\beta_1)_{(\setminus i)}$	$\text{DFS}(\beta_3)_{(\setminus i)}$
1	0.18	0.63	0.89	0.31	0.24
2	0.18	1.02	−0.61	−0.10	0.13
3	**0.85**	**7.40**	**1.90**	**−1.67**	**1.74**
⋮	⋮	⋮	⋮	⋮	⋮

Offensichtlich stimmt etwas mit dem dritten Tier nicht. Alle 5 Kriterien geben gleichzeitig Alarm. Schaut man sich daraufhin den Datensatz an, so erkennt man den Fehler in der Durchführung des Versuchs. Das Tier mit der Nummer 5 ist bei einem Körpergewicht von 200 g am schwersten. Die ihm verabreichte Dosis ist der Bezugspunkt (100 %) für die anderen Tiere. So erhält z. B. Ratte Nr. 1 mit 176 g Körpergewicht 88 % der Dosis von Ratte Nr. 5, usw. Obwohl das dritte Tier mit 190 Gramm nur 95 % des schwersten Tiers wog, hat es dennoch irrtümlich die volle Dosis erhalten. Eliminiert man nun Ratte Nr. 3 aus dem Datensatz und führt die multiple Regression nur mit den korrekt behandelten Tieren durch, ist wie erwartet kein Regressionskoeffizient mehr signifikant von Null verschieden:

Variable	$\widehat{\beta}_{i(\setminus 3)}$	$\widehat{\sigma}_{\widehat{\beta}_i(\setminus 3)}$	$t_{pg(\setminus 3)} := \frac{\widehat{\beta}_{i(\setminus 3)}}{\widehat{\sigma}_{\widehat{\beta}_{i(\setminus 3)}}}$
Absolutglied	0.311	0.205	1.52
Körpergewicht x_1	−0.008	0.018	−0.42
Lebergewicht x_2	0.009	0.018	0.48
Dosis x_3	1.484	3.713	0.40

Charakteristisch ist die Veränderung der Varianzen der Koeffizienten von x_1 und x_3. Wie Formel (7.20) zeigt, wächst bei Verzicht auf eine Beobachtung die Varianz eines Schätzers um so mehr, je einflussreicher diese gestrichene Beobachtung war. Bei Verzicht auf die überaus einflussreiche dritte Beobachtung hat sich die Standardabweichung von $\widehat{\beta}_1$ und $\widehat{\beta}_2$ mehr als verdoppelt:

$$\widehat{\sigma}_{\widehat{\beta}_1} = 0.008 \qquad \widehat{\sigma}_{\widehat{\beta}_1(\setminus 3)} = 0.018\,,$$
$$\widehat{\sigma}_{\widehat{\beta}_3} = 1.527 \qquad \widehat{\sigma}_{\widehat{\beta}_3(\setminus 3)} = 3.713\,.$$

◀

Übersicht: Umrechnungsformeln für das reduzierte Modell

Kenngrößen des reduzierten Modells, die ohne die i-te Beobachtung $(y_i; z_i)$ *berechnet*, beziehungsweise geschätzt werden, sind durch den Index $_{(\setminus i)}$ gekennzeichnet, z. B. $\widehat{\sigma}^2_{(\setminus i)}$.

Wir beginnen mit einer etwas allgemeineren Aufgabe und bestimmen, wie sich der KQ-Schätzer bei Verzicht auf eine Teilmenge aller Beobachtungen ändert. Dabei gehen wir von folgenden Voraussetzungen aus. Im Gesamtmodell $\boldsymbol{y} = \boldsymbol{X\beta} + \boldsymbol{\varepsilon}$ seien die Beobachtungen in zwei Klassen partitioniert:

$$\begin{pmatrix} \boldsymbol{y}_1 \\ \boldsymbol{y}_2 \end{pmatrix} = \begin{pmatrix} \boldsymbol{X}_1 \\ \boldsymbol{X}_2 \end{pmatrix} \boldsymbol{\beta} + \begin{pmatrix} \boldsymbol{\epsilon}_1 \\ \boldsymbol{\epsilon}_2 \end{pmatrix}.$$

Dabei seien sowohl $\boldsymbol{X}^\top \boldsymbol{X}$ wie $\boldsymbol{X}_1^\top \boldsymbol{X}_1$ invertierbar. In diesem vollen Modell wird nun der gesamte Beobachtungsvektor $\boldsymbol{y}_2$ gestrichen. Es sei $\widehat{\boldsymbol{\beta}}_{(\setminus 2)}$ der Schätzer, der ohne Verwendung von $\boldsymbol{y}_2$ berechnet wird. Entsprechend zur Partition von $\boldsymbol{X}$ werden die Projektionsmatrix $\boldsymbol{P} = \boldsymbol{X}(\boldsymbol{X}^\top \boldsymbol{X})^{-1}\boldsymbol{X}^\top$ und die Einheitsmatrix $\boldsymbol{I}$ zerlegt:

$$\boldsymbol{P} = \begin{pmatrix} \boldsymbol{P}_{11} & \boldsymbol{P}_{12} \\ \boldsymbol{P}_{21} & \boldsymbol{P}_{22} \end{pmatrix} \quad \text{und} \quad \boldsymbol{I} = \begin{pmatrix} \boldsymbol{I}_{11} & \boldsymbol{0}_{12} \\ \boldsymbol{0}_{21} & \boldsymbol{I}_{22} \end{pmatrix}.$$

Mit den Abkürzungen

$$\begin{aligned} \boldsymbol{W}_2 &= (\boldsymbol{X}^\top \boldsymbol{X})^{-1}\boldsymbol{X}_2^\top, \\ \mathcal{P}_{22} &= \boldsymbol{X}_2(\boldsymbol{X}^\top \boldsymbol{X})^{-1}\boldsymbol{X}_2^\top = \boldsymbol{X}_2\boldsymbol{W}_2 \end{aligned}$$

ist

$$\left|\boldsymbol{X}_1^\top \boldsymbol{X}_1\right| = \left|\boldsymbol{X}^\top \boldsymbol{X}\right| \left|\boldsymbol{I}_{22} - \mathcal{P}_{22}\right|.$$

Dann gilt die folgende Umrechnungsformel:

$$\begin{aligned} \widehat{\boldsymbol{\beta}} &= \widehat{\boldsymbol{\beta}}_{(\setminus 2)} + \boldsymbol{W}_2(\boldsymbol{I}_{22} - \boldsymbol{P}_{22})^{-1}\widehat{\boldsymbol{\varepsilon}}_2, \\ \operatorname{Cov}(\widehat{\boldsymbol{\beta}}) &= \operatorname{Cov}(\widehat{\boldsymbol{\beta}}_{(\setminus 2)}) - \widehat{\sigma}^2 \boldsymbol{W}_2(\boldsymbol{I}_{22} - \boldsymbol{P}_{22})\boldsymbol{W}_2^\top. \end{aligned}$$

Falls nur die i-te Beobachtung gestrichen wird, erhalten wir das folgende Ergebnis: Bezeichnen wir die i-te Spalte von $\boldsymbol{W} = (\boldsymbol{X}^\top \boldsymbol{X})^{-1}\boldsymbol{X}^\top$ mit $\boldsymbol{w}_i$ und die i-te Spalte von $\boldsymbol{P} = \boldsymbol{X}(\boldsymbol{X}^\top \boldsymbol{X})^{-1}\boldsymbol{X}^\top$ mit $\boldsymbol{p}_i$, dann gilt für die Schätzer:

$$\begin{aligned} \widehat{\boldsymbol{\beta}} &= \widehat{\boldsymbol{\beta}}_{(\setminus i)} + \boldsymbol{w}_i \frac{\widehat{\varepsilon}_i}{1 - p_{ii}}, \\ \widehat{\boldsymbol{\mu}} &= \widehat{\boldsymbol{\mu}}_{(\setminus i)} + \boldsymbol{p}_i \frac{\widehat{\varepsilon}_i}{1 - p_{ii}}, \\ \widehat{\mu}_i &= \widehat{\mu}_{i(\setminus i)} + p_{ii} \frac{\widehat{\varepsilon}_i}{1 - p_{ii}}, \\ \boldsymbol{y} &= \widehat{\boldsymbol{\mu}}_{(\setminus i)} + \boldsymbol{p}_i \frac{\widehat{\varepsilon}_i}{1 - p_{ii}} + \widehat{\boldsymbol{\varepsilon}}, \\ y_i &= \widehat{\mu}_{i(\setminus i)} + \frac{\widehat{\varepsilon}_i}{1 - p_{ii}}, \\ \left\|\widehat{\boldsymbol{\mu}} - \widehat{\boldsymbol{\mu}}_{(\setminus i)}\right\|^2 &= p_{ii}\left(\frac{\widehat{\varepsilon}_i}{1 - p_{ii}}\right)^2, \\ u_i &= \frac{\widehat{\varepsilon}_i}{\widehat{\sigma}_{(\setminus i)}\sqrt{1 - p_{ii}}}. \end{aligned}$$

Für die Varianzen und Kovarianzen der Schätzer gilt:

$$\begin{aligned} \mathrm{SSE} &= \mathrm{SSE}_{(\setminus i)} + \frac{\widehat{\varepsilon}_i^2}{1 - p_{ii}}, \\ \widehat{\sigma}^2 &= \frac{n - d - 1}{n - d}\widehat{\sigma}^2_{(\setminus i)} + \frac{\widehat{\varepsilon}_i^2}{(n - d)(1 - p_{ii})}, \\ \operatorname{Cov}(\widehat{\boldsymbol{\beta}}) &= \operatorname{Cov}(\widehat{\boldsymbol{\beta}}_{(\setminus i)}) - \frac{\boldsymbol{w}_i\boldsymbol{w}_i^\top}{1 - p_{ii}}\sigma^2, \\ \operatorname{Var}(\widehat{\beta}_j) &= \operatorname{Var}(\widehat{\beta}_{j(\setminus i)}) - \frac{w_{ji}^2}{1 - p_{ii}}\sigma^2. \end{aligned}$$

Zusammenfassung

Im Regressionsmodell untersucht man die Wirkung mehrerer determinierter Einflussgrößen auf eine zufällige Zielgröße

Die Einflussgrößen sind die Regressoren, die systematische Komponente ist $\mu(\boldsymbol{x})$, die Zielgröße Y ist der Regressand, die Störgröße ist ε. Die Einflüsse überlagern sich additiv.

Die Gleichungen des linearen Modells

Die Strukturgleichung, die i-te Beobachtungsgleichung und die vektoriell zusammengefassten Beobachtungsgleichungen des linearen Modells sind:

$$y = \mu + \varepsilon = \sum_{j=0}^{m} \beta_j x_j + \varepsilon,$$

$$y_i = \mu_i + \varepsilon_i = \sum_{j=0}^{m} x_{ij}\beta_j + \varepsilon_i\,,$$

$$\boldsymbol{y} = \boldsymbol{\mu} + \boldsymbol{\varepsilon} = \sum_{j=0}^{m} \boldsymbol{x}_j\beta_j + \boldsymbol{\varepsilon} = \boldsymbol{X\beta} + \boldsymbol{\varepsilon}\,.$$

Die Einflussgrößen $\boldsymbol{x}_0, \ldots, \boldsymbol{x}_m$ spannen den Modellraum $\mathrm{M} = \operatorname{Span} \boldsymbol{X} = \langle \boldsymbol{x}_0, \ldots, \boldsymbol{x}_m \rangle$ auf. Die Aussage $\boldsymbol{\mu} = \sum_{j=0}^{m} \boldsymbol{x}_j \beta_j$ ist äquivalent mit der Aussage $\boldsymbol{\mu} \in \mathrm{M}$. Je nachdem, ob der Vektor $\mathbf{1}$, dessen Komponenten sämtlich aus Einsen bestehen, in M enthalten ist oder nicht, unterscheiden wir Modelle mit Eins oder Modelle ohne Eins. Ist die Identifikationsbedingung erfüllt, so ist jeder Vektor des Modellraums eindeutig als Linearkombination der Regressoren darstellbar.

Die Identifikationsbedingung

Die Einflussgrößen sind linear unabhängig. Die Designmatrix $\boldsymbol{X}$ hat den vollen Spaltenrang $m + 1$. Die Dimension des Modellraums ist $m + 1$.

Der Schätzwert $\widehat{\mu}$ ist die Projektion von y in den Modellraum

Der Kleinst-Quadrat-Schätzer

Die Methode der kleinsten Quadrate schätzt das unbekannte $\boldsymbol{\mu}$ durch den Vektor $\widehat{\boldsymbol{\mu}} \in \mathrm{M}$ mit minimalem Abstand zu $\boldsymbol{y}$:

$$\widehat{\boldsymbol{\mu}} = \arg\min_{\boldsymbol{m} \in \mathrm{M}} \|\boldsymbol{m} - \boldsymbol{y}\|^2\,.$$

Jede Lösung $\widehat{\boldsymbol{\beta}}$ von $\widehat{\boldsymbol{\mu}} = \boldsymbol{X}\widehat{\boldsymbol{\beta}}$ heißt Kleinst-Quadrat-Schätzer von $\boldsymbol{\beta}$. Ist der Parametervektor $\boldsymbol{\gamma} = \boldsymbol{A\mu}$ eine lineare Funktion von $\boldsymbol{\mu}$, so heißt $\widehat{\boldsymbol{\gamma}} = \boldsymbol{A}\widehat{\boldsymbol{\mu}}$ der Kleinst-Quadrat-Schätzer von $\boldsymbol{\gamma}$.

Die Eigenschaften des Kleinst-Quadrat-Schätzers folgen aus den Eigenschaften der orthogonalen Projektion $\boldsymbol{P}_{\mathrm{M}}$ in einem endlichdimensionalen Vektorraum M. Mit der Bezeichung $\boldsymbol{X}^+$ für die Penrose-Inverse von $\boldsymbol{X}$ gilt:

Eigenschaften des Kleinst-Quadrat-Schätzers

Der KQ-Schätzer $\widehat{\boldsymbol{\mu}}$ ist die Orthogonalprojektion von $\boldsymbol{y}$ in den Modellraum M:

$$\widehat{\boldsymbol{\mu}} = \boldsymbol{P}_{\mathrm{M}}\boldsymbol{y} = \boldsymbol{X}\boldsymbol{X}^+\boldsymbol{y}\,.$$

$\widehat{\boldsymbol{\mu}}$ existiert stets, ist eindeutig und invariant gegenüber allen Transformationen der Regressoren, die den Raum M invariant lassen. Ein Kleinst-Quadrat-Schätzer von $\boldsymbol{\beta}$ ist $\widehat{\boldsymbol{\beta}} = \boldsymbol{X}^+\boldsymbol{y}$. Ist die Identifikationsbedingung erfüllt, so ist

$$\widehat{\boldsymbol{\mu}} = \boldsymbol{X}(\boldsymbol{X}^\top\boldsymbol{X})^{-1}\boldsymbol{X}^\top\boldsymbol{y}\,.$$

Dann ist auch $\widehat{\boldsymbol{\beta}}$ eindeutig bestimmt als

$$\widehat{\boldsymbol{\beta}} = (\boldsymbol{X}^\top\boldsymbol{X})^{-1}\boldsymbol{X}^\top\boldsymbol{y}\,.$$

Die Abweichung zwischen der Beobachtung $\boldsymbol{y}$ und dem geschätzten Erwartungswert $\widehat{\boldsymbol{\mu}}$ ist das Residuum $\widehat{\boldsymbol{\varepsilon}} = \boldsymbol{y} - \widehat{\boldsymbol{\mu}}$. Aus den stets lösbaren Normalgleichungen lassen sich $\widehat{\boldsymbol{\mu}}$ und $\widehat{\boldsymbol{\beta}}$ bestimmen.

Die Normalgleichungen

Der KQ-Schätzer $\widehat{\boldsymbol{\beta}}$ ist Lösung der Normalgleichung

$$\boldsymbol{X}^\top\boldsymbol{y} = \boldsymbol{X}^\top\boldsymbol{X}\widehat{\boldsymbol{\beta}}.$$

Die systematische Komponente ist der Erwartungswert von y

Die Einflussgrößen $\boldsymbol{x}_j$, die Koeffizienten β_j und damit die systematische Komponente $\boldsymbol{\mu}$ sind determinierte, nicht zufällige Größen. Allein die Störgröße $\boldsymbol{\varepsilon}$ und die Beobachtungen sind zufällige Variable:

$$\boldsymbol{y} = \boldsymbol{\mu} + \boldsymbol{\varepsilon}\,,$$

$$E(\boldsymbol{y}) = \boldsymbol{\mu}\,,$$

$$E(\boldsymbol{\varepsilon}) = \mathbf{0}\,.$$

Im richtig spezifizierten oder korrekten Modell ist $\boldsymbol{\mu} \in \mathrm{M}$; anderenfalls ist das Modell falsch spezifiziert.

Erwartungstreue der Kleinst-Quadrat-Schätzer

Im korrekten Modell ist der Kleinst-Quadrat-Schätzer $\widehat{\boldsymbol{\mu}}$ erwartungstreu. Für einen Parametervektor $\boldsymbol{\gamma}$ existiert genau dann eine lineare erwartungstreue Schätzfunktion, wenn $\boldsymbol{\gamma}$ lineare Funktion von $\boldsymbol{\mu}$ ist. Ist speziell die Identifikationsbedingung erfüllt, so ist auch $\widehat{\boldsymbol{\beta}}$ erwartungstreu:

$$E(\widehat{\boldsymbol{\mu}}) = \boldsymbol{\mu} \text{ und } E\left(\widehat{\boldsymbol{\beta}}\right) = \boldsymbol{\beta}\,.$$

Der Annahme über die Erwartungswerte werden Annahmen über die Varianzen und Kovarianzen hinzu gefügt.

Die Kovarianzstruktur der Beobachtungen

Die n Beobachtungen y_i sind untereinander unkorreliert und besitzen dieselbe von $\boldsymbol{x}$ und i unabhängige Varianz σ^2:

$$\begin{array}{lcll} \operatorname{Var}(y_i) & = & \operatorname{Var}(\varepsilon_i) = \sigma^2 & \text{für alle } i, \\ \operatorname{Cov}\left(y_i, y_j\right) & = & \operatorname{Cov}\left(\varepsilon_i, \varepsilon_j\right) = 0 & \text{für alle } i \neq j, \\ \operatorname{Cov}(\boldsymbol{y}) & = & \operatorname{Cov}(\boldsymbol{\varepsilon}) = \sigma^2 \boldsymbol{I}\,. & \end{array}$$

Daraus lassen sich die folgenden Aussagen ableiten.

Die Kovarianzmatrizen der Schätzer

Hat die Matrix $\boldsymbol{X}$ den vollen Spaltenrang, so gilt im korrekten Modell:

$$\begin{array}{lcl} \operatorname{Cov}(\widehat{\boldsymbol{\mu}}) & = & \sigma^2 \boldsymbol{P}_{\mathrm{M}} = \sigma^2 \boldsymbol{X}\left(\boldsymbol{X}^\top \boldsymbol{X}\right)^{-1} \boldsymbol{X}^\top, \\ \operatorname{Cov}\left(\widehat{\boldsymbol{\beta}}\right) & = & \sigma^2 (\boldsymbol{X}^\top \boldsymbol{X})^{-1}, \\ \operatorname{Cov}(\widehat{\boldsymbol{\mu}}; \widehat{\boldsymbol{\varepsilon}}) & = & 0\,. \end{array}$$

Während die in M liegende Komponente $\boldsymbol{P}_{\mathrm{M}}\boldsymbol{y}$ den Schätzer $\widehat{\boldsymbol{\mu}}$ liefert, gewinnen wir aus dem zu M orthogonalen Residuum $\widehat{\boldsymbol{\varepsilon}} = \boldsymbol{y} - \boldsymbol{P}_{\mathrm{M}}\boldsymbol{y}$ den Schätzer für σ.

Ein erwartungstreuer Schätzer für σ^2

Ist das Modell korrekt, also $E(\boldsymbol{y}) = \boldsymbol{\mu} \in$ M, dann wird σ^2 erwartungstreu geschätzt durch

$$\widehat{\sigma}^2 = \frac{\mathrm{SSE}}{n-d} = \frac{\|\widehat{\boldsymbol{\varepsilon}}\|^2}{n-d} = \frac{1}{n-d}\sum \widehat{\varepsilon}_i^2\,.$$

Dabei ist d die Dimension des Modellraums, also der Rang der Designmatrix $\boldsymbol{X}$. Ist die Identifikationsbedingung erfüllt, ist $d = m + 1$.

Sind die Störgrößen ε_i unabhängig voneinander normalverteilt, so lassen sich daraus die Verteilungen aller Schätzer gewinnen.

Die Verteilung der Schätzer

Ist $\boldsymbol{\varepsilon} \sim \mathrm{N}_n(\boldsymbol{0}; \sigma^2\boldsymbol{I})$ bzw. gleichwertig $\boldsymbol{y} \sim \mathrm{N}_n(\boldsymbol{\mu}; \sigma^2\boldsymbol{I})$, so folgt:

$$\begin{aligned} \widehat{\boldsymbol{\mu}} &\sim \mathrm{N}_n(\boldsymbol{\mu}; \sigma^2 \boldsymbol{P}_{\mathrm{M}})\,, \\ \widehat{\boldsymbol{\beta}} &\sim \mathrm{N}_{m+1}(\boldsymbol{\beta}; \sigma^2(\boldsymbol{X}^\top\boldsymbol{X})^{-1})\,, \\ \widehat{\beta}_j &\sim \mathrm{N}(\beta_j; \sigma^2(\boldsymbol{X}^\top\boldsymbol{X})^{-1}_{jj})\,. \end{aligned}$$

Dabei ist $(\boldsymbol{X}^\top\boldsymbol{X})^{-1}_{jj}$ das j-te Diagonalelement von $(\boldsymbol{X}^\top\boldsymbol{X})^{-1}$. Ersetzt man σ^2 durch die erwartungstreue Schätzung $\widehat{\sigma}^2$, dann sind die studentisierten Regressionskoeffizienten

$$\frac{\widehat{\beta}_j - \beta_j}{\widehat{\sigma}_{\widehat{\beta}_j}} \sim t\,(n-d)$$

t-verteilt mit $n - d$ Freiheitsgraden.

Zu jedem Schätzer gehört eine Aussage über seine Genauigkeit

Sind die Störgrößen i.i.d. standardnormalverteilt, so sind die KQ-Schätzer identisch mit den Maximum-LikelihoodSchätzer, sie sind darüber hinaus effizient. Verzichtet man auf die Annahme der Normalverteilung und beschränkt sich nur auf die Grundforderung $\operatorname{Cov}(\boldsymbol{y}) = \sigma^2\boldsymbol{I}$, bleiben die KQ-Schätzer in einer eingeschränkten Klasse noch optimal.

Der Satz von Gauß-Markov

In der Klasse der in $\boldsymbol{y}$ linearen erwartungstreuen Schätzer von $\boldsymbol{\mu}$ ist der KQ-Schätzer $\widehat{\mu_i}$ für alle i der eindeutig bestimmte Schätzer von μ_i mit minimaler Varianz. Sind die Spalten von $\boldsymbol{X}$ linear unabhängig, so ist $\widehat{\beta_j}$ für alle j der eindeutig bestimmte Schätzer von β_j mit minimaler Varianz.

Ist $\boldsymbol{1} \in$ M, so ist das Bestimmtheitsmaß R^2 der quadrierte empirische Korrelationskoeffizient zwischen dem beobachteten Vektor $\boldsymbol{y}$ und dem geschätzten Vektor $\widehat{\boldsymbol{\mu}}$. Das adjustierte Bestimmtheitsmaß R^2_{adj} berücksichtigt besser die Kosten einer Modellerweiterung als R^2.

Die Bestimmtheitsmaße

Das Bestimmtheitsmaß ist R^2, das adjustierte Bestimmtheitsmaß ist R^2_{adj},

$$R^2 = \frac{\mathrm{SSR}}{\mathrm{SST}}, \quad R^2_{\text{adj}} = 1 - \frac{(n-1)}{(n-d)}\left(1 - R^2\right).$$

Der einfachste Spezialfall des linearen Modells ist die lineare Einfachregression $y = \beta_0 + \beta_1 x + \varepsilon$

Die Konfidenzintervalle für $\mu(\xi) = \beta_0 + \beta_1\xi$ ergeben den Konfidenzgürtel. Dieser ist an der Stelle $\xi = \overline{x}$ am schmalsten und wird mit wachsender Entfernung von der Stelle $|\xi - \overline{x}|$ breiter. Um eine zukünftige Beobachtung y bei einem Regressorwert ξ zu prognostizieren, müssen wir zuerst $\mu(\xi)$ schätzen. Danach können wir ein $(1-\alpha)$-Prognoseintervall für $y(\xi)$ bestimmen. Bei der inversen Regression wird zu gegebenem y der x-Wert geschätzt.

Lineare Hypothesen testen, ob μ in einem Unterraum von M liegt

Das nicht skalierte Testkriterium zur Prüfung der Hypothese H_0 : $\mu \in H$ ist

$$\mathrm{SS}(H) = \|\boldsymbol{P}_M \boldsymbol{y} - \boldsymbol{P}_H \boldsymbol{y}\|^2 \sim \sigma^2 \chi^2 (p; \delta) .$$

Dabei ist

$$p = \dim (M) - \dim (H) \text{ und } \delta = \frac{1}{\sigma^2} \|\boldsymbol{\mu} - \boldsymbol{P}_H \boldsymbol{\mu}\|^2 .$$

$\mathrm{SS}(H)$ misst die Verschlechterung der Modellanpassung bei Reduktion bzw. die Vergrößerung der Residualstreuung bei Reduktion von M auf H:

$$\mathrm{SS}(H) = \mathrm{SSR}\,(M) - \mathrm{SSR}\,(H) = \mathrm{SSE}\,(H) - \mathrm{SSE}\,(M) .$$

Das skalierte Testkriterium ist

$$\mathrm{F}_{\mathrm{PG}} = \frac{\mathrm{SS}(H)}{\widehat{\sigma}^2 p} \sim F\,(p; n-d; \delta) .$$

Der F-Test der Hypothese H_0: $\mu \in H$

Das nicht skalierte Testkriterium ist

$$\mathrm{SSH} = \|\boldsymbol{P}_M \boldsymbol{y} - \boldsymbol{P}_H \boldsymbol{y}\| .$$

Die Prüfgröße des Tests ist

$$\mathrm{F}_{\mathrm{PG}} = \frac{\mathrm{SSH}}{\widehat{\sigma}^2 \cdot p} .$$

Sei F_{pg} der beobachtete oder realisierte Wert der Prüfgröße F_{PG}. Die Entscheidungsregel: „Lehne H_0 ab, falls

$$\mathrm{F}_{\mathrm{pg}} > \mathrm{F}(p; n-d)_{1-\alpha}\text{“}$$

definiert den F-Test zum Niveau α.

Der F-Test ist der gleichmäßig beste Test zum Niveau α der Hypothese $H_0 : \delta = 0$ gegen die Alternative $H_1 : \delta \neq 0$.

Äquivalenz von t- und F-Test

Es ist gleich, ob man eine Hypothese über einen eindimensionalen schätzbaren Parameter Φ mit dem F-Test oder dem t-Test prüft.

Der globale F-Test testet die Hypothese

$$H_{\mathrm{global}} : \beta_1 = \beta_2 = \cdots = \beta_m = 0 .$$

Der globale F-Test

Der globale F-Test betrachtet nur die Alternative „*Entweder ist mindestens einer der Regressoren signifikant oder keiner.*“ Seine Prüfgröße ist

$$\mathrm{F}_{\mathrm{PG}} = \frac{\mathrm{SSR}}{(d-1)\,\widehat{\sigma}^2} .$$

Sie besitzt unter H_{global} eine $\mathrm{F}(d-1; n-d)$-Verteilung.

Bei der Kombinationen der Aussagen von Einzeltests zu einer Gesamtaussage ist große Vorsicht geboten

Werden aufgrund von Hypothesentests zwei Aussagen akzeptiert bzw. verworfen, so darf daraus nicht gefolgert werden, dass eine logische Folgerung aus diesen beiden Ausssagen bei einem Test ebenfalls akzeptiert bzw. verworfen wird. Wird eine Gesamthypothese H_0 in eine logisch gleichwertige Gesamtheit von Teilhypothesen H_0^j aufgespalten, so kann der Test der Gesamthypothese H_0 zu einem anderen Ergebnis führen als die logische Schlussfolgerung aus den Ergebnissen der Tests der Teilhypothesen H_0^j.

Eine Abschlussdiagnose im Regressionsmodell schützt vor Fehlschlüssen

Die **Regressionsdiagnose** oder auch **Sensitivitätsanalyse** überprüft auffällige oder unregelmäßige Beobachtungen, Grenzen und Schwachstellen des Modells und ob überhaupt die Modellannahmen im Licht der Daten noch plausibel sind. Die wesentlichen Themen der Diagnoseverfahren sind dabei die Kollinearitätstruktur der Regressoren, Beobachtungsstellen mit Hebelkraft und auffällige Beobachtungen und Ausreißer.

- Generell gilt, dass in Residuenplots keinerlei Struktur erkennbar sein soll, und die Realisationen wie weißes Rauschen erscheinen sollen.
- Kollineare Regressoren können Effekte verschleiern und vergrößern die Varianzen der Schätzer.
- Beobachtungen am Rand des Definitionsbereichs sind kritisch.
- Der Einfluss einer einzelnen Beobachtung lässt sich erkennen, wenn sie aus dem Modell gestrichen wird.

Aufgaben

Die Aufgaben gliedern sich in drei Kategorien: Anhand der *Verständnisfragen* können Sie prüfen, ob Sie die Begriffe und zentralen Aussagen verstanden haben, mit den *Rechenaufgaben* üben Sie Ihre technischen Fertigkeiten und die *Anwendungsprobleme* geben Ihnen Gelegenheit, das Gelernte an praktischen Fragestellungen auszuprobieren.

Ein Punktesystem unterscheidet leichte Aufgaben •, mittelschwere •• und anspruchsvolle ••• Aufgaben. Lösungshinweise am Ende des Buches helfen Ihnen, falls Sie bei einer Aufgabe partout nicht weiterkommen. Ergebnisse, ausführliche Lösungswege, Beweise und Abbildungen finden Sie auf der Website zum Buch.

Viel Spaß und Erfolg bei den Aufgaben!

Verständnisfragen

7.1 • Ist der Anstieg der Ausgleichsgeraden unabhängig davon, ob X oder Y als abhängige Variable gewählt wird?

7.2 ••• Bei Schülern wurde die Abhängigkeit der Schulnoten $y \in \{1, 2, 3, 4, 5, 6\}$ vom Arbeitsaufwand, Zeit vorm Fernseher, Einkommen der Eltern und anderen Variablen durch ein Regression bestimmt und die Residuen $\widehat{\varepsilon}_i$ gegen die geglätteten Werte $\widehat{\mu}_i$ geplottet. In Abbildung 7.17 liegen offensichtlich die Residuen auf einer Schar paralleler Geraden. Ist dies ein Grund zur Beunruhigung?

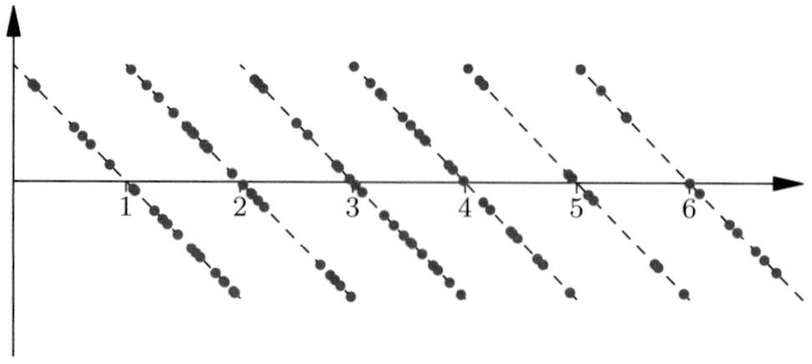

Abbildung 7.17 Die Residuen liegen auf einer Schar paralleler Geraden.

7.3 ••• Die zehn Beobachtungsstellen bei einer linearen Einfachregression seien $x_i \in \{1, 2, 3, 4, 5, 6, 7, 70, 75, 80\}$. Die drei letzten Werte liegen extrem weit von den restlichen Beobachtungsstellen entfernt und haben daher eine besondere Hebelkraft. Berechnen Sie die Projektionsmatrix $\boldsymbol{P}$ und die Punkte p_{ii} der Diagonalen. Welche Punkte haben nach der Faustregel große Hebelkraft? Warum versagt die Faustregel?

7.4 ••• Sie berechnen bei der linearen Einfachregression die Regressionsgerade aus $N = n + m$ Wertepaaren und zwar n Beobachtungen (x_i, y_i), $i = 1, \cdots, n$ an wechselnden Stellen x_i und m Beobachtungen (x_0, y_j), $j = 1, \cdots, m$ an der einzigen Stelle x_0. Wie ändert sich das Bestimmtheitsmaß, falls m gegen Unendlich geht?

7.5 •• Zeigen Sie, dass die Normalgleichungen stets lösbar sind und bestimmen Sie die allgemeine Lösung.

7.6 • Wieso gilt in einem Modell mit Eins $\sum_{i=1}^n \widehat{\varepsilon}_i = 0$ sowie $\sum_{i=1}^n \widehat{\mu}_i = \sum_{i=1}^n y_i$? Warum gilt dies in einem Modell ohne Eins nicht?

7.7 • Was ist der KQ-Schätzer für β bei der linearen Einfachregression $y_i = \beta x_i + \varepsilon_i$ ohne Absolutglied?

7.8 • Im Ansatz $y = \beta_0 + \beta_1 x + \beta_2 x^2 + \beta_3 x^3 + \beta_4 x^4 + \beta_5 x^5 + \varepsilon$ wird die Abhängigkeit einer Variablen Y von x modelliert. Dabei sind die ε_i voneinander unabhängige, $N\left(0; \sigma^2\right)$-verteilte Störterme.

a) Wann handelt es sich um ein lineares Regressionsmodell? b) Was ist oder sind die Einflussvariable(n) ? c) Wie groß ist die Anzahl der Regressoren? d) Wie groß ist die Anzahl der unbekannten Parameter? e) Wie groß ist die Dimension des Modellraums? f) Aufgrund einer Stichprobe von $n = 37$ Wertepaaren (x_i, y_i) wurden die Parameter wie folgt geschätzt:

Regressor	1	x	x^2	x^3	x^4	x^5
$\widehat{\beta}$	3	20	0.5	10	5	7
$\widehat{\sigma}_{\widehat{\beta}}$	0.2	1	1.5	25	4	6

Welche Parameter sind „*bei jedem vernünftigen* α" signifikant von Null verschieden? g) Wie lautet die geschätzte systematische Komponente $\widehat{\mu}(\xi)$, wenn alle nicht signifikanten Regressoren im Modell gestrichen werden? h) Wie schätzen Sie $\widehat{\mu}$ an der Stelle $\xi = 2$?

7.9 • Zeigen Sie: Bei der linearen Einfachregression gilt für das Bestimmtheitsmaß R^2 die Darstellung:

$$R^2 = \widehat{\beta}_1^2 \frac{\operatorname{var}(\boldsymbol{x})}{\operatorname{var}(\boldsymbol{y})} = r^2(\boldsymbol{x}, \boldsymbol{y}) .$$

Das heißt, R^2 ist gerade das Quadrat des gewöhnlichen Korrelationskoeffizienten $r(\boldsymbol{x}, \boldsymbol{y})$.

7.10 ••• Beobachtet werden die folgenden 4 Punktepaare (x_i, y_i), nämlich $\left(-z, -z^3\right)$, $(-1, 0)$, $(1, 0)$ und $\left(z, z^3\right)$. Dabei ist z noch eine feste, aber frei wählbare Zahl. Suchen Sie den KQ-Schätzer $\widehat{\beta}$, der

$$\sum (y_i - x_i^\beta)^2 = \left\| \boldsymbol{y} - \boldsymbol{x}^\beta \right\|^2$$

minimiert. Sei $\widehat{\mu} = x^{\widehat{\beta}}$ der geglättete y-Wert. Zeigen Sie, dass die empirische Varianz $\operatorname{var}(\boldsymbol{y})$ der Ausgangswerte kleiner ist als $\operatorname{var}(\widehat{\boldsymbol{\mu}})$, die Varianz der geglätteten Werte. Zeigen Sie, dass das Bestimmtheitsmaß $R^2 = \frac{\operatorname{var}(\widehat{\boldsymbol{\mu}})}{\operatorname{var}(\boldsymbol{y})} > 1$ ist. Interpretieren Sie das Ergebnis.

7.11 ••• Im folgenden Beispiel sind die Regressoren und der Regressand wie folgt konstruiert: Die Regressoren sind orthogonal: $\boldsymbol{x}_1 \perp \mathbf{1}$ und $\boldsymbol{x}_2 \perp \mathbf{1}$, außerdem wurde $\boldsymbol{y} = \boldsymbol{x}_1 + \boldsymbol{x}_2 + 6 \cdot \mathbf{1}$ gesetzt.

y	8	8	2	4	8
$\boldsymbol{x}_1$	2	−1	−3	0	2
$\boldsymbol{x}_2$	0	3	−1	−2	0

Nun wird an diese Werte ein lineares Modell ohne Absolutglied angepasst: $\widehat{\mu} = \widehat{\beta}_1 x_1 + \widehat{\beta}_2 x_2$. Bestimmen Sie $\widehat{\beta}_1$ und $\widehat{\beta}_2$. Zeigen Sie: $\overline{y} \neq \overline{\widehat{\mu}}$. Berechnen Sie das Bestimmtheitsmaß einmal als $R^2 = \frac{\text{var}(\widehat{\mu})}{\text{var}(y)}$ und zum anderen $R^2 = \frac{\sum(\widehat{\mu}_i - \overline{y})^2}{\sum(y_i - \overline{y})^2}$. Interpretieren Sie das Ergebnis.

7.12 •• In der Abbildung 7.18 ist eine (x, y)-Punktwolke durch diejenige Ellipse angedeutet, die am besten Lage und Gestalt der Punktwolke wiedergibt. Zeichnen Sie in diese Ellipse die nach der Methode der kleinsten Quadrate bestimmte Ausgleichsgerade von y nach x ein.

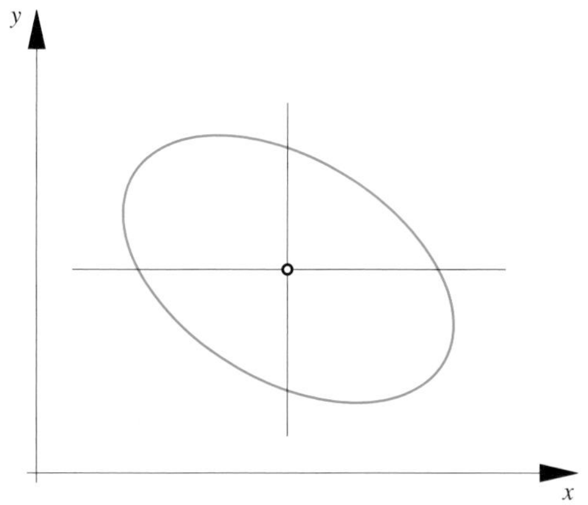

Abbildung 7.18 Die Ellipse deutet die Punktwolke an.

Rechenaufgaben

7.13 •• Im Beispiel der Wasserdampfdaten von Seite 277 waren als Regressoren die Variablen $\boldsymbol{x}_7$ und $\boldsymbol{x}_5$ gewählt worden. In diesem Modell ist SSE = 9.629 und

$$(\boldsymbol{X}^\top \boldsymbol{X})^{-1} = \begin{pmatrix} 2.77875 & -0.01124 & -0.10610 \\ -0.01124 & 0.00015 & 0.00018 \\ -0.10610 & 0.00018 & 0.00479 \end{pmatrix}.$$

Wie sieht die Designmatrix $\boldsymbol{X}$ aus? Wie groß sind $d = \dim M$, $\widehat{\sigma}^2$ und die Varianzen der Schätzer? Bestimmen Sie ein Konfidenzintervall für β_7 und eines für μ an der Stelle $x_7 = 32$; $x_5 = 22$, $\alpha = 5\,\%$. Die Schätzer können Sie von Seite 278 übernehmen oder selbst verifizieren.

7.14 •• Berechnen Sie die Hauptachse einer Punktwolke und bestätigen Sie die Formeln (7.1) und (7.2) von Seite 267.

7.15 •• Zeigen Sie: Ist $\widehat{\boldsymbol{\mu}} = \boldsymbol{P}_M \boldsymbol{y}$ der KQ-Schätzer von $\boldsymbol{\mu}$ und $\text{Cov}(\boldsymbol{y}) = \sigma^2 \boldsymbol{I}$, dann ist $\text{Cov}(\widehat{\boldsymbol{\mu}}) = \sigma^2 \boldsymbol{P}_M$, $\text{Cov}(\widehat{\boldsymbol{\varepsilon}}) = \sigma^2(\boldsymbol{I} - \boldsymbol{P}_M)$, $\text{Cov}(\widehat{\boldsymbol{\mu}}; \widehat{\boldsymbol{\varepsilon}}) = 0$. Hat die Matrix $\boldsymbol{X}$ den vollen Spaltenrang, dann ist weiter $\text{Cov}(\widehat{\boldsymbol{\beta}}) = \sigma^2(\boldsymbol{X}^\top \boldsymbol{X})^{-1}$.

7.16 •• Bestimmen Sie den ML-Schätzer für x bei der inversen Regression im Modell der linearen Einfachregression.

Anwendungsprobleme

7.17 •• Ein wichtiges Flugzeugteil scheint sich mit den Jahren, die ein Flugzeug im Einsatz ist, stärker abzunutzen, als man ursprünglich annahm. Eine Kenngröße Y beschreibt den Schaden an dem Gerät. Man geht davon aus, dass Y linear von der Zeit X abhängt. Wegen des großen Aufwands der Kenngrößenberechnung können nicht mehr als 10 Maschinen in die Untersuchung einbezogen werden. Sie wollen den Anstieg β_1 und β_0 möglichst genau schätzen und planen dazu eine Versuchsreihe aus 10 Messungen. Bei der Auswahl der 10 Maschinen können Sie unter den Möglichkeiten a, b, c, d und e wählen:

	Alter der Maschinen in Jahren *X*									
	x_1	x_2	x_3	x_4	x_5	x_6	x_7	x_8	x_9	x_{10}
a	1	1	1	1	1	1	1	1	1	10
b	1	1	1	1	1	10	10	10	10	10
c	1	2	3	4	5	6	7	8	9	10
d	1	10	10	10	10	10	10	10	10	10
e	1	5	5	5	5	5	5	5	5	10

1. Inwiefern hat der Versuchsplan Einfluss auf die Genauigkeit des Schätzers? An welchem Parameter kann man dies ablesen?
2. Welche dieser 5 Versuchsreihen führen Sie durch und warum?
3. Welchen Versuch würden Sie wählen, wenn es nicht so sicher wäre, ob der Zusammenhang zwischen X und Y linear ist?

7.18 •• Bei einem Befragungsinstitut legen 14 Interviewer die Aufwandsabrechnung über die geleisteten Interviews vor. Dabei sei y der Zeitaufwand in Stunden, x_1 die Anzahl der jeweils durchgeführten Interviews, x_2 die Anzahl der zurückgelegten Kilometer.

Durch eine Regressionsrechnung soll die Abhängigkeit der aufgewendeten Zeit von den erledigten Interviews und der gefahrenen Strecke bestimmt werden. Die Daten:

i	1	2	3	4	5	6	7
y	52	25	49	30	82	42	56
x_1	17	6	13	11	23	16	15
x_2	36	11	29	26	51	27	31

i	8	9	10	11	12	13	14
y	21	28	36	69	39	23	35
x_1	5	10	12	20	12	8	8
x_2	10	19	25	40	33	24	29

1. Wählen Sie zuerst ein lineares Modell mit beiden Regressoren $y = \beta_0 + \beta_1 x_1 + \beta_2 x_2 + \varepsilon$. 2. Wählen Sie nun ein lineares Modell mit nur einem der beiden Regressoren, z. B. $y = \beta_0 +$

$\beta_1 x_1 + \varepsilon$. Wie groß sind in beiden Modellen die Koeffizienten? Sind sie signifikant von null verschieden? Wie groß ist R^2? Interpretieren Sie das Ergebnis.

7.19 •• Stellen wir uns vor, ein Neurologe misst an einem zentralen Nervenknoten die Reaktion y auf die Reize x an vier paarig gelegenen Rezeptoren:

y	x₁	x₂	x₃	x₄
7.331 4	0.009 77	−0.039 38	0.458 40	0.562 91
3.966 4	−0.554 47	−0.601 13	−0.219 01	−0.284 51
3.144 2	−0.336 33	−0.317 52	−0.280 20	−0.294 25
7.993 3	0.352 60	0.307 14	0.203 06	0.105 71
1.678 7	−0.174 42	−0.066 24	−0.168 00	−0.043 02
−0.075 8	0.163 56	0.356 31	0.271 28	0.207 12
2.949 7	0.502 65	0.617 95	−0.223 25	−0.230 55
8.703 2	−0.154 34	−0.284 02	0.040 19	0.024 56
7.493 1	0.333 32	0.234 49	−0.543 96	−0.479 37
7.482 7	−0.142 34	−0.207 60	0.461 48	0.431 38

a) Schätzen Sie die Koeffizienten im vollen Modell $\boldsymbol{M}_{1234} = \langle \mathbf{1}, \boldsymbol{x}_1, \boldsymbol{x}_2, \boldsymbol{x}_3, \boldsymbol{x}_4 \rangle$. b) Verzichten Sie nun auf den Regressor $\boldsymbol{x}_4$ und schätzen Sie die Koeffizienten im Modell $\boldsymbol{M}_{123} = \langle \mathbf{1}, \boldsymbol{x}_1, \boldsymbol{x}_2, \boldsymbol{x}_3 \rangle$. c) Verzichten Sie nun auf den Regressor $\boldsymbol{x}_2$ und schätzen Sie die Koeffizienten im Modell $\boldsymbol{M}_{134} = \langle \mathbf{1}, \boldsymbol{x}_1, \boldsymbol{x}_3, \boldsymbol{x}_4 \rangle$. Interpretieren Sie die Ergebnisse.

7.20 •• Ein Immobilien-Auktionator fragt sich, ob der im Auktionskatalog genannte Wert x eines Hauses überhaupt eine Prognose über den in der Auktion realisierten Erlös y zulässt. (Alle Angaben in Tausend €.) Er beauftragt Sie mit einer entsprechenden Analyse und überlässt Ihnen dazu die in der folgenden Tabelle enthaltenen Unterlagen von zehn zufällig ausgewählten und bereits versteigerten Häusern. Unterstellen Sie einen durch Zufallsschwankungen gestörten linearen Zusammenhang zwischen Katalogpreis x und Auktionserlös y.

x_i	132	337	241	187	292
y_i	145	296	207	165	319

x_i	159	208	98	284	52
y_i	124	154	117	256	34

1. Thema Schätzung: a) Modellieren Sie diesen Zusammenhang als lineare Gleichung. Wie hängt demnach – in Ihrem Modell – der i-te Auktionserlös vom i-ten Katalogpreis ab. b) Wir groß sind die empirischen Verteilungsparameter der x- bzw y-Werte? Dabei können Sie auf folgende Zahlen zurückgreifen:

	x_i	y_i	$x_i y_i$	x_i^2	y_i^2
$\sum_{i=1}^{n}$	1 990	1 817	430 468	470 816	399 949

c) Schätzen Sie $\widehat{\beta}_0$ und $\widehat{\beta}_1$ mit der Methode der kleinsten Quadrate. b) Wie lautet nun Ihre Schätzgleichung für $\widehat{\mu}$? d) Zu welchem Preis werden Häuser mit einem Katalogwert von 190 Tausend € im Mittel verkauft? e) Zu welchem Preis werden Häuser mit einem Katalogwert von 0 € im Mittel verkauft? Was können Sie dem Auktionator sagen, der daraufhin Ihre Rechnungen in den Papierkorb werfen will?

2. Thema: Wie aussagekräftig sind Ihre Schätzungen? a) Welche Annahmen machen Sie über die Verteilung der Störkomponenten, ehe Sie überhaupt Aussagen über Güte und Genauigkeit der Schätzungen machen können? b) Schätzen Sie die σ^2, wenn sich aus der Rechnung $\sum_{i=1}^{n} \widehat{\varepsilon}_i^2 = 6\,367$ ergibt. c) Schätzen Sie die Standardabweichung von $\widehat{\beta}_0$. d) Der Auktionator war überzeugt, dass im Mittel der erzielte Preis proportional zum Katalogpreis ist. Also $E(Y) = \beta x$. Sprechen die Daten gegen die Vermutung? e) Schätzen Sie die Standardabweichung von $\widehat{\beta}_1$. Innerhalb welcher Grenzen liegt β_1? Geben Sie ein Konfidenzintervall zum Niveau $1 - \alpha = 0.99$ an.
3. Thema Preisprognosen: In der aktuellen Auktion werden im Katalog zwei Häuser mit 190 Tausend € bzw. 300 Tausend € angeboten. a) Machen Sie eine Prognose zum Niveau $1 - \alpha = 0.99$, zu welchen Preis das billigere der beiden Häuser verkauft werden wird. b) Wie wird im Vergleich dazu die Prognose über das teurere der beiden Häuser sein? Wird das Prognoseintervall schmaler, gleich breit, breiter oder nicht vergleichbar sein. Begründen Sie Ihre Antwort ohne Rechnung.

7.21 ••• Die Wassertemperatur $y(x)$ Ihres Durchlauferhitzer schwankt sehr stark, wenn sich die Wassermenge x ändert. Zur Kontrolle haben Sie die Wassertemperatur $y(x)$ in Grad Celsius bei variierender Wassermenge x Liter pro 10 Sekungen gemessen. Die notierten $n = 17$ Werte sind:

x	1.5	2.1	2.3	0.8	0.2	1	1	1.9
y	24.5	40	42.5	33	22	26	29	44.5

x	1.6	1.8	1.8	2.1	1.5	1.3	0.9	0.7	0.6
y	53	51	49.5	46	26.5	27	31	18.5	15

1. Unterstellen Sie einen linearen Zusammenhang der Merkmale Temperatur und Wassermenge und führen Sie eine lineare Einfachregression durch. Betrachten Sie die (x, y)-Punktwolke mit der geschätzten Regressionsgerade. Ist die Anpassung befriedigend?
2. Sie erfahren aus der Betriebsanleitung, dass das Gerät zwei Erhitzungsstufen hat. Bei einer Durchflussmenge von $1.5\,l/10$ sec springt das Gerät in eine andere Schaltstufe. Versuchen Sie, das Modell dem Sachverhalt durch abschnittsweise Modellierung noch besser anzupassen. Gehen Sie davon aus, dass die Messfehler ε_i unabhängig von der Schaltstufe sind.
   Wie lauten jetzt die Geradengleichungen?
   Wie sieht Ihre Designmatrix aus? Wie groß ist die Anzahl der linear unabhängigen Regressoren? Enthält Ihr Modell die Eins? Schätzen Sie nun die Parameter des Modells.
3. Mit welcher mittleren Temperatur können Sie rechnen, falls Sie den Wasserhahn durch einen größeren ersetzen, der $6\,l/10$ sec Wasser durchfließen lässt? Ist das Ergebnis sinnvoll?

7.22 ••• Alternative Energieversorgungsanlagen, wie Wind- und Sonnenkraftwerke, werden in Zukunft immer mehr an Bedeutung gewinnen. Eine solche Anlage befindet sich auf der Nordseeinsel Pellworm und soll den Energiebedarf des dortigen Kurzentrums decken. Gegenstand der Betrachtung sollen nur die Windenergiekonverter des Typs AEROMAN 11/20 der Firma M.A.N. sein. Die Rotoren sind jeweils in einer Höhe von 15 m installiert und zeigten bei einer Untersuchung folgendes Leistungsverhalten:

x	3	4	5	6	7	8	9
y	10	35	41	45	51	61	55

x	10	11	12	13	14	15
y	64	65	52	42	34	31

Dabei ist x die Windgeschwindigkeit in m/s und y die elektrische Leistung in kW. Es soll der tendenzielle Verlauf dieses Leistungsverhaltens untersucht werden: 1. Berechnen Sie die Parameter der geschätzten Regressionsgeraden. Wie lautet die Geradengleichung? 2. Überprüfen Sie das gewählte Modell anhand eines Residuenplots. 3. Untersuchen Sie, ob sich Ihre Anpassung durch die Verwendung von x^2 als zusätzlichen Regressor verbessern lässt.

Antworten der Selbstfragen

S. 269
Es gibt zahllose in Karlchens Selbstversuch nicht erfasste latente Variable, z. B. die Schwere der Krankheit, sein Gesundheitszustand, sein Immunsystem, das Wohnumfeld, die Ernährung, die alle mit dem Heileffekt der Tropfen vermengt sind.

S. 273
Der gleiche Modellraum lässt sich auch mit anderen Regressoren erzeugen. Werden die Regressoren zum Beispiel orthogonalisiert, ändert sich $\boldsymbol{X}$, aber der Modellraum $\boldsymbol{M}$ bleibt invariant. Auch können bei linear abhängigen Regressoren überflüssige Vektoren weggelassen werden, ohne dass $\boldsymbol{M}$ sich ändert.

S. 274
Wir können zu β_0 eine beliebige Konstante Δ addieren und diese sowohl bei β^W wie β^F subtrahieren, ohne dass sich die Darstellung von μ ändert.

S. 275
1. Wegen der Idempotenz von $\boldsymbol{P_M}$ ist $\mathcal{P}_M(\boldsymbol{I} - \boldsymbol{P_M}) = \boldsymbol{P_M} - \boldsymbol{P_M}\boldsymbol{P_M} = \boldsymbol{P_M} - \boldsymbol{P_M} = 0$. Für jedes $\boldsymbol{m} \in \boldsymbol{M}$ ist $\boldsymbol{m} = \mathcal{P}_M\boldsymbol{m}$. Wegen der Symmetrie von $\boldsymbol{P_M}$ ist $\boldsymbol{m}^\top\widehat{\boldsymbol{\varepsilon}} = (\boldsymbol{P_M}\boldsymbol{m})^\top(\boldsymbol{I} - \boldsymbol{P_M})\boldsymbol{y} = \boldsymbol{m}^\top(\boldsymbol{P_M})^\top(\boldsymbol{I} - \boldsymbol{P_M})\boldsymbol{y} = \boldsymbol{m}^\top\boldsymbol{P_M}(\boldsymbol{I} - \boldsymbol{P_M})\boldsymbol{y} = \boldsymbol{0}$.
2. Ist also $\boldsymbol{1} \in \boldsymbol{M}$, so ist $\widehat{\boldsymbol{\varepsilon}}^\top\boldsymbol{1} = \sum_{i=1}^n \widehat{\varepsilon}_i = 0$. Ist dagegen $\boldsymbol{1} \notin \boldsymbol{M}$, so muss $\widehat{\boldsymbol{\varepsilon}}^\top\boldsymbol{1} = 0$ nicht gelten.

S. 275
Stets gilt: $\widehat{\boldsymbol{\varepsilon}} \perp M$. Ist $\boldsymbol{1} \in M$, so ist daher auch $\widehat{\boldsymbol{\varepsilon}} \perp \boldsymbol{1}$ und folglich $\boldsymbol{1}^\top\widehat{\boldsymbol{\varepsilon}} = 0$. Ist $\boldsymbol{1} \notin M$, muss dies natürlich nicht gelten.

S. 276
a) Nach Konstruktion ist $\boldsymbol{x} = \mathcal{P}_1\boldsymbol{x} + \widetilde{\boldsymbol{x}} = \overline{x}\boldsymbol{1} + \widetilde{\boldsymbol{x}}$. Daher liegt $\boldsymbol{x}$ in dem von $\boldsymbol{1}$ und $\widetilde{\boldsymbol{x}}$ aufgespannten Raum. b) $\boldsymbol{I} - \boldsymbol{P_1}$ ist die Projektion auf den zu $\boldsymbol{1}$ orthogonalen Raum, $\boldsymbol{P_1}(\boldsymbol{I} - \boldsymbol{P_1}) = \boldsymbol{P_1}\boldsymbol{I} - \boldsymbol{P_1}\boldsymbol{P_1} = \mathcal{P}_1 - \boldsymbol{P_1} = 0$. Daher sind auch $\boldsymbol{x} - \boldsymbol{P_1}\boldsymbol{x} = (\boldsymbol{I} - \boldsymbol{P_1})\boldsymbol{x}$ und $\boldsymbol{P_1}\boldsymbol{x}$ orthogonal. Ganz explizit:

$$\langle \boldsymbol{P_1}\boldsymbol{x}, \boldsymbol{x} - \boldsymbol{P_1}\boldsymbol{x}\rangle = \langle \boldsymbol{x}, \boldsymbol{P_1}(\boldsymbol{I} - \boldsymbol{P_1})\boldsymbol{x}\rangle = 0$$

S. 277
Da die Projektion in den endlichdimensionalen Modellraum stets existiert, existiert ein $\widehat{\boldsymbol{\beta}}$ und $\widehat{\boldsymbol{\varepsilon}}$ mit $\boldsymbol{y} = \boldsymbol{X}\widehat{\boldsymbol{\beta}} + \widehat{\boldsymbol{\varepsilon}}$. Für diese $\widehat{\boldsymbol{\beta}}$ und $\widehat{\boldsymbol{\varepsilon}}$ gilt weiter $\boldsymbol{X}^\top\boldsymbol{y} = \boldsymbol{X}^\top\boldsymbol{X}\widehat{\boldsymbol{\beta}} + \boldsymbol{X}^\top\widehat{\boldsymbol{\varepsilon}} = \boldsymbol{X}^\top\boldsymbol{X}\widehat{\boldsymbol{\beta}}$.

Wir können es auch mit Rangaussagen beantworten: Da einerseits $\operatorname{span}\{\boldsymbol{X}^\top\boldsymbol{X}\} \subseteq \operatorname{span}\{\boldsymbol{X}^\top\}$ ist und andererseits $\operatorname{Rg}(\boldsymbol{X}^\top\boldsymbol{X}) = \operatorname{Rg}(\boldsymbol{X}^\top)$ ist $\operatorname{span}\{\boldsymbol{X}^\top\boldsymbol{X}\} = \operatorname{span}\{\boldsymbol{X}^\top\}$. Daher kann der Vektor $\boldsymbol{X}^\top\boldsymbol{y} \in \operatorname{span}\{\boldsymbol{X}^\top\}$ auch als Vektor aus $\operatorname{span}\{\boldsymbol{X}^\top\boldsymbol{X}\}$ dargestellt werden. Es existiert also ein $\widehat{\boldsymbol{\beta}}$ mit $\boldsymbol{X}^\top\boldsymbol{y} = \boldsymbol{X}^\top\boldsymbol{X}\widehat{\boldsymbol{\beta}}$.

S. 279
Die Residuen $\widehat{\boldsymbol{\varepsilon}}$ sind lineare Funktionen der $\boldsymbol{\varepsilon}$, nämlich gewichtete Summen der ε_i. Sie hängen daher alle voneinander ab. Zum Beispiel wirkt sich eine zufällig sehr große Störung ε_1 über die Schätzgleichungen auf alle anderen $\widehat{\varepsilon}_i$ aus.

S. 280
Für jede Projektion gilt $\boldsymbol{y}^\top\boldsymbol{P}\boldsymbol{y} = \boldsymbol{y}^\top\boldsymbol{P}^\top\boldsymbol{P}\boldsymbol{y} = \|\boldsymbol{P}\boldsymbol{y}\|^2$ und $\boldsymbol{I} - \boldsymbol{P}$ ist eine Projektion.

S. 281
Nur b) ist falsch.

S. 282
$\widehat{\beta}_1$ ist eine zufällige Variable und $\operatorname{Var}(\widehat{\beta}_1)$ ist die Varianz dieser Zufallsvariable. Dagegen ist $\boldsymbol{x}$ ein determinierter Zahlenvektor und $\operatorname{var}(\boldsymbol{x})$ die empirische Varianz dieser Zahlenmenge.

S. 282
Nur c) ist falsch.

S. 283
Das Modell enthält die Konstante 1. Daher ist $\sum_{i=1}^n \widehat{\varepsilon}_i = 0$. Aus $y_i = \widehat{\mu}_i + \widehat{\varepsilon}_i$ folgt $\sum_{i=1}^n y_i = \sum_{i=1}^n \widehat{\mu}_i + \sum_{i=1}^n \widehat{\varepsilon}_i = \sum_{i=1}^n \widehat{\mu}_i$.

S. 284
a) ist falsch: Auch wenn β_1 Null ist, kann $\widehat{\beta}_1 \neq 0$ sein. b) Richtig. c) Falsch: Bei diesem kleinen α kann die Wahrscheinlichkeit des Fehlers zweiter Art groß sein. d) Nein.

S. 285
$\widehat{\xi}$ ist der Quotient zweier korrelierter normalverteilter Variablen. $\widehat{\xi}$ besitzt daher keine der uns bereits bekannten Verteilungen.

S. 288
Da wir die Hypothese H_0: „$\xi = 0$" gegen die Alternative H_1: „$\xi > 0$" testen, verwenden wir einseitige Prognose- und Annahmebereiche. Also $t = t(n-2)_{1-\alpha}$.

S. 287
Ist $\boldsymbol{a}$ ein beliebiger Punkt aus M, und verschieben wir den Nullpunkt in den Punkt $\boldsymbol{a}$, so gehen $\boldsymbol{y}$ über in $\boldsymbol{y} - \boldsymbol{a}$ und $\widehat{\boldsymbol{\mu}}$ in $= \widehat{\boldsymbol{\mu}} - \boldsymbol{a}$. Aber $\widehat{\boldsymbol{\varepsilon}} = (\boldsymbol{y} - \boldsymbol{a}) - (\widehat{\boldsymbol{\mu}} - \boldsymbol{a}) = \boldsymbol{y} - \widehat{\boldsymbol{\mu}}$ bleibt invariant. Das Unbestimmtheitsmaß geht über in

$$\frac{\|\widehat{\boldsymbol{\varepsilon}}\|^2}{\|\boldsymbol{y}\|^2} \Rightarrow \frac{\|\widehat{\boldsymbol{\varepsilon}}\|^2}{\|\boldsymbol{y} - \boldsymbol{a}\|^2}.$$

Mit wachsendem $\|\boldsymbol{a}\|$ geht $\|\boldsymbol{y} - \boldsymbol{a}\| \to \infty$. Also geht das Unbestimmtheitsmaß gegen null und dementsprechend das Bestimmtheitsmaß gegen 1.

S. 292
Im gewöhnlichen linearen Modell gilt $\mathbf{1}^\top \widehat{\varepsilon} = 0$ wir müssen dies übersetzen in $\langle \mathbf{1}, \widehat{\varepsilon} \rangle = \mathbf{1}\boldsymbol{C}^{-1}\widehat{\varepsilon} = 0$.

S. 294
Nein, denn $\{\boldsymbol{\mu} \mid \boldsymbol{\mu} - \boldsymbol{\mu}_0 \notin H\}$ ist kein linearer Raum.

S. 296
Der F-Test testet einseitig, nur die großen Werte der Prüfgröße liegen in der kritischen Region. Beim t-Test wird die kritische Region aus den großen und kleinen Werten gebildet.

S. 296
Angenommen, Sie haben ein einfachstes Modell $y = \beta_0 + \beta_1 x + \varepsilon$ mit einem Regressor x, der $\boldsymbol{y}$ hinreichend gut beschreiben kann. Jedenfalls sei $\widehat{\beta}_1$ signifikant. Dann erweiteren Sie das Modell um r weitere überflüssige, zu $\boldsymbol{y}$ orthogonale Regressoren. Anschaulich gesprochen: Sie kippen Müll ins Modell. Der einzige Effekt ist dann, dass die Dimension d des neuen Modellraum wächst, während SSR und SSE nahezu invariant bleiben. Dafür wächst aber $\widehat{\sigma} = \frac{\text{SSE}}{n-d}$, weil d wächst. Daher fällt auch F_{PG}, bis weder $\widehat{\beta}_1$ noch das Modell mehr signifikant sind. Bereinigen Sie das Modell vom Regressormüll, und Sie erhalten wieder ein signifikantes Modell.

S. 298
$\text{SST} = \|\boldsymbol{y} - \overline{y}\mathbf{1}\|^2$ hängt weder von M noch von H ab.

S. 302
Nein, denn $\hat{\boldsymbol{\mu}} = \mathcal{P}_M \boldsymbol{y}$ und $\text{Cov}(\hat{\boldsymbol{\mu}}) = \sigma^2 \boldsymbol{P}_M$ hängen nur nur vom Modellraum M ab und nicht von den einzelnen M erzeugenden Regressoren. Dagegen hat die Kollinearität Einfluss auf die Schätzung von σ^2 und damit auf die Schätzung der Genauigkeit von $\hat{\boldsymbol{\mu}}$.

8 Varianzanalyse – Arbeiten mit Kontrasten und Effekten

Wieso kann „zufällig" besser sein als systematisch?

Was ist ein Effekt?

Lassen sich Kontraste zwischen Wirkungen besser entdecken als die Wirkungen selbst?

Was ist die Geometrie eines lateinischen Quadrats?

Am Anfang vieler technischer Überlegungen steht die Beobachtung, dass die interessierende Zielgröße von einer oder mehreren Einflussgrößen abhängt. Durch einen Versuch soll geklärt werden, ob, wie stark und in welcher Weise dies geschieht.

Will man die subjektive Beurteilung der Versuchsergebnisse vermeiden, muss man statistische Methoden zur Auswertung der Versuchsergebnisse verwenden. Damit diese Auswertung möglichst einfach ist und gleichzeitig bei festgelegtem Gesamtaufwand ein Höchstmaß an gewünschten Informationen bringt, müssen statistische Gesichtspunkte nicht erst bei der Auswertung, sondern bereits bei der Planung des Versuchs berücksichtigt werden.

Fehler bei der Datengewinnung lassen sich in der Auswertung oft nicht mehr korrigieren.

Die **Versuchsplanung** (engl.: experimental design) wurde etwa von 1920 an von R. A. Fisher in der landwirtschaftlichen Versuchstechnik entwickelt. Seither wurden die Methoden in so vielfältiger Art und so flexibel weiterentwickelt, dass sie in allen naturwissenschaftlichen Disziplinen auf fast alle Fragestellungen anwendbar sind, insbesondere auch dann, wenn finanzielle, physikalische und zeitliche Einschränkungen zu beachten sind.

Nur die statistische Versuchsplanung ermöglicht es, mit einer festgelegten Gesamtzahl von Einzelversuchen eine Versuchsreihe so anzulegen, dass sich die Ergebnisse mit statistischen Methoden einfach und erschöpfend auswerten lassen. Bei Verwendung eines statistischen Versuchsplans besteht ein optimales Verhältnis zwischen Versuchsaufwand und gewonnener Information.

Wir werden in diesem Kapitel nur wenige Grundideen der Versuchsplanung vorstellen können. Daneben werden wir uns vor allem auch mit dem Standardwerkzeug der Versuchsplanung, der Varianzanalyse, beschäftigen.

Die Varianzanalyse ist eines der wichtigsten Anwendungsgebiete bei der Planung und Auswertung von Versuchen des linearen Modells. Als Namenskürzel hat sich die aus der englischen Bezeichnung ***An**alysis **of** **Var**iance* abgeleitete Kurzformel **ANOVA** eingebürgert. Im Grunde ist Anova nur ein Spezialfall der Regressionsrechnung mit der Besonderheit, dass hier qualitative Variablen als Regressoren auftreten. Formal treten keine neuen mathematischen Probleme auf, die Schwierigkeiten liegen eher in der Interpretation der Ergebnisse und der sinnvollen Schreibweise der Symbole.

Je nach Anzahl der im Modell enthaltenen qualitativen Variablen spricht man von einfacher, zweifacher oder multipler Varianzanalyse. Je nachdem, ob die qualitativen Einflussgrößen als deterministische oder als zufällige Variablen modelliert werden, unterscheidet man noch Modelle mit festen von denen mit zufälligen Effekten.

8.1 Randomisierung und Blockbildung

> Ja, mach nur einen Plan,
> Sei nur ein großes Licht
> Und mach dann noch 'nen zweiten Plan,
> Gehn tun sie beide nicht.

So spottet B. Brecht in seiner Dreigroschenoper. Vielleicht wäre es besser gewesen, von vornherein mit statistischer Versuchsplanung zu arbeiten, denn diese rechnet damit, dass unsere Modelle fehlerhaft und unser Wissen voller Lücken ist. Sie versucht all diese Schwächen in den unvermeidlichen Zufallsfehler unseres Versuchs zu übertragen und ihm dann mit statistischen Methoden beizukommen.

Wir wollen dies an einem Beispiel verdeutlichen, bei dem wir die Natur mit offenen Karten spielen lassen. Dazu konstruieren wir selber unsere Daten, bauen selbst die Fehler in unser Modell und tun dann wieder so, als wüssten wir nichts davon, um letzten Endes die Konsequenzen unserer Entscheidungen erkennen zu können.

Stellen wir uns vor, wir wollten an 35 Labormäusen die intelligenzfördernde Wirkung gewisser anregender Getränke (z. B. Kaffee, Tee, Cola, Pepsi und Red Bull) testen. Dazu werden die Tiere jeweils einen Tag lang an ein Labyrinth gewöhnt, dann gibt man ihnen jeweils eine dieser Flüssigkeiten zu trinken und setzt sie wieder ins Labyrinth. Gemessen wird die Zeit y bis sie wieder den Ausgang finden.

Allgemein gesagt, wir haben die Tiere, unsere Versuchsobjekte und das Getränk, eine Behandlung A, die in fünf verschiedenen Varianten $A_1, A_2, \ldots, A_5$ vorliegt. Wir wollen die möglicherweise anregende oder beruhigende Wirkung der Getränke messen. Statt von einer Behandlung sprechen wir auch von einer Einflussgröße oder ganz allgemein von einem Faktor, der in fünf verschiedenen Stufen, Klassen oder Levels angewendet wird.

Das Datenmodell

Unsere Versuchtiere werden von 1 bis 35 durchnummeriert, die Zeit, die das t-te Tier braucht sei y_t. Nehmen wir an, ein gesundes, unbehandeltes Tier brauche die Zeit θ_0. Bereits diese Annahme ist fraglich, denn jedes Tier reagiert anders. Wir korrigieren unsere Annahme: jedes Tier brauche ungefähr die Zeit θ_0 Minuten. Wäre der Faktor A wirkungslos, so sollten die Beobachtungswerte zufällig um den Basiswert θ_0 streuen. Dabei wollen wir eine ebenso leidenschaftslose, wie gutmütige Natur annehmen, die uns bestmögliche Fehler ε_t beschert: Die ε_t sollen unabhängig voneinander identisch verteilt sein, und zwar am besten gleich normalverteilt. Unser Modell ist damit

$$\begin{aligned} y_t &= \theta_0 + \varepsilon_t, \qquad t = 1, \ldots, 35 \\ \varepsilon_t &= N\big(0; \sigma^2\big). \end{aligned}$$

Als wir unsere Daten selbst konstruiert haben, haben wir $\theta_0 = 9.5$ und $\sigma = 2$ gewählt und uns 35 Realisationen ε_t für $t = 1, \ldots, 35$ von i.i.d. normalverteilten Daten erzeugt. In Tabelle 8.5 auf Seite 324 sind die Daten explizit angegeben. Abbildung 8.1 zeigt den Plot der Beobachtungswerte y_t, sie streuen ungeordnet und unauffällig um den Mittelwert $\theta_0 = 9.5$.

Nehmen wir nun an, der Faktor A verschiebe den Basiswert um den Wert θ^A und zwar sei θ_i^A der Effekt von Stufe A_i. Wir modellieren die Zeit, die das t-te Tier braucht, falls bei ihm der Faktor

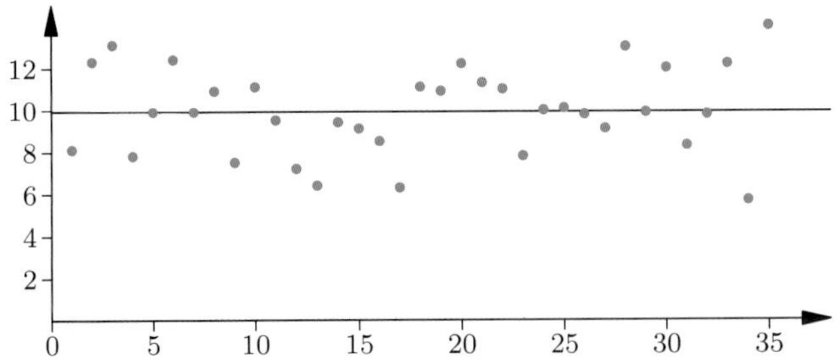

Abbildung 8.1 Die Beobachtungsdaten streuen zufällig um eine Mittellinie.

A_i angewendet wird, mit

$$y_t^A = \theta_0 + \theta_i^A + \varepsilon_t\,.$$

Bei unserem Versuch wollen wir zunächst (versuchs)planlos und dafür streng systematisch vorgehen, und zwar beginnen wir in der ersten Woche mit der Stufe A_1. In der zweiten Woche setzen wir A_2 ein, dann kommt in der dritten Woche A_3 dran, bis wir in der letzten Woche mit A_5 aufhören. In diesem Beispiel seien:

$$\theta_1^A = 5,\ \theta_2^A = 2.5,\ \theta_3^A = 0,\ \theta_4^A = -2.5,\ \theta_5^A = -5\,.$$

Wir haben die θ_i^A bewusst so gewählt, dass $\sum_{i=1}^5 \theta_i^A = 0$ ist, damit wir nachher unsere Schätzwerte besser vergleichen können. Unsere Beobachtungsergebnisse zeigt Abbildung 8.2. Dabei sind die Wochen mit Senkrechten und die Mittelwerte in den Wochen mit gestrichelten Linien markiert.

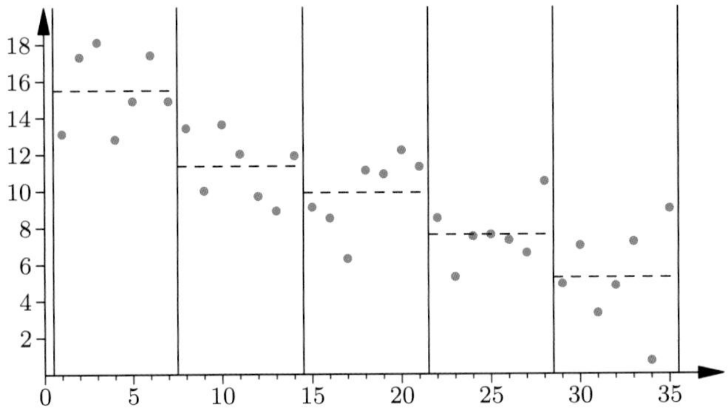

Abbildung 8.2 Die Wirkung des systematischen Plans im Idealfall.

Der Mittelwert aus allen Beobachtungen der ersten Woche ist gleichzeitig der Mittelwert aus allen Beobachtungen, bei denen Faktor A auf der Stufe 1 eingesetzt wurde. Wir bezeichnen diesen Mittelwert mit $\overline{y}_1^A$ und analog auch die anderen Mittelwerte. Diese Mittelwerte $\overline{y}_i^A$ sind gute – und wie wir später zeigen werden – beste Schätzwerte der Summe $\theta_0 + \theta_i^A$ aus Basis- und Faktoreffekt. Mit der Nebenbedingung $\sum_{i=1}^5 \theta_i^A = 0$ ergeben sich die Schätzwerte, die gut mit den wahren Werten übereinstimmen:

$$\widehat{\theta}_0 = 9.93, \quad \widehat{\theta}_1^A = 5.57, \quad \widehat{\theta}_2^A = 1.43\,,$$
$$\widehat{\theta}_3^A = -0.02, \quad \widehat{\theta}_4^A = -2.32, \quad \widehat{\theta}_5^A = -4.66\,.$$

Der wahre Sachverhalt

Eigentlich könnten wir mit diesen Zahlen sehr zufrieden sein. Aber die Wirklichkeit ist meist nicht so einfach, wie wir es erhoffen. In unserem Planungsbeispiel nehmen wir nun an, dass wir einen Alterungseffekt übersehen haben. Aufgrund der Wirkung eines unerkannten systematischen Faktors T soll mit jedem Tag der Basiswert systematisch um den Wert 0.5 wachsen. Je später demnach ein Versuch durchgeführt wird, umso gravierender ist der Alterseffekt. Ohne den Faktor A werden am t-ten Tag die Beobachtungswerte auf Grund von systematischer Alterung und Zufallstörung zufällig um einen Basiswert $\theta_0 + 0.5 \cdot t$ streuen:

$$y_t^T = \theta_0 + 0.5 \cdot t + \varepsilon_t \qquad t = 1, \ldots, 35\,.$$

Diese Werte stehen in Tabelle 8.5 auf Seite 324. Abbildung 8.3 zeigt den Plot dieser vom Faktor A noch verschonten Daten y_t gegen den Laufindex t: Die Daten wachsen mit einem linearen Trend in t.

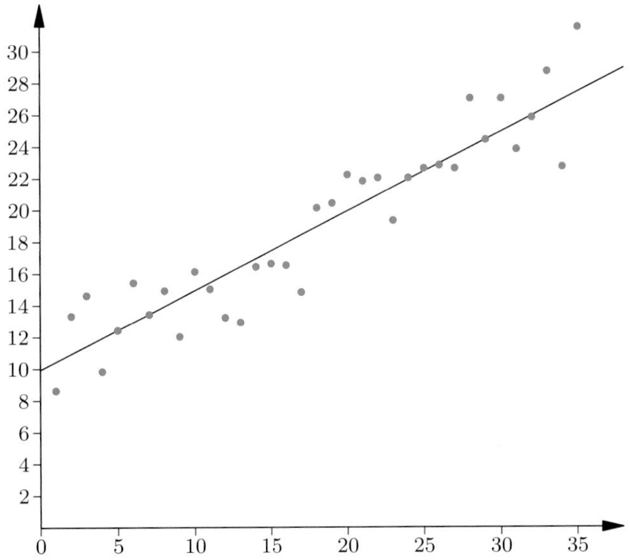

Abbildung 8.3 Auch bei Abwesenheit von A wachsen die Werte linear mit t.

Nun führen wir den Versuch so wie geplant durch: In der ersten Woche setzen wir die Stufe A_1 ein, in der zweiten A_2 und so weiter, in der letzten Woche A_5. Wir beobachten daraufhin in der i-ten Woche:

$$y_{ti}^{TA} = 9.5 + 0.5 \cdot t + \theta_i^A + \varepsilon_t\,.$$

Wie in Abbildung 8.2 sind die Wochen mit senkrechten und die Mittelwerte in den Wochen mit gestrichelten Linien markiert.

Das systematische Vorgehen bei unserem Versuch hat sich mit dem unbekannten systematischen Faktor unheilvoll überlagert. Aufgrund der nicht erkannten Alterung zeigen die Wochenmittelwerte eine steigende Tendenz. Immer unter der Nebenbedingung $\sum_{i=1}^5 \theta_i^A = 0$ erhalten wir die folgenden Schätzwerte

$$\widehat{\theta}_0 = 18.93, \quad \widehat{\theta}_1^A = -1.43, \quad \widehat{\theta}_2^A = -2.07\,,$$
$$\widehat{\theta}_3^A = -0.02, \quad \widehat{\theta}_4^A = 1.18, \quad \widehat{\theta}_5^A = 2.3\,.$$

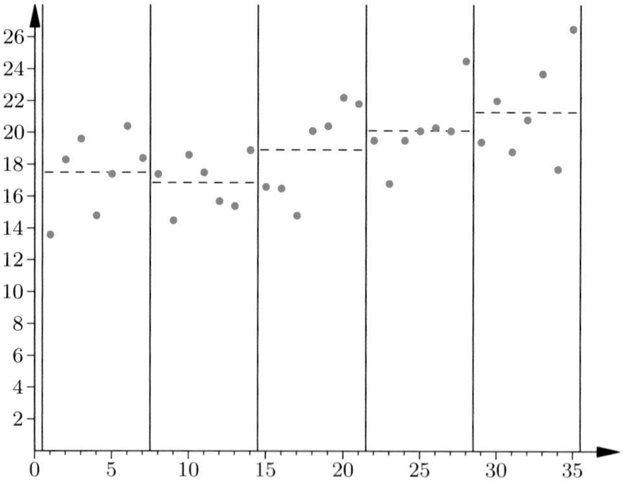

Abbildung 8.4 Der Alterungseffekt überlagert den Faktoreffekt vollständig.

Die wahren Effekte erscheinen in ihr Gegenteil verkehrt. Außerdem ist die Abweichung zwischen den Klassenmittelwerten so gering, dass es fraglich erscheint, ob überhaupt der Faktor A einen Effekt ausübt. Dabei täuscht die geringe Streuung der Daten sogar eine hohe Genauigkeit vor. Wenn überhaupt aus den Daten ein Schluss gezogen würde, dann nur ein falscher.

Der vollständig randomisierte Zufallsplan R

Wie hätten wir besser vorgehen können? Der Plot der y_t^T gegen t in Abbildung 8.3 zeigt die systematische Struktur der Eingangsdaten vor Einsatz von A. Diese systematische Struktur lässt sich verwirbeln, wenn wir die Reihenfolge der Daten zufällig permutieren. Abbildung 8.5 zeigt das Ergebnis einer solchen Permutation der y_t^T-Werte aus Abbildung 8.3.

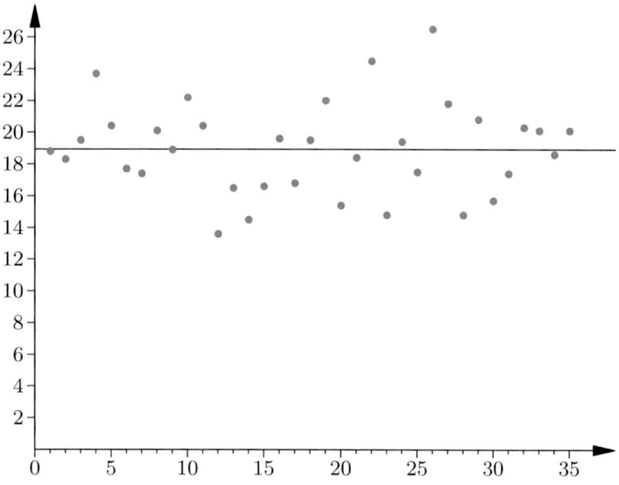

Abbildung 8.5 Nach zufälliger Permutation der Tage ist der Alterungseffekt nicht mehr erkennbar.

Der Plot gleicht der idealen Struktur aus Abbildung 8.1. Nur ist die Streuung der permutierten Daten erheblich größer geworden. Dort streuen die Daten zwischen 6.5 und 12.5, hier streuen sie zwischen 8 und 33. Hätten die Eingangsdaten diese zufällige Struktur aus Abbildung 8.5, so würden wir nicht zögern, den Behandlungsfaktor A anzuwenden und das Ergebnis ohne Misstrauen zu interpretieren.

> Durch das Randomisieren hat der systematische Alterungseffekt den Charakter einer zufälligen Störung angenommen.

Da wir die Tage nicht permutieren können, permutieren wir anstelle des Tagesindex t die Reihenfolge, mit der die Stufen des Faktors A eingesetzt werden. Das Ergebnis einer solchen Randomisierung der Reihenfolge hat den Vektor R in Tabelle 8.5 ergeben. Die nach den Faktorstufen sortierten Beobachtungen des vollständig randomisierten Versuchsplans zeigt Abbildung 8.6.

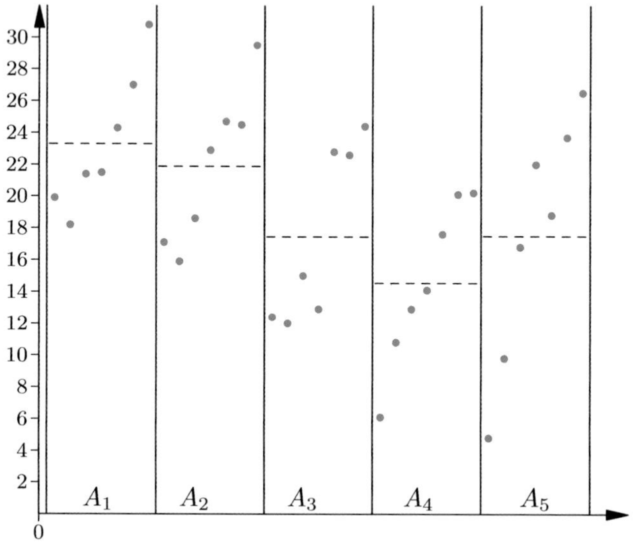

Abbildung 8.6 Die nach Faktorstufen geordneten Beobachtungen des vollständig randomisierten Plans.

Die Abbildung ähnelt der Abbildung 8.2, bei der kein systematischer Störeinfluss vorlag.

Wir ändern die Bezeichnungen unserer Beobachtungen. Statt y_t^{TA} für die Beobachtung am Tag t schreiben wir nun y_{iw}^A für die w-te Beobachtung, die sich bei Faktorstufe A_i ergeben hat. Der Wiederholungsindex w indiziert die Beobachtungen in der Klasse A_i. Unser Modell ist nun

$$y_{iw}^A = \theta_0 + \theta_i^A + \varepsilon_{iw}^A \,, \; i = 1, \cdots, 5 \text{ und } w = 1, \cdots, 7 \,.$$

Werten wir nun die Daten aus, erhalten wir die folgenden Parameter-Schätzwerte:

Effekt von Stufe	Schätzwert
A_1	4.368
A_2	2.958
A_3	−1.492
A_4	−4.392
A_5	−1.442

Die Varianz σ^2 der Störgröße wird mit $\widehat{\sigma}^2 = 32.3$ geschätzt. Ein F-Test bestätigt einen signifikanten Einfluss des Faktors A.

Tabelle 8.1 Die Zuordnung von Faktorstufen zu den Blöcken im randomisierten Blockplan.

Woche = Block						
1	2	3	4	5	6	7
2	5	2	2	3	4	4
5	3	1	3	5	2	1
1	1	4	1	2	3	2
4	4	3	5	4	5	5
3	2	5	4	1	1	3

Dennoch ist das Ergebnis noch unbefriedigend. Ein Blick auf die Residuen in Abbildung 8.7 zeigt deutlich erkennbare lineare Trends, der auch schon in den Wochendiagrammen 8.6 erkennbar wurde.

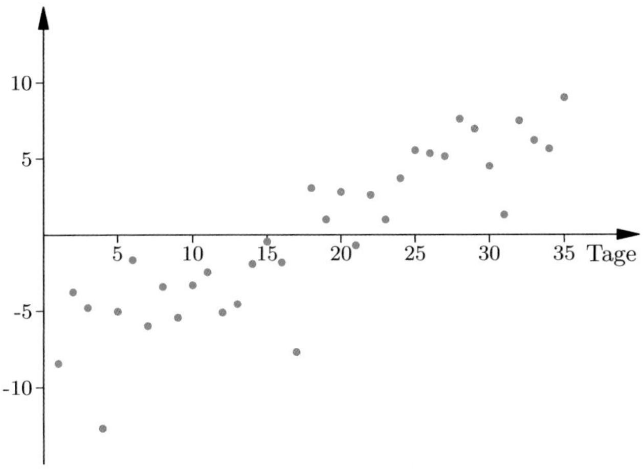

Abbildung 8.7 Der Residuenplot im vollständig randomisierten Plan zeigt noch eine lineare Komponente.

Der vollständig randomisierte Blockplan

Offenbar spielt die Zeit in unserer Versuchsanordnung eine Rolle und das tut sie fast immer, nicht nur in diesem Beispiel. Aber wie sollen wir sie berücksichtigen? Unser Versuchsaufbau ist in Wochen gegliedert. Was läge näher, als diese Wochenstruktur in unserem Versuchsaufbau zu berücksichtigen. Schauen wir uns daraufhin unseren Versuchsplan in Tabelle 8.5 an, entdecken wir eine innere Unausgewogenheit. So wird z. B. in der ersten Woche die Faktorstufe 4 zweimal eingesetzt, die Stufe 1 aber gar nicht. Ähnlich sieht es in den anderen Wochen aus.

Daher versuchen wir es nun mit einem vollständig randomisierten Blockplan: Dabei bildet jede Woche einen Block. Innerhalb eines jeden Blocks werden alle Faktorstufen den Einheites des Blocks, das heißt den Tagen des Blocks, zufällig zugeordnet.

Die nach Faktorstufen und Wochen geordneten Beobachtungen y_{ij}^{AB} sind in der Tabelle 8.2 bzw. Abbildung 8.8 dargestellt. Dabei bezeichnen wir mit y_{ij}^{AB} die Beobachtung aus Block j, wenn Faktorstufe A_i angewendet wird. Der Wiederholungsindex W ist überflüssig, weil es jeweils nur eine Beobachtung y_{ij}^{AB} gibt. Die Berechnung der Werte y_{ij}^{AB} ergibt sich aus der Tabelle 8.5.

Tabelle 8.2 Die Beobachtungen des randomisierten Blockplans.

Faktor-	Woche = Block						
stufe	1	2	3	4	5	6	7
A_1	19.60	19.90	18.20	25.10	27.60	32.00	30.80
A_2	11.10	18.60	17.50	19.00	21.80	25.10	31.20
A_3	12.40	13.40	16.40	14.80	21.80	27.00	31.50
A_4	7.30	9.50	10.40	19.70	19.50	20.30	21.30
A_5	8.30	10.40	11.60	15.40	17.00	19.40	17.70

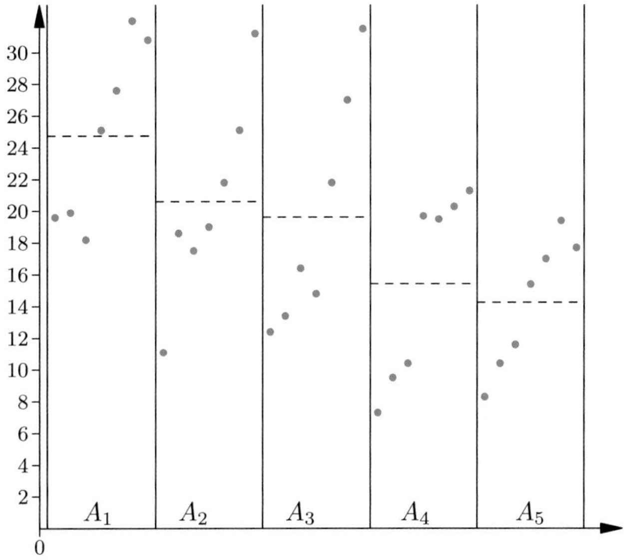

Abbildung 8.8 Der randomisierte Blockplan mit den nach Faktorstufen geordneten Beobachtungen.

Für die Daten legen wir das folgende Modell zugrunde:

$$y_{ij}^{AB} = \theta_0 + \theta_i^A + \theta_j^B + \varepsilon_{ij}^{AB}.$$

Dabei ist θ_i^A der Effekt von Faktorstufe A_i, während θ_j^B der neu ins Modell aufgenommene Effekt von Block B_j ist. ε_{ij}^{AB} ist die Störgröße. Allgemein werden wir mit einem hochgestellten Index den Faktor und mit einem tiefgestellten Index die jeweilige Stufe angeben. Dieses Modell wird nun mit einer zweifachen Varianzanalyse ausgewertet. Mit ihr werden wir uns ab der Seite 335 noch ausführlicher beschäftigen. Es zeigt sich, dass Wochen- und Faktoreffekte signifikant sind. Der nun im Modell erfasste Unterschied zwischen den Wochen ist die Hauptursache für die Streuung der Daten: Gegenüber dem vollständig randomisierten Plan ist nun die Reststreuung von $\widehat{\sigma}^2 = 32.3$ auf $\widehat{\sigma}^2 = 5.9$ gesunken. Die Schätzwerte der Effekte von Faktor A sind:

Parameter	Schätzwert
θ_1^A	5.778
θ_2^A	1.648
θ_3^A	0.648
θ_4^A	−3.352
θ_5^A	−4.722

Die Effekte sind signifikant und stimmen in ihrer Tendenz mit den wahren Werten gut überein. Der Residuenplot in Abbildung

8.9 zeigt nun keine auffällige Struktur mehr. Gleichzeitig zeigt sich die erhebliche Reduktion der Streuung gegenüber dem Plot aus Abbildung 8.7: Hier liegen die Residuen zwischen -4.5 und $+4.5$, dort lagen sie zwischen -14 und $+9$.

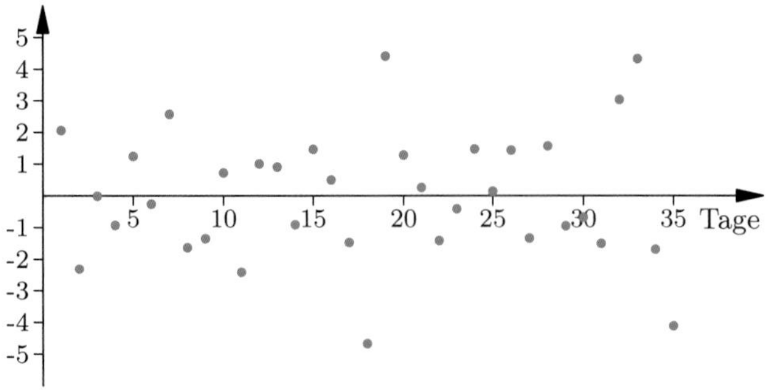

Abbildung 8.9 Der Residuenplot des randomisierten Blockplans.

Der Versuchsplan im lateinischen Quadrat

Im randomisierten Blockplan treten in jedem Block, d. h. in jeder Woche, alle Faktorstufen auf. Dabei ist die Reihenfolge, mit der die Faktorstufen eingesetzt werden, rein zufällig. Wie Tabelle 8.1 zeigt, tritt z. B. die Faktorstufe A_2 dreimal als an einem Montag und die Stufe A_1 kein Mal am Montag auf. Im letzten Versuchsplan werden innerhalb einer jeden Woche noch die Wochentage als weiterere Einflussgröße C berücksichtigen. Dazu wählen wir das folgende Modell:

$$y_{ijk}^{ABC} = \theta_0 + \theta_i^A + \theta_j^B + \theta_k^C + \varepsilon_{ijk}^{ABC} .$$

Dabei ist θ_k^C der Wochentagseffekt, also θ_1^C der „Montagseffekt" oder θ_5^C der „Freitagseffekt". y_{ijk}^{ABC} ist die Beobachtung, wenn in Block B_j, am Wochentag C_k die Faktorstufe A_i eingesetzt wird. Nun stoßen wir aber auf ein technisches Problem: Wenn alle Kombinationen von Faktorstufen, Wochen und Tagen im Versuch auftreten sollten, bräuchten wir $5 \times 7 \times 5$ Einzelversuche. Außerdem können wir nicht am ersten Montag in der ersten Woche alle 5 Faktorstufen einsetzen, sondern nur eine einzige, und so fort an allen anderen Tagen. Was tun?

Wir wählen den folgenden Einsatzplan:

	Mo	Di	Mi	Do	Fr
Woche 1	A_3	A_5	A_1	A_4	A_2
Woche 2	A_2	A_4	A_5	A_3	A_1
Woche 3	A_1	A_3	A_4	A_2	A_5
Woche 4	A_5	A_2	A_3	A_1	A_4
Woche 5	A_4	A_1	A_2	A_5	A_3

Bei diesem Plan kommen in jeder Woche und an an jedem Wochentag alle 5 Faktorstufen vor, jede Faktorstufe ist in jeder Woche und an jedem Wochentag genau einmal vertreten. Ein solcher Versuchsplan heißt lateinisches Quadrat. Wir werden uns später ab Seite 361 damit noch ausführlicher befassen. Insgesamt kommen wir bei diesem Plan mit nur 25 und nicht 35 Versuchen aus. Unsere Beobachtungsergebnisse zeigt Tabelle 8.3.

Tabelle 8.3 Das lateinische Quadrat als unvollständige Kreuzklassifikation.

	Montag	Dienstag	Mittwoch	Donnerstag	Freitag	Faktorstufe
Woche 1	*	*	19.60	*	*	A_1
Woche 2	*	*	*	*	21.10	A_1
Woche 3	20.00	*	*	*	*	A_1
Woche 4	*	*	*	25.40	*	A_1
Woche 5	*	27.00	*	*	*	A_1
Woche 1	*	*	*	*	14.90	A_2
Woche 2	17.90	*	*	*	*	A_2
Woche 3	*	*	*	18.90	*	A_2
Woche 4	*	17.30	*	*	*	A_2
Woche 5	*	*	21.80	*	*	A_2
Woche 1	8.60	*	*	*	*	A_3
Woche 2	*	*	*	12.00	*	A_3
Woche 3	*	13.20	*	*	*	A_3
Woche 4	*	*	20.10	*	*	A_3
Woche 5	*	*	*	*	22.60	A_3
Woche 1	*	*	*	7.30	*	A_4
Woche 2	*	10.90	*	*	*	A_4
Woche 3	*	*	10.40	*	*	A_4
Woche 4	*	*	*	*	19.70	A_4
Woche 5	19.30	*	*	*	*	A_4
Woche 1	*	8.30	*	*	*	A_5
Woche 2	*	*	9.90	*	*	A_5
Woche 3	*	*	*	*	11.60	A_5
Woche 4	11.50	*	*	*	*	A_5
Woche 5	*	*	*	17.00	*	A_5

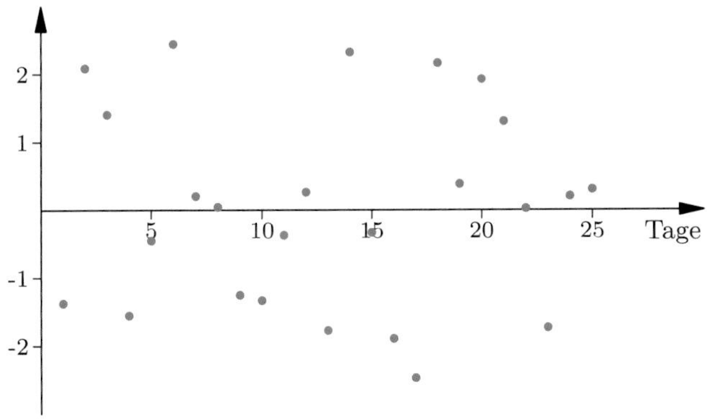

Abbildung 8.10 Der Plot zeigt keine auffällige Struktur mehr. Die Residuen streuen zwischen ± 2.5

Die Schätzwerte der Effektparameter zeigt Tabelle 8.4.

Tabelle 8.4 Schätzung der Effekte im lateinischen Quadrat.

Einflussgröße	Effektschätzung
Faktor A_1	$\widehat{\theta}_1^A = 6.368$
Faktor A_2	$\widehat{\theta}_2^A = 1.908$
Faktor A_3	$\widehat{\theta}_3^A = -0.952$
Faktor A_4	$\widehat{\theta}_3^A = -2.732$
Faktor A_5	$\widehat{\theta}_3^A = -4.592$

Obwohl wir rund ein Drittel weniger Beobachtungen verwendet haben, sind unsere Schätzwerte erstaunlich genau. Die Schätzung der Block- und Tageseffekte ist Ihnen in Aufgabe 8.5 überlassen. Weiter sind Wochen- und Faktoreffekte bei einem $\alpha = 5\,\%$ signifikant. Den Residuenplot zeigt Abbildung 8.10

Was haben wir erreicht? Durch den unbekannten systematischen Alterungseffekt, der nicht im Modell berücksichtigt wurde, wurden die Ergebnisse beim planlosen, aber systematischen Versuch bis zur Unkenntlichkeit verfälscht.

Durch die Randomisierung wurde der latente systematische Fehler in einen reinen Zufallsfehler umgewandelt, und durch die Aufgliederung in Blöcke und sogar in Tage wurde aus der globalen Wirkung des latenten Fehlers eine beschränkte lokale Wirkung. Dies erlaubte uns, trotz des unvollständigen Modells brauchbare Schätzwerte zu erhalten.

Grundregel der Versuchsplanung

Durch Randomisierung bei allen Phasen des Versuchs und durch Aufgliederung in Blöcke können grobe systematische Fehler entschärft und in ihrer Wirkung eingeschränkt werden.

Nun könnte man einwenden, dass wir zwar aus dem systematischen Trend durch Randomisierung eine reine Zufallsstreuung gemacht haben. Aber könnte nicht auch der umgekehrte Effekt eintreten? Dass durch die Randomisierung aus einer Zufallsstörung ein systematischer Effekt wird? Ausschließen lässt sich dies nicht, aber es ist äußerst unwahrscheinlich. Wenn Ihnen die mit Wörtern gefüllte Tafel eines Scrabblespiels herunterfällt, werden Sie auf dem Boden nur einen Haufen von unsortierten Buchstaben finden. Wenn Sie aber diese Buchstaben dann wieder zufällig auf der Tafel ausbreiten, so ist es höchst unwahrscheinlich, dass sich wieder sinnvolle Wörter ergeben. Wir könnten dies auch mit den Regel der kombinatorischen Wahrscheinlichkeitstheorie untermauern, wollen aber auf diese Mühe gern verzichten.

In unserem Beispiel haben wir es mit einem Störfaktor und einem Primärfaktor zu tun. Die **Störfaktoren** sind solche Faktoren, an deren Einfluss auf die Zielgröße der Experimentator im Gegensatz zu den Primärfaktoren nicht primär interessiert ist, da sie z. B. nur durch die Versuchsanordnung oder durch das verwendete Versuchsmaterial wirksam werden. Ziel der Versuchsplanung ist es, Störfaktoren durch experimentelle oder durch statistische Kontrolle entweder auszuschalten oder zu kontrollieren.

So gibt es insgesamt vier Möglichkeiten der Behandlung von Störfaktoren:

- Man hält die Störgröße konstant (experimentelle Kontrolle) und schaltet sie damit aus. Das ist nur möglich, wenn die Störeinflüsse bekannt und kontrollierbar sind.
- Man bezieht sie bewusst und systematisch in den Versuch ein und erfasst ihren systematischen Einfluss auf die Zielgröße.
- Man ordnet die Störgröße durch Randomisieren den Versuchsobjekten in zufälliger Weise so zu, dass die Störgrößen statistisch ausgeschaltet werden.
- Man nimmt die Störgröße ins Modell mit auf und bestimmt dann mithilfe statistischer Auswerteverfahren ihre Auswirkung auf die Zielvariable.

Der letzte Punkt würde für unser Planspiel bedeuten, dass wir die mögliche Alterung bewusst mit berücksichtigen und dann mit dem erweiterten Modell

$$y_{it}^{AT} = \theta_0 + \theta_i^A + \beta t + \varepsilon_{it}^A$$

arbeiten. Dieses Modell, in dem neben dem qualitativen Faktor A die Zeit T als quantitative Einflussgröße auftritt, wird mit den Verfahren der Kovarianzanalyse bearbeitet.

8.2 Modelle mit einem Faktor

Wir entwickeln das einfachste Modell der Varianzanalyse an einem Beispiel.

Beispiel In einem tiermedizinischen Versuch soll die Auswirkung von 3 unterschiedlichen Futtersorten auf das Gewicht von Laborratten bestimmt werden. Dazu wurden 12 Ratten zufällig auf 3 Fütterungsklassen verteilt. Alle Tiere einer Klasse erhielten dasselbe Futter. Nach 30 Tagen wurden die Tiere gewogen. Tabelle 8.6 zeigt die Gewichte der Tiere, dabei sind die 3 Futtertypen mit A_1 bis A_3 bezeichnet.

Die Fragen sind nun:

- Unterscheiden sich die Gewichte in den 3 Fütterungsklassen wesentlich oder nur zufällig voneinander?
- Was sind Futtereffekte?
- Was sind Einflussfaktoren? ◀

Tabelle 8.5 Die Daten der fünf Versuchspläne.

Tag	am Tag *t* angewandte **Faktorstufen**				**Beobachtungen** ohne Alterseffekt		mit Alterseffekt				
t	S	R	B	Q	y_t	y_t^A	y_t^T	y_{ti}^{TA}	y_{iw}^A	y_{ij}^{AB}	y_{ijk}^{ABC}
1	1	4	2	3	8.1	13.1	8.6	13.6	6.1	11.1	8.6
2	1	4	5	5	12.3	17.3	13.3	18.3	10.8	8.3	8.3
3	1	2	1	1	13.1	18.1	14.6	19.6	17.1	19.6	19.6
4	1	5	4	4	7.8	12.8	9.8	14.8	4.8	7.3	7.3
5	1	3	3	2	9.9	14.9	12.4	17.4	12.4	12.4	14.9
6	1	4	5	2	12.4	17.4	15.4	20.4	12.9	10.4	17.9
7	1	2	3	4	9.9	14.9	13.4	18.4	15.9	13.4	10.9
8	2	1	1	5	10.9	13.4	14.9	17.4	19.9	19.9	9.9
9	2	3	4	3	7.5	10.0	12.0	14.5	12.0	9.5	12.0
10	2	2	2	1	11.1	13.6	16.1	18.6	18.6	18.6	21.1
11	2	3	2	1	9.5	12.0	15.0	17.5	15.0	17.5	20.0
12	2	1	1	3	7.2	9.7	13.2	15.7	18.2	18.2	13.2
13	2	3	4	4	6.4	8.9	12.9	15.4	12.9	10.4	10.4
14	2	1	3	2	9.4	11.9	16.4	18.9	21.4	16.4	18.9
15	3	4	5	5	9.1	9.1	16.6	16.6	14.1	11.6	11.6
16	3	1	2	5	8.5	8.5	16.5	16.5	21.5	19.0	11.5
17	3	5	3	2	6.3	6.3	14.8	14.8	9.8	14.8	17.3
18	3	4	1	3	11.1	11.1	20.1	20.1	17.6	25.1	20.1
19	3	2	4	1	10.9	10.9	20.4	20.4	22.9	15.4	25.4
20	3	2	4	4	12.2	12.2	22.2	22.2	24.7	19.7	19.7
21	3	5	3	4	11.3	11.3	21.8	21.8	16.8	21.8	19.3
22	4	2	5	1	11.0	8.5	22.0	19.5	24.5	17.0	27.0
23	4	1	2	2	7.8	5.3	19.3	16.8	24.3	21.8	21.8
24	4	1	4	5	10.0	7.5	22.0	19.5	27.0	19.5	17.0
25	4	4	1	3	10.1	7.6	22.6	20.1	20.1	27.6	22.6
26	4	3	4	–	9.8	7.3	22.8	20.3	22.8	20.3	–
27	4	3	2	–	9.1	6.6	22.6	20.1	22.6	25.1	–
28	4	2	3	–	13.0	10.5	27.0	24.5	29.5	27.0	–
29	5	3	5	–	9.9	4.9	24.4	19.4	24.4	19.4	–
30	5	5	1	–	12.0	7.0	27.0	22.0	22.0	32.0	–
31	5	5	4	–	8.3	3.3	23.8	18.8	18.8	21.3	–
32	5	1	1	–	9.8	4.8	25.8	20.8	30.8	30.8	–
33	5	5	2	–	12.2	7.2	28.7	23.7	23.7	31.2	–
34	5	4	5	–	5.7	0.7	22.7	17.7	20.2	17.7	–
35	5	5	3	–	14.0	9.0	31.5	26.5	26.5	31.5	–

Tabelle 8.6 Datenmatrix des Futterversuchs

Futtersorte		
A_1	A_2	A_3
119	123	130
90	121	163
102	159	159

Formulieren wir dieses Beispiel etwas allgemeiner:

Insgesamt liegen $n = 12$ auf $s = 3$ Klassen verteilte Beobachtungen einer Zielgröße y, des quantitativen Regressanden vor. Alle Elemente einer Klasse sind einer speziellen, aber für diese Klasse gleichartigen Behandlung, hier der Fütterung, unterworfen. Wir modellieren diese Behandlung als eine qualitative Variable A mit 3 unterschiedlichen Ausprägungen, nämlich „Futtersorte A_1" bis „Futtersorte A_3".

Auf die Zielgröße wirkt ein Einflussfaktor, hier die Fütterung. Faktoren können in unterschiedlicher Form auftreten:

- Quantitative und qualitative Faktoren:
  Qualitative Faktoren sind solche, deren verschiedene Ausprägungen keine Zahlenwerte sind, z. B. der Faktor „Futtersorte" mit den verschiedenen Ausprägungen „Futtersorte A_1" bis „Futtersorte A_3". Die Ausprägung eines Faktors nennt man je nach Kontext auch Behandlung (treatment), Faktorstufe (factor level) oder kurz nur Stufe.
  Quantitative Faktoren sind solche, deren Ausprägungen Zahlenwerte sind, z. B. Futtermenge, Proteingehalt, Zeitpukt der Fütterung usw.
  Man kann einen quantitativen Faktor zu einem qualitativen machen, indem man nur einzelne Stufen des quantitativen Faktors betrachtet und diese als Ausprägungen eines qualitativen Faktors ansieht; z. B. Proteingehalt mit den Stufen niedrig, mittel und hoch.

- Regulierbare und nicht regulierbare Faktoren:
  Die **regulierbaren** Faktoren kann der Experimentator gezielt steuern, während er auf die **nicht regulierbaren** vor und/oder während des Versuchs keinen Einfluss hat, die aber das Ergebnis beeinflussen. Die Futtersorte in unserem Beispiel ist regulierbar, handelt es sich um Grünfutter, das auf dem Markt gekauft wird, könnte der Feuchtigkeitsgehalt und Schadstoffgehalt des Futters nicht regulierbar sein. Während Futtermenge ein systematischer Faktor ist, der vom Menschen gesteuert werden kann, könnte der Feuchtigkeitsgehalt ein zufälliger Faktor sein. Ebenso könnte das Geschlecht der Tiere ein systematischer Faktor sein, während der Charakter des Tierpflegers, der die Tiere füttert, ein zufälliger Faktor ist. Dieser Faktor könnte z. B. dann relevant sein, wenn in einem Labor die Tierpfleger oft wechseln, und die Tiere bei dem einen gern fressen, während sie sich bei einem anderen ängstlich verkriechen. Der Experimentator kann jedoch durch die Randomisierung einen systematisch wirkenden zu einem zufällig wirkenden Faktor machen.
  Ein weiterer zufälliger Faktor ist das Anfangsgewicht der Tiere. Ist das Anfangsgewicht der Tiere bekannt, kann dieser Faktor bei der Auswertung in Form der Kovarianzanalyse berücksichtigt werden.
- Wesentliche und nicht wesentliche Faktoren:
  Unter der Vielzahl der bei einem Versuch wirkenden Faktoren sind die **wesentlichen** (deren Anzahl meist gering ist) diejenigen mit dem stärksten Einfluss, die **nicht wesentlichen** (deren Anzahl meist groß ist) diejenigen mit nur geringem Einfluss auf die Zielgröße.
  Die nicht wesentlichen kann und will man nicht alle bei der Versuchsdurchführung beachten. In ihrer Gesamtheit wirken sie wie ein einziger Faktor mit zufälligem Einfluss, den man meist als „Versuchsfehler" bezeichnet. In einem mathematischen Modell, das den Zusammenhang zwischen Faktoren und Zielgröße beschreibt, erscheinen daher nur der Versuchsfehler und diejenigen Faktoren, von denen man weiß, dass sie wesentlich sind, oder bei denen man mithilfe des Versuchs prüfen will, ob sie wesentlich sind.

Bleiben wir bei unserem einfachsten Beispiel. Wir haben das qualitative Merkmal A, das den qualitativen Faktor definiert. Dieser Faktor hat drei Stufen, durch die die Beobachtungen auf drei Faktorstufenklassen aufgeteilt sind. Alle anderen Einflüsse werden in der Störgröße ε zusammengefasst.

Damit können wir unsere Beobachtungen in das folgende Modell einbetten:

$$y_{iw}^A = \mu_i^A + \varepsilon_{iw}, \quad i = 1, 2, 3. \tag{8.1}$$

Wir werden mit A_i sowohl die i-te Stufe des Faktors A als auch die Menge oder Klasse aller Beobachtungen bezeichnen, in den die Stufe A_i eingesetzt wurde. Der Messwert y_{iw}^A in der Klasse A_i setzt sich additiv aus einer systematischen Komponente μ_i^A und einem Störterm ε_{iw} zusammen. Dabei kennzeichnet der Index i die Klasse, Stufe oder das Level, und w die Wiederholungen in der Klasse i.

Auch wenn wir hier nur einen einzigen Faktor A betrachten, wollen wir jetzt schon die aufwändigere Indizierung mit dem Faktor A verwenden, also μ_i^A anstelle von μ_i und y_{iw}^A anstelle von y_{iw} schreiben, um uns an eine Bezeichnungsweise zu gewöhnen, die bei mehreren Faktoren hilfreich sein wird. Um Missverständnisse zu vermeiden, werden wir mitunter $y_{i,w}$ statt einfach y_{iw} schreiben. In unserem Datensatz ist zum Beispiel $y_{1,3}^A = 102$ und $y_{3,1}^A = 130$.

Von den Störtermen ε_{iw} nehmen wir an, dass sie voneinander unabhängig normalverteilt sind:

$$\varepsilon_{iw} \sim N\left(0; \sigma^2\right). \tag{8.2}$$

Dann sind $E\left(y_{iw}^A\right) = \mu_i^A$ und

$$y_{iw}^A \sim N\left(\mu_i^A; \sigma^2\right).$$

Man spricht daher auch von der **Erwartungswertsparametrisierung**. Um unsere Daten als lineares Modell zu schreiben, wird der Faktor A mit seinen 3 Ausprägungen durch 3 „Null-Eins"-Variable binär codiert. Die Tabelle 8.7 zeigt in der ersten Spalte die Beobachtungen, in der zweite die jeweilige Stufe des Faktors A und in den folgenden drei Spalten die Codierung des qualitativen Vektors A mit drei qualitativen Ausprägungen in drei binäre Vektoren mit den Ausprägungen 0 und 1.

Tabelle 8.7 Die Indikatorvektoren der 3 Faktorstufen

	Faktorstufen	Indikatorvektoren			
y_{iw}^A	A	1_1^A	1_2^A	1_3^A	
119	1	1	0	0	
90	1	1	0	0	Stufe 1
102	1	1	0	0	
123	2	0	1	0	
121	2	0	1	0	Stufe 2
159	2	0	1	0	
130	3	0	0	1	
163	3	0	0	1	Stufe 3
159	3	0	0	1	

Die Spalten dieser Tabelle fassen wir als Vektoren auf. Die erste Spalte ist der Beobachtungsvektor $\boldsymbol{y}$. Die Spalten zwei bis fünf sind die Indikatorvektoren $\mathbf{1}_i^A$ der drei Faktorstufenklassen:

$$\mathbf{1}_i^A(k) = \begin{cases} 1 \Leftrightarrow \text{Bei der } k\text{-ten Beobachtung wurde Faktorstufe } A_i \text{ eingesetzt}, \\ 0 \Leftrightarrow \text{sonst}. \end{cases}$$

Fassen wir auch alle Störvariablen ε_{iw} zu einem Vektor $\boldsymbol{\varepsilon}$ zusammen und verwenden für die Anzahl der Stufen statt der konkreten Zahl 3 aus unserem Beispiel den Buchstaben s, so können wir (8.1) und (8.2) zum vektoriellen Modell der einfachen Varianzanalyse zusammenfassen:

$$\boldsymbol{y} = \boldsymbol{\mu} + \boldsymbol{\varepsilon} \sim \mathrm{N}_n\left(\boldsymbol{\mu}; \sigma^2 \boldsymbol{I}\right).$$

Dabei ist:

$$\boldsymbol{\mu} = \sum_{i=1}^{s} \mu_i^A \mathbf{1}_i^A.$$

Damit entpuppt sich die einfache Varianzanalyse als ein spezielles lineares Modell mit den Indikatorvektoren $\mathbf{1}_i^A$ als Regressoren. Der Modellraum ist der **Faktorraum**:

$$\boldsymbol{A} = \operatorname{span}\left\{\mathbf{1}_1^A, \mathbf{1}_2^A, \cdots, \mathbf{1}_s^A\right\}.$$

Dabei haben wir statt des allgemeinen Symbols $\boldsymbol{M}$ die konkrete Bezeichnung $\boldsymbol{A}$ vorgezogen, die an den erzeugenden Faktor erinnert.

Bekommt das k-te Tier die Futtersorte A_i, dann ist $\mathbf{1}_i^A(k) = 1$. Da jedes Tier nur eine Futtersorte erhält, ist $\mathbf{1}_j^A(k) = 0$ für alle $j \neq i$. Daher ist stets $\mathbf{1}_i^A(k)\mathbf{1}_j^A(k) = 0$ und darum auch die Summe über alle k:

$$\left(\mathbf{1}_i^A\right)^\top \mathbf{1}_j^A = \sum_{k=1}^{n} \mathbf{1}_i^A(k)\mathbf{1}_j^A(k) = 0\,.$$

Die Indikatorvariablen sind demnach orthogonal:

$$\mathbf{1}_i^A \perp \mathbf{1}_j^A\,.$$

Da der Faktorraum $\boldsymbol{A}$ von den s orthogonalen Indikatorvektoren aufgespannt wird, hat $\boldsymbol{A}$ die Dimension $\dim \boldsymbol{A} = s$. Für die Indikatorvektoren $\mathbf{1}_i^A$ gilt:

$$\begin{aligned}\mathbf{1}_i^A &\in \mathbb{R}^n\\ \sum_{i=1}^{s} \mathbf{1}_i^A &= \mathbf{1}\,,\\ \left\|\mathbf{1}_i^A\right\|^2 &= n_i^A\,,\\ \left(\mathbf{1}_i^A\right)^\top \mathbf{1} &= n_i^A\,.\end{aligned}$$

Dabei ist n_i^A die Anzahl der Tiere, allgemein der Beobachtungen in der Klasse A_i. Sind alle n_i^A gleich groß, hier $n_i^A = 3$, spricht man von einem **balancierten** Versuch. Wichtig und anschaulich ist die Gleichung

$$\left(\mathbf{1}_i^A\right)^\top \boldsymbol{y} = \sum_{w} y_{iw}^A = n_i^A \overline{y}_i^A\,.$$

Der Vektor $\mathbf{1}_i^A$ greift aus der Menge aller Beobachtungen diejenigen heraus, bei denen der Faktor A auf der Stufe i steht. Diese Beobachtungen werden mit 1, alle andern mit 0 multipliziert und addiert. Das Ergebnis ist die Merkmalssumme aus Klasse A_i. Dividieren wir noch durch die Anzahl der Beobachtungen aus dieser Klasse, nämlich $n_i^A = \left\|\mathbf{1}_i^A\right\|^2$, erhalten wir den Klassenmittelwert $\overline{y}_i^A$ aus Klasse A_i.

Nun können wir die grundlegenden Eigenschaften der einfachen Varianzanalyse in einem Satz zusammenfassen.

Schätzungen bei der einfachen Varianzanalyse

Im Modell der einfachen Varianzanalyse ist

$$\widehat{\boldsymbol{\mu}} = \sum_{i=1}^{s} \overline{y}_i \mathbf{1}_i^A\,.$$

Der Parameter μ_i^A wird durch das arithmetische Mittel aus den Beobachtungen der i-ten Faktorstufe geschätzt:

$$\widehat{\mu}_i^A = \overline{y}_i^A \sim \mathrm{N}\left(\mu_i^A; \frac{\sigma^2}{n_i^A}\right).$$

Die Varianz σ^2 wird geschätzt durch:

$$\widehat{\sigma}^2 = \frac{1}{n-s}\sum_{i,w}\left(y_{iw}^A - \overline{y}_i^A\right)^2 \sim \sigma^2\chi^2(n-s)\,.$$

Dabei sind die $\widehat{\mu}_i^A$ normalverteilt und voneinander sowie von $\widehat{\sigma}^2$ unabhängig.

Beim Beweis dieser Aussagen macht sich unsere aufwändige Darstellung mit den orthogonalen Indikatorvektoren $\mathbf{1}_i^A$ bezahlt. Der KQ-Schätzer $\widehat{\boldsymbol{\mu}}$ ist die Projektion des Beobachtungsvektors $\boldsymbol{y}$ in den Modellraum, also:

$$\widehat{\boldsymbol{\mu}} = \boldsymbol{P}_{\boldsymbol{A}}\boldsymbol{y}\,.$$

Da $\boldsymbol{A}$ die orthogonale Basis $\boldsymbol{A} = \operatorname{span}\left\{\mathbf{1}_1^A, \mathbf{1}_2^A, \cdots, \mathbf{1}_s^A\right\}$ besitzt, ist

$$\boldsymbol{P}_{\boldsymbol{A}}\boldsymbol{y} = \sum_{i=1}^{s} \boldsymbol{P}_{\mathbf{1}_i^A}\boldsymbol{y}\,.$$

Nun ist die Projektion eines Vektors $\boldsymbol{y}$ auf die von einem Vektor $\boldsymbol{a}$ aufgespannte Gerade gegeben durch $\boldsymbol{P}_{\boldsymbol{a}}\boldsymbol{y} = \frac{\boldsymbol{a}^\top \boldsymbol{y}}{\|\boldsymbol{a}\|^2}\boldsymbol{a}$. Also ist

$$\boldsymbol{P}_{\mathbf{1}_i^A}\boldsymbol{y} = \frac{\left(\mathbf{1}_i^A\right)^\top \boldsymbol{y}}{\left\|\mathbf{1}_i^A\right\|^2}\mathbf{1}_i^A = \overline{y}_i^A \mathbf{1}_i^A\,.$$

Da die $\overline{y}_i^A$ aus verschiedenen Klassen stammen und die einzelnen y_{iw}^A voneinander unabhängig sind, sind auch die $\overline{y}_i^A$ unabhängig. Aus $y_{iw}^A \sim N\left(\mu_i; \sigma^2\right)$ folgt $\overline{y}_i^A \sim N\left(\mu_i^A; \frac{\sigma^2}{n_i^A}\right)$. Die Aussage über $\widehat{\sigma}^2$ folgt aus der Zerlegung

$$\boldsymbol{y} = \boldsymbol{P}_{\boldsymbol{A}}\boldsymbol{y} + (\boldsymbol{I} - \boldsymbol{P}_{\boldsymbol{A}})\,\boldsymbol{y} = \widehat{\boldsymbol{\mu}} + \widehat{\boldsymbol{\varepsilon}}\,. \tag{8.3}$$

Die Komponenten sind geometrisch orthogonal, stochastisch unabhängig. $\boldsymbol{I} - \boldsymbol{P}_{\boldsymbol{A}}$ ist die Projektion in den zu $\boldsymbol{A}$ orthogonalen $(n-s)$-dimensionalen Raum $\mathbb{R}^n \ominus \boldsymbol{A}$. Nach dem Satz von Cochran von Seite 155 ist

$$\mathrm{SSE} = \|\widehat{\boldsymbol{\varepsilon}}\|^2 = \|(\boldsymbol{I} - \boldsymbol{P}_{\boldsymbol{A}})\,\boldsymbol{y}\|^2 \sim \sigma^2\chi^2\big(\dim(n-s)\big)\,.$$

?

$\widehat{\sigma}^2$ ist $\sigma^2\chi^2(n-s)$-verteilt. Man kann dieses Ergebnis auch viel einfacher erhalten, wenn man nur das Additionstheorem der χ^2-Verteilung ausnutzt. Wie?

Die grundlegende Zerlegungsformel der Varianzanalyse

Wir sind im Beweis auf die grundlegende Zerlegungsformel der Varianzanalyse gestoßen. Wir wollen sie noch einmal eingehend betrachten. Ausgangspunkt ist die Zerlegung (8.3), die wir noch einen Schritt weitertreiben wollen. Dazu subtrahieren wir $\overline{y}\mathbf{1}$ von beiden Seiten der Gleichung:

$$\boldsymbol{y}-\overline{y}\mathbf{1} = \widehat{\boldsymbol{\mu}} - \overline{y}\mathbf{1} + \widehat{\boldsymbol{\varepsilon}}.$$

Nach Konstruktion ist $\widehat{\boldsymbol{\varepsilon}}$ orthogonal zu $\widehat{\boldsymbol{\mu}}$ und allen $\mathbf{1}_i^A$ und damit auch zu $\mathbf{1} = \sum_{i=1}^s \mathbf{1}_i^A$. Nach dem Satz von Pythagoras gilt daher:

$$\underbrace{\|\boldsymbol{y}-\overline{y}\mathbf{1}\|^2}_{\text{SST}} = \underbrace{\|\widehat{\boldsymbol{\mu}} - \overline{y}\mathbf{1}\|^2}_{\text{SSR}} + \underbrace{\|\widehat{\boldsymbol{\varepsilon}}\|^2}_{\text{SSE}}.$$

Dieser Zerlegungsformel

$$\text{SST} = \text{SSR} + \text{SSE}$$

verdankt die Varianzanalyse ihren Namen: Die Gesamtstreuung $\text{SST} = \|\boldsymbol{y}-\overline{y}\mathbf{1}\|^2$ der Beobachtungen um den gemeinsamen Schwerpunkt $\overline{y}$ wird zerlegt in die Streuung $\text{SSR} = \|\widehat{\boldsymbol{\mu}} - \overline{y}\mathbf{1}\|^2$ der Klassenschwerpunkte $\overline{y}_i$ um den Gesamtschwerpunkt $\overline{y}$ und die Streuung $\text{SSE} = \|\widehat{\boldsymbol{\varepsilon}}\|^2$ innerhalb der Klassen. In diesem Zusammenhang heißt SSR auch die Zwischen-Klassen-Streuung und SSE die Binnen-Klassen-Streuung. SST steht für *Sum of Squares Total*, SSR steht für *Sum of Squares Regression* und SSE für *Sum of Squares Error*.

Für alle drei Quadratsummenterme gibt es jeweils zwei äquivalente Berechungsformeln. So gilt für SST:

$$\begin{aligned}\text{SST} &= \|\boldsymbol{y}-\overline{y}\mathbf{1}\|^2 = \sum_{i,w} (y_{iw} - \overline{y})^2 \\ &= \|\boldsymbol{y}\|^2 - \|\overline{y}\mathbf{1}\|^2 = \sum_{i,w} y_{iw}^2 - \overline{y}^2 n.\end{aligned}$$

Achtung: Die zweite Gleichung ist nichts anderes als der Verschiebungssatz der (empirischen) Varianz. Obwohl die zweite Form analytisch mit der ersten identisch ist, ist sie numerisch schlechter und daher zu vermeiden. Da wir stets mit gerundeten Werten arbeiten, potenzieren sich bei der zweiten Variante die Rundungsfehler, während sie sich in der ersten Variante gegenseitig tendenziell ausgleichen. Wir werden dies im Beispiel auf Seite 328 sehen.

Wir wollen die obige und die ähnliche Umformungen noch mit einem anderen Werkzeug ableiten, das wir fortan immer wieder benutzen werden, nämlich mit Projektionen. Hierzu benutzen wir den wichtigen Satz aus dem Anhang:

Differenz zweier Projektionen

Sind $\boldsymbol{A}$ und $\boldsymbol{B}$ zwei Räume, und ist $\boldsymbol{B} \subseteq \boldsymbol{A}$, dann ist $\left\|\boldsymbol{P_A y} - \boldsymbol{P_B y}\right\|^2 = \|\boldsymbol{P_A y}\|^2 - \|\boldsymbol{P_B y}\|^2$.

Nun sind sowohl $\boldsymbol{y}$ wie auch $\overline{y}\mathbf{1}$ Projektionen und zwar $\boldsymbol{y} = \boldsymbol{P}_{\mathbb{R}^n}\boldsymbol{y}$ und $\overline{y}\mathbf{1} = \boldsymbol{P}_{\mathbf{1}}\boldsymbol{y}$, außerdem ist $\operatorname{span}\{\mathbf{1}\} \subseteq \mathbb{R}^n$. Daher liefert der Satz über die Differenz zweier Projektionen $\|\boldsymbol{y}-\overline{y}\mathbf{1}\|^2 = \|\boldsymbol{y}\|^2 - \|\overline{y}\mathbf{1}\|^2$.

Analog gibt es für SSR die beiden Umformungen. Wir wollen auch hier die charakteristischen Umformungen im Detail vorführen, da sie sich später in zahlreichen Varianten wiederholen werden:

Da die $\mathbf{1}_i^A$ orthogonal sind, gilt einerseits nach dem Satz des Pythagoras:

$$\begin{aligned}\text{SSR} &= \left\|\widehat{\boldsymbol{\mu}} - \overline{y}\mathbf{1}\right\|^2 \\ &= \left\|\boldsymbol{P_A y}-\overline{y}\mathbf{1}\right\|^2 \\ &= \left\|\sum_{i=1}^s \overline{y}_i^A \mathbf{1}_i^A - \overline{y}\mathbf{1}\right\|^2 \\ &= \left\|\sum_{i=1}^s \left(\overline{y}_i^A - \overline{y}\right)\mathbf{1}_i^A\right\|^2 \\ &= \sum_{i=1}^s \left(\overline{y}_i^A - \overline{y}\right)^2 \|\mathbf{1}_i^A\|^2 \\ &= \sum_{i=1}^s \left(\overline{y}_i^A - \overline{y}\right)^2 n_i^A.\end{aligned}$$

Andererseits gilt nach dem Satz über die Differenz zweier Projektionen:

$$\begin{aligned}\text{SSR} &= \|\widehat{\boldsymbol{\mu}} - \overline{y}\mathbf{1}\|^2 \\ &= \|\widehat{\boldsymbol{\mu}}\|^2 - \|\overline{y}\mathbf{1}\|^2 \\ &= \left\|\sum_{i=1}^s \overline{y}_i^A \mathbf{1}_i^A\right\|^2 - \overline{y}^2 n \\ &= \sum_{i=1}^s \left(\overline{y}_i^A\right)^2 n_i^A - \overline{y}^2 n.\end{aligned}$$

Schließlich existieren auch für SSE zwei Berechnungsmöglichkeiten:

$$\begin{aligned}\text{SSE} &= \|\widehat{\boldsymbol{\varepsilon}}\|^2 \\ &= \|\boldsymbol{y} - \boldsymbol{P_A y}\|^2 = \sum_{i,w} \left(y_{iw}^A - \overline{y}_i\right)^2 \\ &= \|\boldsymbol{y}\|^2 - \|\boldsymbol{P_A y}\|^2 = \sum_{i,w} \left(y_{iw}^A\right)^2 - \sum_i \left(\overline{y}_i\right)^2 n_i^A.\end{aligned}$$

Definiert man die empirischen Varianzen $\widehat{\sigma}_i^2$ der Beobachtungen in der Klasse A_i durch:

$$\widehat{\sigma}_i^2 = \frac{1}{n_i^A - 1} \sum_w \left(y_{iw}^A - \overline{y}_i\right)^2,$$

so ist

$$\widehat{\sigma}^2 = \frac{\text{SSE}}{n-s} = \frac{\sum_i \left(n_i^A - 1\right)\widehat{\sigma}_i^2}{\sum_i \left(n_i^A - 1\right)}$$

das gewogene Mittel aus der empirischen Varianzen $\widehat{\sigma}_i^2$.

Die Ergebnisse werden meist in einer „Analysis-of-Variance-Tafel", der Anova-Tafel zusammengefasst:

Tabelle 8.8 Die Anova-Tafel.

Quelle	Sum of Squares	Freiheitsgrade	Mean Square
Regression	SSR ($\boldsymbol{M}$)	$\dim \boldsymbol{M} - 1$	MSR ($\boldsymbol{M}$)
Störung	SSE ($\boldsymbol{M}$)	n-dim $\boldsymbol{M}$	$\widehat{\sigma}^2\,(\boldsymbol{M})$
Gesamtstreuung	SST	$n-1$	

Statt M wird dann jeweils der Name des relevanten Raums verwendet. Dabei wird die Beschriftung der ersten Kopfzeile meist mit Quelle, SS, F.G. oder dim und M.S. abgekürzt. Sofern nur ein einziger Modellraum $\boldsymbol{M}$ betrachtet wird, ist der Zusatz $\boldsymbol{M}$ bei SSR $(\boldsymbol{M})$, SSE $(\boldsymbol{M})$ MSR $(\boldsymbol{M})$ und $\widehat{\sigma}^2\,(\boldsymbol{M})$ überflüssig.

Zur letzten Spalte Mean Square: Die Prüfgröße des F-Tests, der in der Varianzanalyse regelmäßig angewendet wird, ist ein Quotient, bei dem in Zähler und Nenner χ^2-verteilte Terme stehen, die beide durch ihre Freiheitsgrade dividiert sind:

$$F_{PG} = \frac{\frac{1}{\dim M_1}\chi^2\,(\dim M_1)}{\frac{1}{n-\dim M_2}\chi^2\,(n-\dim M_2)}\,.$$

Dabei sind M_1 und M_2 die jeweils betrachteten linearen Unterräume.

Diese χ^2-verteilten Terme tragen üblicherweise den „Vornamen" SS, wie SSE oder SSR, SS (A) oder SS (H). Es ist im Hinblick auf die folgenden F-Tests daher sinnvoll, sie gleich durch die Anzahl ihrer Freiheitsgrade zu teilen. Dann spricht man von den „Mean Square" und verwendet den „Vornamen" MS, zum Beispiel:

$$\text{MSR}\,(\boldsymbol{M}) = \frac{\text{SSR}\,(\boldsymbol{M})}{\dim \boldsymbol{M} - 1}\,.$$

Für MSSE $(\boldsymbol{M})$ verwenden wir lieber das vertraute $\widehat{\sigma}^2$:

$$\frac{\text{SSE}\,(\boldsymbol{M})}{n - \dim \boldsymbol{M}} = \widehat{\sigma}^2\,(\boldsymbol{M})\,.$$

Mit dieser Bezeichnung ist die Prüfgröße des globalen F-Tests unter der Nullhypothese $\boldsymbol{\mu} \in \text{span}\{\mathbf{1}\}$:

$$F_{PG} = \frac{\text{MSR}}{\widehat{\sigma}^2} \sim F\,(\dim \boldsymbol{M} - 1; n - \dim \boldsymbol{M})\,.$$

?

Warum schreiben wir nicht auch SST $(\boldsymbol{M})$?

Beispiel Wir werten nun die Daten von Beispiel 8.2 aus. Tabelle 8.9 zeigt die Bestimmung von $\overline{y}$, der $\overline{y}_i^A$ und von SSR.

Aus der Tabelle folgt:

$$\overline{y} = \frac{1}{n}\sum_{i=1}^{3}\sum_{w=1}^{3} y_{iw}^A = \frac{1}{9}1166 = 129.56\,.$$

Tabelle 8.9 Auswertung der Datenmatrix des Futterversuchs.

Futter	A_1	A_2	A_3	
	119	123	130	
	90	121	163	
	102	159	159	
Summe	311	403	452	1166
$\overline{y}_i^A$	103.67	134.33	150.67	129.56

Bei der numerischen Bestimmung von SSR erlebt man eine unangenehme Überraschung. Rechnet man nach der ersten Variante erhält man:

$$\begin{aligned}\text{SSR} &= \sum_{i=1}^{s}\left(\overline{y}_i^A - \overline{y}\right)^2 n_i^A \\ &= 3\left((103.67 - 129.56)^2 + (134.33 - 129.56)^2 \right.\\ &\quad \left.+ (150.67 - 129.56)^2\right) \\ &= 3416.03.\end{aligned}$$

Rechnet man dagegen nach der zweiten Variante, erhält man:

$$\begin{aligned}\text{SSR} &= \sum_{i=1}^{s}\left(\overline{y}_i^A\right)^2 n_i^A - \overline{y}^2 n \\ &= 3\cdot\left(103.67^2 + 134.33^2 + 150.67^2\right) - 129.56^2\cdot 9 \\ &= 3408.26\,.\end{aligned}$$

Beide Werte sind falsch, der genaue Wert ist SSR $= 3416.22$. Beim ersten Wert 3416.03 machen sich die Rundungsfehler nur geringfügig bemerkbar. Bei der zweiten Variante, wobei zuerst quadriert und dann subtrahiert wird, potenzieren sich die Rundungsfehler. Dieser zweite Weg ist numerisch ungünstig und möglichst zu vermeiden, auch wenn sie theoretisch zum gleichen Ziel führen sollten. Das Gleiche gilt bei der Berechnng von SST. Auch hier ist die Form SST $= \sum_{i,w}\left(y_{iw}^A - \overline{y}\right)^2$ der Variante $\sum_{i,w}\left(y_{iw}^A\right)^2 - \overline{y}^2 n$ vorzuziehen. Wir erhalten:

$$\text{SST} = (119 - 129.556)^2 + \cdots (159 - 129.556)^2 = 5404.22\,.$$

Wir berechnen noch:

$$\begin{aligned}\text{SSE} &= \sum_{i=1}^{s}\sum_{w=1}^{3}\left(y_{iw}^A - \overline{y}_i^A\right)^2 \\ &= \left(119 - \frac{311}{3}\right)^2 + \cdots\left(159 - \frac{452}{3}\right)^2 = 1988\,.\end{aligned}$$

Auch hier ist die Variante SSE $= \sum_{i=1}^{s}\sum_{w=1}^{3}\left(y_{iw}^A\right)^2 - \sum_{i=1}^{s}\left(\overline{y}_i^A\right)^2 n_i^A$ zu vermeiden. Die Anova-Tafel findet sich in Tab. 8.10.

Dabei muss die Summe der ersten beiden Zeilen den Eintrag der letzten Zeile ergeben. Die Prüfgröße der globalen Nullhypothese: „Der Faktor A hat keine Wirkung" ist

$$F_{pg} = \frac{\text{MSR}}{\widehat{\sigma}^2} = \frac{1708.11}{331.33} = 5.16\,.$$

Tabelle 8.10 Die Anova-Tafel mit Ergebnissen.

Quelle	Sum of Squares	Freiheitsgrade	Mean Square
Regression	SSR = 3416.22	$s_A - 1 = 2$	MSR = 1708.11
Störung	SSE = 1988.00	$n - s_A = 6$	$\widehat{\sigma}^2 = 331.33$
Gesamtstreuung	SST = 5404.22	n − 1 = 8	

Ist die Nullhypothese wahr, ist $F_{PG} \sim F(2; 8)$-verteilt. Wir arbeiten mit einem Signifikanzniveau von $\alpha = 5\,\%$. Da $F(2; 8)_{0.95} = 4.46$ ist, wird die Nullhypothese abgelehnt. Der Faktor A hat einen signifikanten Einfluss. ◄

Die Effekt-Parametrisierung:

In der Praxis interessiert man sich meist weniger für die absolute Größe der μ_i^A, als vielmehr für die Unterschiede zwischen ihnen und spricht von Effekten des Faktors A, wenn sich die μ_i^A unterscheiden. Formal wählt man einen beliebigen aber festen Basiswert θ_0 als Bezugspunkt und definiert die Abweichung des Erwartungswertes in der i-ten Klasse vom Bezugspunkt als Effekt θ_i^A der Stufe i des Faktors A:

$$\theta_i^A = \mu_i^A - \theta_0 .$$

Ersetzt man in der Erwartungswertparametrisierung μ_i durch $\theta_i^A + \theta_0$, so erhält man das Modell in der **Effekt-Parametrisierung**:

$$y_{iw}^A = \theta_0 + \theta_i^A + \varepsilon_{iw} .$$

Dieser Effekt-Beschreibung entspricht die Darstellung

$$\boldsymbol{\mu} = \theta_0 \mathbf{1} + \sum_{i=1}^{s} \theta_i^A \mathbf{1}_i^A .$$

Diese Effekt-Parametrisierung ist einerseits intuitiv und unmittelbar anschaulich. Andererseits erschwert die Beliebigkeit der Wahl von θ_0 den Vergleich unterschiedlicher Modelle. Außerdem sind die $s + 1$ Parameter $\theta_0, \theta_1^A, \cdots, \theta_s^A$ nicht schätzbar, denn die Anzahl der Parameter ist größer als die Dimension s des Modellraums, denn wegen $\mathbf{1} = \sum_i \mathbf{1}_i^A$ sind die Regressoren linear abhängig. Um trotzdem mit Effekten sinnvoll arbeiten zu können, bieten sich zwei Alternativen an:

- Die Effekte bleiben mehrdeutig. Man beschränkt sich aber auf schätzbare Funktionen $\phi = \sum_{i=1}^{s} b_i \theta_i^A$ der Effekte. Dabei heißt ϕ schätzbar, wenn es eine erwartungstreue Schätzfunktion $\widehat{\phi}$ von ϕ gibt.
- Durch identifizierende Nebenbedingungen werden die Parameter eindeutig festgelegt.

Schätzbare Parameter und Kontraste

Sämtliche schätzbare Funktionen der Effekte lassen sich leicht angeben:

Schätzbare Parameter bei der einfachen Varianzanalyse

Ein Parameter $\phi = b_0\theta_0 + \sum_{i=1}^{s} b_i \theta_i^A$ ist genau dann schätzbar, wenn

$$b_0 = \sum_{i=1}^{s} b_i$$

ist. In diesem Fall lässt sich ϕ darstellen als:

$$\phi = \sum_{i=1}^{s} b_i \mu_i^A .$$

ϕ wird geschätzt durch:

$$\widehat{\phi} = \sum_{i=1}^{s} b_i \overline{y}_i^A ,$$

$$\operatorname{Var}(\widehat{\phi}) = \sigma^2 \sum_{i=1}^{s} \frac{b_i^2}{n_i^A} .$$

Beweis: Wie wir im nächsten Abschnitt „Modelle mit Rangdefekt" ab Seite 330 zeigen werden, ist ein Parameter ϕ genau dann schätzbar, wenn ϕ eine lineare Funktion von $\boldsymbol{\mu}$ ist, also die Gestalt $\phi = \boldsymbol{k}^\top \boldsymbol{\mu}$ hat. Verwenden wir für $\boldsymbol{\mu}$ die Effektdarstellung, so hat ein schätzbares ϕ die folgende Gestalt:

$$\begin{aligned} \phi = \boldsymbol{k}^\top \boldsymbol{\mu} &= \boldsymbol{k}^\top \left(\theta_0 \mathbf{1} + \sum_i \theta_i^A \mathbf{1}_i^A \right) \\ &= \theta_0 \boldsymbol{k}^\top \mathbf{1} + \sum_i \theta_i^A \boldsymbol{k}^\top \mathbf{1}_i^A \\ &= \theta_0 b_0 + \sum \theta_i^A b_i . \end{aligned}$$

Dabei ist

$$b_0 = \boldsymbol{k}^\top \mathbf{1} = \boldsymbol{k}^\top \sum_i \mathbf{1}_i^A = \sum_i \boldsymbol{k}^\top \mathbf{1}_i^A = \sum_i b_i .$$

Hat umgekehrt ϕ die Gestalt $\phi = b_0\theta_0 + \sum b_i \theta_i^A$ mit $b_0 = \sum_i b_i$, so ist:

$$\begin{aligned} \phi &= b_0\theta_0 + \sum b_i \theta_i^A = \sum b_i \left(\theta_0 + \theta_i^A\right) = \\ &= \sum b_i \mu_i^A = \sum_i \frac{b_i}{n_i^A} \boldsymbol{\mu}^\top \mathbf{1}_i^A = \boldsymbol{\mu}^\top \left(\sum_i \frac{b_i}{n_i^A} \mathbf{1}_i^A \right) . \end{aligned}$$

Die restliche Aussagen folgen aus $\widehat{\mu}_i^A = \overline{y}_i^A$ und der Unabhängigkeit der $\overline{y}_i^A$. ■

Identifikation der Effekte durch Nebenbedingungen

Da die Indikatorvektoren $\mathbf{1}_i^A$ orthogonal sind, hat der Modellraum die Dimension s. Wir haben aber $s+1$ Parameter. Um diese festzulegen, genügt eine einzige Nebenbedingung. Wir wählen uns dazu s fest vorgegebene Gewichte $g_i \geq 0$ mit

$$\sum_{i=1}^{s} g_i = 1$$

und setzen die Nebenbedingung:

$$\sum_{i=1}^{s} g_i \theta_i^A = 0. \tag{8.4}$$

Jeder Vektor $\boldsymbol{\mu} = \sum_{i=1}^{s} \mu_i \mathbf{1}_i^A$ lässt sich in der Form darstellen:

$$\begin{aligned}\boldsymbol{\mu} &= \left(\sum_{i=1}^{s} \mu_i^A g_i\right) \mathbf{1} + \sum_{i=1}^{s} \left(\mu_i^A - \sum_{i=1}^{s} \mu_i^A g_i\right) \mathbf{1}_i^A \\ &= \theta_0 \mathbf{1} + \sum_{i=1}^{s} \theta_i^A \mathbf{1}_i^A\end{aligned}$$

mit

$$\theta_0 = \sum_{i=1}^{s} g_i \mu_i^A \quad \text{und} \; \theta_i^A = \mu_i^A - \theta_0 .$$

Dabei erfüllen die θ_i^A die Nebenbedingung. Anderseits legt die Nebenbedingung θ_0 und die θ_i^A eindeutig fest. Wie wir im Abschnitt „Modelle mit Rangdefekt" noch ausführen werden, ist $\sum_{i=1}^{s} g_i \theta_i^A = 0$ eine Identifikationsbedingung.

Spezielle Gewichtssysteme

1. **Die Dummy-Codierung:** Eine feste Faktorstufe, zum Beispiel die j-te Stufe, wird als feste Bezugsstufe gewählt. Diese j-te Stufe erhält nun das Gewicht 1, alle anderen Stufen erhalten das Gewicht 0:

$$g_k = \begin{cases} 1 & \text{für } k = j , \\ 0 & \text{für } k \neq j . \end{cases}$$

   Damit lautet die Nebenbedingung (8.4):

$$\theta_j^A = 0 .$$

   Der Bezugspunkt θ_0, die Effekte θ_i^A und ihre Schätzer sind dann:

$$\begin{aligned} \theta_0 &= \mu_j^A , & \widehat{\theta}_0 &= \overline{y}_j^A , \\ \theta_i^A &= \mu_i^A - \mu_j^A , & \widehat{\theta}_i^A &= \overline{y}_i^A - \overline{y}_j^A . \end{aligned}$$

   Zum Beispiel wählt SAS standardmäßig die letzte Stufe als Basis, dagegen wählt GLIM die erste Stufe. Bei SPSS kann man die Stufe wählen.

2. **Die Effekt-Codierung**: Alle Stufen erhalten dasselbe Gewicht $g_i = \frac{1}{s}$ $\forall i$. Damit lautet die Nebenbedingung (8.4):

$$\sum_{i=1}^{s} \theta_i^A = 0 .$$

   Der Bezugspunkt θ_0, die Effekte θ_i^A und ihre Schätzer sind dann:

$$\begin{aligned} \theta_0 &= \frac{1}{s} \sum_{i=1}^{s} \mu_i^A , & \widehat{\theta}_0 &= \frac{1}{s} \sum_{i=1}^{s} \overline{y}_i^A , \\ \theta_i^A &= \mu_i^A - \frac{1}{s} \sum_{i=1}^{s} \mu_i^A , & \widehat{\theta}_i^A &= \overline{y}_i^A - \frac{1}{s} \sum_{i=1}^{s} \overline{y}_i^A . \end{aligned}$$

Wir werden im Weiteren ausschließlich mit der Effekt-Codierung arbeiten

8.3 Modelle mit Rangdefekt

Wir haben bei der einfachen Varianzanalyse gesehen, dass es sinnvoll sein kann, Modelle zu formulieren, die mehr Parameter als linear unabhängige Regressoren enthalten. Ist die Anzahl der Regressionskoeffizienten gleich $m + 1$, so sprechen wir von einem Modell mit Rangdefekt, falls $\operatorname{Rg} X = d < m + 1$ ist. Wir wollen Modelle mit Rangdefekt im Rahmen des allgemeinen linearen Modells $\boldsymbol{y} = \boldsymbol{X}\boldsymbol{\beta} + \boldsymbol{\varepsilon}$ näher untersuchen.

Auch wenn $\operatorname{Rg} X < m + 1$ ist, wird die systematische Komponente weiterhin durch

$$\widehat{\boldsymbol{\mu}} = \boldsymbol{P}_M \boldsymbol{y} = \boldsymbol{X}\boldsymbol{X}^+ \boldsymbol{y} = \boldsymbol{X} \left(\boldsymbol{X}^\top \boldsymbol{X}\right)^- \boldsymbol{X}^\top \boldsymbol{y}$$

erwartungstreu geschätzt, dabei sind $\boldsymbol{M} = \operatorname{span}\{X\}$ der Modellraum und

$$\boldsymbol{P}_M = \boldsymbol{X}\boldsymbol{X}^+ = \boldsymbol{X} \left(\boldsymbol{X}^\top \boldsymbol{X}\right)^- \boldsymbol{X}^\top$$

die Projektion in den Modellraum, $(\boldsymbol{X}^\top \boldsymbol{X})^-$ eine beliebige verallgemeinerte Inverse von $\boldsymbol{X}^\top \boldsymbol{X}$ und $\boldsymbol{X}^+$ die Moore-Penrose-Inverse von $\boldsymbol{X}$. Die Erwartungstreue folgt wegen $\boldsymbol{\mu} \in \boldsymbol{M}$ aus

$$E\left(\widehat{\boldsymbol{\mu}}\right) = \boldsymbol{P}_M E\left(\boldsymbol{y}\right) = \boldsymbol{P}_M \boldsymbol{\mu} = \boldsymbol{\mu} .$$

Die allgemeine Darstellung des KQ-Schätzers

Jeder Parametervektor $\widehat{\boldsymbol{\beta}}$, der die Gleichung $\widehat{\boldsymbol{\mu}} = \boldsymbol{X}\widehat{\boldsymbol{\beta}}$ löst, ist ein KQ-Schätzer von $\boldsymbol{\beta}$. Eine spezielle Lösung der Gleichung $\boldsymbol{X}\boldsymbol{X}^+ \boldsymbol{y} = \boldsymbol{X}\widehat{\boldsymbol{\beta}}$ ist $\widehat{\boldsymbol{\beta}} = \boldsymbol{X}^+ \boldsymbol{y}$, die allgemeine Lösung ist dann

$$\widehat{\boldsymbol{\beta}} = \boldsymbol{X}^+ \boldsymbol{y} + \boldsymbol{\gamma} .$$

Hier ist $\boldsymbol{\gamma} \in \mathbb{R}^{m+1}$ jeder beliebige Vektor mit $\boldsymbol{X}\boldsymbol{\gamma} = \mathbf{0}$. Brauchen wir eine explizitere Darstellung von γ, so schreiben wir:

$$\boldsymbol{\gamma} = \left(\boldsymbol{I} - \boldsymbol{X}^+ \boldsymbol{X}\right) \boldsymbol{h} = \left(\boldsymbol{I} - \boldsymbol{P}_{\boldsymbol{X}^\top}\right) \boldsymbol{h}$$

mit beliebigem $\boldsymbol{h} \in \mathbb{R}^{m+1}$, denn dies ist die allgemeine Lösung der Gleichung $\boldsymbol{X}\boldsymbol{\gamma} = \mathbf{0}$. Dabei ist $\boldsymbol{P}_{\boldsymbol{X}^\top}$ die Projektion in den Spaltenraum der Matrix $\boldsymbol{X}^\top$.

Schätzbare Parameter sind lineare Funktionen von μ

Häufig wird weniger nach den einzelnen β_j gefragt, als vielmehr nach Linearkombinationen

$$\phi = \boldsymbol{b}^\top \boldsymbol{\beta} = \sum_{j=0}^{m} b_j \beta_j$$

der β_j mit vorgegebenen Gewichten b_j. Auch wenn $\boldsymbol{\beta}$ nicht eindeutig ist, kann dennoch $\phi = \boldsymbol{b}^\top \boldsymbol{\beta}$ eindeutig sein. So sind z. B. bei der einfachen Varianzanalyse weder θ_0 noch θ_i^A eindeutig, dagegen ist $\phi = \theta_0 + \theta_i^A = \mu_i^A$ eindeutig bestimmt. Es ist kein Zufall, dass sich ϕ hier als Funktion von μ schreiben lässt:

Schätzbare Parameter

Ist $\boldsymbol{\beta}$ Lösung der Gleichung $\boldsymbol{\mu} = \boldsymbol{X}\boldsymbol{\beta}$, dann ist der Parameter $\phi = \boldsymbol{b}^\top \boldsymbol{\beta}$ genau dann eindeutig bestimmt, wenn $\boldsymbol{b}$ Linearkombination der Zeilen von $\boldsymbol{X}$ ist, $\boldsymbol{b} \in \operatorname{span}\left\{\boldsymbol{X}^\top\right\}$. Genau dann lässt sich ϕ als lineare Funktion von $\boldsymbol{\mu}$ schreiben:

$$\phi = \boldsymbol{b}^\top \boldsymbol{\beta} = \boldsymbol{k}^\top \boldsymbol{\mu}\,.$$

Genau dann existiert eine lineare erwartungstreue Schätzfunktion $\widehat{\phi}$ für ϕ. Dabei ist $\widehat{\phi} = \boldsymbol{k}^\top \widehat{\boldsymbol{\mu}}$ ebenso wie ϕ eindeutig bestimmt.

Ist der Parameter eindeutig bestimmt, sagt man oft, er sei identifizierbar. Existiert eine lineare erwartungstreue Schätzfunktion, heißt ϕ schätzbar. Eindeutigkeit, Schätzbarkeit und Identifizierbarkeit sind im linearen Modell äquivalente Begriffe.

Beweis: Die allgemeine Lösung der Gleichung $\boldsymbol{\mu} = \boldsymbol{X}\boldsymbol{\beta}$ ist

$$\boldsymbol{\beta} = \boldsymbol{X}^+ \boldsymbol{\mu} + (\boldsymbol{I} - \boldsymbol{P}_{X^\top})\boldsymbol{h}$$

mit beliebigem $\boldsymbol{h} \in \mathbb{R}^{m+1}$. Daher ist

$$\phi = \boldsymbol{b}^\top \boldsymbol{\beta} = \boldsymbol{b}^\top \boldsymbol{X}^+ \boldsymbol{\mu} + \boldsymbol{b}^\top (\boldsymbol{I} - \boldsymbol{P}_{X^\top})\boldsymbol{h}$$

genau dann invariant gegen die Wahl von $\boldsymbol{h}$, wenn für alle $\boldsymbol{h}$ der zweite Summand $\boldsymbol{b}^\top (\boldsymbol{I} - \boldsymbol{P}_{X^\top})\boldsymbol{h} = \boldsymbol{0}$ ist. Dies gilt genau dann, wenn $\boldsymbol{b}^\top (\boldsymbol{I} - \boldsymbol{P}_{X^\top}) = 0$ oder $\boldsymbol{b} = \boldsymbol{P}_{X^\top} \boldsymbol{b}$ ist. Also genau dann, wenn $\boldsymbol{b} \in \operatorname{span}\left\{\boldsymbol{X}^\top\right\}$ ist, d. h. $\boldsymbol{b} = \boldsymbol{X}^\top \boldsymbol{k}$ mit geeignetem $\boldsymbol{k} \in \mathbb{R}^{m+1}$. Dann ist $\phi = \boldsymbol{b}^\top \boldsymbol{\beta} = \boldsymbol{k}^\top \boldsymbol{X}\boldsymbol{\beta} = \boldsymbol{k}^\top \boldsymbol{\mu}$.

In diesem Fall ist $\widehat{\phi} = \boldsymbol{k}^\top \widehat{\boldsymbol{\mu}}$ eine lineare erwartungstreue Schätzfunktion. Existiert im umgekehrten Fall aber für ϕ eine lineare erwartungstreue Schätzfunktion $\widetilde{\phi} = \boldsymbol{h}^\top \boldsymbol{y}$, dann ist

$$\phi = E\left(\widetilde{\phi}\right) = \boldsymbol{h}^\top E(\boldsymbol{y}) = \boldsymbol{h}^\top \boldsymbol{\mu}\,. \qquad \blacksquare$$

Eigentlich sollten wir genauer von „linear schätzbar im Modell M" sprechen. Wir werden aber diese präzisierenden Zusätze weglassen, wenn sie sich von selbst verstehen.

?

Ist die Varianz σ^2 eigentlich schätzbar?

Abbildung 8.11 Ohne μ erreicht man kein Ziel, das sich schätzen ließe.

Jeder schätzbare Parameter ϕ lässt sich als $\phi = \boldsymbol{k}^\top \boldsymbol{\mu}$ darstellen. Dabei können wir stets voraussetzen, dass der Koeffizientenvektor $\boldsymbol{k}$ selbst in M liegt: $\boldsymbol{k} \in M$.

Kanonische Darstellung

Jeder schätzbare Parameter ϕ lässt sich in der kanonischen Form

$$\phi = \boldsymbol{k}^\top \boldsymbol{\mu} \text{ mit } \boldsymbol{k} \in \boldsymbol{M}$$

darstellen. In diesem Fall ist

$$\widehat{\phi} = \boldsymbol{k}^\top \boldsymbol{y} \sim N\left(\phi; \sigma^2 \|\boldsymbol{k}\|^2\right).$$

Beweis: Hat nämlich $\phi = \boldsymbol{k}^\top \boldsymbol{\mu}$ noch nicht die kanonische Gestalt, so können wir diese leicht herstellen. Denn da wir nur $\boldsymbol{\mu} \in M$ betrachten, ist $\boldsymbol{\mu} = \boldsymbol{P}_M \boldsymbol{\mu}$. Daher ist

$$\phi = \boldsymbol{k}^\top \boldsymbol{P}_M \boldsymbol{\mu} = (\boldsymbol{P}_M \boldsymbol{k})^\top \boldsymbol{\mu} = \widetilde{\boldsymbol{k}}^\top \boldsymbol{\mu}$$

mit $\widetilde{k} = P_M k \in M$. Der KQ-Schätzer von ϕ ist

$$\phi = k^\top \widehat{\mu} = k^\top P_M y = (P_M k)^\top y = k^\top y ,$$

denn wegen $k \in M$ ist $P_M k = k$. ■

Oft fassen wir mehrere eindimensionale Parameter $\phi_i = b^\top \beta$ zu einem Parametervektor

$$\Phi = (\phi_1; \phi_2; \ldots; \phi_p)^\top = B^\top \beta$$

zusammen. Wir nennen Φ einen p-dimensionalen Parameter, wenn die ϕ_i linear unabhängig sind, das heißt, wenn sich keiner von ihnen als Linearkombination der anderen darstellen lässt. Dies ist gleichbedeutend mit der Forderung, dass $\operatorname{Rg} B = p$ ist. Wir nennen $\Phi = B^\top \beta$ schätzbar, wenn alle Komponenten von Φ schätzbar sind.

Schätzbare p-dimensionale Parameter

Der Parameter $\Phi = B^\top \beta$ ist genau dann schätzbar, wenn sich Φ darstellen lässt als:

$$\Phi = B^\top \beta = K^\top \mu$$

mit geeigneter Matrix K. Ist $y \sim N\left(0; \sigma^2 I\right)$ und Φ ein schätzbarer p-dimensionaler Parameter, so ist

$$\operatorname{Cov}\left(\widehat{\Phi}\right) = \sigma^2 B^\top (X^\top X)^- B .$$

Dabei ist $\operatorname{Cov}\left(\widehat{\Phi}\right)$ invertierbar und invariant gegenüber der Wahl der verallgemeinerten Inversen.

Beweis: Wir müssen nur noch die Aussage über die Kovarianzmatrix beweisen. Ist Φ schätzbar, wählen wir für Φ die kanonische Form $\Phi = K^\top \mu$ mit $\operatorname{span}\{K\} \subset M$. Dann ist $\widehat{\Phi} = K^\top y$ und

$$\operatorname{Cov}\left(\widehat{\Phi}\right) = \sigma^2 K^\top K .$$

Aus der linearen Unabhängigkeit der p Komponenten von Φ folgt, dass $\operatorname{Rg}\left(K^\top\right) = p$ ist. Dann ist auch $\operatorname{Rg}\left(K^\top K\right) = p$. Also hat die $(p \times p)$-Matrix $\operatorname{Cov}\left(\widehat{\Phi}\right)$ den maximalen Rang p und ist daher invertierbar. Stellen wir Φ als $\Phi = K^\top \mu = K^\top X \beta = B^\top \beta$ dar, dann ist $B^\top = K^\top X$ und

$$\begin{aligned}
\operatorname{Cov}\left(\widehat{\Phi}\right) &= K^\top \operatorname{Cov}\left(\widehat{\mu}\right) K \\
&= \sigma^2 K^\top P_M K \\
&= \sigma^2 K^\top X (X^\top X)^- X^\top K \\
&= \sigma^2 B^\top (X^\top X)^- B .
\end{aligned}$$

Die letzte Matrix ist invariant gegen die Wahl der verallgemeinerten Inversen von $(X^\top X)^-$, da $K^\top P_M K$ invariant ist. ■

?

In einem Modell mit $\operatorname{Rg}(X) = m + 1$ ist β schätzbar. Daher muss sich β als lineare Funktion von μ darstellen lassen. Aber wie?

Durch Nebenbedingungen lassen sich Parameter eindeutig definieren

Wir haben bei der einfachen Varianzanalyse Parameter durch Nebenbedingungen eindeutig gemacht und dann geschätzt. Dazu stellen sich gleich zwei Fragen:

Erstens: Ist dies erlaubt? Verändert sich dadurch das Modell?

Zweitens: Durch welche Nebenbedingungen erreicht man die Eindeutigkeit?

Um die zweite Frage zuerst zu beantworten, betten wir die Nebenbedingung ins Modell ein und bestimmen dann die allgemeine Lösung des **reparametrisierten linearen Modells**:

Wir lösen die Nebenbedingungen $N^\top \beta = 0$ nach β auf und erhalten:

$$\beta = (I - P_N)\tau .$$

Diesen Vektor setzen wir in die Modellgleichung $\mu = X\beta$ ein und erhalten die **reparametrisierte Modellgleichung**

$$\mu = X(I - P_N)\tau = Z\tau ,$$

deren Parameter τ keiner Nebenbedingung unterworfen ist. Dabei ist

$$Z = X(I - P_N)$$

die Designmatrix des **reparametrisierten linearen Modell** $y = Z\tau + \varepsilon$. In diesem uneingeschränktem Modell wird τ geschätzt durch:

$$\widehat{\tau} = Z^+ y + (I - P_{Z^\top}) g .$$

Übertragen wir $\widehat{\tau}$ in die Darstellung $\widehat{\beta} = (I - P_N)\widehat{\tau}$, erhalten wir die Gestalt von $\widehat{\beta}_{\text{neb}}$. Dabei setzen wir von nun an zur Verdeutlichung an $\widehat{\beta}$ und sonstige Terme, die unter Beachtung der Nebenbedingung berechnet werden, den Index „neb“.

Der KQ-Schätzer im reparametrisierten Modell

Der KQ-Schätzer $\widehat{\beta}_{\text{neb}}$ unter der Nebenbedingung $N^\top \beta = 0$ ist:

$$\widehat{\beta}_{\text{neb}} = (I - P_N) Z^+ y + (I - P_N)(I - P_{Z^\top}) g .$$

Dabei ist $g \in \mathbb{R}^{m+1}$ ein beliebiger Vektor. Der zweite Summand ist genau dann null, und $\widehat{\beta}_{\text{neb}}$ damit genau dann eindeutig bestimmt als

$$\widehat{\beta}_{\text{neb}} = (I - P_N) Z^+ y ,$$

wenn

$$\operatorname{Rg}\left(X^\top, N\right) = m + 1 .$$

Dabei ist $\left(X^\top, N\right)$ die durch Hintereinander-Reihung (Concatenation) der Matrizen $X^\top$ und N entstandene Matrix. Da $\operatorname{Rg}\left(X^\top, N\right) = \operatorname{Rg}\binom{X}{N^\top}$ ist, bedeutet die Bedingung für Eindeutigkeit anschaulich: Hat die um die Zeilen der Nebenbedingungsmatrix $N^\top$ erweiterte Designmatrix $\binom{X}{N^\top}$ den vollen Rang, so ist β eindeutig bestimmt.

Beweis: $\widehat{\boldsymbol{\beta}}_{\text{neb}}$ ist genau dann eindeutig, falls

$$(\boldsymbol{I} - \boldsymbol{P}_N)(\boldsymbol{I} - \boldsymbol{P}_{Z^\top}) = \boldsymbol{0}$$

ist. Multiplizieren wir die Klammern aus, erhalten wir:

$$\boldsymbol{I} = (\boldsymbol{P}_{Z^\top} + \boldsymbol{P}_N) + \boldsymbol{P}_N \boldsymbol{P}_{Z^\top}. \tag{8.5}$$

Nach Definition von $\boldsymbol{Z}$ ist $\boldsymbol{Z}\boldsymbol{N} = \boldsymbol{X}(\boldsymbol{I} - \boldsymbol{P}_N)\boldsymbol{N} = \boldsymbol{0}$. Also sind $\boldsymbol{N}$ und $\boldsymbol{Z}^\top$ orthogonal, daher ist $\boldsymbol{P}_N \boldsymbol{P}_{Z^\top} = \boldsymbol{0}$ und $\boldsymbol{P}_{Z^\top} + \boldsymbol{P}_N = \boldsymbol{P}_{\text{span}\{Z^\top, N\}}$. Daher vereinfacht sich (8.5) zu:

$$\boldsymbol{I} = \boldsymbol{P}_{\text{span}\{Z^\top, N\}}.$$

Da $\boldsymbol{I} = \boldsymbol{I}_{m+1}$ die Einheitsmatrix des $\mathbb{R}^{m+1}$ ist, gilt dies genau dann, wenn

$$\mathbb{R}^{m+1} = \text{span}\left\{\boldsymbol{Z}^\top, \boldsymbol{N}\right\}. \tag{8.6}$$

Nun ist $\boldsymbol{Z}^\top = \boldsymbol{X}^\top - \boldsymbol{P}_N \boldsymbol{X}^\top$ gerade der Teil von $\boldsymbol{X}^\top$, der orthogonal zu $\boldsymbol{N}$ steht. Daher spannen $\boldsymbol{Z}^\top$ und $\boldsymbol{N}$ den gleichen Raum auf wie $\boldsymbol{X}^\top$ und $\boldsymbol{N}$. Also ist $\text{span}\left\{\boldsymbol{Z}^\top, \boldsymbol{N}\right\} = \text{span}\left\{\boldsymbol{X}^\top, \boldsymbol{N}\right\}$. Nun vereinfacht sich (8.6) zu:

$$\mathbb{R}^{m+1} = \text{span}\left\{\boldsymbol{X}^\top, \boldsymbol{N}\right\}.$$

Dies ist aber genau erfüllt, wenn $\text{Rg}\left(\boldsymbol{X}^\top, \boldsymbol{N}\right) = m + 1$ ist. ∎

Unwesentliche Nebenbedingungen ändern das Modell nicht

Durch Nebenbedingungen wird in der Regel der Modellraum eingeschränkt. Es ist aber möglich, dass sich nur der Parameterraum nicht aber der Modellraum ändert. Dann ändert sich nur die Beschreibung des Parameters, nicht aber das Modell:

Unwesentliche Nebenbedingungen

Eine Nebenbedingung $\boldsymbol{N}^\top \boldsymbol{\beta} = \boldsymbol{0}$ heißt **unwesentlich**, wenn sie den Modellraum nicht ändert, wenn also $\boldsymbol{M} = \boldsymbol{M}_{\text{neb}}$ ist. Dabei ist

$$\boldsymbol{M} = \left\{\boldsymbol{\mu} : \boldsymbol{\mu} = \boldsymbol{X}\boldsymbol{\beta};\ \ \boldsymbol{\beta} \in \mathbb{R}^{m+1}\right\},$$
$$\boldsymbol{M}_{\text{neb}} = \left\{\boldsymbol{\mu} : \boldsymbol{\mu} = \boldsymbol{X}\boldsymbol{\beta};\ \boldsymbol{\beta} \in \mathbb{R}^{m+1};\ \boldsymbol{N}^\top\boldsymbol{\beta} = \boldsymbol{0}\right\}.$$

Mit solchen **unwesentlichen** – aber dennoch nicht *unwichtigen* – Nebenbedingungen können wir die Mehrdeutigkeit von Parametern nachträglich aufheben, ohne den Modellraum zu ändern. Nach Definition ist $\boldsymbol{N}^\top \boldsymbol{\beta} = \boldsymbol{0}$ genau dann unwesentlich, wenn es zu jedem Vektor $\boldsymbol{\mu} \in \boldsymbol{M}$ mindestens einen Vektor $\boldsymbol{\beta}$ gibt mit $\boldsymbol{\mu} = \boldsymbol{X}\boldsymbol{\beta}$ und $\boldsymbol{N}^\top \boldsymbol{\beta} = \boldsymbol{0}$. Es gibt aber auch einige formalere, oft aber leichter zu überprüfende Kriterien.

Kriterien für unwesentliche Nebenbedingungen

Die Nebenbedingung $\boldsymbol{N}^\top \boldsymbol{\beta} = \boldsymbol{0}$ ist genau dann unwesentlich, falls eines der drei folgenden äquivalenten Kriterien zutrifft:

- $\text{Rg}\left(\boldsymbol{X}^\top, \boldsymbol{N}\right) = \text{Rg}\,\boldsymbol{X} + \text{Rg}\,\boldsymbol{N}^\top$.
- $\text{span}\left\{\boldsymbol{X}^\top\right\} \cap \text{span}\left\{\boldsymbol{N}\right\} = \boldsymbol{0}$.
- Die um die Nebenbedingungen erweiterten Normalgleichungen:

$$\boldsymbol{X}^\top \boldsymbol{y} = \boldsymbol{X}^\top \boldsymbol{X}\widehat{\boldsymbol{\beta}},$$
$$\boldsymbol{0} = \boldsymbol{N}^\top \widehat{\boldsymbol{\beta}}$$

sind für jeden Wert von $\boldsymbol{y}$ lösbar.

Beweis: Im eingeschränkten Modell ist $\boldsymbol{M}_{\text{neb}} = \text{span}\{\boldsymbol{X}(\boldsymbol{I} - \boldsymbol{P}_N)\}$. Da $\boldsymbol{M}_{\text{neb}} \subseteq \boldsymbol{M}$, ist

$$\begin{aligned} &\boldsymbol{M}_{\text{neb}} = \boldsymbol{M} \\ \Leftrightarrow\ \ &\dim \boldsymbol{M} = \dim \boldsymbol{M}_{\text{neb}} \\ \Leftrightarrow\ \ &\text{Rg}\,\boldsymbol{X} = \text{Rg}\,\boldsymbol{X}(\boldsymbol{I} - \boldsymbol{P}_N). \end{aligned}$$

Nach dem Rangsatz für Matrizen gelten die beiden Gleichungen

$$\text{Rg}(\boldsymbol{X}^\top; \boldsymbol{N}) = \text{Rg}\,\boldsymbol{N} + \text{Rg}\,(\boldsymbol{X}(\boldsymbol{I} - \boldsymbol{P}_N)),$$
$$\text{Rg}(\boldsymbol{X}^\top; \boldsymbol{N}) = \text{Rg}\,\boldsymbol{N} + \text{Rg}\,\boldsymbol{X} - \dim\left(\text{span}\,\boldsymbol{X}^\top \cap \text{span}\,\boldsymbol{N}\right),$$

(siehe Seite 458 und die Formel (A.12) und (A.13)). Also ist $\text{Rg}\,\boldsymbol{X} = \text{Rg}\,\boldsymbol{X}(\boldsymbol{I} - \boldsymbol{P}_N)$ genau dann, wenn

$$\dim\left(\text{span}\,\boldsymbol{X}^\top \cap \text{span}\,\boldsymbol{N}\right) = 0.$$

In diesem Fall ist $\text{Rg}(\boldsymbol{X}^\top; \boldsymbol{N}) = \text{Rg}\,\boldsymbol{N} + \text{Rg}\,\boldsymbol{X}$.

Zum Beweis der letzten Aussage benutzen wir die allgemeine Form der Normalgleichungen, nämlich $\boldsymbol{X}\widehat{\boldsymbol{\beta}} = \boldsymbol{P}_M \boldsymbol{y}$. (vgl. auch Aufgabe 8.1.) Es sei nun für jedes $\boldsymbol{y}$ die erweiterten Normalgleichungen lösbar und $\boldsymbol{\mu} \in M$ beliebig gewählt. Dann setzen wir $\boldsymbol{y} = \boldsymbol{\mu}$. Nach Voraussetzung gibt es dann dazu ein $\widehat{\boldsymbol{\beta}}$ mit $\boldsymbol{N}^\top \widehat{\boldsymbol{\beta}} = \boldsymbol{0}$ und $\boldsymbol{X}\widehat{\boldsymbol{\beta}} = \boldsymbol{P}_M \boldsymbol{\mu} = \boldsymbol{\mu}$. Das heißt aber $\boldsymbol{M} = \boldsymbol{M}_{\text{neb}}$. Es gelte nun $\boldsymbol{M} = \boldsymbol{M}_{\text{neb}}$. Da $\boldsymbol{P}_M \boldsymbol{y} \in \boldsymbol{M}$, gibt es dann ein $\widehat{\boldsymbol{\beta}}$ mit $\boldsymbol{N}^\top \widehat{\boldsymbol{\beta}} = \boldsymbol{0}$ und $\boldsymbol{P}_M \boldsymbol{y} = \boldsymbol{X}\widehat{\boldsymbol{\beta}}$. Also sind die erweiterten Normalgleichungen lösbar. ∎

Unwesentliche Nebenbedingungen lassen nicht nur den Modellraum invariant, sondern auch alle Aussagen, die nur vom Modellraum abhängen. Speziell bleiben alle schätzbaren Parameter, ihre Schätzer und deren Verteilungen invariant.

Invarianzsatz

Ist $\boldsymbol{N}^\top \boldsymbol{\beta} = \boldsymbol{0}$ eine unwesentliche Nebenbedingung, so gilt für jeden schätzbaren Parameter $\boldsymbol{\Phi}$:

$$\widehat{\boldsymbol{\Phi}} = \widehat{\boldsymbol{\Phi}}_{\text{neb}}.$$

Speziell sind:

$$\widehat{\boldsymbol{\mu}} = \widehat{\boldsymbol{\mu}}_{\text{neb}},$$
$$\text{SSE} = \text{SSE}_{\text{neb}}.$$

Außerdem ist das Bestimmtheitsmaß r^2 gleich dem Bestimmtheitsmaß r^2_{neb}.

Identifikationsbedingungen legen die Parameter eindeutig fest, ohne das Modell zu verändern

Wir haben eben gesehen, dass $\widehat{\boldsymbol{\beta}}_{\text{neb}}$ eindeutig ist, falls $\text{Rg}(\boldsymbol{X}^\top; \boldsymbol{N}) = m + 1$. Andererseits ändert die Nebenbedingung das Modell nicht, falls $\text{Rg}(\boldsymbol{X}^\top; \boldsymbol{N}) = \text{Rg}\,\boldsymbol{X} + \text{Rg}\,\boldsymbol{N}$. Fassen wir beide Ergebnisse zusammen, erhalten wir:

Identifikationsbedingungen

Eine **Identifikationsbedingung** ist eine unwesentliche Nebenbedingung $\boldsymbol{N}^\top\boldsymbol{\beta} = \mathbf{0}$, die den Parameter $\boldsymbol{\beta}$ eindeutig festlegt.

$\boldsymbol{N}^\top\boldsymbol{\beta} = \mathbf{0}$ ist genau dann eine Identifikationsbedingung, wenn gilt:

$$\text{Rg}(\boldsymbol{X}^\top; \boldsymbol{N}) = \text{Rg}\,\boldsymbol{X} + \text{Rg}\,\boldsymbol{N} = m + 1\,.$$

Sind die Parameter durch eine Identifikationsbedingung $\boldsymbol{N}^\top\boldsymbol{\beta} = \mathbf{0}$ eindeutig festgelegt, kann man $\widehat{\boldsymbol{\beta}}$ sofort geschlossen angeben. In diesem Fall ist:

$$\widehat{\boldsymbol{\beta}} = (\boldsymbol{X}^\top\boldsymbol{X} + \boldsymbol{N}\boldsymbol{N}^\top)^{-1}\boldsymbol{X}^\top\boldsymbol{y}\,.$$

Achtung: Ist $\boldsymbol{N}^\top\boldsymbol{\beta} = \mathbf{0}$ keine Identifikationsbedingung, so diese Aussage falsch. $\widehat{\boldsymbol{\beta}} = (\boldsymbol{X}^\top\boldsymbol{X} + \boldsymbol{N}\boldsymbol{N}^\top)^{-1}\boldsymbol{X}^\top\boldsymbol{y}$ ist dann im Allgemeinen weder KQ-Schätzer, noch erfüllt er die Nebenbedingungen.

Beweis: Da die Nebenbedingung unwesentlich ist, ist das erweiterte Normalgleichungssystem

$$\boldsymbol{X}^\top\boldsymbol{y} = \boldsymbol{X}^\top\boldsymbol{X}\widehat{\boldsymbol{\beta}}\,,$$
$$\mathbf{0} = \boldsymbol{N}^\top\widehat{\boldsymbol{\beta}}$$

lösbar. Multiplizieren wir die zweite Gleichung mit $\boldsymbol{N}$, so löst $\widehat{\boldsymbol{\beta}}$ auch das System

$$\boldsymbol{X}^\top\boldsymbol{y} = \boldsymbol{X}^\top\boldsymbol{X}\widehat{\boldsymbol{\beta}}_{\text{neb}}\,,$$
$$\mathbf{0} = \boldsymbol{N}\boldsymbol{N}^\top\widehat{\boldsymbol{\beta}}_{\text{neb}}\,.$$

Durch Addition erhält man:

$$\boldsymbol{X}^\top\boldsymbol{y} = (\boldsymbol{X}^\top\boldsymbol{X} + \boldsymbol{N}\boldsymbol{N}^\top)\widehat{\boldsymbol{\beta}}_{\text{neb}}\,.$$

Die quadratische Koeffizientenmatrix $\boldsymbol{X}^\top\boldsymbol{X} + \boldsymbol{N}\boldsymbol{N}^\top$ dieses Gleichungssystems ist vom Typ $(m+1) \times (m+1)$. Weiter ist

$$\text{Rg}(\boldsymbol{X}^\top\boldsymbol{X} + \boldsymbol{N}\boldsymbol{N}^\top) = \text{Rg}(\boldsymbol{X}^\top; \boldsymbol{N})\begin{pmatrix}\boldsymbol{X}\\ \boldsymbol{N}^\top\end{pmatrix} = \text{Rg}(\boldsymbol{X}^\top; \boldsymbol{N}) = m + 1\,.$$

Also hat $\boldsymbol{X}^\top\boldsymbol{X} + \boldsymbol{N}\boldsymbol{N}^\top$ maximalen Rang und ist daher invertierbar. Das System hat daher nur eine Lösung, nämlich $\widehat{\boldsymbol{\beta}}_{\text{neb}} = (\boldsymbol{X}^\top\boldsymbol{X} + \boldsymbol{N}\boldsymbol{N}^\top)^{-1}\boldsymbol{X}^\top\boldsymbol{y}$. ∎

?

Wie viele voneinander linear unabhängige Parameterrestriktionen, $\boldsymbol{n}_i^\top\boldsymbol{\beta} = \mathbf{0}$, kann man an das Modell stellen, ohne das Modell zu verändern?

Ist $\phi = \boldsymbol{b}^\top\boldsymbol{\beta}$ ein eindimensionaler Parameter, so sind genau zwei Alternativen möglich:

- $\boldsymbol{b} \in \text{span}\left\{\boldsymbol{X}^\top\right\}$:
  ϕ wird innerhalb des Modells festgelegt und kann dort geschätzt werden. Eine externe Einschränkung durch eine Nebenbedingung muss daher das Modell verändern.
- $\boldsymbol{b} \notin \text{span}\left\{\boldsymbol{X}^\top\right\}$:
  ϕ kann innerhalb des Modells nicht festgelegt oder geschätzt werden. Daher ist es ohne Veränderung des Modells möglich, ϕ extern durch eine Nebenbedingung $\phi = 0$ einzuschränken.

Ist $\boldsymbol{\Phi}$ ein mehrdimensionaler Parameter, so ist diese oben genannte Fallunterscheidung falsch. Sind z. B. $\boldsymbol{\Phi} = (\phi_1; \phi_2)$ und $\phi_i = \boldsymbol{b}_i^\top\boldsymbol{\beta}$, so ist es möglich, dass weder ϕ_1 noch ϕ_2 schätzbar sind. Jede Bedingung $\phi_1 = 0$ sowie $\phi_2 = 0$ kann einzeln für sich als Nebenbedingung gesetzt werden, ohne das Modell zu verändern. Nun folgt aus $\boldsymbol{b}_1 \notin \text{span}\,\boldsymbol{X}^\top$, $\boldsymbol{b}_2 \notin \text{span}\,\boldsymbol{X}^\top$ aber nicht $\text{span}\,\{\boldsymbol{b}_1, \boldsymbol{b}_2\} \cap \text{span}\,\boldsymbol{X}^\top = \mathbf{0}$. Beide Bedingungen zusammengenommen können sehr wohl den Modellraum einschränken (siehe Abbildung 8.12).

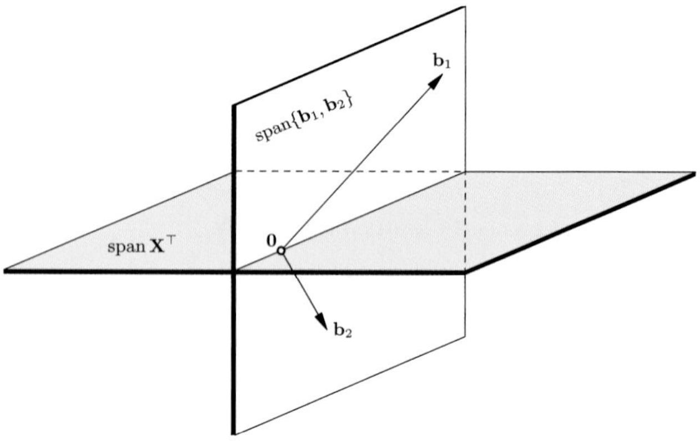

Abbildung 8.12 Weder $\boldsymbol{b}_1$ noch $\boldsymbol{b}_2$ liegen in $\text{span}\left\{\boldsymbol{X}^\top\right\}$, aber $\text{span}\,\{\boldsymbol{b}_1, \boldsymbol{b}_2\}$ schneidet $\text{span}\left\{\boldsymbol{X}^\top\right\}$.

Zum Beispiel sind in der einfachen Varianzanalyse weder θ_0 noch θ_1^A schätzbar. Jede einzelne der beiden Nebenbedingungen $\theta_0 = 0$ und $\theta_1^A = 0$ lässt den Modellraum invariant, aber beide zusammen verändern das Modell.

Beispiel Die Modellgleichung des nicht eingeschränkten Modells mit $n = 3$ Beobachtungen sei:

$$\boldsymbol{\mu} = \beta_0\mathbf{1} + \beta_1\boldsymbol{x}_1 + \beta_2\boldsymbol{x}_2\,.$$

Die Designmatrix sei dabei:

$$\boldsymbol{X} = (\mathbf{1}; \boldsymbol{x}_1; \boldsymbol{x}_2) = \begin{pmatrix}1 & 2 & 1\\ 1 & 3 & 2\\ 1 & 4 & 3\end{pmatrix}.$$

Die Regressoren sind wegen $\boldsymbol{x}_1 = \boldsymbol{x}_2 + \mathbf{1}$ linear abhängig. Der Modellraum ist $\boldsymbol{M} = \text{span}\,\{\mathbf{1}, \boldsymbol{x}_1, \boldsymbol{x}_2\} = \text{span}\,\{\mathbf{1}, \boldsymbol{x}_1\}$. Die Parameter sind nicht schätzbar. Wir betrachten nun die Wirkung von zwei verschiedenen Nebenbedingungen:

Fall a) Wir betrachten die lineare Nebenbedingung

$$\boldsymbol{n}^\top \boldsymbol{\beta} = \beta_0 + 3\beta_1 + 2\beta_2 = 0\,. \tag{8.7}$$

Lösen wir die Gleichung $\boldsymbol{n}^\top \boldsymbol{\beta} = 0$ nach $\boldsymbol{\beta}$ auf, so erhalten wir:

$$\begin{aligned}\beta_1 &= \tau_1\,,\\ \beta_2 &= \tau_2\,,\\ \beta_0 &= -(3\tau_1 + 2\tau_2)\,.\end{aligned}$$

Dabei sind τ_1 und τ_2 frei wählbar. Wir setzen diese Werte in die Modellgleichung ein und erhalten das reparametrisierte Modell:

$$\begin{aligned}\boldsymbol{\mu} &= -(3\tau_1 + 2\tau_2)\cdot \mathbf{1} + \tau_1 \boldsymbol{x}_1 + \tau_2 \boldsymbol{x}_2\\ &= \tau_1(\boldsymbol{x}_1 - 3\cdot \mathbf{1}) + \tau_2(\boldsymbol{x}_2 - 2\cdot\mathbf{1})\,.\end{aligned}$$

Die neue Designmatrix ist nun $\boldsymbol{Z} = (\boldsymbol{x}_1 - 3\cdot\mathbf{1}; \boldsymbol{x}_2 - 2\cdot\mathbf{1})$. Berücksichtigt man noch $\boldsymbol{x}_2 = \boldsymbol{x}_1 - \mathbf{1}$, so ist $\boldsymbol{Z} = (\boldsymbol{x}_1 - 3\cdot\mathbf{1}; \boldsymbol{x}_1 - 3\cdot\mathbf{1})$. Also ist der neue Modellraum:

$$\boldsymbol{M}_{\text{neb}} = \text{span}\,\{\boldsymbol{x}_1 - 3\cdot\mathbf{1}\}$$

ein eindimensionaler Unterraum von $\boldsymbol{M}$.

Wir zeigen anhand der Kriterien für unwesentliche Nebenbedingungen von Seite 365, dass die Nebenbedingung 8.7 zwar den Modellraum verändert, aber die Mehrdeutigkeit der Parameter nicht aufhebt:

- Modellraumkriterium: $\boldsymbol{M}_{\text{neb}}$ ist als eindimensionaler Unterraum von $\boldsymbol{M}$ echt enthalten im zweidimensionalen Raum $\boldsymbol{M}$.
- Unabhängigkeitskriterium: $\boldsymbol{n}^\top = (1; 3; 2)$ ist die zweite Zeile von $\boldsymbol{X}$. Daher ist $\boldsymbol{n} \in \text{span}\left\{\boldsymbol{X}^\top\right\}$; genau betrachtet ist $\boldsymbol{n}^\top\boldsymbol{\beta} = \beta_0 + 3\beta_1 + 2\beta_2 = \mu_2$. Der Parameter $\boldsymbol{n}^\top\boldsymbol{\beta}$, nämlich μ_2, wird intern im Modell selbst festgelegt. Wird μ_2 extern von uns willkürlich Null gesetzt, so wird das Modell verändert.
- Rangkriterium: Die erweiterte Matrix ist

$$\begin{pmatrix}\boldsymbol{X}\\ \boldsymbol{N}^\top\end{pmatrix} = \begin{pmatrix}1&2&1\\1&3&2\\1&4&3\\1&3&2\end{pmatrix}.$$

  $\text{Rg}\begin{pmatrix}\boldsymbol{X}\\ \boldsymbol{N}^\top\end{pmatrix} = 2 < \text{Rg}(\boldsymbol{X}) + \text{Rg}(\boldsymbol{N}) = 3$. Daraus folgt aber auch, dass durch die Nebenbedingung der Parameter $\widehat{\boldsymbol{\beta}}$ nicht eindeutig festgelegt ist.

Fall b) Wir betrachten die nur geringfügig gegenüber Gleichung (8.7) geänderte lineare Nebenbedingung

$$\boldsymbol{n}^\top \boldsymbol{\beta} = 2\beta_0 + 3\beta_1 + 2\beta_2 = 0\,.$$

Aus der Nebenbedingung folgt:

$$\begin{aligned}\beta_0 &= -\frac{1}{2}(3\tau_1 + 2\tau_2)\,;\\ \beta_1 &= \tau_1\,;\\ \beta_2 &= \tau_2\,.\end{aligned}$$

Das reparametrisierte Modell ist dann:

$$\begin{aligned}\boldsymbol{\mu} &= -\frac{1}{2}(3\tau_1 + 2\tau_2)\cdot\mathbf{1} + \tau_1\boldsymbol{x}_1 + \tau_2\boldsymbol{x}_2\\ &= \tau_1(\boldsymbol{x}_1 - 1.5\cdot\mathbf{1}) + \tau_2(\boldsymbol{x}_2 + \mathbf{1})\,.\end{aligned}$$

Wir zeigen, dass die Nebenbedingung eine Identifikationsbedingung ist!

- Modellräume: Aufgrund der speziellen Wahl der Regressoren ist $\boldsymbol{x}_2 + \mathbf{1} = \boldsymbol{x}_1$. Der Modellraum des reparametrisierten Modells ist also

$$\begin{aligned}\boldsymbol{M}_{\text{neb}} &= \text{span}\,\{\boldsymbol{x}_1 - 1.5\cdot\mathbf{1}; \boldsymbol{x}_2 + \mathbf{1}\}\\ &= \text{span}\,\{\boldsymbol{x}_1 - 1.5\cdot\mathbf{1}; \boldsymbol{x}_1\}\\ &= \text{span}\,\{\mathbf{1}, \boldsymbol{x}_1\} = \boldsymbol{M}\,.\end{aligned}$$

  Also lässt die Bedingung den Modellraum invariant.
- Das Rangkriterium liefert:

$$\text{Rg}\begin{pmatrix}\boldsymbol{X}\\ \boldsymbol{N}^\top\end{pmatrix} = \text{Rg}\begin{pmatrix}1&2&1\\1&3&2\\1&4&3\\2&3&2\end{pmatrix} = 3\,.$$

  $\text{Rg}(\boldsymbol{X}^\top; \boldsymbol{N}) = \text{Rg}(\boldsymbol{X}) + \text{Rg}(\boldsymbol{N}) = 3$. Also ist $\boldsymbol{\beta}$ durch die Nebenbedingung eindeutig festgelegt. ◀

Statistische Software eliminiert überflüssige Regressoren

Statistische Softwarepakete suchen im Fall eines Rangdefektes $\text{Rg}\,(\boldsymbol{X}) = d < m + 1$ automatisch d linear unabhängige Regressoren und streichen die restlichen aus der Designmatrix $\boldsymbol{X}$. Die resultierende, zusammengestrichene Designmatrix $\tilde{\boldsymbol{X}}$, die gegenüber $\boldsymbol{X}$ insgesamt $(m+1) - d$ Spalten verloren hat, ist regulär. Die Elimination der überflüssigen Regressoren verändert den Modellraum nicht. Sind $j_{d+1}, \ldots, j_{m+1-d}$ die Indizes der gestrichenen Regressoren, dann ist die Setzung $\beta_{j_i} = 0,\ i = d+1, \ldots, m+1$ eine Identifikationsbedingung. In jedem Softwarepaket wird nun $\widehat{\beta}$ unterschiedlich geschätzt, je nachdem, welche Regressoren im Modell verblieben sind. Aber alle schätzbaren, nur vom Modellraum abhängenden Terme wie $\boldsymbol{\mu}$, $\boldsymbol{\Phi}$, SSE, das Bestimmtheitsmaß und $\widehat{\sigma}^2$ werden in allen Paketen identisch geschätzt. Der Gesamtvektor $\widehat{\boldsymbol{\beta}}$ mit $(m+1) - d$ systematischen Nullen, der dann als Ergebnis ausgedruckt wird, ist also nur einer der unendlichen vielen möglichen KQ-Schätzer. Das statistische Softwarepaket SAS z. B. druckt daher auch eine Warnung aus: „Parameter estimates biased".

8.4 Balancierte Modelle mit zwei Faktoren

Im Beispiel von Seite 342 haben wir einen vollständig randomisierten Zufallsplan (completely randomized designs) behandelt. Dabei betrachteten wir einen einzigen qualitativen Faktor als Einflussgröße. Alle anderen Faktoren wurden durch Randomisierung der Störvariable zugeordnet. Die Versuchseinheiten, die Units, wurden den Faktorstufen, den Treatments, zufällig zugeordnet.

Vollständig randomisierte Zufallspläne eignen sich für unbalancierte Versuchspläne mit homogenen Versuchseinheiten. Dabei lassen sich alle Effekte meist nur sehr ungenau bestimmen, da die Streuung der Daten zu groß ist.

Beispiel Bei Autoreifen soll der Reifenabrieb bei vier Reifenfabrikaten getestet werden. Dazu sollen 4 Pkw eingesetzt werden. Von jedem Fabrikat werden 4 Reifen getestet. Die 16 Reifen werden zufällig den Autos und den jeweiligen Positionen zugeordnet. Der Versuchsplan berücksichtigt nur die unterschiedlichen Reifenfabrikate als Faktor A. Alle anderen Faktoren werden durch die zufällige Zuordnung der Reifen zu den Wagen und ihrer Position am Wagen der Störgröße ε zugeschlagen. Diese Faktoren vergrößern daraufhin die Varianz der Störgröße erheblich. Tabelle 8.11 zeigt den gemessenen Reifenabrieb und einen Teil der Datenauswertung.

Tabelle 8.11 Der Reifenabrieb und Teil der Auswertung.

Reifen	Daten	Summe	$\overline{y}_i^A$	$(\overline{y}_i^A - \overline{y})^2 \cdot 4$
A_1	13; 13; 14; 17	57	14.25	19.141
A_2	8; 13; 14; 14	49	12.25	0.141
A_3	9; 10; 12; 12	43	10.75	6.891
A_4	9; 11; 11; 13	44	11.00	4.516
$\sum$		193		

Wir benutzen zuerst das Modell der einfachen Varianzanalyse:

$$y_{iw}^A = \theta_0 + \theta_i^A + \varepsilon_{iw} .$$

Dabei ist θ_i^A der Abnutzungseffekt des i-ten Reifenfabrikats. Wir legen die Effekte durch $\sum_{i=1}^4 \theta_i^A = 0$ fest. Mit $\overline{y} = 193.0/16 = 12.0625$ ergibt sich:

$$\begin{aligned}
\widehat{\theta}_0 &= \overline{y},\\
\widehat{\theta}_1^A &= \overline{y}_1^A - \overline{y} = 2.1875 ,\\
\widehat{\theta}_2^A &= \overline{y}_2^A - \overline{y} = 0.1875 ,\\
\widehat{\theta}_3^A &= \overline{y}_3^A - \overline{y} = -1.3125 ,\\
\widehat{\theta}_4^A &= \overline{y}_4^A - \overline{y} = -1.0625 .
\end{aligned}$$

Die Signifikanz der Messungen überprüfen wir mit der Anova-Tafel. Mit den Werten

$$\text{SST} = \|\boldsymbol{y} - y\mathbf{1}\|^2 = \sum_{i,w} \left(y_{iw}^A - \overline{y}\right)^2 = 80.9375$$

$$\text{SSR} = \|\widehat{\boldsymbol{\mu}} - y\mathbf{1}\|^2 = \sum_{i=1}^{4} \left(\overline{y}_i^A - \overline{y}\right)^2 \cdot n = 30.69$$

erhalten wir die Anova-Tafel:

Quelle	F.G.	SS	MS
Reifenfaktor A	3	30.69	10.2
Fehler	12	50.25	4.2
Total	15	80.94	

Hier ist $\widehat{\sigma}^2 = \frac{\text{SSE}}{n-s} = \frac{50.25}{12} = 4.2$. Die Prüfgröße des globalen F-Tests ist

$$\text{F}_{\text{pg}} = \frac{\text{MSR}}{\widehat{\sigma}^2} = \frac{10.2}{4.2} = 2.4 .$$

Bei einem Signifikanzniveau von $\alpha = 5\,\%$ ist das α-Quantil der F-Verteilung $F(3;\,12)_{0.95} = 3.49$. Die Nullhypothese, dass keine Unterschiede zwischen den Reifenfabrikaten existieren, wird nicht verworfen. ◀

So wie der Versuch angelegt war, konnten wir keine Unterschiede feststellen. Wir wiederholen den Versuch noch einmal und planen diesmal sorgfältiger:

Wir legen den Versuch so an, dass an jedem Wagen als Block alle 4 Reifen getestet werden. Die Zuordnung der Reifen zu den Positionen am Auto bleibt dem Zufall überlassen. Neben dem Fabrikat nehmen wir den Wagen als Blockeffekt ins Modell auf. Dabei sollen sich in unserem Modell die Effekte von Auto und Reifen additiv überlagern. Unser Modell ist nun

$$y_{ijw}^{AB} = \mu_{ij}^{AB} + \varepsilon_{ijw} = \theta_0 + \theta_i^A + \theta_j^B + \varepsilon_{ijw} .$$

Dabei ist θ_j^B der Block-Effekt des j-ten Wagens. Dieses Modell werten wir mit dem additiven Modell der zweifachen Varianzanalyse aus. Da unser Versuch balanciert angelegt ist, ist hier die Auswertung besonders einfach.

Die Faktorräume der zweifachen Varianzanalyse

Bei der zweifache Varianzanalyse behandeln wir zwei Einflussfaktoren, die wir allgemein A und B nennen wollen. A trete in s_A Stufen und B in s_B Stufen auf. Die Menge der Versuchseinheiten zerfällt in $s_A \cdot s_B$ Zellen, in der Zelle $A_i B_j$ wird von A die Stufe A_i und gleichzeitig von B die Stufe B_j eingesetzt. Die Menge $\bigcup_{j=1}^{s_B} A_i B_j$ aller Zellen, in denen Faktorstufe A_i eingesetzt wird, bildet die Schicht A_i. Soweit keine Verwechslungen zu befürchten sind, verwenden wir der Einfachheit halber für die Schicht und die Faktorstufe den gleichen Buchstaben. Analog bildet $\bigcup_{i=1}^{s_A} A_i B_j$ die Schicht B_j. Die Besetzungszahlen von Zellen und Schichten sind

$$\begin{aligned}
n_{ij}^{AB} &= \text{Anzahl der Versuchseinheiten in Zelle } A_i B_j,\\
n_i^A &= \sum_{j=1}^{s_B} n_{ij}^{AB} = \begin{array}{l}\text{Anzahl der Versuchseinheiten in}\\ \text{Schicht } A_i\,,\end{array}\\
n_j^B &= \sum_{i=1}^{s_A} n_{ij}^{AB} = \begin{array}{l}\text{Anzahl der Versuchseinheiten in}\\ \text{Schicht } B_j\,,\end{array}\\
n &= \text{Gesamtanzahl aller Versuchseinheiten} .
\end{aligned}$$

Das allgemeine Modell lautet in der Erwartungswertparametrisierung:

$$\begin{aligned}
y_{ijw}^{AB} &= \mu_{ij}^{AB} + \varepsilon_{ijw} \sim N(0;\sigma^2) ,\\
\boldsymbol{y} &= \boldsymbol{\mu} + \boldsymbol{\varepsilon} \sim N\big(\mathbf{0};\sigma^2\boldsymbol{I}\big) .
\end{aligned}$$

Dabei sind die Störungen ε_{ijw} voneinander unabhängig.

Das additive Modell der zweifachen Varianzanalyse

Im additiven Modell ist

$$\mu_{ij}^{AB} = \theta_0 + \theta_i^A + \theta_j^B . \tag{8.8}$$

Im additiven Modell überlagern sich die Wirkungen der beiden Faktoren A und B, ohne sich gegenseitig zu beeinflussen.

Dieses additive Modell ist aber nicht immer angemessen. Bei einem Sportwagen werden die Reifen anders beansprucht als bei einem Familienwagen. Um diese Wechselwirkung zwischen den beiden Faktoren A und B zu erfassen, erweitern wir das additive Modell um einen Wechselwirkungseffekt θ_{ij}^{AB} zum saturierten Modell:

Das saturierte Modell der zweifachen Varianzanalyse

Im saturierten Modell treten neben den beiden Haupteffekten θ_i^A und θ_j^B Wechselwirkungseffekte θ_{ij}^{AB} auf:

$$\mu_{ij}^{AB} = \theta_0 + \theta_i^A + \theta_j^B + \theta_{ij}^{AB} . \tag{8.9}$$

Zur Beschreibung dieser Modelle als lineare Modelle verwenden wir die Indikatorvektoren von Zellen und Schichten:

$$\begin{aligned}
\mathbf{1}_{ij}^{AB} &= \text{Indikator der Zelle } A_i B_j ,\\
\mathbf{1}_i^A &= \sum_{j=1}^{s_B} \mathbf{1}_{ij}^{AB} = \text{Indikator der Schicht } A_i ,\\
\mathbf{1}_j^B &= \sum_{i=1}^{s_A} \mathbf{1}_{ij}^{AB} = \text{Indikator der Schicht } B_j ,\\
\mathbf{1} &= \sum_{j=1}^{s_B} \sum_{i=1}^{s_A} \mathbf{1}_{ij}^{AB} .
\end{aligned}$$

In der Erwartungswertparametrisierung hat $\boldsymbol{\mu}$ die Gestalt

$$\boldsymbol{\mu} = \sum_{i=1}^{s_A} \sum_{j=1}^{s_B} \mu_{ij}^{AB} \mathbf{1}_{ij}^{AB} .$$

Je nachdem, ob wir für μ_{ij}^{AB} die Parametrisierung (8.8) oder (8.9) einsetzen, können wir das additive bzw. das saturierte Modell schreiben als:

$$\boldsymbol{\mu} = \theta_0 \mathbf{1} + \sum_{i=1}^{s_A} \theta_i^A \mathbf{1}_i^A + \sum_{j=1}^{s_B} \theta_j^B \mathbf{1}_j^B ,$$

$$\boldsymbol{\mu} = \theta_0 \mathbf{1} + \sum_{i=1}^{s_A} \theta_i^A \mathbf{1}_i^A + \sum_{j=1}^{s_B} \theta_j^B \mathbf{1}_j^B + \sum_{i=1}^{s_A} \sum_{j=1}^{s_B} \theta_{ij}^{AB} \mathbf{1}_{ij}^{AB} .$$

Der Modellraum des additiven Modells wird von den Indikatoren der Schichten aufgespannt:

$$\boldsymbol{A} + \boldsymbol{B} = \operatorname{span}\left\{\mathbf{1}_i^A, \mathbf{1}_j^B \; : i = 1, \cdots, s_A , j = 1, \cdots, s_B\right\} .$$

So wie wir den Modellraum der einfachen Varianzanalyse mit dem Faktor A einfach nur mit $\boldsymbol{A}$ bezeichnet haben, verwenden wir nun bei zwei Faktoren analog die symbolische Bezeichnung $\boldsymbol{A} + \boldsymbol{B}$. Für den Modellraum des saturierten Modells verwenden wir die Bezeichnung

$$\boldsymbol{AB} = \operatorname{span}\left\{\mathbf{1}_{ij}^{AB};\; i = 1, \ldots, s_A;\; j = 1, \ldots, s_B\right\} .$$

Die Bezeichnung $\boldsymbol{AB}$ ist naheliegend, denn wir können den Vektor $\mathbf{1}_{ij}^{AB}$ aus den Vektoren $\mathbf{1}_i^A$ und $\mathbf{1}_j^B$ erzeugen, wenn wir die Komponenten dieser beiden Vektoren gliedweise miteinander multiplizieren: $\mathbf{1}_{ij}^{AB} = \mathbf{1}_i^A$ „gliedweise mal" $\mathbf{1}_j^B$.

?

Warum lassen wir bei der Angabe des Modellraums die **1** weg? Der Modellraum des additiven Modells wurde von den Zeilen- und Spaltenindikatoren $\mathbf{1}_i^A$ und $\mathbf{1}_j^B$ aufgespannt. Warum werden sie im saturierten Modell in der Darstellung von M nicht aufgeführt?

Wir bezeichnen die Modellräume $\boldsymbol{A}$, $\boldsymbol{B}$, $\boldsymbol{A} + \boldsymbol{B}$ und $\boldsymbol{AB}$ als Faktorräume. Sie werden allein über die Indikatorvektoren definiert. Die Definition der Effekte ist dabei belanglos. Diese wird erst bei der Definiton der Effekträume wichtig.

Die Effekträume

Die Regressoren sind wegen

$$\sum_{j=1}^{s_B} \mathbf{1}_{ij}^{AB} = \mathbf{1}_i^A ,$$

$$\sum_{i=1}^{s_A} \mathbf{1}_{ij}^{AB} = \mathbf{1}_j^B ,$$

$$\sum_{j=1}^{s_B} \mathbf{1}_j^B = \sum_{i=1}^{s_A} \mathbf{1}_i^A = \mathbf{1} .$$

linear abhängig. Wir werden später zeigen, dass $\dim(\boldsymbol{A} + \boldsymbol{B}) = s_A + s_B - 1$ und $\dim(\boldsymbol{AB}) = s_A \cdot s_B$ ist. Wir haben aber im additiven Modell $1 + s_A + s_B$ Effektparameter und im saturierten Modell sogar $1 + s_A + s_B + s_A s_B$ Effektparameter. Wir werden wieder die Parameter durch Identifikationsbedingungen festlegen müssen.

Zur Festlegung der Parameter im additiven Modell sind zwei Identifikationsbedingungen notwendig. Am einfachsten und naheliegendsten sind im additiven Modell die beiden Nebenbedingungen

$$\sum_{i=1}^{s_A} \theta_i^A = \sum_{j=1}^{s_B} \theta_j^B = 0 .$$

Zu den Nebenbedingungen des additiven Modells treten im saturierten Modell die Bedingungen

$$\sum_{i=1}^{s_A} \theta_{ij}^{AB} = 0 \text{ für alle } j \,,$$

$$\sum_{j=1}^{s_B} \theta_{ij}^{AB} = 0 \text{ für alle } i \,.$$

Alle Ergebnisse dieses Kapitels lassen sich wörtlich auf die allgemeinere Form der Nebenbedingungen übertragen, die wie auf Seite 329 über Gewichte g_i^A und g_j^B definiert sind Dies schließt zum Beispiel die Dummy-Codierung ein, bei denen Effekte durch Elimination überflüssiger Regressoren eindeutig gemacht werden.

Aus der Darstellung

$$\mu_{ij}^{AB} = \theta_0 + \theta_i^A + \theta_j^B$$

und den Nebenbedingungen folgt durch Mittelwertsbildung über i und j:

$$\overline{\mu} = \frac{1}{s_A s_B} \sum_{i=1}^{s_A} \sum_{j=1}^{s_B} \mu_{ij} = \theta_0 \,.$$

Subtrahieren wir θ_0 von μ_{ij}^{AB} und mitteln über j bzw. über i, erhalten wir:

$$\overline{\mu}_i^A = \frac{1}{s_B} \sum_{j=1}^{s_B} \mu_{ij} = \theta_0 + \theta_i^A \,,$$

$$\overline{\mu}_j^B = \frac{1}{s_A} \sum_{j=1}^{s_B} \mu_{ij} = \theta_0 + \theta_j^B \,.$$

Im saturierten Modell gehen wir analog vor und erhalten die gleichen Festlegungen von θ_0, θ_i^A und θ_j^B, während sich die Festlegung der θ_{ij}^{AB} dann aus der Grundgleichung

$$\mu_{ij}^{AB} = \theta_0 + \theta_i^A + \theta_j^B + \theta_{ij}^{AB}$$

ergibt. Das Bildungssystem der Effekte ist rekursiv: Der Basiseffekt θ_0 ist der globale Mittelwert. Die Haupteffekte θ_i^A bzw. θ_j^B erhalten wir, wenn wir von den entsprechenden Schichtmittelwerten den Basiseffekt θ_0 abziehen:

$$\theta_i^A = \overline{\mu}_i^A - \theta_0 \,,$$

$$\theta_j^B = \overline{\mu}_j^B - \theta_0 \,.$$

Die Wechselwirkungseffekte θ_{ij}^{AB} erhalten wir, wenn wir von den μ_{ij}^{AB} alle bereits erfassten Effekte abziehen:

$$\theta_{ij}^{AB} = \mu_{ij}^{AB} - \theta_0 - \theta_i^A - \theta_j^B \,.$$

Damit sind die Effekte eindeutig als Funktionen der μ_{ij} bestimmt. Umgekehrt können wir beliebig vorgegebene μ_{ij}^{AB} stets so in Effekte zerlegen, dass diese die Nebenbedingungen erfüllen:

$$\mu_{ij}^{AB} = \underbrace{\overline{\mu}}_{\theta_0} + \underbrace{\overline{\mu}_i^A - \overline{\mu}}_{\theta_i^A} + \underbrace{\overline{\mu}_j^B - \overline{\mu}}_{\theta_j^B} + \underbrace{\mu_{ij}^{AB} - \overline{\mu}_i^A - \overline{\mu}_j^B + \overline{\mu}}_{\theta_{ij}^{AB}} \,.$$

Dies zeigt, dass die Nebenbedingungen Identifikationsbedingungen sind: Sie legen die Parameter fest und verändern das Modell nicht.

Während bei den Faktorräumen die Definition der Effekte keine Rolle spielten, definieren wir die zugehörigen Effekträume als Menge aller Linearkombinationen der jeweiligen Indikatorvektoren, bei denen die Koeffizienten die Nebenbedingungen erfüllen:

$$\mathbb{A} = \left\{ \sum_{i=1}^{s_A} \theta_i^A \mathbf{1}_i^A \,\middle|\, \sum_{i=1}^{s_A} \theta_i^A = 0 \right\} ,$$

$$\mathbb{B} = \left\{ \sum_{j=1}^{s_B} \theta_j^B \mathbf{1}_j^B \,\middle|\, \sum_{j=1}^{s_B} \theta_j^B = 0 \right\} ,$$

$$\mathbb{AB} = \left\{ \sum_{i=1}^{s_A} \sum_{j=1}^{s_B} \theta_{ij}^{AB} \mathbf{1}_{ij}^{AB} \,\middle|\, \sum_{j=1}^{s_B} \theta_{ij}^{AB} = \sum_{i=1}^{s_A} \theta_{ij}^{AB} = 0 \right\} .$$

Schließlich nehmen wir noch den von der Eins aufgespannten Raum span $\{\mathbf{1}\}$ als Raum des Basiseffektes in die Reihe der Effekträume auf. Wir werden span $\{\mathbf{1}\}$ selbst nur mit $\mathbf{1}$ bezeichnen:

$$\mathbf{1} := \text{span}\,\{\mathbf{1}\}$$

und nehmen einer übersichtlicheren Darstellung zuliebe diese leichte Unsauberkeit der Bezeichnung in Kauf, solange keine Missverständnisse zu befürchten sind.

In balancierten Modellen sind die Effekträume orthogonal

Eine außerordentlich wichtige Sonderrolle spielen Modelle, bei denen in jeder Zelle gleich viele Elemente liegen:

Balancierte Modelle

In einem balancierten Modell sind alle Zellen gleich stark besetzt $n_{ij}^{AB} = r$. Die Besetzungszahl r jeder Zelle heißt auch die Replikationszahl.

Im balancierten Modell sind alle Zellen besetzt, daher ist

$$\left\| \mathbf{1}_{ij}^{AB} \right\|^2 = n_{ij}^{AB} = r \,,$$

$$\left\| \mathbf{1}_i^A \right\|^2 = n_i^A = s_B r \,,$$

$$\left\| \mathbf{1}_j^B \right\|^2 = n_j^B = s_A r \,,$$

$$\| \mathbf{1} \|^2 = n = s_A s_B r \,.$$

?

Warum ist $\left\| \mathbf{1}_i^A \right\|^2 = s_B r$.

Zwar sind die Indikatoren der Zellen $\mathbf{1}_{ij}^{AB}$ untereinander orthogonal, denn die Zellen sind disjunkt und gleiches gilt für die

Indikatoren der A-Schichten $\mathbf{1}_i^A$ bzw. die der B-Schichten $\mathbf{1}_j^B$. Aber $\mathbf{1}_i^A$ und $\mathbf{1}_j^B$ sind nicht orthogonal, denn die A_i-Schicht und die B_j-Schicht schneiden sich in der Zelle $A_i B_j$. Speziell in balancierten Modellen gilt:

$$\left(\mathbf{1}_i^A\right)^\top \mathbf{1}_j^B = n_{ij}^{AB} = r\,.$$

Analog ist

$$\mathbf{1}^\top \mathbf{1}_j^B = n_j^B = s_A r \text{ und } \mathbf{1}^\top \mathbf{1}_i^A = n_i^A = s_B r\,.$$

Orthogonalität der Effekträume

Im balancierten Modell sind alle Effekträume untereinander orthogonal:

$$\mathbf{1} \perp \mathbb{A} \perp \mathbb{B} \perp \mathbb{AB}\,.$$

Beweis: Jeder Indikator $\mathbf{1}_j^B$ steht orthogonal zu $\mathbb{A}$: Ist nämlich $\boldsymbol{a} = \sum_{i=1}^{s_A} \theta_i^A \mathbf{1}_i^A \in \mathbb{A}$, so ist nach Definition $\sum_{i=1}^{s_A} \theta_i^A = 0$. Daraus folgt:

$$\boldsymbol{a}^\top \mathbf{1}_j^B = \sum_{i=1}^{s_A} \theta_i^A \left(\mathbf{1}_i^A\right)^\top \mathbf{1}_j^B = r \sum_{i=1}^{s_A} \theta_i^A = 0\,.$$

Daraus folgt erstens: $\mathbb{A}$ und $\mathbf{1} = \sum_{i=1}^{s_A} \mathbf{1}_j^B$ sind orthogonal.

Zweitens: $\mathbb{A}$ und $\boldsymbol{B} = \operatorname{span}\left\{\mathbf{1}_j^B,\ j = 1, \ldots s_B\right\}$ sind orthogonal und drittens: $\mathbb{A}$ und $\mathbb{B}$ sind orthogonal, denn $\mathbb{B} \subset \boldsymbol{B}$.

Wir zeigen nun die Orthogonalität von $\mathbb{A}$ und $\mathbb{AB}$. Seien $\boldsymbol{a} = \sum_{i=1}^{s_A} \theta_i^A \mathbf{1}_i^A \in \mathbb{A}$ und $\boldsymbol{c} = \sum_{k=1}^{s_A} \sum_{j=1}^{s_B} \theta_{kj}^{AB} \mathbf{1}_{kj}^{AB} \in \mathbb{AB}$, dann ist

$$\begin{aligned}\boldsymbol{a}^\top \boldsymbol{c} &= \sum_{i=1}^{s_A} \theta_i^A \left(\mathbf{1}_i^A\right)^\top \sum_{k=1}^{s_A} \sum_{j=1}^{s_B} \theta_{kj}^{AB} \mathbf{1}_{kj}^{AB} \\ &= \sum_{i=1}^{s_A} \sum_{k=1}^{s_A} \sum_{j=1}^{s_B} \theta_i^A \theta_{kj}^{AB} \left(\mathbf{1}_i^A\right)^\top \mathbf{1}_{kj}^{AB}\,.\end{aligned}$$

Nun ist für $i \neq k$

$$\left(\mathbf{1}_i^A\right)^\top \mathbf{1}_{kj}^{AB} = \left(\sum_{f=1}^{s_B} \mathbf{1}_{if}^{AB}\right)^\top \mathbf{1}_{kj}^{AB} = \sum_{f=1}^{s_B} \left(\mathbf{1}_{if}^{AB}\right)^\top \mathbf{1}_{kj}^{AB} = 0$$

und, falls $i = k$:

$$\left(\mathbf{1}_i^A\right)^\top \mathbf{1}_{ij}^{AB} = \sum_{f=1}^{s_B} \left(\mathbf{1}_{if}^{AB}\right)^\top \mathbf{1}_{ij}^{AB} = \left(\mathbf{1}_{ij}^{AB}\right)^\top \mathbf{1}_{ij}^{AB} = r\,.$$

Daher ist

$$\boldsymbol{a}^\top \boldsymbol{c} = r \sum_{i=1}^{s_A} \sum_{j=1}^{s_B} \theta_i^A \theta_{ij}^{AB} = r \sum_{i=1}^{s_A} \theta_i^A \sum_{j=1}^{s_B} \theta_{ij}^{AB} = 0\,.$$ ■

Aus diesem Satz ziehen wir ein zentrale Folgerung:

Die Zerlegung der Faktorräume in orthogonale Effekträume

Es ist

$$\begin{aligned}\boldsymbol{A} &= \mathbf{1} \oplus \mathbb{A}\,, \\ \boldsymbol{B} &= \mathbf{1} \oplus \mathbb{B}\,, \\ \boldsymbol{A} + \boldsymbol{B} &= \mathbf{1} \oplus \mathbb{A} \oplus \mathbb{B}\,, \\ \boldsymbol{AB} &= \mathbf{1} \oplus \mathbb{A} \oplus \mathbb{B} \oplus \mathbb{AB}\,.\end{aligned}$$

Beweis: Die Aussage über die Zerlegung gilt, da sich jeder Vektor eines Faktorraums als Summe von Vektoren darstellen lässt, die den jeweiligen Effekträumen angehören. Wir zeigen dies am Beispiel der Aussage $\boldsymbol{A} = \mathbf{1} \oplus \mathbb{A}$. Es seien $\boldsymbol{a} = \sum_{i=1}^{s_A} \theta_i^A \mathbf{1}_i^A \in \boldsymbol{A}$ und $\overline{\theta} = \frac{1}{s_A} \sum_{i=1}^{s_A} \theta_i^A$. Dann ist

$$\boldsymbol{a} = \underbrace{\overline{\theta}\mathbf{1}}_{\in \operatorname{span}\{\mathbf{1}\}} + \underbrace{\sum_{i=1}^{s_A} \left(\theta_i^A - \overline{\theta}\right) \mathbf{1}_i^A}_{\in \mathbb{A}}\,.$$

Daher ist $\boldsymbol{A} \subseteq \mathbf{1} \oplus \mathbb{A}$. Da andererseits $\mathbf{1} \subseteq \boldsymbol{A}$ und $\mathbb{A} \subseteq \boldsymbol{A}$ gilt, folgt $\mathbf{1} \oplus \mathbb{A} \subseteq \boldsymbol{A}$.

Die anderen Aussagen werden genauso gezeigt. ■

Dieser Satz macht uns in balancierten Modellen das Leben leicht. In den Faktorräumen $\boldsymbol{A}$, $\boldsymbol{B}$ und $\boldsymbol{AB}$ kennen wir die von den orthogonalen Indikatorvektoren erzeugten Basen. Daher lassen sich die Projektionen in diese Räume sofort angeben. Aber die Räume selbst sind untereinander nicht orthogonal. Dafür sind die Effekträume orthogonal, aber wir kennen dort keine orthogonale Basen. Da span $\{\mathbf{1}\}$ aber sowohl Effekt- als auch Faktorraum ist, lassen sich Dimensionen, Projektionen, Schätzer und SS-Terme problemlos rekursiv angeben.

Die Dimensionen der Räume

Faktorraum		Effektraum	
$\boldsymbol{A}$	s_A	$\mathbb{A}$	$s_A - 1$
$\boldsymbol{B}$	s_B	$\mathbb{B}$	$s_B - 1$
$\boldsymbol{A}+\boldsymbol{B}$	$s_A + s_B - 1$	$\mathbb{A} \oplus \mathbb{B}$	$s_A + s_B - 2$
$\boldsymbol{AB}$	$s_A s_B$	$\mathbb{AB}$	$(s_A - 1)(s_B - 1)$

Beweis: Die Dimensionen der Faktorräume $\boldsymbol{A}$, $\boldsymbol{B}$ und $\boldsymbol{AB}$ ergeben sich aus den Anzahlen der orthogonalen Indikatorvektoren, welche jeweils eine Basis der Räume bilden. Aus der allgemeinen Dimensionsaussage für orthogonale Räume

$$\dim\left(\mathbb{C} \oplus \mathbb{D}\right) = \dim \mathbb{C} + \dim \mathbb{D}$$

folgt z. B. $\dim \boldsymbol{A} = 1 + \dim \mathbb{A}$ und damit $\dim \mathbb{A} = s_A - 1$. Analog erhalten wir $\dim \mathbb{B} = \dim \boldsymbol{B} - \operatorname{span}\{\mathbf{1}\} = s_B - 1$.

Weiter ist

$$\dim(\boldsymbol{A}+\boldsymbol{B}) = \dim(\mathbf{1} \oplus \mathbb{A} \oplus \mathbb{B}) = 1 + \dim\mathbb{A} + \dim\mathbb{B}\,.$$

Schließlich ist

$$\begin{aligned}\dim(\boldsymbol{AB}) &= \dim(\mathbf{1} \oplus \mathbb{A} \oplus \mathbb{B} \oplus \mathbb{AB})\\ &= 1 + \dim\mathbb{A} + \dim\mathbb{B} + \dim\mathbb{AB}\,.\end{aligned}$$

Also:

$$\begin{aligned}\dim\mathbb{AB} &= \dim(\boldsymbol{AB}) - 1 - \dim\mathbb{A} - \dim\mathbb{B}\\ &= s_A s_B - 1 - (s_A - 1) - (s_B - 1)\\ &= (s_A - 1)(s_B - 1)\,.\end{aligned}$$

■

Die Projektionen in die Räume

Die Projektionen in die Faktorräume sind

$$\begin{aligned}\boldsymbol{P_1 y} &= \overline{y}\mathbf{1}\,,\\ \boldsymbol{P_A y} &= \sum_{i=1}^{s_A} \overline{y}_i^A \mathbf{1}_i^A\,,\\ \boldsymbol{P_{A+B} y} &= \boldsymbol{P_A y} + \boldsymbol{P_B y} - \boldsymbol{P_1 y}\,,\\ \boldsymbol{P_{AB} y} &= \sum_{i=1}^{s_A} \overline{y}_{ij}^{AB} \mathbf{1}_{ij}^{AB}\,.\end{aligned}$$

Die Projektionen in die Effekträume sind

$$\begin{aligned}\boldsymbol{P}_{\mathbb{A}}\boldsymbol{y} &= \boldsymbol{P_A y} - \boldsymbol{P_1 y} = \sum_{i=1}^{s_A}\left(\overline{y}_i^A - \overline{y}\right)\mathbf{1}_i^A\,,\\ \boldsymbol{P}_{\mathbb{AB}}\boldsymbol{y} &= \boldsymbol{P_{AB}} - \boldsymbol{P_1 y} - \boldsymbol{P}_{\mathbb{A}}\boldsymbol{y} - \boldsymbol{P}_{\mathbb{B}}\boldsymbol{y}\,.\end{aligned}$$

Beweis: Hat ein Raum eine orthogonale Basis, so ergibt sich die Projektion in den Raum als Summe der Projektionen auf die Basisvektoren. Daraus folgen die Aussagen über $\boldsymbol{P_1 y}$, $\boldsymbol{P_A y}$ und $\boldsymbol{P_{AB} y}$.

Aus $\boldsymbol{A} = \mathbf{1} \oplus \mathbb{A}$ folgt $\boldsymbol{P_A y} = \boldsymbol{P}_{\mathbb{A}}\boldsymbol{y} + \boldsymbol{P_1 y}$ und damit rekursiv $\boldsymbol{P}_{\mathbb{A}}\boldsymbol{y} = \boldsymbol{P_A y} - \boldsymbol{P_1 y}$.

Aus $\boldsymbol{A} + \boldsymbol{B} = \mathbf{1} \oplus \mathbb{A} \oplus \mathbb{B}$ folgt:

$$\begin{aligned}\boldsymbol{P_{A+B} y} &= \boldsymbol{P_1 y} + \boldsymbol{P}_{\mathbb{A}}\boldsymbol{y} + \boldsymbol{P}_{\mathbb{B}}\boldsymbol{y}\\ &= \boldsymbol{P_1 y} + (\boldsymbol{P_A y} - \boldsymbol{P_1 y}) + (\boldsymbol{P_B y} - \boldsymbol{P_1 y})\,.\end{aligned}$$

Aus $\boldsymbol{AB} = \mathbf{1} \oplus \mathbb{A} \oplus \mathbb{B} \oplus \mathbb{AB}$ folgt:

$$\boldsymbol{P_{AB} y} = \boldsymbol{P_1 y} + \boldsymbol{P}_{\mathbb{A}}\boldsymbol{y} + \boldsymbol{P}_{\mathbb{B}}\boldsymbol{y} + \boldsymbol{P}_{\mathbb{AB}}\boldsymbol{y}\,.$$

■

Schätzung der Effekte im balancierten Modell

Um einen Effekt zu schätzen, projizieren wir $\boldsymbol{y}$ in den zuständigen Effektraum:

$$\begin{aligned}\boldsymbol{P}_{\mathbb{A}}\boldsymbol{y} &= \boldsymbol{P_A y} - \boldsymbol{P_1 y} = \sum_{i=1}^{s_A}\left(\overline{y}_i^A - \overline{y}\right)\mathbf{1}_i^A = \sum_{i=1}^{s_A}\widehat{\theta}_i^A \mathbf{1}_i^A\,.\\ \boldsymbol{P}_{\mathbb{B}}\boldsymbol{y} &= \boldsymbol{P_B y} - \boldsymbol{P_1 y} = \sum_{j=1}^{s_B}\left(\overline{y}_j^B - \overline{y}\right)\mathbf{1}_j^B = \sum_{j=1}^{s_B}\widehat{\theta}_j^B \mathbf{1}_j^B\,.\\ \boldsymbol{P}_{\mathbb{AB}}\boldsymbol{y} &= \boldsymbol{P_{AB} y} - \boldsymbol{P_1 y} - \boldsymbol{P}_{\mathbb{A}}\boldsymbol{y} - \boldsymbol{P}_{\mathbb{B}}\boldsymbol{y}\\ &= \sum_{i=1}^{s_A}\sum_{j=1}^{s_B}\overline{y}_{ij}^{AB}\mathbf{1}_{ij}^{AB} - \widehat{\theta}_0\mathbf{1} - \sum_{i=1}^{s_A}\widehat{\theta}_i^A\mathbf{1}_i^A - \sum_{j=1}^{s_B}\widehat{\theta}_j^B\mathbf{1}_j^B\\ &= \sum_{i=1}^{s_A}\sum_{j=1}^{s_B}\left(\overline{y}_{ij}^{AB} - \widehat{\theta}_0 - \widehat{\theta}_i^A - \widehat{\theta}_j^B\right)\mathbf{1}_{ij}^{AB}\\ &= \sum_{j=1}^{s_B}\sum_{=1}^{s_A}\widehat{\theta}_{ij}^{AB}\mathbf{1}_{ij}^{AB}\,.\end{aligned}$$

Da die Effekträume aufeinander orthogonal stehen, sind die durch Projektion in sie gewonnenen Schätzer $\widehat{\theta}^A$, $\widehat{\theta}^B$ und $\widehat{\theta}^{AB}$ unkorreliert und unter der Annahme der Normalverteilung auch unabhängig.

Die Schätzer der Effekte

Unter der Nebenbedingung $\sum_{i=1}^{s_A}\theta_i^A = \sum_{j=1}^{s_B}\theta_j^B = 0$ werden die Effekte geschätzt durch:

$$\begin{aligned}\widehat{\theta}_0 &= \overline{y}\,,\\ \widehat{\theta}_i^A &= \overline{y}_i^A - \widehat{\theta}_0\,,\\ \widehat{\theta}_j^B &= \overline{y}_j^B - \widehat{\theta}_0\,,\\ \widehat{\theta}_{ij}^{AB} &= \overline{y}_{ij}^{AB} - \widehat{\theta}_0 - \widehat{\theta}_i^A - \widehat{\theta}_j^B\,.\end{aligned}$$

Die Schätzer $\widehat{\theta}^A$, $\widehat{\theta}^B$ und $\widehat{\theta}^{AB}$ sind unkorreliert und im Normalmodell voneinander stochastisch unabhängig.
Die Varianzen und Kovarianzen der Schätzer sind

$$\begin{aligned}\operatorname{Var}\left(\widehat{\theta}_0\right) &= \frac{\sigma^2}{n}\,,\\ \operatorname{Cov}\left(\widehat{\theta}_i^A, \widehat{\theta}_u^A\right) &= \sigma^2\left(\frac{\delta_{i,u}}{n^A} - \frac{1}{n}\right),\\ \operatorname{Cov}\left(\widehat{\theta}_j^B, \widehat{\theta}_v^B\right) &= \sigma^2\left(\frac{\delta_{i,v}}{n^B} - \frac{1}{n}\right),\\ \operatorname{Cov}\left(\widehat{\theta}_{ij}^{AB}, \widehat{\theta}_{uv}^{AB}\right) &= \sigma^2\left(\frac{\delta_{ij,uv}}{r} + \frac{1}{n} - \frac{\delta_{i,u}}{n^A} - \frac{\delta_{j,v}}{n^B}\right).\end{aligned}$$

Dabei ist $\delta_{i,u}$ das Kroneckersymbol mit $\delta_{i,u} = 0$, falls $i \neq u$ und $\delta_{i,i} = 1$. Wir müssen nur die Aussagen über die Kovarianzen beweisen. Dies ist Ihnen als Aufgabe 8.10 überlassen.

Test der Effekthypothesen im balancierten Modell

Neben der Schätzung der Effekte ist die häufigste Frage: Sind diese Effekte signifikant von null verschieden? Dazu prüfen wir die Hypothesen:

H_0^A : Die Haupteffekte θ_i^A des Faktors A sind null.

H_0^B : Die Haupteffekte θ_j^B des Faktors B sind null.

H_0^{AB} : Die Wechselwirkungseffekte θ_{ij}^{AB} zwischen A und B sind null.

Grundlage der Tests ist die Zerlegung des Modellraums in seine orthogonalen Effekträume. Betrachten wir zum Beispiel die Hypothese H_0^A. Bei den anderen geht es analog. Wenn A keinen Effekt hat, dann hat $\boldsymbol{\mu}$ keine Komponente im Effektraum $\mathbb{A}$. Dies ist genau dann der Fall, wenn gilt:

$$\boldsymbol{P}_{\mathbb{A}}\boldsymbol{\mu} = \sum_{i=1}^{s_A} \theta_i^A \mathbf{1}_i^A = 0\,.$$

Genau dann ist auch

$$\|\boldsymbol{P}_{\mathbb{A}}\boldsymbol{\mu}\|^2 = \left\|\sum_{i=1}^{s_A} \theta_i^A \mathbf{1}_i^A\right\|^2 = n^A \sum_{i=1}^{s_A} \left(\theta_i^A\right)^2 = 0\,.$$

Und genau dann gilt:

$$\theta_i^A = \ldots = \theta_i^A = \ldots = \theta_{s_A}^A = 0\,.$$

Um H_0^A zu testen, schauen wir nach, wie groß die Komponente $\boldsymbol{P}_{\mathbb{A}}\boldsymbol{y}$ ist. Ist H_0^A wahr, so ist $E\left(\boldsymbol{P}_{\mathbb{A}}\boldsymbol{y}\right) = \boldsymbol{P}_{\mathbb{A}}\boldsymbol{\mu} = \mathbf{0}$. Daher ist nach dem Satz von Cochran $\|\boldsymbol{P}_{\mathbb{A}}\boldsymbol{y}\|^2 \sim \sigma^2\chi^2\left(\dim\left(\mathbb{A}\right)\right)$.

Testkriterien der Effekthypothesen

Die nicht skalierten Testkriterien der Effekthypothesen H_0^{Effekt} sind die quadrierten Normen der Projektionen in die jeweiligen Effekträume bzw. die gewichteten Summen der quadrierten Effekte:

$$\mathrm{SS}\,(A) = \|\boldsymbol{P}_{\mathbb{A}}\boldsymbol{y}\|^2 = n^A \sum_{i=1}^{s_A} \left(\widehat{\theta}_i^A\right)^2,$$

$$\mathrm{SS}\,(B) = \|\boldsymbol{P}_{\mathbb{B}}\boldsymbol{y}\|^2 = n^B \sum_{j=1}^{s_B} \left(\widehat{\theta}_i^B\right)^2,$$

$$\mathrm{SS}\,(AB) = \|\boldsymbol{P}_{\mathbb{AB}}\boldsymbol{y}\|^2 = r \sum_{i=1}^{s_A} \left(\widehat{\theta}_{ij}^{AB}\right)^2.$$

Nach dem Satz von Cochran ist

$$\mathrm{SS}\,(\text{Effekt}) \sim \sigma^2\chi^2\left(\dim\left(\text{Effektraum}\right); \delta\right).$$

Dabei ist der Nichtzentralitätsparameter $\delta = \frac{1}{\sigma^2}\|\boldsymbol{\mu} - \boldsymbol{P}_{\text{Effektraum}}\boldsymbol{\mu}\|^2$. Ist die jeweilige Hypothese wahr, so ist $\delta = 0$ und SS (Effekt) ist zentral χ^2-verteilt. Die Anzahl der Freiheitsgrade ist die Dimension des zugehörigen Effektraums:

$$\mathrm{SS}\,(\text{Effekt}) \sim \sigma^2\chi^2\left(\dim\left(\text{Effektraum}\right)\right).$$

Um die Testgröße richtig zu skalieren, fehlt noch die Schätzung von σ^2. Dazu gehen wir wieder von der Grundzerlegung des Beobachtungsraums $\mathbb{R}^n$ aus:

$$\mathbb{R}^n = \underbrace{M}_{\text{Modellraum}} \oplus \underbrace{\left(\mathbb{R}^n \ominus M\right)}_{\text{Fehlerraum}}.$$

Modellraum und Fehlerraum sind orthogonal, daher ist alles, was sich im Modellraum abspielt, unabhängig von den Größen, die wir aus dem Fehlerraum gewinnen. Je nachdem, welches Modell wir verwenden, ändert sich der Fehlerraum. Bei der orthogonalen Struktur des Modellraums können wir einfach je nach Modell Komponenten verschieben. Gehen wir dazu vom saturierten Modell aus und vereinfachen schrittweise das Modell.

Saturiertes Modell:

$$\mathbb{R}^n = \underbrace{\mathbf{1} \oplus \mathbb{A} \oplus \mathbb{B} \oplus \mathbb{AB}}_{\text{Modellraum } AB} \oplus \underbrace{\left(AB \ominus M\right)}_{\text{Fehlerraum}}.$$

Additives Modell:

$$\mathbb{R}^n = \underbrace{\mathbf{1} \oplus \mathbb{A} \oplus \mathbb{B}}_{\text{Modellraum } A+B} \oplus \underbrace{\left(\mathbb{AB} \oplus \left(AB \ominus M\right)\right)}_{\text{Fehlerraum}}.$$

Einfache Varianzanalyse:

$$\mathbb{R}^n = \underbrace{\mathbf{1} \oplus \mathbb{A}}_{\text{Modellraum A}} \oplus \underbrace{\left(\mathbb{B} \oplus \mathbb{AB} \oplus \left(AB \ominus M\right)\right)}_{\text{Fehlerraum}}.$$

Für die Projektionen und ihre quadrierten Normen gilt die analoge Zerlegung. Ziehen wir die allen gemeinsame $\mathbf{1}$ heraus, so folgt im saturierten Modell aus dem Satz von Pythagoras:

$$\underbrace{\|\boldsymbol{y} - \overline{y}\mathbf{1}\|^2}_{\text{SST}} = \underbrace{\|\boldsymbol{P}_{\mathbb{A}}\boldsymbol{y}\|^2}_{\text{SS}(A)} + \underbrace{\|\boldsymbol{P}_{\mathbb{B}}\boldsymbol{y}\|^2}_{\text{SS}(B)} + \underbrace{\|\boldsymbol{P}_{\mathbb{AB}}\boldsymbol{y}\|^2}_{\text{SS}(AB)} + \underbrace{\|\boldsymbol{y} - \widehat{\boldsymbol{\mu}}\|^2}_{\text{SSE}}.$$

In jedem Fall ist SSE die quadrierte Norm der Projektion in den Fehlerraum:

$$\begin{aligned}\mathrm{SSE} &= \|\boldsymbol{P}_{\text{Fehlerraum}}\boldsymbol{y}\|^2\\ &= \left\|\boldsymbol{y} - \boldsymbol{P}_{\text{Modellraum}}\boldsymbol{y}\right\|^2\\ &= \mathrm{SST} - \mathrm{SS}\,(A) - \mathrm{SS}\,(B) - \mathrm{SS}\,(AB) \quad \text{satur. Modell}\\ &= \mathrm{SST} - \mathrm{SS}\,(A) - \mathrm{SS}\,(B) \quad \text{additives Modell}\\ &= \mathrm{SST} - \mathrm{SS}\,(A) \quad \text{nur ein Faktor } A\,.\end{aligned}$$

Dann wird σ^2 wie immer geschätzt durch:

$$\widehat{\sigma}^2 = \frac{\text{SSE}}{n - \dim(\text{Modellraum})}.$$

Die skalierte Prüfgröße jeder Effekthypothese ist

$$F_{PG} = \frac{\text{SS}(\text{Effekt})}{\widehat{\sigma}^2 \cdot \dim(\text{Effektraum})}.$$

Ist die Effekthypothese wahr, so ist

$$F_{PG} \sim F(\dim(\text{Effektraum}), n - \dim(\text{Modellraum})).$$

Beispiel Wir setzen das Reifenbeispiel von Seite 336 fort. Der Versuch sei so angelegt, dass jeder Wagen als ein Block behandelt wird: An jedem Wagen werden alle 4 Reifen getestet. Die Zuordnung der Reifen zu den Positionen ist zufällig. Die Daten lauten:

	B_1	B_2	B_3	B_4	Summe	$\overline{y}_i^A$
A_1	17	14	13	13	57	14.25
A_2	14	14	13	8	49	12.25
A_3	12	12	10	9	43	10.75
A_4	13	11	11	9	44	11
$\sum$	56	51	47	39	193	
$\overline{y}_j^B$	14	12.75	11.75	9.75		12.0625

Gegenüber der Berechnung im Beispiel von Seite 336 sind die Blockmittelwerte hinzugekommen. SST und SS (A) ändern sich nicht. Es ist

$$\begin{aligned}\text{SS}(B) &= n^B \sum_{j=1}^{s_B} \left(\overline{y}_j^B - \overline{y}\right)^2 \\ &= 4(14 - 12.0625)^2 + \cdots + 4(9.75 - 12.0625)^2 \\ &= 38.6875.\end{aligned}$$

Unsere Anova-Tafel sieht nun so aus:

Quelle	F.G.	SS	MS	F_{pg}
Faktor *A* Reifen	3	30.69	10.2	7.8
Blockfaktor *B* Wagen	3	38.69	12.9	9.9
Fehler	9	11.56	1.3	
Total	15	80.94		

In der letzten Spalte sind die Werte der Prüfgröße des F-Tests eingetragen:

$$F_{pg} = \frac{\text{MS}(A)}{\widehat{\sigma}^2} \text{ bzw. } \frac{\text{MS}(B)}{\widehat{\sigma}^2}.$$

Bei einem $\alpha = 5\,\%$ ist $F(3;9)_{0{,}95} = 3.86$. Die Schwelle des F-Tests wird bei A und B übertroffen. Es liegen signifikante Unterschiede zwischen den Wagen vor. Ebenso sind die Reifenfabrikate signifikant voneinander verschieden. ◀

Arbeiten mit Kontrasten im additiven Modell

Von besonderer praktischer Bedeutung sind Kontraste in den Effekten. Wir nennen

$$\phi = \sum_{i=1}^{s} b_i \theta_i^A$$

einen Kontrast in den A-Effekten oder kurz nur einen A-Kontrast, falls $\sum_{i=1}^{s} b_i = 0$ ist. Die einfachsten A-Kontraste sind die Elementarkontraste:

$$\theta_i^A - \theta_j^A.$$

Im additiven Modell sind Kontraste die einzigen schätzbaren Effekt-Parameter, die nicht explizit vom willkürlichen Bezugspunkt θ_0 abhängen.

?

Zeigen Sie, dass sich jeder A-Kontrast als Linearkombination der $s - 1$ Elementarkontraste $\theta_i^A - \theta_1^A$ darstellen lässt.

Stellen wir den A-Kontrast ϕ in der kanonischen Form

$$\phi = \sum_{i=1}^{s} b_i \theta_i^A = \left(\sum_{i=1}^{s} \frac{b_i}{n_i} \mathbf{1}_i^A\right)^\top \boldsymbol{\mu} = \boldsymbol{k}^\top \boldsymbol{\mu}$$

dar, dann ist einerseits $\boldsymbol{k} \in \boldsymbol{A}$ und andererseits ist $\boldsymbol{k}^\top \mathbf{1} = \sum \frac{b_i}{n_i} n_i = \sum b_i = 0$. Also ist $\phi = \boldsymbol{k}'\boldsymbol{\mu}$ genau dann ein A-Kontrast, wenn der Koeffizientenvektor $\boldsymbol{k}$ ein Vektor des Faktorraums $\boldsymbol{A}$ ist und gleichzeitig orthogonal zur $\mathbf{1}$ steht, d. h. wenn $\boldsymbol{k} \in \boldsymbol{A} \ominus \mathbf{1} = \mathbb{A}$ ist. Wir nennen zwei Kontraste $\phi_1 = \boldsymbol{k}_1^\top \boldsymbol{\mu}$ und $\phi_2 = \boldsymbol{k}_2^\top \boldsymbol{\mu}$ orthogonal, wenn $\boldsymbol{k}_1$ und $\boldsymbol{k}_2$ orthogonal sind:

$$\phi_1 \perp \phi_1 \Leftrightarrow \boldsymbol{k}_1 \perp \boldsymbol{k}_2.$$

Identifizieren wir einen A-Kontrast ϕ mit seinem kanonischen Koeffizientenvektoren $\boldsymbol{k}$, erhalten wir:

Der Raum der Kontraste

Der Raum der A-Kontraste ist $\mathbb{A}$.
Die Maximalzahl linear unabhängiger A-Kontraste ist $\dim(\mathbb{A}) = s_A - 1$.

Bei orthogonalen A-Kontrasten sind ihre Schätzer unkorreliert und wegen der Normalverteilungsannahme voneinander unabhängig. Im balancierten Modell sind zwei A-Kontraste genau dann orthogonal, wenn die Koeffizientenvektoren $\boldsymbol{b}_1$ und $\boldsymbol{b}_2$ orthogonal sind:

$$\phi_1 \perp \phi_2 \Leftrightarrow \boldsymbol{b}_1 \perp \boldsymbol{b}_2.$$

Analoges gilt für die B-Kontraste.

Beispiel (Das Beispiel stammt aus Linder (1969), Seite 57–61.) Der Einfluss der Weidedüngung wurde in einem Versuch in Blöcken mit zufälliger Anordnung untersucht, wobei sechs Verfahren auf fünf verschiedenen Weideflächen, den „Blöcken", wiederholt wurden. Jede Weidefläche wurde in 6 gleich große

Stufe	Düngermenge in kg je Ar Kalk	Thomasmehl	Kalisalz	Harnstoff
A_1	0	0	0	0
A_2	10	0	0	0
A_3	10	6	6	0
A_4	10	6	6	0.7
A_5	10	6	6	1.4
A_6	10	6	6	2.1

Parzellen geteilt. Zufällig wurde jeder Parzelle einer der folgenden 6 Düngerstufen zugewiesen:

Die erste Faktorstufe ist die Nullstufe. In dieser bei vielen Versuchen unerlässlichen Gruppe wird der eigentlich wirkende Faktor, hier der Dünger, überhaupt nicht eingesetzt. Erst im Vergleich mit der Nullstufe kann die Wirkung des Faktors erkannt und von den sonstigen, nicht explizit im Modell erfassten Einflussgrößen, hier zum Beispiel etwa der Bodenbearbeitung und dem Einfluss der Beobachter, getrennt werden.

In der Stufe A_2 wird der Boden nur gekalkt, bei A_3 kommt Phosphor und Kali hinzu, in den letzten drei Stufen wird Stickstoff in wachsender Dosierung hinzugegeben.

Der Versuch sollte unter anderem klären, ob gedüngtes Gras den Kühen besser schmeckt als ungedüngtes. Dies sollte durch die Dauer der Zeit gemessen werden, in welcher jeweils zwei Kühe auf den verschiedenen Parzellen fraßen. Tabelle 8.12 zeigt als Ergebnis des Versuches die Summe der Zeiten für beide Kühe (Zeiteinheit 3 Sekunden).

Tabelle 8.12 Gemessene Zeiten.

Block	A_1	A_2	A_3	A_4	A_5	A_6
I	84	62	80	91	118	167
II	6	0	30	112	119	117
III	47	68	57	47	92	92
IV	52	102	160	94	156	128
V	34	85	54	115	60	104
$\overline{y}_i^A$	44.6	63.4	76.2	91.8	109.0	121.6
$\widehat{\theta}_i^A$	−39.83	−21.03	−8.23	7.37	24.57	37.17

Bei fester Düngerstufe A_i betrachten wir Beobachtungen aus verschiedenen Blöcken als unabhängige Wiederholungen desselben Versuches. Der Versuch ist balanciert, jede Zelle enthält genau einen Versuch $r = 1$. Jeder der $s_B = 5$ Blöcke enthält $n^B = 6$, jede der $s_A = 6$ Faktorklassen enthält $n^A = 5$ Elemente. Die Gesamtanzahl aller Versuche ist $n = rs_As_B = 1 \cdot 6 \cdot 5 = 30$.

Wir wollen die Daten manuell auswerten. Der globale Mittelwert ist $\overline{y} = 84.433$. In Tabelle 8.12 sind in der vorletzten Zeile die Mittelwerte $\overline{y}_j^A$ und die Effektschätzer $\widehat{\theta}_j^A = \overline{y}_j^A - \overline{y}$ angegeben. Analoge Werte für den Faktor B stehen in Tabelle 8.13.

Tabelle 8.13 Blockmittel und Blockeffekte.

Block	$\overline{y}_j^B$	$\widehat{\theta}_j^B$
I	100.33	15.90
II	64.00	−20.43
III	67.16	−17.27
IV	115.33	30.90
V	75.33	−9.10

Weiter ist

$$\mathrm{SS}\,(A) = n^A \sum_{i=1}^{6} \left(\widehat{\theta}_i^A\right)^2 = 20680.17\,,$$

$$\mathrm{SS}\,(B) = n^B \sum_{j=1}^{5} \left(\widehat{\theta}_i^B\right)^2 = 12036.53\,,$$

$$\mathrm{SST} = \sum_{i=1}^{6}\sum_{j=1}^{5} \left(y_{ij} - \overline{y}\right)^2 = 51275.67\,.$$

Weil jede Zelle nur mit einer einzigen Beobachtung besetzt ist, verzichten wir auf die Bestimmung von Wechselwirkungseffekten und verwenden das additive Modell. Dann ist der Modellraum

$$\boldsymbol{M} = \boldsymbol{A} + \boldsymbol{B} = \mathbf{1} \oplus \mathbb{A} \oplus \mathbb{B}.$$
$$d = \dim \boldsymbol{M} = s_A + s_B - 1 = 10.$$

Weiter ist

$$\mathrm{SSR} = \mathrm{SS}\,(A) + \mathrm{SS}\,(B) = 20680.17 + 12036.53 = 32716.70$$
$$\mathrm{SSE} = \mathrm{SST} - \mathrm{SSR} = 18558.97.$$

Die Anova-Tafel ist:

Quelle	SS	F.grad	MS	F_{pg}
Effekte	SSR = 32716.70	9	3635.19	3.92
Dünger	SS (A) = 20680.17	5	4136.03	4.45
Blöcke	SS (B) = 12036.53	4	3009.13	3.24
Störung	SSE = 18558.97	20	927.95	
Gesamt	SST = 51275.67	29		

Die Varianz σ^2 wird geschätzt mit $\widehat{\sigma}^2 = 927.95$. Die Prüfgröße der Globalhypothese H_{global} : „Weder Block- noch Düngereffekte" ist

$$\mathrm{F}_{pg} = \frac{\mathrm{MSR}}{\widehat{\sigma}^2} = \frac{3635.19}{927.95} = 3.92 > 2.62\,.$$

Bei einem Signifikanzniveau von 5 % ist der Schwellenwert des F-Tests ist $F(9; 20)_{0.95} = 2.39$. Die Globalhypothese wird verworfen. Es liegen signifikante Effekte vor. Wir testen die Blockeffekte. Die Prüfgröße ist

$$\mathrm{F}_{pg} = \frac{\mathrm{MS}\,(B)}{\widehat{\sigma}^2} = \frac{12036.53}{4 \cdot 927.95} = 3.24\,.$$

Der Schwellenwert des F-Tests ist $F(4; 20)_{0.95} =: 2.87$. Die Blockeffekte sind signifikant. Wir testen die Düngereffekte. Die Prüfgröße ist

$$\mathrm{F}_{pg} = \frac{\mathrm{MS}\,(A)}{\widehat{\sigma}^2} = \frac{20680.17}{5 \cdot 927.95} = 4.45\,.$$

Der Schwellenwert des F-Tests ist $F(4;20)_{0.95} = 2.71$. Die Düngereffekte sind signifikant.

Um festzustellen, welche Düngergaben denn bedeutsam sind, werden 5 inhaltlich interpretierbare Kontraste:

$$\phi_j = \sum_i b_{ji}\theta_i^A \qquad j = 1;\ldots,5$$

konstruiert. Die Matrix der Kontrast-Koeffizienten ist:

	Bedeutung	Koeffizienten b_{ji}						$\|b_j\|^2$
		A_1	A_2	A_3	A_4	A_5	A_6	
ϕ_1	Kontrolle gegen Dünger	−5	1	1	1	1	1	30
ϕ_2	Kalk gegen übrige Dünger	0	−4	1	1	1	1	20
ϕ_3	Stickstoff gegen übrige Dünger	0	0	−3	1	1	1	12
ϕ_4	lineare Stickstoffkomponente	0	0	0	−1	0	1	2
ϕ_5	quadrat. Stickstoffkomponente	0	0	0	1	−2	1	6

Zum Beispiel ist $\phi_5 = \theta_3^A - 2\theta_4^A + \theta_5^A$. Jeder Kontrast ϕ_j wird mit $\widehat{\phi}_j = \sum_i b_{ji}\widehat{\theta}_i^A = \sum_i b_{ji}\overline{y}_i^A$ geschätzt:

$$\begin{aligned}
\widehat{\phi}_1 &= -5\cdot 44.6 + 63.4 + 76.2 + 91.8 + 109.0 + 121.6 = 239.0\\
\widehat{\phi}_2 &= -4\cdot 63.4 + 76.20 + 91.8 + 109.0 + 121.6 = 145.0\\
\widehat{\phi}_3 &= -3\cdot 76.2 + 91.8 + 109.0 + 121.6 = 93.8\\
\widehat{\phi}_4 &= -91.8 + 121.6 = 29.8\\
\widehat{\phi}_5 &= 91.8 - 2\cdot 109.0 + 121.6 = -4.6
\end{aligned}$$

Dabei ist

$$\operatorname{Var}\left(\widehat{\phi}\right) = \sigma^2\frac{\|\boldsymbol{b}\|^2}{r}.$$

Unser Versuch ist balanciert, alle Faktorklassen sind gleich stark besetzt, $n_i = r = 5$. Wir testen, welche dieser Kontraste sich signifikant von 0 unterscheiden. Dabei ist es gleich, ob wir den t-Test oder den F-Test verwenden. Unter der stets geforderten Normalverteilungsannahme ist

$$\widehat{\phi} \sim N\left(\phi; \operatorname{Var}\left(\widehat{\phi}\right)\right).$$

Die Prüfgrößen der Tests sind

$$t_{pg} = \frac{\widehat{\phi}}{\widehat{\sigma}_{\widehat{\phi}}} = \frac{\widehat{\phi}}{\widehat{\sigma}}\frac{\sqrt{r}}{\|\boldsymbol{b}\|},$$

$$F_{pg} = t_{pg}^2 = \frac{\widehat{\phi}^2}{\widehat{\sigma}^2}\frac{r}{\|\boldsymbol{b}\|^2} = \frac{\operatorname{SS}\left(H_0^{\phi}\right)}{\widehat{\sigma}^2}.$$

Damit erhalten wir die nicht skalierten Prüfgrößen für alle Kontrasthypothesen:

Kontrast	$\operatorname{SS}(H_0^{\phi_i}) = \widehat{\phi}^2\frac{r}{\|\boldsymbol{b}\|^2}$		
ϕ_1	$(239)^2\frac{5}{30}$	=	9520.17
ϕ_2	$(145.)^2\frac{5}{20}$	=	5256.25
ϕ_3	$(93.8)^2\frac{5}{12}$	=	3666.02
ϕ_4	$(29.8)^2\frac{5}{2}$	=	2220.10
ϕ_5	$(4.6)^2\frac{5}{6}$	=	17.63
Summe			20680.2

Ist $H_0^{\phi_i}$ wahr, so ist die Prüfgröße des F-Test $F_{PG} \sim F(1;20)$-verteilt. Daher ist ein Kontrast genau dann signifikant zum Niveau $\alpha = 5\,\%$, falls

$$\operatorname{SS}\left(H_0^{\phi_i}\right) > \widehat{\sigma}^2 F(1;20)_{1-\alpha} = 927.95\cdot 4.35 = 4036.58$$

ist. Diese Schwelle wird nur von den Kontrasten ϕ_1 und ϕ_2 überschritten. Damit sind nur ϕ_1 und ϕ_2 signifikant: Der Unterschied zwischen gedüngten und ungedüngten Feldern ist statistisch abgesichert. Ebenso abgesichert ist der Unterschied zwischen kalkhaltigen Düngern und denen, die noch weitere Düngemittel wie Phosphor und/oder Stickstoff enthalten. Ein Unterschied zwischen den Zusätzen Phosphor und Stickstoff kann nicht erhärtet werden.

?

In unseren Daten ist $\sum_{i=1}^{s}\operatorname{SS}\left(H_0^{\phi_i}\right) = 20680.2$ und damit bis auf Rundungen gleich mit $\operatorname{SS}(A) = 20680.17$. Ist dies zufällig?

◄

Achtung: Im saturierten Modell sind weder A- noch B-Kontraste schätzbar (vgl. Aufgabe 8.2).

Grafische Überprüfung eines additiven Modells

Liegt ein konkreter Datensatz vor, stellt sich die Frage, ob ein additives oder nur das saturierte Modell passt. Wir können dies mit dem Test auf Vorliegen von Wechselwirkungen testen. Einfacher ist ein grafisches Verfahren, das wir an einem Beispiel erläutern wollen. Wir betrachten ein additives Modell mit $s_A = s_B = 3$. Die θ_i^A, θ_j^B und $\mu_{ij}^{AB} = \theta_i^A + \theta_j^B$ sind in der folgenden Tabelle gegeben:

$\mu_{ij}^{AB} = \theta_i^A + \theta_j^B$	$\theta_1^B = 0$	$\theta_2^B = 3$	$\theta_3^B = 1$
$\theta_1^A = 1$	1	4	2
$\theta_2^A = -2$	−2	1	−1
$\theta_3^A = 3$	3	6	4

Wir tragen in einem Koordinatennetz auf der Abszisse für A_1, A_2 und A_3 jeweils einen Punkt in gleichen Abständen auf. Über A_1 markieren wir die Punkte μ_{11}^{AB}, μ_{12}^{AB} und μ_{13}^{AB}. Analog für die beiden anderen, A_2 und A_3. Verbindet man nun die zur gleichen B_j-Stufe gehörenden Punkte $\left(A_i;\mu_{ij}^{AB}\right)$ für $i = 1, 2, 3$, so enstehen drei parallel verschobene Linienzüge.

Beim Wechsel von einer Faktorstufe B_j zu einer Stufe B_k ändern sich alle μ_{ij}^{AB} um die Konstante $\theta_k^B - \theta_j^B$. Daher werden die Linienzüge parallel verschoben. Siehe die Graphik links in der Abbildung 8.13. Ändert man zum Beispiel den Wert μ_{21}^{AB} von −2 in +4, so ergibt sich die folgende μ-Matrix:

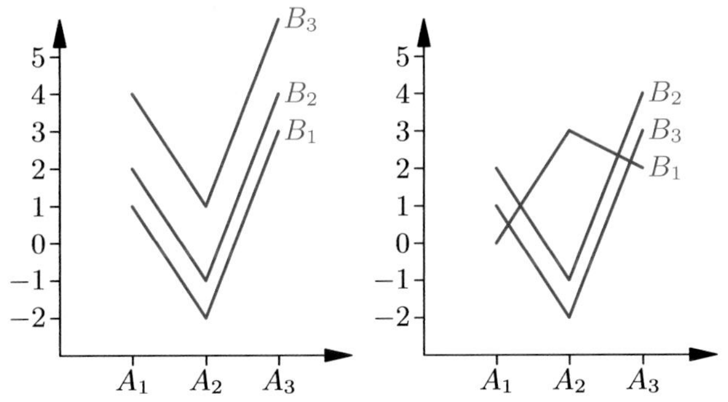

Abbildung 8.13 Links ein additives Modell, rechts ein Modell mit Wechselwirkungen.

$\mu_{ij}^{AB} = \theta_i^A + \theta_j^B$	$\theta_1^B = 0$	$\theta_2^B = 3$	$\theta_3^B = 1$
$\theta_1^A = 1$	1	4	2
$\theta_2^A = -2$	4	1	−1
$\theta_3^A = 3$	3	6	4

Dem entspricht die rechte Graphik in Abbildung 8.13. Die Additivität ist verletzt, die Kurven sind nicht mehr parallel. Es liegen Wechselwirkungen vor. In der Praxis kann man in der beschriebenen Weise die Zellenmittelwerte $\overline{y}_{ij}^{AB}$ als Schätzwerte der unbekannten μ_{ij}^{AB} plotten und dann nach Augenschein entscheiden, ob die Annahme der Additivität plausibel ist oder nicht.

8.5 Balancierte Modelle mit beliebig vielen Faktoren

Die Varianzanalyse im balancierten Versuch mit mehreren Faktoren verläuft im Prinzip wie die mit zwei Faktoren. Die Faktoren spannen die Faktorräume auf, die Effekte werden durch identifizierende Nebenbedingungen festgelegt und definieren die zugehörigen Effekträume. Alle Ergebnisse aus dem vorigen Abschnitt lassen sich unmittelbar übertragen, da die grundsätzliche Struktur erhalten bleibt, nämlich die Orthogonalität der Effekträume.

Die einzige Schwierigkeit besteht darin, eine hinreichend einfache und allgemeine Schreibweise für Zellen, Mittelwerte, Faktoren, Effekte und Räume zu finden, mit der eine Zerlegung, auch für beliebig viele Faktoren, knapp und übersichtlich beschrieben werden kann. Daher werden wir der Erläuterung der Bezeichnungen breiteren Raum widmen. Berücksichtigt man die aufwändigere Schreibweise, so lassen sich die Beweise aus dem Bereich der zweifachen Varianzanalyse wörtlich auf den allgemeineren Fall übertragen. Wir verzichten hier daher auf alle Beweise.

Bezeichnungen und Begriffe

Es seien insgesamt q Faktoren $A, B, C, \ldots$ gegeben. Der Eindeutigkeit der Darstellung zuliebe seien die Faktoren in einer beliebigen aber festen Reihenfolge geordnet. Die Gesamtheit dieser Faktoren sei:

$$\mathcal{M} = \{A, B, C, \ldots, \} .$$

Wir werden **Faktormengen** mit kalligraphischen Buchstaben wie $\mathcal{U}$, $\mathcal{V}$, $\mathcal{M}$ kennzeichnen, **Faktorräume** mit fetten Buchstaben wie $\boldsymbol{U}$, $\boldsymbol{V}$, $\boldsymbol{M}$ und **Effekträume** mit der Schrifttype „blackboard", wie $\mathbb{U}$, $\mathbb{V}$, $\mathbb{M}$. Dabei ist $F \in \mathcal{M}$ ein beliebiger einzelner Faktor mit s_F Stufen. Meist werden wir nicht alle Faktoren auf einmal betrachten, sondern jeweils nur eine Teilmenge $\mathcal{U} \subseteq \mathcal{M}$ von ihnen. Wir erläutern unsere Begriffe im Folgenden an einem Beispiel mit drei Faktoren A, B, C, also $\mathcal{M} = \{A, B, C\}$, die Teilmenge sei $\mathcal{U} = \{A, B\}$.

Jeder Versuch wird durch Angabe der Faktoren und ihrer Stufen bestimmt. Die Angabe: „Bei einem speziellen Einzelversuch steht der erste Faktor auf Stufe i_1, der zweite Faktor steht auf Stufe $i_2, \ldots$, der letzte Faktor steht auf Stufe i_q" wird im **Zellenindex**

$$(i_1 i_2 \cdots i_q)$$

zusammengefasst. Innerhalb jeder einzelnen Zelle werden die Versuche mit dem **Wiederholungsindex** w durchnummeriert. Damit legt der **Versuchsindex**

$$\boldsymbol{i} := (i_1 i_2 \cdots i_q, w)$$

Zelle und Wiederholung, d. h. den Einzelversuch, im Detail fest. Ist $\mathcal{U} \subseteq \mathcal{M}$ eine Teilmenge von Faktoren und $\boldsymbol{i}$ ein fester Index, dann ist

$$\boldsymbol{i}\,|_{\mathcal{U}}$$

der Index, der aus $\boldsymbol{i}$ entsteht, wenn bei $\boldsymbol{i}$ der Wiederholungsindex und alle Subindizes, die nicht zu Faktoren aus $\mathcal{U}$ gehören, gelöscht werden. Der Index $\boldsymbol{i}\,|_{\mathcal{U}}$ beschreibt die **Schicht** der Einzelversuche, bei denen die in $\mathcal{U}$ genannten Faktoren auf den in $\boldsymbol{i}$ genannten Stufen stehen.

Im Beispiel mit $\mathcal{M} = \{A, B, C\}$ und $\mathcal{U} = \{A, B\}$ ist $\boldsymbol{i}\,|_{\mathcal{U}} = \boldsymbol{i}\,|_{A,B} = (i; j)$ die Schicht aller Versuche, bei denen Faktor A auf Stufe i und Faktor B auf Stufe j steht, die Stufe des Faktors C aber beliebig ist.

Um die Konstante, die keinem einzelnen Faktor zugeordnet ist, in den Zerlegungsformeln nicht gesondert behandeln zu müssen, lassen wir zu, dass $\mathcal{U}$ auch die leere Menge $\varnothing$ sein kann. Um die Bildungsregeln für Effekte kompakt zu beschreiben, brauchen wir eine Kürzungs- und eine entsprechende Summationsregel für Indizes.

Kürzungsregel

Erscheint bei einem Symbol wie zum Beispiel $\theta_{\boldsymbol{i}}^{\mathcal{U}}$ eine Faktorteilmenge $\mathcal{U}$ als hochgestellter Index über einem tiefgestellten Index $\boldsymbol{i}$, so gelten alle Komponenten von $\boldsymbol{i}$, deren Faktoren in

Vertiefung: Multiple Entscheidungsverfahren

Im Beispiel auf Seite 342 wurden bei einem Düngerversuch 5 orthogonale Kontraste ϕ_1 bis ϕ_5 geschätzt und deren Signifikanz mit den 5 Einzelhypothesen $H_{0,i}$: „$\phi_i = 0$" jeweils zum Niveau $\alpha = 5\,\%$ getestet. Nehmen wir einmal an, alle Dünger seien wirkungslos, dann werden wir mit einer Wahrscheinlichkeit der Größenordnung $\alpha_{\text{gesamt}} = 1 - (1 - 0.05)^5 = 0.23$. bei mindestens einem Dünger eine signifikante Wirkung feststellen. Dabei hatten wir uns doch mit einer Irrtumswahrscheinlichkeit von $\alpha = 0.05$ in Sicherheit gewähnt. Die übergeordnete Frage: „Nützt eine Düngung?" hatten wir in 5 Einzelfragen aufgelöst, diese separat behandet aber im Endergebnis wieder zusammengefasst. Hier sind statistische Fehlschlüsse naheliegend. Die Theorie der **multiplen statistischen Verfahren** oder der **simultanen statistische Inferenz** entwickelt Verfahren und Wege, um sie zu vermeiden.

Einerseits wird eine Familie von Hypothesen betrachtet, andererseits werden aber nur einzelne Hypthesen getestet und deren Ergebnisse aber auf die gesamte Familie übertragen. Bei multiplen Tests wird die Fragestellung so an die Familie gerichtet, dass die Antwort eines jeden Einzelmitglieds sinnvoll verwendet werden kann. Wir skizzieren hier beispielhaft den Bonferroni, Tukey- und Scheffé-Test. Für alle drei Tests ist die Wahrscheinlichkeit, dass mindestens eine wahre Einzelhypothese der Gesamtfamilie fälschlicherweise abgelehnt wird, höchstens α.

Der Bonferroni-Test: Werden k Hypothesen simultan betrachtet, dann ist es am einfachsten, bei jedem Einzeltest das Signifikanzniveau zu verringern und statt mit α mit $\frac{\alpha}{k}$ zu arbeiten. Dann ist die Gesamtirrtumswahrscheinlichkeit nach der Ungleichung von Bonferroni höchstens α.

Die Bonferroni-Methode ist sehr konservativ. Stärken der Bonferroni-Methode sind: Es werden keine Aussagen über die Wahrscheinlichkeitsverteilung der jeweils betrachteten Variablen benötigt. Die Methode ist daher universal und überall einsetzbar.

Der Tukey-Test: Nehmen wir an, wir hätten bei einer Varianzanalyse die Daten ausgewertet und dabei entdeckt, dass $\overline{y}_i - \overline{y}_j$ die größte Differenz ist. Wird nun aufgrund dieser Beobachtung die Hypothese: $H_{0,ij} : \mu_i = \mu_j$ aufgestellt und anhand der eben erhobenen Daten mit dem t-Test überprüft, so ist dessen Ergebnis wertlos. Denn selbst wenn alle μ_i übereinstimmen sollen, wird sich – auf Grund der zufälligen Verteilung der $\overline{y}_i$ – ein Wert als besonders klein und ein anderer als besonders groß erweisen. Dieser Effekt wird mit wachsender Anzahl der Klassen und wachsender Anzahl der Elementarkontraste immer größer, weil die empirische **Spannweite** $\max\left\{\overline{y}_i - \overline{y}_j \mid i, j\right\}$ der Klassenmittelwerte zunimmt. Der Tukey-Test verwendet daher die Spannweite der $\overline{y}_i$ selbst als Kriterium. Sind $\overline{y}_1, \cdots, \overline{y}_s$ i.i.d. $\sim \mathrm{N}(\mu; \frac{\sigma^2}{r})$-verteilt, und ist $\widehat{\sigma}^2 \sim \frac{\sigma^2}{\nu}\chi^2(\nu)$ von den $\overline{y}_i$ unabhängig, dann ist die Verteilung der **studentisierten Spannweite**

$$\max_{i,j}\left(\overline{y}_i - \overline{y}_j\right)\frac{\sqrt{r}}{\widehat{\sigma}} \sim q\,(s, \nu)$$

in Abhängigkeit von den Parametern s und ν bekannt.

Beim Tukey-Test ist sogar das früher streng Verbotene erlaubt. Nämlich man darf erst die Daten studieren, sich die auffälligsten Kontraste heraussuchen und diese dann auf Signifikanz testen. Es ist erlaubt, weil die Prüfgröße nicht die individuelle Paardifferenz sondern die maximale Paardifferenz ist. Ist keine der paarweisen Differenzen größer als die **L**east **S**ignificant **D**ifference LSD_{Tukey}, so besteht kein Anlass aufgrund der Daten an der Gültigkeit der Globalhypothese zu zweifeln.

Der Tukey-Test

Gegeben sei ein balanziertes Anova-Modell mit einem Faktor A mit s Stufen und r Beobachtungen pro Stufe. $(n = r \cdot s)$. Jede Einzelhypothese $\mu_i = \mu_j$ wird verworfen, falls

$$\left|\overline{y}_i - \overline{y}_j\right| > \frac{\widehat{\sigma}}{\sqrt{r}} q\,(s, n-s)_{1-\alpha} = LSD_{\text{Tukey}}\,.$$

Der Scheffé-Test: Während beim Tukey-Test nur spezielle Kontraste getestet werden, umfasst die Hypothesenfamilie des Scheffé-Tests die Gesamtheit aller Parameter ϕ eines Parameterraums $\boldsymbol{\Phi}$. Um bei einem beliebigen Parameter ϕ den Schätzfehler $\phi - \widehat{\phi}$ zu beurteilen, wird das Maximum aller Schätzfehler $\max_{\phi\in\boldsymbol{\Phi}}\left|\phi - \widehat{\phi}\right|$ als Vergleichsmaßstab genommen.

Der Scheffé Test

Es seien $\boldsymbol{\Phi}$ eine p-dimensionale Menge eindimensionaler schätzbarer Parameter ϕ und $\left\{H_{0,\phi} : \phi = 0 \mid \phi \in \boldsymbol{\Phi}\right\}$ eine Hypothesenfamilie. Beim Scheffé-Test wird jede Einzelhypothese $H_{0,\phi}$ genau dann abgelehnt, wenn gilt:

$$\left|\phi - \widehat{\phi}\right| > \widehat{\sigma}_{\widehat{\phi}}\sqrt{LSD_{\text{Scheffé}}} = \widehat{\sigma}_{\widehat{\phi}}\sqrt{pF\,(p; n-d)_{1-\alpha}}\,.$$

Der Scheffé-Test gilt für jeden Parameter $\phi \in \boldsymbol{\Phi}$, daher auch für solche, die erst *nach Inspektion der Daten* aufgefallen sind. Vorteile des Scheffé-Tests sind: Die Varianzen der $\widehat{\phi}$ können beliebig sein. Das Modell muss nicht wie beim Tukey-Test balanziert sein. Nachteile des Scheffé-Tests sind: Der Scheffé-Test ist konservativ und dem Tukey-Test unterlegen, wenn nur die Familien spezieller Elementarkontraste getestet werden sollen.

Wir behandeln das Thema weiter in den Aufgaben 8.6, 8.7, 8.8 und 8.9. Siehe auch I. Pigeot: (2000) *Basic concepts of multiple tests – A survey*. Statistical Papers 41: 3–36.

$\mathcal{U}$ nicht enthalten sind, als gelöscht. Speziell wird also auch der Wiederholungsindex w gestrichen. Positiv gesagt: Nur die Komponenten von $\boldsymbol{i}$, deren Faktoren in $\mathcal{U}$ auftreten, bleiben erhalten. Zum Beispiel ist mit $\mathcal{U} = \{A, B\}$

$$\theta_i^{\mathcal{U}} = \theta_{ij}^{AB} \text{ und } \theta_i^{\varnothing} = \theta^{\varnothing}.$$

Summationsregel

Wir werden immer wieder über Elemente in Zellen und Schichten hinweg summieren müssen. Dazu vereinbaren wir folgende Schreibweisen: Sind $\mathcal{U}$ und $\mathcal{V}$ zwei beliebige Faktorteilmengen, so wird in der Summe

$$\sum_{i \in \mathcal{U}} a_i^{\mathcal{V}}.$$

nur über die Indizes summiert, die zu Faktoren aus $\mathcal{U} \cap \mathcal{V}$ gehören. Wird nur über den Index summiert, der zu einem einzigen Faktor, z. B. dem Faktor A, gehört, schreiben wir

$$\sum_{i \in \mathcal{A}} a_i^{\mathcal{V}}.$$

Zum Beispiel ist mit $\mathcal{M} = \{A, B, C\}$ und $\mathcal{U} = \{A, B\}$

$$\sum_{i \in \mathcal{U}} a_i^{\mathcal{M}} = \sum_{i=1}^{s_A} \sum_{j=1}^{s_B} a_{ijk}^{ABC}, \quad \sum_{i \in \mathcal{A}} a_i^{\mathcal{U}} = \sum_{i=1}^{s_A} a_{ij}^{AB}.$$

Besetzungszahlen

Wir betrachten ein balanciertes Modell. Die Besetzungszahl jeder Einzelzelle ist r, die der Schichten und der Gesamtheit sind

$$n = r \prod_{F \in \mathcal{M}} s_F,$$
$$n^{\mathcal{U}} = r \prod_{F \notin \mathcal{U}} s_F.$$

Zum Beispiel ist mit $\mathcal{M} = \{A, B, C\}$ und $\mathcal{U} = \{A, B\}$

$$n^{\mathcal{U}} = n^{AB} = r s_C,$$
$$n = r s_A s_B s_C.$$

Indikatorvektoren

Der Indikator der Schicht $\boldsymbol{i}\,|_{\mathcal{U}}$ ist $\mathbf{1}_i^{\mathcal{U}}$. Ist $\mathcal{U}$ die leere Menge, so ist

$$\mathbf{1}_i^{\varnothing} = \mathbf{1}.$$

Hält man die Faktorteilmenge $\mathcal{U}$ fest, so sind seine Schichtindikatoren orthogonal:

$$\mathbf{1}_i^{\mathcal{U}} \perp \mathbf{1}_k^{\mathcal{U}} \quad \Leftrightarrow \quad \boldsymbol{k}\,|_{\mathcal{U}} \neq \boldsymbol{i}\,|_{\mathcal{U}}.$$

Das saturierte Modell

Im saturierten Modell der multiplen Varianzanalyse gehört zu jeder Zelle ein eigener Parameter. Das allgemeine lineare Modell:

$$\boldsymbol{y} = \boldsymbol{\mu} + \boldsymbol{\varepsilon}, \qquad \boldsymbol{\varepsilon} \sim \mathrm{N}_n\left(\mathbf{0}; \sigma^2 \boldsymbol{I}\right) \qquad \boldsymbol{\mu} \in \boldsymbol{M},$$

lautet für eine Einzelbeobachtung in der Erwartungswertparametrisierung:

$$y_i = \mu_i^{\mathcal{M}} + \varepsilon_i.$$

In der Effektparametrisierung wird $\mu_i^{\mathcal{M}}$ vollständig in Effekte zerlegt:

$$\mu_i^{\mathcal{M}} = \sum_{\mathcal{U} \subseteq \mathcal{M}} \theta_i^{\mathcal{U}}. \tag{8.10}$$

Die $\theta_i^{\mathcal{U}}$ werden zu Effektvektoren $\boldsymbol{\theta}^{\mathcal{U}}$ zusammengefasst. Jeder Teilmenge $\mathcal{U} \subseteq \mathcal{M}$ wird so ein Effekt $\boldsymbol{\theta}^{\mathcal{U}}$ zugeordnet.

Identifizierende Nebenbedingungen

Die Effekte müssen durch Nebenbedingungen festgelegt werden. Wir wählen die für uns bequemste Nebenbedingung:

$$\sum_{i \in \mathcal{F}} \theta_i^{\mathcal{U}} = 0 \qquad \forall\, F \in \mathcal{U} \text{ und alle } \mathcal{U} \subseteq \mathcal{M}. \tag{8.11}$$

In unserem Beispiel mit $\mathcal{M} = \{A, B, C\}$ und $\mathcal{U} = \{A, B\}$ bedeutet dies:

$$\sum_i \theta_i^A = \sum_j \theta_j^B = \sum_k \theta_k^C = 0,$$
$$\sum_i \theta_{ij}^{AB} = \sum_j \theta_{ij}^{AB} = 0,$$
$$\sum_j \theta_{jk}^{BC} = \sum_k \theta_{jk}^{BC} = 0,$$
$$\sum_i \theta_{ik}^{AC} = \sum_k \theta_{ik}^{AC} = 0,$$
$$\sum_i \theta_{ijk}^{ABC} = \sum_j \theta_{ijk}^{ABC} = \sum_k \theta_{ijk}^{ABC} = 0.$$

Schichtmittelwerte

Der Schichtmittelwert aus den Erwartungswerten $\mu_i^{\mathcal{M}}$ der Beobachtungen in einer Schicht $\boldsymbol{i}\,|_{\mathcal{U}}$ ist definiert durch:

$$\overline{\mu}_i^{\mathcal{U}} = \frac{r}{n^{\mathcal{U}}} \sum_{i \in \mathcal{M} \setminus \mathcal{U}} \mu_i^{\mathcal{M}}. \tag{8.12}$$

Dabei ist $\mathcal{M} \setminus \mathcal{U}$ die Menge aller Faktoren, die in $\mathcal{U}$ nicht enthalten sind. In unserem Beispiel mit $\mathcal{M} = \{A, B, C\}$ und $\mathcal{U} = \{A, B\}$ ist

$$\overline{\mu}_i^{\mathcal{U}} = \overline{\mu}_{ij}^{AB} = \frac{r}{n^{AB}} \sum_k \mu_{ijk}^{ABC},$$
$$\overline{\mu}_i^{\varnothing} = \overline{\mu} = \sum_{i \in \mathcal{M}} \mu_i^{\mathcal{M}} = \frac{r}{n} \sum_{ijk} \mu_{ijk}^{ABC}.$$

Analog ist $\overline{y}_i^{\mathcal{U}}$ der Schichtmittelwert aus den Beobachtungen in der Schicht $\boldsymbol{i}\ |_{\mathcal{U}}$:

$$\overline{y}_i^{\mathcal{U}} = \frac{r}{n^{\mathcal{U}}} \sum_{i \in \mathcal{M} \setminus \mathcal{U}} y_i^{\mathcal{M}} .$$

Zum Beispiel $\mathcal{M} = \{A, B, C\}$ und $\mathcal{U} = \{A, B\}$:

$$\overline{y}_i^{\mathcal{U}} = \overline{y}_{ij}^{AB} = \frac{1}{n^{AB}} \sum_{k,w} y_{ijk\ w}^{ABC}$$

$$\overline{y}_i^{\varnothing} = \overline{y} = \frac{1}{n} \sum_{ijkw} y_{ijk\ w}^{ABC}$$

Rekursive Bestimmung der Effekte

Aus den Nebenbedingungen (8.11) an die Effekte und der Definition der Faktorstufenmittel (8.12) folgt, dass die Zerlegung (8.10) sich auch auf alle Faktorteilmengen $\mathcal{U}$ überträgt:

$$\overline{\mu}_i^{\mathcal{U}} = \sum_{\mathcal{V} \subseteq \mathcal{U}} \theta_i^{\mathcal{V}} . \tag{8.13}$$

Dabei läuft die Summation auch über die leere Menge $\mathcal{V} = \varnothing$. Für die leere Menge $\mathcal{U} = \emptyset$ ergibt sich der Basiseffekt $\theta^{\varnothing}$ als das gewogene Mittel der Erwartungswerte aller Zellen. Dabei schreiben wir für $\theta^{\varnothing}$ wieder das vertraute θ_0:

$$\theta^{\varnothing} = \overline{\mu} = \theta_0 .$$

Die anderen Effekte lassen sich danach rekursiv berechnen. Mit dem Symbol $\subsetneq$ für „echt enthalten in“ gilt:

$$\theta_i^{\mathcal{U}} = \overline{\mu}_i^{\mathcal{U}} - \sum_{\mathcal{V} \subsetneq \mathcal{U}} \theta_i^{\mathcal{V}} .$$

Der Effekt $\theta_i^{\mathcal{U}}$ ist das Mittel $\overline{\mu}_i^{\mathcal{U}}$ der Faktorstufenkombination, vom dem alle in $\mathcal{U}$ echt enthaltenen Effekte subtrahiert worden sind. Im Beispiel mit $\mathcal{M} = \{A, B, C\}$ und $\mathcal{U} = \{A, B\}$ ist:

$$\theta_i^{\mathcal{U}} = \theta_{ij}^{AB} = \overline{\mu}_{ij}^{AB} - \theta_i^A - \theta_j^B - \theta_0 .$$

Vektordarstellung von μ im saturierten Modell

Mit den Indikatoren lässt sich $\boldsymbol{\mu}$ im saturierten Modell aufgrund der Zerlegung (8.13) vektoriell schreiben als:

$$\boldsymbol{\mu} = \sum_i \mu_i^{\mathcal{M}} \mathbf{1}_i^{\mathcal{M}} = \sum_{\mathcal{U} \subseteq \mathcal{M}} \sum_{i \in \mathcal{U}} \theta_i^{\mathcal{U}} \mathbf{1}_i^{\mathcal{U}} .$$

Die Faktorräume

Der **Faktorraum** $\boldsymbol{U} \subseteq \boldsymbol{M}$ wird von seinen orthogonalen Indikatorvektoren $\mathbf{1}_i^{\mathcal{U}}$ erzeugt:

$$\boldsymbol{U} = \left\{ \sum_{i \in \mathcal{U}} \theta_i^{\mathcal{U}} \mathbf{1}_i^{\mathcal{U}} \,\middle|\, \theta_i^{\mathcal{U}} \in \mathbb{R}^1 \text{ beliebig} \right\} .$$

Der Faktorraum der leeren Menge ist span $\{\mathbf{1}\}$. Die Dimension des Faktorraums $\boldsymbol{U}$ ist:

$$\dim \boldsymbol{U} = \prod_{F \in \mathcal{U}} s_F . \tag{8.14}$$

Effekträume

Ist $\mathcal{U}$ nicht leer, so ist der **Effektraum** $\mathbb{U} \subseteq \boldsymbol{M}$ definiert als der Teilraum von $\boldsymbol{U}$, in dem die Koeffizienten $\theta_i^{\mathcal{U}}$ die Nebenbedingungen (8.11) erfüllen:

$$\mathbb{U} = \left\{ \sum_{i \in \mathcal{U}} \theta_i^{\mathcal{U}} \mathbf{1}_i^{\mathcal{U}} \,\middle|\, \sum_{i \in F} \theta_i^{\mathcal{U}} = 0; \forall\ F \in \mathcal{U} \right\} .$$

Der Effektraum der leeren Menge ist identisch mit dem Faktorraum der leeren Menge, nämlich span $\{\mathbf{1}\}$. Die Dimension des Effektraum $\mathbb{U}$ ist:

$$\dim \mathbb{U} = \prod_{F \in \mathcal{U}} (s_F - 1) .$$

Alle Effekträume sind orthogonal. Darüber hinaus ist jeder Faktorraum die orthogonale Summe der in ihm enthaltenen Effekträume:

$$\boldsymbol{U} = \bigoplus_{\mathcal{V} \subseteq \mathcal{U}} \mathbb{U} . \tag{8.15}$$

Die Zerlegung des Modellraum in seine orthogonalen Effekträume hat zahlreiche Konsequenzen.

Projektionen in Faktor- und Effekträume

Da die Erzeugenden des Faktorraums die orthogonalen Indikatoren sind, lassen sich die Projektionen explizit angeben.

$$\boldsymbol{P}_{\boldsymbol{U}} \boldsymbol{y} = \sum_{i \in \mathcal{U}} \overline{y}_i^{\mathcal{U}} \mathbf{1}_i^{\mathcal{U}} . \tag{8.16}$$

Aus der orthogonalen Zerlegung des Faktorraums $\boldsymbol{U}$ in seine orthogonalen Komponenten (8.15) folgt:

$$\boldsymbol{P}_{\boldsymbol{U}} = \sum_{\mathcal{V} \subseteq \mathcal{U}} \boldsymbol{P}_{\mathbb{U}} .$$

Die Projektion $\boldsymbol{P}_{\mathbb{U}}$ können wir daher rekursiv bestimmen durch:

$$\boldsymbol{P}_{\mathbb{U}} = \boldsymbol{P}_{\boldsymbol{U}} - \sum_{\mathcal{V} \subsetneq \mathcal{U}} \boldsymbol{P}_{\mathbb{U}} . \tag{8.17}$$

Im Beispiel mit $\mathcal{M} = \{A, B, C\}$ und $\mathcal{U} = \{A, B\}$ ist:

$$\boldsymbol{P}_{\mathbb{A}} = \boldsymbol{P}_{\boldsymbol{A}} - \boldsymbol{P}_{\mathbf{1}} ,$$

$$\boldsymbol{P}_{\mathbb{AB}} = \boldsymbol{P}_{\boldsymbol{AB}} - \boldsymbol{P}_{\mathbb{A}} - \boldsymbol{P}_{\mathbb{B}} - \boldsymbol{P}_{\mathbf{1}} ,$$

$$\boldsymbol{P}_{\mathbb{ABC}} = \boldsymbol{P}_{\boldsymbol{ABC}} - \boldsymbol{P}_{\mathbb{AB}} - \boldsymbol{P}_{\mathbb{AC}} - \boldsymbol{P}_{\mathbb{BC}} - \boldsymbol{P}_{\mathbb{A}} - \boldsymbol{P}_{\mathbb{B}} - \boldsymbol{P}_{\mathbb{C}} - \boldsymbol{P}_{\mathbf{1}} .$$

Die Effekte

Der Zerlegung des Modellraums entspricht der Zerlegung von $\boldsymbol{\mu}$ in seine Effekte:

$$\boldsymbol{\mu} = \sum_{\mathcal{U} \subseteq \mathcal{M}} \boldsymbol{P}_{\mathbb{U}} \boldsymbol{\mu} .$$

$\boldsymbol{\mu}$ wird geschätzt durch Projektion von $\boldsymbol{y}$ in den Modellraum:

$$\widehat{\boldsymbol{\mu}} = \sum_{\mathcal{U} \subseteq \mathcal{M}} \boldsymbol{P}_{\mathbb{U}} \boldsymbol{y} .$$

Dabei ist

$$\boldsymbol{P}_{\mathbb{U}} \boldsymbol{\mu} = \sum_{i \in \mathcal{U}} \theta_i^{\mathcal{U}} \mathbf{1}_i^{\mathcal{U}} ,$$

$$\boldsymbol{P}_{\mathbb{U}} \boldsymbol{y} = \sum_{i \in \mathcal{U}} \widehat{\theta}_i^{\mathcal{U}} \mathbf{1}_i^{\mathcal{U}} .$$

Wegen (8.17) und (8.16) ist daher jeder Schätzer rekursiv bestimmt:

$$\widehat{\theta}_i^{\mathcal{U}} = \overline{y}_i^{\mathcal{U}} - \sum_{\mathcal{V} \subsetneq \mathcal{U}} \widehat{\theta}_i^{\mathcal{V}} . \tag{8.18}$$

Der Effekt $\theta_i^{\mathcal{U}}$ einer Faktorstufenkombination $\mathcal{U}$ wird demnach geschätzt durch den Mittelwert aus allen Beobachtungswerten zu dieser Kombination, der dann von allen in $\mathcal{U}$ bereits enthaltenen Effekten *bereinigt* wird. $\theta_i^{\mathcal{U}}$ wird geschätzt, als ob nur die in $\mathcal{U}$ genannten Faktoren im Modell enthalten sind.

1. Die Effektschätzer $\widehat{\theta}_i^{\mathcal{U}}$ und $\widehat{\theta}_i^{\mathcal{V}}$, die zu unterschiedlichen Faktormengen gehören, sind voneinander stochastisch unabhängig, da ihre Effekträume orthogonal sind.
2. Effektschätzer, die zur gleichen Faktormenge gehören, sind korreliert. Ihre Kovarianzen sind rekursiv bestimmt durch:

$$\operatorname{cov}\left(\widehat{\theta}_i^{\mathcal{U}}, \widehat{\theta}_j^{\mathcal{U}}\right) = \sigma^2 \frac{\delta_{ij|\mathcal{U}}}{n_i^{\mathcal{U}}} - \sum_{\mathcal{V} \subsetneq \mathcal{U}} \operatorname{cov}\left(\widehat{\theta}_i^{\mathcal{V}}, \widehat{\theta}_j^{\mathcal{V}}\right) .$$

Dabei ist $\delta_{ij|\mathcal{U}} = 1$, falls $\boldsymbol{i} \; |_{\mathcal{U}} = \boldsymbol{j} \; |_{\mathcal{U}}$ und $\delta_{ij|\mathcal{U}} = 0$ sonst.

Test eines Effekts

Die Zerlegung des Modellraums in seine orthogonalen Effekträume gestattet die explizite Bestimmung sämtlicher Prüfgrößen und ihrer Verteilung.

Die nicht skalierte Prüfgröße der Hypothese $H_0^{\mathcal{U}}$: „Alle $\mathcal{U}$-Effekte sind Null", oder formaler:

$$H_0^{\mathcal{U}} : \theta_i^{\mathcal{U}} = 0 \; \forall \boldsymbol{i} .$$

ist

$$\mathrm{SS}(\mathcal{U}) = \|\boldsymbol{P}_{\mathbb{U}} \boldsymbol{y}\|^2 = n^{\mathcal{U}} \sum_{i \in \mathcal{U}} \left(\widehat{\theta}_i^{\mathcal{U}}\right)^2 .$$

Wegen $\boldsymbol{P}_U = \boldsymbol{P}_{\mathbb{U}} + \sum_{\mathcal{V} \subsetneq \mathcal{U}} \boldsymbol{P}_{\mathbb{V}}$ und $\boldsymbol{P}_U \boldsymbol{y} = \sum_{i \in \mathcal{U}} \overline{y}_i^{\mathcal{U}} \mathbf{1}_i^{\mathcal{U}}$ lässt sich $\mathrm{SS}(\mathcal{U})$ rekursiv berechnen:

$$\begin{aligned} \mathrm{SS}(\mathcal{U}) &= \|\boldsymbol{P}_U \boldsymbol{y}\|^2 - \sum_{\mathcal{V} \subsetneq \mathcal{U}} \|\boldsymbol{P}_{\mathbb{V}} \boldsymbol{y}\|^2 \\ &= n^{\mathcal{U}} \sum_{i \in \mathcal{U}} \left(\overline{y}_i^{\mathcal{U}}\right)^2 - \sum_{\mathcal{V} \subsetneq \mathcal{U}} \mathrm{SS}(\mathcal{V}) . \end{aligned}$$

Der für die Signifikanz des $\mathcal{U}$-Effektes verantwortliche Term $\mathrm{SS}(\mathcal{U})$ ist also der übriggebliebene Rest, wenn die Summe der quadrierten $\mathcal{U}$-Mittelwerte um die $\mathrm{SS}(\mathcal{V})$-Terme der bereits erfassten Effekte vermindert wird. Wir können alle Regeln in eine allgemeine Regel zusammenfassen:

> Um einen Term in einem Effektraum zu berechnen, bestimme den gleichen Term im zuständigen Faktorraum und subtrahieren die analogen Terme aus allen im Faktorraum enthaltenen Effekträumen.

Nach dem Satz von Cochran in der Version aus der Vertiefung von Seite 165 ist

$$\mathrm{SS}(\mathcal{U}) \sim \sigma^2 \chi^2 \left(\dim \mathbb{U}; \frac{1}{\sigma^2} \|\boldsymbol{P}_{\mathbb{U}} \boldsymbol{\mu}\|^2\right) .$$

Ist $H_0^{\mathcal{U}}$ wahr, so sind $\|\boldsymbol{P}_{\mathbb{U}} \boldsymbol{\mu}\| = 0$ und $\mathrm{SS}(\mathcal{U}) \sim \sigma^2 \chi^2 (\dim \mathbb{U})$. $H_0^{\mathcal{U}}$ wird getestet durch die Prüfgröße: r

$$\mathrm{F_{PG}} = \frac{\mathrm{SS}(\mathcal{U})}{\widehat{\sigma}^2 \dim \mathbb{U}} \sim F(\dim \mathbb{U};\; n - \dim(\text{Modellraum})) .$$

Bestimmung des relevanten Modellraums und Schätzung von σ^2

Im Verlauf einer Varianzanalyse wird in der Regel die Menge der Effekte reduziert, und nicht signifikante Effekte werden eliminiert. Bezeichnen wir die Menge der Effekte im Modell mit

$$\mathfrak{E} = \text{Menge der Effekte im Modell} ,$$

so ist im *saturierten* Modell $\mathfrak{E}$ die Potenzmenge von $\mathcal{M}$. Betrachten wir nun ein Untermodell $\boldsymbol{M}^*$ des saturierten Modells, das nur noch die Effekte $\mathfrak{E}^* \subset \mathfrak{E}$ enthält. Dabei ist $\mathfrak{E}^*$ nicht mehr die Potenzmenge von $\mathcal{M}$. Der Modellraum ist nun

$$\boldsymbol{M}^* := \bigoplus_{\mathcal{V} \in \mathfrak{E}^*} \mathbb{U} . \tag{8.19}$$

Vergleichen wir beide Modelle, so erhalten wir die beiden Zerlegungen:

$$\mathbb{R}^n = \underbrace{\overbrace{\bigoplus_{\mathcal{U} \in \mathfrak{E}^*} \mathbb{U}}^{}}_{\text{Modellraum } \boldsymbol{M}^*} \overbrace{\oplus \underbrace{\bigoplus_{\mathcal{U} \notin \mathfrak{E}^*} \mathbb{U}}_{} }^{\text{Modellraum } \boldsymbol{M}} \underbrace{\oplus \overbrace{\mathbb{R}^n \ominus \boldsymbol{M}}^{\text{Fehlerraum}}}_{\text{Fehlerraum}} .$$

Daher werden im Modell $\boldsymbol{M}^*$ die Effekte weiterhin durch Projektion in noch vorhandene Effekträume geschätzt. Während sich die Projektionen nicht ändern, wächst SSE an:

$$\begin{aligned} \mathrm{SSE}(\boldsymbol{M}^*) &= \sum_{\mathcal{U} \notin \mathfrak{E}^*} \|\boldsymbol{P}_{\mathbb{U}} \boldsymbol{y}\|^2 + \left\|\boldsymbol{y} - \boldsymbol{P}_{\boldsymbol{M}} \boldsymbol{y}\right\|^2 \\ &= \sum_{\mathcal{U} \notin \mathfrak{E}^*} \mathrm{SS}(\mathcal{U}) + \mathrm{SSE}(\boldsymbol{M}) . \end{aligned}$$

Die SS-Terme der nicht im Modell $\boldsymbol{M}^*$ enthaltenen Effekte werden der Fehlerquadratsumme des saturierten Modells zugeschlagen. Wegen

$$\dim \boldsymbol{M}^* < \dim \boldsymbol{F}$$

kann

$$\widehat{\sigma}^2\left(\boldsymbol{M}^*\right)=\frac{\operatorname{SSE}\left(\boldsymbol{M}^*\right)}{\operatorname{dim}\boldsymbol{M}^*}$$

größer oder kleiner als $\widehat{\sigma}^2(\boldsymbol{M})$ sein.

Beispiel Gemeinsam auf einem Acker wachsende Pflanzen können sich gegenseitig behindern oder fördern. Diese Effekte werden unter anderem in den landwirtschaftlichen Versuchsanstalten systematisch erforscht. In einem „Deckfruchtversuch“ des Instituts für Pflanzenbau an der ETH Zürich wurden in einem Feldversuch vier Deckfrüchte und drei Einsaaten kombiniert. Dabei sollen die Deckfrüchte die Einsaaten beim Keimen und Anwachsen schützen. Das Beispiel stammt aus dem Buch von Linder (1969). Die Deckfrüchte und die Einsaaten waren:

	Deckfrüchte		Einsaaten
C_1	Sommergerste	A_1	Reigras
C_2	Sommerweizen	A_2	Fromental
C_3	Hafer	A_3	Luzerne
C_4	keine Deckfrucht: Kontrolle		

Die Versuche liefen auf vier Äckern (Block 1 bis Block 4), die jeweils in 12 Parzellen geteilt waren. Damit haben wir in diesem Modell drei Faktoren, nämlich die beiden kontrollierten Verfahrensfaktoren A und C, sowie den unbekannten Blockfaktor B. Auf jeder Parzelle wurde jeweils eine Einsaat A_i und eine Deckfrucht C_j gemeinsam angebaut. Am Ende der Wachstumsperiode wurde der Ertrag y_{ijk}^{ABC} für jede Parzelle gemessen. Für diesen Versuch gilt also:

Stufen: $s_A = 3;\ s_B = 4;\ s_C = 4$

Besetzungszahlen: $r = n^{ABC} = 1$

$n^{AB} = 4;\ n^{AC} = 4;\ n^{BC} = 3;$

$n^A = 16;\ n^B = 12;\ n^C = 12;\ n = 48$

Tabelle 8.14 zeigt das Datenprotokoll.

Da der Versuch balanciert ist, können wir diesen Datensatz elementar auswerten. In Tabelle 8.15 sind die Daten nach den drei verschiedenen Stufen von A sortiert. Dabei sind an den Rändern die Zeilen- bzw. Spaltensummen eingetragen, da wir leichter Summen als Quotienten im Auge nachverfolgen können. Die Schichtenmittelwerte ergeben sich durch Division mit den Besetzungszahlen. In Tabelle 8.16 wurde über alle Stufen des Faktor A hinwegsummiert.

Tabelle 8.15 Nach den Einsaaten A sortierte Daten

$A=1$					
y_{1jk}^{ABC}	C_1	C_2	C_3	C_4	$4\bar{y}_{1i}^{AB}$
B_1	724	716	596	727	2763
B_2	409	412	616	497	1934
B_3	708	686	629	490	2513
B_4	678	630	740	689	2737
$4\bar{y}_{1j}^{AC}$	2519	2444	2581	2403	$16\bar{y}_1^A$=9947

$A=2$					
y_{2jk}^{ABC}	C_1	C_2	C_3	C_4	$4\bar{y}_{2i}^{AB}$
B_1	502	458	421	657	2038
B_2	461	550	305	414	1730
B_3	494	450	474	419	1837
B_4	443	493	450	471	1857
$4\bar{y}_{2j}^{AC}$	1900	1951	1650	1961	$16\bar{y}_2^A$=7462

$A=3$					
y_{3jk}^{ABC}	C_1	C_2	C_3	C_4	$4\bar{y}_{3i}^{AB}$
B_1	454	410	536	607	2007
B_2	282	253	272	402	1209
B_3	315	290	262	389	1256
B_4	377	454	477	513	1821
$4\bar{y}_{3j}^{AC}$	1428	1407	1547	1911	6293=$16\bar{y}_3^A$

Tabelle 8.14 Datenprotokoll.

y_{ijk}^{ABC}	B	A	C	y_{ijk}^{ABC}	B	A	C	y_{ijk}^{ABC}	B	A	C
724	1	1	1	502	1	2	1	454	1	3	1
716	1	1	2	458	1	2	2	410	1	3	2
596	1	1	3	421	1	2	3	536	1	3	3
727	1	1	4	657	1	2	4	607	1	3	4
409	2	1	1	461	2	2	1	282	2	3	1
412	2	1	2	550	2	2	2	253	2	3	2
616	2	1	3	305	2	2	3	272	2	3	3
497	2	1	4	414	2	2	4	402	2	3	4
708	3	1	1	494	3	2	1	315	3	3	1
686	3	1	2	450	3	2	2	290	3	3	2
629	3	1	3	474	3	2	3	262	3	3	3
490	3	1	4	419	3	2	4	389	3	3	4
678	4	1	1	443	4	2	1	377	4	3	1
630	4	1	2	493	4	2	2	454	4	3	2
740	4	1	3	450	4	2	3	477	4	3	3
689	4	1	4	471	4	2	4	513	4	3	4

Tabelle 8.16 Nach B und C gruppierte Daten

$3\bar{y}_{ij}^{BC}$	C_1	C_2	C_3	C_4x	$12\bar{y}_i^B$
B_1	1680	1584	1553	1991	6808
B_2	1152	1215	1193	1313	4873
B_3	1517	1426	1365	1298	5606
B_4	1498	1577	1667	1673	6415
$12y_j^C$	5847	5802	5778	6275	$48y = 23702$

Wir stellen dazu in der Tabelle 8.17 die notwendigen Quadratsummen der Mittelwerte zusammen. Da in den Tabellen Summen, aber keine Mittelwerte angegeben sind, schreiben wir die Mittelwertsformel um:

$$\|\boldsymbol{P}_U \boldsymbol{y}\|^2 = \sum_{i \in \mathcal{U}} \left(\bar{y}_i^{\mathcal{U}}\right)^2 n^{\mathcal{U}} = \frac{1}{n^{\mathcal{U}}} \sum_{i \in \mathcal{U}} \left(n^{\mathcal{U}} \bar{y}_i^{\mathcal{U}}\right)^2 .$$

Die Tabelle 8.17 gibt $\|\boldsymbol{P}_U \boldsymbol{y}\|^2$ und $\mathrm{SS}(\mathcal{U}) = \|\boldsymbol{P}_U \boldsymbol{y}\|^2 - \sum_{\mathcal{V} \subsetneq \mathcal{U}} \mathrm{SS}(\mathcal{U})$ an.

Dabei ist $\dim \mathbb{U} = \prod_{F \in \mathcal{U}} (s_F - 1)$ die Anzahl der Freiheitsgrade zu einem Effekt. Zum Beispiel sind die Freiheitsgrade für BC gleich $(4-1)(4-1) = 9$.

Zum Beispiel sind

$$\begin{aligned} \mathrm{SS}(B) &= \|\boldsymbol{P}_B \boldsymbol{y}\|^2 - \mathrm{SS}(\varnothing) \\ &= 11889538 - 11703850 = 185688, \\ \mathrm{SS}(AB) &= \|\boldsymbol{P}_{AB} \boldsymbol{y}\|^2 - \mathrm{SS}(A) - \mathrm{SS}(B) - \mathrm{SS}(\varnothing) \\ &= 12383383 - 435281 - 185688 - 11703850 \\ &= 58564 . \end{aligned}$$

Das saturierte Modell

Im saturierten Modell sind $\mathcal{M} = \{B; C; A\}$ und $\mathfrak{E} = \{A; B; C; AB; AC; BC; ABC\}$. Das saturierte Modell mit allen Effekten ist ungeeignet zur Analyse der Daten. Wegen $r = 1$ sind $\sum \dim \mathbb{U} = 48 = n$ und $\bigoplus_{\mathcal{U} \subseteq \mathcal{M}} \mathbb{U} = \mathbb{R}^{48}$. Der Modellraum schöpft den Beobachtungsraum voll aus. Wir sehen es auch im Vergleich von SSR und SST :

$$\begin{aligned} \mathrm{SSR} &= \sum_{\mathcal{U} \subseteq \mathcal{M}} \mathrm{SS}(\mathcal{U}) \\ &= 185688 + 13777 + 435281 + 46498 \\ &\quad + 47805 + 58564 + 90937 \\ &= 878550 , \end{aligned}$$

$$\begin{aligned} \mathrm{SST} &= \|\boldsymbol{P}_M \boldsymbol{y}\|^2 - \|\boldsymbol{P}_1 \boldsymbol{y}\|^2 \\ &= 12582400 - 1170385 = 878550 . \end{aligned}$$

Im saturierten Modell ist $\mathrm{SSE} = 0$. Die Anpassung des Modells an die erhobenen Daten ist vollständig, aber die Anpassung des Modells an potentielle Daten kann beliebig schlecht sein, denn das Modell ist überangepasst. Es bleiben keine Freiheitsgrade zur Schätzung von σ^2. Es ist nicht möglich, die Genauigkeit der Schätzungen anzugeben.

Das Modell ohne den höchsten Wechselwirkungseffekt ABC

Wir verzichten daher auf den höchsten Wechselwirkungseffekt und definieren diesen als Fehlerterm. Nun bleibt $\mathcal{M} = \{B; C; A\}$, aber $\mathfrak{E} = \{A; B; C; AB; AC; BC\}$. Damit erhalten wir die folgende Anova-Tafel, in der nicht weiter nach Effekten unterschieden wird:

	Betrag	F.grad	*MS*	F_{pg}
SSR	= 878550 − 90937	29	27159	5.38
	= 787613			
SST	= 878550	47		
SSE = SS (ABC)	= 90937	18	5052	

Der globale F-Test liefert:

$$\begin{aligned} \mathrm{F}_{\mathrm{pg}} &= \frac{MS\,(\text{Modell})}{\widehat{\sigma}^2} = \frac{27159}{5052} = 5.38 \\ &> F\,(29; 18)_{0.95} = 2.11 . \end{aligned}$$

Daher ist das Gesamtmodell bei einem $\alpha = 5\,\%$ signifikant. Die Tests der einzelnen Effekte zeigt Tabelle 8.18.

Tabelle 8.18 Test der verbleibenden Effekte im Modell ohne den Effekt BDE.

Effekt	F. Grad	SS	*MS*	F_{pg}	$F_{0,95}$
B	3	185688	61896	12.25	3.16
C	3	13777	4592	0.91	3.16
A	2	435281	217641	43.08	2.11
AC	6	47805	7968	1.58	2.66
AB	6	58564	9761	1.93	2.66
BC	9	46498	5166	1.02	2.46

Nur der Blockeffekt B und der Effekt A der Einsaaten sind signifikant. Die Gesamtheit aller Wechselwirkungseffekte zwischen Verfahren und Blöcken sind nicht signifikant. Wir vereinfachen

Tabelle 8.17 Die Sum of Squares aller Effekte.

$\mathcal{U}$	$\dim \mathbb{U}$	$\|\boldsymbol{P}_{\mathcal{U}} \boldsymbol{y}\|^2$	$\mathrm{SS}(\mathcal{U})$
$\varnothing$	1	$23702^2/48 = 11703850$	11703850
B	3	$(6808^2 + 4873^2 + 5606^2 + 6415^2)/12 = 11889538$	185688
C	3	$(5847^2 + 5802^2 + 5778^2 + 6275^2)/12 = 11717627$	13777
A	2	$(9947^2 + 7462^2 + 6293^2)/16 = 12139131$	435281
B;C	9	$(1680^2 + \cdots + 1673^2)/3 = 11949813$	46498
A;B	6	$(2763^2 + 1934^2 + \cdots + 1821^2)/4 = 12383383$	58564
A;C	6	$(2519^2 + 2444^2 + \cdots + 1911^2)/4 = 12200713$	47805
A;B;C	18	$(724^2 + 716^2 + \cdots + 513^2)/4 = 12582400$	90937

Tabelle 8.19 Test der verbleibenden Effekte im Modell ohne Block-Wechselwirkungen

Effekt	F. Grad		SS		*MS*	F_{pg}	$F_{0.95}$
SSR	14		682551		48753	8.21	1.81
Blöcke B	3		185688		61896	10.42	3.16
Verfahren A; C; AC	11		496863		45169	7.60	2.09
davon C		3		13777	4592	0.77	2.89
davon A		2		435281	217641	36.65	3.28
davon AC		6		47805	7968	1.34	2.39
SSE	33		195999		5939		
SST	47		878550				

daher das Modell und schlagen alle Wechselwirkungen zwischen Blöcken und Verfahren dem Fehlerterm zu.

Das Modell ohne Wechselwirkungseffekte mit den Blöcken

Wieder bleibt $\mathcal{M} = \{B; C; A\}$, aber die Menge der betrachteten Effekte reduziert sich auf $\mathfrak{E} = \{A; B; C; AC\}$. Nun wird SSE berechnet als:

	F.grad	SS	*MS*
$\sum$ ABC	18	90937	
$\sum$ AB	6	58564	
$\sum$ CB	9	46498	
=: SSE	33	195999	5939

σ^2 wird nun mit $\widehat{\sigma}^2 = 5939$ geringfügig größer geschätzt als vorher mit $\widehat{\sigma}^2 = 5059$. Dafür hat die Zahl der Freiheitsgrade erheblich zugenommen. Die neue Anova-Tafel hat sich nur im SSE-Term und den Prüfgrößen des F-Tests geändert, die Aussagen der Tests sind aber dieselben geblieben (siehe Tabelle 8.19).

In dieser Tabelle berechnet sich zum Beispiel:

$$\begin{aligned} \text{SS (Verfahren)} &= \text{SS}(A) + \text{SS}(C) + \text{SS}(CA) \\ &= 435281 + 13777 + 47805 = 496863\,, \\ \text{SSR} &= \text{SS (Blöcke)} + \text{SS (Verfahren)} \\ &= 185688 + 496862 = 682550\,. \end{aligned}$$

Nur Blöcke und Einsaaten haben einen signifikanten Effekt. Die Deckfrüchte haben keinen wesentlichen Einfluss auf den Ertrag. Unterschiede im Ertrag sind nur auf die unterschiedlichen Böden und die Einsaaten zurückzuführen. Verzichten wir auf alle nicht signifikanten Größen, erhalten wir ein einfaches additives Modell, das nur diese beiden Effekte, Boden und Einsaaten, enthält:

$$y_{ijw}^{AB} = \theta_0 + \theta_i^A + \theta_j^B + \varepsilon_{ijw}\,.$$ ◀

8.6 Unbalancierte Modelle mit zwei Faktoren

Im balancierten Versuchsplan war die Welt schön, übersichtlich strukturiert und einfach zu berechnen. Unbalanciert gerät sie aus den Fugen, und Vieles, was wir bisher gelernt haben, wird infrage gestellt. Die entscheidende Änderung ist: Die Effekträume sind nicht länger orthogonal. Damit wird der Begriff des Effekts infrage gestellt und Hypothesen über die Signifikanz von Effekten müssen präzisiert werden. Außerdem ist die Bestimmung der Schätzer nur noch mit großen Rechneraufwand möglich. Zm Trost bleiben Faktor- und Modellräume und ihre Dimensionen unverändert.

Zur Einführung beginnen wir mit einem konstruierten Beispiel.

Beispiel In der kleinen Stadt Gewohningen lebt man sehr traditionsbewusst. Seit Jahrzehnten werden dort männlichen Säuglinge im Wesentlichen mit Bops-Brei und weibliche Säuglinge meistens mit Bips-Brei gefüttert. Aus langjähriger Erfahrung weiß man, dass bei dieser Kost die kleinen Jungen und Mädchen gleich gut gedeihen. Nun kommt Baps-Brei neu auf den Markt, und die Eltern sind verunsichert.

Eine Gruppe aufgeschlossener Eltern interessiert sich dafür, ob die unterschiedliche Babynahrung das Wachstum der Kinder beeinflusst, ob Junge oder Mädchen sich unterschiedlich entwickeln und ob die Babynahrung bei Jungen anders anschlägt als bei Mädchen. Daher beschließen die Eltern, die Babynahrung zu testen. Einige zufällig ausgewählte Eltern losen die Breisorte aus, die anderen bleiben bei der traditionellen Wahl. Alle Eltern wiegen zu Beginn des Versuchs ihre Kleinen und vergleichen nach einem halben Jahr die Gewichtszunahme der Kinder. Damit haben wir einen Versuchsplan mit den beiden Faktorer A = Geschlecht und B = Breisorte. Die dabei gemessenen Gewichte stehen in Tabelle 8.20.

Die mittlere Gewichtszunahme ist:

$$\overline{y} = \frac{360}{40} = 9\,.$$

Die Eltern betrachten die beiden traditionell ernährten Kindergruppen und berechnen für diese die Mittelwerte.

Mittelwert der Bops-genährten Jungen	$\overline{y}_{13}^{AB} = 8.972 \approx 9 = \overline{y}\,,$
Mittelwert der Bips-genährten Mädchen	$\overline{y}_{21}^{AB} = 8.994 \approx 9 = \overline{y}\,.$

Diese Daten bestätigen aufs Schönste die Erfahrung der Alten. Die Gewichtszunahmen sind praktisch gleich groß. Nun werden

Tabelle 8.20 Die Gewichtszunahme der Babys in Abhängigkeit von Geschlecht und Breisorte.

	B_1 = Bips	B_2 = Baps	B_3 = Bops	$\sum$
A_1 = ♂	4.092 5.999	8.725 5.638	11.067 5.279 7.275 12.377 5.072 9.901 5.840 7.005 6.882 9.049 6.671 8.740 14.862 9.959 10.278 13.290	168
A_2 = ♀	5.368 9.827 7.571 8.472 10.182 8.719 8.851 9.897 11.046 9.885 8.054 10.674 9.001 9.462 9.944 6.957	13.361 8.276	15.179 11.275	192
$\sum$	154	36	170	360

die Mittelwerte der Jungen und Mädchen miteinander verglichen:

$$\text{Mittelwert der Jungen} \quad \overline{y}_1^A = 168/20 = 8.4\,,$$
$$\text{Mittelwert der Mädchen} \quad \overline{y}_2^A = 192/20 = 9.6\,.$$

Diese Mittelwerte von Jungen und Mädchen streuen ebenfalls nur geringfügig um den gemeinsamen Mittelwert 9. Nun wird der Faktor B, die Ernährung, betrachtet:

$$\text{Mittelwert für Bips} \quad \overline{y}_1^B = 154/18 = 8.556\,,$$
$$\text{Mittelwert für Baps} \quad \overline{y}_2^B = 36/4 = 9.000\,,$$
$$\text{Mittelwert für Bops} \quad \overline{y}_3^B = 170/18 = 9.444\,.$$

Auch hier sind die Unterschiede zwischen den Breisorten unbedeutend. Die Konsequenzen liegen auf der Hand: Wesentliche Unterschiede zwischen den Geschlechtern und den Breisorten sind offenbar nicht zu erkennen. Trotzdem beschließt man, die Daten genauer zu analysieren und berechnet für Jungen und Mädchen getrennt die Gruppenmittelwerte für jede Breisorte. Die Tabelle der nur geringfügig gerundeten Zellenmittelwerte ergibt sich nun als:

$\overline{y}_{ij}^{AB}$	Bips	Baps	Bops
♂	5	7	9
♀	9	11	13

Hier entdecken die überraschten Eltern erhebliche Unterschiede sowohl zwischen den Geschlechtern als auch zwischen den Breisorten: Mit Baps ernährte Säuglinge nehmen 2 kg und die mit Bops ernährten Säuglinge nehmen 4 kg mehr zu als die mit Bips ernährten. Die Mädchen haben, mit welcher Breisorte sie auch immer gefüttert wurden, im Schnitt 4 kg mehr zugenommen als die Jungen.

Die Zeilen- und Spaltenmittelwerte sind nicht die Mittelwerte der Zellenmittel!

Warum wurde diese wichtigen Erkenntnisse bei der ersten Analyse übersehen? Die Gründe sind:

- Beim traditionellen Vergleich: „Bops-Jungen gegen Bips-Mädchen" wurden beide Faktoren *Geschlecht* und *Brei* miteinander **vermengt**. Der Geschlechtereffekt konnte nicht von Breieffekt getrennt werden.
- Vergleicht man jeweils nur die Geschlechter oder nur die Nahrungstypen für sich allein, wird also der anderen Faktor **ignoriert**, so sind die Effekte in der ungleichen Verteilung der Anteile untergegangen.
- Erst als beide Faktoren **gemeinsam** betrachtet wurden, konnten ihre jeweilige Wirkungen erkannt werden.
- Zusätzlich wurde der Vergleich der Wirkungen durch die extrem ungleichen Besetzungszahlen der Gruppen erschwert. Der Versuch ist erheblich **unbalanciert**. Die Besetzungszahlen in unserem Beispiel sind

	B_1	B_2	B_3	n_i^A
A_1	$n_{11}^{AB} = 2$	$n_{12}^{AB} = 2$	$n_{13}^{AB} = 16$	$n_1^A = 20$
A_2	$n_{21}^{AB} = 16$	$n_{22}^{AB} = 2$	$n_{23}^{AB} = 2$	$n_2^A = 20$
n_j^B	$n_1^B = 18$	$n_1^B = 4$	$n_1^B = 18$	$n = 40$

Bei solchen ungleichen Zellenbesetzungen ist große Vorsicht geboten, wenn man wie hier voreilige Trugschlüsse vermeiden will. ◀

Das saturierte und das additive Modell

Der Modellraum des saturierten Modells ist der Faktorraum $\boldsymbol{AB}$. Er wird von den orthogonalen Zellenindikatoren aufgespannt:

$$\boldsymbol{AB} = \operatorname{span}\left\{\mathbf{1}_{ij}^{AB};\ i = 1, \ldots, s_A;\ j = 1, \ldots, s_B\right\},$$
$$\boldsymbol{A} + \boldsymbol{B} = \operatorname{span}\left\{\mathbf{1}_i^{A};\ \mathbf{1}_j^{B};\ i = 1, \ldots, s_A;\ j = 1, \ldots, s_B\right\}.$$

Wie im balancierten Versuch ist $\dim(\boldsymbol{AB}) = s_A s_B$ und $\dim(\boldsymbol{A} + \boldsymbol{B}) = s_A + s_B - 1$. Dies lässt leicht zeigen: Versuchswiederholungen führen in den Designmatrizen zu identischen Zeilen. Wenn wir in den Designmatrizen diese doppelten Zeilen streichen, ändern wir an den Rängen der Matrizen nichts. Der Matrizen gleichen denen eines balancierten Versuchsplans mit $r = 1$. Von dort übernehmen wir die Aussagen über die Ränge, d.h. die Dimensionen.

Kritisch ist aber der Begriff des Effekts:

Gehen wir zur Abschreckung einmal von den vertrauten Schätzformeln aus und definieren vorübergehend als geschätzte „Pseudoeffekte"

$$\widehat{\theta}_0 = \overline{y}\,,$$
$$\widehat{\theta}_i^A = \overline{y}_i^A - \widehat{\theta}_0\,,$$
$$\widehat{\theta}_j^B = \overline{y}_j^B - \widehat{\theta}_0\,,$$
$$\widehat{\theta}_{ij}^{AB} = \overline{y}_{ij}^{AB} - \widehat{\theta}_i^A - \widehat{\theta}_j^B - \widehat{\theta}_0\,.$$

Dann ist im saturierten Modell

$$\begin{aligned} E\left(\widehat{\theta}_i^A\right) &= E\left(\overline{y}_i^A - \widehat{\theta}_0\right) \\ &= \frac{1}{n^A}\sum_{j=1}^{s_B}\sum_{w=1}^{n_{ij}} E\left(y_{ihw}^{AB}\right) - E\left(\widehat{\theta}_0\right) \\ &= \frac{1}{n^A}\sum_{j=1}^{s_B} n_{ij}^{AB}\mu_{ij}^{AB} - \frac{1}{n}\sum_{j=1}^{s_B}\sum_{i=1}^{s_A} n_{ij}^{AB}\mu_{ij}^{AB}. \end{aligned}$$

Und das soll θ_i^A sein? Die Vorstellung eines vom Versuchsplan unabhängigen Effekts löst sich auf. Wenn sich die Besetzungszahlen einer Zelle ändern, ändert sich auch die Definition des Effekts. Außerdem wären bei dieser Effektdefinition wechselwirkungsfreie Modelle nicht unbedingt additive wie das folgende Beispiel zeigt.

Beispiel Betrachten wir dazu den Baby-Brei-Datensatz, indem wir die im additiven Modell gefundenen Schätzwerte der $\widehat{\mu}_{ij}^{AB}$ mit ihren Erwartungswerten identifizieren. Es seien also die μ_{ij}^{AB} und n_{ij}^{AB} wie folgt definiert:

μ_{ij}^{AB}

	B_1	B_2	B_3
A_1	5	7	9
A_2	9	11	13

n_{ij}^{AB}

	B_1	B_2	B_3
A_1	2	2	16
A_2	16	2	2

Offensichtlich ist $\mu_{ij}^{AB} = a_i + b_j$ und $\boldsymbol{\mu} \in \boldsymbol{A} + \boldsymbol{B}$. Die nächste Tafel zeigt die Produkte $n_{ij}^{AB}\mu_{ij}^{AB}$, die Zeilen- und Spaltensummen und die dazu gehörenden Mittelwerte. Dabei haben wir $\frac{1}{n_j^B}\sum_i n_{ij}^{AB}\mu_{ij}^{AB} = \overline{\mu}_j^B$, $\frac{1}{n_i^A}\sum_j n_{ij}^{AB}\mu_{ij}^{AB} = \overline{\mu}_i^A$ und $\frac{1}{n}\sum_i\sum_j n_{ij}^{AB}\mu_{ij}^{AB} = \overline{\mu}$ genannt:

$n_{ij}^{AB}\mu_{ij}^{AB}$	$j=1$	$j=2$	$j=3$	$\sum_j n_{ij}^{AB}\mu_{ij}^{AB}$	n_i^A	$\overline{\mu}_i^A$
$i=1$	10	14	144	168	20	8.4
$i=2$	144	22	26	192	20	9.6
$\sum_i n_{ij}^{AB}\mu_{ij}^{AB}$	154	36	170	360		
n_j^B	18	4	18			
$\overline{\mu}_j^B$	8.5556	9	9.4444			$\overline{\mu} = 9$

Aus dieser Tabelle ergeben sich die folgenden Pseudoeffekte:

$$\begin{aligned} \theta_0 &= \overline{\mu} = 9, \\ \theta_1^A &= \overline{\mu}_1^A - \theta_0 = 8.4 - 9 = -0.6, \\ \theta_1^B &= \overline{\mu}_1^B - \theta_0 = 8.5556 - 9 = -0.444. \end{aligned}$$

Analog ergeben sich:

$$\theta_2^A = 0.6 \quad \theta_2^B = 0 \quad \text{und} \quad \theta_3^B = 9.4444 - 9 = 0.444.$$

Wir erhalten demnach mit $\theta_0 = 9$ die folgende additive Komponente:

$\theta_0 + \theta_i^A + \theta_j^B$	$\theta_1^B = -0.444$	$\theta_2^B = 0$	$\theta_3^B = 0.444$
$\theta_1^A = -0.6$	7.956	8.4	8.844
$\theta_2^A = 0.6$	9.156	9.6	10.044

und die daraus resultierenden Wechselwirkungseffekte $\theta_{ij}^{AB} = \mu_{ij}^{AB} - \left(\theta_0 + \theta_i^A + \theta_j^B\right)$:

$$\underbrace{\begin{pmatrix} 5 & 7 & 9 \\ 9 & 11 & 13 \end{pmatrix}}_{\mu_{ij}^{AB}} - \underbrace{\begin{pmatrix} 7.956 & 8.4 & 8.844 \\ 9.156 & 9.6 & 10.044 \end{pmatrix}}_{\theta_0+\theta_i^A+\theta_j^B} = \underbrace{\begin{pmatrix} -2.956 & -1.4 & 0.156 \\ -0.156 & 1.4 & 2.956 \end{pmatrix}}_{\theta_{ij}^{AB}}$$

Wir haben hier ein additives Modell mit von null verschiedenen Wechselwirkungen! Dieser Widerspruch konnte nur auftreten, weil die hier verwendeten Pseudoeffekte nicht über identifizierende Nebenbedingungen definiert sind. ◀

Additive Modelle sind wechselwirkungfreie Modelle

Sind die Effekte θ_i^A und θ_j^B durch identifizierende Nebenbedingungen $\sum_i g_i^A\theta_i^A = 0$ und $\sum_j g_j^B\theta_j^B = 0$ definiert, dann gilt unabhängig von der Wahl der Gewichte, mit denen die Effekte definiert sind:

$$\boldsymbol{\mu} \in \boldsymbol{A} + \boldsymbol{B} \quad \Leftrightarrow \quad \mu_{ij}^{AB} = \theta_i^A + \theta_j^B \quad \Leftrightarrow \quad \theta_{ij}^{AB} = 0.$$

Beweis: Es seien $\mu \in \boldsymbol{A} + \boldsymbol{B}$ und μ_{ij}^{AB} in eine i-Komponente und eine j-Komponente zerlegt:

$$\mu_{ij}^{AB} = a_i + b_j. \tag{8.20}$$

Die Effekte seien über die Gewichte g_i^A und g_j^B und die Nebenbedingungsgleichungen $\sum_{i,j} g_i^A\theta_i^A = 0$ bzw. $\sum_j g_j^B\theta_j^B = 0$ definiert. Dann ist:

$$\begin{aligned} \theta_0 &= \sum_{i,j} g_i^A g_j^B \mu_{ij}^{AB} = \sum_{i,j} g_i^A g_j^B \left(a_i + b_j\right) \\ &= \sum_i g_i^A a_i + \sum_j g_j^B b_j, \\ \theta_i^A + \theta_0 &= \sum_j g_j^B \mu_{ij}^{AB} = \sum_j g_j^B \left(a_i + b_j\right) = a_i + \sum_j g_j^B b_j, \\ \theta_j^B + \theta_0 &= \sum_i g_i^A \mu_{ij}^{AB} = \sum_i g_i^A \left(a_i + b_j\right) = b_j + \sum_i g_i^A a_i. \end{aligned}$$

Addieren wir die letzten beiden Zeilen und subtrahieren die erste, erhalten wir:

$$\theta_0 + \theta_i^A + \theta_j^B = a_i + b_j.$$

Nach (8.20) ist $a_i + b_j = \mu_{ij}^{AB}$. Also ist $\theta_{ij}^{AB} = \mu_{ij}^{AB} - \left(\theta_0 + \theta_i^A + \theta^B\right) = \mu_{ij}^{AB} - \mu_{ij}^{AB} = 0.$ ■

Im saturierten Modell sind die Zellenindikatoren eine orthogonale Basis, daher ist wie bisher

$$\widehat{\mu} = P_{AB}\, y = \sum_{i=1}^{s_A} \sum_{j=1}^{s_B} \overline{y}_{ij} \mathbf{1}_{ij}^{AB}.$$

Im additiven Modell müssen wir $P_{A+B}\, y$ über die Normalgleichungen bestimmen:

Die Bestimmung der Normalgleichungen im additiven Modell

Um die Normalgleichungen mit Matrizen zu schreiben, führen wir die folgenden Bezeichnungen für Vektoren und Matrizen ein:

$\overline{y}^A = \left(\overline{y}_1^A; \cdots; \overline{y}_{s_A}^A\right)^\top$	Vektor der Mittelwerte in den A-Stufen,
$\overline{y}^B = \left(\overline{y}_1^B; \cdots; \overline{y}_{s_B}^B\right)^\top$	Vektor der Mittelwerte in den B-Stufen,
$N = (n_{ij}^{AB})$	Matrix der Besetzung der Zellen,
$N_A = \mathrm{Diag}(n_1^A; \cdots; n_{s_A}^A)$	Diagonalmatrix der Besetzung der A-Stufen,
$N_B = \mathrm{Diag}(n_1^B; \cdots; n_{s_B}^B)$	Diagonalmatrix der Besetzung der B-Stufen,
$\widehat{\theta}^A = \left(\widehat{\theta}_1^A; \cdots; \widehat{\theta}_{s_A}^A\right)^\top$	Vektor der $\widehat{\theta}_i^A$ Effekte,
$\widehat{\theta}^B = \left(\widehat{\theta}_1^B; \cdots; \widehat{\theta}_{s_B}^B\right)^\top$	Vektor der $\widehat{\theta}_j^B$ Koeffizienten,
$X = \left(\mathbf{1}_1^A; \cdots; \mathbf{1}_{s_A}^A; \mathbf{1}_1^B; \cdots; \mathbf{1}_{s_B}^B\right)$	Designmatrix ohne die 1.

Wählen wir die Parametrisierung ohne Absolutglied, so hat im additiven Modell $\widehat{\mu}$ die Gestalt:

$$\widehat{\mu} = P_{A+B}\, y = \sum_i \widehat{\theta}_i^A \mathbf{1}_i^A + \sum_j \widehat{\theta}_j^B \mathbf{1}_j^B = X \begin{pmatrix} \widehat{\theta}^A \\ \widehat{\theta}^B \end{pmatrix}.$$

Die Normalgleichungen sind dann:

$$X^\top X \begin{pmatrix} \widehat{\theta}^A \\ \widehat{\theta}^B \end{pmatrix} = X^\top y. \tag{8.21}$$

Nun folgt aus der Definition der Matrizen X, N, N_A, N_B und den Eigenschaften

$$\left(\mathbf{1}_i^A\right)^\top \mathbf{1}_i^A = n_i^A, \qquad \left(\mathbf{1}_i^A\right)^\top \mathbf{1}_j^A = 0, \qquad \left(\mathbf{1}_i^A\right)^\top \mathbf{1}_j^B = n_{ij}^{AB}$$

der Indikatorvektoren:

$$X^\top X = \begin{pmatrix} N_A & N \\ N^\top & N_B \end{pmatrix}$$

sowie

$$X^\top y = \begin{pmatrix} N_A & \mathbf{0} \\ \mathbf{0} & N_B \end{pmatrix} \begin{pmatrix} \overline{y}^A \\ \overline{y}^B \end{pmatrix}.$$

Damit hat (8.21) die Gestalt:

$$N_A \widehat{\theta}^A + N \widehat{\theta}^B = N_A \overline{y}^A, \tag{8.22}$$

$$N^\top \widehat{\theta}^A + N_B \widehat{\theta}^B = N_B \overline{y}^B. \tag{8.23}$$

Nach Division durch N_A bzw. N_B erhält man aus (8.22) und (8.23):

$$\widehat{\theta}^A + N_A^{-1} N \widehat{\theta}^B = \overline{y}^A, \tag{8.24}$$

$$N_B^{-1} N^\top \widehat{\theta}^A + \widehat{\theta}^B = \overline{y}^B. \tag{8.25}$$

Setzt man $\widehat{\theta}^B$ aus (8.25) in (8.24) ein, erhält man die **reduzierte Normalgleichung** für $\widehat{\theta}^A$:

$$\left(I - N_A^{-1} N N_B^{-1} N^\top\right) \widehat{\theta}^A = \overline{y}^A - N_A^{-1} N \overline{y}^B. \tag{8.26}$$

(8.26) ist – als Teil der Normalgleichungen – ein lösbares System vom Rang $s_A - 1$ mit s_A Gleichungen für den Koeffizientenvektor $\widehat{\theta}^A$. Man kann nun zum Beispiel $\widehat{\theta}_1^A = 0$ setzen und das verbleibende eindeutige System lösen. Die Lösung erfüllt dann die identifizierende Nebenbedingung $\theta_0 = 0$ und $\theta_1^A = 0$. Hat man $\widehat{\theta}^A$ bestimmt, erhält man $\widehat{\theta}^B$ aus (8.25):

$$\widehat{\theta}^B = \overline{y}^B - N_B^{-1} N^\top \widehat{\theta}^A. \tag{8.27}$$

Ist $s_A \leq s_B$ wird man in der angegebenen Reihenfolge vorgehen, ist $s_B < s_A$, so gehen wir in der umgekehrten Reihenfolge vor und eliminieren zuerst $\widehat{\theta}^A$ und berechnen anschließend $\widehat{\theta}^B$.

Sind die $\widehat{\theta}_i^A$ und $\widehat{\theta}_j^B$ berechnet, dann ist $\widehat{\mu}_{ij}^{AB} = \widehat{\theta}_i^A + \widehat{\theta}_j^B$ eindeutig bestimmt. Mit den $\widehat{\mu}_{ij}^{AB}$ folgt wie im saturierten Modell:

$$\widehat{\mu} = \sum_i \widehat{\theta}_i^A \mathbf{1}_i^A + \sum_j \widehat{\theta}_j^B \mathbf{1}_j^B = \sum_j \sum_i \left(\widehat{\theta}_i^A + \widehat{\theta}_j^B\right) \mathbf{1}_{ij}^{AB}$$

$$= \sum_j \sum_i \widehat{\mu}_{ij}^{AB} \mathbf{1}_{ij}^{AB},$$

$$\|\widehat{\mu}\|^2 = \sum_j \sum_i \left(\widehat{\mu}_{ij}^{AB}\right)^2 n_{ij}^{AB},$$

$$\mathrm{SSE} = \|\widehat{\mu}\|^2 - \|P_{\mathbf{1}} y\|^2 = \sum_j \sum_i \left(\widehat{\mu}_{ij}^{AB}\right)^2 n_{ij}^{AB} - \overline{y} n,$$

$$\widehat{\sigma}^2 = \frac{\mathrm{SSE}}{n - (s_A + s_B - 1)}.$$

Beispiel Wir betrachten weiter das Baby-Brei-Beispiel 8.6. Die Normalgleichungen (8.22) und (8.23) für $\widehat{\theta}_i^A$ und $\widehat{\theta}_j^B$ ergeben in diesem Fall:

$$n_i^A \overline{y}_i^A = \widehat{\theta}_i^A n_i^A + \sum_j \widehat{\theta}_j^B n_{ij} \qquad i = 1, 2, \tag{8.28}$$

$$n_j^B \overline{y}_j^B = \widehat{\theta}_j^B n_j^B + \sum_i \widehat{\theta}_i^A n_{ij}^{AB} \qquad j = 1, \cdots, 3. \tag{8.29}$$

Die Besetzungsmatrix N und die Zeilen- und Spaltenmittelwerte sind noch einmal in der nächsten Tabelle zusammengestellt:

n_{ij}^{AB}	B_1	B_2	B_3	n_i^A	$n_i^A \bar{y}_i^A$
A_1	2	2	16	20	168
A_2	16	2	2	20	192
n_j^B	18	4	18	40	
$n_j^B \bar{y}_j^B$	154	36	170		

Damit liefern (8.28) und (8.29) die folgende Normalgleichungen:

$$\begin{aligned}
68 &= 20\widehat{\theta}_1^A \qquad\qquad + 2\widehat{\theta}_1^B + 2\widehat{\theta}_2^B + 16\widehat{\theta}_3^B \\
192 &= \qquad\quad 20\widehat{\theta}_2^A + 16\widehat{\theta}_1^B + 2\widehat{\theta}_2^B + 2\widehat{\theta}_3^B \\
154 &= 2\widehat{\theta}_1^A + 16\widehat{\theta}_2^A + 18\widehat{\theta}_1^B \\
36 &= 2\widehat{\theta}_1^A + 2\widehat{\theta}_2^A \qquad\quad + 4\widehat{\theta}_2^B \\
170 &= 16\widehat{\theta}_1^A + 2\widehat{\theta}_2^A \qquad\qquad\quad + 18\widehat{\theta}_3^B
\end{aligned}$$

Man verifiziert leicht, dass das Gleichungssystem durch

$$\widehat{\theta}_1^A = 0, \quad \widehat{\theta}_2^A = 4, \quad \widehat{\theta}_1^B = 5, \quad \widehat{\theta}_2^B = 7, \quad \widehat{\theta}_3^B = 9$$

gelöst wird. Das statistische Software-Paket *GLIM* zum Beispiel geht von den Nebenbedingungen $\widehat{\theta}_1^A = 0$ und $\widehat{\theta}_1^B = 0$ aus und berechnet die folgenden Schätzwerte:

$$\widehat{\theta}_0 = 5, \quad \widehat{\theta}_1^A = 0, \quad \widehat{\theta}_2^A = 4, \quad \widehat{\theta}_1^B = 0, \quad \widehat{\theta}_2^B = 2, \quad \widehat{\theta}_3^B = 4\,.$$

Beide Schätzungen führen auf dasselbe $\widehat{\mu}_{ij}^{AB} = \widehat{\theta}_0 + \widehat{\theta}_i^A + \widehat{\theta}_j^B$:

$\widehat{\theta}_0 + \widehat{\theta}_i^A + \widehat{\theta}_j^B$	$\widehat{\theta}_1^B = 5$	$\widehat{\theta}_2^B = 7$	$\widehat{\theta}_3^B = 9$
$\widehat{\theta}_1^A = 0$	5	7	9
$\widehat{\theta}_2^A = 4$	9	11	13

◀

8.7 Tests in der Varianzanalyse

In der Varianzanalyse werden nicht nur Hypothesen über einzelne Effekte z. B. ein spezielles θ_i^A getestet, sondern es werden Effektfamilien zu einem Faktor oder einer Faktorkombination überprüft, z. B. die Gesamtheit der Haupteffekte des Faktors A oder die Wechselwirkungseffekte. Es bieten sich zwei Konzepte an:

- Man betrachtet die schrittweise Erweiterung einfacher Modelle bzw. schrittweise Vereinfachung komplexer Modelle und testet, ob diese Modellveränderungen sinnvoll sind. Dabei stehen die Modellräume und nicht die individuelle Parametrisierung der Effekte im Vordergrund. Wir sprechen dann von Hypothesen über die Komponentenstruktur des Modells oder kurz **Struktur-Hypothesen**.
- Man betrachtet die Effekte eines parametrisierten Modells und testet deren Signifikanz. Wir sprechen dann von Hypothesen über parametrisierte Effekte oder kurz von **Effekt-Hypothesen**.

Theoretisch sind beide Konzepte äquivalent. Jeder Parameter-Hypothese H_0^{ϕ} : „$\phi = 0$“ entspricht eine äquivalente Struktur-Hypothese H_0^{N} : „$\mu \perp N$“ . Der praktische Unterschied liegt in der Interpretierbarkeit. Mal ist ϕ anschaulich interpretierbar und N nicht, mal ist es umgekehrt. Der Vorteil von Struktur-Hypothesen ist ihre Einfachheit, Klarheit und Eindeutigkeit. Aber nicht alle interessierenden Eigenschaften der verschiedenen Effekte lassen sich in natürlicher Weise als Struktur-Hypothesen formulieren. Effekt-Hypothesen sind dagegen anschaulich und inhaltlich leicht zu interpretieren. Sie hängen aber von der Definition der Effekte ab. Wir werden sehen, dass nur einige der eben betrachteten Struktur-Hypothesen in natürlicher Weise als Parameterhypothesen angesehen werden können und umgekehrt.

Tests von Struktur-Hypothesen

Bei zwei Faktoren A und B gibt es zwei Wege, wie das Nullmodell schrittweise zum saturierten Modell erweitert werden kann:

$$\begin{aligned}
\mathbf{1} &\subset \mathbf{A} \subset \mathbf{A}+\mathbf{B} \subset \mathbf{AB}\,, \\
\mathbf{1} &\subset \mathbf{B} \subset \mathbf{A}+\mathbf{B} \subset \mathbf{AB}\,.
\end{aligned}$$

Dabei ist $\mathbf{1} = \operatorname{span}\{\mathbf{1}\}$ der Nullraum, $\mathbf{A}$ bzw. $\mathbf{B}$ sind die Modellräume der einfachen Varianzanalyse mit den einzigen Faktoren A bzw. B; $\mathbf{A}+\mathbf{B}$ ist der Modellraum des additiven und $\mathbf{AB}$ der des saturierten Modells. Je nach Aufgabenstellung und inhaltlicher Notwendigkeit kann jeder der genannten Räume als Modellraum dienen. Dabei ändern sich die Prüfgrößen der Hypothesen je nach Wahl des Modellraums.

Je nachdem, welche Regressoren betrachtet werden, unterscheiden wir globale Hypothesen, Hypothesen über bereinigte und unbereinigte Effekte sowie Wechselwirkungshypothesen.

Die globale Hypothese:

Durch die globale Nullhypothese:

$$H_0^{\text{global}} : \boldsymbol{\mu} \in \operatorname{span}\{\mathbf{1}\}$$

wird das Modell $\mu \in \boldsymbol{M}$ in seiner Gesamtheit getestet. Ist die Nullhypothese wahr, so ist die Prüfgröße des globalen Tests

$$\mathrm{F_{PG}} = \frac{\mathrm{MSR}\,(\boldsymbol{M})}{\widehat{\sigma}^2\,(\boldsymbol{M})} \sim F\,(\dim \boldsymbol{M} - 1; n - \dim \boldsymbol{M})\,.$$

verteilt.

Test eines unbereinigten Haupteffekts

Der unbereinigte Haupteffekt eines Faktors A misst, wie weit sich das Nullmodell mit der $\mathbf{1}$ als einzigem Faktor verbessert, wenn zusätzlich der Faktor A aufgenommen wird. Durch $\mathrm{SS}\,(A) = \|\boldsymbol{P_A y} - \boldsymbol{P_1 y}\|^2$ wird die Modellverbesserung gemessen, wenn

A als erster Faktor ins Modell eingefügt wird. Die nicht skalierte Prüfgröße

$$\mathrm{SS}(A) = \|\boldsymbol{P}_{\boldsymbol{A}}\boldsymbol{y} - \boldsymbol{P}_{\mathbf{1}}\boldsymbol{y}\|^2 = \sum_i \left(\overline{y}_i^A - \overline{y}\right)^2 n_i^A .$$

testet die Hypothese „Der unbereinigte A-Effekt ist null“ oder formal:

$$H_0(A): „\boldsymbol{\mu} \perp \boldsymbol{A} \ominus \mathbf{1}“$$

Die parametrische Formulierung dieser Hypothese lautet: Alle A-Pseudoeffekte sind null.

Test eines bereinigten Haupteffekts

Durch $\|\boldsymbol{P}_{\boldsymbol{A}+\boldsymbol{B}}\boldsymbol{y} - \boldsymbol{P}_{\boldsymbol{B}}\boldsymbol{y}\|^2 = \mathrm{SS}(A+B) - \mathrm{SS}(A)$ wird die Modellverbesserung durch A gemessen, wenn B bereits im Modell enthalten ist. Mit $\|\boldsymbol{P}_{\boldsymbol{A}+\boldsymbol{B}}\boldsymbol{y} - \boldsymbol{P}_{\boldsymbol{B}}\boldsymbol{y}\|^2$ wird die Hypothese

$$H_0(A|\,B): „\boldsymbol{\mu} \perp (\boldsymbol{A}+\boldsymbol{B}) \ominus \boldsymbol{B}“$$

getestet. Die Freiheitsgrade der Verteilung der Prüfgröße von bereinigtem oder unbereinigtem Effekt sind gleich denn:

$$\begin{aligned}\dim((\boldsymbol{A}+\boldsymbol{B}) \ominus \boldsymbol{B}) &= (s_A + s_B - 1) - s_B \\ &= s_A - 1 = \dim \boldsymbol{A} - 1 .\end{aligned}$$

Im additiven Modell ist diese Hypothese äquivalent mit der parametrischen Hypothese:

$$H_0(A \mid B): „\theta_i^A = 0 \quad \forall i“.$$

Dabei ist die Definition von θ_i^A beliebig. Dies folgt aus

$$\boldsymbol{\mu} \perp (\boldsymbol{A}+\boldsymbol{B}) \ominus \boldsymbol{B} \Leftrightarrow \boldsymbol{\mu} \in \boldsymbol{B} \Leftrightarrow \mu_{ij}^{AB} = \theta_0 + \theta_j^B \Leftrightarrow \theta_i^A = 0 \ \forall i .$$

Im saturierten Modell ist $\boldsymbol{\mu} \in \boldsymbol{AB}$. Daher folgt aus $\boldsymbol{\mu} \perp (\boldsymbol{A}+\boldsymbol{B}) \ominus \boldsymbol{B}$ nicht die Aussage $\boldsymbol{\mu} \in \boldsymbol{B}$, da eine Komponente von $\boldsymbol{\mu}$ auch in $\boldsymbol{AB} \ominus (\boldsymbol{A}+\boldsymbol{B})$ liegen kann. In der Erwartungswertparametrisierung ist H_0 im saturierten Modell äquivalent mit der parametrischen Hypothese

$$H_0(A|\,B): „\overline{\mu}_i^A = \frac{1}{n_i^A} \sum_j \overline{\mu}_j^B n_{ij} \quad \forall i“ .$$

Es gilt nämlich $\boldsymbol{\mu} \perp (\boldsymbol{A}+\boldsymbol{B}) \ominus \boldsymbol{B}$

$$\begin{aligned}&\Leftrightarrow \boldsymbol{\mu} \perp \operatorname{span}\left\{\mathbf{1}_i^A - \boldsymbol{P}_{\boldsymbol{B}}\mathbf{1}_i^A;\quad \forall i\right\} \\ &\Leftrightarrow 0 = \boldsymbol{\mu}^\top \left(\mathbf{1}_i^A - \boldsymbol{P}_{\boldsymbol{B}}\mathbf{1}_i^A\right) \ \forall i \\ &\Leftrightarrow \boldsymbol{\mu}^\top \mathbf{1}_i^A = \boldsymbol{\mu}^\top \boldsymbol{P}_{\boldsymbol{B}}\mathbf{1}_i^A = (\boldsymbol{P}_{\boldsymbol{B}}\boldsymbol{\mu})^\top \mathbf{1}_i^A \\ &\qquad = \left(\sum_j \overline{\mu}_j^B \mathbf{1}_j^B\right)^\top \mathbf{1}_i^A \ \forall i \\ &\Leftrightarrow \overline{\mu}_i^A n_i^A = \sum_j \overline{\mu}_j^B n_{ij} \ \forall i .\end{aligned}$$

Die Umsetzung dieser Hypothese über μ in eine Hypothese über θ_i^A, θ_j^B und θ_{ij}^{AB} ist vollends unübersichtlich und kaum sinnvoll interpretierbar.

Test von Wechselwirkungseffekten

Durch die Erweiterung von $\boldsymbol{A}+\boldsymbol{B}$ auf $\boldsymbol{AB}$ werden zusätzlich zu den Zeilen- und Spaltenindikatoren nun auch die Zellenindikatoren ins Modell aufgenommen. Ob diese Erweiterung sinnvoll ist, testet die Additivitäts-Hypothese:

$$H_0: „\boldsymbol{\mu} \perp \boldsymbol{AB} \ominus (\boldsymbol{A}+\boldsymbol{B})“.$$

Die nicht skalierte Prüfgröße ist:

$$\left\|\boldsymbol{P}_{\boldsymbol{AB}}\boldsymbol{y} - \boldsymbol{P}_{\boldsymbol{A}+\boldsymbol{B}}\boldsymbol{y}\right\|^2 = \mathrm{SS}(\boldsymbol{AB}) - \mathrm{SS}(\boldsymbol{A}+\boldsymbol{B}) .$$

H_0 nennen wir auch die Hypothese der Wechselwirkungsfreiheit, da wir im additiven Modell ohne die Wechselwirkungseffekte θ_{ij}^{AB} auskommen. Es gilt nämlich:

$$\boldsymbol{\mu} \perp \boldsymbol{AB} \ominus (\boldsymbol{A}+\boldsymbol{B}) \Leftrightarrow \boldsymbol{\mu} \in (\boldsymbol{A}+\boldsymbol{B}) \Leftrightarrow \mu_{ij}^{AB} = \theta_i^A + \theta_j^B .$$

In der Erwartungswertparametrisierung ist H_0 im saturierten Modell äquivalent mit der Hypothese

$$H_0: „\mu_{ij}^{AB} - \mu_{ik}^{AB} + \mu_{lk}^{AB} - \mu_{lj}^{AB} = 0 \quad \forall i,\ j, k, l“.$$

In Aufgabe 8.3 sollen Sie die Äquivalenz der beiden parametrischen Hypothesen zeigen.

Beispiel Wir wollen die diversen Tests am Beispiel 8.6 des Baby-Brei-Datensatzes mit den Faktoren A (Geschlecht eines Babies) und B (Breisorte) erläutern. Wir haben zwei Möglichkeiten, das Nullmodell, das nur aus der 1 besteht, schrittweise zum saturierten Modell $\boldsymbol{AB}$ zu erweitern.

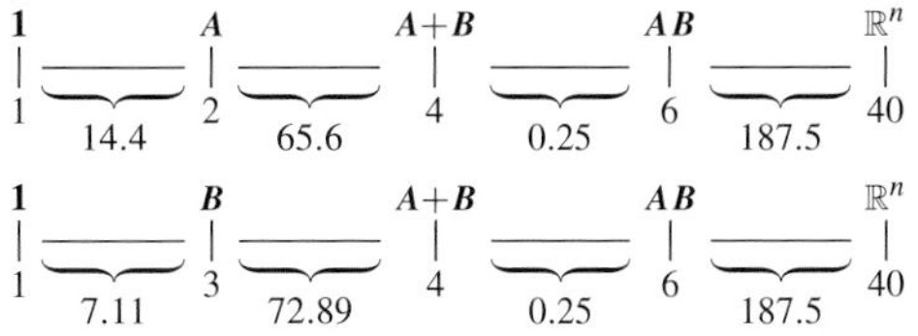

Die SS-Terme der Modellerweiterungskette und die Dimensionen der jeweiligen Räume stellen wir symbolisch als Aufteilung einer Strecke mit der Länge SST dar. Dabei steht jeweils der Name des Raums über dem Trennstrich und seine Dimension unter dem Trennstrich. Darunter haben wir in geschweiften Klammern jeweils die zugehörigen SS-Terme geschrieben, z. B. $0.25 = \|\boldsymbol{P}_{\boldsymbol{AB}}\boldsymbol{y} - \boldsymbol{P}_{\boldsymbol{A}+\boldsymbol{B}}\boldsymbol{y}\|^2$ oder $187.5 = \|\boldsymbol{y} - \boldsymbol{P}_{\boldsymbol{AB}}\boldsymbol{y}\|^2$. ◀

Der globale F-Test

Der globale F-Test überprüft, ob das gewählte Modell überhaupt in der Lage ist, die Daten zu erklären. In der folgenden Tabelle sind die relevanten Daten für die vier möglichen Modelle $\boldsymbol{M}$ zusammengestellt.

$\boldsymbol{M}$	dim $\boldsymbol{M}$	SSR	SSE	σ^2	F_{pg}	p-Wert
$\boldsymbol{A}$	2	14.40	253.35	6.67	2.16	0.15
$\boldsymbol{B}$	3	7.11	260.64	7.04	0.50	0.62
$\boldsymbol{A}+\boldsymbol{B}$	4	80.00	187.75	5.22	5.11	$4.7 \cdot 10^{-3}$
$\boldsymbol{AB}$	6	80.25	187.50	5.52	2.91	0.03

Die Werte wurden mit statistischer Software errechnet. In der Regel kann man sich von jedem statistischen Software-System die Sums-of-Squares-Terme berechnen lassen. Wie bei der rechnergestützten Auswertung von Daten üblich, wurden in der letzten Spalte die p-Werte, $\mathcal{P}(\mathrm{F_{FP}} > \mathrm{F_{pg}})$ eingetragen. Wir können Sie nutzen, um simultan die Niveaus $\alpha = 5\,\%$ und $\alpha = 1\,\%$ zu betrachten. Betrachten wir zum Beispiel das Modell $\boldsymbol{M} = \boldsymbol{A} + \boldsymbol{B}$. Hier ist $\dim(\boldsymbol{M}) = 4$. Die Varianz wird geschätzt durch

$$\begin{aligned}\hat{\sigma}^2(\boldsymbol{A}+\boldsymbol{B}) &= \frac{\mathrm{SSE}(\boldsymbol{M})}{n-\dim(\boldsymbol{M})} = \frac{\mathrm{SSE}(\boldsymbol{A}+\boldsymbol{B})}{n-\dim(\boldsymbol{A}+\boldsymbol{B})}\\ &= \frac{187.75}{36} = 5.215\,.\end{aligned}$$

Die Prüfgröße des globalen Tests ist

$$\begin{aligned}\mathrm{F_{pg}} &= \frac{\mathrm{SSR}(\boldsymbol{M})}{(\dim \boldsymbol{M} - 1)\cdot\hat{\sigma}^2(\boldsymbol{M})}\\ &= \frac{\mathrm{SSR}(\boldsymbol{A}+\boldsymbol{B})}{(\dim(\boldsymbol{A}+\boldsymbol{B})-1)\cdot\hat{\sigma}^2(\boldsymbol{A}+\boldsymbol{B})}\\ &= \frac{80.00}{3\cdot 5.215} = 5.11\,.\end{aligned}$$

Unter H_0 ist $\mathrm{F_{PG}} \sim F(\dim \boldsymbol{M} - 1; n - \dim \boldsymbol{M}) = F(3.36)$. Der beobachtete Wert der Prüfgröße ist $\mathrm{F_{pg}} = 5.11$. Die Wahrscheinlichkeit, diesen oder einen noch größeren Wert der Prüfgröße zu beobachten, ist der p-Wert

$$\begin{aligned}\mathcal{P}(\mathrm{F_{PG}} > 5.11) &= 1 - \mathcal{P}(\mathrm{F_{PG}} \le 5.11)\\ &= 1 - 0.995235\\ &= 4.7\cdot 10^{-3}\,.\end{aligned}$$

Als Ergebnis halten wir fest:

- Beide Modelle $\boldsymbol{A}$ bzw. $\boldsymbol{B}$ mit jeweils nur einem Faktor erweisen sich auch bei $\alpha = 5\,\%$ als nicht signifikant.
- Dagegen ist das additive Modell $\boldsymbol{A} + \boldsymbol{B}$ auch bei $\alpha = 1\,\%$ signifikant.
- Das saturierten Modell $\boldsymbol{AB}$, das neben den beiden Haupteffekten A und B auch noch die Wechselwirkungen enthält, ist erst bei $\alpha = 5\,\%$ signifikant, bei einem $\alpha = 1\,\%$ jedoch nicht mehr signifikant.

Was bereits der intuitive Blick auf die Zellenmittelwerte und die Zeilen- und Spaltenmittel sagte, bestätigt sich im Test: Für sich allein genommen ist kein Faktor signifikant. Gemeinsam aber können sie die Struktur fast vollständig *„erklären"*. Beim saturierten Modell $\boldsymbol{AB}$, das neben den beiden Haupteffekten A und B auch noch die Wechselwirkung enthält, haben wir jedoch des *„Guten zu viel getan"*: Zwar ist das Modell $\boldsymbol{AB}$ komplexer, aber nicht notwendig besser geworden! Dies zeigt auch der Blick auf die geschätzten Varianzen der Restgröße: $\widehat{\sigma}^2(\boldsymbol{M})$ fällt nicht monoton mit wachsender Dimension d von $\boldsymbol{M}$, sondern wächst im letzten Modell mit steigender Dimension wieder an.

Wir testen nun den unbereinigter A-Effekt. Der Test der Hypothese: „Der unbereinigte A-Effekt ist Null" oder „Die Erweiterung des Nullmodells um den Faktor A kann das Modell nicht verbessern" hängt vom zugrunde gelegten Obermodell ab. Die relevante Struktur zeigen die folgende Grafik und die Tabelle:

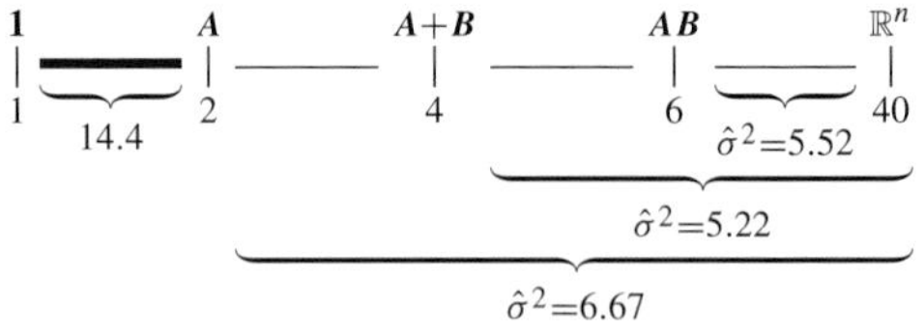

Dies liefert die folgende Tabelle:

$\boldsymbol{M}$	$\widehat{\sigma}^2$	$\mathrm{F_{pg}}$	$\mathcal{P}(\mathrm{F_{PG}} > \mathrm{F_{pg}})$
$\boldsymbol{A}$	6.67	2.16	0.15
$\boldsymbol{A}+\boldsymbol{B}$	5.22	2.76	0.11
$\boldsymbol{AB}$	5.52	2.61	0.33

Zum Beispiel ist im Modell $\boldsymbol{M} = \boldsymbol{A} + \boldsymbol{B}$ die Prüfgröße für den unbereinigten A-Effekt:

$$\mathrm{F_{pg}} = \frac{\mathrm{SS}\,(A)}{(\dim \boldsymbol{A} - 1)\widehat{\sigma}^2\,(\boldsymbol{A}+\boldsymbol{B})} = \frac{14.4}{5.22} = 2.759\,.$$

Unter H_0 ist $\mathrm{F_{PG}} \sim F(1;38)$. Ist $X \sim F(1;38)$, so ist $\mathcal{P}(X \le 2.16) = 0.895$, also $\mathcal{P}(\mathrm{F_{PG}} > 2.16) = 0.105$. Analog sind die anderen Werte berechnet. In keinem der drei Obermodelle ist der unbereinigte A-Effekt signifikant.

Wir testen den um B bereinigten A-Effekt. Der Test der Hypothese: „Der um B bereinigte A-Effekt ist Null" überprüft, ob die Erweiterung des Modells B um den Faktor A das Modell verbessert. Die relevante Struktur zeigen die folgende Grafik und die Tabelle.

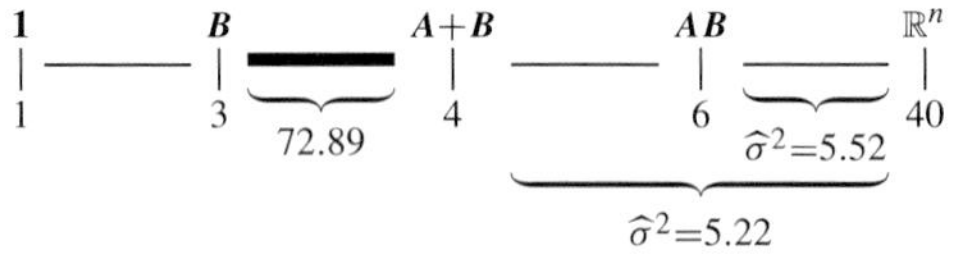

$\boldsymbol{M}$	$\widehat{\sigma}^2$	$\mathrm{F_{pg}}$	$\mathcal{P}(\mathrm{F_{PG}} > \mathrm{F_{pg}})$
$\boldsymbol{A}+\boldsymbol{B}$	5.22	6.28	4.6×10^{-3}
$\boldsymbol{AB}$	5.52	5.94	6.1×10^{-3}

Während der unbereinigte Effekt nicht signifikant war, ist der um B bereinigte A-Effekt in beiden Obermodellen hochsignifikant. Dies gilt auch im saturierten Modell $\boldsymbol{AB}$, in dem der globale Test generell den Einfluss aller Faktoren verneint.

Dieselbe Situation finden wir spiegelbildlich bei den Tests des Faktors B.

Wir testen die Existenz von Wechselwirkungseffekten

Beim Test der Wechselwirkungseffekte gehen wir aus von der Zerlegung:

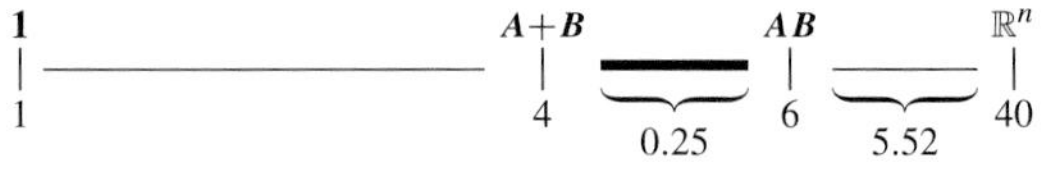

Daraus lesen wir die Prüfgröße ab:

$$\mathrm{F_{pg}} = \frac{\mathrm{SS}(\boldsymbol{AB}) - \mathrm{SS}(\boldsymbol{A}+\boldsymbol{B})}{(\dim \boldsymbol{AB} - \dim(\boldsymbol{A}+\boldsymbol{B}))\widehat{\sigma}^2(\boldsymbol{AB})} = \frac{0.25}{2\cdot 5.52} = 0.02\,.$$

Der P-Wert ist $\mathcal{P}(F_{PG} > F_{PG}) = 0.98$. Die Wechselwirkungen sind praktisch nicht vorhanden. Offensichtlich liegt ein additives Modell vor. Die unnötige Aufblähung des additiven Modells zum saturierten Modell und der zusätzliche Aufwand zur Schätzung der wirkungslosen Wechselwirkungsparameter, der sich im Verlust von Freiheitsgraden äußert, führen dazu, dass im saturierten Modell bei einem Niveau von $\alpha = 1\,\%$ überhaupt kein Effekt mehr als signifikant nachgewiesen werden kann.

Test von Parameter-Hypothesen

Im vorangehenden Abschnitt gingen wir von Struktur-Hypothesen aus und übersetzten sie in äquivalente Parameter-Hypothesen. Nun betrachten wir die wichtigste Parameter-Hypothese, die sich nicht in eine intuitiv einleuchtende Struktur-Hypothese übersetzen lässt. Es ist die einfache Hypothese

$$H_0^{\theta_A}: \text{„}\theta_i^A = 0 \text{ für alle } i = 1, \cdots s_A\text{“}.$$

Dabei ist θ_i^A definiert als

$$\theta_i^A = \overline{\mu}_i^A - \overline{\mu} = \frac{1}{s_B}\sum_{j=1}^{s_B} \mu_{ij}^{AB} - \frac{1}{s_B s_A}\sum_{i=1}^{s_A}\sum_{j=1}^{s_B} \mu_{ij}^{AB}.$$

Dies ist nun die dritte Variante, mit der wir die Hypothese fehlender A-Effekte überprüfen können. Im balancierten Versuchsplan fielen diese drei Varianten zusammen. Viele Praktiker sind überzeugt, dass diese Variante die sinnvollste sei, da sie im Gegensatz zu den beiden anderen Varianten eine unmittelbare parametrische Bedeutung hat. Dafür ist aber die Prüfgröße selbst wenig anschaulich. Wir definieren für jede i-te Schicht $\widetilde{n}_i^A$ als das harmonische Mittel der Besetzungszahlen, $\overline{\overline{y}}_i^A$ als das ungewogene Mittel der Zellenmittel und $\overline{\overline{y}}^A$ als das mit den $\widetilde{n}_i^A$ gewogene Mittel der $\overline{\overline{y}}_i^A$:

$$\widetilde{n}_i^A = s_B\left(\sum_{j=1}^{s_B} n_{ij}^{-1}\right)^{-1},$$

$$\overline{\overline{y}}_i^A = \frac{1}{s_B}\sum_{j=1}^{s_B} \overline{y}_{ij},$$

$$\overline{\overline{y}}^A = \frac{\sum_{i=1}^{s_A} \overline{\overline{y}}_i^A \widetilde{n}_i^A}{\sum_{i=1}^{s_A} \widetilde{n}_i^A}.$$

Dann gilt:

Test von $H_0^{\theta_A}$:

Die unskalierte Prüfgröße der Hypothese $H_0^{\theta_A}$: „$\theta_i^A = 0$ für alle $i = 1, \ldots, s_A$“ ist

$$SS\left(H_0^{\theta_A}\right) = s_B \sum_i \left(\overline{\overline{y}}_i^A - \overline{\overline{y}}^A\right)^2 \widetilde{n}_i^A.$$

Unter H_0^θ ist $SS\left(H_0^\theta\right) \sim \sigma^2\chi^2\,(s_B - 1)$-verteilt.

Der Satz ist ein Spezialfall eines allgemeineren Satzes, den wir in einer Vertiefung auf Seite 360 vorstellen. Wir wollen uns statt eines Beweises ein Beispiel anschauen.

Beispiel Wir testen im Baby-Brei-Datensatz die Hypothese konstanter Haupteffekte. Dazu ergänzen wir die Tabelle der n_{ij} um ihre harmonischen Spalten- und Zeilenmittelwerte.

n_{ij}	$j=1$	$j=2$	$j=3$	$\widetilde{n}_i^A$
$i=1$	2	2	16	2.824
$i=2$	16	2	2	2.824
$\widetilde{n}_j^B$	3.556	2	3.556	

Dabei ist zum Beispiel $\widetilde{n}_1^A = 3\left(\frac{1}{2}+\frac{1}{2}+\frac{1}{16}\right)^{-1} = 2.823\,53$. Die Zellenmittelwerte sind:

$\overline{y}_{ij}^{AB}$	$j=1$	$j=2$	$j=3$	$\overline{\overline{y}}_i^A$
$i=1$	5.045	7.182	8.972	7.066
$i=2$	8.994	10.818	13.227	11.013
$\overline{\overline{y}}_j^B$	7.02	9.00	11.10	$\overline{\overline{y}} = 9.04$

Da die Gewichte $\widetilde{n}_1^A = \widetilde{n}_2^A$ gleich sind, ist $\overline{\overline{y}}^A = \overline{\overline{y}} = 9.04$. Für $\overline{\overline{y}}^B$ erhalten wir:

$$\overline{\overline{y}}^B = \frac{7.02\cdot 3.556 + 9\cdot 2 + 11.1\cdot 3.556}{3.556 + 2 + 3.556} = 9.05\,.$$

Dann ist

$$\begin{aligned} SS\left(H_0^{\theta_A}\right) &= s_B \sum_i \left(\overline{\overline{y}}_i^A - \overline{\overline{y}}^A\right)^2 \widetilde{n}_i^A \\ &= 3\cdot 2.824\left((7.066 - 9.04)^2 + (11.013 - 9.04)^2\right) \\ &= 65.99\,, \\ SS\left(H_0^{\theta_B}\right) &= s_A \sum_{j=1}^{S_B} \left(\overline{\overline{y}}_j^B - \overline{\overline{y}}^B\right)^2 \widetilde{n}_j^B \\ &= 2\cdot\left(3.556\,(7.02 - 9.05)^2 + 2\,(9 - 9.05)^2\right. \\ &\quad \left. + 3.556\,(11.1 - 9.0468)^2\right) \\ &= 59.30\,. \end{aligned}$$

Im saturierten Modell wurde $\widehat{\sigma}^2$ mit 5.51 geschätzt. Ist $H_0^{\theta_A}$ wahr, so ist $SS\left(H_0^{\theta_A}\right) \sim F\,(s_A - 1; n - \dim \boldsymbol{AB}) = F\,(1; 34)$. Der Schwellenwert für $\alpha = 1\,\%$ ist $F\,(1; 34)_{0.99} = 7.4441$. Darum wird die Hypothese $H_0^{\theta_A}$: „Die Haupteffekte des Faktors A sind Null“ abgelehnt.

Für den Faktor B gilt analog $SS\left(H_0^{\theta_B}\right) \sim F\big(s_B - 1; n - \dim \boldsymbol{AB}\big) = F(2; 34)$. Dabei ist $F\,(1; 34)_{0.99} = 5.29$. Daher wird die Hypothese $H_0^{\theta_B}$: „Die Haupteffekte des Faktors B sind Null“ bei einem Signifikanzniveau von $\alpha = 1\,\%$ ebenfalls abgelehnt. ◀

Vertiefung: Test auf Gleichheit orthogonaler Parameter

Wir betrachten den allgemeinen Fall, dass wir in einem Regressionsmodell $y \sim N(\boldsymbol{\mu}; \sigma^2 \boldsymbol{I})$ mit $\boldsymbol{\mu} \in \boldsymbol{M}$ eine Familie von p orthogonalen Parametern ϕ_i definiert und durch $\widehat{\phi}_i$ geschätzt haben. Uns interessiert, ob sie sich wirklich voneinander unterscheiden. Solche Parameter sind in der Varianzanalyse typischerweise Effekte. Wir setzen hier nicht voraus, dass alle Zellen besetzt sind und lassen zu, dass nur einige ausgewählte Effekte miteinander verglichen werden.

Test auf Gleichheit orthogonaler Parameter

Es seien $\phi_1, \ldots, \phi_p$ schätzbare, eindimensionale, orthogonale Parameter mit den KQ-Schätzer

$$\widehat{\phi}_i \sim N\left(\phi_i; \frac{\sigma^2}{\omega_i}\right).$$

Dann ist das nicht skalierte Testkriterium der Hypothese H_0^{ϕ}: „$\phi_1 = \cdots = \phi_p$"

$$\mathrm{SS}\left(H_0^{\phi}\right) = \sum_i \left(\widehat{\phi}_i - \widehat{\phi}_0\right)^2 \omega_i \sim \sigma^2 \chi^2 (p-1; \delta).$$

Dabei sind

$$\phi_0 = \frac{\sum_i \phi_i \omega_i}{\sum_i \omega_i}, \quad \widehat{\phi}_0 = \frac{\sum_i \widehat{\phi}_i \omega_i}{\sum_i \omega_i}$$

und $$\delta = \frac{1}{\sigma^2} \sum_i (\phi_i - \phi_0)^2 \omega_i.$$

Ist H_0^{ϕ} wahr, so ist der Nichtzentralitätsparameter $\delta = 0$.

Beweis: Die ϕ_i sind schätzbare Parameter, daher lassen sie sich in der Form $\phi_i = \boldsymbol{k}_i^\top \mu$ darstellen. Dabei ist $\boldsymbol{k}_i \in \boldsymbol{M}$. Wir definieren weiter

$$\boldsymbol{k}_0 = \frac{\sum_i \boldsymbol{k}_i \omega_i}{\sum_i \omega_i}.$$

Dann ist $\phi_0 = \boldsymbol{k}_0^\top \mu$. Aus $\boldsymbol{k}_i$ und $\boldsymbol{k}_0 \in \boldsymbol{M}$ folgt:

$$\widehat{\phi}_i = \boldsymbol{k}_i^\top \boldsymbol{y} \text{ und } \widehat{\phi}_0 = \boldsymbol{k}_0^\top \boldsymbol{y}.$$

Aus $\frac{\sigma^2}{\omega_i} = \mathrm{Var}\left(\widehat{\phi}_i\right) = \sigma^2 \|\boldsymbol{k}_i\|^2$ folgt $\|\boldsymbol{k}_i\|^2 = \frac{1}{\omega_i}$.

Nach Voraussetzung sind die $\boldsymbol{k}_i$ orthogonal. Daher ist

$$\begin{aligned}
\|\boldsymbol{k}_0\|^2 &= \frac{1}{\left(\sum_i \omega_i\right)^2} \left\| \sum_i \boldsymbol{k}_i \omega_i \right\|^2 \\
&= \frac{1}{\left(\sum_i \omega_i\right)^2} \sum_i \|\boldsymbol{k}_i\|^2 (\omega_i)^2 = \frac{1}{\sum_i \omega_i}.
\end{aligned}$$

Sei $\boldsymbol{K} = \mathrm{span}\left\{\boldsymbol{k}_1, \ldots, \boldsymbol{k}_p\right\}$ der von den $\boldsymbol{k}_i$ aufgespannte Raum. Dann ist

$$\begin{aligned}
\boldsymbol{P}_{\boldsymbol{K}} \boldsymbol{\mu} &= \sum_i \frac{\boldsymbol{k}_i^\top \boldsymbol{\mu}}{\|\boldsymbol{k}_i\|^2} \boldsymbol{k}_i = \sum_i \left(\boldsymbol{k}_i^\top \boldsymbol{\mu}\right) \boldsymbol{k}_i \omega_i = \sum_i \phi_i \boldsymbol{k}_i \omega_i, \\
\boldsymbol{P}_{\boldsymbol{k}_0} \boldsymbol{\mu} &= \frac{\boldsymbol{k}_0^\top \boldsymbol{\mu}}{\|\boldsymbol{k}_0\|^2} \boldsymbol{k}_0 = \phi_0 \boldsymbol{k}_0 \sum_i \omega_i.
\end{aligned}$$

Wir zerlegen $\boldsymbol{K}$ in den von $\boldsymbol{k}_0$ aufgespannten eindimensionalen Unterraum und den $(p-1)$-dimensionalen Rest $\boldsymbol{K} \ominus \mathrm{span}\{\boldsymbol{k}_0\}$.

Dann projizieren wir $\boldsymbol{\mu}$ in die beiden Unterräume:

$$\begin{aligned}
\boldsymbol{P}_{\boldsymbol{K} \ominus \mathrm{span}\{\boldsymbol{k}_0\}} \boldsymbol{\mu} &= \boldsymbol{P}_{\boldsymbol{K}} \boldsymbol{\mu} - \boldsymbol{P}_{\boldsymbol{k}_0} \boldsymbol{\mu} \\
&= \sum_i \phi_i \boldsymbol{k}_i \omega_i - \phi_0 \boldsymbol{k}_0 \sum_i \omega_i \\
&= \sum_i (\phi_i - \phi_0) \omega_i \boldsymbol{k}_i, \\
\left\| \boldsymbol{P}_{\boldsymbol{K} \ominus \mathrm{span}\{\boldsymbol{k}_0\}} \boldsymbol{\mu} \right\|^2 &= \sum_i (\phi_i - \phi_0)^2 \omega_i^2 \|\boldsymbol{k}_i\|^2 \\
&= \sum_i (\phi_i - \phi_0)^2 \omega_i.
\end{aligned}$$

Nun erkennen wir:

$$\begin{aligned}
\boldsymbol{\mu} \perp \boldsymbol{K} \ominus \mathrm{span}\{\boldsymbol{k}_0\} &\Leftrightarrow \boldsymbol{P}_{\boldsymbol{K}} \boldsymbol{\mu} - \boldsymbol{P}_{\boldsymbol{k}_0} \boldsymbol{\mu} = \boldsymbol{0} \\
&\Leftrightarrow \phi_i - \phi_0 = 0 \; \forall i.
\end{aligned}$$

Also ist H_0^{ϕ} äquivalent mit der Hypothese $\boldsymbol{\mu} \perp \boldsymbol{K} \ominus \mathrm{span}\{\boldsymbol{k}_0\}$. Dabei ist $\dim(\boldsymbol{K} \ominus \mathrm{span}\{\boldsymbol{k}_0\}) = p - 1$. Die nicht skalierte Prüfgröße von H_0^{ϕ} ist daher

$$\begin{aligned}
\mathrm{SS}(H_0^{\phi}) &= \left\| \boldsymbol{P}_{\boldsymbol{K} \ominus \boldsymbol{k}_0} \boldsymbol{y} \right\|^2 = \sum_i \left(\widehat{\phi}_i - \widehat{\phi}_0\right)^2 \omega_i \\
&\sim \sigma^2 \chi^2 (p-1; \delta). \\
\sigma^2 \delta &= \left\| \boldsymbol{P}_{\boldsymbol{K} \ominus \boldsymbol{k}_0} \boldsymbol{\mu} \right\|^2 = \sum_i (\phi_i - \phi_0)^2 \omega_i.
\end{aligned}$$

■

Wenden wir diesen Satz auf den Parameter

$$\phi_i = \frac{1}{s_B} \sum_{j=1}^{s_B} \mu_{ij}^{AB} = \left(\frac{1}{s_B} \sum_{j=1}^{s_B} \frac{1}{n_{ij}} \boldsymbol{1}_{ij}^{AB} \right)^\top \boldsymbol{\mu} = \boldsymbol{k}_i^\top \boldsymbol{\mu}$$

an, dann sind die ϕ_i orthogonal, da sie aus unterschiedlichen Schichten stammen. Ist $i \neq j$, so ist $\boldsymbol{k}_i^\top \boldsymbol{k}_j = 0$. Der KQ-Schätzer von ϕ_i ist

$$\widehat{\phi}_i = \boldsymbol{k}_i^\top \boldsymbol{y} = \frac{1}{s_B} \sum_{j=1}^{s_B} \frac{1}{n_{ij}} \sum_w \boldsymbol{y}_{ijw}^{AB} = \frac{1}{s_B} \sum_{j=1}^{s_B} \overline{\boldsymbol{y}}_{ij}^{AB} = \overline{\overline{y}}_i^A.$$

Daher sind

$$\begin{aligned}
\mathrm{Var}\left(\widehat{\phi}_i\right) &= \sigma^2 \frac{1}{s_B^2} \sum_{j=1}^{s_B} n_{ij}^{-1} = \frac{\sigma^2}{s_B \widetilde{n}_i^A}, \\
\omega_i &= s_B \widetilde{n}_i^A, \\
\widehat{\phi}_0 &= \frac{\sum_i \widehat{\phi}_i \omega_i}{\sum_i \omega_i} = \frac{\sum_{i=1}^{s_A} \overline{\overline{y}}_i^A \widetilde{n}_i^A}{\sum_{i=1}^{s_A} \widetilde{n}_i^A} = \overline{\overline{y}}^A, \\
\mathrm{SS}\left(H_0^{\phi}\right) &= s_B \sum_i \left(\widehat{\phi}_i - \widehat{\phi}_0\right)^2 \widetilde{n}_i^A \\
&= s_B \sum_i \left(\overline{\overline{y}}_i^A - \overline{\overline{y}}^A\right)^2 \widetilde{n}_i^A.
\end{aligned}$$

8.8 Lateinische Quadrate

Bislang haben wir nur Versuchspläne betrachtet, bei denen alle Zellen besetzt waren. Ist $n_i > 0$ für alle $\boldsymbol{i}$, sprechen wir von einer vollständigen Kreuzklassifikation. Alle Stufen aller Faktoren werden im Versuchsplan miteinander kombiniert und gemeinsam eingesetzt. Aber bei drei und mehr Faktoren stößt dieses Vorhaben bald an seine Grenzen.

Im Beispiel 8.4 haben wir zwei Faktoren mit jeweils 4 Stufen betrachtet: A die Reifensorte, B das Autofabrikat, aber wir haben dabei einen dritten Faktor C, nämlich die Position des Reifens ignoriert. Vorderreifen werden anders beansprucht als Hinterreifen. Wenn wir auch noch die 4 möglichen Reifenpositionen berücksichtigen wollen, haben A, B und C jeweils 4 Stufen. Eine vollständige Kreuzklassifikation benötigt mindestens $s_A \cdot s_B \cdot s_C = 4^3 = 64$ Einzelversuche und auch dann wäre jede Kombination nur ein einziges Mal vertreten.

Wenn man seine Ansprüche verringert, kann man auch mit weniger Versuchen brauchbare Ergebnisse erzielen. Dies gelingt mit den sogenannten lateinischen Quadraten, die zum ersten Mal von Leonhard Euler (1707–1783) systematisch untersucht wurden.

Die Bedingungen eines lateinischen Quadrats sind:

- 3 Faktoren mit jeweils q Stufen. Eine vollständige Kreuzklassifikation würde q^3 Versuche benötigen. Es können aber nur q^2 Versuche durchgeführt werden.
- Jede Kombination von je zwei Faktorstufen tritt genau einmal im Versuchplan auf.
- Das Modell enthält keine Wechselwirkungen:

$$y_{ijk}^{ABC} = \theta_0 + \theta_i^A + \theta_j^B + \theta_k^C + \varepsilon_{ijk}\,.$$

Dabei sind die Effekte durch $\sum_{i=1}^q \theta_i^A = \sum_{j=1}^q \theta_j^B = \sum_{k=1}^q \theta_i^C = 0$ eindeutig festgelegt.

Beispiel Wir setzen das Beispiel von Seite 336 fort. Zu den beiden Faktoren A= Reifensorte, B =Wagentyp tritt nun der Faktor C = Position des Reifens am Auto. Unser Versuchplan sieht nun folgendermaßen aus:

	B_1	B_2	B_3	B_4
A_1	C_3	C_4	C_1	C_2
A_2	C_2	C_3	C_4	C_1
A_3	C_1	C_2	C_3	C_4
A_4	C_4	C_1	C_2	C_3

Bei diesem Versuchsplan kommt jede Reifen-Wagen-Kombination (A_i, B_j), jede Reifen-Position-Kombination (A_i, C_k) und jede Wagen-Position-Kombination (B_j, C_k) genau einmal vor. Das Datenprotokoll des daraufhin realisierten Versuchsplans zeigt Tabelle 8.21. ◀

Nach Konstruktion des Versuchsplans im lateinischen Quadrat gilt: Jedes Paar (A_i, B_j) bzw. (A_i, C_k) bzw. (C_k, B_j) kommt genau einmal vor. Daraus folgt für die Indikatorvektoren die Aussage:

$$\left(\mathbf{1}_i^A\right)^\top \mathbf{1}_j^B = \left(\mathbf{1}_i^A\right)^\top \mathbf{1}_k^C = \left(\mathbf{1}_k^C\right)^\top \mathbf{1}_j^B = 1\,.$$

Tabelle 8.21 Messwerte des Versuchs mit den Faktoren A= Autoreifen, B= Autotyp und C=Reifenposition.

y_{ijk}^{ABC}	A_i	B_j	C_k	y_{ijk}^{ABC}	A_i	B_j	C_k
17	1	1	3	12	3	1	1
14	1	2	4	12	3	2	2
13	1	3	1	10	3	3	3
13	1	4	2	9	3	4	4
14	2	1	2	13	4	1	4
14	2	2	3	11	4	2	1
13	2	3	4	11	4	3	2
8	2	4	1	9	4	4	3

Daraus lässt sich wie im balancierten Versuch folgern, dass der von der $\mathbf{1}$ aufgespannte Basisraum span $\{\mathbf{1}\}$ und die drei Effekträume

$$\mathbb{A} = \boldsymbol{A} \ominus \mathbf{1}\,, \qquad \mathbb{B} = \boldsymbol{B} \ominus \mathbf{1}\,, \qquad \mathbb{C} = \boldsymbol{C} \ominus \mathbf{1}$$

paarweise aufeinander orthogonal stehen. Daher ist

$$\boldsymbol{M} = \operatorname{span}\{\boldsymbol{A};\, \boldsymbol{B};\, \boldsymbol{C}\} = \boldsymbol{A} + \boldsymbol{B} + \boldsymbol{C} = \mathbf{1} \oplus \mathbb{A} \oplus \mathbb{B} \oplus \mathbb{C}\,.$$

Wie in der multiplen Varianzanalyse im balancierten Modell erhalten wir:

- Für den Effekt, z. B. θ_i^A gilt:

$$\widehat{\theta}_i^A = \overline{y}_i^A - \overline{y} \qquad \text{und} \qquad \mathrm{SS}\,(A) = q\sum_{i=1}^q \widehat{\theta}_i^2\,.$$

  Analoges gilt für die beiden anderen Effekte.
- Die geschätzten Effekte sind voneinander stochastisch unabhängig.
- Die SS-Terme addieren sich:

$$\mathrm{SSR} = \mathrm{SS}\,(A) + \mathrm{SS}\,(B) + \mathrm{SS}\,(C)\,,$$
$$\mathrm{SST} = \mathrm{SS}\,(A) + \mathrm{SS}\,(B) + \mathrm{SS}\,(C) + \mathrm{SSE}\,.$$

- Die Freiheitsgrade von SST sind $q^2 - 1$, die von A, B und C sind jeweils $q - 1$ und die von SSE $(q-1)(q-2)$. Dabei ist

$$q^2 - 1 = (q-1) + (q-1) + (q-1) + (q-1)(q-2)\,.$$

Beispiel Wir setzen das Beispiel von Seite 361 fort. Die Anova-Tabelle ist:

Quelle	F.G.	SS	MS	F_{pg}
A = Reifen	3	30.69	10.2	11.3
B = Wagen	3	38.69	12.9	14.3
C = Positon	3	6.19	2.1	2.33
Fehler	6	5.38	0.9	
Total	15	80.94		

Bei einem $\alpha = 5\,\%$ ist der Schwellenwert der F-Verteilung $F(3; 6)_{0.95} = 4.78$. Demnach haben wir signifikante Reifen- und Wageneffekte, aber keine Positionseffekte. ◀

Vorteile eines lateinischen Quadrats

Der Versuchsaufwand ist um den Faktor q kleiner als bei einer vollständigen Kreuzklassifikation. Mit derselben Zahl von q^2 Versuchen, die für einen vollständig randomisierten Blockplan mit zwei Faktoren benötigt werden, lassen sich im lateinischen Quadrat drei Faktoren berücksichtigen. Dadurch kann der experimentelle Versuchsfehler erheblich reduziert werden. Daher eignen sich Lateinische Quadrate auch besonders gut für Pilotstudien.

Nachteile eines lateinischen Quadrats

Alle Faktoren müssen die gleiche Stufenzahl haben. Bei geringer Stufenzahl ist die Anzahl $(q-1)(q-2)$ der Freiheitsgrade für SSE gering. Das Modell enthält keine Wechselwirkungeffekte. Ist mit Wechselwirkungen zu rechnen, ist ein lateinisches Quadrat fehl am Platz; es liefert falsche Aussagen. Die Randomisierungsvorschriften sind kompliziert.

Auswahl eines lateinischen Quadrats

Zu jeder Zahl q existieren zahlreiche lateinischen Quadrate. Zum Beispiel gibt es für $q = 5$ insgesamt 161280 verschiedene Lateinische Quadrate. Bei einem **Standardquadrat** sind die Zahlen in der ersten Zeile und in der ersten Spalte der Größe nach geordnet. Aus einem Standardquadrat der Ordnung q lassen sich $q! \cdot (q-1)!$ weitere Lateinische Quadrate durch Permutation von Zeilen und Spalten gewinnen.

Beispiel Für $q = 3$ gibt es 12 verschiedene Lateinische Quadrate. Das Standard-Quadrat ist

1	2	3
2	3	1
3	1	2

Permutation der Zeilen liefert aus dem Standard-Quadrat die 6 Lateinischen Quadrate

3	1	2
1	2	3
2	3	1

2	3	1
3	1	2
1	2	3

2	3	1
1	2	3
3	1	2

3	1	2
2	3	1
1	2	3

1	2	3
3	1	2
2	3	1

Permutation der Spalten liefert aus dem Standard-Quadrat die 6 lateinischen Quadrate

3	2	1
1	3	2
2	1	3

2	1	3
3	2	1
1	3	2

2	1	3
1	3	2
3	2	1

3	2	1
2	1	3
1	3	2

1	3	2
3	2	1
2	1	3

◀

Randomisierungsprobleme

Die zufällige Auswahl eines lateinischen Quadrats aus der Menge der möglichen lateinischen Quadrate ist nicht evident. Man kann zuerst ein aus den Tabellen von Fisher-Yates: „Statistical tables" (1963) „zufällig" ein Standard-Quadrat auswählen, dann die Zeilen des Quadrats „zufällig" permutieren, daraufhin die Spalten und schließlich die Elemente des Qudrates „zufällig" permutieren.

Beispiel Für $q = 5$ wurde das folgende Standard-Quadrat gewählt.

1	2	3	4	5
2	1	5	3	4
3	4	1	5	2
4	5	2	1	3
5	3	4	2	1

Nun werden die Zeilen permutiert. Aus 12345 wird 42315. Das heißt: die Zeile Z_1 wird zur Zeile z_4, Z_2 wird z_2, Z_3 wird z_3, Z_4 wird z_1 und Z_5 wird z_5. Analog werden die Spalten und die Ziffern permutiert:

Permutation der Zeilen 12345 wird 42315

4	5	2	1	3
2	1	5	3	4
3	4	1	5	2
1	2	3	4	5
5	3	4	2	1

Permutation der Spalten 24153 wird 12345

5	1	4	3	2
1	3	2	4	5
4	5	3	2	1
2	4	1	5	3
3	2	5	1	4

Permutation der Ziffern 12345 wird 35214

4	3	1	2	5
3	2	5	1	4
1	4	2	5	3
5	1	3	4	2
2	5	4	3	1

Das letzte Quadrat definiert dann den zu realisierenden Versuchsplan. ◀

Zusammenfassung

Die statistische Versuchsplanung ermöglicht es, mit einer festgelegten Gesamtzahl von Einzelversuchen eine Versuchsreihe so anzulegen, dass sich die Ergebnisse mit statistischen Methoden einfach und erschöpfend auswerten lassen. Bei Verwendung eines statistischen Versuchsplans besteht ein optimales Verhältnis zwischen Versuchsaufwand und gewonnener Information.

Die Varianzanalyse ist eines der wichtigsten Anwendungsgebiete bei der Planung und Auswertung von Versuchen des linearen Modells. Als Namenskürzel hat sich die aus der englischen Bezeichnung **An***alysis* ***o****f* ***Va****riance* abgeleitete Kurzformel **ANOVA** eingebürgert. Im Grunde genommen ist Anova nur ein Spezialfall der Regressionsrechnung mit der Besonderheit, dass hier qualitative Variable als Regressoren auftreten.

Versuchsplanung lässt den Zufall planvoll für sich arbeiten

Durch das Randomisieren der Aufteilung der Faktoren und ihrer Stufen auf die Versuchseinheiten können unbekannte systematische Störgrößen und Fehler den Charakter einer zufälligen Störungen annehmen.

Grundregel der Versuchsplanung

Durch Randomisierung bei allen Phasen des Versuchs und durch Aufgliederung in Blöcke können grobe systematische Fehler entschärft und in ihrer Wirkung eingeschränkt werden.

Ziel der Versuchsplanung ist es, Störfaktoren durch experimentelle oder durch statistische Kontrolle entweder auszuschalten oder zu kontrollieren. So gibt es insgesamt 4 Möglichkeiten der Behandlung von Störfaktoren:

- Man hält die Störgröße konstant (experimentelle Kontrolle) und schaltet sie damit aus. Das ist nur möglich, wenn die Störeinflüsse bekannt und kontrollierbar sind.
- Man bezieht sie bewusst und systematisch in den Versuch ein und erfasst ihren systematischen Einfluss auf die Zielgröße.
- Man ordnet die Störgröße durch Randomisieren den Versuchsobjekten in zufälliger Weise so zu, dass die Störgrößen statistisch ausgeschaltet werden.
- Man nimmt die Störgröße ins Modell mit auf und bestimmt dann mithilfe statistischer Auswerteverfahren ihre Auswirkung auf die Zielvariable.

Die einfache Varianzanalyse

Das Modell der einfachen Varianzanalyse in der Erwartungswertparametrisierung ist

$$y_{iw}^A = \mu_i^A + \varepsilon_{iw},\ i = 1, \cdots s,\ w = 1 \cdots n_i,$$
$$\varepsilon_{iw} \sim N(0; \sigma^2) \text{ und äquivalent } y_{iw}^A \sim N(\mu_i^A; \sigma^2).$$

Schätzungen in der einfachen Varianzanalyse

Im Modell der einfachen Varianzanalyse sind:

$$\widehat{\boldsymbol{\mu}} = \sum_{i=1}^{s} \overline{y}_i \mathbf{1}_i^A,$$

$$\widehat{\mu}_i^A = \overline{y}_i \sim \mathrm{N}\left(\mu_i^A; \frac{\sigma^2}{n_i^A}\right),$$

$$\widehat{\sigma}^2 = \frac{1}{n-s} \sum_{i,w} \left(y_{iw}^A - \overline{y}_i^A\right)^2 \sim \sigma^2 \chi^2(n-s).$$

Dabei sind die $\widehat{\mu}_i^A$ voneinander und von $\widehat{\sigma}^2$ unabhängig.

In der Effekt-Parametrisierung wählt man sich einen beliebigen, aber festen Basiswert θ_0 als Bezugspunkt und definiert die Abweichung des Erwartungswertes in der i-ten Klasse vom Bezugspunkt als Effekt θ_i^A der Stufe i des Faktors A:

$$\theta_i^A = \mu_i^A - \theta_0.$$

Die $s+1$ Parameter $\theta_0, \theta_1^A, \cdots, \theta_s^A$ sind nicht schätzbar, denn die Anzahl der Parameter ist größer als die Dimension s des Modellraums. Für die Arbeit mit Effekten bieten sich zwei Alternativen an:

- Die Effekte bleiben mehrdeutig. Man beschränkt sich aber auf schätzbare Funktionen der Effekte.
- Durch identifizierende Nebenbedingungen werden die Parameter eindeutig festgelegt.

Schätzbare Parameter bei der einfachen Varianzanalyse

Ein Parameter $\phi = b_0\theta_0 + \sum_{i=1}^{s} b_i\theta_i^A$ ist genau dann schätzbar, wenn:

$$b_0 = \sum_{i=1}^{s} b_i$$

ist. In diesem Fall ist lässt sich ϕ darstellen als

$$\phi = \sum_{i=1}^{s} b_i \mu_i^A.$$

ϕ wird geschätzt durch:

$$\widehat{\phi} = \sum_{i=1}^{s} b_i \overline{y}_i^A,$$

$$\mathrm{Var}\left(\widehat{\phi}\right) = \sigma^2 \sum_{i=1}^{s} \frac{b_i^2}{n_i^A}.$$

Ist $b_0 = 0$, spricht man von einem Kontrast in den Effekten. Sie sind die einzigen schätzbaren Funktionen der Parameter, die nicht vom beliebig gewählten Bezugspunkt θ_0 abhängen.

Um die Effekte festzulegen, genügt eine einzige Nebenbedingung $\sum_{i=1}^{s} g_i \theta_i^A = 0$. Dabei sind die vorgegebenen Gewichte $g_i \geq 0$ mit $\sum_{i=1}^{s} g_i = 1$. Spezielle Gewichtssysteme sind die

1. **Die Dummy-Codierung:** Eine feste Faktorstufe, zum Beispiel die j-te Stufe, wird als feste Bezugsstufe gewählt. Der Bezugspunkt θ_0, die Effekte θ_i^A und ihre Schätzer sind dann:

$$\theta_0 = \mu_j^A, \qquad \widehat{\theta}_0 = \overline{y}_j^A,$$

$$\theta_i^A = \mu_i^A - \mu_j^A, \qquad \widehat{\theta}_i^A = \overline{y}_i^A - \overline{y}_j^A.$$

2. **Die Effekt-Codierung:** Alle Stufen erhalten dasselbe Gewicht: $g_i = \frac{1}{s}\ \forall i$. Der Bezugspunkt θ_0, die Effekte θ_i^A und ihre Schätzer sind dann:

$$\theta_0 = \frac{1}{s}\sum_{i=1}^{s} \mu_i^A, \qquad \widehat{\theta}_0 = \frac{1}{s}\sum_{i=1}^{s} \overline{y}_i^A,$$

$$\theta_i^A = \mu_i^A - \frac{1}{s}\sum_{i=1}^{s} \mu_i^A, \qquad \widehat{\theta}_i^A = \overline{y}_i^A - \frac{1}{s}\sum_{i=1}^{s} \overline{y}_i^A.$$

Die grundlegende Zerlegungsformel der Varianzanalyse

Der Zerlegungsformel

$$\text{SST} = \text{SSR} + \text{SSE}$$

verdankt die Varianzanalyse ihren Namen. Dabei ist

$$\text{SST} = \|\boldsymbol{y} - \overline{y}\mathbf{1}\|^2 = \sum_{i,w} (y_{iw} - \overline{y})^2,$$

$$\text{SSR} = \|\widehat{\boldsymbol{\mu}} - \overline{y}\mathbf{1}\|^2 = \sum_{i=1}^{s} \left(\overline{y}_i^A - \overline{y}\right)^2 n_i^A,$$

$$\text{SSE} = \|\widehat{\boldsymbol{\varepsilon}}\|^2 = \sum_{i,w} \left(y_{iw}^A - \overline{y}_i\right)^2.$$

Werden die „Sum of Squares“ durch die Dimension des jeweiligen Raums geteilt, sprechen wir von den „Mean Square“

$$\text{MSR}\,(\boldsymbol{M}) = \frac{\text{SSR}\,(\boldsymbol{M})}{\dim \boldsymbol{M} - 1}.$$

Weiter ist

$$\frac{\text{SSE}\,(\boldsymbol{M})}{n - \dim \boldsymbol{M}} = \widehat{\sigma}^2\,(\boldsymbol{M}).$$

Die Prüfgröße des globalen F-Tests unter der Null-Hypothese $\boldsymbol{\mu} \in \mathbf{1}$ ist

$$F_{PG} = \frac{\text{MSR}}{\widehat{\sigma}^2} \sim F\,(\dim \boldsymbol{M} - 1; n - \dim \boldsymbol{M}).$$

Schätzen in Modellen mit Rangdefekt

Ist $\operatorname{Rg} \boldsymbol{X} = d < m + 1$ und $M = \operatorname{span}\{\boldsymbol{X}\}$ der Modellraum, $(\boldsymbol{X}^\top \boldsymbol{X})^-$ eine beliebige verallgemeinerte Inverse von $\boldsymbol{X}^\top \boldsymbol{X}$ und $\boldsymbol{X}^+$ die Moore-Penrose-Inverse von $\boldsymbol{X}$, dann wird $\boldsymbol{\mu}$ erwartungstreu geschätzt durch

$$\widehat{\boldsymbol{\mu}} = \boldsymbol{P}_M \boldsymbol{y} = \boldsymbol{X}\boldsymbol{X}^+ \boldsymbol{y} = \boldsymbol{X}(\boldsymbol{X}^\top \boldsymbol{X})^- \boldsymbol{X}^\top \boldsymbol{y}.$$

$\widehat{\boldsymbol{\beta}}$ ist mehrdeutig und wird geschätzt durch

$$\widehat{\boldsymbol{\beta}} = \boldsymbol{X}^+ \boldsymbol{y} + (\boldsymbol{I} - \boldsymbol{X}^+ \boldsymbol{X})\boldsymbol{h}.$$

Hier ist $\boldsymbol{h} \in \mathbb{R}^{m+1}$ ein beliebiger Vektor. Eine Linearkombinationen

$$\phi = \boldsymbol{b}^\top \boldsymbol{\beta} = \sum_{j=0}^{m} b_j \beta_j$$

ist genau dann erwartungstreu schätzbar, wenn ϕ eindeutig bestimmt ist.

Schätzbare Parameter

Ist $\boldsymbol{\beta}$ Lösung der Gleichung $\boldsymbol{\mu} = \boldsymbol{X}\boldsymbol{\beta}$, dann ist der Parameter $\phi = \boldsymbol{b}^\top \boldsymbol{\beta}$ genau dann eindeutig bestimmt, wenn $\boldsymbol{b}$ Linearkombination der Zeilen von $\boldsymbol{X}$ ist, $\boldsymbol{b} \in \operatorname{span}\{\boldsymbol{X}^\top\}$. Genau dann lässt sich ϕ als lineare Funktion von $\boldsymbol{\mu}$ schreiben:

$$\phi = \boldsymbol{b}^\top \boldsymbol{\beta} = \boldsymbol{k}^\top \boldsymbol{\mu}.$$

Genau dann existiert eine lineare erwartungstreue Schätzfunktion $\widehat{\phi}$ für ϕ. Dabei ist $\widehat{\phi} = \boldsymbol{k}^\top \widehat{\boldsymbol{\mu}}$ ebenso wie ϕ eindeutig bestimmt.

Eindeutigkeit, Schätzbarkeit und Identifizierbarkeit sind im linearen Modell äquivalente Begriffe.

Durch Nebenbedingungen lassen sich Parameter eindeutig definieren

Der KQ-Schätzer im reparametrisierten Modell

Der KQ-Schätzer $\widehat{\boldsymbol{\beta}}_{\text{neb}}$ ist durch die Nebenbedingung $\boldsymbol{N}^\top \boldsymbol{\beta} = \mathbf{0}$ genau dann eindeutig bestimmt, wenn $\operatorname{Rg}\binom{\boldsymbol{X}}{\boldsymbol{N}^\top} = m + 1$.

Unwesentliche Nebenbedingungen ändern das Modell nicht

Unwesentliche Nebenbedingungen

Eine Nebenbedingung $\boldsymbol{N}^\top \boldsymbol{\beta} = \mathbf{0}$ heißt **unwesentlich**, wenn sie den Modellraum nicht ändert, wenn also $\boldsymbol{M} = \boldsymbol{M}_{\text{neb}}$ ist. Dabei ist

$$\boldsymbol{M} = \left\{\boldsymbol{\mu} : \boldsymbol{\mu} = \boldsymbol{X}\boldsymbol{\beta};\ \boldsymbol{\beta} \in \mathbb{R}^{m+1}\right\},$$

$$\boldsymbol{M}_{\text{neb}} = \left\{\boldsymbol{\mu} : \boldsymbol{\mu} = \boldsymbol{X}\boldsymbol{\beta};\ \boldsymbol{\beta} \in \mathbb{R}^{m+1};\ \boldsymbol{N}^\top \boldsymbol{\beta} = \mathbf{0}\right\}.$$

Mit unwesentlichen Nebenbedingungen können wir die Mehrdeutigkeit von Parametern nachträglich aufheben, ohne den Modellraum zu ändern.

Kriterien für unwesentliche Nebenbedingungen

Die Nebenbedingung $N^\top \boldsymbol{\beta} = \mathbf{0}$ ist genau dann unwesentlich, falls eines der drei folgenden äquivalenten Kriterien zutrifft:

- $\operatorname{Rg}\binom{X}{N^\top} = \operatorname{Rg} X + \operatorname{Rg} N^\top$.
- $\operatorname{span}\left\{X^\top\right\} \cap \operatorname{span}\{N\} = \mathbf{0}$.
- Die um die Nebenbedingungen erweiterten Normalgleichungen

$$X^\top y = X^\top X\widehat{\boldsymbol{\beta}},$$
$$\mathbf{0} = N^\top \widehat{\boldsymbol{\beta}},$$

sind für jeden Wert von y lösbar.

Unwesentliche Nebenbedingungen lassen nicht nur den Modellraum invariant lassen, sondern auch alle Aussagen, die nur vom Modellraum abhängen. Speziell bleiben alle schätzbaren Parameter, ihre Schätzer und deren Verteilungen invariant.

Invarianzsatz

Ist $N^\top \boldsymbol{\beta} = \mathbf{0}$ eine unwesentliche Nebenbedingung, so gilt für jeden schätzbaren Parameter $\boldsymbol{\Phi}$:

$$\widehat{\boldsymbol{\Phi}} = \widehat{\boldsymbol{\Phi}}_{\text{neb}}\,.$$

Speziell sind

$$\widehat{\boldsymbol{\mu}} = \widehat{\boldsymbol{\mu}}_{\text{neb}}\,,$$
$$\text{SSE} = \text{SSE}_{\text{neb}}\,.$$

Außerdem ist das Bestimmtheitsmaß r^2 gleich dem Bestimmtheitsmaß r^2_{neb}.

Identifikationsbedingungen legen die Parameter eindeutig fest, ohne das Modell zu verändern

Identifikationsbedingungen

Eine Identifikationsbedingung ist eine unwesentliche Nebenbedingung $N^\top \boldsymbol{\beta} = \mathbf{0}$, die den Parameter $\boldsymbol{\beta}$ eindeutig festlegt. $N^\top \boldsymbol{\beta} = \mathbf{0}$ ist genau dann eine Identifikationsbedingung, wenn gilt:

$$\operatorname{Rg}\begin{pmatrix} X \\ N^\top \end{pmatrix} = \operatorname{Rg} X + \operatorname{Rg} N = m + 1 = \begin{array}{l}\text{Anzahl der}\\ \text{Parameter}\,.\end{array}$$

Sind die Parameter durch eine Identifikationsbedingung $N^\top \boldsymbol{\beta} = \mathbf{0}$ eindeutig festgelegt, kann man $\widehat{\boldsymbol{\beta}}$ geschlossen angeben:

$$\widehat{\boldsymbol{\beta}} = (X^\top X + NN^\top)^{-1} X^\top y\,.$$

Das Grundmodell der Varianzanalyse mit zwei Faktoren ist $y_{ijw}^{AB} = \mu_{ij}^{AB} + \varepsilon_{ijw}$

Das Modell ist balanciert, falls jede Versuchszelle (A_i, B_j) genau gleichviele Beobachtungen enthält: $n_{ij} = r$.

Das additive Modell der zweifachen Varianzanalyse

Im additiven Modell ist

$$\mu_{ij}^{AB} = \theta_0 + \theta_i^A + \theta_j^B\,.$$

Im additiven Modell überlagern sich die Wirkungen der beiden Faktoren A und B, ohne sich gegenseitig zu beeinflussen.

Um diese Wechselwirkung zwischen den beiden Faktoren A und B zu erfassen, erweitern wir das additive Modell um einen Wechselwirkungseffekt θ_{ij}^{AB} zum saturierten Modell.

Das saturierte Modell der zweifachen Varianzanalyse

Im saturierten Modell treten neben den beiden Haupteffekten θ_i^A und θ_j^B Wechselwirkungseffekte θ_{ij}^{AB} auf:

$$\mu_{ij}^{AB} = \theta_0 + \theta_i^A + \theta_j^B + \theta_{ij}^{AB}\,. \tag{8.30}$$

Zur Festlegung der Parameter im additiven Modell sind zwei Identifikationsbedingungen notwendig. Am einfachsten und naheliegensten sind im additiven Modell die beiden Nebenbedingungen

$$\sum_{i=1}^{s_A} \theta_i^A = \sum_{j=1}^{s_B} \theta_j^B = 0\,.$$

Im saturierten Modell kommen noch die folgenden Bedingungen hinzu:

$$\sum_{i=1}^{s_A} \theta_{ij}^{AB} = 0 \text{ für alle } j, \quad \sum_{j=1}^{s_B} \theta_{ij}^{AB} = 0 \text{ für alle } i\,.$$

In balancierten Modellen sind die Effekträume orthogonal

Effekträume sind die Menge aller Linearkombinationen der jeweiligen Indikatorvektoren, bei denen die Koeffizienten die identifizierenden Nebenbedingungen erfüllen, z. B. Faktorraum $\mathbf{A}$ und Effektraum $\mathbb{A}$:

$$\mathbf{A} = \left\{ \sum_{i=1}^{s_A} \theta_i^A \mathbf{1}_i^A \right\},$$
$$\mathbb{A} = \left\{ \sum_{i=1}^{s_A} \theta_i^A \mathbf{1}_i^A \,\middle|\, \sum_{i=1}^{s_A} \theta_i^A = 0 \right\}.$$

Die Zerlegung der Faktorräume in orthogonale Effekträume

Es ist:

$$\begin{aligned} \boldsymbol{A} &= \mathbf{1} \oplus \mathbb{A}, \\ \boldsymbol{B} &= \mathbf{1} \oplus \mathbb{B}, \\ \boldsymbol{A} + \boldsymbol{B} &= \mathbf{1} \oplus \mathbb{A} \oplus \mathbb{B}, \\ \boldsymbol{AB} &= \mathbf{1}\mathbb{A} \oplus \mathbb{B} \oplus \mathbb{AB}. \end{aligned}$$

Da wir orthogonale Basen der Faktorräume kennen, lassen sich die Projektionen in diese Räume sofort angeben. Da die Effekträume orthogonal sind und in ihrer additiven Zusammensetzung die Faktorräume bilden, lassen sich Dimensionen, Projektionen, Schätzer, SS-Terme aller Räume rekursiv angeben.

Die Dimensionen der Räume

Die Dimensionen der Faktor- und Effekträume sind:

Faktorraum		Effektraum	
	dim		dim
$\boldsymbol{A}$	s_A	$\mathbb{A}$	$s_A - 1$
$\boldsymbol{B}$	s_B	$\mathbb{B}$	$s_B - 1$
$\boldsymbol{A}+\boldsymbol{B}$	$s_A + s_B - 1$	$\mathbb{A} \oplus \mathbb{B}$	$s_A + s_B - 2$
$\boldsymbol{AB}$	$s_A s_B$	$\mathbb{AB}$	$(s_A - 1)(s_B - 1)$

Die Schätzer der Effekte

Unter der Nebenbedingung $\sum_{i=1}^{s_A} \theta_i^A = \sum_{j=1}^{s_B} \theta_j^B = 0$ werden die Effekte geschätzt durch:

$$\begin{aligned} \widehat{\theta}_0 &= \overline{y}, \\ \widehat{\theta}_i^A &= \overline{y}_i^A - \widehat{\theta}_0, \\ \widehat{\theta}_j^B &= \overline{y}_j^B - \widehat{\theta}_0, \\ \widehat{\theta}_{ij}^{AB} &= \overline{y}_{ij}^{AB} - \widehat{\theta}_0 - \widehat{\theta}_i^A - \widehat{\theta}_j^B. \end{aligned}$$

Die Schätzer $\widehat{\boldsymbol{\theta}}^A$, $\widehat{\boldsymbol{\theta}}^B$ und $\widehat{\boldsymbol{\theta}}^{AB}$ sind unkorreliert und im Normalmodell voneinander stochastisch unabhängig.

Test der Effekt-Hypothesen im balancierten Modell

Wir betrachten die Effekt-Hypothesen:

H_0^A : Die Haupteffekte θ_i^A des Faktors A sind null.

H_0^B : Die Haupteffekte θ_j^B des Faktors B sind null.

H_0^{AB}: Die Wechselwirkungseffekte θ_{ij}^{AB} zwischen A und B sind null.

Testkriterien der Effekt-Hypothesen

Die nicht skalierten Testkriterien der Effekt-Hypothesen H_0^{Effekt} sind die quadrierten Normen der Projektionen in die jeweiligen Effekträume bzw. die gewichteten Summen der quadrierten Effekte:

$$\begin{aligned} \text{SS}(A) &= \|\boldsymbol{P}_{\mathbb{A}} \boldsymbol{y}\|^2 = n^A \sum_{i=1}^{s_A} \left(\widehat{\theta}_i^A\right)^2, \\ \text{SS}(B) &= \|\boldsymbol{P}_{\mathbb{B}} \boldsymbol{y}\|^2 = n^B \sum_{j=1}^{s_B} \left(\widehat{\theta}_i^B\right)^2, \\ \text{SS}(AB) &= \|\boldsymbol{P}_{\mathbb{AB}} \boldsymbol{y}\|^2 = r \sum_{i=1}^{s_A} \left(\widehat{\theta}_{ij}^{AB}\right)^2. \end{aligned}$$

Nach dem Satz von Cochran ist

$$\text{SS}(\text{Effekt}) \sim \sigma^2 \chi^2 (\dim(\text{Effektraum}); \delta).$$

Dabei ist der Nichtzentralitätsparameter $\delta = \frac{1}{\sigma^2} \|\boldsymbol{\mu} - \boldsymbol{P}_{\text{Effektraum}} \boldsymbol{\mu}\|^2$. Ist die jeweilige Hypothese wahr, so ist $\delta = 0$ und SS (Effekt) ist zentral χ^2-verteilt. Die Anzahl der Freiheitsgrade ist die Dimension des zugehörigen Effektraums:

Die Verteilung der Prüfgröße

$$\text{SS}(\text{Effekt}) \sim \sigma^2 \chi^2 (\dim(\text{Effektraum})).$$

Die skalierte Prüfgröße jeder Effekt-Hypothese ist

$$F_{PG} = \frac{\text{SS}(\text{Effekt})}{\dim(\text{Effektraum})\, \widehat{\sigma}^2}.$$

Ist die Effekt-Hypothese wahr, so ist

$$F_{PG} \sim F(\dim(\text{Effektraum}), n - \dim(\text{Modellraum})).$$

Varianzanalyse mit q Faktoren im balancierten Versuch

Die Varianzanalyse im balancierten Versuch mit mehreren Faktoren verläuft im Prinzip wie die mit zwei Faktoren. Die Faktoren spannen die Faktorräume auf, die Effekte werden durch identifizierende Nebenbedingungen festgelegt und definieren die zugehörigen orthogonalen Effekträume.

Varianzanalyse mit zwei Faktoren im nicht balancierten Versuch

Im additiven Modell müssen $\widehat{\boldsymbol{\mu}}$ und die Effekte durch die Normalgleichungen bestimmt werden.

Tests in der Varianzanalyse mit zwei Faktoren

In der Varianzanalyse werden nicht nur Hypothesen über einzelne Effekte z. B. ein spezielles θ_i^A getestet, sondern es werden Effektfamilien zu einem Faktor oder einer Faktorkombination überprüft, z. B. die Gesamtheit der Haupteffekte des Faktors A oder die Wechselwirkungseffekte. Es bieten sich zwei Konzepte an:

- **Struktur-Hypothesen:** Man betrachtet die schrittweise Erweiterung einfacher Modelle bzw. schrittweise Vereinfachung komplexer Modelle und testet, ob diese Modellveränderungen sinnvoll sind.
- **Parameter-Hypothesen:** Man betrachtet die Effekte eines parametrisierten Modells und testet deren Signifikanz.

Test eines unbereinigten Haupteffekts

Der unbereinigte Haupteffekt eines Faktors A misst, wie weit sich das Nullmodell mit der **1** als einzigem Faktor verbessert, wenn zusätzlich der Faktor A aufgenommen wird. Durch

$$\mathrm{SS}(A) = \|\boldsymbol{P}_A \boldsymbol{y} - \boldsymbol{P}_1 \boldsymbol{y}\|^2 = \sum_i \left(\overline{y}_i^A - \overline{y}\right)^2 n_i^A$$

wird diese Modellverbesserung gemessen. Unter H_0 : „Der unbereinigte Haupteffekt ist null“ ist $\mathrm{SS}(A) \sim \sigma^2\chi^2(\dim A - 1)$.

Test eines bereinigten Haupteffekts

Der um B bereinigte A-Haupteffekt misst die Modellverbesserung durch A, wenn B bereits im Modell enthalten ist. Die unskalierte Prüfgröße der entsprechenden Hypothese ist $\|\boldsymbol{P}_{A+B}\boldsymbol{y} - \boldsymbol{P}_B\boldsymbol{y}\|^2 = \mathrm{SS}(A+B) - \mathrm{SS}(A)$.

Test von Wechselwirkungseffekten

Durch die Erweiterung von $\boldsymbol{A}+\boldsymbol{B}$ auf $\boldsymbol{AB}$ werden zusätzlich zu den Zeilen- und Spaltenindikatoren die Zellenindikatoren ins Modell aufgenommen. Ob diese Erweiterung sinnvoll ist, testet die Additivitäts-Hypothese:

$$H_0\colon „\boldsymbol{\mu} \perp \boldsymbol{AB} \ominus (\boldsymbol{A}+\boldsymbol{B})“.$$

Die nicht skalierte Prüfgröße ist:

$$\left\|\boldsymbol{P}_{\boldsymbol{AB}}\boldsymbol{y} - \boldsymbol{P}_{\boldsymbol{A}+\boldsymbol{B}}\boldsymbol{y}\right\|^2 = \mathrm{SS}(\boldsymbol{AB}) - \mathrm{SS}(\boldsymbol{A}+\boldsymbol{B}).$$

Test von Parameter-Hypothesen

Die wichtigsten Parameter-Hypothesen sind die Hypothesen

$$H_0^{\theta_A}: \quad „\theta_i^A = 0 \text{ für alle } i = 1, \cdots s_A“,$$
$$H_0^{\theta_B}: \quad „\theta_j^B = 0 \text{ für alle } j = 1, \cdots s_B“.$$

Dabei ist θ_i^A definiert als:

$$\theta_i^A = \overline{\boldsymbol{\mu}}_i^A - \overline{\boldsymbol{\mu}} = \frac{1}{s_B}\sum_{j=1}^{s_B}\mu_{ij}^{AB} - \frac{1}{s_B s_A}\sum_{i=1}^{s_A}\sum_{j=1}^{s_B}\mu_{ij}^{AB}.$$

Analog für θ_j^B.

Test von $H_0^{\theta_A}$

Die unskalierte Prüfgröße der Hypothese $H_0^{\theta_A}$:„$\theta_i^A = 0$ für alle $i = 1, \cdots, s_A$“ ist

$$\mathrm{SS}\left(H_0^{\theta_A}\right) = s_B \sum_i \left(\overline{\overline{y}}_i^A - \overline{\overline{y}}^A\right)^2 \widetilde{n}_i^A.$$

Unter H_0^θ ist $\mathrm{SS}\left(H_0^\theta\right) \sim \sigma^2\chi^2(s_B - 1)$-verteilt.

Dabei ist $\widetilde{n}_i^A$ als das harmonische Mittel der Besetzungszahlen der i-ten Schicht, $\overline{\overline{y}}_i^A$ das ungewogene Mittel der Zellenmittel und $\overline{\overline{y}}^A$ ist das mit den $\widetilde{n}_i^A$ gewogene Mittel der $\overline{\overline{y}}_i^A$:

$$\widetilde{n}_i^A = s_B\left(\sum_{j=1}^{s_B} n_{ij}^{-1}\right)^{-1},$$
$$\overline{\overline{y}}_i^A = \frac{1}{s_B}\sum_{j=1}^{s_B}\overline{y}_{ij},$$
$$\overline{\overline{y}}^A = \frac{\sum_{i=1}^{s_A}\overline{\overline{y}}_i^A\widetilde{n}_i^A}{\sum_{i=1}^{s_A}\widetilde{n}_i^A}.$$

Im lateinischen Quadrat können drei Faktoren mit jeweils q Stufen im additiven Modell untersucht werden

Bedingungen und Eigenschaften eines lateinischen Quadrats sind:

- 3 Faktoren mit jeweils q Stufen. Eine vollständige Kreuzklassifikation würde q^3 Versuche benöigen. Es können aber nur q^2 Versuche durchgeführt werden.
- Jede Kombination von je zwei Faktorstufen tritt genau einmal im Versuchplan auf.
- Die Effekte sind additiv, Wechselwirkungen treten nicht auf. Das Modell lautet:

$$y_{ijk}^{ABC} = \theta_0 + \theta_i^A + \theta_j^B + \theta_k^C + \varepsilon_{ijk}.$$

  Dabei sind die Effekte durch $\sum_{i=1}^q \theta_i^A = \sum_{j=1}^q \theta_j^B = \sum_{k=1}^q \theta_i^C = 0$ eindeutig festgelegt.
- Der Basisraum span $(\mathbf{1})$ und die drei Effekträume $\mathbb{A} = \boldsymbol{A} \ominus \mathbf{1}$, $\mathbb{B} = \boldsymbol{B} \ominus \mathbf{1}$ und $\mathbb{C} = \boldsymbol{C} \ominus \mathbf{1}$ stehen paarweise aufeinander orthogonal.

- Für den Effekt θ_i^A gilt:

$$\widehat{\theta}_i^A = \overline{y}_i^A - \overline{y} \qquad \text{und} \qquad \text{SS}(A) = q \sum_{i=1}^{q} \widehat{\theta}_i^2 .$$

Analoges gilt für die beiden anderen Effekte.
- Die geschätzten Effekte sind voneinander stochastisch unabhängig.
- Die SS-Terme addieren sich:

$$\text{SSR} = \text{SS}(A) + \text{SS}(B) + \text{SS}(C) .$$
$$\text{SST} = \text{SS}(A) + \text{SS}(B) + \text{SS}(C) + \text{SSE} .$$

- Die Anzahl der Freiheitsgrade sind für die Faktoren gleich $q-1$ und für SSE gleich $(q-1)(q-2)$.

Aufgaben

Die Aufgaben gliedern sich in drei Kategorien: Anhand der *Verständnisfragen* können Sie prüfen, ob Sie die Begriffe und zentralen Aussagen verstanden haben, mit den *Rechenaufgaben* üben Sie Ihre technischen Fertigkeiten und die *Anwendungsprobleme* geben Ihnen Gelegenheit, das Gelernte an praktischen Fragestellungen auszuprobieren.

Ein Punktesystem unterscheidet leichte Aufgaben •, mittelschwere •• und anspruchsvolle ••• Aufgaben. Lösungshinweise am Ende des Buches helfen Ihnen, falls Sie bei einer Aufgabe partout nicht weiterkommen. Ergebnisse, ausführliche Lösungswege, Beweise und Abbildungen finden Sie auf der Website zum Buch.

Viel Spaß und Erfolg bei den Aufgaben!

Verständnisfragen

8.1 •• Zeigen Sie: Die Normalgleichungen $\boldsymbol{X}^\top \boldsymbol{y} = \boldsymbol{X}^\top \boldsymbol{X}\widehat{\boldsymbol{\beta}}$ im allgemeinen linearen Modell sind äquivalent mit der Gleichung $P_M \boldsymbol{y} = \boldsymbol{X}^\top \widehat{\boldsymbol{\beta}}$. Setzen Sie dabei nicht voraus, dass $\boldsymbol{X}$ den vollen Rang hat.

8.2 •• Bestimmen Sie die Form der schätzbaren Parameter im saturierten Modell der zweifachen Varianzanalyse und zeigen Sie, dass weder A- noch B-Kontraste schätzbar sind.

8.3 •• Zeigen Sie: Die Aussage $(A): \mu_{ij} = a_i + b_j \ \forall i, j$ ist äquivalent mit der Aussage $(M): \mu_{ij} - \mu_{ik} + \mu_{lk} - \mu_{lj} = 0$ $\forall i, j, k, l$.

8.4 • Das Modell sei $\mu = \beta_0 + \beta_1 x + \beta_2 x^2$. Untersucht werden drei Beobachtungen an den Stellen $x = 0, 1$ und 2. Wie sieht die Designmatrix aus? Welche Parameter sind schätzbar? Durch einen Fehler im Versuch sei die dritte Beobachtung unbrauchbar geworden. Damit entfällt in der Designmatrix $\boldsymbol{X}$ die letzte Zeile. Welche Parameter lassen sich nun schätzen?

Rechenaufgaben

8.5 • Berechnen Sie die Wochen-, Tages- und Faktoreffekte im Eingangsbeispiel des Kapitels. Die Daten stehen in der Tabelle 8.5 auf Seite 324.

8.6 • Der Bonferroni-Test: Zeigen Sie: Ist $\mathcal{H} = \{H_i, i = 1, \ldots, \infty\}$ eine Familie von Hypothesen, und wird H_i zum Niveau α_i getestet, dann ist die Wahrscheinlichkeit, dass mindestens eine unter ihnen fälschlich verworfen wird, höchstens $\sum_{i=1}^{\infty} \alpha_i$.

8.7 •• Beweisen Sie die Aussage zum Tukey-Test aus der Vertiefung von Seite 346, dass die Wahrscheinlichkeit der fälschlichen Ablehnung einer Einzelhypothese $\mu_i = \mu_j$ höchstens α ist, selbst wenn diese Hypothese erst nach Analyse der Daten ausgewählt wurde.

8.8 ••• Beweisen Sie die folgende Aussage, auf der der Scheffé-Test beruht:
Sind $\boldsymbol{y} \sim N(\boldsymbol{\mu}; \sigma^2 \boldsymbol{I})$ und $\boldsymbol{M}_\text{p} \subset \boldsymbol{M}$ ein p-dimensionaler Unterraum des Modellraums $\boldsymbol{M}$ sowie $\boldsymbol{\Phi} = \{\phi \mid \phi = \boldsymbol{k}^\top \boldsymbol{\mu};\ \boldsymbol{k} \in \boldsymbol{M}_p\}$ eine Familie eindimensionaler schätzbarere Parameter, dann ist:

$$\max_{\phi \in \boldsymbol{\Phi}} \frac{(\phi - \widehat{\phi})^2}{\text{Var}(\widehat{\phi})} \sim \chi^2(p) . \tag{8.31}$$

8.9 •• Beweisen Sie die Aussage zum Scheffe-Test aus der Vertiefung von Seite 346, dass die Wahrscheinlichkeit der fälschlichen Ablehnung der Hypothes einer Einzelhypothese $\phi = \phi_0$ höchstens α ist, selbst wenn dieser Parameter auch erst nach Analyse der Daten ausgewählt wurde.

8.10 •• Bestimmen Sie die Kovarianzen der Effektschätzer im balancierten Modell der zweifachen Varianzanalyse.

Anwendungsprobleme

8.11 •• Im Jahre 1930 wurde in den Schulen von L ein Ernährungsversuch durchgeführt, bei dem 5000 Kinder täglich 3/4 Pint Rohmilch, 5000 Kinder täglich 3/4 Pint pasteurisierte Milch und 10000 Kinder keine Milch erhielten. Die Kinder wurden zu Beginn in den Klassenräumen gewogen und gemessen. In jeder Schule, die an dem Versuch teilnahm, wurde jeweils nur eine Milchsorte verteilt. An der Schule selbst wurden die Kinder nach dem Alphabet in zwei Gruppen geteilt, Kinder der einen Gruppe sollten Milch erhalten, die der Kontrollgruppe sollten leer ausgehen. Anschließend wurde entschieden, ob in beiden Gruppen gut und schlecht ernährte Kinder gleichstark vertreten waren, falls nicht wurden Kinder von den Erziehern nach eigenem Ermessen ausgetauscht. Der Versuch begann im Februar und endete im Juni des gleichen Jahres. Dann wurden die Kinder erneut gemessen und gewogen. Kritisieren Sie den Versuchsplan.

8.12 •• In einem Versuch sollte bei der Anzucht von Kartoffeln die Wirkung von Schwefel auf Schädlinge untersucht werden. Dabei sollten drei verschiedene Schwefelmengen (300, 600, 1200 lb pro Ar) und zwei Ausbringungszeitpunkte (Frühjahr und Herbst) verglichen werden. 32 Parzellen wurden ausgewählt, und 24 entsprechend behandelt. Die anderen dienten zur Kontrolle. Bei der Ernte wurde der Schädlingsbefall in einem speziellen Index gemessen. Die bereits geordneten Daten stehen in Tabelle 8.22.

Tabelle 8.22 Der Index des Schädlingsbefalls. Dabei steht F für Frühjahr und S für Sommer, die Zahl ist jeweils die Schwefelmenge.

	A_0 Kontrolle		A_1 F3	A_2 S3	A_3 F6	A_4 S6	A_5 F12	A_6 S12
	12	30	9	30	16	18	10	17
	0	18	9	7	10	24	4	7
	24	32	16	21	18	12	4	16
	29	26	4	9	18	19	5	17
Summe	181		38	67	62	73	23	57
Mittel	22.6		9.5	16.8	15.5	18.2	5.8	14.2

Was ist das passende Modell? Wähle die Kontrollgruppe als Bezugspunkt $\theta_0 = \theta_0^A$. Haben wir ein Modell mit oder ohne 1? Untersuchen Sie in geeigneten Kontrasten, ob die Schwefelmenge und der Zeitpunkt einen Einfluss haben.

8.13 •• Eine Ladenkette in Berlin verfügt über 97 Filialen. Die Firma möchte wissen, von welchen Einflussgrößen der Umsatz U in den einzelnen Läden abhängt. Dabei verfügt die Landkette über folgende Daten, die über mehrere Jahre gesammelt wurden: Das Tagesdatum und die Betriebsdaten: $F :=$ Verkaufsfläche, $B :=$ Kosten für Beleuchtung, $P :=$ Anzahl des Personals. Anstelle des Datums soll nur der Wochentag als Dummy-Variable verwendet werden: T_1 = Umsatz am Montag bis T_6 = Umsatz am Samstag.

a) Wie sieht die Designmatrix des saturierten Modells aus, in dem U durch eine Basiskonstante und alle Variablen beschrieben wird? b) Sie lesen die Daten ein. Der Rechner verweigert die Inversion der Matrix $\boldsymbol{X}^\top \boldsymbol{X}$. Warum? Welche Abhilfe schlagen Sie vor? c) Wird durch diese Abhilfe der Schätzwert des Parameters $\boldsymbol{\theta}$ verändert? Verändert sich damit die Schätzung von μ? Würde sich eine Prognose des Umsatzes in Abhängigkeit der genannten Einflussfaktoren verändern? d) Angenommen, Sie verzichten auf das absolute Glied. Daraufhin verweigert der Rechner die Rechnung des Bestimmtheitsmaßes. Warum? Hat der Rechner dabei nicht voreilig gehandelt? Der Rechner gibt Ihnen SSR und SST an. Können Sie daraufhin R^2 berechnen? Wie groß ist das adjustierte Bestimmtheitsmaß R^2_{adj}? e) Sie interessieren sich für den Einfluss von Betriebsdaten auf den Umsatz. Eine Auswertung der Daten ergibt:

	$\widehat{\beta}$	$\widehat{\sigma_{\widehat{\beta}}}$
Beleuchtung	20	13
Personal	30	5
Fläche	15	9

Weder Beleuchtung noch Verkaufsfläche sind signifikant. Ist dies realistisch? Die Korrelationsmatrix der Regressoren ist:

	Beleuchtung	Personal	Fläche
Beleuchtung	1	0.3	0.95
Personal	0.3	1	0.4
Fläche	0.95	0.4	1

Wie würden Sie das Modell verändern? f) Sie erfahren, dass ein betrügerischer Filialleiter ein Sonnenstudio neben der Filiale betreibt und den Strom dazu aus der Filiale bezieht. Könnten Sie diese Filiale mittels der Regressionsrechnung aus den Daten ausfindig machen?

8.14 •• In einer Studie wurden Jugendliche im Alter zwischen 13 und 20 Jahren zu ihrer Einstellung zum Schwangerschaftsabbruch befragt. Dabei wurden mehrere Fragen gestellt, deren Antworten durch Addition der Einzelwerte zu einem Gesamtscore zusammengefasst wurden. Auf einer Skala von 0 bis 20 bedeuten höhere Werte eine größere Zustimmung zur autonomen Regelung des Schwangerschaftsabbruchs, während Personen mit niedrigen Werten das generelle Verbot von Schwangerschaftsabbrüchen begrüßen. Die Personen wurden zusätzlich zu ihrer Religionszugehörigkeit befragt. Dabei wurden vier Gruppen gebildet: Gruppe 1: evangelisch, Gruppe 2: katholisch, Gruppe 3: muslimisch, Gruppe 4: sonstige. Ziel der Untersuchung ist es, herauszufinden, ob Jugendliche verschiedener Religionszugehörigkeit unterschiedliche Ansichten zum Schwangerschaftsabbruch haben. In der nachfolgenden Tabelle sind die Ergebnisse dieser Untersuchung dargestellt. (Die Zahlen sind erfunden!)

Gruppe 1	Gruppe 2	Gruppe 3	Gruppe 4
10	8	8	13
13	10	7	14
15	11	8	13
14	9	6	13
16	10	7	13
14	7	9	6
9	8	9	2
12	9	10	13
13	11	5	12

Gibt es signifikante Unterschiede zwischen den einzelnen Gruppen bezüglich ihrer Einstellung zum Schwangerschaftsabbruch? Formulieren Sie inhaltlich interessante Kontraste zwischen Gruppen und testen Sie deren Signifikanz.

Antworten der Selbstfragen

S. 326
Die Beobachtungen y_{iw}^A aus den s verschiednen Klassen sind voneinander unabhängig. Betrachtet man nur die i-te Klasse, dann ist $\sum_{w=1}^{n_i^A}\left(y_{iw}^A - \overline{y}_i^A\right) \sim \sigma^2\chi^2\left(n_i^A - 1\right)$. Folglich ist die Summe $\sum_{i=1}^{s}\sum_{w=1}^{n_i^A}\left(y_{iw}^A - \overline{y}_i^A\right) \sim \sigma^2\chi^2\left(\sum_{i=1}^{s}\left(n_i^A - 1\right)\right) = \sigma^2\chi^2\left(n - s\right)$.

S. 328
$\mathrm{SST} = \|\boldsymbol{y} - \overline{y}\mathbf{1}\|^2$ hängt nicht vom Modellraum ab.

S. 331
σ^2 lässt sich nicht als Funktion von $\boldsymbol{\mu}$, also erst recht nicht als lineare Funktion von $\boldsymbol{\mu}$ darstellen. Also ist σ^2 nicht linear schätzbar, aber es existiert eine quadratische erwartungstreue Schätzfunktion.

S. 332
Da in diesem Fall $\boldsymbol{X}^\top\boldsymbol{X}$ invertierbar ist, folgt aus $\boldsymbol{\mu} = \boldsymbol{X}\boldsymbol{\beta}$ durch Multiplikation mit $\left(\boldsymbol{X}^\top\boldsymbol{X}\right)^{-1}\boldsymbol{X}^\top$ die Gleichung $\boldsymbol{\beta} = \left(\boldsymbol{X}^\top\boldsymbol{X}\right)^{-1}\boldsymbol{X}^\top\boldsymbol{\mu}$.

S. 334
Die Maximalzahl ist $m + 1 - \mathrm{Rg}\,\boldsymbol{X}$.

S. 337
Es ist $\mathbf{1}_i^A = \sum_{j=1}^{s_B}\mathbf{1}_{ij}^{AB}$ und $\mathbf{1}_j^B = \sum_{i=1}^{s_A}\mathbf{1}_{ij}^{AB}$. Da M die $\mathbf{1}_{ij}^{AB}$ enthält, enthält M auch die Regressoren $\mathbf{1}_i^A$ und $\mathbf{1}_j^B$.

S. 338
$\|\mathbf{1}_i^A\|^2$ ist die Besetzungszahl der i-ten A-Schicht: Diese Schicht enthält bei festem i alle A_iB_j-Zellen. Dies sind genau s_B Stück, und in jeder liegen r Beobachtungen. Oder formal: $\left\|\mathbf{1}_i^A\right\|^2 = \left\|\sum_{j=1}^{s_B}\mathbf{1}_{ij}^{AB}\right\|^2 = \sum_{j=1}^{s_B}\left\|\mathbf{1}_{ij}^{AB}\right\|^2 = s_B r$.

S. 342

$$\phi = \sum_{i=1}^{s} b_i\theta_i^A = \sum_{i=1}^{s} b_i\theta_i^A - \left(\sum_{i=1}^{s} b_i\right)\theta_1^A = \sum_{i=1}^{s} b_i\left(\theta_i^A - \theta_1^A\right)$$

S. 344
Nein. Es ist $\mathrm{SS}\left(A\right) = \|\boldsymbol{P}_{\mathbb{A}}\boldsymbol{y}\|^2$ und $\mathrm{SS}\left(H_0^\phi\right) = \|\boldsymbol{P}_{\boldsymbol{k}}\boldsymbol{y}\|^2$. Da die orthogonalen Kontraste $\boldsymbol{k}_i$ den Effektraum $\mathbb{A}$ aufspannen, ist $\boldsymbol{P}_{\mathbb{A}}\boldsymbol{y} = \sum_{i=1}^{s}\boldsymbol{P}_{\boldsymbol{k}_i}\boldsymbol{y}$ und deshalb $\|\boldsymbol{P}_{\mathbb{A}}\boldsymbol{y}\|^2 = \sum_{i=1}^{s}\left\|\boldsymbol{P}_{\boldsymbol{k}_i}\boldsymbol{y}\right\|^2$.

Diskriminanz- und Clusteranalyse – Lernen mit und ohne Lehrer

9

Wie kann man echte und falsche Banknoten unterscheiden?

Wie lassen sich Kunden anhand ihrer Einkaufszettel klassifizieren?

Wie lassen sich Luftbild- und Röntgenaufnahmen auswerten?

An welchen Indikatoren erkennt man eine Blinddarmentzündung?

Die Analyse von Daten mithilfe multivariater Verfahren bildet eines der umfangreichsten und wichtigsten Teilgebiete der Statistik. Ihre Anwendung findet man unter anderem in wirtschaftswissenschaftlichen Bereichen, in der Psychologie, in der Soziologie, in der Biometrie und in immer stärkerem Maße in der Informatik. Vor allem in den Bereichen der Neuroinformatik und der künstlichen Intelligenz werden zur Mustererkennung, zur Klassifikation und ganz allgemein zum maschinellen Lernen multivariate statistische Verfahren entwickelt und eingesetzt.

Erlauben wir uns einen kurzen Blick auf einige wichtige Verfahren, auch wenn wir sie hier aus Platzgründen nicht behandeln können: Mit der Hauptkomponentenanalyse werden hochdimensionale Strukturen ohne großen Informationsverlust auf wenige Dimensionen vereinfacht, bei der Multidimensionalen Skalierung werden Individuen, die durch qualitative Merkmale gekennzeichnet sind, in metrischen Räumen dargestellt, die Faktoranalyse sucht latente Einflussgrößen. Wir wollen uns stattdessen auf die zwei in der Praxis wichtigsten Techniken beschränken, auf die Diskriminanz- und die Clusteranalyse, oder wie man auch sagt auf „das Lernen mit" und „das Lernen ohne Lehrer".

Bei der Diskriminanzanalyse betrachten wir eine Grundgesamtheit, die in Teilgesamtheiten untergliedert ist, die *a priori* und unabhängig vom Beobachter existiert. Anhand ihrer Merkmale sind die Elemente der Grundgesamtheit den Teilgesamtheiten zuzuordnen. Dabei hilft eine Lernstichprobe, deren Elemente bereits fehlerfrei klassifiziert sind. Anhand dieser Lernstichprobe muss nun eine allgemeine Klassifikationsregel untersucht werden. Bei der Clusteranalyse existiert diese Ordnung *a priori* nicht, sondern wird erst vom Beobachter willkürlich geschaffen. Daher gibt es auch keine Lernstichprobe, sondern nur eine Stichprobe, deren Elemente nicht klassifiziert sind.

Am Ende von Diskriminanz- und Clusteranalyse steht eine Klassifikationsregel, die im ersten Fall „mit Lehrer", im zweiten Fall „ohne Lehrer" gewonnen wurde.

Neben den klassischen Methoden der Diskriminanzanalyse stellen wir auch kurz die anschaulicheren Verfahren der Entscheidungsbäume und die erst Mitte der 90er Jahre entwickelte Support-Vektor-Maschine vor. Eine generelle Aussage, wann welches Verfahren anzuwenden ist, lässt sich nicht machen.

9.1 Die Diskriminanzanalyse

Anna geht mit ihrem Freund Bernd „in die Pilze". Bernd hat von Pilzen keine große Ahnung, Anna hingegen kennt sich mit Pilzen sehr gut aus, kann aber leider überhaupt nicht gut erklären. Im Wald bleibt sie an einem Pilz stehen: „Wir haben Glück, ein Steinpilz." Aber Anna begründet ihre Entscheidung nicht und erklärt zum Beispiel nicht: „Ein Steinpilz ist ein großer brauner Röhrenpilz mit unveränderlichem weißen Fleisch, blaßgenetztem Stiel...", sondern sagt bloß lapidar: „Dies ist ein Steinpilz." Bernd schleppt gleich drei Pilze an, die alle ganz ähnlich aussehen. „Sind das auch Steinpilze?" Anna sortiert: ein Gallen-, ein Satans- und ein flockenstieliger Hexenröhrling. „Gut, dass ich mitgekommen bin. Mit dem einen hätten wir nur unser Abendbrot verdorben, der andere hätte dich bald umgebracht, und nur der letzte ist gut, fast noch besser als ein Steinpilz." So geht es dann an diesem Tag weiter. Nach vielen ähnlichen Wanderungen glaubt Bernd, wenigstens ein paar Pilze zu kennen und als Anna sich den Fuß verstaucht hat, sammelt er nun alleine. Sicherheitshalber zeigt er ihr aber abends seine Pilze.

Reduzieren wir diese Erzählung auf ihren statistischen Kern. Wir haben Pilze, unsere Objekte. Diese sind von Bernd, dem Entscheider, zu klassifizieren. In einer Anfangsphase klassifiziert Anna, die Lehrerin. Die gefundenen Pilze der gemeinsamen Wanderung bilden die Lernstichprobe; hier ist jeder Pilz eindeutig und (hoffentlich!) fehlerfrei benannt. Anhand dieser Lernstichprobe muss der Entscheider eine Entscheidungsregel, eine Diskriminanzstrategie, entwickeln, hier eine Regel, um Steinpilze von den anderen zu unterscheiden. Dabei muss er sich der potentiellen Fehlerhaftigkeit seines Tuns bewusst sein und dass Fehler völlig unterschiedliche Konsequenzen haben können: so ist es nur bedauerlich, einen Steinpilz stehen zu lassen aber lebensgefährlich, einen Satanspilz zu verspeisen. Hat er seine Strategie entwickelt, sollte er ihre Güte an einer neuen Teststichprobe überprüfen, und wenn er zufrieden ist, diese Strategie auf neue, noch unbekannte Objekte anwenden.

Ziele einer Diskriminanzanalyse sind z. B. Beschreibungen (z. B. Klassifikation von Pflanzen), Prognosen (z. B. Wetterwarnung), Diagnosen (z. B. Krankheitssymptome). Dabei werden sowohl die wichtigen, diskriminierenden Merkmale gesucht, durch die sich die Klassen unterscheiden, als auch die optimale Diskriminanzfunktion selbst.

Pilze erkennt man vor allem am Aussehen, an Form, Farbe, Geruch, mit hinreichender Vorsicht am Geschmack und der mikroskopischen Analyse der Sporen. Dies sind im Wesentlichen qualitative Merkmale, mit denen wir uns später befassen. Vorerst vereinfachen wir uns das Leben und setzen voraus, dass die Objekte durch metrische Merkmale, wie Länge, Breite, Gewicht, Dichte usw. gekennzeichnet sind.

Das Grundmodell der Diskriminanzanalyse

Wir wollen mit folgendem Modell und folgenden Begriffen arbeiten. Gegeben ist eine Grundgesamtheit Ω von Individuen oder Objekten. Ω zerfällt in K Teilgesamtheiten oder Klassen:

$$\Omega = \bigcup_{k=1}^{K} \Omega_k . \tag{9.1}$$

Jedes Individuum $\omega \in \Omega$ gehört zu genau einer Klasse Ω_k. Der Index k dieser Klasse heißt auch das Label der Klasse und das Label aller Elemente der Klasse. Jedes ω wird durch einen m-dimensionalen Merkmalsvektor

$$\boldsymbol{x}(\omega) \in \mathcal{X} \subseteq \mathbb{R}^m$$

repräsentiert. Nur aufgrund dieses Merkmalsvektors $\boldsymbol{x}(\omega)$ soll entschieden werden, aus welcher Klasse Ω_k das Individuum ω

stammt. Die Merkmalsvektoren $\boldsymbol{x}(\omega)$ aller $\omega \in \Omega$ bilden den **Stichproben-** oder **Merkmalsraum** $\mathcal{X}$. Da verschiedene Individuen die gleichen Merkmale besitzen können, entspricht der Partition (9.1) nicht notwendig eine überlappungsfreie Zerlegung des Merkmalsraums $\mathcal{X}$.

Die Lernstichprobe ist eine Teilmenge $\Omega' \subset \Omega$. In Ω' sind die Individuen, ihre Merkmalsvektoren und ihre Klassenzugehörigkeit bekannt. Nehmen wir an, die Daten der Lernstichprobe $\Omega' = \bigcup_{k=1}^{K} \Omega'_k$ liege vor. Dabei ist $\Omega'_k \subset \Omega_k$. Es seien $n = |\Omega'|$ der Gesamtumfang der Lernstichprobe Ω' und $n_k = |\Omega'_k|$ der Umfang der Teilklasse Ω'_k, dabei ist $n = \sum_{k=1}^{K} n_k$. Weiter sind

$$\overline{\boldsymbol{x}} = \frac{1}{n} \sum_{\omega \in \Omega'} \boldsymbol{x}(\boldsymbol{\omega})$$

der Gesamtschwerpunkt der Lernstichprobe Ω' und

$$\overline{\boldsymbol{x}}_k = \frac{1}{n_k} \sum_{\omega \in \Omega'_k} \boldsymbol{x}(\omega)$$

der Schwerpunkt der Teilklasse Ω'_k. Auf Ω' wird eine Entscheidungsregel

$$\delta : \mathcal{X} \to \mathcal{K} = \{1, 2, \cdots, K\} = \text{Menge der Klassenlabel}$$

gesucht, die dann auf ganz Ω angewendet wird. Häufig sagt man auch , die Regel δ wird auf Ω' gelernt. $\delta(\boldsymbol{x}) = k$ bedeutet: Ein Individuum mit dem Merkmal $\boldsymbol{x}$ wird in die Klasse k eingeordnet. Die Regel schaut nicht auf das Individuum ω, sondern nur auf den Merkmalsvektor $\boldsymbol{x}$.

Häufig ist statt der Regel δ ein Maßstab $d\colon (\mathcal{K}, \mathcal{X}) \to \mathbb{R}$ angegeben. $d(k, \boldsymbol{x})$ bewertet, wie groß der „Abstand" eines Individuums ω mit dem Merkmalsvektor $\boldsymbol{x}$ von der Klasse k ist. (d muss im strengen mathematischen Sinn keine Metrik sein!) Am Ende wird ω in die Klasse eingeordnet, für die der Wert minimal wird. In diesem Fall ist

$$\delta(\boldsymbol{x}) = \arg\min_{k \in \mathcal{K}} d(k, \boldsymbol{x})$$

oder $\delta(\boldsymbol{x}) = k$, falls $d(k, \boldsymbol{x}) \leq d(j, \boldsymbol{x})$ für alle $j \in \mathcal{K}$. Der Maßstab d heißt auch das **Diskriminanzkriterium**.

Durch die Regel δ wird $\mathcal{X}$ in die Entscheidungs- oder Diskriminanzgebiete

$$\mathcal{D}_k = \{\boldsymbol{x} \,|\delta(\boldsymbol{x}) = k\}$$

zerlegt. Auf den Rändern der $\mathcal{D}_k$ ist die Entscheidung zwischen den angrenzenden Klassen in der Regel beliebig.

Diskriminanzkriterien lassen sich monoton transformieren, ohne dass sich die Entscheidungen oder die Diskriminanzgebiete ändern. Es ist gleichgültig, ob wir mit $d(k, \boldsymbol{x})$, $\ln(d(k, \boldsymbol{x}))$, $e^{d(k,\boldsymbol{x})}$, $d(k, \boldsymbol{x}) + f(x)$ oder $g(x)\, d(k, \boldsymbol{x})$ mit $g(x) > 0$ arbeiten, wir kommen immer zur gleichen Entscheidung. Wir sprechen hier von äquivalenten Diskriminanzkriterien. Wir verwenden für äquivalente Kriterien das Zeichen „$\simeq$":

$$\begin{aligned} d(k, \boldsymbol{x}) &\simeq \ln(d(k, \boldsymbol{x})) \\ &\simeq e^{d(k,\boldsymbol{x})} \\ &\simeq d(k, \boldsymbol{x}) + f(x) \\ &\simeq g(x)\, d(k, \boldsymbol{x})\ . \end{aligned}$$

In der metrische Diskriminanzanalyse wird jedes durch seinen Merkmalsvektor x gegebene Element ω der Klasse k mit dem nächstgelegenen Schwerpunkt $\overline{x}_k$ zugeordnet

In der metrische Diskriminanzanalyse wählen wir als Diskriminanzkriterium den Abstand des Merkmalsvektors $\boldsymbol{x}$ vom Schwerpunkt der Klasse k:

$$d(k, \boldsymbol{x}) = \|\boldsymbol{x} - \overline{\boldsymbol{x}}_k\|\ .$$

Wir ordnen einfach jedes durch seinen Merkmalsvektor $\boldsymbol{x}$ gegebene Element der Klasse k mit dem nächstgelegenen Schwerpunkt $\overline{\boldsymbol{x}}_k$ zu. Bei zweidimensionalen Merkmalen $\boldsymbol{x} \in \mathbb{R}^2$ ist die Grenze zwischen zwei Klassen $\mathcal{D}_k$ und $\mathcal{D}_j$ die Mittelsenkrechte senkrecht zur Verbindungslinie der beiden Mitten $\overline{\boldsymbol{x}}_k$ und $\overline{\boldsymbol{x}}_j$ (siehe Abbildung 9.1).

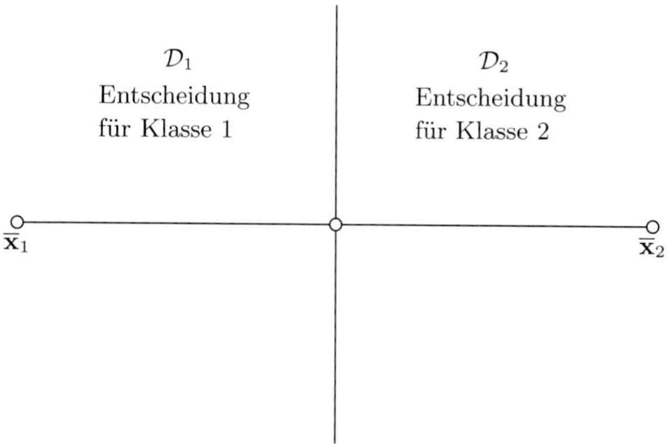

Abbildung 9.1 Die Mittelsenkrechte zwischen den Zentren $\overline{x}_1$ und $\overline{x}_2$ teilt den Raum in die Entscheidungsbereiche $\mathcal{D}_1$ und $\mathcal{D}_2$.

Abbildung 9.2 zeigt, wie sich analog bei drei Klassen die Aufteilung bei drei Diskriminanzgebieten ergibt.

In den Abbildungen wird die uns geläufige euklidische Metrik benutzt. Dies ist aber nicht notwendig. Die Anwendungsmöglichkeit der Diskriminanzanalyse wächst, wenn wir mit

$$\|\boldsymbol{x}\|^2 = \langle \boldsymbol{x}, \boldsymbol{x} \rangle$$

ganz allgemein jede quadrierte Norm zulassen, die sich aus einem Skalarprodukt ergibt. (Der Begriff des Skalarprodukts wird im mathematischen Anhang näher erläutert.) Wir werden gleich sehen, dass unabhängig von der verwendeten Metrik die Diskriminanzgebiete durch Ebenen begrenzt werden und wir das nicht

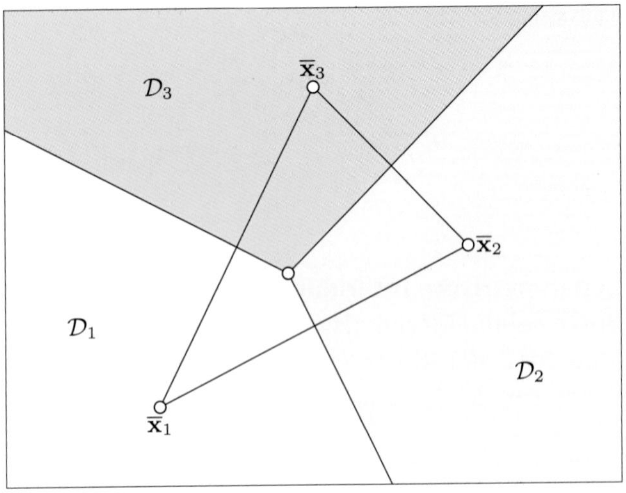

Abbildung 9.2 Aufteilung in drei Entscheidungsbereiche.

lineare Kriterium $\|\boldsymbol{x} - \overline{\boldsymbol{x}}_k\|$ durch ein äquivalentes lineares Kriterium ersetzen können. Daher spricht man mitunter anstelle von der metrischen Diskriminanzanalyse von der linearen Diskriminanzanalyse.

Um ein möglichst vielfältiges Anwendungsspektrum zu haben, verwenden wir statt des euklidischen Skalarproduktes $\boldsymbol{a}^\top \boldsymbol{b}$ die Schreibweise mit dem allgemeinen Skalarprodukt $\langle \boldsymbol{a}, \boldsymbol{b} \rangle$.

Die lineare Diskriminanzanalyse

Die metrische Diskriminanzanalyse benutzt das lineare Diskriminanzkriterium

$$d(k, \boldsymbol{x}) = \|\overline{\boldsymbol{x}}_k\|^2 - 2\langle \boldsymbol{x}; \overline{\boldsymbol{x}}_k \rangle . \tag{9.2}$$

Die Grenzfläche zwischen den Klassen $\mathcal{D}_k$ und $\mathcal{D}_j$ ist gegeben durch die Gleichung:

$$\left\langle \boldsymbol{x} - \frac{\overline{\boldsymbol{x}}_k + \overline{\boldsymbol{x}}_j}{2}, \overline{\boldsymbol{x}}_k - \overline{\boldsymbol{x}}_j \right\rangle = 0 . \tag{9.3}$$

Beweis: Als Erstes ersetzen wir das Kriterium $\|\boldsymbol{x} - \overline{\boldsymbol{x}}_k\|$ durch das äquivalente Kriterium $d(k, \boldsymbol{x}) = \|\boldsymbol{x} - \overline{\boldsymbol{x}}_k\|^2$. Die Grenzfläche zwischen $\mathcal{D}_k$ und $\mathcal{D}_j$ wird durch $d(k, \boldsymbol{x}) = d(j, \boldsymbol{x})$ bestimmt. Benutzen wir die Relation

$$\|\boldsymbol{a}\|^2 - \|\boldsymbol{b}\|^2 = \langle \boldsymbol{a} + \boldsymbol{b}, \boldsymbol{a} - \boldsymbol{b} \rangle ,$$

erhalten wir:

$$\begin{aligned} d(j, \boldsymbol{x}) - d(k, \boldsymbol{x}) &= \left\|\boldsymbol{x} - \overline{\boldsymbol{x}}_j\right\|^2 - \|\boldsymbol{x} - \overline{\boldsymbol{x}}_k\|^2 \\ &= \left\langle \left(\boldsymbol{x} - \overline{\boldsymbol{x}}_j\right) + (\boldsymbol{x} - \overline{\boldsymbol{x}}_k) , \right. \\ &\qquad \left. \left(\boldsymbol{x} - \overline{\boldsymbol{x}}_j\right) - (\boldsymbol{x} - \overline{\boldsymbol{x}}_k) \right\rangle \\ &= \left\langle 2\boldsymbol{x} - \left(\boldsymbol{x}_k + \overline{\boldsymbol{x}}_j\right), \overline{\boldsymbol{x}}_k - \overline{\boldsymbol{x}}_j \right\rangle . \end{aligned}$$

$d(j, \boldsymbol{x}) - d(k, \boldsymbol{x}) = 0$ liefert genau die Gleichung (9.3).

Dies ist die Gleichung einer **Hyperebene**, die durch die Mitte zwischen den Zentren $\overline{\boldsymbol{x}}_j$ und $\overline{\boldsymbol{x}}_k$ senkrecht zum Verbindungsvektor $\overline{\boldsymbol{x}}_k - \overline{\boldsymbol{x}}_j$ verläuft.

Nun ersetzen wir noch $d(k, \boldsymbol{x})$ durch ein äquivalentes lineares Kriterium. Dazu multiplizieren wir aus:

$$\begin{aligned} d(k, \boldsymbol{x}) &= \|\boldsymbol{x} - \overline{\boldsymbol{x}}_k\|^2 = \|\overline{\boldsymbol{x}}_k\|^2 - 2\langle \boldsymbol{x}, \overline{\boldsymbol{x}}_k \rangle + \|\boldsymbol{x}\|^2 \\ &\simeq \|\overline{\boldsymbol{x}}_k\|^2 - 2\langle \boldsymbol{x}, \overline{\boldsymbol{x}}_k \rangle . \end{aligned}$$ ■

Das Ergebnis lässt sich anschaulich interpretieren (siehe Abbildung 9.3).

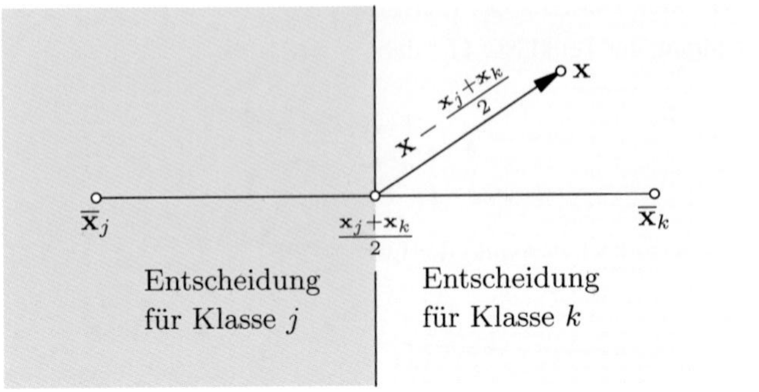

Abbildung 9.3 $\boldsymbol{x}$ liegt näher an $\overline{\boldsymbol{x}}_k$ und wird daher in Klasse k eingeordnet.

$\frac{1}{2}\left(\overline{\boldsymbol{x}}_k + \overline{\boldsymbol{x}}_j\right)$ ist die Mitte zwischen $\overline{\boldsymbol{x}}_k$ und $\overline{\boldsymbol{x}}_j$. Weiter sind $\overline{\boldsymbol{x}}_k - \overline{\boldsymbol{x}}_j$ der Vektor, der von $\overline{\boldsymbol{x}}_j$ nach $\overline{\boldsymbol{x}}_k$ läuft. Bei der Entscheidung zwischen zwei Klassen wird der Nullpunkt in die Mitte $\frac{1}{2}\left(\overline{\boldsymbol{x}}_k + \overline{\boldsymbol{x}}_j\right)$ gelegt. Anschließend wird der zentrierte Vektor $\boldsymbol{x} - \frac{1}{2}\left(\overline{\boldsymbol{x}}_k + \overline{\boldsymbol{x}}_j\right)$ auf die Verbindungsgerade der beiden Klassenmitten projiziert. Ist bei der Projektion

$$\begin{aligned} \boldsymbol{P}_{\overline{\boldsymbol{x}}_k - \overline{\boldsymbol{x}}_j}\left(\boldsymbol{x} - \frac{\overline{\boldsymbol{x}}_k + \overline{\boldsymbol{x}}_j}{2}\right) &= \left\langle \boldsymbol{x} - \frac{\overline{\boldsymbol{x}}_k + \overline{\boldsymbol{x}}_j}{2}, \overline{\boldsymbol{x}}_k - \overline{\boldsymbol{x}}_j \right\rangle \cdot \\ &\qquad \cdot \frac{\overline{\boldsymbol{x}}_k - \overline{\boldsymbol{x}}_j}{\left\|\overline{\boldsymbol{x}}_k - \overline{\boldsymbol{x}}_j\right\|^2} \\ &= \beta \cdot \frac{\overline{\boldsymbol{x}}_k - \overline{\boldsymbol{x}}_j}{\left\|\overline{\boldsymbol{x}}_k - \overline{\boldsymbol{x}}_j\right\|^2} \end{aligned}$$

der Koeffizient $\beta > 0$, so zeigt der projizierte Vektor in Richtung auf $\overline{\boldsymbol{x}}_k$. Ist $\beta < 0$, so zeigt der projizierte Vektor in Richtung auf $\overline{\boldsymbol{x}}_j$. Im ersten Fall liegt $\boldsymbol{x}$ näher an $\overline{\boldsymbol{x}}_k$ als an $\overline{\boldsymbol{x}}_j$ und $\boldsymbol{x}$ wird **nicht** in die Klasse j eingeordnet. Die Klasse k bleibt weiter im Rennen und muss sich nun gegen die anderen konkurrierenden Klassen behaupten.

Im Beweis haben wir nur mit dem Skalarprodukt, aber nicht mit einer speziellen Metrik gearbeitet. Unsere Aussagen bleiben daher richtig, wenn wir eine verallgemeinerte euklidische Metrik verwenden: Ist $\boldsymbol{A}$ eine beliebige positiv-definite Matrix, so lässt sich durch

$$\langle \boldsymbol{a}, \boldsymbol{b} \rangle = \boldsymbol{a}^\top \boldsymbol{A} \boldsymbol{b}$$

ein Skalarprodukt und durch

$$\|\boldsymbol{a}\|^2 = \langle \boldsymbol{a}, \boldsymbol{a} \rangle = \boldsymbol{a}^\top \boldsymbol{A} \boldsymbol{a}$$

eine Metrik definieren. In der euklidischen Metrik liegen alle Punkte $\boldsymbol{x}$, die einen konstanten Abstand r von einem Mittelpunkt $\boldsymbol{\mu}$ haben auf dem Kreis $\|\boldsymbol{x} - \boldsymbol{\mu}\|^2 = r^2$ um $\boldsymbol{\mu}$ mit dem Radius r.

Vertiefung: Quadratische Diskriminanzanalyse und optimale Wahl der Metrik

Wenn wir uns die Freiheit nehmen, die euklidische Metrik zu verlassen und eine verallgemeinerte euklidische Metrik $\boldsymbol{a}^\top \boldsymbol{A}\boldsymbol{a} = \|\boldsymbol{a}\|_A^2$ zu verwenden, stellt sich die Frage nach der optimalen Matrix $\boldsymbol{A}$. Für ein naheliegendes Optimalitätskriterium erweist sich die Mahalanobis-Metrik als optimal.

Alle Matrizen $\lambda \boldsymbol{A}$ mit $\lambda > 0$ ergeben äquivalente Diskriminanzkriterien. Daher wollen wir nur Matrizen mit $\det \boldsymbol{A} = |\boldsymbol{A}| = 1$ betrachten. Wir stellen uns das folgende Optimalitätskriterium: Bei der durch $\boldsymbol{A}$ definierten Metrik sollen die Elemente jeder Teilklassen Ω'_k möglichst nahe beieinander liegen. Dann gilt nach J. M. Romeder, (1976) *Méthodes et programmes d'analyse discriminante*:

Für alle positiv-definiten Matrizen $\boldsymbol{A}$ mit $|\boldsymbol{A}| = 1$ ist

$$\arg\min_{\boldsymbol{A}} \sum_{k=1}^{K} \sum_{\omega \in \Omega'_k} \|\boldsymbol{x}(\omega) - \overline{\boldsymbol{x}}_k\|_A^2 = \lambda \boldsymbol{C}^{-1}.$$

Dabei sind $\boldsymbol{C}$ die empirische Kovarianzmatrix der Daten der Lernstichprobe

$$\boldsymbol{C} = \frac{1}{n} \sum_{\omega \in \Omega'} (\boldsymbol{x}(\omega) - \overline{\boldsymbol{x}})(\boldsymbol{x}(\omega) - \overline{\boldsymbol{x}})^\top .$$

und λ die Normierungskonstante $\lambda = |\boldsymbol{C}|^{-\frac{1}{m}}$. Damit ist die optimale Metrik gerade die Mahalanobis-Metrik.

Wenn die Annahme einer gemeinsamen Metrik nicht angemessen ist, kann jede Klasse Ω_k mit ihrer eigenen Metrik ausgestattet werden:

$$\|\boldsymbol{a}\|_k^2 = \boldsymbol{a}^\top \boldsymbol{A}_k \boldsymbol{a}. \tag{9.4}$$

Dabei ist $\boldsymbol{A}_k$ eine geeignet zu wählende, symmetrische positiv-definite Matrix. Wählt man für jede Klasse die optimale Metrik, dann sind – wie Romeder im oben genannten Aufsatz gezeigt hat, – die optimalen $\boldsymbol{A}_j$ gegeben durch die empirischen Kovarianzmatrizen der Daten aus den Klassen Ω_j. In diesem Fall sind die Diskriminanzfunktionen gegeben durch:

$$d(k, \boldsymbol{x}) = \|\boldsymbol{x} - \overline{\boldsymbol{x}}_k\|_k^2 . \tag{9.5}$$

Die Grenze zwischen den Diskriminanzgebieten $\mathcal{D}_k$ und $\mathcal{D}_j$ ist durch die Gleichung

$$0 = d(k, \boldsymbol{x}) - d(j, \boldsymbol{x}) = \|\boldsymbol{x} - \overline{\boldsymbol{x}}_k\|_k^2 - \|\boldsymbol{x} - \overline{\boldsymbol{x}}_j\|_j^2$$

bestimmt. Sie definiert eine Fläche zweiter Ordnung. In der Abbildung sind für $k = 1, 2$ und für $r = 1, 2, 3, 4, 5, 6$ die Ellipsenscharen

$$(\boldsymbol{x} - \overline{\boldsymbol{x}}_k)^\top \boldsymbol{A}_k (\boldsymbol{x} - \overline{\boldsymbol{x}}_k) = r^2$$

abgebildet. Dabei sind $\overline{\boldsymbol{x}}_1 = \begin{pmatrix} 0 \\ 0 \end{pmatrix}$ und $\overline{\boldsymbol{x}}_2 = \begin{pmatrix} 3 \\ 2 \end{pmatrix}$, $\boldsymbol{A}_1 = \begin{pmatrix} 4 & 1 \\ 1 & 2 \end{pmatrix}$ und $\boldsymbol{A}_2 = \begin{pmatrix} 4 & -1 \\ -1 & 2 \end{pmatrix}$. Die Grenze zwischen den Diskriminanzgebieten $\mathcal{D}_1$ und $\mathcal{D}_2$ ist durch die Gleichung

$$(x - 3; y - 2) \begin{pmatrix} 4 & -1 \\ -1 & 2 \end{pmatrix} \begin{pmatrix} x - 3 \\ y - 2 \end{pmatrix} = (x; y) \begin{pmatrix} 4 & 1 \\ 1 & 2 \end{pmatrix} \begin{pmatrix} x \\ y \end{pmatrix} .$$

bestimmt. Dies ist die Hyperbel

$$y = -2\frac{5x - 8}{2x + 1} .$$

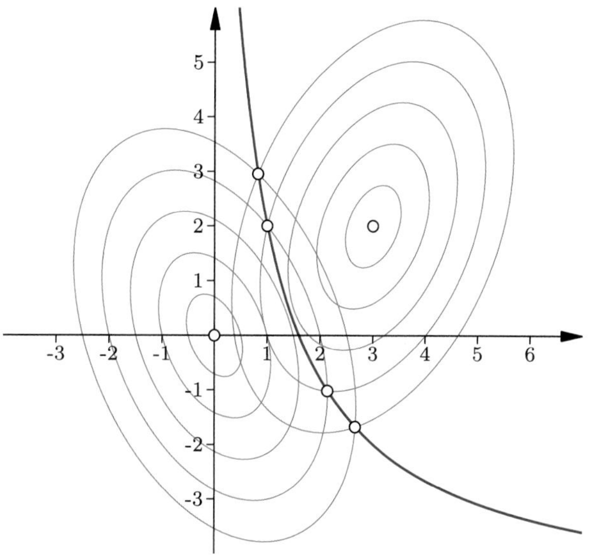

Alle Punkte $\boldsymbol{x}$, die denselben Abstand von zwei Zentren $\boldsymbol{\mu}_1$ und $\boldsymbol{\mu}_2$ haben, liegen auf einer Geraden.

In der durch $\langle \boldsymbol{a}, \boldsymbol{b} \rangle = \boldsymbol{a}^\top \boldsymbol{A}\boldsymbol{b}$ definierten Metrik liegen alle Punkte $\boldsymbol{x}$, die einen konstanten Abstand r von einem Mittelpunkt $\boldsymbol{\mu}$ haben, auf der Ellipse

$$\|\boldsymbol{x} - \boldsymbol{\mu}\|^2 = (\boldsymbol{x} - \boldsymbol{\mu})^\top \boldsymbol{A} (\boldsymbol{x} - \boldsymbol{\mu}) = r^2$$

mit dem Mittelpunkt $\boldsymbol{\mu}$. Alle Punkte, die denselben Abstand von zwei Zentren $\boldsymbol{\mu}_1$ und $\boldsymbol{\mu}_2$ haben, liegen weiterhin auf einer Geraden (siehe Abbildung 9.4).

Die in der statistischen Praxis wichtigste verallgemeinerte euklidische Metrik ist die Mahalanobis-Metrik. Hier ist

$$\langle \boldsymbol{a}, \boldsymbol{b} \rangle = \boldsymbol{a}^\top \boldsymbol{C}^{-1} \boldsymbol{b}.$$

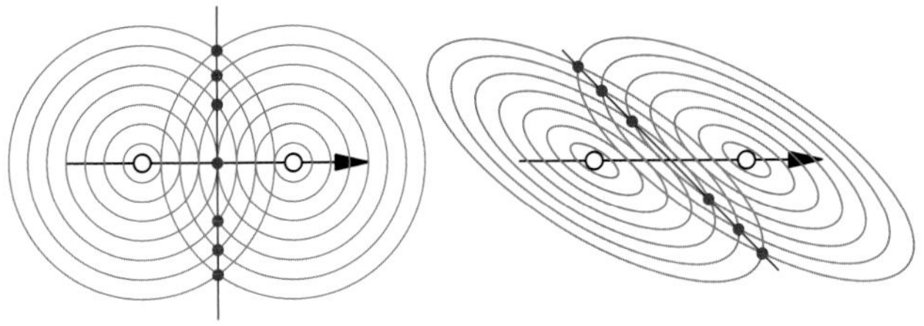

Abbildung 9.4 Punkte gleichen Abstands von den Zentren $\mu_1 = (-2; 0)^\top$ und $\mu_2 = (2; 0)^\top$ in der euklidischen Metrik (links) und in der durch $A =$ definierten Metrik (rechts).

Dabei ist C eine aus einem Modell gegebene oder eine aus Beobachtungsdaten geschätzte Kovarianzmatrix. Wir werden diese Metrik in der Vertiefung und der Baysianischen Diskriminanzanalyse kennenlernen.

Bei Fishers linearer Diskriminanzanalyse wird ein neues optimal trennendes Merkmal bestimmt

Die metrische Diskriminanzanalyse liefert nicht immer gute Ergebnisse, vor allem, wenn die Gruppenmitten nahe beieinander liegen und die Daten weit um die jeweiligen Klassenmitten streuen. Nehmen wir dagegen einmal an, es gäbe nur drei Klassen. Objekte der ersten Klassen wiegen alle etwa 100 Gramm, die der zweiten Klasse 200 Gramm und die der letzten Klasse rund 300 Gramm bei Standardabweichungen um die 10 Gramm (siehe Abbildung 9.5).

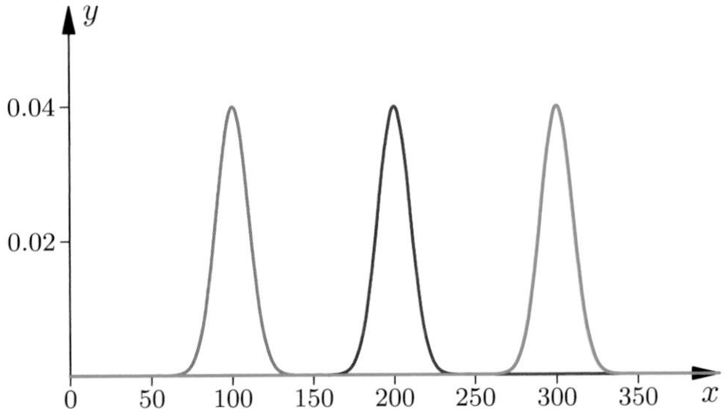

Abbildung 9.5 Die Gewichte in den drei Klassen streuen um drei deutlich getrennte Mittelwerte.

Dann ist die Klassifizierung ein Kinderspiel. Wenn wir nur dieses eine Merkmal betrachten, sind alle Objekte einer Klasse eng um den Klassenmittelwert geschart. Gleichzeitig sind aber die Klassenmittelwerte weit voneinander entfernt.

Leider existiert nicht immer ein solches Merkmal. Dann werden wir versuchen, uns ein neues, besseres Merkmal zu konstruieren, und zwar als Linearkombination der bereits vorhandenen Merkmalswerte. Während das ursprüngliche Merkmal $\boldsymbol{x}$ m-dimensional ist, ist das neue Merkmal

$$y = \boldsymbol{a}^\top \boldsymbol{x}$$

eindimensional. Das Individuum ω_i mit dem alten Merkmalsvektor $\boldsymbol{x}_i$ erhält dann den neuen Merkmalswert $y_i = \boldsymbol{a}^\top \boldsymbol{x}_i$. Der Eindeutigkeit zuliebe wählen wir die Normierung $\|\boldsymbol{a}\| = 1$. Dann ist y die Koordinate von $\boldsymbol{x}$ bei Projektion auf die Gerade durch den Vektor $\boldsymbol{a}$. Gesucht wird also eine Projektion der Vektoren $\boldsymbol{x}_i$ so auf eine Gerade span $\boldsymbol{a}$, dass die Bilder der Punktwolken optimal getrennt werden (siehe Abbildung 9.6).

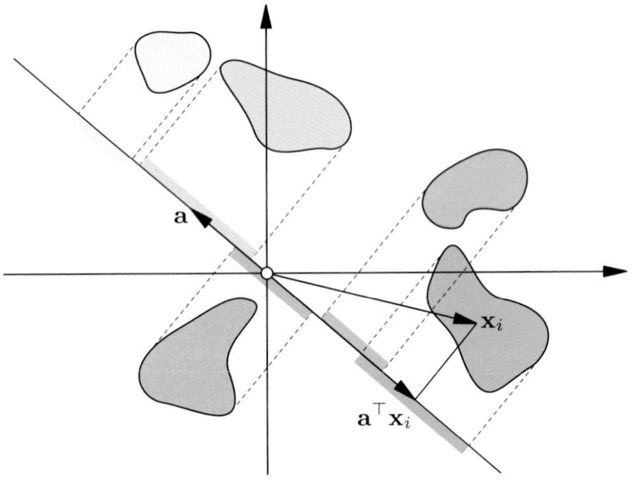

Abbildung 9.6 Die Bilder der auf die Gerade span$(\boldsymbol{a})$ projizierten Punktwolken lassen sich fast fehlerfrei trennen.

Die Bilder der y_i formen auf der Geraden $\boldsymbol{a}$ eine eindimensionale Punktwolke. Bei der anschließenden Klassifikation wird mit der uns bereits bekannten linearen Diskriminanzanalyse jedes y_i derjenigen Klasse zugeordnet, deren Zentrum am nächsten liegt.

Die Gerade ist optimal gewählt, wenn die Bilder der einzelnen Klassen gut voneinander getrennte Haufen bilden. Optimal heißt also, wenn die Streuung innerhalb der Klassen minimal ist, während die Streuung zwischen den Klassen, d. h. der Klassenmitten, maximal ist.

Angenommen, wir hätten das neue Merkmal y bereits gefunden. Wie lässt sich die Güte der Trennung beurteilen? Nach dem Verschiebungssatz für die Varianz gilt für jedes b:

$$\sum_{i=1}^{n} (y_i - b)^2 = \sum_{i=1}^{n} (y_i - \overline{y})^2 + n\,(b - \overline{y})^2 .$$

Ist $\overline{y}_k$ der Mittelwert der Daten aus der Klasse Ω'_k und $\overline{y}$ derjenige der gesamten Lernstichprobe, so folgt aus der obigen Gleichung mit $b = \overline{y}$:

$$\sum_{i\in\Omega'_k} (y_i - \overline{y})^2 = \sum_{i\in\Omega'_k} \left(y_i - \overline{y}_k\right)^2 + n_k \left(\overline{y} - \overline{y}_k\right)^2 .$$

Summation über alle Klassen liefert die schon aus der deskriptiven Statistik bekannte Formel: Die Gesamtvarianz aus einer gemischten Grundgesamtheit ist die Summe aus dem Mittelwert der Varianzen und der Varianz der Mittelwerte:

$$\underbrace{\frac{1}{n}\sum_{i=1}^{n}(y_i-\overline{y})^2}_{s_T^2} = \underbrace{\frac{1}{n}\sum_{k}\sum_{i\in\Omega_k}\left(y_i-\overline{y}_k\right)^2}_{s_W^2} + \underbrace{\frac{1}{n}\sum_{k=1}^{K}n_k\left(\overline{y}_k-\overline{y}\right)^2}_{s_B^2}.$$

$$s_T^2 = s_W^2 + s_B^2 .$$

Wir benutzen hier die international üblichen Indizes, nämlich T für **T**otal oder Gesamtstreuung, B für **B**etween, also Streuung zwischen den Klassen und W für **W**ithin, Streuung innerhalb der Gruppen. Je größer s_B^2, die Streuung zwischen den Klassen, oder gleichwertig, je kleiner s_W^2, die Streuung in den Klassen ist, umso besser ist die Trennung der Klassen gelungen. Wegen

$$1 = \frac{s_B^2}{s_T^2} + \frac{s_W^2}{s_T^2}$$

kommt es nur auf das Verhältnis $\frac{s_B^2}{s_T^2}$ an. Je näher es an 1 herankommt, umso besser ist die Trennung. Nachdem wir unser Ziel präzisiert haben, suchen wir das am besten trennenden Merkmal, das heißt, den optimalen Vektor $\boldsymbol{a}$. Dazu arbeiten wir in s_T^2, s_B^2 und s_W^2 die Abhängigkeit von $\boldsymbol{a}$ explizit heraus. Aus $y_i = \boldsymbol{a}^\top \boldsymbol{x}_i$ und $\overline{y} = \boldsymbol{a}^\top \overline{\boldsymbol{x}}$ folgt:

$$\begin{aligned} y_i - \overline{y} &= \boldsymbol{a}^\top (\boldsymbol{x}_i - \overline{\boldsymbol{x}}) ,\\ (y_i - \overline{y})^2 &= \boldsymbol{a}^\top (\boldsymbol{x}_i - \overline{\boldsymbol{x}}) (\boldsymbol{x}_i - \overline{\boldsymbol{x}})^\top \boldsymbol{a} ,\\ \sum_{i=1}^{n} (y_i - \overline{y})^2 &= \boldsymbol{a}^\top \sum_{i=1}^{n} (\boldsymbol{x}_i - \overline{\boldsymbol{x}}) (\boldsymbol{x}_i - \overline{\boldsymbol{x}})^\top \boldsymbol{a} . \end{aligned}$$

Dabei ist die Summe in der letzten Gleichung bis auf den Faktor $\frac{1}{n}$ die empirische Kovarianzmatrix, die wir diesmal mit $\boldsymbol{T}$ statt wie früher üblich mit $\boldsymbol{C}$ bezeichnen wollen.

$$\boldsymbol{T} = \frac{1}{n}\sum_{i=1}^{n} (\boldsymbol{x}_i - \overline{\boldsymbol{x}}) (\boldsymbol{x}_i - \overline{\boldsymbol{x}})^\top .$$

Analog transformieren wir die beiden anderen Summen:

$$\begin{aligned} \boldsymbol{B} &= \frac{1}{n}\sum_{k=1}^{K} n_k (\overline{\boldsymbol{x}}_k - \overline{\boldsymbol{x}}) (\overline{\boldsymbol{x}}_k - \overline{\boldsymbol{x}})^\top ,\\ \boldsymbol{W} &= \frac{1}{n}\sum_{k=1}^{K}\sum_{i\in\Omega_k'} (\boldsymbol{x}_i - \overline{\boldsymbol{x}}_k) (\boldsymbol{x}_i - \overline{\boldsymbol{x}}_k)^\top . \end{aligned}$$

$\boldsymbol{B}$ ist die empirische Kovarianzmatrix der Punktwolke der Klassenschwerpunkte $\overline{\boldsymbol{x}}_k$, und $\boldsymbol{W}$ ist der Mittelwert der Kovarianzmatrizen der einzelnen Klassen. Damit erhalten wir:

$$\begin{aligned} s_T^2 &= \frac{1}{n}\sum_{i=1}^{n}(y_i - \overline{y})^2 = \boldsymbol{a}^\top \boldsymbol{T}\boldsymbol{a} ,\\ s_B^2 &= \boldsymbol{a}^\top \boldsymbol{B}\boldsymbol{a} ,\\ s_W^2 &= \boldsymbol{a}^\top \boldsymbol{W}\boldsymbol{a} \end{aligned}$$

und können $s_T^2 = s_W^2 + s_B^2$ als

$$\boldsymbol{a}^\top \boldsymbol{T}\boldsymbol{a} = \boldsymbol{a}^\top \boldsymbol{B}\boldsymbol{a} + \boldsymbol{a}^\top \boldsymbol{W}\boldsymbol{a}$$

schreiben und aus dieser Form das optimale $\boldsymbol{a}$ bestimmen:

Das optimal diskriminierende Merkmal

Das Diskriminanzvermögen des Merkmals $y = \boldsymbol{a}^\top \boldsymbol{x}$ ist

$$\frac{s_B^2}{s_T^2} = \frac{\boldsymbol{a}^\top \boldsymbol{B}\boldsymbol{a}}{\boldsymbol{a}^\top \boldsymbol{T}\boldsymbol{a}} .$$

Es wird genau dann maximiert, wenn für $\boldsymbol{a}$ der dominierende Eigenvektor der Matrix $\boldsymbol{T}^{-1}\boldsymbol{B}$ zum größten Eigenwert θ gewählt wird. Dieser Eigenwert θ ist gleichzeitig das maximale Diskriminanzvermögen.

Beweis: Der Beweis folgt sofort aus den Regeln über das Maximieren quadratischer Formen, die wir im Anhang bereitgestellt haben. ■

Anmerkung: Unter Umständen reicht zur Trennung der Klassen die Projektion auf eine Gerade nicht aus, dann müssen optimale Unterräume gesucht werden. Diese werden von den weiteren Eigenvektoren von $\boldsymbol{T}^{-1}\boldsymbol{B}$ aufgespannt. Werden die ersten q Eigenvektoren verwendet, so wird jeder m-dimensionale Merkmalsvektor $\boldsymbol{x}_i$ der Lernstichprobe auf den neuen q-dimensionalen Merkmalsvektor

$$\boldsymbol{y}_i = \left(\boldsymbol{a}^\top \boldsymbol{x}_i, \cdots, \boldsymbol{a}^\top \boldsymbol{x}_i\right)$$

abgebildet. Mit den $\boldsymbol{y}_i$ wird dann verfahren, als seien sie die ursprünglichen Daten.

Sind nur zwei Klassen zu trennen, so liegen die Verhältnisse besonders einfach.

Optimale Trennung von zwei Klassen

Bei zwei Klassen ist die Fisher'sche Diskriminanzanalyse identisch mit der linearen, metrischen Diskriminanzanalyse bei Verwendung der Mahalanobis-Metrik.

Beweis: Wir verwenden die Abkürzung $\boldsymbol{b} = \overline{\boldsymbol{x}}_1 - \overline{\boldsymbol{x}}_2$ und $\gamma = \frac{n_1 n_2}{n^2}$. Dann erhalten wir bei zwei Klassen:

$$\begin{aligned} n\overline{\boldsymbol{x}} &= n_1\overline{\boldsymbol{x}}_1 + n_2\overline{\boldsymbol{x}}_2 ,\\ \overline{\boldsymbol{x}}_1 - \overline{\boldsymbol{x}} &= \frac{1}{n}\left(n\overline{\boldsymbol{x}}_1 - n_1\overline{\boldsymbol{x}}_1 - n_2\overline{\boldsymbol{x}}_2\right) = \frac{n_2}{n}\boldsymbol{b} ,\\ \overline{\boldsymbol{x}}_2 - \overline{\boldsymbol{x}} &= \frac{n_1}{n}\left(\overline{\boldsymbol{x}}_1 - \overline{\boldsymbol{x}}_2\right) = \frac{n_1}{n}\boldsymbol{b} . \end{aligned}$$

Daher ist

$$\begin{aligned} n\boldsymbol{B} &= n_1 (\overline{\boldsymbol{x}}_1 - \overline{\boldsymbol{x}}) (\overline{\boldsymbol{x}}_1 - \overline{\boldsymbol{x}})^\top + n_2 (\overline{\boldsymbol{x}}_2 - \overline{\boldsymbol{x}}) (\overline{\boldsymbol{x}}_2 - \overline{\boldsymbol{x}})^\top \\ &= n_1 \left(\frac{n_2}{n}\right)^2 \boldsymbol{b}\boldsymbol{b}^\top + n_2 \left(\frac{n_1}{n}\right)^2 \boldsymbol{b}\boldsymbol{b}^\top \\ &= \frac{n_1 n_2}{n}\boldsymbol{b}\boldsymbol{b}^\top , \end{aligned}$$

also $\boldsymbol{B} = \gamma \boldsymbol{b}\boldsymbol{b}^\top$. Daher folgt für jeden Vektor $\boldsymbol{a}$:

$$\boldsymbol{T}^{-1}\boldsymbol{B}\boldsymbol{a} = \left(\gamma \boldsymbol{T}^{-1}\boldsymbol{b}\boldsymbol{b}^\top\right)\boldsymbol{a} = \left(\gamma \boldsymbol{b}^\top \boldsymbol{a}\right)\boldsymbol{T}^{-1}\boldsymbol{b} = \lambda \boldsymbol{T}^{-1}\boldsymbol{b},$$

denn $\boldsymbol{b}^\top \boldsymbol{a}$ ist eine Zahl. Jeder Vektor $\boldsymbol{a}$ wird auf den Vektor $\boldsymbol{T}^{-1}\boldsymbol{b}$ abgebildet. Daher kann nur $\boldsymbol{T}^{-1}\boldsymbol{b}$ selbst Eigenvektor sein. Bei der Fisher'schen Diskriminanzanalyse wird jedes $\boldsymbol{x}$ auf die optimal trennende Achse $\boldsymbol{a} = \boldsymbol{T}^{-1}\boldsymbol{b}$ projiziert. Die Zuordnung eines $\boldsymbol{x}$ zu einer der beiden Klassen hängt ab von der Größe von

$$y = \boldsymbol{a}^\top \boldsymbol{x} = (\overline{\boldsymbol{x}}_1 - \overline{\boldsymbol{x}}_2)^\top \boldsymbol{T}^{-1}\boldsymbol{x}.$$

Dies ist aber gerade, bis auf die Normierung, die Projektion in der Mahalanobis-Metrik auf die Verbindungslinie der beiden Zentren. ■

?

Zeigen Sie: Bei nur zwei Klassen ist das Diskriminanzvermögen gerade

$$\theta = n_1 n_2 (\overline{\boldsymbol{x}}_1 - \overline{\boldsymbol{x}}_2)^\top \boldsymbol{T}^{-1} (\overline{\boldsymbol{x}}_1 - \overline{\boldsymbol{x}}_2).$$

Bei der bayesianischen Diskriminanzanalyse ist auch die Klassenzugehörigkeit eine zufällige Größe

Nehmen wir einmal an, Sie sind im Urlaub in Rom und besuchen den riesigen Trödelmarkt an der Porta Portese, wo Sie von gestohlenen Handtaschen bis zum venezianischen Kronleuchter so gut wie alles finden können. Dort wird Ihnen eine Vase von Gallé, dem berühmten Lothringer Glaskünstler, zum Schnäppchenpreis von 400 € angeboten. Ist die Vase aber eine Kopie, so wäre sie keine 40 € wert.

Was tun? Jetzt spielen nicht nur die Merkmalswerte $\boldsymbol{x}$ der Vase eine Rolle, sondern vor allem auch die Wahrscheinlichkeit p_1, mit der eine an der Porta Portese angebotene Gallé-Vase gefälscht ist, bzw. die Wahrscheinlichkeit $p_2 = 1 - p_1$, dass sie ein Original ist und, nicht zu vergessen, der Verlust, den Sie bei einer gekauften Fälschung erleiden.

Diese beiden Aspekte wollen wir nun berücksichtigen.

In unserem Beispiel haben wir nur zwei Klassen, nämlich Ω_1, die Klasse der Echten und Ω_2, die der Kopien. Nun verallgemeinern wir auf k Klassen. Dabei sei p_k die Wahrscheinlichkeit, dass ein Objekt ω aus der Klasse Ω_k stammt.

Wird ein Individuum ω aus der *wahren* Klasse k in die *falsche* Klasse j eingeordnet, entsteht der Verlust $c_k(j)$. Wir skalieren die Verluste so, dass eine korrekte Zuordnung verlustfrei ist: $c_k(k) = 0$.

Angenommen, wir besäßen keine zusätzlichen Informationen und würden jedes neue Objekt in die Klasse j einordnen, so entstünde im Mittel der Verlust

$$\sum_{k=1}^{K} c_k(j)\, p_k, \tag{9.6}$$

denn mit Wahrscheinlichkeit p_k würden wir ein Objekt aus Klasse Ω_k ziehen. Die optimale Strategie ist dann, diejenige Klasse j zu wählen, für die $\sum_{k=1}^{K} c_k(j)\, p_k$ minimal ist. Nun besitzen wir glücklicherweise zusätzliches Wissen, nämlich den beobachteten Wert $\boldsymbol{x}$ des Merkmalvektors. Wir fassen ihn als Realisation einer Zufallsvariablen $\boldsymbol{X}$ auf, deren Verteilung von Klasse zu Klasse variiert.

Zur Vereinfachung der Darstellung gehen wir weiter davon aus, dass diese Verteilungen stetig sind. Es sei demnach f_k die Dichte von $\boldsymbol{X}$ auf Ω_k.

Die Annahme einer Dichte stellt keine Einschränkung dar, sie lässt sich durch einen verallgemeinerten Dichtebegriff rechtfertigen. Für die Praxis genügt es, diese „Dichten" bei stetigen zufälligen Variablen wie gewohnt und bei diskreten Variablen als diskrete Wahrscheinlichkeiten zu lesen. Entsprechend sind Integrale über diese Dichten bei diskreten Variablen als Summen zu lesen.

Die (gesuchte) Entscheidungsfunktion δ sagt, wie beim beobachteten $\boldsymbol{X} = \boldsymbol{x}$ die Klasse zu wählen ist, nämlich $\delta(\boldsymbol{x})$. Stammt das Objekt aus Klasse k, entsteht dann der Verlust $c_k(\delta(\boldsymbol{x}))$. Da die Merkmalswerte in dieser Klasse mit der Dichte f_k verteilt sind, entsteht, wenn alle Objekte der Klasse k entstammen, im Erwartungswert der Verlust

$$\int c_k(\delta(\boldsymbol{x}))\, f_k(\boldsymbol{x})\, \mathrm{d}(\boldsymbol{x}).$$

Die Klassen treten jedoch mit der Wahrscheinlichkeit p_k auf. Der Erwartungswert des Verlustes, gemittelt über Klassen und Verteilungen ist damit

$$V = \sum_k p_k \int c_k(\delta(\boldsymbol{x}))\, f_k(\boldsymbol{x})\, \mathrm{d}(\boldsymbol{x}) = \int g(\delta(\boldsymbol{x}))\, \mathrm{d}\boldsymbol{x}.$$

Gesucht wird die Funktion $\delta(\boldsymbol{x})$, die dieses Integral V minimiert. Können wir dieses $\delta(\boldsymbol{x})$ frei wählen, so lässt sich $\delta(\boldsymbol{x})$ durch eine einfache Überlegung sofort finden.

Wenn wir punktweise für jedes $\boldsymbol{x}$ den Integrand $g(\delta(\boldsymbol{x}))$ minimieren, dann wird auch das Integral minimal. Damit haben wir bereits die optimale Strategie gefunden. Wir nennen sie die Bayes-Strategie, denn alles, was wir in diesem Abschnitt behandeln, lässt sich als Anwendung der bayesianischen Statistik verstehen, die mit subjektiven Wahrscheinlichkeiten arbeitet. Diese werden wir im letzten Kapitel noch ausführlich behandeln.

Die Bayes-Strategie

Die optimale Strategie ist

$$\delta_{\text{Bayes}}(\boldsymbol{x}) = \underset{j \in \{1,2,\ldots,K\}}{\arg\min} \sum_k c_k(j)\, p_k f_k(\boldsymbol{x}).$$

Anders gesagt: Das Diskriminanzkriterium der bayesianischen Diskriminanzanalyse ist

$$d(j, \boldsymbol{x}) = \sum_k c_k(j)\, p_k f_k(\boldsymbol{x}). \tag{9.7}$$

Anmerkung: Interessant ist der Vergleich von (9.6) und (9.7). Dazu beschreiben wir die Ziehung $\omega \in \Omega_k$ als Realisation einer Auswahlvariablen Z, also $\omega \in \Omega_k \Leftrightarrow Z = k$ mit $\mathcal{P}(Z = k) = p_k$. Weil wir schon bei der Verteilung von X mit Dichten gearbeitet haben, werden wir auch die Verteilung von Z mit Dichten, in dem oben erwähnten, verallgemeinerten Sinne beschreiben. Wenn wir über formale, hier unwesentliche Ungenauigkeiten hinwegsehen, können wir schreiben:

$$\begin{aligned} f_k(\boldsymbol{x}) &= f(\boldsymbol{X} = \boldsymbol{x} \mid Z = k) \\ f_k(\boldsymbol{x})\, p_k &= f(\boldsymbol{X} = \boldsymbol{x} \mid Z = k)\, f(Z = k) = f(\boldsymbol{X} = \boldsymbol{x};\, Z = k) \\ \frac{f_k(\boldsymbol{x})\, p_k}{f(\boldsymbol{x})} &= \frac{f(\boldsymbol{X} = \boldsymbol{x};\, Z = k)}{f(\boldsymbol{X} = \boldsymbol{x})} \\ &= f(Z = k \mid \boldsymbol{X} = \boldsymbol{x}) \\ &= p_{k|\boldsymbol{x}}\,. \end{aligned}$$

Wir sehen: $f_k(\boldsymbol{x})\, p_k$ ist bis auf den bei festem $\boldsymbol{x}$ konstanten Faktor $f(\boldsymbol{x})$ gerade die *A posteriori*-Wahrscheinlichkeit $p_{k|\boldsymbol{x}}$, dass – nach Beobachtung von $\boldsymbol{X} = \boldsymbol{x}$ – das gezogene Objekt aus der Klasse k stammt. Damit erhalten wir eine besonders klare Formulierung der bayesianischen Strategie.

Das bayesianische Entscheidungskriterium

Ordne eine Beobachtung in diejenige Klasse mit dem aktuell niedrigsten Erwartungswert des Verlustes.

Dabei heißt aktuell vor der Beobachtung: Nimm die *a priori* Klassen-Wahrscheinlichkeiten p_k und nach der Beobachtung: Nimm die *A posteriori*-Klassen-Wahrscheinlichkeiten $p_{k|x}$.

Wir betrachten die beiden wichtigsten Spezialfälle: Sind die Kosten einer Fehlentscheidung konstant

$$c_k(j) = \begin{cases} c & \text{falls } k \neq j\,, \\ 0 & \text{falls } k = j\,, \end{cases}$$

dann ist

$$\begin{aligned} d(j, \boldsymbol{x}) &= \sum_{k=1}^{K} c_k(j)\, p_k f_k(\boldsymbol{x}) \simeq \sum_{k \neq j} p_k f_k(\boldsymbol{x}) \\ &= \sum_{k=1}^{K} p_k f_k(\boldsymbol{x}) - p_j f_j(\boldsymbol{x})\,. \end{aligned}$$

Nun ist $\sum_{k=1}^{K} p_k f_k(\boldsymbol{x})$ bei festem x bezüglich j eine Konstante und kann ignoriert werden. Also

$$-d(j, \boldsymbol{x}) \simeq p_j f_j(\boldsymbol{x}) \simeq \frac{p_j f_j(\boldsymbol{x})}{f(\boldsymbol{x})} = p_{j|x}\,.$$

Sind also zusätzlich auch alle *A priori*-Wahrscheinlichkeiten p_k gleich groß, dann hängt die Entscheidung nur $f_j(\boldsymbol{x})$ ab:

$$-d(j, \boldsymbol{x}) \simeq f_j(\boldsymbol{x})\,.$$

Betrachten wir j als Parameter und $\boldsymbol{x}$ als momentan festgehaltene Beobachtung, so ist $f_j(\boldsymbol{x})$ die Likelihood von j bei gegebenem $\boldsymbol{x}$.

Die optimale Bayes-Strategie bei konstanten Verlusten

Bei einer konstanten Verlustfunktion, wird ein Objekt x in die Klasse k eingeordnet, die aufgrund der *A posteriori*-Verteilung der Klassenlabel am wahrscheinlichsten ist. Sind darüber hinaus auch die Klassenlabel gleich wahrscheinlich, so wird die Klasse mit maximaler Likelihood gewählt.

Beispiel Die Objekte sind in n Klassen zu sortieren. Die Objekte sind durch einen m-dimensionalen multinomialverteilten Merkmalsvektor gekennzeichnet:

$$\begin{aligned} f_1(\boldsymbol{x}) &= \frac{x!}{\prod x_i!} \prod_{i=1}^{m} \alpha_i^{x_i}\,, \\ f_2(\boldsymbol{x}) &= \frac{x!}{\prod x_i!} \prod_{i=1}^{m} \beta_i^{x_i}\,. \end{aligned}$$

Sind die Verluste einer Fehlklassifikation bei beiden Klassen gleich und sind *a priori* beide Klassen gleich wahrscheinlich, so wird ein Objekt mit dem Merkmalsvektor $x = (x_1; \cdots; x_m)$ in Klasse 1, eingeordnet, falls

$$\ln \frac{f_1(\boldsymbol{x})}{f_2(\boldsymbol{x})} = \sum_{i=1}^{m} x_i \ln \frac{\alpha_i}{\beta_i} > 0$$

gilt, andernfalls nach Klasse 2. Wir finden hier wieder eine lineare Diskriminanzfunktion! ◀

Von hier aus können wir leicht einen Bogen zurückschlagen zur metrischen Diskriminanzanalyse. In der Praxis wird in der bayesianischen Diskriminanzanalyse gern das Modell der multidimensionalen Normalverteilung unterstellt. Es sei $\boldsymbol{X}$ in jeder Klasse m-dimensional normalverteilt, mit $E(\boldsymbol{X}) = \boldsymbol{\mu}_k$ und $\operatorname{Cov}(\boldsymbol{X}) = \boldsymbol{C}_k$:

$$\begin{aligned} f_k(\boldsymbol{x}) &= (2\pi)^{-m/2} |\boldsymbol{C}_k|^{-1/2} \\ &\quad \times \exp\left(-\frac{1}{2}(\boldsymbol{x} - \boldsymbol{\mu}_k)^\top \boldsymbol{C}_k^{-1} (\boldsymbol{x} - \boldsymbol{\mu}_k)\right). \end{aligned}$$

Das zu minimierende Diskriminanzkriterium ist $d(k, \boldsymbol{x}) \simeq -p_k f_k(\boldsymbol{x})$. Bei der Normalverteilung bietet es sich an, mit den logarithmierten Werten zu arbeiten:

$$\begin{aligned} -d(k, \boldsymbol{x}) &\simeq \ln(f_k(\boldsymbol{x})\, p_k) \\ &= \ln f_k(\boldsymbol{x}) + \ln p_k \\ &= \ln(2\pi)^{-m/2} - \frac{1}{2} \ln |\boldsymbol{C}_k| \\ &\quad - \frac{1}{2}(\boldsymbol{x} - \boldsymbol{\mu}_k)^\top \boldsymbol{C}_k^{-1} (\boldsymbol{x} - \boldsymbol{\mu}_k) + \ln p_k\,, \\ d(k, \boldsymbol{x}) &\simeq \ln |\boldsymbol{C}_k| + (\boldsymbol{x} - \boldsymbol{\mu}_k)^\top \boldsymbol{C}_k^{-1} (\boldsymbol{x} - \boldsymbol{\mu}_k) - 2 \ln p_k\,. \end{aligned}$$

Die Struktur von $d(k, \boldsymbol{x})$ wird klarer, wenn wir die Mahalanobis-Metrik verwenden. Wir definieren:

$$\|\boldsymbol{x} - \boldsymbol{\mu}\|_k^2 = (\boldsymbol{x} - \boldsymbol{\mu})^\top \boldsymbol{C}_k^{-1} (\boldsymbol{x} - \boldsymbol{\mu})\,. \tag{9.8}$$

Unser Diskriminanzkriterium können wir nun schreiben:

$$d(k, \boldsymbol{x}) \simeq \ln |\boldsymbol{C}_k| + \|\boldsymbol{x} - \boldsymbol{\mu}_k\|_k^2 - 2 \ln p_k\,. \tag{9.9}$$

Bis auf die Konstante $\ln|\boldsymbol{C}_k| - 2\ln p_k$ misst das Kriterium den Abstand von $\boldsymbol{x}$ zum Repräsentanten der k-Klasse, dem Erwartungswert $\boldsymbol{\mu}_k$. Dabei besitzt jede Klasse eine eigene Metrik. Genau diesen Fall haben wir bei der metrischen Diskriminanzanalyse behandelt. Die Grenzen zwischen zwei Entscheidungsgebieten ist eine Fläche zweiter Ordnung. Wir werden diesen Fall hier nicht weiter verfolgen, sondern wenden uns dem wichtigeren Spezialfall gleicher Kovarianzmatrizen zu.

Es seien nun alle Kovarianzmatrizen identisch:

$$\boldsymbol{C}_k = \boldsymbol{C} \quad \forall k\,.$$

Jetzt besitzen alle Klassen die gleiche Metrik, nämlich die Mahalanobis-Metrik

$$\|\boldsymbol{x} - \boldsymbol{\mu}\|^2 = (\boldsymbol{x} - \boldsymbol{\mu})^\top \boldsymbol{C}^{-1} (\boldsymbol{x} - \boldsymbol{\mu})\,. \tag{9.10}$$

Da nun $\ln|\boldsymbol{C}|$ eine für alle gemeinsame Konstante ist, lässt sich das Diskriminanzkriterium vereinfachen zu:

$$d(k, \boldsymbol{x}) \simeq \left\|\boldsymbol{x} - \boldsymbol{\mu}_k\right\|^2 - 2\ln p_k \tag{9.11}$$

$$\simeq \left\|\boldsymbol{\mu}_k\right\|^2 - 2\left\langle \boldsymbol{x}; \boldsymbol{\mu}_k\right\rangle - 2\ln p_k\,. \tag{9.12}$$

Wir erhalten die gleiche Struktur mit einem linearen Diskriminanzkriterium wie bei der metrischen Diskriminanzanalyse mit der durch die Kovarianzmatrix definierten Mahalanobis-Metrik. Dabei bestehen folgende Unterschiede:

1. Die wahren Erwartungswerte $\boldsymbol{\mu}_k$ sind an die Stelle der $\overline{\boldsymbol{x}}_k$ aus der Lernstichprobe getreten und die wahre Kovarianzmatrix an die Stelle der empirischen.
2. Für eine Entscheidung zu Gunsten von Klasse k gegen eine Klasse j ist nicht nur die größere Nähe von $\boldsymbol{x}$ zu den beiden Zentren $\boldsymbol{\mu}_k$ und $\boldsymbol{\mu}_j$ bestimmend, sondern vor allem auch das Verhältnis der *A-priori*-Wahrscheinlichkeiten. Mit der Abkürzung
$$\tau_{kj} = \ln \frac{p_k}{p_j}$$
gilt nämlich:
$$d(k, \boldsymbol{x}) - d(j, \boldsymbol{x}) = \left\|\boldsymbol{x} - \boldsymbol{\mu}_k\right\|^2 - \left\|\boldsymbol{x} - \boldsymbol{\mu}_j\right\|^2 - 2\tau_{kj}\,.$$
Erst wenn alle *A-priori*-Klassenwahrscheinlichkeiten p_k gleich groß sind, sind alle $\tau_{kj} = 0$. Ist die Klasse k *a priori* wahrscheinlicher als die Kasse j, so ist $\tau_{kj} > 0$, dann kann $\boldsymbol{x}$ bis zum Schwellenwert $2\tau_{kj}$ näher an $\boldsymbol{\mu}_j$ als an $\boldsymbol{\mu}_k$ liegen, und dennoch wird $\boldsymbol{x}$ in Klasse k eingeordnet.
3. Die Grenzfläche zwischen zwei Gebieten ist bestimmt durch $d(k, \boldsymbol{x}) = d(j, \boldsymbol{x})$ oder
$$\left\langle \boldsymbol{x} - \frac{\boldsymbol{\mu}_k + \boldsymbol{\mu}_j}{2},\ \boldsymbol{\mu}_j - \boldsymbol{\mu}_k \right\rangle - \tau_{kj} = 0\,.$$
$\boldsymbol{x}$ wird in die Klasse k und nicht in Klasse j eingeordnet, solange die Projektion
$$\boldsymbol{P}_{\boldsymbol{\mu}_j - \boldsymbol{\mu}_k}\left(\boldsymbol{x} - \frac{\boldsymbol{\mu}_k + \boldsymbol{\mu}_j}{2}\right)$$
des zentrierten Vektors auf die Achse $\boldsymbol{\mu}_j - \boldsymbol{\mu}_k$ kleiner ist als $\frac{\tau_{kj}}{\|\boldsymbol{\mu}_j - \boldsymbol{\mu}_k\|}$ (vergleiche Abbildung 9.7 und 9.8).

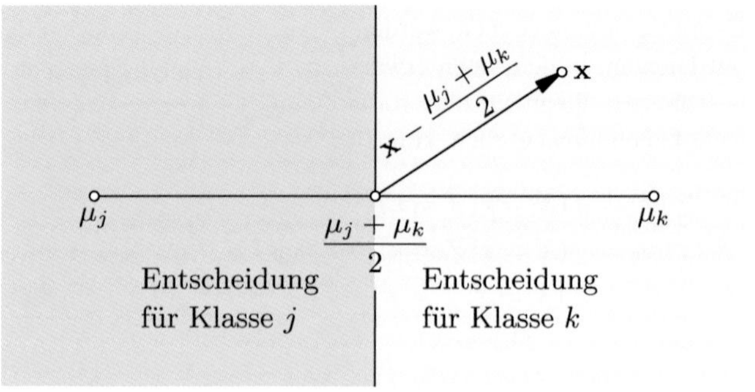

Abbildung 9.7 Entscheidungsbereiche bei gleichen Kosten und gleichen *A-priori*-Wahrscheinlichkeiten.

Anschaulich gesprochen wird die trennende Mittelsenkrechte umso näher an $\boldsymbol{\mu}_k$ herangeschoben, und damit der Entscheidungsbereich für $\boldsymbol{\mu}_j$ auf Kosten des Bereichs für $\boldsymbol{\mu}_k$ vergrößert, je größer die *A-priori*-Wahrscheinlichkeit von $\boldsymbol{\mu}_j$ ist im Vergleich mit $\boldsymbol{\mu}_k$ ist (siehe Abbildung 9.8).

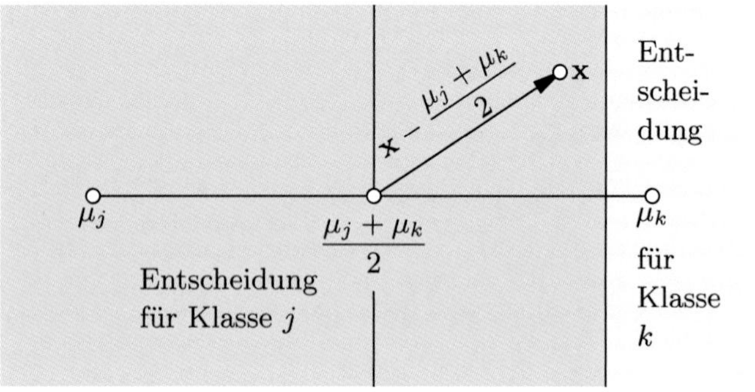

Abbildung 9.8 Entscheidungsbereiche bei gleichen Kosten und ungleichen *A-priori*-Wahrscheinlichkeiten: $\boldsymbol{\mu}_j$ hat höhere *A-priori*-Wahrscheinlichkeit als $\boldsymbol{\mu}_k$.

Bei mehreren Klassen wird wie bei der metrischen Diskriminanzanalyse der Merkmalsraum durch Hyperebenen in Polygone zerlegt (siehe Abbildung 9.2).

Beispiel Die optimale Bayes-Entscheidung im zwei Klassenmodell lässt sich auch an den Dichten ablesen. Zur Illustration betrachten wir zwei Normalverteilungen:

$$f_1(x) \sim N(0; 1)\,,$$
$$f_2(x) \sim N\left(3; 4^2\right).$$

Abbildung 9.9 zeigt beide Dichten $f_1(x)$ (blau) und $f_2(x)$ (rot). Die *A-priori*-Wahrscheinlichkeiten seien $p_1 = 0.3$ bzw. $p_2 = 0.7$.

Bei gegebenem $X = x$ ist die *A posteriori*-Wahrscheinlichkeit der Klasse $K = k$ gegeben durch:

$$p_{k|x} = \frac{f_k(x)\,p_k}{f_X(x)}\,.$$

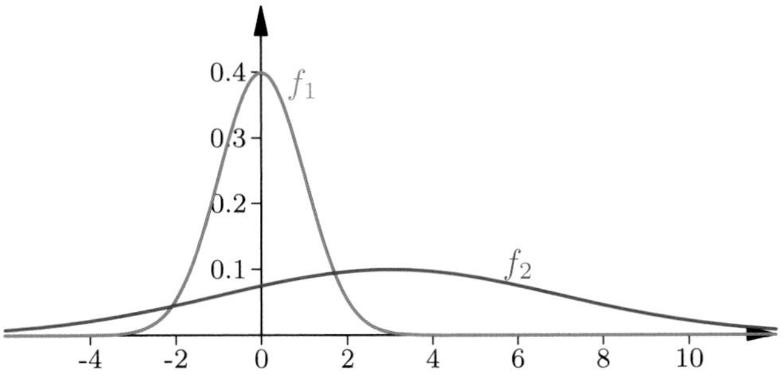

Abbildung 9.9 Die Dichten $f_1(x) \sim N(0; 1)$ und $f_2(x) \sim N(3; 4^2)$.

Bei der Entscheidung für eine Klasse spielt der für alle Klassen gemeinsame Faktor f_X keine Rolle. Als Diskriminanzfunktion können wir daher $-d(k, x) = f_k(x) p_k$ verwenden:

$$-d(1, x) = 0.3 f_1(x)$$
$$-d(2, x) = 0.7 f_2(x)$$

(Da das Diskriminanzkriterium $d(k, x)$ vereinbarungsgemäß den kleineren Wert bevorzugt, heißt es bei $-d(k, x)$: Der größere Wert gewinnt.) Abbildung 9.10 zeigt $-d(1, x)$ (blau) und $-d(2, x)$ (rot) als Funktion von x.

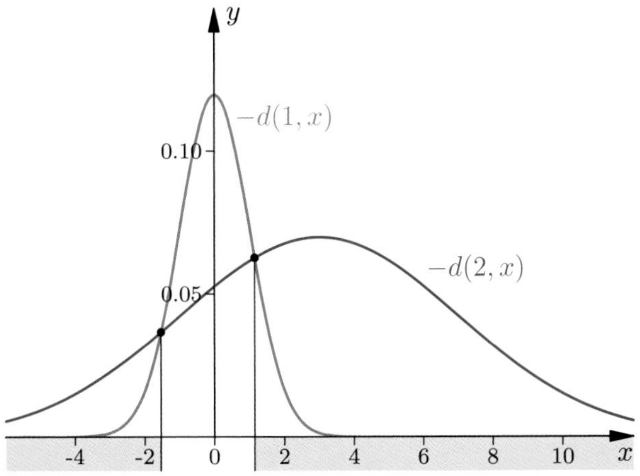

Abbildung 9.10 Die beiden Diskriminanzfunktionen $-d(1, x)$ (blau) und $-d(2, x)$ (rot) als Funktion von x und die durch sie definierten Diskriminanzgebiete.

Also ist

$$\mathcal{D}_1 = (-1.6;\ 1.1)\ ,$$
$$\mathcal{D}_2 = (-\infty;\ -1.6) \cup (1.1, \infty)\ .$$

An den Intervallgrenzen ist die Entscheidung beliebig. ◀

In der bayesianischen Praxis tauchen eine Reihe von Problemen auf:

- Es müssen die *A-priori*-Verteilungen p_k der Klassen, die Kosten der Fehlentscheidungen $c_k(j)$ und die bedingten Verteilungen der Merkmale f_k bekannt sein.
- Häufig werden die Kosten durch wirtschaftliche Überlegungen und die Wahrscheinlichkeiten aus der Stichprobe selbst geschätzt. So werden Erwartungswerte und Kovarianzmatrizen durch Mittelwerte und empirische Kovarianzmatrizen geschätzt:

$$\widehat{\boldsymbol{\mu}}_k = \overline{\boldsymbol{x}}_k,$$
$$\widehat{\boldsymbol{C}}_k = \frac{1}{n_k} \sum_{\omega \in \Omega'_k} (\boldsymbol{x}(\omega) - \overline{\boldsymbol{x}}_k)(\boldsymbol{x}(\omega) - \overline{\boldsymbol{x}}_k)^\top\ ,$$
$$\widehat{\boldsymbol{C}} = \frac{1}{n} \sum_{\omega \in \Omega} (\boldsymbol{x}(\omega) - \overline{\boldsymbol{x}})(\boldsymbol{x}(\omega) - \overline{\boldsymbol{x}})^\top\ .$$

In diesem Fall erhalten wir genau die Struktur der metrischen Diskriminanznalyse mit den optimal gewählten Mahalanobis-Metriken. Hier zeigt sich eine prinzipielle Schwäche der quadratischen Diskriminanzanalyse. Ist $\boldsymbol{x}$ ein m-dimensionales Merkmal, so müssen zur Schätzung von $\boldsymbol{C}$ m Varianzen und $\frac{m(m-1)}{2}$ Kovarianzen geschätzt werden. Der dabei auftretende, unvermeidliche Schätzfehler ist oft so groß, dass das aufwändigere Modelle schlechtere Ergebnisse liefert als die lineare Diskriminanzanalyse.

Die *Support Vector Machine* trennt Klassen mit maximalem Margin

In seinem bahnbrechenden Werk über die Grundlagen der statistischen Lerntheorie entwickelte V. Vapnik (Statistical Learning Theory, 1998, Springer-Verlag, New York) unter anderem ein völlig neues Diskriminanzverfahren, das seitdem unter dem Namen Support Vector Machine (SVM) bekannt ist. Wir stellen seine Idee am Beispiel des Klassifikationsproblems mit zwei Klassen vor. Während bei der metrischen Diskriminanzanalyse **eine** Ebene gesucht wird, bestimmt die Support Vector Machine **zwei parallele** Ebenen mit möglichst großem Abstand, welche die beiden Mengen trennen (siehe Abbildung 9.11).

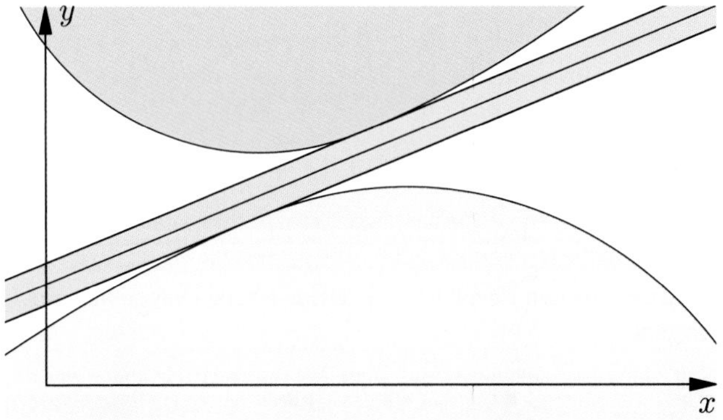

Abbildung 9.11 Die rote und die blaue Menge werden durch ein dazwischengeschobenes „Brett" getrennt.

Die Daten der Lernstichprobe sind

$$\{(\boldsymbol{x}_i, y_i) \mid i = 1, \ldots n\}\ .$$

dabei sind $\boldsymbol{x}_i$ der Merkmalsvektor und y_i das Klassenlabel. Da wir nur zwei Klassen haben, werden als Klassenlabel die Zahlen

$+1$ und -1 gewählt. Die Lernstichprobe zerfällt so in die beiden endlichen Mengen $\{+\}$ und $\{-\}$:

$$\{+\} = \{\boldsymbol{x}_i \mid y_i = +1\} \,,$$
$$\{-\} = \{\boldsymbol{x}_i \mid y_i = -1\} \,.$$

Wenn überhaupt eine Ebene existiert, welche die beiden Mengen fehlerfrei trennt, nennen wir die beiden Mengen linear trennbar. An diesem einfachen Fall können wir schon die Leitideen entwickeln und sie dann auf den allgemeineren Fall übertragen. Zuerst ein kurzer geometrischer Exkurs (siehe Abbildung 9.12).

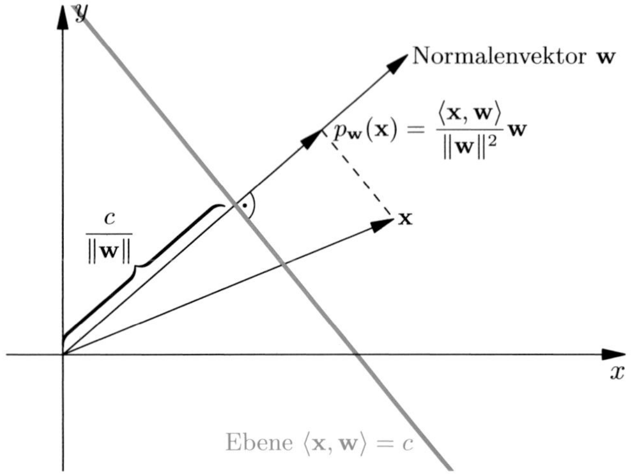

Abbildung 9.12 Die Ebene $\langle \boldsymbol{x}, \boldsymbol{w} \rangle = c$ hat den Abstand $\frac{c}{\|\boldsymbol{w}\|}$ vom Ursprung.

Die Gleichung einer Ebene mit dem Normalenvektor $\boldsymbol{w}$ lautet $\langle \boldsymbol{x}, \boldsymbol{w} \rangle = c$. Die Projektion eines beliebigen Vektors $\boldsymbol{x}$ auf den Normalenvektor $\boldsymbol{w}$ ist $\frac{\langle \boldsymbol{x}, \boldsymbol{w} \rangle}{\|\boldsymbol{w}\|^2}\boldsymbol{w}$, dieser Vektor hat die Länge $\frac{|\langle \boldsymbol{x}, \boldsymbol{w} \rangle|}{\|\boldsymbol{w}\|}$. Für jeden in der Ebene liegenden Punkt $\boldsymbol{x}$ ist $\langle \boldsymbol{x}, \boldsymbol{w} \rangle = c$, speziell auch für den Vektor mit minimalem Abstand zum Nullpunkt. Dieser Vektor hat demnach die Länge $\frac{c}{\|\boldsymbol{w}\|}$. Dies ist der Abstand der Ebene vom Ursprung. Ebenen mit gleichem Normalenvektor sind parallel (siehe Abbildung 9.13). Wir wählen für die beiden parallelen Ebenen, welche die beiden Mengen $\{+\}$ und $\{-\}$ trennen, die Form

$$\langle \boldsymbol{x}, \boldsymbol{w} \rangle = b + 1 \quad \text{und} \quad \langle \boldsymbol{x}, \boldsymbol{w} \rangle = b - 1 \,.$$

Der Abstand der ersten Ebene vom Ursprung ist $\frac{b+1}{\|\boldsymbol{w}\|}$, der Abstand der zweiten Ebene ist $\frac{b-1}{\|\boldsymbol{w}\|}$. Beide Ebenen haben daher den Abstand

$$\frac{b+1}{\|\boldsymbol{w}\|} - \frac{b-1}{\|\boldsymbol{w}\|} = 2\frac{1}{\|\boldsymbol{w}\|} = 2\gamma \,.$$

voneinander. Dabei ist $\gamma = \frac{1}{\|\boldsymbol{w}\|}$ der durch den Normalenvektor $\|\boldsymbol{w}\|$ definierte halbe geometrische Abstand oder, wie man üblicherweise englisch sagt, der **Margin** zwischen den beiden Teilmengen. Die Maximierung des Margin γ ist äquivalent mit der Minimierung von $\|\boldsymbol{w}\|$. Wir wählen das Vorzeichen von $\boldsymbol{w}$ so, dass gilt:

$$\langle \boldsymbol{x}_i, \boldsymbol{w} \rangle - b \geq +1 \text{ für alle } \boldsymbol{x}_i \text{ mit } y_i = +1 \,,$$
$$\langle \boldsymbol{x}_i, \boldsymbol{w} \rangle - b \leq -1 \text{ für alle } \boldsymbol{x}_i \text{ mit } y_i = -1 \,.$$

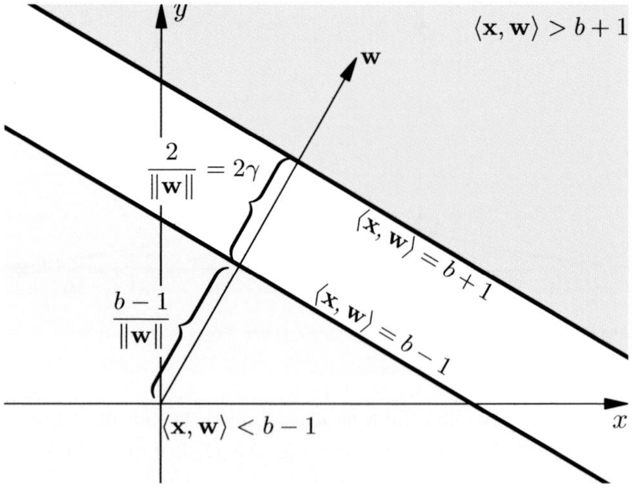

Abbildung 9.13 Die beiden Ebenen $\langle \boldsymbol{x}, \boldsymbol{w} \rangle = b + 1$ und $\langle \boldsymbol{x}, \boldsymbol{w} \rangle = b - 1$ haben den Abstand $\frac{2}{\|\boldsymbol{w}\|}$.

Für alle Wertepaare $(\boldsymbol{x}_i, y_i)$ gilt daher:

$$y_i\left(\langle \boldsymbol{x}_i, \boldsymbol{w} \rangle - b\right) \geq 1 \,.$$

Die Suche nach den optimalen Trennhyperebenen lässt sich damit als ein konvexes Optimierungsproblem formulieren:

Das konvexe Optimierungsprogramm

Der gesuchte Normalenvektor $\boldsymbol{w}$ und die Konstante b sind Lösung des streng konvexen Optimierungproblems: Minimiere die Zielfunktion $\frac{1}{2}\|\boldsymbol{w}\|^2$ unter der Nebenbedingung in Form von n linearen Ungleichungen:

$$y_i\left(\langle \boldsymbol{x}_i, \boldsymbol{w} \rangle - b\right) \geq 1 \text{ für } i = 1; \cdots; n \,.$$

Der Faktor $\frac{1}{2}$ in der Zielfunktion ist irrelevant. Er erleichtert aber später die Schreibweise der optimalen Lösung. Wir verweisen auf die im mathematischen Anhang skizzierte Ideen der konvexen Optimierung. Zur Lösung der Optimierungsaufgabe bestimmen wir die Lagrange-Funktion mit den nicht negativen Multiplikatoren $\alpha_i \geq 0$:

$$\begin{aligned} L(\boldsymbol{w}; b; \boldsymbol{\alpha}) &= \frac{1}{2}\|\boldsymbol{w}\|^2 - \sum_{i=1}^{n} \alpha_i \left\{ y_i\left(\langle \boldsymbol{x}_i, \boldsymbol{w} \rangle - b\right) - 1 \right\} \\ &= \frac{1}{2}\|\boldsymbol{w}\|^2 - \left\langle \sum_{i=1}^{n} \alpha_i y_i \boldsymbol{x}_i, \boldsymbol{w} \right\rangle \\ &\quad + b\sum_{i=1}^{n} \alpha_i y_i + \sum_{i=1}^{n} \alpha_i \,. \end{aligned} \tag{9.13}$$

Nach den im Anhang skizzierten Eigenschaften der konvexen Optimierung ist der Graph von $L(\boldsymbol{w}; b; \boldsymbol{\alpha})$ eine Sattelfläche, bei der die optimale Lösung $\left(\boldsymbol{w}^0; b^0; \boldsymbol{\alpha}^0\right)$ im Sattelpunkt liegt (siehe Abbildung 9.14).

$L\left(\boldsymbol{w}; b; \boldsymbol{\alpha}^0\right)$ hat bei festem $\boldsymbol{\alpha}^0$ als Funktion von $\boldsymbol{w}$ und b in $(\boldsymbol{w}^0; b^0)$ ein Minimum und $L\left(\boldsymbol{w}^0; b^0; \boldsymbol{\alpha}\right)$ hat bei festem $\boldsymbol{w}^0$

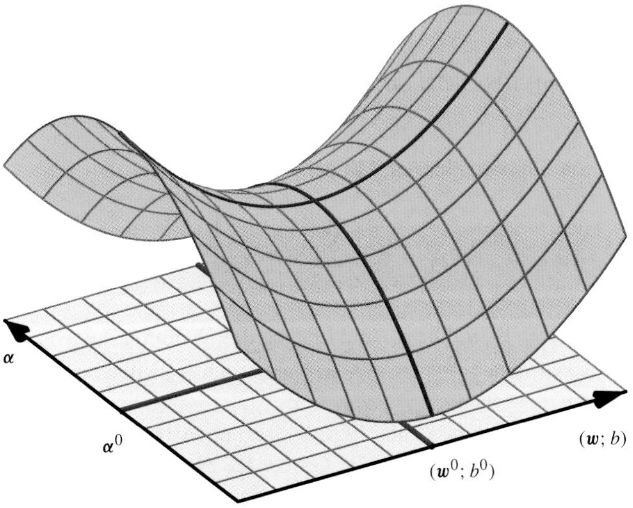

Abbildung 9.14 Der Graph von $L(w, b, \alpha)$ ist eine Sattelfläche.

und b^0 als Funktion von $\boldsymbol{\alpha}$ in $\boldsymbol{\alpha}^0$ ein Maximum. Die Abbildung 9.15 zeigt wie auf einer Wanderkarte das Höhenlinienbild einer solchen Sattelfläche, dabei sei im Bild der Höhenlinien (w, b) auf der Horizontalen und α auf der Vertikalen dargestellt.

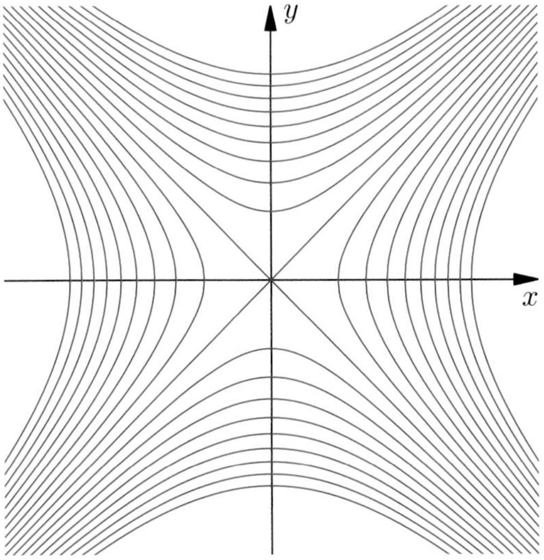

Abbildung 9.15 Schar der Höhenlinien der Sattelfläche.

An der Abbildung können wir erkennen, wie wir das Optimum im Sattelpunkt schrittweise bestimmen werden. Zuerst halten wir $\boldsymbol{\alpha}$ fest und bestimmen das Minimum von $L(\boldsymbol{w}; b; \boldsymbol{\alpha})$ bezüglich $(\boldsymbol{w}; b)$. Bildlich gesprochen gehen wir in West-Ost-Richtung von einer Bergflanke zur nächsten und bestimmen dabei den tiefsten Punkt des Weges. Dann wandern wir von Süden nach Norden entlang dieser Punkte noch oben. Der höchste Punkt auf diesem Pfad ist der gesuchte Sattelpunkt.

Formal minimieren wir $L(\boldsymbol{w}; b; \boldsymbol{\alpha})$ bei festem $\boldsymbol{\alpha}$. Dazu differenzieren wir L partiell nach $\boldsymbol{w}$ und b und setzen die Ableitungen gleich null. Dies liefert:

$$0 \stackrel{!}{=} \frac{\partial L}{\partial \boldsymbol{w}} = \boldsymbol{w} - \sum_{i=1}^{n} \alpha_i y_i \boldsymbol{x}_i \,,$$

$$0 \stackrel{!}{=} \frac{\partial L}{\partial b} = \sum_{i=1}^{n} \alpha_i y_i \,.$$

Dies liefert:

$$\boldsymbol{w} = \sum_{i=1}^{n} \alpha_i y_i \boldsymbol{x}_i \,, \tag{9.16}$$

$$0 = \sum_{i=1}^{n} \alpha_i y_i \,. \tag{9.17}$$

Beides setzen wir in die Lagrange-Funktion (9.13) ein und erhalten die Zielfunktion, die nur noch von α abhängt:

$$\begin{aligned} L(\boldsymbol{w}(\alpha); b; \boldsymbol{\alpha}) &= \frac{1}{2}\|\boldsymbol{w}\|^2 - \langle \boldsymbol{w}, \boldsymbol{w}\rangle + \sum_{i=1}^{n} \alpha_i \,. \\ &= -\frac{1}{2}\|\boldsymbol{w}\|^2 + \sum_{i=1}^{n} \alpha_i \\ &= -\frac{1}{2}\sum_{i,j=1}^{n} \alpha_i \alpha_j y_i y_j \langle \boldsymbol{x}_i, \boldsymbol{x}_j \rangle + \sum_{i=1}^{n} \alpha_i \,. \end{aligned}$$

Diese nur noch von $\boldsymbol{\alpha}$ abhängende Funktion ist nun zu maximieren.

Das duale Maximierungsprogramm

Die optimalen Lagrange-Multiplikatoren $\boldsymbol{\alpha}$ sind Lösung der dualen Aufgabe: Maximiere

$$-\frac{1}{2}\sum_{i,j=1}^{n} \alpha_i \alpha_j y_i y_j \langle \boldsymbol{x}_i, \boldsymbol{x}_j \rangle + \sum_{i=1}^{n} \alpha_i$$

unter der Nebenbedingung

$$\boldsymbol{\alpha} \geq \boldsymbol{0} \text{ und } \sum_{i=1}^{n} \alpha_i y_i = 0 \,.$$

Zur Lösung dieser Maximierungsaufgabe existiert mathematische Standardsoftware. Ist $\boldsymbol{\alpha}^0$ Lösung dieser konvexe Optimierungsaufgabe, so ist

$$\boldsymbol{w}^0 = \sum_{i=1}^{n} \alpha_i^0 y_i \boldsymbol{x}_i \tag{9.18}$$

der gesuchte Normalenvektor. Aus der im Anhang dargestellten Theorie der konvexen Optimierung folgt, dass im gesuchten Optimum, dem Sattelpunkt der Lagrange-Funktion, die n Gleichungen $\alpha_i^0 \frac{\partial L^0}{\partial \alpha_i} = 0$ gelten müssen. In unserem Fall sind dies die Gleichungen

$$\alpha_i^0 \left(y_i \left[\langle \boldsymbol{x}_i, \boldsymbol{w}^0 \rangle - b^0 \right] - 1 \right) = 0 \,.$$

Vertiefung: Klassentrennung im nicht separablen Fall

Lässt sich die Lernstichprobe nicht in zwei Teile mit positivem Margin zerlegen, so bietet sich der Ausweg an, Fehlklassifikationen zuzulassen, die jedoch individuell bestraft werden.

Die Nebenbedingungen lassen sich wie im separablen Fall darstellen als:

$$y_i\left[\langle \boldsymbol{x}_i, \boldsymbol{w}\rangle - b\right] \geq 1 - \xi_i\,, \qquad (9.14)$$

$$\xi_i \geq 0\,. \qquad (9.15)$$

Dabei sind die ξ_i die Strafterme für potentielle Grenzverletzer. Entsprechend der Änderung der Aufgabenstellung ändert auch die Zielfunktion. Dabei haben wir verschiedene Optionen:

1. Wir wählen einen festen Margin $\|\boldsymbol{w}\| = A$ und minimieren die Anzahl der Fehlklassifikationen. Dies liefert ein kaum lösbares (NP-hartes) Optimierungsproblem.
2. Wir wählen einen festen Margin $\|\boldsymbol{w}\| = A$ und minimieren die Zielfunktion $\sum_{i=1}^{m} \xi_i$. Die Nebenbedingungen sind (9.14), (9.15) sowie $\|\boldsymbol{w}\|^2 = A^2$. Es entsteht wieder ein konvexes Optimierungsproblem mit analogen Eigenschaften wie bisher. Auch hier ist der Normalenvektor $\boldsymbol{w}$ der optimalen mittleren Trennebene eine Linearkombination von Supportvektoren. Mit der Abkürzung

$$\boldsymbol{u} = \sum_{i=1}^{n} \alpha_i y_i \boldsymbol{x}_i$$

ist $\boldsymbol{w} = \frac{A}{\|\boldsymbol{u}\|}\boldsymbol{u}$. Die α_i sind Lösung des Dualprogramms: Maximiere $\sum_{i=1}^{n} \alpha_i - A\,\|\boldsymbol{u}\|$ unter den Nebenbedingungen $\alpha_i \geq 0$ und $\sum_{i=1}^{n} \alpha_i y_i = 0$.
3. Wir übernehmen die Nebenbedingungen (9.14), (9.15) von oben, lassen aber die Größe des Margins offen und nehmen die Strafterme ξ_i in die Zielfunktion mit auf. Diese lautet nun: Minimiere $\frac{1}{2}\,\|\boldsymbol{w}\|^2 + C\left(\sum \xi_i\right)$.
Dabei ist $C > 0$ eine vorgegebene Strafkosten-Konstante. Wieder erhalten wir wie oben ein konvexes Optimierungsproblem, das sich analog lösen lässt. Auch hier ist der Normalenvektor $\boldsymbol{w} = \sum_{i=1}^{n} \alpha_i y_i \boldsymbol{x}_i$ der optimalen mittleren Trennebene eine Linearkombination von Supportvektoren. Die α_i sind Lösung des Dualprogramms :
Maximiere $\sum_{i=1}^{n} \alpha_i - \frac{1}{2}\,\|\boldsymbol{w}\|^2$ unter den Nebenbedingungen $0 \leq \alpha_i \leq C\ \forall i$ und $\sum_{i=1}^{n} \alpha_i y_i = 0$.

Ist demnach $\alpha_i^0 \neq 0$, so muss $y_i\left[\langle \boldsymbol{x}_i, \boldsymbol{w}^0\rangle - b^0\right] = 1$ sein, das heißt, $\boldsymbol{x}_i$ liegt auf der unteren oder oberen Trennhyperebene. Für alle anderen $\boldsymbol{x}_i$ mit $y_i\left[\langle \boldsymbol{x}_i, \boldsymbol{w}^0\rangle - b^0\right] \neq 1$ ist notwendig $\alpha_i^0 = 0$.

Definition Supportvektor

Ein Datenvektor $\boldsymbol{x}_i$, der auf der unteren oder oberen Trennhyperebene liegt, für den also

$$y_i\left[\langle \boldsymbol{x}_i, \boldsymbol{w}^0\rangle - b^0\right] = 1$$

gilt, heißt **Supportvektor**. Daher ist das optimale $\boldsymbol{w}^0$ eine Linearkombination der Supportvektoren:

$$\boldsymbol{w}^0 = \sum_{\boldsymbol{x}_i = \text{Supportvektor}} \alpha_i^0 y_i \boldsymbol{x}_i\,.$$

Hat man die optimalen α_i^0 gefunden, so hat man auch die Supportvektoren. Ist zum Beispiel $\boldsymbol{x}$ ein Supportvektor aus $\{+\}$, so ist $\langle \boldsymbol{x}, \boldsymbol{w}^0\rangle = b + 1$. Die endgültige Klassifikation eines Objekts mit dem Merkmalsvektor $\boldsymbol{x}$ geschieht nach der Regel

$$\delta(\boldsymbol{x}) = \operatorname{sign}\left(\langle \boldsymbol{x}, \boldsymbol{w}^0\rangle - b^0\right).$$

Hier liegt ein großer inhaltlicher wie formaler Vorzug der SVM. In der Regel werden nur wenige Objekte der Lernstichprobe genau auf einer der beiden Trennebenen liegen, das heißt, es werden nur einige wenige Supportvektoren existieren. Fast alle α_i werden null sein. Dies ist numerisch von Vorteil, inhaltlich lassen sich die Supportvektoren als kritische Grenzfälle interpretieren, an denen neue Objekte verglichen und dann eingeordnet werden.

Mit dem Kerneltrick lassen sich die Datenvektoren in beliebige Räume transformieren und dort linear trennen

Die zu klassifizierenden Objekte kennen wir nur durch ihre Merkmalsvektoren $\boldsymbol{x}_i \in \mathcal{X}$. Diese Merkmale haben wir erst einmal so genommen, wie wir sie bekommen haben. Dies ist aber nicht immer ratsam, mitunter sind einige der Merkmale schlicht überflüssig, wie z. B. bei der Klassifikation von Pilzen die Größe und das Gewicht des Korbes oder die Uhrzeit beim Sammeln. Mitunter lassen sich auch aus den gelieferten Angaben neue, informativere Merkmale errechnen.

Wir wollen nun untersuchen, was geschieht, wenn wir aus $\boldsymbol{x}$ neue Merkmale $\boldsymbol{f}(\boldsymbol{x})$ berechnen:

$$\boldsymbol{x} \mapsto \boldsymbol{f}(\boldsymbol{x}) =: \boldsymbol{f}\,.$$

Wir nennen diese Abbildung die **Feature-Transformation**, $\boldsymbol{f}(\boldsymbol{x})$ den **Feature-Vektor** und $\mathcal{F} = \{\boldsymbol{f} \mid \boldsymbol{f} = \boldsymbol{f}(\boldsymbol{x})\,;\ \boldsymbol{x} \in \mathcal{X}\}$ den **Feature-Raum**.

Achtung: Der Buchstabe f hat nichts mit Dichten zu tun, sondern soll allein an das Wort „Feature" erinnern.

Beispiel

$x = (\text{Länge; Breite}) \Rightarrow f(x) = (\text{Länge})$
$x = (\text{Länge;Breite}) \Rightarrow f(x) = (\text{Länge;Breite;Fläche})$
$x = (\text{Geschwindigkeit}) \Rightarrow f(x) = (\text{Energie})$
$x = \text{Beobachtung} \Rightarrow f(x) = \text{Likelihood-Funktion } L(\theta \mid x)$ ◀

Die Dimension des Feature-Raums $\mathcal{F}$ kann niedriger, gleich oder höher sein als die des ursprünglichen Merkmalsraums. Der Feature-Raum kann sogar unendlichdimensional sein. Die einzige Änderung gegenüber der ursprünglichen Aufgabenstellung besteht darin, dass das Paar (x_i, y_i) überall durch das Paar (f_i, y_i) ersetzt wird. Formal ändert sich an der Darstellung und der Berechnung der SVM nichts. Anstelle der x_i werden die f_i linear im Feature-Raum getrennt.

Was gewinnen wir durch die Einführung der neuen Features? Zum einen eine mögliche Vereinfachung der Darstellung, vor allem aber ist es möglich, dass sich die Objekte im Feature-Raum wesentlich einfacher trennen lassen als im ursprünglichen Merkmalsraum. Dazu ein einfaches Beispiel.

Beispiel Denken wir uns ein eindimensionales Merkmal: $x \in \mathbb{R}$. Ist $|x| \le 1$, so gehöre x zur Plusklasse, ist $|x| > 2$, so gehöre x zur Minusklasse. Es gibt keine lineare Funktion auf dem Merkmalsraum $\mathbb{R}$, welche die beiden Klassen trennen kann.

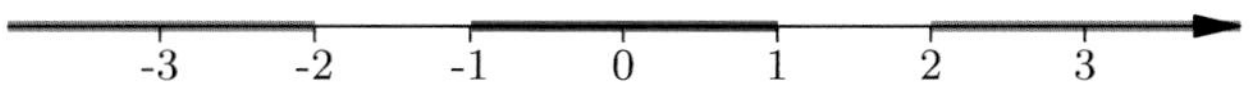

Abbildung 9.16 Die beiden Klassen „Rot" und „Blau" sind im eindimensionalen Merkmalsraum nicht linear trennbar.

Nun betrachten wir das neue zweidimensionale Feature

$$f = \begin{pmatrix} f_1 \\ f_2 \end{pmatrix} = \begin{pmatrix} x \\ x^2 \end{pmatrix} \in \mathbb{R}^2 .$$

Die lineare Funktion $(0, 1)\, f(x) = f_2(x) = 1.5$ trennt im Featureraum beide Klassen vollkommen.

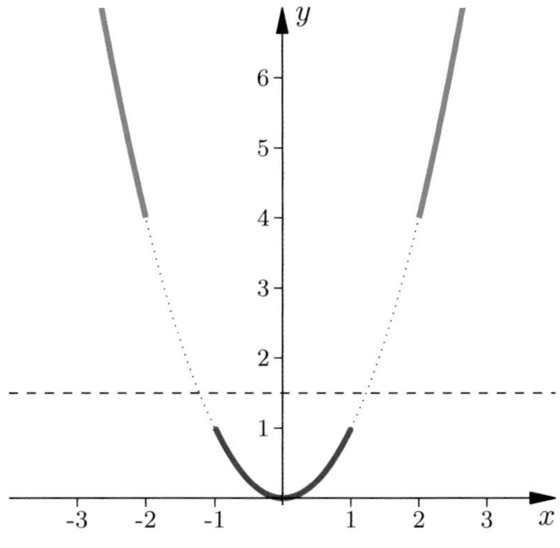

Abbildung 9.17 Im zweidimensionalen Featureraum können beiden Klassen leicht getrennt werden. ◀

Nun gut, arbeiten wir also mit den Features weiter, schauen, was wir dabei brauchen und stellen überrascht fest, dass weder bei der expliziten Bestimmung der optimalen α_i noch bei der Bestimmung des Wertes $\delta(f) = \operatorname{sign}(\langle w, f\rangle - b)$ der Entscheidungsfunktion die Werte f_i selbst gebraucht werden, sondern nur die Skalarprodukte $\langle f_i, f\rangle$ bzw. $\langle f_i, f_j\rangle$. Diese sind ihrerseits eine Funktion der ursprünglichen Variablen x_i und x_j. Was liegt näher, als den Weg über die Transformation $x \longrightarrow f(x)$ abzukürzen und nur noch mit den Skalarprodukten der Transformierten zu arbeiten:

Die Kernfunktion

Ist f die Abbildung vom Merkmalsraum in den Featureraum, so heißt

$$k : \mathcal{X} \times \mathcal{X} \to \mathbb{R},$$
$$(x, z) \in \mathcal{X} \times \mathcal{X} \to \langle f(x), f(z)\rangle = k(x, z)$$

die zur Featureabbildung f gehörende Kernfunktion.

In der Kern-Formulierung erhält die SVM folgende Gestalt: Die Entscheidungsfunktion zur Trennung der Plus und Minusklassen ist

$$\delta(x) = \operatorname{sign}\left(\sum_{i=1}^{n} \alpha_i^0 y_i k(x_i, x) - b\right).$$

Dabei sind die Koeffizienten α_i Lösung der konvexen Optimierungsaufgabe: Maximiere

$$-\frac{1}{2}\sum \alpha_i \alpha_j y_i y_j k(x_i, x_j) + \sum \alpha_i$$

unter der Nebenbedingung

$$\alpha \ge 0,$$
$$\sum \alpha_i y_i = 0.$$

In dieser Formulierung ist nun das Tor zu nahezu unbeschränkten Anwendungsmöglichkeiten geöffnet. Denn wir brauchen die konkrete Gestalt der Featuretransformation überhaupt nicht, sondern nur die Kernfunktion $k(x, z)$.

Der Kerneltrick

Die SVM lässt sich mit jeder Funktion $k(x, z)$ benutzen, sofern nur die Existenz einer Transformation $f : \mathcal{X} \to \mathcal{F}$ in einen geeigneten Hilbertraum nachgewiesen ist, für die $k(x, z) = \langle f(x), f(z)\rangle$ gilt.

Beispiel Um die Eigenschaften der Feature-Transformation und den sogenannten Kerneltrick zu erläutern, werden wir oft mit verschiedenen Vektoren x_i, x_j, x_k des Merkmalsraums $\mathcal{X}$ arbeiten. Dabei belasten die zur Bezeichnung der Komponenten dann nötigen Doppelindizes oft das Schriftbild. Leichter wäre es, statt mit x_i, x_j, x_k mit a, b, c zu arbeiten. Daher werden wir in diesem Beispiel die Merkmale umbenennen und von Merkmalen

Vertiefung: Eigenschaften von Kernfunktionen

Es gibt eine notwendige und hinreichende Bedingung, wann eine Funktion $k(\boldsymbol{a}, \boldsymbol{b})$ eine Kernfunktion ist. Leichter ist es meist, aus vorhandenen Kernen neue zu konstruieren.

Es seien $k(\boldsymbol{a}, \boldsymbol{b})\colon \mathbb{A} \times \mathbb{A} \longrightarrow \mathbb{R}$ eine Funktion und $\boldsymbol{a}_1, \ldots, \boldsymbol{a}_n$ beliebig gewählte Punkte aus $\mathbb{A}$. Die zu k und den Punkten $\boldsymbol{a}_1, \ldots, \boldsymbol{a}_n$ gehörende Gram-Matrix $\boldsymbol{K} = \boldsymbol{K}(\boldsymbol{a}_1, \ldots, \boldsymbol{a}_n)$ vom Typ $n * n$ ist definiert durch

$$\boldsymbol{K}_{[i,j]} = k\left(\boldsymbol{a}_i, \boldsymbol{a}_j\right) .$$

Eine symmetrische Funktion $k(\boldsymbol{a}, \boldsymbol{b}) = k(\boldsymbol{b}, \boldsymbol{a})$ ist genau dann Kernfunktion, wenn sämtliche Gram-Matrizen symmetrisch und positiv-semidefinit sind.

Aus vorhandenen Kernen kann man leicht neue Kerne konstruieren. Und zwar gilt: Es seien k_1 und k_2 zwei Kerne auf $\mathbb{A} \times \mathbb{A}$, $\mathbb{A} \subseteq \mathbb{R}^m$, k_3 ein Kern auf $\mathbb{R}^m \times \mathbb{R}^m$, $\alpha \in \mathbb{R}^+$. $g : \mathbb{A} \to \mathbb{R}$ sei eine reelle und $\Phi : \mathbb{A} \to \mathbb{R}^m$ eine vektorwertige Funktion. $\boldsymbol{K}$ sei eine positiv semi-definite $n \times n$-Matrix. Weiter sei $\{k_n\}_{n \in \mathbb{N}}$ eine konvergente Folge von Kernen. Dann sind die folgenden Funktionen ebenfalls Kerne:

$$k(a, b) = k_1(a, b) + k_2(a, b) , \quad (9.19)$$

$$k(a, b) = \alpha k_1(a, b) , \quad (9.20)$$

$$k(a, b) = g(a) \cdot g(b) , \quad (9.21)$$

$$k(a, b) = k_3(\Phi(a), \Phi(b)) , \quad (9.22)$$

$$k(a, b) = a^\top \boldsymbol{K} b , \quad (9.23)$$

$$k(a, b) = \lim_{n \to \infty} k_n(a, b) , \quad (9.24)$$

$$k(a, b) = k_1(a, b) k_2(a, b) . \quad (9.25)$$

Für alle Kerne von (9.19) bis (9.24) zeigt man leicht, dass sie positiv-semidefinite Grammatrizen erzeugen. Nur (9.25) muss separat bewiesen werden. Es seien $\boldsymbol{K}_1$ und $\boldsymbol{K}_2$ die positiv semidefiniten Grammatrizen, die von $\boldsymbol{k}_1$ und $\boldsymbol{k}_2$ über $a_1, \ldots, a_n$ erzeugt wurden. Wir fassen $\boldsymbol{K}_1$ und $\boldsymbol{K}_2$ als Kovarianzmatrizen zweier n-dimensionaler zentrierter Zufallsvariablen $\boldsymbol{A} = (A_1, \ldots, A_n)$ bzw. $\boldsymbol{B} = (B_1, \ldots, B_n)$ auf. Dabei seien A_i und B_j stochastisch unabhängig voneinander.

$$\operatorname{Cov}(\boldsymbol{A}) = \boldsymbol{K}_1 , \qquad E(\boldsymbol{A}) = \boldsymbol{0} ,$$
$$\operatorname{Cov}(\boldsymbol{B}) = \boldsymbol{K}_2 , \qquad E(\boldsymbol{B}) = \boldsymbol{0} .$$

Weiter definieren wir den zufälligen Vektor $\boldsymbol{V} = (V_1, \ldots, V_n)$ durch:

$$V_i = A_i B_i .$$

Wegen der Unabhängigkeit von A_i und B_j ist

$$\begin{aligned} E(V_i) &= E(A_i B_i) = E(A_i) E(B_i) = 0 \\ \operatorname{Cov}\left(V_i, V_j\right) &= E\left(V_i V_j\right) - E(V_i) E\left(V_j\right) = E\left(V_i V_j\right) \\ &= E\left(A_i B_i A_j B_j\right) = E\left[\left(A_i A_j\right)\left(B_i B_j\right)\right] \\ &= (\operatorname{Cov}(\boldsymbol{A}))_{ij} (\operatorname{Cov}(\boldsymbol{B}))_{ij} \\ &= (\boldsymbol{K}_1)_{ij} (\boldsymbol{K}_2)_{ij} . \end{aligned}$$

Daher ist $\operatorname{Cov}(\boldsymbol{V})$ gerade die Gram-Matrix, die von $\boldsymbol{k}_1 \boldsymbol{k}_2$ über $a_1, \ldots, a_n$ erzeugt wurde. Da Kovarianzmatrizen positiv semidefinit sind, folgt die Behauptung.

Eine unmittelbare Folgerung aus den Eigenschaften (9.19) bis (9.25) ist:

Es sei k ein Kern auf $\mathbb{A} \times \mathbb{A}$, $a, b \in \mathbb{A}$ und $p(a)$ ein Polynom mit positiven Koeffizienten. Dann sind die folgenden Funktionen ebenfalls Kerne: $p(k)$, (k) und $\left(-\frac{1}{\sigma^2} \|a - b\|^2\right)$. Der Nachweis sei Ihnen als Aufgabe gestellt.

$\boldsymbol{a}, \boldsymbol{b}, \boldsymbol{c}$, eines Merkmalsraums $\mathbb{A}$ sprechen. Es seien

$$\boldsymbol{a} = \begin{pmatrix} a_1 \\ a_2 \end{pmatrix} \in \mathbb{R}^2 \text{ und } \boldsymbol{f}(\boldsymbol{a}) = \begin{pmatrix} \sqrt{2} a_1 a_2 \\ a_1^2 \\ a_2^2 \end{pmatrix} \in \mathbb{R}^3$$

sowie $\langle \boldsymbol{a}, \boldsymbol{b} \rangle$ das **euklidische** Skalarprodukt. Dann ist

$$\begin{aligned} \langle \boldsymbol{f}(\boldsymbol{a}), \boldsymbol{f}(\boldsymbol{b}) \rangle &= 2 a_1 a_2 b_1 b_2 + a_1^2 b_1^2 + a_2^2 b_2^2 \\ &= (a_1 b_1 + a_2 b_2)^2 \\ &= \langle \boldsymbol{a}, \boldsymbol{b} \rangle^2 . \end{aligned}$$

Also ist in diesem Fall

$$k(\boldsymbol{a}, \boldsymbol{b}) = \langle \boldsymbol{f}(\boldsymbol{a}), \boldsymbol{f}(\boldsymbol{b}) \rangle = \langle \boldsymbol{a}, \boldsymbol{b} \rangle^2 .$$

In diesem Beispiel ist die Trennfunktion linear in $\boldsymbol{f} \in \mathbb{R}^3$, aber ein Polynom zweiten Grades in $\boldsymbol{a} \in \mathbb{R}^2$:

$$\langle \boldsymbol{w}, \boldsymbol{f} \rangle - b = \sqrt{2} w_1 a_1 a_2 + w_2 a_1^2 + w_3 a_3^2 - b .$$

Soll die Trennfunktion $\langle \boldsymbol{w}, \boldsymbol{f} \rangle - b$ auch lineare Terme in a enthalten, verwenden wir die Feature-Transformation:

$$\boldsymbol{a} = \begin{pmatrix} a_1 \\ a_2 \end{pmatrix} \in \mathbb{R}^2 \to \boldsymbol{f}(\boldsymbol{a}) = \begin{pmatrix} 1 \\ \sqrt{2} a_1 \\ \sqrt{2} a_2 \\ a_1^2 \\ a_2^2 \\ \sqrt{2} a_1 a_2 \end{pmatrix} \in \mathbb{R}^6 .$$

Dann ist

$$\langle \boldsymbol{f}(\boldsymbol{a}), \boldsymbol{f}(\boldsymbol{b}) \rangle = (1 + \langle \boldsymbol{a}, \boldsymbol{b} \rangle)^2 = k(\boldsymbol{a}, \boldsymbol{b}) .$$

Dies Beispiel lässt sich sofort verallgemeinern. Durch die Kernfunktion

$$k(\boldsymbol{a}, \boldsymbol{b}) = (1 + \langle \boldsymbol{a}, \boldsymbol{b} \rangle)^d$$

erhält man sämtliche Trennfunktionen im Merkmalsraum $\mathcal{X}$, die sich als Polynome vom Grad $\leq d$ darstellen lassen. ◄

9.2 Entscheidungsbäume

Der gefährlichste Feind eines Schiffes ist der Rost. Darum muss dauernd die Farbe erneuert und alles frisch gestrichen werden. Ein alter Seemann gab dazu einem unerfahrenen jungen Kadetten einen Rat, wie man sich in der Kriegsmarine am besten ruhige Tage beschert: *„Wenn sich etwas bewegt: Salutieren. Wenn es sich nicht bewegt: Anstreichen!“* Wir lächeln über diese simple, aber anscheinend erfolgreiche Maxime, die allen Verhaltensregeln Hohn spricht. Doch die Natur verhält sich ganz ähnlich. Tiere folgen keinen rationalen Überlegungen. Am erfolgreichsten sind knappe, eindeutige, instinktgesteuerte Anweisungen. Bei brütenden Singvögeln heißt es bei den meisten in der Regel: *„Was im Nest sitzt: Füttern. Was außerhalb des Nestes sitzt: Ignorieren.“*

Abbildung 9.18 Ein junger Kuckuck lässt sich von seiner „Stiefmutter“ füttern.

Diese Regel versucht gar nicht, für jeden Fall die beste Entscheidung zu finden und toleriert sogar Fehler und Missbrauch, wie uns das Beispiel des Kuckucks zeigt (siehe Abbildung 9.18).

Mit der *Support Vector Machine* haben wir eine ganz andere Strategie kennengelernt. Sie liefert dem Benutzer zur Trennung der $\{+\}$- und der $\{-\}$-Klasse eine Entscheidungsfunktion $\delta(x)$ mit einem Schwellenwert b und der Anweisung: *„Ist $\delta(x) > b$ entscheide Dich für die $\{+\}$-Klasse.“* Diese Strategie mag zwar befriedigende Ergebnisse liefern, ist aber für den Benutzer völlig undurchsichtig. Den entgegengesetzten Weg beschreiten Entscheidungsbäume. Sie geben eine Reihe von nacheinander auszuführenden Anweisungen, die in jedem einzelnen Schritt dem handelnden Menschen einsichtig sind und leicht auszuführen.

Beispiel Nehmen wir einmal an, Sie sind Hobbybastler und haben eine wohlaufgeräumte Werkstatt. Ihre Nägel und Schrauben sind ordentlich in kleinen Schubladen sortiert. Nun kommt Ihre kleine Tochter zu Besuch in den Bastelkeller und reißt das Regal mit den Nägeln und Schrauben herunter. Am Boden liegt nur noch ein wirrer Haufen. Nun will die Kleine wieder alles aufräumen. Natürlich helfen Sie dabei und erklären ihr: *„Als erstes trennen wir Schrauben und Nägel. Dazu fragen wir uns: Hat das Ding eine Gewinde oder nicht?“* Dann nehmen Sie sich gemeinsam die Schrauben vor und trennen Holz- und Metallschrauben. Dazu fragen Sie: *„Ist die Schraube am Ende spitz oder stumpf?“* Spitz sind die Holz-, stumpf die Metallschrauben. *„Schauen wir uns nun bei den Holzschrauben den Kopf an: Ist er rund oder flach?“* Und so weiter. Am Ende könnten Sie noch Schrauben und Nägel nach der Größe oder dem Material trennen. Nach diesen Anweisungen kann selbst eine Fünfjährige die Schrauben und Nägel sortieren (siehe Abbildung 9.19).

Am Ende sind alle Schrauben und Nägel sortiert, zur Sicherheit schreiben Sie Ihr Sortierschema auf ein Blatt und kleben es auf das Schränkchen.

Dann kann Ihre Tochter auch zukünftig jede Schraube und jeden Nagel, der irgendwann einmal auftaucht, sicher wegordnen, und wenn Sie eine Schraube brauchen, werden Sie diese auch finden. ◄

Was wir hier konstruiert haben, ist ein Entscheidungsbaum. Es ist ein System von einfachen Anweisungen, bei dem ein Objekt wie in einer Sortiermaschine durch ein sich immer reicher auffächerndes System von Weichenstellungen rutscht und schließlich in einem Auffangkästchen landet. Der Vorteil dieser Entscheidungsbäume ist offensichtlich: Die Anweisungen sind klar verständlich, sie sind einleuchtend, können an jeder Stelle bei einer Grobsortierung unterbrochen werden oder zu feinerer Einteilung fortgesetzt werden. Ihr Anwendungsbereich ist entsprechend groß. Nach Entscheidungsbäumen stellen Ärzte Diagnosen, klassifizieren Biologen Tiere, werden Erste-Hilfe-Einsatzpläne erstellt.

Es gibt eine Fülle von Verfahren, die wir hier im Einzelnen nicht vorstellen können. Wir wollen uns darauf beschränken, nur die Grundideen vorzustellen.

Ein Entscheidungsbaum verzweigt sich vom Wurzelknoten bis in die Blätter

Ein Entscheidungsbaum (englisch: tree) besteht aus **Knoten**, **Ästen** (links) und **Blättern** (leafs). Im Unterschied zu natürlichen Bäumen zeichnen wir die **Wurzel** (root), den Anfangsknoten, oben und die Blätter unten. Vom Wurzelknoten verzweigt sich der Baum in **Link**s zu Unterknoten, die ihrerseits wieder zu neuen Unterknoten führen. Jeder Knoten, bis auf den Wurzelknoten, besitzt einen eindeutigen Vorgänger. Ein Endknoten, ein **Blatt**, besitzt keine Nachfolger. Alle anderen Knoten besitzen mindestens zwei Nachfolger. Jedes Blatt ist mit einem eindeutigen Pfad mit der Wurzel verbunden. Das Blatt trägt den Namen einer Klasse.

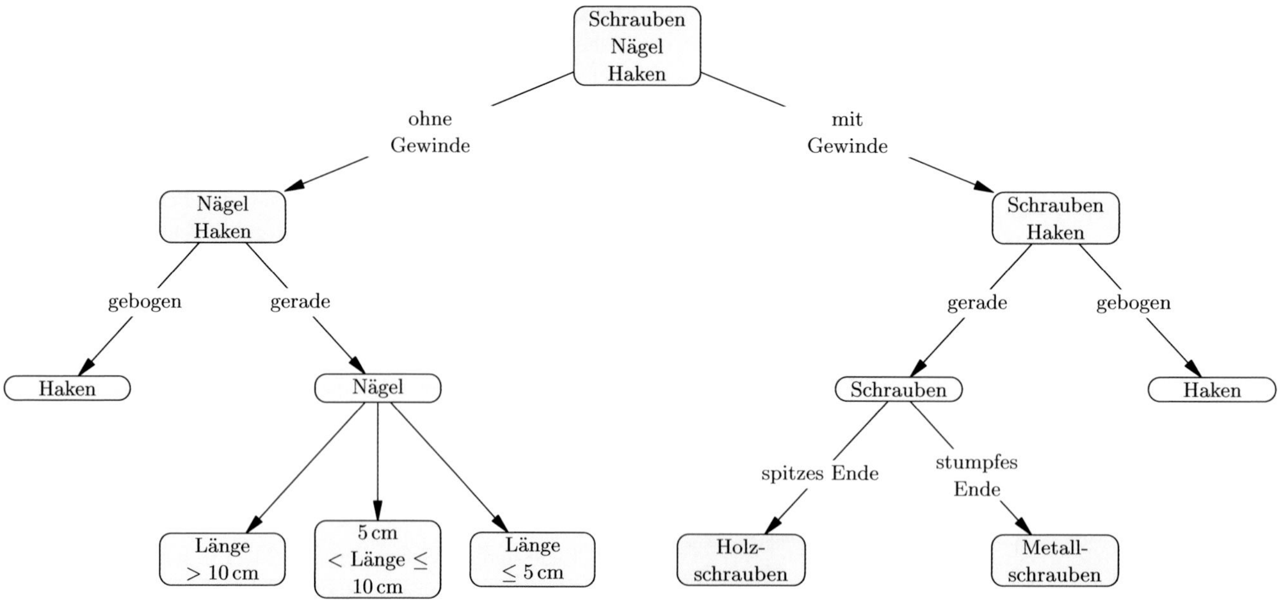

Abbildung 9.19 Entscheidungsbaum zur Trennung von Nägeln und Schrauben.

In jedem Knoten t wird ein Merkmalswert x des Objekts abgefragt und der Wert einer im Knoten t festgelegten Entscheidungsfunktion $s_t(x)$, des Splitkriteriums, berechnet. Je nach dem Wert von $s_t(x)$ wird das Objekt über einen Link zum nächsten Knoten geführt, und so weiter, bis es schließlich in einem Blatt landet und dort der Klasse zugeordnet wird, dessen Name das Blatt trägt.

Abgesehen von den Endknoten, den Blättern, gehen von jedem Knoten mindestens zwei Äste aus. Ein Baum, bei dem jeder Knoten genau zwei Äste hat, heißt **binär**. Durch Zusammenfassung der Abfragen kann jeder Baum in einen äquivalenten binären Baum umgeschrieben werden.

Bei der Konstruktion eines Entscheidungsbaums stellen sich eine Fülle von Fragen: Welches Merkmal soll in jeweiligen Knoten berücksichtigt werden? Welche Splits sollen verwendet werden? Wann höre ich mit der Aufteilung auf? Kann man eine einmal gefundene Ordnung wieder vereinfachen? Nicht alle Fragen können beantwortet werden.

Beispiel Bleiben wir bei unserem Beispiel mit den Nägeln und Schrauben. Alle sind durch eine Fülle von qualitativen und quantitativen Merkmalen gekennzeichnet. So hätten wir die Objekte auch mit einem Magneten sortieren können und so Eisen- und Messingschrauben trennen können, oder nach der Form des Kopfes oder der Farbe. Am Ende der Sortiertätigkeit könnte es passieren, dass in jedem Kästchen am Ende gerade mal eine einzige Schraube liegt, da diese sich irgendwie von den anderen unterscheidet. Wie werden Sie bei dem zu fein aufgefächerten Schraubensortiment diese wieder sinnvoller zusammenfassen?

Umgekehrt könnte es sein, – wenn Ihre Tochter die Lust verloren hat, – dass sich fast alle Schrauben und Nägel in einer einzigen Kiste befinden und in der anderen drei verbogene Schrauben und zwei rostige Nägel. ◀

Der Split soll die Unreinheit des Knotens reduzieren

Ziel des Baums ist es, zu einer eindeutigen und korrekten Trennung der Klassen zu kommen. Dazu sollten im Endziel die Blätter möglichst nur noch Elemente einer Klasse enthalten. Ein solches Blatt heißt reines Blatt, alle anderen Blätter sind unrein.

Bei der Konstruktion des Baumes gehen wir von einer Lernstichprobe mit bekannten Merkmalen und bekannter Klassenzugehörigkeit aus. Wie in unserem Schrauben- und Nägelbeispiel reichen wir die Objekte von den Knoten über die Äste zu den darunterliegenden Knoten weiter. Dabei sei

n	Gesamtumfang der Lernstichprobe,
n_{kt}	Anzahl der Elemente aus Klasse k im Knoten t,
$n_{\bullet t}$	Anzahl der Elemente im Knoten t,
$p_{k\|t} = \frac{n_{kt}}{n_{\bullet t}}$	Anteil der Elemente der Klasse k im Knoten t.

Zur Bewertung des Knotens t wird ein Maß $u(t)$ für die Heterogenität innerhalb des Knotens definiert. $u(t)$ ist nicht negativ und soll null sein, falls alle Elemente innerhalb des Knotens t zu genau einer Klasse gehören. $u(t)$ soll klein sein, falls eine Klasse deutlich dominiert und $u(t)$ soll groß sein, wenn die Elemente des Knotens sich auf viele annähernd gleich große Klassen verteilen. Wir nennen $u(t)$ die **Unreinheit** (impurity) des Knotens. Der Grundgedanke jedes Unreinheitsmaßes ist es, die Anteile der verschiedenen Klassen, die sich in einem Knoten versammeln, zu bewerten. Häufige Unreinheitsmaße sind:

- Die Entropie der relativen Häufigkeitsverteilung der Klassen innerhalb des Knotens t:

$$0 \leq u_E(t) = -\sum_{k=1}^{K} p_{k|t} \log_2 p_{k|t} \leq \log_2 K .$$

Dabei ist K die Anzahl der Klassen. Die Entropie ist oft die Default-Setzung. (Siehe die Vertiefung zum Thema Entropie auf Seite 90).

- Die Fehlklassifikations-Unreinheit $u(t)$ ist der Anteil der Fehlklassifikationen, falls alle Objekte innerhalb eines Knotens t der dominierenden Klasse zugeordnet würden:

$$u_F(t) = 1 - \max_j p_{j|t} \,.$$

- Die Gini-Unreinheit bewertet die Konzentration der Elemente auf wenige Klassen:

$$u_G(t) = 1 - \sum_{k=1}^{K} p_{k|t}^2 \,.$$

Das Gini-Maß ist null, falls nur eine einzige Klasse im Knoten erscheint, sie ist maximal, falls jede Klasse gleich häufig vertreten ist. Dieses Unreinheitsmaß lässt sich leicht erweitern, um auch Kosten zu berücksichtigen. Sind $c_k(i)$ die Kosten einer Fehlklassifikation eines Elements aus Klasse k in die Klasse i, dann ist

$$u_K(t) = \sum_{i \neq k} c_k(i)\, p_{k|t}\, p_{i|t}$$

das gewogene Gini-Unreinheitsmaß. In Aufgabe 9.6 sollen Sie zeigen, dass bei $c_k(i) = c > 0$ für alle $k \neq i$ und $c_k(k) = 0$ die beiden Unreinheitsmaße äquivalent sind.

Ein Split s_t im Knoten t wird danach bewertet, wie weit durch ihn die Unreinheit in den Folgeknoten abgenommen hat. Wir betrachten zur Verdeutlichung einen binären Split. Der Knoten t werde in die beiden Folgeknoten t_1 und t_2 geteilt. Die Anzahlen teilen sich auf in

$$n_{\bullet t} = n_{\bullet t_1} + n_{\bullet t_2} \,.$$

Die Folgeknoten haben jeweils die Unreinheit $u(t_1)$ bzw. $u(t_2)$.

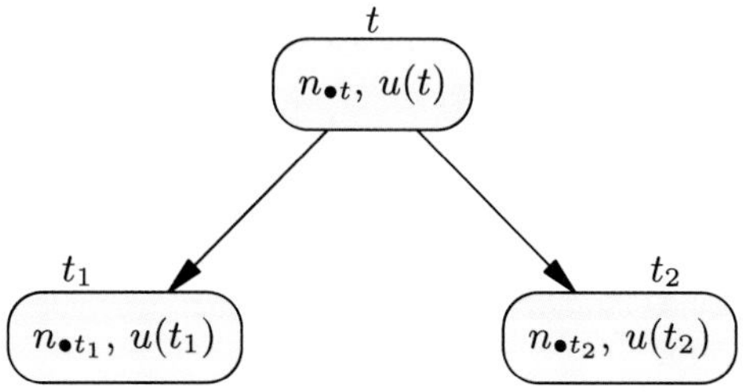

Abbildung 9.20 Der Knoten t mit $n_{\bullet t}$ Elementen und der Unreinheit $u(t)$ wird auf zwei Folgeknoten aufgeteilt.

Dann ist die Reduktion der Unreinheit oder positiv gesagt, der Reinheitsgewinn:

$$\Delta u(t) = u(t) - \frac{n_{\bullet t_1}}{n_{\bullet t}} u(t_1) - \frac{n_{\bullet t_2}}{n_{\bullet t}} u(t_2) \,. \tag{9.26}$$

Ein naheliegendes Splitkriterium ist daher:

Suche in jedem Knoten t denjenigen Split, der die Unreinheit am stärksten reduziert.

Dieses Kriterium tendiert jedoch dazu, zu feine Aufteilungen zu erzeugen, denn je stärker der Knoten aufgesplittet wird, umso geringer ist die Unreinheit in den Folgeknoten.

Werden ausgehend vom Knoten t insgesamt J unmittelbare Folgeknoten mit jeweils $n_{\bullet t_j}$ Elementen erzeugt, ist

$$\Delta u(t) = u(t) - \sum_{j=1}^{J} \frac{n_{\bullet t_j}}{n_{\bullet t}} u(t_j)$$

der Reinheitsgewinn. Die Besetzungszahlen der Folgeknoten sind $n_{\bullet t_1}, \ldots, n_{\bullet t_j}, \ldots, n_{\bullet t_J}$. Diese Verteilung besitzt die Entropie

$$-\sum_{j=1}^{J} \frac{n_{\bullet t_j}}{n_{\bullet t}} \log\left(\frac{n_{\bullet t_j}}{n_{\bullet t}}\right) .$$

Das verbesserte Kriterium Gain-ratio vergleicht den Gewinn an Reinheit relativ dieser Entropie:

$$\text{Gain-ratio} = \frac{\Delta u(t)}{-\sum_j \frac{n_{\bullet t_j}}{n_{\bullet t}} \log\left(\frac{n_{\bullet t_j}}{n_{\bullet t}}\right)} \,.$$

Generell gilt, dass die spezielle Wahl einer Unreinheitfunktion nur geringen Einfluss auf die Gestalt des Baums und seine Genauigkeit hat. Wichtiger sind Stoppregeln und das nachträgliche Beschneiden des Baums.

Nur der Fehler auf der Teststichprobe gibt Auskunft über die Güte einer Klassifikation

Es sei $\delta_T(\boldsymbol{x})$ die durch den Entscheidungsbaum T definierte Klassifikation eines Objekts mit dem Merkmalsvektor $\boldsymbol{x}$. Ist ω ein zufälliges Objekt mit dem Merkmalsvektor $\boldsymbol{X}(\omega)$ und dem wahren Klassenlabel Y dann ist

$$\varepsilon(T) = \mathcal{P}(\delta_T(\boldsymbol{X}) \neq Y)$$

die Wahrscheinlichkeit einer Fehlklassifikation. $\varepsilon(T)$ ist in der Regel unbekannt. Dagegen können wir die Fehlklassifikationen auf der Lern- bzw der Teststichprobe feststellen. Im einfachsten Fall verwenden wir

$$\widehat{\varepsilon}_{\text{Lern}}(T) = \frac{\text{Anzahl der Falschklassifizierten}}{\text{Anzahl aller Elemente der Lernstichprobe}} \,,$$

$$\widehat{\varepsilon}_{\text{Test}}(T) = \frac{\text{Anzahl der Falschklassifizierten}}{\text{Anzahl aller Elemente der Teststichprobe}} \,.$$

$\widehat{\varepsilon}_{\text{Lern}}(T)$ ist kein verlässlicher Schätzer für den wahren Klassifizierungsfehler. $\widehat{\varepsilon}_{\text{Lern}}(T)$ ist allein eine Rechengröße, die für die Konstruktion des Baums wichtig ist. Verlässlich allein ist $\widehat{\varepsilon}_{\text{Test}}(T)$. Häufig liegt keine unabhängige Teststichprobe vor, wenn alle Daten für die Lernstichprobe gebraucht werden. Dann kann die Fehlerschätzung durch Kreuzvalidierung verbessert werden. Dazu wird die Ausgangsstichprobe S in N gleichgroße Teilmengen S_v mit $S = \bigcup_{i=1}^{N} S_v$ aufgeteilt. Dann wird jeweils eine Teilmenge S_v zur Teststichprobe bestimmt und die Restmenge S/S_v zur Lernstichprobe. Der auf dieser Lernstichprobe konstruierte Baum habe auf S_v den Testfehler $\widehat{\varepsilon}_{\text{Test};v}$. Dann ist der Kreuzvalidierungsfehler definiert als

$$\widehat{\varepsilon}_{\text{Test}}^{N} = \frac{1}{N} \sum_{v=1}^{N} \widehat{\varepsilon}_{\text{Test};v} .$$

Die Stoppregel bestimmt, wann weitere Aufteilungen beendet werden

Stellen wir uns vor, wir müssen die Konstruktion des Baums beenden. Er „steht" nun vor uns mit allen Knoten, Ästen und reinen und unreinen Blättern. Nun müssen wir die Blätter benennen. Dies ist bei reinen Blättern offensichtlich: Wir benennen das Blatt nach der Klasse k, der alle im Blatt liegenden Objekte angehören. Bei unreinen Blättern wird mitunter die Majorisierungsregel angewendetet, d. h. man benennt das Blatt nach der am häufigsten vertretenen Klasse $k(t) = \arg\max_j p_{j|t}$.

Würde das Splitting fortgesetzt werden, bis jedes Blatt rein ist, hätte der Baum die Tendenz zum „**Overfitting**". Im Extremfall würde jedes Objekt eine eigene Klasse definieren. Der Entscheidungsbaum hätte die Lernstichprobe auswendig gelernt und damit die Lernstichprobe fehlerfrei aufgeteilt, aber bei neuen Objekten würde der Baum mit größter Wahrscheinlichkeit versagen, denn neue Objekte würden sich von denen der Lernstichprobe unterscheiden und könnten nirgends eingeordnet werden. Der Klassifikationsfehler auf der Lernstichprobe kann null, auf der Teststichprobe aber beliebig groß sein.

Ein einfacherer Baum, der nicht alles fehlerfrei sortiert, wird sich in der Praxis meist besser bewähren. (Diese allgemeine Erfahrung der Praxis lässt sich im Rahmen der statistischen Lerntheorie untermauern.)

Abbildung 9.21 zeigt den typischen U-förmigen Verlauf der Abhängigkeit des Testfehlers von der Anzahl der Knoten. Mit wachsender Knotenzahl nimmt anfangs der Testfehler deutlich ab, erreicht dann eine breite Talsohle, um dann mit wachsender Anzahl der Knoten deutlich zu wachsen.

Außerdem ist es gar nicht sicher, dass ein Entscheidungsbaum mit vielen Knoten, der versucht, auf alle Feinheiten der Lernstichprobe zu reagieren, besser ist als ein einfacher Baum, der bewusst Fehlentscheidungen in Kauf nimmt. Dazu gibt es ein charakteristisches Beispiel von Quinlan. Er erzeugte eine Lernstichprobe aus 1000 Datensätzen, $(\boldsymbol{x}_i, y_i)$, $i = 1, \ldots, 1000$. Dabei waren sowohl der 10-dimensionale Merkmalsvektor $\boldsymbol{x}_i$ wie das eindimensionale Label y_i zufällig erzeugt. Und zwar waren alle Komponenten x_{ij} zufällig aus $\{0, 1\}$ gewählt und ebenso zufällig erhielten 25 % der y_i das Label $+1$ und die andern das Label -1. Der Entscheidungsbaum, den Quinlans System C4.5 erzeugte, besaß 119 Knoten bei einem Klassifikationsfehler von 37 %. Bei einer reinen Majoritätsregel: „*alle Elemente kommen in die Klasse* $\{-1\}$" wäre der Fehler 25 %.

Daher sind Stoppregel für die Konstruktion eines Baums unerlässlich. Mögliche Stoppregeln sind zum Beispiel:

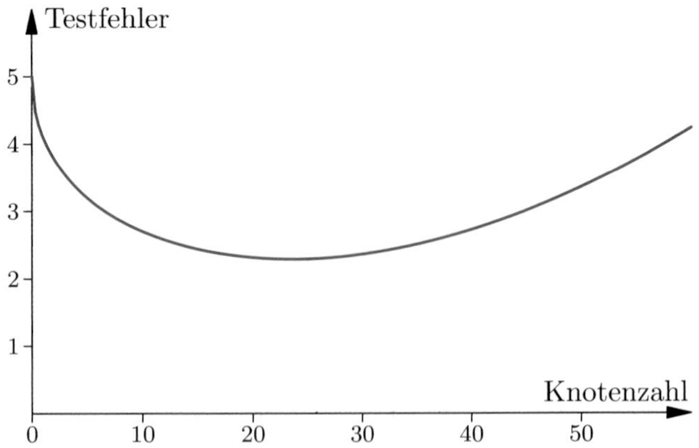

Abbildung 9.21 Mit wachsender Anzahl der Knoten sinkt der Testfehler zuerst ab, um dann wieder anzusteigen.

- Stopp, falls die erzielbare Reduktion an Unreinheit $\Delta u(t)$ eine Schwelle unterschreitet.
- Stopp, falls die Anzahl der Elemente eines Knotens $n_{\bullet t}$ ein vorgegebenes Minimum unterschreitet.

Der fertige Baum wird nachträglich durch Pruning beschnitten und vereinfacht

Stoppregeln leiden unter dem Effekt eines begrenzten Horizontes. Der Split schaut nicht in die Zukunft. So denkt ein guter Schachspieler nicht nur einen Zug, sondern eine ganze Reihe von Zügen voraus und nimmt nicht den Zug, der nur kurzfristig im nächsten Schritt seine Position verbessert. Wenn zu früh gestoppt wird, erfährt man nichts mehr von einem möglicherweise optimalen Split in der nächsten Stufe. Quinlan (1993, C4.5) und Breimann et.al. (1984, Cart) empfehlen die umgekehrte Strategie:

Es ist besser einen möglicherweise vollständigen, aber sehr komplexen Baum zu erstellen und diesen dann zurückzuschneiden, (Pruning), oder Blätter oder ganze Subbäume zu verschmelzen (Merging). Durch Pruning kann eine große Vereinfachung des Baums erzielt werden bei minimalem Verlust an Genauigkeit.

Achtung: Generell gilt: Alle Kriterien sind lokal optimal. Es besteht keine Garantie, dass auch der global optimale Baum gefunden wurde.

Die Verfahren zur Konstruktion von Entscheidungsbäumen sind unstetig. Geringe Veränderungen der Daten können einen Baum total verändern.

Bei ungünstiger Wahl der Reihenfolge, in denen die Merkmale abgearbeitet werden, können weit verzweigte Bäume entstehen.

Besitzen zum Beispiel die Objekte der Lernstichprobe die beiden Merkmale x und y und besteht Klasse $\{+\}$ aus allen Objekten mit $x \leq y$ und Klasse $\{-\}$ aus allen Objekten mit $x > y$, dann versagen alle Verfahren, die in jedem Knoten jeweils nur ein einziges Merkmal betrachten. Dagegen gelingt die Trennung mit dem neuen Merkmal $x - y$ sofort.

Spezielle Entscheidungsbäume

Das Verfahren Cart

Der erste Entscheidungsbaum „*Cart*" wurde 1984 von Breimann et al. in ihrem Buch „*Classification and regression trees*" vorgestellt. Er ist bei kategorial wie stetigen Merkmalen anwendbar. *Cart* arbeitet mit der Gini-Unreinheit. Der Baum wird zuerst bis zur einer maximalen Aufspaltung $T_{\max}$ entwickelt. Dann wird im nächsten Schritt eine Folge von ineinander genesteten Bäumen entwickelt:

$$T_{\max} = T_0 \succ T_1 \succ T_2 \cdots \succ \text{Wurzel}, \qquad (9.27)$$

wobei jeweils ein Baum durch Beschneidung aus dem Vorgänger entsteht. Zusätzlich erfüllt jeder Baum optimal ein Kosten- und Komplexitätkriterium. Dieses Kriterium bewertet einen Baums T mit:

$$R_\alpha(T) = \widehat{\varepsilon}(T) + \alpha \left|\widetilde{T}\right| .$$

Dabei ist $\widehat{\varepsilon}(T)$ der Anteil der Falschklassifizierten, $\left|\widetilde{T}\right|$ die Anzahl der Blätter des Baums, und α ist ein Maß für die Kosten eines Blatts. Bei festem α existiert ein eindeutig bestimmter minimaler Baum T_α, der sowohl $R_\alpha(T)$ minimiert als auch Subbaum jedes anderen Baums mit gleichem minimalen R_α ist. Im letzten Schritt wird nun aus dieser Kette derjenige Baum gewählt, der auf der Teststichprobe minimale Fehler liefert.

Das Verfahren Cal5

Fritz Wysotzki und Siegfried Unger entwickelten das System „*Cal5*" für stetige und geordnete qualitative Variable. Auch hier wird der Baum rekursiv von der Wurzel aus aufgebaut. Das Unreinheitsmaß in jedem Knoten ist die Entropie. Aus allen Variablen wird jeweils diejenige Variable mit maximaler Entropiereduktion für den nächsten Split ausgewählt.

Wir betrachten einen festen Knoten t und das ausgewählte Merkmal x. Im Knoten befinden sich noch $n_{\bullet t}$ Objekte. Nach Voraussetzung lassen sich die Merkmalswerte dieser Objekte der Größe nach anordnen:

$$-\infty,\ x_1, x_2, \cdots, x_{n_{\bullet t}},\ \infty .$$

Durch diese Anordnung lässt sich das stetige Merkmal als qualitatives, ordinales Merkmal herunterskalieren: Dieses besitzt als Ausprägung die Intervalle $(-\infty, x_1]$, $(x_1, x_2]$, $\cdots$, $(x_{n_{\bullet t}}, \infty)$. Diese werden als Kandidaten für Knoten betrachtet. Nacheinander werden die Intervalle daraufhin untersucht, ob sie einen Endknoten bilden können, weiter aufgespalten oder mit dem nächsten Intervall zu einem größeren Knoten verschmolzen werden sollen.

Um die Grundidee darzustellen, betrachten wir das Intervall $(x_i, x_j]$ als vorläufigen Knoten t. Angenommen, wir kennten für jede Klasse k die Wahrscheinlichkeit $\pi_{k|t}$, mit der ein Objekt in diesem Knoten zur Klasse k gehört. Ist zum Beispiel $\pi_{1|t} \geq 0.95$, dann könnten wir alle Objekte in diesem Intervall der Klasse 1 zuordnen. Bei dieser Entscheidung hätten wir jedoch für diesen Knoten einen Klassifikationsfehler von 5 % in Kauf genommen. Das Intervall $(x_i, x_j]$ würde einen Endknoten, ein Blatt, definieren. Dieses würde der Klasse 1 zugeordnet werden. Statt der 95 % könnten wir mit jeder anderen, vernünftigen Schranke $S \geq 0.5$ arbeiten. Ist ein $\pi_{k|t} \geq S$, sagen wir: Die Klasse k dominiert und ordnen alle Elemente dieses Intervalls der Klasse k zu. Dominiert keine Klasse, so ist der Knoten noch zu heterogen und muss anhand eines neuen Merkmals weiter aufgesplittet werden.

Leider kennen wir für Knoten t die Wahrscheinlichkeiten $\pi_{k|t}$ nicht, sondern müssen sie aus den im Knoten versammelten Objekten schätzen. Wir verwenden den Anteil der Elemente der Klasse k im Knoten t als Schätzer

$$\widehat{\pi}_{k|t} = \frac{n_{kt}}{n_{\bullet t}}$$

und bestimmen für $\pi_{k|t}$ aus der Ungleichung von Tschebyschev ein Konfidenzintervall zum Niveau $1-\alpha$:

$$\widehat{\pi}^0_{k|t} \leq \pi_{k|t} \leq \widehat{\pi}^1_{k|t} .$$

Dabei ist

$$\widehat{\pi}^0_{k|t} = \frac{2\alpha n_{kt}+1}{2\alpha n_{\bullet t}+2} - \frac{\sqrt{4\alpha n_{kt}(1-\widehat{\pi}_{k|t})+1}}{2\alpha n_{\bullet t}+2},$$

$$\widehat{\pi}^1_{k|t} = \frac{2\alpha n_{kt}+1}{2\alpha n_{\bullet t}+2} + \frac{\sqrt{4\alpha n_{kt}(1-\widehat{\pi}_{k|t})+1}}{2\alpha n_{\bullet t}+2} .$$

Nun wird wie folgt entschieden:

1. Gibt es eine Klasse k, für die das Konfidenzintervall $\left[\widehat{\pi}^0_{k|t}, \widehat{\pi}^1_{k|t}\right]$ rechts von S liegt, dann ist die Annahme $\pi_{k|t} \geq S$ sinnvoll. Dann dominiert die Klasse k im Knoten t. Daher ordnen wir das Intervall, bzw. den Knoten der Klasse k zu und gehen zum nächsten Intervall $(x_j, x_{j+1}]$ über.
2. Liegt für alle Klassen k das Konfidenzintervall $\left[\widehat{\pi}^0_{k|t}, \widehat{\pi}^1_{k|t}\right]$ links von S, dann dominiert keine Klasse. Der Knoten ist zu heterogen und muss weiter aufgesplittet werden. Dazu wird ein neues Merkmal herangezogen.
3. Existiert wenigstens ein k, sodass S im Konfidenzintervall liegt, so wäre es möglich, dass $\pi_{k|t}$ dominiert, aber die Entscheidung ist noch zu unsicher. Daher wird nun die Entscheidungsbasis vergrößert: das Intervall $(x_i, x_j]$ wird durch Hinzunahme von x_{j+1} zum Intervall $(x_i, x_{j+1}]$ erweitert.

In allen Fällen gilt: Falls es keine neuen Objekte oder keine neuen Variablen gibt, wird im Intervall nach dem Majoritätsprinzip entschieden. Intervalle, das heißt vorläufige Knoten, die gleichen Klassen zugewiesen werden, werden in einer abschließende Bereinigung zusammengefasst. Die charakteristischen Parameter S und α werden am besten durch Crossvalidation bestimmt.

9.3 Clusteranalyse

Stellen sie sich vor, Sie müssten einen großen Lebensmittelladen neu einräumen: Von Ananas, Butter, Cräcker, bis zu Joghurt und Zander. Die Sachen alphabetisch ins Regal stellen? Das wäre sicher nicht optimal. Wie machen es die anderen? Da stehen

Dosengemüse beieinander, in einem anderen Regal finden sich Butter, Käse, Joghurt, Milch und so weiter.

„Ähnliche“ Sachen stehen beieinander. Dabei sind sich Butter und Joghurt zwar nicht besonders ähnlich, aber doch ähnlicher als Joghurt und Tomatensaft. Ähnlichkeit ist ein dehnbarer Begriff, aber er hilft dem Ladenbetreiber beim Einräumen wie uns beim Einkaufen.

Eine vergleichbare Aufgabe wäre es, einen Karton, in dem sich im Laufe der Jahre alle losen Wäsche-, Hemden- und Mäntelknöpfe gesammelt haben, etwas zweckdienlicher auf kleine Sortierkästchen aufzuteilen und sie dabei nach Farbe, Größe oder Material zu trennen.

Bei einer Clusteranalyse soll eine Grundmenge in möglichst gut voneinander getrennte, in sich homogene, inhaltlich interpretierbare Teilklassen aufgeteilt werden

Die Aufgabe, die Welt zu ordnen und zu benennen, ist – biblisch gesehen – Adams erste Aufgabe. In der Schöpfungsgeschichte in 1. Moses Kap. 2 Vers 20 heißt es: *„Und der Mensch gab einem jeglichen Vieh und Vogel unter dem Himmel und Tier auf dem Felde seinen Namen.“* Die Aufteilung der Tiere in essbare und verbotene wird Adam aber von oben vorgeschrieben: *„Alles was die Klauen spaltet und wiederkäuet unter den Tieren, das sollt ihr essen.“*

Jahrtausende später schaute Carl von Linné nicht auf die Füße sondern auf die Geschlechtsorgane der Pflanzen, nämlich die Blüten, und schuf in seinen Werken Species Plantarum (ab 1753) und Systema Naturae (ab 1758) eine bahnbrechende Systematik der Pflanzen. Heute benutzt man Kassenbons, um Käuferprofile zu erstellen und Genstrukturen, um Krankheitsmuster und Abstammungsfragen zu klären. (Wieviel Neandertaler steckt in uns?)

So vielfältig die Aufgaben, so unterschiedlich die Lösungsverfahren. Eine optimale Antwort gibt es nicht, statt dessen hat sich hier ein eigener Wissenschaftszweig entwickelt, der sich unter verschiedenen Namen, wie zum Beispiel (automatische) Klassifikation, (numerische) Taxonometrie oder Clusteranalyse entwickelt hat. Wir wollen hier nur einige Grundideen der Clusteranalyse vorstellen.

Bleiben wir dazu bei unserem Eingangsbeispiel, dem Selbstbedienungsladen. Im Eingang finden wir zuerst die Obst- und Gemüsestände, weiter drinnen die Frischwaren, woanders stehen Backwaren und Konserven.

Wir nennen die Zerlegung einer Grundmenge Ω in disjunkte Teilmengen eine Partition. Im wohlgeordneten Laden finden wir mehr als eine bloße Partition, denn ähnliche Objekte sind in größeren räumlichen Einheiten zusammengefasst. Wir könnten die innere Ordnung der Obst- und Gemüseecke etwa wie in Abbildung 9.22 als Venndiagramm skizzieren.

Klarer wird die gleiche Ordnungsstruktur in Abbildung 9.23 als Dendrogramm einer Hierarchie gezeigt.

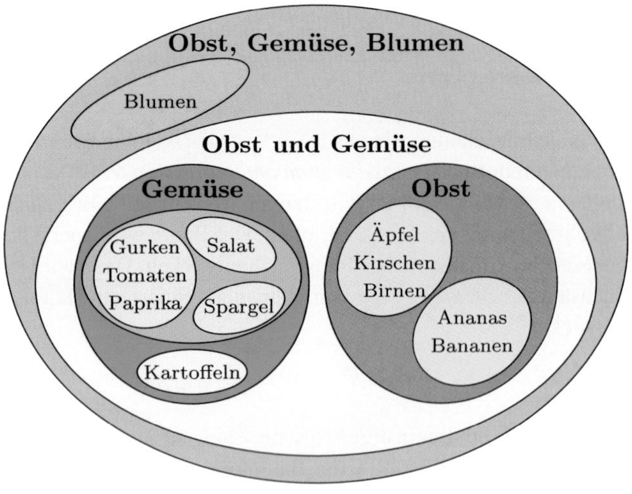

Abbildung 9.22 Struktur der Gemüseecke als Venndiagramm.

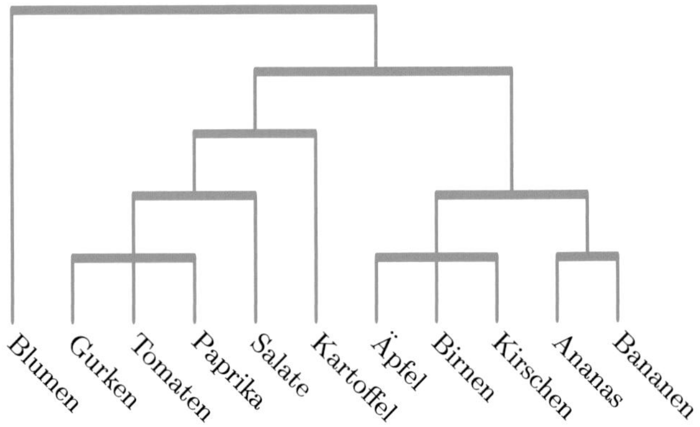

Abbildung 9.23 Dendrogramm der Ordnung im Gemüseladen.

Partition und Hierarchie

Eine Partition $\mathbb{P}$ einer Grundmenge Ω ist eine disjunkte Überdeckung von Ω:

$$\mathbb{P} = \{A_1, \ldots, A_K\}; \quad \Omega = \bigcup_{k=1}^{K} A; \quad A_i \cap A_j = \emptyset; \text{ für } i \neq j.$$

Eine **Hierarchie** $\mathbb{H}$ ist ein System von Teilmengen $A, B, C, \ldots$ von Ω, den *Stufen* der Hierarchie, mit der Eigenschaft: Entweder sind zwei Stufen disjunkt oder eine Stufe ist vollständig in der anderen enthalten. Ein **Dendogramm** ist die grafische Darstellung einer Hierarchie.

Eine Klassifikation ist eine Partition der Objektmenge Ω bzw. des Merkmalsraums $\mathcal{X}$, bei der Zusammengehöriges beisammen und Fremdes getrennt ist. Die feinste Partition $\mathbb{P}_0$ von Ω besteht aus allen Einzelelementen $\mathbb{P}_0 = \{\{1\}\{2\}, \{3\}, \ldots, \{n\}\}$, die gröbste aus der Grundmenge selbst $\mathbb{P}_1 = \Omega$. Die Suche nach guten Partitionen und sinnvollen Hierarchien sind die beiden wichtigsten Grundaufgaben der Clusteranalyse.

Im Supermarkt stehen die Objekte im dreidimensionalen Raum zum Anfassen greifbar im Regal. Im nächsten Schritt ersetzen wir nicht nur das Begreifen durch Begriffe, sondern repräsentieren wir die Objekte ω_i durch ihre Merkmalsvektoren x_i. Um die x_i räumlich darzustellen, fassen wir die x_i als m-dimensionale Koodinatenvektoren in einem Merkmalsraum $\mathcal{X}$ auf:

Ω	Objektmenge, Individuenmenge,
ω_i	Element von Ω, $i = 1, \ldots, n$,
$n = \lvert\Omega\rvert$	Anzahl der Elemente,
$x_i \in \mathcal{X}$	Merkmalsvektor des Elementes ω_i.

Der Einfachheit halber werden wir im Folgenden die Bezeichnungen ω_i und x_i gleichwertig zur Benennung eines Elements verwenden oder sogar nur kurz vom Element i sprechen.

Qualitative Merkmale werden binär codiert

Bei quantitativen Merkmalen lassen sich die Ausprägungen problemlos als Koordinaten interpretieren. Bei qualitativen Merkmalen helfen wir uns mit einem Trick, sie werden binär codiert. Einem qualitativen Merkmal mit k Ausprägungen ordnen wir k binäre Merkmale mit den Ausprägungen 0 oder 1 zu. Zum Beispiel kodieren wir das eindimensionale Merkmal Farbe mit den Ausprägungen weiß, rot, gelb, grün, blau als 5-dimensionales binäres Merkmal:

		Codierung				
Objekt	Farbe	weiß	rot	gelb	grün	blau
ω_1	grün	0	0	0	1	0
ω_2	blau	0	0	0	0	1
ω_3	weiß	1	0	0	0	0

So erhält ω_1 den Merkmalsvektor $x(\omega_1) = (0, 0, 0, 1, 0)$. Bei ordinalen Merkmalen können wir mit der Position der Koordinate die Ranghöhe des Merkmals ausdrücken und bei einem höheren Stufe alle niedrigeren Stufen als vorhanden notieren:

Beispiel Das Merkmal X einer Person sei ihre Ausbildung mit den vier Stufen: Hauptschule, mittlere Reife, Abitur und Diplom. Die Person ω_1 habe Abitur, ω_2 habe die mittlere Reife, ω_3 habe Diplom und ω_4 habe nur die Hauptschule besucht. Die Codierung des Merkmals Ausbildung ist nun:

		Codierung			
Person	Ausbildung	Haupt-schule	Mittl. Reife	Abitur	Diplom
ω_1	Abitur	1	1	1	0
ω_2	Mittlere Reife	1	1	0	0
ω_3	Diplom	1	1	1	1
ω_4	Hauptschule	1	0	0	0

Damit ist $x(\omega_1) = (1, 1, 1, 0)$ oder $x(\omega_4) = (1, 0, 0, 0)$. ◄

Die Verschiedenheit von Objekten wird mit Distanzen und Metriken, ihre Verwandtschaft mit Ähnlichkeitsmaßen bewertet

Ein Cluster fasst zusammen, was zusammengehört. Und was gehört zusammen? Was sich ähnlich ist! Und was ist sich ähnlich? Da sind wir bei der Frage der Messung von Ähnlichkeit angekommen. Formal ist eine Ähnlichkeit oder ausführlicher gesagt, ein **Ähnlichkeitsmaß** oder eine **Similarität** eine Abbildung

$$s : \Omega \times \Omega \to \mathbb{R}_+ .$$

$s(i, j)$ ist die Ähnlichkeit der Objekte i und j. Dabei ist die Ähnlichkeit symmetrisch, und jeder ist sich selbst am ähnlichsten:

$$0 \le s(i, j) = s(j, i) \le s(i, i) > 0 .$$

Mitunter wird zusätzlich die Normierung $s(i, i) = s(j, j) = 1$ gefordert. Statt Ähnlichkeiten kann man auch die **Un-Ähnlichkeit**, die Verschiedenheit messen. Eine **Distanz** d ist eine Abbildung von

$$d : \Omega \times \Omega \to \mathbb{R}_+$$

mit der Eigenschaft:

$$0 = d(i, i) \le d(i, j) = d(j, i) .$$

Eine **Quasimetrik** ist eine Distanz, welche die Dreiecksungleichung erfüllt. Eine **Metrik** ist eine Quasimetrik, welche die Identifikationsbedingung

$$d(i, j) = 0 \Longleftrightarrow i = j$$

erfüllt. Sind die Objekte i und j durch ihre Merkmalsvektoren x_i und x_j gegeben, schreiben wir vereinfachend:

$$s(i, j) = s(\boldsymbol{x}_i, \boldsymbol{x}_j) \text{ bzw. } d(i, j) = d(\boldsymbol{x}_i, \boldsymbol{x}_j) .$$

Zu jeder Distanz gibt es Äquivalenzklassen von geometrischen Konfigurationen mit gleichen Distanzen. Zum Beispiel bleiben in der euklidischen Metrik bei Spiegelung, Translation, Rotation der Punktwolke alle Distanzen innerhalb der Punktwolke invariant. Durch die Transformation

$$d_{ij} = s_{ii} + s_{jj} - 2s_{ij}$$

lassen sich Ähnlichkeiten in Distanzen transformieren Ähnlichkeiten zwischen den Objekten müssen wir von Ähnlichkeitsrelationen unterscheiden. Eine Ähnlichkeitsrelationen vergleicht Paare von Objekten. Für die Aussage: „$\boldsymbol{x}_i$ und $\boldsymbol{x}_j$ sind sich mindest so ähnlich wie $\boldsymbol{x}_k$ und $\boldsymbol{x}_l$“ schreiben wir:

$$(\boldsymbol{x}_i, \boldsymbol{x}_j) \succeq (\boldsymbol{x}_k, \boldsymbol{x}_l) .$$

Eine Ähnlichkeit $s(\boldsymbol{x}_i, \boldsymbol{x}_j)$ ist mit der Ähnlichkeitsrelation kompatibel, falls

$$(\boldsymbol{x}_i, \boldsymbol{x}_j) \succeq (\boldsymbol{x}_k, \boldsymbol{x}_l) \Longleftrightarrow s(\boldsymbol{x}_i, \boldsymbol{x}_j) \ge s(\boldsymbol{x}_k, \boldsymbol{x}_l) .$$

gilt. Es existieren Ansätze, um Ähnlichkeiten und Ähnlichkeitsrelationen axiomatisch zu fundieren und sie auf Ordinalskalen oder gar Metriken zurückzuführen. In der Praxis sind jedoch axiomatische Minimalanforderungen nicht immer erfüllt.

Beispiel Ähnlichkeiten verhalten sich oft unstetig. Denken wir an die Ähnlichkeit von Gesichtern. Hier können minimale Änderungen z. B. der Nasenlänge oder der Mundwinkel ein Gesicht entstellen, während auch bei großen Unterschieden die Gesichter von Geschwistern sich ähnlich bleiben.

Ähnlichkeiten sind oft nicht transitiv. Ein üppiger Lockenschopf und ein Glatzkopf sehen sich gar nicht ähnlich, doch wenn wir immer nur ein Haar entfernen, lässt sich der Lockenschopf unmerklich in den Glatzkopf überführen.

Mitunter sieht die Mutter der Tochter, die Tochter aber nicht der Mutter ähnlich. Manchmal bin ich mir selbst nicht ähnlich.

Schließlich werden die Objekte nicht notwendig in einem metrischen Raum wahrgenommen. ◀

Die Bezeichnungen für Ähnlichkeiten und Distanzen sind in der Literatur nicht überall übereinstimmend definiert. Die einfachsten Ähnlichkeitsmaße für mehrdimensionale qualitative Merkmale zählen und vergleichen die Anzahlen der Übereinstimmungen der Ausprägungen. Angenommen wir haben zwei Objekte i und j mit den Merkmalsvektoren

$$\boldsymbol{x}_i = (\ 1,\ 1,\ 0,\ 0,\ 1,\ 1,\ 1\ ),$$
$$\boldsymbol{x}_j = (\ 1,\ 0,\ 1,\ 1,\ 0,\ 0,\ 0\ ).$$

Dann können wir folgende Übereinstimmungen feststellen: $a = 1$ mal zeigten beide Elemente die Ausprägung Eins. Insgesamt $b = 4$ mal zeigte i die Eins und j die Null, $c = 2$ mal zeigte i die Null und j die Eins, und $d = 0$ mal zeigten beide Elemente die Ausprägung Null. Wir fasssen dies in einer Kontingenztafel zusammen

	Häufigkeit	Objekt i Ausprägung 1	Objekt i Ausprägung 0
Objekt j	Ausprägung 1	$a=1$	$c=2$
	Ausprägung 0	$b=4$	$d=0$

Bewerten wir diese Übereinstimmungen bzw. Diskrepanzen wie folgt:

Häufigkeit	1	0
1	a	c
0	b	d

Gewichte	1	0
1	α	β
0	β	δ

erhalten wir die Grundstruktur für ein elementares Ähnlichkeitsmaß:

$$s(i, j) = \frac{\alpha a + \delta d}{\alpha a + \delta d + \beta(b + c)}.$$

Ein **Matching-Koeffizient** oder M-Koeffizient wertet positive Übereinstimmung (*beide Merkmale sind auf Stufe 1*) und negative Übereinstimmungen (*beide Merkmale sind auf Stufe 0*) gleich. Für $\alpha = \delta$ und $\beta = 1 - \alpha$ ergibt sich:

$$s(i, j) = \frac{\alpha\,(a + d)}{\alpha\,(a + d) + (1 - \alpha)\,(b + c)}.$$

Für $\alpha = 1/2$ erhalten wir:

$$s(i, j) = \frac{a + d}{a + d + b + c} = \frac{a + d}{n} = \frac{\text{Anzahl der Übereinstimmungen zw. } i \text{ und } j}{n}.$$

Dieser Koeffizient misst die relative Häufigkeit der Übereinstimmungen zwischen i und j. In unserem Zahlenbeipiel ist $s(i, j) = \frac{1+0}{7}$. Die Anzahl der Nicht-Übereinstimmungen zwischen i und j heißt auch **Hamming-Distanz**. Betrachtet man jeden 0-1 kodierten Merkmalsvektor als eine Ecke des m-dimensionalen Einheitswürfel, so ist die Hamming-Distanz gerade der quadrierte euklidische Abstand der Ecken. Weitere wichtige Varianten erhalten wir für $\alpha = 2/3$ und $\alpha = 1/3$. So erhalten wir für $\alpha = 2/3$ (Sokal; Sneath):

$$s(i, j) = \frac{2\,(a + d)}{2\,(a + d) + (b + c)}.$$

In unserem Zahlenbeipiel ist $s(i, j) = \frac{2(1+0)}{2(1+0)+(4+2)} = \frac{2}{8}$. Für $\alpha = 1/3$ (Rogers; Tanimoto) erhalten wir:

$$s(i, j) = \frac{a + d}{(a + d) + 2\,(b + c)}.$$

In unserem Zahlenbeipiel ist $s(i, j) = \frac{1+0}{(1+0)+2(4+2)} = \frac{1}{13}$.

S-Koeffizienten werten allein positive Übereinstimmung (*beide Merkmale sind vorhanden, das heißt auf Stufe1*), negative Übereinstimmungen (*beide Merkmale sind nicht vorhanden, das heißt auf Stufe 0*) werden nicht gewertet. Für $\delta = 0$ ergibt sich:

$$s(i, j) = \frac{\alpha a}{\alpha a + \beta(b + c)}.$$

Für $\alpha = \beta$ erhält man Sokals **S-Koeffizient**:

$$s(i, j) = \frac{a}{a + b + c}.$$

In unserem Zahlenbeipiel ist $s(i, j) = \frac{1}{1+4+2} = \frac{1}{7}$.

Zwei Ähnlichkeitsmaße, die sich statistisch begründen lassen, sind der **Assoziations-Koeffizient** von **Yule und der Korrelationskoeffizient.**

Beim Assoziationskoeffizienten greifen wir zufällig eine Koordinate der zwei Objekte i und j heraus. Haben beide den Wert Eins (1, 1) oder beide den Wert Null (0, 0), sprechen wir von einem homologen Paar, ist ein Wert Null und der andere Wert Eins sprechen wir von einem heterologen Paar. Interpretieren wir relative Häufigkeiten als Wahrscheinlichkeiten, so ist die Wahrscheinlichkeit, dass wir bei zwei unabhängig voneinander betrachteten Koordinaten die beide Formen der Homologie finden:

$$\mathcal{P}(\{(1, 1)\,(0, 0)\}) = \frac{a}{n}\frac{d}{n}$$

und die Wahrscheinlichkeit, dass wir beide Formen der Heterologie finden:

$$\mathcal{P}((0, 1)\,(1, 0)) = \frac{b}{n}\frac{c}{n}.$$

Die bedingte Wahrscheinlichkeiten sind

$$\mathcal{P}(\,(1, 1)\,(0, 0)|\,(1, 1)\,(0, 0) \cup (0, 1)\,(1, 0)) = \frac{ad}{ad + bc}.$$
$$\mathcal{P}(\,(0, 1)\,(1, 0)|\,(1, 1)\,(0, 0) \cup (0, 1)\,(1, 0)) = \frac{bc}{ad + bc}.$$

Der Assoziationskoeffizient von Yule ist die Differenz dieser beiden bedingten Wahrscheinlichkeiten:

$$\text{Yule}\,(i, j) = \frac{ad - bc}{ad + bc}.$$

Dagegen ist der Korrelationskoeffizient der Koordinatenvektoren $\boldsymbol{x}_i$ und $\boldsymbol{x}_j$ gegeben durch

$$\text{cor}\left(\boldsymbol{x}_i, \boldsymbol{x}_j\right) = \frac{ad - bc}{\sqrt{(a+b)(c+d)(a+c)(b+d)}}.$$

In unserem Zahlenbeipiel ist $\text{Yule}(i, j) = \frac{1 \cdot 0 - 4 \cdot 2}{1 \cdot 0 + 4 \cdot 2} = -1.$ und $\text{cor}\left(\boldsymbol{x}_i, \boldsymbol{x}_j\right) = \frac{1 \cdot 0 - 4 \cdot 2}{\sqrt{(1+4)(2+0)(1+2)(4+0)}} = -0.73.$ (siehe auch Aufgabe 9.17).

Beispiel Im Beispiel auf Seite 393 wurde die Schulbildung von vier Personen codiert. Messen wir die Ähnlichkeit zwischen den vier Personen mit dem verallgemeinerten M-Koeffizienten und $\alpha = 1/2$, d. h. der relativen Häufigkeit der Übereinstimmungen der Koordinaten, erhalten wir die folgende Ähnlichkeitsmatrix zwischen den vier Personen:

$s(\omega_i, \omega_j)$	ω_1	ω_2	ω_3	ω_4
ω_1	1	3/4	3/4	2/4
ω_2	3/4	1	2/4	3/4
ω_3	3/4	2/4	1	1/4
ω_4	2/4	3/4	1/4	1

◀

Euklidische und verwandte Metriken

Bei quantitativen Variablen bietet sich als erstes die euklidische oder eine verallgemeinerte euklidische Metrik zur Messung der Verschiedenheit an:

$$d(\boldsymbol{x}, \boldsymbol{y}) = \sqrt{(\boldsymbol{x} - \boldsymbol{y})^\top (\boldsymbol{x} - \boldsymbol{y})},$$

$$d_A(\boldsymbol{x}, \boldsymbol{y}) = \sqrt{(\boldsymbol{x} - \boldsymbol{y})^\top \boldsymbol{A} (\boldsymbol{x} - \boldsymbol{y})}.$$

Dabei ist $\boldsymbol{A}$ eine positiv definite Matrix. Sehr oft wird in einer Punktwolke von n Punkten die **Mahalanobis-Metrik** verwendet:

$$d_{C^{-1}}(\boldsymbol{x}, \boldsymbol{y}) = \sqrt{(\boldsymbol{x} - \boldsymbol{y})^\top \boldsymbol{C}^{-1} (\boldsymbol{x} - \boldsymbol{y})}.$$

Dabei ist $\boldsymbol{C}$ die empirische Kovarianzmatrix der Punktwolke. Mahalanobis Metriken sind skalen- und translationsinvariant. Werden die Merkmalsvektoren $\boldsymbol{x}$ der Punkte einer Punktwolke mit einer invertierbaren Matrix $\boldsymbol{B}$ linear transformiert, $\boldsymbol{x}^* = \boldsymbol{B}(\boldsymbol{x} - \boldsymbol{b})$, bleiben in der transformierten Punktwolke alle Distanzen invariant.

Die $\mathbf{L_p}$**-Metriken** im $\mathbb{R}^m$ (L_p-Norm, Minkowski-Metrik) sind definiert durch:

$$d_p(\boldsymbol{x}, \boldsymbol{y}) = \left[\sum_{j=1}^{m} \left|x_j - y_j\right|^p\right]^{1/p}.$$

Dabei ist $p \geq 1$ eine feste reelle Zahl. Bekannte L_p-Metriken sind die City-Block $d_1(\boldsymbol{x}, \boldsymbol{y})$, die euklidische Metrik $d_2(\boldsymbol{x}, \boldsymbol{y})$ und die Maximum-Metrik $d_\infty(\boldsymbol{x}, \boldsymbol{y})$. Die Abbildung 9.24 zeigt Punkte im $\mathbb{R}^2$ mit dem Abstand 1 vom Nullpunkt in der L_p-Metrik für wachsende Werte von p.

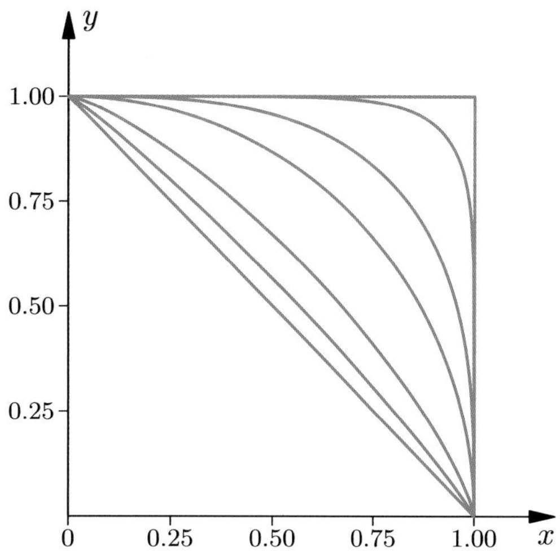

Abbildung 9.24 Viertelkreise mit dem Radius 1 in der L_p-Metrik für $p \in \{1;\ 1.1;\ 1.3;\ 2;\ 3;\ 8;\ \infty\}$.

Funktionen von Metriken sind in der Regel nur noch Distanzen. Sie müssen nicht mehr die Dreiecksungleichung erfüllen und sind dann keine Metriken mehr.

Beispiel Das Quadrat der euklidischen Metrik ist keine Metrik mehr. Abbildung 9.25 zeigt ein gleichschenkliges Dreieck mit den Seiten der Länge 5 und einer Basis der Länge 8.

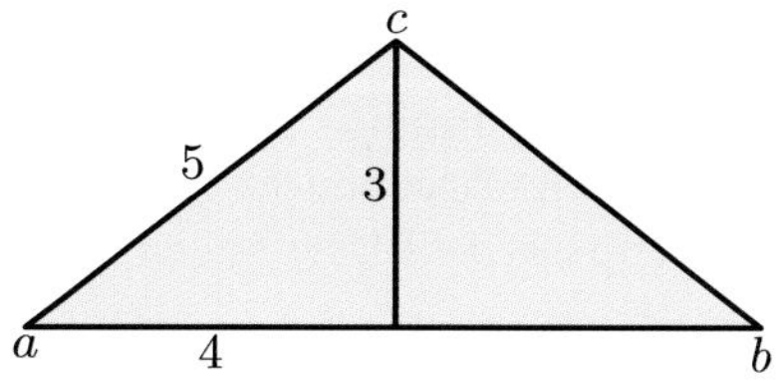

Abbildung 9.25 Ein Dreieck mit Seiten der Länge 5 und einer Basis der Länge 8.

Wir definieren als neue Distanz die quadrierte euklidische Länge:

$$d(\boldsymbol{x}, \boldsymbol{y}) = \|\boldsymbol{x} - \boldsymbol{y}\|^2.$$

Dann ist die Distanz $d(\boldsymbol{a}, \boldsymbol{b})$ der beiden Basisecken $\boldsymbol{a}$ und $\boldsymbol{b}$ gerade $8^2 = 64$. Dagegen sind die Distanzen von $\boldsymbol{a}$ bzw. $\boldsymbol{b}$ zur dritten Ecke $\boldsymbol{c}$ jeweils $d(\boldsymbol{a}, \boldsymbol{c}) = d(\boldsymbol{b}, \boldsymbol{c}) = 5^2 = 25$. Also ist

$$64 = d(\boldsymbol{a}, \boldsymbol{b}) > d(\boldsymbol{a}, \boldsymbol{c}) + d(\boldsymbol{b}, \boldsymbol{c}) = 50.$$

Die Dreiecksungleichung ist jetzt nicht mehr erfüllt. Der Weg von $\boldsymbol{a}$ nach $\boldsymbol{b}$ wird durch den Umweg über $\boldsymbol{c}$ verkürzt. ◀

Vorgegebene Partitionen lassen sich durch Austauschverfahren verbessern

Selten gibt es eine eindeutige natürliche Klassifizierung und eine intuitiv einleuchtende Definition des Begriffs Cluster. Oft gibt man sich ein Gütekriterium vor, mit dem Partitionen $\mathbb{P}$ bewertet werden und sucht dann eine Partition, die dieses Gütekriterium maximiert.

Eines der gängigsten Kriterien ist das Varianzkriterium oder Inertia-Kriterium. Dabei ist die Inertia eine Verallgemeinerung der Varianz von eindimensionalen auf m-dimensionale Punktwolken.

Inertia und der Verschiebungssatz

Ist $\{\boldsymbol{x}_i \in \mathbb{R}^m : i = 1, \dots, n\}$ eine Punktwolke im $\mathbb{R}^m$ mit dem Schwerpunkt $\overline{\boldsymbol{x}} = \frac{1}{n}\sum_{i=1}^{n} \boldsymbol{x}_i$, dann ist

$$\text{Inertia}\,\{\boldsymbol{x}_i : i = 1, \dots, n\} = \sum_{i=1}^{n} \|\boldsymbol{x}_i - \overline{\boldsymbol{x}}\|^2$$

die Inertia der Punktwolke. Außerdem gilt der Verschiebungssatz: Für jeden Punkt $\boldsymbol{a} \in \mathbb{R}^m$ ist

$$\sum_{i=1}^{n} \|\boldsymbol{x}_i - \boldsymbol{a}\|^2 = \sum_{i=1}^{n} \|\boldsymbol{x}_i - \overline{\boldsymbol{x}}\|^2 + n\,\|\overline{\boldsymbol{x}} - \boldsymbol{a}\|^2 .$$

?

Zeigen Sie, dass der Schwerpunkt die Gleichung

$$\sum_{i=1}^{n} (\boldsymbol{x}_i - \overline{\boldsymbol{x}}) = 0$$

erfüllt und beweisen Sie damit den Verschiebungssatz.

Die Inertia ist ein anschauliches Maß, wie eng sich die Punkte einer Punktwolke um ihren Schwerpunkt scharen, und damit ein Maß, wie kompakt die Punktwolke ist.

Betrachten wir nun eine Partition $\mathbb{P}$ der Grundmenge $\Omega = \bigcup_{k=1}^{K} A_k$ in K Klassen, dabei bestehe A_k aus n_k Elementen. Dann ist der Schwerpunkt der Klasse A_k

$$\overline{\boldsymbol{x}}_k = \frac{1}{n_k} \sum_{i \in A_k} \boldsymbol{x}_i .$$

Gewichten wir den Schwerpunkt $\overline{\boldsymbol{x}}_k$ der Klasse A_k mit ihrem Umfang n_k, dann ist

$$\overline{\boldsymbol{x}} = \frac{1}{n} \sum_{k=1}^{K} n_k \overline{\boldsymbol{x}}_k = \frac{1}{n} \sum_{i=1}^{n} \boldsymbol{x}_i$$

der Gesamtschwerpunkt. Wenden wir den Verschiebungssatz in jeder Klasse A_k auf den Gesamtschwerpunkt $\boldsymbol{a} = \overline{\boldsymbol{x}}$ an, erhalten wir:

$$\sum_{i \in A_k} \|\boldsymbol{x}_i - \overline{\boldsymbol{x}}\|^2 = \sum_{i \in A_k} \|\boldsymbol{x}_i - \overline{\boldsymbol{x}}_k\|^2 + n_k\,\|\overline{\boldsymbol{x}} - \overline{\boldsymbol{x}}_k\|^2 .$$

Summieren wir nun über alle Klassen, $k = 1, \dots, K$,, erhalten wir:

$$\underbrace{\sum_{i=1}^{n} \|\boldsymbol{x}_i - \overline{\boldsymbol{x}}\|^2}_{\text{Gesamt}} = \underbrace{\sum_{k=1}^{K} \sum_{i \in A_k} \|\boldsymbol{x}_i - \overline{\boldsymbol{x}}_k\|^2}_{\text{Innerhalb}} + \underbrace{\sum_{k=1}^{K} n_k\,\|\overline{\boldsymbol{x}} - \overline{\boldsymbol{x}}_k\|^2}_{\text{Zwischen}} .$$

Wir halten diese Erweiterung des Verschiebungssatzes als eigenes Ergebnis fest:

Zerlegungssatz der Inertia

Ist $\mathbb{P}$ eine Partition der Punktwolke $\{\boldsymbol{x}_i \in \mathbb{R}^m : i = 1, \dots, n\}$, so zerfällt ihre Inertia in die durch die Partition definierte Innerklassen-Inertia IKI:

$$\text{IKI}\,\{\mathbb{P}\} = \sum_{k=1}^{K} \sum_{i \in A_k} \|\boldsymbol{x}_i - \overline{\boldsymbol{x}}_k\|^2$$

und die Inertia der Klassenschwerpunkte, die Zwischenklassen-Inertia ZKI:

$$\text{ZKI}(\mathbb{P}) = \sum_{k=1}^{K} n_k\,\|\overline{\boldsymbol{x}} - \overline{\boldsymbol{x}}_k\|^2 .$$

Dabei ist jeder Klassenschwerpunkt mit dem Klassenumfang gewichtet. Es gilt:

$$\text{Inertia}\{x_1, \dots, x_n\} = \text{IKI}(\mathbb{P}) + \text{ZKI}(\mathbb{P}) .$$

Eine Partition trennt die Klassen gut, wenn einerseits die Klassenschwerpunkte möglichst weit voneinander entfernt liegen und andererseits innerhalb jeder Klassen die Elemente sich möglichst eng an den jeweiligen Schwerpunkt schmiegen. Nun zeigt der Zerlegungssatz, dass es gleich ist, ob die Zwischenklassen-Inertia der Klassenschwerpunkte maximiert oder die Innerklassen-Inertia minimiert werden soll, denn bei einer vorgegebenen Grundmenge Ω ist die Gesamtinertia fest und bleibt bei jeder Partition invariant.

Halten wir einmal eine Partition $\mathbb{P} = \{A_1, \dots, A_j, \dots, A_k, \dots, A_K\}$ fest und beobachten, was geschieht, wenn wir ein einziges Element $z \in A_k$ aus einer festen Klasse A_k herausnehmen und in eine andere Klasse A_j stecken. Dabei setzen wir voraus, dass A_k nicht nur aus diesem einen Element besteht, also $n_k > 1$ ist. Damit entsteht eine neue Partition $\mathbb{P}^* = \{A_1, \dots, A_j^*, \dots, A_k^*, \dots, A_K\}$, deren Klassen und Schwerpunkte durch den zusätzlichen Index * gekennzeichnet werden sollen. Nun sind $A_k^* = A_k \setminus \{z\}$ sowie $A_j^* = A_j \cup \{z\}$, alle anderen Klassen bleiben invariant, also auch ihre Mittelpunkte und ihre Klassen-Inertias. Für die Schwerpunkte $\overline{\boldsymbol{x}}_k^*$ und $\overline{\boldsymbol{x}}_j^*$ der neuen Klassen gilt:

$$(n_k - 1)\,\overline{\boldsymbol{x}}_k^* = n_k \overline{\boldsymbol{x}}_k - z ,$$
$$\left(n_j + 1\right)\overline{\boldsymbol{x}}_j^* = n_j \overline{\boldsymbol{x}}_j + z .$$

Daher ist einerseits für die Klasse A_k

$$\begin{aligned}\sum_{x_i \in A_k} \|\boldsymbol{x}_i - \overline{\boldsymbol{x}}_k\|^2 &= \sum_{x_i \in A_k^*} \|\boldsymbol{x}_i - \overline{\boldsymbol{x}}_k\|^2 + \|z - \overline{\boldsymbol{x}}_k\|^2 \\ &= \sum_{x_i \in A_k^*} \left\|\boldsymbol{x}_i - \overline{\boldsymbol{x}}_k^*\right\|^2 + (n_k - 1)\left\|\overline{\boldsymbol{x}}_k - \overline{\boldsymbol{x}}_k^*\right\|^2 + \|z - \overline{\boldsymbol{x}}_k\|^2 \\ &= \sum_{x_i \in A_k^*} \left\|\boldsymbol{x}_i - \overline{\boldsymbol{x}}_k^*\right\|^2 + \|z - \overline{\boldsymbol{x}}_k\|^2 \left(1 + \frac{1}{n_k - 1}\right) .\end{aligned}$$

Analog erhalten wir für die Klasse A_j:

$$\sum_{x_i \in A_j} \|x_i - \overline{x}_j\|^2 = \sum_{x_i \in A_j^*} \|x_i - \overline{x}_j\|^2 - \|z - \overline{x}_j\|^2$$
$$= \sum_{x_i \in A_j^*} \left\|x_i - \overline{x}_j^*\right\|^2 + (n_j + 1)\left\|\overline{x}_j - \overline{x}_j^*\right\|^2 - \|z - \overline{x}_j\|^2$$
$$= \sum_{x_i \in A_j^*} \left\|x_i - \overline{x}_j^*\right\|^2 - \|z - \overline{x}_j\|^2 \left(1 - \frac{1}{n_j + 1}\right).$$

Da die Inertias der anderen Klassen sich nicht ändern, ist

$$\text{IKI}\{\mathbb{P}\} = \text{IKI}\left\{\mathbb{P}^*\right\} + \|z - \overline{x}_k\|^2 \left(1 + \frac{1}{n_k - 1}\right)$$
$$- \|z - \overline{x}_j\|^2 \left(1 - \frac{1}{n_j + 1}\right).$$

Damit erhalten wir die wichtige Regel:

Reduktion der Inertia

Wird ein Element $z \in A_k$ aus einer festen Klasse A_k der Partition $\mathbb{P}$ herausgenommen und in eine andere Klasse A_j eingeordnet, so gilt für die Innerklassen-Inertia der so entstandenen neuen Partition $\mathbb{P}^*$:

$$\text{IKI}\{\mathbb{P}\} > \text{Inertia}\left\{\mathbb{P}^*\right\} + \|z - \overline{x}_k\|^2 - \|z - \overline{x}_j\|^2 .$$

Ist also $\|z - \overline{x}_k\| > \|z - \overline{x}_j\|$, liegt also z näher am Schwerpunkt der neuen Klasse A_j als am Schwerpunkt der alten Klasse A_k, so verringert sich die Innerklassen-Inertia beim Austausch.

?

Wie ändert sich die Innerklassen-Inertia, wenn die Klasse $A_k = \{z\}$ nur aus dem einzigen Element z besteht und dieses Element in eine andere Klasse eingeordnet wird?

Aus der Regel über die Reduktion der Inertia können wir wichtige Folgerungen ableiten:

Minimal-Distance-Partitionen

Eine Partition $\mathbb{P} = \{A_1, \ldots, A_K\}$ mit minimaler Innerklasseninertia ist eine Minimal-Distanz-Partition: Für alle $z \in A_i$ gilt

$$\|z - \overline{x}_i\|^2 \le \|z - \overline{x}_k\|^2 \quad \forall k = 1, \ldots, K .$$

Die Elemente einer Klasse A_i liegen näher am Schwerpunkt $\overline{x}_i$ der eigenen Klasse als an den Schwerpunkten $\overline{x}_k$ der fremden Klassen.

Die Klassen einer optimalen Partition lassen sich stets durch Hyperebenen trennen. Daher lassen sich auch die konvexen Hüllen der Klassen durch Hyperebene trennen.

Dynamische Cluster-Methode

Über die Reduktion der Innerklassen-Inertia bei geeignetem Austausch von Elementen haben wir aber bereits ein einfaches Konstruktionsverfahren zur Erzeugung einer Minimal-Distance-Partition gefunden:

Die k-means-Methode

Zuerst muss die Anzahl K der Klassen vorgegeben werden. Beim Start werden zufällig K Elemente $z_1^0, \ldots, z_K^0$ aus Ω ausgewählt. Diese bilden die Zentren der Startkonfiguration $\mathbb{Z}^0 = \left\{z_1^0, \ldots, z_K^0\right\}$. Der Algorithmus besteht nun aus zwei Schritten.

- Im $\mathbb{P}$ -Schritt wird die neue Partition $\mathbb{P}^{t+1} = \left\{A_1^{t+1}, \ldots, A_K^{t+1}\right\}$ zu gegebenen Zentren $\mathbb{Z}^t = \left\{z_1^t, \ldots, z_K^t\right\}$ gebildet. Dabei besteht die Klasse A_k^{t+1} aus allen x, die näher an z_k^t liegen als an allen anderen Zentren z_j^t:

$$A_k^{t+1} = \left\{x\colon \left\|x - z_k^t\right\| \le \left\|x - z_j^t\right\| \ \forall j\right\}.$$

- Im $\mathbb{Z}$-Schritt werden die neuen Zentren $\mathbb{Z}^{t+1}$ zu gegebener Partition $\mathbb{P}^{t+1}$ bestimmt: Die neuen Zentren sind die Schwerpunkte der neugebildeten Klassen.

Für diesen Algorithmus gilt:

1. **Monotonie**: Bei jedem Interationsschritt nimmt die Innerklassen-Inertia ab:

$$\text{IKI}(\mathbb{P}^t) \ge \text{IKI}(\mathbb{P}^{t+1}) \ge \text{IKI}(\mathbb{P}^{t+1}) \ge \ldots$$

2. **Stationarität**: Da die monoton fallende Folge der Innerklassen-Inertias nach unten beschränkt ist, konvergiert die Folge der Inertias. In der Regel pendelt sich das Verfahren nach endlich vielen Schritten auf eine stationäre Grenzpartition $\mathbb{P}^*$ ein:

$$\mathbb{P}^t = \mathbb{P}^{t+1} = \mathbb{P}^* .$$

Dennoch folgt aus $\text{IKI}(\mathbb{P}^t) = \text{IKI}(\mathbb{P}^{t+1})$ nicht notwendig $\mathbb{P}^t = \mathbb{P}^{t+1}$. In der Praxis wird man die Iteration abbrechen, wenn die Verbesserung $\text{IKI}(\mathbb{P}^t) - \text{IKI}(\mathbb{P}^{t+1})$ einen Schwellenwert unterschreitet.

3. **Suboptimalität**: Die gefundene stationäre Partition ist zwar eine Minimal-Distance-Partition, sie ist aber nicht notwendig die optimale Partition.
4. **Abhängigkeit** von der Startkonfiguration: Je nach Wahl der Anfangszentren können sich unterschiedliche stationäre Grenzpartitionen einstellen. Man wird daher das Gesamtverfahren mehrfach mit wechselnden Startkonfigurationen durchlaufen lassen.
5. **Stabile Strukturen**: Ergeben sich bei jedem Gesamtdurchlauf neue Partitionen, so lohnt es sich, nach den Elementpaaren zu fragen, die bei jeder stationären Grenzpartition jeweils zusammen in derselben Klassen liegen. Diese von allen stationären Partitionen als zusammengehörig erkannten Elemente bilden die starken oder stabilen Strukturen.

6. **Kugelförmige Cluster**: Erfahrung zeigt, dass die stationären Klassen oft annähernd gleichviele Elemente enthalten und zu kugliger Gestalt tendieren.
7. **Grenzkonflikte**: Hat ein Element den gleichen Abstand zu zwei oder mehr Zentren, so ist eine Zuordnungsvorschrift notwendig. Meist wird zufällig zugeordnet.
8. Es ist möglich, dass eine Klasse leer wird. Kleine separate Teilklassen werden von Verfahren oft nicht erkannt.

Der Algorithmus kann nun leicht verallgemeinert werden.

Für jede Klasse A_k wird ein Repräsentant z_k definiert. z_k kann z. B. der Schwerpunkt, ein System von Punkten, ein Unterraum, eine Wahrscheinlichkeitsverteilung usw. sein. Dann wird für jedes Element x einer Klasse A_k ein Abstand $d(x, z_k)$ vom Repräsentanten z_k definiert.

Dynamisches Clustern

- Start: Das Start-Repräsentationssystem $\mathbb{Z}^0$ wird zufällig gewählt.
- $\mathbb{P}$ Schritt: Zum Repräsentantensystem $\mathbb{Z}^t$ wird die Partition $\mathbb{P}^{t+1}$ erklärt. Dabei wird jedes Element dem nächstgelegenen Repräsentanten zugeordnet.
- $\mathbb{Z}$ Schritt: Zu jeder Klasse A_k^{t+1} der Partition $\mathbb{P}^{t+1}$ wird der Repräsentant $\mathbf{z}_k^{t+1}$ bestimmt:

$$\mathbb{Z}^t \Longrightarrow \mathbb{P}^{t+1} \Longrightarrow \mathbb{Z}^{t+1} \Longrightarrow \mathbb{P}^{t+2} \Longrightarrow \cdots$$

Bei geeigneter Wahl des Repräsentantensystems und der Metrik d strebt das Verfahren rasch und monoton einer stationären Lage zu. Im Französischen trägt das Verfahren den anschaulichen Namen: méthode des nuages dynamiques, die dynamischen Wolken.

Beispiel **Kernel clustering**: Jede Klasse A_k wird durch r Kerne

$$\{c_{1k}, c_{2k}, ..., c_{rk}\} = z_k$$

repräsentiert. Als Abstand $d(x, z_k)$ wird definiert durch

$$d(x, z_k) = \sum_{i=1}^{r} d(x, c_{ik}) .$$

Die sich herausbildenden optimalen Kerne z_k können sich flexibel der Gestalt der Cluster anpassen.

Principalkomponent clustering: Jede Klasse A_k wird durch einen q-dimensionalen linearen Unterraum U_k repräsentiert:

$$d(x, U_k) = \left\| x - P_{U_k} x \right\| .$$

Der Abstand eines Elements x von U_k ist der Abstand zwischen x und seiner Projektion auf U_k. Die optimalen Repräsentanten werden von den Eigenvektoren der Scattermatrizen W_k der Teilklassen aufgespannt:

$$W_k = \sum_{x \in A_k} (x - \overline{x}_k)(x - \overline{x}_k)^\top .$$

Maximum-Likelihood Clustering: Die Repräsentanten jeder Klasse A_k sind parametrisierte Wahrscheinlichkeitsdichten $z_k = f(x \| \theta_k)$. Die Ähnlichkeit eines x zu seinem Repräsentanten ist die Likelihood:

$$s(x, z_k) = f(x \| \theta_k) .$$

Bei optimalen Repräsentanten sind demnach die Dichten mit ML-geschätzten Parametern. ◀

Durch sukzessive Verschmelzung der Einzelelemente zu Stufen und dann der Stufen untereinander entstehen Hierarchien

Hierarchien entstehen durch sukzessive **Verschmelzung** der Einzelelemente zu Stufen, dann der Stufen untereinander, bis schließlich alles zu einer letzten Stufe Ω zusammengefasst ist. Eine Stufe heißt **Terminalstufe**, wenn sie keine anderen Stufen enthält. Eine Stufe heißt **Gipfelstufe**, falls sie in keiner anderen Stufe enthalten ist. $\mathbb{H}$ heißt **vollständig**, wenn die Terminalstufen gerade von den Einzelelementen von Ω gebildet werden und Ω selbst die einzige Gipfelstufe ist.

Statt durch Verschmelzung kann man eine Hierarchie auch durch eine fortlaufende **Aufspaltung** der Stufen erzeugen, von Ω beginnend und mit den Einzelelementen endend.

Werden Hierarchien durch Verschmelzung erzeugt, spricht man von *agglomerativen, aggregierenden* oder *aufsteigenden* Verfahren, anderenfalls von *divisiven* oder *absteigenden* Verfahren. Die bedeutenderen Verfahren sind die aufsteigenden Verfahren. Verschieben wir die Definition des Abstands zweier Mengen auf später, so hat ein agglomeratives Clusterverfahren folgende Struktur:

Agglomerative hierarchische Clusterverfahren

Sei $\mathbb{P}_1 = \{\{x_1\}, \{x_2\}, \ldots, \{x_n\}\}$ die feinste Partition. Der Algorithmus erzeugt ausgehend von $\mathbb{P}_1$ eine Folge von immer gröberen Partitionen $\mathbb{P}_1, \ldots, \mathbb{P}_n, \ldots, \mathbb{P}_N$. Die letzte Partition $\mathbb{P}_N$ ist die gröbste Partition. Sie besteht nur aus Ω selbst. $\mathbb{P}_n$ sei bereits konstruiert.

- In $\mathbb{P}_n$ werden diejenigen beiden Stufen A und B bestimmt, die minimalen Abstand voneinander haben:

$$d(A, B) = \min \left\{ d(A', B') : A', B' \in \mathbb{P}_n \right\} .$$

- Die neue Partition $\mathbb{P}_{n+1}$ übernimmt mit Ausnahme von A und B alle Stufen aus $\mathbb{P}_n$. Die Stufen A und B werden zur neuen Stufe $A \cup B = C \in \mathbb{P}_{n+1}$ verschmolzen. Gibt es mehrere Stufenpaare mit minimalem Abstand, so sind weitere Entscheidungsregeln nötig.
- Die Hierarchie $\mathbb{H}$ ist dann die Vereinigung aller Partitionen

$$\mathbb{H} = \bigcup_{i=1}^{N} \mathbb{P}_i .$$

Der entscheidende Punkt bei diesem Algorithmus ist die Definition des Abstands zweier Mengen. Wir haben zwar für zwei Punkte $\boldsymbol{x}$ und $\boldsymbol{y}$ eine Distanz $d(\boldsymbol{x}, \boldsymbol{y})$ erklärt, aber noch keine Distanz $d(A, B)$ für zwei Stufen A und B. Je nachdem wie $d(A, B)$ erklärt ist, erhält man selbst bei gleichem $d(\boldsymbol{x}, \boldsymbol{y})$ unterschiedliche Hierarchien.

Wir betrachten beispielhaft einige Verfahren.

Beispiel Beim **Single-Linkage-Verfahren** ist der Abstand zwischen zwei Klassen der minimale Abstand zwischen den Elementpaaren (siehe Abbildung 9.26).

$$d(A, B)_{\text{single-link}} := \min\{d(\boldsymbol{x}, \boldsymbol{y}) : \boldsymbol{x} \in A, \boldsymbol{y} \in B\}\,.$$

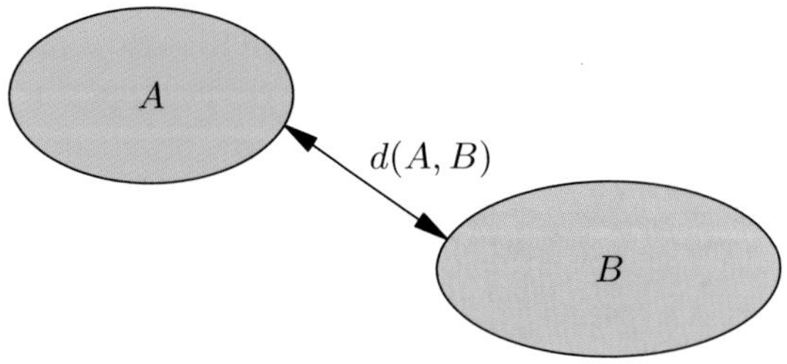

Abbildung 9.26 Beim Single-Linkage-Verfahren ist der Abstand zwischen zwei Klassen der minimale Abstand zwischen den Elementpaaren.

Beim Single-Linkage-Verfahren können durch Brückenbildung sehr verästelte Strukturen entstehen (siehe Abbildung 9.27).

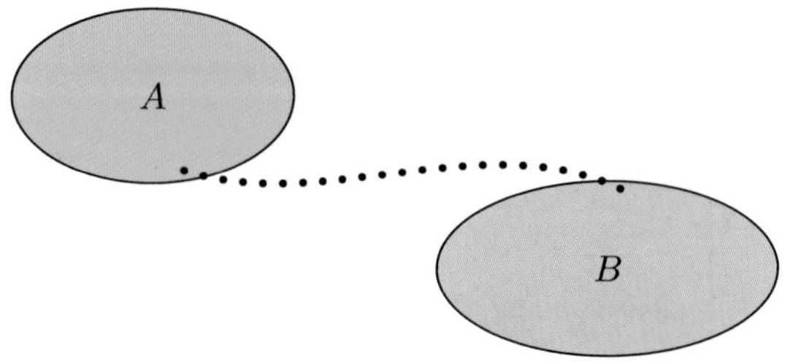

Abbildung 9.27 Die Mengen A und B sind durch eine Brücke von dicht beieinanderliegenden Elementen verbunden. A und B werden nicht getrennt.

Wir übernehmen ein Zahlenbeispiel aus dem Buch *Multivariate statistische Verfahren* von Fahrmeir u. a. Hier sind die folgenden 6 Punkte $\boldsymbol{x}_1, \ldots, \boldsymbol{x}_6$ gegeben:

$$\boldsymbol{x}_1 = \begin{pmatrix} -1 \\ 1 \end{pmatrix}, \quad \boldsymbol{x}_2 = \begin{pmatrix} 0 \\ 0 \end{pmatrix}, \quad \boldsymbol{x}_3 = \begin{pmatrix} -1 \\ 3.5 \end{pmatrix},$$
$$\boldsymbol{x}_4 = \begin{pmatrix} 2 \\ 3 \end{pmatrix}, \quad \boldsymbol{x}_5 = \begin{pmatrix} 2 \\ 1 \end{pmatrix}, \quad \boldsymbol{x}_6 = \begin{pmatrix} 4 \\ -1 \end{pmatrix}.$$

Die Lage der Punkte im Raum zeigt Abbildung 9.28.

Als Distanz wählen wir die quadrierte euklidische Entfernung $d(\boldsymbol{x}, \boldsymbol{y}) = \|\boldsymbol{x} - \boldsymbol{y}\|^2$. Die Distanzmatrix der sechs Punkte ist

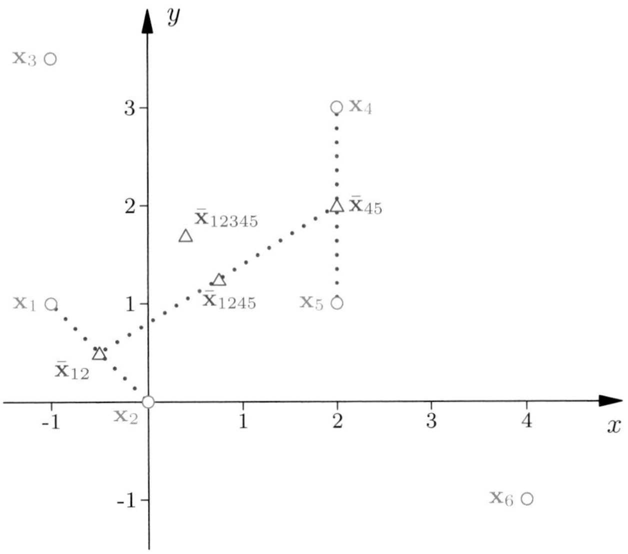

Abbildung 9.28 Die Lage der sechs Punkte x_1 bis x_6 im Raum. Die rot markierten Punkte werden in einem späteren Beispiel gebraucht.

$d(x_i, x_j)$	x_1	x_2	x_3	x_4	x_5	x_6
x_1	0	**2.0**	6.25	13.0	9.0	29.0
x_2	**2.0**	0	13.25	13	5	17.0
x_3	6.25	13.25	0	9.25	15.25	45.25
x_4	13.0	13	9.25	0	4.0	20.0
x_5	9.0	5.0	15.25	4.0	0	8.0
x_6	29.0	17.0	45.25	20.0	8.0	0

1\. Schritt: Es ist $d(\boldsymbol{x}_1, \boldsymbol{x}_2) = 2 = \min\{d(x_i, x_j))\}$. Daher werden $\boldsymbol{x}_1$ und $\boldsymbol{x}_2$ zur Stufe $\boldsymbol{x}_{12} = \{\boldsymbol{x}_1, \boldsymbol{x}_2\}$ verschmolzen.

2\. Schritt: Nun werden die Abstände von $\boldsymbol{x}_{12}$ von den anderen Elementen bestimmt. So ist zum Beispiel

$$\begin{aligned} d(\boldsymbol{x}_{12}, \boldsymbol{x}_3) &= \min\{d(\boldsymbol{x}_1, \boldsymbol{x}_3), d(\boldsymbol{x}_2, \boldsymbol{x}_3)\} \\ &= \min\{6.25, 13.25\} = 6.25\,. \end{aligned}$$

Analog werden die anderen Distanzen berechnet. Bei der neuen Distanzmatrix geben wir das obere Dreieck an:

$d(A, B)$	$\boldsymbol{x}_{12}$	x_3	x_4	x_5	x_6
$\boldsymbol{x}_{12}$	0	6.25	13	5	17
x_3		0	9.25	15.25	45.25
x_4			0	**4**	20
x_5				0	8

Das Minimum liegt bei $d(\boldsymbol{x}_4, \boldsymbol{x}_5) = 4$. Daher werden $\boldsymbol{x}_4$ und $\boldsymbol{x}_5$ zu $\boldsymbol{x}_{45} = \{\boldsymbol{x}_4, \boldsymbol{x}_5\}$ verschmolzen.

3\. Schritt: Die neue Distanzmatrix ist

$d(A, B)$	$\boldsymbol{x}_{12}$	x_3	$\boldsymbol{x}_{45}$	x_6
$\boldsymbol{x}_{12}$	0	6.25	min {13, 9, 13, **5**}	min {29, 17}
x_3		0	9.25	45.25
$\boldsymbol{x}_{45}$			0	min {20, 8}

$d(\{x_1, x_2\}, \{x_4, x_5\}) = 5$ ist minimal. Die beiden Klassen werden miteinander zu $\boldsymbol{x}_{1245} = \{x_1, x_2, x_4, x_5\}$ verschmolzen.

4. Schritt: Die neue Entfernungsmatrix ist

$d(A, B)$	x_3	x_6
$\boldsymbol{x}_{1245}$	min {**6.25**, 13.25, 9.25, 15.25}	min {29, 17, 20, 8}
x_3	0	45.25

Der Abstand $d(\boldsymbol{x}_{1245}, x_3) = 6.25$ ist minimal. Die nächste Stufe ist $\boldsymbol{x}_{12345} = \{x_1, x_2, x_3, x_4, x_5\}$.

5. Schritt: Die Entfernung dieser Stufe vom letzten Element ist $d(\boldsymbol{x}_{12345}, x_6) = \min\{29, 17, 45.25, 20, 8\} = 8$. Der letzte Schritt verschmilzt alle Stufen zur letzten Stufe $\boldsymbol{x}_{123456}$.

Die Hierachie ist

$$\mathbb{H} = \{\boldsymbol{x}_1, \boldsymbol{x}_2, \boldsymbol{x}_3, \boldsymbol{x}_4, \boldsymbol{x}_5, \boldsymbol{x}_6, \boldsymbol{x}_{12}, \boldsymbol{x}_{45}, \boldsymbol{x}_{1245}, \boldsymbol{x}_{12345}, \boldsymbol{x}_{123456}\} .$$

Das Dendrogramm dieser Hierarchie zeigt Abbildung 9.29.

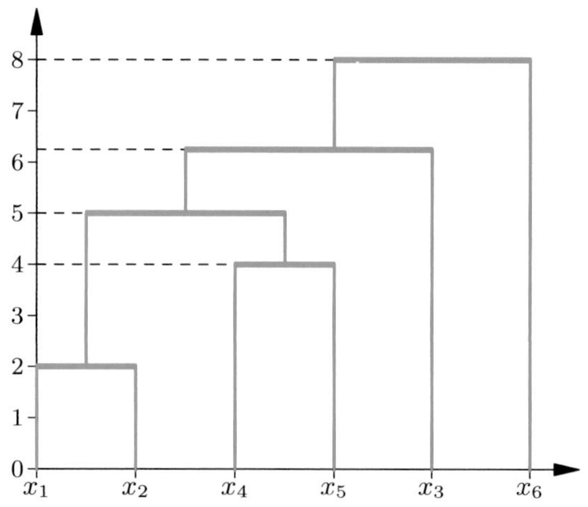

Abbildung 9.29 Dendrogramm im Single-Linkage-Verfahren. Auf der Ordinate die Distanzen der jeweils verschmolzenen Stufen.

Auf der Ordinate sind die Distanzen der jeweils miteinander verschmolzenen Stufen abgetragen. Die Skalierung der Abszisse ist irrelevant. ◀

Beispiel Beim **Complete-Linkage-Verfahren** ist die Distanz zwischen zwei Klassen der maximale Abstand zwischen den Elementen (siehe Abbildung 9.30).

$$d(A, B)_{\text{complete link}} := \max\{d(\boldsymbol{x}, \boldsymbol{y}) : \boldsymbol{x} \in A, \boldsymbol{y} \in B\} .$$

Das Complete-Linkage-Verfahren tendiert im Gegensatz zum Single-Linkage-Verfahren zu homogenen Klassen. Wir kehren zur Illustration zu unserem obigen Zahlenbeispiel von Seite 399 zurück. Wie beim Single-Linkage-Verfahren werden in den ersten beiden Schritten $\{\boldsymbol{x}_1, \boldsymbol{x}_2\}$ zu $\boldsymbol{x}_{12}$ und $\{\boldsymbol{x}_4, \boldsymbol{x}_5\}$ zu $\boldsymbol{x}_{45}$ verschmolzen.

3. Schritt: Die neue Entfernungsmatrix ist nun

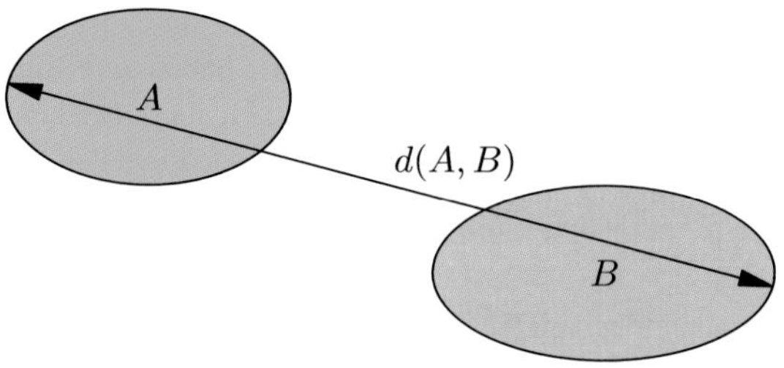

Abbildung 9.30 Beim Complete-Linkage-Verfahren ist der Abstand zwischen zwei Klassen der maximale Abstand zwischen den Elementen.

$d(A, B)$	$\boldsymbol{x}_{12}$	x_3	$\boldsymbol{x}_{45}$	x_6
$\boldsymbol{x}_{12}$	0	13.25	max {**13**, 9, 13, **5**}	29
x_3		0	15.25	45.25
$\boldsymbol{x}_{45}$			0	max {20, 8}

$d(\boldsymbol{x}_{12}, \boldsymbol{x}_{45}) = 13$ ist minimal. Die beiden Klassen werden miteinander zu $\boldsymbol{x}_{1245} = \{x_1, x_2, x_4, x_5\}$ verschmolzen. Die neue Entfernungsmatrix ist

$d(A, B)$	x_3	x_6
$\boldsymbol{x}_{1245}$	**15.25**	29
x_3	0	45.25

Die neue Klasse ist $\boldsymbol{x}_{12345} = \{x_1, x_2, x_3, x_4, x_5\}$.

4. Schritt: Die letzte Stufe wird bei einer Distanz $d(\boldsymbol{x}_{12345}, \boldsymbol{x}_6) = 45.25$ eingegliedert. Das Dendrogramm der so gefundenen Hierarchie zeigt Abbildung 9.31.

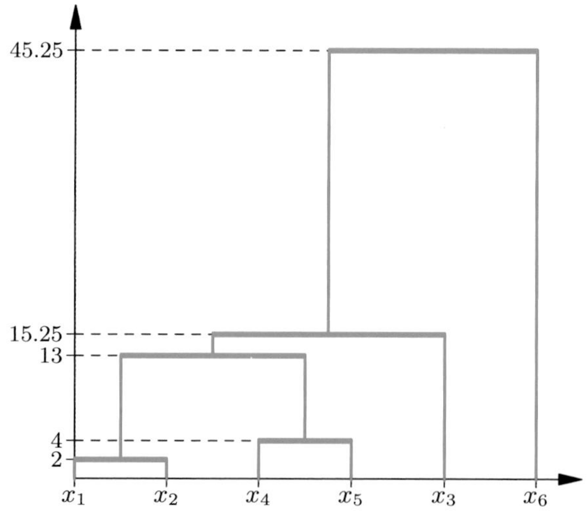

Abbildung 9.31 Dendrogramm im Complete-Linkage-Verfahren. Auf der Ordinate die Distanzen der jeweils verschmolzenen Stufen. ◀

Beispiel Beim **Average-Linkage-Verfahren** ist $d(A, B)_{\text{average link}}$ der Mittelwert der Abstände aller Elemente der Stufen A und B (siehe Abbildung 9.32).

$$d(A, B)_{\text{average link}} = \frac{1}{n_A}\frac{1}{n_B}\sum_{\boldsymbol{x}\in A}\sum_{\boldsymbol{y}\in B} d(\boldsymbol{x}, \boldsymbol{y})$$

Dabei sind n_A bzw. n_B die Anzahlen der Elemente in den Klassen A bzw B.

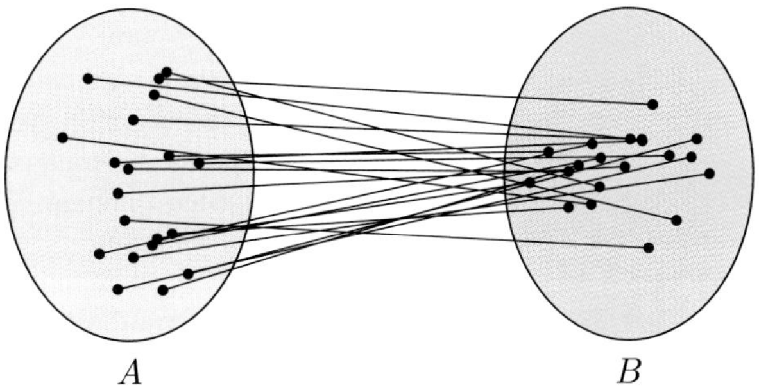

Abbildung 9.32 Beim Average-Linkage-Verfahren ist $d(A, B)_{\text{average link}}$ der Mittelwert der Abstände aller Elemente der Stufen A und B.

Wir kehren zur Illustration zu unserem obigen Zahlenbeispiel auf Seite 399 zurück. Wie beim Single Linkage-Verfahren werden in den ersten beiden Schritten $\{\boldsymbol{x}_1, \boldsymbol{x}_2\}$ zu $\boldsymbol{x}_{12}$ und $\{\boldsymbol{x}_4, \boldsymbol{x}_5\}$ zu $\boldsymbol{x}_{45}$ verschmolzen.

3. Schritt: Die neue Entfernungsmatrix ist nun:

$d(A, B)$	x_3	$\boldsymbol{x}_{45}$	x_6
$\boldsymbol{x}_{12}$	9.75	$\frac{1}{4}(13 + 9 + 13 + 5)$	23.0
x_3	0	$\frac{1}{2}(9.25 + 15.25)$	45.25
$\boldsymbol{x}_{45}$		0	$\frac{1}{2}(20 + 8)$

Minimal ist $d(\boldsymbol{x}_{12}, x_3) = 9.75$. Neue Klasse ist $\boldsymbol{x}_{123} = \{x_1, x_2, x_3\}$.

4. Schritt: Die neue Entfernungsmatrix ist nun:

$d(A, B)$	$\boldsymbol{x}_{45}$	x_6
$\boldsymbol{x}_{123}$	$\frac{1}{6}(13 + 9 + 13 + 5+$ $9.25 + 15.25)$	$\frac{1}{3}(29 + 17 + 45.25)$
$\boldsymbol{x}_{45}$	0	14.0

Minimal ist $d(\boldsymbol{x}_{123}, \boldsymbol{x}_{45}) = 10.75$. Also werden beide Klassen verschmolzen zu $\boldsymbol{x}_{12345} = \{x_1, x_2, x_3, x_4, x_5\}$.

5. Schritt: Zuletzt wird x_6 bei einer Entfernung von $d(\boldsymbol{x}_{12345}, x_6) = \frac{1}{5}(29 + 17 + 45.25 + 20 + 8) = 23.85$ eingegliedert. Das Dendrogramm der so gefundenen Hierarchie zeigt Abbildung 9.33. ◄

Beispiel Beim **Zentroid-Verfahren** ist der Abstand zweier Mengen der Abstand der beiden Schwerpunkte:

$$d(A, B)_{\text{zentroid}} = \|\overline{\boldsymbol{x}}_A - \overline{\boldsymbol{x}}_B\|^2 .$$

Beim Zentroid-Verfahren werden zwei Stufen miteinander verschmolzen, wenn die Schwerpunkte der Stufen am dichtesten beieinanderliegen. Wir kehren zur Illustration zu unserem Zahlenbeispiel von Seite 399 zurück. Wie beim Single-Linkage-Verfahren werden im ersten Schritt x_1 und x_2 zur Klasse zu $\boldsymbol{x}_{12} = \{\boldsymbol{x}_1, \boldsymbol{x}_2\}$ mit dem Schwerpunkt $\overline{x}_{12} = \frac{1}{2}(x_1 + x_2) = (-0.5, 0.5)^\top$ verschmolzen. Dabei ist z. B. $d(\overline{x}_{12}, x_3) = \|\overline{x}_{12} - x_3\|^2 = 9.25$. Die neue Entfernungsmatrix ist

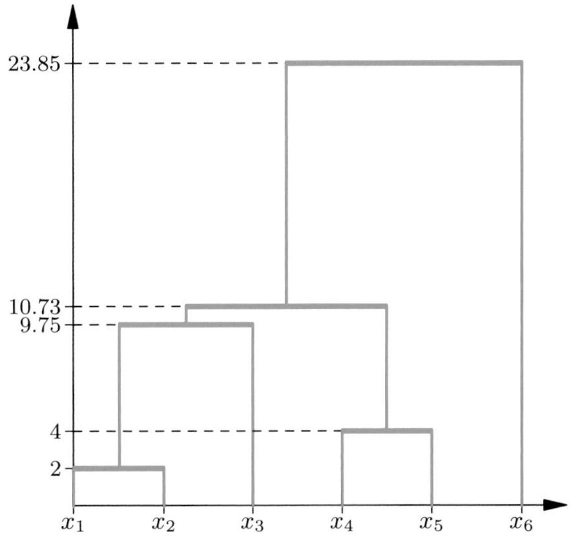

Abbildung 9.33 Dendrogramm im Average-Linkage-Verfahren. Auf der Ordinate die Distanzen der jeweils verschmolzenen Stufen.

$d(x, y)$	x_3	x_4	x_5	x_6
$\overline{x}_{12}$	9.25	12.5	6.5	22.5
x_3	0	9.25	15.25	45.25
x_4		0	**4**	20.02
x_5			0	8.0

2. Schritt: Die minimale Entfernung ist $d(x_4, x_5) = 4$. Beide bilden die Klasse $x_{45} = \{x_4, x_5\}$ mit dem Schwerpunkt $\overline{x}_{45} = (2, 2)^\top$. Die neue Entfernungsmatrix ist

$d(x, y)$	x_3	$\overline{x}_{45}$	x_6
$\overline{x}_{12}$	9.25	**8.5**	22.5
x_3	0	11.25	45.25
$\overline{x}_{45}$		0	13.0

3. Schritt: Minimal ist $d(\overline{x}_{12}, \overline{x}_{45}) = 8.5$. Die beiden Klassen x_{12} und x_{45} werden verschmolzen zu $x_{1245} = \{x_1, x_2, x_4, x_5\}$ mit dem Schwerpunkt $\overline{x}_{1245} = (0.75, 1.25)^\top$. Die neue Entfernungsmatrix ist

$d(x, y)$	x_3	x_6
$\overline{x}_{1245}$	**8.125**	15.625
x_3		45.25

4. Schritt: Der minimale Stufenabstand ist $d(\overline{x}_{1245}, x_3) = 8.125$. Überraschenderweise liegen die Stufen x_{1245} und $\{x_3\}$ näher beieinander als alle Stufen des 3. Schrittes: Durch die Verschmelzung der Stufen sind die Schwerpunkte näher aneinander gerückt!

5. Schritt: Der Schwerpunkt der neuen Stufe $x_{12345} = \{x_1, x_2, x_3, x_4, x_5\}$ ist $\overline{x}_{12345} = (0.4, 1.7)^\top$. Sein Abstand zu x_6 ist $d(\overline{x}_{12345}, x_6) = 20.25$. In Abbildung 9.28 sind die Schwerpunkte der Klassen rot eingezeichnet. Das Dendrogramm der hier gewonnenen Hierarchie zeigt Abbildung 9.34.

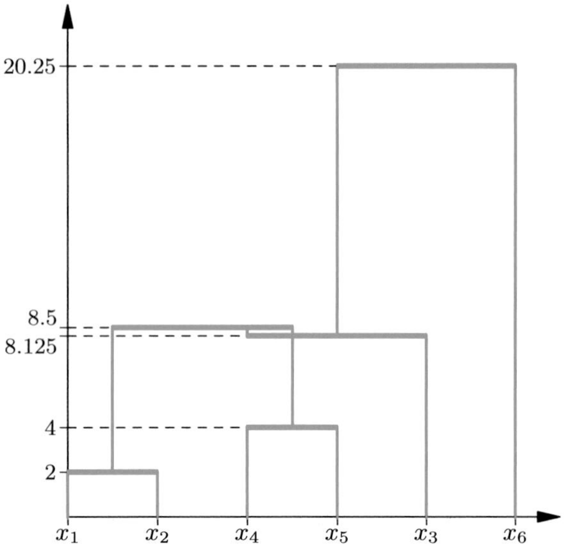

Abbildung 9.34 Dendrogramm im Zentroid-Linkage-Verfahren. Auf der Ordinate die Distanzen der jeweils verschmolzenen Stufen.

?

Warum ist $\overline{x}_{12345} \neq \frac{1}{2}(\overline{x}_{1245} + x_3)$?

◀

Beispiel Beim **Verfahren von Ward** wird die Entfernung der Schwerpunkte der beiden Klassen mit den Besetzungszahlen gewichtet:

$$d(A,B)_{\text{Ward}} = \frac{n_A n_B}{n_A + n_B} \left\| \overline{\boldsymbol{x}}_B - \overline{\boldsymbol{x}}_A \right\|^2 .$$

Untersuchen wir, wie sich die Inertias ändern, wenn wir die Stufen A und B miteinander zur Stufe $C = A \cup B$ verschmelzen, dann ist

$$n_C = n_A + n_B \quad \text{und} \quad \overline{\boldsymbol{x}}_C = \frac{n_A \overline{\boldsymbol{x}}_A + n_B \overline{\boldsymbol{x}}_B}{n_A + n_B} .$$

Beim Verschmelzen von Gruppen bleibt die Gesamt-Inertia invariant, doch die Innerklassen-Inertia steigt, während die Zwischenklassen-Inertia ZKI um den gleichen Betrag abnimmt. Diese Abnahme ist

$$\begin{aligned}
\Delta &= \text{ZKI}_{\text{alt}} - \text{ZKI}_{\text{neu}} \\
&= \sum_k n_k \left\| \overline{\boldsymbol{x}} - \overline{\boldsymbol{x}}_k \right\|^2 \\
&\quad - \left(\sum_{k \neq A,B} n_k \left\| \overline{\boldsymbol{x}} - \overline{\boldsymbol{x}}_k \right\|^2 + n_C \left\| \overline{\boldsymbol{x}} - \overline{\boldsymbol{x}}_C \right\|^2 \right) \\
&= n_A \left\| \overline{\boldsymbol{x}} - \overline{\boldsymbol{x}}_A \right\|^2 + n_B \left\| \overline{\boldsymbol{x}} - \overline{\boldsymbol{x}}_B \right\|^2 - n_C \left\| \overline{\boldsymbol{x}} - \overline{\boldsymbol{x}}_C \right\|^2 .
\end{aligned}$$

Nun lässt sich durch einfaches Ausmultiplizieren zeigen, dass für alle α und β mit $\alpha + \beta = 1$ stets gilt:

$$\alpha \left\| A \right\|^2 + \beta \left\| B \right\|^2 - \left\| \alpha A + \beta B \right\|^2 = \alpha\beta \left\| A - B \right\|^2 .$$

Setzen wir $\alpha = \frac{n_A}{n_C}$ und $\beta = \frac{n_B}{n_C}$, so ist $\alpha + \beta = 1$. Damit können wir Δ vereinfachen zu:

$$\Delta = \frac{n_A n_B}{n_A + n_B} \left\| \overline{\boldsymbol{x}}_B - \overline{\boldsymbol{x}}_A \right\|^2 = d(A,B)_{\text{Ward}} .$$

Beim Ward-Verfahren werden demnach bei jedem Schritt genau diejenigen Klassen verschmolzen, bei denen die Innerklassen-Inertia durch die Verschmelzung am wenigsten zunimmt. Wir kehren zur Illustration zu unserem obigen Zahlenbeispiel zurück, verzichten auf die explizite Berechnung und zeigen nur noch in Abbildung 9.35 das Dendrogramm der mit dem Ward-Verfahren abgeleiteten Hierarchie.

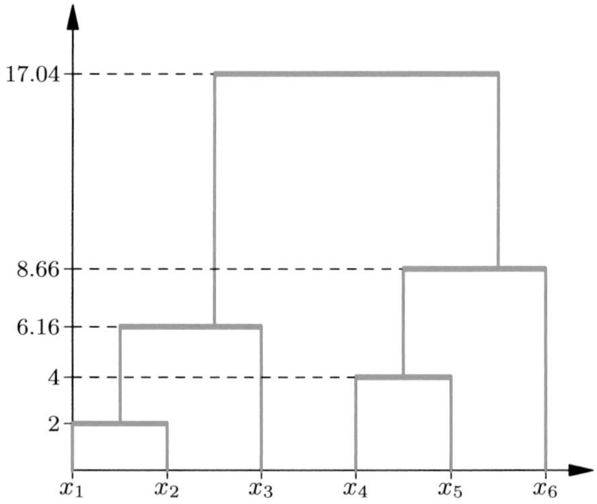

Abbildung 9.35 Dendrogramm im Ward-Verfahren. Auf der Ordinate die Distanzen der jeweils verschmolzenen Stufen. ◀

Vergleichen wir zum Abschluss das Average-Linkage-Verfahren und das Zentroid Verfahren und messen dazu die Distanzen $d(\boldsymbol{x}, \boldsymbol{y})$ zwischen Einzelelementen durch die quadrierten euklidischen Distanzen:

$$d(\boldsymbol{x}, \boldsymbol{y}) = \left\| \boldsymbol{x} - \boldsymbol{y} \right\|^2 .$$

Dann ist für zwei Stufen A und B

$$d(A,B)_{\text{average-link}} = \frac{1}{n_A} \frac{1}{n_B} \sum_{\boldsymbol{x} \in A} \sum_{\boldsymbol{y} \in B} \left\| \boldsymbol{x} - \boldsymbol{y} \right\|^2 .$$

Die Summe lässt sich umformen zu:

$$\begin{aligned}
\sum_{\boldsymbol{y} \in B} \left\| \boldsymbol{x} - \boldsymbol{y} \right\|^2 &= \sum_{\boldsymbol{y} \in B} \left\| \overline{\boldsymbol{y}}_B - \boldsymbol{y} \right\|^2 + n_B \left\| \boldsymbol{x} - \overline{\boldsymbol{y}}_B \right\|^2 \\
\sum_{\substack{\boldsymbol{y} \in B \\ \boldsymbol{x} \in A}} \left\| \boldsymbol{x} - \boldsymbol{y} \right\|^2 &= n_A \sum_{\boldsymbol{y} \in B} \left\| \overline{\boldsymbol{y}}_B - \boldsymbol{y} \right\|^2 + n_B \sum_{\boldsymbol{x} \in A} \left\| \boldsymbol{x} - \overline{\boldsymbol{y}}_B \right\|^2 \\
&= n_A \sum_{\boldsymbol{y} \in B} \left\| \overline{\boldsymbol{y}}_B - \boldsymbol{y} \right\|^2 + n_B \Bigg(\sum_{\boldsymbol{x} \in A} \left\| \boldsymbol{x} - \overline{\boldsymbol{x}}_A \right\|^2 \\
&\qquad + n_A \left\| \overline{\boldsymbol{y}}_B - \overline{\boldsymbol{x}}_A \right\|^2 \Bigg) .
\end{aligned}$$

Also:

$$\begin{aligned} d(A,B)_{\text{average-link}} &= \frac{1}{n_B}\sum_{y\in B}\left\|\overline{\boldsymbol{y}}_B - \boldsymbol{y}\right\|^2 \\ &+ \frac{1}{n_A}\sum_{x\in A}\|\boldsymbol{x}-\overline{\boldsymbol{x}}_A\|^2 + \left\|\overline{\boldsymbol{y}}_B - \overline{\boldsymbol{x}}_A\right\|^2 \\ &= \frac{1}{n_B}\text{Inertia}\{y_i; i\} + \frac{1}{n_A}\text{Inertia}\{x_i; i\} + \left\|\overline{\boldsymbol{y}}_B - \overline{\boldsymbol{x}}\right\|^2 . \end{aligned}$$

Das Average-Linkage-Verfahren berücksichtigt demnach beim Verschmelzen zweier Stufen A und B nicht nur die Entfernung der Klassenzentren, sondern auch die Inertias der beiden Klassen.

Die Lance-Williams-Rekursionsformel erlaubt die Berechnung der neuen Distanzen beim Verschmelzen von Stufen

Bei den aggregierenden Verfahren sind bei jedem Schritt die Distanzen zwischen den Stufen der Partition $\mathbb{P}_{n+1}$ neu zu berechnen. Ist die Stufe $C = A \cup B$ durch Verschmelzung der Stufen A und B entstanden und D irgend eine weitere Stufe, so lässt sich bei den oben genannten fünf Verfahren $d(D,C)$ unmittelbar aus den drei Distanzen $d(D,A), d(D,B)$ und $d(A,B)$ berechnen. Die Lance-Williams-Rekursionsformel hat die Gestalt:

$$\begin{aligned} d(D, A\cup B) &= \alpha_A d(D,A) + \alpha_B d(D,B) + \beta d(A,B) \\ &+ \gamma\left|d(D,A) - d(D,B)\right| . \end{aligned}$$

Die Tabelle 9.1 zeigt die Parameter für die genannten Verfahren:

So gilt z. B. für das Single-Linkage-Verfahren:

$$\begin{aligned} d(D, A\cup B) &= 0.5(d(D,A) + d(D,B) \\ &- |d(D,A) - d(D,B)|) \\ &= \min\{d(D,A), d(D,B)\} . \end{aligned}$$

Indizierte Hierarchien bewerten die Höhe der Stufen im Dendrogramm als Index

Das Dendrogramm des Zentroid-Verfahrens in Abbildung 9.34 weicht in charakteristischer Weise von den anderen Dendrogrammen ab: Die Stufenhöhe nimmt beim Verschmelzen auf einmal ab. Das wollen wir uns genauer anschauen. Wir wollen dazu auf einer Hierarchie einen Index $h(A)$ als Maß der Inhomogenität der Stufe A definieren. Dieser Index soll folgende Eigenschaften haben:

Indizierte Hierarchie

Ein Index h auf einer vollständigen Hierarchie $\mathbb{H}$ ist eine für alle Stufen A von $\mathbb{H}$ erklärte, nicht negative Funktion $h(A)$ mit:

$$\text{Aus } A \underset{\text{echt}}{\subset} B \text{ folgt } h(A) < h(B).$$

Außerdem ist $h(A) = 0$ genau dann, wenn A ein-elementig ist. Eine Hierarchie $\mathbb{H}$ mit einem Index h heißt indizierte Hierarchie $(\mathbb{H}, h)$. Zwei Indizes h und h' heißen kompatibel, falls für alle Stufen A und B gilt:

$$h(A) \le h(B) \iff h'(A) \le h'(B) .$$

Wird bei einem aggregierenden Verfahren im k-ten Schritt die Stufe C durch Verschmelzung der Stufen A und B gebildet, so bietet sich $d(A,B)$ als Inhomogenitätsmaß der Stufe C an. Dieses Maß erfüllt aber nicht immer die Monotoniebedingung und ist in diesen Fällen nicht als Index verwendbar. So sieht man im Dendrogramm von Abbildung 9.34 beim Zentroid-Verfahren, dass für die Stufen $A = \{x_1, x_2, x_4, x_5\}$ und $B = \{x_1, x_2, x_3, x_4, x_5\}$ zwar $A \subset B$, aber $h(A) = 8.5 > h(B) = 8.125$ gilt. Eine hinreichende Bedingung für Monotonie lässt sich aus der Rekursionsformel von Lance und Williams ableiten. Wird bei der Bildung der Hierarchie A und B zu $C = A \cup B$ verschmolzen, so ist

$$h(C) = h(A\cup B) = d(A,B)$$

ein Index, falls die folgenden drei Bedingungen erfüllt sind:

1. $\alpha_A \ge 0, \quad \alpha_B \ge 0$,
2. $\alpha_A + \alpha_B + \beta \ge 1$,
3. $\gamma > 0$ oder ($\gamma < 0$ und $\gamma \le \min\{\alpha_A; \alpha_B\}$).

Danach sind – bis auf das Zentroid-Verfahren – bei allen Verfahren der Lance-Williams-Tabelle die Distanzen $d(A,B)$ als Indizes verwendbar.

Tabelle 9.1 Die Koeffizienten der Lance-Williams-Rekursionsformel.

	α_A	α_B	β	γ
Single Linkage	0.5	0.5	0	−0.5
Complete Linkage	0.5	0.5	0	0.5
Average Linkage	$\frac{n_A}{n_A+n_B}$	$\frac{n_B}{n_A+n_B}$	0	0
Zentroid	$\frac{n_A}{n_A+n_B}$	$\frac{n_B}{n_A+n_B}$	$-\frac{n_A n_B}{(n_A+n_B)^2}$	0
Ward	$\frac{n_A+n_D}{n_A+n_B+n_D}$	$\frac{n_B+n_D}{n_A+n_B+n_D}$	$-\frac{n_D}{n_A+n_B+n_D}$	0

Vertiefung: Indizierte Hierarchien und Ultrametriken

Vom Index einer indizierte Hierarchie lässt sich eine Metrik auf Ω ableiten, die überraschende nicht euklidische Eigenschaften hat.

Ultrametrik

Eine Metrik δ auf Ω heißt Ultrametrik, wenn δ anstelle der Dreiecksungleichung die schärfere Ungleichung

$$\delta(\boldsymbol{x}, \boldsymbol{y}) \leq \max_{z \in \Omega} \{\delta(\boldsymbol{x}, z); \delta(z, \boldsymbol{y})\} \tag{9.28}$$

erfüllt.

Ist die Ungleichung (9.28) erfüllt, dann ist auch die Dreiecksungleichung erfüllt. Jede Ultrametrik ist eine Metrik, aber nicht umgekehrt. Ultrametriken lassen sich geometrisch schwer veranschaulichen, denn in einem Raum mit einer Ultrametrik δ sind alle Dreiecke gleichschenklig (siehe Aufgabe 9.13).

Auf jeder indizierten Hierarchie $(\mathbb{H}, h)$ lässt sich eine Ultrametrik konstruieren, aus jeder Ultrametrik lässt sich eine indizierte Hierarchie konstruieren.

Seien $\mathbb{H}$ eine durch h indizierte Hierarchie und $\delta(\boldsymbol{x}, \boldsymbol{y})$ der Index der untersten Stufe von $\mathbb{H}$, die sowohl $\boldsymbol{x}$ als auch $\boldsymbol{y}$ enthält:

$$\delta(\boldsymbol{x}, \boldsymbol{y}) = h(C_{xy}) \text{ mit } C_{xy} = \bigcap_{x,y \in C \in \mathbb{H}} C \tag{9.29}$$

Dann ist $\delta(\boldsymbol{x}, \boldsymbol{y})$ eine Ultrametrik auf Ω. Je eher zwei Elemente in der Hierarchie zusammengefasst werden, umso näher liegen sie im Sinne dieser Metrik.

Auch der Nachweis dieser Aussage ist Ihnen als Aufgabe 9.14 überlassen.

Aus jeder Ultrametrik δ lässt sich eine indizierte Hierarchie konstruieren. Sei auf Ω eine Ultrametrik δ erklärt und α ein fester positiver Schwellenwert. Durch

$$\boldsymbol{x} \simeq_\alpha \boldsymbol{y} \iff \delta(\boldsymbol{x}, \boldsymbol{y}) \leq \alpha$$

wird eine Äquivalenzrelation $\simeq_\alpha$ auf Ω erklärt. (Die Transitivität folgt aus der definierenden Eigenschaft der Ultrametrik.) Die Menge aller $\simeq_\alpha$ Äquivalenzklassen bilden eine Partition $\mathbb{P}_\alpha$ auf Ω. Lässt man α variieren, so bilden die $\mathbb{P}_\alpha$-Partitionen eine Hierarchie $\mathbb{H}$. Als Index h auf $\mathbb{H}$ verwenden wir den Durchmesser $\delta(A)$ einer Stufe:

$$h(A) = \delta(A) = \sup_{x \in A; y \in A} \{\delta(\boldsymbol{x}, \boldsymbol{y})\} .$$

Die gemäß Formel (9.29) aus $\mathbb{H}$ und h gewonnenen Ultrametrik ist die Ausgangsmetrik δ. Mit der Ultrametrik δ als Distanz erzeugt das Single-Linkage-Verfahren gerade die indizierte Hierarchie $(\mathbb{H}, h)$.

Das *Updaten* der Distanzmatrizen ist in diesem Fall äußerst einfach: Werden zwei Stufen miteinander verschmolzen, wird einfach eine der beiden entsprechenden Zeilen und eine der beiden entsprechenden Spalten gestrichen. Denn werden A und B zu C verschmolzen, ist $\delta(C, Z) = \delta(A, Z) = \delta(B, Z)$.

Wir betrachten als Beispiel die folgende Hierarchie:

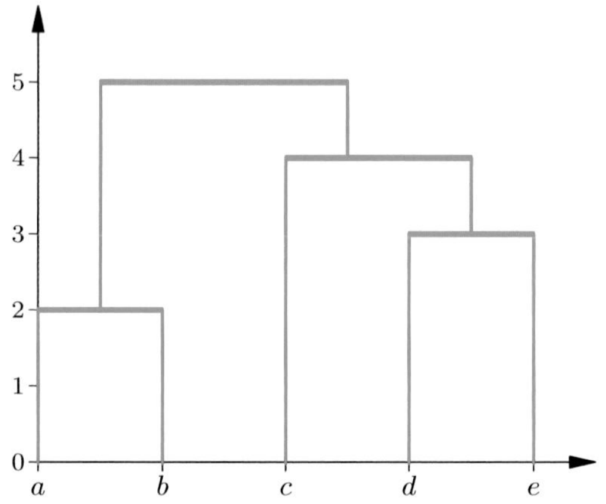

Die aus $\mathbb{H}$ abgeleitete Ultrametrik δ ist

δ	a	b	c	d	e
a	0	2	5	5	5
b	2	0	5	5	5
c	5	5	0	4	4
d	5	5	4	0	3
e	5	5	4	3	0

Die aus $\delta(x, y)$ abgeleitete Hierarchie $(\mathbb{H}, h)$ ist identisch mit der Ausgangshierarchie. Die Distanzmatrizen für $\mathbb{P}_n$ sind

$\mathbb{P}_2$

δ	ab	c	d	e
ab	0	5	5	5
c	5	0	4	4
d	5	4	0	3
e	5	4	3	0

$\mathbb{P}_3$

δ	ab	c	de
ab	0	5	5
c	5	0	4
de	5	4	0

$\mathbb{P}_4$

δ	ab	cde
ab	0	5
cde	5	0

In indizierten Hierarchien erhält man durch horizontale Schnitte im Dendogramm neue Hierarchien

Der horizontale Schnitt des Dendrogramms in der Höhe h liefert eine (nicht vollständige) Hierarchie

$$\mathbb{H} = \mathbb{H}(h) = \{A \in \mathbb{H} \mid h(A) \leq h\} .$$

Die maximalen Stufen dieser Hierarchie bilden eine Partition $\mathbb{P}(h)$ von Ω. Für jede Klasse von $\mathbb{P}(h)$ ist die Inhomogenität höchstens h.

Beispiel Schneiden wir in der durch das Single-Linkage-Verfahren gewonnenen Hierarchie aus dem Beispiel von Seite 399 das Dendrogramm bei der Höhe $h = 4.5$, erhalten wir die

Partition

$$\mathbb{P}(h = 4.5) = \{\{1, 2\}, \{4, 5\}, 3, 6\}$$

mit 4 Clustern. Schneiden wir in der Höhe $h = 5.5$, erhalten wir die Partition

$$\mathbb{P}(h = 5.5) = \{\{1, 2, 4, 5\}, 3, 6\}$$

mit drei Clustern (siehe Abbildung 9.36). ◀

Senkt oder erhöht man den Schwellenwert h, erhält man in natürlicher Weise eine monotone Folge von Partitionen von Ω mit wachsender bzw fallender Klassenzahl. Ist die Anzahl der Klassen nicht von vornherein festgelegt worden, so kann durch Inspektion des Dendrogramms die geeignete Zahl der Klassen oft nach Augenmaß bestimmt werden. Anschließend, wenn man sich über die Anzahl der Cluster geeinigt hat, kann man versuchen, die über die Hierarchie gefundenen Partition noch mit einem Austauschverfahren zu verbessern.

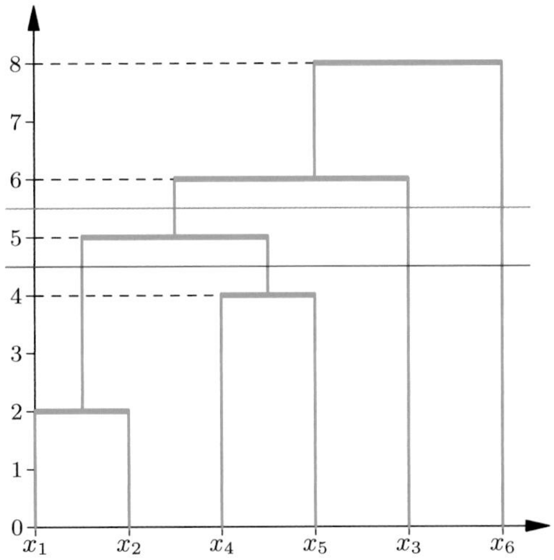

Abbildung 9.36 Beim Schnitt in Höhe $h = 4.5$ entstehen die vier Cluster $\{1, 2\}, \{4, 5\}, \{3\}, \{6\}$. Beim Schnitt in Höhe $h = 5.5$ erhalten wir die drei gröberen Cluster $\{1, 2, 4, 5\}, \{3\}, \{6\}$.

Zusammenfassung

Die Diskriminanzanalyse

Bei der Diskriminanzanalyse wird anhand einer Lernstichprobe eine Diskriminanzfunktion gelernt. Mit ihr werden Objekt anhand ihrer Merkmalsvektoren klassifiziert.

In der metrischen Diskriminanzanalyse wird jedes durch seinen Merkmalsvektor x gegebene Element ω der Klasse k dem nächstgelegenen Schwerpunkt $\overline{x}_k$ zugeordnet

In der metrische Diskriminanzanalyse wählen wir als Diskriminanzkriterium den Abstand des Merkmalsvektors $\boldsymbol{x}$ vom Schwerpunkt der Klasse k:$d(k, \boldsymbol{x}) = \|\boldsymbol{x} - \overline{\boldsymbol{x}}_k\|$.

Wir ordnen einfach jedes durch seinen Merkmalsvektor $\boldsymbol{x}$ gegebene Element der Klasse k mit dem nächstgelegenen Schwerpunkt $\overline{\boldsymbol{x}}_k$ zu.

Die lineare Diskriminanzanalyse

Die metrische Diskriminanzanalyse benutzt das lineare Diskriminanzkriterium

$$d(k, \boldsymbol{x}) = \|\overline{\boldsymbol{x}}_k\|^2 - 2\langle \boldsymbol{x}; \overline{\boldsymbol{x}}_k\rangle .$$

Die Grenzfläche zwischen den Klassen $\mathcal{D}_k$ und $\mathcal{D}_j$ ist gegeben durch die Gleichung:

$$\left\langle \boldsymbol{x} - \frac{\overline{\boldsymbol{x}}_k + \overline{\boldsymbol{x}}_j}{2}, \overline{\boldsymbol{x}}_k - \overline{\boldsymbol{x}}_j \right\rangle = 0 .$$

Die Grenzfläche zwischen zwei Diskriminanzgebieten steht senkrecht auf der Verbindungslinie der beiden Klassenschwerpunkte.

Bei Fishers linearer Diskriminanzanalyse wird ein neues optimal trennendes Merkmal bestimmt

Das neue Merkmal $y = \boldsymbol{a}^\top \boldsymbol{x}$ ist eine Linearkombination der ursprünglich gegebenen Merkmale. Es wir so gewählt, dass die Streuung der Merkmalswerte innerhalb der Klassen minimal ist, während die Streuung zwischen den Klassenmitten maximal ist. Das Merkmal hängt ab von den Kovarianzmatrizen:

$$\boldsymbol{T} = \frac{1}{n} \sum_{i=1}^{n} (\boldsymbol{x}_i - \overline{\boldsymbol{x}})(\boldsymbol{x}_i - \overline{\boldsymbol{x}})^\top ,$$

$$\boldsymbol{B} = \frac{1}{n} \sum_{k=1}^{K} n_k (\overline{\boldsymbol{x}}_k - \overline{\boldsymbol{x}})(\overline{\boldsymbol{x}}_k - \overline{\boldsymbol{x}})^\top .$$

Die Güte der Trennung des Merkmals wird gemessen im Diskriminanzvermögen.

Das optimal diskriminierende Merkmal

Das Diskriminanzvermögen des Merkmals $y = \boldsymbol{a}^\top \boldsymbol{x}$ ist

$$\frac{s_B^2}{s_T^2} = \frac{\boldsymbol{a}^\top \boldsymbol{B} \boldsymbol{a}}{\boldsymbol{a}^\top \boldsymbol{T} \boldsymbol{a}} .$$

Es wird genau dann maximiert, wenn für $\boldsymbol{a}$ der dominierende Eigenvektor der Matrix $\boldsymbol{T}^{-1}\boldsymbol{B}$ zum größten Eigenwert θ gewählt wird. Dieser Eigenwert θ ist gleichzeitig das maximale Diskriminanzvermögen.

Bei der bayesianischen Diskriminanzanalyse ist auch die Klassenzugehörigkeit eine zufällige Größe

Bei der bayesianischen Diskriminanzanalyse besitzen wir eine *A priori*-Wahrscheinlichkeit für die einzelnen Klassen und berücksichtigen die Verluste, die bei einer Fehlklassifikation auftreten.

Das bayesianische Entscheidungskriterium

Ordne eine Beobachtung in diejenige Klasse mit dem aktuell niedrigsten Erwartungswert des Verlustes.

Dabei heißt aktuell vor der Beobachtung: Nimm die *A-priori*-Klassen-Wahrscheinlichkeiten p_k und nach der Beobachtung: Nimm die *A-posteriori*-Klassen-Wahrscheinlichkeiten $p_{k|x}$.

Die *Support Vector Machine* trennt Klassen mit maximalem Margin

Mit der Support Vector Machine wird versucht, „möglichst dicke Bretter" zwischen die Klassen zu schieben. Ein „Brett" wird definiert durch zwei parallele Hyperebenen mit dem Normalenvektor $\boldsymbol{w}$. Der halbe Abstand der Ebenen ist der Margin.

Das konvexe Optimierungsprogramm

Der gesuchte Normalenvektor $\boldsymbol{w}$ und die Konstante b sind Lösung des streng konvexen Optimierungproblems: Minimiere die Zielfunktion $\frac{1}{2}\|\boldsymbol{w}\|^2$ unter der Nebenbedingung in Form von n linearen Ungleichungen.

Zur Bestimmung der optimalen Trennebenen sind nur einige wenige Punkte nötig, die Supportvektoren. Sie geben dem Verfahren den Namen.

Definition Supportvektor

Ein Datenvektor $\boldsymbol{x}_i$, der auf der unteren oder oberen Trennhyperebene liegt, heißt **Supportvektor**. Das optimale $\boldsymbol{w}^0$ ist eine Linearkombination der Supportvektoren.

Bei linear nicht trennbaren Klassen lässt sich die Suportvektormaschine durch Strafterme modifizieren und in analog angepasster Form weiter verwenden.

Mit dem Kerneltrick lassen sich die Datenvektoren in beliebige Räume transformieren und dort linear trennen

Durch die Einführung neuer Merkmalsvektoren, der Features $\boldsymbol{f}(\boldsymbol{x})$, wird der Anwendungsbereich der SVM stark erweitert. Dabei werden nicht Featurevektoren selbst, sondern nur ihre paarweisen Skalarprodukte benötigt.

Kernfunktion und Kerneltrick

Ist $\boldsymbol{f}$ die Abbildung vom Merkmalsraum in den Featureraum, so heißt

$$k : \mathcal{X} \times \mathcal{X} \to \mathbb{R}$$
$$(\boldsymbol{x}, \boldsymbol{z}) \in \mathcal{X} \times \mathcal{X} \to \langle \boldsymbol{f}(\boldsymbol{x}), \boldsymbol{f}(\boldsymbol{z})\rangle = k(\boldsymbol{x}, \boldsymbol{z})$$

die zur Featureabbildung $\boldsymbol{f}$ gehörende Kernfunktion.

Die SVM lässt sich mit jeder Funktion $k(\boldsymbol{x}, \boldsymbol{z})$ benutzen, sofern nur die Existenz einer Transformation $\boldsymbol{f} : \mathcal{X} \to \mathcal{F}$ in einen geeigneten Hilbertraum nachgewiesen ist, für die $k(\boldsymbol{x}, \boldsymbol{z}) = \langle \boldsymbol{f}(\boldsymbol{x}), \boldsymbol{f}(\boldsymbol{z})\rangle$ gilt.

Entscheidungsbäume

Ein Entscheidungsbaum ist ein System von einfachen Anweisungen, bei der ein Objekt wie in einer Sortiermaschine durch ein sich immer reicher auffächerndes System von Weichenstellungen rutscht und schließlich in einem Auffangkästchen landet.

Ein Entscheidungsbaum besteht aus **Knoten**, **Ästen** und **Blättern**. Vom Wurzelknoten verzweigt sich der Baum in **Link**s zu Unterknoten, die ihrerseits wieder zu neuen Unterknoten führen. Jeder Knoten, bis auf den Wurzelknoten, besitzt einen eindeutigen Vorgänger. Ein Endknoten, ein **Blatt** , besitzt keine Nachfolger. Alle anderen Knoten besitzen mindestens zwei Nachfolger. Jedes Blatt ist mit einem eindeutigen Pfad mit der Wurzel verbunden. Das Blatt trägt den Namen einer Klasse.

In jedem Knoten t wird ein Merkmalswert x des Objektes abgefragt und der Wert einer im Knoten t festgelegten Entscheidungsfunktion $s_t(x)$, dem Splitkriterium, berechnet. Je nach dem Wert von $s_t(x)$ wird das Objekt über einen Link zum nächsten Knoten geführt, und so weiter bis es schließlich in einem Blatt landet und dort der Klasse zugeordnet wird, dessen Name das Blatt trägt. Der Split soll die Unreinheit des Knotens reduzieren. Nur der Fehler auf der Teststichprobe gibt Auskunft über die Güte einer Klassifikation. Die Stoppregel bestimmt, wann weitere Aufteilungen beendet werden.

Clusteranalyse

Bei einer Clusteranalyse soll eine Grundmenge in möglichst gut voneinander getrennte, in sich homogene, inhaltlich interpretierbare Teilklassen aufgeteilt werden.

Die Verschiedenheit von Objekten wird mit Distanzen und Metriken, ihre Verwandtschaft mit Ähnlichkeitsmaßen bewertet

Ein Ähnlichkeitsmaß oder eine Similarität ist eine Abbildung $s : \Omega \times \Omega \to R_+$mit

$$0 \leq s(i, j) = s(j, i) \leq s(i, i) > 0 .$$

Eine Distanz d ist eine Abbildung von $d : \Omega \times \Omega \to R_+$ mit der Eigenschaft:

$$0 = d(i,i) \leq d(i,j) = d(j,i).$$

Eine Quasimetrik ist eine Distanz, welche die Dreiecksungleichung erfüllt. Eine Metrik ist eine Quasimetrik, welche die Identifikationsbedingung $d(i,j) = 0 \Longleftrightarrow i = j$ erfüllt.

Die einfachsten Ähnlichkeitsmaße für mehrdimensionale qualitative Merkmale zählen und vergleichen die Anzahlen der Übereinstimmungen der Ausprägungen. Ein Matching-Koeffizient oder M-Koeffizient wertet positive Übereinstimmung und negative Übereinstimmungen. S-Koeffizienten werten allein positive Übereinstimmung. Weitere Ähnlichkeitsmaße sind der Assoziations-Koeffizient von Yule und der Korrelationskoeffizient.

Bei quantitativen Variablen bietet sich als erstes die euklidische oder eine verallgemeinerte euklidische Metrik und verwandte Metriken wie die Mahalanobis-Metrik oder die **L_p-Metriken** im $\mathbb{R}^m$.

Vorgegebene Partitionen lassen sich durch Austauschverfahren verbessern

Eine Partition trennt die Klassen gut, wenn einerseits die Klassenschwerpunkte möglichst weit voneinander entfernt liegen und andererseits innerhalb jeder Klassen die Elemente sich möglichst eng an den jeweiligen Schwerpunkt schmiegen. Eines der gängigsten Kriterien um dies zu messen, ist das Varianzkriterium oder Inertia-Kriterium. Dabei ist die Inertia eine Verallgemeinerung der Varianz von eindimensionalen auf m-dimensionale Punktwolken.

Inertia und der Verschiebungssatz

Ist $\{\boldsymbol{x}_i \in \mathbb{R}^m : i = 1, \ldots, n\}$ eine Punktwolke im $\mathbb{R}^m$ mit dem Schwerpunkt $\overline{\boldsymbol{x}} = \frac{1}{n}\sum_{i=1}^{n} \boldsymbol{x}_i$, dann ist

$$\text{Inertia}\{\boldsymbol{x}_i : i = 1, \ldots, n\} = \sum_{i=1}^{n} \|\boldsymbol{x}_i - \overline{\boldsymbol{x}}\|^2$$

die Inertia der Punktwolke. Außerdem gilt der Verschiebungssatz: Für jeden Punkt $\boldsymbol{a} \in \mathbb{R}^m$ ist

$$\sum_{i=1}^{n} \|\boldsymbol{x}_i - \boldsymbol{a}\|^2 = \sum_{i=1}^{n} \|\boldsymbol{x}_i - \overline{\boldsymbol{x}}\|^2 + n\,\|\overline{\boldsymbol{x}} - \boldsymbol{a}\|^2.$$

Wendet man den Verschiebungssatz auf alle Klassen der Partition an, erhält man den Zerlegungssatz der Inertia.

Zerlegungssatz der Inertia

Ist $\mathbb{P}$ eine Partition der Punktwolke $\{\boldsymbol{x}_i \in \mathbb{R}^m : i = 1, \ldots, n\}$, so zerfällt ihre Inertia in die durch die Partition definierte Innerklassen-Inertia IKI

$$\text{IKI}\{\mathbb{P}\} = \sum_{k=1}^{K} \sum_{i \in A_k} \|\boldsymbol{x}_i - \overline{\boldsymbol{x}}_k\|^2$$

und die Inertia der Klassenschwerpunkte, die Zwischenklassen-Inertia ZKI:

$$\text{ZKI}(\mathbb{P}) = \sum_{k=1}^{K} n_k \,\|\overline{\boldsymbol{x}} - \overline{\boldsymbol{x}}_k\|^2.$$

Dabei ist jeder Klassenschwerpunkt mit dem Klassenumfang gewichtet. Es gilt:

$$\text{Inertia}\{x_1, \ldots, x_n\} = \text{IKI}(\mathbb{P}) + \text{ZKI}(\mathbb{P}).$$

Wird bei einer Partition $\mathbb{P}$ ein Element $z \in A_k$ aus einer festen Klasse A_k mit dem Schwerpunkt $\overline{\boldsymbol{x}}_k$ der Partition heraus genommen und in eine andere Klasse A_j mit dem Schwerpunkt $\overline{\boldsymbol{x}}_j$ eingeordnet, dann verringert sich die Inertia beim Austausch, falls z näher am Schwerpunkt der Klasse A_j als am Schwerpunkt der Klasse A_k liegt.

Minimal-Distance-Partitionen

Eine Partition $\mathbb{P} = \{A_1, \ldots, A_K\}$ mit minimaler Innerklassen-Inertia ist eine Minimal-Distanz-Partition: Für alle $z \in \boldsymbol{A}_i$ gilt:

$$\|z - \overline{\boldsymbol{x}}_i\|^2 \leq \|z - \overline{\boldsymbol{x}}_k\|^2 \;\forall k = 1 \ldots K.$$

Die Elemente einer Klasse A_i liegen näher am Schwerpunkt $\overline{\boldsymbol{x}}_i$ der eigenen Klasse als an den Schwerpunkten $\overline{\boldsymbol{x}}_k$ der fremden Klassen.

Über die Reduktion der Inertia bei geeigneten Austausch von Elementen haben wir aber bereits ein einfaches Konstruktionsverfahren zur Erzeugung einer Minimal-Distance-Partition gefunden:

Die k-means-Methode

Zuerst muss die Anzahl K der Klassen vorgegeben werden. Beim Start werden zufällig K Elemente $z_1^0, \ldots, z_K^0$ aus Ω ausgewählt. Diese bilden die Zentren der Startkonfiguration $\mathbb{Z}^0 = \{z_1^0, \ldots, z_K^0\}$. Der Algorithmus besteht nun aus zwei Schritten.

- Im $\mathbb{P}$-Schritt wird die neue Partition $\mathbb{P}^{t+1} = \{A_1^{t+1}, \ldots, A_K^{t+1}\}$ zu gegebenen Zentren $\mathbb{Z}^t = \{z_1^t, \ldots, z_K^t \ldots\}$ gebildet. Dabei besteht die Klasse A_k^{t+1} aus allen $\boldsymbol{x}$, die näher an z_k^t liegen als an allen anderen Zentren z_j^t:

$$A_k^{t+1} = \{\boldsymbol{x} : \|\boldsymbol{x} - z_k^t\| \leq \|\boldsymbol{x} - z_j^t\| \;\forall j\}.$$

- Im $\mathbb{Z}$-Schritt werden die neuen Zentren $\mathbb{Z}^{t+1}$ zu gegebener Partition $\mathbb{P}^{t+1}$ bestimmt: Die neuen Zentren sind die Schwerpunkte der neugebildeten Klassen.

Das Verfahren konvergiert in eine Minimal-Distance-Partition, sie ist nicht notwendig die optimale Partition. Das Verfahren lässt sich verallgemeinern, wenn statt der Schwerpunkte Repräsentationssysteme gewählt werden.

Hierarchien entstehen durch sukzessive **Verschmelzung** der Einzelelemente zu Stufen, dann der Stufen untereinander, bis schließlich alles zu einer letzten Stufe Ω zusammengefasst ist. Werden Hierarchien durch Verschmelzung erzeugt, spricht man von *agglomerativen, aggregierenden* oder *aufsteigenden* Verfahren, anderenfalls von *divisiven* oder *absteigenden* Verfahren. Ein agglomeratives Clusterverfahren hat folgende Struktur:

Agglomerative hierarchische Clusterverfahren

Sei $\mathbb{P}_1 = \{\{x_1\}, \{x_2\}, \ldots, \{x_n\}\}$ die feinste Partition. Der Algorithmus erzeugt ausgehend von $\mathbb{P}_1$ eine Folge von immer gröberen Partitionen $\mathbb{P}_1, \ldots, \mathbb{P}_n, \ldots, \mathbb{P}_N$. Die letzte Partition $\mathbb{P}_N$ ist die gröbste Partition. Sie besteht nur aus Ω selbst. $\mathbb{P}_n$ sei bereits konstruiert .

- In $\mathbb{P}_n$ werden diejenigen beiden Stufen A und B bestimmt, die minimalen Abstand voneinander haben.
$$d(A, B) = \min\left\{d(A', B') : A', B' \in \mathbb{P}_n\right\}.$$
- Die neue Partition $\mathbb{P}_{n+1}$ übernimmt mit Ausnahme von A und B alle Stufen aus $\mathbb{P}_n$. Die Stufen A und B werden zur neuen Stufe $A \cup B = C \in \mathbb{P}_{n+1}$ verschmolzen. Gibt es mehrere Stufenpaare mit minimalem Abstand, so sind weitere Entscheidungsregeln nötig.
- Die Hierarchie $\mathbb{H}$ ist dann die Vereinigung aller Partitionen
$$\mathbb{H} = \bigcup_{i=1}^{N} \mathbb{P}_i.$$

Je nach dem verwendeten Abstandsbegriff erhält man unterschiedliche Verfahren.

Beim **Single-Linkage-Verfahren** ist der Abstand zwischen zwei Klassen der minimale Abstand zwischen den Elementpaaren.

Beim **Complete-Linkage-Verfahren** ist die Distanz zwischen zwei Klassen der maximale Abstand zwischen den Elementen.

Beim **Average-Linkage-Verfahren** ist die Distanz zwischen zwei Klassen der Mittelwert der Abstände aller Elemente der Stufen A und B.

Beim **Zentroid-Verfahren** ist der Abstand zweier Mengen der Abstand der beiden Schwerpunkte.

Beim **Verfahren von Ward** wird die Entfernung der Schwerpunkte der beiden Klassen mit den Besetzungszahlen gewichet.

Die Lance-Williams-Rekursionsformel erlaubt die Berechnung der neuen Distanzen beim Verschmelzen von Stufen.

Indizierte Hierarchien bewerten die Höhe der Stufen im Dendrogramm als Index.

Indizierte Hierarchie

Ein Index h auf einer vollständigen Hierarchie $\mathbb{H}$ ist eine für alle Stufen A von $\mathbb{H}$ erklärte, nicht negative Funktion $h(A)$ mit:
$$\text{Aus } A \underset{\text{echt}}{\subset} B \text{ folgt } h(A) < h(B).$$
Außerdem ist $h(A) = 0$, genau dann, wenn A ein-elementig ist. Eine Hierarchie $\mathbb{H}$ mit einem Index h heißt indizierte Hierarchie $(\mathbb{H}, h)$. Zwei Indizes h und h' heißen kompatibel, falls für alle Stufen A und B gilt:
$$h(A) \leq h(B) \iff h'(A) \leq h'(B).$$

In indizierten Hierarchien erhält man durch horizontale Schnitte im Dendogramm neue Hierarchien.

Der horizontale Schnitt des Dendrogramms in der Höhe h liefert eine (nicht vollständige) Hierarchie:
$$\mathbb{H} = \mathbb{H}(h) = \{A \in \mathbb{H} \mid h(A) \leq h\}$$

Die maximalen Stufen dieser Hierarchie bilden eine Partition $\mathbb{P}(h)$ von Ω. Für jede Klasse von $\mathbb{P}(h)$ ist die Inhomogenität höchstens h.

Aufgaben

Die Aufgaben gliedern sich in drei Kategorien: Anhand der *Verständnisfragen* können Sie prüfen, ob Sie die Begriffe und zentralen Aussagen verstanden haben, mit den *Rechenaufgaben* üben Sie Ihre technischen Fertigkeiten und die *Anwendungsprobleme* geben Ihnen Gelegenheit, das Gelernte an praktischen Fragestellungen auszuprobieren.

Ein Punktesystem unterscheidet leichte Aufgaben •, mittelschwere •• und anspruchsvolle ••• Aufgaben. Lösungshinweise am Ende des Buches helfen Ihnen, falls Sie bei einer Aufgabe partout nicht weiterkommen. Ergebnisse, ausführliche Lösungswege, Beweise und Abbildungen finden Sie auf der Website zum Buch.

Viel Spaß und Erfolg bei den Aufgaben!

Verständnisfragen

9.1 • Unter welcher Voraussetzung sind bei der Diskriminanzanalyse die Entscheidungsgebiete von ebenen Flächen begrenzt?

9.2 • Kann man bei der Diskriminanzanalyse für jede Klasse eine eigene Metrik wählen? Wo liegen die Nachteile?

9.3 • Was ist der Vorteil von Entscheidungsbäumen?

9.4 • Wie bestimmt man die Güte einer Diskriminanzanalyse?

9.5 • Ist es sinnvoll, alle erhobenen Variablen in eine Diskriminanzanalyse einzubinden?

9.6 • Zeigen Sie, dass die beiden Unreinheitsmaße $u_G(t) = 1 - \sum_{k=1}^{K} p_{k|t}^2$ und $u_K(t) = \sum_{i \neq k} c_k(i)\, p_{k|t}\, p_{i|t}$ bei konstanten Kosten $c_k(i) = c > 0$ für alle $k \neq i$ und $c_k(k) = 0$ äquivalent sind.

9.7 • Was ist die Grundidee der Support Vector Machine?

9.8 • Was ist der Kerneltrick?

9.9 • Warum gibt es bei der Clusteranalyse keine Lernstichprobe?

9.10 • Ist eine Minimal-Distance-Partiton immer eine optimale?

9.11 • Konvergiert das Verfahren des dynamischen Clusterns gegen das Optimum?

9.12 • Besteht bei einer im Single-Linkage-Verfahren erzeugten Menge die Menge nur aus untereinander ähnlichen Mengen?

9.13 •• Zeigen Sie: In einem Raum mit einer Ultrametrik δ sind alle Dreiecke gleichschenklig.

9.14 ••• Zeigen Sie: Sind $\mathbb{H}$ eine durch h indizierte Hierarchie und $\delta(\boldsymbol{x}, \boldsymbol{y})$ der Index der untersten Stufe von $\mathbb{H}$, die sowohl $\boldsymbol{x}$ als auch $\boldsymbol{y}$ enthält:

$$\delta(\boldsymbol{x}, \boldsymbol{y}) = h(C_{\boldsymbol{x}\boldsymbol{y}}) \text{ mit } C_{\boldsymbol{x}\boldsymbol{y}} = \bigcap_{\boldsymbol{x}, \boldsymbol{y} \in C \in \mathbb{H}} C\,,$$

dann ist $\delta(\boldsymbol{x}, \boldsymbol{y})$ eine Ultrametrik auf Ω.

Rechenaufgaben

9.15 • Zeigen Sie: Für das Unreinheitsmaß $u_E(t) = -\sum_{k=1}^{K} p_{k|t} \log_2 p_{k|t}$ gilt $u_E(t) \leq \log_2 K$.

9.16 • Zeigen Sie: Ist X ein kategoriales Merkmal mit a Ausprägungen, dann gibt es $2^{a-1} - 1$ verschiedene Splits.

9.17 • Angenommen wir haben zwei Objekte i und j mit den binär codierten Merkmalsvektoren $\boldsymbol{x}_i$ und $\boldsymbol{x}_j$. Dabei zeigten a mal beide Elemente die Ausprägung Eins, b mal zeigte i die Eins und j die Null, c mal zeige j die Eins und i die Null und d mal zeigten beide Elemente die Ausprägung Null. Zum Beispiel ist bei $\boldsymbol{x}_i = \begin{pmatrix} 1, & 1, & 0, & 0, & 1, & 1, & 1 \end{pmatrix}$ und $\boldsymbol{x}_j = \begin{pmatrix} 1, & 0, & 1, & 1, & 0, & 0, & 0 \end{pmatrix}$ $a = 1, b = 4, c = 2$ und $d = 0$. Zeigen Sie, dass der Assoziationskoeffizient von Yule gerade die Korrelation zwischen $\boldsymbol{x}_i$ und $\boldsymbol{x}_j$ ist.

9.18 • Zeigen Sie, dass der folgende Zusammenhang gilt:

$$\sum_{i,j} n_i n_j \left\| \overline{\boldsymbol{x}}_i - \overline{\boldsymbol{x}}_j \right\|^2 = 2n \sum_{k=1}^{K} n_k \left\| \overline{\boldsymbol{x}} - \overline{\boldsymbol{x}}_k \right\|^2 .$$

Demnach lässt sich die Zwischenklassen-Inertia auch als gewichtete mittlere Entfernung der Klassenschwerpunkte darstellen.

9.19 •• Seien $\mathbb{P} = \{A_1, ..., A_K\}$ eine feste Partition und $A_k = \{z\}$ eine Teilmenge, die nur aus einem Element besteht. Nun wird z aus seiner Klasse A_k herausgenommen und in Klasse A_j gesteckt. Bestimmen Sie die Veränderung der Inertia.

9.20 •• Zeigen Sie: Es seien k ein Kern auf $\mathbb{X} \times \mathbb{X}$, $x, z \in \mathbb{X}$ und $p(x)$ ein Polynom mit positiven Koeffizienten. Dann sind die folgenden Funktionen ebenfalls Kerne: $p(k)$, $\exp(k)$ und $\exp\left(-\frac{1}{\sigma^2} \|x - z\|^2\right)$.

Anwendungsprobleme

9.21 •• Eine klassisches Beispiel der Diskriminanzanalyse wurde 1936 von R. A. Fisher im Aufsatz *The Use of Multiple Measurements in Taxonomic Problems* (Annals of Eugenics 7) veröffentlicht Er behandelte darin die Unterscheidung von drei Irisarten, der Iris setosa, Iris versicolor und Iris virginica, anhand der Länge und Breite von Blütenblättern (Petal) und Kelchblättern (Sepal). Sein Datensatz bestand aus 6×50 Messwerten, an jeweils 50 Irisblüten einer Sorte hatter er Länge und Breite der Kelch- wie der Bütenblätter gemessen. Der umfangreiche Datensatz und Bilder der Blüten sind bei Wikipedia abzurufen. Wir stützen uns hier nur auf die Messungen der Kelchblätter und zitieren einige abgeleitete empirische Parameter aus dem Buch: *Multivariate Statistik* von Hartung, Elpelt:

Mittelwert	1: Setosa	2: Versicolor	3: Verginica
Länge	5.006	5.936	6.588
Breite	3.428	2.770	2.974

Wir unterstellen eine gemeinsame Kovarianzmatrix C von Länge und Breite der Sepalen und schätzen sie durch die über alle Messungen gemittelte empirische Kovarianzmatrix

$$\widehat{C} = \begin{pmatrix} 0.2650 & 0.0927 \\ 0.0927 & 0.1154 \end{pmatrix}.$$

Wie sehen bei Verwendung der Mahalanobismetrik die linearen Diskriminanzfunktionen zur Trennung der drei Irisarten aus?

9.22 •• Die Menge $\Omega = \{x_1, x_2, x_3, x_4, x_5\}$ bestehe aus fünf Elementen. Die Distanzen zwischen den Elementen seien durch die folgende Distanzmatrix gegeben:

$d(x, y)$	x_1	x_2	x_3	x_4	x_5
x_1	0	**2**	6	10	9
x_2	**2**	0	5	9	8
x_3	6	5	0	4	5
x_4	10	9	4	0	3
x_5	9	8	5	3	0

Bilden Sie mit dem Single-Linkage-Verfahren eine Hierarchie und zeichnen Sie das Dendrogramm.

Antworten der Selbstfragen

S. 378
Es ist $B = \gamma b b^\top$ der Eigenvektor von $T^{-1}B$ ist $T^{-1}b$. Daher ist

$$(T^{-1}B)(T^{-1}b) = T^{-1}\gamma b b^\top T^{-1} b = \gamma (b T^{-1} b)(T^{-1}b).$$

Daher ist der Eigenwert

$$\theta = \gamma b T^{-1} b = \frac{n_1 n_2}{n} n (\overline{x}_1 - \overline{x}_2)^\top T^{-1} (\overline{x}_1 - \overline{x}_2)$$

S. 396
$\sum_{i=1}^n (x_i - \overline{x}) = \sum_{i=1}^n x_i - n\overline{x} = n\overline{x} - n\overline{x} = 0$. Dann ist

$$\begin{aligned} \|x_i - a\|^2 &= \|x_i - \overline{x} + \overline{x} - a\|^2 \\ &= \|x_i - \overline{x}\|^2 + 2\langle x_i - \overline{x}, \overline{x} - a\rangle + \|\overline{x} - a\|^2 \end{aligned}$$

$$\begin{aligned} \sum_{i=1}^n \|x_i - a\|^2 &= \sum_{i=1}^n \|x_i - \overline{x}\|^2 \\ &\quad + 2\langle \underbrace{\sum_{i=1}^n (x_i - \overline{x})}_{=0}, \overline{x} - a \rangle + n\,\|\overline{x} - a\|^2 \\ &= \sum_{i=1}^n \|x_i - \overline{x}\|^2 + n\,\|\overline{x} - a\|^2 . \end{aligned}$$

S. 397
Die Inertia wächst, denn in der ursprünglichen Partition ist die Inertia der Klasse A_k gleich Null. Siehe auch Aufgabe 9.19.

S. 402
Die Klassen haben unterschiedliche Besetzungszahlen.

Bayesianische Statistik – Wie subjektiv dürfen wir objektiv sein?

10

Wie kann man Gefühle messen?

Wie objektiv kann subjektiv sein?

Wie lernt unser Gehirn?

Was ist regelrechtes Lernen?

Daten ohne Vorwissen sind stumm. Der *Subjektivist* oder *Bayesianer* quantfiziert seine subjektive Bewertung in einer *A-priori*-Verteilung der Parameter. Für den Bayesianer gibt es nur zwei Objekttypen: solche, die er kennt, und solche, die er nicht kennt. Die Unsicherheit über die Objekte, die er nicht kennt, wird durch Wahrscheinlichkeitsverteilungen beschrieben. Die Unterscheidung zwischen zufälliger Größe X und Parameter θ entfällt. Auch Parameter besitzen Wahrscheinlichkeitsverteilungen. Eine Aussage wie: *„Mit Wahrscheinlichkeit 1/2 ist dieser Tisch länger als ein Meter"* ist in der objektivistischen Theorie unsinnig, in der subjektiven Theorie aber zulässig.

Die *A-priori*-Wahrscheinlichkeit $\mathcal{P}(\theta)$ ist der quantitative Ausdruck für den Glauben an die Gültigkeit des Zahlenwerts von θ. Informationen über θ erlangen wir durch Beobachtungen und Experimente. Nach dem Experiment gibt $\mathcal{P}(\theta \mid x)$ an, wie stark sich mein in $\mathcal{P}(\theta)$ zusammengefasstes Wissen durch die Beobachtung von x geändert hat. Fragen über θ werden dann mithilfe von $\mathcal{P}(\theta \mid x)$ beantwortet. Diese Antworten haben eine klare wahrscheinlichkeitstheoretische, wenn auch subjektive Interpretation und beziehen sich auf die gemachte Beobachtung und nicht auf hypothetische Beobachtungen oder lange fiktive Serien wie beim Objektivisten.

Die subjektive oder bayesianische Wahrscheinlichkeitstheorie und Statistik gründet sich auf elementare Annahmen über menschliches rationales Verhalten. Diese Annahmen sind zum Beispiel in den Axiomensystemen von Fishburn, Savage, de Finetti und DeGroot formuliert. Aus ihnen folgt unter anderem:

- Jedes Individuum ist in der Lage, unsichere Ereignisse zu bewerten. Die subjektiven Wahrscheinlichkeiten ein und derselben Person sind untereinander vergleichbar. Subjektive Wahrscheinlichkeiten verschiedener Personen sind nicht vergleichbar.
- Die subjektiven Wahrscheinlichkeiten einer Person lassen sich durch das Verhalten bei hypothetischen Wetten und Lotterien messen. Konsequenzen einer Handlung werden durch ihren Nutzen gemessen.

Anwendungsgebiete der subjektiven Wahrscheinlichkeitstheorie sind alle Bereiche, in denen Einzelfallentscheidungen getroffen werden, in denen es darauf ankommt, relevantes Vorwissen und Erkenntnise aus Experimenten und Beobachtungen in möglichst einfacher, operational durchsichtiger Form einzubringen und Prognosen für nicht wiederholbare Einzelfallsituationen zu machen.

Zwar verfügt die bayesianische Wahrscheinlichkeitstheorie und Statistik über eine geschlossene mathematische Theorie, aber sie hat erhebliche praktische Schwächen.

- Die Bestimmung der *A-priori*-Wahrscheinlichkeit ist schwierig und bei mehrdimensionalen Parametern nicht widerspruchsfrei.
- Subjektive Wahrscheinlichkeiten unterschiedlicher Personen sind kaum vergleichbar. Ihre Anwendung und Interpretation in wissenschaftlichen Diskussionen ist problematisch.
- Die Informationen über unsichere Ereignisse lassen sich eventuell nicht immer in Form von Wahrscheinlichkeitsaussagen kleiden.
- Auch wenn die Zahlenwerte übereinstimmen mögen, sind eine Wahrscheinlichkeit $\mathcal{P}(A)$, die sich auf eine Versuchsserie stützt, und eine Wahrscheinlichkeit $\mathcal{P}(B)$, die auf einem Gefühl beruht, nicht gleichwertig und nicht miteinander vergleichbar, genauso wenig, wie eine heiße Herdplatte und eine heiße Liebe verglichen werden können, auch wenn man bei beiden von Wärme spricht.

10.1 Der subjektive Wahrscheinlichkeitsbegriff

Stellen Sie sich vor, Sie stehen an einer viel befahrenen Straße und wollen auf die andere Seite gehen. Von links und von rechts kommen Autos. Sie zögern, dann gehen Sie los und erreichen in der Regel auch wohlbehalten die andere Seite. Wie haben Sie den Augenblick gewählt, an dem Sie losgelaufen sind? Sie stützten sich auf Ihre Erfahrung, haben intuitiv abgeschätzt, wie schnell die herankommenden Wagen sind, Sie haben das Risiko, unter die Räder zu kommen mit dem Ärger über eine Verspätung abgewogen, und dann haben Sie sich entschieden. Kinder sind gerade darum so gefährdet, weil ihnen die Erfahrung fehlt und sie keine Ahnung von den Gefahren haben.

Und was hat das Ganze mit Wahrscheinlichkeit und Statistik zu tun? Sehr viel, nämlich mit dem Abschätzen von Wahrscheinlichkeiten und mit dem Lernen aus Beobachtungen. Beides sind die Kerngebiete der subjektiven Wahrscheinlichkeitstheorie.

Wer hat das noch nicht an sich erlebt: Sie haben gerade die Wohnung verlassen und plötzlich durchzuckt Sie der Gedanke: Habe ich auch die Tür abgeschlossen, den Ausweis oder die Fahrkarte eingesteckt, die Herdplatte ausgeschaltet? Sind Sie sich auch ganz sicher, dass alles in Ordnung ist? Wie sicher sind Sie? Wie wahrscheinlich ist es, dass Sie etwas vergessen haben? Auch wenn Sie es nicht in belastbaren Zahlen ausdrücken können, Ihre Bewertung lässt sich an Ihrem Handeln erkennen: Entweder Sie gehen zurück oder Sie gehen weiter.

Was all diesen Beispielen eigen ist: Sie zeigen, wie wir uns im täglichen Leben immer mit Unsicherheiten herumschlagen müssen, die Unsicherheiten quantifizieren und, abhängig von den mit unseren Entscheidungen verbundenen Gefahren und Risiken, letztendlich handeln.

Genau dies bildet die subjektive Wahrscheinlichkeitstheorie nach. Um aber die Begriffe zu verstehen, spielen wir die Entscheidungssituationen unter Laborbedingungen mit minimalen Einsätzen nach.

Subjektive Wahrscheinlichkeiten lassen sich durch Lotterien und faire Wetten messen

Beispiel Sechs Menschen $M_1, M_2, M_3, M_4, M_5, M_6$ würfeln mit einem Würfel, der von allen als unverfälscht akzeptiert wird. Jeder Mensch M_i setzt einen Cent auf die Zahl i ein. Wird die Ziffer i geworfen, steckt M_i die gesamten 6 Cents ein. Keiner ist übervorteilt. Jeder hat die gleichen Chancen. Würde M_i von M_j gefragt, ob sie nicht ihre Ziffern i und j tauschen wollen, so hätte M_i sicherlich nichts dagegen.

Nehmen wir an, A sei das Ereignis, dass M_1 gewinnt, und A^C sei das Ereignis, dass M_1 verliert. Für M_1 wie für alle anderen Spieler gilt:

Verhältnis von Verlust zu Gewinn	1 : 5
Verhältnis der Chancen von A zu A^C	1 : 5

Das Verhältnis der Chancen stimmt mit dem Verhältnis von Verlust zu Gewinn überein. M_1 hält das Spiel für **fair** (siehe Abbildung 10.1).

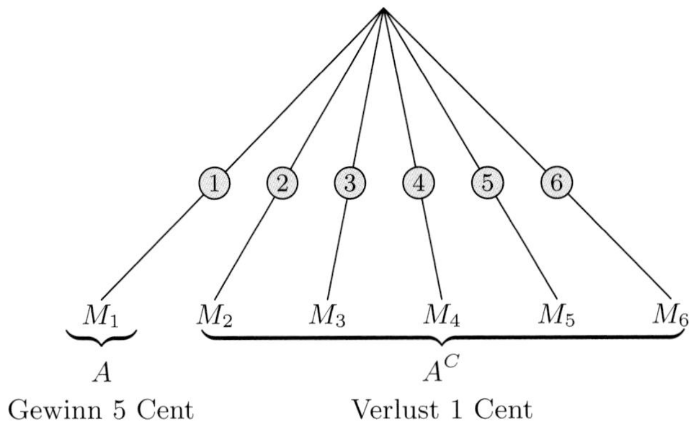

Abbildung 10.1 Die Chancen beim Würfeln.

Nehmen wir an, statt der anderen fünf Spieler übernimmt ein einziger Spieler N alle Einsätze wie alle Gewinne, so ändert sich für M_1 nichts. Für N gilt:

Verhältnis von Verlust zu Gewinn	5 : 1
Verhältnis der Chancen von A zu A^C	5 : 1

Auch für N bleibt das Spiel fair. N und M_1 sollten bereit sein zu tauschen. ◀

Die subjektive Bewertung der Gewinnchancen drückt sich in der subjektiven Wahrscheinlichkeit $\mathcal{P}(A)$ aus, sie wird durch das Verhältnis der Einsätze bei einem fairen Spiel definiert. Dabei ist ein Spiel oder eine Wette fair, wenn der Spieler auch bereit ist, mit seinem Gegenspieler die Seiten zu tauschen:

$$\frac{\mathcal{P}(A)}{\mathcal{P}(A^C)} = \frac{\text{Verlust bei } A^C}{\text{Gewinn bei } A}.$$

Das Verhältnis von Verlust zu Gewinn ist der Wettquotient, im Englischen heißt dieser Quotient **odds**. Bei einer fairen Wette spiegeln die Odds gerade das Verhältnis der Wahrscheinlichkeit von A zu A^C. Stehen bei den Buchmachern für einen Boxkampf zwischen den Boxern A und B die Odds für A gegen B bei $1:10$, dann wird bei Sieg von A der 10-fache Einsatz ausgezahlt. Andererseits ist nach der subjektiven Einschätzung der Wetter ein Sieg von B 10-mal so wahrscheinlich wie von A.

Beispiel Der Dozent nimmt ein Stück Kreide, ritzt seinen Namen hinein und sagt zu einem Studenten: „Ich lasse diese Kreide jetzt aus 60 cm Höhe auf den Tisch fallen. Dann gibt es zwei Möglichkeiten: Ereignis A: 'die Kreide zerbricht' oder Ereignis A^C: 'die Kreide bleibt heil'. Wie groß ist die Wahrscheinlichkeit $\mathcal{P}(A)$?"

Im Rahmen der objektivistischen Wahrscheinlichkeitstheorie ist diese Frage nicht zu beantworten. Der Versuch ist nicht wiederholbar, vor allem dann nicht, wenn die Kreide schon beim ersten Mal zerbricht. Nun bietet der Dozent eine Wette auf A an: „Ich werde die Kreide fallen lassen. Zerbricht sie, kriegen Sie einen Euro, bleibt sie heil, kriege ich von Ihnen einen Euro."

Vermutlich wird der Student annehmen. Daraufhin werden die Einsätze verändert: Bei A gibt es nur noch 50 Cent, bei A^C bleibt es bei einem Euro. Wird die Wette auf A immer noch angenommen, werden die Einsätze solange weiter verringert, bis der Student schließlich bei einer Auszahlung von – sagen wir zum Beispiel – 5 Cent die Wette auf A ablehnt und lieber auf A^C wettet.

Die Wette auf A ist für den Studenten fair, wenn er bei gleichen Konditionen bereit ist, seine Position in der Wette mit der des Dozenten zu tauschen:

Das Verhältnis von Gewinn und Verlust bei einer für den Studenten fairen Wette entspricht dessen intuitiver Vorstellung des Verhältnisses der Chancen von A^C zu A. (Dabei kann es durchaus sein, dass der Student eine Wette für fair empfindet, die der Dozent als unfair sieht.) Durch dieses Verhältnis wird nun die subjektive Wahrscheinlichkeit des Studenten für das Ereignis A definiert. Zum Beispiel könnte es sein, dass der Student die Wette auf A bei einem Gewinn von 5 Cent gegen einen Verlust von einem Euro für fair hält. Dann ist für ihn

$$\frac{\mathcal{P}(A)}{\mathcal{P}(A^C)} = \frac{100}{5} = 20. \quad ◀$$

Erhält der Spieler bei einer für ihn fairen Wette auf A den Gewinn von g und erleidet bei A^C einen Verlust von $-v$, dann ist durch den Wettquotient nur $\mathcal{P}(A) : \mathcal{P}(A^C) = v : g$ bestimmt. Durch diesen Quotient ist $\mathcal{P}(A)$ noch nicht eindeutig festgelegt. Dies geschieht erst durch die Normierung

$$\mathcal{P}(A) + \mathcal{P}(A^C) = 1.$$

Dadurch erhält man:

$$\mathcal{P}(A) = \frac{v}{g+v}.$$

In unserem Beispiel also $\mathcal{P}(A) = \frac{100}{105} = 0.952$. Die subjektive Wahrscheinlichkeit des Studenten, dass die Kreide beim Herunterfallen zerbricht, ist 95.2 %. Bezeichnen wir den Verlust als negativen Gewinn und interpretieren wir die Auszahlung G als zufällige Variable mit der subjektiven Wahrscheinlichkeit

$$\mathcal{P}(G = g) = \mathcal{P}(A),$$
$$\mathcal{P}(G = -v) = \mathcal{P}(A^C),$$

dann können wir die Bedingung einer fairen Wette auch schreiben als:

$$g\mathcal{P}(G = g) - v\mathcal{P}(G = -v) = 0.$$

Anders gesagt:

Die faire Wette

Bei einer fairen Wette ist der Erwartungwert des Gewinns gleich Null.

Für einen Spieler, der eine Wette abschließt, ist es sicherlich ein Unterschied, ob er einen Euro gewinnen oder verlieren kann oder ob es um plus oder minus 1 000 Euro geht. Das Wettverhalten hängt darüber hinaus vom Nutzen und Schaden ab, die das Ergebnis der Wette für den Wetter bedeuten. Wir betrachten hier aber so niedrige Einsätze, dass wir den Unterschied zwischen Auszahlungsbetrag und Nutzen des Auszahlungsbetrags vernachlässigen können.

Das bayesianische Kohärenzprinzip: Handele so, dass Deine Wetten nicht auf einen sicheren Verlust hinauslaufen

Jeder ist bei der Wahl seiner subjektiven Wahrscheinlichkeiten frei. Die subjektiv getroffenen Werte $\mathcal{P}(A)$ erscheinen völlig willkürlich und damit einer mathematischen Behandlung nicht zugänglich zu sein. Doch die bayesianische Axiomatik umfasst auch eine Axiomatik des rationalen Handelns in unsicheren Situationen. Durch eine zusätzliche nicht mathematische Forderung lässt sich erzwingen, dass auch für subjektive Wahrscheinlichkeiten die Kolmogorov'schen Axiome gelten.

Bei jeder Wahl zwischen Handlungsalternativen sollte vermieden werden, dass man in Situation geführt wird, in denen man mit Sicherheit verliert. Dies ist im Kern der Inhalt des **Kohärenzprinzips**. Es gibt verschiedene Versionen des Kohärenzprinzips. Im Kern sagen sie aus, dass die Nennung subjektiver Wahrscheinlichkeiten, aus denen sich Wettsysteme konstruieren lassen, mit denen man mit Sicherheit verliert, verboten ist.

Wir erläutern dies an einem Beispiel.

Beispiel Angenommen, Sie nennen für die zwei einander ausschließenden Ereignisse A und B die subjektiven Wahrscheinlichkeiten $\mathcal{P}(A)$ und $\mathcal{P}(B)$ und für das Ereignis $A \cup B$ die subjektive Wahrscheinlichkeit $\mathcal{P}(A \cup B)$, die kleiner ist als $\mathcal{P}(A) + \mathcal{P}(B)$:

$$\mathcal{P}(A \cup B) < \mathcal{P}(A) + \mathcal{P}(B) .$$

Diese subjektive Setzung der Wahrscheinlichkeiten steht also im Widerspruch zu den Axiomen von Kolmogorov. Sie rechtfertigen sich damit, dass dies eben Ihre subjektive Wahrscheinlichkeit sei. Dann biete ich Ihnen die folgenden drei fairen Wetten an (siehe Abbildung 10.2).

Wette auf das Ereignis	Auszahlung bei Eintreten	Auszahlung bei Nichteintreten
A	$1 - \mathcal{P}(A)$	$-\mathcal{P}(A)$
B	$1 - \mathcal{P}(B)$	$-\mathcal{P}(B)$
$(A \cup B)^C$	$\mathcal{P}(A \cup B)$	$\mathcal{P}(A \cup B) - 1$

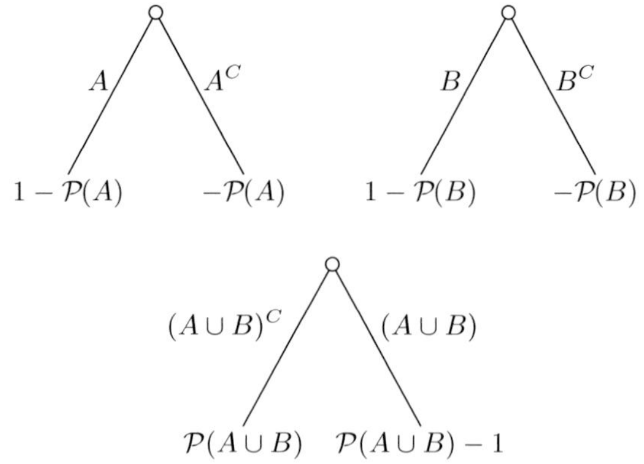

Abbildung 10.2 Drei faire Wetten auf A, B und $(A \cup B)^C$.

Bei jeder Wette ist der Erwartungswert des Gewinns gleich null. Die Wetten sind fair. Daher können Sie alle drei annehmen. Schauen wir nun, was passiert. Da A und B disjunkt sind, können bei den drei Wetten genau die folgenden drei Möglichkeiten eintreten:

$$A \cap B^C, \qquad A^C \cap B, \qquad (A \cup B)^C .$$

Das Gesamtergebnis aller drei Wetten zeigt Tabelle 10.1

Was auch immer geschieht, wegen $\mathcal{P}(A \cup B) < \mathcal{P}(A) + \mathcal{P}(B)$, werden Sie immer verlieren.

Sind Ihre Wahrscheinlichkeiten $\mathcal{P}(A \cup B) > \mathcal{P}(A) + \mathcal{P}(B)$, dann werde ich die Rollen der Wettpartner vertauschen. Dann werden Sie auch immer verlieren. Nur bei einer dem dritten Kolmogorov-Axiom entsprechenden Setzung $\mathcal{P}(A \cup B) = \mathcal{P}(A) + \mathcal{P}(B)$ sind unfaire Wetten ausgeschlossen. ◀

Die Kolmogorov-Axiome gelten für Subjektivisten und Objektivisten

Subjektivisten und Objektivisten unterscheiden sich nicht in der Wahrscheinlichkeitsrechnung, sondern allein in der Anwendung, der Interpretation und den Schlüssen.

Eine Axiomatisierung der Glaubwürdigkeit führt zu den Kolmogorov-Axiomen

Eine andere Begründung, warum subjektive Wahrscheinlichkeiten den Kolmogorov-Axiomen gehorchen müssen, liefert R. T. Cox in einem 1946 erschienenen Aufsatz im Journal of Physics Vol 14 über „Probability, Frequency and Reasonable Expectations", in dem er sich mit der „Glaubwürdigkeit" von Aussagen befasst. Dabei werden die üblichen Regeln der Aussagenlogik und zusätzlich die folgenden drei Annahmen vorausgesetzt:

- Die *Glaubwürdigkeit von b unter der Bedingung, dass a wahr ist*, lässt sich durch eine reelle Zahl $G(b \mid a)$ messen. Dabei ist $G(b \mid a)$ nicht notwendig für alle a und b erklärt.
- Es gibt eine reelle Funktion $h(x, y)$ mit

$$G(cb \mid a) = h\big(G(c \mid ba), G(b \mid a)\big) .$$

Tabelle 10.1 Das Gesamtergebnis aller drei Wetten.

Eingetr. Ereignis	Einzelauszahlung der Wette auf A	B	$(A \cup B)^C$	Summe
$A \cap B^C$	$1 - \mathcal{P}(A)$	$-\mathcal{P}(B)$	$-1 + \mathcal{P}(A \cup B)$	$\mathcal{P}(A \cup B) - \mathcal{P}(A) - \mathcal{P}(B)$
$A^C \cap B$	$-\mathcal{P}(A)$	$1 - \mathcal{P}(B)$	$-1 + \mathcal{P}(A \cup B)$	$\mathcal{P}(A \cup B) - \mathcal{P}(A) - \mathcal{P}(B)$
$(A \cup B)^C$	$-\mathcal{P}(A)$	$-\mathcal{P}(B)$	$\mathcal{P}(A \cup B)$	$\mathcal{P}(A \cup B) - \mathcal{P}(A) - \mathcal{P}(B)$

Unter der Voraussetzung, dass a wahr ist, lässt sich die Glaubwürdigkeit, dass b und c beide wahr sind, berechnen aus der Glaubwürdigkeit, dass b wahr ist und der Glaubwürdigkeit von c unter der Bedingung, dass a und b wahr sind.

- Es gibt eine reelle Funktion $k(x)$:

$$G(b \mid a) = k\big(G(\neg b \mid a)\big).$$

Dieses Axiom sagt, dass die Glaubwürdigkeit von b eine Funktion der Glaubwürdigkeit ist, dass b falsch ist.

Unter diesen drei Bedingungen zeigt Cox:

Jedes Glaubwürdigkeitsmaß muss die Axiome von Kolmogorov erfüllen.

Wenn es ein Maß für die Glaubwürdigkeit von bedingten Aussagen gibt, dann hat das Maß nach einer geeigneten eineindeutigen Transformation alle Eigenschaften einer Wahrscheinlichkeit, die die Axiome von Kolmogorov erfüllt.

Bedingte Wahrscheinlichkeiten

Bedingte Wahrscheinlichkeiten $\mathcal{P}(A \mid B)$ lassen sich durch **bedingte Wetten** erfasssen. Die bedingte Wette auf A gilt nur, wenn B eingetreten ist. Andernfalls gilt die Wette als nicht geschlossen. Bei festem B gelten für bedingte Wahrscheinlichkeiten die Axiome von Kolmogorov. Eine Wette auf A unter der Bedingung B zeigt Abbildung 10.3.

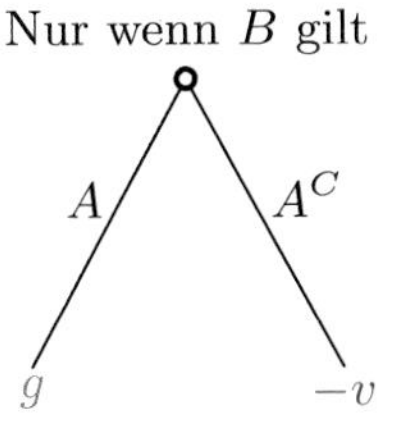

Abbildung 10.3 Eine Wette auf A unter der Bedingung B

Gilt B, so wird bei dieser Wette der Betrag g ausgezahlt, wenn A gilt, andernfalls ist der Verlust $-v$ fällig. Wird diese Wette als fair akzeptiert, dann ist wie bei der unbedingten Wette

$$\mathcal{P}(A \mid B) = \frac{v}{g+v}.$$

Andererseits ist diese Wette gleichwertig mit einem Los aus einer Lotterie, bei der im Fall AB der Betrag g, im Fall $A^C B$ der Betrag $-v$ und sonst nichts gezahlt wird (siehe Abbildung 10.4). Da die

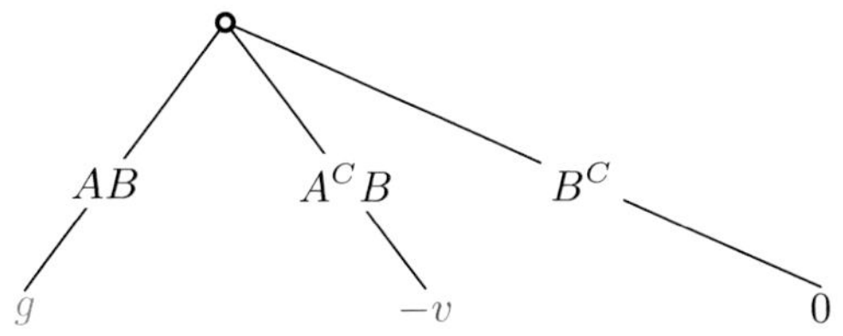

Abbildung 10.4 Bei der Lotterie wird im Fall AB der Betrag g, im Fall $A^C B$ der Betrag $-v$ und sonst nichts gezahlt.

Wette fair ist, muss auch der Erwartungswert des Gewinns bei dieser Lotterie null sein:

$$g\mathcal{P}(AB) - v\mathcal{P}(A^C B) + 0 \cdot \mathcal{P}(B^C) = 0.$$

Da für Wahrscheinlichkeiten die Kolmogorov-Axiome gelten, ist

$$\mathcal{P}(A^C B) + \mathcal{P}(AB) = \mathcal{P}\big(A^C B \cup AB\big) = \mathcal{P}(B).$$

Daher ist

$$g\mathcal{P}(AB) - v\big(\mathcal{P}(B) - \mathcal{P}(AB)\big) = 0$$
$$\frac{\mathcal{P}(AB)}{\mathcal{P}(B)} = \frac{v}{g+v}.$$

Andererseits war $\frac{v}{g+v} = \mathcal{P}(A \mid B)$. Also ist

$$\mathcal{P}(A \mid B) = \frac{\mathcal{P}(AB)}{\mathcal{P}(B)}.$$

Bedingte Wahrscheinlichkeiten gehorchen bei Objektivisten und Subjektivisten den gleichen Regeln.

Im Bernoulli-Prinzip werden Nutzen und Wahrscheinlichkeit miteinander verknüpft

Der Subjektivist betreibt Statistik nicht im Elfenbeinturm oder um der Schönheit der Theorie willen. Sondern er muss Entscheidungen fällen. Diese müssen in ihren Alternativen und Konsequenzen abgewogen werden. Dabei sind die Konsequenzen einer Entscheidung nicht sicher, sondern je nach Zustand der Welt nur mehr oder weniger wahrscheinlich. Der Bayesianer muss den Nutzen (oder negativ gewertet – den Schaden) jedes möglichen Ergebnisses beziffern und seine Wahrscheinlichkeit bestimmen können.

Nutzen, dies ist das zweite Schlüsselwort der subjektiven Wahrscheinlichkeitstheorie. Parallel zu ihr wird eine axiomatische

Theorie des Nutzens entwickelt. Bekannt sind zum Beispiel die Nutzenaxiome von John von Neumann und Oskar Morgenstern, die wir in einer vereinfachten Version vorstellen. Diese Axiome gehen vom Begriff der Lotterie aus. Eine **einfache Lotterie**

$$\mathcal{L}\{e_1\alpha_1, \cdots, e_i\alpha_i, \cdots, e_r\alpha_r\}$$

entspricht einer endlichen diskreten Wahrscheinlichkeitsverteilung, bei der das Ergebnis e_i mit der Wahrscheinlichkeit α_i eintritt (siehe Abbildung 10.5).

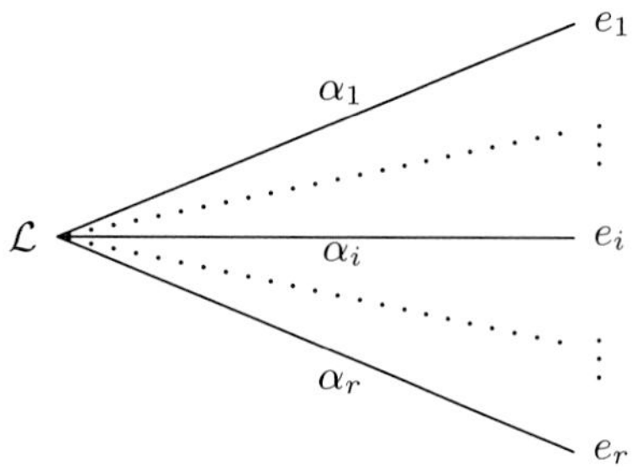

Abbildung 10.5 Bei der Lotterie $\mathcal{L}$ tritt das Ereignis e_i mit Wahrscheinlichkeit α_i ein.

Eine **zusammengesetzte Lotterie** $\mathcal{L} = \mathcal{L}\{\mathcal{L}_1\beta, \mathcal{L}_2(1-\beta)\}$ ist eine Lotterie aus zwei Lotterien: Mit Wahrscheinlichkeit β wird die Lotterie $\mathcal{L}_1$, mit Wahrscheinlichkeit $1-\beta$ die Lotterie $\mathcal{L}_2$ gespielt (siehe Abbildung 10.6).

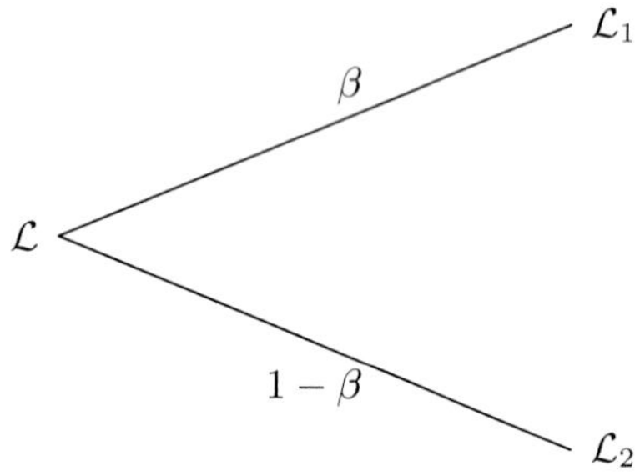

Abbildung 10.6 Mit Wahrscheinlichkeit β wird die Lotterie $\mathcal{L}_1$ mit Wahrscheinlichkeit $1-\beta$ die Lotterie $\mathcal{L}_2$ gespielt.

Für Ereignisse und Lotterien wird nun axiomatisch gefordert:

1. **Präferenzstruktur für Ereignisse**: Für je zwei beliebige Ereignisse gilt:

entweder	$e_i \succeq e_j$:	e_j wird e_i nicht vorgezogen,
oder	$e_j \succeq e_i$:	e_i wird e_j nicht vorgezogen,
oder beides	$e_i \sim e_j$:	e_j und e_i sind äquivalent.

   Dabei müssen die Relationen $\succeq$ und $\sim$ transitiv sein. Gilt $e_i \succeq e_j$, aber nicht $e_i \sim e_j$, schreiben wir $e_i \succ e_j$ und sagen: e_i wird e_j vorgezogen.
   Daraus folgt, dass die endlich vielen Ereignisse e_i einer Lotterie $\mathcal{L}\{e_1\alpha_1, \cdots, e_i\alpha_i, \cdots, e_r\alpha_r\}$ untereinander vergleichbar sind und sich ihrer Präferenz nach anordnen lassen. Nach einer Umindizierung gelte:

   $$e_1 \succeq e_2 \succeq \cdots \succeq e_i \succeq \cdots \succeq e_r .$$

   Dabei ist e_1 das beste und e_r das schlechteste Ereignis.
2. **Präferenzstruktur für Lotterien**: Eine analoge Präferenzstruktur gelte auch für Lotterien selbst: $\mathcal{L}_1 \succeq \mathcal{L}_2$ bedeute, dass die Lotterie $\mathcal{L}_1$ der Lotterien $\mathcal{L}_2$ vorgezogen wird. Auch bei Lotterien sind Präferenz und Indifferenz transitiv.
3. **Erweiterung von einfachen Lotterien:** Wird in einer Lotterie ein Ereignis mit Wahrscheinlichkeit null hinzugefügt oder weggelassen, ändert sich die Präferenz nicht:

   $$\mathcal{L}\{e_1\alpha_1, \cdots, e_r\alpha_r\} \sim \mathcal{L}\{e_1\alpha_1, \cdots, e_r\alpha_r,\ e_{r+1}0\} .$$

   Daraus folgt, dass man beim Vergleich von zwei beliebigen endlichen Lotterien stets davon ausgehen kann, dass sie die gleichen Ereignisse enthalten. Andernfalls fügt man die jeweils fehlenden Ereignisse mit Wahrscheinlichkeit null in die Lotterien ein.
4. **Reduktion von zusammengesetzten Lotterien**: Sind $\mathcal{L}_1 = \mathcal{L}\{e_1\alpha_{11}, \cdots, e_r\alpha_{r1}\}$ und $\mathcal{L}_2 = \mathcal{L}\{e_1\alpha_{12}, \ldots, e_r\alpha_{r2}\}$ zwei Lotterien, so ist die zusammengesetzte Lotterie $\mathcal{L}\{\mathcal{L}_1\beta_1, \mathcal{L}_2\beta_2\}$ indifferent gegenüber der – nach dem Satz über die totale Wahrscheinlichkeit gebildeten – einfachen Lotterie:

   $$\mathcal{L}\{\mathcal{L}_1\beta_1, \mathcal{L}_2\beta_2\} \sim \mathcal{L}\{(\beta_1\alpha_{11} + \beta_2\alpha_{12})\,e_1, \ldots, (\beta_1\alpha_{r1} + \beta_2\alpha_{r2})\,e_r\} .$$

5. **Kontinuität:** Zu jedem e_i existiert eine zu e_i indifferente Lotterie $\mathcal{L}\{e_1u_i\ ;\ e_r(1-u_i)\}$ aus dem besten und dem schlechtesten Ereignis, sodass gilt:

   $$e_i \sim \mathcal{L}\{e_1u_i\ ;\ e_r(1-u_i)\} .$$

   Wir kürzen diese Lotterie mit $\widetilde{e}_i$ ab. $u_i = u(e_i)$ heißt der **Nutzenindex** (Utility) von e_i in der Lotterie.
6. **Substituierbarkeit:** In jeder Lotterie ist e_i substituierbar durch $\widetilde{e}_i$:

   $$\mathcal{L}\{e_1\alpha_1; \ldots; e_i\alpha_i; \ldots; e_r\alpha_r\} \sim \mathcal{L}\{e_1\alpha_1; \ldots; \widetilde{e}_i\alpha_i; \ldots; e_r\alpha_r\} .$$

7. **Monotonie**: Von zwei Lotterien, die beide nur das beste und das schlechteste Ereignis enthalten, wird die vorgezogen, bei der das beste Ereignis mit größerer Wahrscheinlichkeit auftritt:

   $$\mathcal{L}\{e_1u\ ;\ e_r(1-u)\} \succeq \mathcal{L}\{e_1v\ ;\ e_r(1-v)\} \text{ gdw. } u \geq v .$$

Aus diesen Axiomen folgt nun sofort: Jede Lotterie $\mathcal{L} = \mathcal{L}\{e_1\alpha_1; \ldots; e_r\alpha_r\}$ ist indifferent zu einer Lotterie aus dem besten und dem schlechtesten Ereignis, sodass gilt:

$$\mathcal{L} \sim \mathcal{L}\left\{e_1 \sum_{i=1}^{r} u_i\alpha_i\ ;\ e_r\left(1 - \sum_{i=1}^{r} u_i\alpha_i\right)\right\} .$$

Wir nennen

$$\sum_{i=1}^{r} u_i \alpha_i = u(\mathcal{L})$$

den Nutzenindex der Lotterie. $u(\mathcal{L})$ ist der Erwartungswert des Nutzens der Lotterie $\mathcal{L}$. Für zwei Lotterien $\mathcal{L}$ und $\mathcal{L}'$ gilt:

$$\mathcal{L} \succeq \mathcal{L}' \Leftrightarrow u(\mathcal{L}) \geq u'(\mathcal{L}) \ .$$

Damit haben wir das grundlegende Prinzip der Nutzentheorie gefunden:

Das Bernoulli-Prinzip

Wähle diejenige Lotterie, die den Erwartungswert des Nutzens maximiert.

Die Auswahl einer Entscheidung in einer unsicheren Situation ist also für den Subjektivisten einfach: Er bestimmt die Wahrscheinlichkeiten der möglichen Ereignisse und deren Nutzen und berechnet dann den Erwartungswert des Nutzens. Er trifft die Entscheidung, die den höchsten Nutzen verspricht. Überraschend ist, dass im Bernoulli-Prinzip die Varianz des Nutzens keine Rolle spielt.

Das Petersburger Paradoxon

Ursprünglich wurde im Bernoulli-Prinzip nur der Erwartungswert des Geldes aber nicht der Erwartungswert des Nutzens betrachtet. Daher konnte das sogenannte Petersburger Paradoxon die wissenschaftliche Welt am Ende des 18. Jahrhunderts mit der Erkenntnis konfrontierten: Es gibt Lotterien mit einem unendlich großen Erwartungswert des Gewinns, aber jeder vernünftige Mensch wird nur einen minimalen Einsatz dafür riskieren. Wir haben das Paradoxon in Kapitel 3 bei der Einführung des Erwartungswertes auf Seite 85 kennengelernt, wollen es hier kurz wiederholen:

Bei dieser Lotterie wird eine ideale Münze solange geworfen, bis zum ersten Mal „Adler" fällt. Geschieht dies beim k-ten Wurf, werden $a_k = 2^k$ Geldeinheiten ausgezahlt und das Spiel beendet. Dies geschieht mit Wahrscheinlichkeit

$$\mathcal{P}\,(\text{erstmalig „Adler" beim } k\text{-ten Wurf}) = \left(\frac{1}{2}\right)^k .$$

Die Auszahlung A bei dieser Lotterie ist eine zufällige Variable A mit der Verteilung:

$$\mathcal{P}\left(A = 2^k\right) = \left(\frac{1}{2}\right)^k$$

mit einem unendlich großen Erwartungswert:

$$\mathrm{E}(A) = \sum_{k=1}^{\infty} \left(\frac{1}{2}\right)^k 2^k \to \infty .$$

Trotzdem wird kein vernünftiger Mensch viel Geld für diese Lotterie zahlen. Ein Widerspruch zum Bernoulli-Prinzip? Vier Bemerkungen dazu.

1. Das Spiel arbeitet mit beliebig hohen Auszahlungen 2^k mit beliebig kleinen Wahrscheinlichkeiten 2^{-k}. Kein Mensch hat aber beliebig viel Geld. Beschränkt man die Auszahlung auf maximal 2^N Geldeinheiten und bricht das Spiel mit der Auszahlung 2^N ab, wenn auch beim N-ten Wurf noch nicht „Adler" gefallen ist, so ist:

$$\mathcal{P}\,(\text{Abbruch}) = \mathcal{P}\,(k \geq N) = \sum_{k=N}^{\infty} 2^{-k} = 2^{-N} \sum_{k=0}^{\infty} 2^{-k} = 2^{1-N} .$$

Daher ist bei dieser geänderten Lotterie

$$\mathrm{E}(A) = \sum_{k=1}^{N-1} \left(\frac{1}{2}\right)^k 2^k + 2^{1-N} 2^N = N + 1 .$$

Würde also maximal $2^{10} = 1024$ € gezahlt, so ist das Spiel gerade 11 € wert. Bei einer maximalen Auszahlung von $2^{20} = 1\,048\,576$ € wäre das Spiel 21 € wert.

2. Der erste Lösungsansatz war die Einführung des Nutzens, denn der Nutzen des Gelds wächst nicht linear mit dem Geld. Arbeitet man mit einer logarithmischen Nutzenfunktion $u(x) = \ln(x)$, so gilt bei der unendlichen Lotterie:

$$\mathrm{E}\big(u(A)\big) = \sum_{k=1}^{\infty} 2^{-k} \ln\big(2^k\big) = \ln 2 \sum_{k=1}^{\infty} k \cdot 2^{-k} = 2 \cdot \ln 2 .$$

3. Auch bei dieser logarithmischen Nutzenfunktion ließe sich die Lotterie so modifizieren, dass wieder ein Petersburger Paradoxon entsteht: Es sei generell $u(e)$ eine nach oben unbeschränkte Nutzenfunktion. Dann gibt es eine Folge von Beträgen $e_1, e_2, \ldots, e_n, \ldots$ mit $u(e_k) \geq 2^k$. Zahlt man den Betrag e_k, falls beim k-ten Wurf zum ersten Mal „Adler" fällt, so wächst der Erwartungswert des Nutzen dieses Spiels über alle Grenzen:

$$\mathrm{E}\big(u(A)\big) = \sum_k \left(\frac{1}{2}\right)^k u(e_k) \geq \sum_k \left(\frac{1}{2}\right)^k 2^k \to \infty .$$

Auch hier ist eine Lotterie mit unendlich hohem Erwartungswert des Nutzens entstanden. Dies widerspricht der Nutzentheorie, nach der jeder Lotterie ein endlicher Nutzen zugeordnet werden kann.

4. Konsequenz: Will man ein Petersburger Paradoxon vermeiden und das Bernoulli-Kriterium behalten, so muss man ein weiteres Axiom fordern, nämlich:

Nutzenfunktionen sind beschränkt.

Es darf weder unendlich große Nutzen, noch unendlich große Verluste geben. Um rational zu entscheiden, darf man weder ein Paradies, noch eine Hölle ins Kalkül ziehen. Genau dies aber war der Ansatz bei Pascals berühmter Wette auf die Existenz Gottes, die er in seinen *Pensées* veröffentlichte. Selbst wenn die Wahrscheinlichkeit der Existenz Gottes sehr klein wäre, ist der Nutzen des Paradieses so groß, dass es rational ist, auf die Existenz Gottes zu wetten und sich entsprechend fromm zu verhalten.

Bei höheren Einsätzen müssen wir die Veränderung des Nutzens betrachten

Unsere Risikofreude und unsere Bereitschaft zu wetten hängt auch von unseren gegenwärtigen Lebensumständen ab. Eine faire Wette mit einem Einsatz von einem Euro mag man vielleicht eingehen. Wenn der Einsatz aber 1 000 Euro beträgt, wird man sich dies schon sehr genau überlegen, es sei denn, man wäre im Vorstand einer Bank. Berücksichtigen wir nun den aktuellen Zustand des Handelnden.

Angenommen, Frau Müller überlegt sich, ob sie eine Wette auf A gegen A^C eingehen soll. Nehmen wir weiter an, es sei V das gegenwärtige Vermögen von Frau Müller. Dieses bringt ihr den Nutzen $u\,(V)$. Frau Müller hat die Wahl zwischen zwei Lotterien:

1. Nicht wetten: Dann bleibt ihr Nutzen bei $u\,(V)$.

2. Wetten: Tritt das Ereignis A ein, wird der Betrag g ausgezahlt. Ihr Vermögen steigt auf $V + g$. Dies bringt ihr den Nutzen $u\,(V + g)$. Tritt A^C ein, muss sie $-v$ zahlen; das Vermögen sinkt auf $V - v$, ihr Nutzen auf $u\,(V - v)$ (siehe Abbildung 10.7).

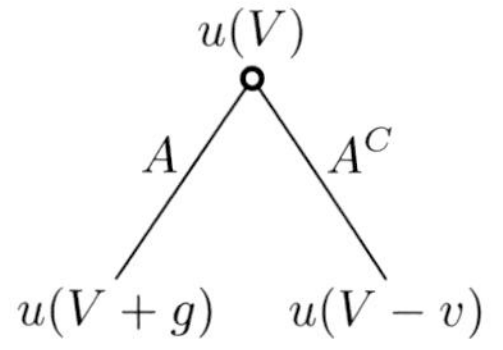

Abbildung 10.7 Tritt das Ereignis A ein, wird der Gewinn g ausgezahlt, steigt der Nutzen von $u\,(V)$ auf $u\,(V + g)$. Beim Verlust von v sinkt er auf $u\,(V - v)$.

Frau Müller wird nach dem Bernoulli-Kriterium die Wette abschließen, falls gilt:

$$u\,(V) < \mathcal{P}\,(A)\,u\,(V + g) + (1 - \mathcal{P}\,(A))\,u\,(V - v)$$

und indifferent, falls die Wahrscheinlichkeit $\mathcal{P}\,(A)$ gleich dem Nutzenquotient ist:

$$\mathcal{P}\,(A) = \frac{u\,(V) - u\,(V - v)}{u\,(V + g) - u\,(V - v)}\,.$$

Bei kleinem g und v ist die Nutzenfunktion in der Umgebung von V annähernd linear. In diesem Fall ist bei Indifferenz

$$\mathcal{P}\,(A) \approx \frac{v}{g + v}\,.$$

Wenn wir also weiter mit nur kleinen Gewinnen und Verlusten spielen, können wir die Nutzenfunktion ignorieren.

Mit ausgefeilten psychologischen Befragungstechniken können subjektive Wahrscheinlichkeiten verlässlich bestimmt werden

In der Praxis werden oft psychologisch verfeinerte Wettsysteme angewendet, um sicherzugehen, dass die befragte Person auch wirklich ihre subjektive Wahrscheinlichkeit angibt und nicht aus Bequemlichkeit schummelt und eine beliebige Zahl angibt, die wenig mit ihrer subjektiven Wahrscheinlichkeit zu tun hat. Dabei wird vorausgesetzt, dass die Befragten ihren Nutzen maximieren wollen.

Beispiel Jemand wird nach der subjektiven Wahrscheinlichkeit eines Ereignisses A gefragt, zum Beispiel werden Sie nach Ihrer Wahrscheinlichkeit gefragt, dass *Hertha Berlin* am nächsten Wochenende gewinnt (Ereignis A). Nun ist es dankbar, dass Sie den unbequemen Frager abwimmeln wollen und einfach irgend eine Zahl q nennen, während Ihre wahre subjektive Wahrscheinlichkeit $\mathcal{P}(A)$ ist.

Damit Sie sich auch Mühe geben, diese ihre persönliche Wahrscheinlichkeit durch intensive Selbsterforschung aus sich heraus zu holen, werden sie folgendermaßen für Ihre Mühe bezahlt: Tritt A ein („Hertha gewinnt"), so erhalten Sie als Belohnung den Betrag $1 - (1 - q)^2$. Tritt A^C ein („Hertha verliert"), so erhalten Sie als Belohnung den Betrag $1 - q^2$. Sie können nun durch Wahl von q selbst bestimmen, wieviel Geld Sie am Wochenende bekommen. (siehe Bild 10.8).

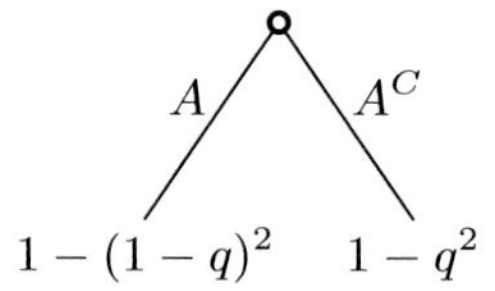

Abbildung 10.8 Der Erwartungswert des Nutzens der Lotterie ist $\mathcal{P}(A)\big(1 - (1-q)^2\big) + \big(1 - \mathcal{P}(A)\big)(1 - q^2)$.

Die Wahl von q entspricht der Wahl einer Lotterie $\mathcal{L}_q$. Bei geringen Geldbeträgen können wir den Betrag mit seinem Nutzen identifizieren, dann ist der Erwartungswert des Nutzens der Lotterie $\mathcal{L}_q$

$$\begin{aligned} u\left(\mathcal{L}_q\right) &= \mathcal{P}(A)\big(1 - (1-q)^2\big) + \big(1 - \mathcal{P}(A)\big)\big(1 - q^2\big) \\ &= 1 - \mathcal{P}\,(A) + \mathcal{P}\,(A)^2 - \big(q - \mathcal{P}(A)\big)^2\,. \end{aligned}$$

Der Erwartungswert des Nutzens ist genau dann maximal, falls $\mathcal{P}(A) = q$ ist. Die ehrliche Antwort wird belohnt. ◀

Menschen verhalten sich mitunter anders, als es die Axiome der Nutzentheorie postulieren

So einleuchtend die Nutzenaxiome auch sind, sie beschreiben unsere Realität nicht vollkommen. Zum Beispiel sind Indifferenzen oft nicht transitiv: Nehme ich mir Zucker zum Kaffee, so ist es mir gleich, ob ein Körnchen Zucker mehr oder weniger dazu kommt. Nehme ich aber laufend ein Körnchen hinzu, erhalte ich am Ende einen ungenießbar verzuckerten Kaffee. Ein verlorenes Haar stört keinen, aber alle Haare verlieren will keiner.

Außerdem müssen die Axiomensysteme auf unendlich viele Entscheidungsalternativen und unendlich viele Ergebnisse erweitert und verfeinert werden. Die Frage der σ-Additivität von Nutzen und Wahrscheinlichkeiten muss behandelt werden. Wir wollen nicht auf die theoretischen Probleme eingehen, sondern betrachten nur wir zwei berühmte Beispiele, die die Nutzenaxiome infrage stellen.

Beispiel Sie können zwischen zwei für Sie kostenlosen Lotterien wählen. Bei der ersten $\mathcal{L}_1$ erhalten Sie 500 € bar auf die Hand. Bei $\mathcal{L}_2$ erhalten Sie mit 10 % Wahrscheinlichkeit 2 500 €, mit 89 % Wahrscheinlichkeit 500 €, mit einer Wahrscheinlichkeit von 1 % gehen Sie leer aus (siehe Abbildung 10.9).

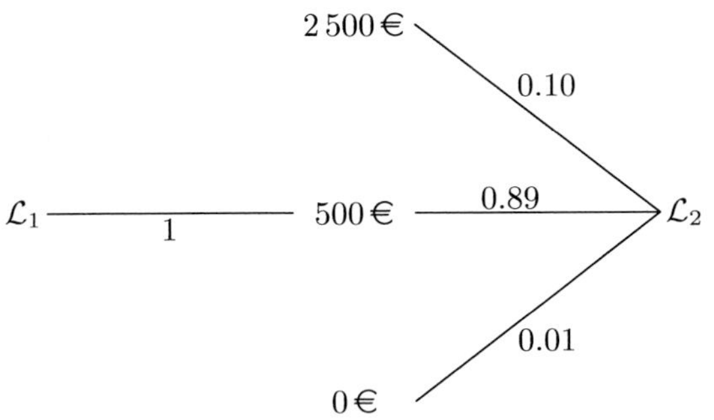

Abbildung 10.9 Sie dürfen zwischen den Lotterien $\mathcal{L}_1$ und $\mathcal{L}_2$ wählen.

Vielen ist der Spatz in der Hand lieber als die Taube auf dem Dach und so ziehen sie den sicheren Gewinn von 500 € dem potentiellen Gewinn von 2 500 € vor, der durch die wenn auch geringe Wahrscheinlichkeit eines Totalverlustes bestraft wird. Sie wählen $\mathcal{L}_1 \succ \mathcal{L}_2$.

Dann werden Sie wieder vor die Wahl zwischen zwei für Sie kostenlosen Lotterien gestellt. Bei $\mathcal{L}_3$ gewinnen Sie mit 10 % Wahrscheinlichkeit 2 500 € und mit 90 % Wahrscheinlichkeit nichts. Bei $\mathcal{L}_4$ gewinnen Sie mit 11 % Wahrscheinlichkeit 500 € und mit 89 % Wahrscheinlichkeit nichts (siehe Abbildung 10.10).

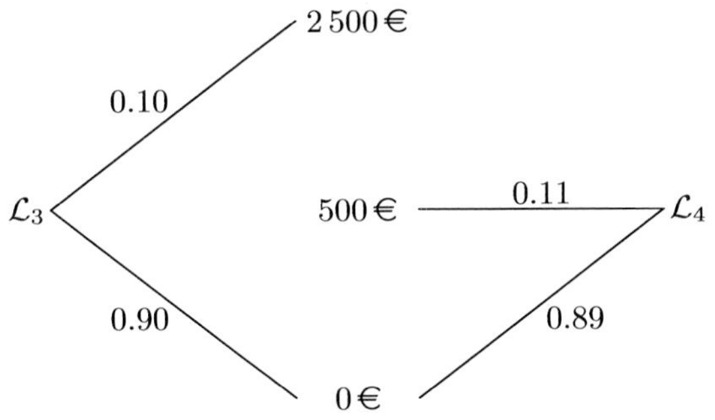

Abbildung 10.10 Sie dürfen zwischen den Lotterien $\mathcal{L}_3$ und $\mathcal{L}_4$ wählen.

Viele, die eben $\mathcal{L}_1 \succ \mathcal{L}_2$ gewählt haben, entscheiden sich nun für $\mathcal{L}_3 \succ \mathcal{L}_4$. Denn die Wahrscheinlichkeit eines Totalverlustes ist bei beiden fast gleich, aber $\mathcal{L}_3$ lockt mit 5-mal so hohem Gewinn.

Leider sind die Präferenzen $\mathcal{L}_1 \succ \mathcal{L}_2$ und $\mathcal{L}_3 \succ \mathcal{L}_4$ inkonsistent, mit den Axiomen nicht verträglich. Aus $\mathcal{L}_1 \succ \mathcal{L}_2$ folgt $u(\mathcal{L}_1) > u(\mathcal{L}_2)$ und damit:

$$\begin{aligned} u(500) &> 0.1u(2500) + 0.89u(500) + 0.01u(0) \\ 0.11u(500) &> 0.1u(2500) + 0.01u(0)\,. \end{aligned} \qquad (10.1)$$

Aus $\mathcal{L}_3 \succ \mathcal{L}_4$ folgt $u(\mathcal{L}_3) > u(\mathcal{L}_4)$. und damit:

$$\begin{aligned} 0.1u(2500) + 0.9u(0) &> 0.11u(500) + 0.89u(0) \\ 0.11u(500) &< 0.1u(2500) + 0.01u(0)\,. \end{aligned} \qquad (10.2)$$

Die Ungleichungen (10.1) und (10.2) widersprechen sich. Verhalten sich die Menschen irrational, oder stimmt die Theorie nicht? Diese Paradoxon wurde von M. Allais in seinem Aufsatz „Le comportement de l'homme rationnel devant le risque. Critique des postulats et axiomes de l'école américaine." (1953, Econometrica 21) vorgestellt und wird seitdem in der Literatur diskutiert. ◀

Das folgende Beispiel stammt von D. Ellsberg und wurde im Aufsatz „Risk, ambiguity and the Savage axioms." 1961 im Quarterly J. of Economics 75, 643–669 veröffentlicht.

Beispiel Eine Urne enthält farbige Kugeln. Ein Drittel ist rot, die anderen können schwarz oder gelb sein. Wieviele schwarze Kugeln und ob überhaupt schwarze dabei sind, ist unbekannt (siehe Abbildung 10.11).

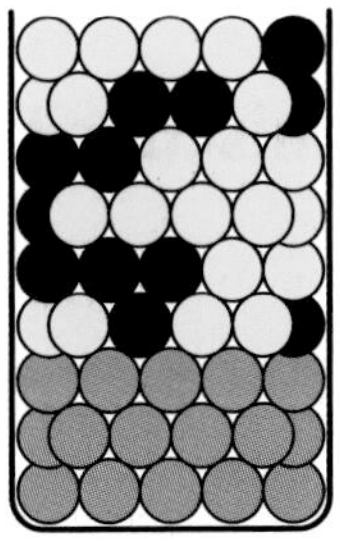

Abbildung 10.11 Die Urne enthält farbige Kugeln. 1/3 sind rot, die anderen schwarz oder gelb.

Zwei für Sie kostenlose Lotterien stehen zur Wahl, bei beiden wird eine Kugel zufällig gezogen und je nach der Farbe wird ein Gewinn ausgezahlt.

Bei $\mathcal{L}_1$ gewinnen Sie, wenn eine rote Kugel gezogen wird, bei $\mathcal{L}_2$, wenn eine schwarze Kugel gezogen wird (siehe Abbildung 10.12). Viele wählen $\mathcal{L}_1$, denn 1/3 Kugeln sind rot, aber wieviele schwarz sind, weiß keiner.

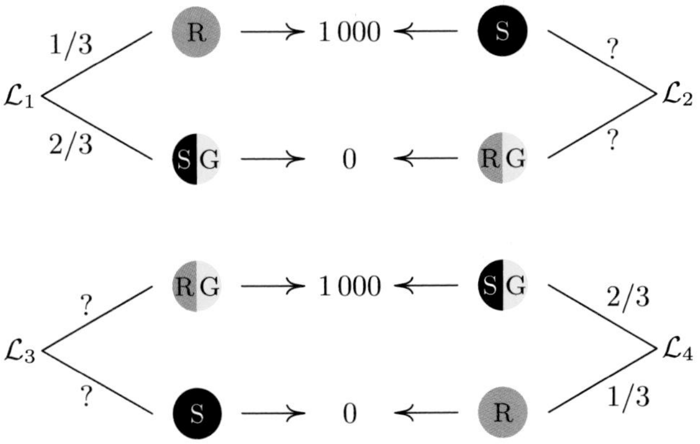

Abbildung 10.12 Die vier Lotterien des Ellsberg Paradoxon. R = rot, G = gelb und S = schwarz.

Nun wird die Lotterie abgeändert, auch bei „Gelb“ wird gewonnen: Bei $\mathcal{L}_3$ gewinnen Sie, wenn eine rote oder gelbe Kugel gezogen wird, bei $\mathcal{L}_4$, wenn eine schwarze oder gelbe Kugel gezogen wird. Die meisten, die vorher $\mathcal{L}_1$ bevorzugt haben, wählen nun $\mathcal{L}_4$. Denn der Anteil der Gewinnkugeln bei $\mathcal{L}_4$ ist 2/3, bei $\mathcal{L}_3$ ist er mindestens 1/3 aber sonst unbekannt. Also:

$$\mathcal{L}_1 \succ \mathcal{L}_2 \text{ und } \mathcal{L}_4 \succ \mathcal{L}_3 .$$

Beides zusammen geht aber nicht:

$\mathcal{L}_1 \succ \mathcal{L}_2$	$\leftrightarrow$	Rot wird für wahrscheinlicher gehalten als Schwarz
$\mathcal{L}_4 \succ \mathcal{L}_3$	$\leftrightarrow$	„Nicht Rot“ wird für wahrscheinlicher gehalten als „Nicht Schwarz“

Verhalten sich die Menschen irrational, oder stimmt die Theorie nicht? Offenbar ziehen viele Menschen eine feste, wenn auch kleine Gewinnwahrscheinlichkeit einer völlig vagen Wahrscheinlichkeit vor. Auch dieses Paradox wird intensiv diskutiert, zum Beispiel bei K. Weichselberger in seinem 2001 erschienenen Buch „Elementare Grundbegriffe einer allgemeineren Wahrscheinlichkeitsrechnung.“ ◀

10.2 Bayesianisches Lernen

Der Satz von Bayes beschreibt die Transformation des Wissens durch Zusatzinformationen. Der Satz gibt an, wie ich mein in Form von *A-priori*-Wahrscheinlichkeiten gefasstes Wissen über die Welt auf Grund stochastischer Informationen in *A-posteriori*-Wahrscheinlichkeit verändern muss, wenn ich mich rational verhalten will.

Beim Lernen geht das Subjekt aus von einem momentanen Wissen über A, dass in der ***A-priori*-Verteilung** $\mathcal{P}(A)$ quantifiziert wird. Dann wird eine Information B geliefert. $\mathcal{P}(B \mid A)$ ist die Wahrscheinlichkeit von B im Licht des Vorwissens A. Die Umrechnung von *A-priori-* in *A-posteriori*-Wahrscheinlichkeit geschieht nach dem Satz von **Bayes**. Darum heißt die gesamte subjektive Schule auch die **bayesianische Schule**.

Erfolgreich angewendet wird die bayesianischen Statistik in allen Bereichen, in denen es darauf ankommt, relevantes Vorwissen und Erkennnise aus Experimenten und Beobachtungen in möglichst einfacher, operational durchsichtiger Form einzubringen und Prognosen für nicht wiederholbare Einzelfallsituationen zu machen.

Mit dem Satz von Bayes werden *A-priori-* in *A-posteriori*-Wahrscheinlichkeiten transformiert

Wir haben den Satz von Bayes für endliche viele diskrete Ereignisse bereits in Kapitel 3 kennengelernt. Wir wiederholen hier noch einmal die Grundbegriffe:

Es seien $A_1, \ldots, A_n$ n einander ausschließende Ereignisse, von denen genau eines eintreten muss und B eine Beobachtung, ein beliebiges anderes Ereignis. Weiter sind:

- $\mathcal{P}(A_j)$ die *A-priori*-Wahrscheinlichkeit von A_j, das Vorwissen über A_j **vor** einer neuen Beobachtung. Die unbedingte Wahrscheinlichkeit spielt eher eine Ausnahmerolle, da jede Bewertung eines A_i auf einem individuellen Wissenschatz beruht. Wird keine Bedingung genannt, so wird das Vorwissen stillschweigend als das gesamte Wissen des jeweils Sprechenden vorausgesetzt.
- $\mathcal{P}(A_j \mid B)$ die *A-posteriori*-Wahrscheinlichkeit von A_j **nach** der Beobachtung von B. Prinzipiell sind alle Wahrscheinlichkeiten bedingt. $\mathcal{P}(A_j \mid B)$ ist die Einschätzung über das Eintreten von A_j auf der Grundlage des subjektiven momentanen Wissens B. $\mathcal{P}(A_j \mid B)$ quantifiziert das Wissen des Subjektes nach dem Experiment. Vor der nächsten Information C ist $\mathcal{P}(A_j \mid B)$ die aktuelle *A-priori*-Verteilung.

$$\mathcal{P}(A) \to \mathcal{P}(A \mid B) \to \mathcal{P}(A \mid BC) \to \mathcal{P}(A \mid BCD) \to \cdots$$

- $\mathcal{P}(B \mid A_j)$ die bedingte Wahrscheinlichkeit von B bei Vorliegen von A_j.
- $\mathcal{P}(B)$ die totale Wahrscheinlichkeit von B ohne Aufschlüsselung nach den möglichen Bedingungen A_i. Nach dem Satz über die totale Wahrscheinlichkeit ist:

$$\mathcal{P}(B) = \sum_{i=1}^{n} \mathcal{P}(B \mid A_i)\,\mathcal{P}(A_i)\ .$$

Der Satz von Bayes

$$\mathcal{P}(A_j \mid B) = \frac{\mathcal{P}(B \mid A_j)}{\mathcal{P}(B)}\mathcal{P}(A_j) = \frac{\mathcal{P}(B \mid A_j)\,\mathcal{P}(A_j)}{\sum_{i=1}^{n} \mathcal{P}(B \mid A_i)\,\mathcal{P}(A_i)}.$$

Für stetige zufällige Variable ist der Satz von Bayes fast noch wichtiger. Wir wiederholen hier noch einmal die Begriffe aus Kapitel 3. Sind X und Y zwei stetige zufällige Variable, dann sind

- $f_{XY}(x; y)$ die gemeinsame Dichte der zufälligen Variablen X und Y,
- $f_{X|Y=y}(x)$ die bedingte Dichte von X bei gegebenem $Y = y$, kurz $f_{X|Y}(x)$,
- $f_{Y|X=x}(y)$ die bedingte Dichte von Y bei gegebenem $X = x$, kurz $f_{Y|X}(y)$,
- $f_X(x) = \int_{-\infty}^{+\infty} f_{X;Y}(x; y)\,dy$ die Randverteilung von X,
- $f_Y(y) = \int_{-\infty}^{+\infty} f_{X;Y}(x; y)\,dx$ die Randverteilung von Y.

Der Satz von der totalen Wahrscheinlichkeit lautet:

$$f_X(x) = \int_{-\infty}^{+\infty} f_{X|Y=y}(x) f_Y(y)\,\mathrm{d}y\ .$$

Der Satz von Bayes für stetige Zufallsvariablen

Es gilt:

$$f_{X|Y=y}(x)\, f_Y(y) = f_{X;Y}(x;y) = f_{Y|X=x}(y)\, f_X(x)$$

oder knapp geschrieben:

$$f_{X|Y} f_Y = f_{X;Y} = f_{Y|X} f_X \,.$$

Eine besondere Bedeutung gewinnt der Satz von Bayes, wenn eine der beiden Variablen im objektivistischen Sinn ein Parameter ist. Nun unterscheiden sich die objektivistische bzw. frequentistische Interpretation und die subjektive Interpretation der Bedeutung einer parametrisierte Dichte.

Objektivistische, frequentistische Interpretation:

Θ	Parametermenge,
θ	fester Parameter; $\theta \in \Theta$,
$f_Y(y\|\|\theta)$	bei festem θ: die Dichte von Y bei gegebenem θ, bei festem y: die Likelihood von θ.

Subjektive Interpretation

Θ	zufällige Variable mit eigener (oft unbekannter) Verteilung,
θ	Realisation von Θ,
$f_{Y;\Theta}(y;\theta)$	die gemeinsame Verteilung von Y und Θ,
$f_{Y\|\Theta=\theta}(y)$	bei festem θ: bedingte Dichte von Y gegeben θ. Kurz auch $f_{Y\|\Theta}(y)$ oder $f_{Y\|\Theta}$,
$f_{\Theta\|Y=y}(\theta)$	bei festem y: die *A-posteriori*-Verteilung von Θ. Kurz auch $f_{\Theta\|Y}(\theta)$ oder $f_{\Theta\|Y}$
$f_Y(y)$	die Randverteilung von Y,
$f_\Theta(\theta)$	*A-priori*-Dichte von θ, Grad der Plausibilität von θ.

Der Satz von Bayes für parametrisierte Dichten

$$f_{\Theta|Y=y}(\theta) = \frac{f_{Y|\Theta=\theta}(y) \cdot f_\Theta(\theta)}{f_Y(y)}\,.$$

Bis auf die Integrationskonstante $f_Y(y)$ ist $f_{Y|\Theta} f_\Theta$ die *A-posteriori*-Dichte von Θ. Zur Bestimmung der *A-posteriori*-Verteilung $f_{\Theta|Y}$ muss daher die Beobachtung y selbst nicht explizit bekannt zu sein. Es genügt ein Produkt $g(y) \cdot f_{Y|\Theta}(y)$ zu kennen, mit einer beliebigen Funktion $g(y)$, die nicht von θ abhängt. Bezüglich θ ist g eine Konstante, die bei der Normierung der Dichte auf Eins heraus fällt.

Betrachten wir $f_{Y|\Theta=\theta}(y)$ bei festem y als Funktion von θ, so ist $f_{Y|\Theta=\theta}(y)$ nichts anderes als $f_Y(y \parallel \theta)$, die wohlbekannte Likelihood. Der Satz von Bayes lässt sich dann auch aussprechen als:

$$f_{\Theta|Y} \simeq f_{Y|\Theta} f_\Theta$$

***A-posteriori*-Dichte $\simeq$ Likelihood $\cdot$ *A-priori*-Dichte.**

Also gilt für Bayesianer das Likelihood-Prinzip: Die gesamte Information der Stichprobe über den Parameter ist in der Likelihood enthalten. Insoweit stimmen Objektivisten und Subjektivisten überein. Aber der Bayesianer benutzt noch eine zweite Informationsquelle, nämlich die *A-priori*-Verteilung, auf die der Objektivist verzichten muss.

Achtung: Die bei Objektivisten oft verwendete Bezeichnung $f_Y(y;\theta)$ anstelle von $f_Y(y \parallel \theta)$ kann hier zu Verwechslungen führen, da für den Subjektivisten $f_{Y;\Theta}(y;\theta)$ die gemeinsame Dichte von Y und Θ ist. Der Unterschied, ob θ als Parameter oder als Zufallsvariablen aufgefasst wird, ist relevant, wenn statt θ eine Funktion $\tau = \tau(\theta)$ betrachtet wird. Beim Objektivisten handelt es sich dann um eine bloße Umbenennung eines Parameters, $f_Y(y \parallel \tau) = f_Y(y \parallel \tau(\theta))$, beim Subjektivisten transformiert sich die Dichte nach dem Transformationssatz $f_{Y;\tau}(y;\tau) = f_{Y;\theta}(y;\theta)\frac{d\theta}{d\tau}$.

Wir werden im Folgenden der Einfachheit halber bei Wahrscheinlichkeitsverteilungen stets nur die Dichteschreibweise verwenden. Dies ist bei diskreten Zufallsvariablen unproblematisch, wenn wir $f_X(x)$ als $\mathcal{P}(X = x)$ und Integrale als Summe lesen. Die tiefere Rechtfertigung liegt darin, dass wir nach einer Erweiterung des Integral- und Dichtebegriffs auf der Basis des Satzes von Radon-Nikodym alle relevanten Wahrscheinlichkeitsaussagen mit Dichten formulieren können.

Lernen bei binomialverteilten Daten

Ein Ereignis A, der „Erfolg", trete bei einem Versuch mit der unbekannten Wahrscheinlichkeit θ auf. Der Versuch wird n-mal unabhängig voneinander wiederholt. Y ist die Anzahl der Erfolge. Es wurde $Y = y$ beobachtet. Dann gilt:

$$Y \sim B_n(\theta),$$
$$f_{Y|\Theta=\theta}(y) = \binom{n}{y}\theta^y (1-\theta)^{n-y}\,.$$

Dabei haben wir der Einfachheit halber auch für die diskrete Wahrscheinlichkeit die Dichteschreibweise verwendet. Der Objektivist könnte nun ein Konfidenzintervall für θ aufstellen oder den ML-Schätzer $\widehat{\theta}_{ML} = \frac{y}{n}$ verwenden. Beim bayesianischen Ansatz wird die Unsicherheit über Θ durch eine *A-priori*-Verteilung beschrieben. Diese gibt an, wie wahrscheinlich das handelnde Subjekt die möglichen Werte des unbekannten Parameters hält.

Ist die Beobachtung binomialverteilt, so wird als *A-priori*-Verteilung am elegantesten eine Betaverteilung für Θ gewählt (siehe Seite 184). Diese Verteilung nimmt nur Werte zwischen 0 und 1 an und ist außerordentlich flexibel zur Darstellung von linkssteilen über unimodalen bis zu rechtssteilen Verteilungen. Es sei also:

$$\Theta \sim \text{Beta}(\alpha;\beta)\,,$$
$$f_{\text{Beta}(\alpha;\beta)}(\theta) \simeq \theta^{\alpha-1}(1-\theta)^{\beta-1}\,.$$

Die a posteriori Verteilung für Θ ergibt sich aus:

$$\begin{aligned} f_{\Theta|Y=y}(\theta) &\simeq f_{Y|\Theta=\theta}(y)\, f_{\text{Beta}(\alpha;\beta)}(\theta) \\ &\simeq \theta^{y}(1-\theta)^{n-y}\,\theta^{\alpha-1}(1-\theta)^{\beta-1} \\ &\simeq \theta^{\alpha+y-1}(1-\theta)^{n-y+\beta-1}\ . \end{aligned}$$

Also ist bei gegebenem y die *A-posteriori*-Verteilung von Θ eine Beta$(\alpha+y;\beta+n-y)$-Verteilung. Die Beobachtung bewirkt einen Wechsel von der Beta$(\alpha;\beta)$- zur Beta $(\alpha+y;\beta+n-y)$-Verteilung. Die *A-posteriori*-Verteilung gehört zur gleichen Verteilungsfamilie wie die a-prori-Verteilung. Lediglich die Parameter haben sich verschoben. Man sagt: Die Binomialverteilung und die Betaverteilung sind **konjugierte Verteilungen**. Sie passen optimal zueinander. Wir werden den Begriff in einer Vertiefung auf Seite 424 aufgreifen.

Beispiel Es seien $n=10$; $y=3$ und $\alpha=\beta=2$. Dann ist die Likelihood von θ

$$f_{Y|\Theta=\theta}(y) \simeq \theta^{3}(1-\theta)^{7}\ .$$

Die *A-priori*-Dichte sei proportional zu

$$f_{\text{Beta}(\alpha;\beta)}(\theta) \simeq \theta(1-\theta)\ ,$$

die *A-posteriori*-Dichte ist dann proportional zu

$$f_{\Theta|Y=y}(\theta) \simeq \theta^{4}(1-\theta)^{8}\ .$$

In der Abbildung 10.13 sind die beiden Dichten und die Likelihood gezeichnet. Um die Likelihood in der Größenordnung mit den anderen beiden Dichten vergleichbar zu machen, wurden die Flächen unter allen drei Kurven auf 1 normiert.

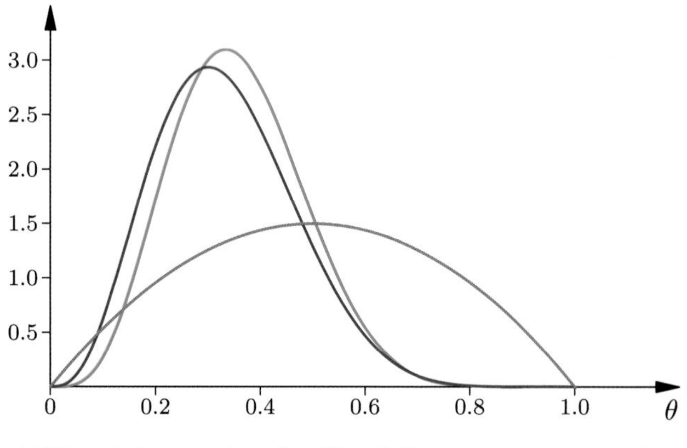

Abbildung 10.13 *A-priori*-Verteilung: blau, Likelihood: rot, *A-posteriori*-Verteilung: grün. ◀

Lernen bei normalverteilten Daten

Die beobachtbare Zufallsvariablen Y besitze eine n-dimensionale Normalverteilung

$$\boldsymbol{Y}\,|_{\boldsymbol{\theta}} \sim N_n(\boldsymbol{\theta};\boldsymbol{C})\ .$$

Dabei sei die Kovarianzmatrix $\boldsymbol{C}$ fest, bekannt und hänge nicht explizit vom unbekannten $\boldsymbol{\theta}$ ab. Die Unsicherheit über das unbekannte $\boldsymbol{\theta}$ wird in einer Wahrscheinlichkeitsverteilung für $\boldsymbol{\theta}$ gefasst. Dabei wird $\boldsymbol{\theta}$ als Realisation einer normalverteilten Variable $\boldsymbol{\Theta}$ aufgefasst:

Die *A-priori*-Verteilung von $\boldsymbol{\Theta}$ wird als Normalverteilung mit bekanntem Erwartungswert μ und bekannter Kovarianzmatrix $\boldsymbol{C}_{\boldsymbol{\Theta}}$ modelliert:

$$\boldsymbol{\Theta} \sim N_n(\mu;\boldsymbol{C}_{\boldsymbol{\Theta}})\ .$$

Wie wir im Rahmen der bayesianischen Regressionsrechnungauf Seite 432 und speziell auf Seite 433 zeigen, ist bei gegebenem $\boldsymbol{y}$ die *A-posteriori*-Verteilung von $\boldsymbol{\Theta}$ wiederum eine Normalverteilung:

$$\boldsymbol{\Theta}\,|_{\boldsymbol{y}} \sim N_n\left(\boldsymbol{\vartheta};\boldsymbol{C}_{\boldsymbol{\Theta}|_{\boldsymbol{y}}}\right)\ .$$

Dabei ist

$$\boldsymbol{\vartheta} = \left(\boldsymbol{C}^{-1}+\boldsymbol{C}_{\boldsymbol{\Theta}}^{-1}\right)^{-1}\left(\boldsymbol{C}^{-1}\boldsymbol{y}+\boldsymbol{C}_{\boldsymbol{\Theta}}^{-1}\mu\right), \tag{10.3}$$

$$\boldsymbol{C}_{\boldsymbol{\Theta}|_{\boldsymbol{y}}} = \left(\boldsymbol{C}^{-1}+\boldsymbol{C}_{\boldsymbol{\Theta}}^{-1}\right)^{-1}. \tag{10.4}$$

Speziell gilt für eindimensionale Normalverteilungen:

$$\begin{aligned} Y &\sim N\left(\theta;\sigma^2\right)\ , \\ \Theta &\sim N\left(\mu;\sigma_{\Theta}^2\right)\ , \\ \Theta \mid y &\sim N\left(\vartheta;\sigma_{\Theta|_y}^2\right). \end{aligned}$$

Dabei ist

$$\vartheta = \frac{y\cdot\sigma_{\Theta}^2+\mu\cdot\sigma^2}{\sigma_{\Theta}^2+\sigma^2}\ , \tag{10.5}$$

$$\sigma_{\Theta|y}^2 = \frac{\sigma_{\Theta}^2\cdot\sigma^2}{\sigma_{\Theta}^2+\sigma^2}\ . \tag{10.6}$$

Die Formel wird anschaulicher, wenn wir statt mit den Kovarianzmatrizen $\boldsymbol{C}$, mit ihren Inversen, den Konzentrationsmatrizen $\boldsymbol{C}^{-1}$, arbeiten. Bei eindimensionalen Normalverteilung $N\left(\mu;\sigma^2\right)$ ist die Konzentrationsmatrix nichts anderes als die Inverse der Varianz. Wir können $1/\sigma^2$ als die Präzision der Verteilung interpretieren: Je kleiner σ^2 umso größer die Präzision. Mit diesem Begriff gewinnen die Formeln eine einleuchtende Bedeutung:

- Die Präzision der *A-posteriori*-Verteilung ist die Summe aus der Präzision der Stichprobe und der Präzision der *A-priori*-Verteilung.
- Der Erwartungswert der *A-posteriori*-Verteilung ist das gewogene Mittel des beobachteten Wertes aus der Stichprobe und des Erwartungswertes der *A-priori*-Verteilung, die mit ihren jeweiligen Präzisionen gewichtet werden.

Beispiel Es sei $Y \sim N(\theta;1)$. Von θ wissen wir relativ wenig, nur dass θ zwischen plus und minus dreißig und dabei eher in der Mitte als am Rande liegt. Wir wählen daher zum Beispiel für θ als *A-priori*-Verteilung eine Normalverteilung mit einer sehr großen Varianz: $\Theta \sim N(0;10)$.

Beobachtet wird $y = 5$. Wie lässt sich daraus unser vages Vorwissen präzisieren? Die *A-posteriori*-Verteilung von Θ ist nun:

$$\Theta \mid y \sim N(\vartheta; \tau^2),$$
$$\vartheta = \frac{5 \cdot 10}{10+1} = 4.5455,$$
$$\sigma^2_{\Theta|y} = \frac{10}{10+1} = 0.909.$$

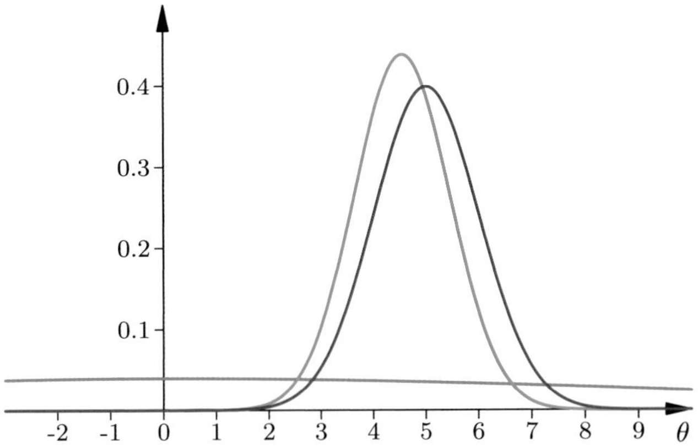

Abbildung 10.14 *A priori*: blau; Likelihood: rot; *a posteriori*: grün. ◀

Bayesianische Intervallschätzer und Tests

Da unbekannte Parameter als zufällige Variable verstanden werden, lässt sich jedes Prognoseintervall für Θ

$$\mathcal{P}_{\Theta|Y}(\Theta \in B) \geq 1 - \alpha$$

als Bereichsschätzer für Θ zu verwenden. Dabei ist es insofern einem objektivistischen Konfidenzintervall überlegen, als es eine uneingeschränkte Wahrscheinlichkeitsbedeutung besitzt (siehe Abbildung 10.15).

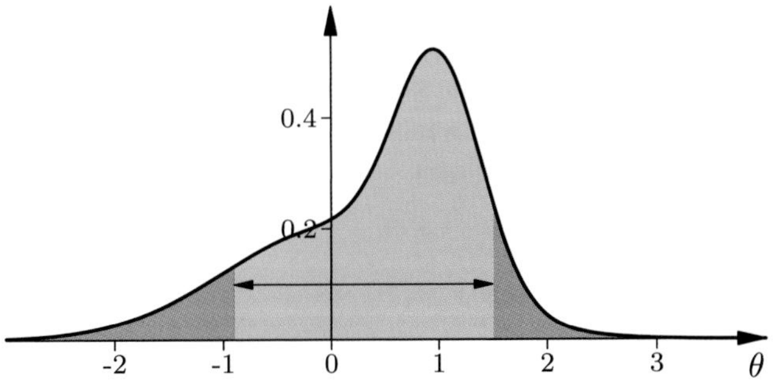

Abbildung 10.15 Dichte und Prognoseintervall.

Wählt man für B den Bereich maximaler Dichte, so erhält man Bereiche minimaler Länge.

Auch zu Tests gibt es bayesianische Entscheidungsstrategien: Sind A und B geeignete Teilmengen des Parameterraums, dann kann die Hypothese $H_0: \theta \in A$ gegendie Alternative $H_1: \theta \in B$ getestet werden. Dabei werden im **Bayes-Faktor**

$$\frac{\mathcal{P}(\theta \in A \mid \mathbf{y})}{\mathcal{P}(\theta \in B \mid \mathbf{y})} : \frac{\mathcal{P}(\theta \in A)}{\mathcal{P}(\theta \in B)}$$

die *A-priori*-Wahrscheinlichkeiten $\frac{\mathcal{P}(\theta \in A)}{\mathcal{P}(\theta \in B)}$ mit den *A-posteriori*-Wahrscheinlichkeiten $\frac{\mathcal{P}(\theta \in A \mid \mathbf{y})}{\mathcal{P}(\theta \in B \mid \mathbf{y})}$ verglichen. Je größer der Bayes-Faktor, umso stärker spricht y für H_0 und gegen H_1.

10.3 Bayesianische Entscheidungstheorie

Beobachten, Lernen und Handeln sind die drei Pfeiler der bayesianischen Statistik. Zwei haben wir kurz betrachtet. Nun wollen wir uns dem dritten zuwenden. Dabei wollen wir wie bisher zur geschlossenen Darstellung von Wahrscheinlichkeiten mit Dichten arbeiten.

Die Ausgangssituation.

- Der Handelnde oder Entscheidende befindet sich in einer Umwelt, die verschiedene, ihm unbekannte Zustände annehmen kann. Diese Umweltzustände sind mit $\theta \in \boldsymbol{\Theta}$ parametrisiert. $\boldsymbol{\Theta}$ ist der Parameterraum der Umweltzustände θ. Die *A-priori*-Wahrscheinlichkeit der Zustände θ ist durch die *A-priori*-Dichte $f_\Theta(\theta)$ bestimmt.
- Der Handelnde muss eine von vielen möglichen Aktionen $a \in \boldsymbol{A}$ aus einem Aktionenraum $\boldsymbol{A}$ ergreifen.
- Der Handelnde ist nicht blind, sondern er beobachtet seine Umwelt, bevor er eine Aktion ergreift, und versucht aus der Beobachtung X Schlüsse über θ zu ziehen. X ist eine Zufallsvariable, deren Verteilung vom Umweltzustand θ abhängt. $f_{X|\Theta=\theta}(x)$ ist die bedingte Dichte von X beim Umweltzustand θ. Wurde $X = x$ beobachtet, stützt der Handelnde seine Entscheidungnicht mehr auf die *A-priori*-Dichte $f_\Theta(\theta)$, sondern auf die *A-posteriori*-Dichte $f_{\Theta|x}(\theta \mid x)$ von Θ.
- Der Handelnde ist vorauschauend, er überlegt sich, welche Aktion a er ergreifen soll, wenn er die Information x erhält. Er entwirft eine Strategie $\delta \in \boldsymbol{D}$, die jedem x eine Aktion $a = \delta(x)$ zuordnet. Dabei ist $\boldsymbol{D}$ der Raum der „möglichen Strategien" (δ und $\boldsymbol{D}$ wie „decision").
- Der Handelnde muss die Konsequenz seiner Entscheidung berücksichtigen. Entscheidet er sich für die Aktion a, und ist θ der aktuelle Umweltzustand, so entsteht der Verlust

  $$r(a; \theta),$$

  beziehungsweise im günstigen Fall ein Gewinn als negativer Verlust. Aber θ ist zufällig. Mitteln wir noch über die möglichen Umweltzustände, erhalten wir das **Risiko der Aktion** a

  $$r(a) = \mathrm{E}(r(a; \Theta)).$$

  War a die Wahl bei der Strategie δ nach Beobachtung von x, so entsteht der Verlust

  $$r(\delta(x); \theta).$$

Vertiefung: Konjugierte Verteilungen und die Exponentialfamilie

Existiert ein Freiraum bei der Wahl der *A-priori*-Verteilung, dann wird man eine solche wählen, bei der die Berechnung der *A-posteriori*-Verteilung möglichst einfach wird. Dies ist bei konjugierten Verteilungsfamilien der Fall.

Bei einer konjugierten Verteilungsfamilie harmonieren die Verteilung der beobachteten Variable $\boldsymbol{y}$ und die mit einem Meta-Parameter $\boldsymbol{\beta}$ parametrisierte *A-priori*-Verteilung des Parameters Θ besonders gut miteinander. Durch die Beobachtung von $\boldsymbol{y}$ wird die *A-priori*-Verteilung nur durch eine *A-posteriori*-Verteilung aus der gleichen Verteilungsfamilie ausgetauscht, im Grunde ändert sich nur der Meta-Parameter $\boldsymbol{\beta}$.

Beispiele für solche konjugierten Verteilungsfamilien zeigt die unten angegebene Tabelle. Da hier sowohl stetige wie diskrete Verteilungen auftreten, ist es formal am einfachsten, alle Verteilungen mit „Dichten" zu beschreiben. Diese können wir entweder – wie im Anhang erklärt – formal streng als Radon-Nikodym-Dichten auffassen, oder wir lesen bei diskreten Verteilungen die „Dichten" nur als andere Schreibweise für diskrete Wahrscheinlichkeiten.

Die Dichtefamilien $\left\{f_{Y|\Theta=\theta}(y) \mid \theta \in \Theta\right\}$ und $\{f_\Theta(\theta)\}$ sind konjugiert, wenn $f_{\Theta|Y=y}(\theta)$ zur gleichen Verteilungsfamilie gehört wie $f_\Theta(\theta)$.

Auf den ersten Blick ist nicht erkennbar, dass z. B. Binomial-, Poisson-, Exponential-, Normal-, Beta- und Gammaverteilung zu einer großen umfassenden Verteilungsfamilie gehören. Schauen wir uns zum Beispiel die logarithmierte Dichte der Normalverteilung an. Mit $\boldsymbol{\theta} = (\mu; \sigma)$ erhalten wir:

$$f(y\|\boldsymbol{\theta}) = \frac{1}{\sqrt{2\pi}\sigma} \mathrm{e}^{-\frac{1}{2\sigma^2}(y-\mu)^2},$$

$$\ln f(y\|\boldsymbol{\theta}) = -\frac{y^2}{2\sigma^2} + \frac{y\mu}{\sigma^2} - -\ln\left(\sqrt{2\pi}\sigma\right) - \frac{\mu^2}{2\sigma^2}.$$

Achten wir auf die Verknüpfung von Parameter $\boldsymbol{\theta}$ und Beobachtung $\boldsymbol{y}$. Hier bei der Normalverteilung und bei allen anderen Verteilungen der Tabelle gilt:

$$\ln f(y\|\boldsymbol{\theta}) = a(y) + \sum_{i=1}^{k} b_i(y) c_i(\boldsymbol{\theta}) + d(\boldsymbol{\theta})$$

mit geeigneten Funktionen a, b_i, c_i und d. Fasst man die b_i und c_i zu vektorwertigen Funktionen $\boldsymbol{b}$ und $\boldsymbol{c}$ zusammen, erhalten wir:

Die Exponentialfamilie

Die Verteilung der zufälligen Variablen $\boldsymbol{Y}$ gehört zur Exponentialfamilie, wenn ihre logarithmierte Dichte die Gestalt hat:

$$\ln f_Y(\boldsymbol{y}\|\boldsymbol{\theta}) = a(\boldsymbol{y}) + \boldsymbol{c}^\top(\boldsymbol{\theta})\boldsymbol{b}(\boldsymbol{y}) + d(\boldsymbol{\theta}). \qquad (10.7)$$

Gehört die Verteilung von $\boldsymbol{Y}$ zur Exponentialfamilie, dann lohnt es sich, die *A-priori*-Verteilung von θ ebenfalls in der Exponentialfamilie zu suchen:

$$\ln f_\Theta(\boldsymbol{\theta}) = A(\boldsymbol{\theta}) + \boldsymbol{B}^\top(\boldsymbol{\theta})\boldsymbol{C}(\boldsymbol{\beta}) + D(\beta). \qquad (10.8)$$

Die mit dem Meta-Parameter $\boldsymbol{\beta}$ parametrisierte Verteilung von $\boldsymbol{\Theta}$ ist konjugiert zur Verteilung von $\boldsymbol{y}$, wenn $\boldsymbol{B}(\boldsymbol{\theta}) = \boldsymbol{c}(\boldsymbol{\theta})$ übereinstimmt. Dann ist

$$\ln f_Y(\boldsymbol{y}\|\boldsymbol{\theta}) = a(\boldsymbol{y}) + \boldsymbol{B}^\top(\boldsymbol{\theta})\boldsymbol{b}(\boldsymbol{y}) + d(\boldsymbol{\theta}). \qquad (10.9)$$

Die logarithmierte *A-posteriori*-Verteilung ist die Summe von 10.8 und 10.9:

$$\begin{aligned}\ln f_{\theta|y}(\boldsymbol{\theta}) &= [d(\boldsymbol{\theta}) + A(\boldsymbol{\theta})] + \boldsymbol{B}(\boldsymbol{\theta})^\top[\boldsymbol{b}(\boldsymbol{y}) + \boldsymbol{C}(\boldsymbol{\beta})] \\ &\quad + [a(\boldsymbol{y}) + D(\boldsymbol{\beta})] \\ &= A^*(\boldsymbol{\theta}) + \boldsymbol{B}(\boldsymbol{\theta})^\top \boldsymbol{C}^*(\beta) + D^*(\boldsymbol{\beta}) \qquad (10.10)\end{aligned}$$

Vergleichen wir 10.8 und 10.10, dann sehen wir, dass die *A-posteriori*-Verteilung zur gleichen Exponentialfamilie gehört wie die *A-priori*-Verteilung, nur die Parametrisierung hat sich geändert.

Die Exponentialfamilie spielt in der theoretischen Statistik eine herausragende Rolle. So lässt es sich zeigen, dass überhaupt nur in der Exponentialfamilie ein erwartungstreuer Schätzer die Rao-Cramer-Schranke annehmen kann. Auch wird durch eine suffiziente Statistik nur dann eine Dimensionsreduzierung erreicht, wenn die Beobachtungen einer Exponentialfamilie entstammen.

Likelihood		konjugierte Verteilung	
$f_{Y\|\Theta=\theta}(y)$		*a priori* $f_\Theta(\theta)$	*a posteriori* $f_{\Theta\|Y=y}(\theta)$
Binomial	$Y \sim B_n(\theta)$	$\Theta \sim \text{Beta}(\alpha; \beta)$	$\Theta \mid y \sim \text{Beta}(\alpha + y; \beta + n - y)$
Poisson	$Y \sim \text{PV}(\lambda)$	$\Lambda \sim \text{Gamma}(\alpha; \beta)$	$\Lambda \mid y \sim \text{Gamma}(\alpha + y; \beta + 1)$
Exponential	$Y \sim \text{Exp}(\theta)$	$\Theta \sim \text{Gamma}(\alpha; \beta)$	$\Theta \mid y \sim \text{Gamma}(\alpha + 1; \beta + y)$
Normal	$Y \sim N(\theta; \sigma_Y^2)$	$\Theta \sim N(\mu; \sigma_\Theta^2)$	$\Theta \mid y \sim N(\vartheta; \sigma_{\Theta\|y}^2)$

x ist die Realisation der Zufallsvariablen X, daher ist auch der Verlust eine Zufallsvariable. Ihr Erwartungswert ist das **Risiko der Strategie** δ beim festen Umweltzustand θ:

$$\begin{aligned} r(\delta \mid \theta) &= \underset{X|\Theta=\theta}{\mathrm{E}} r(\delta(X);\theta) \\ &= \int r(\delta(x);\theta) f_{X|\Theta=\theta}(x)\,\mathrm{d}x . \end{aligned}$$

Um Missverständnisse zu vermeiden, schreiben wir unter den Erwartungswert-Operator E den Namen der Variable, über die der Erwartungswert gebildet wird. Dies vor allem, wenn wir bei zwei Variablen Erwartungswerte über bedingte Verteilungen berechnen. Aber θ ist zufällig. Mitteln wir noch über die möglichen Umweltzustände, so erhalten wir schließlich das **Risiko der Strategie** δ:

$$r(\delta) = \underset{\Theta}{\mathrm{E}}\left(\underset{X|\Theta=\theta}{\mathrm{E}} r(\delta(X);\theta)\right) = \underset{X;\Theta}{\mathrm{E}} r(\delta(X);\Theta) .$$

Wie soll der Handelnde sich nun entscheiden? Diese Frage kann der Bayesianer aufgrund des universellen Bernoulli-Kriteriums sofort beantworten: Handele so, dass der Erwartungswert des Verlustes minimiert wird.

Die Bayes-Strategie

Die Bayes-Handlung bzw. Bayes-Strategie minimiert das Risiko:

$$\begin{aligned} a_{Bayes} &= \arg\min_{a\in A} r(a), \\ \delta_{Bayes} &= \arg\min_{\delta\in D} r(\delta) . \end{aligned}$$

Reine und gemischte Strategien

Da es bei der Beurteilung einer Handlung oder einer Strategie nur auf den Erwartungswert des Verlustes ankommt, öffnet sich dem Bayesianer ein weiterer Handlungsspielraum. Seine Strategien schreiben ihm die Handlungen nur noch mit gewissen Wahrscheinlichkeiten vor. Er kann zwischen den möglichen Handlungen und Strategien randomisieren. Die letzte Entscheidung, was nun im Konkreten getan wird, fällt der Würfel. Damit ist „Spionage" weitgehend entkräftet, wenn der Gegner herauskriegen will, wie ich mich entscheide und er erkennen muss, dass ich es selbst noch gar nicht weiß.

Beispiel Sind δ_1 und δ_2 zwei reine Strategien, und ergreife ich mit Wahrscheinlichkeit α die Strategie δ_1 und mit Wahrscheinlichkeit $1-\alpha$ die Strategie δ_2, dann wird durch

$$\delta = \begin{cases} \delta_1 \text{ mit Wahrscheinlichkeit } \alpha , \\ \delta_2 \text{ mit Wahrscheinlichkeit } 1-\alpha \end{cases}$$

eine gemischte Strategie definiert. Wir schreiben dafür:

$$\delta = \alpha\delta_1 + (1-\alpha)\,\delta_2 .$$

Nach der Beobachtung x wird mit Wahrscheinlichkeit α die Aktion $\delta_1(x)$ und mit Wahrscheinlichkeit $1-\alpha$ die Aktion $\delta_2(x)$ ergriffen:

$$\delta(x) = \begin{cases} \delta_1(x) \text{ mit Wahrscheinlichkeit } \alpha , \\ \delta_2(x) \text{ mit Wahrscheinlichkeit } 1-\alpha . \end{cases}$$

$\delta(x)$ ist eine Wahrscheinlichkeitsverteilung über den Aktionen. Man spricht daher auch von einer gemischten Aktion.

Es kommt bei der gemischten Strategie δ auf das Gleiche heraus, ob man *a priori* über den Strategien randomisiert, sich gleich zu Anfang mit Wahrscheinlichkeit α für δ_1 und mit Wahrscheinlichkeit $1-\alpha$ für δ_2 entscheidet und dann nur noch nach der einmal gewählten – nun reinen – Strategie verfährt, oder ob man erst nach Beobachtung von x den Zufall mit Wahrscheinlichkeit α zwischen $\delta_1(x)$ und $\delta_2(x)$ entscheiden lässt. ◀

Reine Strategie und gemischte Strategien

Eine gemischte Strategie δ ist eine Wahrscheinlichkeitsverteilung über den Strategien. Bei gegebenem x gibt $\delta(x)$ an, mit welcher Wahrscheinlichkeit die einzelnen Aktionen ergriffen werden sollen. Dagegen gibt eine reine Strategie für jedes x eine feste, determinierte Aktion an.

Zur Bestimmung der Risiken wird bei gemischten Strategien zusätzlich zur Mittelung über θ und x noch über die Wahrscheinlichkeitsverteilung der Aktionen bzw. der Strategien gemittelt.

Ist wie im obigen Beispiel $\delta = \alpha\delta_1 + (1-\alpha)\,\delta_2$ eine aus den reinen Strategien δ_1 und δ_2 gemischte Strategie, dann ist

$$\begin{aligned} r(\delta(x),\theta) &= \alpha r(\delta_1(x),\theta) + (1-\alpha)\, r(\delta_2(x),\theta) , \\ r(\delta,\theta) &= \alpha r(\delta_1,\theta) + (1-\alpha)\, r(\delta_2,\theta) , \\ r(\delta) &= \alpha r(\delta_1) + (1-\alpha)\, r(\delta_2) . \end{aligned}$$

Dominierte und zulässige Strategien

Je nach Umweltzustand ist mal die eine, mal die andere Strategie besser. Aber manche Strategien sind immer schlechter als die anderen. Diese können wir von vorherein aussortieren.

Dominierte und zulässige Strategien

Eine Strategie δ wird durch die Strategie δ^* **dominiert**, wenn δ^* bei keinem Wert von θ schlechter ist als δ und bei mindestens einem θ echt besser ist als δ:

$$\begin{aligned} r(\delta \mid \theta) &\geq r(\delta^* \mid \theta) \quad \forall\theta , \\ r(\delta \mid \theta) &> r(\delta^* \mid \theta) \quad \text{für mindestens ein } \theta . \end{aligned}$$

Man sagt kurz: δ ist eine dominierte Strategie. δ ist genau dann eine **zulässige** Strategie, wenn δ keine dominierte Strategie ist.

Grafische Darstellung von Strategien bei endlich vielen Umweltzuständen

Jede Strategie wird nur nach ihren Risiken beurteilt. Zwei Strategien, die bei allen Umweltzuständen jeweils dieselben Verluste erzeugen, beziehungsweise Risiken besitzen, unterscheiden sich vom Standpunkt der Entscheidungstheorie nicht. Sind $\theta_1, \dots, \theta_k$ die möglichen Umweltzustände, so lässt sich jede Strategie δ durch ihre Risiken bei den verschiedenen Umweltzuständen als Punkt des $\mathbb{R}^k$ darstellen:

$$\delta \Longrightarrow \begin{pmatrix} r(\delta \mid \theta_1) \\ \vdots \\ r(\delta \mid \theta_k) \end{pmatrix} \in \mathbb{R}^k .$$

Ist $\mathbf{\Delta}$ die Menge der möglichen reinen Strategien, so heißt

$$\mathcal{R} := \left\{ \begin{pmatrix} r(\delta \mid \theta_1) \\ \vdots \\ r(\delta \mid \theta_k) \end{pmatrix} \in \mathbb{R}^k \middle| \delta \in \mathbf{\Delta} \right\}$$

die Risikomenge der reinen Strategien. $\mathcal{R}$ ist das Abbild von $\mathbf{\Delta}$ im $\mathbb{R}^k$.

Beispiel Sie erhalten unerwartet die Möglichkeit, für ein Konzert heute Abend zwei Karten (Theater, Disko, Konzert ...) zu kaufen. Es wäre schön, wenn Ihre Freundin Anna Zeit hätte und mitkäme. Leider ist sie telefonisch nicht erreichbar. Sie können nur feststellen, ob ihr Auto vor der Tür steht. Sie müssen sich jetzt entscheiden: Kaufen oder Nichtkaufen. Dann fällt Ihnen noch eine dritte Variante ein. Sie könnten auch mit der anderen Freundin Britta Essen gehen. Sie haben demnach drei Aktionen:

$$\begin{aligned} a_1 &= \text{Karte kaufen,} \\ a_2 &= \text{Karte nicht kaufen,} \\ a_3 &= \text{mit Britta Essen gehen.} \end{aligned}$$

Die beiden unbekannten Umweltzustände sind

$$\begin{aligned} \theta_1 &= \text{Anna hat Zeit,} \\ \theta_2 &= \text{Anna hat keine Zeit.} \end{aligned}$$

Die möglichen Beobachtungen sind

$$\begin{aligned} x_1 &= \text{das Auto steht vor der Tür,} \\ x_2 &= \text{das Auto steht nicht vor der Tür.} \end{aligned}$$

Ihre persönlichen Verluste beziffern Sie wie folgt:

$r(a;\theta)$	θ_1	θ_2
a_1	0	5
a_2	4	2
a_3	9	1.5

Aus Erfahrung kennen Sie die Wahrscheinlichkeitsverteilung für X bei gegebenem θ:

$\mathcal{P}(X \mid \theta)$	θ_1	θ_2
x_1	2/3	1/4
x_2	1/3	3/4

Sie betrachten folgende sechs reine Strategien:

$\delta(X)$	x_1	x_2
δ_{11}	a_1	a_1
δ_{12}	a_1	a_2
δ_{21}	a_2	a_1
δ_{22}	a_2	a_2
δ_{13}	a_1	a_3
δ_{33}	a_3	a_3

Wie groß sind die Verluste bei diesen Strategien, falls $\theta = \theta_1$ bzw. $\theta = \theta_2$ ist:

$\theta = \theta_1$		
$r(\delta(X) \mid \theta_1)$	x_1	x_2
δ_{11}	0	0
δ_{12}	0	4
δ_{21}	4	0
δ_{22}	4	4
δ_{13}	0	9
δ_{33}	9	9

$\theta = \theta_2$		
$r(\delta(X) \mid \theta_2)$	x_1	x_2
δ_{11}	5	5
δ_{12}	5	2
δ_{21}	2	5
δ_{22}	2	2
δ_{13}	5	1.5
δ_{33}	1.5	1.5

Die Risiken der Strategie δ_{12} in Abhängigkeit von θ sind

$$\begin{aligned} r(\delta_{12} \mid \theta_1) &= \mathcal{P}(X = x_1 | \theta_1) \, r(\delta_{12}(x_1); \theta_1) \\ &\quad + \mathcal{P}(X = x_2 \mid \theta_1) \, r(\delta_{12}(x_2); \theta_1) \\ &= 2/3 r(a_1; \theta_1) + 1/3 r(a_2; \theta_1) \\ &= 2/3 \cdot 0 + 1/3 \cdot 4 = \frac{4}{3} . \\ r(\delta_{12} \mid \theta_2) &= \mathcal{P}(X = x_1 | \theta_2) \, r(\delta_{12}(x_1); \theta_2) \\ &\quad + \mathcal{P}(X = x_2 \mid \theta_2) \, r(\delta_{12}(x_2); \theta_2) \\ &= 1/4 r(a_1; \theta_2) + 3/4 r(a_2; \theta_2) \\ &= 1/4 \cdot 5 + 3/4 \cdot 2 = 11/4 . \end{aligned}$$

Die Risiken aller Strategien sind

	$r(\delta \mid \theta_1)$	$r(\delta \mid \theta 2)$
δ_{11}	0	5
δ_{12}	4/3	11/4
δ_{21}	8/3	17/4
δ_{22}	4	2
δ_{13}	3	9.5/4
δ_{33}	9	1.5

Abbildung 10.16 zeigt die reinen Strategien als Punktwolke in der $(r(\delta \mid \theta_1); r(\delta \mid \theta_2))$-Ebene:

Abbildung 10.17 zeigt die Strategie δ_{12}, die durch ihren Risikovektor $(4/3, 11/4)^\top$ gegeben ist und die Gesamtheit der von δ_{12} dominierten Strategien als einen von δ_{12} ausgehenden, nach rechts oben geöffneten Quadranten. Demnach ist δ_{21} eine dominierte Strategie.

Offensichtlich ist δ_{21} eine schlechte Strategie und scheidet aus. Doch δ_{22} sieht auch nicht gut aus. Sie sind unschlüssig und überlegen, ob Sie zwischen beiden Strategien nicht einfach das Los entscheiden lassen sollen: Angenommen, Sie wählen mit Wahrscheinlichkeit α die Strategie δ_{12} und mit $1-\alpha$ die Strategie δ_{22}.

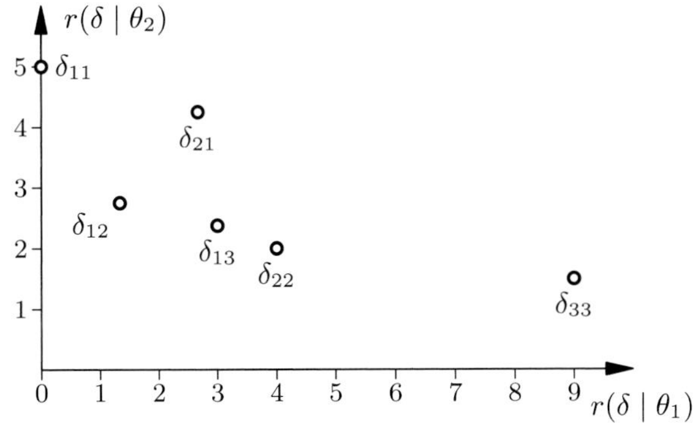

Abbildung 10.16 Die Gesamtheit der reinen Strategien.

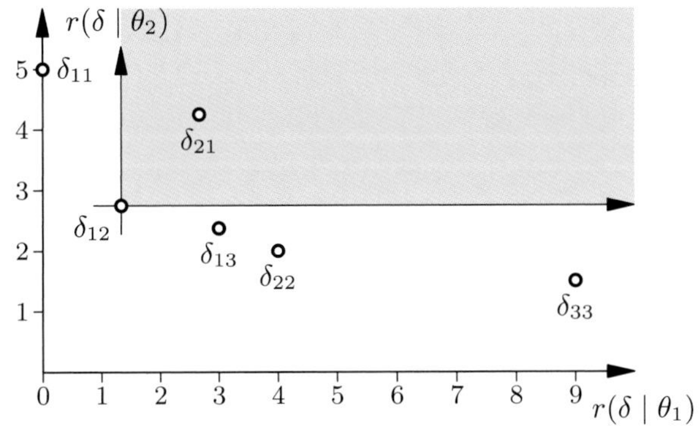

Abbildung 10.17 Der von δ_{12} dominierte Bereich.

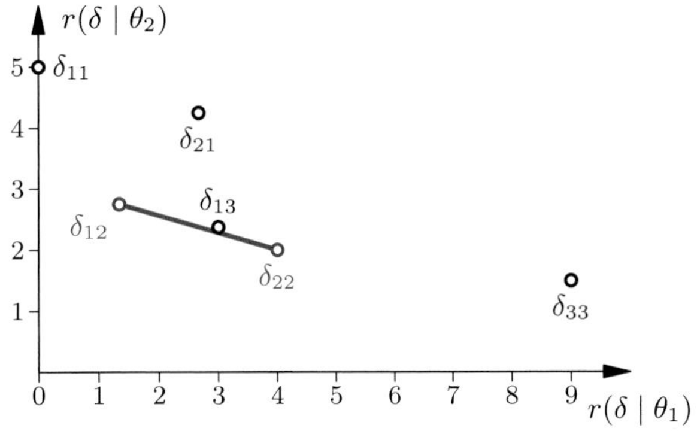

Abbildung 10.18 Die von δ_{12} und δ_{22} erzeugten gemischten Strategien.

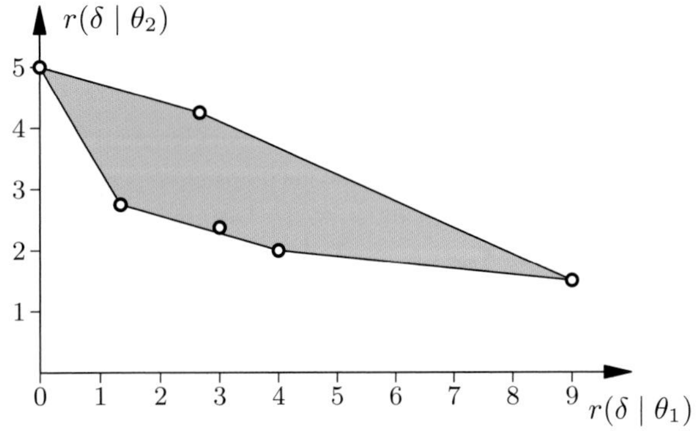

Abbildung 10.19 Die Gesamtheit aller reinen und gemischten Strategien.

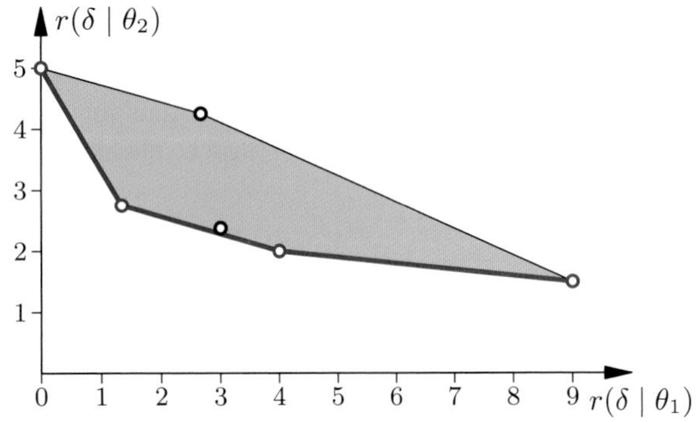

Abbildung 10.20 Der zulässige Rand der Risikomenge ist rot markiert.

Sie erhalten nun die gemischte Strategie

$$\delta_\alpha = \alpha\delta_{12} + (1-\alpha)\,\delta_{22}\,.$$

Die Risiken von δ_α sind

$$\begin{aligned}
r(\delta_\alpha \mid \theta_1) &= \alpha r(\delta_{12} \mid \theta_1) + (1-\alpha)\, r(\delta_{22} \mid \theta_1)\\
&= \alpha 4/3 + (1-\alpha)\,4\,,\\
r(\delta_\alpha \mid \theta_2) &= \alpha r(\delta_{12} \mid \theta_2) + (1-\alpha)\, r(\delta_{22} \mid \theta_2)\\
&= \alpha 11/4 + (1-\alpha)\,2\,.
\end{aligned}$$

Der Punkt $(r(\delta_\alpha \mid \theta_1), r(\delta_\alpha \mid \theta_2))^\top$ liegt auf der Verbindungslinie zwischen $(r(\delta_{12} \mid \theta_1), r(\delta_{12} | \theta_2))$ und $(r(\delta_{22} | \theta_1), r(\delta_{22} | \theta_2))$. Lassen Sie α zwischen 0 und 1 laufen, erhalten Sie alle Punkte auf der Verbindungslinie.

Abbildung 10.18 zeigt die von δ_{12} und δ_{22} erzeugten gemischten Strategien δ_α und 10.19 die Gesamtheit aller gemischten und reinen Strategien.

Diese Gesamtheit heißt die Risikomenge, sie ist die konvexe Hülle der Punktwolke der reinen Strategien. Die reinen Strategien liegen auf den Ecken der Risikomenge. Zeichnet man zu jeder reinen Strategie den von ihr dominierten Quadranten, so bleiben die zulässigen Strategien als fett eingezeichneter **linker unterer Rand** der Risikomenge übrig. Die übrigen Strategien werden dominiert. Abbildung 10.20 zeigt den zulässigen Rand:

Die Bayes-Strategie:

Sie wissen, dass Anna heute mit 50 % Wahrscheinlichkeit Zeit für Sie hat. Wie entscheiden Sie? Das Bayes-Risiko einer Strategie δ ist

$$\begin{aligned}
r(\delta) &= \mathcal{P}(\theta_1)\, r(\delta \mid \theta_1) + \mathcal{P}(\theta_2)\, r(\delta \mid \theta_2)\\
&= 0.5r(\delta \mid \theta_1) + 0.5r(\delta \mid \theta_2)\,.
\end{aligned}$$

In der $(r(\delta \mid \theta_1); r(\delta \mid \theta_2))$-Ebene ist der Ort aller Strategien mit gleichem Bayes-Risiko $r(\delta) = \gamma$ die Gerade

$$\gamma = 0.5r(\delta \mid \theta_1) + 0.5r(\delta \mid \theta_2)\,.$$

Abbildung 10.21 zeigt die Orte aller Strategien mit gleichem Bayes-Risiko als Schar paralleler Geraden.

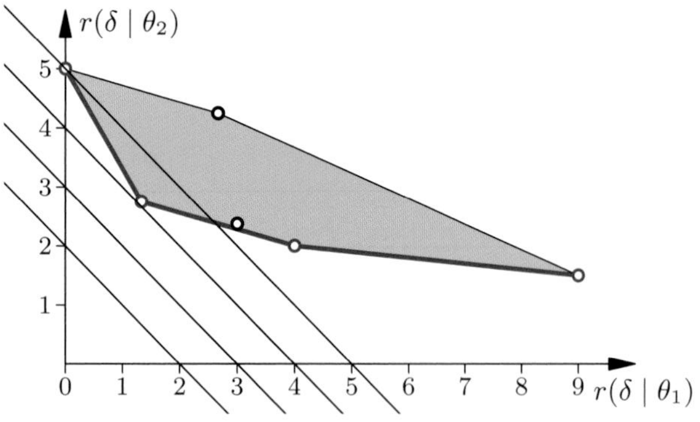

Abbildung 10.21 Die Orte aller Strategien mit gleichem Bayes-Risiko $r(\delta) = 1, 1.5, \frac{49}{24}$ bis $r(\delta) = 2.5$ bilden eine Schar paralleler Geraden.

Variiert man γ, entsteht eine Schar paralleler Geraden. Je kleiner γ ist, umso weiter wird die Gerade nach *links unten* verschoben. Im Bild sind die Geraden für $\gamma = 1,\ 1.5,\ \frac{49}{24}$ und 2.5 eingezeichnet. Die Gerade

$$0.5 \cdot r_1 + 0.5 \cdot r_2 = \frac{49}{24}$$

berührt die Risikomenge von unten im Punkte δ_{12} mit den Koordinaten $(4/3, 11/4)^\top$. Also ist δ_{12} die Bayes-Strategie: Steht das Auto vor der Tür, werden Sie die Karten kaufen, andernfalls werden Sie den Abend allein verbringen, jedenfalls nicht mit Britta ausgehen.

Aber da Sie die *A-priori*-Wahrscheinlichkeit $\mathcal{P}(\theta_1)$ und $\mathcal{P}(\theta_2)$ kennen, hätten Sie auch wesentlich einfacher zur einer Entscheidung kommen können. Sie schauen, ob das Auto vor der Tür steht und berechnen die *A-posteriori*-Wahrscheinlichkeiten von θ_1 und θ_2. Es ist

$$\mathcal{P}(\theta_1 \mid x_1) = \frac{\mathcal{P}(x_1 \mid \theta_1)\,\mathcal{P}(\theta_1)}{\mathcal{P}(x_1 \mid \theta_1)\,\mathcal{P}(\theta_1) + \mathcal{P}(x_1 \mid \theta_2)\,\mathcal{P}(\theta_2)} = \frac{2/3 \cdot 1/2}{2/3 \cdot 1/2 + 1/4 \cdot 1/2} = \frac{8}{11}.$$

Also $\mathcal{P}(\theta_2 \mid x_1) = \frac{3}{11}$. Analog berechnen Sie $\mathcal{P}(\theta_1 \mid x_2) = \frac{4}{13}$ und $\mathcal{P}(\theta_2 \mid x_2) = \frac{9}{13}$. Mit diesen Wahrscheinlichkeiten können Sie die Risiken der einzelnen Aktionenbewerten. Es ist $r(a)$ das *A-priori*-Risiko und $r(a \mid x)$ das *A-posteriori*-Risiko einer Aktion

$$r(a) = \mathcal{P}(\theta_1)\, r(a; \theta_1) + \mathcal{P}(\theta_2)\, r(a; \theta_2)\,.$$
$$r(a \mid x) = \mathcal{P}(\theta_1 \mid x)\, r(a; \theta_1) + \mathcal{P}(\theta_1 \mid x)\, r(a; \theta_2)\,.$$

Angenommen, das Auto steht vor der Tür, also x_1, dann haben die drei möglichen Aktionen die folgenden drei Risiken:

$r(a;\theta)$	θ_1	θ_2	$r(a)$	$r(a \mid x_1)$
a_1	0	5	2.5	$5 \cdot \frac{3}{11}$
a_2	4	2	3	$4 \cdot \frac{8}{11} + 2 \cdot \frac{3}{11}$
a_3	9	1.5	5.25	$9 \cdot \frac{8}{11} + 1.5 \cdot \frac{3}{11}$

Dabei hat a_1 mit $r(a \mid x_1) = 5 \cdot \frac{3}{11}$ das minimale Risiko. Sie werden die Karten kaufen.

?

Wie entscheiden Sie, wenn das Auto nicht vor der Tür steht?

Was uns das Beispiel anhand der konvexen Gestalt der Risikomenge zeigt, lässt sich auch allgemein beweisen.

Bayes-Strategien

Bayes-Strategien sind zulässig. Zu jeder zulässigen Strategie δ gibt es eine *A-priori*-Verteilung von θ, so dass δ Bayes-Strategie ist. Gibt es mehrere Bayes-Strategien, so ist mindestens eine von ihnen eine reine Strategie.

Aus dem Beispiel können wir noch eine zweite Folgerung ziehen. Wir konnten die optimale Handlung auf zwei Wegen bestimmen:

- Global: Wir bestimmen alle Strategien und ihre Risiken und wählen dann die beste mit minimalen Verlust aus.
- Lokal: Wir beobachten x und transformieren unsere *A-priori*-Wahrscheinlichkeit f_Θ der Umweltzuständein die *A-posteriori*-Wahrscheinlichkeit $f_{\Theta \mid X=x}$ und damit die *A-priori*-Risiken der einzelnen Aktionen in *A-posteriori*-Risiken

$$r(a \mid x) = \underset{\Theta \mid X=x}{\mathrm{E}}\, r(a; \theta)\,.$$

Schließlich wählen wir die Aktion mit minimalem Risiko.

Die lokale Bayes-Strategie

Die Bayes-Strategie δ_{Bayes} wird lokal bestimmt durch

$$\delta_{\text{Bayes}}(x) = \arg \min_{a \in A} r(a \mid x)\,.$$

$\delta_{\text{Bayes}}(x)$ ist die Aktion, die den erwarteten Verlust bei der *A-posteriori*-Verteilung von Θ zu gegebenem x minimiert.

Beweis: Das Risiko der Strategie δ ist

$$r(\delta) = \underset{\Theta}{\mathrm{E}}\ \underset{X \mid \Theta=\theta}{\mathrm{E}}\, r(\delta(X); \theta) = \int \int r(\delta(x; \theta))\, f_{X \mid \Theta=\theta}(x) f_\Theta(\theta)\, \mathrm{d}x\, \mathrm{d}\theta\,.$$

Nach der Definition der bedingten Dichten ist

$$f_{X \mid \Theta=\theta}(x) f_\Theta(\theta) = f_{X;\Theta}(x; \theta) = f_{\Theta \mid X=x}(\theta)\, f_X(x)\,.$$

Daher ist

$$r(\delta) = \int \left[\int r(\delta(x; \theta))\, f_{\Theta \mid X=x}\, \mathrm{d}\theta \right] f_X(x)\, \mathrm{d}x\,.$$

Beim inneren Integral ist x fest. $\delta(x; \theta)$ ist eine Aktion und $\int r(\delta(x; \theta))\, f_{\Theta \mid X=x} d\theta$ das Risiko der Aktion, das sich bei der *A-posteriori*-Verteilung $f_{\Theta \mid X=x}$ ergibt.

$$\int r(\delta(x; \theta))\, f_{\Theta \mid X=x}\, \mathrm{d}\theta = r(\delta(x) \mid x)\,.$$

Wählen wir nun bei jedem x diejenige Handlung, die dieses *A-posteriori*- Risiko minimiert, nämlich $\delta_{Bayes}(x)$, so ist

$$r(\delta) = \int r(\delta(x) \mid x) f_X(x)\,\mathrm{d}x \geq \int r(\delta_{\mathrm{Bayes}}(x) \mid x) f_X\,\mathrm{d}x$$
$$= r(\delta_{\mathrm{Bayes}}).$$ ■

Minimax- und Minimax-Regret-Strategien

Suchen wir nach der Bayes-Strategie, so müssen wir die Wahrscheinlichkeiten der Umweltzustände kennen. Zwar sollten wir nach den Axiomen der bayesianischen Wahrscheinlichkeitstheorie darüber verfügen können, aber die Praxis sieht dann doch oft anders aus. Was können wir tun, wenn wir keine *A-priori*-Wahrscheinlichkeiten der Umweltzustände nennen können? Setzen wir dazu unser Beispiel von Seite 426 fort.

Beispiel Nun fällt Ihnen ein, dass Ihre Freundin Anna ein sehr sprunghaftes Geschöpf ist. Wenn Sie ehrlich sind, müssen Sie zugeben, dass Sie keine Ahnung haben, mit welcher Wahrscheinlichkeit sie Zeit für Sie hat. Was tun? Sie bedenken, was bei jeder Strategie im schlimmsten Fall passieren könnte, nämlich:

$$\max_{\theta}(r(\delta \mid \theta)).$$

Da Sie ein pessimistischer Mensch sind, wählen Sie die Strategie, die diesen maximalen Schaden minimiert. Dies ist die **Minimax-Strategie**. Abbildung 10.22 zeigt Strategien in ihrer Risikomenge, die bezüglich des maximalen Schadens äquivalent sind. Sie liegen auf den äußeren Seiten von Quadraten. Zum Beispiel gilt für alle Punkte des äußersten Rechtecks:

$$\max(r(\delta \mid \theta_1)); r(\delta \mid \theta_2) = 3.$$

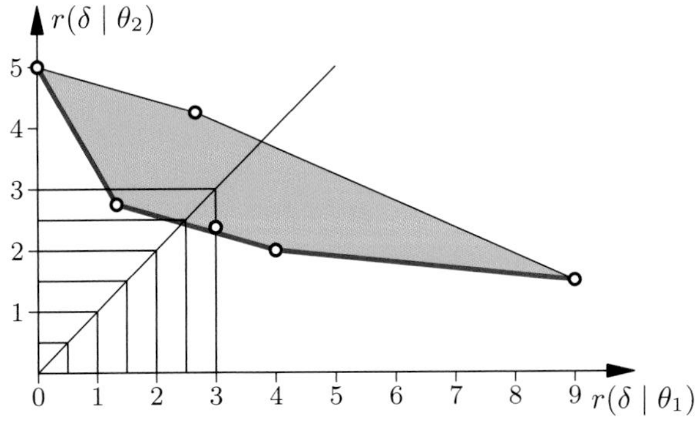

Abbildung 10.22 Bezüglich des maximalen Schadens äquivalente Strategien.

Lassen wir die rechte äußere Ecke längs der Diagonalen nach unten wandern, berührt sie im Schnittpunkt der Diagonalen mit der Verbindungslinie der Strategien δ_{12} und δ_{22} die Risikomenge von unten. Dieser Punkt kennzeichnet die Minimax-Strategie. Sie ist die gemischte Strategie

$$\frac{24}{41}\delta_{12} + \frac{17}{41}\delta_{22}.$$

Sie werden also mit Wahrscheinlichkeit $\frac{24}{41}$ die Strategie δ_{12} und mit Wahrscheinlichkeit $\frac{17}{41}$ die Strategie δ_{22} ergreifen. Das Risiko dieser Minimax-Strategie ist 2.439:

$$\frac{24}{41}\begin{pmatrix} 4/3 \\ 11/4 \end{pmatrix} + \frac{17}{41}\begin{pmatrix} 4 \\ 2 \end{pmatrix} = \begin{pmatrix} 2.439 \\ 2.439 \end{pmatrix}.$$

Aber Sie sind mit diesem Ergebnis noch nicht zufrieden. Wenn Anna da ist, haben Sie die Hoffnung auf einen gemeinsamen Abend und auf den Verlust 0. Wenn Anna aber nicht da ist, dann haben Sie auf jeden Fall mindestens den Verlust 1.5. (Wenn Sie nämlich statt mit Anna mit Britta ausgehen.) Dieser Verlust von 1.5 tritt in jedem Fall auf. Er ist unvermeidlich. Jeder darüber hinaus gehende Verlust ist zu bedauern und möglichst zu vermeiden: Dieser vermeidbare Verlust heißt **Regret**:

$$\mathrm{regret}(a;\theta) = r(a;\theta) - \min_a r(a;\theta),$$
$$\mathrm{regret}(\delta(x);\theta) = r(\delta(x);\theta) - \min_a r(a;\theta).$$

In unserem Beispiel ist

$r(a;\theta)$	θ_1	θ_2
a_1	0	5
a_2	4	2
a_3	9	1.5

regret$(a;\theta)$	θ_1	θ_2
a_1	0	3.5
a_2	4	0.5
a_3	9	0

Ziehen wir von den Verlusten eine Konstante ab, ändern sich auch alle davon abgeleiteten Risiken um diese Konstante:

$$\mathrm{regret}(\delta \mid \theta) = \int \mathrm{regret}(\delta(x) \mid \theta) f_{x|\theta}(x)\,\mathrm{d}x$$
$$= \int \left[r(\delta(x) \mid \theta) - \min_a r(a;\theta)\right] f_{x|\theta}(x)\,\mathrm{d}x$$
$$= r(\delta \mid \theta) - \min_a r(a;\theta).$$

Das Bild der Risikomenge bleibt erhalten, sie wird parallel verschoben, bis sie die Achsen berührt: Abbildung 10.23 zeigt das Bild der Strategien, die nun durch ihren Regret gekennzeichnet sind.

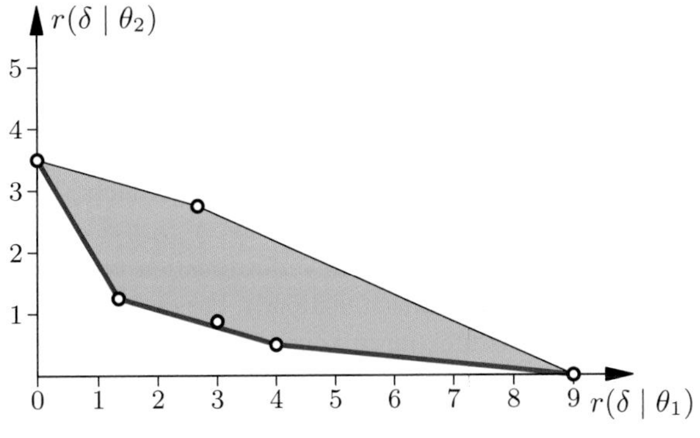

Abbildung 10.23 Die Regretmenge mit dem zulässigen Rand

Daher bleibt die Bayes-Strategie erhalten. Aber die Minimax-Strategie ändert sich zur Minimax-Regret-Strategie, bei welcher der maximaler Regret minimal wird. Abbildung 10.24 zeigt ihre Bestimmung. Die Minimax-Regret-Strategie ist

$$\frac{1}{43}\delta_{11} + \frac{42}{43}\delta_{12}\,.$$

Der Regret dieser Strategie ist 1.302.

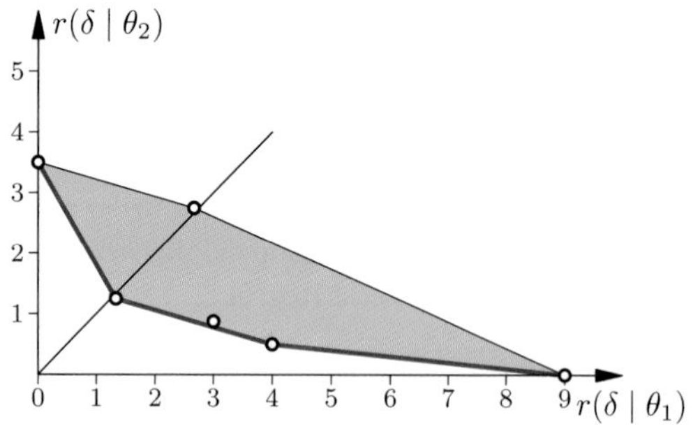

Abbildung 10.24 Bestimmung der Minmax-Regret-Strategie. ◀

10.4 Bayesianische Schätztheorie

Die bayesianische Schätztheorie ist angewandte Entscheidungstheorie. Dazu fassen wir den unbekannten Parameter θ als unbekannten Umweltzustand auf. Eine Aktion ist Angabe eines Schätzwerts θ, Strategien sind Schätzfunktionen $\widehat{\theta}\,(x)$, und die Verlustfunktion ist die Bewertung des Schätzfehlers. Liegt nur die *A-priori*-Verteilung $f_\Theta(\theta)$ von Θ vor und keine weitere Beobachtung, so ist die optimale Schätzung $\widehat{\theta}_{\text{Bayes}}$, diejenige, welche das Bayes-Risiko minimiert:

$$\widehat{\theta}_{\text{Bayes}} = \arg\min r(a)\,.$$

Liegt dagegen eine Beobachtung x vor, so ist die optimale Schätzung

$$\widehat{\theta}_{\text{Bayes}} = \arg\min r(\delta \mid x)\,.$$

Auf Seite 428 haben wir die lokale Form der Bayes-Strategie bestimmt. Demnach ist

$$\widehat{\theta}_{\text{Bayes}} = \arg\min_a \int r\,(a;\theta)\; f_\Theta\,(\theta)\; \mathrm{d}\theta \quad \text{bzw.}$$

$$\widehat{\theta}_{\text{Bayes}} = \arg\min_a \int r(a;\theta) f_{\Theta|X=x}\,(\theta)\; \mathrm{d}\theta\,.$$

Je nachdem, ob eine Beobachtung vorliegt oder nicht, ist entweder die *A-priori*-Dichte $f_\Theta(\theta)$ oder die *A-posteriori*-Dichte $f_{\Theta|X=x}\,(\theta)$ zu nehmen. Je nach Verlustfunktion erhalten wir andere bayes-optimale Schätzfunktionen. Für die drei meistgebräuchlichen Verlustfunktionen können wir die Schätzfunktionen angeben. Sie ergeben sich aus der Optimalität des Medians bzw. des Erwartungswerts bei der Minimierung eines Abstands bzw eines quadrierten Abstands.

- Absolutbetrag als Verlustfunktion:

$$r\,(a;\theta) = \gamma\,|a - \Theta|\,.$$

Die optimale Schätzung für θ ist der Median der *A-priori*-Verteilung bei fehlenden Beobachtungen bzw. der Median der *A-posteriori*-Verteilung von Θ bei gegebenem x:

- Quadratische Verlustfunktion:

$$r\,(a;\theta) = \gamma(a-\theta)^2\,.$$

Die optimale Schätzung für θ ist der Erwartungswert der *A-priori*-Verteilung bei fehlenden Beobachtungen bzw. der Erwartungswert der *A-posteriori*-Verteilung von Θ bei gegebenem x.

$$\widehat{\theta}_{\text{Bayes}} = \mathrm{E}\,(\Theta)\,,$$
$$\widehat{\theta}_{\text{Bayes}} = \mathrm{E}\,(\Theta\,|X=x\,)$$

- Binäre Verlustfunktion. Nur bei einer korrekten Schätzung ist der Verlust ungleich c:

$$r\,(a;\theta) = c\begin{cases}1 & \text{falls a} \neq \theta\,,\\ 0 & \text{falls a} = \theta\,.\end{cases}$$

Die optimale Schätzung für θ ist der Modus der *A-priori*-Verteilung bei fehlenden Beobachtungen bzw. der Modus der *A-posteriori*-Verteilung von Θ bei gegebenem x.

Beispiel Es sei $Y \sim N\left(\theta;\sigma_Y^2\right)$-verteilt. Für θ liege eine Normalverteilung als *A-priori*-Verteilung vor: $\Theta \sim N\left(\mu;\sigma_\Theta^2\right)$. Nach Beobachtung von $Y = y$ soll θ geschätzt werden. Wie im Abschnitt „Lernen bei normalverteilten Daten" auf Seite 422 gezeigt wurde, ist die *A-posteriori*-Verteilung von Θ gegeben durch:

$$\Theta \mid y \;\sim N\big(\vartheta;\sigma^2_{\Theta|_y}\big)\,.$$

Dabei ist ϑ durch Formel (10.5) von Seite 422 gegeben. Bei einer symmetrischen Verteilung stimmen Modus, Median und – soweit existent – auch Erwartungswert überein. Daher erhalten wir bei der Normalverteilung als Bayes-Schätzer von θ bei allen drei Verlustfunktionen den Erwartungswert der *A-posteriori*-Verteilung nämlich:

$$\widehat{\theta} = \frac{y\cdot\sigma_\Theta^2 + \mu\cdot\sigma_Y^2}{\sigma_\Theta^2 + \sigma_Y^2}\,.$$

Der Schätzer ist ein gewogenes Mittel aus Beobachtung x und *A-priori*-Wissen μ. Dabei wird beides mit der jeweilig herrschenden Präzision gewichtet. ◀

θ sei die (Erfolgs-)Wahrscheinlichkeit, mit der das Ereignis A bei einem Versuch eintritt. θ ist unbekannt. Es werden n unabhängige Versuche durchgeführt. X ist die Anzahl der Erfolge. Es wurde $X = x$ beobachtet. Wie groß ist θ?

- Die objektivistische Antwort: X ist binomialverteilt. $X \sim B_n(\theta)$. Der Maximum-Likelihood-Schätzer für θ bei Beobachtung von $X = x$ ist

$$\widehat{\theta} = \frac{x}{n}\,.$$

- Die bayesianische Antwort: Die Unsicherheit über θ wird durch eine Betaverteilung Beta$(a; b)$ als *A-priori*-Verteilung für Θ formuliert. Wie im Beispiel auf Seite 422 gezeigt, ist die a posteriori Verteilung für Θ eine Betaverteilung Beta$(x + a; n - x + b)$:

$$X \mid_{\Theta=\theta} \sim B_n(\theta),$$
$$\Theta \sim \text{Beta}\,(a; b)\,,$$
$$\Theta \mid_{X=x} \sim \text{Beta}\,(x + a; n - x + b)\;.$$

Bei quadratischer Verlustfunktion ist der Bayes-Schätzer für θ der Erwartungswert der jeweils relevanten Verteilung von Θ. Nun ist

$$\mathrm{E}\,(\text{Beta}(a; b)) = \frac{a}{a+b}\,.$$

Liegen noch keine Beobachtungen vor, so ist $\Theta \sim \text{Beta}\,(a; b)$. Wir kürzen $\widehat{\theta}_{\text{Bayes,a priori}}$ durch $\widehat{\theta}_{\text{prior}}$ und $\widehat{\theta}_{\text{Bayes,a posteriori}}$ durch $\widehat{\theta}_{\text{post}}$ ab. Damit ist:

$$\widehat{\theta}_{\text{prior}} = \mathrm{E}\,(\Theta) = \frac{a}{a+b}\,.$$

Nach der Beobachtung ist $\Theta \mid_{X=x} \sim \text{Beta}(x + a; n - x + b)$. Also ist

$$\widehat{\theta}_{\text{post}} = \mathop{\mathrm{E}}_{\Theta|X=x} \Theta = \frac{a+x}{a+b+n}\,.$$

Vergleich $\widehat{\theta}_{\text{Bayes}}$ und $\widehat{\theta}_{ML}$ im objektivistischen Sinne

Wir wollen die Bayes-Schätzer mit denen vergleichen, die der Objektivist anbietet. Dieser schätzt:

$$\widehat{\theta}_{\text{ML}} = \frac{x}{n}\,.$$

Der Subjektivist schätzt:

$$\widehat{\theta}_{\text{post}} = \frac{a+x}{a+b+n}\,.$$

Für den Objektivisten sieht $\widehat{\theta}_{\text{post}}$ aus, als läge aus der Vergangenheit ein fiktives Experiment mit

$$m = a + b$$

Versuchen vor, bei dem a Erfolge beobachtet wurden. Anschließend wären beide Stichproben zusammengefasst worden, und aus der Gesamtstichprobe wird $\widehat{\theta}$ geschätzt.

$\widehat{\theta}_{\text{post}}$ lässt sich als das gewogene Mittel aus $\widehat{\theta}_{\text{ML}}$ und $\widehat{\theta}_{\text{prior}}$ darstellen:

$$\widehat{\theta}_{\text{post}} = \frac{a+x}{m+n} = \frac{m\frac{a}{m} + n\frac{x}{n}}{m+n} = \frac{m\,\widehat{\theta}_{\text{prior}} + n\,\widehat{\theta}_{\text{ML}}}{m+n}\,.$$

Die Gewichte sind der reale bzw. fiktive Stichprobenumfang.

Wir wollen nun die bayesianische Herkunft von $\widehat{\theta}_{\text{post}}$ vergessen und $\widehat{\theta}_{\text{post}}$ allein nach seinen statistischen Güteeigenschaften im *objektivistischen* Sinn beurteilen. Dabei betrachten wir $\widehat{\theta}_{\text{prior}}$ als eine willkürliche Konstante.

- **Der Bias**: Unter der *objektivistischen* Voraussetzung $X \sim B_n(\theta)$ gilt:

$$\begin{aligned}\mathrm{E}\left(\widehat{\theta}_{\text{post}}\right) &= \mathrm{E}\left(\frac{a+X}{m+n}\right)\\ &= \frac{a+n\theta}{m+n}\\ &= \frac{m}{m+n}\theta_{\text{prior}} + \frac{n}{m+n}\theta\,.\end{aligned}$$

Daher ist der Bias

$$\begin{aligned}\mathrm{E}\left(\widehat{\theta}_{\text{post}}\right) - \theta &= \frac{m}{m+n}\theta_{\text{prior}} + \frac{n}{m+n}\theta - \theta\\ &= \frac{m}{m+n}\left(\theta_{\text{prior}} - \theta\right)\,.\end{aligned}$$

Je geringer $\left|\theta_{\text{prior}} - \theta\right|$, je genauer also das Vorwissen, umso geringer ist der Bias.

- Der **Mean Square Error MSE**: Die Varianz von $\widehat{\theta}_{\text{post}}$ ist:

$$\mathrm{Var}\left(\widehat{\theta}_{\text{post}}\right) = \mathrm{Var}\left(\frac{a+X}{m+n}\right) = \frac{n}{(m+n)^2}\theta\,(1-\theta)\,.$$

Damit sind die mittleren quadratischen Abweichungen für $\widehat{\theta}_{\text{post}}$ und $\widehat{\theta}_{\text{ML}}$:

$$\begin{aligned}\mathrm{MSE}\left(\widehat{\theta}_{\text{post}}\right) &= \mathrm{Var}\left(\widehat{\theta}_{\text{post}}\right) + \left(\mathrm{E}\left(\widehat{\theta}_{\text{post}}\right) - \theta\right)^2\\ &= \frac{n\theta\,(1-\theta)}{(m+n)^2} + \frac{m^2\left(\theta_{\text{prior}} - \theta\right)^2}{(m+n)^2}\,.\\ \mathrm{MSE}\left(\widehat{\theta}_{\text{ML}}\right) &= \frac{1}{n}\theta\,(1-\theta)\,.\end{aligned}$$

Ist das Vorwissen hinreichend genau, so kann $\mathrm{MSE}\left(\widehat{\theta}_{\text{post}}\right) < \mathrm{MSE}\left(\widehat{\theta}_{\text{ML}}\right)$ sein. Wir betrachten dazu ein Beispiel.

Beispiel Wir betrachten ein Beispiel aus dem Buch von T. J. Santner und D. E. Duffy „The statistical analysis of discrete data" (Springer 1989). Es geht um die Behandlung von Brustkrebs mit einer Chemotherapie. Dabei wird eine Standardbehandlung mit der Alternative *Testeron Propionat* (TP) vergleichen. $n = 10$ Patienten sind mit TP behandelt. Bei $x = 3$ Patienten trat eine Verbesserung ein:

$$\widehat{\theta}_{\text{ML}} = \frac{x}{n} = \frac{3}{10} = 0.3\,.$$

Als Prior für θ wird eine Beta(2; 2) verwendet. Dann ist $m = a + b = 4$, $\widehat{\theta}_{\text{prior}} = 0.5$ und

$$\begin{aligned}\widehat{\theta}_{\text{post}} &= \frac{x+a}{n+m} = \frac{5}{14} = 0.35714,\\ \mathrm{MSE}\left(\widehat{\theta}_{\text{post}}\right) &= \frac{10}{14^2}\theta\,(1-\theta) + \frac{4^2}{14^2}\,(0.5-\theta)^2\,,\\ \mathrm{MSE}\left(\widehat{\theta}_{\text{ML}}\right) &= \frac{1}{10}\theta\,(1-\theta)\,.\end{aligned}$$

Abbildung 10.25 zeigt $\mathrm{MSE}\left(\widehat{\theta}_{\text{post}}\right)$ und $\mathrm{MSE}\left(\widehat{\theta}_{\text{ML}}\right)$ als Funktion des wahren unbekannten θ. Für $0.2 \le \theta \le 0.6$ hat $\widehat{\theta}_{\text{post}}$ eine kleinere MSE als $\widehat{\theta}_{\text{ML}}$. ◄

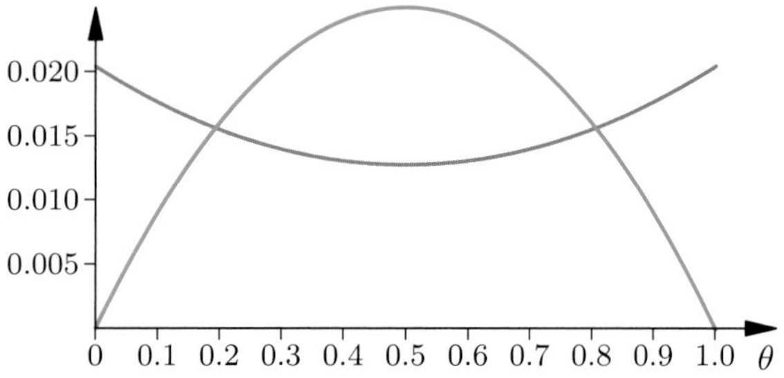

Abbildung 10.25 Die mittlere quadratische Abweichung von $\hat{\theta}_{\text{post}}$ (blau) und $\hat{\theta}_{\text{ML}}$ (grün) als Funktion von θ.

10.5 Bayesianische Regressionsmodelle

Wir gehen vom objektivistischen linearen Modell $\boldsymbol{y} \sim \mathrm{N}_n(\boldsymbol{X\beta}; \boldsymbol{C})$ aus. Bei festem, unbekannten $\boldsymbol{\beta}$ ist $\boldsymbol{y}$ normalverteilt mit dem Erwartungswert $\boldsymbol{X\beta}$ und der Kovarianzmatrix $\boldsymbol{C}$. Ist $\boldsymbol{X}$ von vollem Rang, so ist, wie wir im Kapitel 7 über Regressionsrechnung auf Seite 291 gezeigt haben, der Kleinst-Quadrat-Schätzer

$$\widehat{\boldsymbol{\beta}}_{KQ} = \left(\boldsymbol{X}^\top \boldsymbol{C}^{-1} \boldsymbol{X}\right)^{-1} \boldsymbol{X}^\top \boldsymbol{C}^{-1} \boldsymbol{y} \sim \mathrm{N}_n\left(\boldsymbol{\beta}; \boldsymbol{C}_{\widehat{\beta}}\right).$$

der beste linare erwartungstreue Schätzer für $\boldsymbol{\beta}$. Dabei ist

$$\operatorname{Cov}\left(\widehat{\boldsymbol{\beta}}_{KQ}\right) = \boldsymbol{C}_{\widehat{\beta}} = \left(\boldsymbol{X}^\top \boldsymbol{C}^{-1} \boldsymbol{X}\right)^{-1}.$$

In der bayesianischen Theorie gehen wir von einem Vorwissen über die möglichen Werte von $\boldsymbol{\beta}$ aus, welches als *A-priori*-Wahrscheinlichkeitsverteilung von $\boldsymbol{\beta}$ formuliert wird. Dies bedeutet, dass jetzt $\boldsymbol{\beta}$ nicht mehr als konstanter, aber unbekannter Parameter sondern als zufällige Variable mit bekannter *A-priori*-Verteilung betrachtet wird:

$$\boldsymbol{\beta} \sim \mathrm{N}_m\left(\boldsymbol{b}; \boldsymbol{C}_\beta\right) \quad \boldsymbol{C}_\beta > \boldsymbol{0}.$$

Dabei ist $\boldsymbol{C}_\beta$ invertierbar. Die Normalverteilung für $\boldsymbol{y}$ wird nun als die bedingte Verteilung von $\boldsymbol{y}$ bei gegebenem $\boldsymbol{\beta}$ gelesen. Dann gilt der Satz:

Der bayesianische Regressionsschätzer

Die *A-posteriori*-Verteilung von $\boldsymbol{\beta}$ bei beobachtetem $\boldsymbol{y}$ ist eine Normalverteilung mit dem Erwartungswert

$$\begin{aligned}\mathrm{E}(\boldsymbol{\beta} \mid \boldsymbol{y}) &= \left(\boldsymbol{C}_{\widehat{\beta}}^{-1} + \boldsymbol{C}_\beta^{-1}\right)^{-1}\left(\boldsymbol{C}_{\widehat{\beta}}^{-1}\widehat{\boldsymbol{\beta}}_{KQ} + \boldsymbol{C}_\beta^{-1}\boldsymbol{b}\right)\\ &= \left(\boldsymbol{C}_{\widehat{\beta}}^{-1} + \boldsymbol{C}_\beta^{-1}\right)^{-1}\left(\boldsymbol{X}^\top\boldsymbol{C}^{-1}\boldsymbol{y} + \boldsymbol{C}_\beta^{-1}\boldsymbol{b}\right)\end{aligned}$$

und der Kovarianzmatrix

$$\operatorname{Cov}(\boldsymbol{\beta} \mid \boldsymbol{y}) = \boldsymbol{C}_{\beta \mid y} = \left(\boldsymbol{C}_{\widehat{\beta}}^{-1} + \boldsymbol{C}_\beta^{-1}\right)^{-1}.$$

Beweis: Sind $f_{y|\beta}(\boldsymbol{y})$ die bedingte Dichte von $\boldsymbol{y}$ bei gegebenem $\boldsymbol{\beta}$ und $f_\beta(\boldsymbol{\beta})$ die Dichte von $\boldsymbol{\beta}$, so ist die gemeinsame Dichte $f(\boldsymbol{y}; \boldsymbol{\beta})$ von $\boldsymbol{y}$ und $\boldsymbol{\beta}$ gegeben durch:

$$f(\boldsymbol{y}; \boldsymbol{\beta}) = f_{y|\beta}(\boldsymbol{y})\, f_\beta(\boldsymbol{\beta}) = a \exp\left(-\frac{1}{2}\boldsymbol{D}(\boldsymbol{\beta})\right).$$

Dabei ist

$$\boldsymbol{D}(\boldsymbol{\beta}) = (\boldsymbol{y} - \boldsymbol{X\beta})^\top \boldsymbol{C}^{-1}(\boldsymbol{y} - \boldsymbol{X\beta}) + (\boldsymbol{\beta} - \boldsymbol{b})^\top \boldsymbol{C}_\beta^{-1}(\boldsymbol{\beta} - \boldsymbol{b}).$$

Nach den Regeln über die quadratische Ergänzung bei Matrizen aus dem mathematischen Anhang, Seite 461, kann $\boldsymbol{D}(\boldsymbol{\beta})$ zerlegt werden in

$$\boldsymbol{D}(\boldsymbol{\beta}) = (\boldsymbol{\beta} - \boldsymbol{q})^\top \boldsymbol{Q}(\boldsymbol{\beta} - \boldsymbol{q}) + \boldsymbol{D}(\boldsymbol{q})$$

dabei sind $\boldsymbol{Q}$, $\boldsymbol{q}$ und $\boldsymbol{D}(\boldsymbol{q})$ definiert durch:

$$\begin{aligned}\boldsymbol{Q} &= \boldsymbol{X}^\top\boldsymbol{C}^{-1}\boldsymbol{X} + \boldsymbol{C}_\beta^{-1},\\ \boldsymbol{q} &= \boldsymbol{Q}^{-1}\left(\boldsymbol{X}^\top\boldsymbol{C}^{-1}\boldsymbol{y} + \boldsymbol{C}_\beta^{-1}\boldsymbol{b}\right),\\ \boldsymbol{D}(\boldsymbol{q}) &= (\boldsymbol{y} - \boldsymbol{Xb})^\top\left(\boldsymbol{C} + \boldsymbol{X}\boldsymbol{C}_\beta\boldsymbol{X}^\top\right)^{-1}(\boldsymbol{y} - \boldsymbol{Xb}).\end{aligned}$$

Da $\boldsymbol{D}(\boldsymbol{q})$ nicht von $\boldsymbol{\beta}$ abhängt, ist die totale Dichte von $\boldsymbol{y}$:

$$\begin{aligned}f(\boldsymbol{y}) &= \int_{-\infty}^{+\infty} f(\boldsymbol{y}; \boldsymbol{\beta})\, \mathrm{d}\boldsymbol{\beta}\\ &= a\int_{-\infty}^{+\infty} \mathrm{e}^{-\frac{1}{2}\boldsymbol{D}(\boldsymbol{\beta})}\, \mathrm{d}\boldsymbol{\beta}\\ &= a\mathrm{e}^{-\frac{1}{2}\boldsymbol{D}(\boldsymbol{q})}\int_{-\infty}^{+\infty} \mathrm{e}^{-\frac{1}{2}(\boldsymbol{\beta}-\boldsymbol{q})^\top\boldsymbol{Q}(\boldsymbol{\beta}-\boldsymbol{q})}\, \mathrm{d}\boldsymbol{\beta}\\ &= a'\mathrm{e}^{-\frac{1}{2}\boldsymbol{D}(\boldsymbol{q})}.\end{aligned}$$

Dabei sind a, a' und später a'' von β freie Integrationskonstanten. Die *A-posteriori*-Verteilung von $\boldsymbol{\beta}$ bei gegebenem $\boldsymbol{y}$ ist die bedingte Verteilung:

$$f_{\beta|y}(\boldsymbol{\beta}) = \frac{f(\boldsymbol{y}; \boldsymbol{\beta})}{f(\boldsymbol{y})} = a''\mathrm{e}^{-\frac{1}{2}(\boldsymbol{\beta}-\boldsymbol{q})^\top\boldsymbol{Q}(\boldsymbol{\beta}-\boldsymbol{q})}.$$

Demnach ist $\boldsymbol{\beta}\,|_{\boldsymbol{y}} \sim \mathrm{N}_n\left(\boldsymbol{q}; \boldsymbol{Q}^{-1}\right)$ mit

$$\begin{aligned}\boldsymbol{Q}^{-1} &= \operatorname{Cov}(\boldsymbol{\beta} \mid \boldsymbol{y})\\ &= \left(\boldsymbol{X}^\top\boldsymbol{C}^{-1}\boldsymbol{X} + \boldsymbol{C}_\beta^{-1}\right)^{-1} = \left(\boldsymbol{C}_{\widehat{\beta}}^{-1} + \boldsymbol{C}_\beta^{-1}\right)^{-1}.\end{aligned}$$

Da

$$\boldsymbol{X}^\top\boldsymbol{C}^{-1}\boldsymbol{y} = \boldsymbol{C}_{\widehat{\beta}}^{-1}\boldsymbol{C}_{\widehat{\beta}}\boldsymbol{X}^\top\boldsymbol{C}^{-1}\boldsymbol{y} = \boldsymbol{C}_{\widehat{\beta}}^{-1}\widehat{\boldsymbol{\beta}}_{KQ},$$

ist

$$\mathrm{E}(\boldsymbol{\beta} \mid \boldsymbol{y}) = \boldsymbol{Q}^{-1}\left(\boldsymbol{C}_{\widehat{\beta}}^{-1}\widehat{\boldsymbol{\beta}}_{KQ} + \boldsymbol{C}_\beta^{-1}\boldsymbol{b}\right).$$ ∎

Eigenschaften von $\widehat{\beta}_{\text{Bayes}}$

1. Der Subjektivist fasst sein durch die Beobachtung von $\boldsymbol{y}$ modifiziertes Wissen über $\boldsymbol{\beta}$ in der *A-posteriori-* Verteilung von $\boldsymbol{\beta}$ zusammen. Interpretieren wir die Inversen der drei betrachteten Kovarianzmatrizen als Maße der Präzision des *A-priori-*Wissens über die jeweiligen Parameter, so lässt sich die Gleichung
$$C_{\beta|y}^{-1} = C_{\widehat{\beta}}^{-1} + C_{\beta}^{-1}$$
sehr anschaulich interpretieren: Die Präzision des *A-priori-*Wissens C_{β}^{-1} über $\boldsymbol{\beta}$ und die Präzision $C_{\widehat{\beta}}^{-1}$ des objektivistischen besten linearen unverfälschten Schätzers addieren sich zur Präzision $C_{\beta|y}^{-1}$ unseres *A-posteriori-*Wissens über $\boldsymbol{\beta}$.
2. In der bayesianischen Theorie werden Punktschätzer $\widehat{\boldsymbol{\beta}}_{\text{Bayes}}$ als Entscheidungsstrategien betrachtet, die nach den mit ihnen verbundenen Verlusten bewertet werden. Bei einer quadratischen Verlustfunktion wird der über die gemeinsame Verteilung von $\boldsymbol{y}$ und $\boldsymbol{\beta}$ genommene Erwartungswert des Verlustes genau dann minimiert, wenn für $\widehat{\boldsymbol{\beta}}_{\text{Bayes}}$ der Erwartungswert der *A-posteriori-*Verteilung von $\boldsymbol{\beta}$ bei gegebenem $\boldsymbol{y}$ gewählt wird. Der Bayes-Schätzer für $\boldsymbol{\beta}$ ist demnach
$$\begin{aligned}\widehat{\beta}_{\text{Bayes}} &= \mathrm{E}(\boldsymbol{\beta}\mid \boldsymbol{y})\\ &= \left(C_{\widehat{\beta}}^{-1} + C_{\beta}^{-1}\right)^{-1}\left(C_{\widehat{\beta}}^{-1}\widehat{\boldsymbol{\beta}}_{KQ} + C_{\beta}^{-1}\boldsymbol{b}\right).\end{aligned}$$
$\widehat{\boldsymbol{\beta}}_{\text{Bayes}}$ ist ein gewogenes Mittel aus $\boldsymbol{b}$ und $\widehat{\boldsymbol{\beta}}_{\text{KQ}}$. Dabei repräsentieren $\boldsymbol{b}$ das Vorwissen ohne Beobachtungen und $\widehat{\boldsymbol{\beta}}_{\text{KQ}}$ die Beobachtungen ohne Vorwissen. $\boldsymbol{b}$ und $\widehat{\boldsymbol{\beta}}_{KQ}$ werden jeweils mit der eigenen Präzision gewichtet.
3. Geht C_{β}^{-1} gegen null und damit die *A-priori-*Varianz von $\boldsymbol{\beta}$ gegen unendlich, so bedeutet dies das Erlöschen jedes Vorwissens. In diesem Fall konvergiert $\widehat{\boldsymbol{\beta}}_{\text{Bayes}}$ gegen den KQ-Schätzer $\widehat{\boldsymbol{\beta}}_{KQ}$:
$$\begin{aligned}C_{\beta|y} &= \left(C_{\widehat{\beta}}^{-1} + C_{\beta}^{-1}\right)^{-1} \to C_{\widehat{\beta}},\\ \widehat{\boldsymbol{\beta}}_{\text{Bayes}} &= \left(C_{\widehat{\beta}}^{-1} + C_{\beta}^{-1}\right)^{-1}\left(C_{\widehat{\beta}}^{-1}\widehat{\boldsymbol{\beta}}_{KQ} + C_{\beta}^{-1}\boldsymbol{b}\right) \to \widehat{\boldsymbol{\beta}}_{\text{KQ}}.\end{aligned}$$
Wählen wir im Regressionsmodell für X die Einheitsmatrix I, so sind $\widehat{\boldsymbol{\beta}} = \boldsymbol{y}$ und $C_{\widehat{\beta}} = C$. Damit erhalten wir als Folgerung:

Schätzung eines n-dimensionalen Erwartungswertes

Es sind $\boldsymbol{y} \sim \mathrm{N}_n(\boldsymbol{\beta}; C)$ und $\boldsymbol{\beta} \sim \mathrm{N}_n(\boldsymbol{b}; C_{\beta})$. Dann ist die *A-posteriori-*Verteilung von $\boldsymbol{\beta}$ die Normalverteilung mit dem Erwartungswert
$$\mathrm{E}(\boldsymbol{\beta} \mid \boldsymbol{y}) = \left(C^{-1} + C_{\beta}^{-1}\right)^{-1}\left(C^{-1}\boldsymbol{y} + C_{\beta}^{-1}\boldsymbol{b}\right)$$
und der Kovarianzmatrix
$$\mathrm{Cov}(\boldsymbol{\beta} \mid \boldsymbol{y}) = C_{\beta|y} = \left(C^{-1} + C_{\beta}^{-1}\right)^{-1}.$$

4. Ignorieren wir die Herkunft von $\widehat{\boldsymbol{\beta}}_{\text{Bayes}}$ aus der subjektiven Theorie, so können wir $\widehat{\boldsymbol{\beta}}_{\text{Bayes}}$ auch als linearen Schätzer für $\boldsymbol{\beta}$ im objektivistischen Sinn betrachten und unter der Voraussetzung eines festen $\boldsymbol{\beta}$ nach seinen objektivistischen Eigenschaften fragen. Dann ist
$$\begin{aligned}\mathrm{E}\left(\widehat{\boldsymbol{\beta}}_{\text{Bayes}}\right) &= \left(C_{\widehat{\beta}}^{-1} + C_{\beta}^{-1}\right)^{-1}\left(C_{\widehat{\beta}}^{-1}\boldsymbol{\beta} + C_{\beta}^{-1}\boldsymbol{b}\right)\\ &= \boldsymbol{\beta} + \left(C_{\widehat{\beta}}^{-1} + C_{\beta}^{-1}\right)^{-1}(\boldsymbol{b} - \boldsymbol{\beta}).\\ \mathrm{Cov}\left(\widehat{\boldsymbol{\beta}}_{\text{Bayes}}\right) &= \left(C_{\widehat{\beta}}^{-1} + C_{\beta}^{-1}\right)^{-1} C_{\widehat{\beta}}^{-1}\left(C_{\widehat{\beta}}^{-1} + C_{\beta}^{-1}\right)^{-1}.\end{aligned}$$
5. $\widehat{\boldsymbol{\beta}}_{\text{Bayes}}$ ist im objektivistischen Sinne kein erwartungstreuer Schätzer. Sein Bias
$$\delta = \left(C_{\widehat{\beta}}^{-1} + C_{\beta}^{-1}\right)^{-1} C_{\beta}^{-1}(b - \beta)$$
ist umso geringer, je kleiner die Differenz $\boldsymbol{b} - \boldsymbol{\beta}$ zwischen dem *A-priori-*Schätzer $\boldsymbol{b}$ mit dem wahren $\boldsymbol{\beta}$ und je geringer das Gewicht $\left(C_{\widehat{\beta}}^{-1} + C_{\beta}^{-1}\right)^{-1}$ des *A-priori-*Anteils ist. Dabei wird die Verzerrung von $\widehat{\boldsymbol{\beta}}_{\text{Bayes}}$ aber durch die „kleinere“ Kovarianzmatrix $\mathrm{Cov}\left(\widehat{\boldsymbol{\beta}}_{\text{Bayes}}\right)$ zum Teil wieder wettgemacht. Es ist nämlich $\mathrm{Cov}\left(\widehat{\boldsymbol{\beta}}_{\text{Bayes}}\right) < \mathrm{Cov}\left(\widehat{\boldsymbol{\beta}}_{\text{KQ}}\right)$, (siehe Aufgabe 10.3).
6. $\widehat{\boldsymbol{\beta}}_{\text{Bayes}}$ ist im objektivistischen Sinne der KQ-Schätzer im erweiterten linearen Modell:
$$\begin{pmatrix}\boldsymbol{y}\\ \boldsymbol{b}\end{pmatrix} = \begin{pmatrix}X\\ I\end{pmatrix}\boldsymbol{\beta} + \begin{pmatrix}\epsilon_1\\ \epsilon_2\end{pmatrix} \quad \text{mit } \mathrm{Cov}\begin{pmatrix}\boldsymbol{y}\\ \boldsymbol{b}\end{pmatrix} = \begin{pmatrix}C & \mathbf{0}\\ \mathbf{0} & C_{\beta}\end{pmatrix}.$$

10.6 Lineare Bayes-Schätzer

Die bayesianischen Theorie ist mathematisch schön und geschlossen, die Praxis dagegen weniger. Ihr Grundproblem liegt bei den *A-priori-*Verteilungen. $f_{\Theta}(\theta)$ ist meist nicht vollständig bekannt, wenn nicht gar völlig unbekannt. Damit lässt sich auch $f_{\Theta|y}(\theta)$ nicht bestimmen. Daher sind die optimalen Bayes-Strategien meist nicht berechenbar. Oft existieren jedoch vage Vorkenntnisse über die Verteilung von Θ, die sich als Angaben über Erwartungswerte und Kovarianzen von Θ interpretieren lassen. Diese lassen sich ausnutzen, wenn man die Klasse der zulässigen Schätzfunktionen auf die Klasse der linearen Schätzfunktionen
$$\widehat{\theta} = \boldsymbol{a} + \boldsymbol{B}\boldsymbol{y}$$
einschränkt. Diese lineare Bayes-Schätzer hat u. a. G. Bamberg in seinem Aufsatz „Parameterschätzungen bei Einbeziehung rudimentärer Vorkenntnisse“ analysiert. Wir folgen hier seinen Ausführungen.

Bayes-Strategie in einer Klasse Δ

Ein statistisches Verfahren $\delta^* \in \Delta$ heißt Bayes-Strategie in einer Klasse Δ von Verfahren, wenn δ^* unter allen $\delta \in \Delta$ minimales Risiko besitzt:
$$r\left(\delta^*\right) = \min_{\delta\in\Delta}\{r(\delta)\}.$$

Vertiefung: Stein- und Ridge-Schätzer

Der bayesianische Regressions-Schätzer hat auch im Bereich der objektivistischen Statistik zu zwei beachtenswerten nicht-erwartungstreuen Konkurrenten des erwartungstreuen KQ-Schätzers geführt, den Stein- und den Ridge-Schätzern. Diese Schätzer können einen geringeren Mean-Square-Error aufweisen als die erwartungstreuen KQ-Schätzer

Ist $\boldsymbol{y} \sim \mathrm{N}_n\left(\mu; \sigma^2 \boldsymbol{I}\right)$, dann ist $\widehat{\mu}_{KQ} = \boldsymbol{y}$. Nehmen wir für μ die *A-priori*-Verteilung $\mu \sim \mathrm{N}_n\left(\boldsymbol{b}; \tau^2 \boldsymbol{I}\right)$, dann ist der Bayesschätzer für μ

$$\widehat{\mu}_{\text{Bayes}} = \left(\frac{1}{\sigma^2} + \frac{1}{\tau^2}\right)^{-1} \left(\frac{1}{\sigma^2}\boldsymbol{y} + \frac{1}{\tau^2}\boldsymbol{b}\right).$$

$\widehat{\mu}_{\text{Bayes}}$ zieht den beobachteten Vektor $\boldsymbol{y}$ etwas in Richtung auf das *A-priori*-Zentrum $\boldsymbol{b}$. Betrachten wir die Situation im $\mathbb{R}^2$:

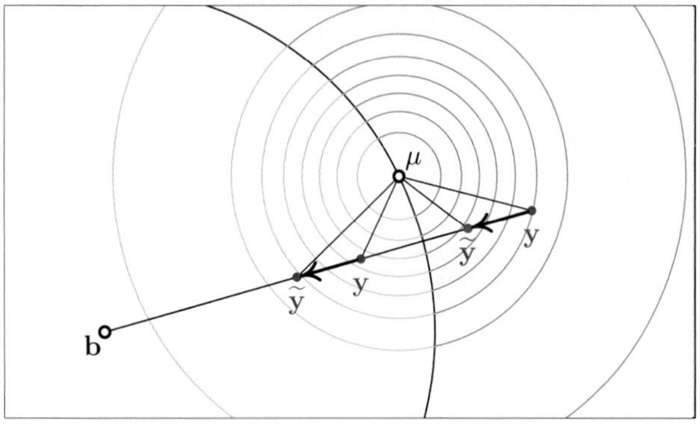

Es sei $\boldsymbol{y} \sim \mathrm{N}_2(\mu; \boldsymbol{I})$ eine zweidimensional normalverteilte Variable mit dem Erwartungswert μ (dünne Kreise). Die Ebene wird durch den Kreis mit dem Mittelpunkt $\boldsymbol{b}$ und dem Radius $\|\mu - \boldsymbol{b}\|$

$$K := \left\{y \mid \|\boldsymbol{y} - \boldsymbol{b}\|^2 < \|\mu - \boldsymbol{b}\|^2\right\}$$

in einen gelben Innenbereich K und einen blauen Außenbereich geteilt. Dabei ist

$$\mathcal{P}(\boldsymbol{y} \in K) < \mathcal{P}(\boldsymbol{y} \notin K) .$$

Betrachten wir einen Punkt $\boldsymbol{y}$. Der KQ-Schätzer für μ ist $\widehat{\mu} = \boldsymbol{y}$. Der Schätzfehler ist $\|\boldsymbol{y} - \mu\|$, die Länge der Strecke von $\boldsymbol{y}$ nach μ. Nun ziehen wir $\boldsymbol{y}$ ein wenig an den Punkt $\boldsymbol{b}$ heran und erhalten einen Punkt $\widetilde{\boldsymbol{y}}$. Liegt $\boldsymbol{y}$ im Außenbereich, so wird dabei $\widetilde{\boldsymbol{y}}$ in der Regel näher an μ **heranrücken**. Liegt $\boldsymbol{y}$ im Innenbereich, so wird $\widetilde{\boldsymbol{y}}$ von μ **wegrücken**. Schätzen wir nun $\boldsymbol{\mu}$ durch $\widetilde{\boldsymbol{y}}$ anstelle von $\boldsymbol{y}$, so wird im Mittel die Schätzung verbessert, da sich die $\boldsymbol{y}$-Werte mit höherer Wahrscheinlichkeit im Außenbereich als im Innenbereich befinden. Dieser Effekt wird umso ausgeprägter sein, je höher die Dimension der Normalverteilung ist.

Kritisch allein ist die Frage, wie stark jedes $\boldsymbol{y}$ in Richtung auf den Punkte gezogen werden muss. Die Antwort darauf wurde 1956 von Charles Stein entdeckt, 1960 von ihm und W. James erweitert und sorgte für Aufsehen unter den Statistikern.

Der Stein-Schätzer

Es sei $\boldsymbol{y} \sim \mathrm{N}_n\left(\mu; \sigma^2 \boldsymbol{I}\right), n \geq 3$ und $\boldsymbol{b} \in \mathbb{R}^n$ ein beliebiger fester Punkt, dann ist

$$\widehat{\mu}_{Stein} = \left(1 - \frac{(n-2)\,\sigma^2}{\|\boldsymbol{y} - \boldsymbol{b}\|^2}\right)\boldsymbol{y} + \frac{(n-2)\,\sigma^2}{\|\boldsymbol{y} - \boldsymbol{b}\|^2}\boldsymbol{b},$$

der Stein-Schätzer für μ. Gemessen am Mean-Square-Error dominiert der Stein-Schätzer den KQ-Schätzer $\widehat{\mu}_{KQ} = \boldsymbol{y}$.

$$\mathrm{MSE}\left(\widehat{\mu}_{Stein}\right) = n\sigma^2 - (n-2)^2\,\mathrm{E}\left(\|\boldsymbol{y} - \boldsymbol{b}\|^{-2}\right),$$

$$\mathrm{MSE}\left(\widehat{\mu}_{KQ}\right) = \mathrm{E}\,\|\boldsymbol{y} - \mu\|^2 = n\sigma^2 > \mathrm{MSE}\left(\widehat{\mu}_{Stein}\right).$$

Das überraschende am Stein-Schätzer ist die Beliebigkeit des Bezugspunktes $\boldsymbol{b}$. Der beobachtete Wert $\boldsymbol{y}$ kann in jeder Richtung gezogen werden, und stets wird der MSE geringer sein, als wenn $\boldsymbol{y}$ dort bleibt, wo er gefunden wurde.

Spezialisiert man im bayesianischen Regressionsmodell $\boldsymbol{b} = \boldsymbol{0}$, $\boldsymbol{C} = \sigma^2 \boldsymbol{I}$ sowie $\boldsymbol{C}_\beta = \sigma_\beta^2 \boldsymbol{I}$ und setzt $k = \sigma_y^2/\sigma_\beta^2$, so vereinfacht sich $\widehat{\boldsymbol{\beta}}_{\text{Bayes}}$ zu:

$$\widehat{\boldsymbol{\beta}}_{\text{Bayes}} = \left(\boldsymbol{X}^\top \boldsymbol{X} + k\boldsymbol{I}\right)^{-1} \boldsymbol{X}^\top \boldsymbol{y} = \widehat{\boldsymbol{\beta}}_{\text{Ridge}}.$$

Dieser von Hoerl und Kennard (1970) eingeführte Ridge-Schätzer ist auch im objektivistischen Regressionsmodell ein ernsthafter Konkurrent für den KQ-Schätzer $\widehat{\boldsymbol{\beta}}_{KQ} = \left(\boldsymbol{X}^\top \boldsymbol{X}\right)^{-1} \boldsymbol{X}^\top \boldsymbol{y}$. Der Ridge-Schätzer wird vor allem dann eingesetzt, wenn die Regressoren hoch kollinear sind und daher die Matrix $\boldsymbol{X}^\top \boldsymbol{X}$ nahezu singulär und numerisch schlecht invertierbar ist. Die Belegung der Diagonalen von $\boldsymbol{X}^\top \boldsymbol{X}$ mit $k\boldsymbol{I}$ verbessert die Konditionierung von $\boldsymbol{X}^\top \boldsymbol{X}$ erheblich. Dabei wird k als eine freie, noch geeignet zu wählende Konstante betrachtet. Daneben existieren verschiedene Heuristiken zur optimalen Suche von k. Der Ridge-Schätzer lässt sich als objektivistischer Schätzer im klassischen linearen Modell auffassen, wenn an β zusätzliche Nebenbedingungen gestellt sind:

Der Ridge-Schätzer

$\widehat{\boldsymbol{\beta}}_{\text{Ridge}}$ ist der KQ-Schätzer von β im linearen Modell $\boldsymbol{y} = \boldsymbol{X\beta} + \boldsymbol{\varepsilon}$ unter der Nebenbedingung $\|\boldsymbol{\beta}\|^2 = a$. Er ist auch der KQ-Schätzer im erweiterten linearen Modell

$$\begin{pmatrix} \boldsymbol{y} \\ \boldsymbol{0} \end{pmatrix} = \begin{pmatrix} \boldsymbol{X} \\ \sqrt{k}\boldsymbol{I} \end{pmatrix} \boldsymbol{\beta} + \begin{pmatrix} \epsilon_1 \\ \epsilon_2 \end{pmatrix}.$$

Ist Δ die Menge **aller** Schätzfunktionen, so lässt sich $\delta^*(y)$ – wie bereits auf Seite 428 gezeigt – lokal konstruieren. Bei einer quadratischen Verlustfunktion

$$r\left(\widehat{\boldsymbol{\theta}};\boldsymbol{\theta}\right) = \left\|\boldsymbol{\theta} - \widehat{\boldsymbol{\theta}}\right\|^2$$

ergibt sich dann der Bayes-Schätzer

$$\widehat{\boldsymbol{\theta}}_{\text{Bayes}} = \delta^*(\boldsymbol{y}) = \mathrm{E}(\Theta\,|\,\boldsymbol{y}),$$

als der Erwartungswert von Θ zur *A-posteriori*-Verteilung bei gegebenen $\boldsymbol{y}$. Beschränken wir uns auf lineare Funktionen von $\boldsymbol{y}$, dann scheidet der bedingte Erwartungswert $\mathrm{E}(\Theta\,|\,\boldsymbol{y})$ aus, der in der Regel keine lineare Funktion von $\boldsymbol{y}$ ist: $\delta^* \notin \Delta$. Zur Bestimmung optimaler linearer Bayes-Schätzer muss daher $r(\delta)$ explizit als

$$r(\delta) = \arg\min_{\delta\in\Delta} \underset{Y}{\mathrm{E}}\ \underset{\Theta|y}{\mathrm{E}}\left(r(\delta(y);\theta)|\,y\right)$$

bestimmt werden. Wir beschränken uns auf Beispiele mit quadratischer Verlustfunktion.

Schätzung eines Mittelwertes

$Y_1, \ldots, Y_n$ sei eine Folge identisch nach $f_{Y|\theta}$ verteilter zufälliger Variablen:

$$\mathrm{E}(Y\,|\theta) = \mu(\theta),$$
$$\mathrm{Var}(Y\,|\theta) = \sigma^2(\theta).$$

Gesucht wird $\mu(\theta)$. Die *A-priori*-Verteilung von θ sei nicht bekannt. Von der Verteilung von $\mu(\theta)$ seien aber Erwartungswert und Varianz bekannt:

$$\mathrm{E}(\mu(\theta)) = \mu_0; \qquad \mathrm{Var}(\mu(\theta)) = \sigma_\mu^2. \tag{10.11}$$

Von der Verteilung von $\sigma^2(\theta)$ sei der Erwartungswert

$$\mathrm{E}\left(\sigma^2(\theta)\right) = \sigma_0^2 \tag{10.12}$$

bekannt. μ_0 und σ_μ^2kann man oft abschätzen, wenn man zum Beispiel weiß, dass mit hoher Wahrscheinlichkeit

$$a \le \mu(\theta) \le b$$

gilt. Dann kann man $\mu_0 \approx \frac{1}{2}(b+a)$ und – auf der Basis der Tschebyschev-Ungleichung – $\sigma_\mu \approx \frac{1}{6}(b-a)$ abschätzen. Gesucht wird ein linearer Schätzer

$$\widehat{\mu}_{\text{lin.Bayes}} = a + \sum b_i Y_i,$$

welcher das Risiko

$$r(\widehat{\mu}) = \underset{\Theta;Y}{\mathrm{E}}\left(\widehat{\mu} - \mu(\theta)\right)^2$$

minimiert. Dann gilt:

Der lineare Bayes-Schätzer

Der lineare Bayes-Schätzer minimiert das Risiko unter allen linearen Schätzern. Unter den Voraussetzungen (10.11) und (10.12) ist

$$\widehat{\mu}_{\text{lin.Bayes}} = \left(1 - b_{\text{opt}}\right)\mu_0 + b_{\text{opt}}\overline{Y}$$

mit

$$b_{\text{opt}} = \frac{\sigma_\mu^2}{\sigma_\mu^2 + \mathrm{E}\left(\mathrm{Var}\left(\overline{Y}\,|\theta\right)\right)} < 1. \tag{10.13}$$

Speziell gilt bei unabhängigen Y_i:

$$b_{\text{opt}} = \frac{\sigma_\mu^2}{\sigma_\mu^2 + \frac{1}{n}\sigma_0^2}. \tag{10.14}$$

Beweis: Da alle Y_i identisch verteilt sind und die Schätzung nicht vom Index der Y_i abhängen kann, können wir alle b_i gleich groß wählen $b_i = \frac{b}{n}$. Daher ist $\widehat{\mu} = a + b\overline{Y}$ und

$$\underset{\Theta;Y}{\mathrm{E}}\left(\mu(\theta) - \widehat{\mu}\right)^2 = \underset{\Theta}{\mathrm{E}}\left(\underset{Y|\theta}{\mathrm{E}}\left(\left[\mu(\theta) - \left(a + b\overline{Y}\right)\right]^2\Big|\,\theta\right)\right).$$

Bei festem θ ist

$$\underset{Y}{\mathrm{E}}\left[\mu(\theta) - a - b\overline{Y}\right]^2 = \left[\mu(\theta)(1-b) - a\right]^2 + b^2\mathrm{Var}\left(\overline{Y}\right).$$

Also:

$$\begin{aligned}\underset{\Theta;Y}{\mathrm{E}}\left(\mu(\theta) - \widehat{\mu}\right)^2 &= \underset{\Theta}{\mathrm{E}}\left[\left[\mu(\theta)(1-b) - a\right]^2 + b^2\,\mathrm{Var}\left(\overline{Y}\,|\theta\right)\right]\\ &= \left[\mu_0(1-b) - a\right]^2 + (1-b)^2\,\mathrm{Var}(\mu(\theta))\\ &\quad + b^2\underset{\Theta}{\mathrm{E}}\,\mathrm{Var}\left(\overline{Y}\,|\theta\right)\end{aligned}$$

Daher ist für das optimale a:

$$a_{\text{opt}} = \mu_0(1-b).$$

und für das optimale b gilt:

$$b_{\text{opt}} = \frac{\mathrm{Var}(\mu(\theta))}{\mathrm{Var}(\mu(\theta)) + \underset{\Theta}{\mathrm{E}}\,\mathrm{Var}\left(\overline{Y}\,|\theta\right)} = \frac{\sigma_\mu^2}{\sigma_\mu^2 + \underset{\Theta}{\mathrm{E}}\,\mathrm{Var}\left(\overline{Y}\,|\theta\right)}. \qquad \blacksquare$$

Bemerkungen:

1. Ist Y ein Anteil und soll $\mathrm{E}(Y) = \mu(\theta)$ geschätzt werden, so ist $\mathrm{Var}(Y) = \sigma^2(\theta) = \mu(\theta)(1 - \mu(\theta))$. Also ist

$$\begin{aligned}\sigma_0^2 &= \mathrm{E}\left(\sigma^2(\theta)\right)\\ &= \mathrm{E}\left(\mu(\theta)\right) - \mathrm{E}\left(\mu(\theta)\right)^2\\ &= \mu_0 - \left[\mathrm{Var}\left(\mu(\theta)\right) + (\mu_0)^2\right]\\ &= \mu_0(1-\mu_0) - \sigma_\mu^2.\end{aligned}$$

2. Bei festem θ ist der lineare Bayes-Schätzer $\widehat{\mu}_{\text{lin.Bayes}}$ nicht erwartungstreu:

$$\begin{aligned} \mathrm{E}\left(\widehat{\mu}_{\text{lin.Bayes}}\right) &= \mathrm{E}\left(a_{\text{opt}} + b_{\text{opt}}\overline{Y}\right) \\ &= \left(1 - b_{\text{opt}}\right)\mu_0 + b_{\text{opt}}\mathrm{E}\left(\overline{Y}\right) \\ &= \left(1 - b_{\text{opt}}\right)\mu_0 + b_{\text{opt}}\mu(\theta) \\ &= \mu(\theta) + \left(1 - b_{\text{opt}}\right)(\mu_0 - \mu(\theta)) \,. \end{aligned}$$

Der Bias von $\widehat{\mu}_{\text{lin.Bayes}}$

$$\left(1 - b_{\text{opt}}\right)(\mu_0 - \mu(\theta))$$

ist umso geringer, je weniger der konkrete Mittelwert $\mu(\theta)$ vom *A-priori*-Mittel μ_0 abweicht.

3. Die mittlere quadratische Abweichungist

$$\begin{aligned} \mathrm{MSE}\left(\widehat{\mu}_{\text{lin.Bayes}}\right) &= \mathrm{Var}\left(\widehat{\mu}_{\text{lin.Bayes}}\right) + (\text{Bias})^2 \\ &= b_{\text{opt}}^2\frac{\sigma^2}{n} + \left(1 - b_{\text{opt}}\right)^2(\mu_0 - \mu(\theta))^2 \,. \end{aligned}$$

Als Funktion des unbekannten $\mu(\theta)$ hat $\mathrm{MSE}(\widehat{\mu}_{\text{lin.Bayes}})$ die Gestalt einer Parabel mit dem Minimum in μ_0. Für alle

$$(\mu(\theta) - \mu_0)^2 < \frac{\sigma^2}{n}\frac{1 + b_{\text{opt}}}{1 - b_{\text{opt}}} \,.$$

ist $\mathrm{MSE}(\widehat{\mu}_{\text{lin.Bayes}}) < \frac{\sigma^2}{n} = \mathrm{MSE}(\widehat{\mu}_{\text{KQ}})$.

Lineare Bayes-Schätzung von Regressionskoeffizienten

Wir haben die bayesianische Regressionsrechnung behandelt (siehe Seite 432ff). Dabei gingen wir stets vom Modell normalverteilter Variabler aus. Nun wollen wir diese Verteilungsannahme aufgeben und statt dessen nur noch rudimentäre Vorkenntnis voraussetzen. Das Regressionsmodell für die Beobachtungen ist nun:

$$\begin{aligned} \boldsymbol{y} &= \boldsymbol{X}\boldsymbol{\beta} + \boldsymbol{\varepsilon} \,, \\ \mathrm{E}(\boldsymbol{y} \mid \boldsymbol{\beta}) &= \boldsymbol{X}\boldsymbol{\beta} \,, \\ \mathrm{Cov}(\boldsymbol{y} \mid \boldsymbol{\beta}) &= \boldsymbol{C} \,. \end{aligned}$$

Die *A-priori*-Informationen über $\boldsymbol{\beta}$ und $\boldsymbol{C}$ sind:

$$\begin{aligned} \mathrm{E}(\boldsymbol{\beta}) &= \boldsymbol{b} \,, \\ \mathrm{Cov}(\boldsymbol{\beta}) &= \boldsymbol{C}_\beta \,, \\ \mathrm{E}(\boldsymbol{C}) &= \boldsymbol{C}_0 \,. \end{aligned}$$

Dabei werden keine sonstigen Verteilungsannahmen getroffen. Gesucht wird ein linearer Schätzer $\widehat{\boldsymbol{\beta}}_{\text{lin.Bayes}} = \boldsymbol{a} + \boldsymbol{B}\boldsymbol{y}$, der das Risiko minimiert.

Der lineare bayesianische Regressionsschätzer

Unter den genannten Voraussetzungen ist:

$$\widehat{\boldsymbol{\beta}}_{\text{lin.Bayes}} = \left(\boldsymbol{X}^\top\boldsymbol{C}_0^{-1}\boldsymbol{X} + \boldsymbol{C}_\beta^{-1}\right)^{-1}\left(\boldsymbol{X}^\top\boldsymbol{C}_0^{-1}\boldsymbol{y} + \boldsymbol{C}_\beta^{-1}\boldsymbol{b}\right)$$

der lineare Bayes-Schätzer. Sind zusätzlich $\boldsymbol{y}$ und $\boldsymbol{\beta}$ normalverteilt:

$$\boldsymbol{y} \sim \mathrm{N}\left(\boldsymbol{X}\boldsymbol{\beta}; \boldsymbol{C}_0\right) \text{ und } \boldsymbol{\beta} \sim \mathrm{N}\left(\boldsymbol{b}; \boldsymbol{C}_\beta\right) \,,$$

so stimmt $\widehat{\boldsymbol{\beta}}_{\text{lin.Bayes}}$ überein mit dem Bayes-Schätzer in der Klasse aller Schätzfunktionen.

Beweis: Ist $\widehat{\boldsymbol{\beta}} = \boldsymbol{a} + \boldsymbol{B}\boldsymbol{y}$, dann ist sein Risiko bei einer quadratischen Verlustfunktion gegeben durch:

$$\begin{aligned} r(\delta) &= \mathop{\mathrm{E}}_{\boldsymbol{\beta}}\left(\mathop{\mathrm{E}}_{\boldsymbol{y}|\boldsymbol{\beta}}\left(\left\|\widehat{\boldsymbol{\beta}} - \boldsymbol{\beta}\right\|^2 \middle| \boldsymbol{\beta}\right)\right) \\ &= \mathop{\mathrm{E}}_{\boldsymbol{\beta}}\left(\mathop{\mathrm{E}}_{\boldsymbol{y}|\boldsymbol{\beta}}\left(\|\boldsymbol{a} + \boldsymbol{B}\boldsymbol{y} - \boldsymbol{\beta}\|^2 \middle| \boldsymbol{\beta}\right)\right) . \end{aligned}$$

Nach dem Satz im mathematischen Anhang auf Seite 459 gilt allgemein für den Erwartungswert einer quadrierten Norm:

$$\mathrm{E}\,\|\boldsymbol{a} + \boldsymbol{B}\boldsymbol{y}\|^2 = \|\boldsymbol{a} + \boldsymbol{B}\mathrm{E}\boldsymbol{y}\|^2 + \mathrm{Spur}\left(\boldsymbol{B}\mathrm{Cov}(\boldsymbol{y})\,\boldsymbol{B}^\top\right) .$$

Daher ist hier

$$\mathrm{E}\,\|\boldsymbol{a} + \boldsymbol{B}\boldsymbol{y} - \boldsymbol{\beta}\|^2 = \|\boldsymbol{a} - (\boldsymbol{I} - \boldsymbol{B}\boldsymbol{X})\,\boldsymbol{\beta}\|^2 + \mathrm{Spur}\left(\boldsymbol{B}\boldsymbol{C}\boldsymbol{B}^\top\right) .$$

Also ist

$$r(\delta) = \mathop{\mathrm{E}}_{\boldsymbol{\beta}}\|\boldsymbol{a} - (\boldsymbol{I} - \boldsymbol{B}\boldsymbol{X})\,\boldsymbol{\beta}\|^2 + \mathop{\mathrm{E}}_{\boldsymbol{\beta}}\mathrm{Spur}\left(\boldsymbol{B}\boldsymbol{C}\boldsymbol{B}^\top\right) .$$

Wenden wir diesen Hilfssaatz ein zweites Mal an, folgt:

$$\begin{aligned} r(\delta) &= \|\boldsymbol{a} - (\boldsymbol{I} - \boldsymbol{B}\boldsymbol{X})\,\boldsymbol{b}\|^2 \\ &\quad + \mathrm{Spur}\,\underbrace{(\boldsymbol{I} - \boldsymbol{B}\boldsymbol{X})\,\boldsymbol{C}_\beta\,(\boldsymbol{I} - \boldsymbol{B}\boldsymbol{X})^\top + \boldsymbol{B}\boldsymbol{C}_0\boldsymbol{B}^\top}_{\boldsymbol{D}} . \end{aligned}$$

Der Term $\boldsymbol{a}$ taucht auf der rechten Seite nur im ersten Summanden auf. Haben wir aus dem zweiten Summanden das optimale $\boldsymbol{B}$ bestimmt, ergibt sich das optimale $\boldsymbol{a}$ als

$$\boldsymbol{a}_{\text{opt}} = \left(\boldsymbol{I} - \boldsymbol{B}_{\text{opt}}\boldsymbol{X}\right)\boldsymbol{b} \,.$$

Um den zweiten Summanden, Spur $\boldsymbol{D}$, zu minimieren schreiben wir $\boldsymbol{D}$ um:

$$\begin{aligned} \boldsymbol{D} &= (\boldsymbol{I} - \boldsymbol{B}\boldsymbol{X})\,\boldsymbol{C}_\beta\,(\boldsymbol{I} - \boldsymbol{B}\boldsymbol{X})^\top + \boldsymbol{B}\boldsymbol{C}_0\,\boldsymbol{B}^\top \\ &= \boldsymbol{B}\underbrace{\left(\boldsymbol{X}\boldsymbol{C}_\beta\boldsymbol{X}^\top + \boldsymbol{C}_0\right)}_{\boldsymbol{Q}}\boldsymbol{B}^\top - \boldsymbol{B}\boldsymbol{X}\boldsymbol{C}_\beta - \boldsymbol{C}_\beta\boldsymbol{X}^\top\boldsymbol{B}^\top + \boldsymbol{C}_\beta \\ &= \boldsymbol{B}\boldsymbol{Q}\boldsymbol{B}^\top - \boldsymbol{B}\boldsymbol{Q}\underbrace{\boldsymbol{Q}^{-1}\boldsymbol{X}\boldsymbol{C}_\beta}_{\boldsymbol{L}^\top} - \underbrace{\left(\boldsymbol{C}_\beta\boldsymbol{X}^\top\boldsymbol{Q}^{-1}\right)}_{\boldsymbol{L}}\boldsymbol{Q}\boldsymbol{B}^\top + \boldsymbol{C}_\beta \\ &= (\boldsymbol{B} - \boldsymbol{L})\,\boldsymbol{Q}\,(\boldsymbol{B} - \boldsymbol{L})^\top - \boldsymbol{L}\boldsymbol{Q}\boldsymbol{L}^\top + \boldsymbol{C}_\beta \,. \end{aligned}$$

Das optimale $\boldsymbol{B}$ ist demnach

$$\boldsymbol{B}_{\text{opt}} = \boldsymbol{L} = \boldsymbol{C}_\beta \boldsymbol{X}^\top \boldsymbol{Q}^{-1} = \boldsymbol{C}_\beta \boldsymbol{X}^\top \left(\boldsymbol{X}\boldsymbol{C}_\beta \boldsymbol{X}^\top + \boldsymbol{C}_0\right)^{-1}.$$

$\boldsymbol{B}_{\text{opt}}$ und $\boldsymbol{a}_{\text{opt}}$ lassen sich vereinfachen. Dabei gehen wir aus von der Gleichung:

$$\begin{aligned}(\boldsymbol{X}^\top \boldsymbol{C}_0^{-1}\boldsymbol{X} + \boldsymbol{C}_\beta^{-1})\boldsymbol{C}_\beta \boldsymbol{X}^\top &= \boldsymbol{X}^\top \boldsymbol{C}_0^{-1}\boldsymbol{X}\boldsymbol{C}_\beta\boldsymbol{X}^\top + \boldsymbol{X}^\top \\ &= \boldsymbol{X}^\top \boldsymbol{C}_0^{-1}\left(\boldsymbol{X}\boldsymbol{C}_\beta \boldsymbol{X}^\top + \boldsymbol{C}_0\right).\end{aligned}$$

Wenn wir nun beide Seiten der Gleichung von links mit $(\boldsymbol{X}\boldsymbol{C}_\beta\boldsymbol{X}^\top + \boldsymbol{C}_0)^{-1}$ und von rechts mit $(\boldsymbol{X}^\top\boldsymbol{C}_0^{-1}\boldsymbol{X} + \boldsymbol{C}_\beta^{-1})^{-1}$ multiplizieren, erhalten wir:

$$\boldsymbol{C}_\beta \boldsymbol{X}^\top \left(\boldsymbol{X}\boldsymbol{C}_\beta\boldsymbol{X}^\top + \boldsymbol{C}_0\right)^{-1} = (\boldsymbol{X}^\top \boldsymbol{C}_0^{-1}\boldsymbol{X} + \boldsymbol{C}_\beta^{-1})^{-1}\boldsymbol{X}^\top \boldsymbol{C}_0^{-1}$$

Also ist

$$\begin{aligned}\boldsymbol{B}_{\text{opt}} &= \left(\boldsymbol{X}^\top \boldsymbol{C}_0^{-1}\boldsymbol{X} + \boldsymbol{C}_\beta^{-1}\right)^{-1}\boldsymbol{X}^\top \boldsymbol{C}_0^{-1} \\ \boldsymbol{a}_{\text{opt}} &= (\boldsymbol{I} - \boldsymbol{B}_{\text{opt}}\boldsymbol{X})\,\boldsymbol{b} \\ &= \left(\boldsymbol{I} - \left(\boldsymbol{X}^\top \boldsymbol{C}_0^{-1}\boldsymbol{X} + \boldsymbol{C}_\beta^{-1}\right)^{-1}\boldsymbol{X}^\top \boldsymbol{C}_0^{-1}\boldsymbol{X}\right)\boldsymbol{b} \\ &= \left(\boldsymbol{X}^\top \boldsymbol{C}_0^{-1}\boldsymbol{X} + \boldsymbol{C}_\beta^{-1}\right)^{-1} \\ &\quad \cdot \left(\boldsymbol{X}^\top \boldsymbol{C}_0^{-1}\boldsymbol{X} + \boldsymbol{C}_\beta^{-1} - \boldsymbol{X}^\top \boldsymbol{C}_0^{-1}\boldsymbol{X}\right)\boldsymbol{b} \\ &= \left(\boldsymbol{X}^\top \boldsymbol{C}_0^{-1}\boldsymbol{X} + \boldsymbol{C}_\beta^{-1}\right)^{-1}\boldsymbol{C}_\beta^{-1}\boldsymbol{b}.\end{aligned}$$

Damit gilt:

$$\begin{aligned}\widehat{\boldsymbol{\beta}} &= \boldsymbol{a}_{\text{opt}} + \boldsymbol{B}_{\text{opt}}\boldsymbol{y} \\ &= \left(\boldsymbol{X}^\top \boldsymbol{C}_0^{-1}\boldsymbol{X} + \boldsymbol{C}_\beta^{-1}\right)^{-1}\left(\boldsymbol{X}^\top \boldsymbol{C}_0^{-1}\boldsymbol{y} + \boldsymbol{C}_\beta^{-1}\boldsymbol{b}\right).\end{aligned}$$ ■

10.7 Die Achillesferse der bayesianischen Statistik

Auf dem Konzept der subjektiven Wahrscheinlichkeiten baut eine in sich geschlossene, mathematisch elegante Theorie der statistischen Inferenz auf, die problemlos *weiche* Daten wie Voreinschätzungen oder Expertenwissen und *harte* Daten wie Beobachtungsergebnisse aus kontrollierten Versuchen verarbeitet. Sie ist so für viele Anwender äußerst attraktiv. Die große Schwäche der bayesianischen Theorie liegt in der Bestimmung der *A-priori*-Wahrscheinlichkeiten. Zwar sollte jeder Subjektivist seine Wahrscheinlichkeiten bestimmen können, aber diese axiomatische Forderung hat wenig mit der Realität zu tun. In dem Augenblick, in dem ein Anwender sagt: „*Ich kann beim besten Willen keine A-priori-Wahrscheinlichkeit nennen*“, versagt die Theorie. Sie besitzt kein widerspruchsfreies Modell zur Beschreibung des Nichtwissens. Dies ist oft die Ursache für Paradoxien und Fehlschlüsse.

Das Problem des Nichtwissens

Bei dem Versuch das Nichtwissen zu beschreiben, verwendet man oft Dichten, bei denen man den Informationsgehalt – etwa durch Vergrößerung der Varianz – gegen null gehen lässt. Diese Grenzübergänge führen oft zu Funktionen, die selber nicht mehr als Dichten interpretierbar sind. Diese **Pseudodichten** oder **uneigentliche Dichten** werden mitunter trotzdem wie echte *A-priori*-Dichten eingesetzt, sofern nur das Produkt *Likelihood* · *A-priori-Pseudo-Dichte* integrierbar ist und man quasi im zweiten Schritt eine reguläre *A-posteriori*-Dichte erhält, selbst wenn der erste Schritt außerhalb der mathematischen Legalität lag. Anwendung und Interpretation der uneigentlichen Dichten ist umstritten und nicht frei von Widersprüchen.

Beispiel Wir betrachten, wie sich ein immer vageres Wissen bei der Normalverteilung auswirkt. Wie wir im Beispiel von Seite 422 gesehen haben, folgt aus $Y \sim N(\theta; \sigma_Y^2)$ und $\Theta \sim N(\mu; \sigma_\Theta^2)$, dass $\Theta \mid y \sim N\left(\vartheta; \sigma_{\Theta|y}^2\right)$ verteilt ist mit

$$\vartheta = \frac{y\sigma_\Theta^2 + \mu\sigma_Y^2}{\sigma_\Theta^2 + \sigma_Y^2},$$

$$\sigma_{\Theta|y}^2 = \frac{\sigma_\Theta^2 \cdot \sigma_Y^2}{\sigma_\Theta^2 + \sigma_Y^2}.$$

Der Informationsgehalt der *A-priori*-Verteilung wird durch die Varianz σ_Θ^2 der *A-priori*-Verteilung gemessen. Je größer σ_Θ^2, umso geringer ist mein Vorwissen. Geht die Varianz gegen unendlich, ist das Vorwissen gleich null. Für $\sigma_\Theta^2 \to \infty$ gehen die Parameter der *A-posteriori*- Verteilung über in:

$$\lim_{\sigma_\Theta^2 \to \infty} \vartheta = y,$$

$$\lim_{\sigma_\Theta^2 \to \infty} \sigma_{\Theta|y}^2 = \sigma_Y^2.$$

Die *A-posteriori*-Verteilung von $\Theta \mid y$ konvergiert gegen die $N(y; \sigma_Y^2)$. Die Dichte der *A-priori*-Verteilung von Θ konvergiert punktweise gegen null, aber die Verteilungsfunktion konvergiert gegen die Konstante $\frac{1}{2}$:

$$\lim_{\sigma_\Theta^2 \to \infty} F_\Theta(\theta) = \frac{1}{2}, \qquad \forall\theta.$$

(siehe Abbildung 10.26).

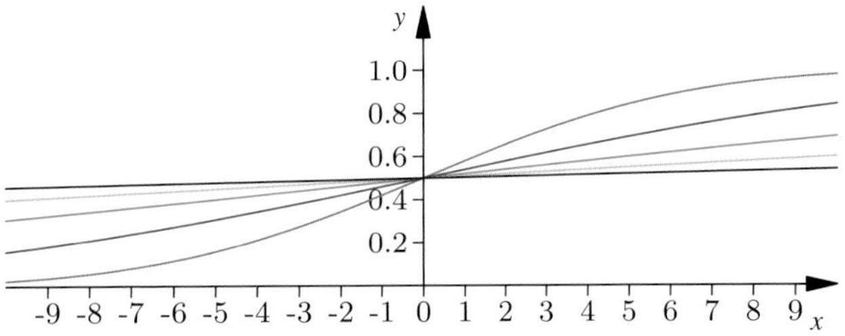

Abbildung 10.26 Verteilungsfunktionen der $N(0; \sigma^2)$ für $\sigma^2 \in \{5; 10; 20; 40; 100\}$ ◄

Uneigentliche Gleichverteilung als Grenzverteilung

Zwar konvergiert die *A-priori*-Verteilung von $\Theta \sim N\left(\mu; \sigma_{\Theta}^2\right)$ mit wachsender Varianz gegen keine Grenzverteilung. Betrachten wir aber die Verteilung von Θ unter der zusätzlichen Nebenbedingung $A < \Theta \leq B$, dann existiert eine Grenzverteilung, nicht nur für die Normalverteilung, sondern für eine wesentlich größere Familie von Verteilungen.

Die uneigentliche Gleichverteilung

Die *A-priori*-Verteilung von Θ gehöre zu einer zweiparametrigen Familie von Verteilungen, die durch lineare Transformationen aus einander hervorgehen. Die *A-priori*-Dichte von Θ sei:

$$f_{\Theta}(\theta \parallel \mu; \sigma) = \frac{1}{\sigma} h\left(\frac{\theta - \mu}{\sigma}\right).$$

mit einer im Nullpunkt stetigen Dichte $h(\theta)$ mit $h(0) \neq 0$. Dann konvergiert für $\sigma \to \infty$ die **bedingte** *A-priori*-Verteilung von Θ unter der Bedingung $A < \Theta \leq B$ gegen eine Gleichverteilung im Intervall $[A, B]$. Für alle Intervalle $[a, b] \subset [A, B]$ gilt:

$$\lim_{\sigma \to \infty} \mathcal{P}(a < \Theta \leq b \mid A < \Theta \leq B) = \frac{b - a}{B - A}.$$

Beweis: Wir betrachten zwei beliebige Intervalle $[a, b] \subset [A, B]$. Dann ist

$$\mathcal{P}(a < \Theta \leq b \mid A < \Theta \leq B) = \frac{\mathcal{P}(a < \Theta \leq b)}{\mathcal{P}(A < \Theta \leq B)}.$$

Nun ist für hinreichend großes σ

$$\mathcal{P}(a < \Theta \leq b) = \frac{1}{\sigma} \int_a^b h\left(\frac{\theta - \mu}{\sigma}\right) \mathrm{d}z$$

$$= \int_{\frac{a-\mu}{\sigma}}^{\frac{b-\mu}{\sigma}} h(z)\, \mathrm{d}z = h(z^*) \left(\frac{b - a}{\sigma}\right).$$

Analog ist

$$\mathcal{P}(a < \Theta \leq b \mid A < \Theta \leq B) = \frac{h(z^*)(b - a)}{h(z^{**})(B - A)}.$$

Dabei sind $z^* \in \left(\frac{a-\mu}{\sigma}, \frac{b-\mu}{\sigma}\right)$ und $z^{**} \in \left(\frac{A-\mu}{\sigma}, \frac{B-\mu}{\sigma}\right)$ geeignete Zwischenwerte. Für $\sigma \to \infty$ konvergieren z^* und z^{**} gegen null. Wegen der Stetigkeit von $h(z)$ konvergiert dann $\frac{h(z^*)}{h(z^{**})}$ gegen 1. Daher gilt der Satz. ∎

Achtung: Ist σ ein Streuungsparameter einer *A-priori*-Verteilung und wird abnehmendes Wissen – wachsende Ignoranz – durch wachsendes σ beschrieben, so konvergiert unter den oben genannten Bedingungen die bedingte *A-priori*-Verteilung gegen die Gleichverteilung auf $[A, B]$. Bayesianer nennen diese „Grenzverteilung“ eine uneigentliche Gleichverteilung. Dies wird so interpretiert: Greifen wir ein beliebiges aber festes Intervall $[A; B]$ heraus. Wenn wir nichts über die Verteilung von Θ wissen, und nun die Information kriegen, dass Θ im Intervall $[A; B]$ liegt, so ist Θ in $[A; B]$ gleichverteilt.

Dieser Begriff ist mit großer Vorsicht zu gebrauchen, denn zu der *bedingten uneigentlichen Gleichverteilung* existiert **keine nicht bedingte** Verteilung auf $(-\infty; +\infty)$.

Das Prinzip des unzureichenden Grundes ist unzureichend zur Beschreibung von Nichtwissen

Es gibt keine *A-priori*-Verteilung, die das Nichtwissen beschreibt. Streng nach der Axiomatik der subjektiven Wahrscheinlichkeit gibt es kein absolutes Nichtwissen. Die Praxis aber sieht anders aus.

In der Not, sich irgendwie entscheiden zu müssen, werden oft Hilfsprinzipien angeboten. Eines ist das umstrittene Prinzip des unzureichenden Grundes:

Wählen Sie die Gleichverteilung, wenn es keinen Grund gibt, unterschiedliche Wahrscheinlichkeiten anzunehmen.

Hier ist die Gleichverteilung der Ausdruck der Ignoranz und nicht Ausdruck eines quantifizierten Wissens. Dieses Prinzip führt rasch zu Paradoxien und Widersprüchen.

Beispiel Zwei Münzen werden geworfen. Sie können jeweils „Kopf, K“ und „Zahl, Z“ zeigen. Es sind vier Ereignisse möglich: „KK, ZZ, KZ, ZK“. Mehr sei nicht bekannt. Sollen deshalb diese vier Ereignisse gleichwahrscheinlich sein? Und was ist, wenn wir stattdessen nur von den drei neuen Ereignissen sprechen: „Beide Münzen zeigen Kopf, KK“, „Beide Münzen zeigen Zahl, ZZ“ und „Beide Münzen sind verschieden, KZ ∪ ZK“. Auch von diesen wissen wir nichts. Aber sollte deshalb jetzt $\mathcal{P}(\mathrm{KK}) = 1/3$ sein? ◀

Es gibt viele theoretische Ansätze bei völligem Nichtwissen adäquate *A-priori*-Verteilungen zu finden, die aber vom Standpunkt des Objektivisten nicht überzeugen. Dabei können *„uneigentliche Dichten“* auftreten, die nicht integrabel sind, zum Beispiel Dichten, die über einem unendlichen Bereich konstant sein sollen. Bei unkritischer Anwendung uneigentlicher Dichten können unsinnige Ergebnisse und Paradoxien auftreten:

Beispiel Nennen Sie *„zufällig“* eine reelle Zahl $x \in \mathbb{R}$. Dabei sollten positive und negative Zahlen mit gleicher Wahrscheinlichkeit auftreten:

$$\mathcal{P}(X \leq 0) = \mathcal{P}(X \geq 0) = \frac{1}{2}.$$

Durch diese Forderung ist die Null ausgezeichnet. Dies ist aufgrund der Aufgabenstellung nicht einzusehen. Es sollte bei der zufälligen Nennung von X vielmehr für jede Zahl a gelten:

$$\mathcal{P}(X \leq a) = \mathcal{P}(X \geq a) = \frac{1}{2}.$$

Beispiel: Wo liegt μ?

Ein berühmtes Beispiel, bei dem Subjektivisten und Objektivisten völlig verschiedene Antworten geben, ist die schlichte Frage: Wo liegt μ? Vorwissen besitzen beide nicht, nur eine wachsende Zahl von Beobachtungen. Aber je größer n, desto verschiedener die Antworten.

Problemanalyse und Strategie: Es seien $X_1, \ldots, X_n$ unabhängig voneinander $N(\mu_i; 1)$ verteilt. Beobachtet wird $\|\boldsymbol{x}\|^2 = \sum_{i=1}^n x_i^2$, gesucht werden Aussagen über $\|\mu\|^2 = \sum_{i=1}^n \mu_i^2$.

Lösung:

Aus den genannten Voraussetzungen folgt, dass $\|\boldsymbol{X}\|^2 = \sum_{i=1}^n X_i^2$ eine nicht zentrale χ^2-Verteilung besitzt:

$$\|\boldsymbol{X}\|^2 \sim \chi^2\left(n; \|\mu\|^2\right),$$
$$\mathrm{E}\left(\|\boldsymbol{X}\|^2\right) = n + \|\mu\|^2,$$
$$\mathrm{Var}\left(\|\boldsymbol{X}\|^2\right) = 2n + 4\|\mu\|^2.$$

(Auch ohne den Rückgriff auf die nicht zentrale χ^2-Verteilung können wir $\mathrm{E}\left(\|\boldsymbol{X}\|^2\right)$ und $\mathrm{Var}\left(\|\boldsymbol{X}\|^2\right)$ unmittelbar ableiten. Siehe Aufgabe 4.11.) Die Tschebyschev-Ungleichung liefert die folgende Prognose für $\|\boldsymbol{X}\|^2$ zum Niveau $1 - 1/k^2$:

$$\mathcal{P}\left(\left|\|\boldsymbol{X}\|^2 - \left(n + \|\mu\|^2\right)\right| \leq k\sqrt{2n + 4\|\mu\|^2}\right) \geq 1 - 1/k^2. \tag{10.15}$$

Daraus erhalten wir das objektivistische Konfidenzintervall für $\|\mu\|$ zum Niveau $1 - 1/k^2$ (Vergleichen Sie die Berechnung im Beispiel auf Seite 218):

$$\left|\|\mu\|^2 - \|\boldsymbol{x}\|^2 + n - 2k^2\right| \leq 2k\sqrt{\|\boldsymbol{x}\|^2 - \frac{n}{2} + \frac{k^2}{2}}. \tag{10.16}$$

Nach dem Bayes-Ansatz suchen wir die a posteriori Dichte von μ. Da über die μ_i überhaupt nichts bekannt ist, bestimmen wir die *A-posteriori*-Dichte wie im Beispiel auf Seite 437, indem wir in einer *A-priori*-Dichte für μ_i die Varianz gegen unendlich schicken. Dies liefert:

$$\mu_i \sim N(x_i; 1).$$

Oben waren wir von $x_i \sim N(\mu_i; 1)$ ausgegangen. Nun haben sich die Rollen von x und μ vertauscht. So wie oben folgt nun:

$$\|\mu\|^2 \sim \chi^2\left(n; \|\boldsymbol{x}\|^2\right),$$
$$\mathrm{E}\left(\|\mu\|^2\right) = n + \|\boldsymbol{x}\|^2,$$
$$\mathrm{Var}\left(\|\mu\|^2\right) = 2n + 4\|\boldsymbol{x}\|^2.$$

Die Tschebyschev-Ungleichung liefert jetzt das folgende Prognose-Intervall für $\|\mu\|^2$ zum Niveau $1 - 1/k$:

$$\left|\|\mu\|^2 - n - \|\boldsymbol{x}\|^2\right| \leq k\sqrt{2n + 4\|\boldsymbol{x}\|^2}. \tag{10.17}$$

Vergleichen wir die Aussagen (10.16) und (10.17) über $\|\boldsymbol{\mu}\|$ für sehr große n. Eigentlich sollten wir erwarten, dass die subjektivistischen und die objektivistischen Intervalle konvergieren. Aber das Gegenteil tritt ein: Sind alle x_i etwa von ähnlicher Größenordnung, so ist $\|\boldsymbol{x}\|^2 = \sum_{i=1}^n x_i^2$ von der Ordnung n. Bei großem n ist k^2 vernachlässigbar gegenüber n. Damit sind $\sqrt{\|\boldsymbol{x}\|^2 - \frac{n}{2} + \frac{k^2}{2}}$ und $\sqrt{\|\boldsymbol{x}\|^2 + \frac{n}{2}}$ beide von der Größenordnung $\sqrt{n}$. Damit haben (10.16) und (10.17) die Gestalt:

$$\text{Objektivistisch}: \quad \left|\|\mu\|^2 - \|\boldsymbol{x}\|^2 + n\right| \leq k'\sqrt{n},$$
$$\text{Subjektivistisch}: \quad \left|\|\mu\|^2 - \|\boldsymbol{x}\|^2 - n\right| \leq k''\sqrt{n}.$$

Wo wird nun $\|\mu\|^2$ liegen? Der Objektivist sagt: $\|\mu\|^2 \approx \|\boldsymbol{x}\|^2 - n$. Der Subjektivist sagt $\|\mu\|^2 \approx \|\boldsymbol{x}\|^2 + n$. Beide geben ihre Schätzungenauigkeit mit der Größenordnung $\sqrt{n}$ an.

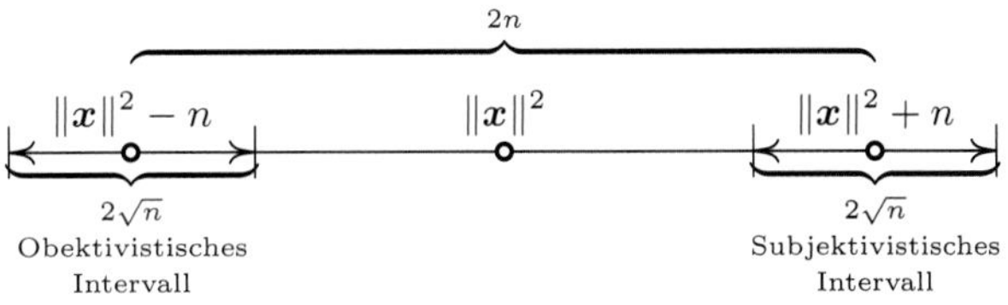

Mit wachsendem n differieren die Aussagen immer stärker und werden völlig inkompatibel.

Dann ist aber X keine zufällige Variable mehr. Denn aus $\mathcal{P}(X \leq a) = \frac{1}{2}$ für alle a folgt $\mathrm{F}_X \equiv 0.5$ und $\mathcal{P}(a < X \leq b) = 0$ für alle a und b. ◀

Das Austauschparadox

Ich stelle zwei Schecks aus, den einen über den Grundbetrag g €, beim anderen verdoppele ich den Grundbetrag und stelle den Scheck auf $2g$ € aus. Die Schecks werden in zwei äußerlich identische Briefumschläge gesteckt. Dann wird eine Münze geworfen, und nach dem Ergebnis des Wurfs erhält der Student A den einen und der Student B den anderen Umschlag. A öffnet seinen Briefumschlag und findet einen Scheck über 100 €. A fragt sich nun, welche Summe Y im Briefumschlag von B steckt: Es können 50 € oder 200 € sein. Da A und B beide ihre Umschläge mit gleicher Wahrscheinlichkeit gezogen haben, rechnet A:

$$\mathcal{P}(Y = 50) = \mathcal{P}(Y = 200) = \frac{1}{2}.$$

Der Erwartungswert ist

$$\mathrm{E}\left(Y\right)=\frac{1}{2}50+\frac{1}{2}200=125>100.$$

Ich frage A, ob er mit B seinen Brief tauschen würde und er ist gern dazu bereit. Jedoch kann B genauso argumentieren, auch ohne seinen Brief zu öffnen. Denn steht auf seinem Scheck der Betrag von y, so ist der Erwartungswert des Betrages von X größer als y:

$$\begin{aligned}\mathrm{E}\left(X\right)&=\frac{y}{2}\cdot\mathcal{P}\left(X=\frac{y}{2}\right)+2y\cdot\mathcal{P}\left(X=2y\right)\\&=\frac{y}{2}\cdot\frac{1}{2}+2y\cdot\frac{1}{2}=\frac{y}{4}+y>y\,.\end{aligned}$$

Auch für B ist der Erwartungswert des Gewinns größer als der Betrag, der auf seinem Scheck steht. Also werden beide gern die Briefe tauschen und jeder glaubt zu gewinnen. Da diese Entscheidung zum Tausch unabhängig von der beobachteten Größe x ist, weiß A von vornherein, ehe er überhaupt seinen Brief öffnet, dass es für ihn besser ist zu tauschen – genauso wie B. Also werden sie gleich zu Beginn die Briefe tauschen und tauschen und tauschen. Und wenn sie nicht gestorben sind, so tauschen sie noch heute.

(Liefert dies eine Theorie des Neides: „Der andere hat immer mehr" oder eine Theorie der guten Ehe: „Jeder gibt und macht den anderen glücklich"?)

Wo liegt der Trugschluss? A betrachtet den Grundbetrag als eine zufällige Größe G mit einer unbekannten *A-priori*-Wahrscheinlichkeitsverteilung $\mathcal{P}\left(G\right)$. Der Betrag, der auf dem gezogenen Scheck steht, sei X. Nach Konstruktion soll gelten:

$$\mathcal{P}\left(X=2x\mid G=x\right)=\frac{1}{2} \tag{10.18}$$

$$\mathcal{P}\left(X=2x\mid G=2x\right)=\frac{1}{2}\,. \tag{10.19}$$

Wird der Gewinn $X=2x$ entdeckt, so kommt als Grundbetrag nur $G=x$ und $G=2x$ infrage:

$$\mathcal{P}\left(G=x\mid X=2x\right)=\mathcal{P}\left(G=2x\mid X=2x\right)\,. \tag{10.20}$$

Nach der Definition der bedingten Wahrscheinlichkeit gilt dann:

$$\begin{aligned}\mathcal{P}\left(G=x\mid X=2x\right)&=\frac{\mathcal{P}\left(X=2x|\,G=x\right)\mathcal{P}\left(G=x\right)}{\mathcal{P}\left(X=2x\right)}\\&=\frac{\frac{1}{2}\mathcal{P}\left(G=x\right)}{\mathcal{P}\left(X=2x\right)}\,,\end{aligned}$$

$$\begin{aligned}\mathcal{P}\left(G=2x\mid X=2x\right)&=\frac{\mathcal{P}\left(X=2x\mid G=2x\right)\mathcal{P}\left(G=2x\right)}{\mathcal{P}\left(X=2x\right)}\\&=\frac{\frac{1}{2}\mathcal{P}\left(G=2x\right)}{\mathcal{P}\left(X=2x\right)}\,.\end{aligned}$$

Wegen (10.20) stimmen die linken Seiten der beiden Gleichungen überein. Dann folgt aber:

$$\mathcal{P}\left(G=x\right)=\mathcal{P}\left(G=2x\right)\,. \tag{10.21}$$

Diese Gleichung gilt für alle x. Daher gilt auch $\mathcal{P}\left(G=2^{n}x\right)=\gamma\ \ \forall n\in\mathbb{N}$. Da $\sum_{n}\mathcal{P}\left(G=2^{n}x\right)\leq 1$ ist, muss $\gamma=0$ sein. Also ist

$$\mathcal{P}\left(G=x\right)=0\qquad\forall x\,.$$

Nun könnte es ja sein, dass G eine stetige Zufallsvariable ist, dann wäre $\mathcal{P}(G=x)=0$ nicht überraschend. Eine etwas feinere Analyse des Beispiels mit einer Dichte f_G würde analog das Ergebnis $f_G(x)=0\,\forall x$ erbringen.

Die Annahme (10.20) ist nicht mit einer Wahrscheinlichkeitsverteilung im objektivistischen Sinn verträglich. Im subjektivistischen Sinn kann G nur eine *uneigentliche Wahrscheinlichkeitsverteilung* besitzen.

Der Trugschluss kommt zustande, da wir stillschweigend unterstellt haben, dass jeder Wert von G mit gleicher Wahrscheinlichkeit genannt werden könnte. Dies ist jedoch völlig unrealistisch. Bei einem realen Spiel würden niedrige Beträge viel wahrscheinlicher sein als hohe.

Wir können das Austauschproblem korrekt weiterbehandeln, wenn wir für G eine konkrete Wahrscheinlichkeitsverteilung annehmen. Nachdem A in seinem Umschlag den Gewinn x gefunden hat, wird er genau dann tauschen, wenn der Erwartungswert des Betrags Y im Brief von B größer als sein Betrag x ist:

$$\mathrm{E}\left(Y\mid X=x\right)>x\,.$$

Da A in seinem Brief x € gefunden hat, kann G nur x oder $\frac{1}{2}x$ sein. Also:

$$\begin{aligned}\mathrm{E}\left(Y\mid X=x\right)=&\tfrac{1}{2}x\cdot\mathcal{P}\left(G=\tfrac{1}{2}x\,\middle|\,X=x\right)\\&+2x\cdot\mathcal{P}\left(G=x\mid X=x\right)\,.\end{aligned}$$

Mit den Annahmen (10.18)und (10.19) können wir die relevanten Wahrscheinlichkeiten berechnen. Es ist

$$\begin{aligned}\mathcal{P}\left(G=x\mid X=x\right)&=\frac{\mathcal{P}\left(X=x|\,G=x\right)\mathcal{P}\left(G=x\right)}{\mathcal{P}\left(X=x\right)}\\&=\frac{\mathcal{P}\left(G=x\right)}{2\mathcal{P}\left(X=x\right)}\end{aligned}$$

und analog:

$$\mathcal{P}\left(G=\tfrac{1}{2}x\mid X=x\right)=\frac{\mathcal{P}\left(G=\frac{1}{2}x\right)}{2\mathcal{P}\left(X=x\right)}\,.$$

Wir betrachten den Nenner $\mathcal{P}(X=x)$:

$$\begin{aligned}\mathcal{P}\left(X=x\right)=&\mathcal{P}\left(X=x\mid G=x\right)\mathcal{P}\left(G=x\right)\\&+\mathcal{P}\left(X=x\mid G=\tfrac{1}{2}x\right)\mathcal{P}\left(G=\tfrac{1}{2}x\right)\\=&\frac{1}{2}\mathcal{P}\left(G=x\right)+\frac{1}{2}\mathcal{P}\left(G=\tfrac{1}{2}x\right)\,.\end{aligned}$$

Also:

$$\mathrm{E}\left(Y\mid X=x\right)=x\frac{2\mathcal{P}\left(G=x\right)+\frac{1}{2}\mathcal{P}\left(G=\frac{1}{2}x\right)}{\mathcal{P}\left(G=x\right)+\mathcal{P}\left(G=\frac{1}{2}x\right)}\,.$$

Daher ist $\mathrm{E}(Y \mid X = x) > x$ genau dann, wenn

$$2\mathcal{P}(G = x) > \mathcal{P}\left(G = \tfrac{1}{2}x\right). \qquad (10.22)$$

Nimmt zum Beispiel A für G eine geometrische *A-priori*-Verteilung an:

$$\mathcal{P}(G = x) = \theta(1-\theta)^x ,$$

dann tauscht A wegen (10.22) genau dann, wenn gilt:

$$2\theta(1-\theta)^x > \theta(1-\theta)^{\frac{1}{2}x} ,$$
$$x < \frac{-2\ln 2}{\ln(1-\theta)} .$$

Zum Beispiel für $\theta = 0.01$ ist $\mathrm{E}(G) = 100$ und $\frac{-\ln 2}{\ln(1-0.01)} = 68.97$. A sollte tauschen, falls $x < 2 \cdot 68.97 = 137.94$ ist.

Weitere Literatur: Gardener, M (1982) *Gotcha: Paradoxes to Puzzle and Delight*, Christensen, R. und Utts, J. (1992): *Bayesian Resolution of the "Exchange paradox"*, The American Statistician (1992).

Nichtwissen wird beschrieben durch eine Gleichverteilung für den angemessenen Parameter

Ein Nichtwissen über einen Parameter θ bedeutet auch ein Nichtwissen über jede Funktion $g(\theta)$ des Parameters. Weiß ich nichts über θ, so weiß ich zum Beispiel auch nichts über $\vartheta = e^\theta$. Wird nun für stetige Variable die Gleichverteilung benutzt, um das Nichtwissen auszudrücken, so stellt sich das Problem, das bei Transformationen von Zufallsvariablen die Dichte nicht invariant bleibt. Ist zum Beispiel θ gleichverteilt, hat also eine konstante Dichte, so ist – nach dem Transformationssatz für Dichten – die Dichte von $\vartheta = e^\theta$ proportional zu $\frac{1}{\vartheta}$, und diese Dichte ist alles andere als Ausdruck eines Nichtwissens.

Einen Ausweg aus diesem Dilemma wird mit dem Prinzip des adäquaten Parameters gesucht. Die Idee dahinter ist:

Sei θ der vorgegebene vollständig unbekannte Parameter. Dann wird die Unkenntnis über θ durch eine Gleichverteilung für einen dem **Problem angemessenen Parameter** $\varphi = \varphi(\theta)$ beschrieben. Ist der Definitionsbereich von φ unendlich, so bedeute die Forderung der „*Gleichverteilung*“ von φ sinnentsprechend: über jedem endlichen Intervall ist die bedingte Dichte von φ konstant, das heißt, φ hat eine uneigentliche Gleichverteilung.

Da nun $f_\varphi(\varphi)$ konstant ist, ist die nicht informative *A-priori*-Verteilung für Θ – nach dem Transformationssatz für Dichten – proportional zu $\varphi'(\theta)$:

$$f_\Theta(\theta) = f_\varphi(\varphi)\left|\frac{d\varphi(\theta)}{d\theta}\right| \simeq \left|\frac{d\varphi(\theta)}{d\theta}\right| .$$

Die offene Frage bleibt: Was ist der *angemessene* Parameter? Jeffereys, einer der großen Theoretiker der subjektiven Statistik, definiert φ als *angemessen*, falls die Likelihood von φ bei gegebenem x die Gestalt hat:

$$L(\varphi \mid x) \simeq \widetilde{L}(\varphi - t(x)) . \qquad (10.23)$$

Jede Beobachtung verschiebt die Likelihood, ohne die Gestalt der Likelihood zu ändern. $t(x)$ wird zum Lageparameter der Likelihood von φ. Die Likelihood ist *Data-translated.*

Beispiel X sei normalverteilt mit bekanntem μ. Gesucht wird eine *A-priori*-Dichte für die unbekannte Varianz σ^2. Mit der Abkürzung

$$t = \frac{(x-\mu)^2}{2}$$

hat die Likelihood von σ die Gestalt:

$$L(\sigma \mid t) = \frac{1}{\sigma\sqrt{2\pi}} \exp\left(-\frac{(x-\mu)^2}{2\sigma^2}\right) \simeq \frac{1}{\sigma}\exp\left(-\frac{t}{\sigma^2}\right) .$$

(Siehe Abbildung 10.27).

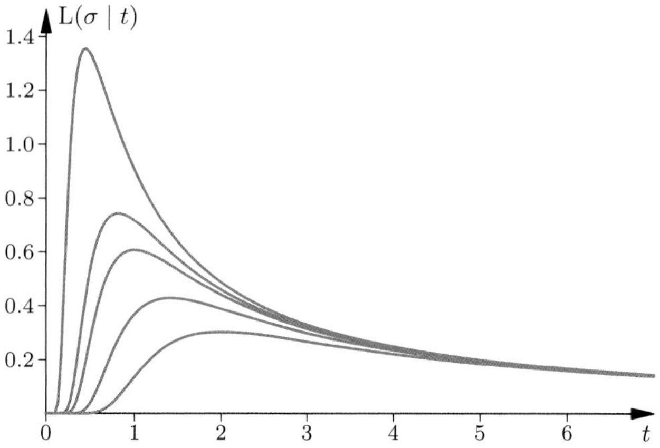

Abbildung 10.27 $L(\sigma \mid t)$ für die Werte $t \in \left\{2;\, 1;\, \frac{1}{2};\, \frac{1}{3};\, \frac{1}{10}\right\}$.

Jeder Wert der suffizienten Statistik $t = \frac{(x-\mu)^2}{2}$ ändert nicht nur die Lage, sondern auch die Gestalt der Likelihood. Nun schreiben wir $L(\sigma \mid t)$ um und führen $\varphi = \ln \sigma^2$ als neuen Parameter ein:

$$\begin{aligned} L(\sigma|t) &= \frac{1}{\sigma}\exp\left(-\frac{t}{\sigma^2}\right) \\ &= \frac{1}{\sqrt{t}}\exp\left(\frac{1}{2}\ln\frac{t}{\sigma^2} - \exp\left(\ln\frac{t}{\sigma^2}\right)\right) \\ &= \frac{1}{\sqrt{t}}\exp\left(\frac{1}{2}(\ln t - \varphi) - \exp(\ln t - \varphi)\right) \\ &\simeq \widetilde{L}(\varphi - \ln t) . \end{aligned}$$

Abbildung 10.28 zeigt die Funktion $\exp\left(\frac{1}{2}(\ln t - \varphi) - \exp(\ln t - \varphi)\right)$ für die Parameterwerte $\ln t = 1, 2, 3, 4, 5$. Jeder Wert von $\ln t$ verschiebt nur die Likelihood von φ, aber ändert nicht die Gestalt.

Der gesuchte Parameter ist $\varphi = \ln\sigma^2$. Die uneigentliche *A-priori*-Dichte für σ^2 ist dann:

$$f_{\sigma^2}(\sigma^2) \simeq \left|\frac{d\varphi}{d\sigma^2}\right| \simeq \frac{1}{\sigma^2} .$$

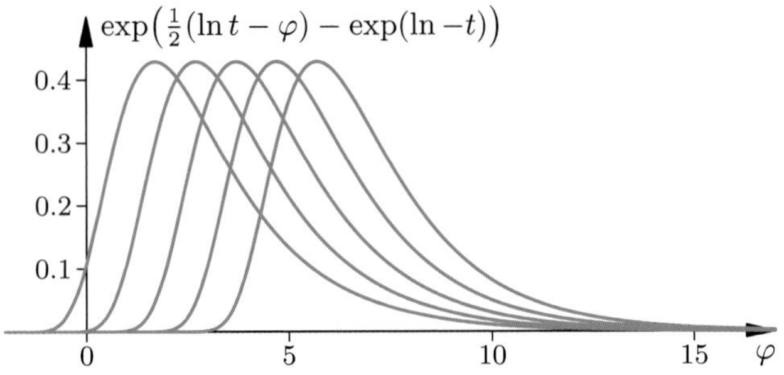

Abbildung 10.28 Jeder Wert von $\ln t$ verschiebt nur die Likelihood von φ, aber ändert nicht die Gestalt.

Die uneigentliche Dichte für σ ergibt sich nun nach dem Transformationssatz für Dichten oder aus $\varphi = 2\ln\sigma$:

$$f_\sigma(\sigma) \simeq \frac{1}{\sigma}.$$

$f_\sigma(\sigma) = \frac{1}{\sigma}$ ist aber nicht im Intervall $(0; \infty)$ integrierbar. Daher stellt $f(\sigma) = \frac{1}{\sigma}$ keine „eigentliche" Dichte dar. $f(\sigma) = \frac{1}{\sigma}$ ist eine uneigentliche Dichte. ◀

Die Behandlung logischer Ausdrücke, als wären sie zufällige Ereignisse, ist nicht zulässig

Mitunter wird versucht, logische Operationen und logische Ausdrücke mit Wahrscheinlichkeiten zu beschreiben. Bei unbedachten Anwendung der Regeln der Wahrscheinlichkeitstheorie auf logische Ausdrücke kann man unsinnige Ergebnisse erhalten. Wir zeigen dazu zwei warnende Beispiele.

Beispiel Seien A die Aussage: „*Die Münze ist fair*", d.h. $\mathcal{P}(\text{Wappen}) = \mathcal{P}(\text{Zahl})$ und B die Aussage: „*Bei einem Wurf mit dieser Münze erscheint Wappen*". Kurz gefasst:

$A =$ „*Die Münze ist fair*"
$\neg A =$ „*Die Münze ist nicht fair*"
$B =$ „*Wappen*"
$\neg B =$ „*Zahl*"

Nun schreiben wir die beiden Aussagen: „*Mit einer fairen Münze hat „Zahl" die Wahrscheinlichkeit $\frac{1}{2}$*" und „*Mit einer fairen Münze hat „Wappen" die Wahrscheinlichkeit $\frac{1}{2}$*" als logische Formeln:

$$\mathcal{P}(A \wedge B) = \frac{1}{2} \text{ und } \mathcal{P}(A \wedge \neg B) = \frac{1}{2}.$$

Dann folgt aber aus

$$(A \wedge B) \vee (A \wedge \neg B) = A$$

und der Disjunktheit der beiden Ausagen die überraschende Folgerung:

$$\mathcal{P}(A) = \mathcal{P}(A \wedge B) + \mathcal{P}(A \wedge \neg B) = \frac{1}{2} + \frac{1}{2} = 1.$$

Das heißt, **alle Münzen sind fair**.

Analog folgte aus

$$B = (A \wedge B) \vee (\neg A \wedge B)$$
$$\mathcal{P}(B) = \underbrace{\mathcal{P}(A \wedge B)}_{\frac{1}{2}} + \underbrace{\mathcal{P}(\neg A \wedge B)}_{>0} \geq \frac{1}{2}.$$

Egal ob eine Münze fair ist oder nicht, die Wahrscheinlichkeit für Wappen ist mindestens $\frac{1}{2}$.

Schreibt man jedoch die beiden oben genannten Aussagen in der Form bedingter Wahrscheinlichkeiten, so ist zwar $\mathcal{P}(B \mid A) = 1/2$ sinnvoll, aber die Ausdrücke $\mathcal{P}(A \mid B)$, $\mathcal{P}(A)$ und $\mathcal{P}(B)$ sind nicht definiert.

Logisch äquivalenten Ausagen sollten die gleichen Wahrscheinlichkeiten zukommen. Betrachten wir die Aussage: „*Die Wahrscheinlichkeit mit einer fairen Münze „Wappen" zu werfen ist $\frac{1}{2}$.*" Schreiben wir dies versuchsweise als logische Formel:

$$\mathcal{P}(A \Rightarrow B) = \frac{1}{2}.$$

$A \Rightarrow B$ ist aber logisch äquivalent mit $\neg B \Rightarrow \neg A$. Also müsste gelten:

$$\mathcal{P}(\neg B \Rightarrow \neg A) = \frac{1}{2}.$$

Dies hieße aber: Werfe ich mit einer Münze „Zahl", so ist mit Wahrscheinlichkeit $\frac{1}{2}$ die Münze gefälscht. ◀

Zusammenfassung

In der subjektiven Wahrscheinlichkeitstheorie ist die Wahrscheinlichkeit keine objektive, physikalisch messbare Größe, sondern Ausdruck für den Glauben an das mögliche Eintreten eines unsicheren Ereignisses. Die Theorie gründet sich auf elementare Annahmen über menschliches Verhalten, die in Axiomensystemen und Postulaten über rationales Verhalten präzisiert sind. Aus ihnen folgt unter anderem:

- Jedes Individuum ist in der Lage, unsichere Ereignisse zu bewerten. Die subjektiven Wahrscheinlichkeiten ein und derselben Person sind untereinander vergleichbar. Subjektive Wahrscheinlichkeiten verschiedener Personen sind nicht vergleichbar.
- Die subjektiven Wahrscheinlichkeiten einer Person lassen sich durch das Verhalten bei hypothetischen fairen Wetten und Lotterien messen. Bedingte Wahrscheinlichkeiten $\mathcal{P}(A \mid B)$ lassen sich durch bedingte Wetten erfasssen.

Die faire Wette

Bei einer fairen Wette ist der Erwartungwert des Gewinns gleich Null.

Bei der Angabe seiner subjektiven Wahrscheinlichkeit ist der Subjektivist jedoch nicht völlig frei. Er muss sich in allem rational verhalten. Daher darf er keine Wetten abschließen, bei denen er mit Sicherheit verliert.

Das bayesianische Kohärenzprinzip: Handele so, dass Deine Wetten nicht auf einen sicheren Verlust hinauslaufen

Aus diesem Prinzip und unabhängig davon aus einer Axiomatisierung der Glaubwürdigkeit folgt:

Die Kolmogorov-Axiome gelten für Subjektivisten und Objektivisten.

Subjektivisten und Objektivisten unterscheiden sich nicht in der Wahrscheinlichkeitsrechnung, sondern allein in der Anwendung, der Interpretation und den Schlüssen.

Da die subjektive Wahrscheinlichkeitstheorie auf einer Theorie des richtigen Handelns gründet, und die Konsequenzen von Handlungen bewertet werden müssen, spielt der Begriff des Nutzens einer Handlung eine zentrale Rolle. Dabei ist der Nutzen stets beschränkt, unendlich große Gewinne oder Verluste sprengen jeden Entscheidungsrahmen und sind im Modell nicht enthalten. Im Bernoulli-Prinzip werden Nutzen und Wahrscheinlichkeit miteinander verknüpft.

Das Bernoulli-Prinzip

Wähle diejenige Lotterie, die den Erwartungswert des Nutzens maximiert.

Die Auswahl einer Entscheidung in einer unsicheren Situation ist also für den Subjektivisten einfach: Er bestimmt die Wahrscheinlichkeiten der möglichen Ereignisse und deren Nutzen und berechnet dann den Erwartungswert des Nutzens. Er trifft die Entscheidung, die den höchsten Nutzen verspricht.

Bayesianisches Lernen

Der Satz von Bayes beschreibt die Transformation des Wissens durch Zusatzinformationen. Der Satz gibt an, wie ich mein in Form von *A-priori*-Wahrscheinlichkeiten gefasstes Wissen über die Welt auf Grund stochastischer Informationen in *A-posteriori*-Wahrscheinlichkeit verändern muss, wenn ich mich rational verhalten will.

Der Satz von Bayes für diskrete Ereignisse

$$\begin{aligned}\mathcal{P}\left(A_j \mid B\right) &= \frac{\mathcal{P}\left(B \mid A_j\right)}{\mathcal{P}(B)}\mathcal{P}\left(A_j\right)\\ &= \frac{\mathcal{P}\left(B \mid A_j\right)\mathcal{P}\left(A_j\right)}{\sum_{i=1}^{n}\mathcal{P}(B \mid A_i)\,\mathcal{P}(A_i)}\,.\end{aligned}$$

Der Satz von Bayes für stetige Zufallsvariablen.

$$f_{X|Y=y}(x)\, f_Y(y) = f_{X;Y}(x;y) = f_{Y|X=x}(y)\, f_X(x)$$
$$\textit{A-posteriori}\text{-Dichte} \simeq \text{Likelihood} \cdot \textit{A-priori}\text{-Dichte}\,.$$

In der bayesianischen Entscheidungstheorie wird die optimale Strategien gesucht

Die Bayes-Strategie

Die Bayes-Handlung bzw. Bayes-Strategie minimiert das Risiko:

$$a_{\text{Bayes}} = \arg\min_{a \in \boldsymbol{A}} r(a)\,,$$
$$\delta_{\text{Bayes}} = \arg\min_{\delta \in \boldsymbol{D}} r(\delta)\;.$$

Dabei braucht eine Strategie nicht explizit eine bestimmte Aktion vorzuschreiben, sie kann auch nur angeben, mit welcher Wahrscheinlichkeit gehandelt wird.

Reine Strategie und gemischte Strategien

Eine gemischte Strategie δ ist eine Wahrscheinlichkeitsverteilung über den Strategien. $\delta(x)$ gibt an, mit welcher Wahrscheinlichkeit die einzelnen Aktionen ergriffen werden sollen. Dagegen gibt eine reine Strategie für jedes x eine feste, determinierte Aktion an.

Das Ergebnis einer Strategie wird am Ende von den unbekannten Umweltzuständen bestimmt, die der Handelnde nicht voraussehen kann. Eine Strategie, die immer schlechtere Ergebnisse liefert, sollte vermieden werden.

Dominierte und zulässige Strategien

Eine Strategie δ wird durch die Strategie δ^* **dominiert**, wenn δ^* bei keinem Wert von θ schlechter ist als δ und bei mindestens einem θ echt besser ist als δ:

$$r(\delta \mid \theta) \geq r(\delta^* \mid \theta) \quad \forall\theta\,,$$
$$r(\delta \mid \theta) > r(\delta^* \mid \theta) \quad \text{für mindestens ein } \theta\,.$$

δ ist genau dann eine **zulässige** Strategie, wenn δ keine dominierte Strategie ist.

Glücklicherweise sind Bayes-Strategien zulässig.

Bayes-Strategien

Bayes-Strategien sind zulässig. Zu jeder zulässigen Strategie δ gibt es eine *A-priori*-Verteilung von θ, sodass δ Bayes-Strategie ist. Gibt es mehrere Bayes-Strategien, so ist mindestens eine von ihnen eine reine Strategie.

Bayes-Strategien lassen sich global oder lokal bestimmen. Im letzteren Fall beobachten wir x und transformierten unsere *A-priori*-Wahrscheinlichkeit f_Θ der Umweltzuständein die *A-posteriori*- Wahrscheinlichkeit. $f_{\Theta|X=x}$und damit die *A-priori*-Risiken der einzelnen Aktionen in *A-posteriori*-Risiken $r(a|x) = \underset{\Theta|X=x}{\mathrm{E}} r(a;\theta)$. Schließlich wählen wir die Aktion mit minimalem Risiko.

Bayesianische Schätztheorie

Die bayesianische Schätztheorie ist angewandte Entscheidungstheorie. Dazu fassen wir den unbekannten Parameter θ als unbekannten Umweltzustand auf. Eine Aktion ist Angabe eines Schätzwertes θ, Strategien sind Schätzfunktionen $\widehat{\theta}\,(x)$ und die Verlustfunktion ist die Bewertung des Schätzfehlers.

- Ist die Verlustfunktion der Absolutbetrag des Schätzfehlers, dann ist $\widehat{\theta}_{\text{Bayes}}$ der Median der *A-priori-*, bzw. der *A-posteriori*-Verteilung von Θ.
- Bei einer quadratischen Verlustfunktion ist $\widehat{\theta}_{\text{Bayes}}$ der Erwartungswert der *A-priori-*, bzw. der *A-posteriori*-Verteilung von Θ.

Bayesianische Regressionsmodelle

Im bayesianischen Regressionsmodell $\boldsymbol{y} \sim \mathrm{N}_n\,(\boldsymbol{X\beta};\boldsymbol{C})$ wird die Normalverteilung für $\boldsymbol{y}$ als die bedingte Verteilung von $\boldsymbol{y}$ bei gegebenem $\boldsymbol{\beta}$ gelesen. Dabei wird $\boldsymbol{\beta}$ nicht mehr als konstanter, aber unbekannter Parameter, sondern als zufällige Variable mit bekannter *A-priori*-Verteilung betrachtet:

$$\boldsymbol{\beta} \sim \mathrm{N}_m\left(\boldsymbol{b};\boldsymbol{C}_{\boldsymbol{\beta}}\right) \quad \boldsymbol{C}_{\boldsymbol{\beta}} > \boldsymbol{0}\,.$$

Der bayesianische Regressionsschätzer

Die *A-posteriori*-Verteilung von $\boldsymbol{\beta}$ bei beobachtetem $\boldsymbol{y}$ ist eine Normalverteilung mit dem Erwartungswert

$$\mathrm{E}(\boldsymbol{\beta} \mid \boldsymbol{y}) = \left(\boldsymbol{C}_{\widehat{\boldsymbol{\beta}}}^{-1} + \boldsymbol{C}_{\boldsymbol{\beta}}^{-1}\right)^{-1}\left(\boldsymbol{C}_{\widehat{\boldsymbol{\beta}}}^{-1}\widehat{\boldsymbol{\beta}}_{KQ} + \boldsymbol{C}_{\boldsymbol{\beta}}^{-1}\boldsymbol{b}\right)$$

und der Kovarianzmatrix

$$\mathrm{Cov}\,(\boldsymbol{\beta} \mid \boldsymbol{y}) = \boldsymbol{C}_{\boldsymbol{\beta}|\boldsymbol{y}} = \left(\boldsymbol{C}_{\widehat{\boldsymbol{\beta}}}^{-1} + \boldsymbol{C}_{\boldsymbol{\beta}}^{-1}\right)^{-1}.$$

Lineare Bayes-Schätzer

Bei linearen Bayes-Schätzer beschränkt man die Klasse der zulässigen Schätzfunktionen auf die Klasse der linearen Schätzfunktionen

$$\widehat{\boldsymbol{\theta}} = \boldsymbol{a} + \boldsymbol{B}\boldsymbol{y}\,.$$

Dann werden zur Bestimmung von $\widehat{\boldsymbol{\theta}}$ nur Vorkenntnisse über Erwartungswert und Kovarianzmatrix der *A-priori*-Verteilung von Θ vorausgesetzt.

Die Achillesferse der bayesianischen Statistik

Auf dem Konzept der subjektiven Wahrscheinlichkeiten baut eine in sich geschlossene, mathematisch elegante Theorie der statistischen Inferenz auf, die problemlos *weiche* Daten wie Voreinschätzungen oder Expertenwissen und *harte* Daten wie Beobachtungsergebnisse aus kontrollierten Versuchen verarbeitet. Sie ist so für viele Anwender äußerst attraktiv. Die große Schwäche der bayesianischen Theorie liegt in der Bestimmung der *A-priori*-Wahrscheinlichkeiten. Zwar sollte jeder Subjektivist seine Wahrscheinlichkeiten bestimmen können, aber diese axiomatische Forderung hat wenig mit der Realität zu tun. In dem Augenblick, in dem ein Anwender sagt: *„Ich kann beim besten Willen keine A-priori-Wahrscheinlichkeit nennen"* versagt die Theorie. Sie besitzt kein widerspruchsfreies Modell zur Beschreibung des Nichtwissens. Dies ist oft die Ursache für Paradoxien und Fehlschlüsse.

Das Prinzip des unzureichenden Grundes ist unzureichend zur Beschreibung von Nichtwissen.

Aufgaben

Die Aufgaben gliedern sich in drei Kategorien: Anhand der *Verständnisfragen* können Sie prüfen, ob Sie die Begriffe und zentralen Aussagen verstanden haben, mit den *Rechenaufgaben* üben Sie Ihre technischen Fertigkeiten und die *Anwendungsprobleme* geben Ihnen Gelegenheit, das Gelernte an praktischen Fragestellungen auszuprobieren.

Ein Punktesystem unterscheidet leichte Aufgaben •, mittelschwere •• und anspruchsvolle ••• Aufgaben. Lösungshinweise am Ende des Buches helfen Ihnen, falls Sie bei einer Aufgabe partout nicht weiterkommen. Ergebnisse, ausführliche Lösungswege, Beweise und Abbildungen finden Sie auf der Website zum Buch.

Viel Spaß und Erfolg bei den Aufgaben!

Verständnisfragen

10.1 • Ein Subjektivist schätzt die Wahrscheinlichkeit, dass er seinen Freund A in der Vorlesung trifft mit $\mathcal{P}(A) = 0.7$, dass er seinen Freund B trifft mit $\mathcal{P}(B) = 0.6$, dass er beide zugleich trifft mit $\mathcal{P}(AB) = 0.2$. Darf er dies, wenn er sich im Rahmen der subjektiven Wahrscheinlichkeitstheorie vernünftig verhalten will?

10.2 • Die berühmte Folgeregel von Laplace: Ein Ereignis A trete mit Wahrscheinlichkeit θ auf. Bei n unabhängigen Wiederholungen sei jedesmal A eingetreten. Wenn wir als *A-priori*-Verteilung von θ eine Betaverteilung annehmen, wie wird dann bei einer quasikonstanten Verlustfunktion θ geschätzt? Laplace wandte das Ergebnis auf das Ereignis Sonnenaufgang an. Zu welchem Schlüssen kam er? Wo liegt der Fehler?

Rechenaufgaben

10.3 ••• Im bayesianischem Regressionsmodell wird β durch den Schätzer $\widehat{\boldsymbol{\beta}}_{Bayes} = \left(\boldsymbol{C}_{\widehat{\beta}}^{-1} + \boldsymbol{C}_{\beta}^{-1}\right)^{-1}\left(\boldsymbol{C}_{\widehat{\beta}}^{-1}\widehat{\boldsymbol{\beta}} + \boldsymbol{C}_{\beta}^{-1}\boldsymbol{b}\right)$ geschätzt, der auch im objektivistischen Regressionsmodell als verzerrter Schätzer verwendet wird. Dabei ist $\boldsymbol{C}_{\widehat{\beta}} = \operatorname{Cov}\left(\widehat{\boldsymbol{\beta}}\right)$ die Kovarianzmatrix des objektivistischen Kleinstquadratschätzers. Bestimmen Sie Erwartungswert, Bias und die Kovarianzmatrix von $\widehat{\boldsymbol{\beta}}_{Bayes}$. Zeigen Sie, dass $\operatorname{Cov}\left(\widehat{\boldsymbol{\beta}}_{Bayes}\right) < \boldsymbol{C}_{\widehat{\beta}}$ ist.

10.4 •• Zeigen Sie: $\widehat{\boldsymbol{\beta}}_{Bayes}$ ist KQ-Schätzer im erweiterten linearen Modell:

$$\begin{pmatrix} \boldsymbol{y} \\ \boldsymbol{b} \end{pmatrix} = \begin{pmatrix} \boldsymbol{X} \\ \boldsymbol{I} \end{pmatrix} \boldsymbol{\beta} + \begin{pmatrix} \boldsymbol{\epsilon}_1 \\ \boldsymbol{\epsilon}_2 \end{pmatrix} \quad \text{mit} \quad \operatorname{Cov}\begin{pmatrix} \boldsymbol{y} \\ \boldsymbol{b} \end{pmatrix} = \begin{pmatrix} \boldsymbol{C} & \boldsymbol{0} \\ \boldsymbol{0} & \boldsymbol{C}_{\beta} \end{pmatrix}.$$

10.5 •• Die Verteilung einer Zufallsgröße X sei im Intervall $[0, \theta]$ gleichverteilt. Der Parameter θ sei seinerseits im Intervall $[0; \alpha]$ gleichverteilt. Man bestimme die *A-posteriori*-Verteilung von θ unter der Beobachtung $X = x$.

10.6 •• Die zufällige Variable X sei normalverteilt $X \sim N(\mu, 1)$. Dabei ist entweder $\mu = 0$ oder $\mu = 0$ mit $\mathcal{P}(\mu = 0) = p$ und $\mathcal{P}(\mu = 1) = 1 - p$. Wie groß sind die totale Dichte f_x und die *A-posteriori*-Wahrscheinlichkeit $f_{\mu|x}$? Sie sollen nach Beobachtung von x den Parameter μ schätzen. Was sind ihre konkreten Schätzwertfunktionen $\widehat{\mu}(x)$? Was ist $\widehat{\mu}$, wenn Sie die quadratische Verlustfunktion, die Betragsverlustfunktion oder die 0-1-Verlustfunktion verwenden? Wenn die Schätzfunktion eine Abbildung der Beobachtungen in den Parameterraum sein soll, welche der drei Schätzfunktionen bleiben dann noch übrig?

Anwendungsprobleme

10.7 • In einer bestimmten Entscheidungssituation sind 5 Handlungsalternativen möglich. Die Umwelt wird durch die Zustände θ_1 und θ_2 beschrieben. Die möglichen Verluste sind

Aktionen / Zustände	a_1	a_2	a_3	a_4	a_5
θ_1	5	2	10	6	7
θ_2	9	13	5	10	0

Welche reinen Aktionen werden durch andere reine Aktionen dominiert? Welche reinen oder gemischten Aktionen sind zulässig?

10.8 •• Herr A besitzt die folgende Nutzenfunktion $u(x) = a - \frac{b^2}{x+c}$ für den Geldbetrag x. Interpretieren Sie die Koeffizienten a, b und c. A wird das folgende Geschäft angeboten: Er zahlt einen Einsatz von e Euro. Daraufhin gewinnt er mit Wahrscheinlichkeit π den Betrag g, mit Wahrscheinlichkeit $1 - \pi$ gewinnt er nichts, sondern verliert seinen Einsatz e. Zurzeit besitzt Herr A x_0 Euro. a) Zeigen Sie die Existenz von $\pi_{\min}$, $g_{\min}$ und $e_{\max}$ mit der Eigenschaft: A nimmt das Geschäft nur an, falls $\pi > \pi_{\min}$, bzw. $g > g_{\min}$ oder $e < e_{\max}$. Wie entscheidet er bei beliebig großem Gewinn? Wie würde sich A bei einer linearen Nutzenfunktion verhalten?

10.9 •• Sie können zwischen drei Lotterien wählen, bei denen Sie mit etwas Glück nur gewinnen, aber nichts zahlen müssen. $\mathcal{L}_1$: Sie erhalten 400 € bar auf die Hand. $\mathcal{L}_2$: Sie erhalten 900 € mit Wahrscheinlichkeit 0.7 , mit Wahrscheinlichkeit 0.3 aber nichts. $\mathcal{L}_3$: Vor Ihnen stehen 10 Urnen mit jeweils 100 Kugeln, in sechs dieser Urnen sind 80 Kugeln rot, die anderen weiß, in vier dieser Urnen sind 30 Kugeln rot, die anderen weiß. Sie dürfen aus einer Urne blind eine Kugel ziehen. Ist sie rot erhalten Sie 900 €, andernfalls nichts. a) Welche der drei Lotterien sind zulässig? Wie entscheiden Sie sich, wenn Ihre Nutzenfunktion des Geldes im relevanten Bereich $u(x) = \ln x$ ist und Ihr Vermögen ungefähr 100 € beträgt?

10.10 •• Eine Baufirma hat sich bei einer Ausschreibung beteiligt und ein Angebot eingereicht. Bei dem Auftrag werden u.a. 1 t Aluminium benötigt. Im Angebot hat die Firma hierfür den Preis von 250 € je Tonne eingesetzt. Die Entscheidung, ob die Firma den Auftrag erhält, fällt in einer Woche. Die Firma weiß, dass dann der Preis A für Aluminium zwischen 150 € und 290 € je t schwanken wird. Sie erhält jetzt die Möglichkeit, 1 t Alu zum Preis von 200 € sofort zu kaufen. Kauft die Firma und erhält sie bei der Ausschreibung nicht den Zuschlag, so kann sie das Metall zum Marktpreis weiterverkaufen.

Welche Handlungssalternativen a_i hat die Firma? Welche Umweltzustände spielen hier eine Rolle? Wie sieht die Gewinnmatrix in Abhängigkeit von A aus? Was ist die Minimax-Strategie? Der Alu-Preis A besitze eine über dem Intervall [150, 290] symmetrische Wahrscheinlichkeitsverteilung. Welche Rolle spielt die Varianz von A? Was ist nun die optimale Strategie?

Welche Rolle spielt hierbei die Wahrscheinlichkeit γ, mit der die Firma bei der Ausschreibung den Zuschlag erhält?

Wie sieht die Entscheidung aus, wenn A – bis auf eine geeignete Lineartransformation Beta(α; β)-verteilt ist, also

$$A \sim 150 + 140 \cdot \text{Beta}\,(\alpha; \beta)$$

Dabei sei der Einfachheit halber $\alpha + \beta = 140$.

10.11 •• Sie haben die Wahl zwischen zwei Aktionen, a_1, a_2, und müssen sich entscheiden. Der Verlust $L\,(a_i|\theta)$, der sich bei Handlung a_i und unbekanntem Umweltzustand θ ergibt, ist durch eine Verlustmatrix gegeben:

L	θ_1	θ_2
a_1	0	5
a_2	4	2

Welche Handlung wählen Sie aufgrund des Minimax-Verlust- bzw. des Minimax-Regret-Prinzips? Welche „gemischte" Handlung ist aufgrund des Minimax-Prinzips optimal? Die *A-priori*-Wahrscheinlichkeiten für die Umweltzustände $\theta_i, : i = 1, 2$ seien $\mathcal{P}\,(\theta_1) = 0.6$ und $\mathcal{P}\,(\theta_2) = 0.4$. Welche Handlung ist aufgrund des Bernoulli-Kriteriums optimal? Sie können eine zufällige Variable X beobachten. Die Wahrscheinlichkeitsverteilung von X sei:

$\mathcal{P}\,(X\|\theta)$	θ_1	θ_2
X_1	$\frac{2}{3}$	$\frac{1}{4}$
X_2	$\frac{1}{3}$	$\frac{3}{4}$
	1	1

Welche reinen Strategien gibt es? Bestimmen Sie die Risikofunktionen der Strategien. Welche Strategie ist dominiert? Welche Strategie ist Bayes-Strategie? Sie beobachten $X = x_1$. Welche Aktion ergreifen Sie aufgrund Ihrer Bayes-Strategie?

10.12 • Ein Elektrofachgeschäft kauft Glühbirnen von drei verschiedenen Großhändlern, $\text{H}_1, \text{H}_2, \text{H}_3$. Der erste Händler H_1 liefert defekte Glühbirnen mit einer Wahrscheinlichkeit von 5 %, H_2 mit einer Wahrscheinlichkeit von 10 % und H_3 mit einer Wahrscheinlichkeit von 6 %. Der Gesamtbestand des Lagers des Elektrofachgeschäftes an Glühbirnen setzt sich wie folgt zusammen: 40 % wurden vom ersten Händler geliefert, 35 % vom zweiten und der Rest vom dritten. a) Wie groß ist die Wahrscheinlichkeit, dass eine Glühbirne funktioniert? b) Wie groß ist die Wahrscheinlichkeit, dass eine gelieferte, defekte Glühbirne Teil einer Lieferung vom ersten Händler ist. c) Wie groß ist die Wahrscheinlichkeit für einen Kunden, beim Kauf von 3 Glühbirnen mindestens eine defekte zu erwerben?

Verwenden Sie die Bezeichnungen H_i für das Ereignis: „Die Glühbirne stammt vom Händler H_i" und D für das Ereignis: „Die Glühbirne ist defekt".

10.13 •• In der großen Stadt S. betrachtet man die folgenden Ereignisse: Eine (zufällig ausgewählte) Person ist

$$\begin{aligned} W &= \text{weiblich,} \\ F &= \text{farbenblind,} \\ K &= \text{von Krankheit } K \text{ befallen.} \end{aligned}$$

Folgende Angaben sind aus langjähriger Erfahrung bekannt: 40 % der Personen sind weiblich, 5 % der weiblichen und 10 % der männlichen Personen sind von der Krankheit K befallen, 60 % aller an Krankheit K Erkrankten sind farbenblind, 30 % aller Personen sind farbenblind und nicht von der Krankheit K befallen. Berechnen Sie die Wahrscheinlichkeiten für folgende Ereignisse: Eine Person ist

a) von der Krankheit K befallen, b) farbenblind, c) weder von der Krankheit befallen noch farbenblind.

Wie groß ist die Wahrscheinlichkeit, d) dass eine farbenblinde Person von der Krankheit befallen ist und e) dass eine nicht farbenblinde Person von der Krankheit befallen ist?

10.14 •• In einem Genlabor wurde das Bakterium *Randomia variabilis* (RV) erzeugt. Über RV ist Folgendes bekannt: Durchschnittlich jede zweite Kultur des RV-Bakteriums zeigt Fluoreszenz im UV-Licht (F). Im Schnitt sterben 80 % aller RV-Bakterienkulturen, wenn das Nährmedium mit Zink versetzt wird, d. h., sie sind nicht zinktolerant ($\mathbf{\overline{Z}}$). Gewünscht ist UV-Fluoreszenz und Zink-Toleranz. Vom Labor erfahren Sie, dass die Wahrscheinlichkeit, dass eine Kultur des neuen Bakteriums *mindestens eines* der gewünschten Merkmale (Z oder F) besitzt, 60 % beträgt.

a) Berechnen Sie die Wahrscheinlichkeit, dass eine zufällig ausgewählte Kultur beide gewünschten Merkmale Z und F aufweist!

b) Leider stellt sich heraus, dass durchschnittlich drei von zehn RV-Kulturen giftige Stoffe (G) bilden. Die anderen Kulturen sind harmlos (H). Weiter ist bekannt, dass im Schnitt 70 % der RV-Bakterienkulturen UV-fluoreszent sind, wenn die RV-Bakterienkulturen nicht tödlich sind. Wie groß ist die Wahrscheinlichkeit, dass eine zufällig ausgewählte RV-Kultur unter UV-Licht fluoresziert *und* harmlos ist?

c) Wie groß ist die Wahrscheinlichkeit, dass eine giftige RV-Bakterienkultur durch UV-Licht zu Fluoreszenz angeregt werden kann?

10.15 •• Es seien nur zwei Umweltzustände θ_1 und θ_2 gegeben. Die Menge der reinen Strategien $\mathbf{\Delta}$ soll aus genau 12 reinen Strategien δ_1 bis δ_{12} bestehen: $\mathbf{\Delta} = \{\delta_i; i = 1, \ldots, 12\}$. Die Risiken der 12 Strategien bei den Umweltzuständen θ_1 und θ_2 seien durch die folgende Tabelle bestimmt:

$r(\delta \mid \theta)$	δ_1	δ_2	δ_3	δ_4	δ_5	δ_6	δ_7	δ_8	δ_9	δ_{10}	δ_{11}	δ_{12}
θ_1	1	2	3	4	5	6	7	8	11	12	3	6
θ_2	6	3	2	4	2	3	5	4	3	7	4	5

Angenommen die Wahrscheinlichkeiten der zwei Umweltzustände θ_1 und θ_2 seien $f_\Theta(\theta_1) = 0.4$ und $f_\Theta(\theta_2) = 0.6$. Bestimmen Sie grafisch die Risikomenge und die Bayes-Strategie.

Antworten der Selbstfragen

S. 428
Es ist $r(a_1 \mid x_2) = 5 \cdot \frac{4}{13}$, $r(a_2 \mid x_2) = 4 \cdot \frac{4}{13} + 2 \cdot \frac{9}{13}$ und $r(a_3 \mid x_2) = 9 \cdot \frac{4}{13} + 1.5 \cdot \frac{9}{13}$. Hier ist $r(a_2 \mid x_2) = \frac{34}{13}$ minimal. Sie kaufen keine Karten.

Mathematischer Anhang A

A.1 Kombinatorik

Anordnungen heißen Permutationen

Für jede natürliche Zahl $n \in \mathbb{N}$ ist

$$n! = 1 \cdot 2 \cdot 3 \cdot 4 \cdots (n-1) \cdot n.$$

die Anzahl der unterschiedlichen Permutationen, das heißt der Möglichkeiten, n verschiedene Objekte hintereinander anzuordnen. Nützlich ist die Stirling-Formel, mit der man $n!$ abschätzen kann:

$$\left(\frac{n}{e}\right)^n \sqrt{2\pi n} \leq n! \leq \left(\frac{n}{e}\right)^n \sqrt{2\pi n}e^{\frac{1}{12n}} .$$

Statistisch kann man die Stirling-Formel mithilfe des Zentralen Grenzwertsatzes veranschaulichen: Dazu approximieren wir für großes λ die Poisson-Verteilung durch eine Normalverteilung:

$$\begin{aligned}\frac{\lambda^n}{n!}e^{-\lambda} &= \mathcal{P}(X=n) = \mathcal{P}(n-0.5 \leq X \leq n+0.5)\\ &\approx \Phi\left(\frac{n-\lambda+0.5}{\sqrt{\lambda}}\right) - \Phi\left(\frac{n-\lambda-0.5}{\sqrt{\lambda}}\right) .\end{aligned}$$

Nun betrachten wir diese Approximation an der Stelle $\lambda = n$ und erhalten:

$$\frac{n^n}{n!}e^{-n} \approx \Phi\left(\frac{0.5}{\sqrt{n}}\right) - \Phi\left(\frac{-0.5}{\sqrt{n}}\right) \approx \frac{1}{\sqrt{2\pi n}} .$$

Die Verallgemeinerung der Fakultät von natürlichen Zahlen auf reelle oder komplexe Zahlen ist die in Kapitel 4 vorgestellte Gamma-Funktion $\Gamma(z)$, die durch $\Gamma(z+1) = z\Gamma(z)$ und $\Gamma(1) = 1$ definiert ist.

Ein wichtiger Fall sind Permutationen von teilweise nicht unterscheidbaren Objekten. Zum Beispiel gibt es von den drei Zahlen 1, 2, 3 genau 6 Permutationen. Ersetzen wir die 2 durch die 1 erhalten wir nur 3 verschiedene Anordnungen:

Drei verschiedene Ziffern:	Zwei und Eins sind identifiziert:
123	113
213	113
321	311
312	311
132	131
231	131

Alle Permutationen der linken Seite der Tabelle, die sich nur durch eine Permutation der Zahlen 1 und 2 unterscheiden, fallen auf der rechten Seite zusammen. Da es genau 2! verschiedene Permutationen der Zahlen 1 und 2 gibt, gibt es genau $\frac{3!}{2!}$ verschiedenen Permutationen der drei Objekte 1, 1, 3, von denen die 1 doppelt auftritt.

Übertragen wir diesen Gedanken auf n Objekten, bei denen n_1 Objekte nachträglich identifiziert wurden, finden wir, dass es nach der Identifikation genau noch $\frac{n!}{n_1!}$ verschiedene Anordnungen gibt. Werden nun weitere n_2 vorher unterscheidbare Objekte nachträglich identifiziert, reduziert sich die Anzahl der verschiedenen Anordnungen um weitere $n_2!$ Anordnungen. Die Gesamtzahl ist nunmehr $\frac{n!}{n_1!n_2!}$. Setzen wir diesen Prozess der Identifikation fort, erhalten wir:

Permutationen mit Wiederholungen

Die Anzahl der verschiedenen Permutationen von n Objekten, von denen k Objekte in mehrfacher nicht unterscheidbarer Wiederholung auftreten, ist

$$\frac{n!}{n_1! \cdot n_2! \cdot \cdots \cdot n_k!} . \tag{A.1}$$

Dabei ist n_i die Anzahl der Wiederholungen des i-ten Objekts mit $\sum_{i=1}^{k} n_i \leq n$.

Auswahlen ohne Berücksichtigung der Reihenfolge heißen Kombinationen

Nun stellen wir uns die Aufgabe, die Anzahl der verschiedenen möglichen Auswahlen von k Objekten aus einer Menge von n unterschiedlichen Objekten zu bestimmen. Jede Auswahl können wir uns als Permutation von n unterschiedlichen Objekten vorstellen von denen k die Farbe rot und $n-k$ die Farbe blau tragen Nehmen wir als Beispiel $n = 7$ und $k = 3$. Eine Auswahl können wir uns folgendermaßen charakterisieren:

1	2	3	4	5	6	7
R	B	R	R	B	B	B

Jedes Objekt, bei dessen Index ein B steht, *bleibt*, die anderen kommen *raus*. In unserem Beispiel werden also die Objekte 1, 3 und 4 ausgewählt. Jede Permutation der Buchstaben R und B gibt eine andere Auswahl an. Die Anzahl der verschiedenen Permutationen ist in unserem Beispiel nach Formel A.1 gleich $\frac{7!}{3!4!}$

Der Binomialkoeffizient

Die Anzahl der verschiedenen möglichen Auswahlen von k Objekten aus einer Menge von n unterschiedlichen Objekten ist

$$\frac{n!}{k!(n-k)!} = \frac{n \cdot (n-1) \cdots (n-k+1)}{1 \cdot 2 \cdots k} = \binom{n}{k} .$$

$\binom{n}{k}$ heißt Binomialkoeffizient und wird gesprochen als „n über k“.

Bei den Auswahlen lassen wir nun ebenfalls Wiederholungen zu. Betrachten wir zum Beispiel ein Bücherregal mit 10 Bänden B_1 bis B_{10}. Wir nehmen ein Buch aus dem Regal, schauen etwas nach und stellen das Buch wieder an seinen Platz. Das wiederholen wir dreimal. Markieren wir die Auswahl eines Buches mit dem „+"-Zeichen, den wir mit einem Zettel unter das Buch ans Regal kleben, so könnte unsere Auswahl z. B. so aussehen:

B_1	B_2	B_3	B_4	B_5	B_6	B_7	B_8	B_9	B_{10}
+				++					

Diese Darstellung kann ohne Informationsverlust noch weiter vereinfacht werden:

$$+\,|\;|\;|\;|\,++\,|\;|\;|\;|\;|$$

Wir haben hier eine Anordnung von $9 = 10 - 1$ Strichen und 3 Kreuzen. Jede Permutation dieser $9 + 3$ Zeichen gibt eine Auswahl der drei Bücher an. Insgesamt sind es $\frac{(9+3)!}{9!3!} = \binom{10-1+3}{3}$ Permutationen, da die Striche und die Kreuze untereinander nicht unterscheidbar sind. Bei n Büchern, von denen k ausgewählt werden, brauchen wir $n - 1$ Striche und k Kreuze. Aus Formel $(A.1)$ folgt dann:

Auswahlen mit Wiederholungen

Die Anzahl der Auswahlen mit Wiederholungen von k aus n unterscheidbaren Objekten ist

$$\frac{(n+k-1)!}{k!\,(n-1)!} = \binom{n-1+k}{k}.$$

Auswahlen mit Berücksichtigung der Reihenfolge heißen Variationen

Berücksichtigen wir bei der Auswahl von k aus n unterschiedlichen Objekten die Reihenfolge der Auswahl, sprechen wir von Variationen. Zu jeder der $\binom{n}{k}$ verschiedenen Auswahlmöglichkeiten treten noch $k!$ unterschiedliche Permutationen hinzu. Die Gesamtanzahl ist dann.

$$\binom{n}{k}k! = n \cdot (n-1) \cdot \dots \cdot (n-k+1)\ .$$

Als nächste Erweiterung lassen wir auch Wiederholungen zu. Nehmen wir zum Beispiel die Ziffern von 0 bis 10 und schauen wie viele 2-stellige Zahlen sich daraus bilden lassen: Für die erste Stellen stehen uns alle 10 Ziffern zur Verfügung und für die zweite Stelle wiederum alle 10. Insgesamt haben wir demnach 10^2 verschiedene Zahlen, sprich Möglichkeiten. In evidenter Verallgemeinerung dieser Überlegung erhalten wir:

Variationen mit Wiederholungen

Sind k Stellen zu besetzen und stehen uns für jede Stelle jeweils dieselben n Objekte zur Verfügung, gibt es n^k verschiedene Möglichkeiten der Besetzung.

Anders gesagt: Die Anzahl der Auswahlen mit Wiederholungen und Berücksichtigung der Reihenfolge von k Objekten aus n Objekten ist n^k.

Eigenschaften des Binomialkoeffizienten

Der Binomialkoeffizienten hat eine Fülle von praktisch wichtigen Eigenschaften, von denen wir einige kurz erwähnen:

- Das Additionstheorem:

$$\binom{n}{k} + \binom{n}{k+1} = \binom{n+1}{k+1}. \qquad \text{(A.2)}$$

  Diese Formel ergibt sich leicht, wenn man sich die Aufgabe stellt, aus einer Gruppe von n Jungen und einem Mädchen $k+1$ Kinder auszuwählen. Wir haben $\binom{n}{k+1}$ Möglichkeiten nur Jungen auszuwählen und $\binom{n}{k}$ Möglichkeiten, die Gruppe aus k Jungen und dem einem Mädchen zu bilden.
- Das Pascal-Dreieck. Im Pascal-Dreieck werden die Binomialkoeffizienten rekursiv nach Formel (A.2) bestimmt. Dabei stehen in der n-ten Zeile die Koeffizienten $\binom{n}{k}$ von $k = 1$ bis n:

$$\begin{array}{c} \mathbf{1} \\ \mathbf{1\quad 2\quad 1} \\ \mathbf{1\quad 3\quad 3\quad 1} \\ \mathbf{1\quad 4\quad 6\quad 4\quad 1} \\ \mathbf{1\quad 5\quad 10\quad 10\quad 5\quad 1} \\ \mathbf{1\quad 6\quad 15\quad 20\quad 15\quad 6\quad 1} \end{array}$$

- Der Binomische Lehrsatz: Es ist für $n \in \mathbb{N}$

$$(a+b)^n = \sum_{k=0}^{n} \binom{n}{k} a^k b^{n-k}\ .$$

  Zur Illustration betrachten wir

$$(a+b)^3 = (a+b)\,(a+b)\,(a+b)\ .$$

  Um die Klammern auszumultiplizieren, müssen wir jedes Glied der einen Klammer mit jedem Glied der anderen Klammern multiplizieren. Dabei können wir aus jeder Klammer entweder das a oder das b wählen. Wählen wir aus k Klammern das a und aus den anderen das b, erhalten wir das Produkt $a^k b^{n-k}$. Insgesamt haben wir $\binom{n}{k}$ Möglichkeiten diese k Klammern zu wählen.
  Speziell folgt für den Fall $a = b = 1$:

$$2^n = \sum_{k=0}^{n} \binom{n}{k}.$$

  Die Anzahl aller Teilmengen einer Obermenge mit n Elementen ist 2^n. Für $a = 1$ und $b = -1$ folgt:

$$0 = \sum_{k=0}^{n} \binom{n}{k} (-1)^k\ .$$

Übersicht: Kombinatorik

Permutationen: Anordnungen von n Objekten, Reihenfolge wichtig:

- ohne Wiederholung:
$$n! = 1 \cdot 2 \cdot 3 \cdot 4 \cdots (n-1) \cdot n\,,$$
- mit Wiederholung: i-tes Objekt n_i-fach wiederholt:
$$\frac{n!}{n_1! \cdot n_2! \cdot \dots \cdot n_k!}\,.$$

Kombinationen: Auswahlen von k aus n unterscheidbaren Objekten, Reihenfolge unwichtig:

- ohne Wiederholungen:
$$\binom{n}{k} = \frac{n \cdot (n-1) \cdot \dots \cdot (n-k+1)}{1 \cdot 2 \cdot \dots \cdot k} = \frac{n!}{k!\,(n-k)!}$$
- mit Wiederholungen:
$$\frac{(n+k-1)!}{k!\,(n-1)!} = \binom{n-1+k}{k}\,.$$

Variationen: Auswahlen von k aus n unterscheidbaren Objekten, Reihenfolge wichtig:

- ohne Wiederholungen:
$$\binom{n}{k} k! = n \cdot (n-1) \cdot \dots \cdot (n-k+1) = \frac{n!}{(n-k)!}\,,$$
- mit Wiederholungen:
$$n^k\,.$$

- Der verallgemeinerte binomische Lehrsatz: Es ist für $n \in \mathbb{R}$ und alle $|a| < 1$
$$(1+a)^n = \sum_{k=0}^{\infty} \binom{n}{k} a^k\,.$$
- Auswahlvarianten: Aus einer Gruppe von n Kindern möchte der Trainer eine Mannschaft m Spielern auswählen. Davon sollen k Stürmer und die restlichen $m-k$ Verteidiger werden. Dann gilt
$$\binom{n}{m}\binom{m}{k} = \binom{n}{k}\binom{n-k}{m-k}\,.$$
Auf der linken Seite wählt er aus der Gesamtheit der n Kinder zuerst die Mannschaft von m Spielern und aus der Mannschaft die k Stürmer. Auf der rechten Seite wählt er aus allen Kindern die Stürmer und aus den restlichen Kindern die Verteidiger.
- Die Gruppe der n Kinder besteht aus i Jungen und $n-i$ Mädchen. Um daraus eine Mannschaft von m Kindern auszuwählen, hat der Trainer folgende Möglichkeiten:
$$\sum_{j=0}^{n} \binom{i}{j}\binom{n-i}{m-j} = \binom{n}{m}\,.$$
Links wählt er j Jungen und $m-j$ Mädchen aus. Auf der rechten Seite wählt er die Mannschaft ohne Berücksichtigung des Geschlechts.
- Weitere Identitäten. Die Beweise seien Ihnen als Übung überlassen.
$$\binom{i+j}{j}\binom{j}{k} = \binom{i+k}{k}\binom{i+j}{j-k}\,,$$
$$\binom{-k}{i} = (-1)^i \binom{k+i-1}{i}\,,$$
$$\sum_{i=0}^{\infty} \binom{k+i-1}{i} (1-\alpha)^i = \alpha^{-k} \text{ für } 0 < \alpha < 1\,,$$
$$\sum_{k=i}^{j} \binom{j}{k}\binom{k}{i} (-1)^k = \begin{cases} (-1)^i & \text{falls } j = i\,, \\ 0 & \text{sonst} \end{cases}$$

A.2 Mengen, Maße und Integrale

Abzählbare Mengen

Einer der wichtigsten Begriffe der Wahrscheinlichkeitstheorie ist die Abzählbarkeit. Wir stellen uns das Abzählen ganz konkret bildlich vor: Auf der einen Seite ein Sack mit den Objekten, die wir abzählen wollen und auf der anderen Seite ein Stapel mit Etiketten mit den fortlaufenden Ziffern 1, 2, 3, ... usw. Dann greifen wir ein Objekt nach dem andern aus dem Sack und kleben ein Etikett drauf. Ist irgendwann der Sack leer. Hat das letzte Objekt die Ziffern n, dann ist n die Anzahl der Objekte.

Wird aber der Sack nie leer, schaffen wir es aber, dass jedes Objekt im Sack irgendwann einmal drankommt und sein Etikett verpasst kriegt und umgekehrt zu jedem Etikett genau ein Objekt im Sack gehört, dann heißt die Menge im Sack abzählbar.

Formal gesagt: Eine Menge Ω heißt abzählbar, wenn eine umkehrbar eindeutige Abbildung zwischen Ω und $\mathbb{N}$ existiert. So ist zum Beispiel die Menge der rationalen Zahlen abzählbar. Außerdem ist jede abzählbare Vereinigung abzählbarer Mengen abzählbar. Dagegen ist die Menge der reellen Zahlen nicht abzählbar.

Die Borelmengen

Die Gesamtheit aller Mengen, die sich durch abzählbar viele Mengenoperationen wie Durchschnitt, Vereinigung und Komplementbildung aus Intervallen im $\mathbb{R}^1$ erzeugen lässt, ist die σ-Algebra $\mathcal{B}$ der Borelmengen im $\mathbb{R}^1$. Sie ist die kleinste σ-Algebra, die alle Intervalle enthält.

Eine Abbildung
$$\mathcal{P}\colon \mathcal{B} \to \mathbb{R}^1 \cup \{\infty\}$$
heißt Mengenfunktion. P heißt additiv, falls für disjunkte Mengen $A \in \mathcal{B}$ und $B \in \mathcal{B}$ gilt:
$$\mathcal{P}(A \cup B) = \mathcal{P}(A) + \mathcal{P}(B)\,.$$

$\mathcal{P}$ heißt σ-additiv, falls für alle abzählbaren, disjunkten Mengen $A_i \in \mathcal{B}$ gilt:

$$\mathcal{P}\left(\bigcup_{i=1}^{\infty} A_i\right) = \sum_{i=1}^{\infty} \mathcal{P}(A_i) .$$

$\mathcal{P}$ heißt Maß, falls $\mathcal{P}(A) \geq 0$ für alle $A \in \mathcal{B}$. Das Maß heißt σ-finit, falls es eine abzählbare Überdeckung von $\mathbb{R}$ gibt: $\mathbb{R} = \bigcup_{i=1}^{\infty} A_i$ mit $A_i \in \mathcal{B}$ und $\mathcal{P}(A_i) < \infty$. In analoger Weise wird der Begriff eines σ-finiten Maßes auf beliebigen anderen Mengen mit σ-Algebren definiert.

Das Lebesgue-Maß

Ordnen wir allen Intervallen als Maß ihre Länge zu, so lässt sich dieses Maß in eindeutiger Weise auf alle Borelmengen erweitern. Dieses Maß heißt das Lebesgue-Maß auf $\mathcal{B}$. Dabei erhalten alle endlichen und abzählbaren Mengen das Maß 0. Da hierbei auch andere Mengen das Maß 0 erhalten können, erweitern wir vorsorglich die Menge $\mathcal{B}$ um alle Teilmengen von Borelmengen mit dem Maß 0.

$$\mathcal{B}' = \mathcal{B} \cup \left\{B' \subset B \in \mathcal{B} \text{ mit } \mathcal{P}(B) = 0\right\} .$$

$\mathcal{B}'$ ist die σ-Algebra der lebesgue-meßbaren Mengen. Das Lebesgue-Maß ist σ-finit, denn wir können $\mathbb{R}$ mit abzählbar vielen Intervallen der Länge 1 überdecken.

Das Lebesgue-Integral

Die Grundidee beim Riemann-Integral $\int_a^b f(x)\,\mathrm{d}x$ ist die folgende: Wir zerlegen auf der Abszisse das Intervall $[a, b]$ in n kleine Intervalle Δ_i der Länge $|\Delta_i|$, wählen in jedem Intervall einen Zwischenwert $\xi_i \in \Delta_i$ und berechnen die Näherungssumme

$$\sum_{i=1}^{n} f(\xi_i)\,|\Delta_i| .$$

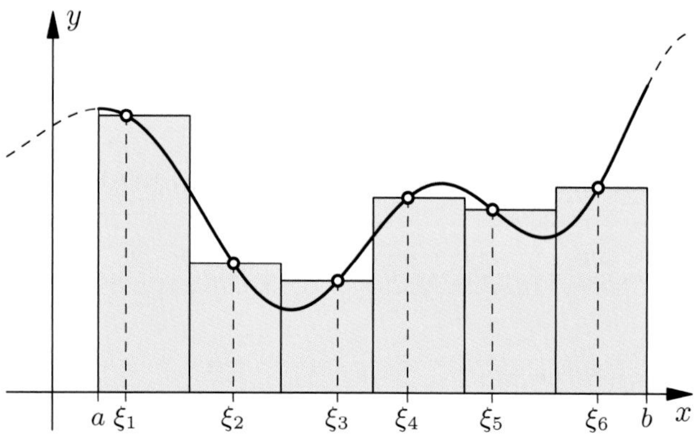

Lassen wir die maximale Intervalllänge $|\Delta_i|$ gegen 0 gehen, und konvergiert die Näherungssumme unabhängig von der Wahl unserer Zwischenwerte gegen ein und denselben Grenzwert, so nennen wir diesen Grenzwert das Riemann-Integral

$$\lim_{|\Delta_i|\to 0} \sum_{i=1}^{n} f(\xi_i)\,|\Delta_i| = \int_a^b f(x)\,\mathrm{d}x .$$

Beim Lebesgue-Integral $\int_a^b f(x)\,\mathrm{d}x$ teilen wir nicht die Abszisse, sondern zerlegen auf der Ordinate das Intervall $\left[\min_{x\in[a,b]} f(x),\ \max_{x\in[a,b]} f(x)\right]$ in n kleine Intervalle Δ_i und fassen dann alle x, bei denen $f(x)$ in einem Intervall Δ_i liegt, in der Menge $f^{-1}(\Delta_i)$ zusammen, wählen aus Δ_i einen Zwischenwert $\xi_i \in \Delta_i$ und berechnen die Näherungsumme $\mathcal{P}$:

$$\sum_{i=1}^{n} \xi_i P\big(f^{-1}(\Delta_i)\big) .$$

Dabei ist $P\left(f^{-1}(\Delta_i)\right)$ das Maß der Menge $f^{-1}(\Delta_i)$. f braucht dabei nicht stetig zu sein, es genügt, dass $f^{-1}(\Delta_i)$ eine lebesgue-messbare Menge ist.

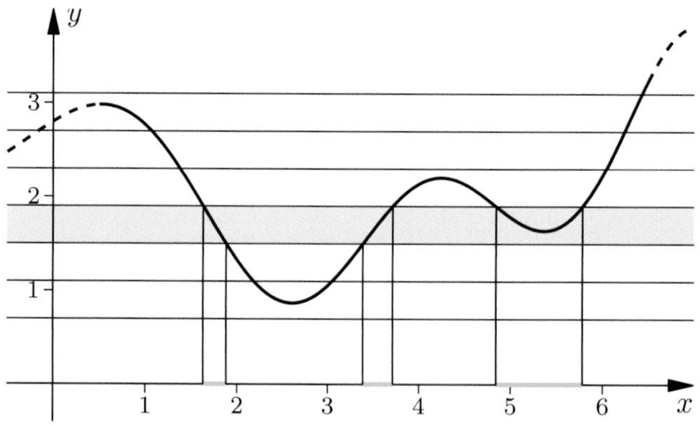

Lassen wir die maximale Intervalllänge Δ_i gegen 0 gehen, und konvergiert dann die Näherungssumme unabhängig von der Wahl unserer Zwischenwerte gegen ein und denselben Grenzwert, so nennen wir diesen Grenzwert das Lebesgue-Integral:

$$\int_{[a;b]} f\,\mathrm{d}P = \lim_{\max|\Delta_j|\to 0} \sum_j \xi_j P\left(f^{-1}\{\Delta_j\}\right).$$

Dabei hängt der Wert des Integrals natürlich von dem gewählten Maß P ab. Ist P das Lebesgue-Maß, schreiben wir der Einfachheit halber

$$\int_{[a;b]} f(x)\,\mathrm{d}x.$$

Bei stetigen, beschränkten Funktionen über endlichen Intervallen stimmen Lebesgue- und Riemann-Integral überein. Dieser Integralbegriff von Lebesgue ist in der Wahrscheinlichkeitstheorie der handlichere und angemessenere. Viele Funktionen sind lebesgue- aber nicht riemann-integrabel. Ist zum Beispiel die Funktion f definiert durch

$$f(x) = \begin{cases} 1 & \text{falls } x \in \mathbb{Q}, \\ 0 & \text{falls } x \notin \mathbb{Q}, \end{cases}$$

dann existiert das Rieman-Integral nicht. Das Lebesgue- Integral ist $\int_{[a;b]} f dx = 0$ für jedes Intervall $[a; b]$.

Der Satz von Radon-Nikodym

Seien Ω eine Menge, $\mathcal{A}$ eine σ-Algebra auf Ω und $\mathcal{P}$ und $\mathcal{P}'$ zwei σ-finite Maße auf $\mathcal{A}$. Das Maß $\mathcal{P}$ dominiert das Maß $\mathcal{P}'$, falls aus $\mathcal{P}(A) = 0$ stets $\mathcal{P}'(A) = 0$ folgt. In diesem Fall existiert eine Funktion $f(x) \geq 0$ mit

$$\mathcal{P}'(A) = \int_A f(x) \, d\mathcal{P} .$$

für alle $A \in \mathcal{A}$. Wir nennen f die Radon-Nikodym-Dichte von $\mathcal{P}'$ bezüglich des Maßes $\mathcal{P}$. Unter Bezug auf diesen Satz kann man alle Wahrscheinlichkeitsaussagen, bei denen nur abzählbar viele Wahrscheinlichkeitsverteilungen auftreten, mit Radon-Nikodym-Dichten schreiben. Die mitunter lästige Fallunterscheidung zwischen „diskreten" und „stetigen" Verteilungen kann dann entfallen.

A.3 Vektoren, Räume und Projektionen

Geraden, Ebenen, Räume

Eine Menge $\boldsymbol{V} = \{\boldsymbol{a}, \boldsymbol{b}, \boldsymbol{c}, \ldots, \boldsymbol{x}, \boldsymbol{y}, \boldsymbol{z}, \ldots\}$ heißt ***linearer Vektorraum*** über den reellen Zahlen, falls für alle Elemente von $\boldsymbol{V}$, die wir als Vektoren bezeichnen, eine kommutative und assoziative Addition $\boldsymbol{a} + \boldsymbol{b}$ und eine skalare, assoziative und distributive Multiplikation $\beta \boldsymbol{a}$ erklärt sind, sodass für alle reellen Zahlen α und β sowie für alle Vektoren $\boldsymbol{a}$ und $\boldsymbol{b}$ aus $\boldsymbol{V}$ die vertrauten Rechenregeln der linearen Algebra gelten.

Wenn wir im Folgenden schlicht von „Vektorräumen" sprechen, meinen wir stets lineare Vektorräume über den reellen Zahlen.

Unter dem Vektor $\boldsymbol{x}$ können wir uns sowohl einen Punkt als auch den gerichteten Pfeil (Ortsvektor) vom Nullpunkt bis zum Punkt $\boldsymbol{x}$ vorstellen. Schließlich können wir noch die feste Bindung des Vektorpfeils an den Nullpunkt aufgeben und $\boldsymbol{x}$ durch jeden zum Ortsvektor parallelen Pfeil gleicher Länge repräsentieren.

Wir werden alle drei Vorstellungen verwenden und je nach Zusammenhang von „Punkten" oder „Vektoren" reden. Es ist einerseits anschaulicher, von den Punkten einer Ebene zu sprechen, andererseits werden wir etwa bei der Addition aber lieber Pfeile als Punkte aneinandersetzen.

Die Menge aller Linearkombinationen von Vektoren lässt sich geometrisch interpretieren:

$$\operatorname{span}\{\boldsymbol{a}\} = \{\alpha \boldsymbol{a} \mid \alpha \in \mathbb{R}^1\}$$

heißt „die von $\boldsymbol{a}$ erzeugte ***Gerade***".

$$\operatorname{span}\{\boldsymbol{a}, \boldsymbol{b}\} = \{\alpha \boldsymbol{a} + \beta \boldsymbol{b} \mid \alpha \in \mathbb{R}^1;\ \beta \in \mathbb{R}^1\}$$

„die von $\boldsymbol{a}$ und $\boldsymbol{b}$ erzeugte Ebene" und $\operatorname{span}\{\boldsymbol{a}_1, \ldots, \boldsymbol{a}_n\}$ ist der von den $\boldsymbol{a}_i$ erzeugte Unterraum. Wir schreiben vereinfachend span A statt span$\{A\}$, falls keine Missverständnisse zu befürchten sind.

Dimensionen und Basen

Die Vektoren $\boldsymbol{x}_1, \boldsymbol{x}_2, \ldots, \boldsymbol{x}_m$ heißen ***linear unabhängig***, wenn keiner von ihnen sich als Linearkombination der anderen schreiben lässt. Sind die Vektoren $\boldsymbol{w}_1, \ldots, \boldsymbol{w}_m$ linear unabhängig, und ist $\boldsymbol{W} = \operatorname{span}\{\boldsymbol{w}_1, \ldots, \boldsymbol{w}_m\}$ der von den Vektoren $\boldsymbol{w}_1, \ldots, \boldsymbol{w}_m$ erzeugte lineare Raum, so heißt $m = \dim \boldsymbol{W}$ die Dimension von $\boldsymbol{W}$, $\{\boldsymbol{w}_1, \cdots, \boldsymbol{w}_m\}$ eine Basis von $\boldsymbol{W}$ und $\boldsymbol{W}$ selbst ein m-dimensionaler Raum.

Der Nullpunkt $\boldsymbol{0}$ wird als ein 0-dimensionaler Raum definiert. $\boldsymbol{W}$ ist eindeutig durch die Basis festgelegt, die Basis aber nicht durch $\boldsymbol{W}$. Es gibt beliebig viele Basen, die denselben Raum $\boldsymbol{W}$ erzeugen. Für alle Basen gilt, dass sie aus genau gleich vielen, nämlich $m = \dim \boldsymbol{W}$ linear unabhängigen Vektoren bestehen.

Dimensionssatz

Die Dimension ist eine Invariante des Raums. Sind $\boldsymbol{A}$ und $\boldsymbol{B}$ zwei Unterräume und ist $\boldsymbol{A} \subseteq \boldsymbol{B}$, so gilt:

$$\dim \boldsymbol{A} \leq \dim \boldsymbol{B},$$
$$\dim \boldsymbol{A} = \dim \boldsymbol{B} \Leftrightarrow \boldsymbol{A} = \boldsymbol{B} .$$

Sind $\boldsymbol{A}$ und $\boldsymbol{B}$ beliebig, so gilt:

$$\dim \operatorname{span}\{\boldsymbol{A}, \boldsymbol{B}\} = \dim \boldsymbol{A} + \dim \boldsymbol{B} - \dim(\boldsymbol{A} \cap \boldsymbol{B}) .$$

Die euklidische Norm und das Skalarprodukt im $\mathbb{R}^m$

Ist $\boldsymbol{v} \in \mathbb{R}^m$, dann heißt

$$\|\boldsymbol{v}\| = \sqrt{\sum_{i=1}^{m} (v_i)^2}$$

die **euklidische Norm** oder **Länge** von $\boldsymbol{v}$. $\|\boldsymbol{v}\|$ ist der euklidische Abstand des Punktes $\boldsymbol{v}$ vom Nullpunkt. $\boldsymbol{v} - \boldsymbol{w}$ ist der Vektor, der von $\boldsymbol{w}$ nach $\boldsymbol{v}$ führt und so die Punkte $\boldsymbol{v}$ und $\boldsymbol{w}$ verbindet. Die Länge

$$\|\boldsymbol{v} - \boldsymbol{w}\| = \sqrt{\sum_{i=1}^{m} (v_i - w_i)^2} .$$

des Vektors $\boldsymbol{v} - \boldsymbol{w}$ ist der Abstand der beiden Punkte. Das **euklidische Skalarprodukt** zwischen zwei Vektoren $\boldsymbol{v}$ und $\boldsymbol{w}$ des $\mathbb{R}^m$ ist definiert durch:

$$\boldsymbol{v}^\top \boldsymbol{w} = \sum_{i=1}^{m} v_i w_i .$$

Der Kosinus des Winkels α, der von den beiden Vektoren $\boldsymbol{v}$ und $\boldsymbol{w}$ eingeschlossen wird, lässt sich durch das Skalarprodukt und die Normen der beiden Vektoren bestimmen:

$$\cos\alpha = \frac{\boldsymbol{v}^\top \boldsymbol{w}}{\|\boldsymbol{v}\|\,\|\boldsymbol{w}\|}\,.$$

Lineare normierte Vektorräume

Der Begriff des Skalarprodukts lässt sich auf andere Vektorräume übertragen. Ist $\boldsymbol{V}$ ein Vektorraum und existiert auf $\boldsymbol{V}$ eine Abbildung $\langle \boldsymbol{v}, \boldsymbol{w}\rangle \to \mathbb{R}$ mit den Eigenschaften

$$\begin{array}{lr} \text{Symmetrie:} & \langle \boldsymbol{v}, \boldsymbol{w}\rangle = \langle \boldsymbol{w}, \boldsymbol{v}\rangle\,, \\ \text{Linearität:} & \langle \boldsymbol{v}, \alpha\boldsymbol{w} + \beta\boldsymbol{z}\rangle = \alpha\,\langle \boldsymbol{v}, \boldsymbol{w}\rangle + \beta\,\langle \boldsymbol{v}, \boldsymbol{z}\rangle\,, \\ \text{Positivität:} & \langle \boldsymbol{v}, \boldsymbol{v}\rangle \geq 0 \\ & \langle \boldsymbol{v}, \boldsymbol{v}\rangle = 0 \;\Leftrightarrow\; \boldsymbol{v} = \boldsymbol{0}\,, \end{array}$$

dann heißen $\langle \boldsymbol{v}, \boldsymbol{w}\rangle$ ein Skalarprodukt auf $\boldsymbol{V}$ und $\sqrt{\langle \boldsymbol{v}, \boldsymbol{v}\rangle} = \|\boldsymbol{v}\|$ eine Norm auf $\boldsymbol{V}$. Der Vektorraum heißt dann linearer normierter Vektorraum.

Beispiel a) Ist $\boldsymbol{A}$ eine positiv-definite, symmetrische $n \times n$-Matrix, dann wird durch

$$\langle \boldsymbol{v}, \boldsymbol{w}\rangle = \boldsymbol{v}^\top \boldsymbol{A}\boldsymbol{w}$$

ein Skalarprodukt im $\mathbb{R}^n$ definiert.

b) Sind $\{\boldsymbol{x}_1, \ldots, \boldsymbol{x}_n\}$ eine nicht ausgeartete Punktwolke im $\mathbb{R}^n$ und $\boldsymbol{C}$ die empirische Kovarianzmatrix der n Punkte

$$\boldsymbol{C} = \frac{1}{n}\sum_{i=1}^{n}(\boldsymbol{x}_i - \overline{\boldsymbol{x}})\,(\boldsymbol{x}_i - \overline{\boldsymbol{x}})^\top\,,$$

dann wird durch $\langle \boldsymbol{v}, \boldsymbol{w}\rangle = \boldsymbol{v}^\top \boldsymbol{C}^{-1}\boldsymbol{w}$ ein Skalarprodukt und durch

$$\|\boldsymbol{v} - \boldsymbol{w}\| = \sqrt{(\boldsymbol{v} - \boldsymbol{w})^\top \boldsymbol{C}^{-1}(\boldsymbol{v} - \boldsymbol{w})}$$

die **Mahalanobis-Metrik** definiert. Diese ist skalen- und translationsinvariant. Werden die Merkmalsvektoren $\boldsymbol{x}$ der Punkte einer Punktwolke mit einer invertierbaren Matrix $\boldsymbol{B}$ linear transformiert, $\boldsymbol{x}^* = \boldsymbol{B}\,(\boldsymbol{x} - \boldsymbol{b})$, bleiben in der transformierten Punktwolke alle Distanzen invariant.

c) Im Raum der eindimensionalen Zufallsvariablen mit existierender Varianz lässt sich durch

$$\langle \boldsymbol{X}, \boldsymbol{Y}\rangle = \mathrm{E}\,(\boldsymbol{X}\boldsymbol{Y})$$

die Vorstufe eines Skalarprodukts erklären. Es erfüllt zwar die Eigenschaften Symmetrie und Bilinearität, aber nicht die Positivität, denn aus $\langle \boldsymbol{X}, \boldsymbol{X}\rangle = \mathrm{E}\left(\boldsymbol{X}^2\right) = 0$ folgt nicht $\boldsymbol{X} = \boldsymbol{0}$, sondern nur $\mathcal{P}\,(\boldsymbol{X} = \boldsymbol{0}) = 1$. Identifizieren wir demnach eine Zufallsvariable, die nur fast sicher null ist, mit einer, die sicher null ist, dann ist $\langle \boldsymbol{X}, \boldsymbol{Y}\rangle = \mathrm{E}\,(\boldsymbol{X}\boldsymbol{Y})$ ein Skalarprodukt. Damit wird die Menge der Zufallsvariablen mit existierender Varianz zu einem unendlich-dimensionalen normierten Vektorraum. ◀

Wir stellen einige geometrische, für uns wichtige Eigenschaften normierter linearer Vektorräume vor. Die Begriffe Winkel und Abstand können wir aus der euklidischen Geometrie übernehmen, sie behalten auch im abstrakten Vektorraum alle Eigenschaften, die wir aus unserem vertrauten dreidimensionalen Raum kennen. Wir definieren

$$\frac{\langle \boldsymbol{v}, \boldsymbol{w}\rangle}{\|\boldsymbol{v}\|\,\|\boldsymbol{w}\|} = \cos\alpha\,,$$

$$\|\boldsymbol{v} - \boldsymbol{w}\| = \text{Abstand der Vektoren } \boldsymbol{v} \text{ und } \boldsymbol{w}\,.$$

Der wichtigste Winkel für uns ist der rechte Winkel. Sein Kosinus ist null. Zwei Vektoren mit $\langle \boldsymbol{v}, \boldsymbol{w}\rangle = 0$ heißen orthogonal, wir schreiben $\boldsymbol{v} \perp \boldsymbol{w}$. Da

$$\|\boldsymbol{a} + \boldsymbol{b}\|^2 = \langle \boldsymbol{a} + \boldsymbol{b}, \boldsymbol{a} + \boldsymbol{b}\rangle = \|\boldsymbol{a}\|^2 + 2\,\langle \boldsymbol{a}, \boldsymbol{b}\rangle + \|\boldsymbol{b}\|^2$$

ist, erhalten wir für orthogonale Vektoren wegen $\langle \boldsymbol{a}, \boldsymbol{b}\rangle = 0$ den **Satz des Pythagoras**:

$$\boldsymbol{a} \perp \boldsymbol{b} \Longleftrightarrow \|\boldsymbol{a} + \boldsymbol{b}\|^2 = \|\boldsymbol{a}\|^2 + \|\boldsymbol{b}\|^2\,.$$

Die Summe der Quadrate der Längen der Katheten in einem rechtwinkligen Dreieck ist gleich dem Quadrat über der Hypothenuse (Abbildung A.1):

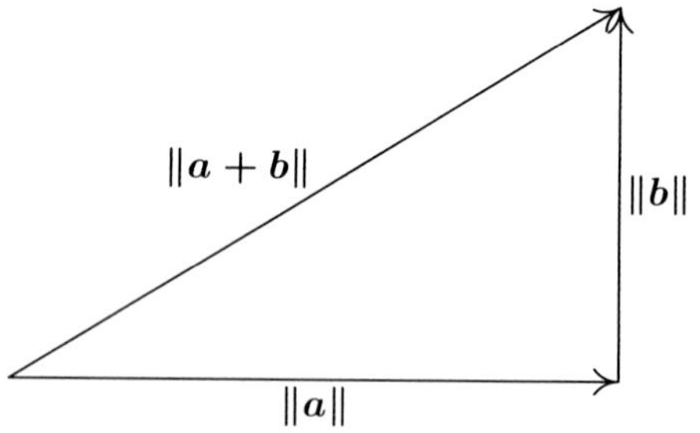

Abbildung A.1 Der Satz des Pythagoras: $\|\boldsymbol{a} + \boldsymbol{b}\|^2 = \|\boldsymbol{a}\|^2 + \|\boldsymbol{b}\|^2$.

Ein Vektorraum $\boldsymbol{A}$ heißt **orthogonal** zu einem Vektorraum $\boldsymbol{B}$ (geschrieben $\boldsymbol{A} \perp \boldsymbol{B}$) genau dann, wenn $\boldsymbol{a} \perp \boldsymbol{b}$ für alle $\boldsymbol{a} \in \boldsymbol{A}$ und alle $\boldsymbol{b} \in \boldsymbol{B}$ ist. Sind $\boldsymbol{A} \subseteq \boldsymbol{V}$ und $\boldsymbol{B} \subseteq \boldsymbol{V}$ zwei orthogonale Räume, so schreiben wir für den von $\boldsymbol{A}$ und $\boldsymbol{B}$ erzeugten gemeinsamen Oberraum $\operatorname{span}\{\boldsymbol{A}, \boldsymbol{B}\} \subseteq \boldsymbol{V}$ zur Verdeutlichung:

$$\operatorname{span}\{\boldsymbol{A}, \boldsymbol{B}\} = \boldsymbol{A} \oplus \boldsymbol{B} = \{\boldsymbol{a} + \boldsymbol{b} \mid \boldsymbol{a} \in \boldsymbol{A},\ \boldsymbol{b} \in \boldsymbol{B}\}\,.$$

Sind $\boldsymbol{A}_1, \boldsymbol{A}_2, \cdots, \boldsymbol{A}_n$ paarweise orthogonale Räume, so schreiben wir:

$$\bigoplus_{i=1}^{n}\boldsymbol{A}_i = \boldsymbol{A}_1 \oplus \boldsymbol{A}_2 \oplus \cdots \oplus \boldsymbol{A}_n\,.$$

Ist $\boldsymbol{C} = \boldsymbol{A} \oplus \boldsymbol{B}$, dann schreiben wir auch:

$$\boldsymbol{B} = \boldsymbol{C} \ominus \boldsymbol{A};\quad \boldsymbol{A} = \boldsymbol{C} \ominus \boldsymbol{B}\,.$$

Das orthogonale Komplement $\boldsymbol{A}^\perp$ von $\boldsymbol{A}$ ist die Menge aller Vektoren des Oberraums $\boldsymbol{V}$, die orthogonal zu $\boldsymbol{A}$ stehen:

$$\boldsymbol{A}^\perp \quad = \quad \{\boldsymbol{b} \in \boldsymbol{V} \mid \boldsymbol{b} \perp \boldsymbol{A}\}$$

Projektionen

Der für das lineare Modell wichtigste Begriff ist der Begriff der Projektion. Er ist unmittelbar anschaulich und überall dort nützlich, wo Vektoren linear approximiert oder in orthogonale Komponenten zerlegt werden sollen. Seien $\boldsymbol{V}$ ein beliebiger endlichdimensionaler normierter Vektorraum, $\boldsymbol{A}$ ein beliebiger, aber fester Unterraum von $\boldsymbol{V}$ und $\boldsymbol{A}^{\perp}$ sein orthogonales Komplement. Jedes $\boldsymbol{y} \in \boldsymbol{V}$ besitzt wegen $\boldsymbol{V} = \boldsymbol{A} \oplus \boldsymbol{A}^{\perp}$ eine eindeutige Darstellung

$$\boldsymbol{y} = \boldsymbol{a} + \boldsymbol{b} \qquad \boldsymbol{a} \in \boldsymbol{A}, \quad \boldsymbol{b} \in \boldsymbol{A}^{\perp}.$$

$\boldsymbol{a}$ heißt die Projektion $\boldsymbol{P}_A(\boldsymbol{y})$ von $\boldsymbol{y}$ auf $\boldsymbol{A}$ und $\boldsymbol{b}$ die Projektion $\boldsymbol{P}_{A^{\perp}}(\boldsymbol{y})$ von $\boldsymbol{y}$ auf $\boldsymbol{A}^{\perp}$. Damit lässt sich $\boldsymbol{y}$ darstellen als:

$$\boldsymbol{y} = \boldsymbol{P}_A(\boldsymbol{y}) + \boldsymbol{P}_{A^{\perp}}(\boldsymbol{y}).$$

Die Zusammenhänge sind noch einmal in Abbildung A.2 veranschaulicht.

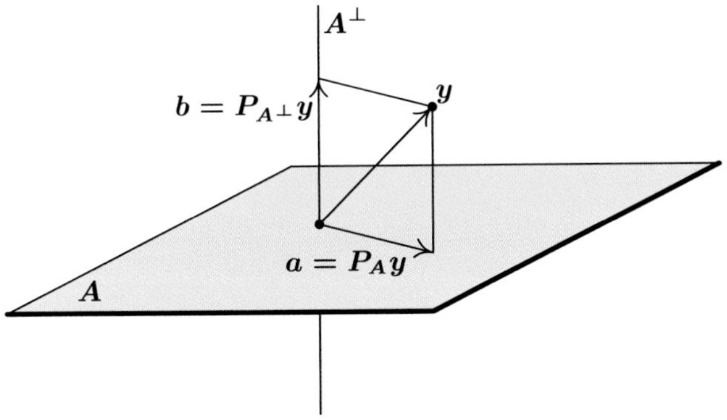

Abbildung A.2 Projektion von y auf die Ebene A.

Mit dem Begriff „Projektion" bezeichnen wir sowohl den Punkt $\boldsymbol{P}_A(\boldsymbol{y})$ als auch die Abbildung

$$\begin{aligned} \boldsymbol{P}_A : \boldsymbol{V} &\to \boldsymbol{A} \\ \boldsymbol{y} &\mapsto \boldsymbol{P}_A(\boldsymbol{y}) \end{aligned}$$

von $\boldsymbol{V}$ nach $\boldsymbol{A}$, die den Punkt $\boldsymbol{y}$ auf sein Bild $\boldsymbol{P}_A(\boldsymbol{y})$ projiziert. Dabei darf man sich die Projektion so bildhaft vorstellen wie einen Pfeilschuss durch $\boldsymbol{y}$ senkrecht auf die Zielscheibe $\boldsymbol{A}$. Wenn wir mit Abbildungen arbeiten, ist $\boldsymbol{I}$ die **identische Abbildung**, d. h. $\boldsymbol{I}\boldsymbol{y} = \boldsymbol{y}$, und $\boldsymbol{0}$ die **Nullabbildung** mit $\boldsymbol{0}\boldsymbol{y} = \boldsymbol{0}$ für alle $\boldsymbol{y} \in \boldsymbol{V}$. Auch die Abbildungen $\boldsymbol{I}$ und $\boldsymbol{0}$ selbst sind Projektionen.

Eigenschaften der Projektion

Für alle Vektoren $\boldsymbol{x} \in \boldsymbol{V}$, $\boldsymbol{y} \in \boldsymbol{V}$ und $\boldsymbol{a}, \boldsymbol{b} \in \boldsymbol{A} \subseteq \boldsymbol{V}$ sowie alle reellen Zahlen α und β gilt:

Linearität: $\boldsymbol{P}_A(\alpha\boldsymbol{x} + \beta\boldsymbol{y}) = \alpha\boldsymbol{P}_A\boldsymbol{x} + \beta\boldsymbol{P}_A\boldsymbol{y}$,

Idempotenz: $\boldsymbol{P}_A\boldsymbol{y} = \boldsymbol{y} \Leftrightarrow \boldsymbol{y} \in \boldsymbol{A}$,
$\boldsymbol{P}_A\boldsymbol{P}_A = \boldsymbol{P}_A$,

Orthogonalität: $\boldsymbol{P}_{A^{\perp}}\boldsymbol{y} = \boldsymbol{y} - \boldsymbol{P}_A\boldsymbol{y}$,
$\boldsymbol{P}_{A^{\perp}} = \boldsymbol{I} - \boldsymbol{P}_A$,
$\boldsymbol{0} = \boldsymbol{P}_A\boldsymbol{P}_{A^{\perp}}$,
$0 = \langle \boldsymbol{P}_A\boldsymbol{y}, \boldsymbol{x} - \boldsymbol{P}_A\boldsymbol{x} \rangle$,

Symmetrie: $\langle \boldsymbol{P}_A\boldsymbol{y}, \boldsymbol{x} \rangle = \langle \boldsymbol{y}, \boldsymbol{P}_A\boldsymbol{x} \rangle = \langle \boldsymbol{P}_A\boldsymbol{y}, \boldsymbol{P}_A\boldsymbol{x} \rangle$,

Positivität: $\langle \boldsymbol{P}_A\boldsymbol{y}, \boldsymbol{y} \rangle = \langle \boldsymbol{y}, \boldsymbol{P}_A\boldsymbol{y} \rangle = \|\boldsymbol{P}_A\boldsymbol{y}\|^2$,

Pythagoras: $\|\boldsymbol{y}\|^2 = \|\boldsymbol{P}_A\boldsymbol{y}\|^2 + \|\boldsymbol{y} - \boldsymbol{P}_A\boldsymbol{y}\|^2$,

Minimalität: $\|\boldsymbol{y}\|^2 \geq \|\boldsymbol{P}_A\boldsymbol{y}\|^2$
$\|\boldsymbol{y} - \boldsymbol{a}\|^2 \geq \|\boldsymbol{y} - \boldsymbol{P}_A\boldsymbol{y}\|^2$.

Veranschaulichung

Die Idempotenz sagt: Alles, was bereits in der Ebene $\boldsymbol{A}$ liegt, ändert sich nicht, wenn nach $\boldsymbol{A}$ projiziert wird. Wird ein Punkt nach $\boldsymbol{A}$ projiziert, dann rührt er sich bei einer weiteren Projektion nach $\boldsymbol{A}$ nicht vom Fleck.

Die Orthogonalität folgt unmittelbar aus der Orthogonalität der Räume $\boldsymbol{A}$ und $\boldsymbol{A}^{\perp}$.

Die Symmetrie ist bei Umformungen nützlich. Symmetrie bedeutet, dass es in einem Skalarprodukt nur darauf ankommt, dass mindestens ein Faktor eine Projektion ist, und es keine Rolle spielt, ob es der erste oder der zweite oder beide sind. Zum Beweis schreiben wir:

$$\begin{aligned} \boldsymbol{x} &= \boldsymbol{P}_A\boldsymbol{x} + (\boldsymbol{I} - \boldsymbol{P}_A)\boldsymbol{x} \\ \langle \boldsymbol{P}_A\boldsymbol{y}, \boldsymbol{x} \rangle &= \langle \boldsymbol{P}_A\boldsymbol{y}, \boldsymbol{P}_A\boldsymbol{x} + (\boldsymbol{I} - \boldsymbol{P}_A)\boldsymbol{x} \rangle \\ &= \langle \boldsymbol{P}_A\boldsymbol{y}, \boldsymbol{P}_A\boldsymbol{x} \rangle + \langle \boldsymbol{P}_A\boldsymbol{y}, (\boldsymbol{I} - \boldsymbol{P}_A)\boldsymbol{x} \rangle \\ &= \langle \boldsymbol{P}_A\boldsymbol{y}, \boldsymbol{P}_A\boldsymbol{x} \rangle . \end{aligned}$$

Der letzte Summand $\langle \boldsymbol{P}_A\boldsymbol{y}, (\boldsymbol{I} - \boldsymbol{P}_A)\boldsymbol{x} \rangle$ ist wegen der Orthogonalität gleich null. Also ist $\langle \boldsymbol{P}_A\boldsymbol{y}, \boldsymbol{x} \rangle = \langle \boldsymbol{P}_A\boldsymbol{y}, \boldsymbol{P}_A\boldsymbol{x} \rangle$. Wenn wir $\boldsymbol{x}$ und $\boldsymbol{y}$ vertauschen, erhalten wir $\langle \boldsymbol{P}_A\boldsymbol{y}, \boldsymbol{x} \rangle = \langle \boldsymbol{y}, \boldsymbol{P}_A\boldsymbol{x} \rangle$.

Die wichtigste Eigenschaft ist die Minimalität. Sie bedeutet inhaltlich: Ein Punkt $\boldsymbol{a} \in \boldsymbol{A}$ hat genau dann minimalen Abstand zu $\boldsymbol{y}$, falls $\boldsymbol{a} = \boldsymbol{P}_A\boldsymbol{y}$ ist. Diese Eigenschaft lässt sich leicht anhand Abbildung A.3 veranschaulichen:

$\boldsymbol{y}$, $\boldsymbol{P}_A\boldsymbol{y}$ und $\boldsymbol{a}$ bilden die Ecken eines rechtwinkligen Dreiecks, das senkrecht auf der Ebene $\boldsymbol{A}$ steht. Die eine Kathete liegt in $\boldsymbol{A}$, die zweite steht senkrecht zu $\boldsymbol{A}$. Die Hypotenuse ist länger als jede einzelne Kathete. Außerdem sehen wir, dass $\|\boldsymbol{y}\|^2 = \|\boldsymbol{P}_A\boldsymbol{y}\|^2$ genau dann, wenn $\boldsymbol{y} \in \boldsymbol{A}$ ist.

Schreibweisen

Aus Gründen der Eindeutigkeit und besseren Lesbarkeit schreiben wir statt $\boldsymbol{P}_A\boldsymbol{y}$ mitunter auch $\boldsymbol{P}_A(\boldsymbol{y})$. Sind $\boldsymbol{A}$ und $\boldsymbol{B}$ zwei Mengen von Vektoren, und sind $\text{span}\{\boldsymbol{B}\} \subseteq \text{span}\{\boldsymbol{A}\}$ die von

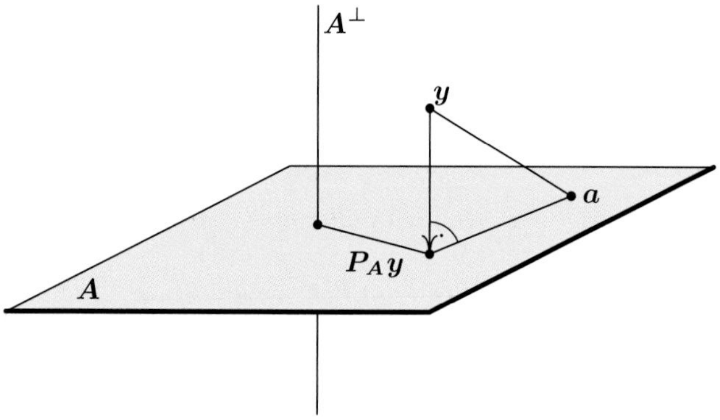

Abbildung A.3 Minimalität der Projektion $\|y - P_A y\|^2 \le \|y - a\|^2$ für alle $a \in A$.

den Vektoren aus A bzw. B erzeugten Räume, so schreiben wir kurz:

$$P_A y \quad \text{anstelle von} \quad P_{\text{span}\{A\}} y,$$
$$P_{A \ominus B} y \quad \text{anstelle von} \quad P_{\text{span}\{A\} \ominus \text{span}\{B\}} y$$

sofern dies ohne Missverständnisse möglich ist. Speziell für einen Vektor x schreiben wir:

$$P_x y \quad \text{anstelle von} \quad P_{\text{span}\{x\}} y .$$

Ist die Nennung des Bildraums A überflüssig, da der Bildraum bekannt ist, oder gilt eine Aussage für jedes A, so verzichten wir auf den Index A und schreiben P anstelle von P_A. Weiter schreiben wir mitunter:

$$y_A := P_A y$$

für die A-Komponente und

$$y_{\bullet A} := y - P_A y$$

für die $A^\perp$-Komponente von y.

Weitere Eigenschaften:

Projektionen in Teilräume

Sind A und B zwei orthogonale Unterräume eines gemeinsamen Oberraums V, und ist $y \in V$, so gilt:

$$P_A P_B = P_B P_A = 0, \tag{A.3}$$
$$P_{A \oplus B} = P_A + P_B, \tag{A.4}$$
$$\|P_{A \oplus B} y\|^2 = \|P_A y\|^2 + \|P_B y\|^2. \tag{A.5}$$

Sind die Räume $A_1, A_2, \dots, A_n$ paarweise orthogonal, und ist $B = A_1 \oplus A_2 \oplus \cdots \oplus A_n$, dann folgt durch Induktion:

$$P_B = \sum_{i=1}^{n} P_{A_i},$$
$$\|P_B y\|^2 = \sum_{i=1}^{n} \left\| P_{A_i} y \right\|^2 .$$

Ist $A \subset B$, so ist

$$P_A P_B = P_B P_A = P_A, \tag{A.6}$$
$$P_{B \ominus A} = P_B - P_A, \tag{A.7}$$
$$\|P_{B \ominus A} y\|^2 = \|P_B y - P_A y\|^2$$
$$= \|P_B y\|^2 - \|P_A y\|^2 . \tag{A.8}$$

Speziell gilt:

$$\|y - P_A y\|^2 = \|y\|^2 - \|P_A y\|^2 .$$

Veranschaulichung von $(A.3)$ und $(A.4)$

Es seien A und B die beiden sich senkrecht schneidenden Geraden aus Abbildung A.4 und $A \oplus B = \mathbb{R}^2$ die Bildebene.

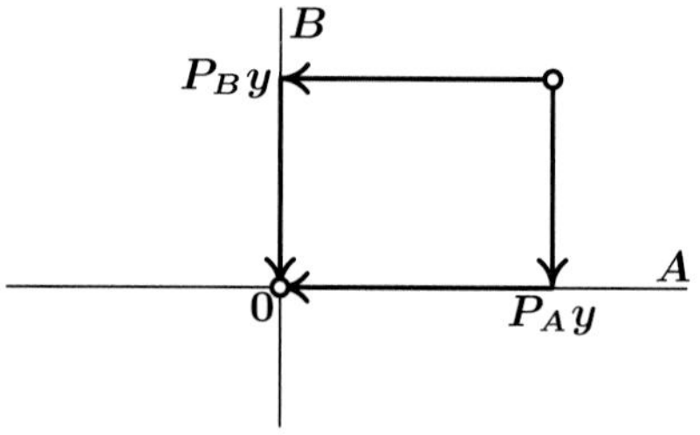

Abbildung A.4 $P_A P_B = P_B P_A = 0$ bei orthogonalen Räumen.

Man sieht, wie die Abfolge der Abbildungen

$$y \to P_A y \to P_B P_A y$$
$$y \to P_B y \to P_A P_B y$$

jedesmal in 0 endet. Umgekehrt ergibt die Summe von $P_A y$ und $P_B y$ gerade $y = P_{A \oplus B} y$. Sind A und B nicht orthogonal, so ist $P_A + P_B$ in der Regel **keine** Projektion mehr, die Aussagen $(A.3)$ bis $(A.5)$ sind dann falsch, wie Abbildung A.5 zeigt:

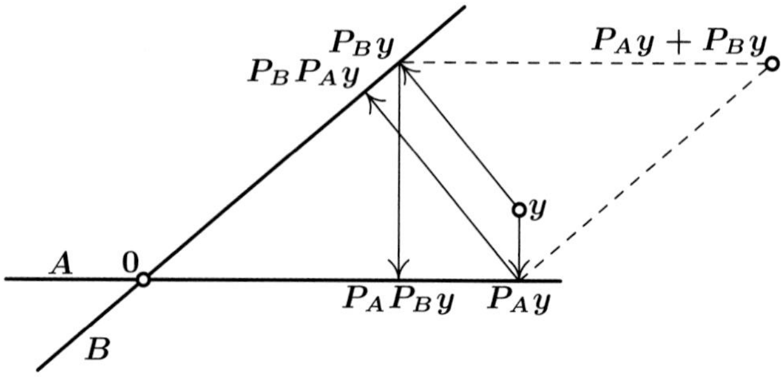

Abbildung A.5 $P_A P_B \neq P_B P_A$.

Die Sequenz $y \to P_A y \to P_B P_A y$ aus Abbildung A.5 landet auf der Geraden B, die Sequenz $y \to P_B y \to P_A P_B y$ auf A. Für die Summe der beiden Vektoren gilt:

$$P_A y + P_B y \neq P_{\text{span}\{A,B\}} y .$$

Veranschaulichung von (A.6)

In Abbildung A.6 ist $V = \mathbb{R}^3$, B ist die horizontale Ebene, A eine Gerade in B.

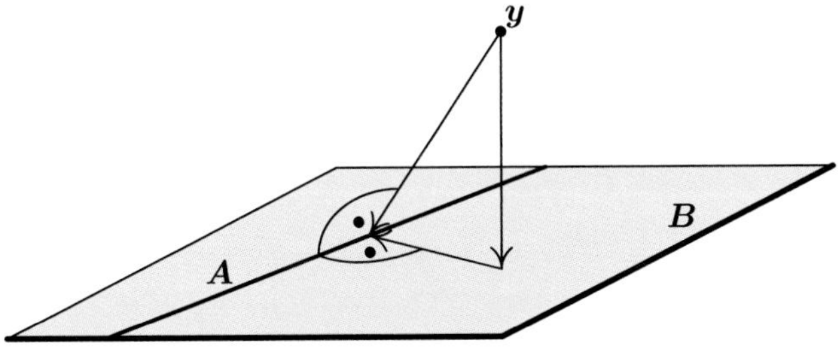

Abbildung A.6 Ist $A \subset B$, dann ist $P_B P_A = P_A P_B = P_A$.

Die Sequenz $y \to P_B y \to P_A P_B y$ bildet y zuerst in der B-Ebene und dann den Bildpunkt $P_B y$ auf die Gerade ab. Das Ergebnis ist dasselbe, wie wenn $y \to P_A y$ sofort auf die Gerade projiziert wird.

Projektion eines Vektors y auf einen Vektor x

Die Projektion eines Vektors y auf einen Vektor x ist gegeben durch:

$$P_x y = \frac{\langle x, y\rangle}{\|x\|^2} x . \tag{A.9}$$

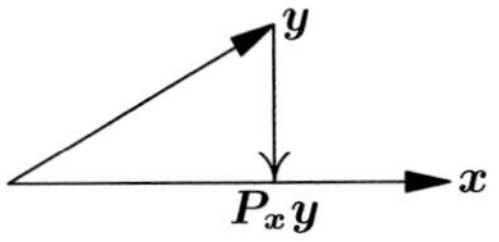

Sind die Vektoren $x_1, x_2, \ldots, x_m$ orthogonal, so ist:

$$P_{\text{span}\{x_1, x_2, \ldots, x_m\}} y = \sum_{j=1}^{m} P_{x_j} y = \sum_{j=1}^{m} \frac{\langle x_j, y\rangle}{\|x_j\|^2} x_j .$$

Beweis: Es ist $P_x y = \beta x$ mit noch unbekanntem Skalar β. Wir schreiben $y = P_x y + y_{\bullet x} = \beta x + y_{\bullet x}$. Multiplikation mit x liefert wegen $x \perp y_{\bullet x}$:

$$\langle x, y\rangle = \beta \langle x, x\rangle + \underbrace{\langle x, y_{\bullet x}\rangle}_{0} = \beta \|x\|^2 .$$

Bemerkung

Aus A.9 folgt einerseits durch Normbildung:

$$\|P_x y\| = \frac{|\langle x, y\rangle|}{\|x\|^2} \|x\| = \frac{|\langle x, y\rangle|}{\|x\|} . \tag{A.10}$$

Andererseits gilt wegen der Minimalitätseigenschaft der Projektion:

$$1 \geq \frac{\|P_x y\|}{\|y\|} . \tag{A.11}$$

Verbinden wir die Aussagen $(A.10)$ und $(A.11)$ miteinander, so erhalten wir:

$$1 \geq \frac{\|P_x y\|}{\|y\|} = \frac{|\langle x, y\rangle|}{\|x\| \, \|y\|} .$$

Damit haben wir einerseits die **Schwarz'sche Ungleichung** bewiesen, andererseits sieht man an der Skizze, dass $\frac{\|P_x y\|}{\|y\|}$ – bis auf das Vorzeichen – gerade der Kosinus des Winkels zwischen x und y ist.

Beispiel Wir bestimmen Korrelation und partielle Korrelation. Gleichgültig, ob wir Zufallsvariablen oder empirische Datenvektoren betrachten, der Winkel zwischen den zentrierten Vektoren v und w ist:

$$\cos\alpha = \frac{\langle v, w\rangle}{\|v\| \, \|w\|} = \frac{\operatorname{cov}(v, w)}{\sqrt{\operatorname{var}(v)}\sqrt{\operatorname{var}(w)}} = \operatorname{cor}(v, w) .$$

Sind v und w standardisiert, also $\|v\| = \|w\| = 1$, dann gilt $\operatorname{cor}(v, w) = \langle v, w\rangle$.

Nun wollen wir die partielle Korrelation zwischen v und w bestimmen, nach Elimination der linearen Komponente eines dritten Vektors z. Dabei genügt es, wenn wir uns auf standardisierte Variable beschränken.

Dazu zerlegen wir v in eine z-Komponente und einen dazu orthogonalen Rest und verfahren analog bei w:

$$v = P_z v + (I - P_z) v ,$$
$$w = P_z w + (I - P_z) w .$$

Die gesuchte partielle Korrelation ist die zwischen $(I - P_z) v$ und $(I - P_z) w$:

$$\operatorname{cor}(v, w)_{\bullet z} = \frac{\langle (I - P_z) v, (I - P_z) w\rangle}{\|(I - P_z) v\| \, \|(I - P_z) w\|} = \frac{\text{Zähler}}{\text{Nenner}} .$$

Zur Bestimmung des Zähler nutzen wir die Symmetrieeigenschaft der Projektion aus $\langle Pa, Pb\rangle = \langle a, Pb\rangle$ und beachten, dass $I - P_z$ eine Projektion ist:

$$\begin{aligned}\text{Zähler} &= \langle (I - P_z) v, (I - P_z) w\rangle \\ &= \langle v, (I - P_z) w\rangle \\ &= \langle v, w\rangle - \langle v, P_z w\rangle .\end{aligned}$$

Nun ist wegen $\|z\| = 1$

$$P_z w = \frac{\langle z, w\rangle}{\|z\|} z = \langle z, w\rangle z .$$

Also:

$$\langle v, P_z w\rangle = \langle v, \langle z, w\rangle z\rangle = \langle v, z\rangle \langle z, w\rangle .$$

Der Zähler ist demnach

$$\text{Zähler} = \langle v, w\rangle - \langle v, z\rangle \langle z, w\rangle .$$

Um den Nenner zu bestimmen, ersetzen wir in der Zählerformel einmal v durch w und erhalten:

$$\|(I - P_z) v\|^2 = \langle v, v\rangle - \langle v, z\rangle \langle z, v\rangle = 1 - \langle z, v\rangle^2$$

und analog:

$$\|(I - P_z) w\|^2 = \langle w, w\rangle - \langle w, z\rangle \langle z, w\rangle = 1 - \langle z, w\rangle^2 .$$

Insgesamt:

$$\operatorname{cor}(\boldsymbol{v},\boldsymbol{w})_{\bullet z} = \frac{\langle \boldsymbol{v},\boldsymbol{w}\rangle - \langle \boldsymbol{v}, z\rangle \langle z, \boldsymbol{w}\rangle}{\sqrt{\left(1-\langle z,\boldsymbol{v}\rangle^2\right)}\sqrt{\left(1-\langle z,\boldsymbol{w}\rangle^2\right)}}.$$

Ersetzen wir nun die Skalarprodukte durch die Korrelationskoeffizienten, erhalten wir:

$$\operatorname{cor}(\boldsymbol{v},\boldsymbol{w})_{\bullet z} = \frac{\operatorname{cor}(\boldsymbol{v},\boldsymbol{w}) - \operatorname{cor}(\boldsymbol{v}, z)\operatorname{cor}(z, \boldsymbol{w})}{\sqrt{\left(1-\operatorname{cor}(\boldsymbol{v},z)^2\right)}\sqrt{\left(1-\operatorname{cor}(z,\boldsymbol{w})^2\right)}}. \quad \blacktriangleleft$$

A.4 Matrizen

Wir legen Matrizen durch Angabe ihrer Elemente, ihrer Spalten oder ihrer Zeilen fest:

$\boldsymbol{A}_{[i,j]} := \boldsymbol{A}_{ij} := a_{ij}$	das Element in der i-ten Zeile und j-ten Spalte,
$\boldsymbol{A}_{[,j]} := \boldsymbol{a}_j$	die j-te Spalte, der j-te Spaltenvektor,
$\boldsymbol{A}_{[i,]}$	die i-te Zeile, der i-te Zeilenvektor,
$\boldsymbol{A} = \left(a_{ij}\right)$	hier ist $\boldsymbol{A}$ durch Angabe ihrer Elemente,
$\boldsymbol{A} = \left(\boldsymbol{A}_{[,1]}; \cdots; \boldsymbol{A}_{[,m]}\right)$	hier ist $\boldsymbol{A}$ durch Angabe ihrer Spalten,
$\boldsymbol{A} = \begin{pmatrix} \boldsymbol{A}_{[1,]} \\ \vdots \\ \boldsymbol{A}_{[m,]} \end{pmatrix}$	hier ist $\boldsymbol{A}$ durch Angabe ihrer Zeilen gegeben.

Elementare Rechenoperationen

Matrizen des gleichen Typs werden elementweise *addiert* und elementweise mit einer reellen Zahl *multipliziert*:

$$(\boldsymbol{A}+\boldsymbol{B})_{[i,j]} = \boldsymbol{A}_{[i,j]} + \boldsymbol{B}_{[i,j]} \quad \text{sowie} \quad (\beta\boldsymbol{A})_{[i,j]} = \beta\boldsymbol{A}_{[i,j]}.$$

Beim *Transponieren* werden Zeilen und Spalten vertauscht:

$$(\boldsymbol{A}^\top)_{[i,j]} = \boldsymbol{A}_{[j,i]}.$$

Dabei gilt $(\boldsymbol{A}+\boldsymbol{B})^\top = \boldsymbol{A}^\top + \boldsymbol{B}^\top$. Eine $n \times p$-Matrix $\boldsymbol{A}$ wird folgendermaßen mit einer $p \times m$-Matrix $\boldsymbol{A}$ *multipliziert*:

$$(\boldsymbol{A}\cdot\boldsymbol{B})_{[i,j]} := \boldsymbol{A}_{[i,]}\cdot\boldsymbol{B}_{[,j]} := \sum_{k=1}^{p}\left(\boldsymbol{A}_{[i,k]}\cdot\boldsymbol{B}_{[k,j]}\right)$$

$\boldsymbol{A}\cdot\boldsymbol{B}$ ist eine $n \times m$-Matrix. Der „Malpunkt" zwischen den Faktoren wird in der Regel weggelassen und nur gesetzt, wenn es die Lesbarkeit einer Formel erhöht. Die Zelle $(\boldsymbol{AB})_{[i,j]}$ von $\boldsymbol{AB}$ ist das Skalarprodukt des Zeilenvektors und des Spaltenvektors $\boldsymbol{A}_{[i,]}$ von $\boldsymbol{A}$ und der Spaltenvektoren $\boldsymbol{B}_{[,j]}$ von $\boldsymbol{B}$. Speziell sind $\boldsymbol{B}^\top\boldsymbol{B}$ die Matrix der Skalarprodukte der Spalten von $\boldsymbol{B}$ und $\boldsymbol{AA}^\top$ die Matrix der Skalarprodukte der Zeilen von $\boldsymbol{A}$. Weiter ist

$$(\boldsymbol{AB})_{[,j]} = \boldsymbol{AB}_{[,j]},$$
$$(\boldsymbol{AB})_{[i,]} = \boldsymbol{A}_{[i,]}\boldsymbol{B}.$$

Die Spalten der Matrix $\boldsymbol{AB}$ sind also Linearkombinationen der Spalten der Matrix $\boldsymbol{A}$, die Zeilen der Matrix $\boldsymbol{AB}$ sind Linearkombinationen der Zeilen von $\boldsymbol{B}$. Die Produktbildung ist assoziativ:

$$(\boldsymbol{AB})\boldsymbol{C} = \boldsymbol{A}(\boldsymbol{BC}) = \boldsymbol{ABC},$$
$$(\boldsymbol{ABC})_{[i,j]} = \boldsymbol{A}_{[i,]}\boldsymbol{BC}_{[,j]}.$$

Die Faktoren eines Produktes $\boldsymbol{AB}$ müssen *verkettbar* sein, das heißt, die Spaltenzahl des vorangehenden Faktors ist die Zeilenzahl des nachfolgenden Faktors. Speziell ist das Matrizenprodukt $\boldsymbol{a}^\top\boldsymbol{b}$ einer $1 \times n$-Zeilenmatrix $\boldsymbol{A} = \boldsymbol{a}^\top$ und einer $n \times 1$-Spaltenmatrix $\boldsymbol{B} = \boldsymbol{b}$ eine 1×1-Matrix, das heißt eine Zahl, während das Produkt $\boldsymbol{ab}^\top$ einer $n \times 1$-Spaltenmatrix $\boldsymbol{A} = \boldsymbol{a}$ mit einer $1 \times m$-Zeilenmatrix $\boldsymbol{B} = \boldsymbol{b}^\top$ eine $n \times m$-Matrix darstellt. Die Produktbildung ist nicht kommutativ, in der Regel ist $\boldsymbol{AB} \neq \boldsymbol{BA}$. Wenn wir im Weiteren Matrizenprodukte bilden, setzen wir stillschweigend voraus, dass die einzelnen Faktoren verkettet sind. Beim Transponieren eines Produktes kehrt sich die Reihenfolge der Faktoren um:

$$(\boldsymbol{AB})^\top = \boldsymbol{B}^\top\boldsymbol{A}^\top.$$

Der **Spaltenraum** span $\boldsymbol{A}$ einer Matrix $\boldsymbol{A} = (\boldsymbol{a}_1, \ldots, \boldsymbol{a}_m)$ ist der lineare Raum, der von den Spalten der Matrix $\boldsymbol{A}$ erzeugt wird:

$$\operatorname{span}\boldsymbol{A} = \operatorname{span}\{\boldsymbol{a}_1, \boldsymbol{a}_2, \ldots, \boldsymbol{a}_m\}.$$

Der Rang einer Matrix

Der **Rang** einer Matrix $\boldsymbol{A}$ ist die Dimension des Spaltenraums:

$$\operatorname{Rg}\boldsymbol{A} = \dim\operatorname{span}\boldsymbol{A}.$$

Der Rang einer Matrix $\boldsymbol{A}$ ist gleich der Anzahl der linear unabhängigen Spalten. Diese ist gleich der Anzahl der linear unabhängigen Zeilen.

Rangsatz

$$\operatorname{Rg}\boldsymbol{A} = \operatorname{Rg}\boldsymbol{A}^\top = \operatorname{Rg}(\boldsymbol{AA}^\top) = \operatorname{Rg}(\boldsymbol{A}^\top\boldsymbol{A}),$$

Ist $\operatorname{span}\{\boldsymbol{A}\} = \operatorname{span}\{\boldsymbol{B}\}$, dann ist

$$\operatorname{Rg}(\boldsymbol{A}^\top\boldsymbol{B}) = \operatorname{Rg}\boldsymbol{B},$$

in jedem Fall gilt aber:

$$\operatorname{Rg}(\boldsymbol{AB}) \le \min\{\operatorname{Rg}\boldsymbol{A}, \operatorname{Rg}\boldsymbol{B}\}.$$

Für strukturierte Matrizen gilt:

$$\operatorname{Rg}(\boldsymbol{A};\boldsymbol{B}) = \operatorname{Rg}\boldsymbol{A} + \operatorname{Rg}(\boldsymbol{I} - \boldsymbol{P}_A)\boldsymbol{B}, \tag{A.12}$$

$$\operatorname{Rg}(\boldsymbol{A};\boldsymbol{B}) = \operatorname{Rg}\boldsymbol{A} + \operatorname{Rg}\boldsymbol{B} - \dim\{\operatorname{span}\boldsymbol{A} \cap \operatorname{span}\boldsymbol{B}\}. \tag{A.13}$$

Die Aussage $\operatorname{Rg} \boldsymbol{A} = \operatorname{Rg} \boldsymbol{A}^\top$ lässt sich durch elementare Matrizenumformungen zeigen. $\operatorname{Rg}(\boldsymbol{AB}) \leq \operatorname{Rg} \boldsymbol{A}$ folgt aus $\operatorname{span}\{\boldsymbol{AB}\} \subseteq \operatorname{span} \boldsymbol{A}$. Ist $\operatorname{span} \boldsymbol{A} = \operatorname{span} \boldsymbol{B}$, dann ist $\boldsymbol{P}_A \boldsymbol{B} = \boldsymbol{B}$. Mit $\boldsymbol{P}_A = \boldsymbol{A}(\boldsymbol{A}^\top \boldsymbol{A})^{-1} \boldsymbol{A}^\top$ folgt demnach:

$$\operatorname{Rg} \boldsymbol{B} = \operatorname{Rg}\left(\boldsymbol{A}(\boldsymbol{A}^\top \boldsymbol{A})^{-1} \boldsymbol{A}^\top \boldsymbol{B}\right) \leq \operatorname{Rg}(\boldsymbol{A}^\top \boldsymbol{B}) \leq \operatorname{Rg} \boldsymbol{B} .$$

Daraus folgt speziell auch $\operatorname{Rg} \boldsymbol{A} = \operatorname{Rg}(\boldsymbol{A}^\top \boldsymbol{A})$. Zum Beweis von (A.13) zerlegen wir $\operatorname{span}\{\boldsymbol{A}; \boldsymbol{B}\}$ in die beiden orthogonalen Komponenten

$$\operatorname{span}\{\boldsymbol{A}; \boldsymbol{B}\} = \operatorname{span} \boldsymbol{A} + \operatorname{span}\{(\boldsymbol{I} - \boldsymbol{P}_A)\boldsymbol{B}\} .$$

Da beide Teilräume orthogonal sind, ist die Dimension der Summe die Summe der Dimensionen. Gleichung (A.13) ist der Dimensionssatz für Vektorräume.

Quadratische Matrizen

Eine quadratische $n \times n$-Matrix heißt **regulär**, wenn ihr Rang n ist, anderenfalls heißt sie **singulär**.

Eine quadratische Matrix $\boldsymbol{A}$ heißt **orthogonal**, falls $\boldsymbol{A}^\top \boldsymbol{A} = \boldsymbol{I}$ ist. $\boldsymbol{A}$ ist genau dann orthogonal, wenn die Spalten von $\boldsymbol{A}$ **orthonormal** sind, d. h.,

$$\left(\boldsymbol{A}_{[,j]}\right)^\top \boldsymbol{A}_{[,j]} = 1 \quad \text{und} \quad \left(\boldsymbol{A}_{[,i]}\right)^\top \boldsymbol{A}_{[,j]} = 0, \quad \text{falls} \quad i \neq j .$$

Die **Spur** einer quadratischen $n \times n$-Matrix $\boldsymbol{A}$ ist die Summe der Diagonalelemente:

$$\operatorname{Spur} \boldsymbol{A} = \sum_{i=1}^{n} \boldsymbol{A}_{[i,i]} .$$

Ist $\boldsymbol{C}$ eine $n \times p$-Matrix und $\boldsymbol{D}$ eine $p \times n$-Matrix, so gilt für die quadratischen Matrizen $\boldsymbol{CD}$ und $\boldsymbol{DC}$:

$$\operatorname{Spur} \boldsymbol{CD} = \operatorname{Spur} \boldsymbol{DC} = \sum_{i=1}^{n} \sum_{j=1}^{p} \boldsymbol{C}_{[i,j]} \boldsymbol{D}_{[j,i]} .$$

Beispiel Als Anwendung beweisen wir einen Hilfsatz über Erwartungswerte quadratischer Formen.

Für die Erwartungswerte quadratischer Formen gilt:

$$E \, \|\boldsymbol{a} + \boldsymbol{By}\|^2 = \|\boldsymbol{a} + \boldsymbol{B} E \boldsymbol{y}\|^2 + \operatorname{Spur} \boldsymbol{B} \operatorname{Cov}(\boldsymbol{y})\, \boldsymbol{B}^\top .$$

Beweis: Wegen $\|\boldsymbol{a} + \boldsymbol{By}\|^2 = \|(\boldsymbol{a} + \boldsymbol{B} E \boldsymbol{y}) + \boldsymbol{B}(\boldsymbol{y} - E\boldsymbol{y})\|^2$ genügt es den Fall $E\boldsymbol{y} = \boldsymbol{0}$ zu betrachten:

$$\begin{aligned}
\|\boldsymbol{a} + \boldsymbol{By}\|^2 &= \|\boldsymbol{a}\|^2 + 2\boldsymbol{a}^\top \boldsymbol{By} + \boldsymbol{y}^\top \boldsymbol{B}^\top \boldsymbol{By} \\
E\,\|\boldsymbol{a} + \boldsymbol{By}\|^2 &= \|\boldsymbol{a}\|^2 + E\big(\boldsymbol{y}^\top \boldsymbol{B}^\top \boldsymbol{By}\big) \\
&= \|\boldsymbol{a}\|^2 + E\big(\operatorname{Spur} \boldsymbol{y}^\top \boldsymbol{B}^\top \boldsymbol{By}\big) \\
&= \|\boldsymbol{a}\|^2 + E\big(\operatorname{Spur} \boldsymbol{B}^\top \boldsymbol{B} \boldsymbol{y}\boldsymbol{y}^\top\big) \\
&= \|\boldsymbol{a}\|^2 + \operatorname{Spur} \boldsymbol{B}^\top \boldsymbol{B} E\big(\boldsymbol{y}\boldsymbol{y}^\top\big) \\
&= \|\boldsymbol{a}\|^2 + \operatorname{Spur} \boldsymbol{B}^\top \boldsymbol{B} \operatorname{Cov}(\boldsymbol{y}) \\
&= \|\boldsymbol{a}\|^2 + \operatorname{Spur} \boldsymbol{B} \operatorname{Cov}(\boldsymbol{y})\, \boldsymbol{B}^\top .
\end{aligned}$$ ◄

Beispiel Wir zeigen: Sind $\boldsymbol{A}$ eine beliebige Matrix vom Rang $\operatorname{Rg} \boldsymbol{A} = r$ und $\boldsymbol{P}_A$, die Projektion in den Spaltenraum von $\boldsymbol{A}$, dann ist

$$\operatorname{Spur} \boldsymbol{P}_A = \operatorname{Rg} \boldsymbol{A} .$$

Zum Beweis wählen wir eine orthonormale Basis $\{\boldsymbol{a}_1, \ldots, \boldsymbol{a}_r\}$ von $\operatorname{span} \boldsymbol{A}$. Dann ist

$$\boldsymbol{P}_A \boldsymbol{y} = \sum_{i=1}^{r} \left(\boldsymbol{a}_i^\top \boldsymbol{y}\right) \boldsymbol{a}_i = \left(\sum_{i=1}^{r} \boldsymbol{a}_i \boldsymbol{a}_i^\top\right) \boldsymbol{y} .$$

Also:

$$\boldsymbol{P}_A = \sum_{i=1}^{r} \boldsymbol{a}_i \boldsymbol{a}_i^\top .$$

Dann ist

$$\begin{aligned}
\operatorname{Spur} \boldsymbol{P}_A &= \operatorname{Spur} \sum_{i=1}^{r} \boldsymbol{a}_i \boldsymbol{a}_i^\top \\
&= \sum_{i=1}^{r} \operatorname{Spur}\left(\boldsymbol{a}_i \boldsymbol{a}_i^\top\right) \\
&= \sum_{i=1}^{r} \operatorname{Spur}\left(\boldsymbol{a}_i^\top \boldsymbol{a}_i\right) \\
&= \sum_{i=1}^{r} \operatorname{Spur} 1 = r .
\end{aligned}$$ ◄

Determinanten

Jeder quadratischen Matrix $\boldsymbol{A}$ ist eine Kennzahl, ihre Determinante, zugeordnet. Diese wird $|\boldsymbol{A}|$ oder $\det \boldsymbol{A}$ geschrieben. Geometrisch lässt sich der Betrag der Determinante von $\boldsymbol{A}$ veranschaulichen als das Volumen des Spats, (des mehrdimensionalen Parallelogramms), dessen linke untere Ecke von den Spaltenvektoren von $\boldsymbol{A}$ gebildet wird.

Determinantensatz

Sind $\boldsymbol{A}$ und $\boldsymbol{B}$ $n \times n$-Matrizen, ist $\boldsymbol{C}$ eine $m \times p$- und $\boldsymbol{D}$ eine $p \times m$-Matrix, dann gilt:

$$\begin{aligned}
|\boldsymbol{A}| &= 0 \Leftrightarrow \operatorname{Rg} \boldsymbol{A} < n , \\
|\boldsymbol{A}| &= |\boldsymbol{A}^\top| , \\
|\alpha \boldsymbol{A}| &= \alpha^n |\boldsymbol{A}| , \\
|\boldsymbol{AB}| &= |\boldsymbol{A}|\,|\boldsymbol{B}| , \\
|\boldsymbol{I}_m + \boldsymbol{CD}| &= |\boldsymbol{I}_p + \boldsymbol{DC}| .
\end{aligned}$$

Invertierbare Matrizen

Ist $\boldsymbol{A}$ eine quadratische $n \times n$-Matrix vom Rang n, so existiert eine eindeutig bestimmte **Inverse** $\boldsymbol{A}^{-1}$ von $\boldsymbol{A}$ mit

$$\boldsymbol{A}^{-1} \boldsymbol{A} = \boldsymbol{I} = \boldsymbol{A} \boldsymbol{A}^{-1} .$$

Sind A und B invertierbare Matrizen, so gilt:

$$(AB)^{-1} = B^{-1}A^{-1}.$$

A ist genau dann **invertierbar**, falls $|A| \neq 0$ ist. Ist A eine orthogonale Matrix, so ist $A^{-1} = A^\top$. Ist A eine quadratische Matrix, und existiert eine quadratische Matrix B mit $AB = I$, dann ist $B = A^{-1}$. Der Satz ist falsch, wenn A oder B nicht quadratisch ist.

Beispiel Sei $A = \left(\begin{smallmatrix} a & b \\ c & d \end{smallmatrix}\right)$. A ist genau dann invertierbar, wenn die Spalten von A linear unabhängig sind. Dies ist genau dann der Fall, falls $ad - bc \neq 0$ ist. In diesem Fall verifiziert man:

$$A^{-1} = \frac{1}{ad - bc}\begin{pmatrix} d & -b \\ -c & a \end{pmatrix}.$$ ◀

Beispiel Sind C eine invertierbare $n \times n$-Matrix, A eine $n \times m$- und B eine $m \times n$-Matrix, so gilt:

$$(C + AB)^{-1} = C^{-1} - C^{-1}A(I_m + BC^{-1}A)^{-1}BC^{-1}. \tag{A.14}$$

Speziell gilt für die Einheitsmatrix I_n bzw. für Vektoren a und b:

$$(I_n + ab)^{-1} = I_n - a(I_m + ba)^{-1}b.$$

$$(I_n + aBb^\top)^{-1} = I_n - \frac{ab^\top}{1 + a^\top b}.$$

Dabei existiert die linke Seite jeder Gleichung genau dann, wenn die rechte Seite der Gleichung existiert. Beachten Sie, dass $a^\top b$ eine Zahl und $ab^\top$ eine Matrix ist! Zum Beweis verifiziere man $(C + AB)\left(C^{-1} - C^{-1}A(I_m + BC^{-1}A)^{-1}BC^{-1}\right) = I_n$. ◀

Symmetrische Matrizen

Eine quadratische Matrix A heißt **symmetrisch**, falls $A = A^\top$ ist. Eine symmetrische Matrix A heißt **positiv semidefinit** oder **nicht negativ definit**, falls für jeden Vektor x gilt:

$$x^\top Ax \geq 0.$$

A heißt **positiv definit**, falls $x^\top Ax > 0$ für alle $x \neq 0$.

Schreibweisen:

$$\begin{aligned}
&A > 0 && \Leftrightarrow A \text{ ist positiv definit}\\
&A \geq 0 && \Leftrightarrow A \text{ ist positiv semidefinit}\\
&A > B \Leftrightarrow A - B > 0 && \Leftrightarrow A - B \text{ ist positiv definit}\\
&A \geq B \Leftrightarrow A - B \geq 0 && \Leftrightarrow A - B \text{ ist positiv semidefinit}
\end{aligned}$$

Sind A, B, C symmetrische Matrizen vom Typ $n \times n$ und ist D eine $m \times n$-Matrix, dann gilt:

$$\begin{aligned}
A > 0 &\Longleftrightarrow A^{-1} > 0,\\
A > B &\Longleftrightarrow A + C > B + C,\\
A > B &\Rightarrow DAD^\top > DBD^\top.
\end{aligned}$$

Eigenwerte und Eigenvektoren symmetrischer Matrizen

Ist A eine symmetrische $n \times n$-Matrix, dann heißt ein Vektor $u \neq 0$ **Eigenvektor** von A zum **Eigenwert** λ, falls gilt:

$$Au = \lambda u.$$

Alle Eigenvektoren zum gleichem Eigenwert λ spannen den **Eigenraum** E_λ auf. Die Vielfachheit des Eigenwerts λ ist die Dimension des Eigenraums E_λ. Eigenräume zu verschiedenen Eigenwerten sind orthogonal. Speziell sind die Eigenvektoren zu verschiedenen Eigenwerten orthogonal. Die Eigenvektoren zu einfachen Eigenwerten sind bis auf einen skalaren Faktor, normierte Eigenvektoren bis auf das Vorzeichen eindeutig.

Beispiel Seien A ein m-dimensionaler Unterraum des $\mathbb{R}^n$ und P_A die Projektionsmatrix, die in den Unterraum A projiziert. Dann ist P_A eine symmetrische Matrix mit dem Eigenraum A zum m-fachen Eigenwert 1 und dem Eigenraum $\mathbb{R}^n \ominus A$ zum $n - m$-fachen Eigenwert 0. Denn für alle $a \in A$ gilt $P_A a = a$ und für $b \in \mathbb{R}^n \ominus A$ gilt $P_A b = O = Ob$. ◀

Es lassen sich stets n orthonormale Eigenvektoren u_1 bis u_n von A finden. Diese seien so durchnummeriert, dass die entsprechenden Eigenwerte der Größe nach geordnet sind: $\lambda_1 \geq \lambda_2 \geq \cdots \geq \lambda_n$. Ein k-facher Eigenwert tritt in dieser Anordnung k-fach auf. Für jeden Eigenvektor u_i gilt $Au_i = \lambda_i u_i$. Fasst man diese n Vektorgleichungen in einer Matrix zusammen, erhält man $AU = U\Lambda$. Dabei ist $\Lambda = \text{Diag}(\lambda_1; \lambda_2; \ldots; \lambda_n)$ und $U = (u_1; u_2; \ldots; u_n)$. U ist eine Orthogonalmatrix: $UU^\top = U^\top U = I$. Daher liefert Multiplikation mit $U^\top$ die Zerlegung

$$A = U\Lambda U^\top = \sum_{i=1}^{n} \lambda_i u_i u^\top. \tag{A.15}$$

Diese Darstellung heißt auch **Eigenwert**- oder **Spektralzerlegung** von A.

Ist $x \in \mathbb{R}^n$ beliebig und setzen wir $U^\top x = y$, so folgt:

$$x^\top Ax = x^\top U\Lambda U^\top x = y^\top \Lambda y = \sum_{i=1}^{n} \lambda_i y_i^2.$$

Daraus folgt: A ist genau dann

positiv definit,	falls alle Eigenwerte positiv sind,
positiv semidefinit,	falls alle Eigenwerte nicht negativ sind,
negativ definit,	falls alle Eigenwerte negativ sind, und
indefinit,	falls einige Eigenwerte positiv und andere negativ sind.

Maximierung quadratischer Formen

Es sei A eine positiv semidefinite Matrix. Dann ist

$$\lambda_1 \geq \frac{x^\top Ax}{x^\top x} \geq \lambda_n. \tag{A.16}$$

Dabei sind λ_i die der Größe nach geordneten Eigenwerte der Matrix $\boldsymbol{A}$. Das Maximum wird genau dann angenommen, wenn $\boldsymbol{x}$ Eigenvektor zu λ_1 ist. Zum Beweis setzen wir $\boldsymbol{x} = \boldsymbol{U}^\top \boldsymbol{y}$. Dann ist

$$\frac{\boldsymbol{x}^\top \boldsymbol{A}\boldsymbol{x}}{\boldsymbol{x}^\top \boldsymbol{x}} = \frac{\boldsymbol{y}^\top \boldsymbol{\Lambda}\boldsymbol{y}}{\boldsymbol{y}^\top \boldsymbol{y}} = \frac{\sum \lambda_i y_i^2}{\sum y_i^2}.$$

Der Quotient wird genau dann maximal, wenn $\boldsymbol{y} = (1, 0, \ldots 0)^\top$ ist und minimal für $\boldsymbol{y} = (0, \ldots 0, 1)^\top$.

Die Aussage $(A.16)$ lässt sich leicht verallgemeinern:

Maximierung quadratischer Formen

Es seien $\boldsymbol{A} \geq \boldsymbol{0}$ und $\boldsymbol{B} = \boldsymbol{C}^\top \boldsymbol{C} > \boldsymbol{0}$ symmetrische Matrizen. Dann gilt:

$$\delta_1 \geq \frac{\boldsymbol{x}^\top \boldsymbol{A}\boldsymbol{x}}{\boldsymbol{x}^\top \boldsymbol{B}\boldsymbol{x}} \geq \delta_2 .$$

Dabei sind die δ_i die der Größe nach geordneten Eigenwerte der Matrix $\left(\boldsymbol{C}^{-1}\right)^\top \boldsymbol{A}\boldsymbol{C}^{-1}$. Ist z_1 Eigenvektor zu δ_1, so wird das Maximum angenommen für $\boldsymbol{x}_1 = \boldsymbol{C}^{-1} z_1$. Dabei ist $\boldsymbol{x}_1$ auch Lösung der verallgemeinerten Eigenwertgleichung: $\boldsymbol{A}\boldsymbol{x} = \delta \boldsymbol{B}\boldsymbol{x}$ bzw. $\boldsymbol{B}^{-1}\boldsymbol{A}\boldsymbol{x} = \delta \boldsymbol{x}$.

Für den Spezialfall: $\boldsymbol{A} = \boldsymbol{a}\boldsymbol{a}^\top$ erhalten wir:

$$0 \leq \frac{(\boldsymbol{a}^\top \boldsymbol{x})^2}{\boldsymbol{x}^\top \boldsymbol{B}\boldsymbol{x}} \leq \boldsymbol{a}^\top \boldsymbol{B}^{-1} \boldsymbol{a} .$$

Dabei wird das Maximum bei $\boldsymbol{x} = \boldsymbol{B}^{-1}\boldsymbol{a}$ angenommen.

Quadratische Ergänzung bei symmetrischen Matrizen

Im Zusammenhang mit den Dichten n-dimensionaler Normalverteilungen werden wir häufig auf die folgenden Umformungen zurückgreifen.

Quadratische Ergänzung bei symmetrischen Matrizen

Sind $\boldsymbol{A} > \boldsymbol{0}$ und $\boldsymbol{B} > \boldsymbol{0}$ positiv definite Matrizen, $\boldsymbol{X}$ eine beliebige Matrix und $\boldsymbol{a}$, $\boldsymbol{b}$ und $\boldsymbol{\beta}$ beliebige Vektoren passsender Dimensionen und $\boldsymbol{D}(\boldsymbol{\beta})$ die quadratische Form

$$\boldsymbol{D}(\boldsymbol{\beta}) = (\boldsymbol{a} - \boldsymbol{X}\boldsymbol{\beta})^\top \boldsymbol{A}(\boldsymbol{a} - \boldsymbol{X}\boldsymbol{\beta}) + (\boldsymbol{b} - \boldsymbol{\beta})^\top \boldsymbol{B}(\boldsymbol{b} - \boldsymbol{\beta}) ,$$

so gilt die Identität:

$$\boldsymbol{D}(\boldsymbol{\beta}) = (\boldsymbol{\beta} - \boldsymbol{q})^\top \boldsymbol{Q}(\boldsymbol{\beta} - \boldsymbol{q}) + \boldsymbol{D}(\boldsymbol{q}) .$$

Dabei ist $\boldsymbol{D}(\boldsymbol{q})$ frei von $\boldsymbol{\beta}$:

$$\begin{aligned} \boldsymbol{D}(\boldsymbol{q}) &= (\boldsymbol{a} - \boldsymbol{X}\boldsymbol{b})^\top (\boldsymbol{A} - \boldsymbol{A}\boldsymbol{X}\boldsymbol{Q}^{-1}\boldsymbol{X}^\top \boldsymbol{A})(\boldsymbol{a} - \boldsymbol{X}\boldsymbol{b}) \\ &= (\boldsymbol{a} - \boldsymbol{X}\boldsymbol{b})^\top (\boldsymbol{A}^{-1} + \boldsymbol{X}\boldsymbol{B}^{-1}\boldsymbol{X}^\top)^{-1}(\boldsymbol{a} - \boldsymbol{X}\boldsymbol{b}) . \end{aligned}$$

Hier ist

$$\begin{aligned} \boldsymbol{Q} &= \boldsymbol{X}^\top \boldsymbol{A}\boldsymbol{X} + \boldsymbol{B}, && (A.17) \\ \boldsymbol{q} &= \boldsymbol{Q}^{-1}\left(\boldsymbol{X}^\top \boldsymbol{A}\boldsymbol{a} + \boldsymbol{B}\right), \\ \boldsymbol{Q}\boldsymbol{q} &= \boldsymbol{X}^\top \boldsymbol{A}\boldsymbol{a} + \boldsymbol{B} . && (A.18) \end{aligned}$$

Beweis: Da $\boldsymbol{B} > \boldsymbol{0}$ ist, ist auch $\boldsymbol{Q} > \boldsymbol{0}$ und damit invertierbar. Also existiert $\boldsymbol{q}$. Multiplizieren wir $\boldsymbol{D}(\boldsymbol{\beta})$ aus, sortieren nach $\boldsymbol{\beta}$ und berücksichtigen $(A.17)$ und $(A.18)$, so erhalten wir:

$$\begin{aligned} \boldsymbol{D}(\boldsymbol{\beta}) &= \boldsymbol{a}^\top \boldsymbol{A}\boldsymbol{a} - 2\boldsymbol{a}^\top \boldsymbol{A}\boldsymbol{X}\boldsymbol{\beta} + \boldsymbol{\beta}^\top \boldsymbol{X}^\top \boldsymbol{A}\boldsymbol{X}\boldsymbol{\beta} + \boldsymbol{\beta}^\top \boldsymbol{b}\boldsymbol{B}\boldsymbol{\beta} \\ &\quad - 2\boldsymbol{b}^\top \boldsymbol{B}\boldsymbol{\beta} + \boldsymbol{b}^\top \boldsymbol{B}\boldsymbol{b} \\ &= (\boldsymbol{\beta} - \boldsymbol{q})^\top \boldsymbol{Q}(\boldsymbol{\beta} - \boldsymbol{q}) + \boldsymbol{a}^\top \boldsymbol{A}\boldsymbol{a} - \boldsymbol{q}^\top \boldsymbol{Q}\boldsymbol{q} + \boldsymbol{b}^\top \boldsymbol{B}\boldsymbol{b} . && (A.19) \end{aligned}$$

Ersetzt man in $(A.19)$ $\boldsymbol{\beta} = \boldsymbol{q}$, erhält man:

$$\boldsymbol{D}(\boldsymbol{q}) = \boldsymbol{a}^\top \boldsymbol{A}\boldsymbol{a} - \boldsymbol{q}^\top \boldsymbol{Q}\boldsymbol{q} + \boldsymbol{b}^\top \boldsymbol{B}\boldsymbol{b} . \qquad (A.20)$$

Weiter setzen wir zur Abkürzung:

$$\boldsymbol{u} := \boldsymbol{a} - \boldsymbol{X}\boldsymbol{b} \leftrightarrow \boldsymbol{a} := \boldsymbol{u} + \boldsymbol{X}\boldsymbol{b} .$$

Dann ist

$$\begin{aligned} \boldsymbol{Q}\boldsymbol{q} &= \boldsymbol{X}^\top \boldsymbol{A}\boldsymbol{a} + \boldsymbol{B}\boldsymbol{b} && (A.21) \\ &= \boldsymbol{X}^\top \boldsymbol{A}(\boldsymbol{u} + \boldsymbol{X}\boldsymbol{b}) + \boldsymbol{B}\boldsymbol{b} && (A.22) \\ &= \boldsymbol{X}^\top \boldsymbol{A}\boldsymbol{u} + \boldsymbol{Q}\boldsymbol{b} , && (A.23) \\ \boldsymbol{a}^\top \boldsymbol{A}\boldsymbol{a} &= (\boldsymbol{u} + \boldsymbol{X}\boldsymbol{b})^\top \boldsymbol{A}(\boldsymbol{u} + \boldsymbol{X}\boldsymbol{b}) \\ &= \boldsymbol{u}^\top \boldsymbol{A}\boldsymbol{u} + 2\boldsymbol{u}^\top \boldsymbol{A}\boldsymbol{X}\boldsymbol{b} + \boldsymbol{b}^\top \boldsymbol{X}^\top \boldsymbol{A}\boldsymbol{X}\boldsymbol{b} . && (A.24) \end{aligned}$$

Damit erhalten wir wegen $(A.23)$:

$$\begin{aligned} \boldsymbol{q}^\top \boldsymbol{Q}\boldsymbol{q} &= \boldsymbol{q}^\top \boldsymbol{Q}\boldsymbol{Q}^{-1}\boldsymbol{Q}\boldsymbol{q} && (A.25) \\ &= \left(\boldsymbol{X}^\top \boldsymbol{A}\boldsymbol{u} + \boldsymbol{Q}\boldsymbol{b}\right)^\top \boldsymbol{Q}^{-1}\left(\boldsymbol{X}^\top \boldsymbol{A}\boldsymbol{u} + \boldsymbol{Q}\boldsymbol{b}\right) \\ &= \boldsymbol{u}^\top \boldsymbol{A}\boldsymbol{X}\boldsymbol{Q}^{-1}\boldsymbol{X}^\top \boldsymbol{A}\boldsymbol{u} + 2\boldsymbol{u}^\top \boldsymbol{A}\boldsymbol{X}\boldsymbol{b} + \boldsymbol{b}^\top \boldsymbol{Q}\boldsymbol{b} . && (A.26) \end{aligned}$$

Dann folgt aus $(A.20)$, $(A.17)$, $(A.24)$ und $(A.26)$:

$$\boldsymbol{D}(\boldsymbol{q}) = \boldsymbol{u}^\top \left(\boldsymbol{A} - \boldsymbol{A}\boldsymbol{X}\boldsymbol{Q}^{-1}\boldsymbol{X}^\top \boldsymbol{A}\right)\boldsymbol{u} .$$

Aus Formel $(A.14)$ von Seite 460 folgt:

$$\begin{aligned} &(\boldsymbol{A} - \boldsymbol{A}\boldsymbol{X}\boldsymbol{Q}^{-1}\boldsymbol{X}^\top \boldsymbol{A})^{-1} \\ &\quad = \boldsymbol{A}^{-1} + \boldsymbol{X}(\boldsymbol{I} - \boldsymbol{Q}^{-1}\boldsymbol{X}^\top \boldsymbol{A}\boldsymbol{X})^{-1}\boldsymbol{Q}^{-1}\boldsymbol{X}^\top \\ &\quad = \boldsymbol{A}^{-1} + \boldsymbol{X}(\boldsymbol{Q} - \boldsymbol{X}^\top \boldsymbol{A}\boldsymbol{X})^{-1}\boldsymbol{X}^\top \\ &\quad = \boldsymbol{A}^{-1} + \boldsymbol{X}\boldsymbol{B}^{-1}\boldsymbol{X}^\top . \end{aligned}$$

Singulärwertzerlegung von Matrizen

Die Spektralzerlegung symmetrischer Matrizen lässt sich folgendermaßen auf alle Matrizen verallgemeinern: Sei $\boldsymbol{A} = (\boldsymbol{a}_1; \boldsymbol{a}_2; \ldots; \boldsymbol{a}_m)$ eine $n \times m$-Matrix vom Rang r. Dann existieren Matrizen $\boldsymbol{U}$, $\boldsymbol{\Theta}$ und $\boldsymbol{V}$ mit

$$\boldsymbol{A} = \boldsymbol{U}\boldsymbol{\Theta}\boldsymbol{V}^\top = \sum_{k=1}^{r} \theta_k \boldsymbol{u}_k \boldsymbol{v}^\top .$$

Dabei ist $\boldsymbol{\Theta} = \text{Diag}(\theta_1; \theta_2; \ldots; \theta_r)$. Die θ_k sind der Größe nach geordnet: $\theta_1 \geq \theta_2 \geq \cdots \geq \theta_k \geq \theta_r > 0$. Sie heißen die Singulärwerte von $\boldsymbol{A}$. Weiter ist

- $\boldsymbol{U}$ eine $n \times r$-Matrix mit orthonormalen Spalten $\boldsymbol{u}_k$:

$$\boldsymbol{U}^\top \boldsymbol{U} = \boldsymbol{I} ,$$

- $\boldsymbol{V}$ eine $m \times r$-Matrix mit orthonormalen Spalten $\boldsymbol{v}_k$:

$$\boldsymbol{V}^\top \boldsymbol{V} = \boldsymbol{I} .$$

Ist $\boldsymbol{A}$ symmetrisch, so stimmen Eigenwertzerlegung und Singulärwertzerlegung überein. Weiter ist

$$\boldsymbol{A}\boldsymbol{A}^\top = \boldsymbol{U}\boldsymbol{\Theta}^2\boldsymbol{U}^\top ,$$
$$\boldsymbol{A}^\top\boldsymbol{A} = \boldsymbol{V}\boldsymbol{\Theta}^2\boldsymbol{V}^\top .$$

Die $\boldsymbol{u}_k$ sind Eigenvektoren von $\boldsymbol{A}\boldsymbol{A}^\top$ zu den Eigenwerten $\lambda_k = \theta_k^2$. Die $\boldsymbol{v}_k$ sind Eigenvektoren von $\boldsymbol{A}^\top\boldsymbol{A}$ ebenfalls zu den Eigenwerten $\lambda_k = \theta_k^2$.

Die Moore-Penrose-Inverse

Ist $\boldsymbol{A}$ nicht quadratisch oder nicht von vollem Rang, so existiert keine Inverse zu $\boldsymbol{A}$. In beiden Fällen kann man aber **verallgemeinerte Inverse** definieren. Eine $m \times n$-Matrix $\boldsymbol{A}^-$ heißt eine **verallgemeinerte Inverse** der Matrix $\boldsymbol{A}$, falls gilt:

$$\boldsymbol{A}\boldsymbol{A}^-\boldsymbol{A} = \boldsymbol{A} .$$

Ist $\boldsymbol{A}$ invertierbar, so ist $\boldsymbol{A}^- = \boldsymbol{A}^{-1}$. Ist $\boldsymbol{A}$ nicht invertierbar, so existieren beliebig viele verallgemeinerte Inverse. Mithilfe der Singulärwertzerlegung kann man eine eindeutig bestimmte, verallgemeinerte Inverse $\boldsymbol{A}^+$ finden, die vier wichtige Eigenschaften der gewöhnlichen Inversen bewahrt.

Die Moore-Penrose-Inverse

Zu jeder Matrix $\boldsymbol{A}$ existiert genau eine Matrix $\boldsymbol{A}^+$, die Moore-Penrose-Inverse, mit den Eigenschaften:

$$\boldsymbol{A}\boldsymbol{A}^+\boldsymbol{A} = \boldsymbol{A} ,$$
$$\boldsymbol{A}^+\boldsymbol{A}\boldsymbol{A}^+ = \boldsymbol{A}^+ ,$$
$$(\boldsymbol{A}\boldsymbol{A}^+)^\top = \boldsymbol{A}\boldsymbol{A}^+ ,$$
$$(\boldsymbol{A}^+\boldsymbol{A})^\top = \boldsymbol{A}^+\boldsymbol{A} .$$

Eigenschaften der Moore-Penrose-Inversen:

- Ist $\boldsymbol{A}$ eine $m \times n$-Matrix, so ist $\boldsymbol{A}^+$ eine $n \times m$-Matrix. Ist $\boldsymbol{A}$ symmetrisch, so ist auch $\boldsymbol{A}^+$ symmetrisch. Existiert $\boldsymbol{A}^{-1}$, so ist $\boldsymbol{A}^+ = \boldsymbol{A}^{-1}$. Weiter ist

$$\text{Rg}\,\boldsymbol{A} = \text{Rg}\,\boldsymbol{A}\boldsymbol{A}^+ = \text{Rg}\,\boldsymbol{A}^+\boldsymbol{A} .$$

- Ist $\boldsymbol{A}$ eine $n \times m$-Matrix vom Rang m, so ist

$$\boldsymbol{A}^+ = (\boldsymbol{A}^\top\boldsymbol{A})^{-1}\boldsymbol{A}^\top .$$

Ist $\boldsymbol{A}$ eine beliebige Matrix mit der Singulärwertzerlegung $\boldsymbol{A} = \boldsymbol{U}\boldsymbol{\Theta}\boldsymbol{V}^\top$, dann ist

$$\boldsymbol{A}^+ = \boldsymbol{V}\boldsymbol{\Theta}^{-1}\boldsymbol{U}^\top .$$

- Die Reihenfolge von Transponierung und Invertierung ist vertauschbar:

$$(\boldsymbol{A}^\top)^+ = (\boldsymbol{A}^+)^\top ,$$
$$(\boldsymbol{A}\boldsymbol{A}^\top)^+ = \boldsymbol{A}^{\top+}\boldsymbol{A}^+ ,$$
$$(\boldsymbol{A}^\top\boldsymbol{A})^+ = \boldsymbol{A}^+\boldsymbol{A}^{\top+} .$$

- **Invarianz:** Für jede Matrix $\boldsymbol{A}^-$ gilt:

$$\boldsymbol{A}(\boldsymbol{A}^\top\boldsymbol{A})^-\boldsymbol{A}^\top = \boldsymbol{A}(\boldsymbol{A}^\top\boldsymbol{A})^+\boldsymbol{A}^\top = \boldsymbol{A}\boldsymbol{A}^+ . \qquad \text{(A.27)}$$

- **$\boldsymbol{A}\boldsymbol{A}^+$ ist Projektion.** Sind span $\boldsymbol{A}$ der Spaltenraum der Matrix und $\boldsymbol{P}_{\text{span}\,A} = \boldsymbol{P}_A$ die Projektion in den Spaltenraum von $\boldsymbol{A}$, dann ist

$$\boldsymbol{P}_A = \boldsymbol{A}\boldsymbol{A}^+ .$$
$$\boldsymbol{P}_{A^\top} = \boldsymbol{A}^+\boldsymbol{A} .$$

Diese Eigenschaft folgt sofort aus der Zerlegung

$$\boldsymbol{x} = \boldsymbol{A}\boldsymbol{A}^+\boldsymbol{x} + (\boldsymbol{I} - \boldsymbol{A}\boldsymbol{A}^+)\boldsymbol{x} .$$

Die beiden Komponenten sind orthogonal:

$$\begin{aligned}\left(\boldsymbol{A}\boldsymbol{A}^+\boldsymbol{x}\right)^\top (\boldsymbol{I} - \boldsymbol{A}\boldsymbol{A}^+)\boldsymbol{x} &= \boldsymbol{x}^\top \left(\boldsymbol{A}\boldsymbol{A}^+\right)^\top (\boldsymbol{I} - \boldsymbol{A}\boldsymbol{A}^+)\boldsymbol{x} \\ &= \boldsymbol{x}^\top\boldsymbol{A}\boldsymbol{A}^+(\boldsymbol{I} - \boldsymbol{A}\boldsymbol{A}^+)\boldsymbol{x} \\ &= \boldsymbol{x}^\top(\boldsymbol{A}\boldsymbol{A}^+ - \underbrace{\boldsymbol{A}\boldsymbol{A}^+\boldsymbol{A}}_{A}\boldsymbol{A}^+)\boldsymbol{x} \\ &= \boldsymbol{x}^\top(\boldsymbol{A}\boldsymbol{A}^+ - \boldsymbol{A}\boldsymbol{A}^+)\boldsymbol{x} = \boldsymbol{0} .\end{aligned}$$

Also ist $\boldsymbol{A}\boldsymbol{A}^+\boldsymbol{x} \in \text{span}\,\boldsymbol{A}$ und $(\boldsymbol{I} - \boldsymbol{A}\boldsymbol{A}^+)\boldsymbol{x} \in \text{span}\,\boldsymbol{A}^\perp$.

Lineare Gleichungssysteme

Mithilfe von Vektoren und Matrizen lassen sich lineare Gleichungssysteme übersichtlich schreiben und ihre Lösung geschlossen angeben. Lineare Gleichungssysteme haben die Gestalt

$$\boldsymbol{A}\boldsymbol{x} = \boldsymbol{b} .$$

Je nachdem, ob $\boldsymbol{b}$ von Null verschieden ist oder nicht, unterscheidet man inhomogene von homogenen Systemen. Die Menge der Lösungen des homogenen Gleichungssystems bildet den **Lösungsraum**, einen linearen Vektorraum der Dimension $m - \operatorname{Rg} \boldsymbol{A}$. Dabei ist m die Anzahl der Unbekannten des Gleichungssystems.

Betrachten wir zuerst das homogene Gleichungssstem $\boldsymbol{A}\boldsymbol{x} = \boldsymbol{0}$. Ein Vektor $\boldsymbol{x}$ ist genau dann Lösung, wenn $\boldsymbol{x}$ orthogonal zu den Zeilen von $\boldsymbol{A}$ steht, also $\boldsymbol{x} \perp \operatorname{span} \boldsymbol{A}^\top$, also $\boldsymbol{x} \in \mathbb{R}^n \ominus \operatorname{span} \boldsymbol{A}^\top$, das heißt

$$\boldsymbol{x} = \left(\boldsymbol{I} - \boldsymbol{P}_{A^\top}\right) \boldsymbol{h} .$$

Dabei ist $\boldsymbol{h}$ ein beliebiger Vektor $\in \mathbb{R}^m$. Diese Darstellung von $\boldsymbol{x}$ ist zwar elegant, aber numerisch aufwendig. Es geht auch einfacher:

Lösung eines Gleichungssystems

$\boldsymbol{x}$ ist genau dann Lösung des homogenen Gleichungssystems $\boldsymbol{A}\boldsymbol{x} = \boldsymbol{0}$, wenn $\boldsymbol{x}$ sich darstellen lässt als:

$$\boldsymbol{x} = (\boldsymbol{I} - \boldsymbol{A}^- \boldsymbol{A})\boldsymbol{h} . \tag{A.28}$$

Dabei ist $\boldsymbol{h}$ ein beliebiger Vektor $\in \mathbb{R}^m$, $\boldsymbol{A}^-$ eine beliebige verallgemeinerte Inverse von $\boldsymbol{A}$ und $\boldsymbol{I}$ die Einheitsmatrix. Das System $\boldsymbol{A}\boldsymbol{x} = \boldsymbol{b}$ ist genau dann lösbar, falls $\boldsymbol{A}^-\boldsymbol{b}$ eine spezielle Lösung ist, das heißt, wenn $\boldsymbol{A}\boldsymbol{A}^-\boldsymbol{b} = \boldsymbol{b}$ ist. Ist das System lösbar, so ist ein $\boldsymbol{x}$ genau dann Lösung, wenn $\boldsymbol{x}$ die Gestalt hat:

$$\boldsymbol{x} = \boldsymbol{x}_0 + (\boldsymbol{I} - \boldsymbol{A}^- \boldsymbol{A})\boldsymbol{h} . \tag{A.29}$$

Dabei ist $\boldsymbol{x}_0$ eine beliebige Lösung des homogenen Systems $\boldsymbol{A}\boldsymbol{x} = 0$.

A.5 Analysis

Potenzreihen

Eine Potenzreihe ist ein unendliche Reihe

$$p(z) = \sum_{n=0}^{\infty} a_n z^n .$$

Konvergiert diese Reihe für irgendeine komplexe Zahl z_0, dann konvergiert die Reihe auch absolut für alle komplexen Zahlen z mit $|z| < |z_0|$. Der Konvergenzradius r der Potenzreihe ist der Radius des größten Kreises, innerhalb dessen die Reihe konvergiert. Im Innern dieses Kreises hat die Potenzreihe alle Eigenschaften einer endlichen Summe, sie kann umgeordnet, gliedweise differenziert und gliedweise integriert werden. Über das Verhalten auf dem Rand des Kreises kann nichts ausgesagt werden. Die bekannteste Reihe mit einem unendlich großen Konvergenzradius ist die e-Reihe:

$$\mathrm{e}^z = \sum_{n=0}^{\infty} \frac{z^n}{n!} .$$

Differenzieren wir diese Reihe gliedweise, erhalten wir:

$$\frac{\mathrm{d}}{\mathrm{d}z} \mathrm{e}^z = \sum_{n=0}^{\infty} \frac{1}{n!} \frac{\mathrm{d}}{\mathrm{d}z} z^n = \sum_{n=1}^{\infty} \frac{n}{n!} z^{n-1} = \sum_{n=0}^{\infty} \frac{z^n}{n!} = \mathrm{e}^z .$$

Die geometrische Reihe hat den Konvergenzradius 1:

$$\frac{1}{1-z} = \sum_{n=0}^{\infty} z^n \text{ für alle } z \text{ mit } |z| < 1 .$$

Integrieren wir gliedweise, erhalten wir für alle z mit $|z| < 1$:

$$-\ln(1-z) = \sum_{n=1}^{\infty} \frac{1}{n} z^n .$$

Differenzieren wir gliedweise, erhalten wir für alle z mit $|z| < 1$:

$$\frac{1}{(1-z)^2} = \sum_{n=1}^{\infty} n z^{n-1} .$$

Speziell erhalten wir als Erwartungswert der geometrischen Verteilung mit $P(x = n) = \theta (1-\theta)^{n-1}$:

$$\begin{aligned} E(X) &= \sum_{n=1}^{\infty} n\theta (1-\theta)^{n-1} \\ &= \theta \sum_{n=1}^{\infty} n (1-\theta)^{n-1} \\ &= \theta \frac{1}{(1-(1-\theta))^2} = \frac{1}{\theta} . \end{aligned}$$

A.6 Konvexe Mengen, Funktionen und Programme

Konvexe Funktionen

Eine Menge $\boldsymbol{K}$ ist **konvex**, wenn für alle $0 \le \lambda \le 1$ gilt:

$$\text{Aus } \boldsymbol{x}_1 \in \boldsymbol{K},\ \boldsymbol{x}_2 \in \boldsymbol{K} \text{ folgt } \lambda \boldsymbol{x}_1 + (1-\lambda)\boldsymbol{x}_2 \in \boldsymbol{K} .$$

Eine Funktion F heißt **konvex** über einem konvexen Bereich $\boldsymbol{K}$, wenn für alle $0 \le \lambda \le 1$ gilt:

$$F(\lambda \boldsymbol{x}_1 + (1-\lambda)\boldsymbol{x}_2) \le \lambda F(\boldsymbol{x}_1) + (1-\lambda) F(\boldsymbol{x}_2) .$$

F heißt strikt oder streng konvex, wenn hier das strikte Ungleichheitszeichen steht.

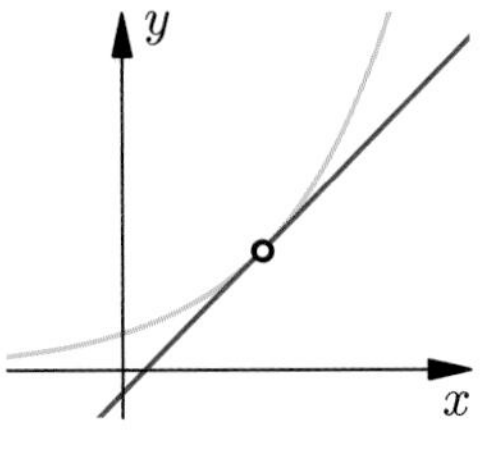

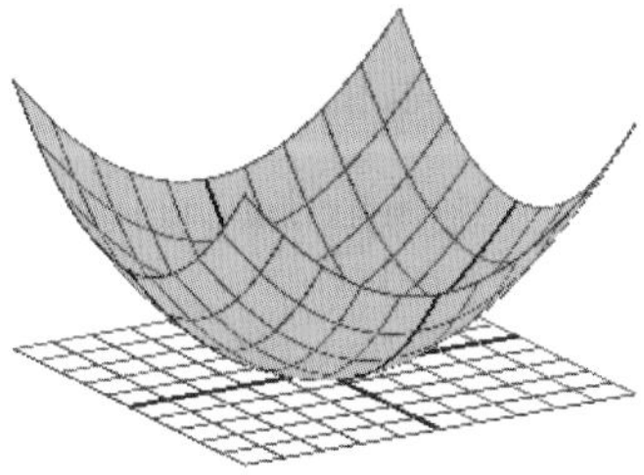

Die Abbildungen zeigen streng konvexe Funktionen mit einer Tangente bzw. einer Tangentialebene.

Eigenschaften konvexer, differenzierbarer Funktionen:

- F ist konvex $\Leftrightarrow$ $\forall x_1, x_2 \in \boldsymbol{K}$ gilt: Der Graph von F liegt oberhalb der Tangente:

$$F(\boldsymbol{x}_2) \geq F(\boldsymbol{x}_1) + (\boldsymbol{x}_2 - \boldsymbol{x}_1)^\top \left.\frac{\partial F}{\partial \boldsymbol{x}}\right|_{\boldsymbol{x}_1}$$

- F ist konvex $\Leftrightarrow$ $\boldsymbol{t}^\top \left.\frac{\partial F}{\partial \boldsymbol{x}}\right|_{\boldsymbol{x}+\lambda \boldsymbol{t}}$ ist monoton wachsend in λ
- F ist konvex $\Leftrightarrow$ $\frac{\partial^2 F}{\partial \boldsymbol{x}_1 \partial \boldsymbol{x}_2}$ ist positiv semidefinit.

Extremwerte bei konvexen Funktionen

Ist F konvex über einem konvexen Bereich, so ist jedes lokale Minimum von F ein globales Minimum. Die Menge der globalen Minima ist selbst konvex. Ist F strikt konvex, so ist das Minimum eindeutig.
Die konvexe, differenzierbare Funktion F hat genau dann auf der Menge $\{\boldsymbol{x} \geq \boldsymbol{0}\}$ ein Minimum in $\boldsymbol{x}_0 \geq \boldsymbol{0}$, wenn für alle i gilt:

$$\left.\frac{\partial F}{\partial x_i}\right|_{\boldsymbol{x}_0} \geq 0, \qquad \text{(A.30)}$$

$$x_i^0 \left.\frac{\partial F}{\partial x_i}\right|_{\boldsymbol{x}_0} = 0 .$$

Sattelpunkte

Sei $\boldsymbol{D}$ der Definitionsbereich der Funktion $L(\boldsymbol{x}, \boldsymbol{u})$. Das Punktepaar $(\boldsymbol{x}^0, \boldsymbol{u}^0)$ bildet einen **Sattelpunkt** von $L(\boldsymbol{x}, \boldsymbol{u})$ auf Menge $\boldsymbol{M} \subseteq \boldsymbol{D}$, wenn für alle $(\boldsymbol{u}; \boldsymbol{x}) \in \boldsymbol{M}$ gilt:

$$L\left(\boldsymbol{x}^0, \boldsymbol{u}\right) \leq L\left(\boldsymbol{x}^0, \boldsymbol{u}^0\right) \leq L\left(\boldsymbol{x}, \boldsymbol{u}^0\right) . \qquad \text{(A.31)}$$

Man spricht von einem **globalen** Sattelpunkt, wenn $\boldsymbol{M} = \boldsymbol{D}$ ist, andernfalls von einem **lokalen** Sattelpunkt in $\boldsymbol{M}$.

Minimax-Prinzip

Ist $(\boldsymbol{x}^0, \boldsymbol{u}^0)$ ein Sattelpunkt der Funktion $L(\boldsymbol{x}, \boldsymbol{u})$ auf $\boldsymbol{M}$, so gilt $\forall\, (\boldsymbol{u}; \boldsymbol{x}) \in \boldsymbol{M}$:

$$\max_{\boldsymbol{u}} \min_{\boldsymbol{x}} L(\boldsymbol{x}, \boldsymbol{u}) = L\left(\boldsymbol{x}^0, \boldsymbol{u}^0\right) = \min_{\boldsymbol{x}} \max_{\boldsymbol{u}} L(\boldsymbol{x}, \boldsymbol{u}) . \qquad \text{(A.32)}$$

Gilt umgekehrt:

$$\max_{\boldsymbol{u}} \min_{\boldsymbol{x}} L(\boldsymbol{x}, \boldsymbol{u}) = \min_{\boldsymbol{x}} \max_{\boldsymbol{u}} L(\boldsymbol{x}, \boldsymbol{u}) ,$$

dann existiert ein Sattelpunkt $(\boldsymbol{x}^0, \boldsymbol{u}^0)$ mit $(A.31)$ und $(A.32)$.

Betrachtet man den Graph der Funktion $L(\boldsymbol{x}, \boldsymbol{u})$ als *Gebirge* und schneidet man dieses Gebirge bei festem $\boldsymbol{x}$ mit einer Ebene parallel zur $\boldsymbol{u}$-Achse, so ist $\max_{\boldsymbol{u}} L(\boldsymbol{x}, \boldsymbol{u})$ der *höchste Punkt* auf diesem *x-Schnitt.*

$\min_{\boldsymbol{x}} \max_{\boldsymbol{u}} L(\boldsymbol{x}, \boldsymbol{u})$ ist demnach die Höhe des *niedrigsten Berges.* Analog ist $\min_{\boldsymbol{x}} L(\boldsymbol{x}, \boldsymbol{u})$ der *niedrigste Punkt* auf dem *$\boldsymbol{u}$-Schnitt* und $\max_{\boldsymbol{u}} \min_{\boldsymbol{x}} L(\boldsymbol{x}, \boldsymbol{u})$ die Höhe des *höchstgelegenen Tals.* Nun ist stets

$$\min_{\boldsymbol{x}} L(\boldsymbol{x}, \boldsymbol{u}) \leq L(\boldsymbol{x}, \boldsymbol{u}) \leq \max_{\boldsymbol{u}} L(\boldsymbol{x}, \boldsymbol{u}) .$$

Die rechte Seite der Ungleichung hängt nur von $\boldsymbol{x}$, die linke nur von $\boldsymbol{u}$ ab. Daher gilt stets:

$$\max_{\boldsymbol{u}} \min_{\boldsymbol{x}} L(\boldsymbol{x}, \boldsymbol{u}) \leq \min_{\boldsymbol{x}} \max_{\boldsymbol{u}} L(\boldsymbol{x}, \boldsymbol{u}) .$$

Anschaulich bedeutet dies:

das höchste Tal $\leq$ der niedrigste Berg.

Gilt nun

das höchste Tal $=$ der niedrigste Berg,

dann liegt ein Pass im Gelände, ein Sattelpunkt vor.

Die beiden folgenden Abbildungen verdeutlichen die Sattelpunktseigenschaft anhand der Funktion $L(x, u) = x^2 - u^2$. Links der Graph der Funktion, rechts das System der Höhenlinien.

Im Punkt $(x^0, u^0) = (0; 0)$ hat $L(x, u)$ einen globalen Sattelpunkt. $L(x, 0)$ hat als Funktion von x ein Minimum in $x^0 = 0$ und $L(0, u)$ hat als Funktion von u ein Maximum in $u^0 = 0$.

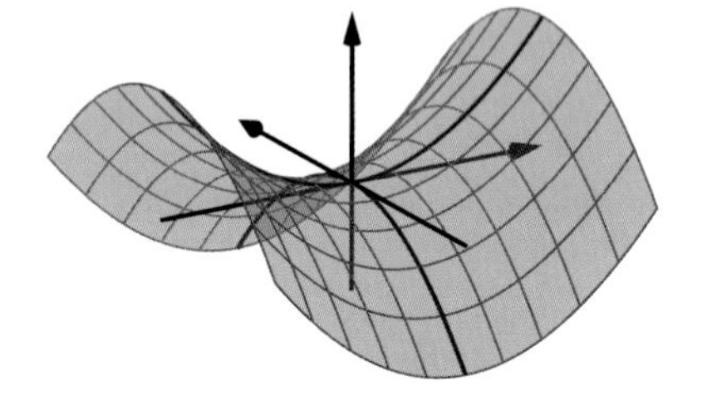

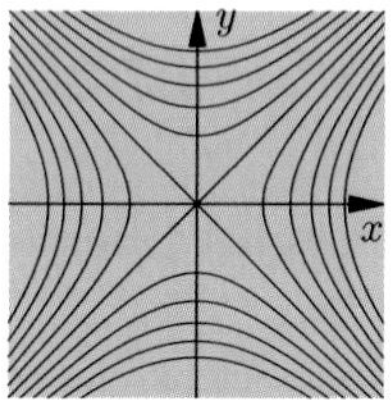

Konvexe Programme

Seien $\boldsymbol{x} \in \mathbb{R}^n$ und F und f_j mit $j = 1, \ldots, m$ konvexe Funktionen. Die Optimierungsaufgabe

Minimiere $F(\boldsymbol{x})$

unter den Nebenbedingungen:

$$f_j(\boldsymbol{x}) \leq 0 \qquad j = 1, \ldots, m$$

heißt **konvexes Programm.**

F($\boldsymbol{x}$) ist die **Zielfunktion**, $f_i(\boldsymbol{x}) \leq 0$ sind die Ungleichungsrestriktionen. Die Aufgabe lässt sich vereinfacht schreiben als:

$$\min_{\boldsymbol{x}} \left\{ F(\boldsymbol{x}) \mid \boldsymbol{x} \in \mathbb{R}^n;\ \boldsymbol{f}(\boldsymbol{x}) \leq \boldsymbol{0} \right\} .$$

Ein $\boldsymbol{x}$ heißt **zulässig** (feasible), wenn es die Nebenbedingungen erfüllt. Die Menge aller zulässigen Punkte bildet den **zulässigen Bereich** $\mathcal{Z}$ (feasible region).

$\boldsymbol{x}_1 \in \mathcal{Z}$ ist ein **lokales Minimum**, falls für ein hinreichend kleines ε gilt:

$$F(\boldsymbol{x}_1) \leq F(\boldsymbol{x}) \quad \forall \boldsymbol{x} \in \mathcal{Z} \text{ mit } \|\boldsymbol{x}_1 - \boldsymbol{x}\| \leq \varepsilon .$$

Jedes optimale x^0 heißt **Lösung** oder **globales Minimum**, falls gilt:

$$F(\boldsymbol{x}_1) \leq F(\boldsymbol{x}) \; \forall \boldsymbol{x} \in \mathcal{Z} .$$

$F\left(\boldsymbol{x}^0\right)$ heißt **Lösungswert** oder **Wert** des Programms. Sind alle Nebenbedingungen und die Zielfunktion linear, heißt die Optimierungsaufgabe auch ein **lineares Programm**. Sind die Nebenbedingungen linear und die Zielfunktion quadratisch, heißt die Optimierungsaufgabe ein **quadratisches Programm**.

Die i-te Nebenbedingung heißt für ein zulässiges $\boldsymbol{x}$ **aktiv**, wenn $\boldsymbol{x}$ die i-te Nebenbedingung scharf erfüllt: $f_i(\boldsymbol{x}) = 0$. Die i-te Nebenbedingung ist für ein zulässiges $\boldsymbol{x}$ **inaktiv**, falls $f_i(\boldsymbol{x}) < 0$ ist. Die aktiven Nebenbedingungen beschreiben den **Rand** des zulässigen Bereichs.

Das Kuhn-Tucker-Theorem

Die zum konvexen Programm gehörende *Lagrange-Funktion* ist

$$L(\boldsymbol{x}; \boldsymbol{u}) = F(\boldsymbol{x}) + \sum_{j=1}^{m} u_j f_j(\boldsymbol{x}) = F(\boldsymbol{x}) + \boldsymbol{u}^\top \boldsymbol{f} ,$$

Die u_j heißen *Lagrange-Multiplikatoren.*

Sattelpunktsatz

Hinreichend dafür, dass x^0 Lösung ist, ist die Existenz eines *Lagrange-Multiplikators* $\boldsymbol{u}^0 \geq 0 \in \mathbb{R}^m$, sodass $\left(\boldsymbol{x}^0, \boldsymbol{u}^0\right)$ Sattelpunkt von L ist:

$$L\left(\boldsymbol{x}^0, \boldsymbol{u}\right) \leq L\left(\boldsymbol{x}^0, \boldsymbol{u}^0\right) \leq L\left(\boldsymbol{x}, \boldsymbol{u}^0\right) \quad \forall \boldsymbol{u} \geq 0 . \qquad \text{(A.33)}$$

Dabei ist

$$L\left(\boldsymbol{x}^0, \boldsymbol{u}^0\right) = F\left(\boldsymbol{x}^0\right) .$$

Die Bedingung (A.33) ist notwendig, wenn die f_j lineare Funktionen sind, oder es ein x* gibt, mit

$$f_j\left(\boldsymbol{x}^*\right) < 0 \quad \forall j .$$

Sind F und f_j differenzierbar, so ist die Sattelpunktsbedingung (A.33) äquivalent mit den Kuhn-Tucker Bedingungen:

$$\left.\frac{\partial L}{\partial \boldsymbol{x}_i}\right|_{\boldsymbol{x}^0; \boldsymbol{u}^0} = 0 \quad \forall i , \qquad \text{(A.34)}$$

$$u_j^0 f_j\left(\boldsymbol{x}^0\right) = 0 \quad \forall j , \qquad \text{(A.35)}$$

$$f_j\left(\boldsymbol{x}^0\right) \leq 0 \quad \forall j,$$

$$u_j^0 \geq 0 \quad \forall j .$$

Die Bedingung (A.34) sagt, dass im Sattelpunkt der **x-Gradient** verschwindet. Die letzten beiden Bedingungen wiederholen die Restriktionen an u der Lagrange-Funktion und Restriktionen an x im ursprünglichen konvexen Programm. Neu ist die **Komplementaritäts-Bedingung** (A.35): Im Optimum ist von den dualen Restriktionen $u_j \geq 0$ und $f_j \leq 0$ jeweils mindestens eine als Gleichung erfüllt. Eine Folge davon ist, dass im Optimum in der Lagrange-Funktion sämtliche Lagrange-Zusatzglieder zur Zielfunktion verschwinden:

$$L\left(\boldsymbol{x}^0; \boldsymbol{u}^0\right) = F\left(\boldsymbol{x}^0\right) + \sum_{j=1}^{m} u_j^0 f_j\left(\boldsymbol{x}^0\right) = F\left(\boldsymbol{x}^0\right) .$$

Aus dem Sattelpunktsatz folgt weiter:

- Wird in einem konvexen Programm ein Sattelpunkt gefunden und werden daraufhin alle nicht aktiven Restriktionen weggelassen, ändert sich die optimale Lösung nicht.
- Unter linearen Nebenbedingungen ist ein $\boldsymbol{x}^0$ genau dann optimale Lösung des konvexen Programms, wenn es ein $\boldsymbol{u}^0$ gibt, sodass $\left(\boldsymbol{x}^0, \boldsymbol{u}^0\right)$ Sattelpunkt der Lagrange-Funktion ist.

Modellvarianten

Wird zusätzlich zu den Bedingungen $f_j(x) \leq 0$ die Nicht-Negativitätsbedingung $x_i \geq 0$ gefordert, so lauten die Kuhn-Tucker-Bedingungen:

$$\left.\frac{\partial L}{\partial \boldsymbol{x}_i}\right|_{\boldsymbol{x}^0; \boldsymbol{u}^0} \geq 0 ,$$

$$x_i \left.\frac{\partial L}{\partial \boldsymbol{x}_i}\right|_{\boldsymbol{x}^0; \boldsymbol{u}^0} = 0 ,$$

$$u_j^0 f_j\left(\boldsymbol{x}^0\right) = 0 \quad \forall j ,$$

$$x_i \geq 0 \quad \forall i ,$$

$$f_j(\boldsymbol{x}) \leq 0 \quad \forall j .$$

Ist $f_j(\boldsymbol{x})$ linear, und lautet die Bedingung $f_j(\boldsymbol{x}) = 0$, dann sind die u_j nicht mehr vorzeichenbeschränkt.

Das duale Programm

Die gesuchte Lösung $\boldsymbol{x}^0$ bildet zusammen mit dem Lagrange-Multiplikator $\boldsymbol{u}^0$ einen Sattelpunkt der Lagrange-Funktion. Daher ist:

$$\min_{\boldsymbol{x}} \max_{\boldsymbol{u}} L(\boldsymbol{x}, \boldsymbol{u}) = L\left(\boldsymbol{x}^0, \boldsymbol{u}^0\right) = \max_{\boldsymbol{u}} \min_{\boldsymbol{x}} L(\boldsymbol{x}, \boldsymbol{u}) .$$

Betrachten wir die zweite Gleichung und setzen:

$$\min_{\boldsymbol{x}} L(\boldsymbol{x}, \boldsymbol{u}) = L(\boldsymbol{x}(\boldsymbol{u}), \boldsymbol{u}) ,$$

so ist

$$L\left(\boldsymbol{x}^0, \boldsymbol{u}^0\right) = \max_{\boldsymbol{u}} L(\boldsymbol{x}(\boldsymbol{u}), \boldsymbol{u}) .$$

Das Optimum kann also gefunden werden, wenn zuerst die in $\boldsymbol{x}$ nicht eingeschränkte Lagrange-Funktion als Funktion von $\boldsymbol{x}$ bei festem $\boldsymbol{u}$ minimiert wird. Dies ergibt eine Lösung $\boldsymbol{x}(\boldsymbol{u})$. Nun wird $\boldsymbol{x}(\boldsymbol{u})$ in die Lagrange-Funktion eingesetzt und die resultierende Funktion $L(\boldsymbol{x}(\boldsymbol{u}), \boldsymbol{u})$ bezüglich der nicht negativen $\boldsymbol{u}$ maximiert. Diese Maximierungsaufgabe heißt das **duale Programm.** Für jedes Paar $\boldsymbol{x}(\boldsymbol{u}), \boldsymbol{u}$ gilt:

$$L(\boldsymbol{x}(\boldsymbol{u}), \boldsymbol{u}) \leq L(\boldsymbol{x}^0, \boldsymbol{u}^0) = F(\boldsymbol{x}^0).$$

Daher schätzt Lösung $L(\boldsymbol{x}(\boldsymbol{u}), \boldsymbol{u})$ den Wert der Zielfunktion $F(\boldsymbol{x}^0)$ nach unten ab.

Lineare Programme

Sind bei einem konvexen Programm alle Funktionen linear, sprechen wir von einem linearen Programm: Gesucht wird ein nicht negativer Vektor $\boldsymbol{x} \in \mathbb{R}^n$, der ein System linearer Nebenbedingungen erfüllt und eine lineare Zielfunktion maximiert:

Variable	$\boldsymbol{x} = \{x_j; \quad j = 1, \cdots n\} \in \mathbb{R}^n$.
Nichtnegativität	$\boldsymbol{x} \geq \boldsymbol{0}$, d.h. $x_j \geq 0 \quad j = 1, \cdots n$.
Restriktionen	$\boldsymbol{Ax} \leq \boldsymbol{b}$.
Zielfunktion	maximiere $\boldsymbol{c}^\top \boldsymbol{x}$.

Dabei ist $\boldsymbol{A}$ eine $m \times n$-Matrix. Zu jedem lineares Programm lässt sich ein sogenanntes duales Programm erstellen. Hier wird ein nicht negativer Vektor $z \in \mathbb{R}^m$ gesucht, der ebenfalls ein System linearer Ungleichungen erfüllt und eine lineare Zielfunktion minimiert. Zur Unterscheidung sprechen wir im ersten Fall vom Primärprogramm und im zweiten Fall vom Dualprogramm. Dabei ist das Dualprogramm des Dualprogramms wieder das Primärprogramm.

Variable	$z = \{z_i; \quad i = 1, \cdots m\} \in \mathbb{R}^m$
Nichtnegativität	$z \geq \boldsymbol{0}$, d.h. $z_i \geq 0 \quad i = 1, \cdots m$
Restriktionen	$\boldsymbol{A}^\top z \geq \boldsymbol{c}$
Zielfunktion	minimiere $\boldsymbol{b}^\top z$.

Dabei ist $\boldsymbol{A}^\top$ die Transponierte von $\boldsymbol{A}$.

Kurz:

Primärprogramm	Dualprogramm
$\boldsymbol{x} \geq \boldsymbol{0}$	$\boldsymbol{z} \geq \boldsymbol{0}$
$\boldsymbol{Ax} \leq \boldsymbol{b}$	$\boldsymbol{A}^\top \boldsymbol{z} \geq \boldsymbol{c}$
$\boldsymbol{c}^\top \boldsymbol{x} = \max$	$\boldsymbol{z}^\top \boldsymbol{b} = \min$

Ein $\boldsymbol{x} \geq \boldsymbol{0}$ mit $\boldsymbol{Ax} \leq \boldsymbol{b}$ heißt zulässig, analog heißt ein z mit $z \geq \boldsymbol{0}$ und $\boldsymbol{A}^\top z \geq \boldsymbol{c}$ zulässig. Die wichtigsten Eigenschaften eines linearen Programms sind:

- Wechselseitige Beschränktheit: Sind $\boldsymbol{x}$ zulässig für das Primär- und z zulässig für das Dualprogramm so gilt:

  $$\boldsymbol{c}^\top \boldsymbol{x} \leq \boldsymbol{b}^\top z.$$

  Daher ist stets

  $$\max_{\text{Primär}} \boldsymbol{c}^\top \boldsymbol{x} \leq \min_{\text{Dual}} \boldsymbol{b}^\top z.$$

- Optimalität: x_0 und z_0 sind optimal, falls gilt:

  $$\boldsymbol{c}^\top \boldsymbol{x}_0 = \boldsymbol{b}^\top z_0.$$

- **Complementary Slackness Conditions, CSC**: Zwei zulässige Lösungen $\boldsymbol{x}$ und z sind genau dann optimal, falls gilt

  $$x_j (\boldsymbol{A}^\top z - \boldsymbol{c})_j = 0,$$
  $$z_i (\boldsymbol{Ax} - \boldsymbol{b})_i = 0.$$

  (Dabei sind $A_{(i,)}$ die i-te Zeile und $A_{(,j)}$ die j-te Spalte einer Matrix A). Die CSC sagen aus: In jedem Paar komplementärer Ungleichungen ist mindestens eine als Gleichung erfüllt.
- Existenz
  - Genau dann, wenn sowohl Primär- als auch Dualprogramm mindestens eine zulässige Lösung besitzen, existieren für beide Programme optimale Lösungen, und die Werte der Zielfunktionen stimmen überein.
  - Genau dann, wenn die Zielfunktion des Primärprogramm nach oben oder die Zielfunktion des Dualprogramms nach unten beschränkt ist, existieren für beide Programme optimale Lösungen, und die Werte der Zielfunktionen stimmen überein.

Hinweise zu den Aufgaben

Kapitel 1

1.18 Geschwindigkeit ist Strecke pro Zeit. Für die i-te Teilstrecke gilt

$$v_j = \frac{s_j}{t_j}, \quad j = 1, \ldots, n.$$

1.19 Berechnen Sie $r(\boldsymbol{y}, \boldsymbol{d})$, $r\left(\boldsymbol{y}, \boldsymbol{d}^2\right)$ und $r\left(\boldsymbol{y}, \boldsymbol{d}^3\right)$. Überlegen Sie, ob Sie Faktoren wie 4π bzw. $\frac{4}{3}\pi$ berücksichtigen müssen?

Kapitel 2

2.7 Zeichnen Sie ein Venn-Diagramm mit den drei Ereignissen und tragen Sie die jeweiligen Wahrscheinlichkeiten ein.

2.8 zu b): Schauen Sie sich Aufgabe 2.25 an.

2.12 Interpretieren Sie relative Häufigkeiten als Wahrscheinlichkeiten. Gehen Sie vereinfachend davon aus, dass es nur die zwei genannten Arten von Wertpapieren gibt und dass für alle Hochschullehrer mindestens eins der drei Merkmale zutrifft.

2.17 Setzen Sie $A_i =$ „das Ehepaar i tanzt miteinander" und bestimmen Sie die $\mathcal{P}(\bigcup_{i=1}^{n} A_i)$ mit der Siebformel.

2.21 Zeichen Sie den Bayes-Graph mit den für D relevanten Ereignissen. Benutzen Sie die Symbole $A : B$ für das Spiel von A gegen B und $A \succ B$ für den Gewinn von A gegen B.

Kapitel 3

3.13 Arbeiten Sie mit der Varianz.

3.14 Verwenden Sie die Jensen-Ungleichung.

3.16 Betrachten Sie die Zufallsvariable $Y = 0$ falls $X < k$ und $Y = k$ falls $X \geq k$. Berechnen $\mathrm{E}(Y)$ und benutzen Sie die Montonie des Erwartungswertes.

3.17 zu a) Verwenden Sie: $X \leq Y$ genau dann, wenn $X(\omega) \leq Y(\omega) \quad \forall \omega \in \Omega$. Ignorieren Sie die Ausnahmemenge vom Maß Null mit $X(\omega) > Y(\omega)$.

Hinweis zu b): Verwenden Sie die Darstellung $\mathrm{E}(X)$ aus der Vertiefung von Seite 86.

3.24 Verwenden Sie $X + Y = R + B$.

3.25 Zeigen Sie: $\mathrm{E}(X) = \mathrm{E}X^3 = 0$.

3.38 Gehen Sie vor wie in der Beispielbox auf Seite 125.

3.42 Berechnen Sie $\mathrm{Var}(X) = \mathrm{E}(X^2) - \left(\mathrm{E}(X)\right)^2$.

3.43 Sei $B = \bigcup_i A_i$ dann ist $B^C = \bigcap_i A_i^C$ und $\mathcal{P}(B) = 1 - \mathrm{E}\left(I_{B^C}\right)$.

3.44 Wenden Sie die Markovungleichung auf e^{sX} an.

3.46 Benutzen Sie, dass die Operationen Spur und Erwartungswert vertauschbar sind und $\mathrm{E}\left(\boldsymbol{X}^\top \boldsymbol{A}\boldsymbol{X}\right) = \mathrm{Spur}\left(\boldsymbol{X}^\top \boldsymbol{A}\boldsymbol{X}\right) = \mathrm{Spur}\left(\boldsymbol{A}\boldsymbol{X}\boldsymbol{X}^\top\right)$.

3.48 Verwenden Sie die Symmetrie von Y.

3.50 Gehen Sie vor wie in der Beispielbox auf Seite 125.

3.52 Benutzen Sie im Verlauf der Umformungen der Summe der bedingten Wahrscheinlichkeiten die Formel für den Erwartungswert der $H(N; R; m+1)$.

Kapitel 4

4.11 Betrachten Sie eine einzelne Variable $X \sim N(\mu; 1)$. Bestimmen Sie zuerst $E(X)$, $E\left(X^2\right)$, $E\left(X^3\right)$, $E\left(X^4\right)$ und benutzen Sie $E(X-\mu)^2 = \mu^2 + 1$, $E(X-\mu)^3 = 0$ und $E(X-\mu)^4 = 3$.

4.12 Zeigen Sie, dass $\frac{1}{v_i}\frac{\partial}{\partial v_i} \ln g(v_i)$ konstant ist.

4.14 Fassen Sie $\boldsymbol{U}$ und $\boldsymbol{V}$ zu einer neuen Variable zusammen und bestimmen Sie deren Dichte.

4.16 Beschränken Sie sich auf den Fall $\boldsymbol{\mu} = \boldsymbol{0}$. Berechnen Sie zuerst die Verteilungsfunktion von Y und daraus Dichte und Erwartungswert. Für die Bestimmung von $\mathrm{Cov}(\boldsymbol{X})$ nutzen Sie die Invarianz von $\boldsymbol{X}$ bei orthogonalen Abildungen und die Regel $\mathrm{Cov}(\boldsymbol{A}\boldsymbol{X}) = \boldsymbol{A}\mathrm{Cov}(\boldsymbol{X})\boldsymbol{A}^\top$ aus.

4.19 $T_1 \sim \mathrm{EXPV}(2\lambda)$ und $T_2 \sim \mathrm{Gamma}(9; 0.2)$. Nach Tschebyscheff gilt mit mindestens 90% Wahrscheinlichkeit $0 \leq T_2 \leq 90$. Genau ist $\mathcal{P}(T_2 \leq 90) = 0.993$ und $\mathcal{P}(T_2 \leq 60) = 0.85$.

4.20 Wie ist die Gesamtlänge Y einer Reihe von 50 Bänden approximativ verteilt?

Kapitel 5

5.1 Was ist die Dichte von X_i?

5.2 Gehen Sie davon aus, dass die Lose unabhängig voneinander gezogen werden.

5.3 Gehen Sie davon aus, dass die Lose unabhängig voneinander gezogen werden.

5.4 Wie groß ist die Wahrscheinlichkeit x_1 oder x_2 zu beobachten?

5.6 Wie groß ist die Wahrscheinlichkeit des beobachteten Ereignisses?

5.8 Was ist der MSE einer Konstanten?

5.16 Sei $\widehat{\lambda}(X) \geq 0$ ein erwartungstreuer Schätzer. Setzen Sie voraus, dass $\frac{d\mathrm{E}(\widehat{\lambda}(X))}{d\lambda} = \mathrm{E}\left(\frac{d(\widehat{\lambda}(X))}{d\lambda}\right)$ ist.

5.18 Benutzen Sie die Tatsache, dass unter den genannten Voraussetzungen $E(Q) = \sigma^2(n-1)$ und $\operatorname{Var}(Q) = \sigma^4 \cdot 2(n-1)$ ist.

5.19 Zeigen Sie, dass die Likelihood für festes $\widehat{\mu} = z_i$ und $\widehat{\sigma} \to 0$ gegen Unendlich divergiert.

5.22 Benutzen Sie $\frac{1}{k}u^k = \int_0^u t^{k-1}dt$ und vertauschen Sie in geeigneter Weise Summation und Integration.

5.23 Bestimmen Sie zuerst die Verteilungsfunktion von $X_{(n)}$ (wann ist $X_{(n)} \leq x$?), daraus die Dichte und dann ein Prognoseintervall für $X_{(n)}$.

5.27 Y ist hypergeometrisch verteilt. Betrachten Sie den Likelihood-Quotienten $\frac{L(N-1|m;n;y)}{L(N|m;n;y)}$.

5.28 Da die Exponentialverteilung kein Gedächtnis hat, tun Sie so, als ob am Ende jeder Woche alle Birnen neu eingesetzt werden.

5.32 Ist X multinomialverteilt, dann gilt für die Wahrscheinlichkeitsverteilung von X

$$\mathcal{P}(X = (x_1, \ldots, x_k)) = \frac{n!}{x_1! \cdot \cdots \cdot x_k!}\theta_1^{x_1} \cdot \cdots \cdot \theta_k^{x_k}.$$

5.35 Benutzen Sie die Umformung

$$(a-\beta)^2 A + (b-\beta)^2 B = \left(\beta - \frac{Aa+Bb}{A+B}\right)^2 (A+B) + \frac{(a-b)^2}{A^{-1}+B^{-1}}.$$

Kapitel 6

6.6 Benutzen Sie das Ergebnis von Aufgabe 6.14.

6.7 Benutzen Sie das Ergebnis von Aufgabe 6.14.

6.8 Schreiben Sie das Testproblem als lineares Programm. Vergleichen Sie dazu Aufgabe 6.13 und Aufgabe 6.14.

6.13 Beachten Sie die Anmerkungen zu linearen Programmen im Anhang auf Seite A.6.

6.14 Schreiben Sie das verallgemeinerte Testproblem von Neyman-Pearson als ein lineares Program. Bestimmen Sie das Dualprogramm sowie die Complementary Slackness Conditions (CSC) und daraus den optimalen Test. Lösen Sie zuerst Aufgabe 6.13.

6.19 Wie ist die Anzahl der falsch angenommenen Nullhypothesen verteilt?

Kapitel 7

7.4 Gehen Sie von der Darstellung $R^2 = \widehat{\beta}_1^2 \frac{\operatorname{var} \boldsymbol{x}}{\operatorname{var} y}$ aus.

7.5 Suchen Sie eine spezielle Lösung und dann die Lösung der homogenen Gleichung. Benutzen Sie $\left(\boldsymbol{X}^\top\right)^+ = \left(\boldsymbol{X}^+\right)^\top$ und die Vertauschbarkeit $\left(\boldsymbol{X}^\top\boldsymbol{X}\right)^+ = \boldsymbol{X}^+\boldsymbol{X}^{\top+}$ sowie $\left(\boldsymbol{X}^{+\top}\boldsymbol{X}^\top\right) = \boldsymbol{X}\boldsymbol{X}^+$.

7.10 Zeichnen Sie die Punktwolke und die optimale Funktion $\widehat{\mu} = x^{\widehat{\beta}}$ und markieren Sie die beobachteten und die geschätzten Wertepaare.

7.15 Beachten Sie: $\operatorname{Cov}(\boldsymbol{A}\boldsymbol{y}) = \boldsymbol{A}\operatorname{Cov}(\boldsymbol{y})\boldsymbol{A}^\top$, sowie $\operatorname{Cov}(\boldsymbol{A}\boldsymbol{y}, \boldsymbol{B}\boldsymbol{y}) = \boldsymbol{A}\operatorname{Cov}(\boldsymbol{y})\boldsymbol{B}^\top$ und benutzen Sie die auf Seite 455 aufgeführten Eigenschaften der Projektion.

7.19 Bestimmen Sie die Korrelationen aller Variablen.

7.21 Spalten Sie jeden Regressor in zwei neue auf, die jeweils ein Teilmodell beschreiben.

Kapitel 8

8.1 Arbeiten Sie mit der Darstellung $\boldsymbol{P}_M = \boldsymbol{X}\boldsymbol{X}^+$ und benutzen Sie die Eigenschaften der Moore-Penrose-Inversen, speziell auch $\left(\boldsymbol{X}\boldsymbol{X}^+\right)^\top = \boldsymbol{X}\boldsymbol{X}^+$.

8.3 Um aus (M) folgt (A) zu zeigen, definieren Sie $a_1 = 0$, $\mu_{1j} = b_j$, $\mu_{i1} = a_i$.

8.8 Zeigen Sie: $\frac{(\widehat{\phi}-\phi)^2}{\operatorname{Var}(\widehat{\phi})} = \left\|\boldsymbol{P}_{\boldsymbol{k}}\left(\frac{y-\mu}{\sigma}\right)\right\|^2 \leq \left\|\boldsymbol{P}_{M_{\mathrm{p}}}\left(\frac{y-\mu}{\sigma}\right)\right\|^2$ und finden Sie ein spezielles $\boldsymbol{k}$, für das die letzte Ungleichung zur Gleichung wird. Wenden Sie dann den Satz von Cochran an.

8.9 Benutzen Sie das Ergebnis von Aufgabe 8.8.

8.10 Bestimmen Sie zuerst $\operatorname{Cov}\left(\overline{y}_i^A, \overline{y}_u^A\right)$ und dann $\operatorname{Cov}\left(\widehat{\theta}_{ij}^{AB}, \widehat{\theta}_{uv}^{AB}\right)$. Gehen Sie aus von Gleichungen $\overline{y}_i^A = \widehat{\theta}_i^A + \widehat{\theta}_0$ bzw. $\overline{y}_{ij}^{AB} = \widehat{\theta}_0 + \widehat{\theta}_i^A + \widehat{\theta}_j^B + \widehat{\theta}_{ij}^{AB}$ und benutzen Sie die Unkorreliertheit der Effektschätzer.

Kapitel 9

Zu diesem Kapitel gibt es keine Hinweise.

Kapitel 10

10.3 Nennen Sie der größeren Übersicht zuliebe $C_{\widehat{\beta}}^{-1} = A$ und $C_{\beta}^{-1} = B$. Beachten Sie die Eigenschaften symmetrischer Matrizen im Anhang auf Seite 460.

10.4 Lösen Sie die Normalgleichungen.

Literaturverzeichnis

Im Netz verfügbare Informationen

Wikipedia

Eine fruchtbare und ergiebige Quelle ist Wikipedia. Hier nur eine kleine Auswahl:

http://de.wikipedia.org/wiki/Statistik

http://de.wikipedia.org/wiki/Geschichte_der_Wahrscheinlichkeitsrechnung

http://de.wikipedia.org/wiki/Wahrscheinlichkeitsverteilung

http://de.wikipedia.org/wiki/Normalverteilung

Statistiklabors, Formeln und Quantile

http://www.fernuni-hagen.de/neuestatistik/

www.mathe-online.at
(Führt über eine interne Googlesuche zu zahlreichen interaktiven Lernprogrammen.)

http://www.statsoft.com/textbook/distribution-tables/
(Hier finden Sie die Tabellen der Standardnormalverteilung, Quantile der t-Verteilung $t(n)$, der Chi-Qudratverteilung $\chi^2(n)$ und der F-verteilung $F(m;n)$ für ausgewählte Freiheitsgrade und gängige Werte von α.

http://www.uni-konstanz.de/FuF/wiwi/heiler/os/vt-index.html

http://www.wolframalpha.com/

Supportvektormaschine, Kernelmethoden und Lerntheorie

http://www.boosting.org

http://www.learningtheory.org/

http://svms.org

Zugang zum Softwarepaket R, Hilfe bei Excel

R ist in der universitären Lehre insbesondere für Statistik das Standardprogramm, das kostenfrei aus dem Netz heruntergeladen werden kann.

http://www.r-project.org/

http://office.microsoft.com/de-at/excel-help/statistische-funktionen-HP010079190.aspx

Allgemeine Lehrbücher der Statistik und Wahrscheinlichkeitstheorie

Anwendungsorientierte Texte

Bamberg, G.; Baur, F. und Krapp, M.: (2009) *Statistik.* 15. Auflage. Oldenbourg, München Wien

Bleymüller, J.; Gehlert, G. und Gülicher, H.: (2000) *Statistik für Wirtschaftswissenschaftler.* 15. Auflage. Vahlen, München

Bortz, J. und Schuster, C.: (2010) *Statistik für Human- und Sozialwissenschaftler.* 7. Auflage. Springer, Berlin Heidelberg

Fahrmeir, L.; Künstler, R.; Pigeot, I. und Tutz, G.: (2009) *Statistik.* Der Weg zur Datenanalyse. 4. Auflage. Springer, Berlin Heidelberg

Hartung, J.; Klösner, K.H. und Elpelt, B.: (2009) *Statistik: Lehr- und Handbuch der angewandten Statistik.* 6. Auflage. Oldenbourg, München Wien

Miller, R. G.: (1996) *Grundlagen der angewandten Statistik.* Oldenbourg, München Wien

Mosler, K. und Schmid, F.: (2004) *Wahrscheinlichkeitsrechnung und schließende Statistik.* Springer, Berlin Heidelberg

Rüger, B.: (1988) *Induktive Statistik Einführung für Wirtschafts- und Sozialwissenschaftler.* 2. Auflage. Oldenbourg, München, Wien

Schlittgen, R.: (2008) *Einführung in die Statistik.* 12. Auflage. Oldenbourg, München/Wien

Schlittgen, R.: (1996) *Statistische Inferenz.* Oldenbourg, München/Wien. In der 2. Auflage zum freien Download ins Netz gestellt: http://www.wiso.uni-hamburg.de/fileadmin/bwl/statistikundoekonometrie/Schlittgen/Statistische_Inferenz/INFBUCH.pdf

Mathematikorientierte Texte

Bauer, H.: (1991) *Wahrscheinlichkeitstheorie.* 4. Auflage. Walter de Gruyter, Berlin

Irle, A.: (2001) *Wahrscheinlichkeitstheorie und Statistik.* Grundlagen – Resultate – Anwendungen. Teubner, Stuttgart Leipzig Wiesbaden

Witting, H.: (1985, 1995) *Mathematische Statistik.* Band 1: Parametrische Verfahren bei festem Stichprobenumfang, Band 2: Asymptotische Statistik. Teubner, Stuttgart Leipzig Wiesbaden

Witting, H. und Nölle, G.: (1970) *Angewandte Mathematische Statistik*. Teubner, Stuttgart Leipzig Wiesbaden

Grundlagen und Prinzipien

Cox, D. R. und Hinkley, D. V.: (1974) *Theoretical Statistics*. London, Chapman and Hall

Rüger, B.: (1999) *Test- und Schätztheorie*. Band 1: Grundlagen. Oldenbourg, Berlin

Nachschlagewerke

Kotz, S.; Johnson, N. L.; Read, C. B.: (1983) (Hrsg.) *Encyclopedia of statistical sciences*. Wiley Interscience Publication, John Wiley and Sons

Müller, P. H.: (1975) *Wahrscheinlichkeitsrechnung und mathematische Statistik, Lexikon der Stochastik*. Wissenschaftliche Buchgesellschaft, Darmstadt

Voss, W.: (Hrsg.) (2004) *Taschenbuch der Statistik*. 2. Auflage. Fachbuchverlag, Leipzig

Statistik mit einem Softwarepaket

Böker, F.: (1997) *S-Plus learning by Doing*. Lucius Luciius, Stuttgart

Dolic, D.: (2004) *Statistik mit R*. Oldenbourg, München Wien

Schlittgen, R.: (2012) *Angewandte Zeitreihenanalyse mit R*. 2. Auflage. Oldenbourg, München/Wien

Schlittgen, R.: (2005) *Das Statistiklabor. Einführung und Benutzerhandbuch*. Springer, Berlin

Zwerenz, K.: (2001) *Statistik verstehen mit Excel*. Oldenbourg, München Wien

Deskriptive und explorative Statistik

Cleveland, W.: (1994) *The Elements of Graphing Data*. Summit, NJ: Hobart Press

Heiler, S. und Michels, P.:(1994) *Deskriptive und explorative Datenanalyse*. Oldenbourg, München Wien

Hoaglin, D. C.; Mosteller, F. und Tukey, J. W.: (Hrsg.) (1983) *Understanding, Robust and Exploratory Data Analysis*. Wiley

v.d. Lippe, P.: (1993) *Deskriptive Statistik UTB*, Gustav Fischer Verlag, Stuttgart Jena

Mosler, K. und Schmid, F.: (2004) *Beschreibende Statistik und Wirtschaftsstatistik*. 2. Auflage. Springer, Heidelberg Berlin

Stichprobentheorie

Cochran, W. G.: (1972) *Stichprobenverfahren*. Berlin New York

Kalton, G.:(1988) *Survey Sampling*. In: Encyclopedia of Statistical Sciences

Krishnaiah, P. R. und Rao, C. R.: (1994) *Handbook of Statistics 6 – Sampling*. 2. Auflage. Amsterdam

Leiner, B.: (1989) *Stichprobentheorie*. Oldenbourg, München/Wien

Rinne, H. und Mittag, H.-J.: (1991) *Statistische Methoden der Qualitätssicherung*. 2. Auflage. Hanser, München

Schäfer, T.: (2000) *Stichprobenverfahren*. In: Taschenbuch der Statistik. Hrsg.: Voss, W. Fachbuchverlag, Leipzig

Strecker, H. und Wiegert, R.: (1994) *Stichproben, Erhebungsfehler, Datenqualität*. Göttingen

Spezielle Verteilungen und Transformationen von Daten und Verteilungen

Atkinson, A. C.: (1985) *Plots, Transformations and Regressions*. Oxford, Clarendon Press

Johnson, N. L. und Kotz, S.: (1972) *Distributions in Statistics: Continuous Multivariate Distributions*. Wiley, New York

Johnson, N. L. und Kotz, S.: (1994) *Distributions in Statistics: Continuous Univariate Distributions*. Sec. Ed. Vol. 1. Wiley, New York

Johnson, N.; Kotz, S. und Balkrishnan, N.: (1995) *Continuous Univariate Distributions*. Sec. Ed. Wiley, New York

Johnson, N.; Kotz, S. und Kemp, A.: (1995) *Discrete Univariate Distributions*. Sec. Ed. Wiley, New York

Pfeifer, D.: (1989) *Einführung in die Extremwertstatistik*. Teubner, Stuttgart

Spezialthemen der Schätztheorie

Likelihoodprinzip

Berger, J. O. und Wolpert, R.: (1984) *The Likelihood Principle*. Hayward, California: Institute of Mathematical Statistics

Der EM-Algorithmus

Dempster, A. P.; Laird, N. M. und Rubin, D. B.: (1977) *Maximum Likelihood estimation from incomplete data via the EM-Algorithm*. J. R. Stat. Soc. B Vol. 39, 1–38

Meng, X. L.: (1997) *The EM-Algorithm*. In: Encyclopedia of the Statistical Sciences. Update, Vol. 1

Robust- und verteilungsfreie Verfahren

Büning, H. und Trenkler, G.: (1994) *Nichtparametrische statistische Methoden*. 2. Auflage. De Gruyter, Berlin

Härdle, W.:(1991) *Smoothing Techniques*. Springer, New York

Hoaglin, D. C.; Mosteller, F. und Tukey, J. W.: (1983): *Understanding robust and exploratory data analysis*. Wiley, New York

Huber, P. L.: (1981): *Robust statistics*. Wiley, New York

Bootstrap-Schätzungen

Efron, B. und Tibshirani, R.: (1993) *An Introduction to the Bootstrap*. Chapman & Hall, New York

Hall, P.: (1992) *The Bootstrap and Edgeworth Expansion*. Springer, New York

Meir, R. und Rätsch, G.: (2003) *An introduction to boosting and leveraging*. In: Shahar Mendelson and Alex Smola (Hrsg.) Advanced lectures on Machine Learning. Springer

Ridge- und Stein-Schätzer

Efron, B. und Morris, C.: (1975) *Data analysis using Stein's estimator and its generalizations*. Journal of the ASS 70, 311–319

Hoerl, A. und Kennard, R.: (1970) *Ridge regression: Biased estimation for nonorthogonal problems*. Technometrics 12, 55–67

Testtheorie

Hajek, J. und Sidak, P.: (1967) *Theory of rank Tests*. Academic press, London New York

Lehmann, E. H.: (1975) *Nonparametrics: Statistical methodes based on Ranks*. Holden Day, San Francisco

Büning, H.: (1991) *Robuste und adaptive Tests*. De Gruyter, Berlin

Lineares Modell und Versuchsplanung

Christensen, R.: (1996a) *Analysis of Variance, Design and Regression*. London, Chapman & Hall

Draper, N. R. und Smith, H.: (1966) *Applied Regression Analysis*. Wiley, New York

Kockelkorn, U.: (2000) *Lineare Statistische Methoden*. Oldenbourg, Berlin

Rao, C. R.: (1973) *Linear Statistical Inference and its Application*. New York

Rao, C. und Toutenburg, H.: (1995) *Linear Models, Least Squares and Alternatives*. Springer, New York

Diagnose im Linearen Modell

Belsley, D.: (1991) *Conditioning Diagnostics*. Wiley, New York

Belsley, D.; Kuh, E. und Welsch, R.: (1980) *Regression Diagnostics Identifying Influential Data and Sources of Collinearity*. Wiley, New York

Chatterjee, S. und Hadi, A.: (1988) *Sensitivity Analysis in Linear Regression*. Wiley, New York

Cook, R. D.: (1994) *On the Interpretation of Regression Plots*. JASA, Vol. 89, 177–189

Cook, R. D. und Weisberg, S.: (1982) *Residuals and Influence in Regression*. Chapman and Hall, New York

Multiple Vergleiche

Hsu, J. C.: (1996) *Multiple Comparisons*. Theory and Methods. Chapman & Hall, London

Saville, D. J.: (1990) *Multiple Comparison Procedures: The Practical Solution*. The American Statistician, Vol. 44, 174–180

Tamhane, A.: (1996) *Multiple Comparisons. In: Handbook of Statistics, 13, Design and Analysis of Experiments*, (Hrsg.) Ghosh, S. und Rao, C. R.

Multivariate Statistik

Eaton, M.: (1983) *Multivariate Statistics: A Vector Space Approach*. Wiley, New York

Fahrmeir, L. und Hamerle, A.: (Hrsg.) Tutz, G. (1996) *Multivariate statistische Verfahren*. 2. Auflage. De Gruyter, Berlin

Handl, A.: (2002) *Multivariate Analysemethoden. Theorie und Praxis multivariater Methoden unter besonderer Berücksichtigung von S-Plus*. Springer, Berlin Heidelberg

Hartung, J. und Elpelt, B.: (1992) *Multivariate Statistik*. Oldenbourg, München

Jobson, J. D.: (1991) *Applied multivariate data analysis, Vol. I: Regression and experimental design*. Springer, New York

Mardia, K. V.; Kent, J. T. und Bibby, J. M.: (1979) *Multivariate Analysis*. Academic Press, London New York

Schlittgen, R.: (2009) *Multivariate Statistik*. Oldenbourg, Berlin

Lerntheorie, Supportvektormaschine

Christianini, N. und Shawe-Taylor, J.: (1999) *An Introduction to Support Vector Machines and other Kernel-based Learning Methods*. Cambridge University Press, Cambridge

Hastie, T.; Tibshirani R. und Friedman J.: (2001) *The Elements of Statistical Learning*. Springer, New York

Herbrich, R.: (2001) *Learning Linear Classifiers*. MIT Press, Cambridge

Schölkopf, B. und Smola, A.: (2002) *Learning with kernels*. MIT Press, Cambridge

Vapnik, Vladimir N.: (1996) *The Nature of Statistical Learning Theory*. Springer Verlag, New York

Vapnik, Vladimir N.: (1998) *Statistical Learning Theory*. Springer Verlag, New York

Bayesianische Statistik

Grundlagenorientierte Darstellungen

Berger, J. O.: (1985) *Statistical Decision Theory and Bayesian Analysis*. Springer, New York

Box, G.: (1983) Scientific Inference, Data Analysis, Robustness, (Hrsg.) Box, G.; Leonard, T. und Wu, C. 51–84, Academic Press, New York

De Finetti, B.: (1970) *Logical foundations and measurement of subjective probability*. Acta Psychologica, 34; 129–145

De Finetti, B.: (1974) *Theory of Probability*. Wiley, New York

Fishburn, P. C.: *Utility*. In: Encyclopedia of statistical sciences

Hampel, F.: (1993) *Some thoughts about the foundations of statistics*. 126–137, Birkhäuser, Basel

Jeffreys, H.: (1961) *Theory of Probability*. 3. Auflage. Clarendon Press, Oxford

Schneeweiß, H.: (1974) *Probability and utility – Dual concepts in decision theory*. In: Information, Inference and Decision (Hrsg.) Menges, G., 113–144, Dordrecht, Boston

Anwendungsorientierte Darstellungen

Kleiter, G. D.: (1981) *Bayes-Statistik – Grundlagen und Anwendungen*. Walter de Gruyter, Berlin

Gelman, A.; Carlin, J.; Stern, H. und Rubin, D.: (1995) *Bayesian Data Analysis – Texts in Statistical Science*. Chapman & Hall, London

Press, S.: (1989) *Bayesian Statistics – Principles, Models and Applications*. Wiley, New York

Zellner, A.: (1980) *Bayesian Analysis in Econometrics and Statistics. Essays in honor of H. Jeffreys*. North-Holland Publishing Company, Amsterdam

Lineare Bayesschätzer

Bamberg, G.: (1976) *Lineare Bayes-Verfahren in der Stichprobentheorie*. Meisenheim

Carlin, B. und Louis, T.: (1996) *Bayes and Empirical Bayes Methods for Data Analysis*. Chapman & Hall, New York

Entscheidungstheorie

Bamberg, G.: (1972) *Statistische Entscheidungstheorie*. Würzburg Wien

Berger, J. O.: (1985) *Statistical Decision Theory and Bayesian Analysis*. Springer, New York

Spiele, Trugschlüsse, heitere und ernste Paradoxa

Binder, D.: (1993) *Exchange paradox, Letter to the Editor; The American Statistician*, Vol. 47, 102

Blachman, N.: (1996) *Exchange paradox, Letter to the Editor; The American Statistician*, Vol. 50, 98–99

Blyth, C.: (1972) *Simpsons Paradoxa*. JASA

Chambers, M. L.: (1970) *A simple problem with strikingly different frequentist and bayesian solutions*. J.R.S.S.B, 278–282

Christensen, R. und Utts, J.: (1992) *Bayesian Resolution of the Exchange Paradox*. The American Statistician, Vol. 46, 274–276

Dawid, Stone, Zidek: (1973) *Marginalization paradoxes in Bayesian and structural inferences*. Journal of the Royal Statistical Society B, 35, 189–233

Krämer, W.: (1997) *So lügt man mit Statistik*. 7. Auflage. Campus, Frankfurt New York

Krämer, W.: (1995) *Denkste! Trugschlüsse aus der Welt des Zufalls und der Zahlen*. Campus, Frankfurt New York

Gartner, M.: (1982) *Gottcha: Paradoxes to Puzzle and Delight*. W. H. Freeman, New York

Philosophische Grundlagen und neue Ansätze

Hacking, I.: (1965) *Logic of statistical Inference*. University Press, Cambridge

Stegmüller, W.: (1973) *Jenseits von Popper und Carnap: Die logischen Grundlagen des statistischen Schließens*. Studienausgabe, Teil D. Springer, Berlin Heidelberg

Weichselberger, K.: (2001) *Elementare Grundbegriffe einer allgemeineren Wahrscheinlichkeitsrechnung I*. Physica, Heidelberg

Geschichte der Wahrscheinlichkeitstheorie und der Statistik

Gigerenzer, G.; Swijtink, Z.; Porter, T.; Daston, L.; Beatty, J. und Krüger, L.: (1999) *Das Reich des Zufalls. Wissen zwischen Wahrscheinlichkeiten, Häufigkeiten und Unschärfen*. Spektrum Akademischer Verlag, Heidelberg Berlin

Hacking, I.: (1975) *The Emergence of Probability: A Philosophical Study of Early Ideas about Probability, Induction and Statistical Inference*. Cambridge University Press, Cambridge London New York

Kotz, S. und Johnson, N. L.: (Hrsg.) (1991) *Breakthroughs in Statistics*. Vol. I, Foundations and Basic Theory. Springer, New York

Hald, A.: (1998) *A History of Mathematical Statistics from 1750 to 1930*. Wiley, London

Hald, A.: (2006) *A History of Parametric Statistical Inference from Bernoulli to Fischer*. 1713–1935. Springer, New York

Seal, H. L.: (1967) *Studies in the History of Probability and Statistics XV: The Historical Development of the Gauss Linear Model*. Biometrika, Vol. 54, 1–24

Stigler, M. S.: (2002) *Statistics on the Table. The History of Statistical Concepts and Methods*. Harvard University Press, Cambridge

Historische und klassische Texte

Bayes, T.: (1763) *An essay towards solving a problem in the doctrine of chances*. Philosophical Transactions of the Royal Society, 330–418. In: Biometrika 45, 293–315 (1958)

Fisher, R. A.: (1935). *The Design of Experiments*. Oliver & Boyd, Edingburgh London

James, W. und Stein, C.: (1960) *Estimation with quadratic loss. In: Proceedings of the Fourth Berkeley Symposium 1*. Neyman, J. (Hrsg.), 361–380, University of California Press, Berkeley

Laplace, P.: (1785) *Memoire sur les formules qui sont fonctions de très grands nombres*. In: Memoires de l'Academie Royale des Sciences

Lehmann, E. H.: (1959) *Testing Statistical Hypothesis*. Wiley, New York

Linder, A.: (1969) *Planen und Auswerten von Versuchen*. Birkhäuser, Basel Stuttgart

Savage, L.: (1954) *The foundations of statistics*. Wiley, New York

Savage, L.: (1967) *Philosophy of Science*. A Panel Discussion of Personal Probability.

Scheffé, H.: (1959) *The Analysis of Variance*. Wiley, New York

Stein, C.: (1955) *Inadmissibility of the usual estimator for the mean of a multivariate normal distribution*. In Proceedings of the Third Berkeley Symposium 1, Neyman, J. (Hrsg.) 197–206. University of California Press, Berkeley

Tukey, J. W.: (1977) *Exploratory Data Analysis*. Addison-Wesley

Bildnachweis

Alle Abbildungen, die im Folgenden nicht aufgeführt sind, stammen von Herrn Epp in Zusammenarbeit mit dem Autor.

Kapitel 1

Eröffnungsbild: Ulrich Kockelkorn und Thomas Epp

Kapitel 2

Eröffnungsbild: Ulrich G. Moltmann

Kapitel 3

Eröffnungsbild: Christian Karpfinger

Kapitel 4

Eröffnungsbild: Christian Karpfinger

Kapitel 5

Eröffnungsbild: shutterstock, © chocorange

Kapitel 6

Eröffnungsbild: Ulrich G. Moltmann

Kapitel 7

Eröffnungsbild: shutterstock, © Alexander Raths

Kapitel 8

Eröffnungsbild: Ulrich Kockelkorn

Abb. 8.11 Hellmuth Stachel

Kapitel 9

Eröffnungsbild: fotolia, Steinpilz (Boletus) © petrabarz #21123459

Abb. 9.18 wikipedia: Reed Warbler feeding a Common Cuckoo chick in a nest. Photo: Per H. Olsen

Kapitel 10

Eröffnungsbild: fotolia, happy friends playing roulette in a casino © shotsstudio #34834950

Sachregister

Printing: Ten Brink, Meppel, The Netherlands
Binding: Stürtz, Würzburg, Germany